机器人科学
与技术丛书

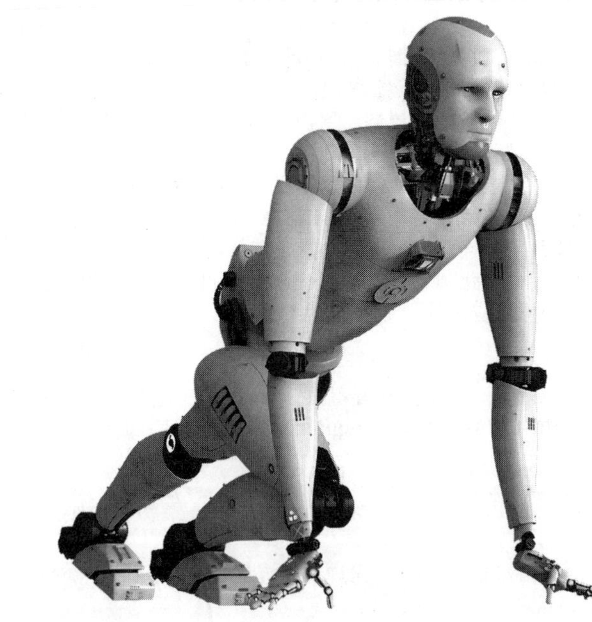

刘金琨◎著

机器人控制系统的设计与MATLAB仿真

先进设计方法(第2版)

清華大学出版社
北京

内容简介

本书系统地介绍了以机械手为主的几种先进控制器的设计和分析方法，是作者多年从事机器人控制系统教学和科研工作的结晶，同时融入了国内外同行近年来取得的最新成果。

本书在原有《机器人控制系统的设计与 MATLAB 仿真——先进设计方法》基础上撰写而成，并增加、修改和删除了部分内容。本书以电机、机械手、倒立摆、移动机器人和四旋翼飞行器为对象，共分 14 章，内容包括控制系统输出受限控制、控制系统输入受限控制、基于轨迹规划的机械手控制、机械手模糊自适应反演控制、机械手自适应迭代学习控制、柔性机械手控制、柔性机械臂分布式参数边界控制、移动机器人的轨迹跟踪控制、移动机器人双环轨迹跟踪控制、四旋翼飞行器轨迹控制、基于 LMI 的控制系统设计和基于 LMI 的倒立摆 T-S 模糊控制、执行器自适应容错控制和多智能体系统的一致性控制的设计与分析。每种控制方法都给出了算法推导、实例分析和相应的 MATLAB 仿真设计程序。

本书各部分内容既相互联系又相互独立，读者可根据自身需要选择学习。本书适合从事生产过程自动化、计算机应用、机械电子和电气自动化领域工作的工程技术人员阅读，也可作为高等院校工业自动化、自动控制、机械电子、自动化仪表、计算机应用等专业的教学参考书。

图书在版编目(CIP)数据

机器人控制系统的设计与 MATLAB 仿真：先进设计方法/刘金琨著. —2 版. —北京：清华大学出版社，2023.4
（机器人科学与技术丛书）
ISBN 978-7-302-63020-3

Ⅰ. ①机… Ⅱ. ①刘… Ⅲ. ①机器人控制—控制系统设计 ②计算机仿真—Matlab 软件 Ⅳ. ①TP24 ②TP317

中国国家版本馆 CIP 数据核字(2023)第 040568 号

责任编辑：曾 珊
封面设计：李召霞
责任校对：李建庄
责任印制：刘海龙

出版发行：清华大学出版社
网　　址：http://www.tup.com.cn，http://www.wqbook.com
地　　址：北京清华大学学研大厦 A 座　　**邮　　编**：100084
社 总 机：010-83470000　　**邮　　购**：010-62786544
投稿与读者服务：010-62776969，c-service@tup.tsinghua.edu.cn
质量反馈：010-62772015，zhiliang@tup.tsinghua.edu.cn
课件下载：http://www.tup.com.cn，010-83470236
印 装 者：三河市龙大印装有限公司
经　　销：全国新华书店
开　　本：185mm×260mm　　**印　　张**：34.25　　**字　　数**：880 千字
版　　次：2017 年 11 月第 1 版　2023 年 5 月第 2 版　　**印　　次**：2023 年 5 月第1 次印刷
印　　数：1～1000
定　　价：129.00 元

产品编号：096774-01

前言

有关机器人控制理论及其工程应用,近年来已有大量的论文发表。作者多年来一直从事控制理论及应用方面的教学和研究工作。为了促进机器人控制和自动化技术的进步,反映机器人控制设计与应用的最新研究成果,并使广大研究人员和工程技术人员能了解、掌握和应用这一领域的最新技术,学会用 MATLAB 语言进行各种机器人控制算法的分析和设计,作者编写了本书,以抛砖引玉,供广大读者学习参考。

本书是在作者总结多年研究成果的基础上,进一步理论化、系统化、规范化、实用化而成的,其特点是:

(1) 控制算法取材新颖,内容先进,重点放在学科交叉部分的前沿研究上,介绍一些有潜力的新思想、新方法和新技术,取材着重于基本概念、基本理论和基本方法。

(2) 针对每种控制算法给出了完整的 MATLAB 仿真程序,并给出了程序说明和仿真结果,具有很强的可读性。

(3) 着重从应用领域角度出发,突出理论联系实际的特点,面向广大工程技术人员,具有很强的工程性和实用性。书中有大量应用实例及其结果分析,为读者提供了有益的借鉴。

(4) 所给出的各种控制算法完整,程序设计、结构设计力求简单明了,便于读者自学和进一步开发。

(5) 所介绍的方法不局限于机械手的控制,同时也适合于解决运动控制领域其他背景的控制问题。

本书主要以机械手为被控对象,此外,为了介绍一些新的运动控制方法,本书还以机械系统、电机、倒立摆和四旋翼飞行器为被控对象来辅助说明。

本书是在原有《机器人控制系统的设计与 MATLAB 仿真——先进控制方法》(ISBN 9787302470083)的基础上撰写而成,并增加、修改和删除了部分内容。本书以电机、机械手、倒立摆、移动机器人和四旋翼飞行器为对象,共分 14 章,其中前 2 章和第 11 章以单入单出的电机为被控对象。第 1 章介绍控制系统输出受限控制的设计方法,第 2 章介绍控制系统输入受限控制的设计方法,第 3 章介绍基于轨迹规划的机械手控制的设计方法,第 4 章介绍机械手模糊自适应反演控制的设计方法,第 5 章介绍基于自适用迭代学习算法的机械手迭代学习控制方法,第 6 章介绍柔性机械手控制的几种设计方法,第 7 章介绍柔性机械臂分布式参数建模和边界控制设计方法,第 8 章介绍基于反演控制和迭代学习理论的移动机器人轨迹跟踪控制方法。第 9 章和第 10 章介绍基于双闭环控制系统的设计方法,其中第 9 章介绍移动机器人双环轨迹跟踪控制方法,第 10 章介绍四旋翼飞行器轨迹控制方法。第 11 章和第 12 章分别介绍基于 LMI(线性矩阵不等式)的控制系统设计方法及倒立摆 T-S 模糊控制方法。第 13 章介绍执行器自适应容错控制方法。第 14 章介绍多智能体系统的一致性控制的设计与分析方法。

本书所介绍的部分控制方法选自高水平国际期刊和著作中的经典控制方法,并对其中一些算法进行了修正或补充。通过对一些典型控制器设计方法较详细的理论分析和仿真分析,使一些深奥的控制理论易于掌握,为读者进行深入研究打下基础。

前言

本书基于当前高级 MATLAB 环境开发，各章节的内容具有很强的独立性，读者可以结合自己的工作方向深入地进行研究。

由于作者水平有限，书中难免存在一些不足和疏漏之处，真诚欢迎广大读者批评指正。若读者有指正或需与作者商讨，或对控制算法及仿真程序有疑问，请通过电子邮件与作者联系。相信通过与广大同行的交流，作者会得到许多新的有益的建议，从而将本书写得更好。

刘金琨

2023 年 2 月于北京航空航天大学

仿真程序使用说明

(1) 所有仿真算法按章归类,下载的程序名与书中一一对应。

(2) 将下载的仿真程序复制到硬盘 MATLAB 运行的路径中,便可仿真运行。

(3) 本书算法在 MATLAB 2015 版本下运行成功,并适用于其他更高版本。

(4) 仿真程序下载网址:

清华大学出版社网站(www.tup.com.cn)本书页面。

目录

目录

目录

目录

目录

目录

第1章 控制系统输出受限控制

受限系统的控制问题一直是控制理论及其工程应用中备受关注的领域之一。在实际控制系统中，为保证系统的安全性，通常会对系统输出值的上下界做出严格限制，或要求系统输出超调量在一定范围内，超调量过大往往意味着系统处于不理想的运行状态，某些情况下会对该系统本身产生不可预知的影响。

本章以机械手的执行电机为被控对象，讨论控制系统输出受限时的控制器设计方法。

1.1 输出受限引理

引理 1.1[1] 针对误差系统

$$\dot{\boldsymbol{z}}=\boldsymbol{f}(t,z),\quad \boldsymbol{z}=[z_1 \quad z_2]^{\mathrm{T}} \tag{1.1}$$

存在连续可微的正定函数 V_1 和 V_2，$k_b>0$，位置输出为 x_1，定义位置误差 $z_1=x_1-y_d$，满足

(1) 当 $z_1\to -k_b$ 或 $z_1\to k_b$ 时，有 $V_1(z_1)\to\infty$；

(2) $\gamma_1(\|z_2\|)\leqslant V_2(z_2)\leqslant\gamma_2(\|z_2\|)$，$\gamma_1$ 和 γ_2 为 K_∞ 类函数。

假设 $|z_1(0)|<k_b$，取 $V(z)=V_1(z_1)+V_2(z_2)$，如果满足

$$\dot{V}=\frac{\partial V}{\partial \boldsymbol{x}}\boldsymbol{f}\leqslant 0$$

则 $|z_1(t)|<k_b$，$t\in[0,\infty)$。

考虑如下对称 Barrier Lyapunov 函数

$$V=\frac{1}{2}\ln\frac{k_b^2}{k_b^2-z_1^2} \tag{1.2}$$

该函数满足 $V(0)=0$，$V(x)>0(x\neq 0)$的 Lyapunov 设计原理。

取 $z_1(0)=0.5$，由 $|z_1(0)|<k_b$，可取 $k_b=0.51$，对称 Barrier Lyapunov 函数的输入输出结果如图 1.1 所示。

仿真程序：chap1_1.m

```
clear all;
close all;
ts = 0.001;
kb = 0.501;

for k = 1:1:1001;
    z(k) = (k - 1) * ts - 0.50;
    V(k) = 0.5 * log(kb^2/(kb^2 - z(k)^2));
```

```
end

figure(1);
plot(z,V,'r','linewidth',2);
xlabel('z');ylabel('V');
legend('Barrier Lyapunov function');
hold on;
plot(-kb,[0:0.001:3],'k',kb,[0:0.001:3],'k');

XMIN = -0.6;XMAX = 0.6;
YMIN = 0;YMAX = 3;
axis([XMIN XMAX YMIN YMAX]);
```

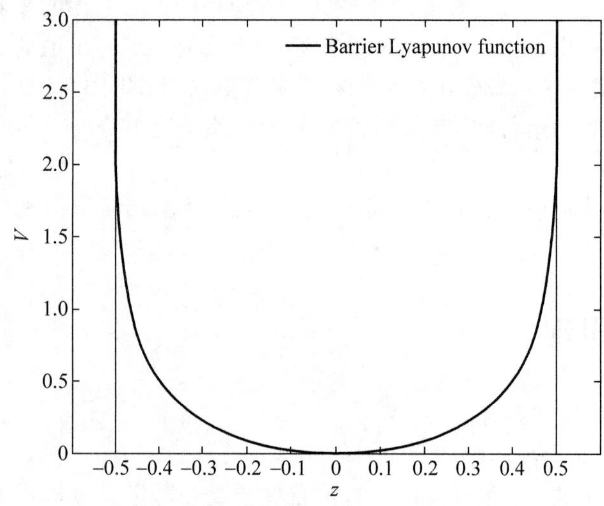

图 1.1　对称 Barrier Lyapunov 函数

1.2　位置输出受限控制

1.2.1　系统描述

被控对象为

$$\begin{cases}\dot{x}_1 = x_2 \\ \dot{x}_2 = f(x) + bu\end{cases} \tag{1.3}$$

控制任务为通过控制律的设计，实现$|x_1(t)|<k_c, t\geqslant 0$。

1.2.2　控制器设计

定义位置误差为

$$z_1 = x_1 - y_d \tag{1.4}$$

其中，y_d 为位置信号 x_1 的指令。

当$|z_1(t)|<k_b$ 时，有$-k_b<x_1-y_d<k_b$，即

$$-k_b + y_{dmin} < x_1 < k_b + y_{dmax}$$

则可通过 k_b 的设定，实现$|x_1(t)|<k_c, t\geqslant 0$。

首先证明$|z_1(0)|<k_b$ 时，需要通过控制律设计实现$|z_1(t)|<k_b, t\geqslant 0$。采用反演控制

方法，设计步骤如下：

(1) 由定义可得 $\dot{z}_1=x_2-\dot{y}_d$，定义 $z_2=x_2-\alpha$，其中 α 为待设计的稳定函数。

为了实现 $|z_1|<k_b, t>0$，定义如下对称 Barrier Lyapunov 函数[1]

$$V_1=\frac{1}{2}\ln\frac{k_b^2}{k_b^2-z_1^2} \tag{1.5}$$

于是

$$\dot{V}_1=\frac{z_1\dot{z}_1}{k_b^2-z_1^2}=\frac{z_1(x_2-\dot{y}_d)}{k_b^2-z_1^2}=\frac{z_1(z_2+\alpha-\dot{y}_d)}{k_b^2-z_1^2}$$

设计稳定函数

$$\alpha=-(k_b^2-z_1^2)k_1z_1+\dot{y}_d \tag{1.6}$$

其中，$k_1>0$。

于是

$$\dot{\alpha}=2k_1\dot{z}_1z_1^2-(k_b^2-z_1^2)k_1\dot{z}_1+\ddot{y}_d$$

将上式代入 $\dot{V}_1$ 中，可得

$$\dot{V}_1=-k_1z_1^2+\frac{z_1z_2}{k_b^2-z_1^2}$$

如果 $z_2=0$，则 $\dot{V}_1\leqslant -k_1z_1^2$。为此，需要进行下一步设计。

(2) 由于 x_2 不需要受限，则可定义 Lyapunov 函数

$$V=V_1+V_2 \tag{1.7}$$

其中，$V_2=\frac{1}{2}z_2^2$。

由于

$$\dot{z}_2=\dot{x}_2-\dot{\alpha}=f(x)+bu-\dot{\alpha}$$

则

$$\dot{V}=\dot{V}_1+z_2\dot{z}_2=-k_1z_1^2+\frac{z_1z_2}{k_b^2-z_1^2}+z_2(f(x)+bu-\dot{\alpha})$$

设计控制律为

$$u=\frac{1}{b}\left(-f(x)+\dot{\alpha}-k_2z_2-\frac{z_1}{k_b^2-z_1^2}\right) \tag{1.8}$$

其中，$k_2>0$。

于是

$$\dot{V}=-k_1z_1^2-k_2z_2^2\leqslant 0$$

则根据引理 1.1[1]，可得 $|z_1|<k_b, t>0$。

1.2.3 仿真实例

取被控对象

$$\begin{cases}\dot{x}_1=x_2\\ \dot{x}_2=-25x_2+133u\end{cases}$$

其中，初始状态为[0.5,0]。

位置指令为 $x_d(t)=\sin t$，则 $z_1(0)=x_1(0)-x_d(0)=0.5$，由 $|z_1(0)|<k_b$，可取 $k_b=0.51$，即

将 x_1 限制在[−1.51,1.51]范围。按式(1.5)设计 V_1。采用控制律式(1.8)，取 $k_1=k_2=10$，分别采用程序 chap1_1.m($k_b=0.51$)和 chap1_2sim.mdl，仿真结果如图 1.2 至图 1.6 所示。

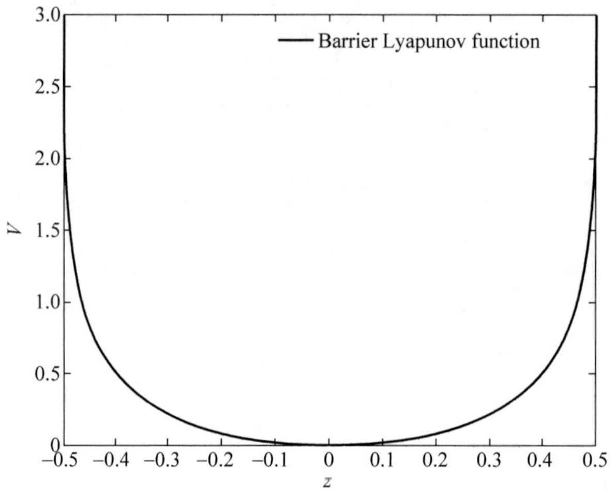

图 1.2 对称 Barrier Lyapunov 函数

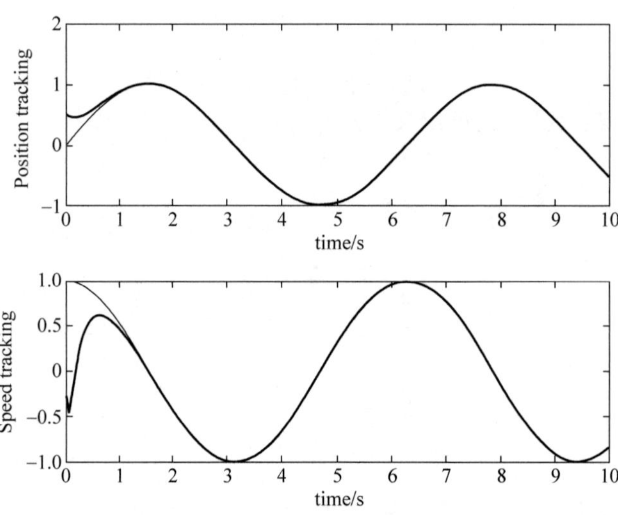

图 1.3 位置和速度跟踪

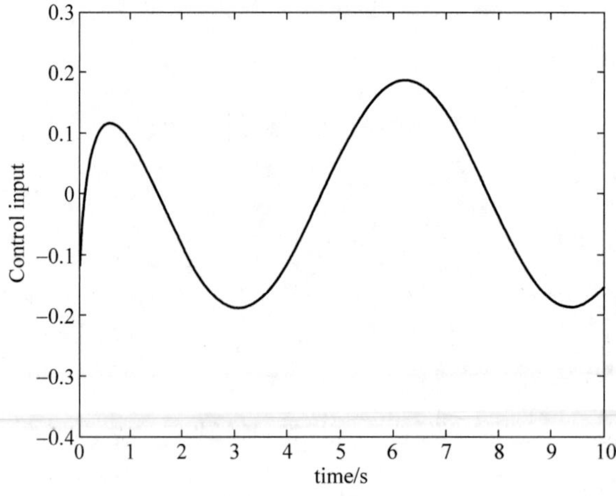

图 1.4 控制输入

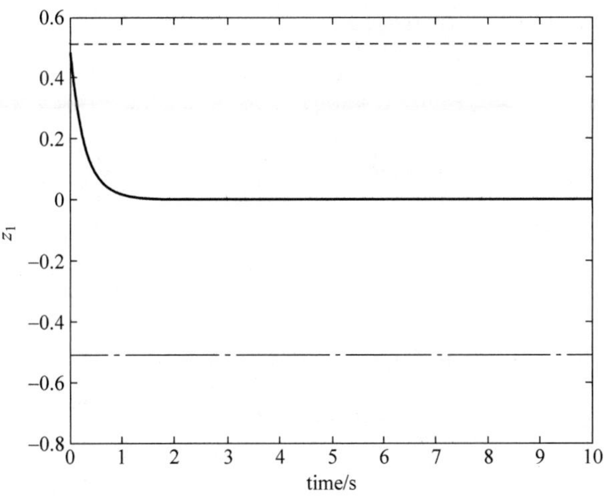

图 1.5　$z_1(t)$的变化

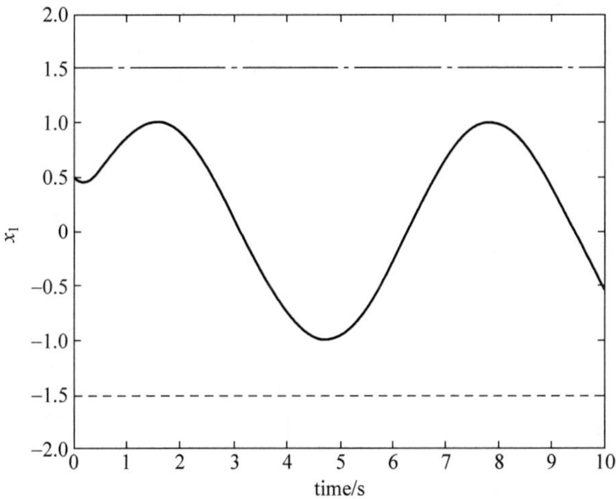

图 1.6　$x_1(t)$的变化

仿真程序：

(1) Simulink 主程序：chap1_2sim.mdl。

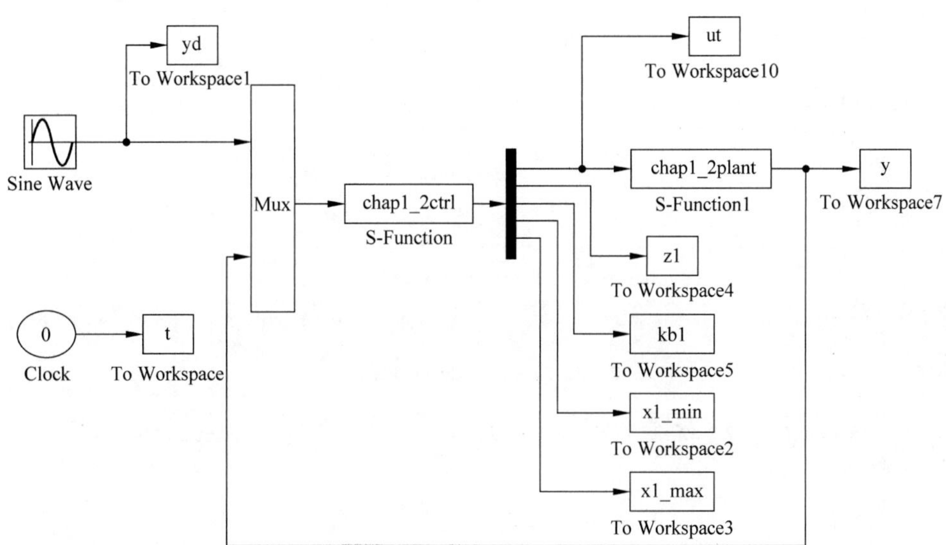

（2）控制器子程序：chap1_2ctrl. m。

```
function [sys,x0,str,ts] = spacemodel(t,x,u,flag)
switch flag,
case 0,
    [sys,x0,str,ts] = mdlInitializeSizes;
case 3,
    sys = mdlOutputs(t,x,u);
case {2,4,9}
    sys = [];
otherwise
    error(['Unhandled flag = ',num2str(flag)]);
end
function [sys,x0,str,ts] = mdlInitializeSizes
sizes = simsizes;
sizes.NumContStates  = 0;
sizes.NumDiscStates  = 0;
sizes.NumOutputs     = 5;
sizes.NumInputs      = 3;
sizes.DirFeedthrough = 1;
sizes.NumSampleTimes = 0;
sys = simsizes(sizes);
x0 = [];
str = [];
ts = [];
function sys = mdlOutputs(t,x,u)
yd = u(1);dyd = cos(t);ddyd = - sin(t);

x1 = u(2);x2 = u(3);

fx = - 25 * x2;
b = 133;

z1 = x1 - yd;
dz1 = x2 - dyd;

%kb = 0.50;
kb1 = 0.51;
xd_max = 1.0;
xd_min = - 1.0;

x1_max = kb1 + xd_max;
x1_min = - kb1 + xd_min;

k1 = 10;k2 = 10;

alfa = - (kb1^2 - z1^2) * k1 * z1 + dyd;

z2 = x2 - alfa;

dalfa = 2 * k1 * dz1 * z1^2 - (kb1^2 - z1^2) * k1 * dz1 + ddyd;

temp = - fx + dalfa - k2 * z2 - z1/(kb1^2 - z1^2);
ut = temp/b;

sys(1) = ut;
```

```
sys(2) = z1;
sys(3) = kb1;
sys(4) = x1_min;
sys(5) = x1_max;
```

(3) 被控对象程序：chap1_2plant.m。

```
function [sys,x0,str,ts] = s_function(t,x,u,flag)
switch flag,
case 0,
    [sys,x0,str,ts] = mdlInitializeSizes;
case 1,
    sys = mdlDerivatives(t,x,u);
case 3,
    sys = mdlOutputs(t,x,u);
case {2, 4, 9}
    sys = [];
otherwise
    error(['Unhandled flag = ',num2str(flag)]);
end
function [sys,x0,str,ts] = mdlInitializeSizes
sizes = simsizes;
sizes.NumContStates  = 2;
sizes.NumDiscStates  = 0;
sizes.NumOutputs     = 2;
sizes.NumInputs      = 1;
sizes.DirFeedthrough = 0;
sizes.NumSampleTimes = 0;
sys = simsizes(sizes);
x0 = [0.5 0];
str = [];
ts = [];
function sys = mdlDerivatives(t,x,u)
sys(1) = x(2);
sys(2) = -25 * x(2) + 133 * u;
function sys = mdlOutputs(t,x,u)
sys(1) = x(1);
sys(2) = x(2);
```

(4) 作图程序：chap1_2plot.m。

```
close all;

figure(1);
subplot(211);
plot(t,yd(:,1),'r',t,y(:,1),'b','linewidth',2);
xlabel('time(s)');ylabel('Position tracking');
subplot(212);
plot(t,cos(t),'r',t,y(:,2),'b','linewidth',2);
xlabel('time(s)');ylabel('Speed tracking');

figure(2);
plot(t,ut(:,1),'r','linewidth',2);
xlabel('time(s)');ylabel('Control input');

figure(3);
subplot(211);
```

```
plot(t,kb1,'-.r',t,-kb1,'-.k',t,z1(:,1),'b','linewidth',2);
xlabel('time(s)');ylabel('z1');
subplot(212);
plot(t,x1_min,'-.r',t,x1_max,'-.k',t,y(:,1),'b','linewidth',2);
xlabel('time(s)');ylabel('x1');
```

1.3 位置及速度输出受限控制

1.3.1 多状态输出受限引理

引理 1.2[2] 针对误差动态系统

$$\dot{z} = \boldsymbol{f}(t, z)$$

其中，$z = [z_1 \quad \dot{z}_1]^{\mathrm{T}}$。

存在连续可微的正定函数 V_1 和 V_2，$k_{\mathrm{b}i} > 0$，$i = 1, 2$。位置为 x_1，速度为 x_2，定义位置误差 $z_1 = x_1 - y_{\mathrm{d}}$，速度误差 $z_2 = x_2 - \dot{y}_{\mathrm{d}}$，满足 $z_i \to -k_{\mathrm{b}i}$ 或 $z_i \to k_{\mathrm{b}i}$ 时，有 $V_i(z_i) \to \infty$。

假设 $|z_1(0)| < k_{\mathrm{b}i}$，取 $V(z) = V_1(z_1) + V_2(\dot{z}_1)$，如果满足

$$\dot{V} = \frac{\partial V}{\partial \boldsymbol{x}} \boldsymbol{f} \leqslant 0$$

则 $|z_i(t)| < k_{\mathrm{b}i}$，$t \in [0, \infty)$。

1.3.2 系统描述

取被控对象为

$$\begin{cases} \dot{x}_1 = x_2 \\ \dot{x}_2 = f(x) + bu \end{cases} \tag{1.9}$$

控制任务为通过控制律的设计，实现 $|x_1(t)| < k_{\mathrm{c}1}$，$|x_2(t)| < k_{\mathrm{c}2}$，$t \geqslant 0$。

1.3.3 控制器设计与分析

定义位置误差

$$z_1 = x_1 - y_{\mathrm{d}} \tag{1.10}$$

其中，y_{d} 为位置信号 x_1 的指令。

定义速度误差为 $z_2 = \dot{z}_1 = x_2 - \dot{y}_{\mathrm{d}}$，$\dot{y}_{\mathrm{d}}$ 为速度信号 x_2 的指令，则 $\dot{z}_2 = \dot{x}_2 - \ddot{y}_{\mathrm{d}} = f(x) + bu - \ddot{y}_{\mathrm{d}}$。

当 $|z_1(t)| < k_{\mathrm{b}1}$ 时，有

$$-k_{\mathrm{b}1} < x_1 - y_{\mathrm{d}} < k_{\mathrm{b}1}$$

即

$$-k_{\mathrm{b}1} + y_{\mathrm{dmin}} < x_1 < k_{\mathrm{b}1} + y_{\mathrm{dmax}}$$

当 $|z_2(t)| < k_{\mathrm{b}2}$ 时，有

$$-k_{\mathrm{b}2} < x_2 - \dot{y}_{\mathrm{d}} < k_{\mathrm{b}2}$$

即

$$-k_{b2}+\dot{y}_{dmin}<x_2<k_{b2}+\dot{y}_{dmax}$$

可通过 k_{b1} 和 k_{b2} 的设定，实现 $|x_1(t)|<k_{c1}$，$|x_2(t)|<k_{c2}$，$t\geqslant 0$。

控制任务为通过控制律的设计，实现 x_1 和 x_2 的跟踪，并保证 $|x_1(t)|<k_{c1}$，$|x_2(t)|<k_{c2}$，$t\geqslant 0$。

首先，证明 $|z_i(0)|<k_{bi}$ 时，需要通过控制律设计实现 $|z_i(t)|<k_{bi}$，$t\geqslant 0$。分别采用以下两种方法：

方法一：定义如下对称 Barrier Lyapunov 函数

$$V=\frac{1}{2}\ln\frac{k_{b1}^2}{k_{b1}^2-z_1^2}+\frac{1}{2}\ln\frac{k_{b2}^2}{k_{b2}^2-z_2^2} \tag{1.11}$$

于是

$$\begin{aligned}\dot{V}&=\frac{1}{2}\frac{k_{b1}^2-z_1^2}{k_{b1}^2}\times\left(\frac{k_{b1}^2}{k_{b1}^2-z_1^2}\right)'+\frac{1}{2}\frac{k_{b2}^2-z_2^2}{k_{b2}^2}\times\left(\frac{k_{b2}^2}{k_{b2}^2-z_2^2}\right)'\\&=\frac{z_1\dot{z}_1}{k_{b1}^2-z_1^2}+\frac{z_2\dot{z}_2}{k_{b2}^2-z_2^2}=\frac{z_1\dot{z}_1}{k_{b1}^2-z_1^2}+\frac{\dot{z}_1\dot{z}_2}{k_{b2}^2-z_2^2}\\&=\dot{z}_1\left(\frac{z_1}{k_{b1}^2-z_1^2}+\frac{1}{k_{b2}^2-z_2^2}(f(x)+bu-\ddot{y}_d)\right)\end{aligned}$$

设计控制律为

$$u=\frac{1}{b}\left(-f(x)+\ddot{y}_d+(k_{b2}^2-z_2^2)\left(-\frac{z_1}{k_{b1}^2-z_1^2}-k\dot{z}_1\right)\right) \tag{1.12}$$

其中，$k>0$。

$$\dot{V}=-k\dot{z}_1^2\leqslant 0$$

但该种方法无法保证实现 z_1 和 z_2 的快速收敛。

方法二：根据控制任务，定义如下对称 Barrier Lyapunov 函数

$$V=\frac{1}{2}\ln\frac{k_{b1}^2}{k_{b1}^2-z_1^2}+\frac{1}{2}\ln\frac{k_{b2}^2}{k_{b2}^2-z_2^2}+\frac{1}{2}z_1^2+\frac{1}{2}z_2^2 \tag{1.13}$$

于是

$$\begin{aligned}\dot{V}&=\frac{1}{2}\frac{k_{b1}^2-z_1^2}{k_{b1}^2}\times\left(\frac{k_{b1}^2}{k_{b1}^2-z_1^2}\right)'+\frac{1}{2}\frac{k_{b2}^2-z_2^2}{k_{b2}^2}\times\left(\frac{k_{b2}^2}{k_{b2}^2-z_2^2}\right)'+\dot{z}_1z_1+\dot{z}_2z_2\\&=\frac{z_1\dot{z}_1}{k_{b1}^2-z_1^2}+\frac{z_2\dot{z}_2}{k_{b2}^2-z_2^2}+\dot{z}_1z_1+\dot{z}_2z_2\\&=\frac{z_1\dot{z}_1}{k_{b1}^2-z_1^2}+\frac{\dot{z}_1\dot{z}_2}{k_{b2}^2-z_2^2}+\dot{z}_1z_1+\dot{z}_2z_2\\&=\dot{z}_1\left(\frac{z_1}{k_{b1}^2-z_1^2}+\frac{1}{k_{b2}^2-z_2^2}(f(x)+bu-\ddot{y}_d)+z_1+(f(x)+bu-\ddot{y}_d)\right)\\&=\dot{z}_1\left(\frac{z_1}{k_{b1}^2-z_1^2}+\frac{1}{k_{b2}^2-z_2^2}(f(x)-\ddot{y}_d)+\left(\frac{b}{k_{b2}^2-z_2^2}+b\right)u+z_1+f(x)-\ddot{y}_d\right)\end{aligned}$$

设计控制律为

$$u=\frac{1}{\dfrac{b}{k_{b2}^2-z_2^2}+b}\left(-\frac{z_1}{k_{b1}^2-z_1^2}-\frac{1}{k_{b2}^2-z_2^2}(f(x)-\ddot{y}_d)-z_1-f(x)+\ddot{y}_d-k\dot{z}_1\right) \tag{1.14}$$

其中，$k>0$。

$$\dot{V}=-k\dot{z}_1^2\leqslant 0$$

则根据引理1.2[2]，可得$|z_1|<k_{b1}$，$|z_2|<k_{b2}$，$t>0$。

1.3.4 仿真实例

取被控对象为

$$\begin{cases}\dot{x}_1=x_2\\ \dot{x}_2=-25x_2+133u\end{cases}$$

其中，初始状态为[0.5,0.5]。

位置指令为$y_d(t)=\sin t$，则$z_1(0)=x_1(0)-y_d(0)=0.5$，$z_2(0)=x_2(0)-\dot{y}_d(0)=0.5-1=-0.5$。由$|z_1(0)|<k_{b1}$，可取$k_{b1}=0.51$；由$|z_2(0)|<k_{b2}$，可取$k_{b2}=0.51$。即将$x_1$限制在[−1.51,1.51]之内，将$x_2$限制在[−1.51,1.51]之内。取$M=1$，$M=2$，分别采用控制律式(1.12)和式(1.14)进行比较，可发现采用控制律式(1.14)会得到更好的收敛结果。取$M=2$，采用控制律式(1.14)，取$k=10$，仿真结果如图1.7～图1.9所示。

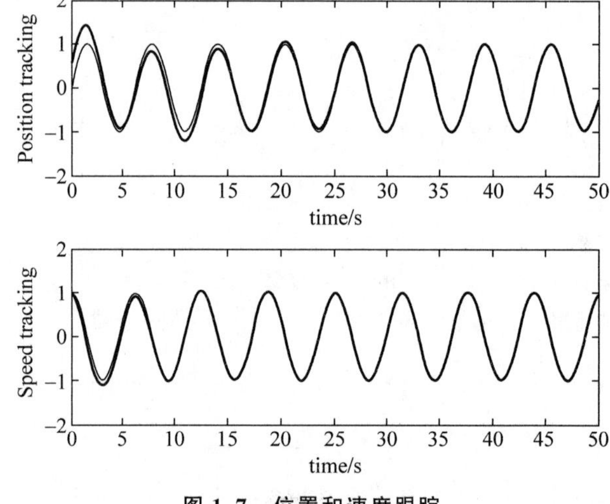

图1.7 位置和速度跟踪

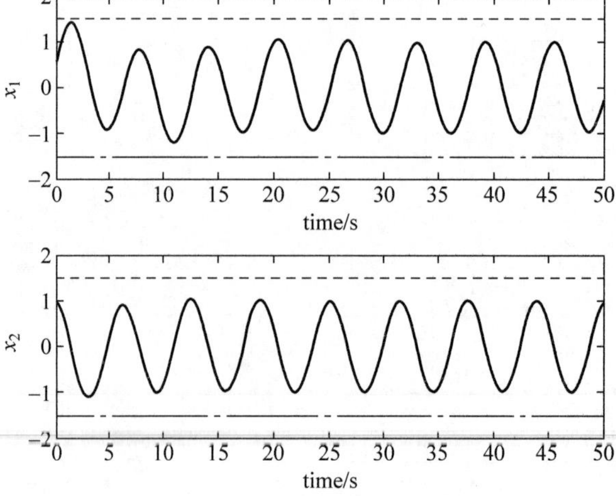

图1.8 $x_1(t)$和$x_2(t)$随时间的变化

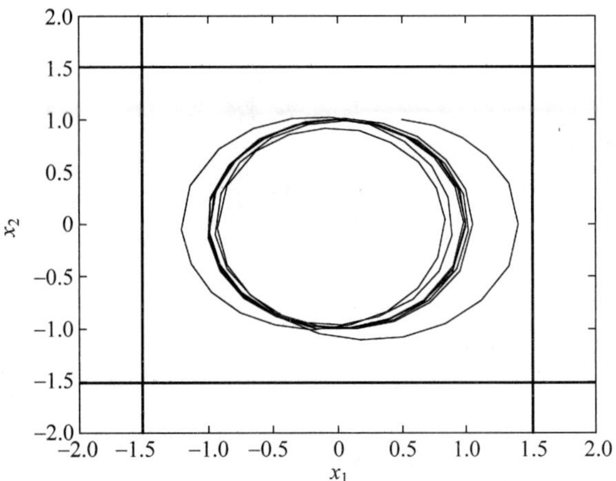

图 1.9　$x_1(t)$和 $x_2(t)$的变化范围

仿真程序：

(1) Simulink 主程序：chap1_3sim. mdl。

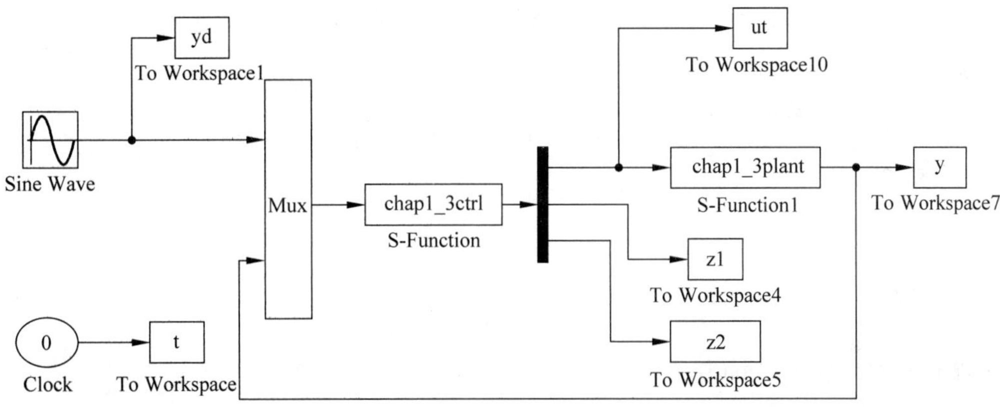

(2) 控制器子程序：chap1_3ctrl. m。

```
function [sys,x0,str,ts] = spacemodel(t,x,u,flag)
switch flag,
case 0,
    [sys,x0,str,ts] = mdlInitializeSizes;
case 3,
    sys = mdlOutputs(t,x,u);
case {2,4,9}
    sys = [];
otherwise
    error(['Unhandled flag = ',num2str(flag)]);
end
function [sys,x0,str,ts] = mdlInitializeSizes
sizes = simsizes;
sizes.NumContStates   = 0;
sizes.NumDiscStates   = 0;
sizes.NumOutputs      = 3;
sizes.NumInputs       = 3;
sizes.DirFeedthrough  = 1;
sizes.NumSampleTimes  = 0;
sys = simsizes(sizes);
```

```
x0 = [];
str = [];
ts = [];
function sys = mdlOutputs(t,x,u)
yd = u(1);dyd = cos(t);ddyd = - sin(t);

x1 = u(2);x2 = u(3);

f = - 25 * x2;b = 133;

z1 = x1 - yd;
dz1 = x2 - dyd;
z2 = dz1;

k = 10;
kb1 = 0.6;
kb2 = 0.15;

M = 2;
if M == 1
temp = - f + ddyd + (kb2^2 - z2^2) * ( - z1/(kb1^2 - z1^2) - k * dz1);
ut = temp/b;
elseif M == 2
temp1 = b/(kb2^2 - z2^2) + b;
temp2 = - z1/(kb1^2 - z1^2) - 1/(kb2^2 - z2^2) * (f - ddyd) - z1 - f + ddyd - k * dz1;
ut = 1/temp1 * temp2;
end

sys(1) = ut;
sys(2) = z1;
sys(3) = z2;
```

(3) 被控对象程序：chap1_3plant.m。

```
function [sys,x0,str,ts] = s_function(t,x,u,flag)
switch flag,
case 0,
    [sys,x0,str,ts] = mdlInitializeSizes;
case 1,
    sys = mdlDerivatives(t,x,u);
case 3,
    sys = mdlOutputs(t,x,u);
case {2, 4, 9}
    sys = [];
otherwise
    error(['Unhandled flag = ',num2str(flag)]);
end
function [sys,x0,str,ts] = mdlInitializeSizes
sizes = simsizes;
sizes.NumContStates   = 2;
sizes.NumDiscStates   = 0;
sizes.NumOutputs      = 2;
sizes.NumInputs       = 1;
sizes.DirFeedthrough  = 0;
sizes.NumSampleTimes  = 0;
sys = simsizes(sizes);
```

```
x0 = [0.5 1];
str = [];
ts = [];
function sys = mdlDerivatives(t,x,u)
sys(1) = x(2);
sys(2) = - 25 * x(2) + 133 * u;
function sys = mdlOutputs(t,x,u)
sys(1) = x(1);
sys(2) = x(2);
```

(4) 作图程序：chap1_3plot.m。

```
close all;
kb1 = 0.51;
kb2 = 0.51;

yd_max = 1.0;yd_min = - 1.0;
dyd_max = 1.0;dyd_min = - 1.0;

x1_max = kb1 + yd_max;
x1_min = - kb1 + yd_min;
x2_max = kb2 + dyd_max;
x2_min = - kb2 + dyd_min;

figure(1);
subplot(211);
plot(t,yd(:,1),'r',t,y(:,1),'b','linewidth',2);
xlabel('time(s)');ylabel('Position tracking');
subplot(212);
plot(t,cos(t),'r',t,y(:,2),'b','linewidth',2);
xlabel('time(s)');ylabel('Speed tracking');

T = t./t;
figure(2);
subplot(211);
plot(t,kb1 * T,'-.r',t, - kb1 * T,'-.k',t,z1(:,1),'b','linewidth',2);
xlabel('time(s)');ylabel('z1');
subplot(212);
plot(t,kb2 * T,'-.r',t, - kb2 * T,'-.k',t,z2(:,1),'b','linewidth',2);
xlabel('time(s)');ylabel('z2');

figure(3);
subplot(211);
plot(t,x1_min * T,'-.r',t,x1_max * T,'-.k',t,y(:,1),'b','linewidth',2);
xlabel('time(s)');ylabel('x1');
subplot(212);
plot(t,x2_min * T,'-.r',t,x2_max * T,'-.k',t,y(:,2),'b','linewidth',2);
xlabel('time(s)');ylabel('x2');

figure(4);
kb1 = 1.51;kb2 = 1.51;
plot( - kb1,[ - 2:0.001:2],'k',kb1,[ - 2:0.001:2],'k');
hold on;
plot([ - 2:0.001:2], - kb1,'k',[ - 2:0.001:2],kb1,'k');
hold on;
plot(y(:,1),y(:,2),'r');
xlabel('x1');ylabel('x2');
```

1.4 按设定误差性能指标收敛控制

1.4.1 问题描述

考虑被控对象为

$$\begin{cases}\dot{x}_1 = x_2 \\ \dot{x}_2 = f(x) + g(x)(u + d(t))\end{cases} \tag{1.15}$$

其中，x_1 和 x_2 为位置和速度的输出，u 为控制输入，$f(x)$和 $g(x)$为已知函数，$d(t)$为未知扰动，且$|d(t)| \leqslant D$。

取 x_1 的理想指令为 x_d，跟踪误差为 $e = x_1 - x_d$，则 $\dot{e} = x_2 - \dot{x}_d$，$\ddot{e} = \dot{x}_2 - \ddot{x}_d = f(x) + g(x)(u + d(t)) - \ddot{x}_d$。

取误差性能指标函数为

$$\lambda(t) = (\lambda(0) - \lambda_\infty)\exp(-lt) + \lambda_\infty \tag{1.16}$$

其中，$l>0$，$0<|e(0)|<\lambda(0)$，$\lambda_\infty>0$。则 $\lambda(t)>0$，且按指数快速递减到 λ_∞ 的值。

1.4.2 跟踪误差性能函数设计

定理 1.1[3-5] 为了保证跟踪误差快速收敛，并达到一定的收敛精度，跟踪误差按下式进行设定：

$$e(t) = \lambda(t)S(\varepsilon) \tag{1.17}$$

于是

$$S(\varepsilon) = \frac{e(t)}{\lambda(t)} \tag{1.18}$$

函数 $S(\varepsilon)$需要满足如下要求：

(1) $S(\varepsilon)$为光滑连续的单调递增函数；

(2) $-1<S(\varepsilon)<1$；

(3) $\lim\limits_{\varepsilon\to+\infty} S(\varepsilon)=1$，$\lim\limits_{\varepsilon\to-\infty} S(\varepsilon)=-1$。

根据上述要求，设计误差性能函数 $S(\varepsilon)$为双曲正切函数，表示为

$$S(\varepsilon) = \frac{\exp(\varepsilon) - \exp(-\varepsilon)}{\exp(\varepsilon) + \exp(-\varepsilon)} \tag{1.19}$$

由于$-1<S(\varepsilon)<1$，则根据 $\lambda(t)$的定义，可得$-\lambda(t)<\lambda(t)S(\varepsilon)<\lambda(t)$，即

$$-\lambda(t) < e(t) < \lambda(t) \tag{1.20}$$

从而跟踪误差的收敛集合为

$$\Xi = \{e \in \mathbf{R}: |e(t)| \leqslant \lambda_\infty\}$$

通过对跟踪误差的限定，可实现理想的输出，并实现输出值范围的限定。

1.4.3 收敛性分析

根据双曲正切函数性质，函数 $S(\varepsilon)$的反函数为

$$\varepsilon=\frac{1}{2}\ln\frac{1+S}{1-S}=\frac{1}{2}\ln\frac{1+\frac{e}{\lambda}}{1-\frac{e}{\lambda}}=\frac{1}{2}\ln\frac{\lambda+e}{\lambda-e}=\frac{1}{2}(\ln(\lambda+e)-\ln(\lambda-e))$$

从而

$$\dot{\varepsilon}=\frac{1}{2}\left(\frac{\dot{\lambda}+\dot{e}}{\lambda+e}-\frac{\dot{\lambda}-\dot{e}}{\lambda-e}\right)$$

$$\begin{aligned}\ddot{\varepsilon}&=\frac{1}{2}\left(\frac{(\ddot{\lambda}+\ddot{e})(\lambda+e)-(\dot{\lambda}+\dot{e})^2}{(\lambda+e)^2}-\frac{(\ddot{\lambda}-\ddot{e})(\lambda-e)-(\dot{\lambda}-\dot{e})^2}{(\lambda-e)^2}\right)\\&=\frac{\ddot{\lambda}(\lambda+e)-(\dot{\lambda}+\dot{e})^2}{2(\lambda+e)^2}+\frac{\ddot{e}(\lambda+e)}{2(\lambda+e)^2}-\frac{\ddot{\lambda}(\lambda-e)-(\dot{\lambda}-\dot{e})^2}{2(\lambda-e)^2}+\frac{\ddot{e}(\lambda-e)}{2(\lambda-e)^2}\\&=\frac{\ddot{\lambda}(\lambda+e)-(\dot{\lambda}+\dot{e})^2}{2(\lambda+e)^2}-\frac{\ddot{\lambda}(\lambda-e)-(\dot{\lambda}-\dot{e})^2}{2(\lambda-e)^2}+\left(\frac{\lambda+e}{2(\lambda+e)^2}+\frac{\lambda-e}{2(\lambda-e)^2}\right)\ddot{e}\end{aligned}$$

取

$$M_1=\frac{\ddot{\lambda}(\lambda+e)-(\dot{\lambda}+\dot{e})^2}{2(\lambda+e)^2}$$

$$M_2=-\frac{\ddot{\lambda}(\lambda-e)-(\dot{\lambda}-\dot{e})^2}{2(\lambda-e)^2}$$

$$M_3=\frac{\lambda+e}{2(\lambda+e)^2}+\frac{\lambda-e}{2(\lambda-e)^2}$$

则有

$$\ddot{\varepsilon}=M_1+M_2+M_3\ddot{e}=M_1+M_2+M_3(f(x)+g(x)(u+d(t))-\ddot{x}_{\mathrm{d}})$$

取滑模函数为 $\sigma=\dot{\varepsilon}+c\varepsilon,c>0$,则有

$$\dot{\sigma}=\ddot{\varepsilon}+c\dot{\varepsilon}=M_1+M_2+M_3(f(x)+g(x)(u+d(t))-\ddot{x}_{\mathrm{d}})+c\dot{\varepsilon}$$

于是

$$\dot{\sigma}=M_1+M_2+M_3f(x)+u_1+M_3g(x)d(t)-M_3\ddot{x}_{\mathrm{d}}+c\dot{\varepsilon}$$

其中,$u_1=M_3g(x)u$。

设计

$$u_1=-k\sigma-\eta\operatorname{sgn}(\sigma)-M_1-M_2-M_3f(x)+M_3\ddot{x}_{\mathrm{d}}-c\dot{\varepsilon}$$

其中,$k>0$。

则控制律为

$$u=\frac{u_1}{M_3g(x)}\tag{1.21}$$

于是

$$\dot{\sigma}=-k\sigma-\eta\operatorname{sgn}(\sigma)+M_3g(x)d(t)$$

定义 Lyapunov 函数为

$$V=\frac{1}{2}\sigma^2$$

从而有

$$\begin{aligned}\dot{V}&=\sigma\dot{\sigma}=\sigma(-k\sigma-\eta\operatorname{sgn}(\sigma)+M_3g(x)d(t))\\&=-k\sigma^2-\eta\mid\sigma\mid+M_3g(x)d(t)\sigma\leqslant-k\sigma^2\\&=-2kV\end{aligned}$$

其中，$\eta\geqslant|M_3g(x)|D$。

求解 $\dot{V}\leqslant-2kV$，可以得到如下收敛效果：

$$V(t)\leqslant\exp(-2k(t-t_0))V(t_0)$$

可见，为使 $V(t)$指数收敛于零，则需 σ 指数收敛于零，ε 和 $\dot{\varepsilon}$ 指数收敛于零，收敛速度取决于控制律中的 k 值。由于双曲正切函数为单调递增函数，函数 $S(\varepsilon)$有界且单调收敛于零，由式(1.17)可知，跟踪误差 $e(t)$单调收敛于零，且 $e(t)$的收敛范围取决于式(1.20)。

根据双曲正切函数导数的性质，$\dot{S}(\varepsilon)=(1-S^2(\varepsilon))\dot{\varepsilon}$，则 $\dot{S}(\varepsilon)$指数收敛于零。由于 $\dot{\lambda}$ 指数收敛于零，λ 指数收敛于 λ_∞。由于 $\dot{\lambda}S$ 和 $\lambda\dot{S}$ 都不是单调的指数收敛，则 $\dot{e}(t)=\dot{\lambda}S+\lambda\dot{S}$ 为单调收敛于零。

1.4.4 仿真实例

单关节刚性机械手动力学方程为

$$M_0(q)\ddot{q}+C_0(q,\dot{q})+g_0(q)=u(q,\dot{q})+\rho(t)$$

其中，$M_0(q)$、$C_0(q,\dot{q})$和 $g_0(q)$为机械手动力学方程的估计项；$\rho(t)=-\Delta M(q)\ddot{q}-\Delta C(q,\dot{q})-\Delta g(q)$；$\Delta M(q)$、$\Delta C(q,\dot{q})$和 $\Delta g(q)$为动力学方程的不确定项。

设 $q_1=q,q_2=\dot{q}$，则式(1.15)可化为如下状态方程：

$$\begin{cases}\dot{q}_1=q_2\\\dot{q}_2=M_0^{-1}(q_1)(-C_0(q_1,q_2)-g_0(q_1)+\rho(t)+u(q_1,q_2))\end{cases}$$

取 $M_0(q_1)=0.1+0.06\sin(q_1)$，$C_0(q_1,q_2)=0.03\cos(q_1)+0.5q_2^2$，$g_0(q_1)=mgl\cos(q_1)$，$m=0.02$，$g=9.8$，$l=0.05$，$\rho(t)=3\sin t$。再取 $x_1=q_1$，$x_2=q_2$，结合式(1.15)，则有

$$\begin{aligned}&f(x)=M_0^{-1}(q_1)(-C_0(q_1,q_2)-g_0(q_1))\\&g(x)=M_0^{-1}(q_1)\\&d(t)=\rho(t)\end{aligned}$$

初始状态为[0.50,0]，理想指令为 $x_{\mathrm{d}}=\sin(t)$，则 $e(0)=x_1(0)-x_{\mathrm{d}}(0)=0.50$。误差指标函数取式(1.16)，并取 $l=5.0$，$\lambda(0)=0.51$，$\lambda_\infty=0.001$；采用控制律式(1.21)，取 $c=50$，$D=3.0$，$\eta=|M_3g(x)|D+0.10$，$k=10$，仿真结果如图 1.10～图 1.12 所示。

需要说明的是，仿真过程中，在以下两种情况下，$\lambda(t)$接近 $e(t)$：

(1) 当 $t=0$，$\lambda(0)$接近 $e(0)$时；

(2) 当 $t\to\infty$，λ_∞取值很小时，$e(t)$接近 λ_∞。

在该两种情况下，根据 $S(\varepsilon)=\dfrac{e(t)}{\lambda(t)}$，函数 $S(\varepsilon)$接近于1.0，此时函数 $S(\varepsilon)$的反函数 $\varepsilon=\dfrac{1}{2}\ln\dfrac{1+S}{1-S}$中容易产生奇异或$\dfrac{1+S}{1-S}$为负。

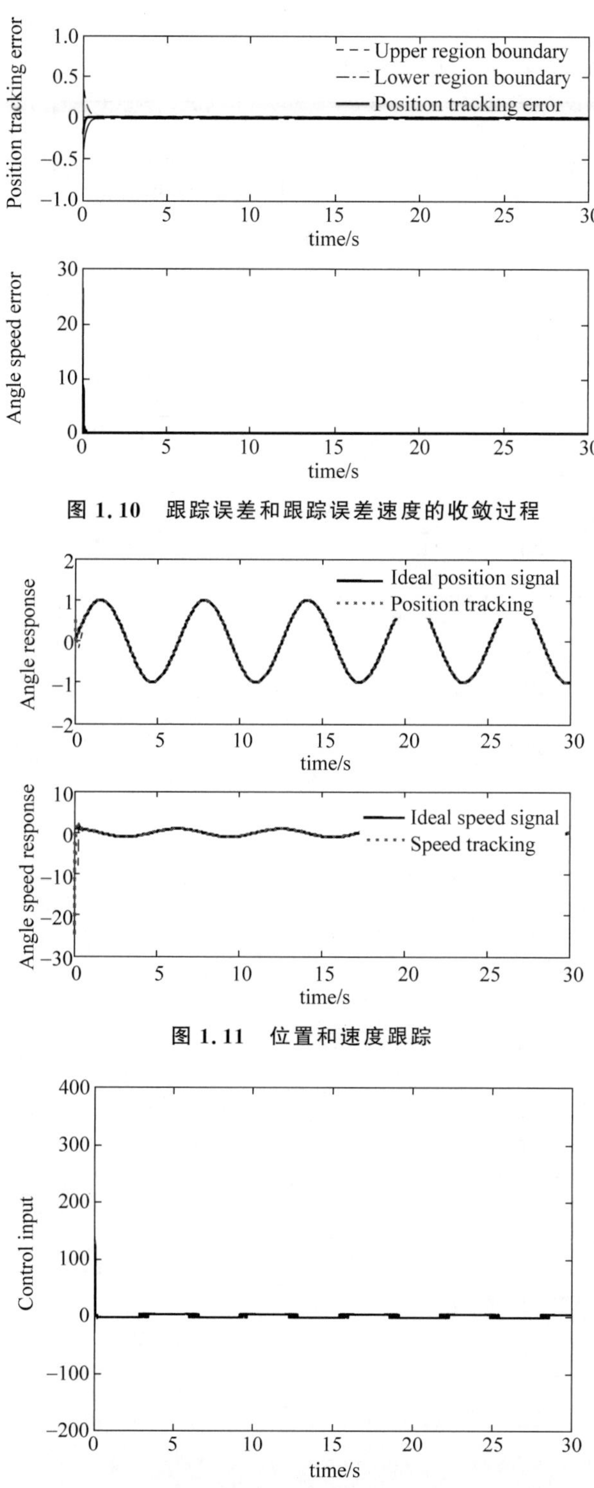

图 1.10 跟踪误差和跟踪误差速度的收敛过程

图 1.11 位置和速度跟踪

图 1.12 控制输入

避免方法：$\lambda(0)$不能过于接近 $e(0)$，λ_∞值也不能太小；如果 $\lambda(0)$接近 $e(0)$或 λ_∞取值很小，为了避免产生奇异，需要相应地改变 Simulink 环境下数值分析求解的方法，本仿真采用定点求解方法，间隔时间取 0.001。

仿真程序：

（1）Simulink 主程序：chap1_4sim.mdl。

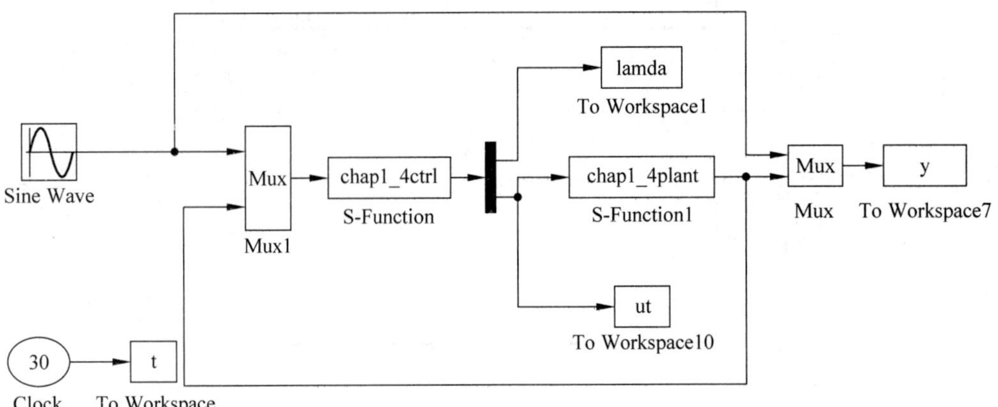

（2）控制器 S 函数：chap1_4ctrl.m。

```
function [sys,x0,str,ts] = spacemodel(t,x,u,flag)
switch flag,
case 0,
    [sys,x0,str,ts] = mdlInitializeSizes;
case 3,
    sys = mdlOutputs(t,x,u);
case {2,4,9}
    sys = [];
otherwise
    error(['Unhandled flag = ',num2str(flag)]);
end
function [sys,x0,str,ts] = mdlInitializeSizes
sizes = simsizes;
sizes.NumContStates  = 0;
sizes.NumDiscStates  = 0;
sizes.NumOutputs     = 2;
sizes.NumInputs      = 3;
sizes.DirFeedthrough = 1;
sizes.NumSampleTimes = 0;
sys = simsizes(sizes);
x0 = [];
str = [];
ts = [];
function sys = mdlOutputs(t,x,u)
xd = u(1);
dxd = cos(t);
ddxd = - sin(t);
x1 = u(2);
x2 = u(3);

m = 0.02;g = 9.8;l = 0.05;
g0 = m * g * l * cos(x1);

M0 = 0.1 + 0.06 * sin(x1);
C0 = 0.03 * cos(x1) + 0.5 * x2^2;
fx = inv(M0) * ( - C0 - g0);
```

```
gx = inv(M0);

e = x1 - xd;
de = x2 - dxd;

l = 5;

M = 2;
if M == 1
    lamda0 = 0.5001;
    lamda_inf = 0.0001;
elseif M == 2
    lamda0 = 0.51;
    lamda_inf = 0.01;
end

lamda = (lamda0 - lamda_inf) * exp( - l * t) + lamda_inf;
dlamda = - l * (lamda0 - lamda_inf) * exp( - l * t);
ddlamda = l^2 * (lamda0 - lamda_inf) * exp( - l * t);

S = e/lamda;

epc = 0.5 * log((1 + S)/(1 - S));

depc = (de * lamda - e * dlamda)/((lamda + e) * lamda);

D = 3.0;
c = 50;
k = 10;

E = c * epc + depc;

M1 = (ddlamda * (lamda + e) - (dlamda + de)^2)/(2 * (lamda + e)^2);
M2 = - (ddlamda * (lamda - e) - (dlamda - de)^2)/(2 * (lamda - e)^2);
M3 = (lamda + e)/(2 * (lamda + e)^2) + (lamda - e)/(2 * (lamda - e)^2);

xite = abs(M3 * gx) * D + 0.10;

delta = 0.020;
kk = 1/delta;
if abs(E)> delta
   satE = sign(E);
else
   satE = kk * E;
end
u1 = - k * E - xite * satE - M1 - M2 - M3 * fx + M3 * ddxd - c * depc;
ut = u1/(M3 * gx);

sys(1) = lamda;
sys(2) = ut;
```

(3) 被控对象 S 函数：chap1_4plant. m。

```
function [sys,x0,str,ts] = s_function(t,x,u,flag)
switch flag,
case 0,
```

```
    [sys,x0,str,ts] = mdlInitializeSizes;
case 1,
    sys = mdlDerivatives(t,x,u);
case 3,
    sys = mdlOutputs(t,x,u);
case {2, 4, 9}
    sys = [];
otherwise
    error(['Unhandled flag = ',num2str(flag)]);
end
function [sys,x0,str,ts] = mdlInitializeSizes
sizes = simsizes;
sizes.NumContStates  = 2;
sizes.NumDiscStates  = 0;
sizes.NumOutputs     = 2;
sizes.NumInputs      = 1;
sizes.DirFeedthrough = 0;
sizes.NumSampleTimes = 0;
sys = simsizes(sizes);
x0 = [0.50 0];
str = [];
ts = [];
function sys = mdlDerivatives(t,x,u)
ut = u(1);
q1 = x(1);q2 = x(2);

m = 0.02;g = 9.8;l = 0.05;
g0 = m * g * l * cos(q1);

M0 = 0.1 + 0.06 * sin(q1);
C0 = 0.03 * cos(q1) + 0.5 * q2^2;
fx = inv(M0) * ( - C0 - g0);
gx = inv(M0);

sys(1) = x(2);
sys(2) = fx + gx * (ut + 3 * sin(t));
function sys = mdlOutputs(t,x,u)
sys(1) = x(1);
sys(2) = x(2);
```

（4）作图程序：chap1_4plot. m。

```
close all;

figure(1);
subplot(211);
plot(t,lamda,'-.r',t,-lamda,'-.b',t,y(:,2)-y(:,1),'k','linewidth',2);
legend('Upper region boundary','Lower region boundary','Position tracking error');
xlabel('time(s)');ylabel('Position tracking error');
subplot(212);
plot(t,abs(cos(t)-y(:,3)),'r','linewidth',2);
xlabel('time(s)');ylabel('Angle speed error');

figure(2);
subplot(211);
plot(t,y(:,1),'k',t,y(:,2),'r:','linewidth',2);
```

```
legend('Ideal position signal','Position tracking');
xlabel('time(s)');ylabel('Angle response');
subplot(212);
plot(t,cos(t),'k',t,y(:,3),'r:','linewidth',2);
legend('Ideal speed signal','Speed tracking');
xlabel('time(s)');ylabel('Angle speed response');

figure(3);
plot(t,ut(:,1),'k','linewidth',2);
xlabel('time(s)');ylabel('Control input');
```

参考文献

[1] K P Tee, S S Ge, E H Tay. Barrier Lyapunov functions for the control of output-constrained nonlinear systems, Automatica, 2009, 45: 918-927.

[2] K P Tee, S S Ge. Control of Nonlinear Systems with full state constraint using a Barrier Lyapunov function, Joint 48th IEEE Conference on Decision and Control and 28th Chinese Control Conference Shanghai, P. R. China, December 16-18, 2009.

[3] C P Bechlioulis, G A Rovithakis. Robust adaptive control of feedback linearizable MIMO nonlinear systems with prescribed performance, IEEE Transactions on Automatic Control, 2008, 53 (9): 2090-2099.

[4] C P Bechlioulis, G A Rovithakis. Adaptive control with guaranteed transient and steady state tracking error bounds for strict feedback systems, Automatica, 2009,45(2): 532-538.

[5] C P Bechlioulis, G A Rovithakis. Prescribed performance adaptive control for multi-input multi-output affine in the control nonlinear systems, IEEE Transactions on Automatic Control, 2010, 55(5): 1220-1226.

第2章 控制系统输入受限控制

在实际的控制系统中，由于其自身的物理特性而引起的执行机构输出幅值是有限的，即输入受限问题。该问题是目前控制系统中最为常见的一种非线性问题。由于控制输入受限的存在，可能导致整个控制系统发散，进而导致整个控制系统失控。即使系统不发散，长时间高强度的振荡也会导致控制系统结构损坏，从而导致故障。所以，控制输入受限控制是多年来的热门研究课题。

本章以单关节机械手的执行电机为被控对象，讨论控制系统控制输入受限下的控制器设计方法。

2.1 基于双曲正切的控制输入受限控制

2.1.1 定理及分析

引理 2.1[1] 如下动态系统为全局渐近稳定：

$$\dot{\gamma}_1=\gamma_2$$

$$\dot{\gamma}_2=-\alpha\tanh(k\gamma_1+l\gamma_2)-\beta\tanh(l\gamma_2) \tag{2.1}$$

其中，α、β、k、$l>0$。

证明：考虑函数 $\cosh(x)=\dfrac{e^{-x}+e^{x}}{2}\geqslant 1$，$\ln(\cosh(x))\geqslant 0$，且 $x=0$ 时，$\ln(\cosh(x))=0$。为了证明当 $t\to\infty$ 时，有 $\gamma_1\to 0$ 和 $\gamma_2\to 0$，定义 Lyapunov 函数为

$$V=\alpha\ln(\cosh(k\gamma_1+l\gamma_2))+\beta\ln(\cosh(l\gamma_2))+\frac{1}{2}k\gamma_2^2 \tag{2.2}$$

则

$$\begin{aligned}\dot{V}&=\alpha\frac{\sinh(k\gamma_1+l\gamma_2)}{\cosh(k\gamma_1+l\gamma_2)}(k\dot{\gamma}_1+l\dot{\gamma}_2)+\beta\frac{\sinh(l\gamma_2)}{\cosh(l\gamma_2)}l\dot{\gamma}_2+k\gamma_2\dot{\gamma}_2\\&=\alpha(k\dot{\gamma}_1+l\dot{\gamma}_2)\tanh(k\gamma_1+l\gamma_2)+\beta l\dot{\gamma}_2\tanh(l\gamma_2)+k\gamma_2\dot{\gamma}_2\end{aligned}$$

令 $t_1=\tanh(k\gamma_1+l\gamma_2)$，$t_2=\tanh(l\gamma_2)$，则 $\dot{\gamma}_2=-\alpha t_1-\beta t_2$，上式可写为

$$\begin{aligned}\dot{V}&=\alpha(k\gamma_2+l(-\alpha t_1-\beta t_2))t_1+\beta l(-\alpha t_1-\beta t_2)t_2+k\gamma_2(-\alpha t_1-\beta t_2)\\&=\alpha k\gamma_2 t_1-l\alpha^2 t_1^2-l\alpha\beta t_2 t_1-l\beta\alpha t_1 t_2-l\beta^2 t_2^2-k\alpha\gamma_2 t_1-k\beta\gamma_2 t_2\\&=-l(\alpha^2 t_1^2+2l\alpha\beta t_2 t_1+\beta^2 t_2^2)-k\beta\gamma_2 t_2\\&=-l(\alpha t_1+\beta t_2)^2-k\beta\gamma_2 t_2\end{aligned}$$

由于 $x\tanh(x)=x\dfrac{e^x-e^{-x}}{e^x+e^{-x}}\geqslant 0$，则 $\gamma_2 t_2=\gamma_2\tanh(l\gamma_2)\geqslant 0$，从而 $\dot{V}\leqslant 0$，且当且仅当 $\gamma_1=\gamma_2=0$ 时，$\dot{V}=0$。即当 $\dot{V}\equiv 0$ 时，$\gamma_1=\gamma_2=0$。根据 LaSalle 不变性原理（见附录 2），式(2.1)为渐进稳定，即当 $t\to\infty$ 时，$\gamma_1\to 0$，$\gamma_2\to 0$。系统的收敛速度取决于 α、β、k、l。

由于 $\tanh(x)=\dfrac{e^x-e^{-x}}{e^x+e^{-x}}\in[-1\quad +1]$，则

$$|\dot{\gamma}_2|=|-\alpha\tanh(k\gamma_1+l\gamma_2)-\beta\tanh(l\gamma_2)|\leqslant\alpha+\beta$$

因此，如果针对模型式(2.1)的结构，并按式(2.1)设计控制律，便可以实现控制输入的受限。

2.1.2 基于双曲正切的控制输入受限控制

单关节机械手可简化为如下被控对象：

$$\begin{cases}\dot{x}_1=x_2\\ \dot{x}_2=\dfrac{1}{J}u\end{cases}\tag{2.3}$$

其中，角度为 x_1，角速度为 x_2，控制输入为 u，J 为转动惯量。

取 x_1 的指令为 x_{1d}，定义

$$e=x_1-x_{1d},\quad \dot{e}=x_2-\dot{x}_{1d},\quad \ddot{e}=\dot{x}_2-\ddot{x}_{1d}=\frac{1}{J}u-\ddot{x}_{1d}$$

令 $e_1=e$，$e_2=\dot{e}$，则模型变为

$$\dot{e}_1=e_2$$
$$\dot{e}_2=\frac{1}{J}u-\ddot{x}_{1d}$$

取 $v=\dfrac{1}{J}u-\ddot{x}_{1d}$，则模型变为

$$\dot{e}_1=e_2$$
$$\dot{e}_2=v$$

采用引理 2.1，如果设计控制律为

$$v=-\alpha\tanh(ke_1+le_2)-\beta\tanh(le_2)\tag{2.4}$$

则可实现 $e\to 0$，$\dot{e}\to 0$，此时对应的实际控制律为

$$u=J(v+\ddot{x}_{1d})\tag{2.5}$$

可见，根据式(2.4)，有

$$|u|\leqslant J(\alpha+\beta+\max\{\ddot{x}_{1d}\})\tag{2.6}$$

从而可控制输入的受限，且控制输入受限的幅度可由 α 和 β 调节。

2.1.3 仿真实例

考虑被控对象为式(2.1)，初始状态为[0.5　0]，取 $J=10$，取角度指令为 $x_{1d}=\sin t$。按式(2.4)和式(2.5)设计控制律，取 $\alpha=10$，$\beta=10$，$k=10$，$l=10$，则根据式(2.6)，控制输入幅度为 $|u|\leqslant 10(10+10+1)=210$。仿真结果如图 2.1 和图 2.2 所示。

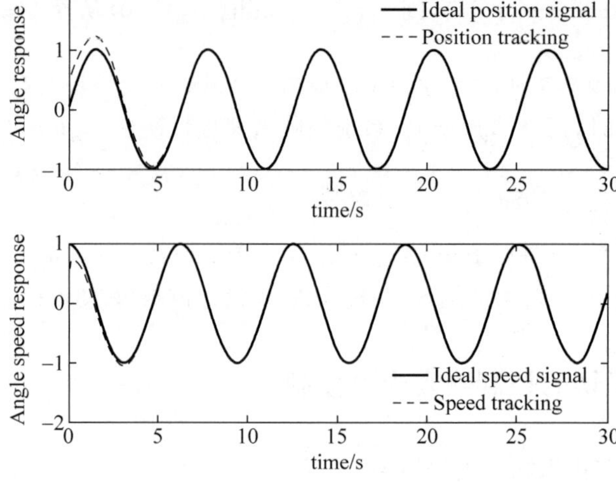

图 2.1 角度和角速度跟踪

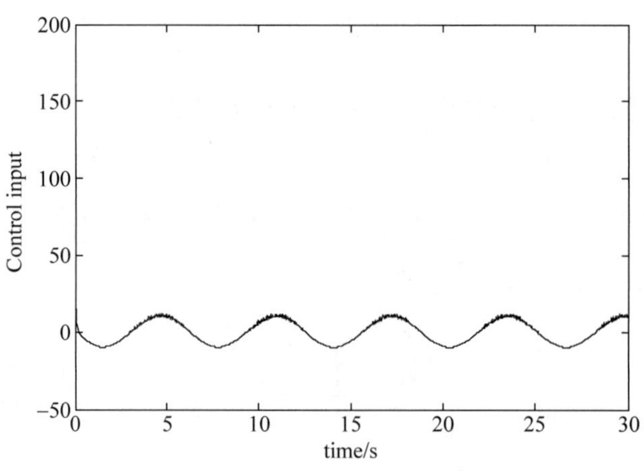

图 2.2 控制输入

仿真程序：

（1）Simulink 主程序：chap2_1sim. mdl。

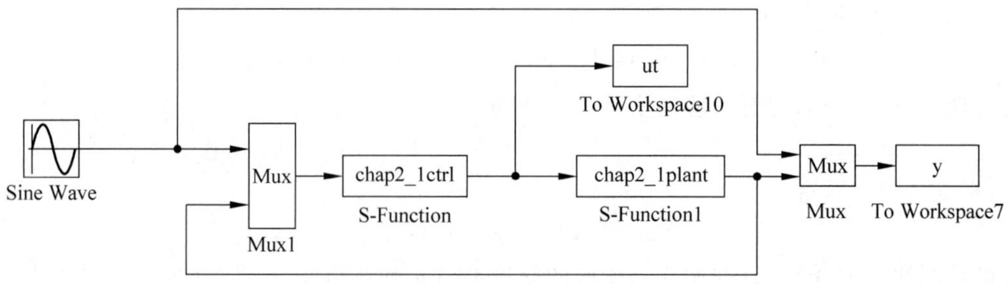

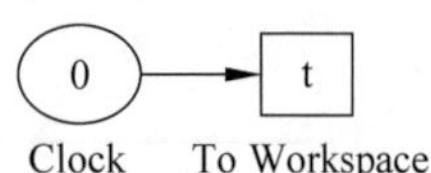

（2）控制器程序：chap2_1ctrl. m。

```
function [sys,x0,str,ts] = spacemodel(t,x,u,flag)
switch flag,
```

```
case 0,
    [sys,x0,str,ts] = mdlInitializeSizes;
case 3,
sys = mdlOutputs(t,x,u);
case {2,4,9}
sys = [];
otherwise
error(['Unhandled flag = ',num2str(flag)]);
end
function [sys,x0,str,ts] = mdlInitializeSizes
sizes = simsizes;
sizes.NumContStates  = 0;
sizes.NumDiscStates  = 0;
sizes.NumOutputs     = 1;
sizes.NumInputs      = 3;
sizes.DirFeedthrough = 1;
sizes.NumSampleTimes = 0;
sys = simsizes(sizes);
x0 = [];
str = [];
ts = [];
function sys = mdlOutputs(t,x,u)
xd = u(1);
dxd = cos(t);
ddxd = - sin(t);

x1 = u(2);
x2 = u(3);

e = x1 - xd;
de = x2 - dxd;

alfa = 10;beta = 10;
k = 10;l = 10;

v = - alfa * tanh(k * e + l * de) - beta * tanh(l * de);
J = 10;
ut = J * (v + ddxd);
sys(1) = ut;
```

(3) 被控对象程序：chap2_1plant.m。

```
function [sys,x0,str,ts] = s_function(t,x,u,flag)
switch flag,
case 0,
    [sys,x0,str,ts] = mdlInitializeSizes;
case 1,
sys = mdlDerivatives(t,x,u);
case 3,
sys = mdlOutputs(t,x,u);
case {2, 4, 9}
sys = [];
otherwise
error(['Unhandled flag = ',num2str(flag)]);
end
function [sys,x0,str,ts] = mdlInitializeSizes
```

```
sizes = simsizes;
sizes.NumContStates   = 2;
sizes.NumDiscStates   = 0;
sizes.NumOutputs      = 2;
sizes.NumInputs       = 1;
sizes.DirFeedthrough  = 0;
sizes.NumSampleTimes  = 0;
sys = simsizes(sizes);
x0 = [0.5 0];
str = [];
ts = [];
function sys = mdlDerivatives(t,x,u)
J = 10;
sys(1) = x(2);
sys(2) = 1/J * u;
function sys = mdlOutputs(t,x,u)
sys(1) = x(1);
sys(2) = x(2);
```

（4）作图程序：chap2_1plot.m。

```
close all;

figure(1);
subplot(211);
plot(t,y(:,1),'k',t,y(:,2),'r:','linewidth',2);
legend('Ideal position signal','Position tracking');
xlabel('time(s)');ylabel('Angle response');
subplot(212);
plot(t,cos(t),'k',t,y(:,3),'r:','linewidth',2);
legend('Ideal speed signal','Speed tracking');
xlabel('time(s)');ylabel('Angle speed response');

figure(2);
plot(t,ut(:,1),'k','linewidth',2);
xlabel('time(s)');ylabel('Control input');
```

2.2 负载未知下的控制输入受限控制

2.2.1 问题的提出

针对负载未知的单关节机械手可简化为如下被控对象：

$$\begin{cases}\dot{x}_1=x_2\\ \dot{x}_2=\dfrac{1}{J}u\end{cases}\tag{2.7}$$

其中，角度为 x_1，角速度为 x_2，控制输入为 u，J 为未知转动惯量，$J>0$，$J_{\min}\leqslant J\leqslant J_{\max}$。

取 x_1 的指令为 x_{1d}，定义 $e=x_1-x_{1d}$，则

$$\dot{e}=x_2-\dot{x}_{1d},\quad \ddot{e}=\dot{x}_2-\ddot{x}_{1d}=\frac{1}{J}u-\ddot{x}_{1d}$$

令 $e_1=e$，$e_2=\dot{e}$，则模型式(2.7)变为

$$\begin{cases}\dot{e}_1 = e_2 \\ \dot{e}_2 = \dfrac{1}{J}u - \ddot{x}_{1d}\end{cases} \tag{2.8}$$

假设转动惯量 J 为已知，取 $v = \frac{1}{J}u - \ddot{x}_{1d}$，则上式变为

$$\dot{e}_1 = e_2$$

$$\dot{e}_2 = v \tag{2.9}$$

采用引理 2.1[1]，针对模型式(2.9)，如果设计控制律为

$$v = -\alpha \tanh(ke_1 + le_2) - \beta \tanh(le_2)$$

其中，α、β、k、$l>0$。

考虑到转动惯量 J 已知，为了实现 $e \to 0$，$\dot{e} \to 0$，此时对应的实际控制律为

$$u = J(v + \ddot{x}_{1d}) \tag{2.10}$$

由于实际工程中转动惯量 J 一般为未知，上述控制律无法实现。为此，需要对转动惯量 J 进行自适应估计。

2.2.2 自适应控制律设计

针对转动惯量 J 为未知的情况，采用自适应控制方法，参考式(2.10)，设计控制律为

$$u = \hat{J}(v + \ddot{x}_{1d}) \tag{2.11}$$

可见，如果能保证 $\hat{J} \leqslant J_{\max}$，则

$$|u| \leqslant J_{\max}(\alpha + \beta + \max\{\ddot{x}_{1d}\}) \tag{2.12}$$

从而可实现控制输入的受限，且控制输入受限的幅度可由 α 和 β 来调节。

2.2.3 闭环系统稳定性分析

采用自适应控制律式(2.11)，则根据式(2.8)，有

$$\begin{aligned} J\dot{e}_2 &= u - J\ddot{x}_{1d} = \hat{J}(v + \ddot{x}_{1d}) - J\ddot{x}_{1d} \\ &= -\hat{J}(\alpha \tanh(ke_1 + le_2) + \beta \tanh(le_2)) - \tilde{J}\ddot{x}_{1d} \end{aligned}$$

其中 $\tilde{J} = J - \hat{J}$。

闭环系统变为

$$\begin{cases}\dot{e}_1 = e_2 \\ J\dot{e}_2 = -\hat{J}(\alpha \tanh(ke_1 + le_2) + \beta \tanh(le_2)) - \tilde{J}\ddot{x}_{1d}\end{cases} \tag{2.13}$$

为了实现 $e_1 \to 0$，$e_2 \to 0$，并实现 J 的自适应估计，设计 Lyapunov 函数为

$$V = \alpha J \ln(\cosh(ke_1 + le_2)) + \beta J \ln(\cosh(le_2)) + \frac{1}{2}kJe_2^2 + \frac{1}{2\gamma}\tilde{J}^2$$

其中 $\gamma > 0$。

于是

$$\dot{V} = \alpha J \frac{\sinh(ke_1 + le_2)}{\cosh(ke_1 + le_2)}(k\dot{e}_1 + l\dot{e}_2) + \beta J \frac{\sinh(le_2)}{\cosh(le_2)} l\dot{e}_2 + kJe_2\dot{e}_2 + \frac{1}{\gamma}\tilde{J}\dot{\tilde{J}}$$

定义 $t_1=\tanh(ke_1+le_2)$，$t_2=\tanh(le_2)+\frac{1}{\beta\hat{J}}\tilde{J}\ddot{x}_{1d}$，则根据式(2.13)，有

$$J\dot{e}_2=-\hat{J}(\alpha t_1+\beta t_2)$$

则

$$\begin{aligned}\dot{V}&=\alpha J(k\dot{e}_1+l\dot{e}_2)\tanh(ke_1+le_2)+\beta lJ\dot{e}_2\tanh(le_2)+kJe_2\dot{e}_2-\frac{1}{\gamma}\tilde{J}\dot{\hat{J}}\\&=\alpha(kJ\dot{e}_1+lJ\dot{e}_2)t_1+\beta lJ\dot{e}_2\left(t_2-\frac{1}{\beta\hat{J}}\tilde{J}\ddot{x}_{1d}\right)+kJe_2\dot{e}_2-\frac{1}{\gamma}\tilde{J}\dot{\hat{J}}\\&=\alpha kJ\dot{e}_1t_1+J\dot{e}_2(\alpha lt_1+\beta lt_2)-lJ\dot{e}_2\frac{1}{\hat{J}}\tilde{J}\ddot{x}_{1d}+kJe_2\dot{e}_2-\frac{1}{\gamma}\tilde{J}\dot{\hat{J}}\\&=\alpha kJ\dot{e}_1t_1-\hat{J}(\alpha t_1+\beta t_2)(\alpha lt_1+\beta lt_2)+l(\alpha t_1+\beta t_2)\tilde{J}\ddot{x}_{1d}+kJe_2\dot{e}_2-\frac{1}{\gamma}\tilde{J}\dot{\hat{J}}\\&=-\hat{J}l(\alpha t_1+\beta t_2)^2+\alpha ke_2t_1J+l(\alpha t_1+\beta t_2)\tilde{J}\ddot{x}_{1d}+ke_2(-\hat{J}(\alpha t_1+\beta t_2))-\frac{1}{\gamma}\tilde{J}\dot{\hat{J}}\\&=-\hat{J}l(\alpha t_1+\beta t_2)^2-ke_2\beta t_2\hat{J}+\alpha ke_2t_1J-\alpha ke_2t_1\hat{J}+l(\alpha t_1+\beta t_2)\tilde{J}\ddot{x}_{1d}-\frac{1}{\gamma}\tilde{J}\dot{\hat{J}}\\&=-\hat{J}l(\alpha t_1+\beta t_2)^2-ke_2\beta\hat{J}\left(\tanh(le_2)+\frac{1}{\beta\hat{J}}\tilde{J}\ddot{x}_{1d}\right)+\alpha ke_2(\tanh(ke_1+le_2))\tilde{J}+\\&\quad l(\alpha t_1+\beta t_2)\tilde{J}\ddot{x}_{1d}-\frac{1}{\gamma}\tilde{J}\dot{\hat{J}}\\&=-\hat{J}l(\alpha t_1+\beta t_2)^2-ke_2\beta\hat{J}\tanh(le_2)-ke_2\tilde{J}\ddot{x}_{1d}+\alpha ke_2(\tanh(ke_1+le_2))\tilde{J}+\\&\quad l\left(\alpha\tanh(ke_1+le_2)+\beta\left(\tanh(le_2)+\frac{1}{\beta\hat{J}}\tilde{J}\ddot{x}_{1d}\right)\right)\tilde{J}\ddot{x}_{1d}-\frac{1}{\gamma}\tilde{J}\dot{\hat{J}}\\&=-\hat{J}l(\alpha t_1+\beta t_2)^2-ke_2\beta\hat{J}\tanh(le_2)+(\alpha ke_2(\tanh(ke_1+le_2))-ke_2\ddot{x}_{1d})\tilde{J}+\\&\quad l(\alpha\tanh(ke_1+le_2)+\beta\tanh(le_2))\tilde{J}\ddot{x}_{1d}+\frac{l}{\hat{J}}(\tilde{J}\ddot{x}_{1d})^2-\frac{1}{\gamma}\tilde{J}\dot{\hat{J}}\\&=-\hat{J}l(\alpha t_1+\beta t_2)^2-ke_2\beta\hat{J}\tanh(le_2)+\\&\quad\{\alpha ke_2(\tanh(ke_1+le_2))-ke_2\ddot{x}_{1d}+l(\alpha\tanh(ke_1+le_2)+\beta\tanh(le_2))\ddot{x}_{1d}\}\tilde{J}+\\&\quad\frac{l}{\hat{J}}(\tilde{J}\ddot{x}_{1d})^2-\frac{1}{\gamma}\tilde{J}\dot{\hat{J}}\end{aligned}$$

如果按传统方法，可设计自适应律为

$$\dot{\hat{J}}=\gamma(\alpha ke_2\tanh(ke_1+le_2)-ke_2\ddot{x}_{1d}+l\alpha\tanh(ke_1+le_2)\ddot{x}_{1d}+l\beta\tanh(le_2)\ddot{x}_{1d})$$

但采用该自适应律，无法保证 $\hat{J}$ 有界。为了使 $\hat{J}$ 有界，设计映射自适应律。

$$\dot{\hat{J}}=\mathrm{Proj}_{\hat{J}}(\gamma(\alpha ke_2\tanh(ke_1+le_2)-ke_2\ddot{x}_{1d}+l\alpha\tanh(ke_1+le_2)\ddot{x}_{1d}+l\beta\tanh(le_2)\ddot{x}_{1d}))\tag{2.14}$$

投影映射算法设计为

$$\mathrm{Proj}_J(\cdot)=\begin{cases}0, & \hat{J}\geqslant J_{\max}\text{ 且 }\cdot>0\\0, & \hat{J}\leqslant J_{\min}\text{ 且 }\cdot<0\\\cdot, & \text{其他}\end{cases}\tag{2.15}$$

采用自适应律式(2.15)，可保证$(\cdot)\tilde{J}-\frac{1}{\gamma}\tilde{J}\ \mathrm{Proj}_J(\cdot)\leqslant 0$，从而可得

$$\dot{V}\leqslant-\hat{J}l(\alpha t_1+\beta t_2)^2-ke_2\beta\hat{J}\tanh(le_2)+\frac{l}{\hat{J}}(\tilde{J}\ddot{x}_{1d})^2$$

参考文献[1]的分析方法，收敛性分析如下：

(1) 取$\varepsilon=\frac{l}{\hat{J}}(\tilde{J}\ddot{x}_{1d})^2$，由于$\tilde{J}$、$\hat{J}$和$\ddot{x}_{1d}$有界，则通过选取$l$足够小，对于任意$\delta_1>0$，存在一个有限时间$t_{\delta_1}$，使得$|\varepsilon|<\delta_1$成立。

(2) 对于$e_1\neq 0$或$e_2\neq 0$，由于

$$-\hat{J}l(\alpha t_1+\beta t_2)^2-ke_2\beta\hat{J}\tanh(le_2)<0$$

恒成立。

因此，对于任意的$\delta_2>0$，存在一个有限时间t_{δ_2}，当$\|e\|\geqslant\delta_2$，使得$\dot{V}\leqslant 0$成立。因此e在有限时间内收敛到半径为δ_2的紧集内，并且保持在该紧集内。

2.2.4 仿真实例

考虑被控对象为式(2.7)，初始状态为$[0.5\quad 0]$，取$J=10$，取角度指令为$x_{1d}=\sin t$。

按式(2.11)和式(2.14)设计控制律和自适应律，取自适应估计$\hat{J}$的初始值为6.0，取$J_{\min}=5.0$，$J_{\max}=15$，控制器参数取$k=10$，$l=10$，$\gamma=10$。

如果执行器幅度在$[0,315]$，则可取$\alpha=10$，$\beta=10$。根据式(2.12)，控制输入幅度为$|u|\leqslant J_{\max}(\alpha+\beta+\max\{\ddot{x}_{1d}\})=15(10+10+1.0)=315$。仿真结果如图2.3～图2.5所示。

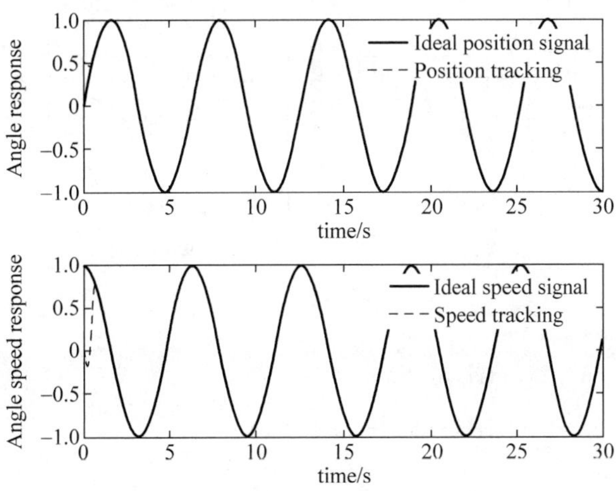

图2.3 角度和角速度跟踪

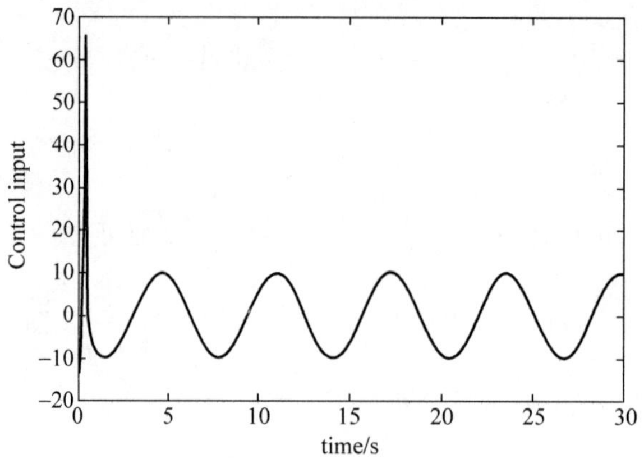

图 2.4 控制输入

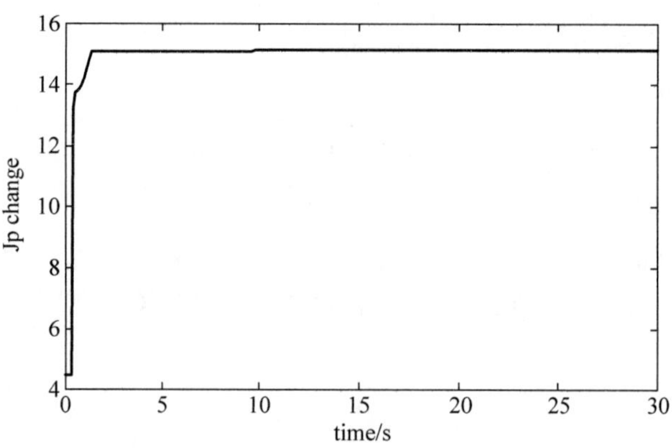

图 2.5 $\hat{J}$ 的自适应变化

仿真程序：

(1) Simulink 主程序：chap2_2sim. mdl。

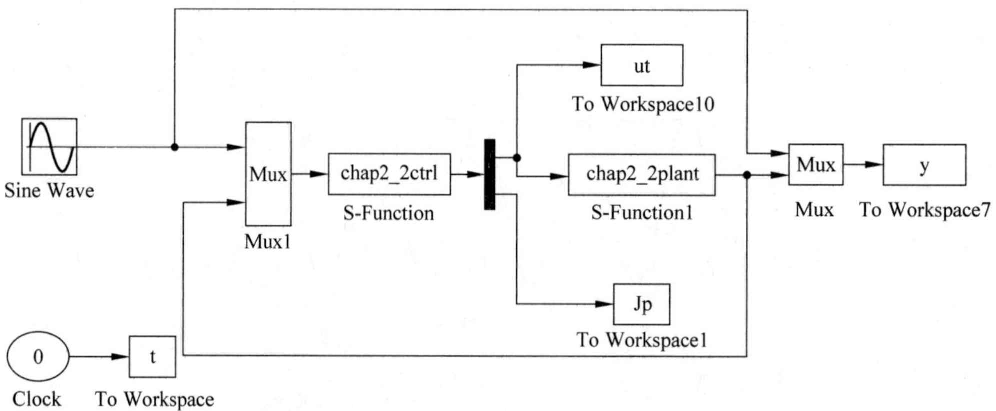

(2) 控制器程序：chap2_2ctrl. m。

```
function [sys,x0,str,ts] = spacemodel(t,x,u,flag)
switch flag,
case 0,
    [sys,x0,str,ts] = mdlInitializeSizes;
case 1,
```

```
sys = mdlDerivatives(t,x,u);
case 3,
sys = mdlOutputs(t,x,u);
case {2,4,9}
sys = [];
otherwise
error(['Unhandled flag = ',num2str(flag)]);
end
function [sys,x0,str,ts] = mdlInitializeSizes
sizes = simsizes;
sizes.NumContStates  = 1;
sizes.NumDiscStates  = 0;
sizes.NumOutputs     = 2;
sizes.NumInputs      = 3;
sizes.DirFeedthrough = 1;
sizes.NumSampleTimes = 0;
sys = simsizes(sizes);
x0 = [6];
str = [];
ts = [];
function sys = mdlDerivatives(t,x,u)

Jp = x(1);
x1d = u(1);
dx1d = cos(t);
ddx1d = - sin(t);
x1 = u(2);
x2 = u(3);

e1 = x1 - x1d;
e2 = x2 - dx1d;

Jmin = 5;Jmax = 15;

alfa = 10;beta = 10;k = 10;l = 1.0;
gama = 10;

alaw = gama * (alfa * k * e2 * tanh(k * e1 + l * e2) - k * e2 * ddx1d + l * alfa * tanh(k * e1 + l * e2) *
ddx1d + l * beta * tanh(l * e2) * ddx1d);

N = 2;
if N == 1
sys(1) = alaw;
elseif N == 2
if Jp >= Jmax&alaw > 0
sys(1) = 0;
elseif Jp <= Jmin&alaw < 0
sys(1) = 0;
else
sys(1) = alaw;
end
end

function sys = mdlOutputs(t,x,u)
x1d = u(1);
```

```
dx1d = cos(t);
ddx1d = - sin(t);

x1 = u(2);
x2 = u(3);

e1 = x1 - x1d;
e2 = x2 - dx1d;

alfa = 10;beta = 10;
k = 10;l = 1.0;

v = - alfa * tanh(k * e1 + l * e2) - beta * tanh(l * e2);
Jp = x(1);
ut = Jp * (v + ddx1d);

Jmin = 5;Jmax = 15;
ddx1d_max = 1.0;
u_max = Jmax * (alfa + beta + ddx1d_max);

sys(1) = ut;
sys(2) = Jp;
```

（3）被控对象程序：chap2_2plant.m。

```
function [sys,x0,str,ts] = s_function(t,x,u,flag)
switch flag,
case 0,
    [sys,x0,str,ts] = mdlInitializeSizes;
case 1,
sys = mdlDerivatives(t,x,u);
case 3,
sys = mdlOutputs(t,x,u);
case {2, 4, 9}
sys = [];
otherwise
error(['Unhandled flag = ',num2str(flag)]);
end
function [sys,x0,str,ts] = mdlInitializeSizes
sizes = simsizes;
sizes.NumContStates   = 2;
sizes.NumDiscStates   = 0;
sizes.NumOutputs      = 2;
sizes.NumInputs       = 1;
sizes.DirFeedthrough  = 0;
sizes.NumSampleTimes  = 0;
sys = simsizes(sizes);
x0 = [0.5 0];
str = [];
ts = [];
function sys = mdlDerivatives(t,x,u)
J = 10;
sys(1) = x(2);
sys(2) = 1/J * u;
function sys = mdlOutputs(t,x,u)
sys(1) = x(1);
sys(2) = x(2);
```

(4) 作图程序：chap2_2plot.m。

```
close all;

figure(1);
subplot(211);
plot(t,y(:,1),'k',t,y(:,2),'r:','linewidth',2);
legend('Ideal position signal','Position tracking');
xlabel('time(s)');ylabel('Angle response');
subplot(212);
plot(t,cos(t),'k',t,y(:,3),'r:','linewidth',2);
legend('Ideal speed signal','Speed tracking');
xlabel('time(s)');ylabel('Angle speed response');

figure(2);
plot(t,ut(:,1),'k','linewidth',2);
xlabel('time(s)');ylabel('Control input');

figure(3);
plot(t,Jp(:,1),'k','linewidth',2);
xlabel('time(s)');ylabel('Jp change');
```

2.3 带扰动的控制输入受限控制

2.3.1 系统描述

针对如下系统：

$$\begin{cases} \dot{x}_1 = x_2 \\ \dot{x}_2 = u + d \end{cases} \tag{2.16}$$

其中，角度为 x_1，角速度为 x_2，控制输入为 u，扰动 $|d| \leqslant D$。

2.3.2 指数收敛干扰观测器设计

相对于观测器的动态特性，干扰 d 的变化是缓慢的，取 $\dot{d}=0$。令观测误差为 $\tilde{d}=d-\hat{d}$，干扰观测器设计为[3]

$$\begin{cases} \dot{z} = -Ku - K\hat{d} \\ \hat{d} = z + Kx_2 \end{cases} \tag{2.17}$$

其中 $K>0$。

于是

$$\dot{z} = -Ku - K(z + Kx_2)$$

从而

$$\dot{\tilde{d}} = \dot{d} - \dot{\hat{d}} = -\dot{\hat{d}} = -\dot{z} - K\dot{x}_2$$

将 $\dot{z}$ 代入上式，得

$$\dot{\tilde{d}} = Ku + K(z + Kx_2) - K\dot{x}_2 = K(z + Kx_2) + K(u - \dot{x}_2) = K\hat{d} - Kd = -K\tilde{d}$$

因而得到观测误差方程为

$$\dot{\tilde{d}}+K\tilde{d}=0$$

解为

$$\tilde{d}(t)=\tilde{d}(t_0)\mathrm{e}^{-Kt}$$

由于 $\tilde{d}(t_0)$ 的值是确定的，可见观测器的收敛精度取决于参数 K 值。通过设计参数 K，使估计值 $\hat{d}$ 按指数逼近干扰 d。

2.3.3 控制器的设计及分析

取 x_1 的指令为 $x_{1\mathrm{d}}$，定义

$$e=x_1-x_{1\mathrm{d}},\quad \dot{e}=x_2-\dot{x}_{1\mathrm{d}},\quad \ddot{e}=\dot{x}_2-\ddot{x}_{1\mathrm{d}}=u+d-\ddot{x}_{1\mathrm{d}}$$

令 $e_1=e$，$e_2=\dot{e}$，则模型变为

$$\begin{cases}\dot{e}_1=e_2\\ \dot{e}_2=u+d-\ddot{x}_{1\mathrm{d}}\end{cases}$$

控制目标为在受限的控制输入下，实现 $e_1\to 0$，$e_2\to 0$。

采用引理 2.1[1]，设计控制律为

$$u=-\alpha\tanh(ke_1+le_2)-\beta\tanh(le_2)-\hat{d}+\ddot{x}_{1\mathrm{d}}\tag{2.18}$$

则闭环系统变为

$$\begin{cases}\dot{e}_1=e_2\\ \dot{e}_2=-\alpha\tanh(ke_1+le_2)-\beta\tanh(le_2)+\tilde{d}\end{cases}\tag{2.19}$$

其中 $\tilde{d}=d-\hat{d}$，α、β、k、$l>0$。

定义 Lyapunov 函数为

$$V=\alpha\ln(\cosh(ke_1+le_2))+\beta\ln(\cosh(le_2))+\frac{1}{2}ke_2^2+\frac{1}{2}\tilde{d}^2\tag{2.20}$$

则

$$\begin{aligned}\dot{V}&=\alpha\frac{\sinh(ke_1+le_2)}{\cosh(ke_1+le_2)}(k\dot{e}_1+l\dot{e}_2)+\beta\frac{\sinh(le_2)}{\cosh(le_2)}l\dot{e}_2+ke_2\dot{e}_2+\tilde{d}\dot{\tilde{d}}\\&=\alpha(k\dot{e}_1+l\dot{e}_2)\tanh(ke_1+le_2)+\beta l\dot{e}_2\tanh(le_2)+ke_2\dot{e}_2-K\tilde{d}^2\end{aligned}$$

令 $t_1=\tanh(ke_1+le_2)$，$t_2=\tanh(le_2)-\frac{1}{\beta}\tilde{d}$，则 $\dot{e}_2=-\alpha t_1-\beta t_2$，从而 $|\dot{e}_2|=|-\alpha t_1-\beta t_2|\leqslant \alpha|\tanh(ke_1+le_2)|+\beta\left|\tanh(le_2)-\frac{1}{\beta}\tilde{d}\right|\leqslant\alpha+\beta+|\tilde{d}|$，$\dot{e}_2$ 有界。

上式可写为

$$\begin{aligned}\dot{V}&\leqslant\alpha(ke_2+l(-\alpha t_1-\beta t_2))t_1+\beta l(-\alpha t_1-\beta t_2)t_2+l\dot{e}_2\tilde{d}+ke_2(-\alpha t_1-\beta t_2)\\&=\alpha ke_2t_1-l\alpha^2t_1^2-l\alpha\beta t_2t_1-l\beta\alpha t_1t_2-l\beta^2t_2^2+l\dot{e}_2\tilde{d}-k\alpha e_2t_1-k\beta e_2t_2\\&=-l(\alpha^2t_1^2+2l\alpha\beta t_2t_1+\beta^2t_2^2)+l\dot{e}_2\tilde{d}-k\beta e_2t_2\\&=-l(\alpha t_1+\beta t_2)^2+l\dot{e}_2\tilde{d}-k\beta e_2t_2\\&=-l(\alpha t_1+\beta t_2)^2-k\beta e_2\left(\tanh(le_2)-\frac{1}{\beta}\tilde{d}\right)+l\dot{e}_2\tilde{d}\end{aligned}$$

$$=-l(\alpha t_1+\beta t_2)^2-k\beta e_2\tanh(le_2)+k\beta e_2\tilde{d}+l\dot{e}_2\tilde{d}$$
$$\leqslant-l(\alpha t_1+\beta t_2)^2-k\beta e_2\tanh(le_2)+k\beta\,|\,e_2\,||\tilde{d}\,|+l(\alpha+\beta+|\tilde{d}\,|)\,|\tilde{d}\,|$$

由于 $x\tanh(x)=x\dfrac{\mathrm{e}^x-\mathrm{e}^{-x}}{\mathrm{e}^x+\mathrm{e}^{-x}}\geqslant 0$，则 $e_2\tanh(le_2)\geqslant 0$，当且仅当 $\gamma_1=\gamma_2=0$ 时，$\dot{V}=0$。系统的收敛速度取决于 α、β、k、l。

由于干扰观测器指数收敛，则对于任意 $\delta_1>0$，存在一个有限时间 t_{δ_1}，使得 $|\tilde{d}|<\delta_1$ 成立。

对于 $e_1\neq 0$ 或 $e_2\neq 0$，$-l(\alpha t_1+\beta t_2)^2-k\beta e_2\tanh(le_2)<0$ 恒成立，因此对于任意的 $\delta_2>0$，存在一个有限时间 t_{δ_2}，当 $\|e\|\geqslant\delta_2$，使得 $\dot{V}\leqslant 0$ 成立。因此 e 在有限时间内收敛到半径为 δ_2 的紧集内，并且保持在该紧集内。

又因为 $t\to\infty$，$\tilde{d}\to 0$ 且指数收敛，因此整个闭环系统渐近稳定，证明完毕。

由于 $\tanh(x)=\dfrac{\mathrm{e}^x-\mathrm{e}^{-x}}{\mathrm{e}^x+\mathrm{e}^{-x}}\in[-1\quad +1]$，则由式(2.18)可得控制输入幅值为

$$\begin{aligned}|\,u\,|&=|-\alpha\tanh(ke_1+le_2)-\beta\tanh(le_2)-\hat{d}+\ddot{x}_{1\mathrm{d}}\,|\\&\leqslant\alpha+\beta+2D+\max\{|\,\ddot{x}_{1\mathrm{d}}\,|\}\end{aligned}\tag{2.21}$$

其中 $|\hat{d}|=|d-\tilde{d}|\leqslant|d|+|\tilde{d}|\leqslant D+|\tilde{d}(0)|$，取干扰观测器初值 $\hat{d}(0)$ 为 0，$|\hat{d}|\leqslant 2D$。

因此，如果针对模型式(2.16)的结构，并按式(2.17)设计干扰观测器，按式(2.18)设计控制律，便可以实现控制输入的受限。

2.3.4 仿真实例

考虑被控对象为式(2.16)，初始状态为[0.5 0]，$d=5\cos(0.1t)$，取角度指令为 $x_{1\mathrm{d}}=\sin t$。

按式(2.17)设计干扰观测器，取 $K=50$。按式(2.18)设计控制律，取 $\alpha=10$，$\beta=10$，$k=10$，$l=10$。则根据式(2.21)，$D=5$，$\tilde{d}(0)=5$，$\max\{|\ddot{x}_{1\mathrm{d}}|\}=1$，控制输入幅度为 $|u|\leqslant 10+10+5+5+1=31$，仿真结果如图 2.6 至图 2.8 所示。

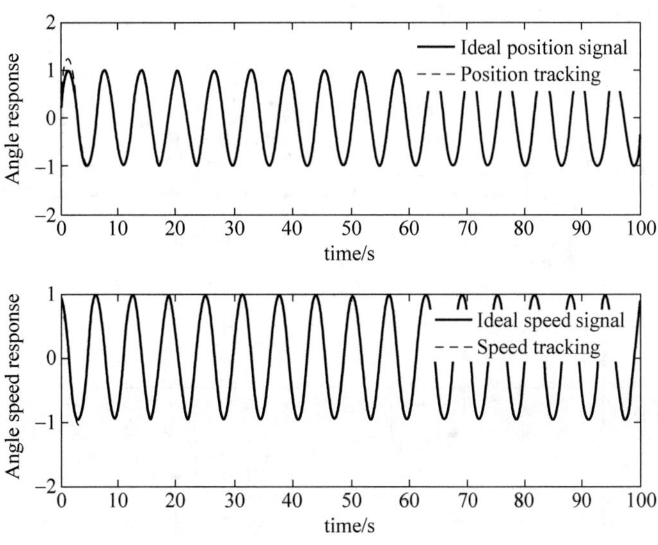

图 2.6 角度和角速度跟踪

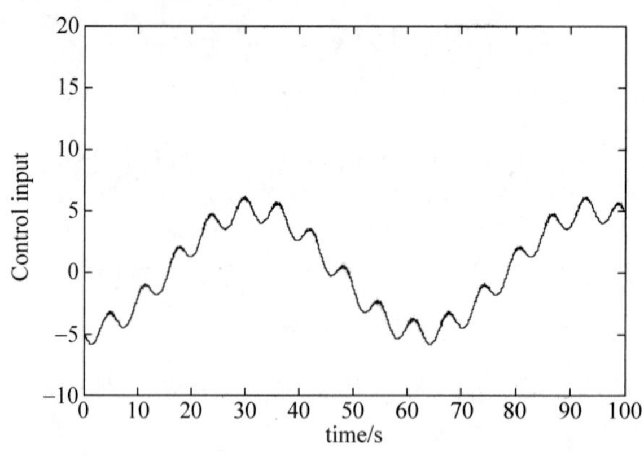

图 2.7 控制输入

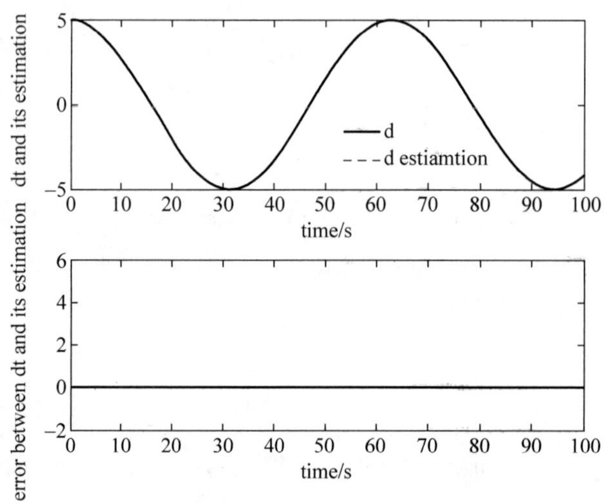

图 2.8 干扰观测效果

仿真程序：

（1）Simulink 主程序：chap2_3sim. mdl。

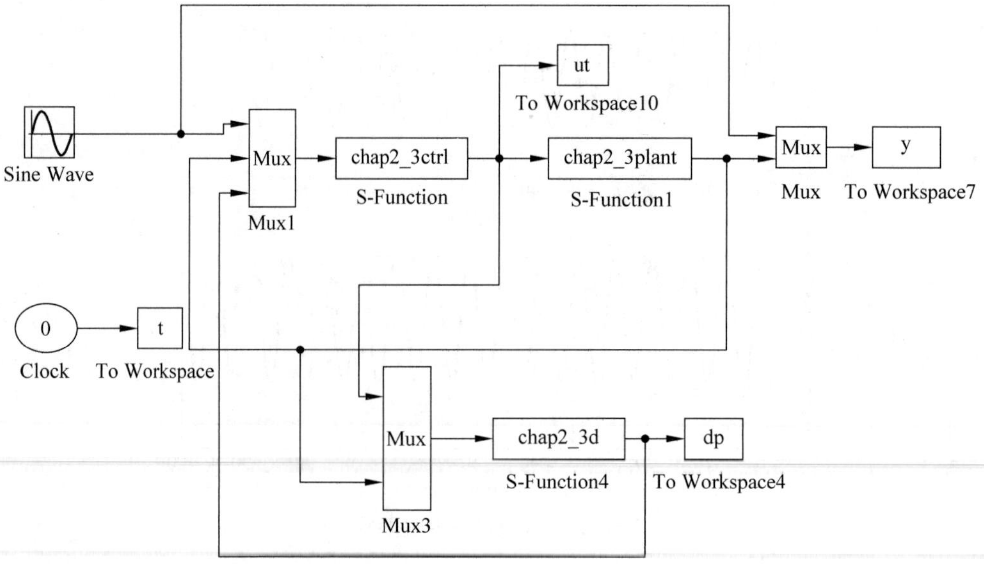

(2) 控制器程序：chap2_3ctrl.m。

```
function [sys,x0,str,ts] = spacemodel(t,x,u,flag)
switch flag,
case 0,
    [sys,x0,str,ts] = mdlInitializeSizes;
case 3,
sys = mdlOutputs(t,x,u);
case {2,4,9}
sys = [];
otherwise
error(['Unhandled flag = ',num2str(flag)]);
end
function [sys,x0,str,ts] = mdlInitializeSizes
sizes = simsizes;
sizes.NumContStates  = 0;
sizes.NumDiscStates  = 0;
sizes.NumOutputs     = 1;
sizes.NumInputs      = 5;
sizes.DirFeedthrough = 1;
sizes.NumSampleTimes = 0;
sys = simsizes(sizes);
x0 = [];
str = [];
ts = [];
function sys = mdlOutputs(t,x,u)
xd = u(1);
dxd = cos(t);
ddxd = - sin(t);

x1 = u(2);
x2 = u(3);
dp = u(5);

e = x1 - xd;
de = x2 - dxd;

alfa = 10;beta = 10;
k = 10;l = 10;

J = 1.0;
ut = - alfa * tanh(k * e + l * de) - beta * tanh(l * de) - dp + ddxd;
sys(1) = ut;
```

(3) 被控对象程序：chap2_3plant.m。

```
function [sys,x0,str,ts] = s_function(t,x,u,flag)
switch flag,
case 0,
    [sys,x0,str,ts] = mdlInitializeSizes;
case 1,
sys = mdlDerivatives(t,x,u);
case 3,
sys = mdlOutputs(t,x,u);
case {2, 4, 9}
sys = [];
```

```
otherwise
error(['Unhandled flag = ',num2str(flag)]);
end
function [sys,x0,str,ts] = mdlInitializeSizes
sizes = simsizes;
sizes.NumContStates  = 2;
sizes.NumDiscStates  = 0;
sizes.NumOutputs     = 3;
sizes.NumInputs      = 1;
sizes.DirFeedthrough = 0;
sizes.NumSampleTimes = 0;
sys = simsizes(sizes);
x0 = [0.5 0];
str = [];
ts = [];
function sys = mdlDerivatives(t,x,u)
%d = -5;
d = 5*cos(0.1*t);
sys(1) = x(2);
sys(2) = u+d;
function sys = mdlOutputs(t,x,u)
d = 5*cos(0.1*t);
sys(1) = x(1);
sys(2) = x(2);
sys(3) = d;
```

(4) 作图程序：chap2_3plot. m。

```
close all;

figure(1);
subplot(211);
plot(t,y(:,1),'k',t,y(:,2),'r:','linewidth',2);
legend('Ideal position signal','Position tracking');
xlabel('time(s)');ylabel('Angle response');
subplot(212);
plot(t,cos(t),'k',t,y(:,3),'r:','linewidth',2);
legend('Ideal speed signal','Speed tracking');
xlabel('time(s)');ylabel('Angle speed response');

figure(2);
plot(t,ut(:,1),'k','linewidth',0.01);
xlabel('time(s)');ylabel('Control input');

figure(3);
subplot(211);
plot(t,y(:,4),'r',t,dp(:,1),'-.b','linewidth',2);
xlabel('time(s)');ylabel('dt and its estimation');
legend('d','d estiamtion');
subplot(212);
plot(t,y(:,4)-dp(:,1),'r','linewidth',2);
xlabel('time(s)');ylabel('error between dt and its estimation');
```

(5) 干扰观测器程序：chap2_3d. m。

```
function [sys,x0,str,ts] = DO(t,x,u,flag)
switch flag,
```

```
case 0,
    [sys,x0,str,ts] = mdlInitializeSizes;
case 1,
    sys = mdlDerivatives(t,x,u);
case 3,
    sys = mdlOutputs(t,x,u);
case {2, 4, 9}
    sys = [];
otherwise
    error(['Unhandled flag = ',num2str(flag)]);
end
function [sys,x0,str,ts] = mdlInitializeSizes
sizes = simsizes;
sizes.NumContStates  = 1;
sizes.NumDiscStates  = 0;
sizes.NumOutputs     = 1;
sizes.NumInputs      = 4;
sizes.DirFeedthrough = 1;
sizes.NumSampleTimes = 0;
sys = simsizes(sizes);
x0 = [0];
str = [];
ts = [];
function sys = mdlDerivatives(t,x,u)
K = 50;

ut = u(1);

dth = u(3);
z = x(1);
dp = z + K * dth;

dz = - K * ut - K * dp;
sys(1) = dz;
function sys = mdlOutputs(t,x,u)
K = 50;
dth = u(3);
z = x(1);
dp = z + K * dth;

sys(1) = dp;
```

2.4 基于反演的非线性系统控制输入受限控制

2.4.1 系统描述

被控对象为

$$\begin{cases}\dot{x}_1 = x_2 \\ \dot{x}_2 = f(x) + u(t) + d(t)\end{cases} \tag{2.22}$$

其中，$u(t)$为控制输入，$|d(t)| \leqslant D$。

控制任务为$|u(t)| \leqslant u_{\mathrm{M}}$，且$t \to \infty$时，$x_1 \to y_{\mathrm{d}}$，$x_2 \to \dot{y}_{\mathrm{d}}$。

2.4.2 双曲正切光滑函数特点

考虑如下双曲正切光滑函数

$$g(v)=u_{\mathrm{M}}\tanh\left(\frac{v}{u_{\mathrm{M}}}\right)=u_{\mathrm{M}}\frac{e^{v/u_{\mathrm{M}}}-e^{-v/u_{\mathrm{M}}}}{e^{v/u_{\mathrm{M}}}+e^{-v/u_{\mathrm{M}}}}$$

该函数具有以下四个性质：

(1) $|g(v)|=u_{\mathrm{M}}\left|\tanh\left(\frac{v}{u_{\mathrm{M}}}\right)\right|\leqslant u_{\mathrm{M}}$；

(2) $0<\frac{\partial g(v)}{\partial v}=\frac{4}{(e^{v/u_{\mathrm{M}}}+e^{-v/u_{\mathrm{M}}})^2}\leqslant 1$；

(3) $\left|\frac{\partial g(v)}{\partial v}\right|=\left|\frac{4}{(e^{v/u_{\mathrm{M}}}+e^{-v/u_{\mathrm{M}}})^2}\right|\leqslant 1$；

(4) $\left|\frac{\partial g(v)}{\partial v}v\right|=\left|\frac{4v}{(e^{v/u_{\mathrm{M}}}+e^{-v/u_{\mathrm{M}}})^2}\right|\leqslant\frac{u_{\mathrm{M}}}{2}$。

光滑函数与切换函数的对比如图 2.9 所示，仿真程序为 tanh_ex. m。

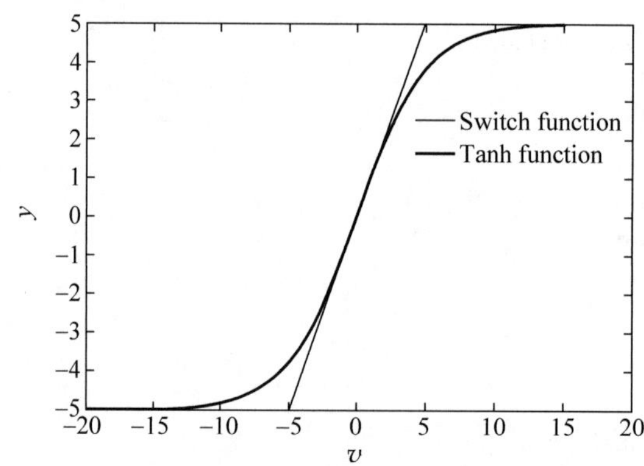

图 2.9 双曲正切光滑函数与切换函数

仿真程序：tanh_ex. m。

```
clear all;
close all;

uM = 5.0;
ts = 0.01;
for k = 1:1:4000;

v(k) = k * ts - 20;

if abs(v(k))> = uM
y1(k) = uM * sign(v(k));
else
y1(k) = v(k);
end

y2(k) = uM * tanh(v(k)/uM);
```

```
end

figure(1);
plot(v,y1,'r',v,y2,'k','linewidth',2);
xlabel('v');ylabel('y');
legend('Switch function','Tanh function');
```

可见,采用双曲正切光滑函数可实现控制输入的有界。例如,根据文献[1]中的定理,采用双曲正切光滑函数直接控制的控制律,可实现闭环系统的全局渐近稳定。但该方法只适合式(2.22)中取 $f(x)=0,d(t)=0$ 的情况。在文献[4,5]的基础上,下面介绍的方法为针对模型结构为式(2.22)的单输入单输出非线性系统控制输入受限时的控制算法。

2.4.3 控制输入受限方法

为了满足 $|u(t)|\leqslant u_{\mathrm{M}}$,控制律设计为

$$u(t)=g(v)=u_{\mathrm{M}}\tanh\left(\frac{v}{u_{\mathrm{M}}}\right) \tag{2.23}$$

则控制律的设计任务转化为 $g(v)$的设计,即 v 的设计。

设计稳定的辅助系统为

$$\dot{v}=\left(\frac{\partial g}{\partial v}\right)^{-1}\omega \tag{2.24}$$

其中 $c>0$,ω 为辅助控制信号。

则控制律的设计任务转化为 ω 的设计。

2.4.4 基于反演的控制算法设计

基本的反演控制方法设计步骤如下:

(1) 定义位置误差为

$$z_1=x_1-y_{\mathrm{d}}$$

其中 y_{d} 为指令信号。

于是

$$\dot{z}_1=\dot{x}_1-\dot{y}_{\mathrm{d}}=x_2-\dot{y}_{\mathrm{d}}$$

定义虚拟控制量

$$\alpha_1=-c_1z_1 \tag{2.25}$$

其中 $c_1>0$。

定义

$$z_2=x_2-\alpha_1-\dot{y}_{\mathrm{d}}$$

定义 Lyapunov 函数

$$V_1=\frac{1}{2}z_1^2$$

则 $\dot{V}_1=z_1\dot{z}_1=z_1(x_2-\dot{y}_{\mathrm{d}})=z_1(z_2+\alpha_1)$,将式(2.25)代入得

$$\dot{V}_1=-c_1z_1^2+z_1z_2$$

如果 $z_2=0$，则 $\dot{V}_1\leqslant 0$。为此，需要进行下一步设计。

(2) 定义 Lyapunov 函数

$$V_2=V_1+\frac{1}{2}z_2^2$$

则

$$\begin{aligned}\dot{z}_2&=\dot{x}_2-\dot{\alpha}_1-\ddot{y}_d=f(x)+u(t)+d-\dot{\alpha}_1-\ddot{y}_d\\&=f(x)+g(v)+d-\dot{\alpha}_1-\ddot{y}_d\end{aligned}$$

如果按传统的反演设计方法，按上式所设计的控制律 $u(t)$ 无法保证有界。为了实现式(2.23)形式的按指定方式的有界控制输入，引入虚拟项 α_2，将 $u(t)$ 按 α_2 设计，即令 $z_3=g(v)-\alpha_2$，从而

$$\dot{z}_2=f(x)+z_3+\alpha_2+d-\dot{\alpha}_1-\ddot{y}_d$$

则

$$\dot{V}_2=\dot{V}_1+z_2\dot{z}_2=-c_1z_1^2+z_1z_2+z_2(f(x)+z_3+\alpha_2+d-\dot{\alpha}_1-\ddot{y}_d)$$

定义虚拟控制律为

$$\alpha_2=-f(x)-(c_2+l)z_2-z_1+\dot{\alpha}_1+\ddot{y}_d \tag{2.26}$$

其中 $l>0$，$c_2>0$。

于是

$$\begin{aligned}\dot{V}_2&=-c_1z_1^2+z_1z_2+z_2(z_3-(c_2+l)z_2-z_1+d)\\&=-c_1z_1^2-(c_2+l)z_2^2+z_2d+z_2z_3\\&\leqslant -c_1z_1^2-c_2z_2^2-lz_2^2+lz_2^2+\frac{1}{4l}d^2+z_2z_3\\&=-c_1z_1^2-c_2z_2^2+\frac{1}{4l}d^2+z_2z_3\end{aligned}$$

将式(2.26)展开得

$$\alpha_2=-f(x)-(c_2+l)(x_2+c_1x_1-c_1y_d-\dot{y}_d)-(x_1-y_d)-c_1(x_2-\dot{y}_d)+\ddot{y}_d$$

可见，α_2 为 x_1、x_2、y_d、$\dot{y}_d$ 和 $\ddot{y}_d$ 的函数，则

$$\dot{\alpha}_2=\frac{\partial\alpha_2}{\partial x_1}x_2+\frac{\partial\alpha_2}{\partial x_2}(f(x)+g(v)+d)+\frac{\partial\alpha_2}{\partial y_d}\dot{y}_d+\frac{\partial\alpha_2}{\partial\dot{y}_d}\ddot{y}_d+\frac{\partial\alpha_2}{\partial\ddot{y}_d}\dddot{y}_d$$

由于 $z_3=g(v)-\alpha_2$，则

$$\begin{aligned}\dot{z}_3&=\frac{\partial g}{\partial v}\dot{v}-\dot{\alpha}_2=\frac{\partial g}{\partial v}\left(\frac{\partial g}{\partial v}\right)^{-1}\omega-\dot{\alpha}_2=\omega-\dot{\alpha}_2\\&=\omega-\frac{\partial\alpha_2}{\partial x_1}x_2-\frac{\partial\alpha_2}{\partial x_2}(f(x)+g(v)+d)-\frac{\partial\alpha_2}{\partial y_d}\dot{y}_d-\frac{\partial\alpha_2}{\partial\dot{y}_d}\ddot{y}_d-\frac{\partial\alpha_2}{\partial\ddot{y}_d}\dddot{y}_d\end{aligned}$$

取

$$\begin{aligned}\omega=&-c_3z_3+\frac{\partial\alpha_2}{\partial x_1}x_2+\frac{\partial\alpha_2}{\partial x_2}(f(x)+g(v))+\frac{\partial\alpha_2}{\partial y_d}\dot{y}_d+\\&\frac{\partial\alpha_2}{\partial\dot{y}_d}\ddot{y}_d+\frac{\partial\alpha_2}{\partial\ddot{y}_d}\dddot{y}_d-z_2-l\left(\frac{\partial\alpha_2}{\partial x_2}\right)^2z_3\end{aligned} \tag{2.27}$$

其中 $c_3>0$。

于是

$$\dot{z}_3=-c_3z_3-z_2-l\left(\frac{\partial\alpha_2}{\partial x_2}\right)^2z_3-\frac{\partial\alpha_2}{\partial x_2}d$$

(3) 定义 Lyapunov 函数

$$V_3=V_2+\frac{1}{2}z_3^2$$

则

$$\begin{aligned}\dot{V}_3&\leqslant -c_1z_1^2-c_2z_2^2+\frac{1}{4l}d^2+z_2z_3+z_3\dot{z}_3\\&=-c_1z_1^2-c_2z_2^2+z_2z_3+\frac{1}{4l}d^2+z_3\left(-c_3z_3-z_2-l\left(\frac{\partial\alpha_2}{\partial x_2}\right)^2z_3-\frac{\partial\alpha_2}{\partial x_2}d\right)\\&=-c_1z_1^2-c_2z_2^2-c_2z_3^2+\frac{1}{4l}d^2+\left(-l\left(\frac{\partial\alpha_2}{\partial x_2}\right)^2z_3^2-\frac{\partial\alpha_2}{\partial x_2}z_3d\right)\end{aligned}$$

由于$-\frac{\partial\alpha_2}{\partial x_2}z_3d\leqslant l\left(\frac{\partial\alpha_2}{\partial x_2}z_3\right)^2+\frac{1}{4l}d^2$,则有

$$\dot{V}_3\leqslant -c_1z_1^2-c_2z_2^2-c_2z_3^2+\frac{1}{2l}d^2$$

即

$$\dot{V}_3\leqslant -CV_3+\frac{1}{2l}D^2\tag{2.28}$$

其中 $C=2\min\{c_1,c_2,c_3\}>0$。

根据不等式求解引理(见附录引理 2.2),$\dot{V}_3\leqslant -CV_3+\frac{1}{2l}D^2$ 的解为

$$\begin{aligned}V_3(t)&\leqslant \mathrm{e}^{-C(t-t_0)}V_3(t_0)+\frac{1}{2l}D^2\int_{t_0}^{t}\mathrm{e}^{-C(t-\tau)}\mathrm{d}\tau\\&=\mathrm{e}^{-C(t-t_0)}V_3(t_0)+\frac{1}{2lC}D^2(1-\mathrm{e}^{-C(t-t_0)})\end{aligned}$$

其中 $\int_{t_0}^{t}\mathrm{e}^{-C(t-\tau)}\mathrm{d}\tau=\frac{1}{C}\int_{t_0}^{t}\mathrm{e}^{-C(t-\tau)}\mathrm{d}(-C(t-\tau))=\frac{1}{C}(1-\mathrm{e}^{-C(t-t_0)})$。

可见,闭环系统最终收敛误差取决于 C 和扰动的上界 D。当无扰动时,$D=0$,$V_3(t)\leqslant \mathrm{e}^{-C(t-t_0)}V_3(t_0)$,$V_3(t)$指数收敛,即 z_1 和 z_2 指数收敛,则 $t\to\infty$时,$x_1\to y_{\mathrm{d}}$,$x_2\to\dot{y}_{\mathrm{d}}$,且指数收敛。

本方法不足之处是当$\frac{\partial g}{\partial v}$过小时,$\left(\frac{\partial g}{\partial v}\right)^{-1}$ 易产生奇异,可采用 2.9 节的方法加以克服。

2.4.5 仿真实例

针对被控对象式(2.22),取 $f(x)=-10x_2$,$d(t)=0.1\sin t$。位置指令为 $y_{\mathrm{d}}=0.1\sin t$,被控对象的初始值为[0.20,0],$u_{\mathrm{M}}=5.0$。控制律为式(2.23),采用式(2.24)求 v,取 $l=0.50$,$c_1=c_2=c_3=5$,仿真结果如图 2.10 至图 2.12 所示。

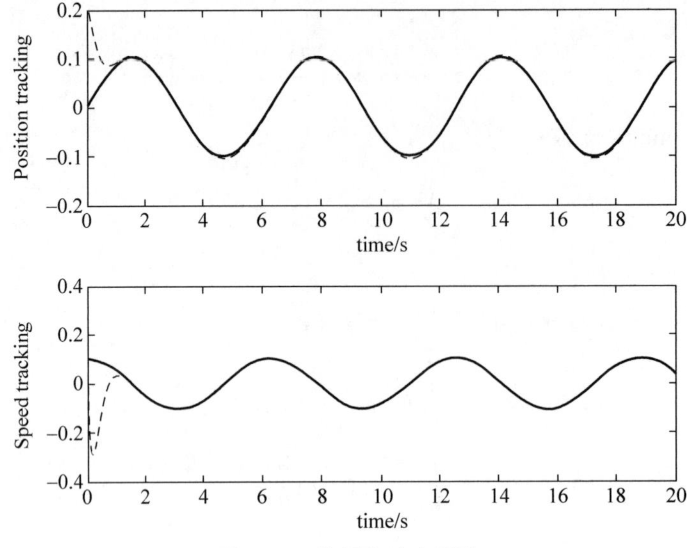

图 2.10　位置和速度跟踪

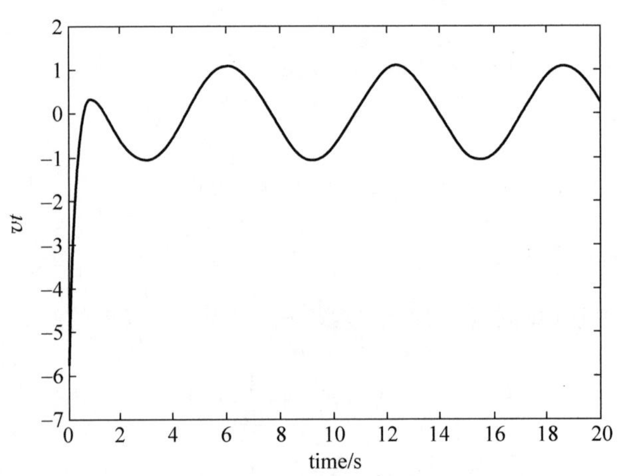

图 2.11　v 值的变化

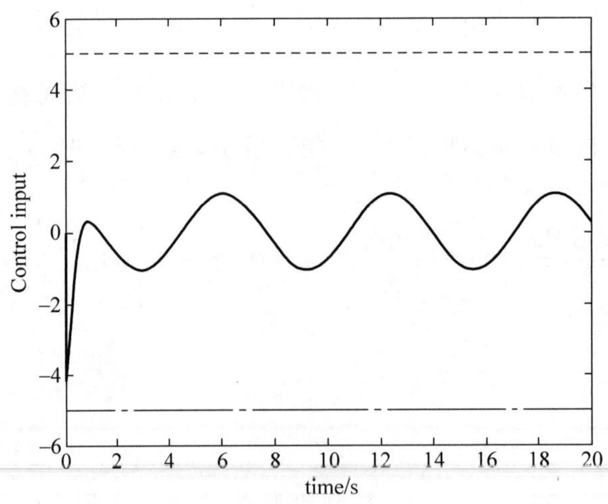

图 2.12　控制输入

仿真程序：

(1) Simulink 主程序：chap2_4sim. mdl。

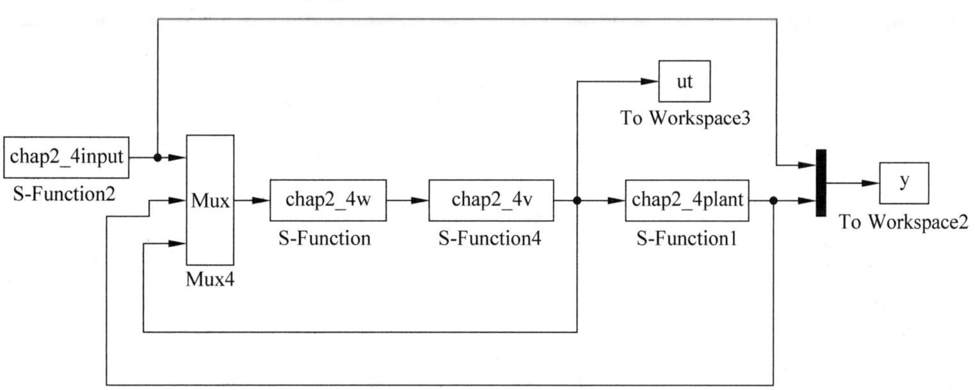

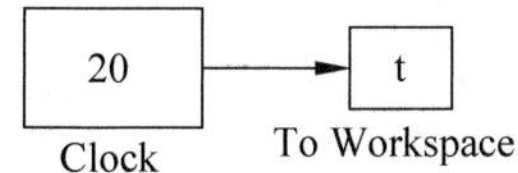

(2) 指令输入 S 函数：chap2_4input. m。

```
function [sys,x0,str,ts] = spacemodel(t,x,u,flag)
switch flag,
case 0,
    [sys,x0,str,ts]=mdlInitializeSizes;
case 3,
sys=mdlOutputs(t,x,u);
case {2,4,9}
sys=[];
otherwise
error(['Unhandled flag = ',num2str(flag)]);
end

function [sys,x0,str,ts]=mdlInitializeSizes
sizes = simsizes;
sizes.NumContStates  = 0;
sizes.NumDiscStates  = 0;
sizes.NumOutputs     = 1;
sizes.NumInputs      = 0;
sizes.DirFeedthrough = 0;
sizes.NumSampleTimes = 1;
sys = simsizes(sizes);
x0 = [];
str = [];
ts = [0 0];
function sys=mdlOutputs(t,x,u)
sys(1)=0.1*sin(t);
```

(3) 被控对象 S 函数：chap2_4plant. m。

```
function [sys,x0,str,ts] = spacemodel(t,x,u,flag)
switch flag,
case 0,
    [sys,x0,str,ts]=mdlInitializeSizes;
```

```
case 1,
sys = mdlDerivatives(t,x,u);
case 3,
sys = mdlOutputs(t,x,u);
case {2,4,9}
sys = [];
otherwise
error(['Unhandled flag = ',num2str(flag)]);
end
function [sys,x0,str,ts] = mdlInitializeSizes
sizes = simsizes;
sizes.NumContStates  = 2;
sizes.NumDiscStates  = 0;
sizes.NumOutputs     = 2;
sizes.NumInputs      = 2;
sizes.DirFeedthrough = 0;
sizes.NumSampleTimes = 1;
sys = simsizes(sizes);
x0 = [0.20;0];
str = [];
ts = [0 0];
function sys = mdlDerivatives(t,x,u)
ut = u(2);

dt = 0.1 * sin(t);
fx = - 10 * x(2);

sys(1) = x(2);
sys(2) = fx + ut + dt;
function sys = mdlOutputs(t,x,u)
sys(1) = x(1);
sys(2) = x(2);
```

（4）控制器 v 的 S 函数：chap2_4v. m。

```
function [sys,x0,str,ts] = spacemodel(t,x,u,flag)

switch flag,
case 0,
    [sys,x0,str,ts] = mdlInitializeSizes;
case 1,
sys = mdlDerivatives(t,x,u);
case 3,
sys = mdlOutputs(t,x,u);
case {2,4,9}
sys = [];
otherwise
error(['Unhandled flag = ',num2str(flag)]);
end

function [sys,x0,str,ts] = mdlInitializeSizes
sizes = simsizes;
sizes.NumContStates  = 1;
sizes.NumDiscStates  = 0;
sizes.NumOutputs     = 2;
sizes.NumInputs      = 1;
```

```
sizes.DirFeedthrough  = 0;
sizes.NumSampleTimes  = 1;
sys = simsizes(sizes);
x0 = [0];
str = [];
ts = [0 0];
function sys = mdlDerivatives(t,x,u)
dv = u(1);
sys(1) = dv;
function sys = mdlOutputs(t,x,u)
vt = x(1);
uM = 5;
gv = uM * tanh(vt/uM);
ut = gv;

sys(1) = vt;
sys(2) = ut;
```

(5) 控制器 w 的 S 函数：chap2_4w. m。

```
function [sys,x0,str,ts] = spacemodel(t,x,u,flag)
switch flag,
case 0,
    [sys,x0,str,ts] = mdlInitializeSizes;
case 1,
sys = mdlDerivatives(t,x,u);
case 3,
sys = mdlOutputs(t,x,u);
case {2,4,9}
sys = [];
otherwise
error(['Unhandled flag = ',num2str(flag)]);
end
function [sys,x0,str,ts] = mdlInitializeSizes
sizes = simsizes;
sizes.NumContStates   = 0;
sizes.NumDiscStates   = 0;
sizes.NumOutputs      = 1;
sizes.NumInputs       = 5;
sizes.DirFeedthrough  = 1;
sizes.NumSampleTimes  = 1;
sys = simsizes(sizes);
x0 = [];
str = [];
ts = [0 0];
function sys = mdlOutputs(t,x,u)
x1 = u(2);
x2 = u(3);
v = u(4);

fx = - 10 * x2;
c1 = 5;c2 = 5;c3 = 5;
uM = 5;l = 0.5;

yd = u(1);
dyd = 0.1 * cos(t);
```

```
ddyd = - 0.1 * sin(t);
dddyd = - 0.1 * cos(t);

z1 = x1 - yd;
dz1 = x2 - dyd;

alfa1 = - c1 * z1;
dalfa1 = - c1 * dz1;
z2 = x2 - alfa1 - dyd;

alfa2 = - fx - (c2 + 1) * z2 + ddyd - z1 + dalfa1;

dalfa2_x1 = - c1 * (c2 + 1) - 1;
dalfa2_x2 = - 10 - (c2 + 1) - c1;
dalfa2_yd = c1 * (c2 + 1) + 1;
dalfa2_dyd = (c2 + 1) + c1;
dalfa2_ddyd = 1;

gv = uM * tanh(v/uM);
dg_v = 4/(exp(v/uM) + exp( - v/uM))^2;

z3 = gv - alfa2;

df_x1 = 0;df_x2 = - 10;

beta = dalfa2_x1 * x2 + dalfa2_x2 * (fx + gv) + dalfa2_yd * dyd + dalfa2_dyd * ddyd + dalfa2_ddyd *
dddyd;
w = - c3 * z3 + beta - z2 - 1 * (dalfa2_x2)^2 * z3;

dv = 1/dg_v * w;
sys(1) = dv;
```

(6) 作图程序：chap2_4plot. m。

```
close all;

figure(1);
subplot(211);
plot(t,y(:,1),'r',t,y(:,2),'-.k','linewidth',2);
xlabel('time(s)');ylabel('Position tracking');
subplot(212);
plot(t,0.1 * cos(t),'r',t,y(:,3),'-.k','linewidth',2);
xlabel('time(s)');ylabel('Speed tracking');

figure(2);
plot(t,ut(:,1),'k','linewidth',2);
xlabel('time(s)');ylabel('vt');

figure(3);
plot(t,ut(:,2),'k','linewidth',2);
hold on;
uM = 5.0;
plot(t,uM * t./t,'-.r',t,- uM * t./t,'-.k','linewidth',2);
xlabel('time(s)');ylabel('Control input');
```

2.5 基于输出受限和输入受限的控制

2.5.1 系统描述

被控对象为

$$\dot{x}_1 = x_2$$
$$\dot{x}_2 = f(x) + u(t) + d(t) \tag{2.29}$$

其中，$|d(t)| \leqslant d_{\max}$。

考虑如下双曲正切光滑函数：

$$g(v) = u_{\mathrm{M}} \tanh\left(\frac{v}{u_{\mathrm{M}}}\right) = u_{\mathrm{M}} \frac{\mathrm{e}^{v/u_{\mathrm{M}}} - \mathrm{e}^{-v/u_{\mathrm{M}}}}{\mathrm{e}^{v/u_{\mathrm{M}}} + \mathrm{e}^{-v/u_{\mathrm{M}}}}$$

在文献[5]和文献[6]的基础上，介绍模型结构为式(2.29)的单输入单输出非线性系统的输出受限和输入受限的控制。

2.5.2 控制器设计

控制律设计为

$$u(t) = g(v) = u_{\mathrm{M}} \tanh\left(\frac{v}{u_{\mathrm{M}}}\right) \tag{2.30}$$

则控制律的设计任务转化为 $g(v)$的设计，即 v 的设计。

设计稳定的辅助系统为

$$\dot{v} = \left(\frac{\partial g}{\partial v}\right)^{-1} \omega \tag{2.31}$$

其中，$c>0$，ω 为辅助控制信号。

则控制律的设计任务转化为 ω 的设计。

2.5.3 基于反演的控制算法设计

基本的反演控制方法设计步骤如下：

(1) 定义位置误差为

$$z_1 = x_1 - y_{\mathrm{d}}$$

其中，y_{d} 为指令信号。

于是

$$\dot{z}_1 = \dot{x}_1 - \dot{y}_{\mathrm{d}} = x_2 - \dot{y}_{\mathrm{d}}$$

定义虚拟控制量

$$\alpha_1 = -c_1 z_1 \tag{2.32}$$

其中，$c_1>0$。

定义

$$z_2 = x_2 - \alpha_1 - \dot{y}_{\mathrm{d}}$$

为了实现$|z_1|<b, t>0$，定义基于Barrier的Lyapunov函数

$$V_1=\frac{1}{2}\ln\frac{b^2}{b^2-z_1^2}$$

其中，$b>0$。

于是

$$\dot{V}_1=\frac{1}{2}\frac{b^2-z_1^2}{b^2}\frac{-b^2(-2z_1\dot{z}_1)}{(b^2-z_1^2)^2}=\frac{z_1\dot{z}_1}{b^2-z_1^2}=\frac{z_1}{b^2-z_1^2}(z_2+\alpha_1)$$

由于$b^2-z_1^2>0$，如果$z_2=0$，则$\dot{V}_1=-c_1z_1^2\leqslant 0$。为此，需要进行下一步设计。

(2) 定义Lyapunov函数

$$V_2=V_1+\frac{1}{2}z_2^2$$

则

$$\dot{z}_2=\dot{x}_2-\dot{\alpha}_1-\ddot{y}_{\mathrm{d}}=f(x)+g(v)+d-\dot{\alpha}_1-\ddot{y}_{\mathrm{d}}$$

如果按传统的反演设计方法，按上式所设计的控制律$u(t)$无法保证有界。为了实现按指定方式的有界控制输入，引入虚拟项α_2，将$u(t)$按α_2设计，即令$z_3=g(v)-\alpha_2$，通过辅助系统$\dot{v}=\left(\frac{\partial g}{\partial v}\right)^{-1}\omega$保证控制律$u(t)$得以实现。从而

$$\dot{z}_2=f(x)+z_3+\alpha_2+d-\dot{\alpha}_1-\ddot{y}_{\mathrm{d}}$$

则

$$\dot{V}_2=\dot{V}_1+z_2\dot{z}_2=-\frac{c_1z_1^2}{b^2-z_1^2}+\frac{z_1}{b^2-z_1^2}z_2+z_2(f(x)+z_3+\alpha_2+d-\dot{\alpha}_1-\ddot{y}_{\mathrm{d}})$$

定义虚拟控制律为

$$\alpha_2=-f(x)-(c_2+l)z_2-\frac{z_1}{b^2-z_1^2}+\dot{\alpha}_1+\ddot{y}_{\mathrm{d}} \tag{2.33}$$

其中，$l>0$。

$$\begin{aligned}\dot{V}_2&=-\frac{c_1z_1^2}{b^2-z_1^2}+z_2(z_3-(c_2+l)z_2+d)\\&=-\frac{c_1z_1^2}{b^2-z_1^2}-c_2z_2^2+z_2(z_3-lz_2+d)\\&\leqslant-\frac{c_1z_1^2}{b^2-z_1^2}-c_2z_2^2-lz_2^2+z_2z_3+lz_2^2+\frac{1}{4l}d^2\\&=-\frac{c_1z_1^2}{b^2-z_1^2}-c_2z_2^2+z_2z_3+\frac{1}{4l}d^2\end{aligned}$$

其中，$z_2d\leqslant lz_2^2+\frac{1}{4l}d^2$。

将式(2.33)展开得

$$\alpha_2=-f(x)-(c_2+l)(x_2+c_1x_1-c_1y_{\mathrm{d}}-\dot{y}_{\mathrm{d}})-\frac{x_1-y_{\mathrm{d}}}{b^2-(x_1-y_{\mathrm{d}})^2}-c_1(x_2-\dot{y}_{\mathrm{d}})+\ddot{y}_{\mathrm{d}}$$

可见，α_2为x_1、x_2、y_{d}、$\dot{y}_{\mathrm{d}}$和$\ddot{y}_{\mathrm{d}}$的函数，则

$$\dot{\alpha}_2=\frac{\partial\alpha_2}{\partial x_1}x_2+\frac{\partial\alpha_2}{\partial x_2}(f(x)+g(v)+d)+\frac{\partial\alpha_2}{\partial y_{\mathrm{d}}}\dot{y}_{\mathrm{d}}+\frac{\partial\alpha_2}{\partial\dot{y}_{\mathrm{d}}}\ddot{y}_{\mathrm{d}}+\frac{\partial\alpha_2}{\partial\ddot{y}_{\mathrm{d}}}\dddot{y}_{\mathrm{d}}=\frac{\partial\alpha_2}{\partial x_2}d+\beta$$

其中，$\beta=\frac{\partial\alpha_2}{\partial x_1}x_2+\frac{\partial\alpha_2}{\partial x_2}(f(x)+g(v))+\frac{\partial\alpha_2}{\partial y_d}\dot{y}_d+\frac{\partial\alpha_2}{\partial\dot{y}_d}\ddot{y}_d+\frac{\partial\alpha_2}{\partial\ddot{y}_d}\dddot{y}_d$。

由于 $z_3=g(v)-\alpha_2$，则

$$\dot{z}_3=\frac{\partial g}{\partial v}\dot{v}-\dot{\alpha}_2=\omega-\frac{\partial\alpha_2}{\partial x_2}d-\beta \tag{2.34}$$

取

$$\begin{aligned}\omega=&-c_3z_3+\frac{\partial\alpha_2}{\partial x_1}x_2+\frac{\partial\alpha_2}{\partial x_2}(f(x)+g(v))+\frac{\partial\alpha_2}{\partial y_d}\dot{y}_d+\\&\frac{\partial\alpha_2}{\partial\dot{y}_d}\ddot{y}_d+\frac{\partial\alpha_2}{\partial\ddot{y}_d}\dddot{y}_d-z_2-l\left(\frac{\partial\alpha_2}{\partial x_2}\right)^2z_3\end{aligned} \tag{2.35}$$

其中，$c_3>0$。

于是

$$\dot{z}_3=-c_3z_3-z_2-l\left(\frac{\partial\alpha_2}{\partial x_2}\right)^2z_3-\frac{\partial\alpha_2}{\partial x_2}d \tag{2.36}$$

(3) 定义 Lyapunov 函数

$$V_3=V_2+\frac{1}{2}z_3^2$$

根据引理 2.3(见附录)，有 $\ln\frac{b^2}{b^2-z_1^2}\leqslant\frac{z_1^2}{b^2-z_1^2}$，则

$$-\frac{c_1z_1^2}{b^2-z_1^2}\leqslant-c_1\ln\frac{b^2}{b^2-z_1^2}$$

于是

$$\begin{aligned}\dot{V}_3&\leqslant-\frac{c_1z_1^2}{b^2-z_1^2}-c_2z_2^2+\frac{1}{4l}d^2+z_2z_3+z_3\dot{z}_3\\&\leqslant-c_1\ln\frac{b^2}{b^2-z_1^2}-c_2z_2^2+z_2z_3+\frac{1}{4l}d^2+\\&\quad z_3\left(-c_3z_3-z_2-l\left(\frac{\partial\alpha_2}{\partial x_2}\right)^2z_3-\frac{\partial\alpha_2}{\partial x_2}d\right)\end{aligned}$$

根据 V_2 的定义，有 $-c_1\ln\frac{b^2}{b^2-z_1^2}-c_2z_2^2\leqslant-C_1V_2$，$C_1=2\min\{c_1,c_2\}>0$，则

$$\dot{V}_3\leqslant-C_1V_2+\frac{1}{4l}d^2+z_3\left(-c_3z_3-l\left(\frac{\partial\alpha_2}{\partial x_2}\right)^2z_3-\frac{\partial\alpha_2}{\partial x_2}d\right)$$

考虑 $-\frac{\partial\alpha_2}{\partial x_2}z_3d\leqslant l\left(\frac{\partial\alpha_2}{\partial x_2}z_3\right)^2+\frac{1}{4l}d^2$，则有

$$\dot{V}_3\leqslant-C_1V_2-c_3z_3^2+\frac{1}{2l}d^2$$

即

$$\dot{V}_3\leqslant-CV_3+\frac{1}{2l}D^2 \tag{2.37}$$

其中 $C=2\min\{c_1,c_2,c_3\}>0$。

根据不等式求解引理(见附录引理 2.2)，$\dot{V}_3\leqslant-CV_3+\frac{1}{2l}D^2$ 的解为

$$V_3(t)\leqslant \mathrm{e}^{-C(t-t_0)}V_3(t_0)+\frac{1}{2l}D^2\int_{t_0}^{t}\mathrm{e}^{-C(t-\tau)}\mathrm{d}\tau=\mathrm{e}^{-C(t-t_0)}V_3(t_0)+\frac{1}{2lC}D^2(1-\mathrm{e}^{-C(t-t_0)})$$

其中，$\int_{t_0}^{t}\mathrm{e}^{-C(t-\tau)}\mathrm{d}\tau=\frac{1}{C}\int_{t_0}^{t}\mathrm{e}^{-C(t-\tau)}\mathrm{d}(-C(t-\tau))=\frac{1}{C}(1-\mathrm{e}^{-C(t-t_0)})$。

可见，闭环系统最终收敛误差取决于 C 和扰动的上界 D。当无扰动时，$D=0$，$V_3(t)\leqslant \mathrm{e}^{-C(t-t_0)}V_3(t_0)$，$V_3(t)$指数收敛，即 z_1 和 z_2 指数收敛，则 $t\to\infty$时，$x_1\to y_\mathrm{d}$，$x_2\to\dot{y}_\mathrm{d}$，且指数收敛。

2.5.4 仿真实例

被控对象为

$$\begin{cases}\dot{x}_1=x_2\\ \dot{x}_2=f(x)+u(t)+d(t)\end{cases}$$

其中，$f(x)=-x_2$，$d(t)=0$。

取位置指令为 $y_\mathrm{d}=0.1\sin t$，被控对象的初始值为$[0.50, 0]$，$u_\mathrm{M}=10$。采用式(2.31)求 v，控制律为式(2.30)，取 $l=30$，$c_1=c_2=c_3=10$，仿真结果如图 2.13 至图 2.15 所示。

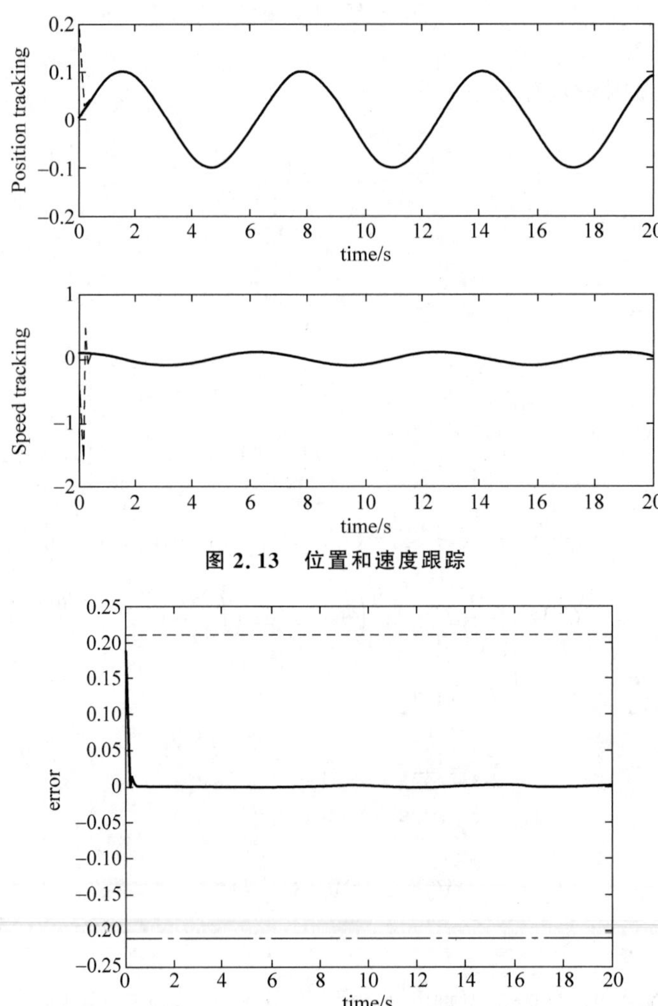

图 2.13 位置和速度跟踪

图 2.14 位置跟踪误差

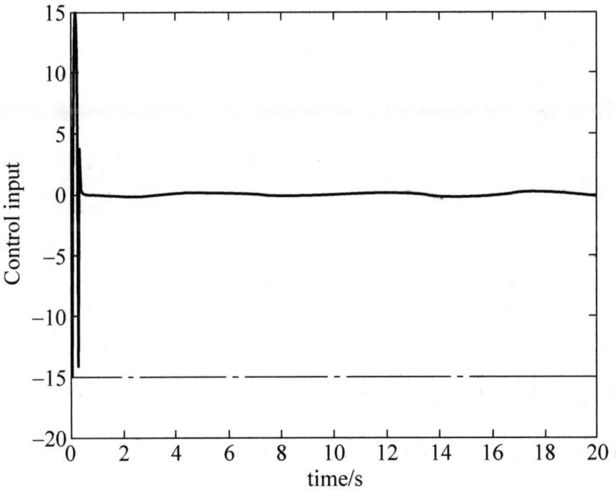

图 2.15 控制输入的变化

仿真程序：

(1) Simulink 主程序：chap2_5sim. mdl。

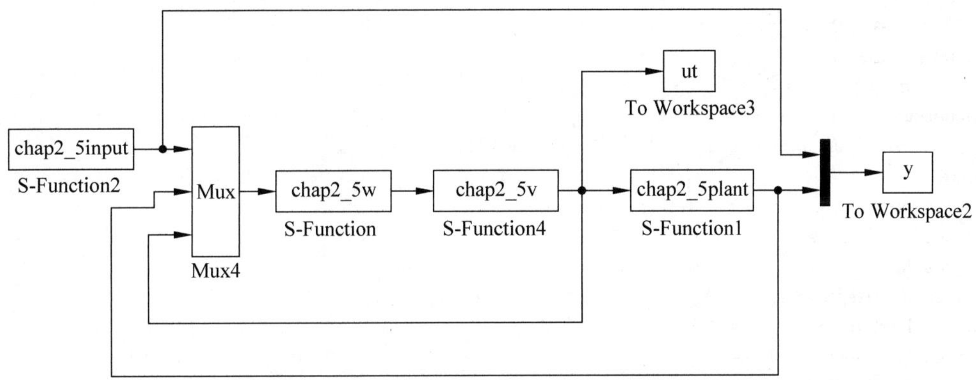

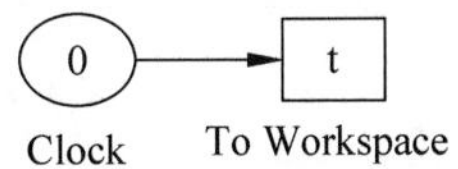

(2) 指令输入 S 函数：chap2_5input. m。

```
function [sys,x0,str,ts] = spacemodel(t,x,u,flag)
switch flag,
case 0,
    [sys,x0,str,ts] = mdlInitializeSizes;
case 3,
sys = mdlOutputs(t,x,u);
case {2,4,9}
sys = [];
otherwise
error(['Unhandled flag = ',num2str(flag)]);
end

function [sys,x0,str,ts] = mdlInitializeSizes
sizes = simsizes;
sizes.NumContStates   = 0;
```

```
sizes.NumDiscStates   = 0;
sizes.NumOutputs      = 1;
sizes.NumInputs       = 0;
sizes.DirFeedthrough  = 0;
sizes.NumSampleTimes  = 1;
sys = simsizes(sizes);
x0 = [];
str = [];
ts = [0 0];
function sys = mdlOutputs(t,x,u)
sys(1) = 0.1 * sin(t);
```

(3) 被控对象 S 函数：chap2_5plant. m。

```
function [sys,x0,str,ts] = spacemodel(t,x,u,flag)
switch flag,
case 0,
    [sys,x0,str,ts] = mdlInitializeSizes;
case 1,
    sys = mdlDerivatives(t,x,u);
case 3,
    sys = mdlOutputs(t,x,u);
case {2,4,9}
    sys = [];
otherwise
    error(['Unhandled flag = ',num2str(flag)]);
end
function [sys,x0,str,ts] = mdlInitializeSizes
sizes = simsizes;
sizes.NumContStates   = 2;
sizes.NumDiscStates   = 0;
sizes.NumOutputs      = 2;
sizes.NumInputs       = 2;
sizes.DirFeedthrough  = 0;
sizes.NumSampleTimes  = 1;
sys = simsizes(sizes);
x0 = [0.20;0];
str = [];
ts = [0 0];
function sys = mdlDerivatives(t,x,u)
ut = u(2);
dt = 0;
fx = - x(2);

sys(1) = x(2);
sys(2) = fx + ut + dt;
function sys = mdlOutputs(t,x,u)
sys(1) = x(1);
sys(2) = x(2);
```

(4) 控制器 v 的 S 函数：chap2_5v. m。

```
function [sys,x0,str,ts] = spacemodel(t,x,u,flag)
switch flag,
case 0,
    [sys,x0,str,ts] = mdlInitializeSizes;
```

```
case 1,
    sys = mdlDerivatives(t,x,u);
case 3,
    sys = mdlOutputs(t,x,u);
case {2,4,9}
    sys = [];
otherwise
    error(['Unhandled flag = ',num2str(flag)]);
end

function [sys,x0,str,ts] = mdlInitializeSizes
sizes = simsizes;
sizes.NumContStates  = 1;
sizes.NumDiscStates  = 0;
sizes.NumOutputs     = 2;
sizes.NumInputs      = 1;
sizes.DirFeedthrough = 0;
sizes.NumSampleTimes = 1;
sys = simsizes(sizes);
x0 = [0];
str = [];
ts = [0 0];
function sys = mdlDerivatives(t,x,u)
dv = u(1);
sys(1) = dv;
function sys = mdlOutputs(t,x,u)
vt = x(1);
uM = 5;
gv = uM * tanh(vt/uM);
ut = gv;

sys(1) = vt;
sys(2) = ut;
```

（5）控制器 w 的 S 函数：chap2_5w.m。

```
function [sys,x0,str,ts] = spacemodel(t,x,u,flag)
switch flag,
case 0,
    [sys,x0,str,ts] = mdlInitializeSizes;
case 1,
    sys = mdlDerivatives(t,x,u);
case 3,
    sys = mdlOutputs(t,x,u);
case {2,4,9}
    sys = [];
otherwise
    error(['Unhandled flag = ',num2str(flag)]);
end
function [sys,x0,str,ts] = mdlInitializeSizes
sizes = simsizes;
sizes.NumContStates  = 0;
sizes.NumDiscStates  = 0;
sizes.NumOutputs     = 1;
sizes.NumInputs      = 5;
sizes.DirFeedthrough = 1;
```

```
sizes.NumSampleTimes  = 1;
sys = simsizes(sizes);
x0 = [];
str = [];
ts = [0 0];
function sys = mdlOutputs(t,x,u)
x1 = u(2);
x2 = u(3);
v = u(4);
fx = -10 * x2;

c1 = 15;c2 = 5;c3 = 5;
uM = 5;l = 0.5;

b = 0.50;

yd = u(1);
dyd = 0.1 * cos(t);
ddyd = -0.1 * sin(t);
dddyd = -0.1 * cos(t);

z1 = x1 - yd;
dz1 = x2 - dyd;

alfa1 = -c1 * z1;
dalfa1 = -c1 * dz1;
z2 = x2 - alfa1 - dyd;

alfa2 = -fx - (c2 + l) * z2 - z1/(b^2 - z1^2) + dalfa1 + ddyd;

dalfa2_x1 = -c1 * (c2 + l) - 1;
dalfa2_x2 = -10 - (c2 + l) - c1;
dalfa2_yd = c1 * (c2 + l) + 1;
dalfa2_dyd = (c2 + l) + c1;
dalfa2_ddyd = 1;

gv = uM * tanh(v/uM);
dg_v = 4/(exp(v/uM) + exp(-v/uM))^2;

z3 = gv - alfa2;

df_x1 = 0;df_x2 = -10;

beta = dalfa2_x1 * x2 + dalfa2_x2 * (fx + gv) + dalfa2_yd * dyd + dalfa2_dyd * ddyd + dalfa2_ddyd * dddyd;
w = -c3 * z3 + beta - z2 - l * (dalfa2_x2)^2 * z3;

dv = 1/dg_v * w;
sys(1) = dv;
```

(6) 作图程序：chap2_5plot.m。

```
close all;

figure(1);
subplot(211);
plot(t,y(:,1),'r',t,y(:,2),'  .k','linewidth',2);
```

```
xlabel('time(s)');ylabel('Position tracking');
subplot(212);
plot(t,0.1 * cos(t),'r',t,y(:,3),'-.k','linewidth',2);
xlabel('time(s)');ylabel('Speed tracking');

figure(2);
b = 0.21;
z1 = y(:,2) - y(:,1);
plot(t,b * t./t,'-.r',t,-b * t./t,'-.k',t,z1(:,1),'b','linewidth',2);
xlabel('time(s)');ylabel('error');

figure(3);
plot(t,ut(:,2),'k','linewidth',2);
hold on;
uM = 15.0;
plot(t,uM * t./t,'-.r',t,-uM * t./t,'-.k','linewidth',2);
xlabel('time(s)');ylabel('Control input');
```

2.6 基于反演的控制输入及变化率受限控制

在实际控制系统的设计中,通常面临控制算法及其变化率受限的问题[5]。采用反演设计与双曲正切函数相结合的方法,可实现控制输入及其变化率受限下的控制算法的设计。

2.6.1 系统描述

被控对象为

$$\begin{cases} \dot{x}_1 = x_2 \\ \dot{x}_2 = u(t) \end{cases} \tag{2.38}$$

其中,$u(t)$为控制输入。

取 y_d 为常值指令信号,控制任务为$|u(t)| \leqslant u_M$,$|\dot{u}(t)| \leqslant v_M$,且 $t \to \infty$时,$x_1 \to y_d$,$x_2 \to 0$。

2.6.2 控制输入受限方法

为满足$|u(t)| \leqslant u_M$,控制律设计为

$$u(t) = g(v) = u_M \tanh\left(\frac{v}{u_M}\right) \tag{2.39}$$

则控制律的设计任务转化为 $g(v)$的设计,即 v 的设计。

设计稳定的辅助系统为

$$\begin{cases} \dot{v} = v_M \tanh\left(\frac{\omega}{v_M}\right)\left(\frac{\partial g}{\partial v}\right)^{-1} = \left(\frac{\partial g}{\partial v}\right)^{-1} f(\omega) \\ \dot{\omega} = \left(\frac{\partial f(\omega)}{\partial \omega}\right)^{-1} U \end{cases} \tag{2.40}$$

其中,$f(\omega) = v_M \tanh\left(\frac{\omega}{v_M}\right)$,$v$、$\omega$ 和 U 为辅助控制信号。

注 1：式(2.40)中$\frac{\partial g}{\partial v}$和$\frac{\partial f}{\partial \omega}$的两项表示为

$$g(v)=u_{\mathrm{M}}\tanh\left(\frac{v}{u_{\mathrm{M}}}\right)=u_{\mathrm{M}}\frac{\mathrm{e}^{v/u_{\mathrm{M}}}-\mathrm{e}^{-v/u_{\mathrm{M}}}}{\mathrm{e}^{v/u_{\mathrm{M}}}+\mathrm{e}^{-v/u_{\mathrm{M}}}}$$

$$\begin{aligned}\frac{\partial g(v)}{\partial v}&=u_{\mathrm{M}}\left(\frac{\mathrm{e}^{v/u_{\mathrm{M}}}-\mathrm{e}^{-v/u_{\mathrm{M}}}}{\mathrm{e}^{v/u_{\mathrm{M}}}+\mathrm{e}^{-v/u_{\mathrm{M}}}}\right)'_v\\&=\frac{(\mathrm{e}^{v/u_{\mathrm{M}}}+\mathrm{e}^{-v/u_{\mathrm{M}}})(\mathrm{e}^{v/u_{\mathrm{M}}}+\mathrm{e}^{-v/u_{\mathrm{M}}})-(\mathrm{e}^{v/u_{\mathrm{M}}}-\mathrm{e}^{-v/u_{\mathrm{M}}})(\mathrm{e}^{v/u_{\mathrm{M}}}-\mathrm{e}^{-v/u_{\mathrm{M}}})}{(\mathrm{e}^{v/u_{\mathrm{M}}}+\mathrm{e}^{-v/u_{\mathrm{M}}})^2}\\&=1-\left(\frac{\mathrm{e}^{v/u_{\mathrm{M}}}-\mathrm{e}^{-v/u_{\mathrm{M}}}}{\mathrm{e}^{v/u_{\mathrm{M}}}+\mathrm{e}^{-v/u_{\mathrm{M}}}}\right)^2=\frac{(\mathrm{e}^{v/u_{\mathrm{M}}}+\mathrm{e}^{-v/u_{\mathrm{M}}})^2-(\mathrm{e}^{v/u_{\mathrm{M}}}-\mathrm{e}^{-v/u_{\mathrm{M}}})^2}{(\mathrm{e}^{v/u_{\mathrm{M}}}+\mathrm{e}^{-v/u_{\mathrm{M}}})^2}\\&=\frac{4}{(\mathrm{e}^{v/u_{\mathrm{M}}}+\mathrm{e}^{-v/u_{\mathrm{M}}})^2}\end{aligned}$$

同理，对于$f(\omega)=v_{\mathrm{M}}\tanh\left(\frac{\omega}{v_{\mathrm{M}}}\right)$，有$\frac{\partial f(\omega)}{\partial \omega}=\frac{4}{(\mathrm{e}^{\omega/v_{\mathrm{M}}}+\mathrm{e}^{-\omega/v_{\mathrm{M}}})^2}$。

注 2：由于$0<\frac{\partial g(v)}{\partial v}=\frac{4}{(\mathrm{e}^{v/u_{\mathrm{M}}}+\mathrm{e}^{-v/u_{\mathrm{M}}})^2}\leqslant 1$，$0<\frac{\partial f(\omega)}{\partial \omega}=\frac{4}{(\mathrm{e}^{\omega/v_{\mathrm{M}}}+\mathrm{e}^{-\omega/v_{\mathrm{M}}})^2}\leqslant 1$，故$\frac{\partial g(v)}{\partial v}$和$\frac{\partial f(\omega)}{\partial \omega}$可逆。

由式(2.39)和式(2.40)可得

$$\dot{u}(t)=\frac{\partial g}{\partial v}\dot{v}=v_{\mathrm{M}}\tanh\left(\frac{v}{v_{\mathrm{M}}}\right)=f(\omega)$$

从而$|\dot{u}(t)|\leqslant v_{\mathrm{M}}$。

于是，控制律的设计任务转化为ω的设计。由式(2.39)和式(2.40)构成了控制输入及其变化率同时受限的控制算法。

2.6.3 基于反演的控制算法设计

基本的反演控制方法设计步骤如下：

(1) 定义位置误差为

$$z_1=x_1-y_{\mathrm{d}}$$

则$\dot{z}_1=\dot{x}_1-\dot{y}_{\mathrm{d}}=x_2$，定义

$$z_2=x_2-\alpha_1$$

定义虚拟控制量

$$\alpha_1=-c_1 z_1 \tag{2.41}$$

其中，$c_1>0$。

定义 Lyapunov 函数

$$V_1=\frac{1}{2}z_1^2$$

则$\dot{V}_1=z_1\dot{z}_1=z_1(x_2-\dot{y}_{\mathrm{d}})=z_1(z_2+\alpha_1)$，将式(2.41)代入得

$$\dot{V}_1 = -c_1 z_1^2 + z_1 z_2$$

如果 $z_2=0$，则 $\dot{V}_1 \leqslant 0$。为此，需要进行下一步设计。

(2) 定义 Lyapunov 函数

$$V_2 = V_1 + \frac{1}{2} z_2^2$$

则

$$\dot{z}_2 = \dot{x}_2 - \dot{\alpha}_1 - \ddot{y}_d = u(t) - \dot{\alpha}_1 = g(v) - \dot{\alpha}_1$$

如果按传统的反演设计方法，按上式所设计的控制律 $u(t)$ 无法保证有界。为了实现式有界控制输入，引入虚拟项 α_2，将 $u(t)$ 按 α_2 设计，即令 $z_3=g(v)-\alpha_2$，从而

$$\dot{z}_2 = z_3 + \alpha_2 - \dot{\alpha}_1$$

则

$$\dot{V}_2 = \dot{V}_1 + z_2 \dot{z}_2 = -c_1 z_1^2 + z_1 z_2 + z_2 (z_3 + \alpha_2 - \dot{\alpha}_1)$$

定义虚拟控制律为

$$\alpha_2 = -z_1 - c_2 z_2 + \dot{\alpha}_1 \tag{2.42}$$

其中，$c_2 > 0$。

于是

$$\dot{V}_2 = -c_1 z_1^2 - c_2 z_2^2 + z_2 z_3$$

由 α_2 表达式(2.42)可得

$$\alpha_2 = -(x_1 - y_d) - c_2 (x_2 - x_1 + y_d) - c_1 x_2$$

可见，α_2 为 x_1，x_2 的函数，则

$$\dot{\alpha}_2 = \frac{\partial \alpha_2}{\partial x_1} x_2 + \frac{\partial \alpha_2}{\partial x_2} g(v)$$

令 $\dot{\alpha}_2 = \theta_1$，由 $z_3 = g(v) - \alpha_2$ 可得

$$\dot{z}_3 = \frac{\partial g}{\partial v} \dot{v} - \dot{\alpha}_2 = f(\omega) - \theta_1$$

(3) 定义 Lyapunov 函数

$$V_3 = V_2 + \frac{1}{2} z_3^2$$

则

$$\dot{V}_3 = \dot{V}_2 + z_3 \dot{z}_3 = -c_1 z_1^2 - c_2 z_2^2 + z_2 z_3 + z_3 \dot{z}_3$$

取 $z_4 = f(\omega) - \alpha_3$，则

$$\dot{z}_3 = z_4 + \alpha_3 - \theta_1$$

$$\dot{V}_3 = \dot{V}_2 + z_3 \dot{z}_3 = -c_1 z_1^2 - c_2 z_2^2 + z_2 z_3 + z_3 (z_4 + \alpha_3 - \theta_1)$$

取

$$\alpha_3 = -z_2 - c_3 z_3 + \theta_1 \tag{2.43}$$

其中，$c_3 > 0$。

于是

$$\dot{V}_3=\dot{V}_2+z_3\dot{z}_3=-c_1z_1^2-c_2z_2^2=-c_1z_1^2-c_2z_2^2-c_3z_3^2+z_3z_4$$

$$\dot{V}_3=-c_1z_1^2-c_2z_2^2-c_3z_3^2+z_3z_4$$

由于

$$\dot{z}_4=\dot{f}(\omega)-\dot{\alpha}_3=\frac{\partial f(\omega)}{\partial\omega}\dot{\omega}-\dot{\alpha}_3=U-\dot{\alpha}_3$$

$$\alpha_3=-z_2-c_3z_3+\theta_1$$

可见，α_3 为 x_1，x_2 和 $g(v)$的函数，则

$$\dot{\alpha}_3=\frac{\partial\alpha_3}{\partial x_1}x_2+\frac{\partial\alpha_3}{\partial x_2}g(v)+\frac{\partial\alpha_3}{\partial y_d}\dot{y}_d+\frac{\partial\alpha_3}{\partial\dot{y}_d}\ddot{y}_d$$

$$+\frac{\partial\alpha_3}{\partial\ddot{y}_d}\dddot{y}_d+\frac{\partial\alpha_3}{\partial\dddot{y}_d}\ddddot{y}_d+\frac{\partial\alpha_3}{\partial g(v)}\frac{\partial g(v)}{\partial v}\dot{v}$$

令

$$\dot{\alpha}_3=\theta_2$$

且有

$$\alpha_3=-z_2-c_3z_3+\theta_1=-z_2-c_3(g(v)-\alpha_2)+\frac{\partial\alpha_2}{\partial x_1}x_2+\frac{\partial\alpha_2}{\partial x_2}g(v)$$

$$=-x_2-c_1(x_1-y_d)-c_3(g(v)-\alpha_2)+(-1-c_2c_1)x_2+(-c_2-c_1)g(v)$$

（4）定义 Lyapunov 函数

$$V_4=V_3+\frac{1}{2}z_4^2$$

则

$$\dot{V}_4=\dot{V}_3+z_4\dot{z}_4=-c_1z_1^2-c_2z_2^2-c_3z_3^2+z_3z_4+z_4(U-\theta_2)$$

设计控制律为

$$U=\theta_2-z_3-c_4z_4 \tag{2.44}$$

其中，$c_4>0$。

于是

$$\dot{V}_4=-c_1z_1^2-c_2z_2^2-c_3z_3^2-c_4z_4^2\leqslant-C_mV_4$$

其中，$C_m=2\min\{c_1,c_2,c_3,c_4\}$。

$$V_4(t)\leqslant e^{-C_mt}V_4(0) \tag{2.45}$$

这说明 $V_4(t)$指数收敛，即 $z_i(i=1,2,3,4)$指数收敛，则 $t\to\infty$时，$x_1\to y_d$，$x_2\to\dot{y}_d$，且指数收敛。

2.6.4 仿真实例

针对被控对象式(2.38)，位置指令为 $y_d=1.0$，被控对象的初始值为[0 0]，$u_M=3.0$，$v_M=3.0$。控制律为式(2.39)和式(2.40)，求 ω 和 v，取 $c_1=c_2=c_3=c_4=1.5$，仿真结果如图 2.16～图 2.18 所示。

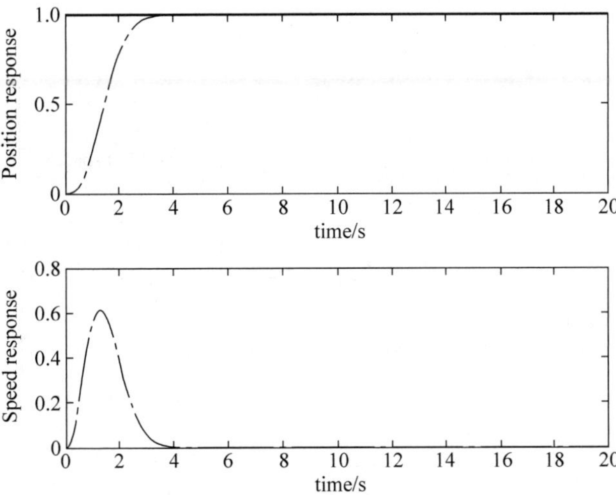

图 2.16 位置和速度响应

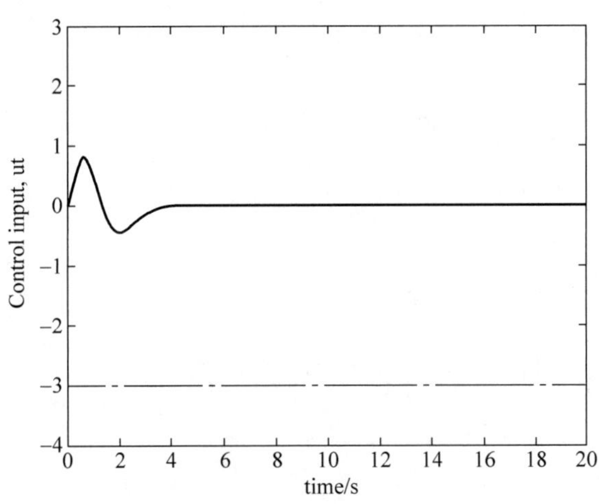

图 2.17 控制输入变化

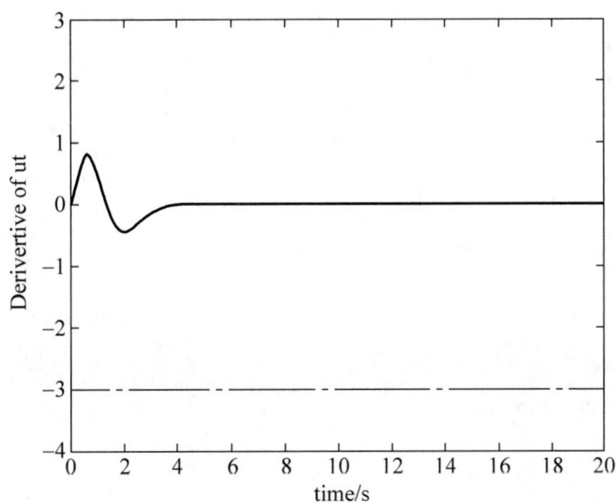

图 2.18 控制输入变化率

仿真程序：

（1）Simulink 主程序：chap2_6sim.mdl。

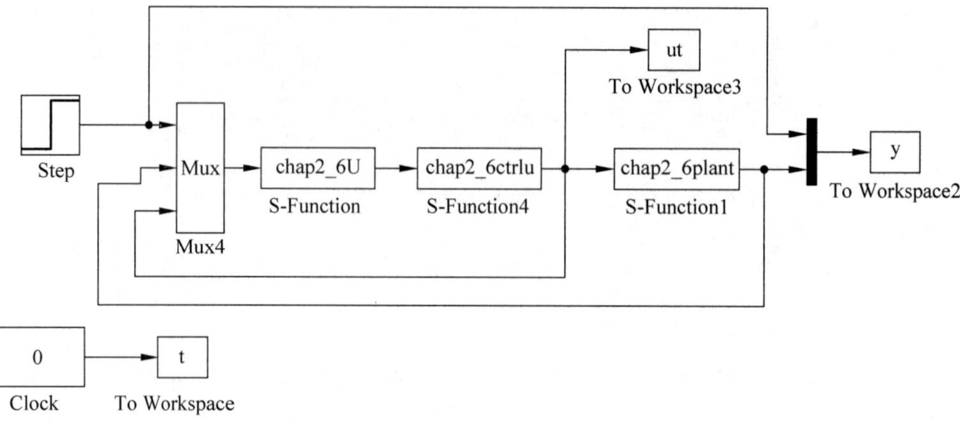

（2）被控对象 S 函数：chap2_6plant.m。

```
function [sys,x0,str,ts] = spacemodel(t,x,u,flag)
switch flag,
case 0,
    [sys,x0,str,ts] = mdlInitializeSizes;
case 1,
    sys = mdlDerivatives(t,x,u);
case 3,
    sys = mdlOutputs(t,x,u);
case {2,4,9}
    sys = [];
otherwise
    error(['Unhandled flag = ',num2str(flag)]);
end
function [sys,x0,str,ts] = mdlInitializeSizes
sizes = simsizes;
sizes.NumContStates   = 2;
sizes.NumDiscStates   = 0;
sizes.NumOutputs      = 2;
sizes.NumInputs       = 4;
sizes.DirFeedthrough  = 0;
sizes.NumSampleTimes  = 1;
sys = simsizes(sizes);
x0 = [0;0];
str = [];
ts = [0 0];
function sys = mdlDerivatives(t,x,u)
ut = u(1);

sys(1) = x(2);
sys(2) = ut;
function sys = mdlOutputs(t,x,u)
sys(1) = x(1);
sys(2) = x(2);
```

（3）控制律的 S 函数：chap2_6ctrlu.m。

```
function [sys,x0,str,ts] = spacemodel(t,x,u,flag)
```

```
switch flag,
case 0,
    [sys,x0,str,ts] = mdlInitializeSizes;
case 1,
    sys = mdlDerivatives(t,x,u);
case 3,
    sys = mdlOutputs(t,x,u);
case {2,4,9}
    sys = [];
otherwise
    error(['Unhandled flag = ',num2str(flag)]);
end

function [sys,x0,str,ts] = mdlInitializeSizes
global uM vM
uM = 3;vM = 3;
sizes = simsizes;
sizes.NumContStates  = 2;
sizes.NumDiscStates  = 0;
sizes.NumOutputs     = 4;
sizes.NumInputs      = 1;
sizes.DirFeedthrough = 0;
sizes.NumSampleTimes = 1;
sys = simsizes(sizes);
x0 = [0 0];
str = [];
ts = [0 0];
function sys = mdlDerivatives(t,x,u)
global uM vM
Ut = u(1);

v = x(1);
w = x(2);
gv = uM * tanh(v/uM);
fw = vM * tanh(w/vM);

dg_dv = 4/(exp(v/uM) + exp( - v/uM))^2;
df_dw = 4/(exp(w/vM) + exp( - w/vM))^2;

dv = inv(dg_dv) * fw;
dw = inv(df_dw) * Ut;
sys(1) = dv;
sys(2) = dw;
function sys = mdlOutputs(t,x,u)
global uM vM
v = x(1);
w = x(2);

ut = uM * tanh(v/uM);
du = vM * tanh(v/vM);
sys(1) = ut;
sys(2) = du;
sys(3) = v;
sys(4) = w;
```

(4) 控制律 U 的 S 函数：chap2_6U.m。

```
function [sys,x0,str,ts] = spacemodel(t,x,u,flag)
switch flag,
```

```
case 0,
    [sys,x0,str,ts] = mdlInitializeSizes;
case 1,
    sys = mdlDerivatives(t,x,u);
case 3,
    sys = mdlOutputs(t,x,u);
case {2,4,9}
    sys = [];
otherwise
    error(['Unhandled flag = ',num2str(flag)]);
end
function [sys,x0,str,ts] = mdlInitializeSizes
sizes = simsizes;
sizes.NumContStates  = 0;
sizes.NumDiscStates  = 0;
sizes.NumOutputs     = 1;
sizes.NumInputs      = 7;
sizes.DirFeedthrough = 1;
sizes.NumSampleTimes = 1;
sys = simsizes(sizes);
x0 = [];
str = [];
ts = [0 0];
function sys = mdlOutputs(t,x,u)
yd = u(1);
x1 = u(2);x2 = u(3);
ut = u(4);du = u(5);
v = u(6);w = u(7);

c1 = 3;c2 = 2;c3 = 1.5;c4 = 1.5;

uM = 3;vM = 3;
gv = uM * tanh(v/uM);
fw = vM * tanh(w/vM);

z1 = x1 - yd;
dz1 = x2;
alfa1 = - c1 * z1;
dalfa1 = - c1 * dz1;
z2 = x2 - alfa1;
%alfa2 = - z1 - c2 * z2 + dalfa1;
alfa2 = - x1 + yd - c2 * x2 - c2 * c1 * x1 + c2 * c1 * yd - c1 * x2;

z3 = gv - alfa2;
dalfa2_x1 = - 1 - c2 * c1;
dalfa2_x2 = - c2 - c1;

dalfa2 = dalfa2_x1 * x2 + dalfa2_x2 * gv;
theta1 = dalfa2;

%alfa3 = - z2 - c3 * z3 + theta1;
alfa3 = - x2 - c1 * (x1 - yd) - c3 * (gv - alfa2) + ( - 1 - c2 * c1) * x2 + ( - c2 - c1) * gv;

z4 = fw - alfa3;

dalfa3_gv = - c3 - c2 - c1;
dalfa3_x1 = - c1 + c3 * dalfa2_x1;
dalfa3_x2 = - 1 - c2 * c1 + c3 * dalfa2_x2;
```

```
theta2 = dalfa3_x1 * x2 + dalfa3_x2 * gv + dalfa3_gv * fw;

Ut = theta2 - z3 - c4 * z4;
sys(1) = Ut;
```

(5) 作图程序：chap2_6plot. m。

```
close all;

figure(1);
subplot(211);
plot(t,y(:,1),'r',t,y(:,2),'-.k','linewidth',2);
xlabel('time(s)');ylabel('Position response');
subplot(212);
plot(t,y(:,3),'-.k','linewidth',2);
xlabel('time(s)');ylabel('Speed response');

figure(2);
plot(t,ut(:,1),'k','linewidth',2);
xlabel('time(s)');ylabel('ut');
hold on;
uM = 3.0;
plot(t,uM * t./t,'-.r',t, - uM * t./t,'-.k','linewidth',2);
xlabel('time(s)');ylabel('Control input,ut');

figure(3);
plot(t,ut(:,2),'k','linewidth',2);
hold on;
vM = 3.0;
plot(t,vM * t./t,'-.r',t, - vM * t./t,'-.k','linewidth',2);
xlabel('time(s)');ylabel('Derivertive of ut');
```

2.7 基于反演的控制输入及变化率受限轨迹跟踪控制

2.7.1 系统描述

被控对象为

$$\begin{cases}\dot{x}_1 = x_2\\ \dot{x}_2 = u(t)\end{cases} \tag{2.46}$$

其中，$u(t)$为控制输入。

取 y_d 为理想轨迹信号，控制任务为$|u(t)|\leqslant u_M$，且 $t\to\infty$时，$x_1\to y_d$，$x_2\to\dot{y}_d$。

2.7.2 控制输入受限方法

为了满足$|u(t)|\leqslant u_M$，控制律设计为

$$u(t)=g(v)=u_M\tanh\left(\frac{v}{u_M}\right) \tag{2.47}$$

则控制律的设计任务转化为 $g(v)$的设计，即 v 的设计。

设计稳定的辅助系统为

$$\dot{v}=v_{\mathrm{M}}\tanh\left(\frac{\omega}{v_{\mathrm{M}}}\right)\left(\frac{\partial g}{\partial v}\right)^{-1}=\left(\frac{\partial g}{\partial v}\right)^{-1}f(\omega)$$

$$\dot{\omega}=\left(\frac{\partial f(\omega)}{\partial \omega}\right)^{-1}U \tag{2.48}$$

其中，$f(\omega)=v_{\mathrm{M}}\tanh\left(\frac{\omega}{v_{\mathrm{M}}}\right)$，$v$、$\omega$ 和 U 为辅助控制信号。

于是

$$\dot{u}(t)=\frac{\partial g}{\partial v}\dot{v}=v_{\mathrm{M}}\tanh\left(\frac{v}{v_{\mathrm{M}}}\right)=f(\omega)$$

从而$|\dot{u}(t)|\leqslant v_{\mathrm{M}}$，控制律的设计任务转化为 ω 的设计。

由式(2.47)和式(2.48)构成了控制输入及其变化率同时受限的控制算法。

2.7.3 基于反演的控制算法设计

基本的反演控制方法设计步骤如下：

(1) 定义位置误差为

$$z_1=x_1-y_{\mathrm{d}}$$

则 $\dot{z}_1=\dot{x}_1-\dot{y}_{\mathrm{d}}=x_2-\dot{y}_{\mathrm{d}}$，定义

$$z_2=x_2-\alpha_1-\dot{y}_{\mathrm{d}}$$

定义虚拟控制量

$$\alpha_1=-c_1z_1 \tag{2.49}$$

其中，$c_1>0$。

于是

$$z_2=x_2+c_1(x_1-y_{\mathrm{d}})-\dot{y}_{\mathrm{d}}$$

定义 Lyapunov 函数

$$V_1=\frac{1}{2}z_1^2$$

则 $\dot{V}_1=z_1\dot{z}_1=z_1(x_2-\dot{y}_{\mathrm{d}})=z_1(z_2+\alpha_1)$，将式(2.49)代入得

$$\dot{V}_1=-c_1z_1^2+z_1z_2$$

如果 $z_2=0$，则 $\dot{V}_1\leqslant 0$。为此，需要进行下一步设计。

(2) 定义 Lyapunov 函数

$$V_2=V_1+\frac{1}{2}z_2^2$$

则

$$\dot{z}_2=\dot{x}_2-\dot{\alpha}_1-\ddot{y}_{\mathrm{d}}=g(v)-\dot{\alpha}_1-\ddot{y}_{\mathrm{d}}$$

如果按传统的反演设计方法，按上式所设计的控制律 $u(t)$无法保证有界。为了实现有界控制输入，引入虚拟项 α_2，将 $u(t)$按 α_2 设计，即令 $z_3=g(v)-\alpha_2$，从而

$$\dot{z}_2=z_3+\alpha_2-\dot{\alpha}_1-\ddot{y}_{\mathrm{d}}$$

则

$$\dot{V}_2=\dot{V}_1+z_2\dot{z}_2=-c_1z_1^2+z_1z_2+z_2(z_3+\alpha_2-\dot{\alpha}_1-\ddot{y}_d)$$

定义虚拟控制律为

$$\alpha_2=-z_1-c_2z_2+\dot{\alpha}_1+\ddot{y}_d \tag{2.50}$$

其中，$c_2>0$。

于是

$$\dot{V}_2=-c_1z_1^2-c_2z_2^2+z_2z_3$$

由 α_2 表达式(2.50)可得

$$\alpha_2=-(x_1-y_d)-c_2(x_2+c_1(x_1-y_d)-\dot{y}_d)-c_1(x_2-\dot{y}_d)+\ddot{y}_d$$

可见，α_2 为 x_1、x_2、y_d、$\dot{y}_d$ 和 $\ddot{y}_d$ 的函数，则

$$\dot{\alpha}_2=\frac{\partial\alpha_2}{\partial x_1}x_2+\frac{\partial\alpha_2}{\partial x_2}g(v)+\frac{\partial\alpha_2}{\partial y_d}\dot{y}_d+\frac{\partial\alpha_2}{\partial\dot{y}_d}\ddot{y}_d+\frac{\partial\alpha_2}{\partial\ddot{y}_d}\dddot{y}_d=\theta_1$$

由 $z_3=g(v)-\alpha_2$ 可得

$$\dot{z}_3=\frac{\partial g}{\partial v}\dot{v}-\dot{\alpha}_2=f(\omega)-\dot{\alpha}_2$$

(3) 定义 Lyapunov 函数

$$V_3=V_2+\frac{1}{2}z_3^2$$

则

$$\dot{V}_3=\dot{V}_2+z_3\dot{z}_3=-c_1z_1^2-c_2z_2^2+z_2z_3+z_3\dot{z}_3$$

取 $z_4=f(\omega)-\alpha_3$，则

$$\dot{z}_3=z_4+\alpha_3-\theta_1$$

$$\dot{V}_3=\dot{V}_2+z_3\dot{z}_3=-c_1z_1^2-c_2z_2^2+z_2z_3+z_3(z_4+\alpha_3-\theta_1)$$

取

$$\alpha_3=-z_2-c_3z_3+\theta_1$$

其中，$c_3>0$。

于是

$$\dot{V}_3=\dot{V}_2+z_3\dot{z}_3=-c_1z_1^2-c_2z_2^2-c_3z_3^2+z_3z_4$$

由于 $\dot{z}_4=\dot{f}(\omega)-\dot{\alpha}_3=\dfrac{\partial f(\omega)}{\partial\omega}\dot{\omega}-\dot{\alpha}_3=U-\dot{\alpha}_3$，$\alpha_3$ 为 x_1、x_2、y_d、$\dot{y}_d$ 和 $\ddot{y}_d$ 的函数，则

$$\dot{\alpha}_3=\frac{\partial\alpha_3}{\partial x_1}x_2+\frac{\partial\alpha_3}{\partial x_2}g(v)+\frac{\partial\alpha_3}{\partial g(v)}f(\omega)+\frac{\partial\alpha_3}{\partial y_d}\dot{y}_d+\frac{\partial\alpha_3}{\partial\dot{y}_d}\ddot{y}_d+\frac{\partial\alpha_3}{\partial\ddot{y}_d}\dddot{y}_d+\frac{\partial\alpha_3}{\partial\dddot{y}_d}\ddddot{y}_d=\theta_2$$

(4) 定义 Lyapunov 函数

$$V_4=V_3+\frac{1}{2}z_4^2$$

则

$$\dot{V}_4=\dot{V}_3+z_4\dot{z}_4=-c_1z_1^2-c_2z_2^2-c_3z_3^2+z_3z_4+z_4(U-\theta_2)$$

设计控制律为

$$U=\theta_2-z_3-c_4z_4 \tag{2.51}$$

其中，$c_4>0$。

于是

$$\dot{V}_4=-c_1z_1^2-c_2z_2^2-c_3z_3^2-c_4z_4^2\leqslant -C_m V_4$$

其中，$C_m=2\min\{c_1,c_2,c_3,c_4\}$。

$$V_4(t)\leqslant \mathrm{e}^{-C_m t}V_4(0)$$

说明 $V_4(t)$ 指数收敛，即 $z_i(i=1,2,3,4)$ 指数收敛，则 $t\to\infty$ 时，$x_1\to y_d$，$x_2\to\dot{y}_d$，且指数收敛。

2.7.4 仿真实例

针对被控对象式(2.46)，位置指令为 $y_d(t)=\sin t$，被控对象的初始值为[0.5　0]，$u_M=3.0$，$v_M=3.0$。控制律为式(2.47)，采用式(2.48)求 ω 和 v，取 $c_1=3,c_2=2,c_3=1.5,c_4=1.5$，仿真结果如图 2.19～图 2.21 所示。

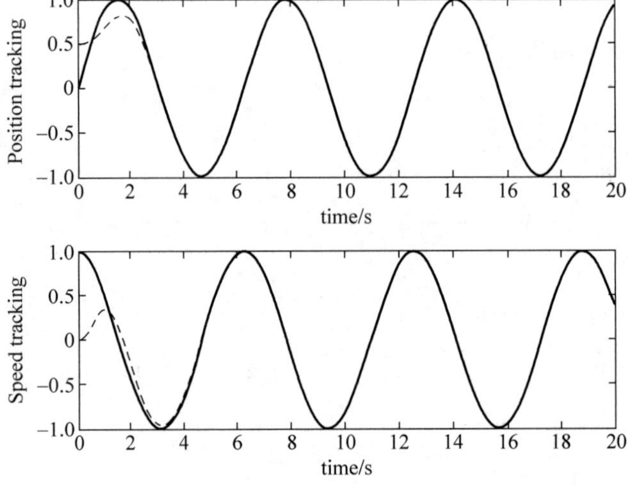

图 2.19　位置和速度响应

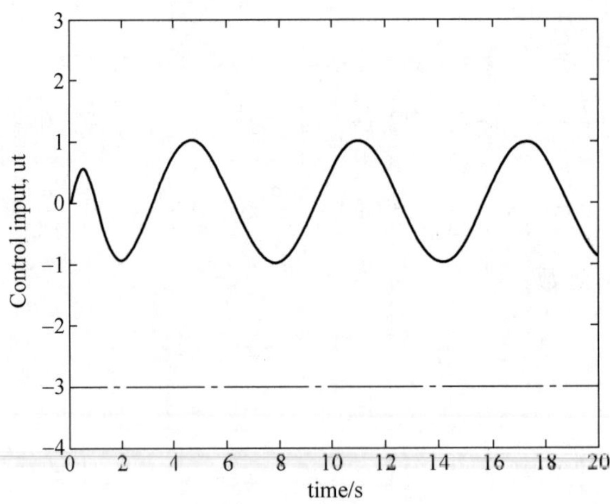

图 2.20　控制输入变化

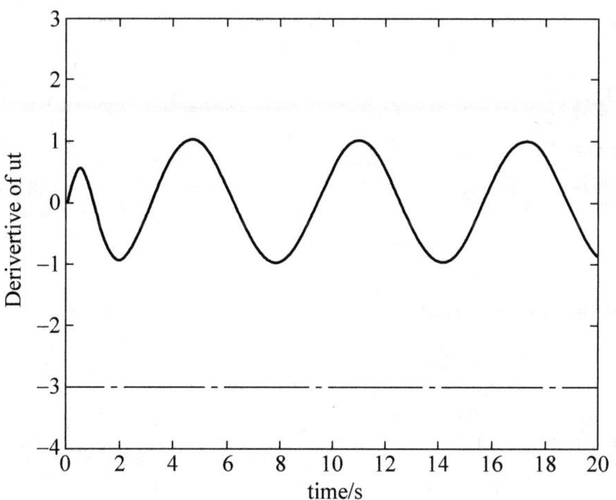

图 2.21 控制输入变化率

仿真程序：

(1) Simulink 主程序：chap2_7sim. mdl。

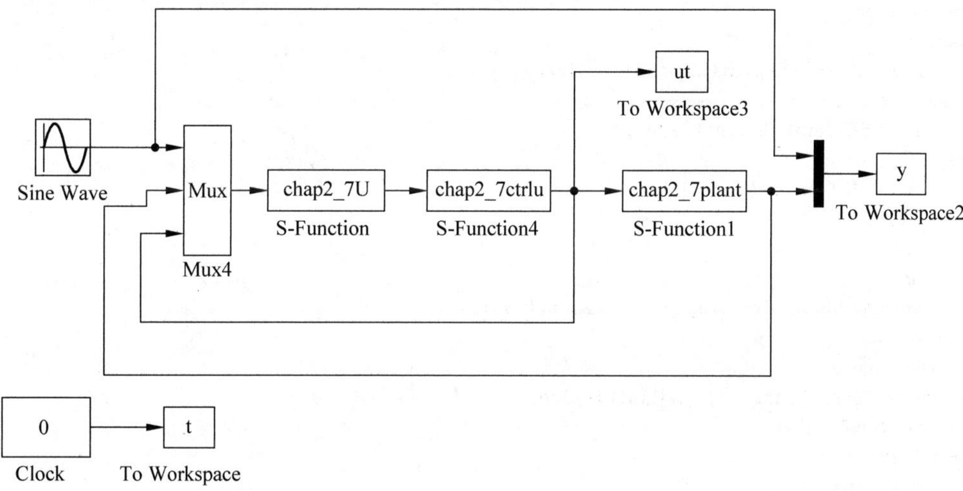

(2) 被控对象 S 函数：chap2_7plant. m。

```
function [sys,x0,str,ts] = spacemodel(t,x,u,flag)
switch flag,
case 0,
    [sys,x0,str,ts] = mdlInitializeSizes;
case 1,
    sys = mdlDerivatives(t,x,u);
case 3,
    sys = mdlOutputs(t,x,u);
case {2,4,9}
    sys = [];
otherwise
    error(['Unhandled flag = ',num2str(flag)]);
end
function [sys,x0,str,ts] = mdlInitializeSizes
sizes = simsizes;
sizes.NumContStates = 2;
```

```
sizes.NumDiscStates = 0;
sizes.NumOutputs = 2;
sizes.NumInputs = 4;
sizes.DirFeedthrough = 0;
sizes.NumSampleTimes = 1;
sys = simsizes(sizes);
x0 = [0.5;0];
str = [];
ts = [0 0];
function sys = mdlDerivatives(t,x,u)
ut = u(1);
sys(1) = x(2);
sys(2) = ut;
function sys = mdlOutputs(t,x,u)
sys(1) = x(1);
sys(2) = x(2);
```

(3) 控制律的 S 函数：chap2_7ctrlu. m。

```
function [sys,x0,str,ts] = spacemodel(t,x,u,flag)

switch flag,
case 0,
    [sys,x0,str,ts] = mdlInitializeSizes;
case 1,
    sys = mdlDerivatives(t,x,u);
case 3,
    sys = mdlOutputs(t,x,u);
case {2,4,9}
    sys = [];
otherwise
    error(['Unhandled flag = ',num2str(flag)]);
end

function [sys,x0,str,ts] = mdlInitializeSizes
global uM vM
uM = 3;vM = 3;
sizes = simsizes;
sizes.NumContStates   = 2;
sizes.NumDiscStates   = 0;
sizes.NumOutputs      = 4;
sizes.NumInputs       = 1;
sizes.DirFeedthrough  = 0;
sizes.NumSampleTimes  = 1;
sys = simsizes(sizes);
x0 = [0 0];
str = [];
ts = [0 0];
function sys = mdlDerivatives(t,x,u)
global uM vM
Ut = u(1);

v = x(1);
w = x(2);
gv = uM * tanh(v/uM);
fw = vM * tanh(w/vM);
```

```
dg_dv = 4/(exp(v/uM) + exp( - v/uM))^2;
df_dw = 4/(exp(w/vM) + exp( - w/vM))^2;

dv = inv(dg_dv) * fw;
dw = inv(df_dw) * Ut;
sys(1) = dv;
sys(2) = dw;
function sys = mdlOutputs(t,x,u)
global uM vM
v = x(1);
w = x(2);

ut = uM * tanh(v/uM);
du = vM * tanh(v/vM);
sys(1) = ut;
sys(2) = du;
sys(3) = v;
sys(4) = w;
```

（4）控制律 U 的 S 函数：chap2_7U. m。

```
function [sys,x0,str,ts] = spacemodel(t,x,u,flag)
switch flag,
case 0,
    [sys,x0,str,ts] = mdlInitializeSizes;
case 1,
    sys = mdlDerivatives(t,x,u);
case 3,
    sys = mdlOutputs(t,x,u);
case {2,4,9}
    sys = [];
otherwise
    error(['Unhandled flag = ',num2str(flag)]);
end
function [sys,x0,str,ts] = mdlInitializeSizes
sizes = simsizes;
sizes.NumContStates  = 0;
sizes.NumDiscStates  = 0;
sizes.NumOutputs     = 1;
sizes.NumInputs      = 7;
sizes.DirFeedthrough = 1;
sizes.NumSampleTimes = 1;
sys = simsizes(sizes);
x0 = [];
str = [];
ts = [0 0];
function sys = mdlOutputs(t,x,u)
yd = u(1);
dyd = cos(t);ddyd = - sin(t);dddyd = - cos(t);

x1 = u(2);x2 = u(3);
ut = u(4);du = u(5);
v = u(6);w = u(7);

c1 = 3;c2 = 2;c3 = 1.5;c4 = 1.5;
```

```
uM = 3;vM = 3;
gv = uM * tanh(v/uM);
fw = vM * tanh(w/vM);

z1 = x1 - yd;
dz1 = x2 - dyd;
alfa1 = - c1 * z1;
dalfa1 = - c1 * (x2 - dyd);
z2 = x2 - alfa1 - dyd;
%alfa2 = - z1 - c2 * z2 + dalfa1 + ddyd;
alfa2 = - x1 + yd - c2 * (x2 + c1 * x1 - c1 * yd - dyd) - c1 * (x2 - dyd) + ddyd;

z3 = gv - alfa2;
dalfa2_x1 = - 1 - c2 * c1;
dalfa2_x2 = - c2 - c1;
dalfa2_yd = 1 + c2 * c1;
dalfa2_dyd = c2 + c1;
dalfa2_ddyd = 1;

dalfa2 = dalfa2_x1 * x2 + dalfa2_x2 * gv + dalfa2_yd * dyd + dalfa2_dyd * ddyd + dalfa2_ddyd * dddyd;
theta1 = dalfa2;

%alfa3 = - z2 - c3 * z3 + theta1;
alfa3 = - x2 - c1 * (x1 - yd) + dyd - c3 * (gv - alfa2) + theta1;

z4 = fw - alfa3;

dtheta1_x1 = 0;
dtheta1_x2 = dalfa2_x1;
dtheta1_yd = 0;
dtheta1_dyd = dalfa2_yd;
dtheta1_ddyd = dalfa2_dyd;
dtheta1_dddyd = dalfa2_ddyd;
dtheta1_gv = dalfa2_x2;

dalfa3_x1 = - c1 + c3 * dalfa2_x1 + dtheta1_x1;
dalfa3_x2 = - 1 + c3 * dalfa2_x2 + dtheta1_x2;
dalfa3_gv = - c3 + dtheta1_gv;
dalfa3_yd = c1 + c3 * dalfa2_yd + dtheta1_yd;
dalfa3_dyd = 1 + c3 * dalfa2_dyd + dtheta1_dyd;
dalfa3_ddyd = c3 * dalfa2_ddyd + dtheta1_ddyd;
dalfa3_dddyd = dtheta1_dddyd;

theta2 = dalfa3_x1 * x2 + dalfa3_x2 * gv + dalfa3_gv * fw + dalfa3_yd * dyd + dalfa3_dyd * ddyd +
dalfa3_ddyd * dddyd;

Ut = theta2 - z3 - c4 * z4;
sys(1) = Ut;
```

(5) 作图程序：chap2_7plot.m。

```
close all;

figure(1);
subplot(211);
plot(t,y(:,1),'r',t,y(:,2),'-.k','linewidth',2);
```

```
xlabel('time(s)');ylabel('Position tracking');
subplot(212);
plot(t,cos(t),'r',t,y(:,3),'-.k','linewidth',2);
xlabel('time(s)');ylabel('Speed tracking');

figure(2);
plot(t,ut(:,1),'k','linewidth',2);
xlabel('time(s)');ylabel('ut');
hold on;
uM = 3.0;
plot(t,uM * t./t,'-.r',t,-uM * t./t,'-.k','linewidth',2);
xlabel('time(s)');ylabel('Control input,ut');

figure(3);
plot(t,ut(:,2),'k','linewidth',2);
hold on;
vM = 3.0;
plot(t,vM * t./t,'-.r',t,-vM * t./t,'-.k','linewidth',2);
xlabel('time(s)');ylabel('Derivertive of ut');
```

2.8 基于反演的控制输入及变化率受限鲁棒控制

2.8.1 系统描述

被控对象为

$$\begin{cases}\dot{x}_1 = x_2\\ \dot{x}_2 = F(x) + u(t) + d(t)\end{cases} \tag{2.52}$$

其中,$u(t)$为控制输入,$|d(t)| \leqslant \eta_1$。

取 y_d 为指令信号,控制任务为$|u(t)| \leqslant u_M$,且 $t \to \infty$时,$x_1 \to y_d$,$x_2 \to \dot{y}_d$。

2.8.2 控制输入受限方法

为了满足$|u(t)| \leqslant u_M$,控制律设计为

$$u(t) = g(v) = u_M \tanh\left(\frac{v}{u_M}\right) \tag{2.53}$$

则控制律的设计任务转化为 $g(v)$的设计,即 v 的设计。

设计稳定的辅助系统为

$$\begin{aligned}\dot{v} &= v_M \tanh\left(\frac{\omega}{v_M}\right)\left(\frac{\partial g}{\partial v}\right)^{-1} = \left(\frac{\partial g}{\partial v}\right)^{-1} f(\omega)\\ \dot{\omega} &= \left(\frac{\partial f(\omega)}{\partial \omega}\right)^{-1} U\end{aligned} \tag{2.54}$$

其中,$f(\omega) = v_M \tanh\left(\dfrac{\omega}{v_M}\right)$,$v$、$\omega$ 和 U 为辅助控制信号。

于是

$$\dot{u}(t) = \frac{\partial g}{\partial v}\dot{v} = v_M \tanh\left(\frac{v}{v_M}\right) = f(\omega)$$

则$|\dot{u}(t)| \leqslant v_{\mathrm{M}}$，控制律的设计任务转化为$\omega$的设计。

由式(2.53)和式(2.54)构成了控制输入及其变化率同时受限的控制算法。

2.8.3 基于反演的控制算法设计

基本的反演控制方法设计步骤如下：

(1) 定义位置误差为

$$z_1 = x_1 - y_{\mathrm{d}}$$

则$\dot{z}_1 = \dot{x}_1 - \dot{y}_{\mathrm{d}} = x_2 - \dot{y}_{\mathrm{d}}$，定义

$$z_2 = x_2 - \alpha_1 - \dot{y}_{\mathrm{d}}$$

定义虚拟控制量

$$\alpha_1 = -c_1 z_1$$

其中，$c_1 > 0$。

于是

$$z_2 = x_2 + c_1(x_1 - y_{\mathrm{d}}) - \dot{y}_{\mathrm{d}}$$

定义 Lyapunov 函数

$$V_1 = \frac{1}{2} z_1^2$$

则$\dot{V}_1 = z_1 \dot{z}_1 = z_1(x_2 - \dot{y}_{\mathrm{d}}) = z_1(z_2 + \alpha_1)$，将式(2.55)代入得

$$\dot{V}_1 = -c_1 z_1^2 + z_1 z_2$$

如果$z_2 = 0$，则$\dot{V}_1 \leqslant 0$。为此，需要进行下一步设计。

(2) 定义 Lyapunov 函数

$$V_2 = V_1 + \frac{1}{2} z_2^2$$

则

$$\dot{z}_2 = \dot{x}_2 - \dot{\alpha}_1 - \ddot{y}_{\mathrm{d}} = F(x) + g(v) + d - \dot{\alpha}_1 - \ddot{y}_{\mathrm{d}}$$

如果按传统的反演设计方法，按上式所设计的控制律$u(t)$无法保证有界。为了实现有界控制输入，引入虚拟项α_2，将$u(t)$按α_2设计，即令$z_3 = g(v) - \alpha_2$，从而

$$\dot{z}_2 = F(x) + z_3 + \alpha_2 + d - \dot{\alpha}_1 - \ddot{y}_{\mathrm{d}}$$

则

$$\dot{V}_2 = \dot{V}_1 + z_2 \dot{z}_2 = -c_1 z_1^2 + z_1 z_2 + z_2 (F(x) + z_3 + \alpha_2 + d - \dot{\alpha}_1 - \ddot{y}_{\mathrm{d}})$$

定义虚拟控制律为

$$\alpha_2 = -z_1 - c_2 z_2 - F(x) + \dot{\alpha}_1 + \ddot{y}_{\mathrm{d}} - \eta_1 \tanh\left(\frac{z_2}{\varepsilon_1}\right) \tag{2.55}$$

其中，$c_2 > 0$。

于是

$$\dot{V}_2 = -c_1 z_1^2 - c_2 z_2^2 + z_2 z_3 + z_2 d - z_2 \eta_1 \tanh\left(\frac{z_2}{\varepsilon_1}\right)$$

由于$z_2 d \leqslant |z_2 d| \leqslant \eta_1 |z_2|$，则

$$z_2 d - z_2\eta_1\tanh\left(\frac{z_2}{\varepsilon_1}\right) \leqslant \eta_1\left(|z_2| - z_2\tanh\left(\frac{z_2}{\varepsilon_1}\right)\right) \leqslant \eta_1 k_{\mathrm{u}}\varepsilon_1$$

其中

$$0 \leqslant |z_2| - z_2\tanh\left(\frac{z_2}{\varepsilon_1}\right) \leqslant k_u\varepsilon_1{}^{[8]}, k_u = 0.2785 \tag{2.56}$$

从而

$$\dot{V}_2 = -c_1 z_1^2 - c_2 z_2^2 + z_2 z_3 + \eta_1 k_{\mathrm{u}}\varepsilon_1$$

由 α_2 表达式(2.56)可得

$$\alpha_2 = -(x_1 - y_{\mathrm{d}}) - c_2(x_2 + c_1(x_1 - y_{\mathrm{d}}) - \dot{y}_{\mathrm{d}}) - F(x) - c_1(x_2 - \dot{y}_{\mathrm{d}}) + \ddot{y}_{\mathrm{d}} - \eta_1\tanh\left(\frac{x_2 + c_1(x_1 - y_{\mathrm{d}}) - \dot{y}_{\mathrm{d}}}{\varepsilon_1}\right)$$

可见，α_2 为 x_1、x_2、y_{d}、$\dot{y}_{\mathrm{d}}$ 和 $\ddot{y}_{\mathrm{d}}$ 的函数，则

$$\dot{\alpha}_2 = \frac{\partial\alpha_2}{\partial x_1}x_2 + \frac{\partial\alpha_2}{\partial x_2}(F(x) + g(v) + d) + \frac{\partial\alpha_2}{\partial y_{\mathrm{d}}}\dot{y}_{\mathrm{d}} + \frac{\partial\alpha_2}{\partial\dot{y}_{\mathrm{d}}}\ddot{y}_{\mathrm{d}} + \frac{\partial\alpha_2}{\partial\ddot{y}_{\mathrm{d}}}\dddot{y}_{\mathrm{d}} = \theta_1 + \frac{\partial\alpha_2}{\partial x_2}d$$

其中，$\theta_1 = \frac{\partial\alpha_2}{\partial x_1}x_2 + \frac{\partial\alpha_2}{\partial x_2}(F(x) + g(v)) + \frac{\partial\alpha_2}{\partial y_{\mathrm{d}}}\dot{y}_{\mathrm{d}} + \frac{\partial\alpha_2}{\partial\dot{y}_{\mathrm{d}}}\ddot{y}_{\mathrm{d}} + \frac{\partial\alpha_2}{\partial\ddot{y}_{\mathrm{d}}}\dddot{y}_{\mathrm{d}}$。

由 $z_3 = g(v) - \alpha_2$ 可得

$$\dot{z}_3 = \frac{\partial g}{\partial v}\dot{v} - \dot{\alpha}_2 = f(\omega) - \dot{\alpha}_2$$

(3) 定义 Lyapunov 函数

$$V_3 = V_2 + \frac{1}{2}z_3^2$$

则

$$\dot{V}_3 = \dot{V}_2 + z_3\dot{z}_3 = -c_1 z_1^2 - c_2 z_2^2 + z_2 z_3 + \eta_1 k_{\mathrm{u}}\varepsilon_1 + z_3\dot{z}_3$$

取 $z_4 = f(\omega) - \alpha_3$，则

$$\dot{z}_3 = z_4 + \alpha_3 - \left(\theta_1 + \frac{\partial\alpha_2}{\partial x_2}d\right)$$

$$\dot{V}_3 = -c_1 z_1^2 - c_2 z_2^2 + z_2 z_3 + \eta_1 k_{\mathrm{u}}\varepsilon_1 + z_3\left(z_4 + \alpha_3 - \theta_1 - \frac{\partial\alpha_2}{\partial x_2}d\right)$$

取

$$\alpha_3 = -z_2 - c_3 z_3 + \theta_1 - \eta_1\frac{\partial\alpha_2}{\partial x_2}\tanh\left(\frac{z_3\frac{\partial\alpha_2}{\partial x_2}}{\varepsilon_2}\right)$$

其中，$c_3 > 0$。

则

$$\dot{V}_3 = -c_1 z_1^2 - c_2 z_2^2 - c_3 z_3^2 + z_3 z_4 + \eta_1 k_{\mathrm{u}}\varepsilon_1 - \eta_1 z_3\frac{\partial\alpha_2}{\partial x_2}\tanh\left(\frac{z_3\frac{\partial\alpha_2}{\partial x_2}}{\varepsilon_2}\right) - \frac{\partial\alpha_2}{\partial x_2}z_3 d$$

由于 $-\frac{\partial\alpha_2}{\partial x_2}z_3 d \leqslant \eta_1\left|\frac{\partial\alpha_2}{\partial x_2}z_3\right|$，则根据式(2.56)，有

$$-\eta_1 z_3\frac{\partial\alpha_2}{\partial x_2}\tanh\left(\frac{z_3\frac{\partial\alpha_2}{\partial x_2}}{\varepsilon_2}\right)-\frac{\partial\alpha_2}{\partial x_2}z_3 d\leqslant\eta_1\left|z_3\frac{\partial\alpha_2}{\partial x_2}\right|-\eta_1 z_3\frac{\partial\alpha_2}{\partial x_2}\tanh\left(\frac{z_3\frac{\partial\alpha_2}{\partial x_2}}{\varepsilon_2}\right)\leqslant\eta_1 k_u\varepsilon_2$$

于是

$$\dot V_3\leqslant -c_1z_1^2-c_2z_2^2-c_3z_3^2+z_3z_4+\eta_1k_u\varepsilon_1+\eta_1k_u\varepsilon_2$$

由于

$$\dot z_4=\dot f(\omega)-\dot\alpha_3=\frac{\partial f(\omega)}{\partial\omega}\dot\omega-\dot\alpha_3=U-\dot\alpha_3$$

$$\alpha_3=-z_2-c_3z_3+\theta_1-\eta_1\frac{\partial\alpha_2}{\partial x_2}\tanh\left(\frac{z_3\frac{\partial\alpha_2}{\partial x_2}}{\varepsilon_2}\right)$$

可见，α_3 为 x_1、x_2、y_d、$\dot y_d$ 和 $\ddot y_d$ 的函数，则

$$\dot\alpha_3=\frac{\partial\alpha_3}{\partial x_1}x_2+\frac{\partial\alpha_3}{\partial x_2}(F(x)+g(v)+d)+\frac{\partial\alpha_3}{\partial y_d}\dot y_d+\frac{\partial\alpha_3}{\partial\dot y_d}\ddot y_d+$$
$$\frac{\partial\alpha_3}{\partial\ddot y_d}\dddot y_d+\frac{\partial\alpha_3}{\partial\dddot y_d}\ddddot y_d+\frac{\partial\alpha_3}{\partial g(v)}\frac{\partial g(v)}{\partial v}\dot v=\theta_2+\frac{\partial\alpha_3}{\partial x_2}d$$

其中

$$\theta_2=\frac{\partial\alpha_3}{\partial x_1}x_2+\frac{\partial\alpha_3}{\partial x_2}(F(x)+g(v))+\frac{\partial\alpha_3}{\partial y_d}\dot y_d+\frac{\partial\alpha_3}{\partial\dot y_d}\ddot y_d+$$
$$\frac{\partial\alpha_3}{\partial\ddot y_d}\dddot y_d+\frac{\partial\alpha_3}{\partial\dddot y_d}\ddddot y_d+\frac{\partial\alpha_3}{\partial g(v)}f(\omega)$$

(4) 定义 Lyapunov 函数

$$V_4=V_3+\frac{1}{2}z_4^2$$

则

$$\dot V_4=\dot V_3+z_4\dot z_4\leqslant -c_1z_1^2-c_2z_2^2-c_3z_3^2+z_3z_4+$$
$$\eta_1k_u\varepsilon_1+\eta_1k_u\varepsilon_2+z_4\left(U-\theta_2-\frac{\partial\alpha_3}{\partial x_2}d\right)$$

设计控制律为

$$U=\theta_2-z_3-c_4z_4-\eta_1\frac{\partial\alpha_3}{\partial x_2}\tanh\left(\frac{z_4\frac{\partial\alpha_3}{\partial x_2}}{\varepsilon_3}\right)\tag{2.57}$$

其中，$c_4>0$。

于是

$$\dot V_4\leqslant -c_1z_1^2-c_2z_2^2-c_3z_3^2-c_4z_4^2+\eta_1k_u\varepsilon_1+\eta_1k_u\varepsilon_2+$$
$$z_4\left(-\eta_1\frac{\partial\alpha_3}{\partial x_2}\tanh\left(\frac{z_4\frac{\partial\alpha_3}{\partial x_2}}{\varepsilon_3}\right)-\frac{\partial\alpha_3}{\partial x_2}d\right)$$

由于$-\frac{\partial\alpha_3}{\partial x_2}z_4d\leqslant\eta_1\left|\frac{\partial\alpha_3}{\partial x_2}z_4\right|$，则根据式(2.56)，有

$$-\eta_1 z_4 \frac{\partial \alpha_3}{\partial x_2}\tanh\left(\frac{z_4 \dfrac{\partial \alpha_3}{\partial x_2}}{\varepsilon_2}\right)-\frac{\partial \alpha_3}{\partial x_2} z_4 d \leqslant \eta_1\left|z_4 \frac{\partial \alpha_3}{\partial x_2}\right|-\eta_1 z_4 \frac{\partial \alpha_3}{\partial x_2}\tanh\left(\frac{z_4 \dfrac{\partial \alpha_3}{\partial x_2}}{\varepsilon_3}\right) \leqslant \eta_1 k_{\mathrm{u}} \varepsilon_3$$

于是

$$\dot{V}_4 \leqslant -c_1 z_1^2-c_2 z_2^2-c_3 z_3^2-c_4 z_4^2+\eta_1 k_{\mathrm{u}}(\varepsilon_1+\varepsilon_2+\varepsilon_3) \leqslant -C_{\mathrm{m}} V_4+\beta$$

其中，$C_{\mathrm{m}}=2\min\{c_1, c_2, c_3, c_4\}$，$\beta=\eta_1 k_{\mathrm{u}}(\varepsilon_1+\varepsilon_2+\varepsilon_3)$。

根据不等式求解引理[6]（见附录引理 2.2），$\dot{V}_4 \leqslant -C_{\mathrm{m}} V_4+\beta$ 的解为

$$V_4(t) \leqslant \mathrm{e}^{-Ct} V_4(0)+\beta \int_0^t \mathrm{e}^{-C_{\mathrm{m}}(t-\tau)} \mathrm{d}\tau=\mathrm{e}^{-C_{\mathrm{m}} t} V_4(0)+\frac{\beta}{C_{\mathrm{m}}}(1-\mathrm{e}^{-C_{\mathrm{m}} t})$$

其中，$\int_0^t \mathrm{e}^{-C_{\mathrm{m}}(t-\tau)} \mathrm{d}\tau=\frac{1}{C_{\mathrm{m}}} \int_0^t \mathrm{e}^{-C_{\mathrm{m}}(t-\tau)} \mathrm{d}(-C_{\mathrm{m}}(t-\tau))=\frac{1}{C_{\mathrm{m}}}(1-\mathrm{e}^{-C_{\mathrm{m}} t})$。

可见，闭环系统最终收敛误差取决于 C_{m} 和扰动的上界 η_1。当无扰动时，$\eta_1=0$，$V_4(t) \leqslant \mathrm{e}^{-C_{\mathrm{m}} t} V_4(0)$，$V_4(t)$指数收敛，即 z_i 指数收敛，则 $t \rightarrow \infty$时，$x_1 \rightarrow y_{\mathrm{d}}$，$x_2 \rightarrow \dot{y}_{\mathrm{d}}$，且指数收敛。

2.9 基于 Nussbaum 函数的控制输入受限控制

在 2.4 节中，设计了一种基于反演控制的有界控制输入方法，在控制律式(2.24)中，由于 $\dot{v}=\left(\frac{\partial g}{\partial v}\right)^{-1} \omega$，当$\frac{\partial g}{\partial v}$过小时，容易产生奇异。为此，可以采用 N 函数的设计方法来加以克服。

2.9.1 系统描述

被控对象为一单力臂机械手：

$$\ddot{\theta}=-\frac{1}{I}(2\dot{\theta}+mgL\cos\theta)+\frac{1}{I}\tau(t) \tag{2.58}$$

取 $x_1=\theta$，$x_2=\dot{\theta}$，令$\frac{1}{I}\tau(t)=u(t)$，$f(x)=-\frac{1}{I}(2x_2+mgL\cos x_1)$，被控对象可写为

$$\begin{cases}\dot{x}_1=x_2 \\ \dot{x}_2=f(x)+u(t)\end{cases} \tag{2.59}$$

控制目标为：在$|u(t)| \leqslant u_{\mathrm{M}}$ 条件下，$t \rightarrow \infty$时，$x_1 \rightarrow x_{\mathrm{d}}$，$x_2 \rightarrow \dot{x}_{\mathrm{d}}$。

2.9.2 输入受限控制方法

为了满足$|u(t)| \leqslant u_{\mathrm{M}}$，控制律设计为

$$u(t)=g(v)=u_{\mathrm{M}}\tanh\left(\frac{v}{u_{\mathrm{M}}}\right) \tag{2.60}$$

则控制律的设计任务转化为 $g(v)$的设计，即 v 的设计。

设计稳定的辅助系统为

$$\dot{v}=-cv+\omega \tag{2.61}$$

其中，$c>0$，ω 为辅助控制信号。

则控制律的设计任务转化为 ω 的设计。

2.9.3 基于反演的输入受限控制算法设计

基本的反演控制方法设计步骤如下：

步骤 1：定义位置误差为

$$z_1 = x_1 - y_d$$

其中，y_d 为指令信号。

于是

$$\dot{z}_1 = \dot{x}_1 - \dot{y}_d = x_2 - \dot{y}_d$$

定义 $x_2 = z_2 + \alpha_1 + \dot{y}_d$，定义虚拟控制量

$$\alpha_1 = -c_1 z_1 \tag{2.62}$$

其中，$c_1 > 0$。

定义 Lyapunov 函数

$$V_1 = \frac{1}{2} z_1^2$$

则 $\dot{V}_1 = z_1 \dot{z}_1 = z_1(x_2 - \dot{y}_d) = z_1(z_2 + \alpha_1)$，将式(2.62)代入得

$$\dot{V}_1 = -c_1 z_1^2 + z_1 z_2$$

如果 $z_2 = 0$，则 $\dot{V}_1 \leqslant 0$。为此，需要进行下一步设计。

步骤 2：定义 Lyapunov 函数

$$V_2 = V_1 + \frac{1}{2} z_2^2$$

则

$$\dot{z}_2 = \dot{x}_2 - \dot{\alpha}_1 - \ddot{y}_d = f(x) + u(t) - \dot{\alpha}_1 - \ddot{y}_d = f(x) + g(v) - \dot{\alpha}_1 - \ddot{y}_d$$

如果按传统的反演设计方法，按上式所设计的控制律 $u(t)$ 无法保证有界。为了实现式(2.60)形式的按指定方式的有界控制输入，引入虚拟项 α_2，令 $g(v) = \alpha_2 + z_3$，从而

$$\dot{z}_2 = f(x) + z_3 + \alpha_2 - \dot{\alpha}_1 - \ddot{y}_d$$

则

$$\dot{V}_2 = \dot{V}_1 + z_2 \dot{z}_2 = -c_1 z_1^2 + z_1 z_2 + z_2(f(x) + z_3 + \alpha_2 - \dot{\alpha}_1 - \ddot{y}_d)$$

定义虚拟控制律为

$$\alpha_2 = -f(x) - c_2 z_2 - z_1 + \dot{\alpha}_1 + \ddot{y}_d \tag{2.63}$$

则

$$\dot{V}_2 = -c_1 z_1^2 - c_2 z_2^2 + z_2 z_3$$

将式(2.63)展开得

$$\alpha_2 = -f(x) - c_2(x_2 + c_1 x_1 - c_1 y_d - \dot{y}_d) - (x_1 - y_d) - c_1(x_2 - \dot{y}_d) + \ddot{y}_d$$

可见，α_2 为 $x_1, x_2, y_d, \dot{y}_d$ 和 $\ddot{y}_d$ 的函数，则

$$\dot{\alpha}_2 = \frac{\partial \alpha_2}{\partial x_1} x_2 + \frac{\partial \alpha_2}{\partial x_2}(f(x) + g(v)) + \frac{\partial \alpha_2}{\partial y_d} \dot{y}_d + \frac{\partial \alpha_2}{\partial \dot{y}_d} \ddot{y}_d + \frac{\partial \alpha_2}{\partial \ddot{y}_d} \dddot{y}_d$$

由于 $z_3=g(v)-\alpha_2$，则

$$\dot{z}_3=\frac{\partial g}{\partial v}\dot{v}-\dot{\alpha}_2=\frac{\partial g}{\partial v}(-cv+\omega)-\dot{\alpha}_2 \tag{2.64}$$

设计辅助控制信号为

$$\omega=N(\chi)\bar{\omega} \tag{2.65}$$

定义 2.1 如果函数 $N(\chi)$满足下面条件，则 $N(\chi)$为 Nussbaum 函数。Nussbaum 函数满足如下双边特性[9]：

$$\lim_{k\to\pm\infty}\sup\frac{1}{k}\int_0^k N(s)\mathrm{d}s=\infty$$

$$\lim_{k\to\pm\infty}\inf\frac{1}{k}\int_0^k N(s)\mathrm{d}s=-\infty$$

定义 Nussbaum 函数 $N(\chi)$及其自适应律[4,9]为

$$N(\chi)=\chi^2\cos(\chi),\dot{\chi}=\gamma_\chi z_3\bar{\omega} \tag{2.66}$$

其中，$\gamma_\chi>0$。

考虑式(2.64)，取

$$\bar{\omega}=-c_3z_3+\dot{\alpha}_2+cv\frac{\partial g}{\partial v}-z_2 \tag{2.67}$$

则由式(2.64)和式(2.67)，可得

$$\dot{z}_3+\bar{\omega}=\frac{\partial g}{\partial v}(-cv+\omega)-\dot{\alpha}_2-c_3z_3+\dot{\alpha}_2+cv\frac{\partial g}{\partial v}-z_2=\frac{\partial g}{\partial v}\omega-c_3z_3-z_2$$

步骤 3：定义 Lyapunov 函数

$$V_3=V_2+\frac{1}{2}z_3^2$$

则

$$\begin{aligned}\dot{V}_3&\leqslant-c_1z_1^2-c_2z_2^2+z_2z_3+z_3\dot{z}_3\\&=-c_1z_1^2-c_2z_2^2+z_2z_3+z_3(\dot{z}_3+\bar{\omega}-\bar{\omega})\\&=-c_1z_1^2-c_2z_2^2+z_2z_3+z_3\left\{\frac{\partial g}{\partial v}\omega-c_3z_3-z_2\right\}-z_3\bar{\omega}\\&\leqslant-c_1z_1^2-c_2z_2^2-c_3z_3^2+\left(\frac{\partial g}{\partial v}N(\chi)-1\right)z_3\bar{\omega}\end{aligned}$$

有

$$\dot{V}_3\leqslant-C_1V_3+\frac{1}{\gamma_\chi}(\xi N(\chi)-1)\dot{\chi} \tag{2.68}$$

其中，$C_1=2\min\{c_1,c_2,c_3\}>0,\xi=\dfrac{\partial g(v)}{\partial v}=\dfrac{4}{(\mathrm{e}^{v/u_\mathrm{M}}+\mathrm{e}^{-v/u_\mathrm{M}})^2}>0,0<\xi\leqslant1$。

针对式(2.68)积分，可得

$$V_3(t)-V_3(0)\leqslant-C_1\int_0^t V_3(\tau)\mathrm{d}\tau+\frac{1}{\gamma_\chi}w(t) \tag{2.69}$$

其中，$w(t)=\int_{\chi(0)}^{\chi(t)}(\xi N(s)-1)\mathrm{d}s$。

根据文献[4]中的定理 1 分析方法，采用反证法进行分析，考虑 χ 无上界和 χ 无下界两种情况，可得出 χ 有界的结论。

根据 χ 有界，可知 $N(\chi)$ 有界，由 $w(t)=\int_{\chi(0)}^{\chi(t)}(\xi N(\chi)-1)\mathrm{d}s$ 可知 $w(t)$ 有界，根据式(2.69)可知 $V_3(t)$ 有界，从而 z_1、z_2、z_3 有界，$\dot{z}_1$、$\dot{z}_2$ 有界，根据式(2.69)，有

$$C_1\int_0^t V_3(\tau)\mathrm{d}\tau \leqslant \frac{1}{\gamma_\chi}w(t)+V_3(0)-V_3(t)$$

可见 $\int_0^t V_3(\tau)\mathrm{d}\tau$ 有界，则 $\int_0^t z_1^2(\tau)\mathrm{d}\tau$、$\int_0^t z_2^2(\tau)\mathrm{d}\tau$ 有界。根据 Barbalat 引理[6]，当 $t\to\infty$ 时，$z_1\to 0$，$z_2\to 0$，即 $x_1\to x_\mathrm{d}$，$x_2\to \dot{x}_\mathrm{d}$。

从而实现 $|u(t)|\leqslant u_\mathrm{M}$ 条件下，$t\to\infty$ 时，$x_1\to x_\mathrm{d}$，$x_2\to \dot{x}_\mathrm{d}$。

2.9.4 仿真实例

针对被控对象式(2.58)，取 $g=9.8$，$m=1.0$，$L=1.0$。位置指令为 $y_\mathrm{d}=\sin t$，被控对象的初始值为[0.10,0]，$u_\mathrm{M}=20$。采用式(2.65)至(2.67)求 ω，采用式(2.61)求 v，取 $\gamma_\chi=1.0$，控制律为式(2.60)，取 $c=10$，$c_1=c_2=c_3=10$，仿真结果如图 2.22 至图 2.25 所示。

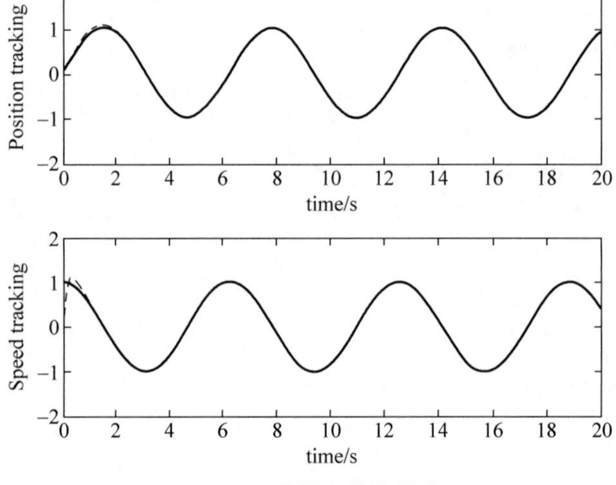

图 2.22 位置和速度跟踪

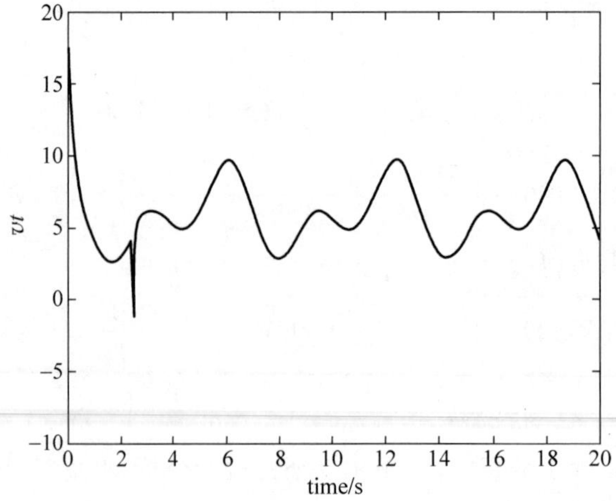

图 2.23 v 值的变化

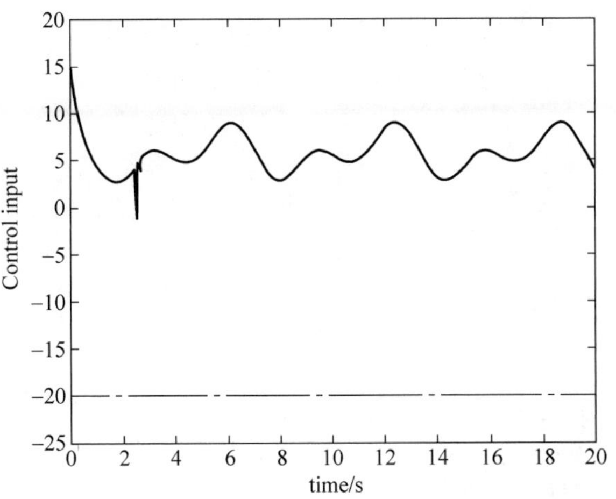

图 2.24 控制输入

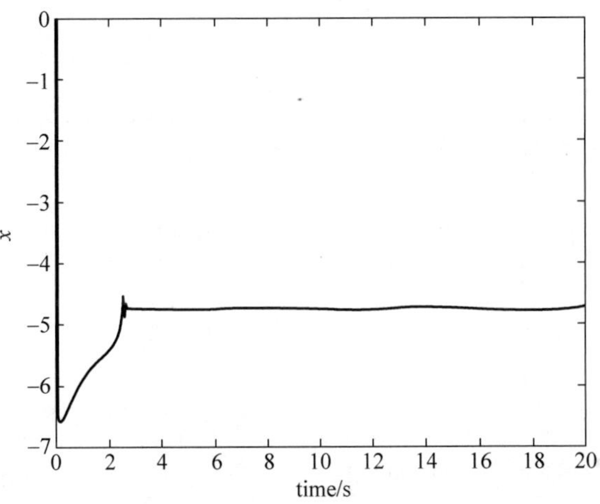

图 2.25 χ 的变化

仿真程序：

(1) Simulink 主程序：chap2_8sim.mdl。

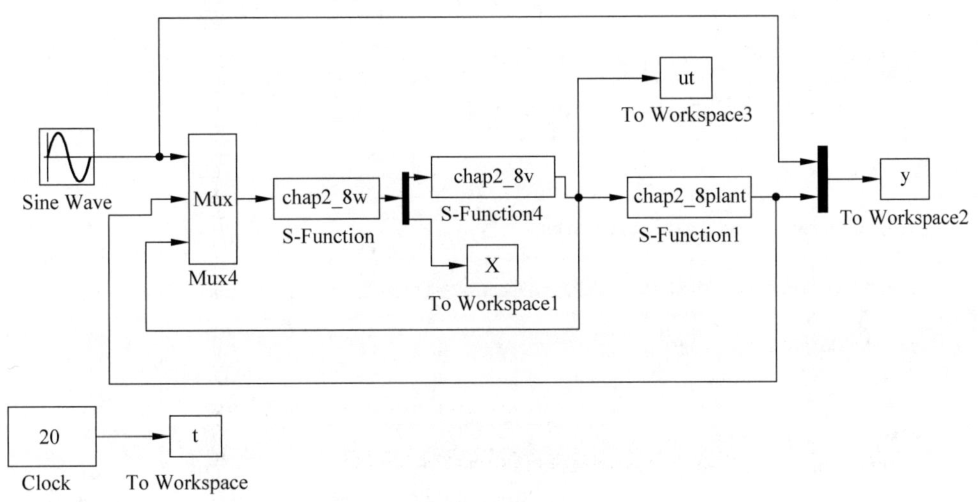

（2）被控对象S函数：chap2_8plant.m。

```
function [sys,x0,str,ts] = spacemodel(t,x,u,flag)
switch flag,
case 0,
    [sys,x0,str,ts] = mdlInitializeSizes;
case 1,
    sys = mdlDerivatives(t,x,u);
case 3,
    sys = mdlOutputs(t,x,u);
case {2,4,9}
    sys = [];
otherwise
    error(['Unhandled flag = ',num2str(flag)]);
end
function [sys,x0,str,ts] = mdlInitializeSizes
sizes = simsizes;
sizes.NumContStates  = 2;
sizes.NumDiscStates  = 0;
sizes.NumOutputs     = 2;
sizes.NumInputs      = 2;
sizes.DirFeedthrough = 0;
sizes.NumSampleTimes = 1;
sys = simsizes(sizes);
x0 = [0.10;0];
str = [];
ts = [0 0];
function sys = mdlDerivatives(t,x,u)
g = 9.8;m = 1;L = 1.0;
I = 4/3 * m * L^2;

ut = u(2);
fx = -1/I * (2 * x(2) + m * g * L * cos(x(1)));

sys(1) = x(2);
sys(2) = fx + ut;
function sys = mdlOutputs(t,x,u)
sys(1) = x(1);
sys(2) = x(2);
```

（3）控制器v的S函数：chap2_8v.m。

```
function [sys,x0,str,ts] = spacemodel(t,x,u,flag)

switch flag,
case 0,
    [sys,x0,str,ts] = mdlInitializeSizes;
case 1,
    sys = mdlDerivatives(t,x,u);
case 3,
    sys = mdlOutputs(t,x,u);
case {2,4,9}
    sys = [];
otherwise
    error(['Unhandled flag = ',num2str(flag)]);
end
```

```
function [sys,x0,str,ts] = mdlInitializeSizes
sizes = simsizes;
sizes.NumContStates  = 1;
sizes.NumDiscStates  = 0;
sizes.NumOutputs     = 2;
sizes.NumInputs      = 1;
sizes.DirFeedthrough = 0;
sizes.NumSampleTimes = 1;
sys = simsizes(sizes);
x0 = [0];
str = [];
ts = [0 0];
function sys = mdlDerivatives(t,x,u)
c = 10;
w = u(1);
sys(1) = - c * x(1) + w;
function sys = mdlOutputs(t,x,u)
vt = x(1);
uM = 20;
gv = uM * tanh(vt/uM);
ut = gv;

sys(1) = vt;
sys(2) = ut;
```

（4）控制器 w 的 S 函数：chap2_8w.m。

```
function [sys,x0,str,ts] = spacemodel(t,x,u,flag)
switch flag,
case 0,
    [sys,x0,str,ts] = mdlInitializeSizes;
case 1,
    sys = mdlDerivatives(t,x,u);
case 3,
    sys = mdlOutputs(t,x,u);
case {2,4,9}
    sys = [];
otherwise
    error(['Unhandled flag = ',num2str(flag)]);
end
function [sys,x0,str,ts] = mdlInitializeSizes
sizes = simsizes;
sizes.NumContStates  = 1;
sizes.NumDiscStates  = 0;
sizes.NumOutputs     = 2;
sizes.NumInputs      = 5;
sizes.DirFeedthrough = 1;
sizes.NumSampleTimes = 1;
sys = simsizes(sizes);
x0 = [0];
str = [];
ts = [0 0];
function sys = mdlDerivatives(t,x,u)
x1 = u(2);
x2 = u(3);
v = u(4);
```

```
g = 9.8;m = 1;L = 1.0;
I = 4/3 * m * L^2;

fx = -1/I * (2 * x2 + m * g * L * cos(x1));

X = x(1);
N = (X^2) * cos(X);

c = 10;c1 = 10;c2 = 10;c3 = 10;
uM = 20;

yd = u(1);
dyd = cos(t);
ddyd = -sin(t);
dddyd = -cos(t);

z1 = x1 - yd;
dz1 = x2 - dyd;

alfa1 = -c1 * z1;
dalfa1 = -c1 * dz1;
z2 = x2 - alfa1 - dyd;

alfa2 = -fx - c2 * z2 - z1 + dalfa1 + ddyd;

dalfa2_x1 = -c1 * c2 - 1;
dalfa2_x2 = -10 - c2 - c1;
dalfa2_yd = c1 * c2 + 1;
dalfa2_dyd = c2 + c1;
dalfa2_ddyd = 1;

gv = uM * tanh(v/uM);
dg_v = 4/(exp(v/uM) + exp(-v/uM))^2;

z3 = gv - alfa2;

df_x1 = 0;df_x2 = -10;

dalfa2 = dalfa2_x1 * x2 + dalfa2_x2 * (fx + gv) + dalfa2_yd * dyd + dalfa2_dyd * ddyd + dalfa2_ddyd *
dddyd;
wb = -c3 * z3 + dalfa2 + c * v * dg_v - z2;

gamax = 1.0;
dX = gamax * z3 * wb;
sys(1) = dX;
function sys = mdlOutputs(t,x,u)
x1 = u(2);
x2 = u(3);
v = u(4);

g = 9.8;m = 1;L = 1.0;
I = 4/3 * m * L^2;

fx = -1/I * (2 * x2 + m * g * L * cos(x1));
```

```
X = x(1);
N = (X^2) * cos(X);
c = 10;c1 = 10;c2 = 10;c3 = 10;
uM = 20;

yd = u(1);
dyd = cos(t);
ddyd = - sin(t);
dddyd = - cos(t);

z1 = x1 - yd;
dz1 = x2 - dyd;

alfa1 = - c1 * z1;
dalfa1 = - c1 * dz1;
z2 = x2 - alfa1 - dyd;

alfa2 = - fx - c2 * z2 - z1 + dalfa1 + ddyd;

dalfa2_x1 = - c1 * c2 - 1;
dalfa2_x2 = - 10 - c2 - c1;
dalfa2_yd = c1 * c2 + 1;
dalfa2_dyd = c2 + c1;
dalfa2_ddyd = 1;

gv = uM * tanh(v/uM);
dg_v = 4/(exp(v/uM) + exp( - v/uM))^2;

z3 = gv - alfa2;

df_x1 = 0;df_x2 = - 10;

dalfa2 = dalfa2_x1 * x2 + dalfa2_x2 * (fx + gv) + dalfa2_yd * dyd + dalfa2_dyd * ddyd + dalfa2_ddyd *
dddyd;
wb = - c3 * z3 + dalfa2 + c * v * dg_v - z2;

w = N * wb;

sys(1) = w;
sys(2) = X;
```

(5) 作图程序：chap2_8plot. m。

```
close all;

figure(1);
subplot(211);
plot(t,y(:,1),'r',t,y(:,2),'-.k','linewidth',2);
xlabel('time(s)');ylabel('Position tracking');
subplot(212);
plot(t,cos(t),'r',t,y(:,3),'-.k','linewidth',2);
xlabel('time(s)');ylabel('Speed tracking');

figure(2);
plot(t,ut(:,1),'k','linewidth',2);
xlabel('time(s)');ylabel('vt');
```

```
figure(3);
plot(t,ut(:,2),'k','linewidth',2);
hold on;
uM = 20;
plot(t,uM * t./t,'-.r',t,-uM * t./t,'-.k','linewidth',2);
xlabel('time(s)');ylabel('Control input');

figure(4);
plot(t,X(:,1),'k','linewidth',2);
xlabel('time(s)');ylabel('X');
```

附录

引理 2.2[6] 针对 $V:[0,\infty)\in R$，不等式方程 $\dot{V}\leqslant -\alpha V+f, t\geqslant t_0\geqslant 0$ 的解为

$$V(t)\leqslant \mathrm{e}^{-\alpha(t-t_0)}V(t_0)+\int_{t_0}^{t}\mathrm{e}^{-\alpha(t-\tau)}f(\tau)\mathrm{d}\tau$$

其中，α 为任意常数。

引理 2.3[7] 对于 $k_b>0$，如果 $|x|<k_b$，则：

$$\ln\frac{\boldsymbol{k}_b^{\mathrm{T}}\boldsymbol{k}_b}{\boldsymbol{k}_b^{\mathrm{T}}\boldsymbol{k}_b-\boldsymbol{x}^{\mathrm{T}}\boldsymbol{x}}\leqslant\frac{\boldsymbol{x}^{\mathrm{T}}\boldsymbol{x}}{\boldsymbol{k}_b^{\mathrm{T}}\boldsymbol{k}_b-\boldsymbol{x}^{\mathrm{T}}\boldsymbol{x}}$$

附录 1：典型的双曲函数及特性

$$\sinh(x)=\frac{\mathrm{e}^x-\mathrm{e}^{-x}}{2},\quad \cosh(x)=\frac{\mathrm{e}^{-x}+\mathrm{e}^x}{2}\geqslant 1$$

$$\tanh(x)=\frac{\mathrm{e}^x-\mathrm{e}^{-x}}{\mathrm{e}^x+\mathrm{e}^{-x}}\in[-1\quad +1],\quad x\tanh(x)=x\,\frac{\mathrm{e}^x-\mathrm{e}^{-x}}{\mathrm{e}^x+\mathrm{e}^{-x}}\geqslant 0$$

附录 2：LaSalle 不变性原理[2]

考虑自治系统

$$\dot{x}=f(x)$$

其中，$f:D\to\mathbf{R}^n$ 是从定义域 $D\to\mathbf{R}^n$ 到 $\mathbf{R}^n$ 上的局部 lipschitz 映射，假定 $\bar{x}\in D$ 是方程的平衡点，即 $f(\bar{x})=0$。

设 $\Omega\subset D$ 是方程 $\dot{x}=f(x)$ 的正不变紧集。设 $V:D\to\mathbf{R}$ 是连续可微函数，在 Ω 内满足 $\dot{V}(x)\leqslant 0$。设 E 是 Ω 内所有点的集合，满足 $\dot{V}(x)=0$，M 是 E 内的最大不变集，则当 $t\to\infty$ 时，始于 Ω 内的每个解都趋于 M。

附录 3：光滑双曲正切函数性质

$$g(v)=u_{\mathrm{M}}\tanh\left(\frac{v}{u_{\mathrm{M}}}\right)=u_{\mathrm{M}}\frac{\mathrm{e}^{v/u_{\mathrm{M}}}-\mathrm{e}^{-v/u_{\mathrm{M}}}}{\mathrm{e}^{v/u_{\mathrm{M}}}+\mathrm{e}^{-v/u_{\mathrm{M}}}}$$

针对双曲正切函数的 4 个性质，分别说明如下：

说明(1)：$\left|\tanh\left(\frac{v}{u_M}\right)\right| \leqslant 1$ 的证明如下：

$$\begin{aligned}\left(\tanh\left(\frac{v}{u_M}\right)\right)_v' &= \left(\frac{e^{v/u_M} - e^{-v/u_M}}{e^{v/u_M} + e^{-v/u_M}}\right)' \\ &= \frac{1}{u_M}\frac{(e^{v/u_M} + e^{-v/u_M})(e^{v/u_M} + e^{-v/u_M}) - (e^{v/u_M} - e^{-v/u_M})(e^{v/u_M} - e^{-v/u_M})}{(e^{v/u_M} + e^{-v/u_M})^2} \\ &= \frac{1}{u_M}\left(1 - \left(\frac{e^{v/u_M} - e^{-v/u_M}}{e^{v/u_M} + e^{-v/u_M}}\right)^2\right) > 0\end{aligned}$$

则 $\tanh\left(\frac{v}{u_M}\right)$ 为单调递增函数。

由于

$$\lim_{v\to+\infty}\frac{e^{v/u_M} - e^{-v/u_M}}{e^{v/u_M} + e^{-v/u_M}} = 1,\quad \lim_{v\to-\infty}\frac{e^{v/u_M} - e^{-v/u_M}}{e^{v/u_M} + e^{-v/u_M}} = -1$$

则

$$\left|\tanh\left(\frac{v}{u_M}\right)\right| = \left|\frac{e^{v/u_M} - e^{-v/u_M}}{e^{v/u_M} + e^{-v/u_M}}\right| \leqslant 1$$

说明(2)：由于 $\left(\tanh\left(\frac{v}{u_M}\right)\right)_v' = \frac{1}{u_M}\left(1 - \left(\frac{e^{v/u_M} - e^{-v/u_M}}{e^{v/u_M} + e^{-v/u_M}}\right)^2\right)$，则根据 $g(v)$ 的定义，有

$$\begin{aligned}\frac{\partial g(v)}{\partial v} &= u_M\frac{\partial\tanh\left(\frac{v}{u_M}\right)}{\partial v} = u_M\frac{1}{u_M}\left(1 - \left(\frac{e^{v/u_M} - e^{-v/u_M}}{e^{v/u_M} + e^{-v/u_M}}\right)^2\right) = 1 - \left(\frac{e^{v/u_M} - e^{-v/u_M}}{e^{v/u_M} + e^{-v/u_M}}\right)^2 \\ &= \frac{(e^{v/u_M} + e^{-v/u_M})^2 - (e^{v/u_M} - e^{-v/u_M})^2}{(e^{v/u_M} + e^{-v/u_M})^2} = \frac{4}{(e^{v/u_M} + e^{-v/u_M})^2}\end{aligned}$$

又由于 $(e^{v/u_M} + e^{-v/u_M})^2 = (e^{v/u_M})^2 + 2 + (e^{-v/u_M})^2 \geqslant 4$，即 $\frac{4}{(e^{v/u_M} + e^{-v/u_M})^2} \leqslant 1$。

则 $0 < \frac{\partial g(v)}{\partial v} = \frac{4}{(e^{v/u_M} + e^{-v/u_M})^2} \leqslant 1$，$\left|\frac{\partial g(v)}{\partial v}\right| = \left|\frac{4}{(e^{v/u_M} + e^{-v/u_M})^2}\right| \leqslant 1$ 成立。

说明(3)：由泰勒展开可得 $e^x = 1 + x + \frac{1}{2!}x^2 + \frac{1}{3!}x^3 + \cdots + \frac{1}{n!}x^n$，$e^{-x} = 1 - x + \frac{1}{2!}x^2 - \frac{1}{3!}x^3 + \cdots + (-1)^n\frac{1}{n!}x^n$，则 $e^x + e^{-x} = 2\left(1 + \frac{1}{2!}x^2 + \cdots + \frac{1}{(2m)!}x^{2m}\right)$，$n = 2m$，从而

$$\begin{aligned}e^{2x} + 2 + e^{-2x} &= 2\left(1 + \frac{1}{2!}(2x)^2 + \cdots + \frac{1}{(2m)!}(2x)^{2m}\right) + 2 \\ &\geqslant 2(1 + 2x^2) + 2 = 4 + 4x^2 \\ &\geqslant 8x\end{aligned}$$

$$\left|\frac{4x}{(e^x + e^{-x})^2}\right| = \left|\frac{4x}{e^{2x} + 2 + e^{-2x}}\right| \leqslant \left|\frac{4x}{8x}\right| = \frac{1}{2}$$

令 $x = v/u_M$，则 $\left|\frac{4v/u_M}{(e^{v/u_M} + e^{-v/u_M})^2}\right| \leqslant \frac{1}{2}$，即

$$\left|\frac{\partial g(v)}{\partial v}v\right|=\left|\frac{4v}{(\mathrm{e}^{v/u_{\mathrm{M}}}+\mathrm{e}^{-v/u_{\mathrm{M}}})^2}\right|\leqslant\frac{u_{\mathrm{M}}}{2}$$

Barbalat 引理[6]：如果 $f,\dot{f}\in L_\infty$ 且 $f\in L_p$，$p\in[1,\infty)$，则当 $t\to\infty$ 时，$f(t)\to 0$。

参考文献

[1] Amit Ailon. Simple tracking controllers for autonomous VTOL aircraft with bounded Inputs[J]. IEEE Transactions on Automatic Control，2010，55(3)：737-743.

[2] K H Hassan. Nonlinear Systems(影印版). 北京：电子工业出版社，2011.

[3] A Mohammadi，M Tavakoli，H J Marquez，F Hashemzadeh. Nonlinear disturbance observer design for robotic manipulators，Control Engineering Practice，2013，21：253-267.

[4] Wen Changyun，Zhou Jing，Liu Zhitao，and Su Hongye. Robust adaptive control of uncertain nonlinear systemsin the presence of input saturation and external disturbance，IEEE Transactions on Automatic Control，2011，56(7)：1672-1678.

[5] A M Zou，K D Kumar，A H J Ruiter. Robust attitude tracking control of spacecraft under control input magnitude and rate saturations，International Journal of Robust Nonlinear Control，2016，26：799-815.

[6] Petros A Ioannou，Jing Sun. Robust adaptive control[M]. PTR Prentice-Hall，1996，75-76.

[7] Z Zhao，W He，and S S Ge. Adaptive neural network control of a fully actuated marine surface vessel with multiple output constraints，IEEE Transaction on Control System Technology，2014，22(4)：1536-1543.

[8] M M Polycarpou and P A Ioannou. A robust adaptive nonlinear control design，Automatica，1996，32(3)：423-427.

[9] R D Nussbaum. Some Remark on the Conjecture in Parameter Adaptive Control，Systems and Control Letters，1983，3(4)：243-246.

第3章 基于轨迹规划的机械手控制

机械系统在运动过程中会产生振荡，而振荡会造成额外的能量消耗。在定点运动过程中，不同的运动轨迹会造成不同程度的振荡，因此有必要研究如何设计最优轨迹控制器使得机械系统在整个运动过程所消耗的能量最小。

以机器人轨迹规划为例，轨迹规划方法分为两方面：对于移动机器人是指移动的路径轨迹规划，如在有地图条件或没有地图的条件下，移动机器人按什么样的路径轨迹来行走；对于工业机器人则指机械臂末端行走的曲线轨迹规划，或机械臂在运动过程中的位移、速度和加速度的曲线轮廓规划。

本章介绍固定时间定点位置运动的最优轨迹规划设计问题，最优轨迹的目标是使整个运动过程中消耗的能量最小。智能优化算法(如遗传算法、粒子群算法、差分进化算法等)可以用来优化任何形式的定点运动，为了设计最优轨迹，这里介绍基于差分进化的轨迹优化算法。

3.1 差分进化算法

3.1.1 差分进化算法的提出

差分进化(Differential Evolution，DE)算法是模拟自然界生物种群以“优胜劣汰、适者生存”为原则的进化发展规律而形成的一种随机启发式搜索算法，是一种新兴的进化计算技术。它由 Rainer Storn 和 Kenneth Price 于 1995 年提出[1]。由于其简单易用、稳健性好以及强大的全局搜索能力，已在多个领域取得成功。

差分进化算法保留了基于种群的全局搜索策略，采用实数编码、基于差分的简单变异操作和一对一的竞争生存策略，降低了遗传操作的复杂性。同时，差分进化算法特有的记忆能力使其可以动态跟踪当前的搜索情况，以调整其搜索策略，具有较强的全局收敛能力和鲁棒性，且不需要借助问题的特征信息，适于求解一些利用常规的数学规划方法所无法求解的复杂环境中的优化问题，采用差分进化算法可实现轨迹规划[2]。

实验结果表明，差分进化算法的性能优于粒子群算法和其他进化算法，该算法已成为一种求解非线性、不可微、多极值和高维的复杂函数的一种有效的和鲁棒性好的方法。

3.1.2 标准差分进化算法

差分进化算法是基于群体智能理论的优化算法，通过群体内个体间的合作与竞争产生的群体智能指导优化搜索。它保留了基于种群的全局搜索策略，采用实数编码、基于差分的简单变异操作和一对一的竞争生存策略，降低了遗传操作的复杂性，它特有的记忆能力使其可以动态跟踪当前的搜索情况已调整其搜索策略。具有较强的全局收敛能力和鲁棒性。差分进化算法的主要优点可以总结为三点：一是待定参数少，二是不易陷入局部最优，三是收敛速度快。

差分进化算法根据父代个体间的差分矢量进行变异、交叉和选择操作，其基本思想是从某一随机产生的初始群体开始，通过把种群中任意两个个体的向量差加权后按一定的规则与第3个个体求和来产生新个体，然后将新个体与当代种群中某个预先决定的个体相比较，如果新个体的适应度值优于与之相比较的个体的适应度值，则在下一代中就用新个体取代旧个体，否则旧个体仍保存下来，通过不断地迭代运算，保留优良个体，淘汰劣质个体，引导搜索过程向最优解逼近。

在优化设计中，差分进化算法与传统的优化方法相比，具有以下主要特点：

(1) 差分进化算法从一个群体即多个点而不是从一个点开始搜索，这是它能以较大的概率找到整体最优解的主要原因；

(2) 差分进化算法的进化准则是基于适应性信息的，无须借助其他辅助性信息（如要求函数可导或连续），大大地扩展了其应用范围；

(3) 差分进化算法具有内在的并行性，这使得它非常适用于大规模并行分布处理，减小时间成本开销；

(4) 差分进化算法采用概率转移规则，不需要确定性的规则。

3.1.3 差分进化算法的基本流程

差分进化算法是基于实数编码的进化算法，整体结构上与其他进化算法类似，由变异、交叉和选择三个基本操作构成。标准差分进化算法主要包括以下4个步骤。

1. 生成初始群体

在 n 维空间里随机产生满足约束条件的 M 个个体，实施措施如下：

$$x_{ij}(0)=\mathrm{rand}_{ij}(0,1)(x_{ij}^{\mathrm{U}}-x_{ij}^{\mathrm{L}})+x_{ij}^{\mathrm{L}} \tag{3.1}$$

其中 x_{ij}^{U} 和 x_{ij}^{L} 分别是第 j 个染色体的上界和下界，$\mathrm{rand}_{ij}(0,1)$ 是[0,1]之间的随机小数。

2. 变异操作

从群体中随机选择3个个体 x_{p1}、x_{p2} 和 x_{p3}，且 $i\neq p_1\neq p_2\neq p_3$，则基本的变异操作为

$$h_{ij}(t+1)=x_{\mathrm{p1j}}(t)+F(x_{\mathrm{p2j}}(t)-x_{\mathrm{p3j}}(t)) \tag{3.2}$$

如果无局部优化问题，变异操作可写为

$$h_{ij}(t+1)=x_{\mathrm{bj}}(t)+F(x_{\mathrm{p2j}}(t)-x_{\mathrm{p3j}}(t)) \tag{3.3}$$

其中，$x_{\mathrm{p2j}}(t)-x_{\mathrm{p3j}}(t)$ 为差异化向量，此差分操作是差分进化算法的关键，F 为缩放因子，p_1、p_2、p_3 为随机整数，表示个体在种群中的序号，$x_{\mathrm{bj}}(t)$ 为当前代中种群中最好的个体。

由于式(3.3)借鉴了当前种群中最好的个体信息,可加快收敛速度。

3. 交叉操作

交叉操作是为了增加群体的多样性,具体操作如下:

$$v_{ij}(t+1)=\begin{cases}h_{ij}(t+1), & \text{rand}l_{ij}\leqslant CR\\ x_{ij}(t), & \text{rand}l_{ij}>CR\end{cases} \tag{3.4}$$

其中,$\text{rand}l_{ij}$ 为[0,1]之间的随机小数,CR 为交叉概率,$CR\in[0,1]$。

4. 选择操作

为了确定 $x_i(t)$ 是否成为下一代的成员,试验向量 $v_i(t+1)$ 和目标向量 $x_i(t)$ 对评价函数进行比较:

$$x_i(t+1)=\begin{cases}v_i(t+1), f(v_{i1}(t+1),\cdots,v_{in}(t+1))<f(x_{i1}(t),\cdots,x_{in}(t))\\ x_{ij}(t), f(v_{i1}(t+1),\cdots,v_{in}(t+1))\geqslant f(x_{i1}(t),\cdots,x_{in}(t))\end{cases} \tag{3.5}$$

反复执行步骤 2~4 的操作,直至达到最大的进化代数 G,差分进化基本运算流程如图 3.1 所示。

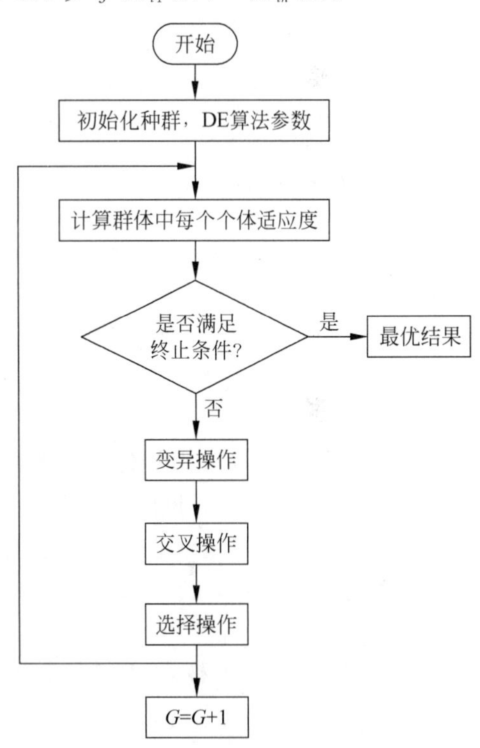

图 3.1 差分进化基本运算流程

3.1.4 差分进化算法的参数设置

对于进化算法而言,为了取得理想的结果,需要对差分进化算法的各参数进行合理的设置。针对不同的优化问题,参数的设置往往也是不同的。另外,为了使差分进化算法的收敛速度得到提高,学者们针对差分进化算法的核心部分—变异向量的构造形式提出了多种的扩展模式,以适应更广泛的优化问题。

差分进化算法的运行参数主要有缩放因子 F、交叉因子 CR、群体规模 M 和最大进化代数 G。

1. 变异因子 F

变异因子 F 是控制种群多样性和收敛性的重要参数。一般在[0,2]之间取值。变异因子 F 值较小时,群体的差异度减小,进化过程不一跳出局部极值导致种群过早收敛。变异因子 F 值较大时,虽然容易跳出局部极值,但是收敛速度会减慢。一般可选在 $F=0.3\sim0.6$。

另外,可以采用下式[3]线性调整变异因子 F:

$$F=(F_{\max}-F_{\min})\frac{T-t}{T}+F_{\min}$$

其中,t 为当前进化代数,T 为最大进化代数,$F_{\max}$ 和 $F_{\min}$ 为选定的变异因子最大和最小值。在算法搜索初期,F 取值较大,有利于扩大搜索空间,保持种群的多样性;在算法后期,收敛的情况下，F 取值较小，有利于在最佳区域的周围进行搜索，从而提高了收敛速率和搜索精度。

2. 交叉因子 CR

交叉因子 CR 可控制个体参数的各维对交叉的参与程度，以及全局与局部搜索能力的平衡，一般在[0,1]之间。交叉因子 CR 越小，种群多样性减小，容易受骗，过早收敛。CR 越大，收敛速度越大。但过大可能导致收敛变慢，因为扰动大于了群体差异度。根据文献一般应选在[0.6,0.9]之间。

CR 越大，F 越小，种群收敛逐渐加速，但随着交叉因子 CR 的增大，收敛对变异因子 F 的敏感度逐渐提高。

同样，可以采用下式线性调整交叉因子 CR：

$$CR = CR_{\min} + \frac{CR_{\max} - CR_{\min}}{T} t$$

其中 $CR_{\max}$ 和 $CR_{\min}$ 为交叉因子 CR 的最大值和最小值。

为了保证算法的性能，$CR_{\max}$ 和 $CR_{\min}$ 应选取合理的值。随着进化代数的增加，F 线性递减，CR 线性递增，目的是希望改进的 DE 算法在搜索初期能够保持种群的多样性，到后期有较大的收敛速率。

3. 群体规模 M

群体所含个体数量 M 一般介于 $5D$ 与 $10D$ 之间（D 为问题空间的维度），但不能少于 4，否则无法进行变异操作。M 越大，种群多样性越强，获得最优解概率越大，但是计算时间更长，一般取 20～50。

4. 最大迭代代数 G

最大迭代代数 G 一般作为进化过程的终止条件。迭代次数越大，最优解更精确，但同时计算的时间会更长，需要根据具体问题设定。

以上四个参数对差分进化算法的求解结果和求解效率都有很大的影响，因此要合理设定这些参数才能获得较好的效果。

3.1.5 基于差分进化算法的函数优化

利用差分进化算法求 Rosenbrock 函数的极大值

$$\begin{cases} f(x_1, x_2) = 100(x_1^2 - x_2)^2 + (1 - x_1)^2 \\ -2.048 \leqslant x_i \leqslant 2.048 \quad (i = 1, 2) \end{cases} \tag{3.6}$$

该函数有两个局部极大点，分别是 $f(2.048, -2.048) = 3897.7342$ 和 $f(-2.048, -2.048) = 3905.9262$，其中后者为全局最大点。

函数 $f(x_1, x_2)$ 的三维图如图 3.2 所示，可以发现该函数在指定的定义域上有两个接近的极点，即一个全局极大值和一个局部极大值。因此，采用寻优算法求极大值时，需要避免陷入局部最优解。

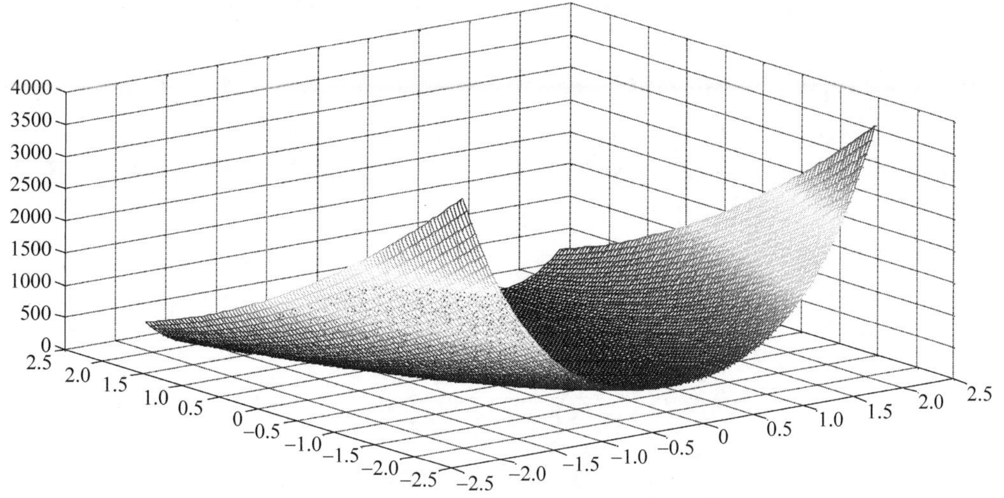

图 3.2　$f(x_1,x_2)$的三维图

仿真程序：chap3_1.m。

```
clear all;
close all;

x_min = -2.048;
x_max = 2.048;

L = x_max - x_min;
N = 101;
for i = 1:1:N
    for j = 1:1:N
        x1(i) = x_min + L/(N-1) * (i-1);
        x2(j) = x_min + L/(N-1) * (j-1);
        fx(i,j) = 100 * (x1(i)^2 - x2(j))^2 + (1 - x1(i))^2;
    end
end
figure(1);
surf(x1,x2,fx);
title('f(x)');

display('Maximum value of fx = ');
disp(max(max(fx)));
```

采用实数编码求函数极大值，用两个实数分别表示两个决策变量 x_1、x_2，分别将 x_1、x_2 的定义域离散化为从离散点－2.048 到离散点 2.048 的 Size 个实数。个体的适应度直接取为对应的目标函数值，越大越好。即取适应度函数为 $F(x)=f(x_1,x_2)$。

在差分进化算法仿真中，取 $F=1.2$，$CR=0.90$，样本个数为 Size＝50，最大迭代次数 $G=30$。按式(3.1)至式(3.5)设计差分进化算法，经过 30 步迭代，最佳样本为 BestS＝[－2.048　－2.048]，即当 $x_1=-2.048$，$x_2=-2.048$ 时，Rosenbrock 函数具有极大值，极大值为 3905.9。

适应度函数 F 的变化过程如图 3.3 所示，通过适当增大 F 值及增加样本数量，有效地避免了陷入局部最优解，仿真结果表明正确率接近 100%。

差分进化算法优化程序包括以下两个部分。

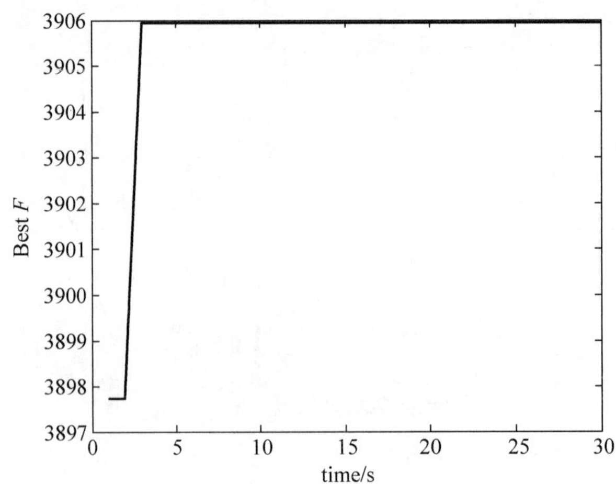

图 3.3 适应度函数 F 的优化过程

(1) 主程序：chap3_2.m。

```
%To Get maximum value of function f(x1,x2) by Differential Evolution
clear all;
close all;

Size = 30;
CodeL = 2;

MinX(1) = -2.048;
MaxX(1) = 2.048;
MinX(2) = -2.048;
MaxX(2) = 2.048;

G = 50;

F = 1.2;                                    %变异因子[0,2]
cr = 0.9;                                   %交叉因子[0.6,0.9]
%初始化种群
for i = 1:1:CodeL
    P(:,i) = MinX(i) + (MaxX(i) - MinX(i)) * rand(Size,1);
end

BestS = P(1,:);                             %全局最优个体
for i = 2:Size
        if(chap3_2obj( P(i,1),P(i,2))> chap3_2obj( BestS(1),BestS(2)))
        BestS = P(i,:);
    end
end

fi = chap3_2obj( BestS(1),BestS(2));

%进入主要循环,直到满足精度要求
for kg = 1:1:G
     time(kg) = kg;
%变异
    for i = 1:Size
        r1 = 1;r2 = 1;r3 = 1;
        while(r1 == r2|| r1 == r3 || r2 == r3 || r1 == i || r2 ==i || r3 == i )
            r1 = ceil(Size * rand(1));
```

```
            r2 = ceil(Size * rand(1));
             r3 = ceil(Size * rand(1));
        end
        h(i,:) = P(r1,:) + F * (P(r2,:) - P(r3,:));

        for j = 1:CodeL                                %检查位置是否越界
            if h(i,j)< MinX(j)
                h(i,j) = MinX(j);
            elseif h(i,j)> MaxX(j)
                h(i,j) = MaxX(j);
            end
        end

%交叉
        for j = 1:1:CodeL
              tempr = rand(1);
              if(tempr < cr)
                  v(i,j) = h(i,j);
              else
                  v(i,j) = P(i,j);
              end
        end

%选择
        if(chap3_2obj( v(i,1),v(i,2))> chap3_2obj( P(i,1),P(i,2)))
            P(i,:) = v(i,:);
        end
%判断和更新
      if(chap3_2obj( P(i,1),P(i,2))> fi)          %判断当此时的位置是否为最优的情况
         fi = chap3_2obj( P(i,1),P(i,2));
         BestS = P(i,:);
      end
    end
Best_f(kg) = chap3_2obj( BestS(1),BestS(2));
end
BestS                                          %最佳个体
Best_f(kg)                                     %最大函数值

figure(1);
plot(time,Best_f(time),'k','linewidth',2);
xlabel('Times');ylabel('Best f');
```

(2) 函数计算程序：chap3_2obj. m。

```
function J = evaluate_objective(x1,x2)         %计算函数值
  J = 100 * ( x1^2 - x2)^2 + (1 - x1)^2;
end
```

3.2 轨迹规划算法的设计

3.2.1 一个简单的样条插值实例

三次样条插值(简称 Spline 插值)是通过一系列形值点的一条光滑曲线，数学上通过求解三弯矩方程组得出曲线函数组的过程。

定义 3.1 设$[a,b]$上有插值点，$a=x_1<x_2<\cdots<x_n=b$，对应的函数值为 $y_1,y_2,\cdots,$

y_n。若函数 $S(x)$满足 $S(x_j)=y_j(j=1,2,\cdots,n)$上都是不高于三次的多项式。当 $S(x)$在$[a,b]$上具有二阶连续导数,则称 $S(x)$为三次样条插值函数,如图 3.4 所示。

要求 $S(x)$只需在$[x_j,x_{j+1}]$上确定一个三次多项式,设

$$S_j(x)=a_jx^3+b_jx^2+c_jx+d_j,\quad j=1,2,\cdots,n-1 \tag{3.7}$$

其中,a_j,b_j,c_j,d_j 待定,并满足

$$S(x_j)=y_j,\quad S(x_j-0)=S(x_j+0),\quad j=1,2,\cdots,n-1$$

$$S'(x_j-0)=S'(x_j+0),S''(x_j-0)=S''(x_j+0),\quad j=1,2,\cdots,n-1$$

以一个简单的三次样条插值为例,横坐标取 0 至 10 且间隔为 1 的 11 个插值点,纵坐标取正弦函数,以横坐标间距为 0.25 的点形成插值曲线,利用 MATLAB 提供的插值函数 spline 可实现三次样条插值,仿真结果如图 3.5 所示。

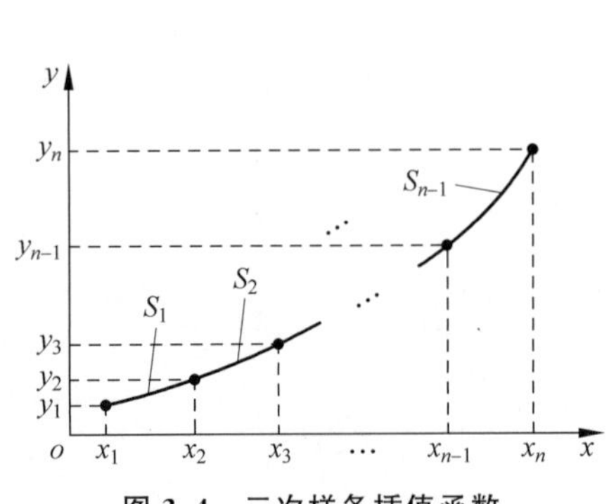

图 3.4 三次样条插值函数

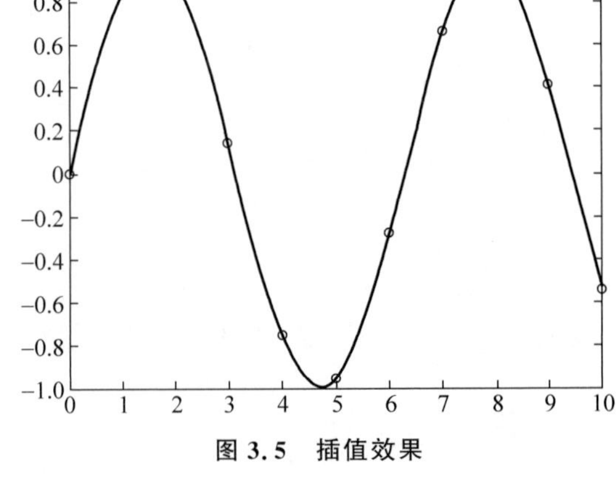

图 3.5 插值效果

仿真实例：chap3_3.m。

```
clear all;
close all
x = 0:10;
y = sin(x);
xx = 0:.25:10;
yy = spline(x,y,xx);
plot(x,y,'o',xx,yy)
```

3.2.2 轨迹规划算法介绍

当前轨迹规划主要应用于移动机器人和工业机器人,常用的轨迹规划方法有如下三种。

1. A 星搜索算法

A 星算法是一种启发式的图搜索算法,可以在有限的条件中得到一个最优解[4],并在理论上可以保证全局最优解的收敛性,对轨迹规划问题中的各种约束条件可以较好地满足。

A 星算法的核心思想是建立启发函数:

$$f(n)=g(n)+h(n)$$

式中，$g(n)$是从起始点到当前节点 n 的实际代价值，$h(n)$是从当前节点 n 到目标点的估计值。两者相加得到的就是当前节点的总估计值 $f(n)$，然后再对 $f(n)$的大小做出比较，选取 $f(n)$最小的节点作为有效节点，有效节点作为新的起始点，继续搜索下一有效节点，直至到达目标点。

2. 人工势场法

人工势场法是通过设计目标和障碍的势能函数，使机器人处于人工势场中，同时受到目标点的引力和障碍物的斥力，选取合适的势能函数参数和移动步长，根据合力生成一系列路径点，最终完成路径规划[5]。

机械手在人工势场中受到的合力表达式为

$$F(n)=F_{\mathrm{a}}(n)+\sum F_{\mathrm{r}}(n)$$

式中，向量 $F_{\mathrm{a}}(n)$为当前点 n 受到目标点的引力，方向由机器人质心指向目标点，向量 $F_{\mathrm{r}}(n)$为受到障碍物的斥力，方向由障碍物质心指向机器人质心，$\sum F_{\mathrm{r}}(n)$ 为斥力合力，$F(n)$ 为机器人受到的总合力。

若当前点坐标和步长分别为 $p(n)$和 δ，则机器人下一节点的坐标为

$$p(n+1)=p(n)+\delta\,\frac{F(n)}{\|F(n)\|}$$

依此方法搜索，一步一步到达目标点。

3. 智能优化算法

前面两种方法轨迹规划每一步并不是朝着目标点方向，这样得到的路径并非最优。智能算法通过随机搜索获得最优路径，在最优轨迹方面具有较好的应用。

3.2.3 最优轨迹的设计

采用差分进化方法，可设计机械手轨迹规划的智能优化算法。不失一般性，最优轨迹可在定点运动—摆线运动轨迹的基础上进行优化。摆线运动的表达式如下：

$$\theta_{\mathrm{r}}=(\theta_{\mathrm{d}}-\theta_0)\left[\frac{t}{T_{\mathrm{E}}}-\frac{1}{2\pi}\sin\left(\frac{2\pi t}{T_{\mathrm{E}}}\right)\right]+\theta_0 \tag{3.8}$$

其中 T_{E} 是摆线周期，θ_0 和 θ_{d} 分别为角的初始角度和目标角度。

由于差分进化算法是一种离散型的算法，因此需要对连续型的参考轨迹式(3.8)进行等时间隔采样，取时间间隔为$\frac{T_{\mathrm{E}}}{2n}$，则可得到离散化的参考轨迹为

$$\bar{\boldsymbol{\theta}}_{\mathrm{r}}=[\bar{\theta}_{\mathrm{r},0},\bar{\theta}_{\mathrm{r},1},\cdots,\bar{\theta}_{\mathrm{r},2n-1},\bar{\theta}_{\mathrm{r},2n}] \tag{3.9}$$

其中，$\bar{\theta}_{\mathrm{r},j}$ 表示在时刻 $t=\frac{j}{2n}T_{\mathrm{E}}$ 对于 θ_{r} 的采样值($j=0,1,\cdots,2n$)，$\bar{\boldsymbol{\theta}}_{\mathrm{r}}$ 是离散的参考轨迹。

定义 $\Delta\bar{\theta}_j(k)$为与参考轨迹的偏差($j=1,2,\cdots,n-1$)，k 表示差分进化算法中的第 k 次迭代，则得

$$\bar{\theta}_{\mathrm{op}j}(k)=\bar{\theta}_{\mathrm{r},j}+\Delta\bar{\theta}_j(k) \tag{3.10}$$

其中，$\bar{\theta}_{\mathrm{op}j}(k)$表示在时刻 $t=\frac{j}{2n}T_{\mathrm{E}}$ 由差分进化算法的第 k 次迭代得到的关节角的修正角度。

3.3 单关节机械手最优轨迹控制

为了使实际生成的轨迹平滑，在保持轨迹接近参考轨迹的同时，还应确保系统在运动过程中消耗的总能量尽量小，可采用三次样条函数插值并结合差分进化方法来进行轨迹规划。

3.3.1 问题的提出

将单关节机械手简化为一个简单的二阶线性系统：

$$I\ddot{\theta}+b\dot{\theta}=\tau+d \tag{3.11}$$

其中，θ 为角度，I 为转动惯量，b 为黏性系数，τ 为控制输入，d 为加在控制输入上的扰动。

通过差分进化方法，沿着参考路径进行最优规划，从而保证运动系统在不偏离参考路径的基础上，采用 PD 控制方法，实现对最优轨迹的跟踪，使整个运动过程中消耗的能量最小。

3.3.2 最优轨迹的优化

最优轨迹能够通过优化与参考轨迹的偏差来间接地得到。假设系统达到稳态的最大允许时间为 $t=3T_{\mathrm{E}}$，考虑到能量守恒定理，用非保守力做功来表示系统在运动过程中消耗的总能量，目标函数选择为

$$J=\omega\int_0^{3T_{\mathrm{E}}}|\tau\dot{\theta}|\,\mathrm{d}t+(1-\omega)\int_0^{3T_{\mathrm{E}}}|\operatorname{dis}(t)|\,\mathrm{d}t \tag{3.12}$$

其中，ω 为权值，τ 为控制输入信号，$\operatorname{dis}(t)$为实际跟踪轨迹与理想轨迹之间的距离。

通过采用差分进化算法，优化轨迹式(3.12)，使目标函数最小，从而获得最优轨迹。差分进化算法的设定参数如下：最大迭代次数 G，种群数 Size，搜索空间的维数 D，放大因子 F，交叉因子 CR。经过差分进化算法可得到一组最优偏差，进而得到最优的离散轨迹如下：

$$\bar{\theta}_{\mathrm{op}}=[\bar{\theta}_{\mathrm{op},0},\bar{\theta}_{\mathrm{op},1},\cdots,\bar{\theta}_{\mathrm{op},2n-1},\bar{\theta}_{\mathrm{op},2n}] \tag{3.13}$$

为了获得连续型的最优轨迹，采用三次样条插值进行轨迹规划，即利用三次样条插值的方法对离散轨迹进行插值。插值的边界条件如下：

$$\theta_{\mathrm{op}}(0)=\bar{\theta}_{\mathrm{op},0}=\theta_0$$

$$\theta_{\mathrm{op}}(T_{\mathrm{E}})=\bar{\theta}_{\mathrm{op},2n}=\theta_{\mathrm{d}}$$

$$\dot{\theta}_{\mathrm{op}}(0)=\dot{\bar{\theta}}_{\mathrm{op},0}=\dot{\theta}_0=0$$

$$\dot{\theta}_{\mathrm{op}}(T_{\mathrm{E}})=\dot{\bar{\theta}}_{\mathrm{op},2n}=\dot{\theta}_{\mathrm{d}}=0$$

插值节点为

$$\theta_{\mathrm{op}}(t_j)=\bar{\theta}_{\mathrm{op},j},\quad t_j=\frac{j}{2n}T_{\mathrm{E}},\quad j=1,2,\cdots,2n-1$$

通过差分进化优化插值点的位置，将插值得到的连续函数 $\theta_{\mathrm{op}}(k)$作为关节的最优轨迹。定义跟踪误差为 $e=\theta_{\mathrm{op}}-\theta$，设计 PD 控制律为

$$\tau=k_{\mathrm{p}}e+k_{\mathrm{d}}\dot{e} \tag{3.14}$$

其中，$k_{\mathrm{p}}>0$，$k_{\mathrm{d}}>0$。

3.3.3 仿真实例

单关节机械手可简化为如下被控对象：

$$I\ddot{\theta}+b\dot{\theta}=\tau+d$$

其中，$I=\dfrac{1}{133}$，$b=\dfrac{25}{133}$，$d=\sin t$。

采样时间为 $ts=0.001$，采用 Z 变换进行离散化。仿真中，最大允许时间为 $3T_{\mathrm{E}}$，摆线周期 $T_{\mathrm{E}}=1$，取摆线周期的一半离散点数为 $n=500$，则采样时间为 $t_{\mathrm{s}}=\dfrac{T_{\mathrm{E}}}{2n}=0.001$。

采用样条插值方法，插值点选取 4 个点，即 $D=4$。通过插值点的优化来初始化路径，具体方法为：插值点横坐标固定取第 200、400、600 和第 800 个点，纵坐标取初始点和终止点之间的 4 个随机值，第 i 个样本($i=1,2,\cdots,\mathrm{Size}$)第 j 个插值点($j=1,2,3,4$)的值取

$$\theta_{\mathrm{op}}(i,j)=\mathrm{rand}(\theta_{\mathrm{d}}-\theta_0)+\theta_0$$

其中，rand 为 0～1 之间的随机值。

根据式(3.8)求 θ_{r}，采用差分进化算法设计最优轨迹 θ_{op}，取权值 $\omega=0.30$，样本个数 Size=50，变异因子 $F=0.5$，交叉因子 $CR=0.9$，优化次数为 30 次。通过差分进化方法不断优化 4 个插值点的纵坐标值，直到达到满意的优化指标或优化次数为止。

跟踪指令为 $\theta_{\mathrm{d}}=0.5$，采用 PD 控制律式(3.14)，取其中 $k_{\mathrm{p}}=300$，$k_{\mathrm{d}}=10$，仿真结果如图 3.6 至图 3.9 所示。

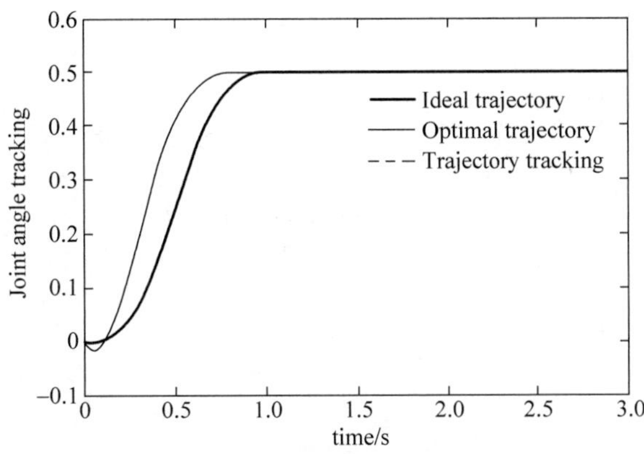

图 3.6 理想轨迹、最优轨迹及轨迹跟踪

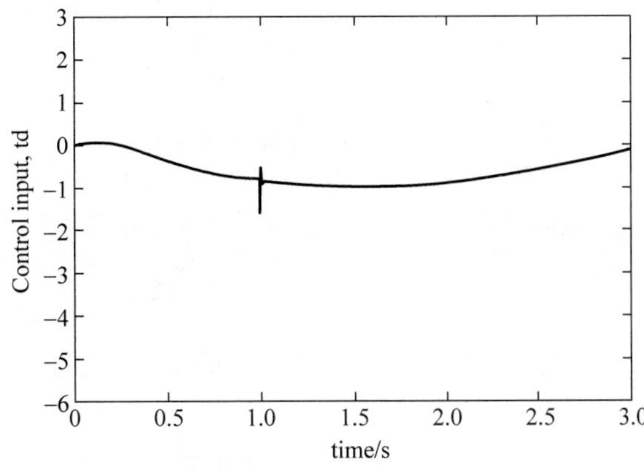

图 3.7 控制输入信号

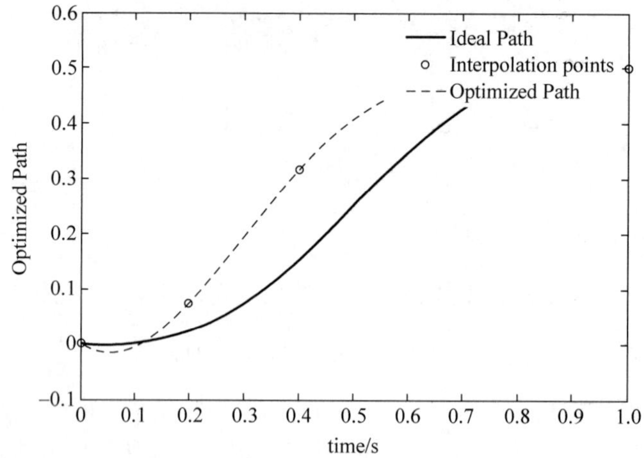

图 3.8　最优轨迹的优化效果

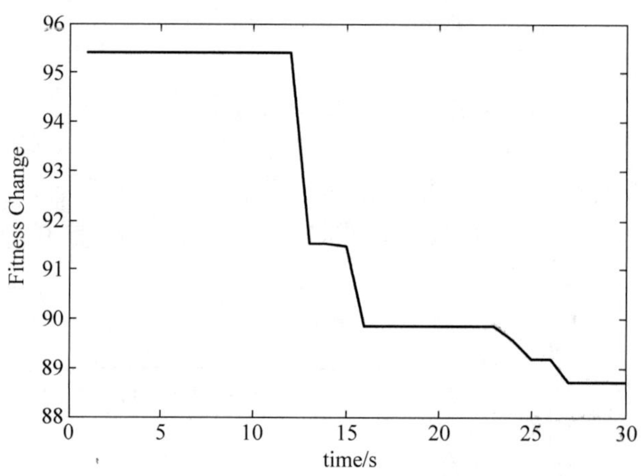

图 3.9　目标函数的优化过程

仿真程序：

(1) 优化主程序：chap3_4.m。

```
clear all;
close all;
global TE G ts
Size = 50;                                  % 样本个数
D = 4;                                      % 每个样本有 4 个固定点,即分成 4 段
F = 0.5;                                    % 变异因子
CR = 0.9;                                   % 交叉因子

Nmax = 30;                                  % DE 优化次数

TE = 1;                                     % 参考轨迹参数 TE
thd = 0.50;
aim = [TE;thd];                             % 摆线路径终点

start = [0;0];                              % 路径起点
tmax = 3 * TE;                              % 仿真时间

ts = 0.001;                                 % 采样时间
```

```
G = tmax/ts;                                        % 仿真时间为 G = 3000
% *************** 摆线参考轨迹 ************* %
th0 = 0;
dT = TE/1000;                                       % 将 TE 分为 1000 个点,每段长度(步长)为 dT

for k = 1:1:G
t(k) = k * dT;                                      % t(1) = 0.001;t(2) = 0.002;.....
if t(k)< TE
     thr(k) = (thd - th0) * (t(k)/TE - 1/(2 * pi) * sin(2 * pi * t(k)/TE)) + th0;
                                                    % 不含原点的参考轨迹(1)
else
    thr(k) = thd;
end
end
% *************** 初始化路径 ************** %
for i = 1:Size
    for j = 1:D
    Path(i,j) = rand * (thd - th0) + th0;
    end
end

% ********** 差分进化计算 *************** %
for N = 1:Nmax
% ************** 变异 ************** %
    for i = 1:Size
        r1 = ceil(Size * rand);
        r2 = ceil(Size * rand);
        r3 = ceil(Size * rand);
        while(r1 == r2||r1 == r3||r2 == r3||r1 == i||r2 == i||r3 == i)
                                                    % 选取不同的 r1、r2、r3,且不等于 i
              r1 = ceil(Size * rand);
              r2 = ceil(Size * rand);
              r3 = ceil(Size * rand);
        end
        for j = 1:D
            mutate_Path(i,j) = Path(r1,j) + F. * (Path(r2,j) - Path(r3,j));
                                                    % 选择前半部分产生变异个体
        end
% **************** 交叉 **************** %
        for j = 1:D
            if rand < = CR
                cross_Path(i,j) = mutate_Path(i,j);
            else
                cross_Path(i,j) = Path(i,j);
            end
        end
% 先进行三次样条插值,此为 D = 4 时的特殊情况 %
        XX(1) = 0;XX(2) = 200 * dT;XX(3) = 400 * dT;XX(4) = 600 * dT;XX(5) = 800 * dT;XX(6) = 1000 * dT;
        YY(1) = th0;YY(2) = cross_Path(i,1);YY(3) = cross_Path(i,2);YY(4) = cross_Path(i,3);
YY(5) = cross_Path(i,4);YY(6) = thd;
        dY = [0 0];
        cross_Path_spline = spline(XX,YY,linspace(0,1,1000));
                                  % 输出插值拟合后的曲线,注意步长 nt 的一致,此时输出 1000 个点
        YY(2) = Path(i,1);YY(3) = Path(i,2);YY(4) = Path(i,3);YY(5) = Path(i,4);
        Path_spline = spline(XX,YY,linspace(0,1,1000));
```

```
% *** 计算指标并比较 *** %
        for k = 1:1000
            distance_cross(i,k) = abs(cross_Path_spline(k) - thr(k));
                                    % 计算交叉后的轨迹与参考轨迹的距离值
            distance_Path(i,k) = abs(Path_spline(k) - thr(k));
                                    % 计算插值后的轨迹与参考轨迹的距离值
        end
        new_object  =  chap3_4obj(cross_Path_spline,distance_cross(i,:),0);
                                    % 计算交叉后的能量消耗最低及路径逼近最佳值的和
        formal_object  =  chap3_4obj(Path_spline,distance_Path(i,:),0);
                                    % 计算插值后的能量消耗最低及路径逼近最佳值的和

%%%%%%%%%% 选择算法 %%%%%%%%%%%
        if new_object < = formal_object
            Fitness(i) = new_object;
            Path(i,:) = cross_Path(i,:);
        else
            Fitness(i) = formal_object;
            Path(i,:) = Path(i,:);
        end
    end
    [iteraion_fitness(N),flag] = min(Fitness);   % 记下第 NC 次迭代的最小数值及其维数

    lujing(N,:) = Path(flag,:)                   % 第 NC 次迭代的最佳路径
    fprintf('N= %d Jmin= %g\n',N,iteraion_fitness(N));
end
[Best_fitness,flag1] = min(iteraion_fitness);
Best_solution = lujing(flag1,:);
YY(2) = Best_solution(1);YY(3) = Best_solution(2);YY(4) = Best_solution(3);YY(5) = Best_solution(4);

Finally_spline = spline(XX,YY,linspace(0,1,1000));
chap3_4obj(Finally_spline,distance_Path(Size,:),1);

figure(3);
plot((0:0.001:1),[0,thr(1:1:1000)],'k','linewidth',2);
xlabel('Time (s)');ylabel('Ideal Path');
hold on;
plot((0:0.2:1), YY,'ko','linewidth',2);
hold on;
plot((0:0.001:1),[0,Finally_spline],'k-.','linewidth',2);
xlabel('Time (s)');ylabel('Optimized Path');
legend('Ideal Path','Interpolation points','Optimized Path');

figure(4);
plot((1:Nmax),iteraion_fitness,'k','linewidth',2);
xlabel('Time (s)');ylabel('Fitness Change');
```

(2) 目标函数程序：chap3_4obj. m。

```
% ********* 计算控制输入能量消耗最低及路径逼近最佳值之和的子函数 *********** %
function Object = object(path,distance,flag)       % path,distance 是 2000 维
global TE G ts
w = 0.60;
th_1 = 0;tol_1 = 0;e_1 = 0;
tmax = 3 * TE;                                      % 目标函数积分上限为 3TE
thd = 0.5;
```

```
thop_1 = 0;dthop_1 = 0;
x1_1 = 0;x2_1 = 0;
for k = 1:1:G                                  % Begin th(k)从 2 开始和 thop(1)对应

t(k) = k * ts;
    if t(k)< = TE
       thop(k) = path(k);                      % 要逼近的最优轨迹
       dthop(k) = (thop(k) - thop_1)/ts;
       ddthop(k) = (dthop(k) - dthop_1)/ts;
    else
        thop(k) = thd;
        dthop(k) = 0;
        ddthop(k) = 0;
    end

% 离散模型
I = 1/133;b = 25/133;
d(k) = 1 * sin(k * ts);

x2(k) = x2_1 + ts * 1/I * (tol_1 - b * x2_1 + d(k));
x1(k) = x1_1 + ts * x2(k);

th(k) = x1(k);
dth(k) = x2(k);

e(k) = thop(k) - th(k);
de(k) = (e(k) - e_1)/ts;

kp = 300;kd = 0.30;

    tol(k) = kp * e(k) + kd * de(k);
    energy(k) = abs(tol(k) * dth(k));

    tol_1 = tol(k);
    x1_1 = x1(k);
    x2_1 = x2(k);
    e_1 = e(k);
    thop_1 = thop(k);
    dthop_1 = dthop(k);
end
% ************ 计算总能量 ****************** %
energy_all = 0;
for k = 1:1:G
    energy_all = energy_all + energy(k);
end
dis = sum(distance);                           % 参考轨迹的逼近误差
% ******** 计算目标 ******** %
Object = w * energy_all + (1 - w) * dis;       % used for main.m
if flag == 1
    t(1) = 0;
    th0 = 0;
    for k = 1:1:G                              % > TE 不包含原点
        t(k) = k * ts;
    if t(k)< TE
        thr(k) = (thd - th0) * (t(k)/TE - 1/(2 * pi) * sin(2 * pi * t(k)/TE)) + th0;
```

```
                                          %不含原点的参考轨迹
    else
        thr(k) = thd;
    end
    end
        figure(1);
        plot(t,thr,'k. - ',t,thop,'k',t,th,'k - . ','linewidth',2);
        legend('Ideal trajectory','Optimal trajectory', 'Trajectory tracking');
        xlabel('Time (s)');ylabel('Joint angle tracking');
        figure(2);
        plot(t,tol,'k','linewidth',2);
        xlabel('Time (s)');ylabel('Control input,tol');
end
end
```

3.4 双关节机械手最优轨迹控制

3.4.1 系统描述

双关节机械手动力学方程为

$$\boldsymbol{D}(\boldsymbol{q})\ddot{\boldsymbol{q}}+\boldsymbol{C}(\boldsymbol{q},\dot{\boldsymbol{q}})\dot{\boldsymbol{q}}=\boldsymbol{\tau} \tag{3.15}$$

其中,$\boldsymbol{D}(\boldsymbol{q})$为 2×2 阶正定惯性矩阵,$\boldsymbol{C}(\boldsymbol{q},\dot{\boldsymbol{q}})$为 2×2 阶离心和哥氏力项,$\boldsymbol{\tau}$ 为控制输入。

通过差分进化方法,沿着参考路径进行最优规划,从而保证运动系统在不偏离参考路径的基础上,采用 PD 控制方法,实现对最优轨迹的跟踪,使整个运动过程中消耗的能量最小。

3.4.2 规划器设计

最优轨迹能够通过优化与参考轨迹的偏差来间接地得到。假设系统达到稳态的最大允许时间为 $t=3T_{\mathrm{E}}$,考虑到能量守恒定理,用非保守力做功来表示系统在运动过程中消耗的总能量,第 i 个机械臂的目标函数选择为

$$J_i=\omega_i\int_0^{3T_{\mathrm{E}}}|\tau_i\dot{q}_i|\,\mathrm{d}t+(1-\omega_i)\int_0^{3T_{\mathrm{E}}}|\Delta_i(t)|\,\mathrm{d}t \tag{3.16}$$

其中,$i=1,2$,ω_i 为权值,τ_i 为控制输入信号,Δ_i 为实际跟踪轨迹与理想轨迹之间的距离,$\Delta_i=q_{\mathrm{op}_i}(t_j)-q_{\mathrm{r}_i}(t_j)$。

针对双关节机械手,总的目标函数为

$$J=J_1+J_2 \tag{3.17}$$

通过采用差分进化算法,优化轨迹式(3.17),使目标函数最小,从而获得最优轨迹。差分进化算法的设定参数如下:最大迭代次数 G,种群数 Size,搜索空间的维数 D,放大因子 F,交叉因子 CR。经过差分进化算法可得到一组最优偏差,进而得到第 i 个机械臂的最优离散轨迹如下:

$$\bar{\boldsymbol{q}}_{\mathrm{op}_i}=[\bar{q}_{\mathrm{op}_i,0},\bar{q}_{\mathrm{op}_i,1},\cdots,\bar{q}_{\mathrm{op}_i,2n-1},\bar{q}_{\mathrm{op}_i,2n}]\ ,i=1,2 \tag{3.18}$$

为了获得连续型的最优轨迹,采用三次样条插值进行轨迹规划,即利用三次样条插值的方法对离散轨迹进行插值。第 i 个机械臂插值的边界条件如下:

$$q_{\mathrm{op}_i}(0)=\bar{q}_{\mathrm{op}_i,0}=q_{0i}$$

$$q_{\mathrm{op}_i}(T_{\mathrm{E}})=\bar{q}_{\mathrm{op}_i,2n}=q_{\mathrm{d}i}$$

$$\dot{q}_{\mathrm{op}_i}(0)=\dot{\bar{q}}_{\mathrm{op}_i,0}=\dot{q}_{0i}=0$$

$$\dot{q}_{\mathrm{op}_i}(T_{\mathrm{E}})=\dot{\bar{q}}_{\mathrm{op}_i,2n}=\dot{q}_{\mathrm{d}i}=0$$

插值节点为

$$q_{\mathrm{op}_i}(t_j)=\bar{q}_{\mathrm{op}_i,j},\quad t_j=\frac{j}{2n}T_{\mathrm{E}},\quad j=1,2,\cdots,2n-1 \tag{3.19}$$

将插值得到的连续函数 $q_{\mathrm{op}_i}(k)$ 作为第 i 个机械臂关节角度跟踪的最优轨迹。定义跟踪误差为 $e_i=q_{\mathrm{op}_i}-q_i$，$e=[e_1\quad e_2]^{\mathrm{T}}$，$\dot{e}=[\dot{e}_1\quad \dot{e}_2]^{\mathrm{T}}$，当忽略重力和外加干扰时，采用独立的 PD 控制，能满足机器人定点控制的要求。设计独立的 PD 控制律为

$$\boldsymbol{\tau}=\boldsymbol{K}_{\mathrm{d}}\dot{\boldsymbol{e}}+\boldsymbol{K}_{\mathrm{p}}\boldsymbol{e} \tag{3.20}$$

其中，$\boldsymbol{K}_{\mathrm{p}}>0$，$\boldsymbol{K}_{\mathrm{d}}>0$。

取跟踪误差为 $\boldsymbol{e}=\boldsymbol{q}_{\mathrm{d}}-\boldsymbol{q}$，采用定点控制时，$\boldsymbol{q}_{\mathrm{d}}$ 为常值，则 $\dot{\boldsymbol{q}}_{\mathrm{d}}=\ddot{\boldsymbol{q}}_{\mathrm{d}}\equiv 0$。则根据 LaSalle 不变集定理，则有 $t\to\infty$ 时，从任意初始条件$(\boldsymbol{q}_0,\dot{\boldsymbol{q}}_0)$出发，均有 $\boldsymbol{q}\to\boldsymbol{q}_{\mathrm{d}}$，$\dot{\boldsymbol{q}}\to 0$。

3.4.3 仿真实例

针对被控对象式(3.15)，选二关节机器人系统（不考虑重力、摩擦力和干扰），其动力学模型为

$$\boldsymbol{D}(\boldsymbol{q})\ddot{\boldsymbol{q}}+\boldsymbol{C}(\boldsymbol{q},\dot{\boldsymbol{q}})\dot{\boldsymbol{q}}=\boldsymbol{\tau}$$

其中

$$\boldsymbol{D}(\boldsymbol{q})=\begin{bmatrix} p_1+p_2+2p_3\cos q_2 & p_2+p_3\cos q_2 \\ p_2+p_3\cos q_2 & p_2 \end{bmatrix}$$

$$\boldsymbol{C}(\boldsymbol{q},\dot{\boldsymbol{q}})=\begin{bmatrix} -p_3\dot{q}_2\sin q_2 & -p_3(\dot{q}_1+\dot{q}_2)\sin q_2 \\ p_3\dot{q}_1\sin q_2 & 0 \end{bmatrix}$$

取 $\boldsymbol{p}=[2.90\quad 0.76\quad 0.87\quad 3.04\quad 0.87]^{\mathrm{T}}$，$\boldsymbol{q}_0=[0.0\quad 0.0]^{\mathrm{T}}$，$\dot{\boldsymbol{q}}_0=[0.0\quad 0.0]^{\mathrm{T}}$。位置指令为 $\boldsymbol{q}_{\mathrm{d}}(0)=[1.0\quad 1.0]^{\mathrm{T}}$，在控制器式(3.20)中，取 $\boldsymbol{K}_{\mathrm{p}}=\begin{bmatrix}1500 & 0\\ 0 & 1500\end{bmatrix}$，$\boldsymbol{K}_{\mathrm{d}}=\begin{bmatrix}150 & 0\\ 0 & 150\end{bmatrix}$。

采样时间为 $t_{\mathrm{s}}=0.001$，仿真中最大允许时间为 $3T_{\mathrm{E}}$，摆线周期 $T_{\mathrm{E}}=1$，取摆线周期的一半离散点数为 $n=500$，则采样时间为 $t_{\mathrm{s}}=\dfrac{T_{\mathrm{E}}}{2n}=0.001$。

采用样条插值方法，针对第 i 个机械臂，插值点选取 4 个点，即 $D=4$。通过插值点的优化来初始化路径，具体方法为：插值点横坐标固定取第 200、400、600 和第 800 个点，纵坐标取初始点和终止点之间的 4 个随机值，第 m 个样本($m=1,2,\cdots,\mathrm{Size}$)第 j 个插值点($j=1,2,3,4$)的值取

$$q_{\mathrm{op}_i}(m,j)=\mathrm{rand}(q_{\mathrm{d}_i}-q_{0_i})+q_{0_i}$$

其中，rand 为 0～1 之间的随机值。

根据式(3.8)求 q_{r_i}，采用差分进化算法设计最优轨迹 q_{op_i}，取权值 $\omega_i=0.20$，样本个数 Size=50，变异因子 $F=0.5$，交叉因子 $CR=0.9$，优化次数为 30 次。通过差分进化方法不断优化 4 个插值点的纵坐标值，直到达到优化次数为止。仿真结果见图 3.10 至图 3.13 所示。

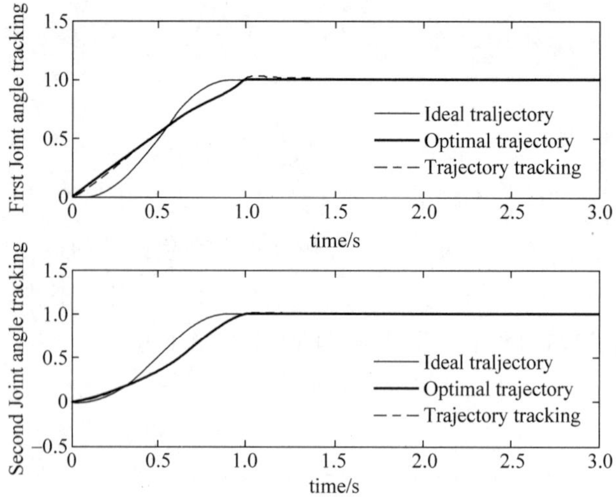

图 3.10　理想轨迹、最优轨迹及轨迹跟踪

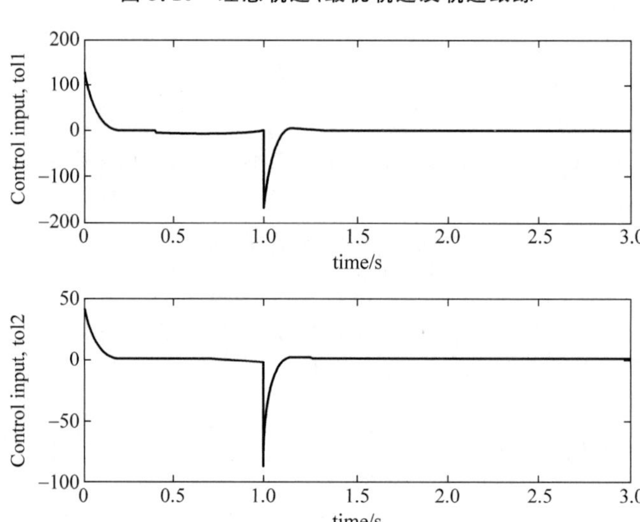

图 3.11　控制输入信号

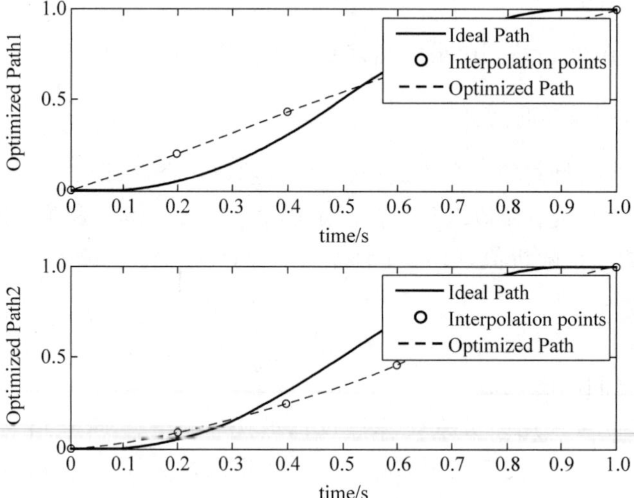

图 3.12　最优轨迹的优化效果

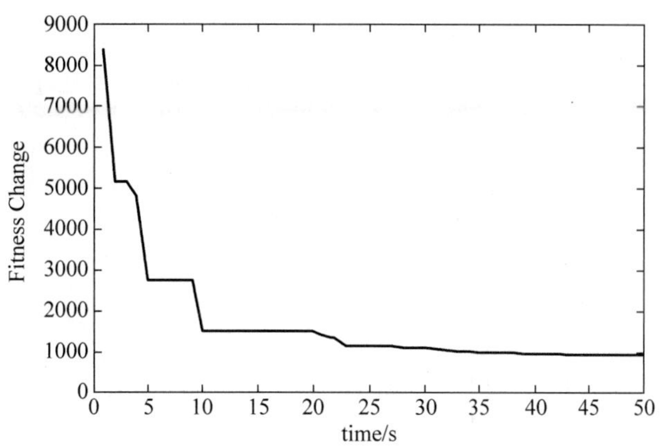

图 3.13 目标函数的优化过程

仿真程序：

（1）优化主程序：chap3_5.m。

```
clear all;
close all;
global TE G ts
Size = 30;                                       % 样本个数
D = 4;                                           % 每个样本有 4 个固定点,即分成 4 段
F = 0.5;                                         % 变异因子
CR = 0.9;                                        % 交叉因子

Nmax = 50;                                       % DE 优化次数

TE = 1;
TE1 = 1;TE2 = 1;                                 % 参考轨迹参数 TE
q1d = 1.0;q2d = 1.0;

aim1 = [TE1;q1d];                                % 摆线路径终点
aim2 = [TE2;q2d];                                % 摆线路径终点

start = [0;0];                                   % 路径起点
tmax = 3 * TE;                                   % 仿真时间

ts = 0.001;                                      % Sampling time
G = tmax/ts;                                     % 仿真时间为 G = 3000
 % *************** 摆线参考轨迹 ************* %
q10 = 0;q20 = 0;
q0 = [q10 q20];

dT = TE/1000;                                    % 将 TE 分为 1000 个点,每段长度(步长)为 dT

for k = 1:1:G
t(k) = k * dT;                                   % t(1) = 0.001;t(2) = 0.002;.....
if t(k)< TE
    qr1(k) = (q1d - q10) * (t(k)/TE - 1/(2 * pi) * sin(2 * pi * t(k)/TE)) + q10;
                                                 % 不含原点的参考轨迹(1)
else
    qr1(k) = q1d;
end
```

```
if t(k)< TE
    qr2(k) = (q2d - q20) * (t(k)/TE - 1/(2 * pi) * sin(2 * pi * t(k)/TE)) + q20;
                                                    %不含原点的参考轨迹(1)
else
    qr2(k) = q2d;
end

end
% *************** 初始化路径 ************** %
for i = 1:Size
    for j = 1:D
    Path1(i,j) = rand * (q1d - q10) + q10;
    Path2(i,j) = rand * (q2d - q20) + q20;
    end
end

% ********** 差分进化计算 *************** %
for N = 1:Nmax
% ************** 变异 ************** %
    for i = 1:Size
        r1 = ceil(Size * rand);
        r2 = ceil(Size * rand);
        r3 = ceil(Size * rand);
        while(r1 == r2||r1 == r3||r2 == r3||r1 == i||r2 == i||r3 == i)
                                                    %选取不同的 r1,r2,r3,且不等于 i
              r1 = ceil(Size * rand);
              r2 = ceil(Size * rand);
              r3 = ceil(Size * rand);
        end
        for j = 1:D
            mutate_Path1(i,j) = Path1(r1,j) + F. * (Path1(r2,j) - Path1(r3,j));
                                                    %选择前半部分产生变异个体
            mutate_Path2(i,j) = Path2(r1,j) + F. * (Path2(r2,j) - Path2(r3,j));
                                                    %选择前半部分产生变异个体
        end
% **************** 交叉 **************** %
        for j = 1:D
            if rand <= CR
                cross_Path1(i,j) = mutate_Path1(i,j);
                cross_Path2(i,j) = mutate_Path2(i,j);
            else
                cross_Path1(i,j) = Path1(i,j);
                cross_Path2(i,j) = Path2(i,j);
            end
        end
%先进行三次样条插值,此为 D = 4 时的特殊情况
        XX(1) = 0;XX(2) = 200 * dT;XX(3) = 400 * dT;XX(4) = 600 * dT;XX(5) = 800 * dT;XX(6) = 1000 * dT;
        YY1(1) = q10;YY1(2) = cross_Path1(i,1);YY1(3) = cross_Path1(i,2);YY1(4) = cross_Path1(i,3);
YY1(5) = cross_Path1(i,4);YY1(6) = q1d;
        YY2(1) = q20;YY2(2) = cross_Path2(i,1);YY2(3) = cross_Path2(i,2);YY2(4) = cross_Path2(i,3);
YY2(5) = cross_Path2(i,4);YY2(6) = q2d;

        dY = [0 0];
        cross_Path1_spline = spline(XX,YY1(1:6),linspace(0,1,1000));
                                    %输出插值拟合后的曲线,注意步长 nt 的一致,此时输出 1000 个点
```

```
        cross_Path2_spline = spline(XX,YY2(1:6),linspace(0,1,1000));
                                  % 输出插值拟合后的曲线,注意步长 nt 的一致,此时输出 1000 个点

        YY1(2) = Path1(i,1);YY1(3) = Path1(i,2);YY1(4) = Path1(i,3);YY1(5) = Path1(i,4);
        Path1_spline = spline(XX,YY1,linspace(0,1,1000));

        YY2(2) = Path2(i,1);YY2(3) = Path2(i,2);YY2(4) = Path2(i,3);YY2(5) = Path2(i,4);
        Path2_spline = spline(XX,YY2,linspace(0,1,1000));
% *** 计算指标并比较 *** %
        for k = 1:1000
            delta1_cross(i,k) = abs(cross_Path1_spline(k) - qr1(k));
                                          % 计算交叉后的轨迹与参考轨迹的距离值
            delta2_cross(i,k) = abs(cross_Path2_spline(k) - qr2(k));
                                          % 计算交叉后的轨迹与参考轨迹的距离值
            delta_Path1(i,k) = abs(Path1_spline(k) - qr1(k));
                                          % 计算插值后的轨迹与参考轨迹的距离值
            delta_Path2(i,k) = abs(Path2_spline(k) - qr2(k));
                                          % 计算插值后的轨迹与参考轨迹的距离值
        end

        new_object  =  chap3_5obj(cross_Path1_spline,cross_Path2_spline,delta1_cross(i,:),
delta2_cross(i,:),0);                     % 计算交叉后的能量消耗最低及路径逼近最佳值的和
        formal_object  =  chap3_5obj(Path1_spline,Path2_spline,delta_Path1(i,:),delta_Path2
(i,:),0);                                 % 计算插值后的能量消耗最低及路径逼近最佳值的和

%%%%%%%%%% 选择算法 %%%%%%%%%%%
        if new_object <= formal_object
            Fitness(i) = new_object;
            Path1(i,:) = cross_Path1(i,:);
            Path2(i,:) = cross_Path2(i,:);
        else
            Fitness(i) = formal_object;
            Path1(i,:) = Path1(i,:);
            Path2(i,:) = Path2(i,:);
        end
    end
    [iteraion_fitness(N),flag] = min(Fitness);  % 记下第 NC 次迭代的最小数值及其维数

    lujing1(N,:) = Path1(flag,:)              % 第 NC 次迭代的最佳路径
    lujing2(N,:) = Path2(flag,:)              % 第 NC 次迭代的最佳路径

    fprintf('N= %d Jmin= %g\n',N,iteraion_fitness(N));

end

[Best_fitness,flag1] = min(iteraion_fitness);
Best_solution1 = lujing1(flag1,:);
Best_solution2 = lujing2(flag1,:);

YY1(2) = Best_solution1(1);YY1(3) = Best_solution1(2);YY1(4) = Best_solution1(3);YY1(5) = Best_
solution1(4);
YY2(2) = Best_solution2(1);YY2(3) = Best_solution2(2);YY2(4) = Best_solution2(3);YY2(5) = Best_
solution2(4);

Finally_spline1 = spline(XX,YY1,linspace(0,1,1000));
```

```
Finally_spline2 = spline(XX,YY2,linspace(0,1,1000));
chap3_5obj(Finally_spline1,Finally_spline2,delta_Path1(Size,:),delta_Path2(Size,:),1);

figure(3);
subplot(211);
plot((0:0.001:1),[0,qr1(1:1:1000)],'k','linewidth',2);
xlabel('Time (s)');ylabel('Ideal Path1');
hold on;
plot((0:0.2:1), YY1,'ko','linewidth',2);
hold on;
plot((0:0.001:1),[0,Finally_spline1],'k-.','linewidth',2);
xlabel('Time (s)');ylabel('Optimized Path1');
legend('Ideal Path','Interpolation points','Optimized Path');
subplot(212);
plot((0:0.001:1),[0,qr2(1:1:1000)],'k','linewidth',2);
xlabel('Time (s)');ylabel('Ideal Path2');
hold on;
plot((0:0.2:1), YY2,'ko','linewidth',2);
hold on;
plot((0:0.001:1),[0,Finally_spline2],'k-.','linewidth',2);
xlabel('Time (s)');ylabel('Optimized Path2');
legend('Ideal Path','Interpolation points','Optimized Path');

figure(4);
plot((1:Nmax),iteraion_fitness,'k','linewidth',2);
xlabel('Time (s)');ylabel('Fitness Change');
```

（2）目标函数程序：chap3_5obj.m。

```
function Object = object(path1,path2,delta1,delta2,flag)   % path,delta 是 2000 维
global TE G ts

q1_1 = 0;q2_1 = 0;
tol1_1 = 0;tol2_1 = 0;
e1_1 = 0;e2_1 = 0;

tmax = 3 * TE;                                              % 目标函数积分上限为 3TE
q1d = 1.0;q2d = 1.0;
q1op_1 = 0;dq1op_1 = 0;
q2op_1 = 0;dq2op_1 = 0;

x1_1 = 0;x2_1 = 0;
x3_1 = 0;x4_1 = 0;
for k = 1:1:G

t(k) = k * ts;

    if t(k)<= TE
       q1op(k) = path1(k);                                  % 要逼近的最优轨迹
       dq1op(k) = (q1op(k) - q1op_1)/ts;
       ddq1op(k) = (dq1op(k) - dq1op_1)/ts;
    else
        q1op(k) = q1d;
        dq1op(k) = 0;
        ddq1op(k) = 0;
    end
```

```
    if t(k)<=TE
       q2op(k)=path2(k);                              %要逼近的最优轨迹
       dq2op(k)=(q2op(k)-q2op_1)/ts;
       ddq2op(k)=(dq2op(k)-dq2op_1)/ts;
    else
        q2op(k)=q2d;
        dq2op(k)=0;
        ddq2op(k)=0;
    end

%离散模型
p=[2.9 0.76 0.87 3.04 0.87];
g=9.8;

D=[p(1)+p(2)+2*p(3)*cos(x3_1) p(2)+p(3)*cos(x3_1);
    p(2)+p(3)*cos(x3_1) p(2)];
C=[-p(3)*x4_1*sin(x3_1) -p(3)*(x2_1+x4_1)*sin(x3_1);
     p(3)*x2_1*sin(x3_1) 0];
tol=[tol1_1 tol2_1]';

dq=[x2_1;x4_1];

ddq=inv(D)*(tol-C*dq);

x2(k)=x2_1+ts*ddq(1);
x1(k)=x1_1+ts*x2(k);

x4(k)=x4_1+ts*ddq(2);
x3(k)=x3_1+ts*x4(k);

q1(k)=x1(k);
dq1(k)=x2(k);
e1(k)=q1op(k)-q1(k);
de1(k)=(e1(k)-e1_1)/ts;

q2(k)=x3(k);
dq2(k)=x4(k);
e2(k)=q2op(k)-q2(k);
de2(k)=(e2(k)-e2_1)/ts;

e=[e1(k);e2(k)];
de=[de1(k);de2(k)];

Kp=[1500 0;0 1000];
Kd=[150 0;0 150];

tol=Kp*e+Kd*de;

energy(k)=0.3*abs(tol(1)*dq1(k))+0.7*abs(tol(2)*dq2(k));

    x1_1=x1(k);x2_1=x2(k);
    x3_1=x3(k);x4_1=x4(k);

    e1_1=e1(k);
    e2_1=e2(k);
    q1op_1=q1op(k);dq1op_1=dq1op(k);
    q2op_1=q2op(k);dq2op_1=dq2op(k);
```

```
    tol1_1 = tol(1);
    tol2_1 = tol(2);

    tol1k(k) = tol(1);
    tol2k(k) = tol(2);
end
% ************ 计算总能量 ****************** %
energy_all = 0;
for k = 1:1:G
    energy_all = energy_all + energy(k);
end
d1 = sum(delta1);                                  % 参考轨迹的逼近误差
d2 = sum(delta2);                                  % 参考轨迹的逼近误差
% ******** 计算目标 ******** %
delta_all = 0.5 * d1 + 0.5 * d2;

Object = 0.20 * energy_all + 0.80 * delta_all;     % used for main.m

if flag == 1
    t(1) = 0;
    q10 = 0;q20 = 0;
    for k = 1:1:G                                  % > TE 不包含原点
        t(k) = k * ts;
    if t(k)< TE
        qr1(k) = (q1d - q10) * (t(k)/TE - 1/(2 * pi) * sin(2 * pi * t(k)/TE)) + q10;
                                                   % 不含原点的参考轨迹
        qr2(k) = (q2d - q20) * (t(k)/TE - 1/(2 * pi) * sin(2 * pi * t(k)/TE)) + q20;
                                                   % 不含原点的参考轨迹
    else
        qr1(k) = q1d;
        qr2(k) = q2d;
    end

    end
        figure(1);
        subplot(211);

        plot(t,qr1,'b',t,q1op,'r',t,q1,'k-.','linewidth',2);
        legend('Ideal trajectory','Optimal trajectory', 'Trajectory tracking');
        xlabel('Time (s)');ylabel('First Joint angle tracking');


        subplot(212);
        plot(t,qr2,'b',t,q2op,'r',t,q2,'k-.','linewidth',2);
        legend('Ideal trajectory','Optimal trajectory', 'Trajectory tracking');
        xlabel('Time (s)');ylabel('Second Joint angle tracking');

        figure(2);
        subplot(211);
        plot(t,tol1k,'k','linewidth',2);
        xlabel('Time (s)');ylabel('Control input,tol1');
        subplot(212);
        plot(t,tol2k,'k','linewidth',2);
        xlabel('Time (s)');ylabel('Control input,tol2');
end
end
```

参考文献

［1］ R Storn，K Price，Differential evolution—a simple and efficient heuristic for global optimization over continuous spaces，Journal of Global Optimization，1997，11：341-59.

［2］ M Vasile，E Minisci，M Locatelli，An inflationary differential Evolution algorithm for space trajectory optimization，IEEE Transactions on Evolutionary Computation，2011，15(2)：267-281.

［3］ Das S，Konar A，Chakraborty U K. Two improved differential evolution schemes for faster global search[C]，Proceedings of the 2005 conference on Genetic and evolutionary computation. ACM，2005：991-998.

［4］ Richards N D，Sharma M，Ward D G. A hybrid A * /automaton approach to on-line path planning with obstacle avoidance[C]，AIAA 1st Intelligent Systems Technical Conference. 2004，1：141-157.

［5］ Lee M C，Park M G. Artificial potential field based path planning for mobile robots using a virtual obstacle concept[C]，Advanced Intelligent Mechatronics，2003. AIM 2003. Proceedings. 2003 IEEE/ASME International Conference on. IEEE，2003，2：735-740.

［6］ Petros A. Ioannou，Sun Jing. Robust Adaptive Control[M]. PTR Prentice-Hall，1996，75-76.

第4章 机械手模糊自适应反演控制

反演(Backstepping)设计方法实际上是一种逐步递推的设计方法,在该方法的设计中引进的虚拟控制本质上是一种静态补偿思想,前面的子系统必须通过后边子系统的虚拟控制才能达到目的,因此该方法要求系统结构必须设计不确定性系统(特别是当干扰或不确定性不满足匹配条件时)的鲁棒控制器或自适应控制器方面已经显示出它的优越性[1-3]。

本章是在著作[4]及本书的上册“机器人控制系统的设计与MATLAB仿真——基本设计方法”中的第6章“机械手反演控制”基础上进行设计的。针对机械手反演控制问题,通过采用模糊系统逼近的方法实现未知函数的自适应逼近,从而实现无须模型信息的控制器设计。

4.1 基于反演方法的单关节机器人自适应模糊控制

4.1.1 系统描述

针对满足单输入单输出非线性系统:

$$\begin{cases}\dot{x}_i(t)=b_i x_{i+1}(t)+f_i(x_1(t),x_2(t),\cdots,x_i(t))+\omega_i(t), \quad i\leqslant i\leqslant n-1\\ \dot{x}_n(t)=b_n u(t)+f_n(x_1(t),x_2(t),\cdots,x_n(t))+\omega_n(t)\\ y(t)=x_1(t)\end{cases} \tag{4.1}$$

其中,$\boldsymbol{x}=[x_1,x_2,\cdots,x_n]^{\mathrm{T}}\in\mathbf{R}^n$,$u\in\mathbf{R}$,$y\in\mathbf{R}$ 分别是系统的状态变量、控制输入和对象输出,$\omega_i(t)$为外界干扰,f_i 为未知非线性函数,b_i 为未知常量。

假设1:存在正的常量 $b_{i\mathrm{m}}$ 和 $b_{i\mathrm{M}}$ 满足不等式 $0<b_{i\mathrm{m}}\leqslant|b_i|\leqslant b_{i\mathrm{M}}$,$i=1,2,\cdots,n$。

假设2:对于光滑函数 $f(x)$和模糊系统,存在使逼近误差最小的最优常量参数$\boldsymbol{\theta}^*$。其中最优参数常量的定义为$\boldsymbol{\theta}^*=\underset{\theta\in\Omega_0}{\arg\min}\left[\sup\limits_{x\in\Omega}|f(\boldsymbol{x})-\boldsymbol{\theta}^{\mathrm{T}}\xi(\boldsymbol{x})|\right]$,$\Omega_0$ 和 Ω 是 $\boldsymbol{\theta}$ 和 $\boldsymbol{x}$ 的有界集。

控制目标是使系统的输出 $y(t)$可以很好地跟踪系统的期望轨迹 $\boldsymbol{y}_{\mathrm{d}}(t)$,并且所有的信号有界。为了简单起见,引入符号 $\bar{x}_i$、$y_{\mathrm{d}i}$。其中$\bar{\boldsymbol{x}}_i=[x_1,x_2,\cdots,x_i]^{\mathrm{T}}\in\mathbf{R}^i$,$i=1,2,\cdots,n$,$\boldsymbol{y}_{\mathrm{d}i}-[y_{\mathrm{d}},\dot{y}_{\mathrm{d}},\cdots,y_{\mathrm{d}}^{(i)}]^{\mathrm{T}}\in\mathbf{R}^i$,$i-1,2,\cdots,n-1$。

采用单值模糊器、乘积推理机和重心平均反模糊器,则对于模糊规则:

$$\text{IF}x_1 \text{ is } F_1^j \text{ and } \cdots \text{and } x_n \text{ is } F_n^j \text{ Then } y \text{ is } B^j \quad (j=1,2,\cdots,N)$$

则模糊系统的输出为

$$y(x)=\frac{\sum_{j=1}^{N}\theta_j\prod_{i=1}^{n}\mu_i^j(x_i)}{\sum_{j=1}^{N}\left[\prod_{i=1}^{n}\mu_i^j(x_i)\right]} \tag{4.2}$$

其中，$\boldsymbol{x}=[x_1,x_2,\cdots,x_n]^{\mathrm{T}}\in\mathbf{R}^n$，$\mu_i^j(x_i)$是隶属函数$\mu_i^j$，$\theta_j=\max\limits_{y\in R}B^j(y)$。令$\boldsymbol{\xi}(\boldsymbol{x})=[\xi_1(\boldsymbol{x}),\xi_2(\boldsymbol{x}),\cdots,\xi_N(\boldsymbol{x})]^{\mathrm{T}}$，$\boldsymbol{\theta}=[\theta_1,\theta_2,\cdots,\theta_N]^{\mathrm{T}}$，则$\boldsymbol{y}(\boldsymbol{x})=\boldsymbol{\xi}^{\mathrm{T}}(\boldsymbol{x})\boldsymbol{\theta}$。

根据模糊万能逼近定理，如果$f(x)$是定义在紧集Ω上的连续函数，则对于任意常量$\varepsilon>0$，都存在一个如上式所示的模糊系统满足$\sup\limits_{y\in\Omega}|f(x)-y(x)|\leqslant\varepsilon$。

4.1.2 Backstepping 控制器设计

Backstepping 的设计过程是通过逐步构造中间量$e_i=x_i-\alpha_{i-1}$完成的，其中α_i是第i步的虚拟控制量，最后的虚拟控制量α_n是施加于系统实际控制量$u(t)$的一部分。

采用 Backstepping 方法对系统式(4.1)重新构造如下：

步骤 1：对于第一个子系统$\dot{x}_1(t)=b_1x_2(t)+f_1(x_1)+\omega_1(t)$，定义$e_1=y-y_{\mathrm{d}}$，其中$y_{\mathrm{d}}$为期望跟踪轨迹，引入虚拟控制信号$\alpha_1$，则

$$\begin{aligned}\dot{e}_1&=\dot{x}_1-\dot{y}_{\mathrm{d}}=b_1x_2-b_1\alpha_1+b_1\alpha_1+f_1(x_1)+\omega_1(t)-\dot{y}_{\mathrm{d}}\\&=b_1e_2+b_1\alpha_1+f_1(x_1)+\omega_1(t)-\dot{y}_{\mathrm{d}}\end{aligned}$$

其中，$e_2=x_2-\alpha_1$。

步骤 2：对于第二个子系统引入虚拟控制量α_2，则

$$\begin{aligned}\dot{e}_2&=\dot{x}_2-\dot{\alpha}_1=b_2x_3-b_2\alpha_2+b_2\alpha_2-\dot{\alpha}_1+f_2(\bar{x}_2)+\omega_2\\&=b_2e_3+b_2\alpha_2-\dot{\alpha}_1+f_2(\bar{x}_2)+\omega_2\end{aligned}$$

其中，$e_3=x_3-\alpha_2$。

步骤 $\boldsymbol{k}$：以此类推，对第k个子系统引入虚拟控制量α_k，定义$e_{k+1}=x_{k+1}-\alpha_k$，则

$$\begin{aligned}\dot{e}_k&=\dot{x}_k-\dot{\alpha}_{k-1}=b_kx_{k+1}-b_k\alpha_k+b_k\alpha_k-\dot{\alpha}_{k-1}+f_k(\bar{x}_k)+\omega_k\\&=b_ke_{k+1}+b_k\alpha_k-\dot{\alpha}_{k-1}+f_k(\bar{x}_k)+\omega_k\end{aligned}$$

令$e_n=x_n-\alpha_{n-1}$，则对于最后一个子系统可得

$$\dot{e}_n=\dot{x}_n-\dot{\alpha}_{n-1}=b_nu+f_n(\bar{x}_n)+\omega_n-\dot{\alpha}_{n-1}$$

因此，系统式(4.1)可转化为

$$\begin{cases}\dot{e}_k=b_ke_{k+1}+b_k\alpha_k-\dot{\alpha}_{k-1}+f_k(\bar{x}_k)+\omega_k, & 1\leqslant k\leqslant n-1\\\dot{e}_n=b_nu-\dot{\alpha}_{n-1}+f_n(\bar{x}_n)+\omega_n\end{cases} \tag{4.3}$$

其中，$\alpha_0=y_{\mathrm{d}}$。

通过确定虚拟控制量α_k和控制量u，使系统稳定且能跟踪期望轨迹。

当$k=1$时，选择 Lyapunov 函数为

$$V_1=\frac{1}{2b_1}e_1^2$$

则

$$\dot{V}_1=\frac{1}{b_1}e_1\dot{e}_1=\frac{1}{b_1}e_1(b_1e_2+b_1\alpha_1+f_1(\bar{x})+\omega_1-\dot{y}_d)$$
$$=e_1(e_2+\alpha_1)+\frac{1}{b_1}e_1(f_1(\bar{x})-\dot{y}_d)+\frac{1}{b_1}e_1\omega_1$$
$$=e_1(e_2+\alpha_1+\hat{f}_1)+\frac{1}{b_1}e_1\omega_1$$

其中，$\hat{f}_1=\dfrac{f_1(\bar{x}_1)-\dot{y}_d}{b_1}$。

令 $\alpha_1=-\lambda_1e_1-\varphi_1$，$\lambda_1>0$，$\varphi_1$ 为用于逼近非线性函数 $\hat{f}_1$ 的模糊系统，则

$$\dot{V}_1=-\lambda_1e_1^2+e_1e_2+e_1(\hat{f}_1-\varphi_1)+\frac{1}{b_1}e_1\omega_1$$

当 $k=2$ 时，设计 Lyapunov 函数为

$$V_2=V_1+\frac{1}{2b_2}e_2^2$$

令 $\alpha_2=-\lambda_2e_2-e_1-\varphi_2$，$\lambda_2>0$，$\varphi_2$ 为用于逼近未知非线性函数 $\hat{f}_2$ 的模糊系统，则

$$\dot{V}_2=\dot{V}_1+\frac{1}{b_2}e_2\dot{e}_2=\dot{V}_1+e_2\left(e_3+\alpha_2+\frac{f_2-\dot{\alpha}_1}{b_2}\right)+\frac{1}{b_2}e_2\omega_2$$
$$=-\lambda_1e_1^2+e_2(e_1+e_3+\alpha_2+\hat{f}_2)+e_1(\hat{f}_1-\varphi_1)+\frac{1}{b_1}e_1\omega_1+\frac{1}{b_2}e_2\omega_2$$
$$=-\lambda_1e_1^2+e_2e_3-\lambda_2e_2^2+e_1(\hat{f}_1-\varphi_1)+e_2(\hat{f}_2-\varphi_2)+\frac{1}{b_1}e_1\omega_1+\frac{1}{b_2}e_2\omega_2$$
$$=-\sum_{i=1}^{2}\lambda_ie_i^2+\sum_{i=1}^{2}e_i(\hat{f}_i-\varphi_i)+e_2e_3+\sum_{i=1}^{2}e_i\omega_i$$

其中，$\hat{f}_2=\dfrac{f_2-\dot{\alpha}_1}{b_2}$。

令 $\alpha_{k-1}=-\lambda_{k-1}e_{k-1}-e_{k-2}-\varphi_{k-1}$，$\lambda_{k-1}>0$，$\varphi_{k-1}$ 为用于逼近未知非线性函数 $\hat{f}_{k-1}$ 的模糊系统，则可递推得第 $k-1$ 步 Lyapunov 函数的导数为

$$\dot{V}_{k-1}=-\sum_{i=1}^{k-1}\lambda_ie_i^2+\sum_{i=1}^{k-1}e_i(\hat{f}_i-\varphi_i)+e_{k-1}e_k+\sum_{i=1}^{k-1}e_i\omega_i$$

设计第 k 步 Lyapunov 函数为

$$V_k=V_{k-1}+\frac{1}{2b_k}e_k^2$$

则

$$\dot{V}_k=\dot{V}_{k-1}+\frac{1}{b_k}e_k\dot{e}_k=\dot{V}_{k-1}+e_k\left(e_{k+1}+\alpha_k+\frac{1}{b_k}(f_k-\dot{\alpha}_{k-1})\right)+\frac{1}{b_k}e_k\omega_k$$
$$=-\sum_{i=1}^{k-1}\lambda_ie_i^2+\sum_{i=1}^{k-1}e_i(\hat{f}_i-\varphi_i)+e_k\left(e_{k+1}+\alpha_k+e_{k-1}+\frac{1}{b_k}(f_k-\dot{\alpha}_{k-1})\right)+\sum_{i=1}^{k}e_i\omega_i$$
$$=-\sum_{i=1}^{k-1}\lambda_ie_i^2+\sum_{i=1}^{k-1}e_i(\hat{f}_i-\varphi_i)+e_k(e_{k+1}+\alpha_k+e_{k-1}+\hat{f}_k)+\sum_{i=1}^{k}e_i\omega_i$$

其中，$\hat{f}_k=\frac{1}{b_k}(f_k-\dot{\alpha}_{k-1})$。

令 $\alpha_k=-\lambda_k e_k-e_{k-1}-\varphi_k,\lambda_k>0,\varphi_k$ 为用于逼近未知非线性函数 $\hat{f}_k$ 的模糊系统，则

$$\dot{V}_k=-\sum_{i=1}^{k}\lambda_i e_i^2+\sum_{i=1}^{k}e_i(\hat{f}_i-\varphi_i)+e_k e_{k+1}+\sum_{i=1}^{k}e_i\omega_i$$

对于 $k=n$，设计 Lyapunov 函数为

$$V_n=V_{n-1}+\frac{1}{2b_n}e_n^2$$

则

$$\begin{aligned}\dot{V}_n&=\dot{V}_{n-1}+e_n\left(u+\frac{1}{b_n}(\hat{f}_n-\dot{\alpha}_{n-1})\right)+\frac{1}{b_n}e_n\omega_n\\&=-\sum_{i=1}^{n-1}\lambda_i e_i^2+\sum_{i=1}^{n-1}e_i(\hat{f}_i-\varphi_i)+e_{n-1}e_n+e_n\left(u+\frac{1}{b_n}(f_n-\dot{\alpha}_{n-1})\right)+\sum_{i=1}^{n}\frac{1}{b_i}e_i\omega_i\\&=-\sum_{i=1}^{n-1}\lambda_i e_i^2+\sum_{i=1}^{n-1}e_i(\hat{f}_i-\varphi_i)+e_n\left(u+e_{n-1}+\frac{1}{b_n}(f_n-\dot{\alpha}_{n-1})\right)+\sum_{i=1}^{n}\frac{1}{b_i}e_i\omega_i\end{aligned}$$

其中，$\hat{f}_n=\frac{1}{b_n}(f_n-\dot{\alpha}_{n-1})$。

令 φ_n 为用于逼近未知非线性函数 $\hat{f}_n$ 的模糊系统，设计控制律为

$$u=-\lambda_n e_n-e_{n-1}-\varphi_n(\lambda_n>0) \tag{4.4}$$

则

$$\dot{V}_n=-\sum_{i=1}^{n}\lambda_i e_i^2+\sum_{i=1}^{n}e_i(\hat{f}_i-\varphi_i)+\sum_{i=1}^{n}\frac{1}{b_i}e_i\omega_i$$

4.1.3 基于 Backstepping 的自适应模糊控制

f_k 是未知函数，采用 $\varphi_k=\xi^{\mathrm{T}}(\bar{\boldsymbol{x}})\boldsymbol{\theta}$ 逼近未知函数 $\hat{f}_k$，存在最优逼近向量$\boldsymbol{\theta}_k^*$，对于给定的任意小的常量

$$\boldsymbol{\varepsilon}_k>0,|\hat{f}_k-\boldsymbol{\theta}_k^*\xi(\bar{\boldsymbol{x}}_k)|\leqslant\boldsymbol{\varepsilon}_k\quad k=1,2,\cdots,n$$

取$\tilde{\boldsymbol{\theta}}_k=\boldsymbol{\theta}_k^*-\boldsymbol{\theta}_k$，采用控制律式(4.4)，设计自适应律为

$$\dot{\boldsymbol{\theta}}_i=r_i e_i\xi_i(\bar{x}_i)-2k_i\boldsymbol{\theta}_i,\quad i=1,2,\cdots,n \tag{4.5}$$

则所有闭环系统的信号有界，且对于给定的衰减系数 $\rho>0$，跟踪性能指标满足

$$\sum_{i=1}^{n}\int_0^T e_i^2(s)\mathrm{d}s\leqslant\frac{1}{d_0}V(0)+\frac{1}{d_0}Tb_0+\sum_{i=1}^{n}\frac{1}{2d_0}\int_0^T\rho^2\omega_i^2\mathrm{d}t,T\in[0,\infty] \tag{4.6}$$

其中，$r_i>0,k_i>0,b_0$ 和 d_0 是正的常量。

证明：设计 Lyapunov 函数为

$$V=V_n+\sum_{i=1}^{n}\frac{1}{2r_i}\tilde{\boldsymbol{\theta}}_i^{\mathrm{T}}\tilde{\boldsymbol{\theta}}_i,\quad\tilde{\boldsymbol{\theta}}_i=\boldsymbol{\theta}_i^*-\boldsymbol{\theta}_i \tag{4.7}$$

则

$$\dot{V}=\dot{V}_n+\sum_{i=1}^{n}\frac{1}{r_i}\tilde{\boldsymbol{\theta}}_i^{\mathrm{T}}\dot{\tilde{\boldsymbol{\theta}}}_i=-\sum_{i=1}^{n}\lambda_i e_i^2+\sum_{i=1}^{n}e_i(\hat{f}_i-\varphi_i)+\sum_{i=1}^{n}\frac{1}{b_i}e_i\omega_i-\sum_{i=1}^{n}\frac{1}{r_i}\tilde{\boldsymbol{\theta}}_i^{\mathrm{T}}\dot{\boldsymbol{\theta}}_i$$

$$=-\sum_{i=1}^{n}\lambda_i e_i^2+\sum_{i=1}^{n}e_i(\hat{f}_i-\boldsymbol{\theta}_i^{*\mathrm{T}}\boldsymbol{\xi}_i(\bar{x}_i))+\sum_{i=1}^{n}e_i(\boldsymbol{\theta}_i^{*\mathrm{T}}\boldsymbol{\xi}_i(\bar{x}_i)-\boldsymbol{\theta}_i^{\mathrm{T}}\boldsymbol{\xi}_i(\bar{x}_i))-$$

$$\sum_{i=1}^{n}\frac{1}{r_i}\tilde{\theta}_i^{\mathrm{T}}\dot{\boldsymbol{\theta}}_i+\sum_{i=1}^{n}\frac{1}{b_i}e_i\omega_i$$

$$=-\sum_{i=1}^{n}\lambda_i e_i^2+\sum_{i=1}^{n}e_i(\hat{f}_i-\boldsymbol{\theta}_i^{*\mathrm{T}}\boldsymbol{\xi}_i(\bar{x}_i))+\sum_{i=1}^{n}e_i\tilde{\boldsymbol{\theta}}_i^{\mathrm{T}}\boldsymbol{\xi}_i(\bar{x}_i)-\sum_{i=1}^{n}\frac{1}{r_i}\tilde{\boldsymbol{\theta}}_i^{\mathrm{T}}\dot{\boldsymbol{\theta}}_i+\sum_{i=1}^{n}\frac{1}{b_i}e_i\omega_i$$

$$\leqslant-\sum_{i=1}^{n}\lambda_i e_i^2+\sum_{i=1}^{n}\tilde{\boldsymbol{\theta}}_i^{\mathrm{T}}\left(e_i\boldsymbol{\xi}_i(\bar{x}_i)-\frac{1}{r_i}\dot{\boldsymbol{\theta}}_i\right)+\sum_{i=1}^{n}|e_i\varepsilon_i|+\sum_{i=1}^{n}\frac{1}{b_i}e_i\omega_i$$

令

$$S=-\sum_{i=1}^{n}\lambda_i e_i^2+\sum_{i=1}^{n}\tilde{\boldsymbol{\theta}}_i^{\mathrm{T}}\left(e_i\boldsymbol{\xi}_i(\bar{x}_i)-\frac{1}{r_i}\dot{\boldsymbol{\theta}}_i\right)+\sum_{i=1}^{n}|e_i\varepsilon_i|+\sum_{i=1}^{n}\frac{1}{b_i}e_i\omega_i$$

取

$$a_i=\lambda_i-\frac{1}{2}-\frac{1}{2\rho^2 b_i^2}$$

则

$$\lambda_i=a_i+\frac{1}{2}+\frac{1}{2\rho^2 b_i^2}\tag{4.8}$$

将上式代入 S 中，得

$$S=-\sum_{i=1}^{n}a_i e_i^2-\frac{1}{2}\sum_{i=1}^{n}e_i^2-\sum_{i=1}^{n}\frac{1}{2\rho^2 b_i^2}e_i^2+\sum_{i=1}^{n}\tilde{\boldsymbol{\theta}}_i^{\mathrm{T}}\left(e_i\boldsymbol{\xi}_i(\bar{x}_i)-\frac{1}{r_i}\dot{\boldsymbol{\theta}}_i\right)+$$

$$\sum_{i=1}^{n}|e_i\varepsilon_i|+\sum_{i=1}^{n}\frac{1}{b_i}e_i\omega_i$$

由于

$$-\frac{1}{2}\sum_{i=1}^{n}e_i^2+\sum_{i=1}^{n}|e_i\varepsilon_i|\leqslant\frac{1}{2}\sum_{i=1}^{n}\varepsilon_i^2,\quad -\sum_{i=1}^{n}\frac{1}{2\rho^2 b_i^2}e_i^2+\sum_{i=1}^{n}\frac{1}{b_i}e_i\omega_i\leqslant\sum_{i=1}^{n}\frac{1}{2}\rho^2\omega_i^2$$

考虑自适应律式(4.5)，得

$$S\leqslant-\sum_{i=1}^{n}a_i e_i^2+\sum_{i=1}^{n}\tilde{\boldsymbol{\theta}}_i^{\mathrm{T}}\left(e_i\boldsymbol{\xi}_i(\bar{x}_i)-\frac{1}{r_i}(r_i e_i\boldsymbol{\xi}_i(\bar{x}_i)-2k_i\boldsymbol{\theta}_i)\right)+\frac{1}{2}\sum_{i=1}^{n}\varepsilon_i^2+\sum_{i=1}^{n}\frac{1}{2}\rho^2\omega_i^2$$

$$=-\sum_{i=1}^{n}a_i e_i^2+\sum_{i=1}^{n}\frac{2k_i}{r_i}(\boldsymbol{\theta}_i^*-\boldsymbol{\theta}_i)^{\mathrm{T}}\boldsymbol{\theta}_i+\frac{1}{2}\sum_{i=1}^{n}\varepsilon_i^2+\sum_{i=1}^{n}\frac{1}{2}\rho^2\omega_i^2$$

$$=-\sum_{i=1}^{n}a_i e_i^2+\sum_{i=1}^{n}\frac{k_i}{r_i}(2\boldsymbol{\theta}_i^{*\mathrm{T}}\boldsymbol{\theta}_i-2\boldsymbol{\theta}_i^{\mathrm{T}}\boldsymbol{\theta}_i)+\frac{1}{2}\sum_{i=1}^{n}\varepsilon_i^2+\sum_{i=1}^{n}\frac{1}{2}\rho^2\omega_i^2$$

由于$\boldsymbol{\theta}_i^{\mathrm{T}*}\theta_i^*+\boldsymbol{\theta}_i^{\mathrm{T}}\boldsymbol{\theta}_i\geqslant 2\boldsymbol{\theta}_i^{*\mathrm{T}}\boldsymbol{\theta}_i$，即 $2\boldsymbol{\theta}_i^{*\mathrm{T}}\boldsymbol{\theta}_i-2\boldsymbol{\theta}_i^{\mathrm{T}}\boldsymbol{\theta}_i\leqslant\boldsymbol{\theta}_i^{\mathrm{T}*}\boldsymbol{\theta}_i^*-\boldsymbol{\theta}_i^{\mathrm{T}}\boldsymbol{\theta}_i$，则

$$\dot{V}\leqslant-\sum_{i=1}^{n}a_i e_i^2+\sum_{i=1}^{n}\frac{k_i}{r_i}(-\boldsymbol{\theta}_i^{\mathrm{T}}\boldsymbol{\theta}_i+\boldsymbol{\theta}_i^{\mathrm{T}*}\boldsymbol{\theta}_i^*)+\frac{1}{2}\sum_{i=1}^{n}\varepsilon_i^2+\sum_{i=1}^{n}\frac{1}{2}\rho^2\omega_i^2$$

$$=-\sum_{i=1}^{n}a_i e_i^2+\sum_{i=1}^{n}\frac{k_i}{r_i}(-\boldsymbol{\theta}_i^{\mathrm{T}}\boldsymbol{\theta}_i-\boldsymbol{\theta}_i^{\mathrm{T}*}\boldsymbol{\theta}_i^*)+\sum_{i=1}^{n}\frac{2k_i}{r_i}\boldsymbol{\theta}_i^{\mathrm{T}*}\boldsymbol{\theta}_i^*+\frac{1}{2}\sum_{i=1}^{n}\varepsilon_i^2+\sum_{i=1}^{n}\frac{1}{2}\rho^2\omega_i^2$$

又由于

$$\tilde{\boldsymbol{\theta}}_i^{\mathrm{T}}\tilde{\boldsymbol{\theta}}_i=(\boldsymbol{\theta}_i^*-\boldsymbol{\theta}_i)^{\mathrm{T}}(\boldsymbol{\theta}_i^*-\boldsymbol{\theta}_i)=\boldsymbol{\theta}_i^{\mathrm{T}*}\boldsymbol{\theta}_i^*-2\boldsymbol{\theta}_i^{\mathrm{T}*}\boldsymbol{\theta}_i+\boldsymbol{\theta}_i^{\mathrm{T}}\boldsymbol{\theta}_i\leqslant 2\boldsymbol{\theta}_i^{\mathrm{T}*}\boldsymbol{\theta}_i^*+2\boldsymbol{\theta}_i^{\mathrm{T}}\boldsymbol{\theta}_i$$

即

$$-\frac{1}{2}\tilde{\boldsymbol{\theta}}_i^{\mathrm{T}}\tilde{\boldsymbol{\theta}}_i \geqslant -\boldsymbol{\theta}_i^{\mathrm{T}}\boldsymbol{\theta}_i - \boldsymbol{\theta}_i^{\mathrm{T}*}\boldsymbol{\theta}_i^*$$

则

$$\begin{aligned}\dot{V} &\leqslant -\sum_{i=1}^{n} a_i e_i^2 - \sum_{i=1}^{n}\frac{k_i}{2r_i}\tilde{\boldsymbol{\theta}}_i^{\mathrm{T}}\tilde{\boldsymbol{\theta}}_i + \sum_{i=1}^{n}\frac{2k_i}{r_i}\boldsymbol{\theta}_i^{\mathrm{T}*}\boldsymbol{\theta}_i^* + \frac{1}{2}\sum_{i=1}^{n}\varepsilon_i^2 + \sum_{i=1}^{n}\frac{1}{2}\rho^2\omega_i^2 \\ &\leqslant -\sum_{i=1}^{n} a_i \frac{2b_{im}}{2b_i}e_i^2 - \sum_{i=1}^{n}\frac{k_i}{2r_i}\tilde{\boldsymbol{\theta}}_i^{\mathrm{T}}\tilde{\boldsymbol{\theta}}_i + \sum_{i=1}^{n}\frac{2k_i}{r_i}\boldsymbol{\theta}_i^{\mathrm{T}*}\boldsymbol{\theta}_i^* + \frac{1}{2}\sum_{i=1}^{n}\varepsilon_i^2 + \sum_{i=1}^{n}\frac{1}{2}\rho^2\omega_i^2 \end{aligned} \tag{4.9}$$

取 $\lambda_i \geqslant \frac{1}{2}+\frac{1}{2\rho^2 b_i^2}$ 使 $a_i>0$,并令

$$a_0 = \min\{2b_{im}a_i, k_i, i=1,2,\cdots,n\}$$

$$b_0 = \sum_{i=1}^{n}\frac{2k_i}{r_i}\boldsymbol{\theta}_i^{\mathrm{T}*}\boldsymbol{\theta}_i^* + \frac{1}{2}\sum_{i=1}^{n}\varepsilon_i^2$$

则

$$\dot{V} \leqslant -a_0\left(\sum_{i=1}^{n}\frac{1}{2b_i}e_i^2 + \sum_{i=1}^{n}\frac{1}{2r_i}\tilde{\boldsymbol{\theta}}_i^{\mathrm{T}}\tilde{\boldsymbol{\theta}}_i\right) + b_0 + \sum_{i=1}^{n}\frac{1}{2}\rho^2\omega_i^2 = -a_0 V + b_0 + c_0 \tag{4.10}$$

其中 $\omega_i^2 \leqslant c_i, c_0 = \sum_{i=1}^{n}\frac{1}{2}\rho^2 c_i$。

根据一阶线性微分方程 $\frac{\mathrm{d}y}{\mathrm{d}x}+P(x)y=Q(x)$ 的通解 $y=C\exp\left(-\int P(x)\mathrm{d}x\right)+\exp\left(-\int P(x)\mathrm{d}x\right)\int Q(x)\exp\left(\int P(x)\mathrm{d}x\right)\mathrm{d}x$($C$ 为任意常数)。则微分方程 $\dot{V}=-a_0V+b_0+c_0$ 的解为

$$V(t)=V(0)\exp(-a_0t)+(b_0+c_0)\exp(-a_0t)\frac{1-\exp(a_0t)}{a_0}$$

则式(4.10)的解为

$$\begin{aligned}V(t) &\leqslant \left(V(0)-\frac{b_0+c_0}{a_0}\right)\exp(-a_0t)+\frac{b_0+c_0}{a_0} \\ &\leqslant V(0)\exp(-a_0t)+\frac{b_0+c_0}{a_0} \leqslant V(0)+\frac{b_0+c_0}{a_0}, \quad t\geqslant 0\end{aligned}$$

定义紧集 $\Omega_0=\{X \mid V(X)\leqslant C_0\}$,其中 $C_0=V(0)+\frac{b_0+c_0}{a_0}$,由 V 的定义(4.7)式可得闭环系统的所有信号都有界,即

$$(e_1,e_2,\cdots,e_n,\tilde{\theta}_1,\tilde{\theta}_2,\cdots,\tilde{\theta}_n)^{\mathrm{T}} \in \Omega_0$$

令 $d_0=\min\{a_i;1,2,\cdots,n\}$,则由式(4.9)得

$$\begin{aligned}\dot{V} &\leqslant -\sum_{i=1}^{n} a_i e_i^2 - \sum_{i=1}^{n}\frac{k_i}{2r_i}\tilde{\boldsymbol{\theta}}_i^{\mathrm{T}}\tilde{\boldsymbol{\theta}}_i + \sum_{i=1}^{n}\frac{2k_i}{r_i}\boldsymbol{\theta}_i^{\mathrm{T}*}\boldsymbol{\theta}_i^* + \frac{1}{2}\sum_{i=1}^{n}\varepsilon_i^2 + \sum_{i=1}^{n}\frac{1}{2}\rho^2\omega_i^2 \\ &\leqslant -\min(a_i)\sum_{i=1}^{n}e_i^2 + \sum_{i=1}^{n}\frac{2k_i}{r_i}\boldsymbol{\theta}_i^{\mathrm{T}*}\boldsymbol{\theta}_i^* + \frac{1}{2}\sum_{i=1}^{n}\varepsilon_i^2 + \sum_{i=1}^{n}\frac{1}{2}\rho^2\omega_i^2 \\ &= -d_0\sum_{i=1}^{n}e_i^2 + b_0 + \sum_{i=1}^{n}\frac{1}{2}\rho^2\omega_i^2\end{aligned}$$

对上式在$[0,T]$内进行积分，有

$$\int_0^T \dot{V}\mathrm{d}t \leqslant -\int_0^T d_0 \sum_{i=1}^n e_i^2(s)\mathrm{d}s + Tb_0 + \sum_{i=1}^n \int_0^T \frac{1}{2}\rho^2\omega_i^2 \mathrm{d}t$$

由于$\int_0^T \dot{V}\mathrm{d}t = V(T) - V(0)$，则

$$V(T) - V(0) \leqslant -d_0 \sum_{i=1}^n \int_0^T e_i^2(s)\mathrm{d}s + Tb_0 + \sum_{i=1}^n \int_0^T \frac{1}{2}\rho^2\omega_i^2 \mathrm{d}t$$

$$\sum_{i=1}^n \int_0^T e_i^2(s)\mathrm{d}s \leqslant \frac{1}{d_0}\left(V(0) - V(T) + Tb_0 + \sum_{i=1}^n \int_0^T \frac{1}{2}\rho^2\omega_i^2 \mathrm{d}t\right)$$

由于$-\frac{1}{d_0}V(T) \leqslant 0$，则收敛结果为

$$\sum_{i=1}^n \int_0^T e_i^2(s)\mathrm{d}s \leqslant \frac{1}{d_0}V(0) + \frac{1}{d_0}b_0 T + \sum_{i=1}^n \frac{1}{2d_0}\int_0^T \rho^2\omega_i^2 \mathrm{d}t$$

可见，最终误差的收敛精度取决于扰动和逼近误差的上界。

4.1.4 仿真实例

采用电机驱动的单机械臂进行仿真，系统的动态方程如下：

$$\begin{cases}\dot{x}_1 = x_2 \\ \dot{x}_2 = -\dfrac{B}{M_t}x_2 + \dfrac{N}{M_t}f(x_1,x_2) + \dfrac{K_t}{M_t}x_3 \\ \dot{x}_3 = -\dfrac{R}{L}x_3 - \dfrac{K_b}{L}x_2 + \dfrac{1}{L}u - \dfrac{1}{L}\omega \\ y = x_1\end{cases}$$

其中，$x_1=\theta$，$x_2=\dot{\theta}$，$x_3=I$，$M_t = J + \frac{1}{3}ml^2 + \frac{1}{10}Ml^2D$，$N = mgl + Mgl$，$g$ 为重力加速度常量，f 为未知非线性常量，ω 为未知外界干扰。θ 为连杆角度，I 为电流，K_t 是扭矩常量，K_b 是反电动势系数，B 是轴承黏滞摩擦系数，D 是负载直径，l 是连杆长度，M 是负载质量，m 是连杆重量，L 是电抗，R 为电阻，u 为电机控制电压，J 为执行器转矩。

取期望轨迹 $y_\mathrm{d} = \sin(t)$，非线性函数为 $f=\sin(\theta)$，扰动为 $\omega(t) = 4[\mathrm{step}(2) - \mathrm{step}(2.01)] + 2[\mathrm{step}(3) - \mathrm{step}(5)]$。

单机械臂的参数为 $B=0.015$，$L=0.0008$，$D=0.05$，$R=0.075$，$m=0.01$，$J=0.05$，$l=0.6$，$K_b=0.085$，$M=0.05$，$K_t=1$，$g=9.8$，控制器参数取 $\rho=1$，$\lambda_1=3$，$\lambda_2=8.5$，$\lambda_3=8.5$，$k_1=k_2=k_3=1.5$，$r_1=r_2=r_3=2$。系统的初始状态为 $\boldsymbol{x}(0)=[0.5\pi\ 0\ 0]^\mathrm{T}$，初始值 $\theta_1(0)$ 和 $\theta_2(0)$ 为零。

针对模糊系统输入值的变化范围，取模糊隶属函数为

$$\mu_{\mathrm{F}_i^1}(x_i) = \exp(-0.5(x_i+2)^2)$$

$$\mu_{\mathrm{F}_i^2}(x_i) = \exp(-0.5(x_i+1.5)^2)$$

$$\mu_{\mathrm{F}_i^3}(x_i) = \exp(-0.5(x_i+1.0)^2)$$

$$\mu_{F_i^4}(x_i)=\exp(-0.5(x_i+0.5)^2)$$

$$\mu_{F_i^5}(x_i)=\exp(-0.5x_i^2)$$

$$\mu_{F_i^6}(x_i)=\exp(-0.5(x_i-0.5)^2)$$

$$\mu_{F_i^7}(x_i)=\exp(-0.5(x_i-1)^2)$$

$$\mu_{F_i^8}(x_i)=\exp(-0.5(x_i-1.5)^2)$$

$$\mu_{F_i^9}(x_i)=\exp(-0.5(x_i-2)^2)$$

则

$$\xi_{1j}(\bar{x}_1)=\frac{\mu_{F_1^j}(x_1)}{\sum_{j=1}^{9}\mu_{F_1^j}(x_1)}$$

$$\xi_{2j}(\bar{x}_2)=\frac{\mu_{F_1^j}(x_1)\mu_{F_2^j}(x_2)}{\sum_{j=1}^{9}\mu_{F_1^j}(x_1)\mu_{F_2^j}(x_2)}$$

$$\xi_{3j}(\bar{x}_3)=\frac{\mu_{F_1^j}(x_1)\mu_{F_2^j}(x_2)\mu_{F_3^j}(x_3)}{\sum_{j=1}^{9}\mu_{F_1^j}(x_1)\mu_{F_2^j}(x_2)\mu_{F_3^j}(x_3)}$$

从而

$$\boldsymbol{\xi}_1(\bar{x}_1)=[\xi_{11}(\bar{x}_1),\xi_{12}(\bar{x}_1),\cdots,\xi_{19}(\bar{x}_1)]^{\mathrm{T}}$$

$$\boldsymbol{\xi}_2(\bar{x}_2)=[\xi_{21}(\bar{x}_2),\xi_{22}(\bar{x}_2),\cdots,\xi_{29}(\bar{x}_2)]^{\mathrm{T}}$$

$$\boldsymbol{\xi}_3(\bar{x}_3)=[\xi_{31}(\bar{x}_3),\xi_{32}(\bar{x}_3),\cdots,\xi_{39}(\bar{x}_3)]^{\mathrm{T}}$$

隶属函数的仿真结果如图4.1所示。按式(4.4)设计控制律，控制律设计为 $\alpha_1=-\lambda_1(x_1-y_d)+\dot{y}_d$，$\alpha_2=-\lambda_2(x_2-\alpha_1)-(x_1-y_d)-\boldsymbol{\xi}_2^{\mathrm{T}}(\bar{x}_2)\boldsymbol{\theta}$，$u=-\lambda_3(x_3-\alpha_2)-(x_2-\alpha_1)-\boldsymbol{\xi}_3^{\mathrm{T}}(\bar{x}_3)\boldsymbol{\theta}$，自适应律取式(4.5)，仿真结果如图4.2和图4.3所示。

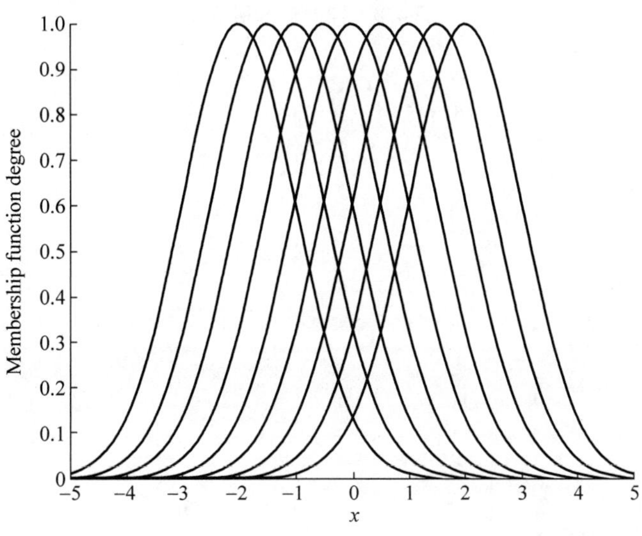

图 4.1 隶属函数的设计

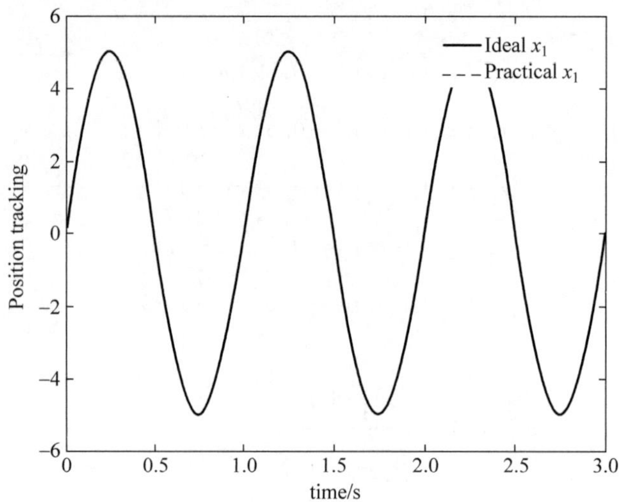

图 4.2　位置跟踪轨迹

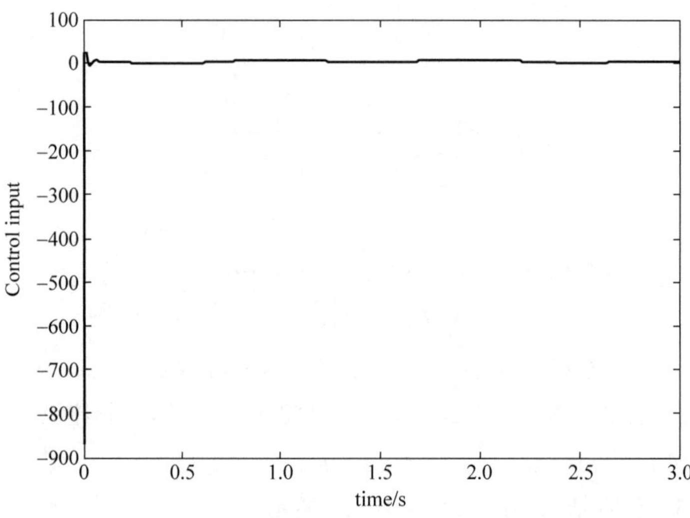

图 4.3　控制输入信号

仿真程序：

（1）隶属函数程序：chap4_1mf.m。

```
clear all;
close all;

L1 = -5;
L2 = 5;
L = L2 - L1;

T = L * 1/1000;

x = L1:T:L2;
figure(1),
for i = 1:1:9
    gs = -0.5 * (x - 2 + (i - 1) * 0.5).^2;
    u = exp(gs);
```

```
    hold on;
    plot(x,u);
end
xlabel('x');ylabel('Membership function degree');
```

(2) Simulink 主程序：chap4_1sim.mdl。

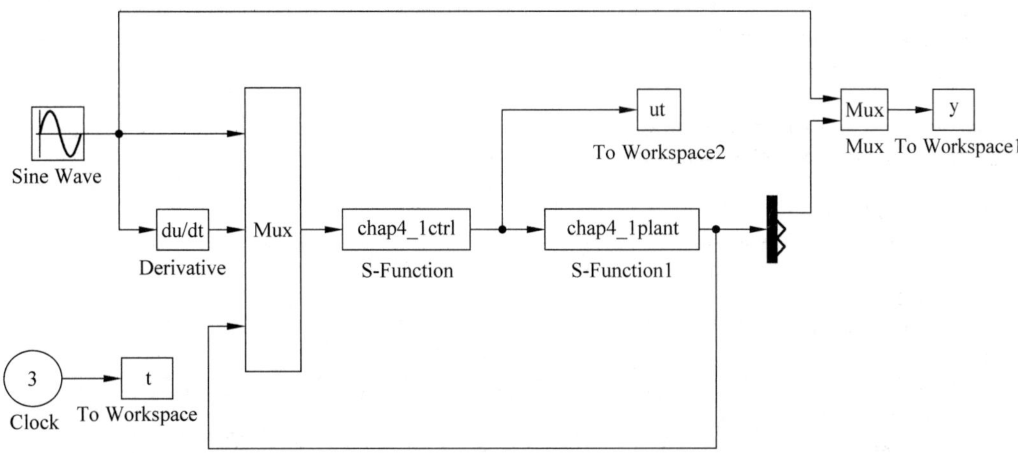

(3) 控制器 S 函数：chap4_1ctrl.m。

```
function [sys,x0,str,ts] = spacemodel(t,x,u,flag)

switch flag,
case 0,
    [sys,x0,str,ts] = mdlInitializeSizes;
case 1,
    sys = mdlDerivatives(t,x,u);
case 3,
    sys = mdlOutputs(t,x,u);
case {2,4,9}
    sys = [];
otherwise
    error(['Unhandled flag = ',num2str(flag)]);
end

function [sys,x0,str,ts] = mdlInitializeSizes
global nmn1 nmn2 nmn3 k1 k2 k3 r1 r2 r3

sizes = simsizes;
sizes.NumContStates  = 27;
sizes.NumDiscStates  = 0;
sizes.NumOutputs     = 1;
sizes.NumInputs      = 5;
sizes.DirFeedthrough = 1;
sizes.NumSampleTimes = 0;
sys = simsizes(sizes);
x0 = [0.15 * ones(27,1)];
str = [];
ts = [];

B = 0.015;L = 0.0008;D = 0.05;R = 0.075;m = 0.01;J = 0.05;l = 0.6;Kb = 0.085;M = 0.05;Kt = 1;g = 9.8;
Mt = J + 1/3 * m * l^2 + 1/10 * M * l^2 * D;
```

```
b1 = 1;b2 = Kt/Mt;b3 = 1/L;
% rou = 0.1;
rou = 0.05;
nmn1 = 1/2 + 1/(2 * rou^2 * b1^2) + 2.0;
nmn2 = 1/2 + 1/(2 * rou^2 * b2^2) + 2.0;
nmn3 = 1/2 + 1/(2 * rou^2 * b3^2) + 2.0;

k1 = 1.5;k2 = 1.5;k3 = 1.5;
r1 = 2;r2 = 2;r3 = 2;

function sys = mdlDerivatives(t,x,u)
global nmn1 nmn2 nmn3 k1 k2 k3 r1 r2 r3

yd = u(1);dyd = u(2);
x1 = u(3);x2 = u(4);x3 = u(5);

for i = 1:1:9
    Fai1(i) = x(i);
end
for i = 1:1:9
    Fai2(i) = x(i + 9);
end
for i = 1:1:9
    Fai3(i) = x(i + 18);
end

for l1 = 1:1:9
    gs1 = - 0.5 * (x1 + 2 - (l1 - 1) * 0.5)^2;
end
u1(l1) = exp(gs1);

for l2 = 1:1:9
    gs2 = - 0.5 * (x2 + 2 - (l1 - 1) * 0.5)^2;
end
u2(l2) = exp(gs2);

for l3 = 1:1:9
    gs3 = - 0.5 * (x3 + 2 - (l3 - 1) * 0.5)^2;
end
u3(l3) = exp(gs3);

sum1 = 0;
for j = 1:1:9
   sum1 = sum1 + u1(j);
   P1(j) = u1(j)/(sum1 + 0.01);
end

sum2 = 0;
for j = 1:1:9
   sum2 = sum2 + u1(j) * u2(j);
   P2(j) = u1(j) * u2(j)/(sum2 + 0.01);
end

sum3 = 0;
for j = 1:1:9
   sum3 = sum3 + u1(j) * u2(j) * u3(j);
   P3(j) = u1(j) * u2(j) * u3(j)/(sum3 + 0.01);
end
```

```
alfa1 = - nmn1 * (x1 - yd) + dyd;
alfa2 = - nmn2 * (x2 - alfa1) - (x1 - yd) - Fai2 * P2';

e1 = x1 - yd;
e2 = x2 - alfa1;
e3 = x3 - alfa2;

for j = 1:1:9
    sys(j) = r1 * e1 * P1(j) - 2 * k1 * x(j);
end
for j = 10:1:18
    sys(j) = r2 * e2 * P2(j - 9) - 2 * k2 * x(j);
end
for j = 19:1:27
    sys(j) = r3 * e3 * P3(j - 18) - 2 * k3 * x(j);
end

function sys = mdlOutputs(t,x,u)
global nmn1 nmn2 nmn3 k1 k2 k3 r1 r2 r3

yd = u(1);
dyd = u(2);
x1 = u(3);
x2 = u(4);
x3 = u(5);

for i = 1:1:9
    Fai1(i) = x(i);
end
for i = 1:1:9
    Fai2(i) = x(i + 9);
end
for i = 1:1:9
    Fai3(i) = x(i + 18);
end

for l1 = 1:1:9
    gs1 = - 0.5 * (x1 + 2 - (l1 - 1) * 0.5)^2;
end
u1(l1) = exp(gs1);

for l2 = 1:1:9
    gs2 = - 0.5 * (x2 + 2 - (l1 - 1) * 0.5)^2;

end
u2(l2) = exp(gs2);

for l3 = 1:1:9
    gs3 = - 0.5 * (x3 + 2 - (l3 - 1) * 0.5)^2;
end
u3(l3) = exp(gs3);

sum1 = 0;
for j = 1:1:9
   sum1 = sum1 + u1(j);
   P1(j) = u1(j)/(sum1 + 0.01);
end
```

```
sum2 = 0;
for j = 1:1:9
    sum2 = sum2 + u1(j) * u2(j);
    P2(j) = u1(j) * u2(j)/(sum2 + 0.01);
end

sum3 = 0;
for j = 1:1:9
    sum3 = sum3 + u1(j) * u2(j) * u3(j);
    P3(j) = u1(j) * u2(j) * u3(j)/(sum3 + 0.01);
end

alfa1 = - nmn1 * (x1 - yd) + dyd;
alfa2 = - nmn2 * (x2 - alfa1) - (x1 - yd) - Fai2 * P2';
ut = - nmn3 * (x3 - alfa2) - (x2 - alfa1) - Fai3 * P3';

sys(1) = ut;
```

(4) 被控对象S函数：chap4_1plant.m。

```
function [sys,x0,str,ts] = s_function(t,x,u,flag)
switch flag,
case 0,
    [sys,x0,str,ts] = mdlInitializeSizes;
case 1,
    sys = mdlDerivatives(t,x,u);
case 3,
    sys = mdlOutputs(t,x,u);
case {2, 4, 9}
    sys = [];
otherwise
    error(['Unhandled flag = ',num2str(flag)]);
end
function [sys,x0,str,ts] = mdlInitializeSizes
sizes = simsizes;
sizes.NumContStates  = 3;
sizes.NumDiscStates  = 0;
sizes.NumOutputs     = 3;
sizes.NumInputs      = 1;
sizes.DirFeedthrough = 0;
sizes.NumSampleTimes = 0;

sys = simsizes(sizes);
x0 = [0.5 0 0];
str = [];
ts = [];
function sys = mdlDerivatives(t,x,u)
B = 0.015;L = 0.0008;D = 0.05;R = 0.075;m = 0.01;J = 0.05;l = 0.6;Kb = 0.085;M = 0.05;Kt = 1;g = 9.8;
Mt = J + 1/3 * m * l^2 + 1/10 * M * l^2 * D;
N = m * g * l + M * g * l;

fx = sin(x(1));
w = 4 * sin(t);

sys(1) = x(2);
sys(2) = - B/Mt * x(2) + N/Mt * fx + Kt/Mt * x(3);
sys(3) = - R/L * x(3) - Kb/L * x(2) + 1/L * u - 1/L * w;
function sys = mdlOutputs(t,x,u)
```

```
sys(1) = x(1);
sys(2) = x(2);
sys(3) = x(3);
```

(5) 作图程序：chap4_1plot.m。

```
close all;
figure(1);
plot(t,y(:,1),'r',t,y(:,2),'-.b','linewidth',2);
xlabel('time(s)');ylabel('Position tracking');
legend('ideal x1','practical x1');

figure(2);
plot(t,ut,'r','linewidth',2);
xlabel('time(s)');ylabel('Control input');
```

4.2 双关节机械臂的自适应模糊反演控制

4.2.1 系统描述

双关节机械臂的动态方程为

$$\begin{aligned} &\boldsymbol{M}(\boldsymbol{q})\ddot{\boldsymbol{q}}+\boldsymbol{C}(\boldsymbol{q},\dot{\boldsymbol{q}})\dot{\boldsymbol{q}}+\boldsymbol{d}=\boldsymbol{\tau} \\ &\boldsymbol{y}=\boldsymbol{q} \end{aligned} \tag{4.11}$$

其中，$\boldsymbol{q}$、$\dot{\boldsymbol{q}}$、$\ddot{\boldsymbol{q}}\in\mathbf{R}^n$ 分别为机械臂的角度、角速度和角加速度，$\boldsymbol{M}(\boldsymbol{q})\in\mathbf{R}^{n\times n}$ 为惯性量，$\boldsymbol{C}(\boldsymbol{q},\dot{\boldsymbol{q}})\in\mathbf{R}^{n\times n}$ 为向心力和哥氏力矩，$\boldsymbol{d}\in\mathbf{R}^n$ 为外界扰动，$\boldsymbol{\tau}\in\mathbf{R}^n$ 为输入控制力矩，$\boldsymbol{y}\in\mathbf{R}^n$ 为输出向量。

假设系统参数是未知但有界的，且系统具有以下特性：

(1) 惯性矩阵 $\boldsymbol{M}(\boldsymbol{q})$是正定对称矩阵，且 $\boldsymbol{M}(\boldsymbol{q})$有界，即存在 $\sigma_0>0,\sigma_0\in\mathbf{R},0<\boldsymbol{M}(\boldsymbol{q})\leqslant\sigma_0\boldsymbol{I}$；

(2) 惯性矩阵 $\boldsymbol{D}(\boldsymbol{q})$和向心力和哥氏力矩 $\boldsymbol{C}(\boldsymbol{q},\dot{\boldsymbol{q}})$存在以下关系：

$$\dot{\boldsymbol{q}}^{\mathrm{T}}(\dot{\boldsymbol{M}}-2\boldsymbol{C})\dot{\boldsymbol{q}}=0 \tag{4.12}$$

为了应用 Backstepping 方法，定义 $\boldsymbol{x}_1=\boldsymbol{q},\boldsymbol{x}_2=\dot{\boldsymbol{q}}$，将(1)式写为

$$\begin{cases} \dot{\boldsymbol{x}}_1=\boldsymbol{x}_2 \\ \dot{\boldsymbol{x}}_2=\boldsymbol{M}^{-1}(\boldsymbol{x}_1)\boldsymbol{\tau}-\boldsymbol{M}^{-1}(\boldsymbol{x}_1)\boldsymbol{C}(\boldsymbol{x}_1,\boldsymbol{x}_2)\boldsymbol{x}_2-\boldsymbol{M}^{-1}(\boldsymbol{x}_1)\boldsymbol{d} \\ \boldsymbol{y}=\boldsymbol{x}_1 \end{cases} \tag{4.13}$$

式中，$\boldsymbol{M}^{-1}(\boldsymbol{x}_1)$和 $\boldsymbol{C}(\boldsymbol{x}_1,\boldsymbol{x}_2)$都是未知非线性光滑函数。

假设 $\boldsymbol{y}_{\mathrm{d}}$ 为期望角度，且 $\boldsymbol{y}_{\mathrm{d}}$ 具有二阶导数。

4.2.2 传统 Backstepping 控制器设计及稳定性分析

(1) 控制目标为 $\boldsymbol{y}$ 跟踪指令轨迹 $\boldsymbol{y}_{\mathrm{d}}$。定义误差为

$$\boldsymbol{z}_1=\boldsymbol{y}-\boldsymbol{y}_{\mathrm{d}} \tag{4.14}$$

$\boldsymbol{\alpha}_1$ 为 $\boldsymbol{x}_2$ 的估计，定义误差

$$\boldsymbol{z}_2=\boldsymbol{x}_2-\boldsymbol{\alpha}_1 \tag{4.15}$$

通过选取$\boldsymbol{\alpha}_1$，使 $\boldsymbol{z}_2$ 趋近于零。

于是

$$\dot{\boldsymbol{z}}_1=\dot{\boldsymbol{x}}_1-\dot{\boldsymbol{y}}_{\mathrm{d}}=\boldsymbol{x}_2-\dot{\boldsymbol{y}}_{\mathrm{d}}=\boldsymbol{z}_2+\boldsymbol{\alpha}_1-\dot{\boldsymbol{y}}_{\mathrm{d}} \tag{4.16}$$

取虚拟控制项为

$$\boldsymbol{\alpha}_1=-\lambda_1\boldsymbol{z}_1+\dot{\boldsymbol{y}}_{\mathrm{d}} \tag{4.17}$$

其中，$\lambda_1>0$。

针对式(4.13)中第一个子系统，取 Lyapunov 函数为

$$\boldsymbol{V}_1=\frac{1}{2}\boldsymbol{z}_1^{\mathrm{T}}\boldsymbol{z}_1$$

则

$$\begin{aligned}\dot{\boldsymbol{V}}_1&=\boldsymbol{z}_1^{\mathrm{T}}\dot{\boldsymbol{z}}_1=\boldsymbol{z}_1^{\mathrm{T}}(\dot{\boldsymbol{y}}-\dot{\boldsymbol{y}}_{\mathrm{d}})=\boldsymbol{z}_1^{\mathrm{T}}(\dot{\boldsymbol{x}}_1-\dot{\boldsymbol{y}}_{\mathrm{d}})=\boldsymbol{z}_1^{\mathrm{T}}(\boldsymbol{x}_2-\dot{\boldsymbol{y}}_{\mathrm{d}})\\&=\boldsymbol{z}_1^{\mathrm{T}}(\boldsymbol{z}_2+\boldsymbol{\alpha}_1-\dot{\boldsymbol{y}}_{\mathrm{d}})=-\lambda_1\boldsymbol{z}_1^{\mathrm{T}}\boldsymbol{z}_1+\boldsymbol{z}_1^{\mathrm{T}}\boldsymbol{z}_2\end{aligned} \tag{4.18}$$

如果 $\boldsymbol{z}_2=0$，则第一个子系统稳定。

(2) 设计控制律：由式(4.13)和式(4.15)得

$$\dot{\boldsymbol{z}}_2=\dot{\boldsymbol{x}}_2-\dot{\boldsymbol{\alpha}}_1=-\boldsymbol{M}^{-1}\boldsymbol{C}\boldsymbol{x}_2-\boldsymbol{M}^{-1}\boldsymbol{d}+\boldsymbol{M}^{-1}\boldsymbol{\tau}-\dot{\alpha}_1 \tag{4.19}$$

取控制律为

$$\boldsymbol{\tau}=-\lambda_2\boldsymbol{z}_2-\boldsymbol{z}_1-\boldsymbol{\varphi} \tag{4.20}$$

针对式(4.13)中第二个子系统，取 Lyapunov 函数为

$$\boldsymbol{V}_2=\boldsymbol{V}_1+\frac{1}{2}\boldsymbol{z}_2^{\mathrm{T}}\boldsymbol{M}\boldsymbol{z}_2$$

则

$$\begin{aligned}\dot{\boldsymbol{V}}_2&=\dot{\boldsymbol{V}}_1+\frac{1}{2}\boldsymbol{z}_2^{\mathrm{T}}\boldsymbol{M}\dot{\boldsymbol{z}}_2+\frac{1}{2}\dot{\boldsymbol{z}}_2^{\mathrm{T}}\boldsymbol{M}\boldsymbol{z}_2+\frac{1}{2}\boldsymbol{z}_2^{\mathrm{T}}\dot{\boldsymbol{M}}\boldsymbol{z}_2\\&=-\lambda_1\boldsymbol{z}_1^{\mathrm{T}}\boldsymbol{z}_1+\boldsymbol{z}_1^{\mathrm{T}}\boldsymbol{z}_2+\boldsymbol{z}_2^{\mathrm{T}}\boldsymbol{M}\dot{\boldsymbol{z}}_2+\frac{1}{2}\boldsymbol{z}_2^{\mathrm{T}}\dot{\boldsymbol{M}}\boldsymbol{z}_2\\&=-\lambda_1\boldsymbol{z}_1^{\mathrm{T}}\boldsymbol{z}_1+\boldsymbol{z}_1^{\mathrm{T}}\boldsymbol{z}_2+\boldsymbol{z}_2^{\mathrm{T}}\boldsymbol{M}(\dot{\boldsymbol{x}}_2-\dot{\boldsymbol{\alpha}}_1)+\frac{1}{2}\boldsymbol{z}_2^{\mathrm{T}}\dot{\boldsymbol{M}}\boldsymbol{z}_2\\&=-\lambda_1\boldsymbol{z}_1^{\mathrm{T}}\boldsymbol{z}_1+\boldsymbol{z}_1^{\mathrm{T}}\boldsymbol{z}_2+\boldsymbol{z}_2^{\mathrm{T}}\boldsymbol{M}(-\boldsymbol{M}^{-1}\boldsymbol{C}\boldsymbol{x}_2-\boldsymbol{M}^{-1}\boldsymbol{d}+\boldsymbol{M}^{-1}\boldsymbol{\tau}-\dot{\boldsymbol{\alpha}}_1)+\boldsymbol{z}_2^{\mathrm{T}}\boldsymbol{C}\boldsymbol{z}_2\\&=-\lambda_1\boldsymbol{z}_1^{\mathrm{T}}\boldsymbol{z}_1+\boldsymbol{z}_1^{\mathrm{T}}\boldsymbol{z}_2+\boldsymbol{z}_2^{\mathrm{T}}(-\boldsymbol{C}\boldsymbol{x}_2+\boldsymbol{C}\boldsymbol{z}_2+\boldsymbol{\tau}-\boldsymbol{M}\dot{\boldsymbol{\alpha}}_1-\boldsymbol{d})\\&=-\lambda_1\boldsymbol{z}_1^{\mathrm{T}}\boldsymbol{z}_1+\boldsymbol{z}_1^{\mathrm{T}}\boldsymbol{z}_2+\boldsymbol{z}_2^{\mathrm{T}}(-\boldsymbol{C}\boldsymbol{\alpha}_1-\boldsymbol{M}\dot{\boldsymbol{\alpha}}_1+\boldsymbol{\tau})-\boldsymbol{z}_2^{\mathrm{T}}\boldsymbol{d}\\&=-\lambda_1\boldsymbol{z}_1^{\mathrm{T}}\boldsymbol{z}_1+\boldsymbol{z}_1^{\mathrm{T}}\boldsymbol{z}_2+\boldsymbol{z}_2^{\mathrm{T}}(\boldsymbol{f}+\boldsymbol{\tau})-\boldsymbol{z}_2^{\mathrm{T}}\boldsymbol{d}\end{aligned} \tag{4.21}$$

其中，$\boldsymbol{f}=-\boldsymbol{C}\boldsymbol{\alpha}_1-\boldsymbol{M}\dot{\boldsymbol{\alpha}}_1$。

将控制律式(4.20)代入上式，得

$$\begin{aligned}\dot{\boldsymbol{V}}_2&=-\lambda_1\boldsymbol{z}_1^{\mathrm{T}}\boldsymbol{z}_1+\boldsymbol{z}_1^{\mathrm{T}}\boldsymbol{z}_2+\boldsymbol{z}_2^{\mathrm{T}}(\boldsymbol{f}-\lambda_2\boldsymbol{z}_2-\boldsymbol{z}_1-\boldsymbol{\varphi})-\boldsymbol{z}_2^{\mathrm{T}}\boldsymbol{d}\\&=-\lambda_1\boldsymbol{z}_1^{\mathrm{T}}\boldsymbol{z}_1-\lambda_2\boldsymbol{z}_2^{\mathrm{T}}\boldsymbol{z}_2+\boldsymbol{z}_2^{\mathrm{T}}(\boldsymbol{f}-\boldsymbol{\varphi})-\boldsymbol{z}_2^{\mathrm{T}}\boldsymbol{d}\end{aligned} \tag{4.22}$$

由 $\boldsymbol{f}$ 的表达式可见，$\boldsymbol{f}$ 包含了机器人系统的建模信息。为了实现无需模型信息的控制，采用模糊系统逼近 $\boldsymbol{f}$。假设$\boldsymbol{\varphi}$ 为用于逼近非线性函数 $\boldsymbol{f}$ 的模糊系统，采用单值模糊化、乘积推理机和重心平均反模糊化。

假设模糊系统由 N 条模糊规则构成，第 i 条模糊规则表达形式为

$$\mathrm{R}^i:\ \text{IF } x_1 \text{ is } \mu_1^i \text{ and } \cdots \text{ and } x_n \text{ is } \mu_n^i,\ \text{then y is } B^i \quad (i=1,2,\cdots,N)$$

其中，μ_j^i 为 $x_j(j=1,2,\cdots,n)$ 的隶属函数。

则模糊系统的输出为

$$y=\frac{\sum_{i=1}^{N}\theta_i\prod_{j=1}^{n}\mu_j^i(x_j)}{\sum_{i=1}^{N}\prod_{j=1}^{n}\mu_j^i(x_j)}=\boldsymbol{\xi}^{\mathrm{T}}(\boldsymbol{x})\boldsymbol{\theta} \tag{4.23}$$

其中，$\boldsymbol{\xi}=[\xi_1(x)\xi_2(x)\quad\cdots\quad\xi_N(x)]^{\mathrm{T}}$，$\boldsymbol{\xi}_i(x)=\dfrac{\prod_{j=1}^{n}\mu_j^i(x_j)}{\sum_{i=1}^{N}\prod_{j=1}^{n}\mu_j^i(x_j)}$，$\boldsymbol{\theta}=[\theta_1\quad\theta_2\quad\cdots\quad\theta_N]^{\mathrm{T}}$。

针对 $\boldsymbol{f}$ 的模糊逼近，采用分别逼近 $\boldsymbol{f}(1)$ 和 $\boldsymbol{f}(2)$ 的形式，相应的模糊系统设计为

$$\varphi_1(\boldsymbol{x})=\frac{\sum_{i=1}^{N}\theta_{1i}\prod_{j=1}^{n}\mu_j^i(x_j)}{\sum_{i=1}^{N}\left[\prod_{j=1}^{n}\mu_j^i(x_j)\right]}=\boldsymbol{\xi}_1^{\mathrm{T}}(\boldsymbol{x})\boldsymbol{\theta}_1$$

$$\varphi_2(\boldsymbol{x})=\frac{\sum_{i=1}^{N}\theta_{2i}\prod_{j=1}^{n}\mu_j^i(x_j)}{\sum_{i=1}^{N}\left[\prod_{j=1}^{n}\mu_j^i(x_j)\right]}=\boldsymbol{\xi}_2^{\mathrm{T}}(\boldsymbol{x})\boldsymbol{\theta}_2 \tag{4.24}$$

定义

$$\boldsymbol{\Phi}=[\varphi_1\quad\varphi_2]^{\mathrm{T}}=\begin{bmatrix}\boldsymbol{\xi}_1^{\mathrm{T}} & 0\\ 0 & \boldsymbol{\xi}_2^{\mathrm{T}}\end{bmatrix}\begin{bmatrix}\boldsymbol{\theta}_1\\ \boldsymbol{\theta}_2\end{bmatrix}=\boldsymbol{\xi}^{\mathrm{T}}(\boldsymbol{x})\boldsymbol{\theta}$$

其中，$\boldsymbol{\xi}^{\mathrm{T}}(\boldsymbol{x})=\begin{bmatrix}\boldsymbol{\xi}_1^{\mathrm{T}} & 0\\ 0 & \boldsymbol{\xi}_2^{\mathrm{T}}\end{bmatrix}$，$\boldsymbol{\theta}=\begin{bmatrix}\boldsymbol{\theta}_1\\ \boldsymbol{\theta}_2\end{bmatrix}$。

定义最优逼近常量 $\boldsymbol{\theta}^*$，对于给定的任意小的常量 $\boldsymbol{\varepsilon}$（$\boldsymbol{\varepsilon}>0$），如下不等式成立：$\|\boldsymbol{f}-\boldsymbol{\Phi}^*\|\leqslant\boldsymbol{\varepsilon}$，令 $\tilde{\boldsymbol{\theta}}=\boldsymbol{\theta}^*-\boldsymbol{\theta}$，设计自适应控制律为

$$\dot{\boldsymbol{\theta}}=\gamma(\boldsymbol{z}_2^{\mathrm{T}}\boldsymbol{\xi}^{\mathrm{T}}(\boldsymbol{x}))^{\mathrm{T}}-2k\boldsymbol{\theta} \tag{4.25}$$

(3) 稳定性分析：

对于整个系统，取 Lyapunov 函数为

$$\boldsymbol{V}=\frac{1}{2}\boldsymbol{z}_1^{\mathrm{T}}\boldsymbol{z}_1+\frac{1}{2}\boldsymbol{z}_2^{\mathrm{T}}\boldsymbol{M}\boldsymbol{z}_2+\frac{1}{2\gamma}\tilde{\boldsymbol{\theta}}^{\mathrm{T}}\tilde{\boldsymbol{\theta}}=V_2+\frac{1}{2\gamma}\tilde{\boldsymbol{\theta}}^{\mathrm{T}}\tilde{\boldsymbol{\theta}} \tag{4.26}$$

其中，$\gamma>0$。

于是

$$\begin{aligned}\dot{\boldsymbol{V}}&=\dot{\boldsymbol{V}}_2-\frac{1}{\gamma}\tilde{\boldsymbol{\theta}}^{\mathrm{T}}\dot{\boldsymbol{\theta}}=-\lambda_1\boldsymbol{z}_1^{\mathrm{T}}\boldsymbol{z}_1-\lambda_2\boldsymbol{z}_2^{\mathrm{T}}\boldsymbol{z}_2+\boldsymbol{z}_2^{\mathrm{T}}(\boldsymbol{f}-\xi(\boldsymbol{x})\boldsymbol{\theta})-\boldsymbol{z}_2^{\mathrm{T}}\boldsymbol{d}-\frac{1}{\gamma}\tilde{\boldsymbol{\theta}}^{\mathrm{T}}\dot{\boldsymbol{\theta}}\\&=-\lambda_1\boldsymbol{z}_1^{\mathrm{T}}\boldsymbol{z}_1-\lambda_2\boldsymbol{z}_2^{\mathrm{T}}\boldsymbol{z}_2+\boldsymbol{z}_2^{\mathrm{T}}(\boldsymbol{f}-\xi(\boldsymbol{x})\boldsymbol{\theta}^*)+\boldsymbol{z}_2^{\mathrm{T}}(\xi(x)\boldsymbol{\theta}^*-\xi(\boldsymbol{x})\boldsymbol{\theta})-\boldsymbol{z}_2^{\mathrm{T}}\boldsymbol{d}-\frac{1}{\gamma}\tilde{\boldsymbol{\theta}}^{\mathrm{T}}\dot{\boldsymbol{\theta}}\end{aligned}$$

则

$$\begin{aligned}\dot{\boldsymbol{V}}\leqslant&-\lambda_1\boldsymbol{z}_1^{\mathrm{T}}\boldsymbol{z}_1-\lambda_2\boldsymbol{z}_2^{\mathrm{T}}\boldsymbol{z}_2+\|\boldsymbol{z}_2^{\mathrm{T}}\|\|\boldsymbol{f}-\xi(\boldsymbol{x})\boldsymbol{\theta}^*\|+\boldsymbol{z}_2^{\mathrm{T}}(\xi(\boldsymbol{x})\tilde{\boldsymbol{\theta}})+\\&\|\boldsymbol{z}_2^{\mathrm{T}}\|\|\boldsymbol{d}\|-\frac{1}{\gamma}\tilde{\boldsymbol{\theta}}^{\mathrm{T}}\dot{\boldsymbol{\theta}}\end{aligned}$$

$$\leqslant -\lambda_1 \boldsymbol{z}_1^{\mathrm{T}}\boldsymbol{z}_1 - \lambda_2 \boldsymbol{z}_2^{\mathrm{T}}\boldsymbol{z}_2 + \frac{1}{2}\|\boldsymbol{z}_2^{\mathrm{T}}\|^2 + \frac{1}{2}\varepsilon^2 + \tilde{\boldsymbol{\theta}}^{\mathrm{T}}\left[(\boldsymbol{z}_2^{\mathrm{T}}\xi(\boldsymbol{x}))^{\mathrm{T}} - \frac{1}{\gamma}\dot{\boldsymbol{\theta}}\right] +$$

$$\frac{1}{2}\|\boldsymbol{z}_2^{\mathrm{T}}\|^2 + \frac{1}{2}\|\boldsymbol{d}\|^2$$

将自适应律式(4.25)代入上式，得

$$\dot{\boldsymbol{V}} \leqslant -\lambda_1 \boldsymbol{z}_1^{\mathrm{T}}\boldsymbol{z}_1 - \lambda_2 \boldsymbol{z}_2^{\mathrm{T}}\boldsymbol{z}_2 + \|\boldsymbol{z}_2^{\mathrm{T}}\|^2 + \frac{1}{2}\varepsilon^2 +$$

$$\tilde{\boldsymbol{\theta}}^{\mathrm{T}}\left\{(\boldsymbol{z}_2^{\mathrm{T}}\xi(\boldsymbol{x}))^{\mathrm{T}} - \frac{1}{\gamma}\left[\gamma(\boldsymbol{z}_2^{\mathrm{T}}\xi(\boldsymbol{x}))^{\mathrm{T}} - 2k\boldsymbol{\theta}\right]\right\} + \frac{1}{2}\boldsymbol{d}^{\mathrm{T}}\boldsymbol{d}$$

$$= -\lambda_1 \boldsymbol{z}_1^{\mathrm{T}}\boldsymbol{z}_1 - \lambda_2 \boldsymbol{z}_2^{\mathrm{T}}\boldsymbol{z}_2 + \boldsymbol{z}_2^{\mathrm{T}}\boldsymbol{z}_2 + \frac{1}{2}\varepsilon^2 + \frac{2k}{\gamma}\tilde{\boldsymbol{\theta}}^{\mathrm{T}}\boldsymbol{\theta} + \frac{1}{2}\boldsymbol{d}^{\mathrm{T}}\boldsymbol{d}$$

$$= -\lambda_1 \boldsymbol{z}_1^{\mathrm{T}}\boldsymbol{z}_1 - (\lambda_2 - 1)\boldsymbol{z}_2^{\mathrm{T}}\boldsymbol{z}_2 + \frac{k}{\gamma}(2\boldsymbol{\theta}^{*\mathrm{T}}\boldsymbol{\theta} - 2\boldsymbol{\theta}^{\mathrm{T}}\boldsymbol{\theta}) + \frac{\varepsilon^2}{2} + \frac{1}{2}\boldsymbol{d}^{\mathrm{T}}\boldsymbol{d} \tag{4.27}$$

由$(\boldsymbol{\theta}-\boldsymbol{\theta}^*)^{\mathrm{T}}(\boldsymbol{\theta}-\boldsymbol{\theta}^*)\geqslant 0$得：$2\boldsymbol{\theta}^{*\mathrm{T}}\boldsymbol{\theta} - 2\boldsymbol{\theta}^{\mathrm{T}}\boldsymbol{\theta} \leqslant -\boldsymbol{\theta}^{\mathrm{T}}\boldsymbol{\theta} + \boldsymbol{\theta}^{*\mathrm{T}}\boldsymbol{\theta}^*$，代入上式有

$$\dot{\boldsymbol{V}} \leqslant -\lambda_1 \boldsymbol{z}_1^{\mathrm{T}}\boldsymbol{z}_1 - (\lambda_2 - 1)\boldsymbol{z}_2^{\mathrm{T}}\boldsymbol{z}_2 + \frac{k}{\gamma}(-\boldsymbol{\theta}^{\mathrm{T}}\boldsymbol{\theta} + \boldsymbol{\theta}^{*\mathrm{T}}\boldsymbol{\theta}^*) + \frac{\varepsilon^2}{2} + \frac{1}{2}\boldsymbol{d}^{\mathrm{T}}\boldsymbol{d}$$

$$= -\lambda_1 \boldsymbol{z}_1^{\mathrm{T}}\boldsymbol{z}_1 - (\lambda_2 - 1)\boldsymbol{z}_2^{\mathrm{T}}\boldsymbol{z}_2 + \frac{k}{\gamma}(-\boldsymbol{\theta}^{\mathrm{T}}\boldsymbol{\theta} - \boldsymbol{\theta}^{*\mathrm{T}}\boldsymbol{\theta}^*) +$$

$$\frac{2k}{\gamma}\boldsymbol{\theta}^{*\mathrm{T}}\boldsymbol{\theta}^* + \frac{\varepsilon^2}{2} + \frac{1}{2}\boldsymbol{d}^{\mathrm{T}}\boldsymbol{d} \tag{4.28}$$

由于$(\boldsymbol{\theta}^* + \boldsymbol{\theta})^{\mathrm{T}}(\boldsymbol{\theta}^* + \boldsymbol{\theta})\geqslant 0$得

$$-\boldsymbol{\theta}^{*\mathrm{T}}\boldsymbol{\theta} - \boldsymbol{\theta}^{\mathrm{T}}\boldsymbol{\theta}^* \leqslant \boldsymbol{\theta}^{*\mathrm{T}}\boldsymbol{\theta}^* + \boldsymbol{\theta}^{\mathrm{T}}\boldsymbol{\theta}$$

则

$$\tilde{\boldsymbol{\theta}}^{\mathrm{T}}\tilde{\boldsymbol{\theta}} = (\boldsymbol{\theta}^{*\mathrm{T}} - \boldsymbol{\theta}^{\mathrm{T}})(\boldsymbol{\theta}^* - \boldsymbol{\theta}) = \boldsymbol{\theta}^{*\mathrm{T}}\boldsymbol{\theta}^* + \boldsymbol{\theta}^{\mathrm{T}}\boldsymbol{\theta} - \boldsymbol{\theta}^{*\mathrm{T}}\boldsymbol{\theta} - \boldsymbol{\theta}^{\mathrm{T}}\boldsymbol{\theta}^* \leqslant 2\boldsymbol{\theta}^{*\mathrm{T}}\boldsymbol{\theta}^* + 2\boldsymbol{\theta}^{\mathrm{T}}\boldsymbol{\theta}$$

即

$$-\boldsymbol{\theta}^{\mathrm{T}}\boldsymbol{\theta} - \boldsymbol{\theta}^{*\mathrm{T}}\boldsymbol{\theta}^* \leqslant -\frac{1}{2}\tilde{\boldsymbol{\theta}}^{\mathrm{T}}\tilde{\boldsymbol{\theta}} \tag{4.29}$$

则

$$\dot{\boldsymbol{V}} \leqslant -\lambda_1 \boldsymbol{z}_1^{\mathrm{T}}\boldsymbol{z}_1 - (\lambda_2 - 1)\boldsymbol{z}_2^{\mathrm{T}}\boldsymbol{z}_2 - \frac{k}{\gamma}\left(\frac{1}{2}\tilde{\boldsymbol{\theta}}^{\mathrm{T}}\tilde{\boldsymbol{\theta}}\right) + \frac{2k}{\gamma}\boldsymbol{\theta}^{*\mathrm{T}}\boldsymbol{\theta}^* + \frac{\varepsilon^2}{2} + \frac{1}{2}\boldsymbol{d}^{\mathrm{T}}\boldsymbol{d}$$

$$= -\frac{2}{2}\lambda_1 \boldsymbol{z}_1^{\mathrm{T}}\boldsymbol{z}_1 - (\lambda_2 - 1)\frac{2}{2}\boldsymbol{z}_2^{\mathrm{T}}\boldsymbol{M}^{-1}\boldsymbol{M}\boldsymbol{z}_2 - \frac{k}{2\gamma}\tilde{\boldsymbol{\theta}}^{\mathrm{T}}\tilde{\boldsymbol{\theta}} + \frac{2k}{\gamma}\boldsymbol{\theta}^{*\mathrm{T}}\boldsymbol{\theta}^* + \frac{\varepsilon^2}{2} + \frac{1}{2}\boldsymbol{d}^{\mathrm{T}}\boldsymbol{d} \tag{4.30}$$

取$\lambda_2 > 1$，由于$\boldsymbol{M}\leqslant\sigma_0\boldsymbol{I}$，即$-\boldsymbol{M}^{-1}\leqslant -\frac{1}{\sigma_0}\boldsymbol{I}$，则

$$\dot{\boldsymbol{V}} \leqslant -\frac{2}{2}\lambda_1 \boldsymbol{z}_1^{\mathrm{T}}\boldsymbol{z}_1 - (\lambda_2 - 1)\frac{2}{2\sigma_0}\boldsymbol{z}_2^{\mathrm{T}}\boldsymbol{M}\boldsymbol{z}_2 - \frac{k}{2\gamma}\tilde{\boldsymbol{\theta}}^{\mathrm{T}}\tilde{\boldsymbol{\theta}} + \frac{2k}{\gamma}\boldsymbol{\theta}^{*\mathrm{T}}\boldsymbol{\theta}^* + \frac{\varepsilon^2}{2} + \frac{1}{2}\boldsymbol{d}^{\mathrm{T}}\boldsymbol{d} \tag{4.31}$$

定义$c_0 = \min\left\{2\lambda_1, 2(\lambda_2 - 1)\frac{1}{\sigma_0}, k\right\}$，则

$$\dot{\boldsymbol{V}} \leqslant -\frac{c_0}{2}\left(\boldsymbol{z}_1^{\mathrm{T}}\boldsymbol{z}_1 + \boldsymbol{z}_2^{\mathrm{T}}\boldsymbol{M}\boldsymbol{z}_2 + \frac{1}{\gamma}\tilde{\boldsymbol{\theta}}^{\mathrm{T}}\tilde{\boldsymbol{\theta}}\right) + \frac{2k}{\gamma}\boldsymbol{\theta}^{*\mathrm{T}}\boldsymbol{\theta}^* + \frac{\varepsilon^2}{2} + \frac{1}{2}\boldsymbol{d}^{\mathrm{T}}\boldsymbol{d}$$

$$= -c_0\boldsymbol{V} + \frac{2k}{\gamma}\boldsymbol{\theta}^{*\mathrm{T}}\boldsymbol{\theta}^* + \frac{\varepsilon^2}{2} + \frac{1}{2}\boldsymbol{d}^{\mathrm{T}}\boldsymbol{d}$$

由于干扰$\boldsymbol{d}\in\mathbf{R}^n$有界，则存在$D>0$，满足$\boldsymbol{d}^{\mathrm{T}}\boldsymbol{d}\leqslant D$，则

$$\dot{\boldsymbol{V}} \leqslant -c_0\boldsymbol{V} + \frac{2k}{\gamma}\boldsymbol{\theta}^{*\mathrm{T}}\boldsymbol{\theta}^{*} + \frac{\varepsilon^2}{2} + \frac{D}{2} = -c_0\boldsymbol{V} + c_{V\max} \tag{4.32}$$

其中，$c_{V\max} = \frac{2k}{\gamma}\boldsymbol{\theta}^{*\mathrm{T}}\boldsymbol{\theta}^{*} + \frac{\varepsilon^2}{2} + \frac{D}{2}$。

解方程式(4.32)，得

$$V(t) \leqslant V(0)\exp(-c_0 t) + \frac{c_{V\max}}{c_0}(1 - \exp(-c_0 t)) \leqslant V(0) + \frac{c_{V\max}}{c_0}, \quad t \geqslant 0 \tag{4.33}$$

其中，$V(0)$为 V 的初始值。

定义紧集 $\Omega_0 = \left\{X \mid V(X) \leqslant V(0) + \frac{c_{V\max}}{c_0}\right\}$，则$\{\boldsymbol{z}_1, \boldsymbol{z}_2, \tilde{\theta}\} \in \Omega_0$，则 V 有界，且闭环系统所有信号有界。$\boldsymbol{z}_1$ 和 $\boldsymbol{z}_2$ 的收敛精度取决于逼近误差及扰动的上界，从而可实现角度 x_1 和角速度 x_2 的跟踪。

4.2.3 仿真实例

被控对象为

$$\begin{cases} \boldsymbol{M}(\boldsymbol{q})\ddot{\boldsymbol{q}} + \boldsymbol{C}(\boldsymbol{q}, \dot{\boldsymbol{q}})\dot{\boldsymbol{q}} + \boldsymbol{d} = \boldsymbol{\tau} \\ \boldsymbol{y} = \boldsymbol{q} \end{cases}$$

式中

$$\boldsymbol{M}(\boldsymbol{q}) = \begin{bmatrix} J_1 + J_2 + 2m_2 r_2 l_1 \cos\theta_2 & J_2 + m_2 r_2 l_1 \cos\theta_2 \\ J_2 + m_2 r_2 l_1 \cos\theta_2 & J_2 \end{bmatrix}$$

$$\boldsymbol{C}(\boldsymbol{q}, \dot{\boldsymbol{q}}) = \begin{bmatrix} -2m_2 r_2 l_1 \dot{\theta}_2 \sin\theta^2 & -m_2 r_2 l_1 \dot{\theta}_2 \sin\theta_2 \\ m_2 r_2 l_1 \dot{\theta}_1 \sin\theta_2 & 0 \end{bmatrix}$$

$$J_1 = \frac{4}{3}m_1 r_1^2 + m_2 l_1^2$$

$$J_2 = \frac{4}{3}m_2 r_2^2$$

$$\boldsymbol{q} = [\theta_1 \quad \theta_2]^{\mathrm{T}}$$

$$\boldsymbol{\tau} = [\tau_1 \quad \tau_2]^{\mathrm{T}}$$

其中 m_1 是第一个连杆的质量，m_2 是第二个连杆的质量，l_1 是第一个连杆的长度，l_2 是第二个连杆的长度，r_1 是从第一个关节到第一个连杆重心的距离，r_2 是从第二个关节到第二个连杆重心的距离，θ_1 是第一个连杆的角度，θ_2 是第二个连杆的角度，J_1 是连杆一的惯性矩阵，J_1 是连杆二的惯性矩阵。

取系统参数为 $m_1 = 0.765$，$m_2 = 0.765$，$l_1 = 0.25$，$l_2 = 0.25$，$r_1 = 0.15$，$r_2 = 0.15$。外界扰动取 $\boldsymbol{d} = [0.25\sin t \ \ 0.25\sin t]^{\mathrm{T}}$，系统的初始状态为 $\boldsymbol{x}(0) = [1, 1, 0, 0]^{\mathrm{T}}$。

针对模糊系统输入值的变化范围，取模糊隶属函数为 $\mu_{\mathrm{F}_i^1} = \exp[-0.5((x_i + 1.25)/0.6)^2]$，$\mu_{\mathrm{F}_i^2} = \exp[-0.5((x_i)/0.6)^2]$，$\mu_{\mathrm{F}_i^3} = \exp[-0.5((x_i - 1.25)/0.6)^2]$，$(i = 1, 2, 3, 4)$，仿真程序如图 4.4 所示。采用控制律式(4.20)，自适应律式(4.25)，取 $\lambda_1 = 30$，$\lambda_2 = 50$，$k = 1.5$，$\gamma = 2$，两个关节的期望轨迹均为 $y_{\mathrm{d}} = \sin(2\pi t)$，仿真结果如图 4.5 和图 4.6 所示。

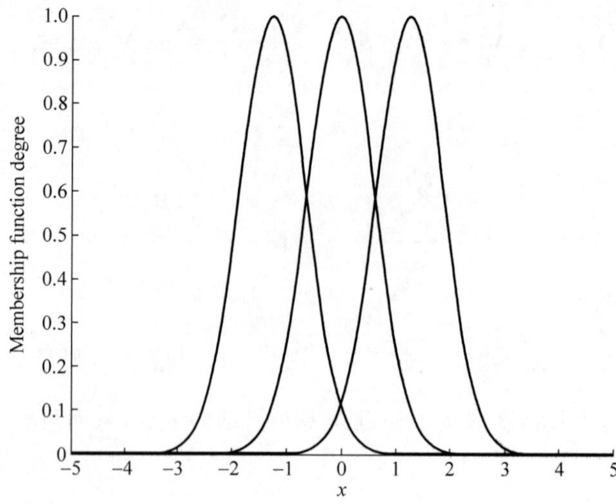

图 4.4　模糊系统隶属函数的设计

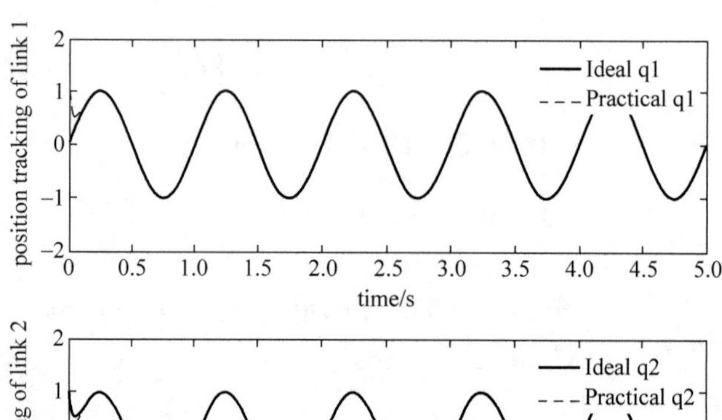

图 4.5　双力臂位置跟踪轨迹

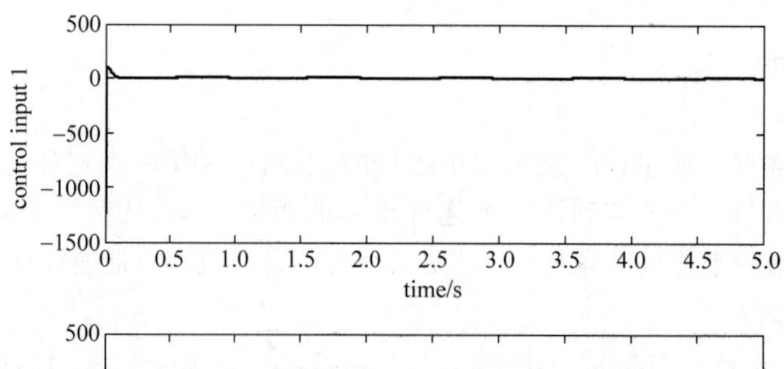

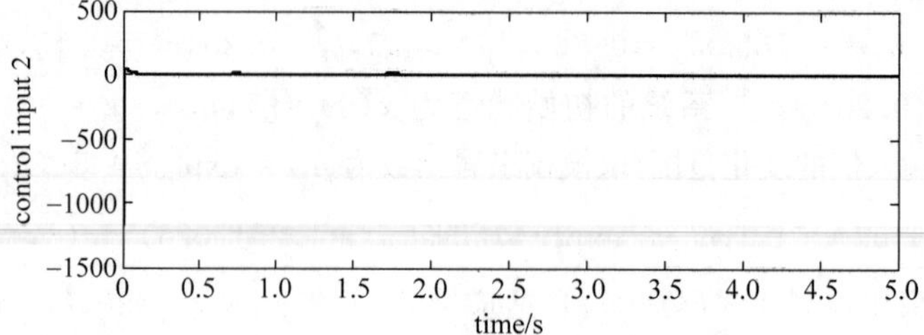

图 4.6　双力臂控制输入信号

仿真程序：

（1）隶属函数程序：chap4_2mf. m。

```
clear all;
close all;

L1 = -5;
L2 = 5;
L = L2 - L1;

T = L * 1/1000;

x = L1:T:L2;
figure(1);
for i = 1:1:3
    gs = -0.5 * ((x + (i - 2) * 1.25)/0.6)^2;
    u = exp(gs);
    hold on;
    plot(x,u);
end
xlabel('x');ylabel('Membership function degree');
```

（2）Simulink 主程序：chap4_2sim. mdl。

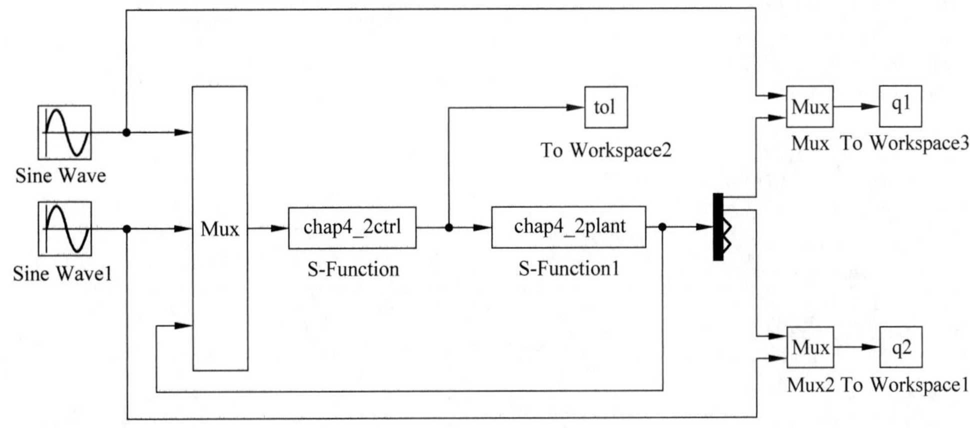

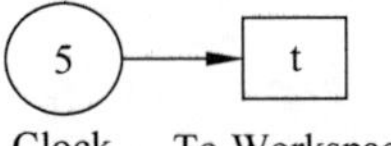

（3）控制器 S 函数：chap4_2ctrl. m。

```
function [sys,x0,str,ts] = func(t,x,u,flag)
switch flag,
  case 0,
    [sys,x0,str,ts] = mdlInitializeSizes;
  case 1,
    sys = mdlDerivatives(t,x,u);
  case 3,
    sys = mdlOutputs(t,x,u);
  case {2, 4, 9}
    sys = [];
  otherwise
    error(['Unhandled flag = ',num2str(flag)]);
```

```
end

function [sys,x0,str,ts] = mdlInitializeSizes
global lamda1 lamda2 k

sizes = simsizes;
sizes.NumContStates   = 3 + 3;
sizes.NumDiscStates   = 0;
sizes.NumOutputs      = 2;
sizes.NumInputs       = 6;
sizes.DirFeedthrough  = 1;
sizes.NumSampleTimes  = 0;
sys = simsizes(sizes);
x0 = [0.15 * ones(6,1)];
str = [];
ts = [];

lamda1 = 30;lamda2 = 50;k = 1.5;
function sys = mdlDerivatives(t,x,u)
global lamda1 lamda2 k
r1 = u(1);
dr1 = 2 * pi * cos(2 * pi * t);
r2 = u(2);
dr2 = 2 * pi * cos(2 * pi * t);

yd = [r1;r2];
dyd = [dr1;dr2];

q1 = u(3);q2 = u(4);
dq1 = u(5);dq2 = u(6);
x1 = [q1;q2];
x2 = [dq1;dq2];

for i = 1:1:3
    Fai1(i) = x(i);
end
for i = 1:1:3
    Fai2(i) = x(i + 3);
end

u1(1) = exp( - 1/2 * ((x(1) + 1.25)/0.6)^2);
u1(2) = exp( - 1/2 * (x(1)/0.6)^2);
u1(3) = exp( - 1/2 * ((x(1) - 1.25)/0.6)^2);

u2(1) = exp( - 1/2 * ((x(2) + 1.25)/0.6)^2);
u2(2) = exp( - 1/2 * (x(2)/0.6)^2);
u2(3) = exp( - 1/2 * ((x(2) - 1.25)/0.6)^2);

u3(1) = exp( - 1/2 * ((x(3) + 1.25)/0.6)^2);
u3(2) = exp( - 1/2 * (x(3)/0.6)^2);
u3(3) = exp( - 1/2 * ((x(3) - 1.25)/0.6)^2);

u4(1) = exp( - 1/2 * ((x(4) + 1.25)/0.6)^2);
u4(2) = exp( - 1/2 * (x(4)/0.6)^2);
u4(3) = exp( - 1/2 * ((x(4) - 1.25)/0.6)^2);
```

```
sum1 = 0;
for i = 1:1:3
        fs1 = u1(i) * u2(i) * u3(i) * u4(i);;
        sum1 = sum1 + fs1;
        P1(i) = fs1/(sum1 + 0.01);
end
P2 = P1;

y = x1;
z1 = y - yd;
alfa1 = - lamda1 * z1 + dyd;
z2 = x2 - alfa1;

gama = 2.0;
dFai1 = gama * z2(1) * P1 - 2 * k * Fai1;
dFai2 = gama * z2(2) * P2 - 2 * k * Fai2;

for i = 1:1:3
    sys(i) = dFai1(i);
end
for i = 1:1:3
    sys(3 + i) = dFai2(i);
end

function sys = mdlOutputs(t,x,u)
global lamda1 lamda2 k

r1 = u(1);
dr1 = 2 * pi * cos(2 * pi * t);
r2 = u(2);
dr2 = 2 * pi * cos(2 * pi * t);

yd = [r1;r2];
dyd = [dr1;dr2];

q1 = u(3);q2 = u(4);
dq1 = u(5);dq2 = u(6);
x1 = [q1;q2];
x2 = [dq1;dq2];

for i = 1:1:3
    Fai1(i) = x(i);
end
for i = 1:1:3
    Fai2(i) = x(i + 3);
end

u1(1) = exp( - 1/2 * ((x(1) + 1.25)/0.6)^2);
u1(2) = exp( - 1/2 * (x(1)/0.6)^2);
u1(3) = exp( - 1/2 * ((x(1) - 1.25)/0.6)^2);

u2(1) = exp( - 1/2 * ((x(2) + 1.25)/0.6)^2);
u2(2) = exp( - 1/2 * (x(2)/0.6)^2);
u2(3) = exp( - 1/2 * ((x(2) - 1.25)/0.6)^2);
```

```
u3(1) = exp( - 1/2 * ((x(3) + 1.25)/0.6)^2);
u3(2) = exp( - 1/2 * (x(3)/0.6)^2);
u3(3) = exp( - 1/2 * ((x(3) - 1.25)/0.6)^2);

u4(1) = exp( - 1/2 * ((x(4) + 1.25)/0.6)^2);
u4(2) = exp( - 1/2 * (x(4)/0.6)^2);
u4(3) = exp( - 1/2 * ((x(4) - 1.25)/0.6)^2);

sum1 = 0;
for i = 1:1:3
        fs1 = u1(i) * u2(i) * u3(i) * u4(i);
        sum1 = sum1 + fs1;
        P1(i) = fs1/(sum1 + 0.001);
end
fai1 = Fai1 * P1';
P2 = P1;
fai2 = Fai2 * P2';

fai = [fai1;fai2];

y = x1;
z1 = y - yd;
alfa1 = - lamda1 * z1 + dyd;
z2 = x2 - alfa1;
tol = - lamda2 * z2 - z1 - fai;

sys(1) = tol(1);
sys(2) = tol(2);
```

(4) 被控对象 S 函数：chap4_2plant.m。

```
% Aadptive fuzzy control by backstepping for two - link manipulator robot
function [sys,x0,str,ts] = D1plant(t,x,u,flag)
switch flag,
  case 0,
    [sys,x0,str,ts] = mdlInitializeSizes;
  case 1,
    sys = mdlDerivatives(t,x,u);
  case 3,
    sys = mdlOutputs(t,x,u);
  case {2, 4, 9}
    sys = [];
  otherwise
    error(['Unhandled flag = ',num2str(flag)]);
end
function [sys,x0,str,ts] = mdlInitializeSizes
sizes = simsizes;
sizes.NumContStates   = 4;
sizes.NumDiscStates   = 0;
sizes.NumOutputs      = 4;
sizes.NumInputs       = 2;
sizes.DirFeedthrough  = 0;
sizes.NumSampleTimes  = 0;
sys = simsizes(sizes);
x0 = [1.0 1.0 0 0];
str = [];
```

```
ts = [];
function sys = mdlDerivatives(t,x,u)
m1 = 0.765;m2 = 0.765;
l1 = 0.25;l2 = 0.25;
r1 = 0.15;r2 = 0.15;
J1 = 4/3 * m1 * r1^2 + m2 * l1^2;
J2 = 4/3 * m2 * r2^2;

q1 = x(1);q2 = x(2);
dq1 = x(3);dq2 = x(4);

M11 = J1 + J2 + 2 * m2 * r2 * l1 * cos(q2);
M12 = J2 + m2 * r2 * l1 * cos(q2);
M21 = M12;
M22 = J2;
M = [M11 M12;
   M21 M22];
C11 = - 2 * m2 * r2 * l1 * dq2 * sin(q2);
C12 = - m2 * r2 * l1 * dq2 * sin(q2);
C21 = m2 * r2 * l1 * dq1 * sin(q2);
C22 = 0;
C = [C11 C12;
   C21 C22];
d = [0.25 * sin(t) 0.25 * sin(t)]';

tol = u;
sys(1) = x(3);
sys(2) = x(4);
S = - inv(M) * C * [dq1;dq2] + inv(M) * (u - d);
sys(3) = S(1);
sys(4) = S(2);
function sys = mdlOutputs(t,x,u)
sys(1) = x(1);
sys(2) = x(2);
sys(3) = x(3);
sys(4) = x(4);
```

(5) 作图程序：chap4_2plot.m。

```
close all;
figure(1);
subplot(211);
plot(t,q1(:,1),'r',t,q1(:,2),'-.b','linewidth',2);
xlabel('time(s)');ylabel('position tracking of link 1');
legend('ideal q1','practical q1');
subplot(212);
plot(t,q2(:,1),'r',t,q2(:,2),'-.b','linewidth',2);
xlabel('time(s)');ylabel('position tracking of link 2');
legend('ideal q2','practical q2');

figure(2);
subplot(211);
plot(t,tol(:,1),'r','linewidth',2);
xlabel('time(s)');ylabel('control input 1');
subplot(212);
plot(t,tol(:,2),'r','linewidth',2);
xlabel('time(s)');ylabel('control input 2');
```

参考文献

[1] Lin F J, Shen P H, S P Hsu. Adaptive backstepping sliding mode control for linear induction motor drive, IEE Proceeding Electrical Power Application, 2002, 149(3): 184-194.

[2] An C H, Yuan C C. Adaptive sliding control for single-link flexible-joint robot with mismatched uncertainties. IEEE Transactions on Control Systems Technology, 2004, 12(5): 770-775.

[3] Ognjen K, Nitin S, Frank L L, Chiman M K. Design and implementation of industrial neural network controller using backstepping. IEEE Transactions on Industrial Electronics, 2003, 50(1): 193-201.

[4] 刘金琨.机器人控制系统的设计与仿真.北京:清华大学出版社,2008.

第5章 机械手自适应迭代学习控制

迭代学习控制是通过迭代修正改善某种控制目标，它的算法较为简单，且能在给定的时间范围内实现未知对象实际运行轨迹以高精度跟踪给定期望轨迹，不依赖系统的精确数学模型。因而一经推出，就在机器人控制领域得到广泛的运用。

迭代学习控制(iterative learning control，ILC)是智能控制中具有严格数学描述的一个分支。1984 年，Arimoto[1] 等人提出了迭代学习控制的概念，该控制方法适合于具有重复运动性质的被控对象，它不依赖于系统的精确数学模型，能以非常简单的方式处理不确定度相当高的非线性强耦合动态系统。目前，迭代学习控制在学习算法、收敛性、鲁棒性、学习速度及工程应用研究上取得了巨大的进展[2,3]。

5.1 控制器增益自适应整定的机械手迭代学习控制

本节通过对文献[4]的控制方法进行详细推导及仿真分析，研究一类机械手力臂自适应迭代学习控制的设计方法。并针对该控制算法存在的问题，提出了相应的改进算法。

5.1.1 问题的提出

考虑 n 关节机械手，其动态方程如下：

$$\boldsymbol{D}(\boldsymbol{q}^j(t))\ddot{\boldsymbol{q}}^j(t)+\boldsymbol{C}(\boldsymbol{q}^j(t),\dot{\boldsymbol{q}}^j(t))\dot{\boldsymbol{q}}^j(t)+\boldsymbol{G}(\boldsymbol{q}^j(t),\dot{\boldsymbol{q}}^j(t))+\boldsymbol{T}_{\mathrm{a}}(t)=\boldsymbol{T}^j(t) \tag{5.1}$$

其中，j 为迭代次数，$t\in[0,t_f]$，$\boldsymbol{q}^j(t)\in\mathbf{R}^n$ 和 $\ddot{\boldsymbol{q}}^j(t)\in\mathbf{R}^n$ 分别为关节角度，角速度和角加速度，$\boldsymbol{D}(\boldsymbol{q}^j(t))\in\mathbf{R}^{n\times n}$ 为惯性项，$\boldsymbol{C}(\boldsymbol{q}^j(t),\dot{\boldsymbol{q}}^j(t))\dot{\boldsymbol{q}}^j(t)\in\mathbf{R}^n$ 表示离心力和哥氏力，$\boldsymbol{G}(\boldsymbol{q}^j(t),\dot{\boldsymbol{q}}^j(t))\in\mathbf{R}^n$ 为重力加摩擦力项，$\boldsymbol{T}_{\mathrm{a}}(t)\in\mathbf{R}^n$ 为可重复的未知干扰，$\boldsymbol{T}^j(t)\in\mathbf{R}^n$ 为控制输入。

机械手动态方程满足如下特性：

(1) $\boldsymbol{D}(\boldsymbol{q}^j(t))$为对称正定的有界矩阵；

(2) $\dot{\boldsymbol{D}}(\boldsymbol{q}^j(t))-2\boldsymbol{C}(\boldsymbol{q}^j(t),\dot{\boldsymbol{q}}^j(t))$为斜对称阵，即满足 $\boldsymbol{x}^{\mathrm{T}}(\dot{\boldsymbol{D}}(\boldsymbol{q}^j(t))-2\boldsymbol{C}(\boldsymbol{q}^j(t),\dot{\boldsymbol{q}}^j(t)))\boldsymbol{x}=0$。

机械手动态方程满足如下假设条件：

(1) 期望轨迹 $\boldsymbol{q}_{\mathrm{d}}(t)$在 $t\in[0,t_{\mathrm{f}}]$内三阶可导；

(2) 迭代过程满足初始条件，即 $\boldsymbol{q}_{\mathrm{d}}(0)-\boldsymbol{q}^{j}(0)=0,\dot{\boldsymbol{q}}_{\mathrm{d}}(0)-\dot{\boldsymbol{q}}^{j}(0)=0,j\in\mathbf{N}$。

5.1.2 控制器设计

针对系统式(5.1)，如果满足机器人特性(1)和(2)以及假设(1)和(2)，则控制律设计为

$$\boldsymbol{T}^{j}(t)=K_{\mathrm{p}}^{j}\boldsymbol{e}(t)+\boldsymbol{K}_{\mathrm{d}}^{j}\dot{\boldsymbol{e}}(t)+\boldsymbol{T}^{j-1}(t),\quad j=0,1,\cdots,N \tag{5.2}$$

控制律中增益切换规则为

$$\boldsymbol{K}_{\mathrm{p}}^{j}=\beta(j)\boldsymbol{K}_{\mathrm{p}}^{0},\quad \boldsymbol{K}_{\mathrm{d}}^{j}=\beta(j)\boldsymbol{K}_{\mathrm{d}}^{0},\quad \beta(j+1)>\beta(j) \tag{5.3}$$

其中，$j=1,2,\cdots,N$，$\boldsymbol{T}^{-1}(t)=0$，$\boldsymbol{e}^{j}(t)=\boldsymbol{q}_{\mathrm{d}}(t)-\boldsymbol{q}^{j}(t)$，$\dot{\boldsymbol{e}}^{j}(t)=\dot{\boldsymbol{q}}_{\mathrm{d}}(t)-\dot{\boldsymbol{q}}^{j}(t)$，$\boldsymbol{K}_{\mathrm{p}}^{0}$ 和 $\boldsymbol{K}_{\mathrm{d}}^{0}$ 为PD控制中初始的对角增益阵，且都为正定，$\beta(j)$为控制增益，且满足 $\beta(j)>1$。

首先实现动态方程式(5.1)的线性化，沿着指令轨迹$(\boldsymbol{q}_{\mathrm{d}}(t),\dot{\boldsymbol{q}}_{\mathrm{d}}(t),\ddot{\boldsymbol{q}}_{\mathrm{d}}(t))$，采用泰勒公式，对式(5.1)进行线性化，采用泰勒公式，$\boldsymbol{D}(\boldsymbol{q})$线性化为

$$\boldsymbol{D}(\boldsymbol{q})=\boldsymbol{D}(\boldsymbol{q}_{\mathrm{d}})+\left.\frac{\partial\boldsymbol{D}}{\partial\boldsymbol{q}}\right|_{\boldsymbol{q}_{\mathrm{d}}}(\boldsymbol{q}-\boldsymbol{q}_{\mathrm{d}})+\boldsymbol{O}_{\mathrm{D}}(\cdot)$$

其中，$\boldsymbol{O}_{\mathrm{D}}(\cdot)$为 $\boldsymbol{D}(q)$一阶展开式的残差，即

$$-\boldsymbol{D}(\boldsymbol{q})\ddot{\boldsymbol{q}}=-\boldsymbol{D}(\boldsymbol{q}_{\mathrm{d}})\ddot{\boldsymbol{q}}-\left.\frac{\partial\boldsymbol{D}}{\partial\boldsymbol{q}}\right|_{\boldsymbol{q}_{\mathrm{d}}}\boldsymbol{e}\ddot{\boldsymbol{q}}-\boldsymbol{O}_{\mathrm{D}}(\cdot)\ddot{\boldsymbol{q}}$$

$$\boldsymbol{D}(\boldsymbol{q}_{\mathrm{d}})\ddot{\boldsymbol{q}}_{\mathrm{d}}-\boldsymbol{D}(\boldsymbol{q})\ddot{\boldsymbol{q}}=\boldsymbol{D}(\boldsymbol{q}_{\mathrm{d}})\ddot{\boldsymbol{q}}_{\mathrm{d}}-\boldsymbol{D}(\boldsymbol{q}_{\mathrm{d}})\ddot{\boldsymbol{q}}-\left.\frac{\partial\boldsymbol{D}}{\partial\boldsymbol{q}}\right|_{\boldsymbol{q}_{\mathrm{d}}}\boldsymbol{e}\ddot{\boldsymbol{q}}-\boldsymbol{O}_{\mathrm{D}}(\cdot)\ddot{\boldsymbol{q}}$$

$$\boldsymbol{D}(\boldsymbol{q}_{\mathrm{d}})\ddot{\boldsymbol{e}}+\left.\frac{\partial\boldsymbol{D}}{\partial\boldsymbol{q}}\right|_{\boldsymbol{q}_{\mathrm{d}}}\ddot{\boldsymbol{q}}\boldsymbol{e}=\boldsymbol{D}(\boldsymbol{q}_{\mathrm{d}})\ddot{\boldsymbol{q}}_{\mathrm{d}}-\boldsymbol{D}(\boldsymbol{q}_{\mathrm{d}})\ddot{\boldsymbol{q}}-\boldsymbol{O}_{\mathrm{D}}(\cdot)\ddot{\boldsymbol{q}}$$

由于

$$\left.\frac{\partial\boldsymbol{D}}{\partial\boldsymbol{q}}\right|_{\boldsymbol{q}_{\mathrm{d}}}\ddot{\boldsymbol{q}}\boldsymbol{e}=\left.\frac{\partial\boldsymbol{D}}{\partial\boldsymbol{q}}\right|_{\boldsymbol{q}_{\mathrm{d}}}(\ddot{\boldsymbol{q}}+\ddot{\boldsymbol{q}}_{\mathrm{d}}-\ddot{\boldsymbol{q}}_{\mathrm{d}})\boldsymbol{e}=\left.\frac{\partial\boldsymbol{D}}{\partial\boldsymbol{q}}\right|_{\boldsymbol{q}_{\mathrm{d}}}\ddot{\boldsymbol{q}}_{\mathrm{d}}\boldsymbol{e}-\left.\frac{\partial\boldsymbol{D}}{\partial\boldsymbol{q}}\right|_{\boldsymbol{q}_{\mathrm{d}}}\ddot{\boldsymbol{e}}\boldsymbol{e}$$

则

$$\boldsymbol{D}(\boldsymbol{q}_{\mathrm{d}})\ddot{\boldsymbol{e}}+\left.\frac{\partial\boldsymbol{D}}{\partial\boldsymbol{q}}\right|_{\boldsymbol{q}_{\mathrm{d}}}\ddot{\boldsymbol{q}}_{\mathrm{d}}\boldsymbol{e}-\left.\frac{\partial\boldsymbol{D}}{\partial\boldsymbol{q}}\right|_{\boldsymbol{q}_{\mathrm{d}}}\ddot{\boldsymbol{e}}\boldsymbol{e}=\boldsymbol{D}(\boldsymbol{q}_{\mathrm{d}})\ddot{\boldsymbol{q}}_{\mathrm{d}}-\boldsymbol{D}(\boldsymbol{q}_{\mathrm{d}})\ddot{\boldsymbol{q}}-\boldsymbol{O}_{\mathrm{D}}(\cdot)\ddot{\boldsymbol{q}} \tag{5.4}$$

同理

$$\boldsymbol{C}(\boldsymbol{q},\dot{\boldsymbol{q}})=\boldsymbol{C}(\boldsymbol{q}_{\mathrm{d}},\dot{\boldsymbol{q}}_{\mathrm{d}})+\left.\frac{\partial\boldsymbol{C}}{\partial\boldsymbol{q}}\right|_{\boldsymbol{q}_{\mathrm{d}},\dot{\boldsymbol{q}}_{\mathrm{d}}}(\boldsymbol{q}-\boldsymbol{q}_{\mathrm{d}})+\left.\frac{\partial\boldsymbol{C}}{\partial\dot{\boldsymbol{q}}}\right|_{\boldsymbol{q}_{\mathrm{d}},\dot{\boldsymbol{q}}_{\mathrm{d}}}(\dot{\boldsymbol{q}}-\dot{\boldsymbol{q}}_{\mathrm{d}})+\boldsymbol{O}_{\mathrm{C}}(\cdot)$$

$$\begin{aligned}&\boldsymbol{C}(\boldsymbol{q},\dot{\boldsymbol{q}})\dot{\boldsymbol{e}}+\left.\frac{\partial\boldsymbol{C}}{\partial\boldsymbol{q}}\right|_{\boldsymbol{q}_{\mathrm{d}},\dot{\boldsymbol{q}}_{\mathrm{d}}}\dot{\boldsymbol{q}}_{\mathrm{d}}\boldsymbol{e}+\left.\frac{\partial\boldsymbol{C}}{\partial\dot{\boldsymbol{q}}}\right|_{\boldsymbol{q}_{\mathrm{d}},\dot{\boldsymbol{q}}_{\mathrm{d}}}\dot{\boldsymbol{q}}_{\mathrm{d}}\dot{\boldsymbol{e}}-\left.\frac{\partial\boldsymbol{C}}{\partial\boldsymbol{q}}\right|_{\boldsymbol{q}_{\mathrm{d}},\dot{\boldsymbol{q}}_{\mathrm{d}}}\dot{\boldsymbol{e}}\boldsymbol{e}-\left.\frac{\partial\boldsymbol{C}}{\partial\boldsymbol{q}}\right|_{\boldsymbol{q}_{\mathrm{d}},\dot{\boldsymbol{q}}_{\mathrm{d}}}\dot{\boldsymbol{e}}\dot{\boldsymbol{e}}\\&=\boldsymbol{C}(\boldsymbol{q}_{\mathrm{d}},\dot{\boldsymbol{q}}_{\mathrm{d}})\dot{\boldsymbol{q}}_{\mathrm{d}}-\boldsymbol{C}(\boldsymbol{q},\dot{\boldsymbol{q}})\dot{\boldsymbol{q}}-\boldsymbol{O}_{\mathrm{C}}(\cdot)\dot{\boldsymbol{q}}\end{aligned} \tag{5.5}$$

$$\boldsymbol{G}(\boldsymbol{q},\dot{\boldsymbol{q}})=\boldsymbol{G}(\boldsymbol{q}_{\mathrm{d}},\dot{\boldsymbol{q}}_{\mathrm{d}})+\left.\frac{\partial\boldsymbol{G}}{\partial\boldsymbol{q}}\right|_{\boldsymbol{q}_{\mathrm{d}},\dot{\boldsymbol{q}}_{\mathrm{d}}}(\boldsymbol{q}-\boldsymbol{q}_{\mathrm{d}})+\left.\frac{\partial\boldsymbol{G}}{\partial\dot{\boldsymbol{q}}}\right|_{\boldsymbol{q}_{\mathrm{d}},\dot{\boldsymbol{q}}_{\mathrm{d}}}(\dot{\boldsymbol{q}}-\dot{\boldsymbol{q}}_{\mathrm{d}})+\boldsymbol{O}_{\mathrm{G}}(\cdot)$$

$$\left.\frac{\partial\boldsymbol{G}}{\partial\dot{\boldsymbol{q}}}\right|_{\boldsymbol{q}_{\mathrm{d}},\dot{\boldsymbol{q}}_{\mathrm{d}}}\dot{\boldsymbol{e}}+\left.\frac{\partial\boldsymbol{G}}{\partial\boldsymbol{q}}\right|_{\boldsymbol{q}_{\mathrm{d}},\dot{\boldsymbol{q}}_{\mathrm{d}}}\boldsymbol{e}=\boldsymbol{G}(\boldsymbol{q}_{\mathrm{d}},\dot{\boldsymbol{q}}_{\mathrm{d}})-\boldsymbol{G}(\boldsymbol{q},\dot{\boldsymbol{q}})+\boldsymbol{O}_{\mathrm{G}}(\cdot) \tag{5.6}$$

由式(5.4)、式(5.5)和式(5.6)得

$$\boldsymbol{D}(t)\ddot{\boldsymbol{e}}+[\boldsymbol{C}+\boldsymbol{C}_{1}]\dot{\boldsymbol{e}}+\boldsymbol{F}\boldsymbol{e}+\boldsymbol{n}(\ddot{\boldsymbol{e}},\dot{\boldsymbol{e}},\boldsymbol{e},t)=\boldsymbol{H}-(\boldsymbol{D}\ddot{\boldsymbol{q}}+\boldsymbol{C}\dot{\boldsymbol{q}}+\boldsymbol{G}) \tag{5.7}$$

其中

$$\boldsymbol{n}(\ddot{\boldsymbol{e}},\dot{\boldsymbol{e}},\boldsymbol{e},t)=-\frac{\partial \boldsymbol{D}}{\partial \boldsymbol{q}}\bigg|_{\boldsymbol{q}_{\rm d}}\ddot{\boldsymbol{e}}\boldsymbol{e}-\frac{\partial \boldsymbol{C}}{\partial \boldsymbol{q}}\bigg|_{\boldsymbol{q}_{\rm d},\dot{\boldsymbol{q}}_{\rm d}}\dot{\boldsymbol{e}}\boldsymbol{e}-\frac{\partial \boldsymbol{C}}{\partial \boldsymbol{q}}\bigg|_{\boldsymbol{q}_{\rm d},\dot{\boldsymbol{q}}_{\rm d}}\dot{\boldsymbol{e}}\dot{\boldsymbol{e}}+O_{\rm D}(\cdot)\ddot{q}+\boldsymbol{O}_{\rm C}(\cdot)\dot{\boldsymbol{q}}-\boldsymbol{O}_{\rm G}(\cdot)$$

忽略残差项 $\boldsymbol{n}(\ddot{\boldsymbol{e}},\dot{\boldsymbol{e}},\boldsymbol{e},t)$，将式(5.1)代入式(5.7)，得第 j 次迭代的机器人动力学方程为

$$\boldsymbol{D}(t)\ddot{\boldsymbol{e}}^j(t)+[\boldsymbol{C}(t)+\boldsymbol{C}_1(t)]\dot{\boldsymbol{e}}^j(t)+\boldsymbol{F}(t)\boldsymbol{e}^j(t)-\boldsymbol{T}_{\rm a}(t)=\boldsymbol{H}(t)-\boldsymbol{T}^j(t)$$

其中

$$\boldsymbol{D}(t)=\boldsymbol{D}(\boldsymbol{q}_{\rm d}(t))$$

$$\boldsymbol{C}(t)=\boldsymbol{C}(\boldsymbol{q}_{\rm d}(t),\dot{\boldsymbol{q}}_{\rm d}(t))$$

$$\boldsymbol{C}_1(t)=\frac{\partial \boldsymbol{C}}{\partial \dot{\boldsymbol{q}}}\bigg|_{\boldsymbol{q}_{\rm d}(t),\dot{\boldsymbol{q}}_{\rm d}(t)}\dot{\boldsymbol{q}}_{\rm d}(t)+\frac{\partial \boldsymbol{G}}{\partial \dot{\boldsymbol{q}}}\bigg|_{\boldsymbol{q}_{\rm d}(t),\dot{\boldsymbol{q}}_{\rm d}(t)}$$

$$\boldsymbol{F}(t)=\frac{\partial \boldsymbol{D}}{\partial \boldsymbol{q}}\bigg|_{\boldsymbol{q}_{\rm d}(t)}\ddot{\boldsymbol{q}}_{\rm d}(t)+\frac{\partial \boldsymbol{C}}{\partial \boldsymbol{q}}\bigg|_{\boldsymbol{q}_{\rm d}(t),\dot{\boldsymbol{q}}_{\rm d}(t)}\dot{\boldsymbol{q}}_{\rm d}(t)+\frac{\partial \boldsymbol{G}}{\partial \boldsymbol{q}}\bigg|_{\boldsymbol{q}_{\rm d}(t)}$$

$$\boldsymbol{H}(t)=\boldsymbol{D}(\dot{\boldsymbol{q}}_{\rm d}(t))\ddot{\boldsymbol{q}}_{\rm d}(t)+\boldsymbol{C}(\boldsymbol{q}_{\rm d}(t),\dot{\boldsymbol{q}}_{\rm d}(t))\dot{\boldsymbol{q}}_{\rm d}(t)+\boldsymbol{G}(\boldsymbol{q}_{\rm d}(t))$$

针对第 j 次迭代和第 $j+1$ 次迭代，方程式(5.7)可写为

$$\begin{cases}\boldsymbol{D}(t)\ddot{\boldsymbol{e}}^j(t)+[\boldsymbol{C}(t)+\boldsymbol{C}_1(t)]\dot{\boldsymbol{e}}^j(t)+\boldsymbol{F}(t)\boldsymbol{e}^j(t)-\boldsymbol{T}_{\rm a}(t)=\boldsymbol{H}(t)-\boldsymbol{T}^j(t)\\ \boldsymbol{D}(t)\ddot{\boldsymbol{e}}^{j+1}(t)+[\boldsymbol{C}(t)+\boldsymbol{C}_1(t)]\dot{\boldsymbol{e}}^{j+1}(t)+\boldsymbol{F}(t)\boldsymbol{e}^{j+1}(t)-\boldsymbol{T}_{\rm a}(t)=\boldsymbol{H}(t)-\boldsymbol{T}^{j+1}(t)\end{cases}\tag{5.8}$$

为了简单起见，取 $\boldsymbol{K}_{\rm p}^0=\boldsymbol{\Lambda}\boldsymbol{K}_{\rm d}^0$，并定义

$$\boldsymbol{y}^j(t)=\dot{\boldsymbol{e}}^j(t)+\boldsymbol{\Lambda}\boldsymbol{e}^j(t)\tag{5.9}$$

文献[4]提出了如下定理：

定理 5.1 假设系统式(5.1)满足机器人特性(P1,P2)和假设条件(A1,A2)。采用控制律式(5.2)及其增益切换规则式(5.3)，则对于 $t\in[0,t_{\rm f}]$，有

$$\boldsymbol{q}^j(t)\xrightarrow{j\to\infty}\boldsymbol{q}_{\rm d}(t),\quad \dot{\boldsymbol{q}}^j(t)\xrightarrow{j\to\infty}\dot{\boldsymbol{q}}_{\rm d}(t)$$

其中控制增益需要满足如下条件：

$$\begin{cases}l_p=\lambda_{\min}(\boldsymbol{K}_{\rm d}^0+2\boldsymbol{C}_1-2\boldsymbol{\Lambda}\boldsymbol{D})>0\\ l_r=\lambda_{\min}(\boldsymbol{K}_{\rm d}^0+2\boldsymbol{C}+2\boldsymbol{F}/\boldsymbol{\Lambda}-2\dot{\boldsymbol{C}}_1/\boldsymbol{\Lambda})>0\\ l_pl_r\geqslant\left\|\,\|\boldsymbol{F}/\boldsymbol{\Lambda}-(\boldsymbol{C}+\boldsymbol{C}_1-\boldsymbol{\Lambda}\boldsymbol{D})\right\|_{\max}^2\end{cases}\tag{5.10}$$

其中 $\lambda_{\min}(\boldsymbol{A})$ 为矩阵 $\boldsymbol{A}$ 的最小特征值，$\|\boldsymbol{M}\|_{\max}=\max\|\boldsymbol{M}(t)\|$，$t\in[0,t_{\rm f}]$，$\|\boldsymbol{M}\|$ 为矩阵 $\boldsymbol{M}$ 的欧氏范数。

5.1.3 收敛性分析

参考文献[4]，下面给出了对定理 5.1 的收敛性分析和说明。定义 Lyapunov 函数为

$$V^j=\int_0^t\exp(-\rho\tau)\boldsymbol{y}^{j\rm T}\boldsymbol{K}_{\rm d}^0\boldsymbol{y}^j\,{\rm d}\tau\geqslant 0$$

其中，$\boldsymbol{K}_{\rm d}^0>0$ 为 PD 控制中 D 控制项的初始增益，ρ 为正实数。

由式(5.9)得

$$\delta\boldsymbol{y}^j=\boldsymbol{y}^{j+1}-\boldsymbol{y}^j=\dot{\boldsymbol{e}}^{j+1}+\boldsymbol{\Lambda}\boldsymbol{e}^{j+1}-(\dot{\boldsymbol{e}}^j+\boldsymbol{\Lambda}\boldsymbol{e}^j)=\delta\dot{\boldsymbol{e}}^j+\boldsymbol{\Lambda}\,\delta\boldsymbol{e}^j\tag{5.11}$$

由式(5.8)得

$$\boldsymbol{D}(t)(\ddot{\boldsymbol{e}}^{j+1}(t)-\ddot{\boldsymbol{e}}^{j}(t))=-[\boldsymbol{C}(t)+\boldsymbol{C}_1(t)](\dot{\boldsymbol{e}}^{j+1}(t)-\dot{\boldsymbol{e}}^{j}(t))-\boldsymbol{F}(t)(\boldsymbol{e}^{j+1}(t)-\boldsymbol{e}^{j}(t))-(\boldsymbol{T}^{j+1}(t)-\boldsymbol{T}^{j}(t)) \tag{5.12}$$

由式(5.11)和式(5.12)得

$$\begin{aligned}\boldsymbol{D}\delta\dot{\boldsymbol{y}}^{j}&=\boldsymbol{D}\delta\ddot{\boldsymbol{e}}^{j+1}+\boldsymbol{D\Lambda}\,\delta\dot{\boldsymbol{e}}^{j}=\boldsymbol{D}(\ddot{\boldsymbol{e}}^{j+1}-\ddot{\boldsymbol{e}}^{j})+\boldsymbol{D\Lambda}\,(\dot{\boldsymbol{e}}^{j+1}-\dot{\boldsymbol{e}}^{j})\\&=-[\boldsymbol{C}(t)+\boldsymbol{C}_1(t)](\dot{\boldsymbol{e}}^{j+1}(t)-\dot{\boldsymbol{e}}^{j}(t))-\boldsymbol{F}(t)(\boldsymbol{e}^{j+1}(t)-\boldsymbol{e}^{j}(t))-\\&\quad(\boldsymbol{T}^{j+1}(t)-\boldsymbol{T}^{j}(t))+\boldsymbol{D\Lambda}\,(\dot{\boldsymbol{e}}^{j+1}-\dot{\boldsymbol{e}}^{j})\\&=-[\boldsymbol{C}(t)+\boldsymbol{C}_1(t)]\delta\dot{\boldsymbol{e}}^{j}-\boldsymbol{F}(t)\delta\boldsymbol{e}^{j}-(\boldsymbol{K}_{\mathrm{p}}^{j+1}\boldsymbol{e}^{j+1}(t)+\boldsymbol{K}_{\mathrm{d}}^{j+1}\dot{\boldsymbol{e}}^{j+1}(t))+\\&\quad\boldsymbol{D\Lambda}\,(\dot{\boldsymbol{e}}^{j+1}-\dot{\boldsymbol{e}}^{j})\end{aligned}$$

由 $\boldsymbol{K}_{\mathrm{p}}^{0}=\boldsymbol{\Lambda K}_{\mathrm{d}}^{0}$ 和式(5.3)知 $\boldsymbol{K}_{\mathrm{p}}^{j+1}=\boldsymbol{\Lambda K}_{\mathrm{d}}^{j+1}$，考虑到式(5.11)，可得

$$\boldsymbol{D}\delta\dot{\boldsymbol{y}}^{j}=-[\boldsymbol{C}+\boldsymbol{C}_1](\delta\boldsymbol{y}^{j}-\boldsymbol{\Lambda}\,\delta\boldsymbol{e}^{j})-\boldsymbol{F}(t)\delta\boldsymbol{e}^{j}+\boldsymbol{D\Lambda}\,(\dot{\boldsymbol{e}}^{j+1}-\dot{\boldsymbol{e}}^{j})-(\boldsymbol{\Lambda K}_{\mathrm{d}}^{j+1}\boldsymbol{e}^{j+1}+\boldsymbol{K}_{\mathrm{d}}^{j+1}\dot{\boldsymbol{e}}^{j+1})$$

由于

$$\boldsymbol{D\Lambda}\,(\dot{\boldsymbol{e}}^{j+1}-\dot{\boldsymbol{e}}^{j})=\boldsymbol{D\Lambda}\,[(\boldsymbol{y}^{j+1}-\boldsymbol{\Lambda e}^{j+1})-(\boldsymbol{y}^{j}-\boldsymbol{\Lambda e}^{j})]=\boldsymbol{D\Lambda}\,\delta\boldsymbol{y}^{j}-\boldsymbol{D\Lambda}^{2}\delta\boldsymbol{e}^{j}$$

$$\boldsymbol{\Lambda}\,\boldsymbol{K}_{\mathrm{d}}^{j+1}\boldsymbol{e}^{j+1}+\boldsymbol{K}_{\mathrm{d}}^{j+1}\dot{\boldsymbol{e}}^{j+1}=\boldsymbol{K}_{\mathrm{d}}^{j+1}(\boldsymbol{\Lambda e}^{j+1}+\dot{\boldsymbol{e}}^{j+1})=\boldsymbol{K}_{\mathrm{d}}^{j+1}\boldsymbol{y}^{j+1}=\boldsymbol{K}_{\mathrm{d}}^{j+1}(\delta\boldsymbol{y}^{j}+\boldsymbol{y}^{j})$$

则

$$\begin{aligned}\boldsymbol{D}\delta\dot{\boldsymbol{y}}^{j}&=-(\boldsymbol{C}+\boldsymbol{C}_1)(\delta\boldsymbol{y}^{j}-\boldsymbol{\Lambda}\,\delta\boldsymbol{e}^{j})-\boldsymbol{F}\delta\boldsymbol{e}^{j}+\boldsymbol{D\Lambda}\,\delta\boldsymbol{y}^{j}-\boldsymbol{D\Lambda}^{2}\delta\boldsymbol{e}^{j}-\boldsymbol{K}_{\mathrm{d}}^{j+1}(\delta\boldsymbol{y}^{j}+\boldsymbol{y}^{j})\\&=-(\boldsymbol{C}+\boldsymbol{C}_1-\boldsymbol{\Lambda D}+\boldsymbol{K}_{\mathrm{d}}^{j+1})\delta\boldsymbol{y}^{j}-(\boldsymbol{F}-\boldsymbol{\Lambda}\,(\boldsymbol{C}+\boldsymbol{C}_1-\boldsymbol{\Lambda D}))\delta\boldsymbol{e}^{j}-\boldsymbol{K}_{\mathrm{d}}^{j+1}\boldsymbol{y}^{j}\end{aligned}$$

则

$$\boldsymbol{K}_{\mathrm{d}}^{j+1}\boldsymbol{y}^{j}=-\boldsymbol{D}\delta\dot{\boldsymbol{y}}^{j}-(\boldsymbol{C}+\boldsymbol{C}_1-\boldsymbol{\Lambda D}+\boldsymbol{K}_{\mathrm{d}}^{j+1})\delta\boldsymbol{y}^{j}-(\boldsymbol{F}-\boldsymbol{\Lambda}\,(\boldsymbol{C}+\boldsymbol{C}_1-\boldsymbol{\Lambda D}))\delta\boldsymbol{e}^{j} \tag{5.13}$$

由 V^{j} 的定义，得

$$V^{j+1}=\int_0^t\exp(-\rho\tau)\boldsymbol{y}^{j+1^{\mathrm{T}}}\boldsymbol{K}_{\mathrm{d}}^{0}\boldsymbol{y}^{j+1}\mathrm{d}\tau$$

定义 $\Delta V^{j}=V^{j+1}-V^{j}$，由式(5.3)和式(5.11)，并将式(5.13)代入，得

$$\begin{aligned}\Delta V^{j}&=\int_0^t\exp(-\rho\tau)(\delta\boldsymbol{y}^{j^{\mathrm{T}}}+\boldsymbol{y}^{j})^{\mathrm{T}}\boldsymbol{K}_{\mathrm{d}}^{0}(\delta\boldsymbol{y}^{j^{\mathrm{T}}}+\boldsymbol{y}^{j})\mathrm{d}\tau-\int_0^t\exp(-\rho\tau)\boldsymbol{y}^{j^{\mathrm{T}}}\boldsymbol{K}_{\mathrm{d}}^{0}\boldsymbol{y}^{j}\mathrm{d}\tau\\&=\int_0^t\exp(-\rho\tau)(\delta\boldsymbol{y}^{j^{\mathrm{T}}}\boldsymbol{K}_{\mathrm{d}}^{0}\delta\boldsymbol{y}^{j}+2\delta\boldsymbol{y}^{j^{\mathrm{T}}}\boldsymbol{K}_{\mathrm{d}}^{0}y^{j})\mathrm{d}\tau\\&=\frac{1}{\beta(j+1)}\int_0^t\exp(-\rho\tau)(\delta\boldsymbol{y}^{j^{\mathrm{T}}}\boldsymbol{K}_{\mathrm{d}}^{j+1}\delta\boldsymbol{y}^{j}+2\delta\boldsymbol{y}^{j^{\mathrm{T}}}\boldsymbol{K}_{\mathrm{d}}^{j+1}\boldsymbol{y}^{j})\mathrm{d}\tau\\&=\frac{1}{\beta(j+1)}\Big\{\int_0^t\exp(-\rho\tau)\delta\boldsymbol{y}^{j^{\mathrm{T}}}\boldsymbol{K}_{\mathrm{d}}^{j+1}\delta\boldsymbol{y}^{j}\mathrm{d}\tau-2\int_0^t\exp(-\rho\tau)\delta\boldsymbol{y}^{j^{\mathrm{T}}}\boldsymbol{D}\delta\dot{\boldsymbol{y}}^{j}\mathrm{d}\tau-\\&\quad2\int_0^t\exp(-\rho\tau)\delta\boldsymbol{y}^{j^{\mathrm{T}}}((\boldsymbol{C}+\boldsymbol{C}_1-\boldsymbol{\Lambda D}+\boldsymbol{K}_{\mathrm{d}}^{j+1})\delta\boldsymbol{y}^{j}+(\boldsymbol{F}-\boldsymbol{\Lambda}\,(\boldsymbol{C}+\boldsymbol{C}_1-\boldsymbol{\Lambda D}))\delta\boldsymbol{e}^{j})\mathrm{d}\tau\end{aligned}$$

应用分部积分方法，根据初始条件(A2)知 $\delta\boldsymbol{y}^{j}(0)=0$，则

$$\begin{aligned}\int_0^t\exp(-\rho\tau)\delta\boldsymbol{y}^{j^{\mathrm{T}}}\boldsymbol{D}\delta\dot{\boldsymbol{y}}^{j}\mathrm{d}\tau&=\exp(-\rho\tau)\delta\boldsymbol{y}^{j^{\mathrm{T}}}\boldsymbol{D}\delta\boldsymbol{y}^{j}\Big|_0^t-\int_0^t(\exp(-\rho\tau)\delta\boldsymbol{y}^{j^{\mathrm{T}}}\boldsymbol{D})'\delta\boldsymbol{y}^{j}\mathrm{d}\tau\\&=\exp(-\rho t)\delta\boldsymbol{y}^{j^{\mathrm{T}}}(t)\boldsymbol{D}(t)\delta\boldsymbol{y}^{j}(t)+\rho\int_0^t\exp(-\rho\tau)\delta\boldsymbol{y}^{j^{\mathrm{T}}}\boldsymbol{D}\delta\boldsymbol{y}^{j}\mathrm{d}\tau\\&\quad\int_0^t\exp(-\rho\tau)\delta\boldsymbol{y}^{j^{\mathrm{T}}}\boldsymbol{D}\delta\dot{\boldsymbol{y}}^{j}\mathrm{d}\tau-\int_0^t\exp(-\rho\tau)\delta\boldsymbol{y}^{j^{\mathrm{T}}}\dot{\boldsymbol{D}}\delta\boldsymbol{y}^{j}\mathrm{d}\tau\end{aligned}$$

将上式两端同项合并，得

$$2\int_0^t \exp(-\rho\tau)\delta y^{j^{\mathrm{T}}}\boldsymbol{D}\delta\dot{\boldsymbol{y}}^j\,\mathrm{d}\tau=\exp(-\rho t)\delta\boldsymbol{y}^{j^{\mathrm{T}}}(t)\boldsymbol{D}(t)\delta\boldsymbol{y}^j(t)+\rho\int_0^t\exp(-\rho\tau)\delta\boldsymbol{y}^{j^{\mathrm{T}}}\boldsymbol{D}\delta\boldsymbol{y}^j\,\mathrm{d}\tau-\int_0^t\exp(-\rho\tau)\delta\boldsymbol{y}^{j^{\mathrm{T}}}\dot{\boldsymbol{D}}\delta\boldsymbol{y}^j\,\mathrm{d}\tau$$

由特性(P2)，可得

$$\int_0^t\delta\boldsymbol{y}^{j^{\mathrm{T}}}\dot{\boldsymbol{D}}\delta\boldsymbol{y}^j\,\mathrm{d}\tau=2\int_0^t\delta\boldsymbol{y}^{j^{\mathrm{T}}}\boldsymbol{C}\delta\boldsymbol{y}^j\,\mathrm{d}\tau$$

则

$$\begin{aligned}\Delta V^j=&\frac{1}{\beta(j+1)}\Big\{-\exp(-\rho\tau)\delta\boldsymbol{y}^{j^{\mathrm{T}}}\boldsymbol{D}(t)\delta\boldsymbol{y}^j(t)-\rho\int_0^t\exp(-\rho\tau)\delta\boldsymbol{y}^{j^{\mathrm{T}}}\boldsymbol{D}\delta\boldsymbol{y}^j\,\mathrm{d}\tau-\\&2\int_0^t\exp(-\rho\tau)\delta\boldsymbol{y}^{j^{\mathrm{T}}}(\boldsymbol{F}-\boldsymbol{\Lambda}(\boldsymbol{C}+\boldsymbol{C}_1-\boldsymbol{\Lambda D}))\delta\boldsymbol{e}^j\,\mathrm{d}\tau-\\&\int_0^t\exp(-\rho\tau)\delta\boldsymbol{y}^{j^{\mathrm{T}}}(\boldsymbol{K}_{\mathrm{d}}^{j+1}+2\boldsymbol{C}_1-2\boldsymbol{\Lambda D})\delta\boldsymbol{y}^j\,\mathrm{d}\tau\Big\}\end{aligned}$$

由于

$$\begin{aligned}\int_0^t\exp(-\rho\tau)\delta\boldsymbol{y}^{j^{\mathrm{T}}}\boldsymbol{K}_{\mathrm{d}}^{j+1}\delta\boldsymbol{y}^j\,\mathrm{d}\tau&=\beta(j+1)\int_0^t\exp(-\rho\tau)\delta\boldsymbol{y}^{j^{\mathrm{T}}}\boldsymbol{K}_{\mathrm{d}}^{0}\delta\boldsymbol{y}^j\,\mathrm{d}\tau\\&\geqslant\int_0^t\exp(-\rho\tau)\delta\boldsymbol{y}^{j^{\mathrm{T}}}\boldsymbol{K}_{\mathrm{d}}^{0}\delta\boldsymbol{y}^j\,\mathrm{d}\tau\end{aligned}$$

利用式(5.11)，并将 $\delta\boldsymbol{y}^j$ 展开成 $\delta\dot{\boldsymbol{e}}^j+\boldsymbol{\Lambda}\delta\boldsymbol{e}^j$，得

$$\begin{aligned}\Delta V^j\leqslant&\frac{1}{\beta(j+1)}\Big\{-\exp(-\rho\tau)\delta\boldsymbol{y}^{j^{\mathrm{T}}}\boldsymbol{D}(t)\delta\boldsymbol{y}^j(t)-\rho\int_0^t\exp(-\rho\tau)\delta\boldsymbol{y}^{j^{\mathrm{T}}}\boldsymbol{D}\delta\boldsymbol{y}^j\,\mathrm{d}\tau-\\&2\int_0^t\exp(-\rho\tau)\delta\dot{\boldsymbol{e}}^{j^{\mathrm{T}}}(\boldsymbol{F}-\boldsymbol{\Lambda}(\boldsymbol{C}+\boldsymbol{C}_1-\boldsymbol{\Lambda D}))\delta\boldsymbol{e}^j\,\mathrm{d}\tau-\\&2\boldsymbol{\Lambda}\int_0^t\exp(-\rho\tau)\delta\boldsymbol{e}^{j^{\mathrm{T}}}(\boldsymbol{F}-\boldsymbol{\Lambda}(\boldsymbol{C}+\boldsymbol{C}_1-\boldsymbol{\Lambda D}))\delta\boldsymbol{e}^j\,\mathrm{d}\tau-\\&\int_0^t\exp(-\rho\tau)\delta\dot{\boldsymbol{e}}^{j^{\mathrm{T}}}(\boldsymbol{K}_{\mathrm{d}}^0+2\boldsymbol{C}_1-2\boldsymbol{\Lambda D})\delta\dot{\boldsymbol{e}}^j\,\mathrm{d}\tau-\\&2\boldsymbol{\Lambda}\int_0^t\exp(-\rho\tau)\delta\boldsymbol{e}^{j^{\mathrm{T}}}(\boldsymbol{K}_{\mathrm{d}}^0+2\boldsymbol{C}_1-2\boldsymbol{\Lambda D})\delta\dot{\boldsymbol{e}}^j\,\mathrm{d}\tau-\\&\boldsymbol{\Lambda}^2\int_0^t\exp(-\rho\tau)\delta\boldsymbol{e}^{j^{\mathrm{T}}}(\boldsymbol{K}_{\mathrm{d}}^0+2\boldsymbol{C}_1-2\boldsymbol{\Lambda D})\delta\boldsymbol{e}^j\,\mathrm{d}\tau\Big\}\end{aligned}$$

应用分部积分方法，根据初始条件，有 $\delta\boldsymbol{e}^j(0)=0$，则

$$\begin{aligned}\int_0^t\exp(-\rho\tau)\delta\boldsymbol{e}^{j^{\mathrm{T}}}(\boldsymbol{K}_{\mathrm{d}}^0+2\boldsymbol{C}_1-2\boldsymbol{\Lambda D})\delta\dot{\boldsymbol{e}}^j\,\mathrm{d}\tau=&\exp(-\rho\tau)\delta\boldsymbol{e}^{j^{\mathrm{T}}}(\boldsymbol{K}_{\mathrm{d}}^0+2\boldsymbol{C}_1-2\boldsymbol{\Lambda D})\delta\boldsymbol{e}^j\Big|_0^t-\\&\int_0^t-\rho\exp(-\rho\tau)\delta\boldsymbol{e}^{j^{\mathrm{T}}}(\boldsymbol{K}_{\mathrm{d}}^0+2\boldsymbol{C}_1-2\boldsymbol{\Lambda D})\delta\boldsymbol{e}^j\,\mathrm{d}\tau-\\&\int_0^t\exp(-\rho\tau)\delta\dot{\boldsymbol{e}}^{j^{\mathrm{T}}}(\boldsymbol{K}_{\mathrm{d}}^0+2\boldsymbol{C}_1-2\boldsymbol{\Lambda D})\delta\boldsymbol{e}^j\,\mathrm{d}\tau-\\&\int_0^t\exp(-\rho\tau)\delta\boldsymbol{e}^{j^{\mathrm{T}}}(2\dot{\boldsymbol{C}}_1-2\boldsymbol{\Lambda}\dot{\boldsymbol{D}})\delta\boldsymbol{e}^j\,\mathrm{d}\tau\end{aligned}$$

将上式两端同项合并，并将两端同乘以$\boldsymbol{\Lambda}$，得

$$2\boldsymbol{\Lambda}\int_0^t \mathrm{e}^{-\rho\tau}\delta\boldsymbol{e}^{j^{\mathrm{T}}}(\boldsymbol{K}_{\mathrm{d}}^0+2\boldsymbol{C}_1-2\boldsymbol{\Lambda}\boldsymbol{D})\delta\dot{\boldsymbol{e}}^j\mathrm{d}\tau=\boldsymbol{\Lambda}\exp(-\rho t)\delta\boldsymbol{e}^{j^{\mathrm{T}}}(\boldsymbol{K}_{\mathrm{d}}^0+2\boldsymbol{C}_1-2\boldsymbol{\Lambda}\boldsymbol{D})\delta\boldsymbol{e}^j+\rho\boldsymbol{\Lambda}\int_0^t\exp(-\rho\tau)\delta\boldsymbol{e}^{j^{\mathrm{T}}}(\boldsymbol{K}_{\mathrm{d}}^0+2\boldsymbol{C}_1-2\boldsymbol{\Lambda}\boldsymbol{D})\delta\boldsymbol{e}^j\mathrm{d}\tau+2\boldsymbol{\Lambda}\int_0^t\exp(-\rho\tau)\delta\boldsymbol{e}^{j^{\mathrm{T}}}(\boldsymbol{\Lambda}\dot{\boldsymbol{D}}-\dot{\boldsymbol{C}}_1)\delta\boldsymbol{e}^j\mathrm{d}\tau$$

则

$$\begin{aligned}\Delta V^j\leqslant&\frac{1}{\beta(j+1)}\Big\{-\exp(-\rho\tau)\delta\boldsymbol{y}^{j^{\mathrm{T}}}\boldsymbol{D}\delta\boldsymbol{y}^j(t)-\rho\int_0^t\exp(-\rho\tau)\delta\boldsymbol{y}^{j^{\mathrm{T}}}\boldsymbol{D}\delta\boldsymbol{y}^j\mathrm{d}\tau-\\&\boldsymbol{\Lambda}\exp(-\rho\tau)\delta\boldsymbol{e}^{j^{\mathrm{T}}}(\boldsymbol{K}_{\mathrm{d}}^0+2\boldsymbol{C}_1-2\boldsymbol{\Lambda}\boldsymbol{D})\delta\boldsymbol{e}^j-\\&\rho\boldsymbol{\Lambda}\int_0^t\exp(-\rho\tau)\delta\boldsymbol{e}^{j^{\mathrm{T}}}(\boldsymbol{K}_{\mathrm{d}}^0+2\boldsymbol{C}_1-2\boldsymbol{\Lambda}\boldsymbol{D})\delta\boldsymbol{e}^j\mathrm{d}\tau-\int_0^t\exp(-\rho\tau)w\,\mathrm{d}\tau\Big\}\\\leqslant&\frac{1}{\beta(j+1)}\Big\{-\exp(-\rho\tau)\delta\boldsymbol{y}^{j^{\mathrm{T}}}\boldsymbol{D}\delta\boldsymbol{y}^j(t)-\rho\int_0^t\exp(-\rho\tau)\delta\boldsymbol{y}^{j^{\mathrm{T}}}\boldsymbol{D}\delta\boldsymbol{y}^j\mathrm{d}\tau-\\&\boldsymbol{\Lambda}\exp(-\rho\tau)\delta\boldsymbol{e}^{j^{\mathrm{T}}}l_p\delta\boldsymbol{e}^j-\rho\boldsymbol{\Lambda}\int_0^t\exp(-\rho\tau)\delta\boldsymbol{e}^{j^{\mathrm{T}}}l_p\delta\boldsymbol{e}^j\mathrm{d}\tau-\int_0^t\exp(-\rho\tau)w\,\mathrm{d}\tau\Big\}\end{aligned}$$

其中

$$\begin{aligned}w=&\delta\dot{\boldsymbol{e}}^{j^{\mathrm{T}}}(\boldsymbol{K}_{\mathrm{d}}^0+2\boldsymbol{C}_1-2\boldsymbol{\Lambda}\boldsymbol{D})\delta\dot{\boldsymbol{e}}^j+2\delta\dot{\boldsymbol{e}}^{j^{\mathrm{T}}}(\boldsymbol{F}-\boldsymbol{\Lambda}(\boldsymbol{C}+\boldsymbol{C}_1-\boldsymbol{\Lambda}\boldsymbol{D}))\delta\boldsymbol{e}^j+\\&2\boldsymbol{\Lambda}\delta\boldsymbol{e}^{j^{\mathrm{T}}}(\boldsymbol{\Lambda}\dot{\boldsymbol{D}}-\dot{\boldsymbol{C}}_1)\delta\boldsymbol{e}^j+\boldsymbol{\Lambda}^2\delta\boldsymbol{e}^{j^{\mathrm{T}}}(\boldsymbol{K}_{\mathrm{d}}^0+2\boldsymbol{C}_1-2\boldsymbol{\Lambda}\boldsymbol{D})\delta\boldsymbol{e}^j+\\&2\boldsymbol{\Lambda}\delta\boldsymbol{e}^{j^{\mathrm{T}}}(\boldsymbol{F}-\boldsymbol{\Lambda}(\boldsymbol{C}+\boldsymbol{C}_1-\boldsymbol{\Lambda}\boldsymbol{D}))\delta\boldsymbol{e}^j\\=&\delta\dot{\boldsymbol{e}}^{j^{\mathrm{T}}}(\boldsymbol{K}_{\mathrm{d}}^0+2\boldsymbol{C}_1-2\boldsymbol{\Lambda}\boldsymbol{D})\delta\dot{\boldsymbol{e}}^j+2\boldsymbol{\Lambda}\delta\dot{\boldsymbol{e}}^{j^{\mathrm{T}}}(\boldsymbol{F}/\boldsymbol{\Lambda}-(\boldsymbol{C}+\boldsymbol{C}_1-\boldsymbol{\Lambda}\boldsymbol{D}))\delta\boldsymbol{e}^j+\\&\boldsymbol{\Lambda}^2\delta\boldsymbol{e}^{j^{\mathrm{T}}}(\boldsymbol{K}_{\mathrm{d}}^0+2\boldsymbol{C}+2\boldsymbol{F}/\boldsymbol{\Lambda}-2\dot{\boldsymbol{C}}_1/\boldsymbol{\Lambda})\delta\boldsymbol{e}^j\end{aligned}$$

取 $\boldsymbol{Q}=\boldsymbol{F}/\boldsymbol{\Lambda}-(\boldsymbol{C}+\boldsymbol{C}_1-\boldsymbol{\Lambda}\boldsymbol{D})$，则由式(5.10)，得

$$w\geqslant l_p\|\delta\dot{\boldsymbol{e}}\|^2+2\boldsymbol{\Lambda}\delta\dot{\boldsymbol{e}}^{\mathrm{T}}\boldsymbol{Q}\delta\boldsymbol{e}+\boldsymbol{\Lambda}^2l_r\|\delta\boldsymbol{e}\|^2$$

采用 Cauchy-Schwarz 不等式，有

$$\delta\dot{\boldsymbol{e}}^{\mathrm{T}}\boldsymbol{Q}\delta\boldsymbol{e}\geqslant-\|\delta\dot{\boldsymbol{e}}\|\|\boldsymbol{Q}\|_{\max}\|\delta\boldsymbol{e}\|$$

$$\begin{aligned}w\geqslant&l_p\|\delta\dot{\boldsymbol{e}}\|^2-2\boldsymbol{\Lambda}\|\delta\dot{\boldsymbol{e}}\|\|\boldsymbol{Q}_{\max}\|\|\delta\boldsymbol{e}\|+\boldsymbol{\Lambda}^2l_r\|\delta\boldsymbol{e}\|^2\\=&l_p\left(\|\delta\dot{\boldsymbol{e}}\|-\frac{\boldsymbol{\Lambda}}{l_p}\|\boldsymbol{Q}_{\max}\|\|\delta\boldsymbol{e}\|\right)^2+\boldsymbol{\Lambda}^2\left(l_r-\frac{1}{l_p}\|\boldsymbol{Q}\|_{\max}^2\right)\|\delta\boldsymbol{e}\|^2\geqslant0\end{aligned}$$

则 $\Delta V_j\leqslant0$，即

$$V^{j+1}\leqslant V^j$$

由于 $\boldsymbol{K}_{\mathrm{d}}^0$ 为正定阵，$V^j>0$ 且 V^j 有界，则当 $j\to\infty$ 时，$y^j(t)\to0$。由于 $\boldsymbol{e}^j(t)$ 和 $\dot{\boldsymbol{e}}^j(t)$ 为两个相互独立的变量，$\boldsymbol{\Lambda}$ 为正定常数阵，如取 $j\to\infty$，则 $\boldsymbol{e}^j(t)\to0$，$\dot{\boldsymbol{e}}^j(t)\to0$，$t\in[0,t_{\mathrm{f}}]$。

通过上面的分析，可得结论：

$$\boldsymbol{q}^j(t)\xrightarrow{j\to\infty}\boldsymbol{q}_{\mathrm{d}}(t),\quad\dot{\boldsymbol{q}}^j(t)\xrightarrow{j\to\infty}\dot{\boldsymbol{q}}_{\mathrm{d}}(t),\quad t\in[0,t_{\mathrm{f}}]$$

定理 5.1 中描述的控制算法的不足之处：针对的是重复性干扰，忽略了线性化残差项 $\boldsymbol{n}(\ddot{\boldsymbol{e}}^j,\dot{\boldsymbol{e}}^j,\boldsymbol{e}^j,t)$，且机械手动力学方程为确定的。针对这一问题，5.2 节中给出了改进的控制律。

5.1.4 仿真实例

针对双关节机械手动态方程式(5.1)进行仿真，方程中的各项取

$$\boldsymbol{D}(\boldsymbol{q})=\begin{bmatrix} i_1+i_2+2m_2r_2l_1\cos q_2 & i_2+m_2r_2l_1\cos(q_2) \\ i_2+m_2r_2l_1\cos(q_2) & i_2 \end{bmatrix}$$

$$\boldsymbol{C}(\boldsymbol{q},\dot{\boldsymbol{q}})=\begin{bmatrix} -m_2r_2l_1\dot{q}_2\sin(q_2) & -m_2r_2l_1(\dot{q}_1+\dot{q}_2)\sin(q_2) \\ m_2r_2l_1\dot{q}_1\sin(q_2) & 0 \end{bmatrix}$$

$$\boldsymbol{G}(\boldsymbol{q})=\begin{bmatrix} (m_1r_1+m_2l_1)g\cos q_1+m_2r_2g\cos(q_1+q_2) \\ m_2r_2g\cos(q_1+q_2) \end{bmatrix}$$

可重复的干扰为 $d_1(t)=a0.3\sin t$，$d_2(t)=a0.1(1-\mathrm{e}^{-t})$，$a=1$，$\boldsymbol{T}_{\mathrm{a}}=[d_1 \quad d_2]^{\mathrm{T}}$。

系统参数取 $m_1=10$，$m_2=5$，$l_1=1$，$l_2=0.5$，$r_1=0.5$，$r_2=0.25$，$i_1=0.83+m_1r_1^2+m_2l_1^2$，$i_2=0.3+m_2r_2^2$。

角度期望轨迹 $q_1=\sin 3t$，$q_2=\cos 3t$，取 $\boldsymbol{\Lambda}=\begin{bmatrix}1 & 0\\0 & 1\end{bmatrix}$，控制器参数设计为 $\boldsymbol{K}_{\mathrm{p}}^0=\boldsymbol{K}_{\mathrm{d}}^0=\begin{bmatrix}210 & 0\\0 & 210\end{bmatrix}$，$\beta(j)=2j$，$\boldsymbol{K}_{\mathrm{p}}^j=2j\boldsymbol{K}_{\mathrm{p}}^0$，$\boldsymbol{K}_{\mathrm{d}}^j=2j\boldsymbol{K}_{\mathrm{d}}^0$，$j=1,2,\cdots,N$。

系统的初始状态为 $\boldsymbol{x}=[3 \quad 0 \quad 0 \quad 1]^{\mathrm{T}}$，取 $t_{\mathrm{f}}=5$，迭代次数取5次。仿真结果见图5.1至图5.5所示。

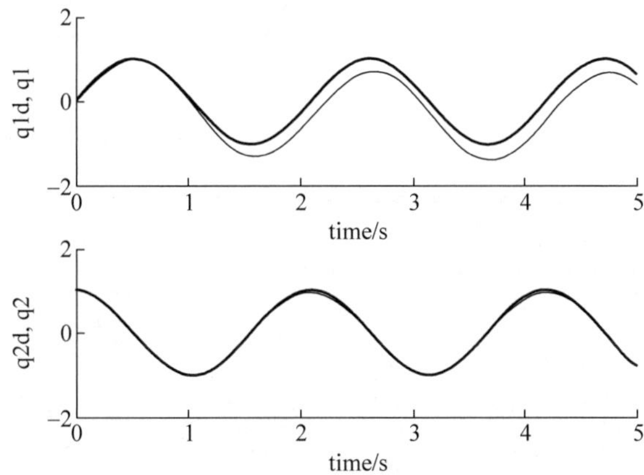

图5.1 双关节5次迭代的角度跟踪过程

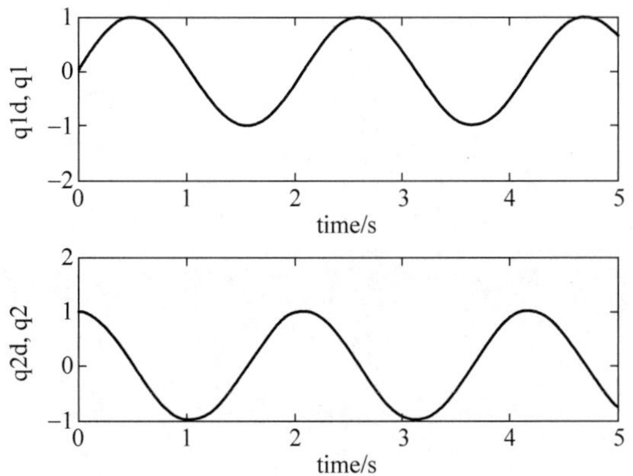

图5.2 双关节第5次的角度跟踪

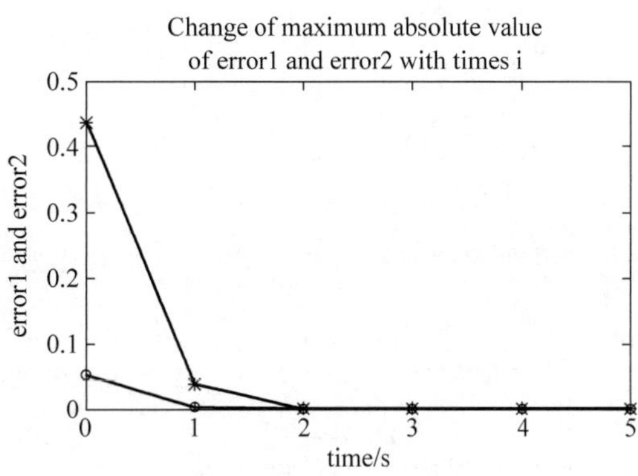

图5.3 双关节5次角度跟踪的误差收敛过程

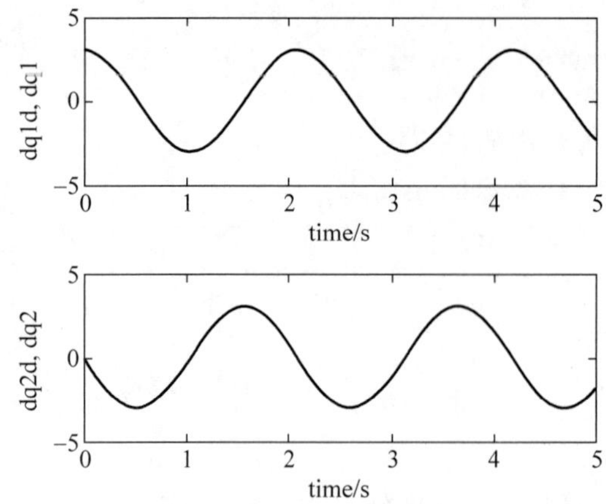

图 5.4　双关节第 5 次的角速度跟踪

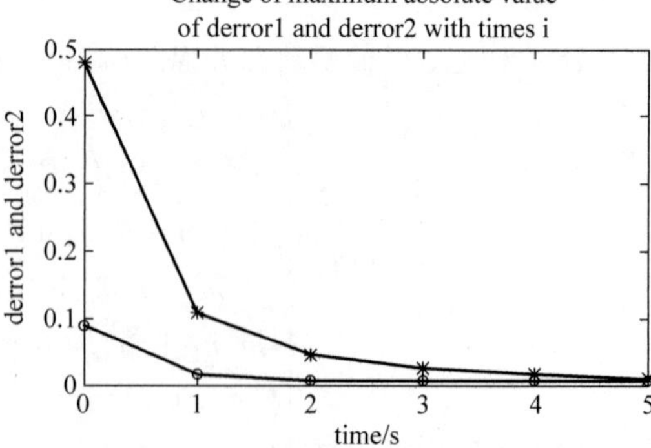

图 5.5　双关节 5 次角速度跟踪的误差收敛过程

仿真程序：

（1）主程序：chap5_1main.m

```
% Adaptive switching Learning Control for 2DOF robot manipulators
clear all;
close all;

t = [0:0.001:5]';
T1(1:5001) = 0;
T1 = T1';
T2 = T1;
T = [T1 T2];
k(1:5001) = 0;
k = k';

%%%%%%%%%%%%%%%%%%%%%%%%%%%%%%%%%%%%%%%%%%
M = 5;
for i = 0:1:M     % Start Learning Control
i
pause(0.01);

sim('chap5_1sim',[0,5]);

q1 = q(:,3);
q2 = q(:,4);
dq1 = q(:,1);
dq2 = q(:,2);
q1d = qd(:,1);
q2d = qd(:,2);
dq1d = qd(:,3);
dq2d = qd(:,4);
e1 = q1d - q1;
e2 = q2d - q2;
de1 = dq1d - dq1;
de2 = dq2d - dq2;

figure(1);
subplot(211);
hold on;
plot(t,q1,'b',t,q1d,'r');
xlabel('time(s)');ylabel('q1d,q1');
```

```
subplot(212);
hold on;
plot(t,q2,'b',t,q2d,'r');
xlabel('time(s)');ylabel('q2d,q2');

j = i + 1;
times(j) = i;
e1i(j) = max(abs(e1));
e2i(j) = max(abs(e2));
de1i(j) = max(abs(de1));
de2i(j) = max(abs(de2));
end            % End of i
%%%%%%%%%%%%%%%%%%%%%%%%%%%%%%%%%%%%%%%%%%%
figure(2);
subplot(211);
plot(t,q1d,'r',t,q1,'b');
xlabel('time(s)');ylabel('q1d,q1');
subplot(212);
plot(t,q2d,'r',t,q2,'b');
xlabel('time(s)');ylabel('q2d,q2');

figure(3);
plot(times,e1i,'*- r',times,e2i,'o - b');
title('Change of maximum absolute value of error1 and error2 with times i');
xlabel('times');ylabel('error1 and error2');

figure(4);
subplot(211);
plot(t,dq1d,'r',t,dq1,'b');
xlabel('time(s)');ylabel('dq1d,dq1');
subplot(212);
plot(t,dq2d,'r',t,dq2,'b');
xlabel('time(s)');ylabel('dq2d,dq2');

figure(5);
plot(times,de1i,'*- r',times,de2i,'o - b');
title('Change of maximum absolute value of derror1 and derror2 with times i');
xlabel('times');ylabel('derror1 and derror2');
```

(2) Simulink 子程序：chap5_1sim. mdl。

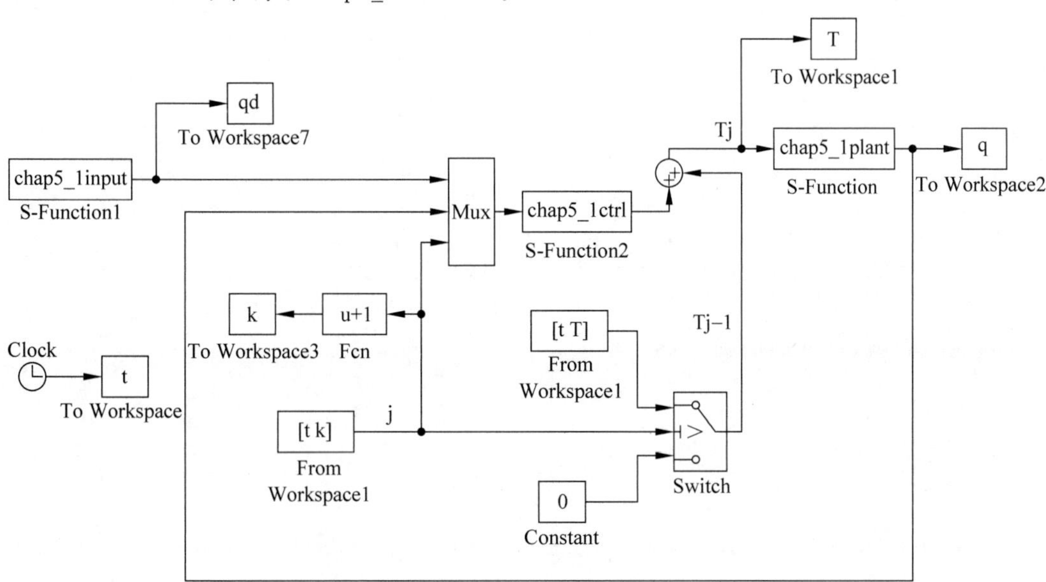

（3）被控对象子程序：chap5_1plant. m。

```
function [sys,x0,str,ts] = spacemodel(t,x,u,flag)
switch flag,
case 0,
    [sys,x0,str,ts] = mdlInitializeSizes;
case 1,
    sys = mdlDerivatives(t,x,u);
case 3,
    sys = mdlOutputs(t,x,u);
case {2,4,9}
    sys = [];
otherwise
    error(['Unhandled flag = ',num2str(flag)]);
end
function [sys,x0,str,ts] = mdlInitializeSizes
sizes = simsizes;
sizes.NumContStates   = 4;
sizes.NumDiscStates   = 0;
sizes.NumOutputs      = 4;
sizes.NumInputs       = 2;
sizes.DirFeedthrough  = 0;
sizes.NumSampleTimes  = 1;
sys = simsizes(sizes);
x0  = [3;0;0;1];
str = [];
ts  = [0 0];
function sys = mdlDerivatives(t,x,u)
a = 1.0;
d1 = a * 0.3 * sin(t);
d2 = a * 0.1 * (1 - exp( - t));

dq1 = x(1);
dq2 = x(2);
q1 = x(3);
q2 = x(4);

tol1 = u(1);
tol2 = u(2);

m1 = 10;m2 = 5;
l1 = 1;l2 = 0.5;
r1 = 0.5;r2 = 0.25;
i1 = 0.83 + m1 * r1^2 + m2 * l1^2;
i2 = 0.3 + m2 * r2^2;
g = 9.8;

D = [i1 + i2 + 2 * m2 * r2 * l1 * cos(q2) i2 + m2 * r2 * l1 * cos(q2);
   i2 + m2 * r2 * l1 * cos(q2) i2];
C = [ - m2 * r2 * l1 * dq2 * sin(q2), - m2 * r2 * l1 * (dq1 + dq2) * sin(q2);
    m2 * r2 * l1 * dq1 * sin(q2),0];
G = [(m1 * r1 + m2 * l1) * g * cos(q1) + m2 * r2 * g * cos(q1 + q2);m2 * r2 * g * cos(q1 + q2)];
%%%%%%%%%%%%%%%%%%%%%%%%%%%

D2 = inv(D);
T = [d1;d2];
A = - D2 * C;
Z = - D2 * G;

sys(1) = A(1,1) * x(1) + A(1,2) * x(2) + Z(1) + D2(1,1) * ( - T(1) + tol1) + D2(1,2) * ( - T(2) + tol2);
```

```
sys(2) = A(2,1) * x(1) + A(2,2) * x(2) + Z(2) + D2(2,1) * ( - T(1) + tol1) + D2(2,2) * ( - T(2) + tol2);
sys(3) = x(1);
sys(4) = x(2);
function sys = mdlOutputs(t,x,u)
sys(1) = x(1);                        % 第一个关节角速度 dq1
sys(2) = x(2);                        % 第二个关节角速度 dq2
sys(3) = x(3);                        % 第一个关节角度 q1
sys(4) = x(4);                        % 第二个关节角度 q2
```

(4) 控制器子程序：chap5_1ctrl. m。

```
function [sys,x0,str,ts] = spacemodel(t,x,u,flag)
switch flag,
case 0,
    [sys,x0,str,ts] = mdlInitializeSizes;
case 3,
    sys = mdlOutputs(t,x,u);
case {2,4,9}
    sys = [];
otherwise
    error(['Unhandled flag = ',num2str(flag)]);
end
function [sys,x0,str,ts] = mdlInitializeSizes
sizes = simsizes;
sizes.NumContStates  = 0;
sizes.NumDiscStates  = 0;
sizes.NumOutputs     = 2;
sizes.NumInputs      = 9;
sizes.DirFeedthrough = 1;
sizes.NumSampleTimes = 1;
sys = simsizes(sizes);
x0  = [];
str = [];
ts  = [0 0];
function sys = mdlOutputs(t,x,u)
q1d = u(1);q2d = u(2);
dq1d = u(3);dq2d = u(4);
dq1 = u(5);dq2 = u(6);
q1 = u(7);q2 = u(8);
j = u(9);

e1 = q1d - q1;
e2 = q2d - q2;
de1 = dq1d - dq1;
de2 = dq2d - dq2;

Fai = eye(2);
Kd0 = [210 0;0 210];

 % Iteration number
if j == 0
    beta = 1;
else
    beta = 2 * j;
end
sys(1) = beta * 210 * (e1 + de1);
sys(2) = beta * 210 * (e2 + de2);
```

(5) 指令程序：chap5_1input. m。

```
function [sys,x0,str,ts] = spacemodel(t,x,u,flag)
```

```
switch flag,
case 0,
    [sys,x0,str,ts] = mdlInitializeSizes;
case 3,
    sys = mdlOutputs(t,x,u);
case {2,4,9}
    sys = [];
otherwise
    error(['Unhandled flag = ',num2str(flag)]);
end
function [sys,x0,str,ts] = mdlInitializeSizes
sizes = simsizes;
sizes.NumContStates   = 0;
sizes.NumDiscStates   = 0;
sizes.NumOutputs      = 4;
sizes.NumInputs       = 0;
sizes.DirFeedthrough  = 1;
sizes.NumSampleTimes  = 1;
sys = simsizes(sizes);
x0  = [];
str = [];
ts  = [0 0];
function sys = mdlOutputs(t,x,u)
q1d = sin(3 * t);
q2d = cos(3 * t);
dq1d = 3 * cos(3 * t);
dq2d = - 3 * sin(3 * t);

sys(1) = q1d;
sys(2) = q2d;
sys(3) = dq1d;
sys(4) = dq2d;
```

5.2 基于增益自适应整定的机械手迭代学习控制的改进

5.2.1 算法的改进

5.1节中定理5.1描述的控制算法的不足之处为：它针对重复性干扰，忽略了线性化残差项$\boldsymbol{n}(\ddot{\boldsymbol{e}}^j,\dot{\boldsymbol{e}}^j,\boldsymbol{e}^j,t)$，且机械手动力学方程为确定的。

为了弥补上述不足，本节中在控制律中加入鲁棒项，实现干扰为不重复、考虑线性化残差项$\boldsymbol{n}(\ddot{\boldsymbol{e}}^j,\dot{\boldsymbol{e}}^j,\boldsymbol{e}^j,t)$的不确定机械手自适应迭代学习控制。

带有非重复干扰的不确定机器人系统动力学方程为

$$(\boldsymbol{D}(\boldsymbol{q}^j(t))+\Delta\boldsymbol{D}(\boldsymbol{q}^j(t)))\ddot{\boldsymbol{q}}^j(t)+(\boldsymbol{C}(\boldsymbol{q}^j(t),\dot{\boldsymbol{q}}^j(t))+\Delta\boldsymbol{C}(\boldsymbol{q}^j(t),\dot{\boldsymbol{q}}^j(t)))\dot{\boldsymbol{q}}^j(t)+$$
$$\boldsymbol{G}(q^j(t),\dot{\boldsymbol{q}}^j(t))+\Delta\boldsymbol{G}(\boldsymbol{q}^j(t),\dot{\boldsymbol{q}}^j(t))+\boldsymbol{T}_a^j(t)=\boldsymbol{T}^j(t) \tag{5.14}$$

被控对象式(5.14)可写为

$$\boldsymbol{D}(\boldsymbol{q}^j(t))\ddot{\boldsymbol{q}}^j(t)+\boldsymbol{C}(\boldsymbol{q}^j(t),\dot{\boldsymbol{q}}^j(t))\dot{\boldsymbol{q}}^j(t)+\boldsymbol{G}(\boldsymbol{q}^j(t),\dot{\boldsymbol{q}}^j(t))+\boldsymbol{d}^j(t)=\boldsymbol{T}^j(t) \tag{5.15}$$

其中

$$\boldsymbol{d}^j(t)=\Delta\boldsymbol{D}(\boldsymbol{q}^j(t))\ddot{\boldsymbol{q}}^j(t)+\Delta\boldsymbol{C}(\boldsymbol{q}^j(t),\dot{\boldsymbol{q}}^j(t))\dot{\boldsymbol{q}}^j(t)+\Delta\boldsymbol{G}(\boldsymbol{q}^j(t),\dot{\boldsymbol{q}}^j(t))+\boldsymbol{T}_a^j(t)$$

沿着指令轨迹$(\boldsymbol{q}_{\mathrm{d}}(t),\dot{\boldsymbol{q}}_{\mathrm{d}}(t),\ddot{\boldsymbol{q}}_{\mathrm{d}}(t))$，采用泰勒公式，则方程式(5.15)可线性化为

$$\boldsymbol{D}(t)\ddot{\boldsymbol{e}}+[\boldsymbol{C}+\boldsymbol{C}_1]\dot{\boldsymbol{e}}+\boldsymbol{F}\boldsymbol{e}+\boldsymbol{n}(\ddot{\boldsymbol{e}},\dot{\boldsymbol{e}},\boldsymbol{e},t)=\boldsymbol{H}-(\boldsymbol{D}\ddot{\boldsymbol{q}}+\boldsymbol{C}\dot{\boldsymbol{q}}+\boldsymbol{G}) \tag{5.16}$$

其中

$$\boldsymbol{n}(\ddot{\boldsymbol{e}},\dot{\boldsymbol{e}},\boldsymbol{e},t)=-\frac{\partial \boldsymbol{D}}{\partial \boldsymbol{q}}\bigg|_{\boldsymbol{q}_\mathrm{d}}\ddot{\boldsymbol{e}}\boldsymbol{e}-\frac{\partial \boldsymbol{C}}{\partial \boldsymbol{q}}\bigg|_{\boldsymbol{q}_\mathrm{d},\dot{\boldsymbol{q}}_\mathrm{d}}\dot{\boldsymbol{e}}\boldsymbol{e}-\frac{\partial \boldsymbol{C}}{\partial \boldsymbol{q}}\bigg|_{\boldsymbol{q}_\mathrm{d},\dot{\boldsymbol{q}}_\mathrm{d}}\dot{\boldsymbol{e}}\dot{\boldsymbol{e}}+\boldsymbol{O}_\mathrm{D}(\cdot)\ddot{\boldsymbol{q}}+\boldsymbol{O}_\mathrm{C}(\cdot)\dot{\boldsymbol{q}}-\boldsymbol{O}_\mathrm{G}(\cdot)$$

将式(5.15)代入式(5.16)，则

$$\boldsymbol{D}(t)\ddot{\boldsymbol{e}}^j(t)+[\boldsymbol{C}(t)+\boldsymbol{C}_1(t)]\dot{\boldsymbol{e}}^j(t)+\boldsymbol{F}(t)\boldsymbol{e}^j(t)+\boldsymbol{n}(\ddot{\boldsymbol{e}}^j,\dot{\boldsymbol{e}}^j,\boldsymbol{e}^j,t)-\boldsymbol{d}^j(t)=\boldsymbol{H}(t)-\boldsymbol{T}^j(t) \tag{5.17}$$

取 $\boldsymbol{d}_1{}^j(t)=-\boldsymbol{n}(\ddot{\boldsymbol{e}}^j,\dot{\boldsymbol{e}}^j,\boldsymbol{e}^j,t)+\boldsymbol{d}^j(t)$，则式(5.17)可写为

$$\boldsymbol{D}(t)\ddot{\boldsymbol{e}}^j(t)+[\boldsymbol{C}(t)+\boldsymbol{C}_1(t)]\dot{\boldsymbol{e}}^j(t)+\boldsymbol{F}(t)\boldsymbol{e}^j(t)-\boldsymbol{d}_1{}^j(t)=\boldsymbol{H}(t)-\boldsymbol{T}^j(t) \tag{5.18}$$

于是

$$\boldsymbol{D}(t)\ddot{\boldsymbol{e}}^{j+1}(t)+[\boldsymbol{C}(t)+\boldsymbol{C}_1(t)]\dot{\boldsymbol{e}}^{j+1}(t)+\boldsymbol{F}(t)\boldsymbol{e}^{j+1}(t)-\boldsymbol{d}_1{}^{j+1}(t)=\boldsymbol{H}(t)-\boldsymbol{T}^{j+1}(t) \tag{5.19}$$

设计鲁棒迭代学习控制律为

$$\boldsymbol{T}^j(t)=\boldsymbol{K}_\mathrm{p}^j\boldsymbol{e}^j(t)+\boldsymbol{K}_\mathrm{d}^j\dot{\boldsymbol{e}}^j(t)+\boldsymbol{T}^{j-1}(t)+E\,\mathrm{sgn}(\delta\boldsymbol{y}^{j-1}),\quad j=0,1,2,\cdots,N \tag{5.20}$$

其中，$\|\boldsymbol{d}_1^{j+1}(t)-\boldsymbol{d}_1^j(t)\|=\|\delta\boldsymbol{d}_1{}^j(t)\|\leqslant E$。

证明：收敛性分析的证明过程可参照 5.1 节的推导过程。

5.2.2 仿真实例

针对双关节机械手动态方程式(5.1)进行仿真，取不可重复的干扰为 $d_1(t)=a0.3\sin t$，$\boldsymbol{d}_2(t)=a0.1(1-\mathrm{e}^{-t})$，$a=1$ 为幅值为 1 的随机噪声，$\boldsymbol{T}_a=[d_1\quad d_2]^\mathrm{T}$。

角度期望轨迹 $q_1=\sin 3t$，$q_2=\cos 3t$，取 $\boldsymbol{\Lambda}=\begin{bmatrix}1 & 0\\ 0 & 1\end{bmatrix}$，控制器取式(5.20)，控制参数取 $E=1.0$，$\boldsymbol{K}_\mathrm{p}^0=\boldsymbol{K}_\mathrm{d}^0=\begin{bmatrix}210 & 0\\ 0 & 210\end{bmatrix}$，$\beta(j)=2j$，$\boldsymbol{K}_\mathrm{p}^j=2j\boldsymbol{K}_\mathrm{p}^0$，$\boldsymbol{K}_\mathrm{d}^j=2j\boldsymbol{K}_\mathrm{d}^0$，$j=1,2,\cdots,N$。

系统的初始状态为 $\boldsymbol{x}=[3\quad 0\quad 0\quad 1]^\mathrm{T}$，迭代次数取 15 次。仿真结果如图 5.6 至图 5.10 所示。

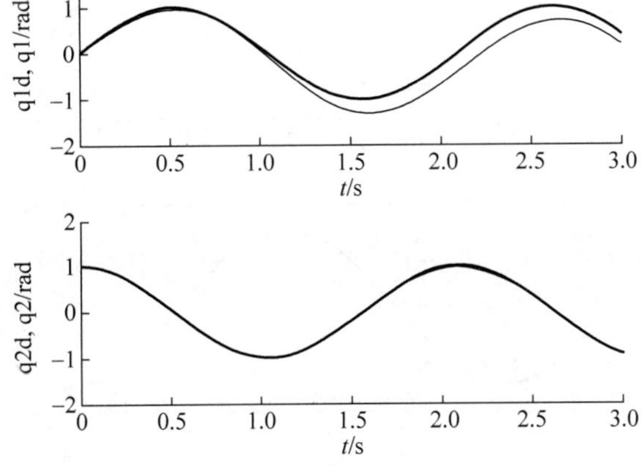

图 5.6 双关节 15 次迭代的角度跟踪过程

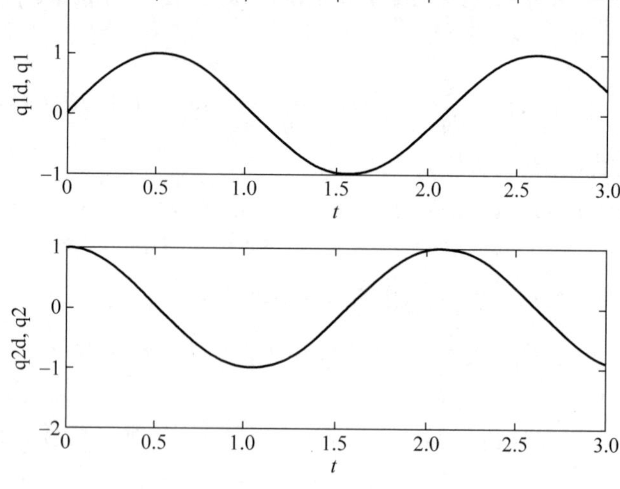

图 5.7　双关节第 15 次的角度跟踪

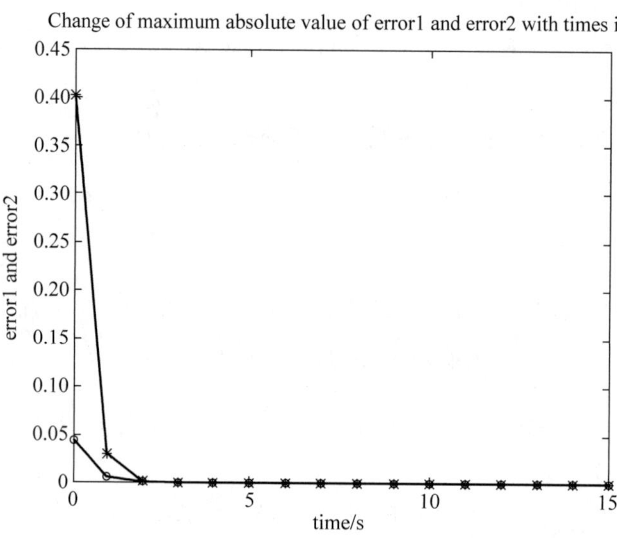

图 5.8　双关节 15 次角度跟踪的误差收敛过程

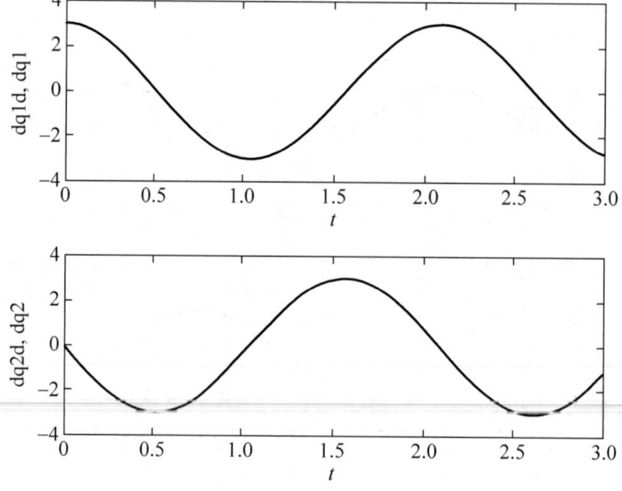

图 5.9　双关节第 15 次的角速度跟踪

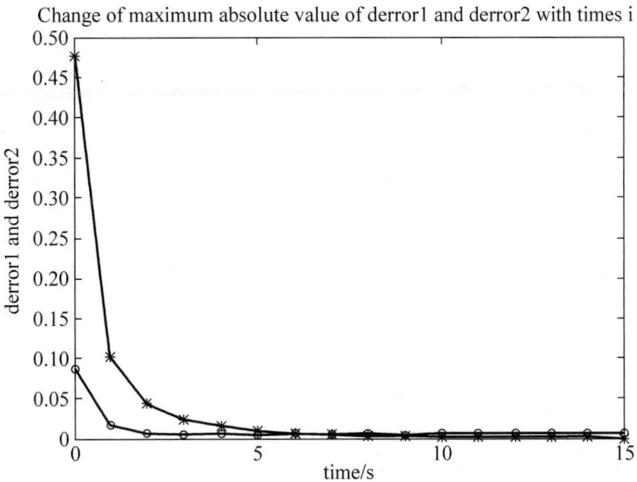

图 5.10 双关节 15 次角速度跟踪的误差收敛过程

仿真程序：

(1) 主程序：chap5_2main. m。

```
clear all;
close all;
L = 3001;

t = [0:0.001:3]';
T1(1:L) = 0;
T1 = T1';
T2 = T1;
T = [T1 T2];

e1(1:L) = 0;
e1 = e1';
e2 = e1;
de1 = e1;
de2 = de1;
e = [e1 e2 de1 de2];

k(1:L) = 0;
k = k';
%%%%%%%%%%%%%%%%%%%%%%%%%%%%%%%%%%%%%%%
M = 15;
for i = 0:1:M
i
pause(0.01);

sim('chap5_2sim',[0,3]);

q1 = q(:,3);
q2 = q(:,4);
dq1 = q(:,1);
dq2 = q(:,2);
q1d = qd(:,1);
```

```
q2d = qd(:,2);
dq1d = qd(:,3);
dq2d = qd(:,4);
e1 = q1d - q1;
e2 = q2d - q2;
de1 = dq1d - dq1;
de2 = dq2d - dq2;

figure(1);
subplot(211);
hold on;
plot(t,q1,'b',t,q1d,'r');
xlabel('t (s)');ylabel('q1d,q1 (rad)');

subplot(212);
hold on;
plot(t,q2,'b',t,q2d,'r');
xlabel('t (s)');ylabel('q2d,q2 (rad)');

j = i + 1;
times(j) = i;
e1i(j) = max(abs(e1));
e2i(j) = max(abs(e2));
de1i(j) = max(abs(de1));
de2i(j) = max(abs(de2));
end
%%%%%%%%%%%%%%%%%%%%%%%%%%%%%%%%%%%%%
figure(2);
subplot(211);
plot(t,q1d,'r',t,q1,'b');
xlabel('t');ylabel('q1d,q1');
subplot(212);
plot(t,q2d,'r',t,q2,'b');
xlabel('t');ylabel('q2d,q2');

figure(3);
plot(times,e1i,'* - r',times,e2i,'o - b');
title('Change of maximum absolute value of error1 and error2 with times i');
xlabel('times');ylabel('error1 and error2');

figure(4);
subplot(211);
plot(t,dq1d,'r',t,dq1,'b');
xlabel('t');ylabel('dq1d,dq1');
subplot(212);
plot(t,dq2d,'r',t,dq2,'b');
xlabel('t');ylabel('dq2d,dq2');

figure(5);
plot(times,de1i,'* - r',times,de2i,'o - b');
title('Change of maximum absolute value of derror1 and derror2 with times i');
xlabel('times');ylabel('derror1 and derror2');
```

（2）Simulink 子程序：chap5_2sim.mdl。

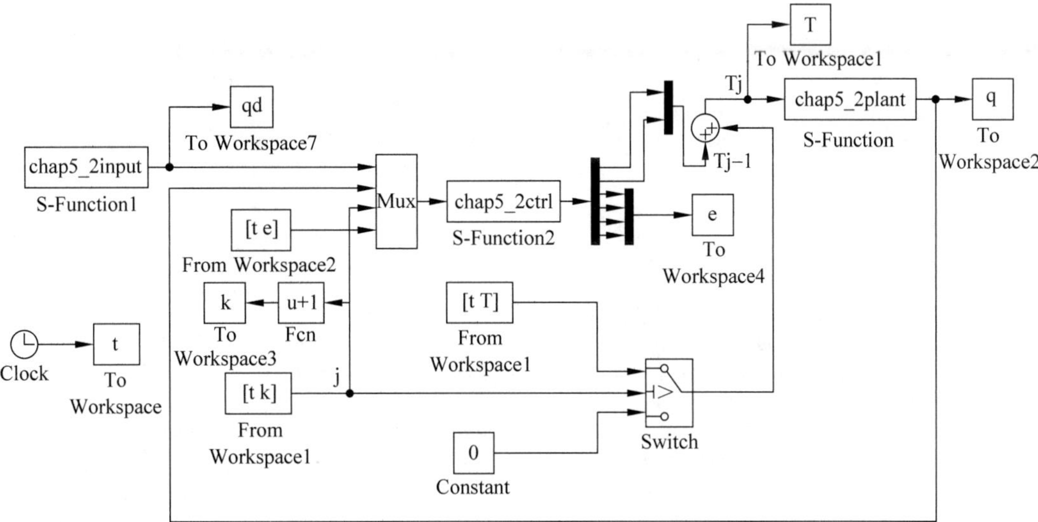

（3）被控对象子程序：chap5_2plant.m。

```
function [sys,x0,str,ts] = spacemodel(t,x,u,flag)
switch flag,
case 0,
    [sys,x0,str,ts] = mdlInitializeSizes;
case 1,
    sys = mdlDerivatives(t,x,u);
case 3,
    sys = mdlOutputs(t,x,u);
case {2,4,9}
    sys = [];
otherwise
    error(['Unhandled flag = ',num2str(flag)]);
end
function [sys,x0,str,ts] = mdlInitializeSizes
sizes = simsizes;
sizes.NumContStates  = 4;
sizes.NumDiscStates  = 0;
sizes.NumOutputs     = 4;
sizes.NumInputs      = 2;
sizes.DirFeedthrough = 0;
sizes.NumSampleTimes = 1;
sys   = simsizes(sizes);
x0    = [3;0;0;1];
str   = [];
ts    = [0 0];
function sys = mdlDerivatives(t,x,u)
%a = 1;
a = rands(1);

d1 = a * 0.3 * sin(3 * pi * t);
d2 = a * 0.1 * (1 - exp( - t));

dq1 = x(1);      %第一个关节角速度 dq1
dq2 = x(2);      %第二个关节角速度 dq2
q1 = x(3);       %第一个关节角度 q1
```

```
q2 = x(4);        %第二个关节角度 q2

tol1 = u(1);
tol2 = u(2);

m1 = 10;m2 = 5;
l1 = 1;l2 = 0.5;
r1 = 0.5;r2 = 0.25;
i1 = 0.83 + m1 * r1^2 + m2 * l1^2;
i2 = 0.3 + m2 * r2^2;
g = 9.8;

D = [i1 + i2 + 2 * m2 * r2 * l1 * cos(q2) i2 + m2 * r2 * l1 * cos(q2);
   i2 + m2 * r2 * l1 * cos(q2) i2];
C = [ - m2 * r2 * l1 * dq2 * sin(q2), - m2 * r2 * l1 * (dq1 + dq2) * sin(q2);
    m2 * r2 * l1 * dq1 * sin(q2),0];
G = [(m1 * r1 + m2 * l1) * g * cos(q1) + m2 * r2 * g * cos(q1 + q2);m2 * r2 * g * cos(q1 + q2)];
%%%%%%%%%%%%%%%%%%%%%%%%%%

D2 = inv(D);
Ta = [d1;d2];
A = - D2 * C;
Z = - D2 * G;

sys(1) = A(1,1) * x(1) + A(1,2) * x(2) + Z(1) + D2(1,1) * ( - Ta(1) + tol1) + D2(1,2) * ( - Ta(2) + tol2);
sys(2) = A(2,1) * x(1) + A(2,2) * x(2) + Z(2) + D2(2,1) * ( - Ta(1) + tol1) + D2(2,2) * ( - Ta(2) + tol2);
sys(3) = x(1);
sys(4) = x(2);
function sys = mdlOutputs(t,x,u)
sys(1) = x(1);                              %第一个关节角速度 dq1
sys(2) = x(2);                              %第二个关节角速度 dq2
sys(3) = x(3);                              %第一个关节角度 q1
sys(4) = x(4);                              %第二个关节角度 q2
```

（4）控制器子程序：chap5_2ctrl.m。

```
function [sys,x0,str,ts] = spacemodel(t,x,u,flag)
switch flag,
case 0,
    [sys,x0,str,ts] = mdlInitializeSizes;
case 3,
    sys = mdlOutputs(t,x,u);
case {2,4,9}
    sys = [];
otherwise
    error(['Unhandled flag = ',num2str(flag)]);
end
function [sys,x0,str,ts] = mdlInitializeSizes
sizes = simsizes;
sizes.NumContStates  = 0;
sizes.NumDiscStates  = 0;
sizes.NumOutputs     = 6;
sizes.NumInputs      = 13;
sizes.DirFeedthrough = 1;
sizes.NumSampleTimes = 1;
sys = simsizes(sizes);
x0  = [];
str = [];
ts  = [0 0];
```

```
function sys = mdlOutputs(t,x,u)
q1d = u(1);q2d = u(2);
dq1d = u(3);dq2d = u(4);
dq1 = u(5);dq2 = u(6);
q1 = u(7);q2 = u(8);
j = u(9);

e1 = q1d - q1;
e2 = q2d - q2;
de1 = dq1d - dq1;
de2 = dq2d - dq2;

e1_1 = u(10);
e2_1 = u(11);
de1_1 = u(12);
de2_1 = u(13);

Fai = eye(2);
Kd0 = [210 0;0 210];

if j == 0
    betaj = 1;
else
    betaj = 2 * j;
end
E = 1.0;
delta_y = [de1 - de1_1 + e1 - e1_1;de2 - de2_1 + e2 - e2_1];

Kp0 = [210 0;0 210];
Kd0 = Kp0;
Kpj = betaj * Kp0;
Kdj = betaj * Kd0;
ej = [e1 e2]';
dej = [de1 de2]';

Deltaj = [E * sign(delta_y(1)) E * sign(delta_y(1))]';
Tj = Kpj * ej + Kdj * dej + Deltaj;

sys(1) = Tj(1);
sys(2) = Tj(2);
sys(3) = e1;
sys(4) = e2;
sys(5) = de1;
sys(6) = de2;
```

(5) 指令程序：chap5_2input.m。

```
function [sys,x0,str,ts]  =  spacemodel(t,x,u,flag)
switch flag,
case 0,
    [sys,x0,str,ts] = mdlInitializeSizes;
case 3,
    sys = mdlOutputs(t,x,u);
case {2,4,9}
    sys = [];
otherwise
    error(['Unhandled flag  =  ',num2str(flag)]);
end
function [sys,x0,str,ts] = mdlInitializeSizes
```

```
sizes = simsizes;
sizes.NumContStates  = 0;
sizes.NumDiscStates  = 0;
sizes.NumOutputs     = 4;
sizes.NumInputs      = 0;
sizes.DirFeedthrough = 1;
sizes.NumSampleTimes = 1;
sys = simsizes(sizes);
x0  = [];
str = [];
ts  = [0 0];
function sys = mdlOutputs(t,x,u)
q1d = sin(3 * t);
q2d = cos(3 * t);
dq1d = 3 * cos(3 * t);
dq2d = - 3 * sin(3 * t);

sys(1) = q1d;
sys(2) = q2d;
sys(3) = dq1d;
sys(4) = dq2d;
```

5.3 基于切换增益的单关节机械手迭代学习控制

文献[5]针对多关节机械手提出了一种自适应迭代学习控制方法，该方法主要在经典的PD反馈控制的基础上通过迭代项克服机器人系统的未知参数和干扰带来的不确定性。本节在文献[5]的基础上，设计了单关节机械手的迭代学习控制算法，并给出了该方法的收敛性分析及仿真结果。

5.3.1 问题描述

单关节机器人系统的动力学模型为

$$I\ddot{\theta}_k + b\dot{\theta}_k + mgl\cos\theta_k = \tau_k + d_k(t) \tag{5.21}$$

其中，k 为正整数，表示迭代次数，θ_k、$\dot{\theta}_k$ 和 $\ddot{\theta}_k$ 分别代表关节第 k 次运行时的角度、角速度和角加速度，I 为转动惯量，b 为关节转动的粘性摩擦系数，m 为关节的质量，l 为关节的质心与关节的距离，$d_k(t)$ 为单关节机器人系统参数不确性项和干扰，τ_k 为作用于关节的控制输入。

假定关节的位置和速度可以通过反馈获得，则控制的任务就是设计一个控制律 $\tau_k(t)$ 使得 $\theta_k(t)$ 在任意 $t\in[0,T]$ 及任意 k 都有界，并且当 $k\to\infty$ 时 $\theta_k(t)$ 在任意时刻 $t\in[0,T]$ 都收敛于对应时刻的期望轨迹 $\theta_d(t)$。

根据上述描述，可以给出如下合理的假设：

假设 1：期望轨迹 $\theta_d(t)$ 及其一阶、二阶导数 $\dot{\theta}_d(t)$、$\ddot{\theta}_d(t)$ 和 $d_k(t)$ 有界；

假设 2：初始状态可重复，即 $\dot{\theta}_d(0)-\dot{\theta}_k(0)=\theta_d(0)-\theta_k(0)=0$；

假设 3：$|I\ddot{\theta}_{dk}-d_k|\leqslant\beta$，$|mgl\cos\theta|\leqslant k_g$，$b\leqslant k_c$；

假设 4：假设速度有界[8]，取 $|\dot{\theta}_k|\leqslant M$。

5.3.2 自适应迭代学习控制器设计

考虑式(5.21)及假设1～3,控制律设计为[5]

$$\tau_k = k_p e_k(t) + k_d \dot{e}_k(t) + \hat{\delta}_k(t)\operatorname{sgn}(\dot{e}_k(t)) \tag{5.22}$$

其中

$$\hat{\delta}_k(t) = \hat{\delta}_{k-1}(t) + \gamma\, |\dot{e}_k(t)| \tag{5.23}$$

且 $\hat{\delta}_{-1}(t)=0$,$e_k(t)=\theta_d(t)-\theta_k(t)$。如果 k_p,k_d,γ 均大于零,则 $e_k(t)$、$\dot{e}_k(t)$ 及 $\tau_k(t)$ 对于任意 k 都有界,且 $\lim\limits_{k\to\infty} e_k(t) = \lim\limits_{k\to\infty}\dot{e}_k(t) = 0$,$t\in[0\quad T]$。

为了简化起见,在下面的描述中有些变量省略了(t)。

5.3.3 收敛性分析

收敛性分析步骤如下。

1. 证明 W_k 的递增性

取如下的 Lyapunov 函数

$$W_k(t) = V_k(t) + \frac{1}{2\gamma}\int_0^t \tilde{\delta}_k^2(\tau)\,\mathrm{d}\tau \tag{5.24}$$

其中,δ 为用于描述模型信息的不确定项。

定义 $\delta=\beta+k_c M+k_g$,为了实现无须模型信息的控制,采用 $\hat{\delta}_k(t)$ 自适应估计 δ,并取 $\tilde{\delta}_k(t)=\delta-\hat{\delta}_k(t)$。定义 $V_k(t)$ 为

$$V_k(t) = \frac{1}{2} I \dot{e}_k^2(t) + \frac{1}{2} k_p e_k^2(t) \tag{5.25}$$

则

$$\begin{aligned}\Delta W_k &= W_k - W_{k-1} = V_k - V_{k-1} + \frac{1}{2\gamma}\int_0^t (\tilde{\delta}_k^2(\tau) - \tilde{\delta}_{k-1}^2(\tau))\,\mathrm{d}\tau \\ &= V_k - V_{k-1} - \frac{1}{2\gamma}\int_0^t (\bar{\delta}_k^2 + 2\tilde{\delta}_k \bar{\delta}_k)\,\mathrm{d}\tau \end{aligned} \tag{5.26}$$

其中,$\bar{\delta}_k = \hat{\delta}_k - \hat{\delta}_{k-1}$。

对 $V_k(t)$ 求一阶导数,然后对两边积分可得

$$V_k(t) = V_k(0) + \int_0^t (I\dot{e}_k\ddot{e}_k + k_p e_k \dot{e}_k)\,\mathrm{d}\tau \tag{5.27}$$

根据假设2可知 $V_k(0)=0$,利用式(5.21)及假设1-4,可得

$$\begin{aligned} V_k(t) &= \int_0^t \dot{e}_k (I\ddot{\theta}_{dk} - I\ddot{\theta}_k + k_p e_k)\,\mathrm{d}\tau \\ &= \int_0^t \dot{e}_k (I\ddot{\theta}_{dk} + b\dot{\theta}_k + mgl\cos\theta_k - \tau_k - d_k + k_p e_k)\,\mathrm{d}\tau \\ &\leqslant \int_0^t \delta\, |\dot{e}_k|\,\mathrm{d}\tau + \int_0^t \dot{e}_k(-\tau_k + k_p e_k)\,\mathrm{d}\tau \end{aligned}$$

其中，$|I\ddot{\theta}_{dk}-d_k+mgl\cos\theta_k+b\dot{\theta}_k|\leqslant\beta+k_g+k_cM\leqslant\delta$。

将控制律式(5.22)代入上式，可得

$$\begin{aligned}V_k(t)&\leqslant\int_0^t\delta\ |\dot{e}_k|\ \mathrm{d}\tau+\int_0^t\dot{e}_k(-k_d\dot{e}_k-\hat{\delta}_k(t)\operatorname{sgn}(\dot{e}_k(t)))\mathrm{d}\tau\\&=\int_0^t\delta\ |\dot{e}_k|\ \mathrm{d}\tau+\int_0^t(-k_d\dot{e}_k^2-\hat{\delta}_k\ |\dot{e}_k|)\mathrm{d}\tau\end{aligned}\tag{5.28}$$

由式(5.23)可得

$$|\dot{e}_k|=\frac{1}{\gamma}(\hat{\delta}_k-\hat{\delta}_{k-1})=\frac{1}{\gamma}\bar{\delta}_k$$

则

$$V_k\leqslant-k_d\int_0^t\dot{e}_k^2\mathrm{d}\tau+\frac{1}{\gamma}\int_0^t\delta\bar{\delta}_k\mathrm{d}\tau-\frac{1}{\gamma}\int_0^t\hat{\delta}_k\bar{\delta}_k\mathrm{d}\tau=-k_d\int_0^t\dot{e}_k^2\mathrm{d}\tau+\frac{1}{\gamma}\int_0^t\tilde{\delta}_k\bar{\delta}_k\mathrm{d}\tau$$

将上式代入式(5.26)，可得

$$\begin{aligned}\Delta W_k&\leqslant-k_d\int_0^t\dot{e}_k^2\mathrm{d}\tau+\frac{1}{\gamma}\int_0^t\tilde{\delta}_k\bar{\delta}_k\mathrm{d}\tau-V_{k-1}-\frac{1}{2\gamma}\int_0^t(\bar{\delta}_k^2+2\tilde{\delta}_k\bar{\delta}_k)\mathrm{d}\tau\\&=-V_{k-1}-\frac{1}{2\gamma}\int_0^t\bar{\delta}_k^2\mathrm{d}\tau-k_d\int_0^t\dot{e}_k^2\mathrm{d}\tau\leqslant0\end{aligned}\tag{5.29}$$

上式说明 W_k 是非增序列，现只要证明 W_0 有界就可说明 W_k 是有界的。

2. 证明 $W_0(t)$ 的有界性

根据式(5.24)的定义，有

$$W_0(t)=V_0(t)+\frac{1}{2\gamma}\int_0^t\tilde{\delta}_0^2(\tau)\mathrm{d}\tau$$

则

$$\dot{W}_0(t)=\dot{V}_0(t)+\frac{1}{2\gamma}\tilde{\delta}_0^2(t)\tag{5.30}$$

根据式(5.27)，有 $V_0(t)=\int_0^t(I\dot{e}_0\ddot{e}_0+k_pe_0\dot{e}_0)\mathrm{d}\tau$，由式(5.21)可得

$$I\ddot{\theta}_0=\tau_0+d_0-b\dot{\theta}_0-mgl\cos\theta_0=k_pe_0+k_d\dot{e}_0+\hat{\delta}_0\operatorname{sgn}(\dot{e}_0)+d_0-b\dot{\theta}_0-mgl\cos\theta_0$$

则

$$\begin{aligned}\dot{V}_0(t)&=I\dot{e}_0\ddot{e}_0+k_pe_0\dot{e}_0=\dot{e}_0(I\ddot{e}_0+k_pe_0)=\dot{e}_0(I\ddot{\theta}_d-I\ddot{\theta}_0+k_pe_0)\\&=\dot{e}_0(I\ddot{\theta}_d-k_d\dot{e}_0-\hat{\delta}_0\operatorname{sgn}(\dot{e}_0)-d_0+b\dot{\theta}_0+mgl\cos\theta_0)\\&\leqslant\delta\ |\dot{e}_0|-k_d\dot{e}_0^2-\hat{\delta}_0\ |\dot{e}_0|\end{aligned}$$

由式(5.23)可知 $\hat{\delta}_0(t)=\gamma|\dot{e}_0(t)|$，将上式代入式(5.30)，可得

$$\begin{aligned}\dot{W}_0(t)&\leqslant\delta\ |\dot{e}_0|-k_d\dot{e}_0^2-\hat{\delta}_0\ |\dot{e}_0|+\frac{1}{2\gamma}\tilde{\delta}_0^2=-k_d\dot{e}_0^2+\tilde{\delta}_0\ |\dot{e}_0|+\frac{1}{2\gamma}\tilde{\delta}_0^2\\&=-k_d\dot{e}_0^2+\frac{1}{\gamma}\tilde{\delta}_0\hat{\delta}_0+\frac{1}{2\gamma}\tilde{\delta}_0^2=-k_d\dot{e}_0^2+\frac{1}{\gamma}\tilde{\delta}_0\left(\hat{\delta}_0+\frac{1}{2}\tilde{\delta}_0\right)\end{aligned}$$

由 $\hat{\delta}_0(t)=\delta-\tilde{\delta}_0(t)$，代入上式可得

$$\dot{W}_0(t) \leqslant -k_d\dot{e}_0^2 + \frac{1}{\gamma}\tilde{\delta}_0\delta - \frac{1}{2\gamma}\tilde{\delta}_0^2 \tag{5.31}$$

对于$\lambda>0$,有如下不等式

$$\frac{1}{\gamma}\tilde{\delta}_0(t)\delta \leqslant \lambda\left(\frac{1}{\gamma}\tilde{\delta}_0(t)\right)^2 + \frac{1}{4\lambda}\delta^2 \tag{5.32}$$

成立,则可得

$$\begin{aligned}\dot{W}_0 &\leqslant -k_d\dot{e}_0^2 + \lambda\left(\frac{1}{\gamma}\tilde{\delta}_0(t)\right)^2 + \frac{1}{4\lambda}\delta^2 - \frac{1}{2\gamma}\tilde{\delta}_0^2(t) \\ &= -k_d\dot{e}_0^2 + \frac{1}{\gamma}\left(\frac{\lambda}{\gamma} - \frac{1}{2}\right)\tilde{\delta}_0^2(t) + \frac{1}{4\lambda}\delta^2\end{aligned} \tag{5.33}$$

取$\frac{\lambda}{\gamma}-\frac{1}{2}\leqslant 0$,即$\lambda\leqslant\frac{1}{2}\gamma$,则

$$\dot{W}_0 \leqslant -k_d\dot{e}_0^2 + \frac{1}{4\lambda}\delta^2 \leqslant \frac{1}{4\lambda}\delta^2$$

由式(5.34),根据一致连续性判定定理(见附录),若函数W_0在区间$[0,T]$上的导数有界,则W_0在$[0,T]$上一致连续,再根据闭区间上连续函数的有界定理(见附录),W_0在$[0,T]$上有界。

3. 证明误差的收敛性

由W_0在$[0,T]$上有界可知W_k有界,W_k可写为

$$W_k = W_0 + \sum_{j=1}^{k}\Delta W_j \tag{5.34}$$

由式(5.29)可得$\Delta W_k\leqslant -V_{k-1}$,则根据式(5.25)中$V_k$的定义,可得

$$\Delta W_k \leqslant -\frac{1}{2}I\dot{e}_{k-1}^2 - \frac{1}{2}k_p e_{k-1}^2$$

则

$$\sum_{j=1}^{k}\Delta W_j \leqslant -\frac{1}{2}\sum_{j=1}^{k}(I\dot{e}_{j-1}^2 + k_p e_{j-1}^2)$$

从而

$$W_k \leqslant W_0 - \frac{1}{2}\sum_{j=1}^{k}(I\dot{e}_{j-1}^2 + k_p e_{j-1}^2) \tag{5.35}$$

由上式可推出

$$\sum_{j=1}^{k}(I\dot{e}_{j-1}^2 + k_p e_{j-1}^2) \leqslant 2(W_0 - W_k) \leqslant 2W_0$$

由于W_0有界,则

$$\lim_{k\to\infty}e_k(t) = \lim_{k\to\infty}\dot{e}_k(t) = 0,\quad t\in[0\quad T]$$

5.3.4 仿真实例

假设单力臂的质量均匀分布,质心距连杆的转动中心为l,连杆运动的黏性摩擦系数为b,并忽略弹性摩擦,外加干扰为d_k,则根据牛顿定律得到其运动方程为

$$I\ddot{\theta}+b\dot{\theta}+mgl\cos\theta=\tau+d_k$$

其中,mg 为重力,I 为转动惯量,θ 为转动角度。

单自由度机械臂的系统参数为:机械臂质量 $m=1$,质心到关节的长度 $l=0.25$,转动惯量 $I=\frac{4}{3}ml^2$,重力加速度 $g=9.8$,黏性摩擦系数 $b=2.0$,取干扰和系统不确定项的总和为 $d_k=\sin t$。

控制器参数选为 $k_p=5.0$,$k_d=5.0$,$\gamma=20$。总的迭代次数为 20 次,每次的仿真时间为 1。仿真中,为了提高控制精度,Simulink 模块的仿真参数中的绝对误差和相对误差都取 10^{-5}。角度指令信号为 $\theta_d=\sin t$。采用控制律式(5.22)和自适应律式(5.23),仿真程序中,取 $S=1$,仿真结果如图 5.11~图 5.15 所示。在控制律中,为了降低控制输入的抖振,并加快运算速度,可采用饱和函数代替切换函数,并取边界层厚度为 0.02,见仿真程序中的 $S=2$。

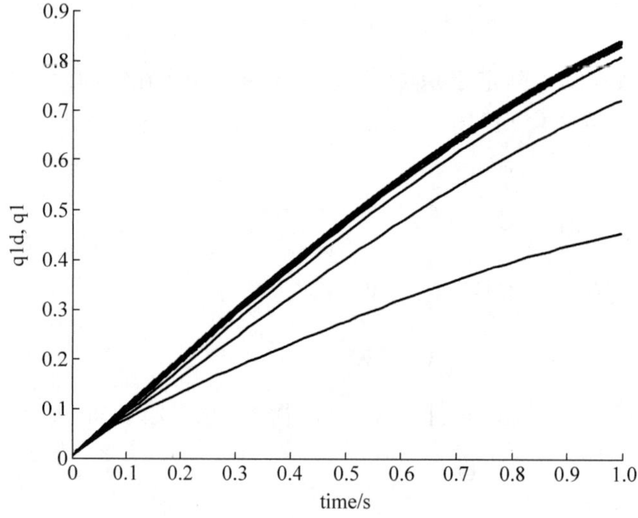

图 5.11 50 次迭代过程中角度的跟踪过程

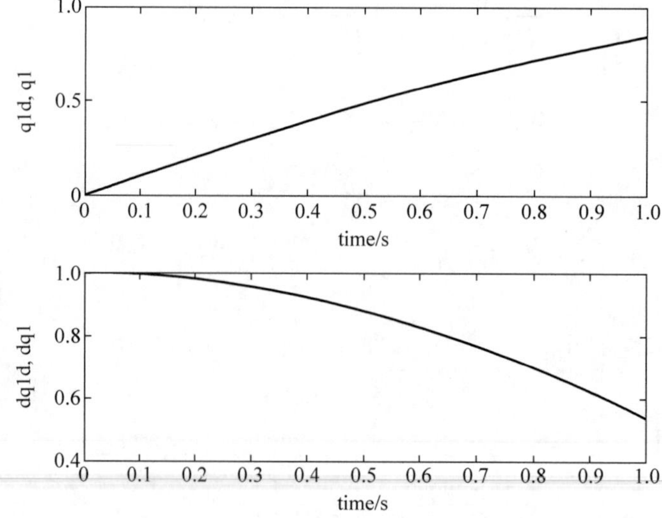

图 5.12 50 次迭代后角度和角速度跟踪

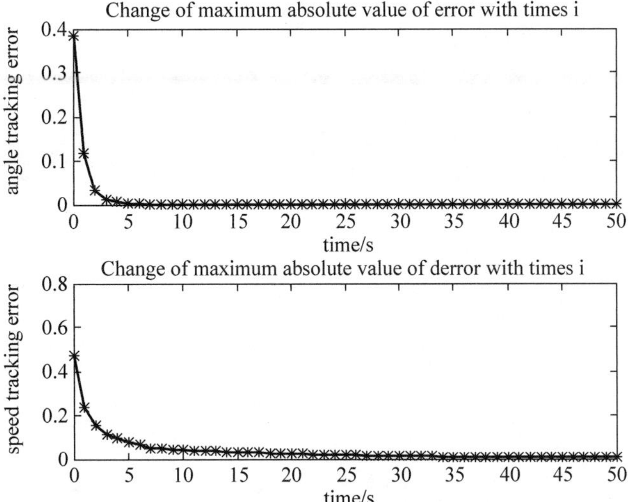

图 5.13　50 次迭代过程中误差和误差变化率的收敛过程

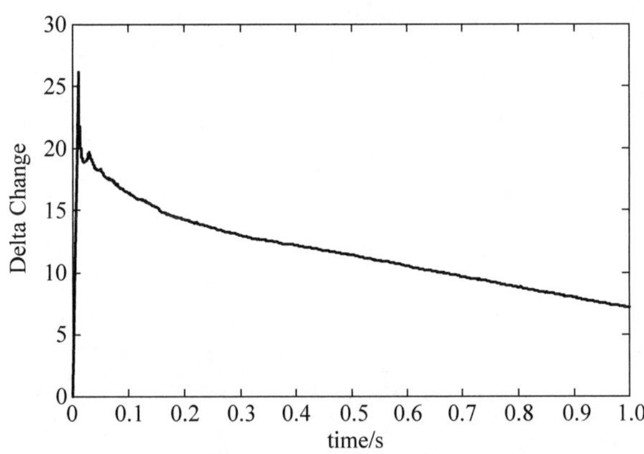

图 5.14　第 50 次迭代自适应项 $\boldsymbol{\delta}$ 的变化

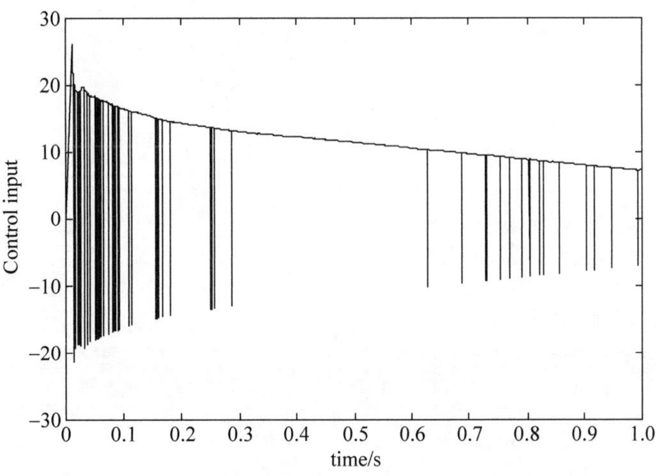

图 5.15　第 50 次迭代控制输入的变化

仿真程序：针对单力臂机械手的自适应迭代学习控制。

（1）主程序：chap5_3main. m。

```
clc;
clear all;
close all;

global old_delta
t=[0:0.01:1]';
k(1:101)=0;
k=k';
delta(1:101)=0;
delta=delta';

M=50;
for i=0:1:M
i
pause(0.01);

old_delta=delta;
sim('chap5_3sim',[0,1]);

q1=q(:,1);
dq1=q(:,2);
q1d=qd(:,1);
dq1d=qd(:,2);
e=q1d-q1;
de=dq1d-dq1;

figure(1);
hold on;
plot(t,q1,'b',t,q1d,'r');
xlabel('time(s)');ylabel('q1d,q1');

j=i+1;
times(j)=i;

ei(j) =max(abs(e));
dei(j)=max(abs(de));
end

figure(2);
subplot(211);
plot(t,q1d,'r',t,q1,'b');
xlabel('time(s)');ylabel('q1d,q1');
subplot(212);
plot(t,dq1d,'r',t,dq1,'b');
xlabel('time(s)');ylabel('dq1d,dq1');

figure(3);
subplot(211);
plot(times,ei,'*-r');
title('Change of maximum absolute value of error with times i');
xlabel('times');ylabel('angle tracking error');
subplot(212);
```

```
plot(times,dei,'* - r');
title('Change of maximum absolute value of derror with times i');
xlabel('times');ylabel('speed tracking error');

figure(4);
plot(t,delta,'r');
xlabel('time(s)');ylabel('Delta Change');
figure(5);
plot(t,tol,'r');
xlabel('time(s)');ylabel('Control input');
```

（2）Simulink 子程序：chap5_3sim. mdl。

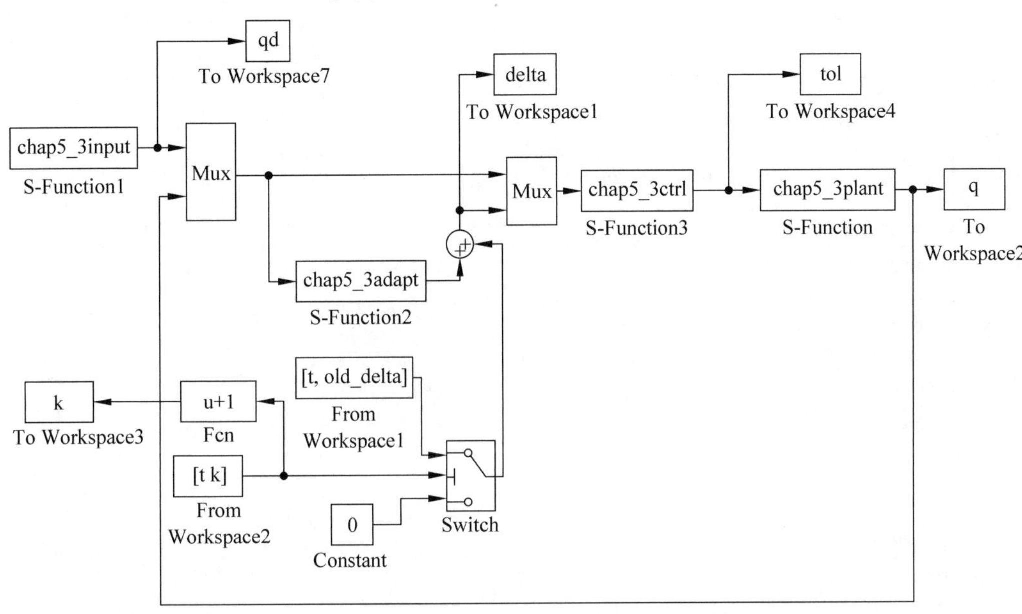

（3）控制器子程序：chap5_3ctrl. m。

```
function [sys,x0,str,ts] = spacemodel(t,x,u,flag)
switch flag,
case 0,
    [sys,x0,str,ts] = mdlInitializeSizes;
case 3,
    sys = mdlOutputs(t,x,u);
case {2,4,9}
    sys = [];
otherwise
    error(['Unhandled flag = ',num2str(flag)]);
end
function [sys,x0,str,ts] = mdlInitializeSizes
sizes = simsizes;
sizes.NumContStates   = 0;
sizes.NumDiscStates   = 0;
sizes.NumOutputs      = 1;
sizes.NumInputs       = 5;
sizes.DirFeedthrough  = 1;
```

```
sizes.NumSampleTimes  = 1;
sys = simsizes(sizes);
x0  = [];
str = [];
ts  = [0 0];
function sys = mdlOutputs(t,x,u)
q1d = u(1);dq1d = u(2);
q1 = u(3);dq1 = u(4);

e = q1d - q1;
de = dq1d - dq1;

Kp = 5.0;Kd = 5.0;

delta = u(5);
S = 2;
if S == 1
    tol = Kp * e + Kd * de + delta * sign(de);
elseif S == 2
    fai = 0.02;
    if de/fai > 1
       sat = 1;
    elseif abs(de/fai)< = 1
       sat = de/fai;
    elseif de/fai < - 1
       sat = - 1;
    end
       tol = Kp * e + Kd * de + delta * sat;
end
sys(1) = tol;
```

(4) 自适应律子程序：chap5_3adapt.m。

```
function [sys,x0,str,ts] = spacemodel(t,x,u,flag)
switch flag,
case 0,
    [sys,x0,str,ts] = mdlInitializeSizes;
case 3,
    sys = mdlOutputs(t,x,u);
case {2,4,9}
    sys = [];
otherwise
    error(['Unhandled flag = ',num2str(flag)]);
end
function [sys,x0,str,ts] = mdlInitializeSizes
sizes = simsizes;
sizes.NumContStates  = 0;
sizes.NumDiscStates  = 0;
sizes.NumOutputs     = 1;
sizes.NumInputs      = 4;
sizes.DirFeedthrough = 1;
sizes.NumSampleTimes = 1;
sys = simsizes(sizes);
x0  = [];
str = [];
ts  = [0 0];
```

```
function sys = mdlOutputs(t,x,u)
q1d = u(1);dq1d = u(2);
q1 = u(3);dq1 = u(4);

de = dq1d - dq1;


Gama = 20;
delta = Gama * de' * sign(de); % Adaptive law
sys(1) = delta;
```

(5) 被控对象子程序：chap5_3plant. m。

```
function [sys,x0,str,ts] = spacemodel(t,x,u,flag)
switch flag,
case 0,
    [sys,x0,str,ts] = mdlInitializeSizes;
case 1,
    sys = mdlDerivatives(t,x,u);
case 3,
    sys = mdlOutputs(t,x,u);
case {2,4,9}
    sys = [];
otherwise
    error(['Unhandled flag = ',num2str(flag)]);
end
function [sys,x0,str,ts] = mdlInitializeSizes
sizes = simsizes;
sizes.NumContStates  = 2;
sizes.NumDiscStates  = 0;
sizes.NumOutputs     = 2;
sizes.NumInputs      = 1;
sizes.DirFeedthrough = 0;
sizes.NumSampleTimes = 1;
sys = simsizes(sizes);
x0  = [0;1];
str = [];
ts  = [0 0];
function sys = mdlDerivatives(t,x,u)
g = 9.8;
m = 1.0;
l = 1.25;
b = 2.0;
I = 4/3 * m * l^2;

q = x(1);
dq = x(2);

tol = u(1);
dk = sin(t);
S = inv(I) * (tol + dk - m * g * l * cos(q) - b * dq);

sys(1) = x(2);
sys(2) = S;
function sys = mdlOutputs(t,x,u)
sys(1) = x(1);                        % 角度
sys(2) = x(2);                        % 角速度
```

（6）指令子程序：chap5_3input.m。

```
function [sys,x0,str,ts] = spacemodel(t,x,u,flag)
switch flag,
case 0,
    [sys,x0,str,ts] = mdlInitializeSizes;
case 3,
    sys = mdlOutputs(t,x,u);
case {2,4,9}
    sys = [];
otherwise
    error(['Unhandled flag = ',num2str(flag)]);
end
function [sys,x0,str,ts] = mdlInitializeSizes
sizes = simsizes;
sizes.NumContStates  = 0;
sizes.NumDiscStates  = 0;
sizes.NumOutputs     = 2;
sizes.NumInputs      = 0;
sizes.DirFeedthrough = 0;
sizes.NumSampleTimes = 1;
sys = simsizes(sizes);
x0  = [];
str = [];
ts  = [0 0];
function sys = mdlOutputs(t,x,u)
q1d = sin(t);
dq1d = cos(t);

sys(1) = q1d;
sys(2) = dq1d;
```

5.4 基于切换增益的多关节机械手迭代学习控制

本节介绍一类多关节机器人力臂自适应迭代学习控制器的设计和仿真方法。

5.4.1 问题的提出

多关节机器人力臂动力学方程为

$$\boldsymbol{M}(\boldsymbol{q}_k(t))\ddot{\boldsymbol{q}}_k(t)+\boldsymbol{C}(\boldsymbol{q}_k(t),\dot{\boldsymbol{q}}_k(t))\dot{\boldsymbol{q}}_k(t)+\boldsymbol{G}(\boldsymbol{q}_k(t))=\boldsymbol{\tau}_k(t)+\boldsymbol{d}_k(t) \tag{5.36}$$

其中，$\boldsymbol{q}_k\in\mathbf{R}^n$，$\dot{\boldsymbol{q}}_k\in\mathbf{R}^n$，$\ddot{\boldsymbol{q}}_k\in\mathbf{R}^n$ 为关节角位移，角速度和角加速度量，$\boldsymbol{M}(\boldsymbol{q}_k)\in\mathbf{R}^{n\times n}$ 为机器人的惯性矩阵，$\boldsymbol{C}(\boldsymbol{q}_k,\dot{\boldsymbol{q}}_k)\dot{\boldsymbol{q}}_k\in\mathbf{R}^n$ 表示离心力和哥氏力，$\boldsymbol{G}(\boldsymbol{q}_k)\in\mathbf{R}^n$ 为重力项，$\boldsymbol{\tau}\in\mathbf{R}^n$ 为控制力矩，$\boldsymbol{d}_k\in\mathbf{R}^n$ 为各种未建模动态和扰动。

假设系统参数未知，且系统满足如下假设：

（A1）对于 $\forall t\in[0,T]$，指令轨迹 $\boldsymbol{q}_{\mathrm{d}}(t)$，$\dot{\boldsymbol{q}}_{\mathrm{d}}(t)$，$\ddot{\boldsymbol{q}}_{\mathrm{d}}(t)$ 及干扰 $\boldsymbol{q}_{\mathrm{d}}(t)$ 有界；

（A2）初始值满足 $\dot{\boldsymbol{q}}_{\mathrm{d}}(0)-\dot{\boldsymbol{q}}_k(0)=\boldsymbol{q}_{\mathrm{d}}(0)-\boldsymbol{q}_k(0)=0$。

且满足一般机器人模型所具有的如下 4 个特性：

（P1）$\boldsymbol{M}(\boldsymbol{q}_k)\in\mathbf{R}^{n\times n}$ 为对称正定且有界的矩阵；

（P2）$\dot{\boldsymbol{M}}(\boldsymbol{q}_k)-2\boldsymbol{C}(\boldsymbol{q}_k,\dot{\boldsymbol{q}}_k)$ 为对称矩阵，且 $\boldsymbol{x}^{\mathrm{T}}(\dot{\boldsymbol{M}}(\boldsymbol{q}_k)-2\boldsymbol{C}(\boldsymbol{q}_k,\dot{\boldsymbol{q}}_k))\boldsymbol{x}=0$，$\boldsymbol{x}\in\mathbf{R}^n$；

(P3) $\boldsymbol{G}(\boldsymbol{q}_k)+\boldsymbol{C}(\boldsymbol{q}_k,\dot{\boldsymbol{q}}_k)\dot{\boldsymbol{q}}_{\mathrm{d}}(t)=\boldsymbol{\Psi}(\boldsymbol{q}_k,\dot{\boldsymbol{q}}_k)\boldsymbol{\xi}^{\mathrm{T}}(t)$，$\boldsymbol{\Psi}(\boldsymbol{q}_k,\dot{\boldsymbol{q}}_k)\in\mathbf{R}^{n\times(m-1)}$ 为已知矩阵，$\boldsymbol{\xi}(t)\in\mathbf{R}^{m-1}$ 为未知向量；

(P4) $\|\boldsymbol{C}(\boldsymbol{q}_k,\dot{\boldsymbol{q}}_k)\|\leqslant k_{\mathrm{c}}\|\dot{\boldsymbol{q}}_k\|$，$\|\boldsymbol{G}(\boldsymbol{q}_k)\|<k_{\mathrm{g}}$，$t\in[0,T]$，$k_{\mathrm{c}}$ 和 k_{g} 为正的实数。

5.4.2 三个定理及收敛性分析

定理 5.2 针对系统方程式(5.36)，如果采用控制律

$$\boldsymbol{\tau}_k(t)=\boldsymbol{K}_{\mathrm{P}}\tilde{\boldsymbol{q}}_k(t)+\boldsymbol{K}_{\mathrm{D}}\dot{\tilde{\boldsymbol{q}}}_k(t)+\boldsymbol{\varphi}(\boldsymbol{q}_k,\dot{\boldsymbol{q}}_k,\dot{\tilde{\boldsymbol{q}}}_k)\hat{\boldsymbol{\theta}}_k(t) \tag{5.37}$$

$$\hat{\boldsymbol{\theta}}_k(t)=\hat{\theta}_{k-1}(t)+\boldsymbol{\Gamma}\boldsymbol{\varphi}^{\mathrm{T}}(\boldsymbol{q}_k,\dot{\boldsymbol{q}}_k,\dot{\tilde{\boldsymbol{q}}}_k)\dot{\tilde{\boldsymbol{q}}}_k(t) \tag{5.38}$$

其中，$\hat{\boldsymbol{\theta}}_{k-1}(t)=0$，$\tilde{\boldsymbol{q}}_k(t)=\boldsymbol{q}_{\mathrm{d}}(t)-\boldsymbol{q}_k(t)$，$\dot{\tilde{\boldsymbol{q}}}_k(t)=\dot{\boldsymbol{q}}_{\mathrm{d}}(t)-\dot{\boldsymbol{q}}_k(t)$，$\varphi(\boldsymbol{q}_k,\dot{\boldsymbol{q}}_k,\dot{\tilde{\boldsymbol{q}}}_k)\in\mathbf{R}^{n\times n}$，且 $\varphi(\boldsymbol{q}_k,\dot{\boldsymbol{q}}_k,\dot{\tilde{\boldsymbol{q}}}_k)\triangleq[\boldsymbol{\psi}(\boldsymbol{q}_k,\dot{\boldsymbol{q}}_k)\,\mathrm{sgn}(\dot{\tilde{\boldsymbol{q}}}_k)]$，矩阵 $\boldsymbol{K}_{\mathrm{P}}\in\mathbf{R}^{n\times n}$，$\boldsymbol{K}_{\mathrm{D}}\in\mathbf{R}^{n\times n}$ 和 $\boldsymbol{\Gamma}\in\mathbf{R}^{m\times m}$ 为正定对称矩阵。

那么，$\tilde{\boldsymbol{q}}_k(t)$，$\dot{\tilde{\boldsymbol{q}}}_k(t)$有界，且 $\lim\limits_{k\to\infty}\tilde{\boldsymbol{q}}_k(t)=\lim\limits_{k\to\infty}\dot{\tilde{\boldsymbol{q}}}_k(t)=0$，$t\in[0,T]$。

定理 5.2 的证明类似于 5.3 节的分析过程。文献[5]给出了定理 5.2 的证明过程，该证明过程分为以下 3 个步骤：

(1) $\Delta W_k(t)$的有界性证明：首先定义 Lyapunov 能量函数，然后通过证明 $\Delta W_k(t)\leqslant 0$，证明 $\Delta W_k(t)$为非递增序列。

(2) $W_0(t)$的连续性和有界性证明：首先证明 $\dot{W}_0(t)$的有界性，然后根据一致连续性判定定理(见附录)，证明 $W_0(t)$在$[0,T]$上一致连续，再根据闭区间上连续函数的有界定理(见附录)，证明 $W_0(t)$在$[0,T]$上有界。

(3) 误差的收敛性证明：由于 $W_0(t)$在$[0,T]$上有界，在 $W_k(t)$有界，进而可证明 $\tilde{\boldsymbol{q}}_k(t)$、$\dot{\tilde{\boldsymbol{q}}}_k(t)$有界，且 $\lim\limits_{k\to\infty}\tilde{\boldsymbol{q}}_k(t)=\lim\limits_{k\to\infty}\dot{\tilde{\boldsymbol{q}}}_k(t)=0$，$t\in[0,T]$。

在上述控制器的基础上，根据文献[5]，给出了如下两个控制器设计方法：

定理 5.3

$$\boldsymbol{\tau}_k(t)=\boldsymbol{K}_{\mathrm{P}}\tilde{\boldsymbol{q}}_k(t)+\boldsymbol{K}_{\mathrm{D}}\dot{\tilde{\boldsymbol{q}}}_k(t)+\boldsymbol{\eta}(\dot{\tilde{\boldsymbol{q}}}_k)\hat{\boldsymbol{\theta}}_k(t) \tag{5.39}$$

$$\hat{\boldsymbol{\theta}}_k(t)=\hat{\boldsymbol{\theta}}_{k-1}(t)+\boldsymbol{\Gamma}\boldsymbol{\eta}^{\mathrm{T}}(\dot{\tilde{\boldsymbol{q}}}_k)\dot{\tilde{\boldsymbol{q}}}_k(t) \tag{5.40}$$

定理 5.4

$$\boldsymbol{\tau}_k(t)=\boldsymbol{K}_{\mathrm{P}}\tilde{\boldsymbol{q}}_k(t)+\boldsymbol{K}_{\mathrm{D}}\dot{\tilde{\boldsymbol{q}}}_k(t)+\hat{\delta}_k(t)\,\mathrm{sgn}(\dot{\tilde{\boldsymbol{q}}}_k(t)) \tag{5.41}$$

$$\hat{\delta}_k(t)=\hat{\delta}_{k-1}(t)+\gamma\dot{\tilde{\boldsymbol{q}}}_k^{\mathrm{T}}(t)\,\mathrm{sgn}(\dot{\tilde{\boldsymbol{q}}}_k(t)) \tag{5.42}$$

定理 5.3 及定理 5.4 的收敛性分析过程类似于定理 5.2 的收敛性分析过程，详细分析见参考文献[5]。

5.4.3 仿真实例

被控对象为二关节机器人力臂，动力学方程见式(5.36)，即

$$\boldsymbol{M}(\boldsymbol{q}_k(t))\ddot{\boldsymbol{q}}_k(t)+\boldsymbol{C}(\boldsymbol{q}_k(t),\dot{\boldsymbol{q}}_k(t))\dot{\boldsymbol{q}}_k(t)+\boldsymbol{G}(\boldsymbol{q}_k(t))=\boldsymbol{\tau}_k(t)+\boldsymbol{d}_k(t)$$

其中上式各项表示为

$\boldsymbol{M}=[m_{ij}]_{2\times 2}$，$m_{11}=m_1 l_{c1}^2+m_2(l_1^2+l_{c2}^2+2l_1 l_{c2}\cos q_2)+I_1+I_2$，$m_{12}=m_{21}=m_2(l_{c2}^2+l_1 l_{c2}\cos q_2)+l_2$，$m_{22}=m_2 l_{c2}^2+I_2$。$\boldsymbol{C}=[c_{ij}]_{2\times 2}$，$c_{11}=h\dot{q}_2$，$c_{12}=h\dot{q}_1+h\dot{q}_2$，$c_{21}=-h\dot{q}_1$，$c_{22}=0$，$h=-m_2 l_1 l_{c2}\sin q_2$。$\boldsymbol{G}=[G_1\quad G_2]^{\mathrm{T}}$，$G_1=(m_1 l_{c1}+m_2 l_1)g\cos q_1+m_2 l_{c2} g\cos(q_1+q_2)$，$G_2=m_2 l_{c2} g\cos(q_1+q_2)$；干扰项为 $\boldsymbol{d}_k(t)=[d_m\sin(t)\quad d_m\sin(t)]^{\mathrm{T}}$，其中 d_m 为幅值为 1 的随机信号。

机器人系统参数为 $m_1=m_2=1\mathrm{kg}$，$l_1=l_2=0.5\mathrm{m}$，$l_{c1}=l_{c2}=0.25\mathrm{m}$，$I_1=I_2=0.1\mathrm{kg}\times\mathrm{m}^2$，$g=9.81\mathrm{m/s^2}$。

两个关节的角度指令信号分别为 $\sin(2\pi t)$ 和 $\cos(2\pi t)$。为了保证被控对象初始输出与指令初值一致，取被控对象的初始状态为 $\boldsymbol{x}(0)=[0\quad 2\pi\quad 1\quad 0]^{\mathrm{T}}$。

控制器参数选为 $\boldsymbol{K}_{\mathrm{P}}=\boldsymbol{K}_{\mathrm{D}}=\begin{bmatrix}10 & 0\\ 0 & 10\end{bmatrix}$，自适应律参数取

$$\boldsymbol{\Gamma}=\begin{bmatrix}10 & 0 & 0 & 0 & 0\\ 0 & 10 & 0 & 0 & 0\\ 0 & 0 & 10 & 0 & 0\\ 0 & 0 & 0 & 10 & 0\\ 0 & 0 & 0 & 0 & 10\end{bmatrix}$$

总的迭代次数为 5 次，每 1 次的仿真时间为 1。采用控制律式(5.37)和自适应律式(5.38)，仿真结果如图 5.16～图 5.19 所示。

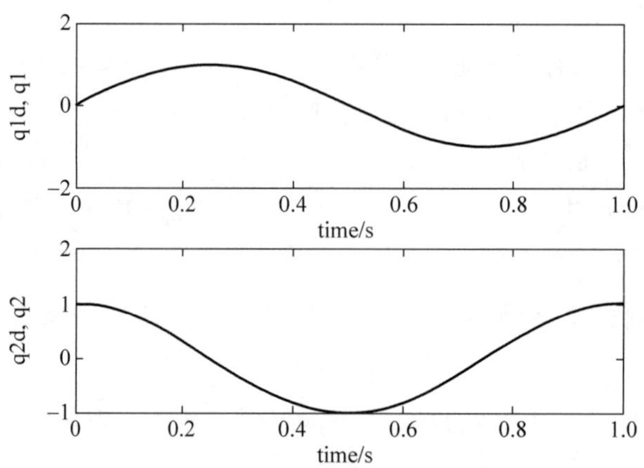

图 5.16　5 次迭代后的角度跟踪

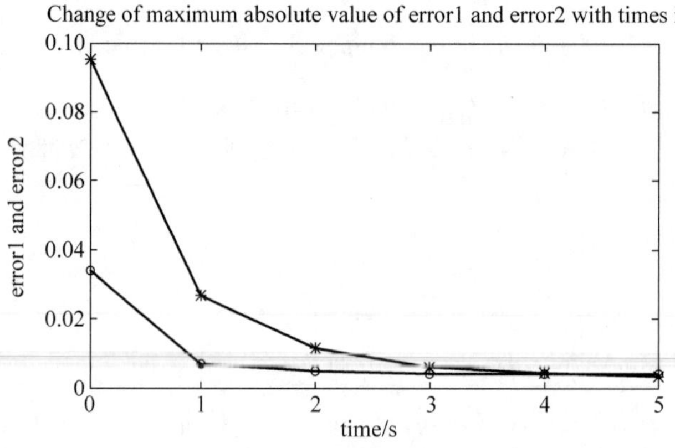

图 5.17　5 次迭代过程中角度跟踪误差绝对值的收敛过程

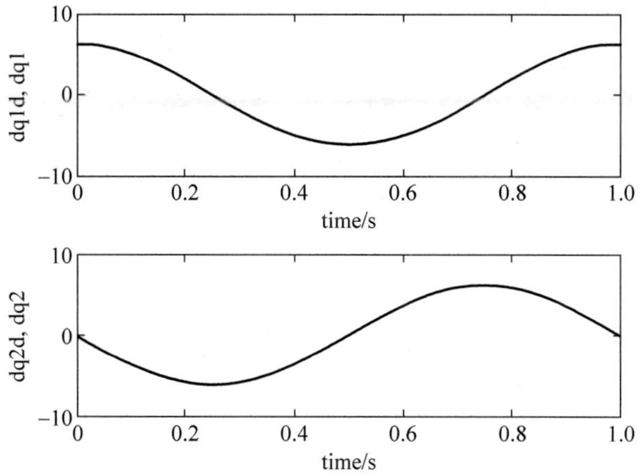

图 5.18　5 次迭代后的角速度跟踪

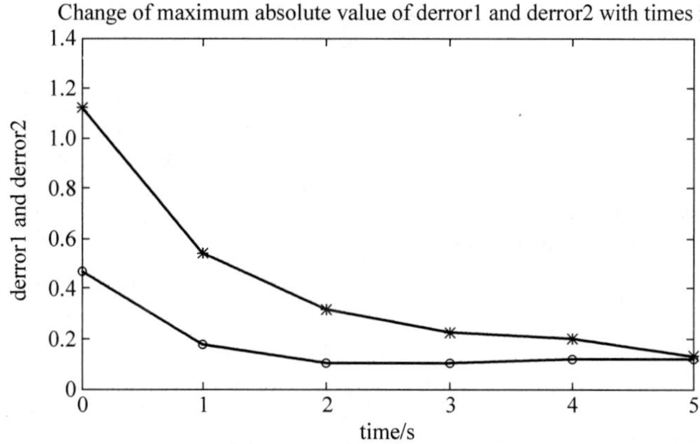

图 5.19　5 次迭代过程中角速度跟踪误差绝对值的收敛过程

仿真程序(一)：采用定理 5.2 的双力臂机械手自适应迭代学习控制。

(1) 主程序：chap5_7main.m。

```
clear all;
close all;

t = [0:0.01:1]';
k(1:101) = 0;
k = k';

theta1(1:101) = 0;
theta1 = theta1';
theta2 = theta1;
theta3 = theta1;
theta4 = theta1;
theta5 = theta1;
theta = [theta1 theta2 theta3 theta4 theta5];
%%%%%%%%%%%%%%%%%%%%%%%%%%%%%%%%%%%%%%%%%%%%
M = 5;
for i = 0:1:M
i
pause(0.01);
```

```
sim('chap5_4sim',[0,1]);

q1 = q(:,1);
dq1 = q(:,2);
q2 = q(:,3);
dq2 = q(:,4);
q1d = qd(:,1);
q2d = qd(:,2);
dq1d = qd(:,3);
dq2d = qd(:,4);
e1 = q1d - q1;
e2 = q2d - q2;
de1 = dq1d - dq1;
de2 = dq2d - dq2;

figure(1);
subplot(211);
hold on;
plot(t,q1,'b',t,q1d,'r');
xlabel('time(s)');ylabel('q1d,q1 (rad)');

subplot(212);
hold on;
plot(t,q2,'b',t,q2d,'r');
xlabel('time(s)');ylabel('q2d,q2 (rad)');

j = i + 1;
times(j) = i;
e1i(j) = max(abs(e1));
e2i(j) = max(abs(e2));
de1i(j) = max(abs(de1));
de2i(j) = max(abs(de2));
end
%%%%%%%%%%%%%%%%%%%%%%%%%%%%%%%%%%%%%%%
figure(2);
subplot(211);
plot(t,q1d,'r',t,q1,'b');
xlabel('time(s)');ylabel('q1d,q1');
subplot(212);
plot(t,q2d,'r',t,q2,'b');
xlabel('time(s)');ylabel('q2d,q2');

figure(3);
plot(times,e1i,'* - r',times,e2i,'o - b');
title('Change of maximum absolute value of error1 and error2 with times i');
xlabel('times');ylabel('error1 and error2');

figure(4);
subplot(211);
plot(t,dq1d,'r',t,dq1,'b');
xlabel('time(s)');ylabel('dq1d,dq1');
subplot(212);
plot(t,dq2d,'r',t,dq2,'b');
xlabel('time(s)');ylabel('dq2d,dq2');

figure(5);
plot(times,de1i,'* - r',times,de2i,'o - b');
```

```
title('Change of maximum absolute value of derror1 and derror2 with times i');
xlabel('times');ylabel('derror1 and derror2');
```

(2) Simulink 子程序：chap5_4sim.mdl。

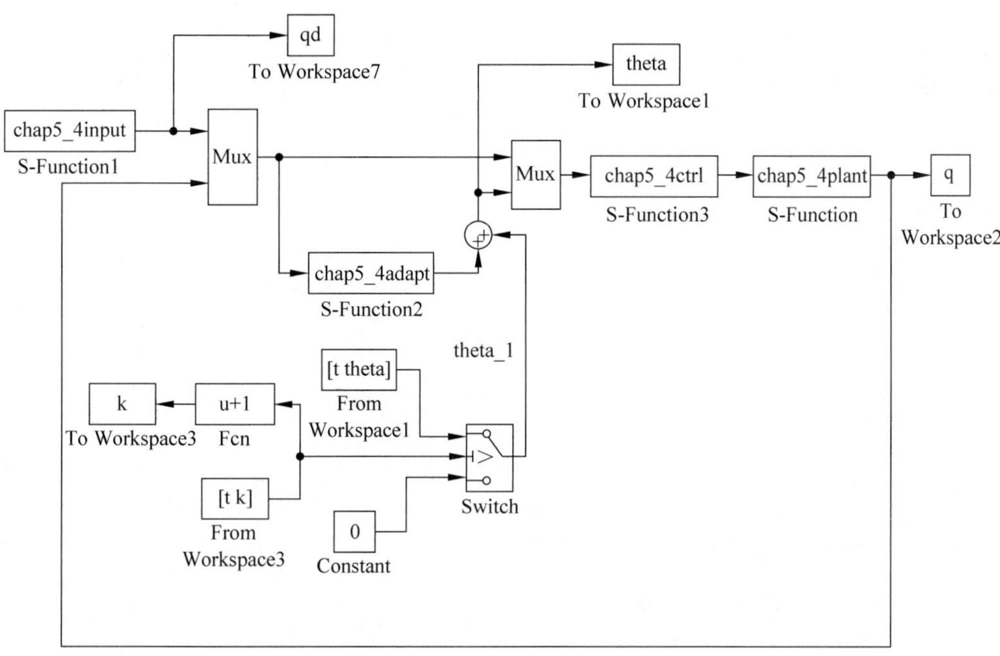

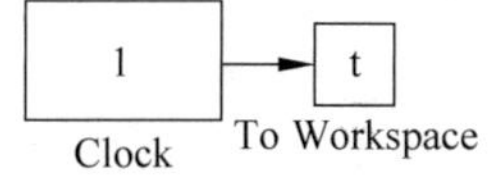

(3) 控制器子程序：chap5_4ctrl.m。

```
function [sys,x0,str,ts] = spacemodel(t,x,u,flag)
switch flag,
case 0,
    [sys,x0,str,ts] = mdlInitializeSizes;
case 3,
    sys = mdlOutputs(t,x,u);
case {2,4,9}
    sys = [];
otherwise
    error(['Unhandled flag = ',num2str(flag)]);
end
function [sys,x0,str,ts] = mdlInitializeSizes
sizes = simsizes;
sizes.NumContStates  = 0;
sizes.NumDiscStates  = 0;
sizes.NumOutputs     = 2;
sizes.NumInputs      = 13;
sizes.DirFeedthrough = 1;
sizes.NumSampleTimes = 1;
sys = simsizes(sizes);
x0  = [];
str = [];
ts  = [0 0];
function sys = mdlOutputs(t,x,u)
```

```
q1d = u(1);q2d = u(2);
dq1d = u(3);dq2d = u(4);

q1 = u(5);dq1 = u(6);
q2 = u(7);dq2 = u(8);

e1 = q1d - q1;
e2 = q2d - q2;
e = [e1 e2]';
de1 = dq1d - dq1;
de2 = dq2d - dq2;
de = [de1 de2]';

Kp = 10 * eye(2);
Kd = Kp;

theta1 = u(9);
theta2 = u(10);
theta3 = u(11);
theta4 = u(12);
theta5 = u(13);
theta = [theta1 theta2 theta3 theta4 theta5]';

fai11 = dq2 * sin(q2);fai21 = - dq1 * sin(q2);
fai12 = fai11 - fai21;fai22 = 0;
fai13 = cos(q1);fai23 = 0;
fai14 = cos(q1 + q2);
fai24 = cos(q1 + q2);
fai15 = sign(de1);
fai25 = sign(de2);
Fai = [fai11 fai12 fai13 fai14 fai15;
     fai21 fai22 fai23 fai24 fai25];

tol = Kp * e + Kd * de + Fai * theta;

sys(1) = tol(1);
sys(2) = tol(2);
```

（4）自适应律子程序：chap5_4adapt. m。

```
function [sys,x0,str,ts] = spacemodel(t,x,u,flag)
switch flag,
case 0,
    [sys,x0,str,ts] = mdlInitializeSizes;
case 3,
    sys = mdlOutputs(t,x,u);
case {2,4,9}
    sys = [];
otherwise
    error(['Unhandled flag = ',num2str(flag)]);
end
function [sys,x0,str,ts] = mdlInitializeSizes
sizes = simsizes;
sizes.NumContStates  = 0;
sizes.NumDiscStates  = 0;
sizes.NumOutputs     = 5;
```

```
sizes.NumInputs       = 8;
sizes.DirFeedthrough  = 1;
sizes.NumSampleTimes  = 1;
sys = simsizes(sizes);
x0  = [];
str = [];
ts  = [0 0];
function sys = mdlOutputs(t,x,u)
q1d = u(1);q2d = u(2);
dq1d = u(3);dq2d = u(4);

q1 = u(5);dq1 = u(6);
q2 = u(7);dq2 = u(8);

de1 = dq1d - dq1;
de2 = dq2d - dq2;
de = [de1 de2]';

fai11 = dq2 * sin(q2);fai21 = - dq1 * sin(q2);
fai12 = fai11 - fai21;fai22 = 0;
fai13 = cos(q1);fai23 = 0;
fai14 = cos(q1 + q2);
fai24 = cos(q1 + q2);
fai15 = sign(de1);
fai25 = sign(de2);
Fai = [fai11 fai12 fai13 fai14 fai15;
      fai21 fai22 fai23 fai24 fai25];
Gama = 10 * eye(5);
theta = Gama * Fai' * de;

sys(1) = theta(1);
sys(2) = theta(2);
sys(3) = theta(3);
sys(4) = theta(4);
sys(5) = theta(5);
```

(5) 被控对象子程序：chap5_4plant. m。

```
function [sys,x0,str,ts] = spacemodel(t,x,u,flag)
switch flag,
case 0,
    [sys,x0,str,ts] = mdlInitializeSizes;
case 1,
    sys = mdlDerivatives(t,x,u);
case 3,
    sys = mdlOutputs(t,x,u);
case {2,4,9}
    sys = [];
otherwise
    error(['Unhandled flag = ',num2str(flag)]);
end
function [sys,x0,str,ts] = mdlInitializeSizes
sizes = simsizes;
sizes.NumContStates   = 4;
sizes.NumDiscStates   = 0;
sizes.NumOutputs      = 4;
```

```
sizes.NumInputs      = 2;
sizes.DirFeedthrough = 0;
sizes.NumSampleTimes = 1;
sys = simsizes(sizes);
x0  = [0;2*pi;1;0];
str = [];
ts  = [0 0];
function sys = mdlDerivatives(t,x,u)
g = 9.81;
m1 = 1;m2 = 1;
l1 = 0.5;l2 = 0.5;
lc1 = 0.25;lc2 = 0.25;
I1 = 0.1;I2 = 0.1;

q1 = x(1);
dq1 = x(2);
q2 = x(3);
dq2 = x(4);

m11 = m1*lc1^2 + m2*(l1^2 + lc2^2 + 2*l1*lc2*cos(q2)) + I1 + I2;
m12 = m2*(lc2^2 + l1*lc2*cos(q2)) + I2;
m21 = m12;
m22 = m2*lc2^2 + I2;
M = [m11 m12;m21 m22];

h = -m2*l1*lc2*sin(q2);
c11 = h*dq2;
c12 = h*dq1 + h*dq2;
c21 = -h*dq1;
c22 = 0;
C = [c11 c12;c21 c22];

G1 = (m1*lc1 + m2*l1)*g*cos(q1) + m2*lc2*g*cos(q1 + q2);
G2 = m2*lc2*g*cos(q1 + q2);
G = [G1;G2];

d1 = rand(1)*sin(t);
d2 = rand(1)*sin(t);
d = [d1;d2];

tol = [u(1) u(2)]';

S = inv(M)*(tol + d - C*[dq1;dq2] - G);

sys(1) = x(2);
sys(2) = S(1);
sys(3) = x(4);
sys(4) = S(2);
function sys = mdlOutputs(t,x,u)
sys(1) = x(1);     %Angle1:q1
sys(2) = x(2);     %Angle1 speed:dq1
sys(3) = x(3);     %Angle2:q2
sys(4) = x(4);     %Angle2 speed:dq2
```

(6) 指令子程序：chap5_4input.m。

```
function [sys,x0,str,ts] = spacemodel(t,x,u,flag)
switch flag,
case 0,
    [sys,x0,str,ts] = mdlInitializeSizes;
case 3,
    sys = mdlOutputs(t,x,u);
case {2,4,9}
    sys = [];
otherwise
    error(['Unhandled flag = ',num2str(flag)]);
end
function [sys,x0,str,ts] = mdlInitializeSizes
sizes = simsizes;
sizes.NumContStates  = 0;
sizes.NumDiscStates  = 0;
sizes.NumOutputs     = 4;
sizes.NumInputs      = 0;
sizes.DirFeedthrough = 1;
sizes.NumSampleTimes = 1;
sys = simsizes(sizes);
x0  = [];
str = [];
ts  = [0 0];
function sys = mdlOutputs(t,x,u)
q1d = sin(2 * pi * t);
q2d = cos(2 * pi * t);
dq1d = 2 * pi * cos(2 * pi * t);
dq2d = - 2 * pi * sin(2 * pi * t);

sys(1) = q1d;
sys(2) = q2d;
sys(3) = dq1d;
sys(4) = dq2d;
```

仿真程序(二)：基于切换增益的多关节机械手迭代学习控制(采用定理 5.3)。

(1) 主程序：chap5_5main.m。

```
% Adaptive switching Learning Control for 2DOF robot manipulators
clear all;
close all;

t = [0:0.01:1]';
k(1:101) = 0;
k = k';

theta1(1:101) = 0;
theta1 = theta1';
theta2 = theta1;
theta = [theta1 theta2];
%%%%%%%%%%%%%%%%%%%%%%%%%%%%%%%%%%%%%%%%
M = 5;
```

```
for i = 0:1:M     % Start Learning Control
i
pause(0.01);

sim('chap5_5sim',[0,1]);

q1 = q(:,1);
dq1 = q(:,2);
q2 = q(:,3);
dq2 = q(:,4);
q1d = qd(:,1);
q2d = qd(:,2);
dq1d = qd(:,3);
dq2d = qd(:,4);
e1 = q1d - q1;
e2 = q2d - q2;
de1 = dq1d - dq1;
de2 = dq2d - dq2;

figure(1);
subplot(211);
hold on;
plot(t,q1,'b',t,q1d,'r');
xlabel('t (s)');ylabel('q1d,q1 (rad)');

subplot(212);
hold on;
plot(t,q2,'b',t,q2d,'r');
xlabel('t (s)');ylabel('q2d,q2 (rad)');

j = i + 1;
times(j) = i;
e1i(j) = max(abs(e1));
e2i(j) = max(abs(e2));
de1i(j) = max(abs(de1));
de2i(j) = max(abs(de2));
end          % End of i
%%%%%%%%%%%%%%%%%%%%%%%%%%%%%%%%%%%%%%%%%%%%%%%%%%
figure(2);
subplot(211);
plot(t,q1d,'r',t,q1,'b');
xlabel('t');ylabel('q1d,q1');
subplot(212);
plot(t,q2d,'r',t,q2,'b');
xlabel('t');ylabel('q2d,q2');

figure(3);
plot(times,e1i,'* - r',times,e2i,'o - b');
title('Change of maximum absolute value of error1 and error2 with times i');
xlabel('times');ylabel('error1 and error2');

figure(4);
```

```
subplot(211);
plot(t,dq1d,'r',t,dq1,'b');
xlabel('t');ylabel('dq1d,dq1');
subplot(212);
plot(t,dq2d,'r',t,dq2,'b');
xlabel('t');ylabel('dq2d,dq2');

figure(5);
plot(times,de1i,'*-r',times,de2i,'o-b');
title('Change of maximum absolute value of derror1 and derror2 with times i');
xlabel('times');ylabel('derror1 and derror2');
```

（2）Simulink 子程序：chap5_5sim.mdl。

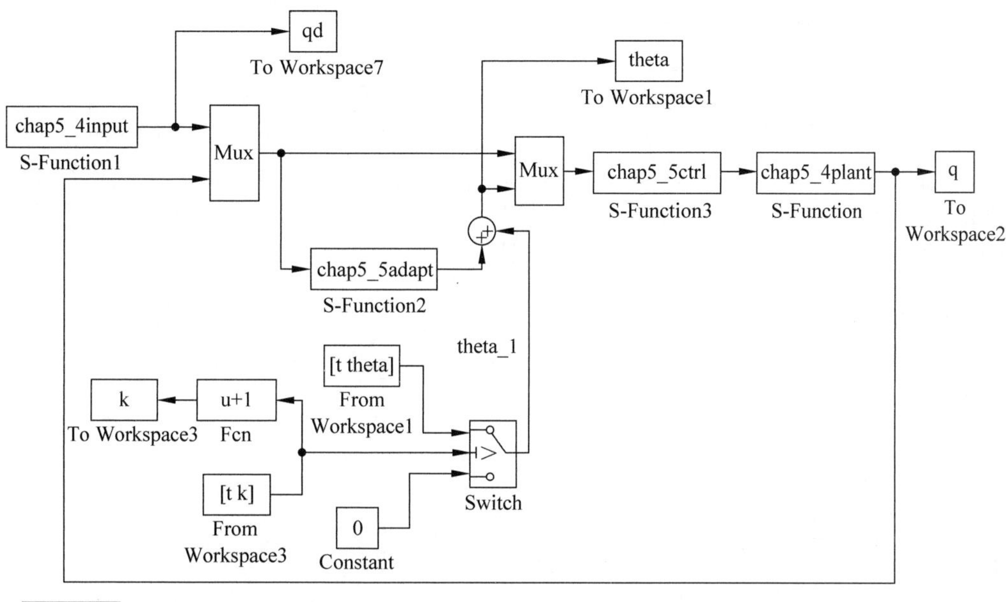

（3）控制器子程序：chap5_5ctrl.m。

```
function [sys,x0,str,ts] = spacemodel(t,x,u,flag)
switch flag,
case 0,
    [sys,x0,str,ts] = mdlInitializeSizes;
case 3,
    sys = mdlOutputs(t,x,u);
case {2,4,9}
    sys = [];
otherwise
    error(['Unhandled flag = ',num2str(flag)]);
end
function [sys,x0,str,ts] = mdlInitializeSizes
sizes = simsizes;
sizes.NumContStates  = 0;
sizes.NumDiscStates  = 0;
```

```
sizes.NumOutputs      = 2;
sizes.NumInputs       = 10;
sizes.DirFeedthrough  = 1;
sizes.NumSampleTimes  = 1;
sys = simsizes(sizes);
x0  = [];
str = [];
ts  = [0 0];
function sys = mdlOutputs(t,x,u)
q1d = u(1);q2d = u(2);
dq1d = u(3);dq2d = u(4);

q1 = u(5);dq1 = u(6);
q2 = u(7);dq2 = u(8);

e1 = q1d - q1;
e2 = q2d - q2;
e = [e1 e2]';
de1 = dq1d - dq1;
de2 = dq2d - dq2;
de = [de1 de2]';

Kp = 10 * eye(2);
Kd = Kp;

xite = [de1 sign(de1);de2 sign(de2)];

theta1 = u(9);
theta2 = u(10);
theta = [theta1 theta2]';

tol = Kp * e + Kd * de + xite * theta;

sys(1) = tol(1);
sys(2) = tol(2);
```

（4）自适应律子程序：chap5_5adapt.m。

```
function [sys,x0,str,ts] = spacemodel(t,x,u,flag)
switch flag,
case 0,
    [sys,x0,str,ts] = mdlInitializeSizes;
case 3,
    sys = mdlOutputs(t,x,u);
case {2,4,9}
    sys = [];
otherwise
    error(['Unhandled flag = ',num2str(flag)]);
end
function [sys,x0,str,ts] = mdlInitializeSizes
sizes = simsizes;
sizes.NumContStates  = 0;
sizes.NumDiscStates  = 0;
```

```
sizes.NumOutputs      = 2;
sizes.NumInputs       = 8;
sizes.DirFeedthrough  = 1;
sizes.NumSampleTimes  = 1;
sys = simsizes(sizes);
x0  = [];
str = [];
ts  = [0 0];
function sys = mdlOutputs(t,x,u)
q1d = u(1);q2d = u(2);
dq1d = u(3);dq2d = u(4);

q1 = u(5);dq1 = u(6);
q2 = u(7);dq2 = u(8);

de1 = dq1d - dq1;
de2 = dq2d - dq2;
de = [de1 de2]';

Gama = 10 * eye(2);
xite = [de1 sign(de1);de2 sign(de2)];
theta = Gama * xite' * de;

sys(1) = theta(1);
sys(2) = theta(2);
```

(5) 被控对象子程序：chap5_4plant. m。

同“仿真程序(一)”。

(6) 指令子程序：chap5_4input. m。

同“仿真程序(一)”。

仿真程序(三)：基于切换增益的多关节机械手迭代学习控制(采用定理 5.4)。

(1) 主程序：chap5_6main. m。

```
% Adaptive switching Learning Control for 2DOF robot manipulators
clear all;
close all;

t = [0:0.01:1]';
k(1:101) = 0;
k = k';

delta(1:101) = 0;
delta = delta';
%%%%%%%%%%%%%%%%%%%%%%%%%%%%%%%%%%%%%%%%%%%%%%%%%%%%%%%%%%%
M = 10;
for i = 0:1:M     % Start Learning Control
i
pause(0.01);

sim('chap5_6sim',[0,1]);

q1 = q(:,1);
dq1 = q(:,2);
```

```
q2 = q(:,3);
dq2 = q(:,4);
q1d = qd(:,1);
q2d = qd(:,2);
dq1d = qd(:,3);
dq2d = qd(:,4);
e1 = q1d - q1;
e2 = q2d - q2;
de1 = dq1d - dq1;
de2 = dq2d - dq2;

figure(1);
subplot(211);
hold on;
plot(t,q1,'b',t,q1d,'r');
xlabel('t (s)');ylabel('q1d,q1 (rad)');

subplot(212);
hold on;
plot(t,q2,'b',t,q2d,'r');
xlabel('t (s)');ylabel('q2d,q2 (rad)');

j = i + 1;
times(j) = i;
e1i(j) = max(abs(e1));
e2i(j) = max(abs(e2));
de1i(j) = max(abs(de1));
de2i(j) = max(abs(de2));
end          % End of i
%%%%%%%%%%%%%%%%%%%%%%%%%%%%%%%%%%%%%%%
figure(2);
subplot(211);
plot(t,q1d,'r',t,q1,'b');
xlabel('t');ylabel('q1d,q1');
subplot(212);
plot(t,q2d,'r',t,q2,'b');
xlabel('t');ylabel('q2d,q2');

figure(3);
plot(times,e1i,'* - r',times,e2i,'o - b');
title('Change of maximum absolute value of error1 and error2 with times i');
xlabel('times');ylabel('error1 and error2');

figure(4);
subplot(211);
plot(t,dq1d,'r',t,dq1,'b');
xlabel('t');ylabel('dq1d,dq1');
subplot(212);
plot(t,dq2d,'r',t,dq2,'b');
xlabel('t');ylabel('dq2d,dq2');

figure(5);
plot(times,de1i,'* - r',times,de2i,'o - b');
title('Change of maximum absolute value of derror1 and derror2 with times i');
xlabel('times');ylabel('derror1 and derror2');
```

（2）Simulink 子程序：chap5_6sim. mdl。

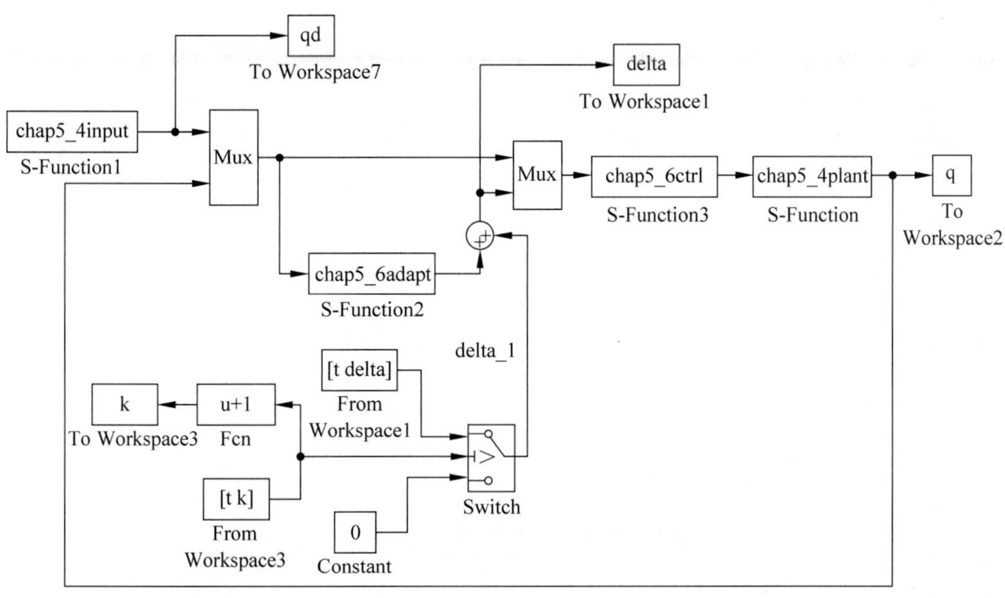

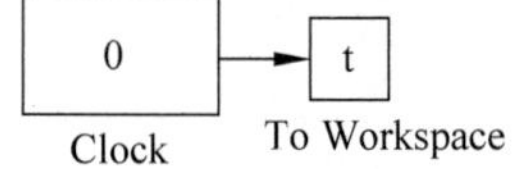

（3）控制器子程序：chap5_6ctrl. m。

```
function [sys,x0,str,ts] = spacemodel(t,x,u,flag)
switch flag,
case 0,
    [sys,x0,str,ts] = mdlInitializeSizes;
case 3,
    sys = mdlOutputs(t,x,u);
case {2,4,9}
    sys = [];
otherwise
    error(['Unhandled flag = ',num2str(flag)]);
end
function [sys,x0,str,ts] = mdlInitializeSizes
sizes = simsizes;
sizes.NumContStates  = 0;
sizes.NumDiscStates  = 0;
sizes.NumOutputs     = 2;
sizes.NumInputs      = 9;
sizes.DirFeedthrough = 1;
sizes.NumSampleTimes = 1;
sys = simsizes(sizes);
x0  = [];
str = [];
ts  = [0 0];
function sys = mdlOutputs(t,x,u)
q1d = u(1);q2d = u(2);
dq1d = u(3);dq2d = u(4);

q1 = u(5);dq1 = u(6);
q2 = u(7);dq2 = u(8);
```

```
e1 = q1d - q1;
e2 = q2d - q2;
e = [e1 e2]';
de1 = dq1d - dq1;
de2 = dq2d - dq2;
de = [de1 de2]';

Kp = 10 * eye(2);
Kd = Kp;

delta = u(9);

tol = Kp * e + Kd * de + delta * sign(de);

sys(1) = tol(1);
sys(2) = tol(2);
```

(4）自适应律子程序：chap5_6adapt. m。

```
function [sys,x0,str,ts] = spacemodel(t,x,u,flag)
switch flag,
case 0,
    [sys,x0,str,ts] = mdlInitializeSizes;
case 3,
    sys = mdlOutputs(t,x,u);
case {2,4,9}
    sys = [];
otherwise
    error(['Unhandled flag = ',num2str(flag)]);
end
function [sys,x0,str,ts] = mdlInitializeSizes
sizes = simsizes;
sizes.NumContStates  = 0;
sizes.NumDiscStates  = 0;
sizes.NumOutputs     = 1;
sizes.NumInputs      = 8;
sizes.DirFeedthrough = 1;
sizes.NumSampleTimes = 1;
sys = simsizes(sizes);
x0  = [];
str = [];
ts  = [0 0];
function sys = mdlOutputs(t,x,u)
q1d = u(1);q2d = u(2);
dq1d = u(3);dq2d = u(4);

q1 = u(5);dq1 = u(6);
q2 = u(7);dq2 = u(8);

de1 = dq1d - dq1;
de2 = dq2d - dq2;
de = [de1 de2]';

Gama = 10;
delta = Gama * de' * sign(de);
sys(1) = delta;
```

(5) 被控对象子程序：chap5_4plant. m。

同“仿真程序(一)”。

(6) 指令子程序：chap5_4input. m。

同“仿真程序(一)”。

附录

(1) 一致连续性判定定理[6]：若函数 $f(x)$在区间$[a,b]$上的导数有界，则 $f(x)$在$[a,b]$上一致连续。

(2) 闭区间有界定理[7]：若函数 $f(x)$在闭区间$[a,b]$上连续，则它在$[a,b]$上有界。

参考文献

[1] Arimoto S, Kawamura S, Miyazaki F. Bettering Operation of robotics by leaning. Journal of Robotic System, 1984, 1(2): 123-140.

[2] 孙明轩，黄宝健. 迭代学习控制. 北京：国防工业出版社，1999.

[3] 谢胜利. 迭代学习控制的理论与应用. 北京：科学出版社，2005.

[4] Ouyang P R, Zhang W J, Gupta M M. An adaptive switching learning control method for trajectory tracking of robot manipulators. Mechatronics, 2006, 16: 51-61.

[5] Tayebi A. Adaptive iterative learning control for robot manipulators. Automatica, 2004, 40: 1195-1203.

[6] 甘宗怀，李秋林. 关于可导函数一致连续性的判定定理，高师理科学刊，2009，29(5)：38-39.

[7] 陈纪修，於崇华，金路. 数学分析(上册). 2 版. 北京：高等教育出版社，2004.

[8] A Mohammadi, M Tavakoli, H J Marquez, F Hashemzadeh. Nonlinear disturbance observer design for robotic manipulators, Engineering Practice, 2013, 21: 253-267.

第6章 柔性机械手控制

柔性机械手具有低能耗、高速度、接触冲击小等优点，越来越多地应用在各个领域。随着航空航天技术、机器人技术、海洋工程及工业工程的发展，柔性机械臂的研究日益受到重视。

柔性机械手是一个非常复杂的动力学系统，其动力学方程具有高度非线性、强耦合及时变等特点，存在建模和测量不精确、负载变化以及外部扰动不确定等问题，如何实现机械手的稳定控制成为关键。柔性机械手不仅是一个刚-柔耦合的非线性系统，而且也是系统动力学特性与控制特性相互耦合即机电耦合的非线性系统。

反演(backstepping)设计方法的基本思想是将复杂的非线性系统分解成不超过系统阶数的子系统，然后为每个子系统分别设计 Lyapunov 函数和中间虚拟控制量，一直“后退”到整个系统，直到完成整个控制律的设计。

反演设计方法，又称反步法、回推法或后推法，通常与 Lyapunov 型自适应律结合使用，综合考虑控制律和自适应律，使整个闭环系统满足期望的动静态性能指标[1]。

6.1 柔性机械手的反演控制

6.1.1 系统描述

柔性机械手动态方程可表示为

$$\begin{cases} I\ddot{q}_1 + Mgl\sin q_1 + K(q_1 - q_2) = 0 \\ J\ddot{q}_2 + K(q_2 - q_1) = u - dt \end{cases} \tag{6.1}$$

其中，q_1 和 q_2 分别为关节角度和电机转动角度，系数 K 为柔性力臂的弹性刚度。K 越大，说明柔性力臂的弹性刚度大，柔性小，此时 q_1 与 q_2 越接近；K 越小，说明柔性力臂的弹性刚度小，柔性大，力臂易弯曲，此时 q_1 与 q_2 相差越大。dt 为加在控制上的干扰，$|dt| \leqslant D$。

定义 $x_1 = q_1$，$x_3 = q_2$，将式(6.1)写成状态方程的形式：

$$\begin{cases} \dot{x}_1 = x_2 \\ \dot{x}_2 = -\dfrac{1}{I}[Mgl\sin x_1 + K(x_1 - x_3)] \\ \dot{x}_3 = x_4 \\ \dot{x}_4 = \dfrac{1}{J}(u - K(x_3 - x_1) - dt) \end{cases} \tag{6.2}$$

控制问题为关节节点角度 x_1 跟踪指令 x_{1d}，角速度 x_2 跟踪指令 $\dot{x}_{1d}$。由于被控对象为非匹配系统，采用传统控制方法无法实现稳定控制器的设计。

6.1.2 反演控制器设计

首先定义位置误差信号：

$$z_1 = x_1 - x_{1d} \tag{6.3}$$

则

$$\dot{z}_1 = \dot{x}_1 - \dot{x}_{1d} = x_2 - \dot{x}_{1d}$$

$$\ddot{z}_1 = -\frac{1}{I}[Mgl\sin x_1 + K(x_1 - x_3)] - \ddot{x}_{1d}$$

采用反演控制原理设计控制律，设计步骤如下。

(1) 定义第 1 个 Lyapunov 函数

$$V_1 = \frac{1}{2}z_1^2 \tag{6.4}$$

则

$$\dot{V}_1 = z_1(x_2 - \dot{x}_{1d})$$

取

$$x_2 = -c_1 z_1 + \dot{x}_{1d} + z_2$$

其中，c_1 为正常数，z_2 为虚拟控制项，$z_2 = x_2 + c_1 z_1 - \dot{x}_{1d}$。

于是，有

$$\dot{V}_1 = -c_1 z_1^2 + z_1 z_2$$

显然，当 $z_2 = 0$ 时，$\dot{V}_1 \leqslant 0$。需要引入虚拟控制量，使 z_2 为零。

(2) 令第 2 个 Lyapunov 函数为

$$V_2 = V_1 + \frac{1}{2}{z_2}^2 \tag{6.5}$$

对 z_2 求导，得

$$\dot{z}_2 = \dot{x}_2 + c_1\dot{z}_1 - \ddot{x}_{1d} = -\frac{1}{I}[Mgl\sin x_1 + K(x_1 - x_3)] + c_1(x_2 - \dot{x}_{1d}) - \ddot{x}_{1d} \tag{6.6}$$

$$\ddot{z}_2 = -\frac{1}{I}[Mglx_2\cos x_1 + K(x_2 - x_4)] + c_1\left\{\left\{-\frac{1}{I}[Mgl\sin x_1 + K(x_1 - x_3)]\right\} - \ddot{x}_{1d}\right\} - \dddot{x}_{1d}$$

将式(6.6)代入，得

$$\begin{aligned}
\dot{V}_2 &= -c_1{z_1}^2 + z_1 z_2 + z_2\dot{z}_2 \\
&= -c_1{z_1}^2 + z_1 z_2 + z_2\left\{-\frac{1}{I}[Mgl\sin x_1 + K(x_1 - x_3)] + c_1(x_2 - \dot{x}_{1d}) - \ddot{x}_{1d}\right\} \\
&= -c_1{z_1}^2 + z_1 z_2 + z_2\left[-\frac{1}{I}(Mgl\sin x_1 + Kx_1) + c_1(x_2 - \dot{x}_{1d}) - \ddot{x}_{1d}\right] + z_2\frac{K}{I}x_3
\end{aligned}$$

取

$$x_3=-\frac{I}{K}\left[-\frac{1}{I}(Mgl\sin x_1+Kx_1)+c_1(x_2-\dot{x}_{1d})-\ddot{x}_{1d}+z_1+c_2z_2\right]+z_3$$

其中,$c_2>0$,z_3 为虚拟控制项,$z_3=x_3+\frac{I}{K}\left[-\frac{1}{I}(Mgl\sin x_1+Kx_1)+c_1(x_2-\dot{x}_{1d})-\ddot{x}_{1d}+z_1+c_2z_2\right]$。

于是得

$$\dot{V}_2=-c_1z_1{}^2-c_2z_2{}^2+\frac{K}{I}z_2z_3$$

显然,当 $z_3=0$ 时,$\dot{V}_2\leqslant 0$。需要进一步引进虚拟控制量,使 z_3 为零。

(3) 定义第 3 个 Lyapunov 函数

$$V_3=V_2+\frac{1}{2}z_3^2 \tag{6.7}$$

对 z_3 求导,得

$$\dot{z}_3=x_4+\frac{I}{K}\left[-\frac{1}{I}(Mgl\cos x_1\cdot x_2+Kx_2)+c_1(\dot{x}_2-\ddot{x}_{1d})-\dddot{x}_{1d}+\dot{z}_1+c_2\dot{z}_2\right] \tag{6.8}$$

将上式方括号内部取为 S,即

$$S=-\frac{1}{I}(Mgl\cos x_1\cdot x_2+Kx_2)+c_1(\dot{x}_2-\ddot{x}_{1d})-\dddot{x}_{1d}+\dot{z}_1+c_2\dot{z}_2$$

则可将式(6.8)写为

$$\dot{z}_3=x_4+\frac{I}{K}S \tag{6.9}$$

将式(6.9)代入,得

$$\dot{V}_3=-c_1z_1{}^2-c_2z_2{}^2+\frac{K}{I}z_2z_3+z_3\left(x_4+\frac{I}{K}S\right)$$

取

$$x_4=-\frac{I}{K}S-c_3z_3-\frac{K}{I}z_2+z_4$$

其中,$c_3>0$,z_4 为虚拟控制项,$z_4=x_4+\frac{I}{K}S+c_3z_3+\frac{K}{I}z_2$。

于是

$$\dot{V}_3=-c_1z_1{}^2-c_2z_2{}^2-c_3z_3{}^2+z_3z_4$$

当 $z_4=0$ 时,$\dot{V}_3\leqslant 0$。需要进一步引进虚拟控制量,使 z_4 为零。

(4) 进行最后一步的反演控制器的设计。

考虑反演设计的最后一步,令最后一个 Lyapunov 函数为

$$V=V_3+\frac{1}{2}z_4^2 \tag{6.10}$$

则

$$\dot{V}=\dot{V}_3+z_4\dot{z}_4 \tag{6.11}$$

对 S 求导数,得

$$\dot{S}=-\frac{1}{I}(-Mgl\sin x_1\cdot x_2^2+K\dot{x}_2)+c_1(\ddot{x}_2-\ddot{x}_{1d})-\ddddot{x}_{1d}+\ddot{z}_1+c_2\ddot{z}_2$$

对 z_4 求导,得

$$\dot{z}_4=\frac{1}{J}(u-dt)-\frac{K}{J}(x_3-x_1)+\frac{I}{K}\dot{S}+c_3\dot{z}_3+\frac{K}{I}\dot{z}_2 \tag{6.12}$$

将式(6.12)代入式(6.11),得

$$\dot{V}=\dot{V}_3+z_4\left(\frac{1}{J}(u-dt)-\frac{K}{J}(x_3-x_1)+\frac{I}{K}\dot{S}+c_3\dot{z}_3+\frac{K}{I}\dot{z}_2\right) \tag{6.13}$$

采用切换项抑制控制扰动,为使 $\dot{V}\leqslant 0$,设计控制律为

$$u=-\eta\operatorname{sgn}(z_4)-J\left(-\frac{K}{J}(x_3-x_1)+\frac{I}{K}\dot{S}+c_3\dot{z}_3+\frac{K}{I}\dot{z}_2+z_3+c_4z_4\right) \tag{6.14}$$

其中,$c_4>0$,$\eta\geqslant D$。

将式(6.14)代入式(6.13)中,可得

$$\begin{aligned}\dot{V}&=\frac{1}{J}(-\eta\mid z_4\mid-dt\cdot z_4)-c_1{z_1}^2-c_2{z_2}^2-c_3{z_3}^2+z_3z_4+z_4(-z_3-c_4z_4)\\&\leqslant -c_1{z_1}^2-c_2{z_2}^2-c_3{z_3}^2-c_4{z_4}^2\leqslant -\alpha V\end{aligned}$$

其中,$\alpha=\min\{c_1\quad c_2\quad c_3\quad c_4\}>0$。

解微分方程 $\dot{V}\leqslant-\alpha V$,可得

$$V(t)\leqslant V(0)\mathrm{e}^{-\alpha t}$$

则 $t\to+\infty$ 时,$z_1\to 0$,$z_2\to 0$,$z_3\to 0$,$z_4\to 0$ 且都指数收敛,从而 $x_1\to x_{1d}$,$x_2\to\dot{x}_{1d}$ 且都指数收敛。

下面对反演控制控制器的“组合爆炸”情况进行说明。

在控制律式(6.14)中,将已知信息代入,就会出现“组合爆炸”情况,即

$$u=-\eta\operatorname{sgn}(z_4)-J(u_1+u_2+u_3+u_4)$$

$$u_1=-\frac{K}{J}(x_3-x_1)+\frac{I}{K}\left(\begin{aligned}&-\frac{1}{I}(-Mgl\sin x_1\cdot x_2^2+K\dot{x}_2)\\&+c_1\left(\left(-\frac{1}{I}(Mglx_2\cos x_1+K(x_2-x_4))\right)-\dddot{x}_{1d}\right)\\&-\ddddot{x}_{1d}+\left(-\frac{1}{I}(Mgl\sin x_1+K(x_1-x_3))-\ddot{x}_{1d}\right)\\&+c_2\left(-\frac{1}{I}(Mglx_2\cos x_1+K(x_2-x_4))\right.\\&\left.+c_1\left(\left(-\frac{1}{I}(Mgl\sin x_1+K(x_1-x_3))\right)-\ddot{x}_{1d}\right)-\dddot{x}_{1d}\right)\end{aligned}\right)$$

$$u_2=c_3\left(x_4+\frac{I}{K}\left(\begin{aligned}&-\frac{1}{I}(Mgl\cos x_1\cdot x_2+Kx_2)\\&+c_1\left(\left(-\frac{1}{I}(Mgl\sin x_1+K(x_1-x_3))\right)-\ddot{x}_{1d}\right)-\dddot{x}_{1d}+(x_2-\dot{x}_{1d})\\&+c_2\left(-\frac{1}{I}(Mgl\sin x_1+K(x_1-x_3))+c_1(x_2-\dot{x}_{1d})-\ddot{x}_{1d}\right)\end{aligned}\right)\right)$$

$$u_3=\frac{K}{I}\left(-\frac{1}{I}(Mgl\sin x_1+K(x_1-x_3))+c_1(x_2-\dot{x}_{1d})-\ddot{x}_{1d}\right)+x_3+$$
$$\frac{I}{K}\left(-\frac{1}{I}(Mgl\sin x_1+Kx_1)+c_1(x_2-\dot{x}_{1d})-\ddot{x}_{1d}+z_1+c_2(x_2+c_1z_1-\dot{x}_{1d})\right)$$

$$u_4=c_4\left(\begin{array}{l} x_4+\dfrac{I}{K}\left(\begin{array}{l}-\dfrac{1}{I}(Mgl\cos x_1\cdot x_2+Kx_2)\\ +c_1\left(\left(-\dfrac{1}{I}(Mgl\sin x_1+K(x_1-x_3))\right)-\ddot{x}_{1d}\right)\\ -\ddot{x}_{1d}+(x_2-\dot{x}_{1d})\\ +c_2\left(-\dfrac{1}{I}(Mgl\sin x_1+K(x_1-x_3))+c_1(x_2-\dot{x}_{1d})-\ddot{x}_{1d}\right)\end{array}\right)\\ +c_3\left(x_3+\dfrac{I}{K}\left(-\dfrac{1}{I}(Mgl\sin x_1+Kx_1)+c_1(x_2-\dot{x}_{1d})\right.\right.\\ \left.\left.-\ddot{x}_{1d}+z_1+c_2(x_2+c_1z_1-\dot{x}_{1d})\right)\right)\\ +\dfrac{K}{I}(x_2+c_1z_1-\dot{x}_{1d})\end{array}\right)$$

可见，反演控制方法在虚拟控制求导过程中导致了系统方程微分项的膨胀，控制器表达式变得复杂。为了解决这一问题，解决方法是采用动态面的控制方法，即采用低通一阶滤波器实现虚拟项的求导。

6.1.3 仿真实例

柔性机械手动态方程为

$$\begin{cases}I\ddot{q}_1+Mgl\sin q_1+K(q_1-q_2)=0\\ J\ddot{q}_2+K(q_2-q_1)=u-dt\end{cases}$$

取 $I=J=1.0$，$Mgl=5.0$，$K=1200$。

定义 $x_1=q_1$，$x_3=q_2$，上式可写成状态方程的形式：

$$\begin{cases}\dot{x}_1=x_2\\ \dot{x}_2=-\dfrac{1}{I}[Mgl\sin x_1+K(x_1-x_3)]\\ \dot{x}_3=x_4\\ \dot{x}_4=\dfrac{1}{J}[u-K(x_3-x_1)-dt]\end{cases}$$

设关节的角度指令为 $x_{1d}=0.5\sin(6\pi t)$，控制干扰 $dt=200000\sin(3\pi t)$，则 $D=100000$，采用控制律式(6.14)，取 $\eta=D+0.10$，采用饱和函数代替切换函数，取 $\Delta=0.10$，控制参数为 $c_1=c_2=c_3=c_4=50$，仿真结果如图 6.1 和图 6.2 所示。仿真结果表明，所采用的控制器能保证对象跟踪误差收敛于零。

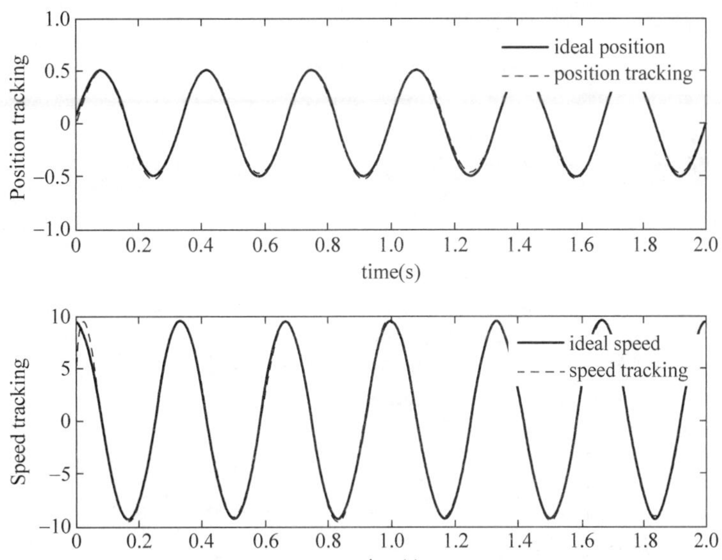

图 6.1 关节角度和角速度跟踪

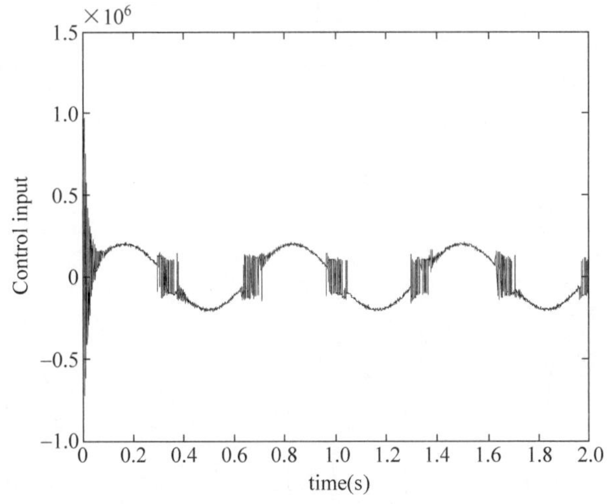

图 6.2 关节控制力矩

仿真程序：

(1) Simulink 主程序：chap6_1sim.mdl。

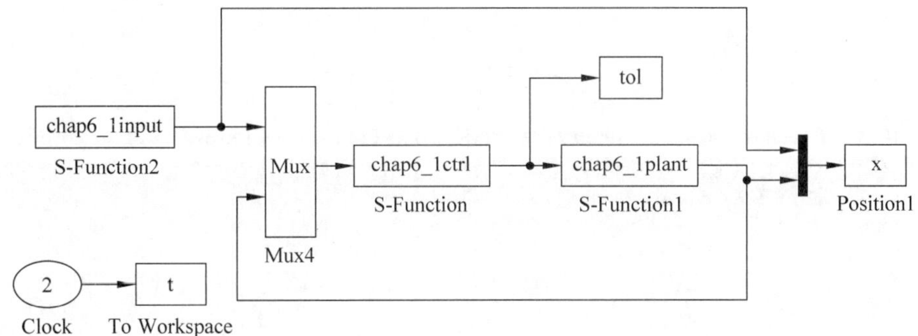

（2）控制器S函数：chap6_1ctrl.m。

```
function [sys,x0,str,ts] = spacemodel(t,x,u,flag)
switch flag,
case 0,
    [sys,x0,str,ts] = mdlInitializeSizes;
case 3,
    sys = mdlOutputs(t,x,u);
case {2,4,9}
    sys = [];
otherwise
    error(['Unhandled flag = ',num2str(flag)]);
end
function [sys,x0,str,ts] = mdlInitializeSizes
sizes = simsizes;
sizes.NumOutputs     = 1;
sizes.NumInputs      = 10;
sizes.DirFeedthrough = 1;
sizes.NumSampleTimes = 1;
sys = simsizes(sizes);
x0  = [];
str = [];
ts  = [0 0];
function sys = mdlOutputs(t,x,u)
I = 1.0;J = 1.0;Mgl = 5.0;
c1 = 50;c2 = 50;c3 = 50;c4 = 50;
K = 1200;
x1d = u(1);dx1d = u(2);ddx1d = u(3);dddx1d = u(4);ddddx1d = u(5);
x(1) = u(6);x(2) = u(7);x(3) = u(8);x(4) = u(9);dx2 = u(10);

z1 = x(1) - x1d;
dz1 = x(2) - dx1d;
a1 = - c1 * z1;
z2 = x(2) - (a1 + dx1d);

dz2 = - (1/I) * (Mgl * sin(x(1)) + K * (x(1) - x(3))) + c1 * x(2) - c1 * dx1d - ddx1d;

a2 = - (I/K) * [ - (1/I) * (Mgl * sin(x(1)) + K * x(1)) + c1 * x(2) - c1 * dx1d - ddx1d + z1 + c2 * z2];
z3 = x(3) - a2;

S1 = ( - 1/I) * (Mgl * cos(x(1)) * x(2) + K * x(2)) + c1 * c2 * x(2) + (c1 + c2) * ( - 1/I) * (Mgl *
sin(x(1)) + K * (x(1) - x(3))) - c1 * c2 * dx1d - (c1 + c2) * ddx1d - dddx1d + x(2) - dx1d;
dz3 = x(4) + (I/K) * S1;

a3 = - (I/K) * S1 - (K/I) * z2 - c3 * z3;
z4 = x(4) - a3;

dS = - (1/I) * ( - Mgl * sin(x(1)) * x(2)^2 + Mgl * cos(x(1)) * dx2 + K * dx2) + c1 * c2 * dx2 +
(c1 + c2) * ( - 1/I) * (Mgl * cos(x(1)) * x(2) + K * (x(2) - x(4))) - c1 * c2 * ddx1d - (c1 + c2) *
dddx1d - ddddx1d + dx2 - ddx1d;
D = 100000;
xite = D + 0.10;

fai = 0.20;
if abs(z4)< = fai
    sat = z4/fai;
```

```
else
    sat = sign(z4);
end
ut = - xite * sat - J * ( - (K/J) * (x(3) - x(1)) + (I/K) * dS + K/I * dz2 + c3 * dz3 + z3 + c4 * z4);
sys(1) = ut;
```

(3) 角度指令 S 函数：chap6_1input.m。

```
function [sys,x0,str,ts] = spacemodel(t,x,u,flag)

switch flag,
case 0,
    [sys,x0,str,ts] = mdlInitializeSizes;
case 1,
    sys = mdlDerivatives(t,x,u);
case 3,
    sys = mdlOutputs(t,x,u);
case {2,4,9}
    sys = [];
otherwise
    error(['Unhandled flag = ',num2str(flag)]);
end

function [sys,x0,str,ts] = mdlInitializeSizes
sizes = simsizes;
sizes.NumContStates  = 0;
sizes.NumDiscStates  = 0;
sizes.NumOutputs     = 5;
sizes.NumInputs      = 0;
sizes.DirFeedthrough = 0;
sizes.NumSampleTimes = 0;
sys = simsizes(sizes);
x0  = [];
str = [];
ts  = [];
function sys = mdlOutputs(t,x,u)
A = 0.50;w = 3;
x1d = A * sin(w * 2 * pi * t);
dx1d = w * 2 * pi * A * cos(w * 2 * pi * t);
ddx1d = - (w * 2 * pi)^2 * A * sin(w * 2 * pi * t);
dddx1d = - (w * 2 * pi)^3 * A * cos(w * 2 * pi * t);
ddddx1d = (w * 2 * pi)^4 * A * sin(w * 2 * pi * t);

sys(1) = x1d;
sys(2) = dx1d;
sys(3) = ddx1d;
sys(4) = dddx1d;
sys(5) = ddddx1d;
```

(4) 被控对象 S 函数：chap6_1plant.m。

```
function [sys,x0,str,ts] = spacemodel(t,x,u,flag)

switch flag,
case 0,
    [sys,x0,str,ts] = mdlInitializeSizes;
case 1,
    sys = mdlDerivatives(t,x,u);
case 3,
```

```
    sys = mdlOutputs(t,x,u);
case {2,4,9}
    sys = [];
otherwise
    error(['Unhandled flag = ',num2str(flag)]);
end

function [sys,x0,str,ts] = mdlInitializeSizes
global I J Mgl K
sizes = simsizes;
sizes.NumContStates  = 4;
sizes.NumDiscStates  = 0;
sizes.NumOutputs     = 5;
sizes.NumInputs      = 1;
sizes.DirFeedthrough = 0;
sizes.NumSampleTimes = 1;
sys = simsizes(sizes);
x0  = [0;0;0;0];
str = [];
ts  = [0 0];

I = 1.0;J = 1.0;Mgl = 5.0;K = 1200;
function sys = mdlDerivatives(t,x,u)
global I J Mgl K
dt = 200000 * sin(3 * pi * t);

tol = u(1);
sys(1) = x(2);
sys(2) = - (1/I) * (Mgl * sin(x(1)) + K * (x(1) - x(3)));
sys(3) = x(4);
sys(4) = (1/J) * (tol - dt - K * (x(3) - x(1)));
function sys = mdlOutputs(t,x,u)
global I J Mgl K

dx2 = - (1/I) * (Mgl * sin(x(1)) + K * (x(1) - x(3)));
sys(1) = x(1);
sys(2) = x(2);
sys(3) = x(3);
sys(4) = x(4);
sys(5) = dx2;
```

（5）作图程序：chap6_1plot. m。

```
close all;

figure(1);
subplot(211);
plot(t,x(:,1),'r',t,x(:,6),'k:','linewidth',2);
xlabel('time(s)');ylabel('Position tracking');
legend('ideal position','position tracking');
subplot(212);
plot(t,x(:,2),'r',t,x(:,7),'k:','linewidth',2);
xlabel('time(s)');ylabel('Speed tracking');
legend('ideal speed','speed tracking');

figure(2);
plot(t,tol,'r');
xlabel('time(s)');ylabel('Control input');
```

6.2 柔性机械手动态面控制

反步法在实现不确定非线性系统(特别是当干扰或不确定性不满足匹配条件时)鲁棒控制或自适应控制方面有着明显的优越性。但是,由于反步法本身对虚拟控制求导过程中引起的项数膨胀及由项数膨胀引起的问题没有很好的解决办法,在高阶系统中这一缺点尤为突出。采用动态面控制(dynamic surface control)的方法,利用一阶积分滤波器计算虚拟控制的导数,可消除微分项的膨胀,使控制器和参数设计简单[2]。

6.2.1 系统描述

柔性机械手动态方程为

$$\begin{cases} I\ddot{q}+k(q-\theta)+Mgl\sin q=0 \\ J\ddot{\theta}-k(q-\theta)=u-d_1 \end{cases} \tag{6.15}$$

其中,q 和 θ 分别为关节位置和电机转动角度,系数 k 为柔性力臂的弹性刚度,d_1 为控制扰动。

定义 $x_1=q$,$x_3=\theta$,将式(6.15)写成状态方程形式:

$$\begin{cases} \dot{x}_1=x_2 \\ \dot{x}_2=\dfrac{k}{I}x_3-\dfrac{Mgl}{I}\sin x_1-\dfrac{k}{I}x_1 \\ \dot{x}_3=x_4 \\ \dot{x}_4=\dfrac{1}{J}u+\dfrac{k}{J}(x_1-x_3)+dt \\ y=x_1 \end{cases} \tag{6.16}$$

其中,$dt=-\dfrac{1}{J}d_1$。

可见,柔性机械手动力学方程为非匹配系统。控制问题为关节节点角度 x_1 跟踪指令 $x_{1\mathrm{d}}$。

取 $b_1=k/I$,$b_2=Mgl/I$,$b_3=1/J$,$b_4=k/J$ $(i=1,2,\cdots,4)$,并假设 $x_{1\mathrm{d}}^2+\dot{x}_{1\mathrm{d}}^2+\ddot{x}_{1\mathrm{d}}^2\leqslant\xi$。考虑不确定性和干扰,式(6.16)变为

$$\begin{cases} \dot{x}_1=x_2 \\ \dot{x}_2=b_1x_3+b_2f_1(x_1)+b_1f_2(x_1) \\ \dot{x}_3=x_4 \\ \dot{x}_4=b_3u+b_4f_3(x_1,x_3)+dt \\ y=x_1 \end{cases} \tag{6.17}$$

其中,$f_1(x_1)=-\sin x_1$,$f_2(x_1)=-x_1$,$f_3(x_1,x_3)=x_1-x_3$,$b_i(i=1,2,3,4)$为正实数,$|dt|\leqslant D$。

6.2.2 控制律设计

（1）跟踪误差为

$$z_1 = x_1 - x_{1d}$$

则

$$\dot{z}_1 = x_2 - \dot{x}_{1d}$$

取 $V_1 = \frac{1}{2}z_1^2$，为了使 $\dot{V}_1 = \frac{1}{2}z_1\dot{z}_1 = \frac{1}{2}z_1(x_2 - \dot{x}_{1d}) \leqslant 0$，取 x_2 的虚拟控制为

$$\bar{x}_2 = -c_1 z_1 + \dot{x}_{1d} \tag{6.18}$$

其中，c_1 为正实数。

取 $\bar{x}_2$ 的低通滤波器输出 x_{2d}，即

$$\tau_2\dot{x}_{2d} + x_{2d} = \bar{x}_2, \quad x_{2d}(0) = \bar{x}_2(0)$$

（2）定义

$$z_2 = x_2 - x_{2d}$$

则

$$\dot{z}_2 = b_1 x_3 + b_2 f_1(x_1) + b_1 f_2(x_1) - \dot{x}_{2d}$$

取 $V_2 = \frac{1}{2}z_2^2$，为了使 $\dot{V}_2 = z_2\dot{z}_2 = z_2(b_1 x_3 + b_2 f_1(x_1) + b_1 f_2(x_1) - \dot{x}_{2d}) \leqslant 0$，取 x_3 的虚拟控制为

$$\bar{x}_3 = \frac{1}{b_1}(-b_2 f_1(x_1) + \dot{x}_{2d} - c_2 z_2) - f_2(x_1) \tag{6.19}$$

其中，c_2 为正实数。

取 $\bar{x}_3$ 的低通滤波器输出 x_{3d}，即

$$\tau_3\dot{x}_{3d} + x_{3d} = \bar{x}_3, \ x_{3d}(0) = \bar{x}_3(0)$$

（3）定义

$$z_3 = x_3 - x_{3d}$$

则

$$\dot{z}_3 = x_4 - \dot{x}_{3d}$$

取 $V_3 = \frac{1}{2}z_3^2$，为了使 $\dot{V}_3 = z_3\dot{z}_3 = z_3(x_4 - \dot{x}_{3d}) \leqslant 0$，取 x_4 的虚拟控制为

$$\bar{x}_4 = -c_3 z_3 + \dot{x}_{3d} \tag{6.20}$$

其中，c_3 为正实数。

取 $\bar{x}_4$ 的低通滤波器输出 x_{4d}：

$$\tau_4\dot{x}_{4d} + x_{4d} = \bar{x}_4, \ x_{4d}(0) = \bar{x}_4(0)$$

（4）定义

$$z_4 = x_4 - x_{4d}$$

则

$$\dot{z}_4 = b_3 u + b_4 f_3(x_1, x_3) + dt - \dot{x}_{4d}$$

考虑动态面控制设计的最后一步（第3步），定义 $s = z_4$，取 $V_4 = \frac{1}{2}z_4^2$，为了使 $\dot{V}_4 = z_4\dot{z}_4 \leqslant 0$，控

制律设计如下：

$$u=\frac{1}{b_3}(-\eta\operatorname{sgn}(z_4)-b_4f_3(x_1,x_3)+\dot{x}_{4d}-c_4z_4) \tag{6.21}$$

其中，c_4 为正实数，$\eta\geqslant D$。

将式(6.21)代入，得 $\dot{z}_4=-c_4z_4-\eta\operatorname{sgn}(z_4)+dt$。

6.2.3 稳定性分析

定义滤波误差为

$$y_i=x_{id}-\bar{x}_i,\quad i=2,3,4$$

根据滤波器的设计，可得

$$\dot{x}_{id}=-\frac{y_i}{\tau_i},\quad i=2,3,4$$

$$\dot{y}_2=\dot{x}_{2d}-\dot{\bar{x}}_2=-\frac{y_2}{\tau_2}+c_1\dot{z}_1-\ddot{x}_{1d}$$

$$\dot{y}_3=\dot{x}_{3d}-\dot{\bar{x}}_3=-\frac{y_3}{\tau_3}-\frac{b_2}{b_1}\cos(x_1)\cdot x_2-\frac{1}{b_1}(\ddot{x}_{2d}-c_2\dot{z}_2)-x_2$$

$$\dot{y}_4=\dot{x}_{4d}-\dot{\bar{x}}_4=-\frac{y_4}{\tau_4}+c_3\dot{z}_3-\ddot{x}_{3d}$$

通过定义 B_i，可得

$$\dot{y}_2=-\frac{y_2}{\tau_2}+B_2(z_1,z_2,y_2,\ddot{x}_{1d})$$

$$\dot{y}_3=-\frac{y_3}{\tau_3}+B_3(z_1,z_2,z_3,y_2,y_3,x_{1d},\dot{x}_{1d},\ddot{x}_{1d})$$

$$\dot{y}_4=-\frac{y_4}{\tau_4}+B_4(z_1,z_2,z_3,z_4,y_2,y_3,y_4,x_{1d},\dot{x}_{1d},\ddot{x}_{1d})$$

其中，①$\dot{z}_1=z_2+y_2+\bar{x}_2-\dot{x}_{1d}=z_2+y_2-c_1z_1$，则定义 $B_2=c_1\dot{z}_1-\ddot{x}_{1d}$，$B_2$ 可表示为 $B_2(z_1,z_2,y_2,\ddot{x}_{1d})$；②$\dot{z}_2=b_1(z_3+y_3+\bar{x}_3)+b_2f_1(x_1)+b_1f_2(x_1)-\dot{x}_{2d}=b_1z_3+b_1y_3-c_2z_2$，$\ddot{x}_{2d}=-\frac{\dot{y}_2}{\tau_2}=-\frac{-\frac{y_2}{\tau_2}+c_1\dot{z}_1-\ddot{x}_{1d}}{\tau_2}$ 及 $z_1=x_1-x_{1d}$，$\dot{z}_1=x_2-\dot{x}_{1d}$，则定义 $B_3=-\frac{b_2}{b_1}\cos(x_1)\cdot x_2-\frac{1}{b_1}(\ddot{x}_{2d}-c_2\dot{z}_2)-x_2$，$B_3$ 可表示为 $B_3(z_1,z_2,z_3,y_2,y_3,x_{1d},\dot{x}_{1d},\ddot{x}_{1d})$；③$\dot{z}_3=z_4+y_4+\bar{x}_4-\dot{x}_{3d}=z_4+y_4-c_3z_3$ 及 $\ddot{x}_{3d}=-\frac{\dot{y}_3}{\tau_3}=-\frac{-\frac{y_3}{\tau_3}-\frac{b_2}{b_1}\cos(x_1)\cdot x_2-\frac{1}{b_1}(\ddot{x}_{2d}-c_2\dot{z}_2)-x_2}{\tau_3}$，则定义 $B_4=c_3\dot{z}_3-\ddot{x}_{3d}$，$B_4$ 可表示为 $B_4(z_1,z_2,z_3,z_4,y_2,y_3,y_4,x_{1d},\dot{x}_{1d},\ddot{x}_{1d})$；定义集合 $\Omega_1:-\{(x_{1d},\dot{x}_{1d},\ddot{x}_{1d}):x_{1d}^2+\dot{x}_{1d}^2+\ddot{x}_{1d}^2\leqslant\xi\}$，$\Omega_2:=\left\{\sum_{i=1}^{4}z_i^2+\sum_{i=2}^{4}y_i^2\leqslant 2p\right\}$，其中 $\Omega_1\in R^3$，$\Omega_2\in R^7$，显然 $\Omega_1\times\Omega_2\in R^{10}$。

定理 6.1 针对系统(6.17)，对于 $V(0)\leqslant p$，p 为正实数，存在 $c_i\ (i=1,2,\cdots,4)$，$\tau_i\ (i=2,3,4)$，则闭环系统所有信号为半全局一致有界，跟踪误差收敛。

证明：定义 Lyapunov 函数为

$$V=\sum_{i=1}^{4}\frac{z_i^2}{2}+\sum_{j=2}^{4}\frac{y_j^2}{2} \tag{6.22}$$

当 $V=p$ 时，$V=\sum_{i=1}^{4}\frac{z_i^2}{2}+\sum_{j=2}^{4}\frac{y_j^2}{2}=p$，此时 $B_i\ (i=2,3,4)$ 有界，$|B_i|$ 在集合 $\Omega_1\times\Omega_2$ 上的上界定义为 M_i，则 $\frac{B_i^2}{M_i^2}-1\leqslant 0$。下面证明当 $V=p$ 时，$\dot{V}\leqslant 0$。

由于

$$\begin{aligned}\dot{V}=&z_1(z_2+y_2-c_1z_1)+z_2(b_1z_3+b_1y_3-c_2z_2)+z_3(z_4+y_4-c_3z_3)+\\&z_4(-c_4z_4-\eta\operatorname{sgn}(z_4)+dt)+y_2\left(-\frac{y_2}{\tau_2}+B_2\right)+y_3\left(-\frac{y_3}{\tau_3}+B_3\right)+y_4\left(-\frac{y_4}{\tau_4}+B_4\right)\end{aligned}$$

则

$$\begin{aligned}\dot{V}\leqslant&|z_1||z_2|+|z_1||y_2|+b_1|z_2||z_3|+b_1|z_2||y_3|+|z_3||z_4|+\\&|z_3||y_4|-c_1z_1^2-c_2z_2^2-c_3z_3^2-c_4z_4^2-\\&\frac{y_2^2}{\tau_2}+|y_2||B_2|-\frac{y_3^2}{\tau_3}+|y_3||B_3|-\frac{y_4^2}{\tau_4}+|y_4||B_4|\\\leqslant&\frac{1}{2}(z_1^2+z_2^2)+\frac{1}{2}(z_1^2+y_2^2)+\frac{b_1}{2}(z_2^2+z_3^2)+\frac{b_1}{2}(z_2^2+y_3^2)+\\&\frac{1}{2}(z_3^2+z_4^2)+\frac{1}{2}(z_3^2+y_4^2)-c_1z_1^2-c_2z_2^2-c_3z_3^2-c_4z_4^2-\\&\frac{y_2^2}{\tau_2}+\frac{B_2^2y_2^2}{2}+\frac{1}{2}-\frac{y_3^2}{\tau_3}+\frac{B_3^2y_3^2}{2}+\frac{1}{2}-\frac{y_4^2}{\tau_4}+\frac{B_4^2y_4^2}{2}+\frac{1}{2}\end{aligned}$$

从而

$$\begin{aligned}\dot{V}\leqslant&(1-c_1)z_1^2+\left(\frac{1}{2}+b_1-c_2\right)z_2^2+\left(1+\frac{b_1}{2}-c_3\right)z_3^2+\left(\frac{1}{2}-c_4\right)z_4^2+\\&\left(\frac{B_2^2}{2}+\frac{1}{2}-\frac{1}{\tau_2}\right)y_2^2+\left(\frac{B_3^2}{2}+\frac{b_1}{2}-\frac{1}{\tau_3}\right)y_3^2+\left(\frac{B_4^2}{2}+\frac{1}{2}-\frac{1}{\tau_4}\right)y_4^2+\frac{3}{2}\end{aligned}$$

取

$$c_1\geqslant 1+r,\quad c_2\geqslant\frac{1}{2}+b_1+r,\quad c_3\geqslant 1+\frac{b_1}{2}+r,\quad c_4\geqslant\frac{1}{2}+r \tag{6.23}$$

$$\frac{1}{\tau_2}\geqslant\frac{M_2^2}{2}+\frac{1}{2}+r,\quad\frac{1}{\tau_3}\geqslant\frac{M_3^2}{2}+\frac{b_1}{2}+r,\quad\frac{1}{\tau_4}\geqslant\frac{M_4^2}{2}+\frac{1}{2}+r \tag{6.24}$$

其中，r 为正实数。

于是

$$\begin{aligned}\dot{V}\leqslant&-rz_1^2-rz_2^2-rz_3^2-rz_4^2-ry_2^2-ry_3^2-ry_4^2+\frac{B_2^2-M_2^2}{2}y_2^2+\\&\frac{B_3^2-M_3^2}{2}y_3^2+\frac{B_4^2-M_4^2}{2}y_4^2+\frac{3}{2}\\\leqslant&-2rV+\frac{3}{2}+\left(\frac{M_2^2}{2}\frac{B_2^2}{M_2^2}-\frac{M_2^2}{2}\right)y_2^2+\left(\frac{M_3^2}{2}\frac{B_3^2}{M_3^2}-\frac{M_3^2}{2}\right)y_3^2+\left(\frac{M_4^2}{2}\frac{B_4^2}{M_4^2}-\frac{M_4^2}{2}\right)y_4^2\end{aligned}$$

$$=-2rV+\frac{3}{2}+\left(\frac{B_2^2}{M_2^2}-1\right)\frac{M_2^2y_2^2}{2}+\left(\frac{B_3^2}{M_3^2}-1\right)\frac{M_3^2y_3^2}{2}+\left(\frac{B_4^2}{M_4^2}-1\right)\frac{M_4^2y_4^2}{2}$$

由于$\frac{B_i^2}{M_i^2}-1\leqslant 0$,则

$$\dot{V}\leqslant -2rV+\frac{3}{2} \tag{6.25}$$

当 $V=p$ 时,取 $r\geqslant\frac{3/2}{2p}$,则 $\dot{V}\leqslant -2rp+\frac{3}{2}\leqslant 0$。可以得到结论:如果 $V(0)\leqslant p$,则 $V(t)\leqslant p$,$t>0$。解上述不等式,有

$$V\leqslant\frac{1}{2r}\cdot\frac{3}{2}+\left(V(0)-\frac{1}{2r}\cdot\frac{3}{2}\right)\mathrm{e}^{-2rt}$$

可见,闭环系统所有信号在集合 Θ 上为半全局一致有界,即

$$\Theta=\{z_1,z_2,z_3,z_4,y_2,y_3,y_4\}$$

通过调整 $c_i(i=1,2,\cdots,4)$,$\tau_i(i=2,3,4)$和 r,紧集 Θ 可以变得任意小,则跟踪误差 z_1 可以收敛到任意小。

6.2.4 仿真实例

针对被控对象式(6.16),取 $I=1.0$,$J=1.0$,$Mgl=5.0$,$k=40$,取干扰 $dt=100\sin t$。取机械手的初值为 $\boldsymbol{x}(0)=[0.1\quad 0\quad 0\quad 0]^{\mathrm{T}}$。根据 V 的表达式,可得 $V(0)=142.7318$,从而可确定 $p=142.8318$,按式 $r\geqslant\frac{3/2}{2p}$可设计 $r\geqslant 0.0053$,取 $r=0.1053$。

采用控制器式(6.21),采用饱和函数代替切换函数,取 $\Delta=0.20$,取 $D=100$,$\eta=D+0.10$,控制器参数和滤波器参数按式(6.23)和式(6.24)设计,取 $c_1=5$,$c_2=45$,$c_3=25$,$c_4=5$,$\tau_2=\tau_3=\tau_4=0.01$。根据滤波器定义,取 $x_{2\mathrm{d}}$,$x_{3\mathrm{d}}$ 和 $x_{4\mathrm{d}}$ 的初值分别为 0.5、0.675 和 18.8745,取指令 $x_{1\mathrm{d}}$ 为 $\sin t$,仿真结果如图 6.3 和图 6.4 所示。

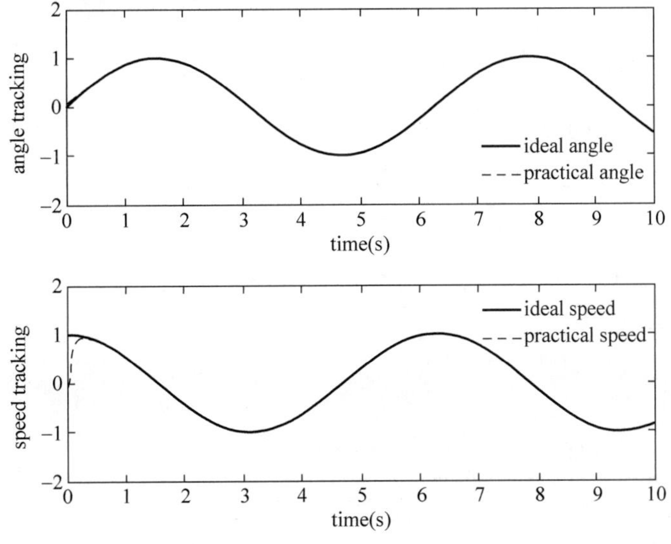

图 6.3 角度和角速度跟踪

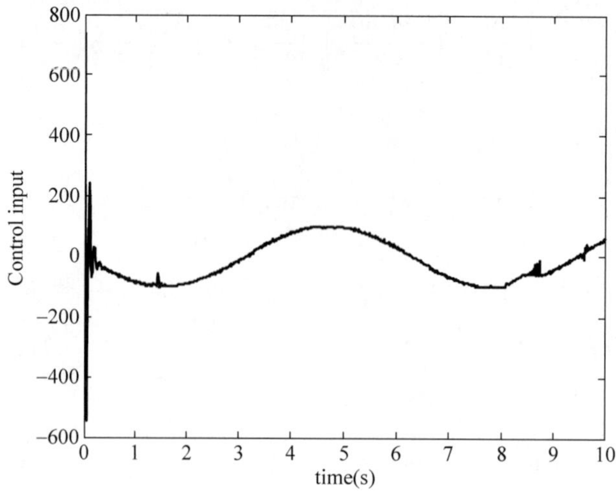

图 6.4　控制输入

仿真程序：柔性机械手动态面控制程序有 11 个。

(1) Simulink 主程序：chap6_2sim. mdl。

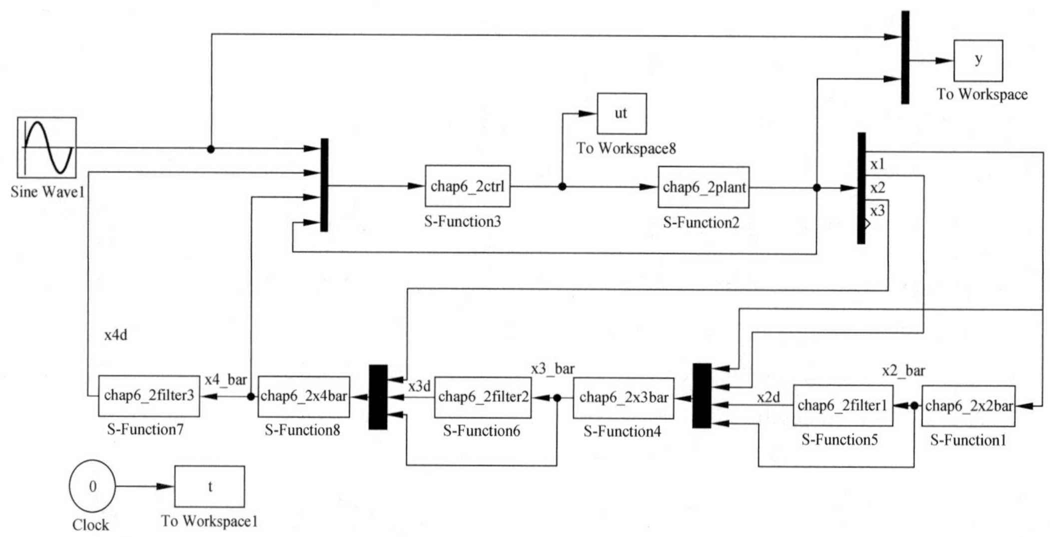

(2) 控制器子程序：chap6_2ctrl. m。

```
function [sys,x0,str,ts] = s_function(t,x,u,flag)
switch flag,
case 0,
    [sys,x0,str,ts] = mdlInitializeSizes;
case 3,
    sys = mdlOutputs(t,x,u);
case {1,2, 4, 9}
    sys = [];
otherwise
    error(['Unhandled flag = ',num2str(flag)]);
end
function [sys,x0,str,ts] = mdlInitializeSizes
sizes = simsizes;
sizes.NumContStates   = 0;
```

```
sizes.NumDiscStates  = 0;
sizes.NumOutputs     = 1;
sizes.NumInputs      = 7;
sizes.DirFeedthrough = 1;
sizes.NumSampleTimes = 1;
sys = simsizes(sizes);
x0   = [];
str  = [];
ts   = [-1 0];
function sys = mdlOutputs(t,x,u)
x1d = u(1);
x4d = u(2);
x4_bar = u(3);

x1 = u(4);
x2 = u(5);
x3 = u(6);
x4 = u(7);

I = 1.0;J = 1.0;Mgl = 5.0;K = 40;
f1 = -sin(x1);
f2 = -x1;
f3 = x1 - x3;
b1 = K/I;
b2 = Mgl/I;
b3 = 1/J;
b4 = K/J;

tol4 = 0.01;

z4 = x4 - x4d;
dx4d = (x4_bar - x4d)/tol4;

c4 = 5;
D = 100;
xite = D + 0.10;
%xite = 0;

M = 2;
if M == 1
    ut = 1/b3 * ( - xite * sign(z4) - b4 * f3 + dx4d - c4 * z4);
elseif M == 2
    fai = 0.20;
if abs(z4)<= fai
    sat = z4/fai;
else
    sat = sign(z4);
end
    ut = 1/b3 * ( - xite * sat - b4 * f3 + dx4d - c4 * z4);
end

sys(1) = ut;
```

(3) $\bar{x}_2$ 计算程序：chap6_2x2bar.m。

```
function [sys,x0,str,ts] = s_function(t,x,u,flag)
```

```
switch flag,
case 0,
    [sys,x0,str,ts] = mdlInitializeSizes;
case 3,
    sys = mdlOutputs(t,x,u);
case {1,2, 4, 9 }
    sys = [];
otherwise
    error(['Unhandled flag = ',num2str(flag)]);
end
function [sys,x0,str,ts] = mdlInitializeSizes
sizes = simsizes;
sizes.NumContStates = 0;
sizes.NumDiscStates = 0;
sizes.NumOutputs = 1;
sizes.NumInputs = 1;
sizes.DirFeedthrough = 1;
sizes.NumSampleTimes = 1;
sys = simsizes(sizes);
x0 = [];
str = [];
ts = [-1 0];
function sys = mdlOutputs(t,x,u)
x1 = u(1);
x1d = sin(t);
dx1d = cos(t);
c1 = 5;
z1 = x1 - x1d;
x2_bar = -c1 * z1 + dx1d;
sys(1) = x2_bar;
```

（4）$\bar{x}_3$ 计算程序：chap6_2x3bar.m。

```
function [sys,x0,str,ts] = s_function(t,x,u,flag)
switch flag,
case 0,
    [sys,x0,str,ts] = mdlInitializeSizes;
case 3,
    sys = mdlOutputs(t,x,u);
case {1,2, 4, 9}
    sys = [];
otherwise
    error(['Unhandled flag = ',num2str(flag)]);
end
function [sys,x0,str,ts] = mdlInitializeSizes
sizes = simsizes;
sizes.NumContStates  = 0;
sizes.NumDiscStates  = 0;
sizes.NumOutputs     = 1;
sizes.NumInputs      = 4;
sizes.DirFeedthrough = 1;
sizes.NumSampleTimes = 1;
sys = simsizes(sizes);
x0  = [];
str = [];
ts  = [-1 0];
```

```
function sys = mdlOutputs(t,x,u)
x1 = u(1);
x2 = u(2);
x2d = u(3);
x2_bar = u(4);
z2 = x2 - x2d;

c2 = 45;
tol2 = 0.01;

dx2d = (x2_bar - x2d)/tol2;

I = 1.0;J = 1.0;Mgl = 5.0;K = 40;
f1 = - sin(x1);
f2 = - x1;
b1 = K/I;
b2 = Mgl/I;
b3 = 1/J;
b4 = K/J;

x3_bar = 1/b1 * ( - b2 * f1 + dx2d - c2 * z2) - f2;

sys(1) = x3_bar;
```

(5) $\bar{x}_4$ 计算程序：chap6_2x4bar.m。

```
function [sys,x0,str,ts] = s_function(t,x,u,flag)
switch flag,
case 0,
    [sys,x0,str,ts] = mdlInitializeSizes;
case 3,
    sys = mdlOutputs(t,x,u);
case {1,2, 4, 9}
    sys = [];
otherwise
    error(['Unhandled flag = ',num2str(flag)]);
end
function [sys,x0,str,ts] = mdlInitializeSizes
sizes = simsizes;
sizes.NumContStates  = 0;
sizes.NumDiscStates  = 0;
sizes.NumOutputs     = 1;
sizes.NumInputs      = 3;
sizes.DirFeedthrough = 1;
sizes.NumSampleTimes = 1;
sys = simsizes(sizes);
x0 = [];
str = [];
ts = [ - 1 0];
function sys = mdlOutputs(t,x,u)
x3 = u(1);
x3d = u(2);
x3_bar = u(3);
tol3 = 0.01;
dx3d = (x3_bar - x3d)/tol3;
```

```
z3 = x3 - x3d;
c3 = 25;
x4_bar = - c3 * z3 + dx3d;

sys(1) = x4_bar;
```

（6）初始值设定程序：chap6_2int. m。

```
clear all;
close all;
I = 1.0;J = 1.0;Mgl = 5.0;K = 40;
b1 = K/I;b2 = Mgl/I;b3 = 1/J;b4 = K/J;

x10 = 0.1;x20 = 0;x30 = 0;x40 = 0;
c1 = 5;c2 = 45;c3 = 25;c4 = 5;

x1d0 = 0;dx1d0 = 1;                         % x1d = sint
%%%%%%%%%%%%%%%%%%%%%%%%%%%%%%%%%%%%%%%%%%%%
z10 = x10 - x1d0;
x2_bar0 = - c1 * z10 + dx1d0;
x2d0 = x2_bar0
%%%%%%%%%%%%%%%%%%%%%%%%%%%%%%%%%%%%%%%%%%%%
dx2d0 = 0;                                  % 由于 x2d(0) = x2_bar(0)
z20 = x20 - x2d0;
f20 = - x10;

x3_bar0 = 1/b1 * (b2 * sin(x10) + dx2d0 - c2 * z20) - f20;
x3d0 = x3_bar0
%%%%%%%%%%%%%%%%%%%%%%%%%%%%%%%%%%%%%%%%%%%%
z30 = x30 - x3d0;
dx3d0 = 0;                                  % 由于 x3d(0) = x3_bar(0)
x4_bar0 = - c3 * z30 + dx3d0;
x4d0 = x4_bar0

%%%%%%%%%%%%%%%%%%%%%%%%%%%%%%%%%%%%%%%%%%%%%%%%%%%%%
z40 = x40 - x4d0;
y20 = x2d0 - x2_bar0;
y30 = x3d0 - x3_bar0;
y40 = x4d0 - x4_bar0;
V0 = 0.5 * (z10^2 + z20^2 + z30^2 + z40^2) + 0.5 * (y20^2 + y30^2 + y40^2);
p = V0 + 0.10;                              % 保证 p >= V0
r = 1.5/(2 * p) + 0.10                      % 保证 r >= 1.5/(2 * p);

1 + r                                       % 验证 c1 >= 1 + r
1/2 + b1 + r                                % 验证 c2 >= 1/2 + b1 + r
1 + b1/2 + r                                % 验证 c3 >= 1 + b1/2 + r
0.5 + r                                     % 验证 c4 >= 0.5 + r
```

（7）第一个滤波器程序：chap6_2filter1. m。

```
function [sys,x0,str,ts] = s_function(t,x,u,flag)
switch flag,
case 0,
    [sys,x0,str,ts] = mdlInitializeSizes;
case 1,
    sys = mdlDerivatives(t,x,u);
case 3,
```

```
    sys = mdlOutputs(t,x,u);
case {2, 4, 9}
    sys = [];
otherwise
    error(['Unhandled flag = ',num2str(flag)]);
end
function [sys,x0,str,ts] = mdlInitializeSizes
sizes = simsizes;
sizes.NumContStates  = 1;
sizes.NumDiscStates  = 0;
sizes.NumOutputs     = 1;
sizes.NumInputs      = 1;
sizes.DirFeedthrough = 1;
sizes.NumSampleTimes = 1;
sys = simsizes(sizes);
x0 = 0.5;
str = [];
ts = [-1 0];
function sys = mdlDerivatives(t,x,u)
tol2 = 0.01;
x2_bar = u(1);

sys(1) = 1/tol2 * (x2_bar - x(1));
function sys = mdlOutputs(t,x,u)
sys(1) = x(1);     % 为 x2d
```

(8) 第二个滤波器程序：chap6_2filter2.m。

```
function [sys,x0,str,ts] = s_function(t,x,u,flag)
switch flag,
case 0,
    [sys,x0,str,ts] = mdlInitializeSizes;
case 1,
    sys = mdlDerivatives(t,x,u);
case 3,
    sys = mdlOutputs(t,x,u);
case {2, 4, 9}
    sys = [];
otherwise
    error(['Unhandled flag = ',num2str(flag)]);
end
function [sys,x0,str,ts] = mdlInitializeSizes
sizes = simsizes;
sizes.NumContStates  = 1;
sizes.NumDiscStates  = 0;
sizes.NumOutputs     = 1;
sizes.NumInputs      = 1;
sizes.DirFeedthrough = 1;
sizes.NumSampleTimes = 1;
sys = simsizes(sizes);
x0 = 0.675;
str = [];
ts = [-1 0];
function sys = mdlDerivatives(t,x,u)
tol3 = 0.01;
x3_bar = u(1);
```

```
sys(1) = 1/tol3 * (x3_bar - x(1));
function sys = mdlOutputs(t,x,u)
sys(1) = x(1); % 为 x3d
```

（9）第三个滤波器程序：chap6_2filter3. m。

```
function [sys,x0,str,ts] = s_function(t,x,u,flag)
switch flag,
case 0,
    [sys,x0,str,ts] = mdlInitializeSizes;
case 1,
    sys = mdlDerivatives(t,x,u);
case 3,
    sys = mdlOutputs(t,x,u);
case {2, 4, 9}
    sys = [];
otherwise
    error(['Unhandled flag = ',num2str(flag)]);
end
function [sys,x0,str,ts] = mdlInitializeSizes
sizes = simsizes;
sizes.NumContStates  = 1;
sizes.NumDiscStates  = 0;
sizes.NumOutputs     = 1;
sizes.NumInputs      = 1;
sizes.DirFeedthrough = 1;
sizes.NumSampleTimes = 1;
sys = simsizes(sizes);
x0 = 18.8745;
str = [];
ts = [-1 0];
function sys = mdlDerivatives(t,x,u)
tol4 = 0.01;
x4_bar = u(1);

sys(1) = 1/tol4 * (x4_bar - x(1));
function sys = mdlOutputs(t,x,u)
sys(1) = x(1);                          % 为 x4d
```

（10）被控对象子程序：chap6_2plant. m。

```
function [sys,x0,str,ts] = spacemodel(t,x,u,flag)
switch flag,
case 0,
    [sys,x0,str,ts] = mdlInitializeSizes;
case 1,
    sys = mdlDerivatives(t,x,u);
case 3,
    sys = mdlOutputs(t,x,u);
case {2,4,9}
    sys = [];
otherwise
    error(['Unhandled flag = ',num2str(flag)]);
end
function [sys,x0,str,ts] = mdlInitializeSizes
sizes = simsizes;
```

```
sizes.NumContStates   = 4;
sizes.NumDiscStates   = 0;
sizes.NumOutputs      = 4;
sizes.NumInputs       = 1;
sizes.DirFeedthrough  = 0;
sizes.NumSampleTimes  = 1;
sys  = simsizes(sizes);
x0   = [0.1;0;0;0];
str  = [];
ts   = [0 0];
function sys = mdlDerivatives(t,x,u)
I = 1.0;J = 1.0;Mgl = 5.0;K = 40;

f = -(1/I)*Mgl*sin(x(1)) - K/I*x(1);
g = -(1/J)*K*(x(3) - x(1));
a = K/I;
b = 1/J;

tol = u(1);
sys(1) = x(2);
sys(2) = -(1/I)*(Mgl*sin(x(1)) + K*(x(1) - x(3)));
sys(3) = x(4);
sys(4) = (1/J)*(tol - K*(x(3) - x(1))) + 100*sin(t);
function sys = mdlOutputs(t,x,u)
sys(1) = x(1);
sys(2) = x(2);
sys(3) = x(3);
sys(4) = x(4);
```

(11) 作图程序：chap6_2plot.m。

```
close all;

figure(1);
subplot(211);
plot(t,y(:,1),'r',t,y(:,2),'b:','linewidth',2);
xlabel('time(s)');ylabel('angle tracking');
legend('ideal angle','practical angle');
subplot(212);
plot(t,cos(t),'r',t,y(:,3),'b:','linewidth',2);
xlabel('time(s)');ylabel('speed tracking');
legend('ideal speed','practical speed');

figure(2);
plot(t,ut(:,1),'r','linewidth',2);
xlabel('time(s)');ylabel('Control input');
```

6.3 柔性关节机械手 K-观测器设计及分析

6.3.1 K-观测器设计原理

针对如下非线性系统：

$$\begin{cases}\dot{x}_1=x_2+f_{0,1}(y)+\sum_{i=1}^{p}a_if_{i,1}(y)\\ \dot{x}_2=x_3+f_{0,2}(y)+\sum_{i=1}^{p}a_if_{i,2}(y)\\ \quad\vdots\\ \dot{x}_{\rho-1}=x_\rho+f_{0,\rho-1}(y)+\sum_{i=1}^{p}a_if_{i,\rho-1}(y)\\ \dot{x}_\rho=x_{\rho+1}+f_{0,\rho}(y)+\sum_{i=1}^{p}a_if_{i,\rho}(y)+b_{n-\rho}g(y)u\\ \quad\vdots\\ \dot{x}_n=f_{0,n}(y)+\sum_{i=1}^{p}a_if_{i,n}(y)+b_0g(y)u\\ y=x_1\end{cases}\tag{6.26}$$

其中，u 为控制输入，y 为系统输出，$a_1,a_2,\cdots,a_p$ 与 $b_0,b_1,b_2,\cdots,b_{n-\rho}$ 都是未知参数，系统结构已知，n 为系统阶数，ρ 为相对阶的个数。

将式(6.26)写成状态方程形式：

$$\begin{cases}\dot{\boldsymbol{x}}=\boldsymbol{A}\boldsymbol{x}+\boldsymbol{f}_0(y)+\sum_{i=1}^{p}a_i\boldsymbol{f}_i(y)+\boldsymbol{b}g(y)u\\ y=\boldsymbol{c}^{\mathrm{T}}\boldsymbol{x}\end{cases}\tag{6.27}$$

其中，$\boldsymbol{A}=\begin{bmatrix}0 & & \\ \vdots & \boldsymbol{I}_{(n-1)\times(n-1)} & \\ 0 & \cdots & 0\end{bmatrix}$，$\boldsymbol{b}=\begin{bmatrix}0_{(\rho-1)\times 1}\\ b_{n-\rho}\\ \vdots\\ b_0\end{bmatrix}$，$\boldsymbol{c}=\begin{bmatrix}1\\ \boldsymbol{0}_{(n-1)\times 1}\end{bmatrix}$。

假定系统中输出量 $y=x_1$ 可测，通过设计 K-观测器，实现状态的观测。针对模型式(6.27)，设计如下 K-观测器辅助系统[3]：

$$\begin{cases}\dot{\boldsymbol{\omega}}=\boldsymbol{A}_0\boldsymbol{\omega}+\boldsymbol{k}y+\boldsymbol{f}_0(y)\\ \dot{\boldsymbol{\psi}}_i=\boldsymbol{A}_0\boldsymbol{\psi}_i+\boldsymbol{f}_i(y),\quad i=1,2,\cdots,p\\ \dot{\boldsymbol{v}}=\boldsymbol{A}_0\boldsymbol{v}+\boldsymbol{e}_{n-j}g(y)u,\quad j=0,1,2,\cdots,n-\rho\end{cases}\tag{6.28}$$

其中，$\boldsymbol{e}_i=[0\ \cdots\ 0\ \underset{\text{第}i\text{个元素}}{1}\ 0\ \cdots\ 0]^{\mathrm{T}}$，通过选取向量 $\boldsymbol{k}$，使得 $\boldsymbol{A}_0=\boldsymbol{A}-\boldsymbol{k}\boldsymbol{c}^{\mathrm{T}}$ 为 Hurwitz。

利用下式重构未知状态：

$$\hat{\boldsymbol{x}}=\omega+a_1\psi_1+a_2\psi_2+\cdots+a_p\psi_p+b_{n-\rho}\boldsymbol{v}_{n-\rho}+\cdots+b_0\boldsymbol{v}_0=\boldsymbol{\omega}+\sum_{i=1}^{p}a_i\boldsymbol{\psi}_i+\sum_{j=0}^{n-\rho}b_i\boldsymbol{v}_i\tag{6.29}$$

由式(6.28)和式(6.29)构成了 K-观测器。

6.3.2 柔性关节机械手模型描述与变换

柔性关节机械手动力学模型可表示为

$$\begin{cases} I\ddot{q} + K(q - q_m) + Mgl\sin q = 0 \\ J\ddot{q}_m - K(q - q_m) = u \end{cases} \tag{6.30}$$

式中，q、q_m 分别为连杆和转子的转角位置，I、J 分别为连杆和转子的转动惯量，K 为关节刚度系数，M、g、l 分别为连杆质量、重力加速度和连杆重心至关节长度，u 为电机转矩输入。

定义状态变量 $x_1=q$、$x_2=\dot{q}$、$x_3=q_m$、$x_4=\dot{q}_m$，得状态方程为

$$\begin{cases} \dot{x}_1 = x_2 \\ \dot{x}_2 = -\dfrac{Mgl}{I}\sin x_1 - \dfrac{K}{I}(x_1 - x_3) \\ \dot{x}_3 = x_4 \\ \dot{x}_4 = \dfrac{K}{J}(x_1 - x_3) + \dfrac{1}{J}u \\ y = x_1 \end{cases} \tag{6.31}$$

式中，y 为系统输出。

控制目标为只用信号 x_1，输出 y 跟踪 y_{d}。

假设 6.1 仅连杆位置信号 q 可测，其余 3 个状态均不可测。

需要对式(6.31)进行形式变换，使 $\dot{x}_4=\dfrac{K}{J}(x_1-x_3)+\dfrac{1}{J}u$ 中不含 x_3，以便只用信号 x_1 就可实现控制。

由式(6.31)可知

$$\mathrm{D}^2 y = -\frac{Mgl}{I}\sin x_1 - \frac{K}{I}x_1 + \frac{K}{I}x_3 \tag{6.32}$$

式中，D^n 表示 $\mathrm{d}^n/\mathrm{d}t^n$。

于是

$$x_3 = \frac{I}{K}\left(\mathrm{D}^2 y + \frac{Mgl}{I}\sin y + \frac{K}{I}y\right) \tag{6.33}$$

$$x_4 = \dot{x}_3 = \frac{I}{K}\left(\mathrm{D}^3 y + \frac{Mgl}{I}\mathrm{D}\sin y + \frac{K}{I}\mathrm{D}y\right) \tag{6.34}$$

对 x_4 求导得

$$\dot{x}_4 = \frac{I}{K}\left(\mathrm{D}^4 y + \frac{Mgl}{I}\mathrm{D}^2\sin y + \frac{K}{I}\mathrm{D}^2 y\right) \tag{6.35}$$

转换后的模型需要考虑控制输入 u。由式(6.31)可得

$$\dot{x}_4 = \frac{K}{J}x_1 - \frac{K}{J}x_3 + \frac{1}{J}u = \frac{K}{J}y - \frac{I}{J}\left(\mathrm{D}^2 y + \frac{Mgl}{I}\sin y + \frac{K}{I}y\right) + \frac{1}{J}u$$

结合上式与式(6.35)，可得

$$\frac{I}{K}\left(\mathrm{D}^4 y + \frac{Mgl}{I}\mathrm{D}^2\sin y + \frac{K}{I}\mathrm{D}^2 y\right) = \frac{K}{J}y - \frac{I}{J}\left(\mathrm{D}^2 y + \frac{Mgl}{I}\sin y + \frac{K}{I}y\right) + \frac{1}{J}u$$

即

$$\frac{I}{K}\left(\mathrm{D}^4 y + \frac{Mgl}{I}\mathrm{D}^2\sin y + \frac{K}{I}\mathrm{D}^2 y\right) = -\frac{I}{J}\left(\mathrm{D}^2 y + \frac{Mgl}{I}\sin y\right) + \frac{1}{J}u$$

从而可得如下输入-输出表达式

$$\mathrm{D}^4 y=-\left(\frac{K}{I}+\frac{K}{J}\right)\mathrm{D}^2 y-\frac{Mgl}{I}\mathrm{D}^2\sin y-\frac{KMgl}{IJ}\sin y+\frac{K}{IJ}u$$

即

$$\mathrm{D}^4 y-a_1\mathrm{D}^2 y-a_2\mathrm{D}^2\sin y=a_3\sin y+b_0 u \tag{6.36}$$

式中，$a_1=-\left(\frac{K}{I}+\frac{K}{J}\right)<0$，$a_2=-\frac{Mgl}{I}<0$，$a_3=-\frac{KMgl}{IJ}<0$，$b_0=\frac{K}{IJ}>0$。

定义 $z_1=y$，$z_2=\mathrm{D}y$；再根据式(6.36)，定义

$$z_3=\mathrm{D}^2 y-a_1 y-a_2\sin y$$

则

$$\dot{z}_2=\mathrm{D}^2 y=z_3+a_1 y+a_2\sin y$$

$$\dot{z}_3=\mathrm{D}^3 y-a_1\mathrm{D}y-a_2\mathrm{D}\sin y=z_4$$

$$\dot{z}_4=\ddot{z}_3=\mathrm{D}^4 y-a_1\mathrm{D}^2 y-a_2\mathrm{D}^2\sin y=a_3\sin y+b_0 u$$

存在一组状态变量 $\boldsymbol{z}=[z_1\quad z_2\quad z_3\quad z_4]^{\mathrm{T}}$，将系统状态方程转化为

$$\begin{cases}\dot{z}_1=z_2\\ \dot{z}_2=z_3+a_1 z_1+a_2\sin z_1\\ \dot{z}_3=z_4\\ \dot{z}_4=a_3\sin z_1+b_0 u\\ y=z_1\end{cases} \tag{6.37}$$

显然，式(6.31)与式(6.37)有相同的输入-输出表达式，故式(6.31)与式(6.37)等价。$z_1=x_1=q$ 表示连杆角位置，而 z_2、z_3、z_4 都是无明确物理意义的状态量。

控制目标为只用信号 x_1，输出 y 跟踪 y_{d}。仅连杆位置信号 x_1 可测，即 z_1 可测。为此，需要利用 z_1 作为反馈量，通过观测器求出状态 $\boldsymbol{z}=[z_1\quad z_2\quad z_3\quad z_4]^{\mathrm{T}}$，然后设计控制律，使得系统输出 z_1 跟踪目标轨迹 $z_{1\mathrm{d}}$，从而实现基于信号 x_1 的 y 跟踪 y_{d}。

假设 6.2 参数 a_i，$i=1,2,3$，b_0 上下界已知，即存在已知正数 a_{im}，a_{iM}，b_m，b_M 使得 $a_{im}\leqslant|a_i|\leqslant a_{iM}$，$b_m\leqslant|b_0|\leqslant b_M$。

假设 6.3 理想轨迹 $z_{1\mathrm{d}}$ 有界，其一阶、二阶导数存在并且对于正数 χ 满足 $z_{1\mathrm{d}}^2+\dot{z}_{1\mathrm{d}}^2+\ddot{z}_{1\mathrm{d}}^2\leqslant\chi$。

6.3.3 柔性关节机械手 K-观测器设计与分析

参照式(6.27)，将式(6.37)写成

$$\begin{cases}\dot{\boldsymbol{z}}=\boldsymbol{A}\boldsymbol{z}+a_1\boldsymbol{f}_1+a_2\boldsymbol{f}_2+a_3\boldsymbol{f}_3+\boldsymbol{b}u\\ y=\boldsymbol{c}^{\mathrm{T}}\boldsymbol{z}\end{cases} \tag{6.38}$$

式中，$\boldsymbol{z}=\begin{bmatrix}z_1\\z_2\\z_3\\z_4\end{bmatrix}$，$\boldsymbol{A}=\begin{bmatrix}0&1&0&0\\0&0&1&0\\0&0&0&1\\0&0&0&0\end{bmatrix}$，$\boldsymbol{b}=\begin{bmatrix}0\\0\\0\\b_0\end{bmatrix}$，$\boldsymbol{c}=\begin{bmatrix}1\\0\\0\\0\end{bmatrix}$，$\boldsymbol{f}_1=\begin{bmatrix}0\\z_1\\0\\0\end{bmatrix}$，$\boldsymbol{f}_2=\begin{bmatrix}0\\\sin z_1\\0\\0\end{bmatrix}$，$\boldsymbol{f}_3=\begin{bmatrix}0\\0\\0\\\sin z_1\end{bmatrix}$。

对应式(6.27),可知 $f_0(y)=\begin{bmatrix}0\\0\\0\\0\end{bmatrix}$,$g(y)=1.0,n=4,\rho=4,j=0$,取 $p=n-1=3$。由式(6.28)和式(6.29)设计 K-观测器,选取向量 $\boldsymbol{k}=[k_1\quad k_2\quad k_3\quad k_4]^{\mathrm{T}}$,使得 $\boldsymbol{A}_0=\boldsymbol{A}-\boldsymbol{k}\boldsymbol{c}^{\mathrm{T}}$ 为 Hurwitz。设计如下 K-观测器:

$$
\begin{aligned}
\dot{\boldsymbol{\omega}}&=\boldsymbol{A}_0\boldsymbol{\omega}+\boldsymbol{k}z_1\\
\dot{\boldsymbol{\psi}}_1&=\boldsymbol{A}_0\boldsymbol{\psi}_1+\boldsymbol{f}_1\\
\dot{\boldsymbol{\psi}}_2&=\boldsymbol{A}_0\boldsymbol{\psi}_2+\boldsymbol{f}_2\\
\dot{\boldsymbol{\psi}}_3&=\boldsymbol{A}_0\boldsymbol{\psi}_3+\boldsymbol{f}_3\\
\dot{\boldsymbol{v}}&=\boldsymbol{A}_0\boldsymbol{v}+\boldsymbol{e}_4u
\end{aligned}
\tag{6.39}
$$

式中,$\boldsymbol{\omega}$、$\boldsymbol{\psi}_1$、$\boldsymbol{\psi}_2$、$\boldsymbol{\psi}_3$、$\boldsymbol{v}$ 均为观测器状态向量,$\boldsymbol{e}_4=[0\quad 0\quad 0\quad 1]^{\mathrm{T}}$,$\boldsymbol{v}=[v_1\quad v_2\quad v_3\quad v_4]^{\mathrm{T}}$。

由于

$$
\boldsymbol{A}_0=\boldsymbol{A}-\boldsymbol{k}\boldsymbol{c}^{\mathrm{T}}=\begin{bmatrix}0&1&0&0\\0&0&1&0\\0&0&0&1\\0&0&0&0\end{bmatrix}-[k_1\quad k_2\quad k_3\quad k_4]^{\mathrm{T}}\begin{bmatrix}1\\0\\0\\0\end{bmatrix}=\begin{bmatrix}-k_1&1&0&0\\-k_2&0&1&0\\-k_3&0&0&1\\-k_4&0&0&0\end{bmatrix}
$$

则

$$
\boldsymbol{A}_0\boldsymbol{v}+\boldsymbol{e}_4u=\begin{bmatrix}-k_1v_1+v_2\\-k_2v_1+v_3\\-k_3v_1+v_4\\-k_4v_1+u\end{bmatrix}
$$

可将式(6.39)最后一式写成分量形式

$$
\begin{aligned}
\dot{v}_1&=-k_1v_1+v_2\\
\dot{v}_2&=-k_2v_1+v_3\\
\dot{v}_3&=-k_3v_1+v_4\\
\dot{v}_4&=-k_4v_1+u
\end{aligned}
\tag{6.40}
$$

状态估计量为

$$
\hat{z}=\boldsymbol{\omega}+a_1\boldsymbol{\psi}_1+a_2\boldsymbol{\psi}_2+a_3\boldsymbol{\psi}_3+b_0\boldsymbol{v}
\tag{6.41}
$$

取观测器估计误差为 $\tilde{z}=z-\hat{z}$。

由于

$$
\begin{aligned}
\dot{\hat{z}}&=\boldsymbol{A}_0\boldsymbol{\omega}+\boldsymbol{k}z_1+a_1(\boldsymbol{A}_0\boldsymbol{\psi}_1+\boldsymbol{f}_1)+a_2(\boldsymbol{A}_0\boldsymbol{\psi}_2+\boldsymbol{f}_2)+a_3(\boldsymbol{A}_0\boldsymbol{\psi}_3+\boldsymbol{f}_3)+b_0(\boldsymbol{A}_0\boldsymbol{v}+\boldsymbol{e}_4\boldsymbol{u})\\
&=\boldsymbol{A}_0(\boldsymbol{\omega}+a_1\boldsymbol{\psi}_1+a_2\boldsymbol{\psi}_2+a_3\boldsymbol{\psi}_3+b_0\boldsymbol{v})+\boldsymbol{k}z_1+a_1\boldsymbol{f}_1+a_2\boldsymbol{f}_2+a_3\boldsymbol{f}_3+b_0\boldsymbol{e}_4u\\
&=\boldsymbol{A}_0\hat{z}+\boldsymbol{k}z_1+a_1\boldsymbol{f}_1+a_2\boldsymbol{f}_2+a_3\boldsymbol{f}_3+b_0\boldsymbol{e}_4u
\end{aligned}
$$

考虑 $\boldsymbol{b}u=b_0\boldsymbol{e}_4u$,$\boldsymbol{k}\boldsymbol{c}^{\mathrm{T}}z=\boldsymbol{k}y=\boldsymbol{k}z_1$,则

$$
\begin{aligned}
\dot{\tilde{z}} &= \dot{\hat{z}} - \dot{\hat{z}} \\
&= (\boldsymbol{A}\boldsymbol{z} + a_1\boldsymbol{f}_1 + a_2\boldsymbol{f}_2 + a_3\boldsymbol{f}_3 + \boldsymbol{b}u) - (\boldsymbol{A}_0\hat{\boldsymbol{z}} + \boldsymbol{k}z_1 + a_1\boldsymbol{f}_1 + a_2\boldsymbol{f}_2 + a_3\boldsymbol{f}_3 + b_0\boldsymbol{e}_4 u) \\
&= (\boldsymbol{A}_0 + \boldsymbol{k}\boldsymbol{c}^{\mathrm{T}})\boldsymbol{z} + \boldsymbol{b}u - (\boldsymbol{A}_0\hat{\boldsymbol{z}} + \boldsymbol{k}z_1 + b_0\boldsymbol{e}_4 u) \\
&= \boldsymbol{A}_0(\boldsymbol{z} - \hat{\boldsymbol{z}}) = \boldsymbol{A}_0\tilde{\boldsymbol{z}}
\end{aligned}
$$

由于 $\boldsymbol{A}_0$ 是 Hurwitz 的，则 $\tilde{z}$ 按指数趋于零。

由于观测器是指数收敛的。为了实现控制目标，即只用信号 x_1，输出 y 跟踪 y_{d}。利用 z_1 作为反馈量，通过观测器采用 K-观测器式(6.39)至式(6.41)求出状态 $z=[z_1 \quad z_2 \quad z_3 \quad z_4]^{\mathrm{T}}$，然后可针对模型式(6.37)设计控制律，使得系统输出 z_1 跟踪目标轨迹 $z_{1\mathrm{d}}$，从而实现基于信号 x_1 的 y 跟踪 y_{d}。

6.3.4 按 $\mathbf{A}_0$ 为 Hurwitz 进行 K 的设计

首先求 $\boldsymbol{A}_0$ 的特征值。由于

$$
\lambda\boldsymbol{I} - \boldsymbol{A}_0 = \begin{bmatrix} \lambda & 0 & 0 & 0 \\ 0 & \lambda & 0 & 0 \\ 0 & 0 & \lambda & 0 \\ 0 & 0 & 0 & \lambda \end{bmatrix} - \begin{bmatrix} -k_1 & 1 & 0 & 0 \\ -k_2 & 0 & 1 & 0 \\ -k_3 & 0 & 0 & 1 \\ -k_4 & 0 & 0 & 0 \end{bmatrix} = \begin{bmatrix} \lambda + k_1 & -1 & 0 & 0 \\ k_2 & 0 & -1 & 0 \\ k_3 & 0 & 0 & -1 \\ k_4 & 0 & 0 & 0 \end{bmatrix}
$$

则由 $|\lambda\boldsymbol{I} - \boldsymbol{A}_0| = 0$ 得

$$
\begin{vmatrix} \lambda + k_1 & -1 & 0 & 0 \\ k_2 & 0 & -1 & 0 \\ k_3 & 0 & 0 & -1 \\ k_4 & 0 & 0 & 0 \end{vmatrix} = (\lambda + k_1) \times (-1)^{1+1} \begin{vmatrix} \lambda & -1 & 0 \\ 0 & \lambda & -1 \\ 0 & 0 & \lambda \end{vmatrix} +
$$

$$
(-1) \times (-1)^{1+2} \begin{vmatrix} k_1 & -1 & 0 \\ k_2 & \lambda & -1 \\ k_3 & 0 & \lambda \end{vmatrix} = 0
$$

即

$$
\lambda^3(\lambda + k_1) + \lambda^2 k_2 + k_4 + k_3\lambda = \lambda^4 + k_1\lambda^3 + k_2\lambda^2 + k_3\lambda + k_4 = 0 \tag{6.42}
$$

取极点为 $-a$，$a>0$，则 $(\lambda+a)^4=0$，即

$$
\begin{aligned}
(\lambda + a)^4 &= (\lambda^2 + 2a\lambda + a^2)(\lambda^2 + 2a\lambda + a^2) \\
&= \lambda^4 + 4a\lambda^3 + 6a^2\lambda^2 + 4a^3\lambda + a^4 = 0
\end{aligned} \tag{6.43}
$$

对应式(6.42)和式(6.43)，得

$$
k_1 = 4a, \quad k_2 = 6a^2, \quad k_3 = 4a^3, \quad k_4 = a^4 \tag{6.44}
$$

6.3.5 仿真实例

针对柔性关节机械手动力学模型式(6.30)，物理参数取 $I=1.0\mathrm{kg \cdot m^2}$，$J=1.0\mathrm{kg \cdot m^2}$，$K=40\mathrm{N \cdot m/rad}$，$Mgl=5.0\mathrm{N \cdot m}$，模型初始状态为 $[0.5 \quad 0 \quad 0 \quad 0]$。采用 K-观测器式(6.39)至式(6.41)，取 $a=1.5$，按式(6.44)求 $\boldsymbol{k}$。系统输入为 $u=\sin t$，状态方程式(6.37)的状态观

测及状态观测误差如图 6.5 和图 6.6 所示。

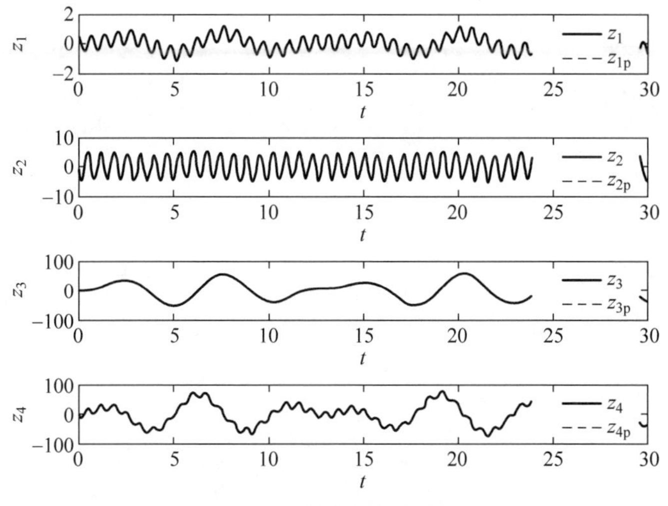

图 6.5　各个状态的观测

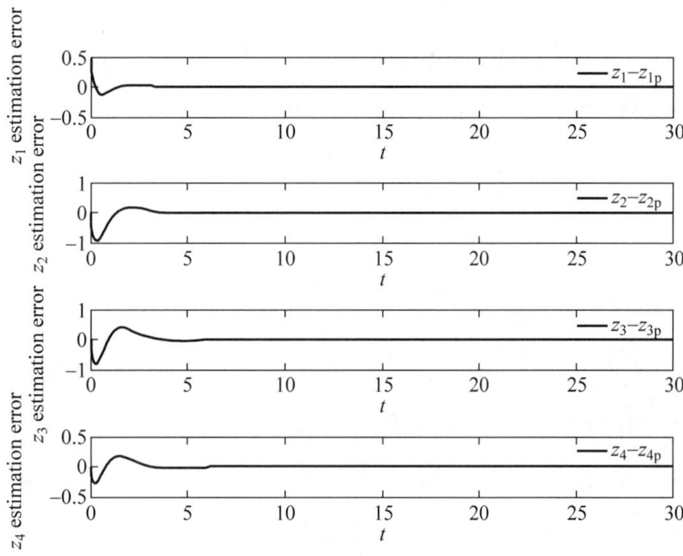

图 6.6　状态观测误差

仿真程序：

(1) Simulink 主程序：chap6_3sim.mdl。

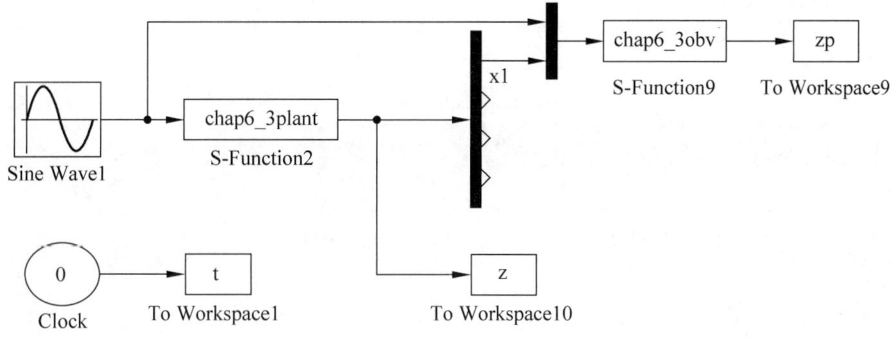

（2）k 的设计程序：chap6_3design. m。

```
clear all;
close all;

A = [0 1 0 0;
   0 0 1 0;
   0 0 0 1;
   0 0 0 0];
c = [1 0 0 0];

a = 5;

k1 = 4 * a;
k2 = 6 * a^2;
k3 = 4 * a^3;
k4 = a^4;

k = [k1 k2 k3 k4]'

A0 = A - k * c;
eig(A0)
```

（3）观测器 S 函数程序：chap6_3obv. m。

```
function [sys,x0,str,ts] = obv(t,x,u,flag)
switch flag,
case 0,
    [sys,x0,str,ts] = mdlInitializeSizes;
case 1,
    sys = mdlDerivatives(t,x,u);
case 3,
    sys = mdlOutputs(t,x,u);
case {2,4,9}
    sys = [];
otherwise
    error(['Unhandled flag = ',num2str(flag)]);
end
function [sys,x0,str,ts] = mdlInitializeSizes
sizes = simsizes;
sizes.NumContStates   = 20;
sizes.NumDiscStates   = 0;
sizes.NumOutputs      = 4;
sizes.NumInputs       = 2;
sizes.DirFeedthrough  = 1;
sizes.NumSampleTimes  = 1;
sys  = simsizes(sizes);
x0   = zeros(20,1);
str  = [];
ts   = [0 0];
function sys = mdlDerivatives(t,x,u)
ut = u(1);
z1 = u(2);

I = 1.0;J = 1.0;Mgl = 5.0;K = 40;
a1 = - (K/I + K/J);
a2 = - Mgl/I;
a3 = - K * Mgl/(I * J);
b0 = K/(I * J);
```

```
A = [0 1 0 0;
   0 0 1 0;
   0 0 0 1;
   0 0 0 0];
b = [0 0 0 b0];
c = [1 0 0 0];

f1 = [0 z1 0 0]';
f2 = [0 sin(z1) 0 0]';
f3 = [0 0 0 sin(z1)]';

a = 1.5;
k1 = 4 * a;
k2 = 6 * a^2;
k3 = 4 * a^3;
k4 = a^4;
k = [k1 k2 k3 k4]';
A0 = A - k * c;
%eig(A0);

e4 = [0 0 0 1]';
w = [x(1) x(2) x(3) x(4)]';
Fai1 = [x(5) x(6) x(7) x(8)]';
Fai2 = [x(9) x(10) x(11) x(12)]';
Fai3 = [x(13) x(14) x(15) x(16)]';
v = [x(17) x(18) x(19) x(20)]';


for i = 1:1:4
    D1 = A0 * w + k * z1;
    sys(i) = D1(i);
end
for i = 1:1:4
    D2 = A0 * Fai1 + f1;
    sys(i + 4) = D2(i);
end
for i = 1:1:4
    D3 = A0 * Fai2 + f2;
    sys(i + 8) = D3(i);
end
for i = 1:1:4
    D4 = A0 * Fai3 + f3;
    sys(i + 12) = D4(i);
end
for i = 1:1:4
    dv = A0 * v + e4 * ut;
    sys(i + 16) = dv(i);
end

function sys = mdlOutputs(t,x,u)
I = 1.0;J = 1.0;Mgl = 5.0;K = 40;
a1 = - (K/I + K/J);
a2 = - Mgl/I;
a3 = - K * Mgl/(I * J);
b0 = K/(I * J);

w = [x(1) x(2) x(3) x(4)]';
Fai1 = [x(5) x(6) x(7) x(8)]';
```

```
Fai2 = [x(9) x(10) x(11) x(12)]';
Fai3 = [x(13) x(14) x(15) x(16)]';
v = [x(17) x(18) x(19) x(20)]';

z = w + a1 * Fai1 + a2 * Fai2 + a3 * Fai3 + b0 * v;

sys(1) = z(1);
sys(2) = z(2);
sys(3) = z(3);
sys(4) = z(4);
```

（4）被控对象 S 函数程序：chap6_3plant. m。

```
function [sys,x0,str,ts] = spacemodel(t,x,u,flag)
switch flag,
case 0,
    [sys,x0,str,ts] = mdlInitializeSizes;
case 1,
    sys = mdlDerivatives(t,x,u);
case 3,
    sys = mdlOutputs(t,x,u);
case {2,4,9}
    sys = [];
otherwise
    error(['Unhandled flag = ',num2str(flag)]);
end
function [sys,x0,str,ts] = mdlInitializeSizes
sizes = simsizes;
sizes.NumContStates  = 4;
sizes.NumDiscStates  = 0;
sizes.NumOutputs     = 4;
sizes.NumInputs      = 1;
sizes.DirFeedthrough = 0;
sizes.NumSampleTimes = 1;
sys   = simsizes(sizes);
x0    = [0.5;0;0;0];
str   = [];
ts    = [0 0];
function sys = mdlDerivatives(t,x,u)
% I = 1.0;J = 1.0;Mgl = 5.0;K = 40;
I = 1.0;J = 1.0;Mgl = 5.0;K = 40;
I = 1.0;J = 1.0;Mgl = 5.0;K = 40;
a1 = - (K/I + K/J);
a2 = - Mgl/I;
a3 = - K * Mgl/(I * J);
b0 = K/(I * J);

ut = u(1);
sys(1) = x(2);
sys(2) = x(3) + a1 * x(1) + a2 * sin(x(1));
sys(3) = x(4);
sys(4) = a3 * sin(x(1)) + b0 * ut;
function sys = mdlOutputs(t,x,u)
sys(1) = x(1);
sys(2) = x(2);
sys(3) = x(3);
sys(4) = x(4);
```

(5) 作图程序：chap6_3plot.m。

```
close all;

figure(1);
subplot(411);
plot(t,z(:,1),'b',t,zp(:,1),'r:','linewidth',2);
xlabel('t');ylabel('z1');
legend('z1','z1p');
subplot(412);
plot(t,z(:,2),'b',t,zp(:,2),'r:','linewidth',2);
xlabel('t');ylabel('z2');
legend('z2','z2p');
subplot(413);
plot(t,z(:,3),'b',t,zp(:,3),'r:','linewidth',2);
xlabel('t');ylabel('z3');
legend('z3','z3p');
subplot(414);
plot(t,z(:,4),'b',t,zp(:,4),'r:','linewidth',2);
xlabel('t');ylabel('z4');
legend('z4','z4p');

figure(2);
subplot(411);
plot(t,z(:,1) - zp(:,1),'r','linewidth',2);
xlabel('t');ylabel('z1 estimation error');
legend('z1 - z1p');
subplot(412);
plot(t,z(:,2) - zp(:,2),'r','linewidth',2);
xlabel('t');ylabel('z2 estimation error');
legend('z2 - z2p');
subplot(413);
plot(t,z(:,3) - zp(:,3),'r','linewidth',2);
xlabel('t');ylabel('z3 estimation error');
legend('z3 - z3p');
subplot(414);
plot(t,z(:,4) - zp(:,4),'r','linewidth',2);
xlabel('t');ylabel('z4 estimation error');
legend('z4 - z4p');
```

6.4 基于K-观测器的柔性关节机械手动态面控制

6.4.1 控制算法设计

在6.3节的基础上，根据K-观测器重构系统未知状态，实现柔性关节机械手的连杆角位置跟踪控制，即实现控制目标 $x_1 \to x_d$，$\dot{x}_1 \to \dot{x}_d$，并避免微分爆炸现象。

下面结合K-观测器，仅利用输出的连杆位置信号设计控制器。

(1) 定义第一个误差表面

$$S_1 = z_1 - z_{1d} \tag{6.45}$$

对式(6.45)求导可得

$$\dot{S}_1 = z_2 - \dot{z}_{1d} \tag{6.46}$$

由式(6.41)得

$$z_2 = \omega_2 + a_1\psi_{12} + a_2\psi_{22} + a_3\psi_{32} + b_0 v_2 + \tilde{z}_2 \tag{6.47}$$

其中，ψ_{i2} 表示 $\boldsymbol{\psi}_i$ 的第二项，z_2、ω_2、v_2、$\tilde{z}_2$ 分别表示 $\boldsymbol{z}$、$\boldsymbol{\omega}$、$\boldsymbol{v}$、$\tilde{\boldsymbol{z}}$ 的第二项。

将式(6.47)代入式(6.46)得

$$\begin{aligned}\dot{S}_1 &= \omega_2 + a_1\psi_{12} + a_2\psi_{22} + a_3\psi_{32} + b_0 v_2 + \tilde{z}_2 - \dot{z}_{1d}\\ &= b_0\left(v_2 + \frac{a_1}{b_0}\psi_{12} + \frac{a_2}{b_0}\psi_{22} + \frac{a_3}{b_0}\psi_{32} + \frac{1}{b_0}(\omega_2 - \dot{z}_{1d} + \tilde{z}_2)\right)\end{aligned} \tag{6.48}$$

定义

$$\begin{aligned}\boldsymbol{\varphi} &= \begin{bmatrix}\psi_{12} & \psi_{22} & \psi_{32} & l_1 S_1 + \omega_2 - \dot{z}_{1d}\end{bmatrix}^{\mathrm{T}}\\ \boldsymbol{\theta} &= \begin{bmatrix}\theta_1 & \theta_2 & \theta_3 & \theta_4\end{bmatrix}^{\mathrm{T}} = \begin{bmatrix}\dfrac{a_1}{b_0} & \dfrac{a_2}{b_0} & \dfrac{a_3}{b_0} & \dfrac{1}{b_0}\end{bmatrix}^{\mathrm{T}}\end{aligned} \tag{6.49}$$

其中，l_1 为正设计参数。

设计虚拟控制

$$\bar{v}_2 = -\hat{\boldsymbol{\theta}}^{\mathrm{T}}\boldsymbol{\varphi} \tag{6.50}$$

其中，$\hat{\boldsymbol{\theta}} = \begin{bmatrix}\hat{\theta}_1 & \hat{\theta}_2 & \hat{\theta}_3 & \hat{\theta}_4\end{bmatrix}^{\mathrm{T}}$ 为$\boldsymbol{\theta}$ 的估计值。

参数估计的自适应律为

$$\dot{\hat{\boldsymbol{\theta}}} = \boldsymbol{\Gamma}\boldsymbol{\varphi}S_1 - \boldsymbol{\Gamma}\eta\hat{\boldsymbol{\theta}} \tag{6.51}$$

其中，$\boldsymbol{\Gamma}$ 为正定对称阵，满足$\boldsymbol{\Gamma} = \boldsymbol{\Gamma}^{\mathrm{T}} > 0$，$\eta$ 为正设计参数。

将 $\bar{v}_2$ 输入到时间常数为 τ_2 的低通滤波器中，得到新的状态变量 v_{2d}

$$\tau_2\dot{v}_{2d} + v_{2d} = \bar{v}_2, v_{2d}(0) = \bar{v}_2(0) \tag{6.52}$$

(2) 定义第二个误差表面

$$S_2 = v_2 - v_{2d} \tag{6.53}$$

对式(6.53)求导

$$\dot{S}_2 = -k_2 v_1 + v_3 - \dot{v}_{2d} \tag{6.54}$$

设计虚拟控制

$$\bar{v}_3 = -l_2 S_2 + k_2 v_1 + \dot{v}_{2d} \tag{6.55}$$

其中，l_2 为正设计数。

将 $\bar{v}_3$ 输入到时间常数为 τ_3 的低通滤波器中，得到新的状态变量 v_{3d}

$$\tau_3\dot{v}_{3d} + v_{3d} = \bar{v}_3,\quad v_{3d}(0) = \bar{v}_3(0) \tag{6.56}$$

(3) 定义第三个误差表面

$$S_3 = v_3 - v_{3d} \tag{6.57}$$

对式(6.57)求导

$$\dot{S}_3 = -k_3 v_1 + v_4 - \dot{v}_{3d} \tag{6.58}$$

设计虚拟控制

$$\bar{v}_4 = -l_3 S_3 + k_3 v_1 + \dot{v}_{3d} \tag{6.59}$$

其中，l_3 为正设计数。

将 $\bar{v}_4$ 输入时间常数为 τ_4 的低通滤波器中，得到新的状态变量 v_{4d}：

$$\tau_4 \dot{v}_{4d} + v_{4d} = \bar{v}_4, \quad v_{4d}(0) = \bar{v}_4(0) \tag{6.60}$$

(4) 定义第四个误差表面

$$S_4 = v_4 - v_{4d} \tag{6.61}$$

对式(6.61)求导

$$\dot{S}_4 = -k_4 v_1 + u - \dot{v}_{4d} \tag{6.62}$$

设计实际控制律

$$u = -l_4 S_4 + k_4 v_1 + \dot{v}_{4d} \tag{6.63}$$

其中,l_4 为正设计数。

从控制律设计过程可以看出,设计中只用到了状态 z_1,达到了输出反馈控制的目的。更加可贵的是,自适应律只出现在设计过程的第一步,仅用一个自适应律便可估计所有未知参数,简化了设计过程,减轻了计算量。

6.4.2 稳定性分析

对闭环系统进行稳定性分析。定义边界层误差

$$y_i = v_{id} - \bar{v}_i, \quad i = 2,3,4 \tag{6.64}$$

由式(6.52)、式(6.56)、式(6.60)和式(6.64)得

$$\dot{v}_{id} = -\frac{y_i}{\tau_i}, \quad i = 2,3,4 \tag{6.65}$$

定义参数估计误差

$$\tilde{\boldsymbol{\theta}} = \hat{\boldsymbol{\theta}} - \boldsymbol{\theta} \tag{6.66}$$

注意,$v_i = S_i + y_i + \bar{v}_i (i = 2,3,4)$;将式(6.50)、式(6.55)、式(6.59)、式(6.63)分别代入式(6.48)、式(6.54)、式(6.58)和式(6.62),得

$$\begin{aligned}\dot{S}_1 &= b_0\left(S_2 + y_2 + \bar{v}_2 + \frac{a_1}{b_0}\psi_{12} + \frac{a_2}{b_0}\psi_{22} + \frac{a_3}{b_0}\psi_{32} + \frac{1}{b_0}(\omega_2 - \dot{z}_{1d} + \tilde{z}_2)\right) \\ &= b_0 S_2 + b_0 y_2 - b_0 \hat{\boldsymbol{\theta}}^{\mathrm{T}} \boldsymbol{\varphi} + b_0 \boldsymbol{\theta}^{\mathrm{T}} \boldsymbol{\varphi} - l_1 S_1 + \tilde{z}_2 \\ &= b_0 S_2 + b_0 y_2 - b_0 \tilde{\boldsymbol{\theta}}^{\mathrm{T}} \boldsymbol{\varphi} - l_1 S_1 + \tilde{z}_2 \end{aligned} \tag{6.67}$$

$$\dot{S}_2 = -k_2 v_1 + S_3 + y_3 + \bar{v}_3 - \dot{v}_{2d} = S_3 + y_3 - l_2 S_2 \tag{6.68}$$

$$\dot{S}_3 = -k_3 v_1 + S_4 + y_4 + \bar{v}_4 - \dot{v}_{3d} = S_4 + y_4 - l_3 S_3 \tag{6.69}$$

$$\dot{S}_4 = -l_4 S_4 \tag{6.70}$$

对边界层误差求导,得

$$\dot{y}_2 = -\frac{y_2}{\tau_2} - \dot{\bar{v}}_2 = -\frac{y_2}{\tau_2} + \dot{\hat{\boldsymbol{\theta}}}^{\mathrm{T}} \boldsymbol{\varphi} + \hat{\boldsymbol{\theta}}^{\mathrm{T}} \dot{\boldsymbol{\varphi}} \tag{6.71}$$

$$\dot{y}_3 = -\frac{y_3}{\tau_3} - \dot{\bar{v}}_3 = -\frac{y_3}{\tau_3} + l_2 \dot{S}_2 - k_2 \dot{v}_1 + \frac{\dot{y}_2}{\tau_2} \tag{6.72}$$

$$\dot{y}_4 = -\frac{y_4}{\tau_4} - \dot{\bar{v}}_4 = -\frac{y_4}{\tau_4} + l_3 \dot{S}_3 - k_3 \dot{v}_1 + \frac{\dot{y}_3}{\tau_3} \tag{6.73}$$

由式(6.39)、式(6.45)、式(6.46)、式(6.51)和式(6.65)~式(6.73)可知,存在连续非负函数

$B_i(i=2,3,4)$使

$$\left|\dot{y}_2+\frac{y_2}{\tau_2}\right| \leqslant B_2(S_1,S_2,y_2,\tilde{\boldsymbol{\theta}},\tilde{z},z_{1d},\dot{z}_{1d},\ddot{z}_{1d}) \tag{6.74}$$

$$\left|\dot{y}_3+\frac{y_3}{\tau_3}\right| \leqslant B_3(S_1,S_2,S_3,y_2,y_3,\tilde{\boldsymbol{\theta}},\tilde{z},z_{1d},\dot{z}_{1d},\ddot{z}_{1d}) \tag{6.75}$$

$$\left|\dot{y}_4+\frac{y_4}{\tau_4}\right| \leqslant B_4(S_1,S_2,\cdots,S_4,y_2,y_3,y_4,\tilde{\boldsymbol{\theta}},\tilde{z},z_{1d},\dot{z}_{1d},\ddot{z}_{1d}) \tag{6.76}$$

由式(6.74)～式(6.76)，可推出不等式

$$y_i\dot{y}_i \leqslant -\frac{y_i^2}{\tau_i}+B_i\mid y_i\mid,\quad i=2,3,4 \tag{6.77}$$

定义对称阵 $\boldsymbol{P}=\boldsymbol{P}^{\mathrm{T}}$ 为方程 $\boldsymbol{A}_0^{\mathrm{T}}\boldsymbol{P}+\boldsymbol{P}\boldsymbol{A}_0=-\boldsymbol{I}$ 的正定解。定义 Lyapunov 函数

$$V=V_1+V_2+V_3 \tag{6.78}$$

其中，$V_1=\frac{1}{2}\sum_{i=1}^{4}S_i^2$，$V_2=\frac{1}{2}\sum_{i=2}^{4}y_i^2$，$V_3=\frac{1}{2}b_0\tilde{\boldsymbol{\theta}}^{\mathrm{T}}\boldsymbol{\Gamma}^{-1}\tilde{\boldsymbol{\theta}}+\tilde{z}^{\mathrm{T}}\boldsymbol{P}\tilde{z}$。

定理 6.2 考虑由对象式(6.37)、观测器式(6.39)与实际控制器式(6.63)组成的闭环系统。如果满足假设 6.1～假设 6.3，初始条件满足 $V(0)\leqslant p$，其中 p 为任意正常数，则存在调节参数 $c_i(i=1,2,\cdots,4)$，$\tau_i(i=2,3,4)$，η，Γ，使得闭环系统所有信号半全局一致有界，并且系统跟踪误差可以收敛到任意小残集内。

证明：在 $V\leqslant p$ 成立的时刻，可考虑如下紧集。

$$\Omega_1:=\{(z_{1d},\dot{z}_{1d},\ddot{z}_{1d}):z_{1d}^2+\dot{z}_{1d}^2+\ddot{z}_{1d}^2\leqslant\chi\}\in\mathbf{R}^3$$

$$\Omega_2:=\left\{\sum_{i=1}^{4}S_i^2+\sum_{i=2}^{4}y_i^2+b_0\tilde{\boldsymbol{\theta}}^{\mathrm{T}}\boldsymbol{\Gamma}^{-1}\tilde{\boldsymbol{\theta}}+2\tilde{z}^{\mathrm{T}}\boldsymbol{P}\tilde{z}\leqslant 2p\right\}\in\mathbf{R}^{15}$$

易知，此时 $\Omega_1\times\Omega_2$ 也是紧集。由此说明，在 $V\leqslant p$ 成立时，B_i，$i=2,3,4$ 在 $\Omega_1\times\Omega_2$ 上有最大值，记为 M_i。对 V_1、V_2、V_3 分别求导，得

$$\begin{aligned}\dot{V}_1=&S_1(b_0S_2+b_0y_2-b_0\tilde{\boldsymbol{\theta}}^{\mathrm{T}}\boldsymbol{\varphi}-l_1S_1+\tilde{z}_2)+S_2(S_3+y_3-l_2S_2)+\\&S_3(S_4+y_4-l_3S_3)-l_4S_4^2\end{aligned} \tag{6.79}$$

$$\dot{V}_2\leqslant\sum_{i=2}^{4}\left(-\frac{y_i^2}{\tau_i}+B_i\mid y_i\mid\right) \tag{6.80}$$

$$\dot{V}_3=b_0\tilde{\boldsymbol{\theta}}^{\mathrm{T}}S_1\boldsymbol{\varphi}-b_0\tilde{\boldsymbol{\theta}}^{\mathrm{T}}\eta\hat{\boldsymbol{\theta}}-\tilde{z}^{\mathrm{T}}\tilde{z} \tag{6.81}$$

其中，$(\tilde{z}^{\mathrm{T}}\boldsymbol{P}\tilde{z})'=\dot{\tilde{z}}^{\mathrm{T}}\boldsymbol{P}\tilde{z}+\tilde{z}^{\mathrm{T}}\boldsymbol{P}\dot{\tilde{z}}=\tilde{z}^{\mathrm{T}}A_0^{\mathrm{T}}\boldsymbol{P}\tilde{z}+\tilde{z}^{\mathrm{T}}\boldsymbol{P}A_0\tilde{z}=\tilde{z}^{\mathrm{T}}(A_0^{\mathrm{T}}\boldsymbol{P}+\boldsymbol{P}A_0)\tilde{z}=-\tilde{z}^{\mathrm{T}}\tilde{z}$。

综合式(6.79)～式(6.81)，利用 Young 不等式和不等式 $2\tilde{\boldsymbol{\theta}}^{\mathrm{T}}\hat{\boldsymbol{\theta}}\geqslant\|\tilde{\boldsymbol{\theta}}\|^2-\|\boldsymbol{\theta}\|^2$，有

$$\begin{aligned}\dot{V}\leqslant&\frac{b_0}{2}(S_1^2+S_2^2)+\frac{b_0}{2}(S_1^2+y_2^2)+\frac{1}{2}(S_2^2+S_3^2)+\frac{1}{2}(S_2^2+y_3^2)+\\&\frac{1}{2}(S_3^2+S_4^2)+\frac{1}{2}(S_3^2+y_4^2)-\sum_{i=1}^{4}l_iS_i^2+\sum_{i=2}^{4}\left(-\frac{y_i^2}{\tau_i}+\frac{y_i^2B_i^2}{2}+\frac{1}{2}\right)-\\&\frac{b_0\eta}{2}(\|\tilde{\boldsymbol{\theta}}\|^2-\|\boldsymbol{\theta}\|^2)+\frac{1}{2}S_1^2+\frac{1}{2}\tilde{\boldsymbol{\tau}}_1^2-\tilde{\boldsymbol{\tau}}^{\mathrm{T}}\tilde{\boldsymbol{\tau}}\\\leqslant&\left(b_0+\frac{1}{2}-l_1\right)S_1^2+\left(\frac{b_0}{2}+1-l_2\right)S_2^2+\left(\frac{3}{2}-l_3\right)S_3^2+\left(\frac{1}{2}-l_4\right)S_4^2+\end{aligned}$$

$$\left(\frac{B_2^2}{2}+\frac{b_0}{2}-\frac{1}{\tau_2}\right)y_2^2+\left(\frac{B_3^2}{2}+\frac{1}{2}-\frac{1}{\tau_3}\right)y_3^2+$$

$$\left(\frac{B_4^2}{2}+\frac{1}{2}-\frac{1}{\tau_4}\right)y_4^2-\frac{\eta}{2\lambda_{\max}(\Gamma^{-1})}b_0\tilde{\boldsymbol{\theta}}^{\mathrm{T}}\Gamma^{-1}\tilde{\boldsymbol{\theta}}+\frac{3}{2}+\frac{b_0\eta}{2}\|\boldsymbol{\theta}\|^2+E(\tilde{z}) \tag{6.82}$$

其中，$\lambda_{\max}(\cdot)$为·的最大特征值，$E(\tilde{z})=\frac{1}{2}\tilde{z}_2^2-\tilde{\boldsymbol{z}}^{\mathrm{T}}\tilde{\boldsymbol{z}}$。

选取参数

$$l_1\geqslant b_{\mathrm{M}}+\frac{1}{2}+r,\quad l_2\geqslant\frac{b_{\mathrm{M}}}{2}+1+r,\quad l_3\geqslant\frac{3}{2}+r,\quad l_4\geqslant\frac{1}{2}+r,\quad \frac{1}{\tau_2}\geqslant\frac{M_2^2}{2}+\frac{b_{\mathrm{M}}}{2}+r,$$

$$\frac{1}{\tau_3}\geqslant\frac{M_3^2}{2}+\frac{1}{2}+r,\quad \frac{1}{\tau_4}\geqslant\frac{M_4^2}{2}+\frac{1}{2}+r,\quad \eta\geqslant 2r\lambda_{\max}(\boldsymbol{\Gamma}^{-1})$$

其中，r 为待设计正数。

于是

$$\dot{V}\leqslant -2rV+Q+E(\tilde{z})\sum_{i=2}^{4}\left(\frac{B_i^2}{M_i^2}-1\right)\frac{M_i^2y_i^2}{2} \tag{6.83}$$

其中，$Q=3/2+b_0\eta\|\boldsymbol{\theta}\|^2/2$。

由于 $\tilde{z}$ 按指数趋于零，得到 $E(\tilde{z})\leqslant\varepsilon$，$t\to\infty$时，$\varepsilon\to 0$，则

$$\dot{V}\leqslant -2rV+Q+\varepsilon+\sum_{i=2}^{4}\left(\frac{B_i^2}{M_i^2}-1\right)\frac{M_i^2y_i^2}{2} \tag{6.84}$$

取 $r>\frac{Q+\varepsilon}{2p}$，可见，尽管 Q 与 η 有关，且 η 又与 r 有关，但 r 的存在性可以通过减小 $\lambda_{\max}(\boldsymbol{\Gamma}^{-1})$ 保证。由于当 $V=p$ 时，$B_i\leqslant M_i$ 成立，所以当 $V=p$ 时，$\dot{V}\leqslant -2rp+Q+\varepsilon<0$。由此可知 $V\leqslant p$ 是一个不变集，即如果 $V(0)\leqslant p$，则对所有 $t>0$ 均有 $V(t)\leqslant p$。由于有条件 $V(0)\leqslant p$，可推出

$$\dot{V}\leqslant -2rV+Q+\varepsilon \tag{6.85}$$

采用不等式求解定理[4]，解式(6.85)可得

$$V\leqslant\frac{Q}{2r}+\left(V(0)-\frac{Q+\varepsilon}{2r}\right)\mathrm{e}^{-2rt} \tag{6.86}$$

显然，闭环系统的所有信号半全局一致有界，并且有

$$\lim_{t\to\infty}V(t)\leqslant\frac{Q}{2r} \tag{6.87}$$

综合上述分析可知，通过增大 $c_i(i=1,2,\cdots,4)$并且减小 $\lambda_{\max}(\boldsymbol{\Gamma}^{-1})$、$\tau_i(i=1,2,3)$可以使 r 增大，即可以根据工程需要调节控制参数使跟踪误差任意小。

6.4.3 仿真实例

仿真中，理想轨迹设定为 $z_{1\mathrm{d}}=\sin t$。未知物理参数选取如下：$I=2$，$J=2$，$K=40$，$Mgl=4$，这些参数仅用于对象构建。由此可知，未知参数向量 θ 的真实值应为 $\boldsymbol{\theta}=[-4\quad -0.2\quad -4\quad 0.1]^{\mathrm{T}}$。连杆的初始位置设定为0.1。

控制律采用式(6.63)，自适应律采用式(6.51)，K-观测器采用式(6.39)～式(6.41)。K-观测器与控制参数选取如下：$\boldsymbol{k}=[12\quad 54\quad 108\quad 81]^{\mathrm{T}}$，$l_1=12$，$l_2=8$，$l_3=5$，$l_4=3$，$\eta=0.00001$，

$\boldsymbol{\Gamma}=\mathrm{diag}\{940\quad 60\quad 820\quad 0.2\}$，$\tau_2=\tau_3=\tau_4=0.01$。仿真结果如图 6.7～图 6.10 所示。

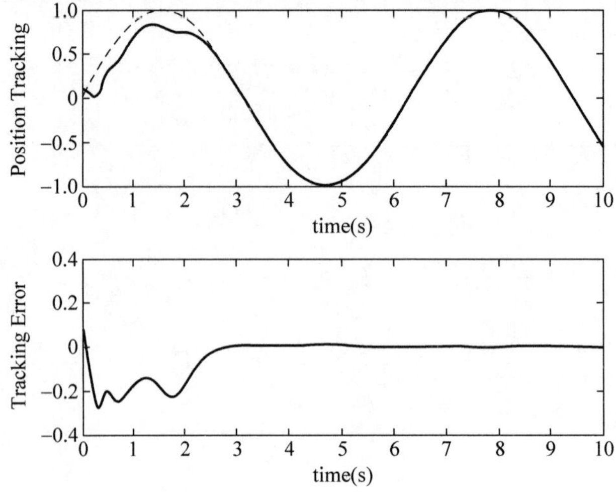

图 6.7　角度跟踪效果

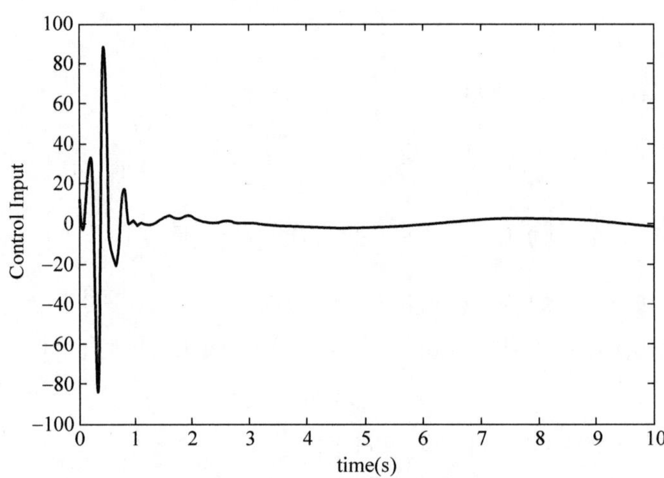

图 6.8　控制输入

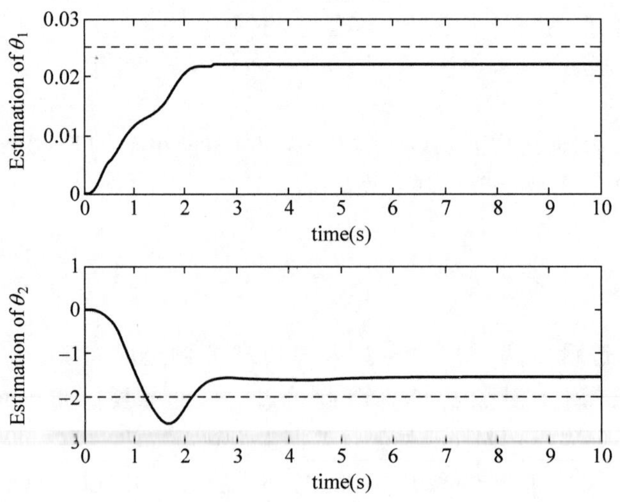

图 6.9　参数估计

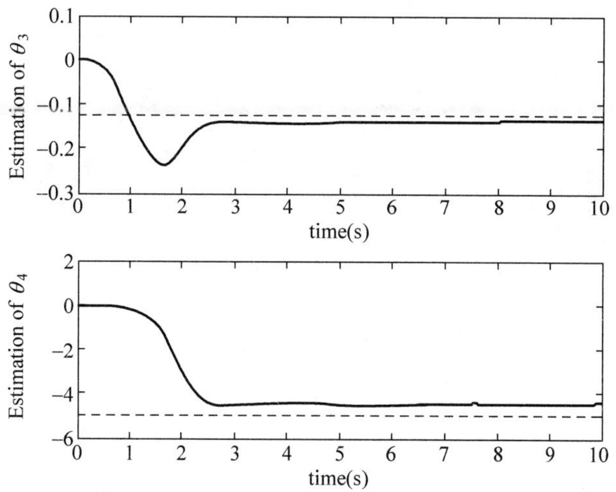

图 6.10 参数估计

仿真程序：基于 K-观测器的柔性关节机械手动态面控制程序有 11 个。

(1) Simulink 主程序：chap6_4sim. mdl。

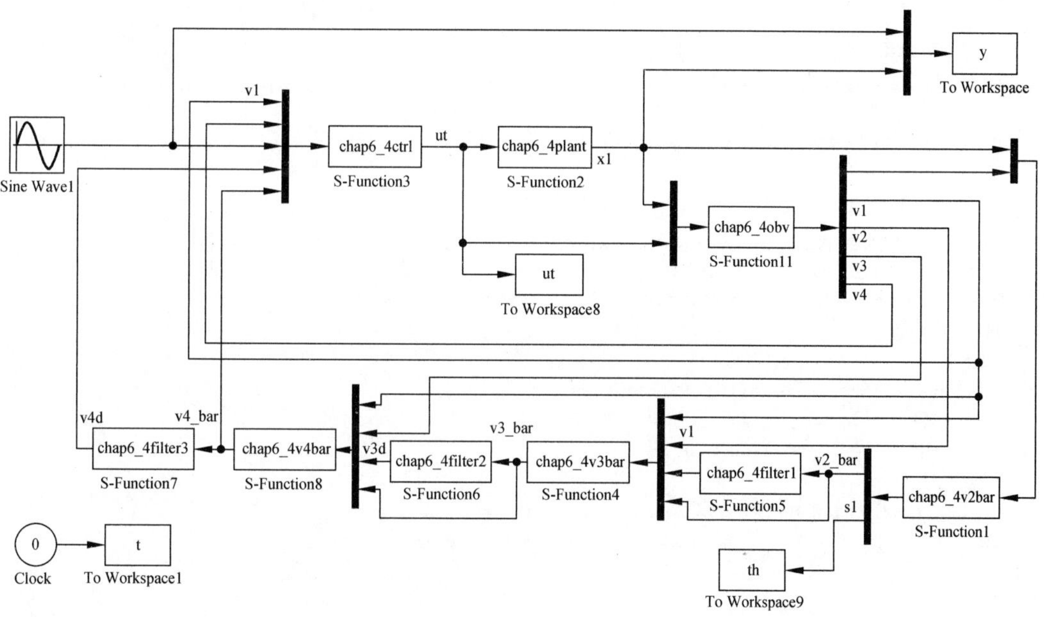

(2) 控制器子程序：chap6_4ctrl. m。

```
function [sys,x0,str,ts] = s_function(t,x,u,flag)
switch flag,
case 0,
    [sys,x0,str,ts] = mdlInitializeSizes;
case 3,
    sys = mdlOutputs(t,x,u);
case {1,2, 4, 9 }
    sys = [];
otherwise
    error(['Unhandled flag = ',num2str(flag)]);
end
function [sys,x0,str,ts] = mdlInitializeSizes
```

```
sizes = simsizes;
sizes.NumContStates   = 0;
sizes.NumDiscStates   = 0;
sizes.NumOutputs      = 1;
sizes.NumInputs       = 5;
sizes.DirFeedthrough  = 1;
sizes.NumSampleTimes  = 1;
sys = simsizes(sizes);
x0 = [];
str = [];
ts = [-1 0];
function sys = mdlOutputs(t,x,u)
v1 = u(1);
v4 = u(2);

x1d = u(3);
v4d = u(4);
v4_bar = u(5);

tol4 = 0.01;
l4 = 2;k4 = 81;

s4 = v4 - v4d;
dv4d = (v4_bar - v4d)/tol4;

ut = - l4 * s4 + k4 * v1 + dv4d;

sys(1) = ut;
```

(3) $\bar{x}_2$ 计算程序：chap6_4v2bar.m。

```
function [sys,x0,str,ts] = s_function(t,x,u,flag)
switch flag,
case 0,
    [sys,x0,str,ts] = mdlInitializeSizes;
case 1,
    sys = mdlDerivatives(t,x,u);
case 3,
    sys = mdlOutputs(t,x,u);
case {2, 4, 9}
    sys = [];
otherwise
    error(['Unhandled flag = ',num2str(flag)]);
end
function [sys,x0,str,ts] = mdlInitializeSizes
sizes = simsizes;
sizes.NumContStates   = 4;
sizes.NumDiscStates   = 0;
sizes.NumOutputs      = 5;
sizes.NumInputs       = 5;
sizes.DirFeedthrough  = 1;
sizes.NumSampleTimes  = 1;
sys = simsizes(sizes);

x0 = [0 0 0 0];
str = [];
```

```
ts = [ -1 0];
function sys = mdlDerivatives(t,x,u)
x1 = u(1);
w2 = u(2);
psi12 = u(3);
psi22 = u(4);
psi32 = u(5);

x1d = sin(t);
dx1d = cos(t);
s1 = x1 - x1d;
l1 = 45;
phi = [l1 * s1 + w2 - dx1d; psi12; psi22; psi32];

eta = 0.00001;
gam = diag([0.006 200 20 420]);

dth = gam * s1 * phi - gam * eta * x;

sys(1) = dth(1);
sys(2) = dth(2);
sys(3) = dth(3);
sys(4) = dth(4);
function sys = mdlOutputs(t,x,u)
x1 = u(1);
w2 = u(2);
psi12 = u(3);
psi22 = u(4);
psi32 = u(5);
th = x;
x1d = sin(t);
dx1d = cos(t);
s1 = x1 - x1d;
l1 = 45;
phi = [l1 * s1 + w2 - dx1d; psi12; psi22; psi32];
v2_bar = - th' * phi;

sys(1) = v2_bar;
sys(2) = x(1);
sys(3) = x(2);
sys(4) = x(3);
sys(5) = x(4);
```

(4) $\bar{x}_3$ 计算程序：chap6_4v3bar.m。

```
function [sys,x0,str,ts] = s_function(t,x,u,flag)
switch flag,
case 0,
    [sys,x0,str,ts] = mdlInitializeSizes;
case 3,
    sys = mdlOutputs(t,x,u);
case {1,2, 4, 9 }
    sys = [];
otherwise
    error(['Unhandled flag = ',num2str(flag)]);
end
```

```
function [sys,x0,str,ts] = mdlInitializeSizes
sizes = simsizes;
sizes.NumContStates    = 0;
sizes.NumDiscStates    = 0;
sizes.NumOutputs       = 1;
sizes.NumInputs        = 4;
sizes.DirFeedthrough   = 1;
sizes.NumSampleTimes   = 1;
sys = simsizes(sizes);
x0 = [];
str = [];
ts = [-1 0];
function sys = mdlOutputs(t,x,u)
v1 = u(1);
v2 = u(2);
v2d = u(3);
v2_bar = u(4);

s2 = v2 - v2d;

l2 = 25;k2 = 54;
tol2 = 0.01;

dv2d = (v2_bar - v2d)/tol2;

v3_bar = -l2 * s2 + k2 * v1 + dv2d;

sys(1) = v3_bar;
```

（5）$\bar{x}_4$ 计算程序：chap6_4v4bar.m。

```
function [sys,x0,str,ts] = s_function(t,x,u,flag)
switch flag,
case 0,
    [sys,x0,str,ts] = mdlInitializeSizes;
case 3,
    sys = mdlOutputs(t,x,u);
case {1,2, 4, 9 }
    sys = [];
otherwise
    error(['Unhandled flag = ',num2str(flag)]);
end
function [sys,x0,str,ts] = mdlInitializeSizes
sizes = simsizes;
sizes.NumContStates    = 0;
sizes.NumDiscStates    = 0;
sizes.NumOutputs       = 1;
sizes.NumInputs        = 4;
sizes.DirFeedthrough   = 1;
sizes.NumSampleTimes   = 1;
sys = simsizes(sizes);
x0 = [];
str = [];
ts = [-1 0];
function sys = mdlOutputs(t,x,u)
v1 = u(1);
```

```
v3 = u(2);
v3d = u(3);
v3_bar = u(4);

tol3 = 0.01;
dv3d = (v3_bar - v3d)/tol3;

s3 = v3 - v3d;
l3 = 5;k3 = 108;
v4_bar = - l3 * s3 + k3 * v1 + dv3d;

sys(1) = v4_bar;
```

(6) 初始值设定程序：chap6_4int.m。

```
clear all;
close all;

x1 = 0.1;
x1d = 0;
dx1d = 1;
v1 = 0;

v2_bar = 0;                          % 为 x2_bar
%%%%%%%%%%%%%%%%%%%%%%%%%%%%%%%%%%%%%%%%
l2 = 25;k2 = 54;

v2d = v2_bar;                        % 保证 x2d(0) = x2_bar(0)
v2 = 0;
s2 = v2 - v2d;
tol2 = 0.01;

dv2d = (v2_bar - v2d)/tol2;

v3_bar = - l2 * s2 + k2 * v1 + dv2d   % 为 x3_bar
%%%%%%%%%%%%%%%%%%%%%%%%%%%%%%%%%%%%%%%%
v3d = v3_bar;                        % 保证 x3d(0) = x3_bar(0)

tol3 = 0.01;
dv3d = (v3_bar - v3d)/tol3;

v3 = 0;k3 = 108;
s3 = v3 - v3d;
l3 = 5;
v4_bar = dv3d + k3 * v1 - l3 * s3     % 为 x4_bar
```

(7) 第一个滤波器程序：chap6_4filter1.m。

```
function [sys,x0,str,ts] = s_function(t,x,u,flag)
switch flag,
case 0,
    [sys,x0,str,ts] = mdlInitializeSizes;
case 1,
    sys = mdlDerivatives(t,x,u);
case 3,
    sys = mdlOutputs(t,x,u);
case {2, 4, 9}
```

```
    sys = [];
otherwise
    error(['Unhandled flag = ',num2str(flag)]);
end
function [sys,x0,str,ts] = mdlInitializeSizes
sizes = simsizes;
sizes.NumContStates  = 1;
sizes.NumDiscStates  = 0;
sizes.NumOutputs     = 1;
sizes.NumInputs      =1;
sizes.DirFeedthrough = 1;
sizes.NumSampleTimes = 1;
sys = simsizes(sizes);
v2b0 = 0;
x0 = [v2b0];
str = [];
ts = [-1 0];
function sys = mdlDerivatives(t,x,u)
tol2 = 0.01;
v2_bar = u(1);

sys(1) = 1/tol2 * (v2_bar - x(1));
function sys = mdlOutputs(t,x,u)
sys(1) = x(1);          %为 v2d
```

（8）第二个滤波器程序：chap6_4filter2.m。

```
function [sys,x0,str,ts] = s_function(t,x,u,flag)
switch flag,
case 0,
    [sys,x0,str,ts] = mdlInitializeSizes;
case 1,
    sys = mdlDerivatives(t,x,u);
case 3,
    sys = mdlOutputs(t,x,u);
case {2, 4, 9}
    sys = [];
otherwise
    error(['Unhandled flag = ',num2str(flag)]);
end
function [sys,x0,str,ts] = mdlInitializeSizes
sizes = simsizes;
sizes.NumContStates  = 1;
sizes.NumDiscStates  = 0;
sizes.NumOutputs     = 1;
sizes.NumInputs      =1;
sizes.DirFeedthrough = 1;
sizes.NumSampleTimes = 1;
sys = simsizes(sizes);
v3b0 = 0;
x0 = [v3b0];
str = [];
ts = [-1 0];
function sys = mdlDerivatives(t,x,u)
tol3 = 0.01;
v3_bar = u(1);
```

```
sys(1) = 1/tol3 * (v3_bar - x(1));
function sys = mdlOutputs(t,x,u)
sys(1) = x(1);          % 为 v3d
```

(9) 第三个滤波器程序：chap6_4filter3. m。

```
function [sys,x0,str,ts] = s_function(t,x,u,flag)
switch flag,
case 0,
    [sys,x0,str,ts] = mdlInitializeSizes;
case 1,
    sys = mdlDerivatives(t,x,u);
case 3,
    sys = mdlOutputs(t,x,u);
case {2, 4, 9}
    sys = [];
otherwise
    error(['Unhandled flag = ',num2str(flag)]);
end
function [sys,x0,str,ts] = mdlInitializeSizes
sizes = simsizes;
sizes.NumContStates   = 1;
sizes.NumDiscStates   = 0;
sizes.NumOutputs      = 1;
sizes.NumInputs       = 1;
sizes.DirFeedthrough  = 1;
sizes.NumSampleTimes  = 1;
sys = simsizes(sizes);
v4b0 = 0;
x0 = [v4b0];
str = [];
ts = [-1 0];
function sys = mdlDerivatives(t,x,u)
tol4 = 0.01;
v4_bar = u(1);

sys(1) = 1/tol4 * (v4_bar - x(1));
function sys = mdlOutputs(t,x,u)
sys(1) = x(1);          % 为 v4d
```

(10) 被控对象子程序：chap6_4plant. m。

```
function [sys,x0,str,ts] = spacemodel(t,x,u,flag)
switch flag,
case 0,
    [sys,x0,str,ts] = mdlInitializeSizes;
case 1,
    sys = mdlDerivatives(t,x,u);
case 3,
    sys = mdlOutputs(t,x,u);
case {2,4,9}
    sys = [];
otherwise
    error(['Unhandled flag = ',num2str(flag)]);
end
function [sys,x0,str,ts] = mdlInitializeSizes
sizes = simsizes;
```

```
sizes.NumContStates    = 4;
sizes.NumDiscStates    = 0;
sizes.NumOutputs       = 1;
sizes.NumInputs        = 1;
sizes.DirFeedthrough   = 0;
sizes.NumSampleTimes   = 1;
sys = simsizes(sizes);
x0   = [0.1;0;0;0];
str  = [];
ts   = [0 0];
function sys = mdlDerivatives(t,x,u)
I = 1.0;J = 1.0;Mgl = 5.0;K = 40;

ut = u(1);
sys(1) = x(2);
sys(2) = - (1/I) * (Mgl * sin(x(1)) + K * (x(1) - x(3)));
sys(3) = x(4);
sys(4) = (1/J) * (ut - K * (x(3) - x(1)));
function sys = mdlOutputs(t,x,u)
sys(1) = x(1);
```

(11) 作图程序：chap6_4plot.m。

```
close all;

figure(1);
subplot(211);
plot(t,sin(t),t,x(:,1),'r','linewidth',2);
xlabel('time(s)');ylabel('angle tracking');
legend('x1','x1d');
subplot(212);
plot(t,cos(t),t,x(:,2),'r','linewidth',2);
xlabel('time(s)');ylabel('angle speed tracking');
legend('x2','dxd');

figure(2);
subplot(411);
plot(t,xp(:,1),'b',t,x(:,1),'r:','linewidth',2);
xlabel('t');ylabel('x_1');
legend('x1','x1p');
subplot(412);
plot(t,xp(:,2),'b',t,x(:,2),'r:','linewidth',2);
xlabel('t');ylabel('x_2');
legend('x2','x2p');
subplot(413);
plot(t,xp(:,3),'b',t,x(:,3),'r:','linewidth',2);
xlabel('t');ylabel('x_3');
legend('x3','x3p');
subplot(414);
plot(t,xp(:,4),'b',t,x(:,4),'r:','linewidth',2);
xlabel('t');ylabel('x_4');
legend('x4','x4p');

figure(3);
plot(t,ut(:,1),'r','linewidth',2);
xlabel('time(s)');ylabel('ut');
```

6.5 柔性机械手神经网络反演控制

为了实现无须建模的柔性机械手反演控制，将神经网络用于柔性机械手反演控制中，可实现对被控对象中含有模型信息部分的函数逼近[5,6]。本节参考文献[5]设计了柔性机械手的神经网络反演控制，并进行了详细推导和仿真分析。

6.5.1 系统描述

柔性机械手的动力学方程为

$$\begin{cases} I\ddot{q}_1 + MgL\sin q_1 + K(q_1 - q_2) = 0 \\ J\ddot{q}_2 + K(q_2 - q_1) = u \end{cases} \tag{6.88}$$

其中，$q_1 \in \mathbf{R}^n$ 和 $q_2 \in \mathbf{R}^n$ 分别为柔性力臂和电机的转动角度，K 为柔性力臂的刚度，$u \in \mathbf{R}^n$ 为控制输入，J 为电机的转动惯量，I 为柔性力臂的转动惯量，M 为柔性力臂的质量，L 为柔性力臂重心至关节点的长度。

取 $x_1 = q_1, x_2 = \dot{q}_1, x_3 = q_2, x_4 = \dot{q}_2$，则式(6.88)可写为

$$\begin{cases} \dot{x}_1 = x_2 \\ \dot{x}_2 = -\dfrac{1}{I}(MgL\sin x_1 + K(x_1 - x_3)) \\ \dot{x}_3 = x_4 \\ \dot{x}_4 = \dfrac{1}{J}(u - K(x_3 - x_1)) \end{cases} \tag{6.89}$$

为了实现无须建模的柔性机械手反演控制，将式(6.89)变换为

$$\begin{cases} \dot{x}_1 = x_2 \\ \dot{x}_2 = x_3 + g(\boldsymbol{x}) \\ \dot{x}_3 = x_4 \\ \dot{x}_4 = f(\boldsymbol{x}) + mu \end{cases} \tag{6.90}$$

其中，$\boldsymbol{x} = [x_1 \quad x_2 \quad x_3 \quad x_4]^{\mathrm{T}}$ 为系统状态向量，且 $g(\boldsymbol{x}) = -x_3 - MgL\sin(x_1)/I - K(x_1 - x_3)/I$，$f(\boldsymbol{x}) = K(x_1 - x_3)/J$，$m = 1/J$。

假设 $g(\boldsymbol{x})$，$f(\boldsymbol{x})$，m 未知，但 m 下界已知，$m \geqslant \underline{m}$ 且 $\underline{m} > 0$。

6.5.2 反演控制器设计

1. 基本反演控制器的设计

(1) 定义 $e_1 = x_1 - x_{1\mathrm{d}}$，取 $x_{1\mathrm{d}} = y_\mathrm{d}$ 为位置指令，则

$$\dot{e}_1 = \dot{x}_1 - \dot{x}_{1\mathrm{d}} = x_2 - \dot{x}_{1\mathrm{d}} \tag{6.91}$$

定义

$$e_2 = x_2 - x_{2\mathrm{d}} \tag{6.92}$$

其中，x_{2d} 为虚拟控制量。

取

$$x_{2d}=\dot{x}_{1d}-k_1e_1 \tag{6.93}$$

其中，$k_1>0$，则由式(6.91)～式(6.93)得

$$\dot{e}_1=e_2+x_{2d}-\dot{x}_{1d}=e_2+\dot{x}_{1d}-k_1e_1-\dot{x}_{1d}=-k_1e_1+e_2 \tag{6.94}$$

设计 Lyapunov 函数为

$$V_1=\frac{1}{2}e_1^2 \tag{6.95}$$

则

$$\dot{V}_1=-k_1e_1^2+e_1e_2 \tag{6.96}$$

如果 $e_2=0$，则 $\dot{V}_1\leqslant 0$。

(2) 由式(6.92)得

$$\dot{e}_2=\dot{x}_2-\dot{x}_{2d}=x_3+g-\dot{x}_{2d} \tag{6.97}$$

取

$$e_3=x_3-x_{3d}$$

取虚拟控制量为

$$x_{3d}=-\hat{g}+\dot{x}_{2d}-k_2e_2-e_1 \tag{6.98}$$

其中，$k_2>0$，$\hat{g}$ 为 g 的估计值。

由式(6.93)得

$$\dot{x}_{2d}=\ddot{x}_{1d}-k_1\dot{e}_1=\ddot{x}_{1d}-k_1(x_2-\dot{x}_{1d}) \tag{6.99}$$

由式(6.97)和式(6.98)得

$$\begin{aligned}\dot{e}_2&=e_3+x_{3d}+g-\dot{x}_{2d}=e_3-\hat{g}+\dot{x}_{2d}-k_2e_2-e_1+g-\dot{x}_{2d}\\&=g-\hat{g}-k_2e_2+e_3-e_1\end{aligned} \tag{6.100}$$

设计 Lyapunov 函数为

$$V_2=V_1+\frac{1}{2}e_2^2=\frac{1}{2}(e_1^3+e_2^2) \tag{6.101}$$

则

$$\dot{V}_2=-k_1e_1^2+e_1e_2+e_2\dot{e}_2=-k_1e_1^2-k_2e_2^2+(g-\hat{g})e_2+e_2e_3 \tag{6.102}$$

当 $\hat{g}=g$，$e_3=0$ 时，$\dot{V}_2\leqslant 0$。

(3) 根据 e_3，定义，可得

$$\dot{e}_3=\dot{x}_3-\dot{x}_{3d}=x_4-\dot{x}_{3d} \tag{6.103}$$

由式(6.98)及式(6.97)、式(6.99)和式(6.101)得

$$\begin{aligned}\dot{x}_{3d}&=-\dot{\hat{g}}+\ddot{x}_{2d}-k_2\dot{e}_2-\dot{e}_1\\&=-\dot{\hat{g}}+\dddot{x}_{1d}-k_1(\dot{x}_2-\ddot{x}_{1d})-k_2(x_3+g-\dot{x}_{2d})-(x_2-\dot{x}_{1d})\\&=-\dot{\hat{g}}+\dddot{x}_{1d}-k_1(x_3+g-\ddot{x}_{1d})-k_2(x_3+g-\dot{x}_{2d})-x_2+\dot{x}_{1d}\end{aligned} \tag{6.104}$$

将 $\dot{x}_{3d}$ 分解为已知和未知两部分：

$$\dot{x}_{3d}=\dot{x}'_{3d}-\bar{\dot{x}}_{3d} \tag{6.105}$$

其中，

$$\dot{x}'_{3d}=\ddot{x}_{1d}-k_1(x_3-\ddot{x}_{1d})-k_2(x_3-\dot{x}_{2d})+\dot{x}_{1d}-x_2 \tag{6.106}$$

$$\overline{\dot{x}}_{3d}=\dot{\hat{g}}+k_1 g+k_2 g \tag{6.107}$$

其中，$\dot{x}'_{3d}$不包含模型信息，为已知部分，$\overline{\dot{x}}_{3d}$ 包含模型信息，为未知部分，取 $\overline{\dot{x}}_{3d}=d$。

定义 $e_4=x_4-x_{4d}$，设计虚拟控制量

$$x_{4d}=\dot{x}'_{3d}-\hat{d}-k_3e_3-e_2 \tag{6.108}$$

其中，$k_3>0$。

将式(6.105)～式(6.108)代入式(6.103)，得

$$\begin{aligned}\dot{e}_3&=x_4-\dot{x}_{3d}=x_4-\dot{x}'_{3d}+\overline{\dot{x}}_{3d}=x_4-\dot{x}'_{3d}+\overline{\dot{x}}_{3d}\\&=x_4-x_{4d}-\hat{d}-k_3e_3-e_2+\overline{\dot{x}}_{3d}\\&=-k_3e_3-e_2+e_4+(d-\hat{d})\end{aligned} \tag{6.109}$$

设计 Lyapunov 函数为

$$V_3=V_2+\frac{1}{2}e_3{}^2=\frac{1}{2}(e_1{}^2+e_2{}^2+e_3^2) \tag{6.110}$$

则

$$\dot{V}_3=\dot{V}_2+e_3\dot{e}_3=-k_1e_1^2-k_2e_2^2-k_3e_3^2+(g-\hat{g})e_2+(d-\hat{d})e_3+e_3e_4 \tag{6.111}$$

当 $\hat{g}=g$，$d=\hat{d}$，$e_4=0$ 时，$\dot{V}_3\leqslant 0$。

(4) 将控制输入信号引入设计中，实现控制系统的稳定。

由已知可得

$$\dot{e}_4=\dot{x}_4-\dot{x}_{4d}=f+mu-\dot{x}_{4d} \tag{6.112}$$

则由式(6.103)、式(6.105)、式(6.106)和式(6.108)得

$$\begin{aligned}\dot{x}_{4d}&=\ddot{x}'_{3d}-\dot{\hat{d}}-k_3\dot{e}_3-\dot{e}_2\\&=\dddot{x}_{1d}-k_1(\dot{x}_3-\ddot{x}_{1d})-k_2(\dot{x}_3-\ddot{x}_{2d})+\ddot{x}_{1d}-\dot{x}_2-\dot{\hat{d}}-\\&\quad k_3(x_4-\dot{x}'_{3d}+\overline{\dot{x}}_{3d})-(\dot{x}_2-\dot{x}_{2d})\\&=\dddot{x}_{1d}-k_1(x_4-\ddot{x}_{1d})-k_2(x_4-\ddot{x}_{1d}+k_1(\dot{x}_2-\ddot{x}_{1d}))+\\&\quad \ddot{x}_{1d}-x_3-g-\dot{\hat{d}}-k_3(x_4-\dot{x}'_{3d}+\overline{\dot{x}}_{3d})-(x_3+g-\dot{x}_{2d})\\&=\dddot{x}_{1d}-k_1(x_4-\ddot{x}_{1d})-k_2(x_4-\ddot{x}_{1d}+k_1(x_3-\ddot{x}_{1d}))+\ddot{x}_{1d}-x_3-\\&\quad k_3(x_4-\dot{x}'_{3d})-(x_3-\dot{x}_{2d})-k_1k_2g-g-\dot{\hat{d}}-k_3\overline{\dot{x}}_{3d}-g\\&=\dot{x}'_{4d}+\overline{\dot{x}}_{4d}\end{aligned}$$

将 $\dot{x}_{4d}$ 表示为 $\dot{x}_{4d}=\dot{x}'_{4d}+\overline{\dot{x}}_{4d}$，其中 $\dot{x}'_{4d}$为已知，$\overline{\dot{x}}_{4d}$ 中包括模型信息，为未知，即

$$\begin{cases}\dot{x}'_{4d}=\dddot{x}_{1d}-k_1(x_4-\ddot{x}_{1d})-k_2(x_4-\ddot{x}_{1d}+k_1(x_3-\ddot{x}_{1d}))+\\\qquad \ddot{x}_{1d}-x_3-k_3(x_4-\dot{x}'_{3d})-(x_3-\dot{x}_{2d})\\\overline{\dot{x}}_{4d}=-k_1k_2g-g-\dot{\hat{d}}-k_3\overline{\dot{x}}_{3d}-g\end{cases} \tag{6.113}$$

定义 $\bar{f}=f-\overline{\dot{x}}_{4d}$，则式(6.112)写为

$$\dot{e}_4=\bar{f}+\overline{\dot{x}}_{4d}+mu-\dot{x}_{4d}=\bar{f}-\dot{x}'_{4d}+(m-\hat{m})u+\hat{m}u \tag{6.114}$$

其中，$\hat{m}$ 为 m 的估计值。

控制律设计为

$$u=\frac{1}{\hat{m}}(-\hat{\bar{f}}+\dot{x}'_{4\mathrm{d}}-k_4e_4-e_3) \tag{6.115}$$

其中，$\hat{\bar{f}}$ 为 $\bar{f}$ 的估计值，$k_4>0$。

将式(6.115)代入式(6.114)，得

$$\dot{e}_4=(\bar{f}-\hat{\bar{f}})+(m-\hat{m})u-k_4e_4-e_3 \tag{6.116}$$

设计 Lyapunov 函数为

$$V_4=V_3+\frac{1}{2}e_4^2=\frac{1}{2}(e_1^2+e_2^2+e_3^2+e_4^2) \tag{6.117}$$

则

$$\begin{aligned}\dot{V}_4=&-k_1e_1^2-k_2e_2^2-k_3e_3^2-k_4e_4^2+(m-\hat{m})ue_4+\\&(g-\hat{g})e_2+(d-\hat{d})e_3+(\bar{f}-\hat{\bar{f}})e_4\end{aligned} \tag{6.118}$$

如果 $\hat{g}$、$\hat{d}$、$\hat{\bar{f}}$、$\hat{m}$ 能够逼近 g、d、$\bar{f}$、m，则 $\dot{V}_4\leqslant 0$。

2. 神经网络反演控制器设计

采用 RBF 神经网络实现 g、d、$\bar{f}$ 的逼近，逼近值分别为 $\hat{g}$、$\hat{d}$、$\hat{\bar{f}}$，则

$$\begin{cases}g=\boldsymbol{W}_1^{\mathrm{T}}\boldsymbol{\varphi}_1+\varepsilon_1\\d=\boldsymbol{W}_2^{\mathrm{T}}\boldsymbol{\varphi}_2+\varepsilon_2\\\bar{f}=\boldsymbol{W}_3^{\mathrm{T}}\boldsymbol{\varphi}_3+\varepsilon_3\end{cases} \tag{6.119}$$

其中，$\boldsymbol{W}_i$ 为理想权值，$\boldsymbol{\varphi}_i$ 为高斯基函数，$i=1,2,3$，$\|\boldsymbol{\varepsilon}\|=\|[\varepsilon_1\quad\varepsilon_2\quad\varepsilon_3]^{\mathrm{T}}\|<\varepsilon_N$，$\|\boldsymbol{W}_i\|_{\mathrm{F}}\leqslant W_{\mathrm{M}}$。

定义

$$\begin{cases}\hat{g}=\hat{\boldsymbol{W}}_1^{\mathrm{T}}\boldsymbol{\varphi}_1\\\hat{d}=\hat{\boldsymbol{W}}_2^{\mathrm{T}}\boldsymbol{\varphi}_2\\\hat{\bar{f}}=\hat{\boldsymbol{W}}_3^{\mathrm{T}}\boldsymbol{\varphi}_3\end{cases} \tag{6.120}$$

其中，$\hat{\boldsymbol{W}}_i^{\mathrm{T}}$ 为用于未知量估计的神经网络权值。

定义

$$\boldsymbol{Z}=\begin{bmatrix}0&&&\\&\boldsymbol{W}_1&&\\&&\boldsymbol{W}_2&\\&&&\boldsymbol{W}_3\end{bmatrix},\quad \|\boldsymbol{Z}\|_{\mathrm{F}}\leqslant Z_{\mathrm{M}} \tag{6.121}$$

$$\hat{\boldsymbol{Z}}=\begin{bmatrix}0&&&\\&\hat{\boldsymbol{W}}_1&&\\&&\hat{\boldsymbol{W}}_2&\\&&&\hat{\boldsymbol{W}}_3\end{bmatrix},\quad \tilde{\boldsymbol{Z}}=\boldsymbol{Z}-\hat{\boldsymbol{Z}} \tag{6.122}$$

设计 Lyapunov 函数为

$$V=\frac{1}{2}\boldsymbol{\xi}^{\mathrm{T}}\boldsymbol{\xi}+\frac{1}{2}\mathrm{tr}(\widetilde{\boldsymbol{Z}}^{\mathrm{T}}\boldsymbol{Q}^{-1}\widetilde{\boldsymbol{Z}})+\frac{1}{2}\eta\tilde{m}^{2} \tag{6.123}$$

其中，$V_4=\frac{1}{2}\boldsymbol{\xi}^{\mathrm{T}}\boldsymbol{\xi}$，$\eta>0$，$\boldsymbol{Q}$ 为正定阵，$\boldsymbol{Q}=\begin{bmatrix}0 & & & \\ & \Gamma_1 & & \\ & & \Gamma_2 & \\ & & & \Gamma_3\end{bmatrix}$，$\boldsymbol{\xi}=[e_1\quad e_2\quad e_3\quad e_4]^{\mathrm{T}}$，$\tilde{m}=m-\hat{m}$。

神经网络权值的自适应律设计为

$$\dot{\hat{\boldsymbol{Z}}}=\boldsymbol{Q\Phi\xi}^{\mathrm{T}}-n\boldsymbol{Q}\parallel\boldsymbol{\xi}\parallel\hat{\boldsymbol{Z}} \tag{6.124}$$

其中，$\boldsymbol{\Phi}=[0\quad\varphi_1\quad\varphi_2\quad\varphi_3]^{\mathrm{T}}$，$n$ 为正实数，$\hat{m}(0)\geqslant\underline{m}>0$，则系统有界。

证明：由式(6.118)和式(6.123)得

$$\begin{aligned}\dot{V}&=\boldsymbol{\xi}^{\mathrm{T}}\dot{\boldsymbol{\xi}}+\mathrm{tr}(\widetilde{\boldsymbol{Z}}^{\mathrm{T}}\boldsymbol{Q}^{-1}\dot{\widetilde{\boldsymbol{Z}}})+\eta\tilde{m}\dot{\tilde{m}}\\&=-k_1e_1^2-k_2e_2^2-k_3e_3^2-k_4e_4^2+(\widetilde{\boldsymbol{W}}_1^{\mathrm{T}}\boldsymbol{\varphi}_1+\varepsilon_1)e_2+(\widetilde{\boldsymbol{W}}_2^{\mathrm{T}}\boldsymbol{\varphi}_2+\varepsilon_2)e_3+\\&\quad(\widetilde{\boldsymbol{W}}_3^{\mathrm{T}}\boldsymbol{\varphi}_3+\varepsilon_3)e_4+\mathrm{tr}(\widetilde{\boldsymbol{Z}}^{\mathrm{T}}\boldsymbol{Q}^{-1}\dot{\widetilde{\boldsymbol{Z}}})+\tilde{m}e_4u+\eta\tilde{m}\dot{\tilde{m}}\end{aligned} \tag{6.125}$$

其中，$\widetilde{\boldsymbol{W}}_i^{\mathrm{T}}=\boldsymbol{W}_i^{\mathrm{T}}-\hat{\boldsymbol{W}}_i^{\mathrm{T}}$，$i=1,2,3$。

于是

$$\begin{aligned}\dot{V}&=-\boldsymbol{\xi}^{\mathrm{T}}\boldsymbol{K}_{\mathrm{e}}\boldsymbol{\xi}+\boldsymbol{\xi}^{\mathrm{T}}\boldsymbol{\varepsilon}+\boldsymbol{\xi}^{\mathrm{T}}\widetilde{\boldsymbol{Z}}\boldsymbol{\Phi}+\mathrm{tr}(\widetilde{\boldsymbol{Z}}^{\mathrm{T}}\boldsymbol{Q}^{-1}\dot{\widetilde{\boldsymbol{Z}}})+\tilde{m}e_4u+\eta\tilde{m}\dot{\tilde{m}}\\&=-\boldsymbol{\xi}^{\mathrm{T}}\boldsymbol{K}_{\mathrm{e}}\boldsymbol{\xi}+\boldsymbol{\xi}^{\mathrm{T}}\boldsymbol{\varepsilon}+\mathrm{tr}(\widetilde{\boldsymbol{Z}}^{\mathrm{T}}\boldsymbol{Q}^{-1}\dot{\widetilde{\boldsymbol{Z}}}+\widetilde{\boldsymbol{Z}}^{\mathrm{T}}\boldsymbol{\Phi}\boldsymbol{\xi}^{\mathrm{T}})+\tilde{m}e_4u+\eta\tilde{m}\dot{\tilde{m}}\end{aligned} \tag{6.126}$$

其中，$\boldsymbol{K}_{\mathrm{e}}=[k_1\quad k_2\quad k_3\quad k_4]^{\mathrm{T}}$，$\boldsymbol{\varepsilon}=[0\quad\varepsilon_1\quad\varepsilon_2\quad\varepsilon_3]^{\mathrm{T}}$。

由于 $\dot{\widetilde{\boldsymbol{Z}}}=-\dot{\hat{\boldsymbol{Z}}}$，$\dot{\tilde{m}}=-\dot{\hat{m}}$，引入自适应律式(6.124)，可得

$$\dot{V}=-\boldsymbol{\xi}^{\mathrm{T}}\boldsymbol{K}_{\mathrm{e}}\boldsymbol{\xi}+\boldsymbol{\xi}^{\mathrm{T}}\boldsymbol{\varepsilon}+n\parallel\boldsymbol{\xi}\parallel\mathrm{tr}[\widetilde{\boldsymbol{Z}}^{\mathrm{T}}(\boldsymbol{Z}-\widetilde{\boldsymbol{Z}})]+M \tag{6.127}$$

其中，$M=\tilde{m}e_4u+\eta\tilde{m}\dot{\tilde{m}}=\tilde{m}e_4u-\eta\tilde{m}\dot{\hat{m}}$。

控制律式(6.115)要求 $\hat{m}\neq0$，不妨取 $\hat{m}\geqslant\underline{m}$；为了保证 $M\leqslant0$，设计自适应律为

$$\dot{\hat{m}}=\begin{cases}\eta^{-1}e_4u, & e_4u>0\\ \eta^{-1}e_4u, & e_4u\leqslant0,\quad \hat{m}>\underline{m}\\ \eta^{-1}, & e_4u\leqslant0,\quad \hat{m}\leqslant\underline{m}\end{cases} \tag{6.128}$$

其中，初值 $\hat{m}(0)\geqslant\underline{m}$。

将自适应律式(6.128)代入 M 中，分析如下：

(1) 当 $e_4u>0$ 时，$M=0$；

(2) 当 $e_4u\leqslant0$，$\hat{m}>\underline{m}$ 时，$M=0$；

(3) 当 $e_4u\leqslant0$，$\hat{m}\leqslant\underline{m}$ 时，$\tilde{m}=m-\hat{m}>0$，则 $M=\tilde{m}e_4u-\tilde{m}\leqslant0$。

通过上述的分析，可保证 $M\leqslant0$。

根据 Schwarz 不等式，有

$$\mathrm{tr}(\widetilde{\boldsymbol{Z}}^{\mathrm{T}}(\boldsymbol{Z}-\widetilde{\boldsymbol{Z}}))\leqslant\parallel\widetilde{\boldsymbol{Z}}\parallel_{\mathrm{F}}\parallel\boldsymbol{Z}\parallel_{\mathrm{F}}-\parallel\widetilde{\boldsymbol{Z}}\parallel_{\mathrm{F}}^2$$

由于

$$K_{\min}\|\boldsymbol{\xi}\|^2\leqslant\boldsymbol{\xi}^{\mathrm{T}}\boldsymbol{K}\boldsymbol{\xi}$$

其中，$K_{\min}$ 为 $\boldsymbol{K}$ 的最小特征值。

于是，式(6.127)变为

$$\begin{aligned}\dot{V}&\leqslant-K_{\min}\|\boldsymbol{\xi}\|^2+\boldsymbol{\varepsilon}_N\|\boldsymbol{\xi}\|+n\|\boldsymbol{\xi}\|(\|\widetilde{\boldsymbol{Z}}\|_{\mathrm{F}}\|\boldsymbol{Z}\|_{\mathrm{F}}-\|\widetilde{\boldsymbol{Z}}\|_{\mathrm{F}}^2)+M\\&\leqslant-\|\boldsymbol{\xi}\|[K_{\min}\|\boldsymbol{\xi}\|-\boldsymbol{\varepsilon}_N+n\|\widetilde{\boldsymbol{Z}}\|_{\mathrm{F}}(\|\widetilde{\boldsymbol{Z}}\|_{\mathrm{F}}-Z_{\mathrm{M}})]+M\end{aligned}\tag{6.129}$$

为了使 $\dot{V}\leqslant0$，需要使式(6.130)成立：

$$\begin{aligned}&K_{\min}\|\boldsymbol{\xi}\|-\boldsymbol{\varepsilon}_N+n(\|\widetilde{\boldsymbol{Z}}\|_{\mathrm{F}}^2-\|\widetilde{\boldsymbol{Z}}\|_{\mathrm{F}}Z_{\mathrm{M}})\\&=K_{\min}\|\boldsymbol{\xi}\|-\boldsymbol{\varepsilon}_N+n(\|\widetilde{\boldsymbol{Z}}\|_{\mathrm{F}}-\frac{1}{2}Z_{\mathrm{M}})^2-\frac{n}{4}Z_{\mathrm{M}}^2\geqslant0\end{aligned}\tag{6.130}$$

为了保证式(6.130)成立，需要满足

$$\|\boldsymbol{\xi}\|\geqslant\frac{\varepsilon_N+\dfrac{n}{4}Z_{\mathrm{M}}^2}{K_{\min}}$$

或

$$\|\widetilde{\boldsymbol{Z}}\|_{\mathrm{F}}\geqslant\frac{1}{2}Z_{\mathrm{M}}+\sqrt{\frac{Z_{\mathrm{M}}^2}{4}+\frac{\varepsilon_N}{n}}$$

则 $\|\boldsymbol{\xi}\|$ 和 $\|\hat{\boldsymbol{Z}}\|$ 为UUB，即有界。

从 $\|\boldsymbol{\xi}\|$ 的收敛性结果可见，位置跟踪精度与神经网络逼近误差上界 ε_N、n 和 $K_{\min}$ 值有关。通过适当调整 n 值和 $K_{\min}$ 值，可提高位置跟踪精度。

6.5.3 仿真实例

被控对象为式(6.88)，取 $M=0.2$，$L=0.02$，$I=1.35\times10^{-3}$，$K=7.47$，$J=2.16\times10^{-1}$。

控制器参数为 $k_1=k_2=k_3=k_4=0.35$。采用RBF神经网络逼近 g、$\overline{\dot{x}}_{3\mathrm{d}}$ 和 f，控制律取式(6.115)，自适应律取式(6.124)和式(6.128)，神经网络输入取 $\boldsymbol{x}=[x_1\quad x_2\quad x_3\quad x_4]^{\mathrm{T}}$。

系统的初始状态为 $\boldsymbol{x}=[0\quad0\quad0\quad0]^{\mathrm{T}}$，理想角度跟踪指令为 $y_{\mathrm{d}}=\sin t$。RBF神经网络的输入向量为 $\boldsymbol{z}=[x_1\quad x_2\quad x_3\quad x_4]^{\mathrm{T}}$，选取网络结构为4-5-1，高斯函数中心点矢量值按输入值的有效映射范围选取，根据实际 x_1、x_2、x_3、x_4 的取值范围，参数 $\boldsymbol{c}$ 和 b_i 可以选为 $\begin{bmatrix}-3&-1.5&0&1.5&3\\-3&-1.5&0&1.5&3\\-3&-1.5&0&1.5&3\\-3&-1.5&0&1.5&3\end{bmatrix}$ 和3.0，网络的初始权值设置为0。

在自适应律中，取 $n=0.01$，$\Gamma_2=\Gamma_3=\Gamma_4=250$，即 $\boldsymbol{Q}=\mathrm{diag}(0,0.001,0.001,0.001)$。根据 $J=2.16\times10^{-1}$ 的实际值，可取 $\underline{m}=1.0$。

在自适应律的设计中，初值 $\hat{m}(0)$ 的设计是比较困难的问题。控制律式(6.115)要求

$\hat{m} \neq 0$。对自适应律式(6.128)中初值 $\hat{m}(0)$的取值问题讨论如下：

(1) 估计参数 $\hat{m}$ 与控制输入 u 之间互相影响，具有很强的耦合关系，u 的变化直接影响 $\hat{m}$ 的变化。

(2) 如果 $\hat{m}$ 值太小，u 会很大，从而自适应律中的 $\dot{\hat{m}}$ 会很大，则 $\hat{m}$ 值变化幅度会很大，可能导致 $\hat{m}$ 为零的情况。为了防止这种情况，应保证 $\hat{m}$ 一直处于较大的值。

(3) 如果 $\hat{m}$ 值太大，u 会很小，从而自适应律中的 $\dot{\hat{m}}$ 会很小，则 $\hat{m}$ 值变化幅度会很小，从而导致 $\hat{m}$ 一直很小，控制输入失效。为了防止这种情况，应保证 $\hat{m}$ 值不能太大。

因此，在仿真中，$\hat{m}$ 值应结合经验取适当较大的值，例如取 $\hat{m}(0)=500$。另外，为了保证 $\dot{\hat{m}}$ 值不会很大，将 η 值取得大一些，例如取 $\eta=150$。仿真结果如图 6.11～图 6.14 所示。

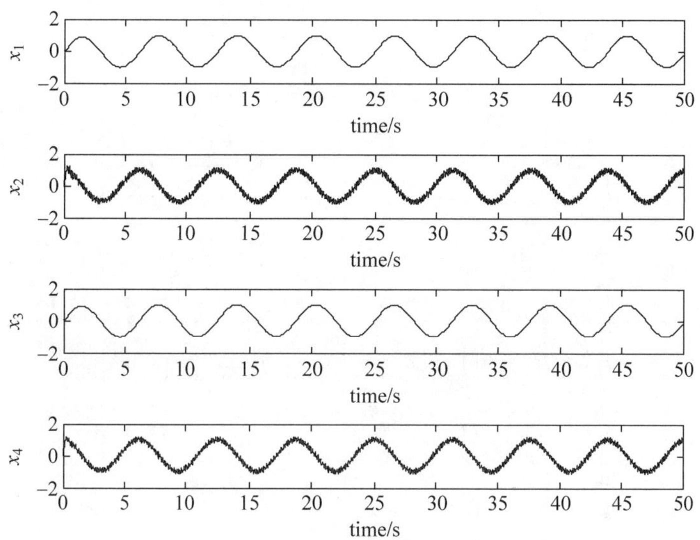

图 6.11　状态值的变化

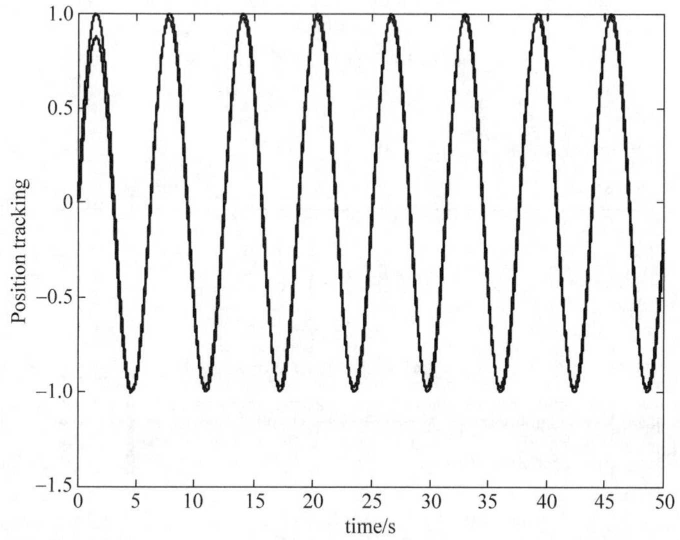

图 6.12　角度跟踪

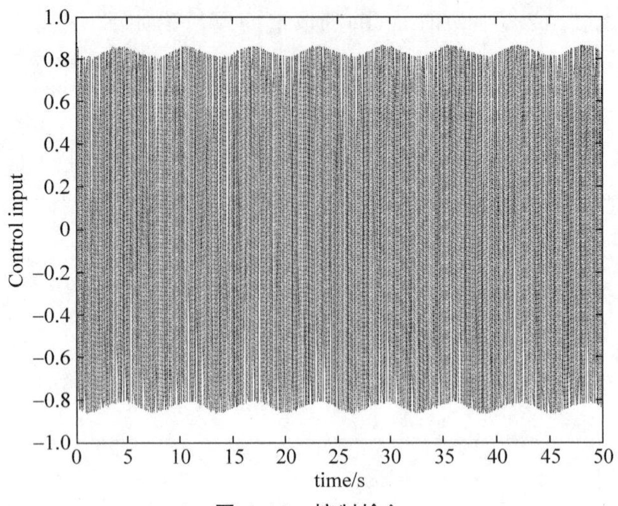

图 6.13　控制输入

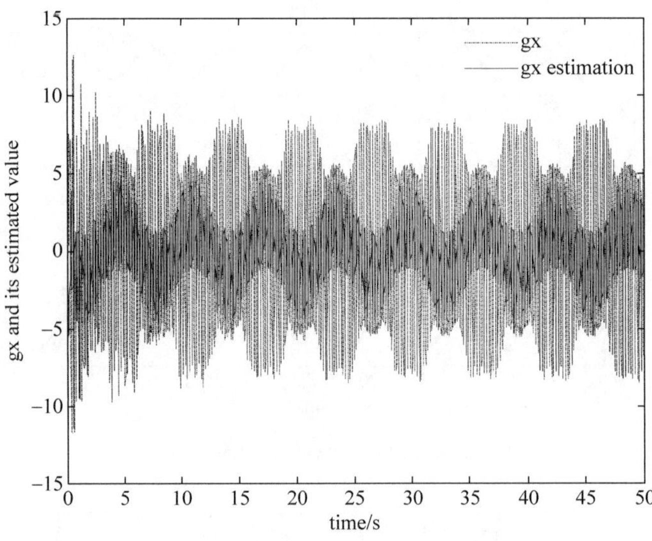

图 6.14　$g(x)$及其估计

仿真程序：

（1）Simulink 主程序：chap6_5sim.mdl。

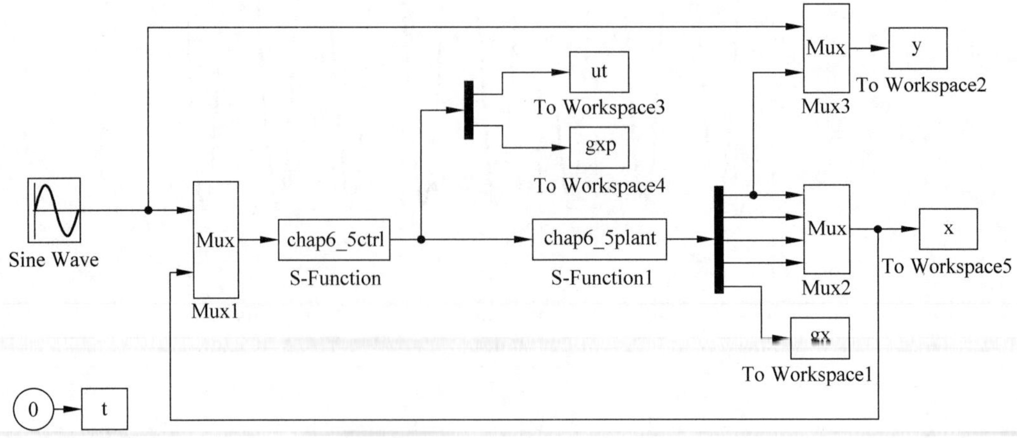

(2) 控制器程序：chap6_5ctrl.m。

```
function [sys,x0,str,ts] = MIMO_Tong_s(t,x,u,flag)
switch flag,
case 0,
    [sys,x0,str,ts] = mdlInitializeSizes;
case 1,
    sys = mdlDerivatives(t,x,u);
case 3,
    sys = mdlOutputs(t,x,u);
case {2,4,9}
    sys = [];
otherwise
    error(['Unhandled flag = ',num2str(flag)]);
end
function [sys,x0,str,ts] = mdlInitializeSizes
global c bj k1 k2 k3 k4 node
node = 5;
sizes = simsizes;
sizes.NumContStates = 3 * node + 1;
sizes.NumDiscStates = 0;
sizes.NumOutputs = 2;
sizes.NumInputs = 5;
sizes.DirFeedthrough = 1;
sizes.NumSampleTimes = 0;
sys = simsizes(sizes);
x0 = [zeros(3 * node,1);500];                    %保证 m(0)> ml
str = [];
ts = [];
c = 1.5 * [ - 2 - 1 0 1 2;
          - 2 - 1 0 1 2;
          - 2 - 1 0 1 2;
          - 2 - 1 0 1 2];
bj = 10;

k1 = 0.35;k2 = 0.35;k3 = 0.35;k4 = 0.35;
function sys = mdlDerivatives(t,x,u)
global c bj k1 k2 k3 k4 node
yd = u(1);
dyd = cos(t);
ddyd = - sin(t);
dddyd = - cos(t);
ddddyd = sin(t);

zf = [u(2) u(3) u(4) u(5)]';
for j = 1:1:node
    h(j) = exp( - norm(zf - c(:,j))^2/(2 * bj * bj));
end

th_gp = [x(1:node)]';
th_dp = [x(node + 1:node * 2)]';
th_fp = [x(node * 2 + 1:node * 3)]';
gp = th_gp * h';
dp = th_dp * h';
fp = th_fp * h';
mp = x(3 * node + 1);

x1 = u(2);x2 = u(3);x3 = u(4);x4 = u(5);
```

```
e1 = x1 - yd;
x2d = dyd - k1 * e1;
e2 = x2 - x2d;
dx2d = ddyd - k1 * (x2 - dyd);

x3d = - gp + dx2d - k2 * e2 - e1;
D3 = dddyd - k1 * (x3 - ddyd) - k2 * (x3 - dx2d) + dyd - x2;
e3 = x3 - x3d;
x4d = D3 - dp - k3 * e3 - e2;
e4 = x4 - x4d;

D4 = ddddyd - k1 * (x4 - dddyd) - k2 * (x4 - dddyd + k1 * (x3 - ddyd)) + ddyd - x3 - k3 * (x4 - D3) -
(x3 - dx2d);

ut = (1/mp) * ( - fp + D4 - k4 * e4 - e3);
Kexi = [e1 e2 e3 e4]';

n = 0.01;
Gama2 = 250;Gama3 = 250;Gama4 = 250;
xite = 150;
ml = 1;
    if (e4 * ut > 0)
        dm = (1/xite) * e4 * ut;
    end
    if (e4 * ut <= 0)
        if (mp > ml)
        dm = (1/xite) * e4 * ut;
        else
        dm = 1.0;
        end
end

for i = 1:1:node
    sys(i) = Gama2 * h(i) * e2 - n * Gama2 * norm(Kexi) * th_gp(i);
    sys(i + node) = Gama3 * h(i) * e3 - n * Gama3 * norm(Kexi) * th_dp(i);
    sys(i + node * 2) = Gama4 * h(i) * e4 - n * Gama4 * norm(Kexi) * th_fp(i);
end
sys(3 * node + 1) = dm;
function sys = mdlOutputs(t,x,u)
global c bj k1 k2 k3 k4 node
yd = u(1);
dyd = cos(t);
ddyd = - sin(t);
dddyd = - cos(t);
ddddyd = sin(t);

x1 = u(2);x2 = u(3);x3 = u(4);x4 = u(5);
zf = [x1 x2 x3 x4]';
for j = 1:1:node
    h(j) = exp( - norm(zf - c(:,j))^2/(2 * bj * bj));
end

th_gp = [x(1:node)]';
th_dp = [x(node + 1:node * 2)]';
th_fp = [x(node * 2 + 1:node * 3)]';
gp = th_gp * h';
dp = th_dp * h';
fp = th_fp * h';
```

```
mp = x(node * 3 + 1);

e1 = x1 - yd;
x2d = dyd - k1 * e1;
e2 = x2 - x2d;
dx2d = ddyd - k1 * (x2 - dyd);
x3d = - gp + dx2d - k2 * e2 - e1;
D3 = dddyd - (k1) * (x3 - ddyd) - (k2) * (x3 - dx2d) + dyd - x2;
e3 = x3 - x3d;
x4d = D3 - dp - k3 * e3 - e2;
e4 = x4 - x4d;

D4 = ddddyd - (k1) * (x4 - dddyd) - (k2) * (x4 - dddyd + (k1) * (x3 - ddyd)) - (k3) * (x4 - D3) -
(x3 - dx2d) + ddyd - x3;
ut = (1/mp) * ( - fp + D4 - k4 * e4 - e3);
sys(1) = ut;
sys(2) = gp;
```

(3) 被控对象程序：chap6_5plant.m。

```
function [sys,x0,str,ts] = MIMO_Tong_plant(t,x,u,flag)
switch flag,
case 0,
    [sys,x0,str,ts] = mdlInitializeSizes;
case 1,
    sys = mdlDerivatives(t,x,u);
case 3,
    sys = mdlOutputs(t,x,u);
case {2, 4, 9}
    sys = [];
otherwise
    error(['Unhandled flag = ',num2str(flag)]);
end
function [sys,x0,str,ts] = mdlInitializeSizes
sizes = simsizes;
sizes.NumContStates  = 4;
sizes.NumDiscStates  = 0;
sizes.NumOutputs     = 5;
sizes.NumInputs      = 2;
sizes.DirFeedthrough = 0;
sizes.NumSampleTimes = 0;
sys = simsizes(sizes);
x0 = [0 0 0 0];
str = [];
ts = [];
function sys = mdlDerivatives(t,x,u)
M = 0.2;L = 0.02;I = 1.35 * 0.001;K = 7.47;J = 2.16 * 0.1;
g = 9.8;

gx = - x(3) - M * g * L * sin(x(1))/I - (K/I) * (x(1) - x(3));
fx = (K/J) * (x(1) - x(3));
m = 1/J;
ut = u(1);
sys(1) = x(2);
sys(2) = x(3) + gx;
sys(3) = x(4);
sys(4) = fx + m * ut;
function sys = mdlOutputs(t,x,u)
M = 0.2;L = 0.02;I = 1.35 * 0.001;K = 7.47;J = 2.16 * 0.1;
```

```
g = 9.8;

gx = - x(3) - M * g * L * sin(x(1))/I - (K/I) * (x(1) - x(3));
fx = (K/J) * (x(1) - x(3));
m = 1/J;

sys(1) = x(1);
sys(2) = x(2);
sys(3) = x(3);
sys(4) = x(4);
sys(5) = gx;
```

（4）作图程序：chap6_5plot.m。

```
close all;

figure(1);
subplot(411);
plot(t,x(:,1),'k');
xlabel('time(s)');ylabel('x1');
subplot(412);
plot(t,x(:,2),'k');
xlabel('time(s)');ylabel('x2');
subplot(413);
plot(t,x(:,3),'k');
xlabel('time(s)');ylabel('x3');
subplot(414);
plot(t,x(:,4),'k');
xlabel('time(s)');ylabel('x4');

figure(2);
plot(t,y(:,1),'k',t,y(:,2),'k');
xlabel('time(s)');ylabel('Position tracking');
figure(3);
plot(t,ut(:,1),'-.k');
xlabel('time(s)');ylabel('Control input');
figure(4);
plot(t,gx(:,1),'-.k',t,gxp(:,1),'k');
xlabel('time(s)');ylabel('gx and its estimated value');
legend('gx','gx estimation');
```

6.6 柔性机械手欠驱动滑模控制

欠驱动系统是指系统的独立控制变量个数小于系统自由度个数的一类控制系统，在节约能量、降低造价、减轻重量、增强系统灵活度等方面都较完全驱动系统优越。当驱动器故障时，可能使完全驱动系统成为欠驱动系统，欠驱动控制算法可以起到容错控制的作用。从控制理论的角度看，欠驱动系统的控制问题具有挑战性。

6.6.1 系统描述

柔性机械手动力学模型表示为

$$\begin{cases} I\ddot{q}_1 + Mgl\sin q_1 + K(q_1 - q_2) = 0 \\ J\ddot{q}_2 + K(q_2 - q_1) = u - d_t \end{cases} \tag{6.131}$$

其中，I 和 J 分别为连杆和电机的转动惯量，q_1 和 q_2 分别为关节角度和电机转动角度，系数 K 表明了柔性臂的弹性刚度，dt 为加在控制上的干扰，$|dt|\leqslant D$。

定义 $x_1=q_1, x_3=q_2$，将式(6.131)写成状态方程欠驱动结构的形式

$$\begin{cases}\dot{x}_1=x_2\\ \dot{x}_2=-\dfrac{1}{I}(Mgl\sin x_1+K(x_1-x_3))\\ \dot{x}_3=x_4\\ \dot{x}_4=\dfrac{1}{J}(u-K(x_3-x_1)-dt)\end{cases}\tag{6.132}$$

将式(6.132)写成如下形式：

$$\begin{cases}\dot{x}_1=x_2\\ \dot{x}_2=f_1\\ \dot{x}_3=x_4\\ \dot{x}_4=f_2+bu+d\end{cases}\tag{6.133}$$

其中，$f_1=-\dfrac{1}{I}(Mgl\sin x_1+K(x_1-x_3))$，$f_2=-\dfrac{1}{J}K(x_3-x_1)$，$b=\dfrac{1}{J}$，$d=-\dfrac{1}{J}dt$。

针对模型式(6.133)，$f_1(x_1,x_3)$满足如下 3 个条件：$f_1(0,0)\to 0$；$\dfrac{\partial f_1}{\partial x_3}$可逆且有界；如果 $f_1(0,x_3)\to 0$，则 $x_3\to 0$。因此可按欠驱动模型结构设计滑模控制器[7]。

控制目标：针对初始状态不为零时，通过设计欠驱动控制律，实现 $t\to\infty$ 时，$x_i\to 0$。

6.6.2 控制器设计及稳定性分析

针对控制目标 $x_i\to 0$，取误差方程

$$\begin{aligned}&e_1=x_1\\ &e_2=\dot{e}_1=x_2\\ &e_3=\ddot{e}_1=\dot{x}_2=f_1(x_1,x_3)\\ &e_4=\dddot{e}_1=\dot{f}_1=\frac{\partial f_1}{\partial x_1}x_2+\frac{\partial f_1}{\partial x_3}x_4\end{aligned}\tag{6.134}$$

设计滑模函数

$$s=c_1e_1+c_2e_2+c_3e_3+e_4\tag{6.135}$$

其中，$c_i>0, i=1,2,3$。

则

$$\begin{aligned}\dot{s}=&c_1\dot{e}_1+c_2\dot{e}_2+c_3\dot{e}_3+\dot{e}_4=c_1x_2+c_2f_1+c_3\left(\frac{\partial f_1}{\partial x_1}x_2+\frac{\partial f_1}{\partial x_3}x_4\right)+\\ &\frac{\mathrm{d}}{\mathrm{d}t}\left[\frac{\partial f_1}{\partial x_1}x_2\right]+\frac{\mathrm{d}}{\mathrm{d}t}\left[\frac{\partial f_1}{\partial x_3}\right]x_4+\frac{\partial f_1}{\partial x_3}(f_2+bu+d)\end{aligned}\tag{6.136}$$

取 $\dot{s}=0$，可求 u_{eq} 控制律设计为等效控制律和切换控制之和，分别为

$$u_{\mathrm{eq}}=-\left[\frac{\partial f_1}{\partial x_3}b\right]^{-1}\left\{c_1x_2+c_2f_1+c_3\left(\frac{\partial f_1}{\partial x_1}x_2+\frac{\partial f_1}{\partial x_3}x_4\right)+\frac{\mathrm{d}}{\mathrm{d}t}\left[\frac{\partial f_1}{\partial x_1}x_2\right]+\frac{\mathrm{d}}{\mathrm{d}t}\left[\frac{\partial f_1}{\partial x_3}\right]x_4+\frac{\partial f_1}{\partial x_3}f_2\right\} \tag{6.137}$$

$$u_{\mathrm{sw}}=-\left[\frac{\partial f_1}{\partial x_3}b\right]^{-1}[M\operatorname{sgn}(s)+\lambda s] \tag{6.138}$$

则

$$u=u_{\mathrm{eq}}+u_{\mathrm{sw}} \tag{6.139}$$

其中，$\lambda>0$。

将式(6.139)代入式(6.136)得：

$$\dot{s}=-M\operatorname{sgn}(s)-\lambda s+\frac{\partial f_1}{\partial x_3}d \tag{6.140}$$

其中，$M=\beta_3\bar{d}+\rho,\rho>0,\left|\frac{\partial f_1}{\partial x_3}\right|\leqslant\beta_3,|d|\leqslant\bar{d}$。

取 Lyapunov 函数 $V=\frac{1}{2}s^2$，则

$$\begin{aligned}\dot{V}=s\dot{s}&=s\left(-(\beta_3\bar{d}+\rho)\operatorname{sgn}(s)-\lambda s+\frac{\partial f_1}{\partial x_3}d\right)\\&=-(\beta_3\bar{d}+\rho)|s|-\lambda s^2+s\frac{\partial f_1}{\partial x_3}d\leqslant-\rho|s|-\lambda s^2\leqslant0\end{aligned} \tag{6.141}$$

则有 $t\to\infty$ 时，$s=c_1e_1+c_2e_2+c_3e_3+e_4\to0$。

6.6.3 收敛性分析

由于 $s\dot{s}\leqslant0$ 成立，则存在 $t>t_0$，$s=0$。

当 $s=0$ 时，$e_4=-c_1e_1-c_2e_2-c_3e_3$，取 $\boldsymbol{E}_1=[e_1\quad e_2\quad e_3]^{\mathrm{T}}$，则

$$\dot{\boldsymbol{E}}_1=\boldsymbol{A}\boldsymbol{E}_1 \tag{6.142}$$

$$\boldsymbol{A}=\begin{bmatrix}0&1&0\\0&0&1\\-c_1&-c_2&-c_3\end{bmatrix} \tag{6.143}$$

为了实现 $t\to\infty$ 时，$E_1\to0$，将 $\boldsymbol{A}$ 矩阵为 Hurwitz 进行设计。为了使 $\boldsymbol{A}$ 为 Hurwitz，需要保证 $\boldsymbol{A}$ 的特征值实部为负，由于

$$\begin{aligned}|\boldsymbol{A}-\lambda\boldsymbol{I}|&=\begin{vmatrix}-\lambda&1&0\\0&-\lambda&1\\-c_1&-c_2&-c_3-\lambda\end{vmatrix}=\lambda^2(-c_3-\lambda)-c_1-c_2\lambda\\&=-\lambda^3-c_3\lambda^2-c_2\lambda-c_1=0\end{aligned}$$

取 $\boldsymbol{A}$ 的特征值为 -3，由 $(\lambda+3)^3=0$ 可得 $\lambda^3+9\lambda^2+27\lambda+27=0$，从而按 $\lambda^3+c_3\lambda^2+c_2\lambda+c_1=0$ 可取 $c_1=27,c_2=27,c_3=9$。

则 $t\to\infty$ 时，$\boldsymbol{E}_1=[e_1\quad e_2\quad e_3]^{\mathrm{T}}\to0$，即 $e_1,e_2,e_3\to0$，又因为 $s\to0$，可保证 $t>t_0$ 时，$e_4=$

$-c_1e_1-c_2e_2-c_3e_3$，则 $e_4\to 0$。

由 $e_1,e_2\to 0$ 可得 $x_1,x_2\to 0$，又由 $e_3\to 0$ 可得 $f_1(x_1,x_3)\to 0$，从而 $x_3\to 0$，由 $e_4\to 0$ 可得 $x_4\to 0$。因此 $t\to\infty$ 时，$x_1,x_2,x_3,x_4\to 0$。

6.6.4 仿真实例

对于柔性机械手动力学模型式(6.131)，$\frac{\partial f_1}{\partial x_1}=-\frac{Mgl\cos(x_1)x_2+K}{I}$，$\frac{\partial f_1}{\partial x_2}=0$，$\frac{\partial f_1}{\partial x_3}=\frac{K}{I}$，$\frac{\mathrm{d}}{\mathrm{d}t}\left[\frac{\partial f_1}{\partial x_2}f_1\right]=0$，$\frac{\mathrm{d}}{\mathrm{d}t}\left[\frac{\partial f_1}{\partial x_3}\right]x_4=0$，$\frac{\partial f_1}{\partial x_3}f_2=\frac{K}{I}f_2$，且有

$$\begin{aligned}\frac{\mathrm{d}}{\mathrm{d}t}\left[\frac{\partial f_1}{\partial x_1}x_2\right]&=\frac{\mathrm{d}}{\mathrm{d}t}\left(\frac{\partial f_1}{\partial x_1}\right)x_2+\frac{\partial f_1}{\partial x_1}\dot{x}_2\\&=\frac{\mathrm{d}}{\mathrm{d}t}\left(-\frac{Mgl\cos(x_1)x_2+K}{I}\right)x_2-\frac{Mgl\cos(x_1)x_2+K}{I}f_1\\&=-\frac{Mgl}{I}(-\sin(x_1)x_2^3+\cos(x_1)x_2\dot{x}_2+\cos(x_1)x_2f_1+Kf_1)\end{aligned}$$

仿真中，$I=8.0$，$J=1.0$，$Mgl=10$，$K=10$，$d(t)=\sin t$，采用 df1_x1x2 表示 $\frac{\mathrm{d}}{\mathrm{d}t}\left[\frac{\partial f_1}{\partial x_1}x_2\right]$，被控对象初始状态取 $[0.1\quad 0.1\quad 0.1\quad 0.1]$，采用控制律式(6.139)，取 $c_1=27$，$c_2=27$，$c_3=9$，$\beta_3=\left|\frac{\partial f_1}{\partial x_3}\right|+0.1=\frac{K}{I}+0.1$，$\rho=1$，$\lambda=1$，$\bar{d}=1.0$。为克服抖振现象，采用饱和函数方法，取边界层厚度为 0.05，仿真结果如图 6.15 和图 6.16 所示。

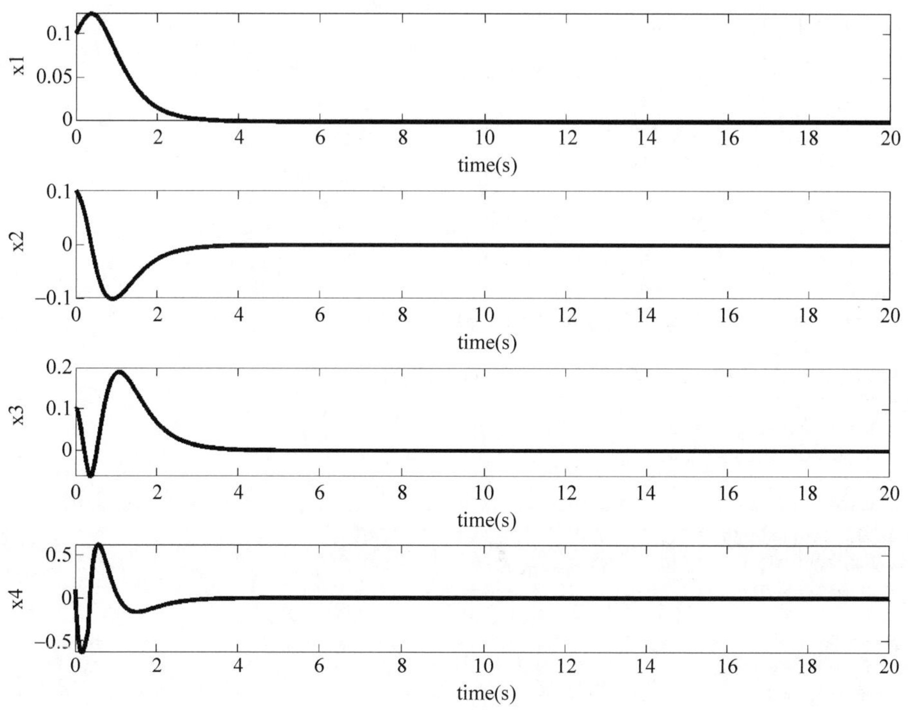

图 6.15 系统状态响应

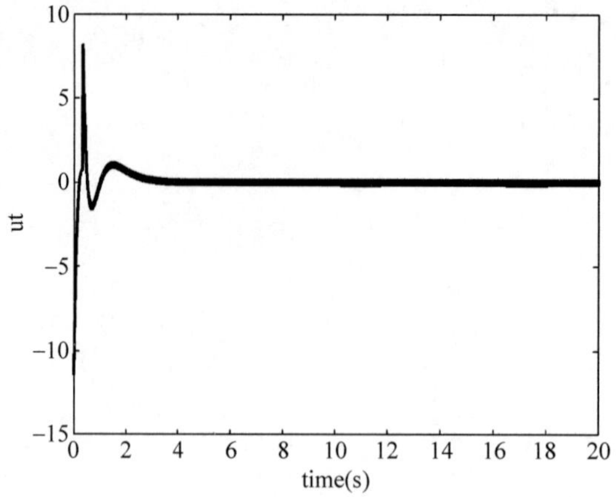

图 6.16 控制输入

仿真程序如下：

（1）Simulink 主程序：chap6_6sim. mdl。

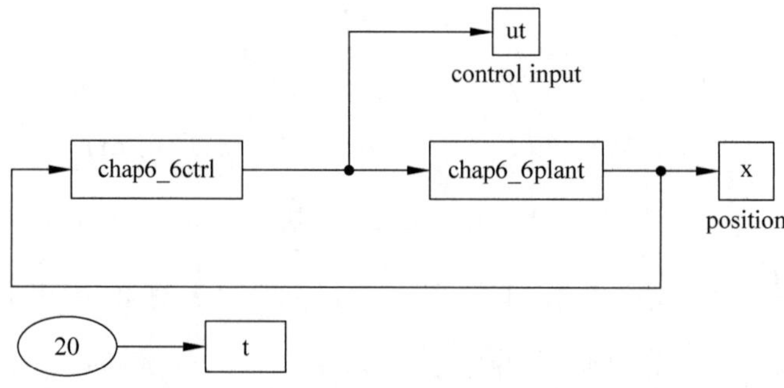

（2）控制器子程序：chap6_6ctrl. m。

```
function [sys,x0,str,ts] = spacemodel(t,x,u,flag)
switch flag,
case 0,
    [sys,x0,str,ts] = mdlInitializeSizes;
case 3,
    sys = mdlOutputs(t,x,u);
case {2,4,9}
    sys = [];
otherwise
    error(['Unhandled flag = ',num2str(flag)]);
end
function [sys,x0,str,ts] = mdlInitializeSizes
sizes = simsizes;
sizes.NumContStates   = 0;
sizes.NumDiscStates   = 0;
sizes.NumOutputs      = 1;
sizes.NumInputs       = 4;
sizes.DirFeedthrough  = 1;
sizes.NumSampleTimes  = 1;
sys = simsizes(sizes);
x0  = [];
str = [];
ts  = [0 0];
function sys = mdlOutputs(t,x,u)
x1 = u(1);
x2 = u(2);
```

```
x3 = u(3);
x4 = u(4);

c1 = 27;c2 = 27;c3 = 9;

I = 8;
J = 1;
Mgl = 10;
K = 10;
f1 = -(Mgl * sin(x1) + K * (x1 - x3))/I;
b = 1/J;
f2 = -K * (x3 - x1)/J;

f1_x1 = -(Mgl * cos(x1) * x2 + K)/I;
f1_x2 = 0;
f1_x3 = K/I;
df1_x3 = 0;

beta3 = K/I + 0.1;

df1_x1x2 = -Mgl/I * (-sin(x1) * x2^3 + 2 * cos(x1) * x2 * f1 + K * f1)/I;
ueq = -inv(f1_x3 * b) * (c1 * x2 + c2 * f1 + c3 * f1_x1 * x2 + c3 * f1_x3 * x4 + df1_x1x2 + df1_x3 * x4 +
f1_x3 * f2);

e1 = x1;
e2 = x2;
e3 = f1;
e4 = f1_x1 * x2 + f1_x3 * x4;
s = c1 * e1 + c2 * e2 + c3 * e3 + e4;

d_up = 1.0;

rou = 1.0;
M = beta3 * d_up + rou;
nmn = 10;

S = 2;
if S == 1
    sat = sign(s);
elseif S == 2               % Saturated function
   fai = 0.05;
   if abs(s)<= fai
      sat = s/fai;
   else
      sat = sign(s);
   end
end
usw = -inv(f1_x3 * b) * (M * sat + nmn * s);
ut = ueq + usw;
sys(1) = ut;
```

(3) 被控对象子程序：chap6_6plant.m。

```
function [sys,x0,str,ts] = s_function(t,x,u,flag)
switch flag,
case 0,
    [sys,x0,str,ts] = mdlInitializeSizes;
case 1,
    sys = mdlDerivatives(t,x,u);
case 3,
    sys = mdlOutputs(t,x,u);
case {2, 4, 9}
```

```
    sys = [];
otherwise
    error(['Unhandled flag = ',num2str(flag)]);
end
function [sys,x0,str,ts] = mdlInitializeSizes
sizes = simsizes;
sizes.NumContStates  = 4;
sizes.NumDiscStates  = 0;
sizes.NumOutputs     = 4;
sizes.NumInputs      = 1;
sizes.DirFeedthrough = 0;
sizes.NumSampleTimes = 0;
sys = simsizes(sizes);
x0 = [0.1;0.1;0.1;0.1];
str = [];
ts = [];
function sys = mdlDerivatives(t,x,u)
ut = u(1);

I = 8;
J = 1;
Mgl = 10;
K = 10;
dt = sin(t);
f1 = -(Mgl*sin(x(1))+K*(x(1)-x(3)))/I;

sys(1) = x(2);
sys(2) = f1;
sys(3) = x(4);
sys(4) = (ut-K*(x(3)-x(1))-dt)/J;
function sys = mdlOutputs(t,x,u)
sys(1) = x(1);
sys(2) = x(2);
sys(3) = x(3);
sys(4) = x(4);
```

（4）作图子程序：chap6_6plot.m。

```
close all;

figure(1);
subplot(411);
plot(t,0*t./t,'k',t,x(:,1),'r','linewidth',2);
xlabel('time(s)');ylabel('x1 tracking');
legend('ideal x1','practical x1');
subplot(412);
plot(t,0*t./t,'k',t,x(:,2),'r','linewidth',2);
xlabel('time(s)');ylabel('x2 tracking');
legend('ideal x2','practical x2');
subplot(413);
plot(t,0*t./t,'k',t,x(:,3),'r','linewidth',2);
xlabel('time(s)');ylabel('y1 tracking');
legend('ideal y1','practical y1');
subplot(414);
plot(t,0*t./t,'k',t,x(:,4),'r','linewidth',2);
xlabel('time(s)');ylabel('y2 tracking');
legend('ideal y2','practical y2');

figure(2);
plot(t,ut,'k','linewidth',2);
xlabel('time(s)');ylabel('control input ut');
```

6.7 柔性机械手双闭环控制

双闭环控制算法由内环和外环组成。内环控制器主要负责对系统的实际输出进行调节，以保证系统的响应速度快、精度高。外环控制器产生指令，并传递给内环系统，外环产生的误差通过内环控制来消除。外环控制器负责对系统的稳定性进行控制，在保证系统内环控制的精度和响应速度的情况下，通过将输出信号与参考输入信号进行比较，调节系统的输出信号以达到稳定的目的。

6.7.1 系统描述

柔性机械手动力学模型表示为

$$\begin{cases} I\ddot{q}_1 + Mgl\sin q_1 + K(q_1 - q_2) = 0 \\ J\ddot{q}_2 + K(q_2 - q_1) = u - dt \end{cases} \tag{6.144}$$

其中，I 和 J 分别为连杆和电机的转动惯量，q_1 和 q_2 分别为关节角度和电机转动角度，系数 K 表明了柔性手的弹性刚度，dt 为加在控制上的干扰，$|dt| \leqslant D$。

定义 $x_1 = q_1, x_3 = q_2$，将式(6.144)写成状态方程的形式

$$\begin{cases} \dot{x}_1 = x_2 \\ \dot{x}_2 = -\dfrac{1}{I}(Mgl\sin x_1 + K(x_1 - x_3)) \\ \dot{x}_3 = x_4 \\ \dot{x}_4 = \dfrac{1}{J}(u - K(x_3 - x_1) - dt) \end{cases} \tag{6.145}$$

控制目标：针对初始状态不为零时，通过设计双闭环控制律，实现 $t \to \infty$ 时，$x_i \to 0$。

6.7.2 控制器设计与分析

针对式(6.145)，外环系统为

$$\begin{cases} \dot{x}_1 = x_2 \\ \dot{x}_2 = -\dfrac{1}{I}(Mgl\sin x_1 + K(x_1 - x_3)) = f_1 \end{cases} \tag{6.146}$$

内环系统为

$$\begin{cases} \dot{x}_3 = x_4 \\ \dot{x}_4 = \dfrac{1}{J}(u - K(x_3 - x_1) - dt) \end{cases} \tag{6.147}$$

1. 外环控制器的设计

针对外环系统，设计滑模函数为 $s_1 = c_1 x_1 + x_2, c_1 > 0$，则 $\dot{s}_1 = c_1 \dot{x}_1 + \dot{x}_2$，取 Lyapunov 函数 $V = \frac{1}{2}s_1^2$，则

$$\dot{V} = s_1 \dot{s}_1 = s_1\left(c_1 x_2 - \frac{Mgl\sin x_1 + K(x_1 - x_3)}{I}\right) \tag{6.148}$$

假设存在 x_{3d}，使 $x_3=x_{3d}$，设计

$$x_{3d}=x_1+\frac{Mgl\sin x_1-I(c_1x_2+\eta_1s_1)}{K}$$

将 x_3 代入式(6.148)，可得

$$\dot V=s_1\dot s_1=s_1(c_1x_2-(c_1x_2+\eta_1s_1))=-\eta_1s_1^2$$

则

$$V(t)=\mathrm{e}^{-2\eta_1(t-t_0)}V(t_0)$$

外环控制系统指数收敛，$t\to\infty$时，$x_1\to0$，$x_2\to0$ 且指数收敛。

上述控制算法实现了外环控制，所产生的 x_{3d} 作为内环控制指令，通过内环控制实现 x_3 跟踪 x_{3d}。

2. 内环控制器的设计

将外环控制器对内环系统产生的指令设为

$$x_{3d}=x_1+\frac{Mgl\sin x_1-I(c_1x_2+\eta_1s_1)}{K}\tag{6.149}$$

选取误差为

$$e=x_3-x_{3d}\tag{6.150}$$

设计滑模函数为

$$s_2=c_2e+\dot e\tag{6.151}$$

则

$$\dot s_2=c_2\dot e+\ddot e=c_2(x_4-\dot x_{3d})+\frac{u-K(x_3-x_1)-dt}{J}-\ddot x_{3d}$$

选取 Lyapunov 函数 $V=\frac{1}{2}s_2^2$，则

$$\dot V=s_2\dot s_2=s_2\left(c_2(x_4-\dot x_{3d})+\frac{u-K(x_3-x_1)-dt}{J}-\ddot x_{3d}\right)\tag{6.152}$$

控制律设计为

$$u=K(x_3-x_1)-D\operatorname{sgn}(s_2)-J(c_2(x_4-\dot x_{3d})-\ddot x_{3d}+\eta_2s_2)\tag{6.153}$$

将式(6.153)代入式(6.152)，得

$$\dot V=s_2\dot s_2=s_2\left(\eta_2s_2-\frac{D\operatorname{sgn}(s_2)+dt}{J}\right)=-\eta_2s_2^2-\frac{D|s_2|+s_2dt}{J}\leqslant-\eta_2s_2^2=-2\eta_2V$$

则

$$V(t)\leqslant\mathrm{e}^{-2\eta_2(t-t_0)}V(t_0)$$

从而实现内环控制系统指数收敛，$t\to\infty$时，$x_3\to0$，$x_4\to0$ 且指数收敛。

在内外环控制中，内环的动态性能影响外环的稳定性，从而影响整个闭环控制系统的稳定性。为了实现收敛速度快的内环滑模控制，工程上一般采用内环收敛速度大于外环收敛速度的方法，即需要 x_3 快速跟踪 x_{3d}，来保证闭环系统的稳定性。

在本算法中取 $\eta_2\geqslant\eta_1$，并取足够大的 η_2 值，以尽快地消除 $e=x_3-x_{3d}$，保证内环收敛速度大于外环收敛速度。

6.7.3 微分器的设计

在控制律式(6.153)中，需要对式(6.149)中的 x_{3d} 求导。而该求导过程过于复杂，为了简

单起见，可采用如下三阶积分链式微分器实现 $\dot{x}_{3d}$ 和 $\ddot{x}_{3d}$：

$$
\begin{aligned}
\dot{x}_1 &= x_2 \\
\dot{x}_2 &= x_3 \\
\dot{x}_3 &= -\frac{k_1}{\varepsilon^3}(x_1 - x_{3d}) - \frac{k_2}{\varepsilon^2}x_2 - \frac{k_3}{\varepsilon}x_3
\end{aligned}
\tag{6.154}
$$

微分器的输出 x_1 和 x_2 即为 $\dot{x}_{3d}$ 和 $\ddot{x}_{3d}$。为了抑制微分器中的峰值现象，在初始时刻 $0 \leqslant t \leqslant 1.0$ 时，取

$$
\varepsilon = \frac{1}{100}(1 - \mathrm{e}^{-2t})
$$

6.7.4 仿真实例

对于柔性机械手动力学模型式(6.144)，仿真中，取 $I=8.0$，$J=1.0$，$Mgl=10$，$K=10$，$dt=\sin t$，被控对象初始状态取[0.1　0.1　0.1　0.1]，采用控制律式(6.153)，取 $c_1=c_2=10$，$\eta_1=3.0$，$\eta_2=10$，$D=1.1$。

微分器参数取：$k_1=9.0$，$k_2=27$，$k_3=27$，$\varepsilon=0.01$。为克服抖振现象，采用饱和函数方法，取边界层厚度为0.05，仿真结果如图6.17和图6.18所示。

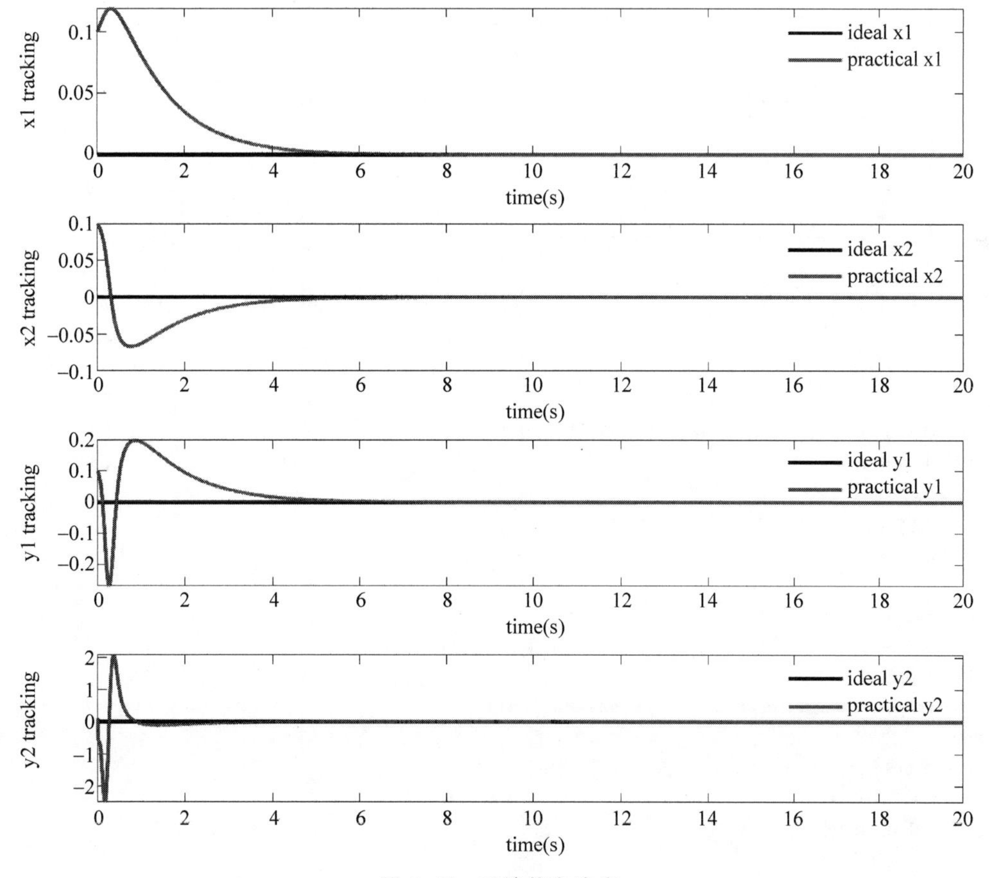

图 6.17　系统状态响应

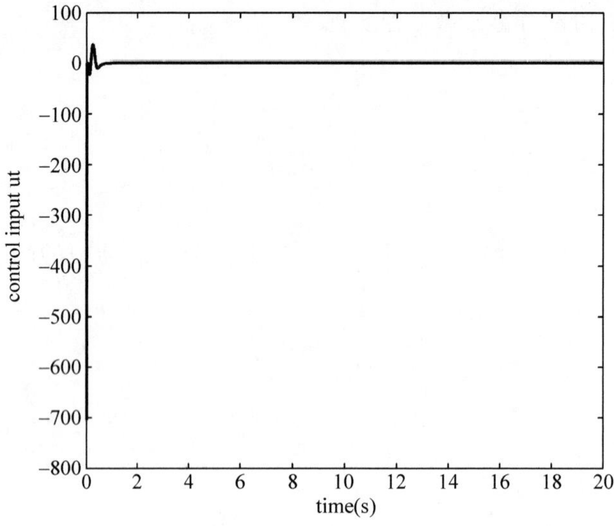

图 6.18　控制输入

仿真程序：

（1）Simulink 主程序：chap6_7sim.mdl。

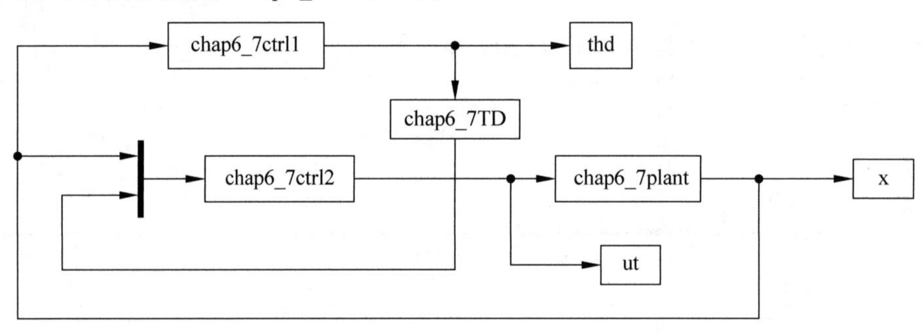

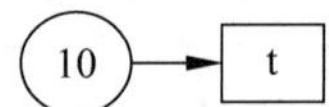

（2）外环控制器子程序：chap6_7ctrl1.m。

```
function [sys,x0,str,ts] = s_function(t,x,u,flag)
switch flag,
case 0,
    [sys,x0,str,ts] = mdlInitializeSizes;
case 3,
    sys = mdlOutputs(t,x,u);
case {1, 2, 4, 9}
    sys = [];
otherwise
    error(['Unhandled flag = ',num2str(flag)]);
end
function [sys,x0,str,ts] = mdlInitializeSizes
sizes = simsizes;
sizes.NumDiscStates   = 0;
sizes.NumOutputs      = 1;
sizes.NumInputs       = 4;
sizes.DirFeedthrough  = 1;
```

```
sizes.NumSampleTimes  = 1;
sys = simsizes(sizes);
x0 = [];
str = [];
ts = [0 0];
function sys = mdlOutputs(t,x,u)
I = 8.0;J = 1.0;Mgl = 10;K = 10;

x1 = u(1);x2 = u(2);
x3 = u(3);x4 = u(4);

c1 = 10;
xite1 = 3.0;
s1 = c1 * x1 + x2;

x3b = x1 + Mgl * sin(x1)/K - I * (c1 * x2 + xite1 * s1)/K;
sys(1) = x3b;
```

(3) 内环控制器子程序：chap6_7ctrl2.m。

```
function [sys,x0,str,ts] = s_function(t,x,u,flag)
switch flag,
case 0,
    [sys,x0,str,ts] = mdlInitializeSizes;
case 3,
    sys = mdlOutputs(t,x,u);
case {1, 2, 4, 9}
    sys = [];
otherwise
    error(['Unhandled flag = ',num2str(flag)]);
end
function [sys,x0,str,ts] = mdlInitializeSizes
sizes = simsizes;
sizes.NumDiscStates   = 0;
sizes.NumOutputs      = 1;
sizes.NumInputs       = 7;
sizes.DirFeedthrough  = 1;
sizes.NumSampleTimes  = 1;
sys = simsizes(sizes);
x0 = [];
str = [];
ts = [0 0];
function sys = mdlOutputs(t,x,u)
x1 = u(1);x2 = u(2);
x3 = u(3);x4 = u(4);
x3b = u(5);
dx3b = u(6);
ddx3b = u(7);

e = x3 - x3b;
de = x4 - dx3b;

J = 1;
K = 10;
xite2 = 10;
c2 = 10;
```

```
s2 = c2 * e + de;
D = 1.1;

fai = 0.10;
if abs(s2)< = fai
   sat = s2/fai;
else
   sat = sign(s2);
end
ut = K * (x3 - x1) - D * sat - J * (c2 * (x4 - dx3b) - ddx3b + xite2 * sat);
sys(1) = ut;
```

（4）被控对象子程序：chap6_7plant. m。

```
function [sys,x0,str,ts] = s_function(t,x,u,flag)
switch flag,
case 0,
    [sys,x0,str,ts] = mdlInitializeSizes;
case 1,
    sys = mdlDerivatives(t,x,u);
case 3,
    sys = mdlOutputs(t,x,u);
case {2, 4, 9}
    sys = [];
otherwise
    error(['Unhandled flag = ',num2str(flag)]);
end
function [sys,x0,str,ts] = mdlInitializeSizes
sizes = simsizes;
sizes.NumContStates  = 4;
sizes.NumDiscStates  = 0;
sizes.NumOutputs     = 4;
sizes.NumInputs      = 1;
sizes.DirFeedthrough = 0;
sizes.NumSampleTimes = 1;
sys = simsizes(sizes);
x0 = [0.1;0.1;0.1;0.1];
str = [];
ts = [-1 0];
function sys = mdlDerivatives(t,x,u)
ut = u(1);
I = 8.0;J = 1;Mgl = 10;K = 10;

dt = sin(t);
f1 = - (Mgl * sin(x(1)) + K * (x(1) - x(3)))/I;

sys(1) = x(2);
sys(2) = f1;
sys(3) = x(4);
sys(4) = (ut - K * (x(3) - x(1)) - dt)/J;
function sys = mdlOutputs(t,x,u)
x1 = x(1);x2 = x(2);
x3 = x(3);x4 = x(4);

sys(1) = x1;
sys(2) = x2;
```

```
sys(3) = x3;
sys(4) = x4;
```

(5) 微分器子程序：chap6_7TD. m。

```
function [sys,x0,str,ts] = spacemodel(t,x,u,flag)
switch flag,
case 0,
    [sys,x0,str,ts] = mdlInitializeSizes;
case 1,
    sys = mdlDerivatives(t,x,u);
case 3,
    sys = mdlOutputs(t,x,u);
case {2,4,9}
    sys = [];
otherwise
    error(['Unhandled flag = ',num2str(flag)]);
end
function [sys,x0,str,ts] = mdlInitializeSizes
sizes = simsizes;
sizes.NumContStates  = 3;
sizes.NumDiscStates  = 0;
sizes.NumOutputs     = 3;
sizes.NumInputs      = 1;
sizes.DirFeedthrough = 1;
sizes.NumSampleTimes = 1;
sys = simsizes(sizes);
x0  = [0 0 0];
str = [];
ts  = [0 0];
function sys = mdlDerivatives(t,x,u)
v = u(1);
a1 = 9;b1 = 27;c1 = 27;
kexi = 0.01;
if t <= 1
     kexi = 1/(100 * (1 - exp( - 2 * t)));
end
sys(1) = x(2);
sys(2) = x(3);
sys(3) = - a1 * (x(1) - v)/kexi^3 - b1 * x(2)/kexi^2 - c1 * x(3)/kexi;
function sys = mdlOutputs(t,x,u)
v = u(1);
sys(1) = v;
sys(2) = x(2);
sys(3) = x(3);
```

(6) 作图子程序：chap6_7plot. m。

```
close all;

figure(1);
subplot(411);
plot(t,0 * t./t,'k',t,x(:,1),'r','linewidth',2);
xlabel('time(s)');ylabel('x1 tracking');
legend('ideal x1','practical x1');
subplot(412);
plot(t,0 * t./t,'k',t,x(:,2),'r','linewidth',2);
```

```
xlabel('time(s)');ylabel('x2 tracking');
legend('ideal x2','practical x2');
subplot(413);
plot(t,0*t./t,'k',t,x(:,3),'r','linewidth',2);
xlabel('time(s)');ylabel('y1 tracking');
legend('ideal y1','practical y1');
subplot(414);
plot(t,0*t./t,'k',t,x(:,4),'r','linewidth',2);
xlabel('time(s)');ylabel('y2 tracking');
legend('ideal y2','practical y2');

figure(2);
plot(t,ut,'k','linewidth',2);
xlabel('time(s)');ylabel('control input ut');
```

参考文献

[1] Lin F J,Shen P H,Hsu S P. Adaptive backstepping sliding mode control for linear induction motor drive [C]//IEEE Proceeding Electrical Power Application,2002,149(3): 184-194.

[2] Swaroop D,Hedrick J K,Yip P P,et al. Dynamic surface controller for a class of nonlinear systems[J]. IEEE Transactions on Automatic Control,2000,45(10): 1893-1899.

[3] Kanellakopoulos I,Kokotovic P V,Morse A S. Adaptive output-feedback control of a class of nonlinear systems[C]//Proceedings of the 30th IEEE Conference on Decision and Control,Brighton,1991: 1082-1087.

[4] Ioannou P A,Sun J. Robust Adaptive Control[M]. PTR Prentice Hall,1996,75-76.

[5] An C H, Yuan C C. Adaptive sliding control for single-link flexible-joint robot with mismatched uncertainties[J]. IEEE Transactions on Control Systems Technology,2004,12(5): 770-775.

[6] Ognjen K,Nitin S,Frank L L. Chiman M K. Design and implementation of industrial neural network controller using backstepping[J]. IEEE Transactions on Industrial Electronics,2003,50(1): 193-201.

[7] Rong X,Ozguner U. Sliding Mode Control of a Class of Underactuated Systems[J]. Automatica,2008, 44: 233-241.

[8] 王新华,刘金琨. 微分器设计与应用——信号滤波与求导[M]. 北京: 电子工业出版社,2010.

第7章 柔性机械臂分布式参数边界控制

7.1 柔性机械臂的偏微分方程动力学建模

7.1.1 柔性机械臂的控制问题

传统的机械臂质量大、速度低、能耗高，各部件均当作刚性元件进行研究。随着科技的发展，新一代机器人技术由于轻量化、高速度、低耗能和接触冲击小的需求，要求其机械臂质量轻、能进行大跨度作业，因而需采用柔性轻质材料并设计成细长的结构。这种机械臂在运动过程中会产生较大的弯曲变形和较强的残余振动，所以柔性机械臂不能利用刚体动力学研究。

从数学模型的角度看，由于柔性机械臂的运动特性不仅与时间有关，也与位置有关，故柔性机械臂本质上是一种分布式参数系统。其建模需要采用基于偏微分方程的形式建立分布式参数模型，控制方法需要采用分布式参数系统。针对分布式参数系统的控制，边界控制可有效地实现挠性系统的控制。相对于离散化的分布式控制，边界控制只需要少量执行器即可实现较好的控制效果。

7.1.2 柔性机械臂的偏微分方程建模

柔性臂控制研究多数都是基于 ODE 动力学模型进行的，虽然 ODE 模型形式上简单而且方便控制器的设计，但难以准确描述柔性结构的分布参数特性，同时也可能会造成溢出不稳定。相比于 ODE 模型，PDE 模型能更精确地反映柔性结构的动力学特性。本节利用 Hamilton 方法建立系统的 PDE 动力学模型[1,2]，Hamilton 方法的优点是：避免对系统做复杂的受力分析，直接通过数学推导，不仅能求出系统的 PDE 方程，而且能够得到相应的系统边界条件。

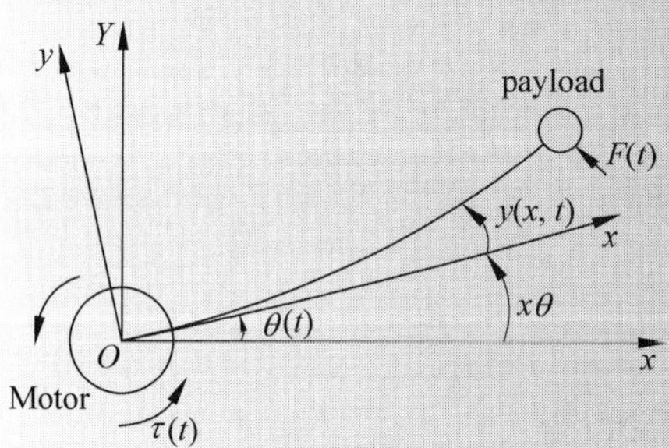

图 7.1 柔性机械臂的结构示意图

研究对象为水平移动的单杆柔性机械臂，如图 7.1 所示。单杆柔性机械臂在水平面运动，机械臂的末端有边界控制输入。不考虑重力情况下，XOY 是系统的惯性坐标系，

xOy 为随动坐标系。

为了简单起见，在函数变量中省略时间 t，例如，$\theta(t)$表示为 θ。柔性机械臂物理参数如表 7.1 所示，取$(*)_x=\dfrac{\partial(*)}{\partial x}$，$(\dot{*})=\dfrac{\partial(*)}{\partial t}$。

表 7.1　柔性机械臂物理参数

符　号	物理意义	单　位
L	机械臂长度	m
EI	均匀梁的弯曲刚度	N·m²
m	机械臂终端负载质量	kg
I_h	中心转动惯量	kg·m²
τ	初始端点的电机控制输入力矩	N·m
F	末端负载的电机控制输入力矩	N·m
$\theta(t)$	未考虑变形时的关节转动角度	rad
ρ	杆单位长度的质量	kg/m
$y(x,t)$	机械臂在 x 点处的弹性变形	m

由任意时刻原点挠性弯曲为零，得 $y(0,t)=0$，由任意时刻原点挠性弯曲沿 x 轴变化率为零，得 $y_x(0,t)=0$，则边界条件表示为

$$y(0)=y_x(0)=0 \tag{7.1}$$

可近似把柔性机械臂上在随动坐标系 xOy 上任何一点$[x,y(x,t)]$在惯性坐标系 XOY 下表示为

$$z(x)=x\theta+y(x) \tag{7.2}$$

其中 $z(x)$为机械臂的偏移量。

由式(7.1)和式(7.2)，可得

$$z(0)=0 \tag{7.3}$$

$$z_x(0)=\theta \tag{7.4}$$

$$\frac{\partial^n z(x)}{\partial x^n}=\frac{\partial^n y(x)}{\partial x^n},\quad n\geqslant 2 \tag{7.5}$$

由式(7.5)可得 $z_{xx}(x)=y_{xx}(x)$，$\ddot{z}_x(0)=\ddot{\theta}$，$z_{xx}(0)=y_{xx}(0)$，$z_{xx}(L)=y_{xx}(L)$，$z_{xxx}(L)=y_{xxx}(L)$。

根据 Hamilton 原理[1-4]有：

$$\int_{t_1}^{t_2}(\delta E_k-\delta E_p+\delta W_{nc})\mathrm{d}t=0 \tag{7.6}$$

其中，δE_k、δE_p 和 δW_{nc} 分别是动能、势能和非保守力做功的变分。

柔性关节的转动动能为$\dfrac{1}{2}I_h\dot{\theta}^2$，柔性机械臂的动能为$\dfrac{1}{2}\int_0^L\rho\dot{z}^2(x)\mathrm{d}x$，负载动能为$\dfrac{1}{2}m\dot{z}^2(L)$，则系统总动能为

$$E_k=\frac{1}{2}I_h\dot{\theta}^2+\frac{1}{2}\int_0^L\rho\dot{z}^2(x)\mathrm{d}x+\frac{1}{2}m\dot{z}^2(L) \tag{7.7}$$

柔性机械臂的势能可以表示为

$$E_p=\frac{1}{2}\int_0^L EIy_{xx}^2(x)\mathrm{d}x \tag{7.8}$$

系统的非保守力做功为

$$W_{\mathrm{nc}}=\tau\theta+Fz(L) \tag{7.9}$$

首先，将式(7.6)的第一项展开可得

$$\begin{aligned}\int_{t_1}^{t_2}\delta E_{\mathrm{k}}\mathrm{d}t&=\int_{t_1}^{t_2}\delta\left(\frac{1}{2}I_{\mathrm{h}}\dot{\theta}^2+\frac{\rho}{2}\int_0^L\dot{z}(x)^2\mathrm{d}x+\frac{1}{2}m\dot{z}(L)^2\right)\mathrm{d}t\\&=\int_{t_1}^{t_2}\delta\left(\frac{1}{2}I_{\mathrm{h}}\dot{\theta}^2\right)\mathrm{d}t+\frac{\rho}{2}\int_{t_1}^{t_2}\int_0^L\delta\dot{z}(x)^2\mathrm{d}x\,\mathrm{d}t+\int_{t_1}^{t_2}\delta\left(\frac{1}{2}m\dot{z}(L)^2\right)\mathrm{d}t\end{aligned}$$

由于

$$\int_{t_1}^{t_2}\delta\left(\frac{1}{2}I_{\mathrm{h}}\dot{\theta}^2\right)\mathrm{d}t=\int_{t_1}^{t_2}I_{\mathrm{h}}\dot{\theta}\delta\dot{\theta}\mathrm{d}t=I_{\mathrm{h}}\dot{\theta}\delta\theta\Big|_{t_1}^{t_2}-\int_{t_1}^{t_2}I_{\mathrm{h}}\ddot{\theta}\delta\theta\mathrm{d}t=-\int_{t_1}^{t_2}I_{\mathrm{h}}\ddot{\theta}\delta\theta\mathrm{d}t$$

由 $\delta\,\frac{\mathrm{d}x}{\mathrm{d}t}=\frac{\mathrm{d}}{\mathrm{d}t}\delta\boldsymbol{x}$ 可得 $\delta\dot{\theta}\,\mathrm{d}t=\frac{\mathrm{d}}{\mathrm{d}t}\delta\dot{\theta}$ 。

$$\begin{aligned}\frac{\rho}{2}\int_{t_1}^{t_2}\int_0^L\delta\dot{z}(x)^2\mathrm{d}x\,\mathrm{d}t&=\int_0^L\int_{t_1}^{t_2}\rho\dot{z}(x)\delta\dot{z}(x)\mathrm{d}t\,\mathrm{d}x\\&=\int_0^L\left(\rho\dot{z}(x)\delta z(x)\Big|_{t_1}^{t_2}-\int_{t_1}^{t_2}\rho\ddot{z}(x)\delta z(x)\mathrm{d}t\right)\mathrm{d}x\\&=-\int_0^L\int_{t_1}^{t_2}\rho\ddot{z}(x)\delta z(x)\mathrm{d}t\,\mathrm{d}x\\&=-\int_{t_1}^{t_2}\int_0^L\rho\ddot{z}(x)\delta z(x)\mathrm{d}x\,\mathrm{d}t\end{aligned}$$

其中，$\int_0^L\int_{t_1}^{t_2}\rho\ddot{z}(x)\delta z(x)\mathrm{d}t\,\mathrm{d}x=\int_{t_1}^{t_2}\int_0^L\rho\ddot{z}(x)\delta z(x)\mathrm{d}x\,\mathrm{d}t$。

$$\begin{aligned}\int_{t_1}^{t_2}\delta\left(\frac{1}{2}m\dot{z}(L)^2\right)\mathrm{d}t&=\int_{t_1}^{t_2}m\dot{z}(L)\delta\dot{z}(L)\mathrm{d}t\\&=m\dot{z}(L)\delta z(L)\Big|_{t_1}^{t_2}-\int_{t_1}^{t_2}m\ddot{z}(L)\delta z(L)\mathrm{d}t\\&=-\int_{t_1}^{t_2}m\ddot{z}(L)\delta z(L)\mathrm{d}t\end{aligned}$$

则

$$\delta\int_{t_1}^{t_2}E_{\mathrm{k}}\mathrm{d}t=-\int_{t_1}^{t_2}I_{\mathrm{h}}\ddot{\theta}\delta\theta\mathrm{d}t-\int_{t_1}^{t_2}\int_0^L\rho\ddot{z}(x)\delta z(x)\mathrm{d}x\,\mathrm{d}t-\int_{t_1}^{t_2}m\ddot{z}(L)\delta z(L)\mathrm{d}t \tag{7.10}$$

然后，将式(7.6)的第二项展开，根据 $z_{xx}(x)=y_{xx}(x)$ 可得

$$\begin{aligned}-\delta\int_{t_1}^{t_2}E_{\mathrm{p}}\mathrm{d}t&=-\delta\int_{t_1}^{t_2}\frac{EI}{2}\int_0^L(z_{xx}(x))^2\mathrm{d}x\,\mathrm{d}t\\&=-EI\int_{t_1}^{t_2}\int_0^L z_{xx}(x)\delta z_{xx}(x)\mathrm{d}x\,\mathrm{d}t\\&=-EI\int_{t_1}^{t_2}\left(z_{xx}(x)\delta z_x(x)\Big|_0^L-\int_0^L z_{xxx}(x)\delta z_x(x)\mathrm{d}x\right)\mathrm{d}t\\&=-EI\int_{t_1}^{t_2}(z_{xx}(L)\delta z_x(L)-z_{xx}(0)\delta z_x(0))\mathrm{d}t+EI\int_{t_1}^{t_2}\int_0^L z_{xxx}(x)\delta z_x(x)\mathrm{d}x\,\mathrm{d}t\\&=-EI\int_{t_1}^{t_2}(z_{xx}(L)\delta z_x(L)-z_{xx}(0)\delta z_x(0))\mathrm{d}t+\\&\quad EI\int_{t_1}^{t_2}\left(z_{xxx}(x)\delta z(x)\Big|_0^L-\int_0^L z_{xxxx}(x)\delta z(x)\mathrm{d}x\right)\mathrm{d}t\end{aligned}$$

$$
=-EI\int_{t_1}^{t_2}(z_{xx}(L)\delta z_x(L)-z_{xx}(0)\delta z_x(0))\mathrm{d}t+
$$

$$
EI\int_{t_1}^{t_2}z_{xxx}(L)\delta z(L)\mathrm{d}t-EI\int_{t_1}^{t_2}\int_0^L z_{xxxx}(x)\delta z(x)\mathrm{d}x\mathrm{d}t \tag{7.11}
$$

最后，将式(7.6)的第三项展开可得

$$
\delta\int_{t_1}^{t_2}W_c\mathrm{d}t=\delta\int_{t_1}^{t_2}(\tau\theta+Fz(L))\mathrm{d}t \tag{7.12}
$$

根据上述分析，可得

$$
\begin{aligned}
\int_{t_1}^{t_2}(\delta E_k-\delta E_p+\delta W_c)\mathrm{d}t=&-\int_{t_1}^{t_2}I_h\ddot{\theta}\delta\theta\mathrm{d}t-\int_{t_1}^{t_2}\int_0^L\rho\ddot{z}(x)\delta z(x)\mathrm{d}x\mathrm{d}t-\int_{t_1}^{t_2}m\ddot{z}(L)\delta z(L)\mathrm{d}t-\\
&EI\int_{t_1}^{t_2}(z_{xx}(L)\delta z_x(L)-z_{xx}(0)\delta z_x(0))\mathrm{d}t+\\
&EI\int_{t_1}^{t_2}z_{xxx}(L)\delta z(L)\mathrm{d}t-EI\int_{t_1}^{t_2}\int_0^L z_{xxxx}(x)\delta z(x)\mathrm{d}x\mathrm{d}t+\\
&\delta\int_{t_1}^{t_2}\tau\theta+Fz(L)\mathrm{d}t
\end{aligned}
$$

将 $z(0)=0, z_x(0)=\theta, \ddot{z}_x(0)=\ddot{\theta}, \dfrac{\partial^n z(x)}{\partial x^n}=\dfrac{\partial^n y(x)}{\partial x^n}$代入上式，可得

$$
\begin{aligned}
\int_{t_1}^{t_2}(\delta E_k-\delta E_p+\delta W_c)\mathrm{d}t=&-\int_{t_1}^{t_2}\int_0^L(\rho\ddot{z}(x)+EIz_{xxxx}(x))\delta z(x)\mathrm{d}x\mathrm{d}t-\\
&\int_{t_1}^{t_2}(I_h\ddot{\theta}-EIz_{xx}(0)-\tau)\delta z_x(0)\mathrm{d}t-\\
&\int_{t_1}^{t_2}(m\ddot{z}(L)-EIz_{xxx}(L)-F)\delta z(L)\mathrm{d}t-\\
&\int_{t_1}^{t_2}EIz_{xx}(L)\delta z_x(L)\mathrm{d}t\\
=&-\int_{t_1}^{t_2}\int_0^L A\delta z(x)\mathrm{d}x\mathrm{d}t-\int_{t_1}^{t_2}B\delta z_x(0)\mathrm{d}t-\\
&\int_{t_1}^{t_2}C\delta z(L)\mathrm{d}t-\int_{t_1}^{t_2}D\delta z_x(L)\mathrm{d}t
\end{aligned}
$$

其中，

$$
\begin{aligned}
A&=\rho\ddot{z}(x)+EIz_{xxxx}(x)\\
B&=I_h\ddot{z}_x(0)-EIz_{xx}(0)-\tau\\
C&=m\ddot{z}(L)-EIz_{xxx}(L)-F\\
D&=EIz_{xx}(L)
\end{aligned}
$$

根据 Hamilton 方程式(7.6)，有

$$
-\int_{t_1}^{t_2}\int_0^L A\delta z(x)\mathrm{d}x\mathrm{d}t-\int_{t_1}^{t_2}B\delta z_x(0)\mathrm{d}t-\int_{t_1}^{t_2}C\delta z(L)\mathrm{d}t-\int_{t_1}^{t_2}D\delta z_x(L)\mathrm{d}t=0 \tag{7.13}
$$

由于 $\delta z(x)$、$\delta z_x(0)$、$\delta z(L)$、$\delta z_x(L)$ 属于独立的变量，即上式中的各项线性无关，则有 $A=B=C=D=0$，从而得到 PDE 动力学模型如下：

$$
\rho\ddot{z}(x)=-EIz_{xxxx}(x) \tag{7.14}
$$

$$
\tau=I_h\ddot{z}_x(0)-EIz_{xx}(0) \tag{7.15}
$$

$$F = m\ddot{z}(L) - EIz_{xxx}(L) \tag{7.16}$$

$$z_{xx}(L) = 0 \tag{7.17}$$

其中，$\ddot{z}(x) = x\ddot{\theta} + \ddot{y}(x)$，$\ddot{z}(L) = L\ddot{\theta} + \ddot{y}(L)$。

7.2 柔性机械臂分布式参数边界控制——指数收敛方法

柔性机械臂系统在作大范围运动的同时，由于自身的柔性特性会引起小变形弹性振动，如果挠性够大，就会变成大变形振动。柔性机械臂的运动与振动相互耦合，相互影响，在很大程度上干扰了机械臂的精确定位。在严重情况下，臂杆弹性振动会对整个系统的稳定性产生破坏作用，甚至使整个机器人系统失控、失效。因此，如何削弱柔性机械臂在运动过程中产生的振动是一个迫切需要解决的难题[3]。

采用边界控制方法，即在机械臂的末端边界进行控制，可以调节机械臂的振动。为了实现 $y(x,t)\to 0$ 和 $\dot{y}(x,t)\to 0$ 的要求，在末端加上边界控制输入，通过设计 Lyapunov 函数，设计 PD 边界控制律，在机械臂的末端同时边界进行控制，以调节机械臂的振动。

7.2.1 引理

引理 7.1[4] 对于 $\phi_1(x,t), \phi_2(x,t) \in R$，$x \in [0,L]$，$t \in [0,\infty)$，下列不等式成立：

$$\phi_1(x,t)\phi_2(x,t) \leqslant |\phi_1(x,t)\phi_2(x,t)| \leqslant \phi_1^2(x,t) + \phi_2^2(x,t) \tag{7.18}$$

$$|\phi_1(x,t)\phi_2(x,t)| \leqslant \frac{1}{\gamma}\phi_1^2(x,t) + \gamma\phi_2^2(x,t) \tag{7.19}$$

其中，$\gamma > 0$。

引理 7.2[5] 对于 $p(x,t) \in R$，$x \in [0,L]$，$t \in [0,\infty)$，如果 $p(0,t) = 0$，$t \in [0,\infty)$，则

$$p^2(x,t) \leqslant L\int_0^L p_x^2(x,t)\mathrm{d}x, \quad x \in [0,L] \tag{7.20}$$

同理，如果 $p_x(0,t) = 0$，$t \in [0,\infty)$，则

$$p_x^2(x,t) \leqslant L\int_0^L p_{xx}^2(x,t)\mathrm{d}x, \quad x \in [0,L] \tag{7.21}$$

引理 7.3[6] 针对 $V:[0,\infty) \in R$，$t \geqslant t_0 \geqslant 0$，如果 $\dot{V} \leqslant -\eta V + g$，则

$$V(t) \leqslant \mathrm{e}^{-\eta(t-t_0)}V(t_0) + \int_{t_0}^t \mathrm{e}^{-\eta(t-s)}g(s)\mathrm{d}s \tag{7.22}$$

其中，$\eta > 0$。

7.2.2 边界控制律的设计

针对 PDE 模型式(7.14)～式(7.17)，为了实现角度响应并抑制机械臂的变形和振动，取边界控制律[7]为

$$\tau = -k_\mathrm{p}e - k_\mathrm{d}\dot{e} \tag{7.23}$$

$$F = -ku_a + m\dot{z}_{xxx}(L) \tag{7.24}$$

其中，$k_\mathrm{p} > 0$，$k_\mathrm{d} > 0$，$k > 0$，$u_a = \dot{z}(L) - z_{xxx}(L)$，$e = \theta - \theta_\mathrm{d}$，$\theta_\mathrm{d}$ 为理想的角度，θ_d 为常值，

$\dot{e}=\dot{\theta}-\dot{\theta}_{\rm d}=\dot{\theta}$，$\ddot{e}=\ddot{\theta}-\ddot{\theta}_{\rm d}=\ddot{\theta}$。

定理 7.1 采用控制律式(7.23)和式(7.24)，则闭环系统稳定，$t\to+\infty$时，对于 $x\in[0,L]$，$\theta\to\theta_{\rm d}$，$\dot{\theta}\to 0$，$y(x)\to 0$，$\dot{y}(x)\to 0$。

证明：根据文献[7]，设计 Lyapunov 函数

$$V(t)=E_1+E_2+E_a \tag{7.25}$$

其中，

$$E_1=\frac{1}{2}\int_0^L\rho\dot{z}^2(x)\mathrm{d}x+\frac{1}{2}EI\int_0^L y_{xx}^2(x)\mathrm{d}x \tag{7.26}$$

$$E_2=\frac{1}{2}I_{\rm h}\dot{e}^2+\frac{1}{2}k_{\rm p}e^2+\frac{1}{2}mu_a^2 \tag{7.27}$$

$$E_a=\alpha\rho\int_0^L x\dot{z}(x)ze_x(x)\mathrm{d}x+\alpha I_{\rm h}e\dot{e} \tag{7.28}$$

其中，E_1 为机械臂的动能和势能之和，表示对机械臂弯曲变形量和弯曲变化率的抑制指标；E_2 中的前两项代表了控制的误差指标，第三项为辅助项；E_a 为辅助项。α 为很小的正实数，且

$$ze(x)=xe+y(x),\quad ze_x(x)=e+y_x(x),\quad ze_{xx}=y_{xx}(x)=z_{xx}(x) \tag{7.29}$$

根据引理 7.1，可得

$$x\dot{z}(x)ze_x(x)\leqslant|x\dot{z}(x)ze_x(x)|\leqslant L(\dot{z}^2(x)+ze_x^2(x))$$

由于 $y(0)=0$，根据引理 7.2 和 $z_{xx}(x)=y_{xx}(x)$，可得

$$2\alpha\rho L\int_0^L y_x^2(x)\mathrm{d}x\leqslant 2\alpha\rho L\int_0^L L\int_0^L y_{xx}^2(x,t)\mathrm{d}x\mathrm{d}x=2\alpha\rho L^3\int_0^L z_{xx}{}^2(x)\mathrm{d}x$$

则

$$\begin{aligned}|E_a|&\leqslant\alpha\rho L\int_0^L(\dot{z}^2(x)+ze_x{}^2(x))\mathrm{d}x+\alpha I_{\rm h}(e^2+\dot{e}^2)\\&=\alpha\rho L\int_0^L(\dot{z}^2(x)+e^2+y_x^2(x)+2e\cdot y_x(x))\mathrm{d}x+\alpha I_{\rm h}(e^2+\dot{e}^2)\\&\leqslant\alpha\rho L\int_0^L(\dot{z}^2(x)+2e^2+2y_x^2(x))\mathrm{d}x+\alpha I_{\rm h}(e^2+\dot{e}^2)\\&=\alpha\rho L\int_0^L\dot{z}^2(x)\mathrm{d}x+2\alpha\rho L^2e^2+2\alpha\rho L\int_0^L y_x^2(x)\mathrm{d}x+\alpha I_{\rm h}(e^2+\dot{e}^2)\\&\leqslant\alpha\rho L\int_0^L\dot{z}^2(x)\mathrm{d}x+2\alpha\rho L^2e^2+2\alpha\rho L^3\int_0^L z_{xx}{}^2(x)\mathrm{d}x+\alpha I_{\rm h}(e^2+\dot{e}^2)\\&=\alpha\rho L\int_0^L\dot{z}^2(x)\mathrm{d}x+2\alpha\rho L^3\int_0^L z_{xx}{}^2(x)\mathrm{d}x+(\alpha I_{\rm h}+2\alpha\rho L^2)e^2+\alpha I_{\rm h}\dot{e}^2\\&\leqslant\alpha_1(E_1+E_2)\end{aligned} \tag{7.30}$$

其中，$\alpha_1=\max\left(2\alpha L,\dfrac{4\alpha\rho L^3}{EI},\dfrac{2(\alpha I_{\rm h}+2\alpha\rho L^2)}{k_{\rm p}},2\alpha\right)$。

于是

$$-\alpha_1(E_1+E_2)\leqslant E_a\leqslant\alpha_1(E_1+E_2) \tag{7.31}$$

取 $0<\alpha_1<1$，即 $0<\max\left(2\alpha L,\dfrac{2\alpha\rho L^3}{EI},\dfrac{2(\alpha I_{\rm h}+2\alpha\rho L^2)}{k_{\rm p}},2\alpha\right)<1$，则 α 可以设计为

$$0<\alpha<\frac{1}{\max\left(2L,\dfrac{2\rho L^3}{EI},\dfrac{2(I_{\rm h}+2\rho L^2)}{k_{\rm p}},2\right)} \tag{7.32}$$

定义 $1>\alpha_2=1-\alpha_1>0, 2>\alpha_3=1+\alpha_1>1$，则

$$0 \leqslant \alpha_2(E_1+E_2) \leqslant E_a+E_1+E_2 \leqslant \alpha_3(E_1+E_2)$$

从而

$$0 \leqslant \alpha_2(E_1+E_2) \leqslant V(t) \leqslant \alpha_3(E_1+E_2) \tag{7.33}$$

由式(7.33)可知，Lyapunov 函数 $V(t)$ 为正定函数，则

$$\dot{V}(t)=\dot{E}_1+\dot{E}_2+\dot{E}_a \tag{7.34}$$

其中

$$\dot{E}_1=\int_0^L \rho \dot{z}(x) \ddot{z}(x) \mathrm{d}x+EI \int_0^L y_{xx}(x) \dot{y}_{xx}(x) \mathrm{d}x \tag{7.35}$$

$$\dot{E}_2=I_{\mathrm{h}} \dot{e} \ddot{e}+k_{\mathrm{p}} e \dot{e}+m u_a \dot{u}_a \tag{7.36}$$

$$\dot{E}_a=\dot{E}_{a1}+\dot{E}_{a2}+\dot{E}_{a3} \tag{7.37}$$

其中

$$\dot{E}_{a1}=\alpha \rho \int_0^L x \ddot{z}(x) z e_x(x) \mathrm{d}x \tag{7.38}$$

$$\dot{E}_{a2}=\alpha \rho \int_0^L x \dot{z}(x) \dot{z} e_x(x) \mathrm{d}x \tag{7.39}$$

$$\dot{E}_{a3}=\alpha I_{\mathrm{h}}(\dot{e}^2+e \ddot{e}) \tag{7.40}$$

将式(7.14)即 $\rho \ddot{z}(x)=-EI z_{xxxx}(x)$ 代入式(7.35)中，则有

$$\dot{E}_1=-EI \int_0^L \dot{z}(x) z_{xxxx}(x) \mathrm{d}x+EI \int_0^L y_{xx}(x) \dot{y}_{xx}(x) \mathrm{d}x$$

$$\begin{aligned}
\int_0^L \dot{z}(x) z_{xxxx}(x) \mathrm{d}x &= \int_0^L \dot{z}(x) \mathrm{d} z_{xxx}(x) \\
&= \dot{z}(x) z_{xxx}(x) \Big|_0^L - \int_0^L z_{xxx}(x) \dot{z}_x(x) \mathrm{d}x \\
&= \dot{z}(L) z_{xxx}(L) - \int_0^L z_{xxx}(x) \dot{z}_x(x) \mathrm{d}x
\end{aligned}$$

$$\begin{aligned}
\int_0^L y_{xx}(x) \dot{y}_{xx}(x) \mathrm{d}x &= \int_0^L z_{xx}(x) \dot{z}_{xx}(x) \mathrm{d}x = \int_0^L z_{xx}(x) \mathrm{d} \dot{z}_x(x) \\
&= z_{xx}(x) \dot{z}_x(x) \Big|_0^L - \int_0^L \dot{z}_x(x) z_{xxx}(x) \mathrm{d}x \\
&= -z_{xx}(0) \dot{\theta} - \int_0^L \dot{z}_x(x) z_{xxx}(x) \mathrm{d}x
\end{aligned}$$

其中，$z_{xx}(L)=0, \dot{z}_x(0)=\dot{\theta}$。

于是

$$\begin{aligned}
\dot{E}_1 &= -EI \int_0^L \dot{z}(x) z_{xxxx}(x) \mathrm{d}x+EI \int_0^L y_{xx}(x) \dot{y}_{xx}(x) \mathrm{d}x \\
&= -EI\left(\dot{z}(L) z_{xxx}(L)-\int_0^L z_{xxx}(x) \dot{z}_x(x) \mathrm{d}x\right)+EI\left(-z_{xx}(0) \dot{\theta}-\int_0^L \dot{z}_x(x) z_{xxx}(x) \mathrm{d}x\right) \\
&= -EI \dot{z}(L) y_{xxx}(L)-EI y_{xx}(0) \dot{\theta}
\end{aligned}$$

即

$$\dot{E}_1=-EI y_{xxx}(L) \dot{z}(L)-EI y_{xx}(0) \dot{\theta} \tag{7.41}$$

根据式(7.3)～式(7.5)，考虑到 $u_a=\dot{z}(L)-z_{xxx}(L)$，式(7.41)可写为

$$\begin{aligned}\dot{E}_1&=-EIz_{xxx}(L)\dot{z}(L)-EIz_{xx}(0)\dot{e}\\&=-EIz_{xx}(0)\dot{e}-EIz_{xxx}^2(L)-EIz_{xxx}(L)u_a\end{aligned}\tag{7.42}$$

考虑式(7.15)和式(7.16)，并结合式(7.42)和式(7.36)，可得

$$\begin{aligned}\dot{E}_1+\dot{E}_2&=-EIz_{xx}(0)\dot{e}-EIz_{xxx}^2(L)-EIz_{xxx}(L)u_a+\dot{e}(I_{\mathrm{h}}\ddot{e}+k_{\mathrm{p}}e)+mu_a\dot{u}_a\\&=\dot{e}(I_{\mathrm{h}}\ddot{e}+k_{\mathrm{p}}e-EIz_{xx}(0))-EIz_{xxx}^2(L)+u_a(-EIy_{xxx}(L)+m\dot{u}_a)\\&=\dot{e}(\tau+k_{\mathrm{p}}e)+u_a(F-m\dot{z}_{xxx}(L))-EIz_{xxx}^2(L)\end{aligned}\tag{7.43}$$

将控制律式(7.23)和式(7.24)代入，上式变为

$$\dot{E}_1+\dot{E}_2=-k_{\mathrm{d}}\dot{e}^2-ku_a^2-EIz_{xxx}^2(L)\tag{7.44}$$

将式(7.14)代入式(7.38)，得

$$\dot{E}_{a1}=\alpha\int_0^L x(-EIz_{xxxx}(x))ze_x(x)\mathrm{d}x=-\alpha EI\int_0^L xz_{xxxx}(x)ze_x(x)\mathrm{d}x\tag{7.45}$$

对上式采用分部式积分，并代入式(7.29)，可得

$$\begin{aligned}\int_0^L xz_{xxxx}(x)ze_x(x)\mathrm{d}x&=\int_0^L xze_x(x)\mathrm{d}z_{xxx}(x)\\&=xze_x(x)\cdot z_{xxx}(x)\Big|_0^L-\int_0^L z_{xxx}(x)\mathrm{d}(xze_x(x))\\&=Lze_x(L)\cdot z_{xxx}(L)-\int_0^L z_{xxx}(x)(ze_x(x)+xze_{xx}(x))\mathrm{d}x\\&=Lze_x(L)\cdot z_{xxx}(L)-\int_0^L z_{xxx}(x)ze_x(x)\mathrm{d}x-\int_0^L z_{xxx}(x)xze_{xx}(x)\mathrm{d}x\\&=A-B-C\end{aligned}$$

其中，$A=Lze_x(L)\cdot z_{xxx}(L)$，$B=\int_0^L z_{xxx}(x)ze_x(x)\mathrm{d}x$，$C=\int_0^L z_{xxx}(x)xze_{xx}(x)\mathrm{d}x$。

采用分部式积分方法，可得

$$\begin{aligned}B&=\int_0^L z_{xxx}(x)ze_x(x)\mathrm{d}x=\int_0^L ze_x(x)\mathrm{d}z_{xx}(x)\\&=ze_x(x)z_{xx}(x)\Big|_0^L-\int_0^L ze_{xx}(x)z_{xx}(x)\mathrm{d}x=-ez_{xx}(0)-\int_0^L z_{xx}^2(x)\mathrm{d}x\\C&=\int_0^L z_{xxx}(x)xze_{xx}(x)\mathrm{d}x=xze_{xx}(x)z_{xx}(x)\Big|_0^L-\int_0^L z_{xx}(x)\mathrm{d}(xze_{xx}(x))\\&=-\int_0^L z_{xx}(x)(ze_{xx}(x)+xze_{xxx}(x))\mathrm{d}x\\&=-\int_0^L z_{xx}^2(x)\mathrm{d}x-\int_0^L z_{xx}(x)xze_{xxx}(x)\mathrm{d}x=-\int_0^L z_{xx}^2(x)\mathrm{d}x-C\end{aligned}$$

则

$$C=-\frac{1}{2}\int_0^L z_{xx}^2(x)\mathrm{d}x$$

通过上述分析，可得

$$\int_0^L xz_{xxxx}(x)ze_x(x)\mathrm{d}x=A-B-C=Lze_x(L)z_{xxx}(L)+\frac{3}{2}\int_0^L z_{xx}^2(x)\mathrm{d}x+ez_{xx}(0)$$

从而

$$\begin{aligned}\dot{E}_{a1}&=-\alpha EI(A-B-C)\\&=-\alpha EILze_x(L)z_{xxx}(L)-\frac{3}{2}\alpha EI\int_0^L z_{xx}^2(x)\mathrm{d}x-\alpha EIez_{xx}(0)\end{aligned}\tag{7.46}$$

将式(7.18)～式(7.21)和式(7.29)代入式(7.46)，可得

$$\begin{aligned}\dot{E}_{a1}&\leqslant\alpha EILze_x^2(L)+\alpha EILz_{xxx}^2(L)-\frac{3}{2}\alpha EI\int_0^L z_{xx}^2(x)\mathrm{d}x-\\&\quad\alpha EIez_{xx}(0)+\alpha L\int_0^L ze_x^2(x)\mathrm{d}x\\&=\alpha EILze_x^2(L)+\alpha EILz_{xxx}^2(L)-\frac{3}{2}\alpha EI\int_0^L z_{xx}^2(x)\mathrm{d}x-\alpha EIez_{xx}(0)+\\&\quad\alpha L\int_0^L(e^2+y_x^2(x)+2e\cdot y_x(x))\mathrm{d}x\\&\leqslant\alpha EIL\left(2e^2+2L\int_0^L z_{xx}^2(x,t)\mathrm{d}x\right)+\alpha EILz_{xxx}^2(L)-\\&\quad\frac{3}{2}\alpha EI\int_0^L z_{xx}^2(x)\mathrm{d}x-\alpha EIez_{xx}(0)+2\alpha e^2L^2+2\alpha L^3\int_0^L z_{xx}^2(x,t)\mathrm{d}x\\&\leqslant-\left(\frac{3}{2}\alpha-2\alpha L^2-\frac{2\alpha L^3}{EI}\right)\int_0^L EIz_{xx}^2(x)\mathrm{d}x+\alpha EILz_{xxx}^2(L)-\\&\quad\alpha EIez_{xx}(0)+(2\alpha EIL+2\alpha L^2)e^2\end{aligned}\tag{7.47}$$

其中，由 $y_x(0)=0$ 可得 $y_x^2(x)\leqslant L\int_0^L z_{xx}^2(x,t)\mathrm{d}x, x\in[0,L]$，进而可得 $y_x^2(L)\leqslant L\int_0^L z_{xx}^2(x,t)\mathrm{d}x$，则 $\int_0^L\int_0^L z_{xx}^2(x,t)\mathrm{d}x\mathrm{d}x=L\int_0^L z_{xx}^2(x,t)\mathrm{d}x$，且

$$\begin{aligned}\alpha EILze_x^2(L)&=\alpha EIL(e^2+y_x^2(L)+2e\cdot y_x(L))\\&\leqslant\alpha EIL(2e^2+2y_x^2(L))\leqslant\alpha EIL\left(2e^2+2L\int_0^L z_{xx}^2(x,t)\mathrm{d}x\right)\end{aligned}$$

$$\begin{aligned}\alpha L\int_0^L(e^2+y_x^2(x)+2e\cdot y_x(x))\mathrm{d}x&\leqslant\alpha L\int_0^L(2e^2+2y_x^2(x))\mathrm{d}x\\&\leqslant\alpha L\int_0^L\left(2e^2+2L\int_0^L z_{xx}^2(x,t)\mathrm{d}x\right)\mathrm{d}x\\&\leqslant 2\alpha e^2L^2+2\alpha L^2\int_0^L\int_0^L z_{xx}^2(x,t)\mathrm{d}x\mathrm{d}x\\&\leqslant 2\alpha e^2L^2+2\alpha L^3\int_0^L z_{xx}^2(x,t)\mathrm{d}x\end{aligned}$$

$$\alpha L\int_0^L ze_x^2(x)\mathrm{d}x=\alpha L\int_0^L(e+y_x(x))^2\mathrm{d}x=\alpha L\int_0^L(e^2+y_x^2(x)+2e\cdot y_x(x))\mathrm{d}x$$

根据式(7.29)和式(7.39)，采用分部式积分可得

$$\dot{E}_{a2}=\frac{1}{2}\alpha\rho L\dot{z}^2(L)-\frac{1}{2}\alpha\rho\int_0^L\dot{z}^2(x)\mathrm{d}x\tag{7.48}$$

由式(7.15)，可得 $\tau=I_{\mathrm{h}}\ddot{\theta}-EIz_{xx}(0)=I_{\mathrm{h}}\ddot{e}-EIz_{xx}(0)$，则 $I_{\mathrm{h}}\ddot{e}-EIz_{xx}(0)=-k_{\mathrm{p}}e-k_{\mathrm{d}}\dot{e}$，即 $I_{\mathrm{h}}\ddot{e}=EIz_{xx}(0)-k_{\mathrm{p}}e-k_{\mathrm{d}}\dot{e}$，根据引理 7.1，有 $-e\dot{e}\leqslant e^2+\dot{e}^2$，则

$$\begin{aligned}\dot{E}_{a3}&=\alpha I_{\mathrm{h}}\dot{e}^2+\alpha I_{\mathrm{h}}e\ddot{e}=\alpha I_{\mathrm{h}}\dot{e}^2+\alpha eEIz_{xx}(0)-\alpha k_{\mathrm{p}}e^2-k_{\mathrm{d}}\alpha e\dot{e}\\&\leqslant(\alpha I_{\mathrm{h}}+k_{\mathrm{d}}\alpha)\dot{e}^2-(\alpha k_{\mathrm{p}}-k_{\mathrm{d}}\alpha)e^2+\alpha eEIz_{xx}(0)\end{aligned}\tag{7.49}$$

由式(7.47)、式(7.48)和式(7.49)可得

$$\begin{aligned}\dot{E}_a &= \dot{E}_{a1} + \dot{E}_{a2} + \dot{E}_{a3} \\ &\leqslant -\left(\frac{3}{2}\alpha - 2\alpha L^2 - \frac{2\alpha L^3}{EI}\right)\int_0^L EIz_{xx}^2(x)\mathrm{d}x + \alpha EILz_{xxx}^2(L) + (2\alpha EIL + 2\alpha L^2)e^2 + \\ &\quad \frac{1}{2}\alpha\rho L\dot{z}^2(L) - \frac{1}{2}\alpha\rho\int_0^L \dot{z}^2(x)\mathrm{d}x + (\alpha I_{\mathrm{h}} + k_{\mathrm{d}}\alpha)\dot{e}^2 - (\alpha k_{\mathrm{p}} - k_{\mathrm{d}}\alpha)e^2 \\ &= -\left(\frac{3}{2}\alpha - 2\alpha L^2 - \frac{2\alpha L^3}{EI}\right)\int_0^L EIz_{xx}^2(x)\mathrm{d}x + \alpha EILz_{xxx}^2(L) + \\ &\quad \frac{1}{2}\alpha\rho L\dot{z}^2(L) - \frac{1}{2}\alpha\rho\int_0^L \dot{z}^2(x)\mathrm{d}x + (\alpha I_{\mathrm{h}} + k_{\mathrm{d}}\alpha)\dot{e}^2 - \\ &\quad (\alpha k_{\mathrm{p}} - k_{\mathrm{d}}\alpha - 2\alpha EIL - 2\alpha L^2)e^2\end{aligned} \tag{7.50}$$

则

$$\begin{aligned}\dot{V}(t) &= \dot{E}_1 + \dot{E}_2 + \dot{E}_a \\ &\leqslant -k_{\mathrm{d}}\dot{e}^2 - ku_a^2 - EIz_{xxx}^2(L) - \left(\frac{3}{2}\alpha - 2\alpha L^2 - \frac{2\alpha L^3}{EI}\right)\int_0^L EIz_{xx}^2(x)\mathrm{d}x + \\ &\quad \alpha EILz_{xxx}^2(L) + \frac{1}{2}\alpha\rho L\dot{z}^2(L) - \frac{1}{2}\alpha\rho\int_0^L \dot{z}^2(x)\mathrm{d}x + (\alpha I_{\mathrm{h}} + k_{\mathrm{d}}\alpha)\dot{e}^2 - \\ &\quad (\alpha k_{\mathrm{p}} - k_{\mathrm{d}}\alpha - 2\alpha EIL - 2\alpha L^2)e^2 \\ &= -\left(\frac{3}{2}\alpha - 2\alpha L^2 - \frac{2\alpha L^3}{EI}\right)\int_0^L EIz_{xx}^2(x)\mathrm{d}x - \frac{1}{2}\alpha\int_0^L \rho\dot{z}^2(x)\mathrm{d}x - \\ &\quad (k_{\mathrm{d}} - \alpha I_{\mathrm{h}} - k_{\mathrm{d}}\alpha)\dot{e}^2 - (\alpha k_{\mathrm{p}} - k_{\mathrm{d}}\alpha - 2\alpha EIL - 2\alpha L^2)e^2 - \\ &\quad ku_a^2 + \frac{1}{2}\alpha\rho L\dot{z}^2(L) - (EI - \alpha EIL)z_{xxx}^2(L)\end{aligned} \tag{7.51}$$

通过选取 α，使 $EI-\alpha EIL>\frac{1}{2}\alpha\rho L$ 成立，并保证

$$\frac{1}{2}\alpha\rho L\dot{z}^2(L) - (EI - \alpha EIL)z_{xxx}^2(L) \leqslant \eta_0(\dot{z}(L) - z_{xxx}(L))^2 = \eta_0 u_a^2 \tag{7.52}$$

其中，$\eta_0>\max\left(\eta_1,\frac{\eta_1\eta_2}{\eta_2-\eta_1}\right)$。

η_0 的推导如下：定义 $\eta_1=\frac{1}{2}\alpha\rho L$，$\eta_2=EI-\alpha EIL$，$a=\dot{z}(L)$，$b=z_{xxx}(L)$，$\eta_0$ 满足

$$\eta_1 a^2 - \eta_2 b^2 \leqslant \eta_0(a-b)^2$$

即

$$(\eta_0 - \eta_1)a^2 - 2\eta_0 ab + (\eta_2 + \eta_0)b^2 \geqslant 0$$

则

$$(\eta_0 - \eta_1)\left[a^2 - 2\frac{\eta_0}{\eta_0 - \eta_1}ab + \left(\frac{\eta_0}{\eta_0 - \eta_1}\right)^2 b^2\right] + \left((\eta_2 + \eta_0) - (\eta_0 - \eta_1)\left(\frac{\eta_0}{\eta_0 - \eta_1}\right)^2\right)b^2 \geqslant 0$$

即

$$(\eta_0 - \eta_1)\left(a - \frac{\eta_0}{\eta_0 - \eta_1}b\right)^2 + \left((\eta_2 + \eta_0) - (\eta_0 - \eta_1)\left(\frac{\eta_0}{\eta_0 - \eta_1}\right)^2\right)b^2 \geqslant 0$$

为了保证上式成立，需要满足

$$\begin{cases}\eta_0-\eta_1>0\\(\eta_2+\eta_0)-(\eta_0-\eta_1)\left(\dfrac{\eta_0}{\eta_0-\eta_1}\right)^2\geqslant 0\end{cases}$$

则$(\eta_2+\eta_0)\geqslant\dfrac{\eta_0^2}{\eta_0-\eta_1}$，$\eta_2\eta_0-\eta_2\eta_1-\eta_0\eta_1\geqslant 0$。由于$\eta_2-\eta_1>0$，则

$$\eta_0\geqslant\frac{\eta_2\eta_1}{\eta_2-\eta_1}$$

综上所述，η_0 需要满足 $\eta_0>\eta_1$，$\eta_0\geqslant\dfrac{\eta_2\eta_1}{\eta_2-\eta_1}$，即 $\eta_0>\max\left(\eta_1,\dfrac{\eta_1\eta_2}{\eta_2-\eta_1}\right)$。

根据式(7.51)和式(7.52)，可得

$$\begin{aligned}\dot V(t)\leqslant&-\left(\frac{3}{2}\alpha-2\alpha L^2-\frac{2\alpha L^3}{EI}\right)\int_0^L EIz_{xx}^2(x)\mathrm{d}x-\frac{1}{2}\alpha\int_0^L\rho\dot z^2(x)\mathrm{d}x-\\&(k_{\mathrm d}-\alpha I_{\mathrm h}-k_{\mathrm d}\alpha)\dot e^2-(\alpha k_{\mathrm p}-k_{\mathrm d}\alpha-2\alpha EIL-2\alpha L^2)e^2-(k-\eta_0)u_a^2\\\leqslant&-\lambda_0(E_1+E_2)\leqslant-\lambda_0\frac{V(t)}{\alpha_3}=-\lambda V(t)\end{aligned}$$

为了保证上式成立，需要满足以下约束条件：

$$\begin{aligned}&\sigma_1=\frac{3}{2}\alpha-2\alpha L^2-\frac{2\alpha L^3}{EI}>0,\sigma_2=\frac{1}{2}\alpha>0\\&\sigma_3=k_{\mathrm d}-\alpha I_{\mathrm h}-k_{\mathrm d}\alpha>0,\quad\sigma_4=\alpha k_{\mathrm p}-k_{\mathrm d}\alpha-2\alpha EIL-2\alpha L^2>0\\&\sigma_5=k-\eta_0>0,\quad\min\left(2\sigma_1,2\sigma_2,\frac{2\sigma_3}{I_{\mathrm h}},\frac{2\sigma_4}{k_{\mathrm p}},\frac{2\sigma_5}{m}\right)\geqslant\lambda_0>0,\quad\lambda=\frac{\lambda_0}{\alpha_3}\end{aligned}\tag{7.53}$$

上述式(7.53)的仿真测试程序见 chap7_1.m。

不等式$\dot V(t)\leqslant-\lambda V(t)$的解为

$$V(t)\leqslant V(0)\mathrm{e}^{-\lambda t}\tag{7.54}$$

如果$V(0)$有界，则$t\to+\infty$时，$V(t)\to 0$且指数收敛。根据式(7.33)，有$E_1+E_2\to 0$，则$e\to 0$且$\dot e\to 0$，即$\theta\to\theta_{\mathrm d}$且$\dot\theta\to 0$。并可得到$\dot z(x)\to 0$，则根据$z(x)=x\theta+y(x)$，可得$\dot y(x)\to 0$。

另外，根据$E_1+E_2\to 0$，有$\int_0^L y_{xx}^2(x)\mathrm{d}x\to 0$，考虑到$y(0)=y_x(0)=0$，根据引理7.2，可得$y_x^2(x)\leqslant L\int_0^L y_{xx}^2(x)\mathrm{d}x$，$y^2(x)\leqslant L\int_0^L y_x^2(x)\mathrm{d}x$，则$y(x)\to 0$。

注意，为了保证$\sigma_1=\dfrac{3}{2}\alpha-2\alpha L^2-\dfrac{2\alpha L^3}{EI}>0$成立，$L$不能设计得过长。

7.2.3 仿真实例

离散时间取$\Delta t=5\times 10^{-4}\mathrm{s}$，机械臂的离散距离取$\Delta x=0.01\mathrm{m}$，机械臂的物理参数为$EI=3\mathrm{N}\cdot\mathrm{m}^2$，$L=1\mathrm{m}$，$\rho=0.2\mathrm{kg}\cdot\mathrm{m}^{-1}$，$m=0.1\mathrm{kg}$，$I_{\mathrm h}=0.1\mathrm{kg}\cdot\mathrm{m}^2$，初始状态取零。

运行仿真程序 chap7_2.m，仿真时，取$M=1$为开环测试，取$\tau=0$，$F=0$，在$j=10000$处，取$\tau=10$，仿真结果如图7.2和图7.3所示。

取$M\neq 1$为闭环测试，采用式(7.14)～式(7.17)描述的模型，控制律为式(7.23)和式(7.24)，取$\theta_{\mathrm d}=0.50$，按本章后面的附录4，取$k_{\mathrm p}=50$，$k_{\mathrm d}=30$，$k=20$，仿真结果如图7.4至图7.6所示。

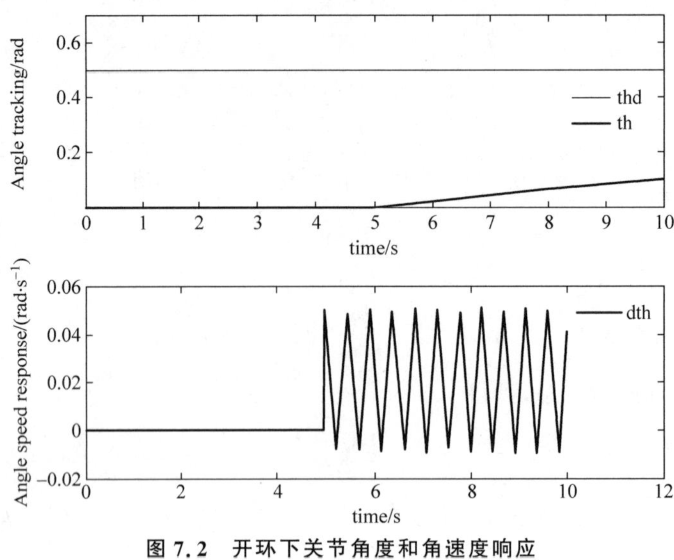

图 7.2　开环下关节角度和角速度响应

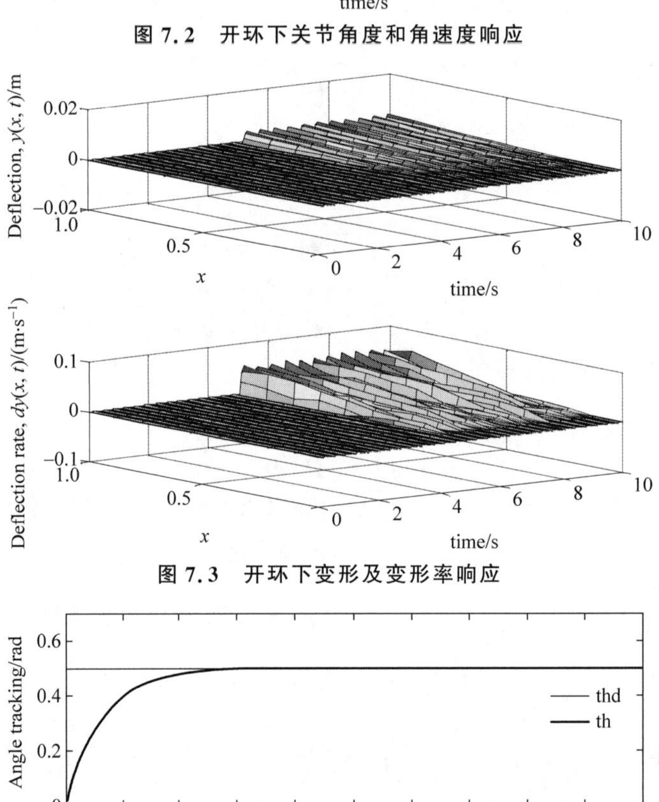

图 7.3　开环下变形及变形率响应

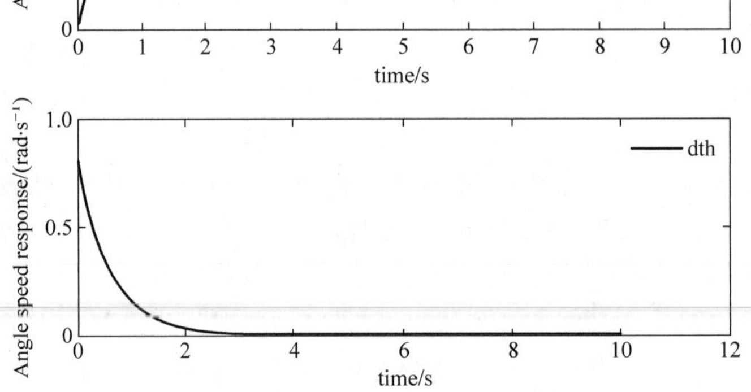

图 7.4　闭环下关节角度和角速度响应

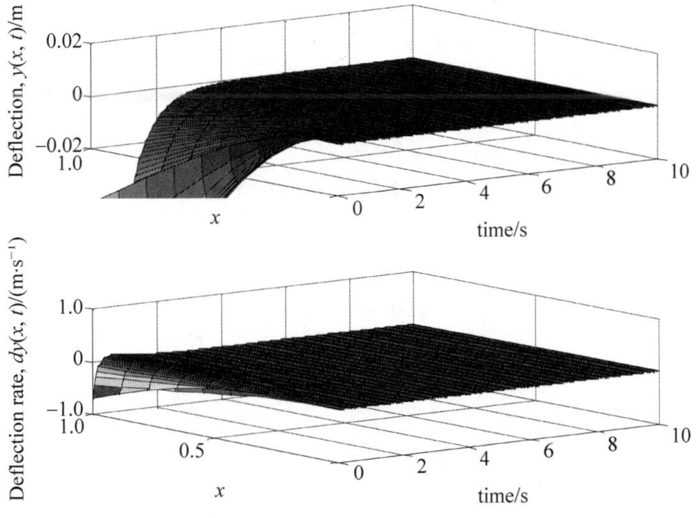

图 7.5 机械臂的变形及变形率

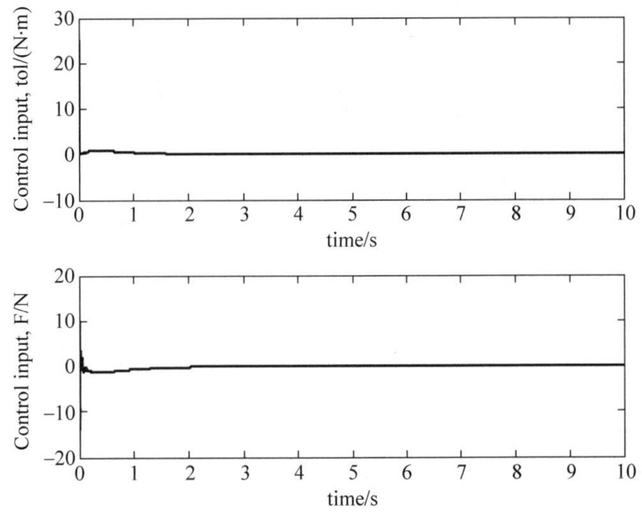

图 7.6 边界控制输入τ和F

仿真程序：

(1) 式(7.53)的参数测试仿真程序：chap7_1.m。

```
close all;
clear all;
clc;
EI = 3;
rho = 0.2;
m = 0.1;
Ih = 0.1;
L = 1.0;

%第 1 步
kp = 50;

%第 2 步
P1 = [2 * L,2 * rho * L^3/EI,2 * (Ih + 2 * rho * L^3)/kp,2];
```

```
alfa_max = 1/max(P1)
alfa = 0.20

%第 3 步
xite1 = 0.5 * alfa * rho * L;
xite2 = EI - alfa * EI * L;
xite0_min = max(xite1,xite1 * xite2/( xite1 - xite2))
xite0 = 0.10
k_min = xite0
k = 20

%第 4 步
kd_min = alfa * Ih/(1 - alfa)
kd = 30

%第 5 步：验证
rho1 = 3/2 * alfa - 2 * alfa * L^3/EI
rho2 = 0.5 * alfa
rho3 = kd - alfa * Ih - kd * alfa
rho4 = alfa * kp - kd * alfa - 2 * alfa * EI * L - 2 * alfa * L^2
rho5 = k - xite0

P2 = [2 * rho1,2 * rho2,2 * rho3/Ih,2 * rho4/kp,2 * rho5/m];
alfa3 = 1.5;
namna0 = min(P2)
namna = namna0/alfa3
```

（2）仿真主程序：chap7_2.m。

```
close all;
clear all;
nx = 10;
nt = 20000;

tmax = 10;L = 1;
dx = L/(nx - 1);
T = tmax/(nt - 1);

t = linspace(0,nt * T,nt);
x = linspace(0,L,nx);

EI = 3;rho = 0.2;m = 0.1;Ih = 0.1;
kp = 50;kd = 30;k = 20;

dthd = 0;ddthd = 0;

dzL_1 = 0;
zxxxL_1 = 0;

dzx_1 = 0;
zxxxx_1 = 0;
F_1 = 0;
y = zeros(nx,nt);
z = zeros(nx,nt);
th_2 = 0;th_1 = 0;
dth_1 = 0;
```

```
M = 1;                  % 开环
for j = 1:nt
    th(j) = 0;
    thd(j) = 0.5;
    tol(j) = 0;
    F(j) = 0;
end

for j = 3:nt
e = th(j-1) - thd(j-1);
de = dth_1 - dthd;

tol(j-1) = -kp * e - kd * de;

if M == 1
   tol(j-1) = 0;
end
if j == 10000
   tol(j-1) = 10;
end

yxx0 = (y(3,j-1) - 2 * y(2,j-1) + y(1,j-1))/dx^2;
zxx0 = yxx0;
th(j) = 2 * th(j-1) - th(j-2) + T^2/Ih * (tol(j-1) + EI * zxx0);

dth(j) = (th(j) - th(j-1))/T;
ddth(j) = (th(j) - 2 * th(j-1) + th(j-2))/T^2;

% 求 z(i,j), i = 1,2, 边界条件(A2)
y(1,:) = 0;             % y(0,t) = 0, i = 1
y(2,:) = 0;             % y(1,t) = 0, i = 2
z(1,:) = 0;             % y(0,t) = 0, i = 1
z(2,:) = 0;             % y(1,t) = 0, i = 2

% 求 y(i,j), i = 3:nx-2
for i = 3:nx-2
yxxxx = (y(i+2,j-1) - 4 * y(i+1,j-1) + 6 * y(i,j-1) - 4 * y(i-1,j-1) + y(i-2,j-1))/dx^4;
y(i,j) = T^2 * (-i * dx * ddth(j) - (EI * yxxxx)/rho) + 2 * y(i,j-1) - y(i,j-2);   % 见式(A3)
   zxxxx(i,j-1) = yxxxx;

   dy(i,j-1) = (y(i,j-1) - y(i,j-2))/T;
   dzx(i,j-1) = i * dx * dth(j-1) + dy(j-1);
end

% 求 z(nx-1,j), i = nx-1
yxxxx(nx-1,j-1) = (-2 * y(nx,j-1) + 5 * y(nx-1,j-1) - 4 * y(nx-2,j-1) + y(nx-3,j-1))/dx^4;
y(nx-1,j) = T^2 * (-(nx-1) * dx * ddth(j) - EI * yxxxx(nx-1,j-1)/rho) + 2 * y(nx-1,j-1) -
y(nx-1,j-2);          % 见式(A6)
zxxxx(nx-1,j-1) = yxxxx(nx-1,j-1);
dy(nx-1,j) = (y(nx-1,j) - y(nx-1,j-1))/T;

% 求 y(nx,j), y = nx
yxxxL(j-1) = (-y(nx,j-1) + 2 * y(nx-1,j-1) - y(nx-2,j-1))/dx^3;
y(nx,j) = T^2 * (-L * ddth(j-1) + (EI * yxxxL(j-1) + F_1)/m) + 2 * y(nx,j-1) - y(nx,j-2);
                      % 见式(A7)
```

```
dy(nx,j) = (y(nx,j) - y(nx,j-1))/T;
zxxxL(j-1) = yxxxL(j-1);

dyL(j-1) = (y(nx,j-1) - y(nx,j-2))/T;
dzL(j-1) = L * dth(j-1) + dyL(j-1);

ua = dzL(j-1) - zxxxL(j-1);
dzxxx_L = (yxxxL(j-1) - yxxxL(j-2))/T;
F(j-1) = -k * ua + m * dzxxx_L;

if M == 1
   F(j-1) = 0;
end
F_1 = F(j-1);
dth_1 = dth(j);
dzL_1 = dzL(j-1);
zxxxL_1 = zxxxL(j-1);
end
%作图
tshort = linspace(0,tmax,nt/100);
yshort = zeros(nx,nt/100);
dyshort = zeros(nx,nt/100);
for j = 1:nt/100
    for i = 1:nx
        yshort(i,j) = y(i,j * 100);        %求 y(i,j)
        dyshort(i,j) = dy(i,j * 100);      %求 dy(i,j)
    end
end
figure(1);
subplot(211);
plot(t,thd,'r',t,th,'k','linewidth',2);
xlabel('Time (s)');ylabel('Angle tracking (rad)');
legend('thd','th');
axis([0 10 0 0.7]);
subplot(212);
plot(t,dth,'k','linewidth',2);
xlabel('Time (s)');ylabel('Angle speed response (rad/s)');
legend('dth');

figure(2);
subplot(211);
surf(tshort,x,yshort);
xlabel('Time (s)'); ylabel('x');zlabel('Deflection, y(x,t) (m)');
axis([0 10 0 1 -0.02 0.02]);
subplot(212);
surf(tshort,x,dyshort);
xlabel('Time (s)'); ylabel('x');zlabel('Deflection rate, dy(x,t) (m/s)');

figure(3);
subplot(211);
plot(t,tol,'r','linewidth',2);
xlabel('Time (s)');ylabel('Control input, tol (Nm)');
axis([0 10 -10 30]);
subplot(212);
plot(t,F,'r','linewidth',2);
xlabel('Time (s)');ylabel('Control input, F (N)');
axis([0 10 -20 20]);
```

7.3 柔性机械臂分布式参数边界控制——LaSalle 分析方法

7.3.1 模型描述

7.2 节中构造了指数收敛的边界控制器,但该控制器需要信号 $z_{xxx}(L)$ 和 $\dot{z}_{xxx}(L)$,实现起来比较困难。本节介绍另一种边界控制方法,即基于 LaSalle 分析的柔性机械臂分布式参数边界控制方法。

在 7.1 节建模的基础上,考虑在机械臂的末端同时边界进行控制,根据 Hamilton 原理,如果考虑由速度信号引起的黏性阻尼系数 γ_1、γ_2,此时柔性机械手动力学模型包括以下三部分。

(1) 考虑分布式力平衡可得

$$\rho(x\ddot{\theta}(t)+\ddot{y}(x,t)+\gamma_1\dot{y}(x,t))=-EIy_{xxxx}(x,t) \tag{7.55}$$

(2) 由边界点力平衡可得

$$I_{\mathrm{h}}\ddot{\theta}(t)=\tau+EIy_{xx}(0,t) \tag{7.56}$$

(3) 边界条件为

$$y(0,t)=0$$

$$y_x(0,t)=0 \tag{7.57}$$

$$y_{xx}(L,t)=0 \tag{7.58}$$

$$m(L\ddot{\theta}(t)+\ddot{y}(L,t)+\gamma_2\dot{y}(L,t))=EIy_{xxx}(L,t)+F \tag{7.59}$$

其中,F 为末端端点的控制输入力矩(N・m),其余物理量说明见表 7.1。

取角度信号的误差信息为

$$e=\theta(t)-\theta_{\mathrm{d}}(t),\quad \dot{e}=\dot{\theta}(t)-\dot{\theta}_{\mathrm{d}}(t)=\dot{\theta}(t),\quad \ddot{e}=\ddot{\theta}(t)-\ddot{\theta}_{\mathrm{d}}(t)=\ddot{\theta}(t)$$

控制目标:$\theta(t)\to\theta_{\mathrm{d}}(t)$,$\dot{\theta}(t)\to\dot{\theta}_{\mathrm{d}}(t)$,$y(x,t)\to 0$,$\dot{y}(x,t)\to 0$,其中 $\theta_{\mathrm{d}}(t)$ 为理想的角度信号,$\theta_{\mathrm{d}}(t)$ 为常值。

7.3.2 模型的空间转换

将柔韧机械臂上在随动坐标系 xOy 上任何一点$[x,y(x,t)]$在惯性坐标系 XOY 下表示为

$$z(x,t)=x\theta(t)+y(x,t)$$

则

$$\dot{z}(x,t)=x\dot{\theta}(t)+\dot{y}(x,t),\quad \ddot{z}(x,t)=x\ddot{\theta}(t)+\ddot{y}(x,t)$$

从而

$$\dot{z}(L,t)=L\dot{\theta}(t)+\dot{y}(L,t),\quad \ddot{z}(L,t)=L\ddot{\theta}(t)+\ddot{y}(L,t)$$

则

$$\rho(x\ddot{\theta}(t)+\ddot{y}(x,t))=\rho\ddot{z}(x,t)=-EIy_{xxxx}(x,t)$$

且式(7.59)变为

$$m(\ddot{z}(L,t)+\gamma_2\dot{y}(L,t))=EIy_{xxx}(L,t)+F \tag{7.60}$$

考虑模型式(7.55)～式(7.59)及式(7.60),将该模型转化为状态空间模型,需要定义状态变量为 $\boldsymbol{q}=\begin{bmatrix}\theta & \dot{\theta} & \dot{z}(L,t) & y(x,t) & \dot{y}(x,t)\end{bmatrix}^{\mathrm{T}}$ 的形式。为了分析方便,定义

$$\boldsymbol{q}=\begin{bmatrix}q_1 & q_2 & q_3 & q_4 & q_5\end{bmatrix}^{\mathrm{T}}=\begin{bmatrix}e & \dot{e} & \dot{z}(L,t) & y(x,t) & \dot{y}(x,t)\end{bmatrix}^{\mathrm{T}}$$

则闭环系统状态方程可表示为如下的密集形式

$$\dot{\boldsymbol{q}}=\mathcal{A}\boldsymbol{q},\quad \boldsymbol{q}(0)\in\mathcal{H} \tag{7.61}$$

其中$\mathcal{A}$表示无穷维线性算子,定义为

$$\mathcal{A}\boldsymbol{q}=\begin{bmatrix}q_2 & \vartheta_1 & \vartheta_2 & q_5 & \vartheta_3\end{bmatrix}^{\mathrm{T}},\quad \forall\boldsymbol{q}\in\mathcal{D}(\mathcal{A})$$

针对式(7.61),向量 $\boldsymbol{q}$ 涉及的空间可定义为

$$\mathcal{H}=\mathbf{R}^3\times H^2\times L^2$$

考虑边界条件 $y(0,t)=0,y_x(0,t)=0,y_{xx}(L,t)=0$,算子$\mathcal{A}$的定义域

$$\mathcal{D}(\mathcal{A})=\{\boldsymbol{q}\in\mathbf{R}^3\times H^4\times H^2\mid q_4(0)=0,q_{4,x}(0)=0,q_{4,xx}(L)=0\}$$

其中,$L^2(\Omega)=\left\{f\mid\int_\Omega|f(x)|^2\mathrm{d}x<+\infty\right\}$,$H^k(\Omega)=\{f\mid f,f',f'',\cdots,f^{(k)}\in L^2(\Omega)\}$,$\Omega=[0,L]$。

注1:针对向量 $\boldsymbol{q}$ 描述的$\mathcal{H}=\mathbf{R}^3\times H^2\times L^2$ 和无穷维线性算子$\mathcal{A}$的定义域$\mathcal{D}(\mathcal{A})=\{\boldsymbol{q}\in\mathbf{R}^3\times H^4\times H^2|q_4(0)=0,q_{4,x}(0)=0,q_{4,xx}(L)=0\}$定义的解释如下:

(1) $\mathcal{H}=\mathbf{R}^3\times H^2\times L^2$ 中,$\mathbf{R}^3$ 代表 $\boldsymbol{q}$ 的前3个实数,H^2 表示 $\boldsymbol{q}$ 中 $y(x,t)$及对 x 的一阶和二阶偏导数 L_2 有界,L^2 表示 $\boldsymbol{q}$ 中 $\dot{y}(x,t)$为 L_2 有界。该定义为 Lyapunov 函数定义所要求,见注2。

(2) 定义域$\mathcal{D}(\mathcal{A})$中,$\mathbf{R}^3$ 代表 $\boldsymbol{q}$ 的前3个实数,H^4 表示 $y(x,t)$对 x 的一至四阶偏导数 L_2 有界,H^2 表示 $\dot{y}(x,t)$对 x 的一阶和二阶偏导数为 L_2 有界。该定义为下面的分析过程所要求。

根据定义 $\dot{\boldsymbol{q}}=\mathcal{A}\boldsymbol{q}$,$\mathcal{A}\boldsymbol{q}=\begin{bmatrix}q_2 & \vartheta_1 & \vartheta_2 & q_5 & \vartheta_3\end{bmatrix}^{\mathrm{T}}$ 及 $\boldsymbol{q}=\begin{bmatrix}q_1 & q_2 & q_3 & q_4 & q_5\end{bmatrix}^{\mathrm{T}}=\begin{bmatrix}e & \dot{e} & \dot{z}(L,t) & y(x,t) & \dot{y}(x,t)\end{bmatrix}^{\mathrm{T}}$ 可知,

$$\begin{bmatrix}q_2 & \vartheta_1 & \vartheta_2 & q_5 & \vartheta_3\end{bmatrix}^{\mathrm{T}}=\begin{bmatrix}\dot{e} & \ddot{e} & \ddot{z}(L,t) & \dot{y}(x,t) & \ddot{y}(x,t)\end{bmatrix}^{\mathrm{T}}$$

由于 $I_{\mathrm{h}}\ddot{\theta}(t)=\tau+EIy_{xx}(0,t)$,$\tau=-k_{\mathrm{p}}e-k_{\mathrm{d}}\dot{e}$,则 $\ddot{e}=\dfrac{1}{I_{\mathrm{h}}}(-k_{\mathrm{p}}q_1-k_{\mathrm{d}}q_2+EIy_{xx}(0,t))$,从而

$$\vartheta_1=\ddot{e}=\frac{1}{I_{\mathrm{h}}}(-k_{\mathrm{p}}q_1-k_{\mathrm{d}}q_2+EIq_{4,xx}(0))$$

由于 $m(L\ddot{\theta}(t)+\ddot{y}(L,t))=EIy_{xxx}(L,t)+F$,则 $\dot{q}_3=\ddot{z}(L,t)=\dfrac{1}{m}(EIy_{xxx}(L,t)+F)=\dfrac{1}{M_t}(EIq_{4,xxx}(L)-kq_3)$,从而

$$\vartheta_2=\ddot{z}(L,t)=\frac{1}{m}(EIq_{4,xxx}(L)-kq_3)$$

由于 $\rho(x\ddot{\theta}(t)+\ddot{y}(x,t))=-EIy_{xxxx}(x,t)$,则 $\ddot{y}(x,t)=-\dfrac{1}{\rho}EIy_{xxxx}(x,t)-x\ddot{\theta}(t)$,从而

$$\vartheta_3=\ddot{y}(x,t)=-\frac{1}{\rho}EIq_{4,xxxx}-x\vartheta_1=-\frac{1}{\rho}EIq_{4,xxxx}-\frac{x}{I_h}(-k_pq_1-k_dq_2+EIq_{4,xx}(0))$$

7.3.3 闭环系统耗散性分析

考虑杆的动能$\frac{1}{2}\int_0^L\rho\dot{z}^2(x,t)\mathrm{d}x$、杆的势能$\frac{1}{2}EI\int_0^L y_{xx}^2(x,t)\mathrm{d}x$和球的动能$\frac{1}{2}m\dot{z}^2(L,t)$最小时，$y(x,t)$和$\dot{y}(x,t)$为最小，另外考虑跟踪误差$e$和跟踪误差变化率$\dot{e}$，在$\boldsymbol{q}=[e\quad \dot{e}\quad \dot{z}(L,t)\quad y(x,t)\quad \dot{y}(x,t)]^{\mathrm{T}}$及定义域$\mathcal{D}(\mathcal{A})$下，设计系统能量函数为

$$V=E_1+E_2 \tag{7.62}$$

其中，$E_1=\frac{1}{2}\int_0^L\rho\dot{z}^2(x,t)\mathrm{d}x+\frac{1}{2}EI\int_0^L y_{xx}^2(x,t)\mathrm{d}x$，$E_2=\frac{1}{2}I_h\dot{e}^2+\frac{1}{2}k_pe^2+\frac{1}{2}m\dot{z}^2(L,t)$，$k_p>0$。

注2：$\boldsymbol{q}=[e\quad \dot{e}\quad \dot{z}(L,t)\quad y(x,t)\quad \dot{y}(x,t)]^{\mathrm{T}}$涉及的空间定义为$\mathcal{H}=\mathbf{R}^3\times H^2\times L^2$，说明如下：

(1) $y(x,t)\in H^2$表示$\boldsymbol{q}$中$y(x,t)$对x的二阶偏导数L_2有界，对应于系统能量函数中的$\frac{1}{2}EI\int_0^L y_{xx}^2(x,t)\mathrm{d}x$。

(2) $\dot{y}(x,t)\in L^2$表示$\boldsymbol{q}$中$\dot{y}(x,t)$为L_2有界，对应于系统能量函数中的$\frac{1}{2}\int_0^L\rho\dot{z}^2(x,t)\mathrm{d}x$。

为了研究边界控制对振动的影响，不妨忽略阻尼项，即$\gamma_1=\gamma_2=0$，则

$$\dot{V}=\dot{E}_1+\dot{E}_2$$

其中，

$$\begin{aligned}
\dot{E}_1&=\int_0^L\rho\dot{z}(x,t)\ddot{z}(x,t)\mathrm{d}x+EI\int_0^L y_{xx}(x,t)\dot{y}_{xx}(x,t)\mathrm{d}x\\
&=\int_0^L -EIy_{xxxx}(x,t)\dot{z}(x,t)\mathrm{d}x+EIy_{xx}(x,t)\dot{y}_x(x,t)\Big|_0^L-\\
&\quad\int_0^L EIy_{xxx}(x,t)\dot{y}_x(x,t)\mathrm{d}x\\
&=\int_0^L -EIy_{xxxx}(x,t)\dot{z}(x,t)\mathrm{d}x+EIy_{xx}(L,t)\dot{y}_x(L,t)-EIy_{xx}(0,t)\dot{y}_x(0,t)-\\
&\quad\left(EIy_{xxx}(x,t)\dot{y}(x,t)\Big|_0^L-\int_0^L EIy_{xxxx}(x,t)\dot{y}(x,t)\mathrm{d}x\right)\\
&=\int_0^L -EIy_{xxxx}(x,t)(x\dot{\theta}(t)+\dot{y}(x,t))\mathrm{d}x+\\
&\quad\int_0^L EIy_{xxxx}(x,t)\dot{y}(x,t)\mathrm{d}x-EIy_{xxx}(L,t)\dot{y}(L,t)+EIy_{xxx}(0,t)\dot{y}(0,t)\\
&=\int_0^L -EIy_{xxxx}(x,t)x\dot{\theta}(t)\mathrm{d}x-EIy_{xxx}(L,t)\dot{y}(L,t)\\
&=-EIy_{xxx}(x,t)x\dot{\theta}(t)\Big|_0^L-\int_0^L -EIy_{xxx}(x,t)\dot{\theta}(t)\mathrm{d}x-EIy_{xxx}(L,t)\dot{y}(L,t)\\
&=-EIy_{xxx}(L,t)L\dot{\theta}(t)+\int_0^L EIy_{xxx}(x,t)\dot{\theta}(t)\mathrm{d}x-EIy_{xxx}(L,t)\dot{y}(L,t)
\end{aligned}$$

$$
\begin{aligned}
&= -EIy_{xxx}(L,t)L\dot{\theta}(t) + EIy_{xx}(x,t)\dot{\theta}(t)\Big|_0^L - EIy_{xxx}(L,t)\dot{y}(L,t) \\
&= -EIy_{xxx}(L,t)L\dot{\theta}(t) + EIy_{xx}(L,t)\dot{\theta}(t) - EIy_{xx}(0,t)\dot{\theta}(t) - \\
&\quad EIy_{xxx}(L,t)\dot{y}(L,t) \\
&= -EIy_{xxx}(L,t)L\dot{\theta}(t) - EIy_{xx}(0,t)\dot{\theta}(t) - EIy_{xxx}(L,t)\dot{y}(L,t) \\
&= -EIy_{xxx}(L,t)\dot{z}(L,t) - EIy_{xx}(0,t)\dot{\theta}(t)
\end{aligned}
$$

$$
\dot{E}_2 = I_h\dot{e}\ddot{e} + k_p e\dot{e} + m\dot{z}(L,t)\ddot{z}(L,t) = \dot{e}(I_h\ddot{e} + k_p e) + \dot{z}(L,t)m\ddot{z}(L,t)
$$

则

$$
\begin{aligned}
\dot{V} &= \dot{E}_1 + \dot{E}_2 \\
&= -EIy_{xxx}(L,t)\dot{z}(L,t) - EIy_{xx}(0,t)\dot{\theta}(t) + \dot{e}(I_h\ddot{e} + k_p e) + \dot{z}(L,t)m\ddot{z}(L,t) \\
&= \dot{e}(I_h\ddot{e} + k_p e - EIy_{xx}(0,t)) + \dot{z}(L,t)(-EIy_{xxx}(L,t) + m\ddot{z}(L,t)) \\
&= \dot{e}\left(I_h \cdot \frac{1}{I_h}(\tau + EIy_{xx}(0,t)) + k_p e - EIy_{xx}(0,t)\right) + \\
&\quad \dot{z}(L,t)\left(-EIy_{xxx}(L,t) + m\frac{1}{m}(EIy_{xxx}(L,t) + F)\right) \\
&= \dot{e}(\tau + k_p e) + \dot{z}(L,t)F
\end{aligned}
$$

设计控制律为

$$
\tau = -k_p e - k_d \dot{e} \tag{7.63}
$$

$$
F = -k\dot{z}(L,t) \tag{7.64}
$$

其中，$k_p>0$，$k_d>0$，$k>0$，F 为机械臂末端边界控制输入。

于是

$$
\dot{V} = -k_d\dot{e}^2 - k\dot{z}^2(L,t) \leqslant 0
$$

由于 $\dot{V}\leqslant 0$，这就说明 $\dot{\boldsymbol{q}} = \mathcal{A}\boldsymbol{q}$，$\boldsymbol{q}(0)\in\mathcal{H}$ 闭环系统为耗散的。

7.3.4 半群和紧凑性分析

定理 7.2 考虑系统式(7.61)，有

(1) 算子$\mathcal{A}$在空间$\mathcal{H}$内产生一个 C_0 半群[9]；

(2) 在 $t\geqslant 0$ 情况下，系统式(7.61)的解的轨迹在空间$\mathcal{H}$内是准紧凑的。

利用 Lumer-Phillips 定理[9]证明定理 7.2 中的命题(1)。由于 $\dot{V}\leqslant 0$，则算子$\mathcal{A}$是耗散的，只要证明存在 $\lambda>0$，使得算子 $\lambda I-\mathcal{A}$的值域在空间$\mathcal{H}$上，即可完成这部分的证明。

定义 $\boldsymbol{g} = [g_1 \quad g_2 \quad g_3 \quad g_4 \quad g_5]^{\mathrm{T}} \in \mathcal{H}$，令

$$
\mathcal{A}\boldsymbol{q} = \boldsymbol{g} \tag{7.65}
$$

则由第一步分析可得

$$
\mathcal{A}\boldsymbol{q} = [q_2 \quad \vartheta_1 \quad \vartheta_2 \quad q_5 \quad \vartheta_3]^{\mathrm{T}} = [\dot{e} \quad \ddot{e} \quad \ddot{z}(L,t) \quad \dot{y}(x,t) \quad \ddot{y}(x,t)]^{\mathrm{T}}
$$

则

$$
g_1 = q_2
$$

$$g_2 = \frac{1}{I_h}(-k_p q_1 - k_d q_2 + EIq_{4,xx}(0))$$

$$g_3 = \frac{1}{m}(EIq_{4,xxx}(L) - kq_3)$$

$$g_4 = q_5$$

$$g_5 = -\frac{1}{\rho}EIq_{4,xxxx} - \frac{x}{I_h}(-k_p q_1 - k_d q_2 + EIq_{4,xx}(0))$$

由方程 $g_5 = -\frac{1}{\rho}EIq_{4,xxxx} - \frac{x}{I_h}(-k_p q_1 - k_d q_2 + EIq_{4,xx}(0))$ 可解得

$$q_4 = -\frac{\rho}{EI}\int_0^x\int_0^{\xi_1}\int_0^{\xi_2}\int_0^{\xi_3} g_5(\xi_4)\mathrm{d}\xi_4\mathrm{d}\xi_3\mathrm{d}\xi_2\mathrm{d}\xi_1 - \frac{x^5}{5!}\frac{\rho}{EI}g_2 + \sum_{j=0}^{3}\sigma_j x^j$$

其中，$\sigma_0,\sigma_1,\sigma_2,\cdots,\sigma_3$ 可由边界条件唯一确定。

于是可写成

$$q_1 = \frac{1}{k_p}(-I_h g_2 - k_d g_1 + EIq_{4,xx}(0))$$

$$q_2 = g_1$$

$$q_3 = \frac{1}{k}(EIq_{4,xxx}(L) - mg_3)$$

$$q_4 = -\frac{\rho}{EI}\int_0^x\int_0^{\xi_1}\int_0^{\xi_2}\int_0^{\xi_3} g_5(\xi_4)\mathrm{d}\xi_4\mathrm{d}\xi_3\mathrm{d}\xi_2\mathrm{d}\xi_1 - \frac{x^5}{5!}\frac{\rho}{EI}g_2 + \sum_{j=0}^{3}\sigma_j x^j$$

$$q_5 = g_4$$

这说明 $\boldsymbol{q}$ 的解存在，且有唯一解 $\boldsymbol{q}\in D(\mathcal{A})$，这意味着 $\boldsymbol{q}=\mathcal{A}^{-1}\boldsymbol{g}$，即存在 $\mathcal{A}^{-1}$ 能够将空间 $\boldsymbol{g}\in\mathcal{H}$ 映射到 $\boldsymbol{q}\in D(\mathcal{A})$，由于 $\boldsymbol{q}\in D(\mathcal{A})$ 映射到 $\boldsymbol{g}\in\mathcal{H}$ 是紧凑的，则 $\mathcal{A}^{-1}$ 是紧凑的算子[11,12]。

考虑等式

$$(\lambda I - \mathcal{A})\boldsymbol{q} = \mathcal{A}(\lambda\, \mathcal{A}^{-1} - I)\boldsymbol{q} = \boldsymbol{g} \tag{7.66}$$

其中 $\lambda\in\mathbf{R}^+$，$\boldsymbol{g}\in\mathcal{H}$。

基于压缩映射原理，在 $0<\lambda<\|\mathcal{A}^{-1}\|^{-1}$ 时，式(7.66)有唯一解 $\boldsymbol{q}\in D(\mathcal{A})$，则可得到算子 $\lambda I-\mathcal{A}$ 对于所有 $\lambda>0$ 都在 $\mathcal{H}$ 空间上[10]，根据 Lumer-Phillips 原理，可得出算子 $\mathcal{A}$ 在空间 $\mathcal{H}$ 内产生一个 C_0 半群。则命题(1)得证。

在命题(1)的基础上，由于 $\boldsymbol{q}=(\lambda I-\mathcal{A})^{-1}\boldsymbol{g}$，如果能够证明算子 $(\lambda I-\mathcal{A})^{-1}$ 对于某些 $\lambda>0$ 是紧凑的，则命题(2)成立。

由于 $\mathcal{A}^{-1}$ 是一个紧凑算子，则算子 $\mathcal{A}$ 的谱完全是由分离的特征值所组成，对于在 $\mathcal{A}$ 的预解集中的任意 λ，算子 $(\lambda I-\mathcal{A})^{-1}$ 均为紧凑算子，即针对某些 $\lambda>0$，则算子 $(\lambda I-\mathcal{A})^{-1}$ 是紧凑的，进而证明了式(7.64)的解 $\boldsymbol{q}$ 的轨迹在空间 $\mathcal{H}$ 内是准紧凑的[13]，则命题(2)得证。

7.3.5 收敛性分析

注意到向量 $\boldsymbol{q}$ 包含了该分布参数系统的全部状态量，则控制目标为 $\boldsymbol{q}\to 0$。基于定理 7.2 和扩展到无穷维空间的 LaSalle 不变集定理，需要证明通过 $\dot{V}\equiv 0$ 可以推出 $\boldsymbol{q}=0$。

取 $\dot{V}\equiv 0$，有 $\dot{e}\equiv\dot{z}(L,t)\equiv 0$，$\ddot{e}\equiv\ddot{z}(L,t)\equiv 0$。由于 θ_d 为常数，则由 $\dot{e}=\dot{\theta}(t)$，$\ddot{e}=\ddot{\theta}(t)$ 可

得 $\dot{\theta}(t)\equiv 0, \ddot{\theta}(t)\equiv 0$。

代入式 $\rho(x\ddot{\theta}(t)+\ddot{y}(x,t))=\rho\ddot{z}(x,t)=-EIy_{xxxx}(x,t)$ 中，可得

$$\rho\ddot{y}(x,t)=-EIy_{xxxx}(x,t)$$

$$\rho\ddot{z}(L,t)=-EIy_{xxxx}(L,t)=0$$

从而 $y_{xxxx}(L,t)=0$。

根据变量分离技术[14]，可取

$$y(x,t)=X(x)\cdot T(t) \tag{7.67}$$

其中，$X(x)$和 $T(t)$分别为未知函数。

由式 $\rho\ddot{y}(x,t)=-EIy_{xxxx}(x,t)$可得

$$y_{xxxx}(x,t)=-\frac{\rho}{EI}\ddot{y}(x,t)$$

由式(7.67)可知 $y_{xxxx}(x,t)=X^{(4)}(x)\cdot T(t), \ddot{y}(x,t)=X(x)\cdot T^{(2)}(t)$，代入上式，则

$$\frac{X^{(4)}(x)}{X(x)}=-\frac{\rho}{EI}\frac{T^{(2)}(t)}{T(t)}=\mu$$

即

$$X^{(4)}(x)-\mu X(x)=0$$

取 $\mu=\beta^4$，求解上式，可得

$$X(x)=c_1\cosh\beta x+c_2\sinh\beta x+c_3\cos\beta x+c_4\sin\beta x \tag{7.68}$$

其中，$c_i\in\mathbf{R}, i=1,2,3,4$ 为未知实数。

由于 $y(0,t)=0, y_x(0,t)=0, y_{xx}(L,t)=0$，考虑 $y_{xxxx}(L,t)=0$，结合式(7.67)，可得 $X(0)=X'(0)=X''(L)=X^{(4)}(L)=0$，则由式(7.68)可得

$$\begin{cases} c_1+c_3=0 \\ c_2+c_4=0 \\ c_1\cosh\beta L+c_2\sinh\beta L-c_3\cos\beta L-c_4\sin\beta L=0 \\ c_1\cosh\beta L+c_2\sinh\beta L+c_3\cos\beta L+c_4\sin\beta L=0 \end{cases} \tag{7.69}$$

由上式可得

$$\begin{cases} c_1\cosh\beta L+c_2\sinh\beta L=0 \\ c_3\cos\beta L+c_4\sin\beta L=0 \end{cases}$$

即

$$\begin{cases} c_3\cosh\beta L+c_4\sinh\beta L=0 \\ c_3\cos\beta L+c_4\sin\beta L=0 \end{cases}$$

从而可得

$$c_4(\sinh\beta L\cdot\cos\beta L-\sin\beta L\cdot\cosh\beta L)=0$$

显然方程式(7.69)有唯一解 $c_i=0, i=1,2,3,4$，从而 $X(x)=0$，则 $y(x,t)=0, \dot{y}(x,t)=0$，$y_{xx}(0,t)=0$，由于

$$I_{\mathrm{h}}\ddot{\theta}(t)=\tau+EIy_{xx}(0,t)=-k_{\mathrm{p}}e-k_{\mathrm{d}}\dot{e}+EIy_{xx}(0,t)$$

则 $e=0$。因此，当 $\dot{V}=0$ 时，有 $e=\dot{e}=y(x,t)=\dot{y}(x,t)=0$，即 $\boldsymbol{q}=0$。

根据定理 7.2 和推广到无穷维空间的 LaSalle 不变集原理，采用边界控制式(7.63)和式(7.64)的闭环系统是渐进稳定的。即对于 $x\in[0,L]$，$t\to+\infty$ 时，$\theta(t)\to\theta_d(t)$，$\dot{\theta}(t)\to\dot{\theta}_d(t)$，$y(x,t)\to0$，$\dot{y}(x,t)\to0$。

7.3.6 仿真实例

离散时间取 $\Delta t=5\times10^{-4}$s，机械臂的离散距离取 $\Delta x=0.01$m，机械臂的物理参数为 $EI=3\text{N}\cdot\text{m}^2$，$L=1$m，$\rho=0.2\text{kg}\cdot\text{m}^{-1}$，$m=0.1$kg，$I_h=0.1\text{kg}\cdot\text{m}^2$，初始状态取零。

忽略阻尼项，即 $\gamma_1=\gamma_2=0$，仍然采用式(7.14)～式(7.17)描述模型，控制律为式(7.63)和式(7.64)，取 $\theta_d=0.50$，$k_p=50$，$k_d=30$，$k=20$，仿真程序为 chap7_3.m，仿真结果如图 7.7～图 7.9 所示。

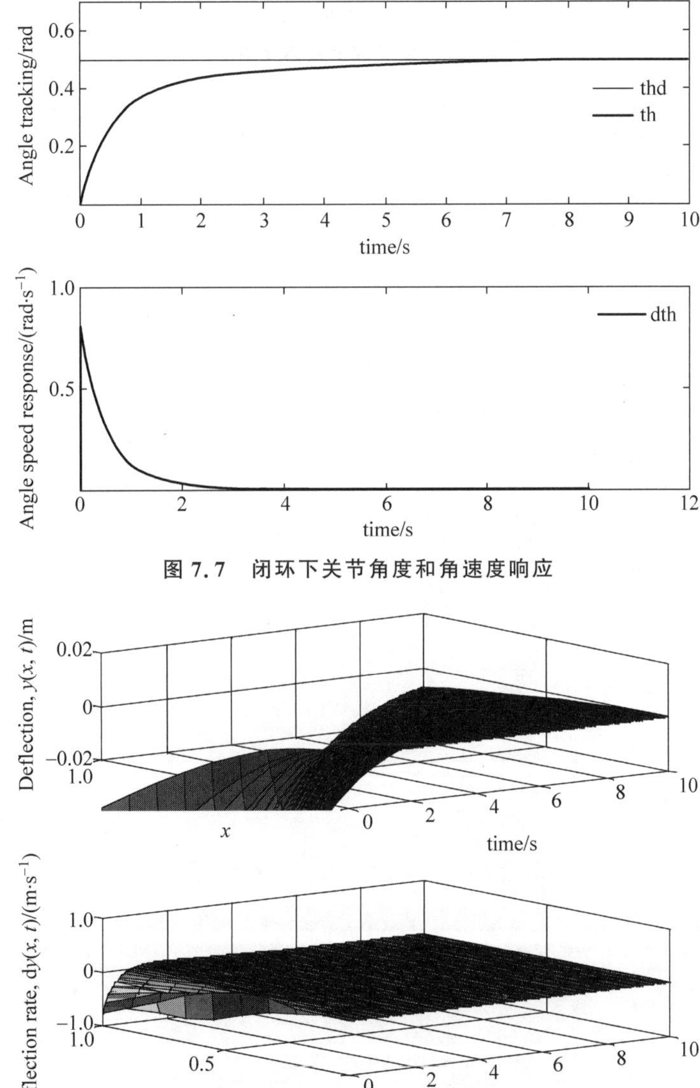

图 7.7 闭环下关节角度和角速度响应

图 7.8 机械臂的变形及变形率

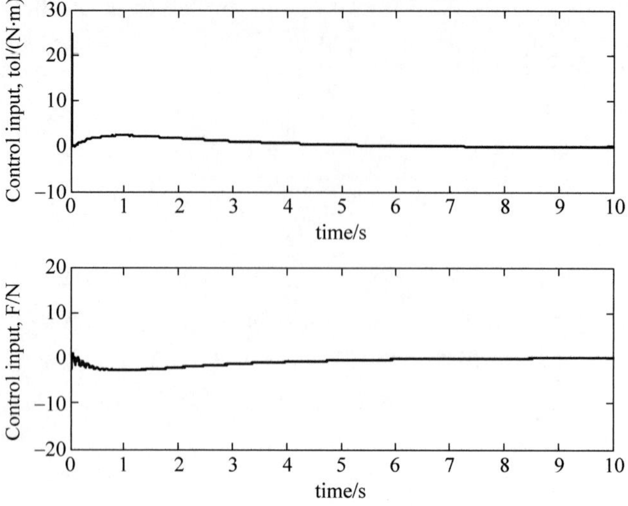

图 7.9　边界控制输入 τ 和 F

仿真程序：chap7_3.m。

```
close all;
clear all;
nx = 10;
nt = 20000;

tmax = 10;L = 1;
%计算间距
dx = L/(nx - 1);
T = tmax/(nt - 1);

t = linspace(0,nt * T,nt);
x = linspace(0,L,nx);

EI = 3;rho = 0.2;m = 0.1;Ih = 0.1;
kp = 50;kd = 30;k = 20;

dthd = 0;ddthd = 0;

dzL_1 = 0;
zxxxL_1 = 0;

dzx_1 = 0;
zxxxx_1 = 0;
F_1 = 0;
%初始化
y = zeros(nx,nt);
z = zeros(nx,nt);
th_2 = 0;th_1 = 0;
dth_1 = 0;

for j = 1:nt
    th(j) = 0;
    thd(j) = 0.5;
    tol(j) = 0;
    F(j) = 0;
```

```
end

for j = 3:nt
e = th(j - 1) - thd(j - 1);
de = dth_1 - dthd;

tol(j - 1) = - kp * e - kd * de;

yxx0 = (y(3,j - 1) - 2 * y(2,j - 1) + y(1,j - 1))/dx^2;
zxx0 = yxx0;
th(j) = 2 * th(j - 1) - th(j - 2) + T^2/Ih * (tol(j - 1) + EI * zxx0);
dth(j) = (th(j) - th(j - 1))/T;
ddth(j) = (th(j) - 2 * th(j - 1) + th(j - 2))/T^2;

%边界条件
y(1,:) = 0;        % y(0,t) = 0, i = 1
y(2,:) = 0;        % y(1,t) = 0, i = 2
z(1,:) = 0;        % y(0,t) = 0, i = 1
z(2,:) = 0;        % y(1,t) = 0, i = 2

%求 y(i,j),i = 3:nx - 2
for i = 3:nx - 2
    yxxxx = (y(i + 2,j - 1) - 4 * y(i + 1,j - 1) + 6 * y(i,j - 1) - 4 * y(i - 1,j - 1) + y(i - 2,j - 1))/dx^4;
    y(i,j) = T^2 * ( - i * dx * ddth(j) - (EI * yxxxx)/rho) + 2 * y(i,j - 1) - y(i,j - 2);
                % 见式(A3)
    zxxxx(i,j - 1) = yxxxx;

    dy(i,j - 1) = (y(i,j - 1) - y(i,j - 2))/T;
    dzx(i,j - 1) = i * dx * dth(j - 1) + dy(j - 1);
end

%求 z(nx - 1,j),i = nx - 1
yxxxx(nx - 1,j - 1) = ( - 2 * y(nx,j - 1) + 5 * y(nx - 1,j - 1) - 4 * y(nx - 2,j - 1) + y(nx - 3,j - 1))/dx^4;
y(nx - 1,j) = T^2 * ( - (nx - 1) * dx * ddth(j) - EI * yxxxx(nx - 1,j - 1)/rho) + 2 * y(nx - 1,j - 1) -
y(nx - 1,j - 2);   % 见式(A6)
zxxxx(nx - 1,j - 1) = yxxxx(nx - 1,j - 1);
dy(nx - 1,j) = (y(nx - 1,j) - y(nx - 1,j - 1))/T;

%求 y(nx,j),y = nx
yxxxL(j - 1) = ( - y(nx,j - 1) + 2 * y(nx - 1,j - 1) - y(nx - 2,j - 1))/dx^3;
y(nx,j) = T^2 * ( - L * ddth(j - 1) + (EI * yxxxL(j - 1) + F_1)/m) + 2 * y(nx,j - 1) - y(nx,j - 2);
                % 见式(A7)

dy(nx,j) = (y(nx,j) - y(nx,j - 1))/T;
zxxxL(j - 1) = yxxxL(j - 1);

dyL(j - 1) = (y(nx,j - 1) - y(nx,j - 2))/T;
dzL(j - 1) = L * dth(j - 1) + dyL(j - 1);

dzxxx_L = (yxxxL(j - 1) - yxxxL(j - 2))/T;

F(j - 1) = - k * dzL(j - 1);


F_1 = F(j - 1);
```

```
dth_1 = dth(j);
dzL_1 = dzL(j - 1);
zxxxL_1 = zxxxL(j - 1);
end
tshort = linspace(0,tmax,nt/100);
yshort = zeros(nx,nt/100);
dyshort = zeros(nx,nt/100);
for j = 1:nt/100
        for i = 1:nx
            yshort(i,j) = y(i,j * 100);
            dyshort(i,j) = dy(i,j * 100);
        end
end
figure(1);
subplot(211);
plot(t,thd,'r',t,th,'k','linewidth',2);
xlabel('Time (s)');ylabel('Angle tracking (rad)');
legend('thd','th');
axis([0 10 0 0.7]);
subplot(212);
plot(t,dth,'k','linewidth',2);
xlabel('Time (s)');ylabel('Angle speed response (rad/s)');
legend('dth');

figure(2);
subplot(211);
surf(tshort,x,yshort);
xlabel('Time (s)'); ylabel('x');zlabel('Deflection, y(x,t) (m)');
axis([0 10 0 1 - 0.02 0.02]);
subplot(212);
surf(tshort,x,dyshort);
xlabel('Time (s)'); ylabel('x');zlabel('Deflection rate, dy(x,t) (m/s)');

figure(3);
subplot(211);
plot(t,tol,'r','linewidth',2);
xlabel('Time (s)');ylabel('Control input, tol (Nm)');
axis([0 10 - 10 30]);
subplot(212);
plot(t,F,'r','linewidth',2);
xlabel('Time (s)');ylabel('Control input, F (N)');
axis([0 10 - 20 20]);
```

附录

附录1：泛函变分规则

泛函的变分是一种线性映射，因而其运算规则类似于函数的线性运算。设 L_1 和 L_2 是函数 x、$\dot{x}$ 和 t 的函数，则有如下泛函变分规则：

(1) $\delta(L_1+L_2)=\delta L_1+\delta L_2$

(2) $\delta(L_1 L_2)=L_1\delta L_2+L_2\delta L_1$

(3) $\delta\int_a^b L(\boldsymbol{x},\dot{\boldsymbol{x}},t)\mathrm{d}t=\int_a^b \delta L(\boldsymbol{x},\dot{\boldsymbol{x}},t)\mathrm{d}t$

(4) $\delta\dfrac{\mathrm{d}\boldsymbol{x}}{\mathrm{d}t}=\dfrac{\mathrm{d}}{\mathrm{d}t}\delta\boldsymbol{x}$

附录2：$\int_{t_1}^{t_2}\delta\left(\frac{1}{2}\dot{\theta}^2\right)\mathrm{d}t$ 的展开

由 $\delta(L_1L_2)=L_1\delta L_2+L_2\delta L_1$ 可得

$$\int_{t_1}^{t_2}\delta\left(\frac{1}{2}\dot{\theta}^2\right)\mathrm{d}t=\int_{t_1}^{t_2}\dot{\theta}\cdot\delta\dot{\theta}\mathrm{d}t$$

根据 $\delta\dfrac{\mathrm{d}\boldsymbol{x}}{\mathrm{d}t}=\dfrac{\mathrm{d}}{\mathrm{d}t}\delta\boldsymbol{x}$，可得

$$\int_{t_1}^{t_2}\dot{\theta}\cdot\delta\dot{\theta}\mathrm{d}t=\int_{t_1}^{t_2}\dot{\theta}\mathrm{d}(\delta\theta)$$

根据$\int_a^b u\mathrm{d}v=(uv)\Big|_{t_1}^{t_2}-\int_a^b v\mathrm{d}u$，可得

$$\int_{t_1}^{t_2}\dot{\theta}\mathrm{d}(\delta\theta)=(\dot{\theta}\delta\theta)\Big|_{t_1}^{t_2}-\int_{t_1}^{t_2}\ddot{\theta}\delta\theta\mathrm{d}t=-\int_{t_1}^{t_2}\ddot{\theta}\delta\theta\mathrm{d}t$$

其中，$(\dot{\theta}\delta\theta)\Big|_{t_1}^{t_2}=0$。

从而

$$\int_{t_1}^{t_2}\delta\left(\frac{1}{2}\dot{\theta}^2\right)\mathrm{d}t=-\int_{t_1}^{t_2}\ddot{\theta}\delta\theta\mathrm{d}t$$

附录3：变分的定义

对于泛函

$$S=\int_{x_1}^{x_2}L(f(x),f'(x),x)\mathrm{d}x$$

固定两个端点，在泛函 S 取到极值时的函数记作 $g(x)$，定义与这个函数"靠近"的一个函数，$h(x)=g(x)+\delta g(x)$，其中 $\delta g(x)$在 x_1 到 x_2 上都是小量，同时也满足

$$\delta g(x_1)=\delta g(x_2)=0$$

则 $\delta g(x)$为函数 $g(x)$的变分。上述定义可用示意图7.10表示。

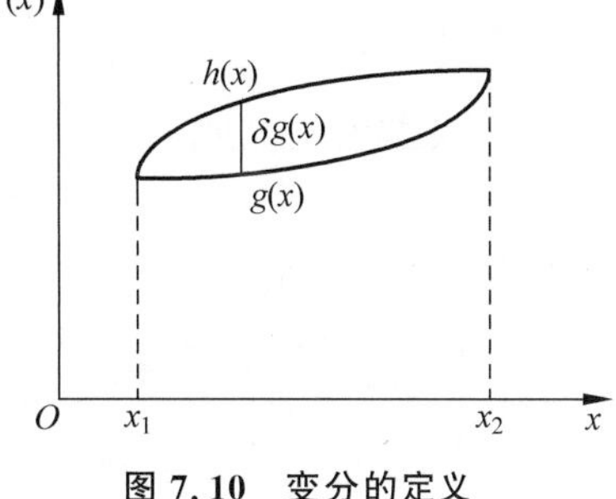

图7.10 变分的定义

根据变分的定义，可得

$$\delta\theta(t_1)=\delta\theta(t_2)=0,\quad \text{then }(\dot{\theta}\delta\theta)\Big|_{t_1}^{t_2}=0$$

附录4：7.2.3节仿真实例中 k_p，k_d 和 k 的设计

(1) 取 $k_\mathrm{p}=50$。

(2) α 的设计：根据式(7.32)，有

$$0<\alpha<\frac{1}{\max\left(2L,\frac{2\rho L^3}{EI},\frac{2(I_h+2\rho L^2)}{k_p},2\right)}$$

(3) η_0 的设计：

根据 $\eta_1=\frac{1}{2}\alpha\rho L$，$\eta_2=EI-\alpha EIL$，可得

$$\eta_0>\max\left(\eta_1,\frac{\eta_1\eta_2}{\eta_2-\eta_1}\right)$$

(4) 根据 $\sigma_3=k_d-\alpha I_h-k_d\alpha>0$，取 $k_d=30$，根据 $\sigma_5=k-\eta_0>0$，取 $k=20$。

(5) 验证式(7.53)中的其他条件：

$$\sigma_1=\frac{3}{2}\alpha-2\alpha L^2-\frac{2\alpha L^3}{EI}>0,\quad \sigma_2=\frac{1}{2}\alpha>0,$$

$$\sigma_4=\alpha k_p-k_d\alpha-2\alpha EIL-2\alpha L^2>0,\quad \sigma_5=k-\eta_0>0$$

(6) 根据 $2>\alpha_3>1$，取 $\alpha_3=1.5$。

(7) λ 的设计：

根据 $\min\left(2\sigma_1,2\sigma_2,\frac{2\sigma_3}{I_h},\frac{2\sigma_4}{k_p},\frac{2\sigma_5}{m}\right)\geqslant\lambda_0>0$，可得

$$\lambda=\frac{\lambda_0}{\alpha_3}$$

附录5：离散化仿真方法

为了实现PDE模型的仿真，目前的方法是将PDE动力学模型离散化。离散化过程中，时间差分与 x 轴差分二者之间应满足一定关系。取采样时间为 $\Delta t=T$，x 轴间距为 $\Delta x=\mathrm{d}x$，文献[8]和[15]针对ODE模型离散化给出了一个经验关系式，文献[8]中，时间差分与 x 轴差分之间的关系应满足 $\Delta t\leqslant\frac{1}{2}\Delta x^2$，仿真分析表明，在满足该关系式同时，应尽量降低 Δt 和 Δx 的值，并保证二者之间在一定的比值范围内。

采用差分方法对模型式(7.14)～式(7.17)进行离散化。

1. 关节转动角度 $\theta(t)$ 的离散化

由边界点力平衡动力学方程式(7.15)可知，$I_h\ddot{\theta}(t)=\tau+EIy_{xx}(0,t)$，采用向前差分，即 $\ddot{\theta}(t)=\frac{\dot{\theta}(j)-\dot{\theta}(j-1)}{T}$，则

$$\ddot{\theta}(t)=\frac{\frac{\theta(j)-\theta(j-1)}{T}-\frac{\theta(j-1)-\theta(j-2)}{T}}{T}=\frac{\theta(j)-2\theta(j-1)+\theta(j-2)}{T^2}$$

将动力学模型展开，得

$$I_h\frac{\theta(j)-2\theta(j-1)+\theta(j-2)}{T^2}=\tau+EIy_{xx}(0,t)$$

可求出

$$\theta(j)=2\theta(j-1)-\theta(j-2)+\frac{T^2}{I_h}(\tau+EI\cdot y_{xx}(0,t))$$

采用向前差分方法，取当前时间为 $j-1$，则 $y_{xx}(0,t)$ 相当于 $y_{xx}(1,j-1)$，有

$$y_x(2,j-1)=\frac{y(3,j-1)-y(2,j-1)}{dx},\quad y_x(1,j-1)=\frac{y(2,j-1)-y(1,j-1)}{dx}$$

则 $y_{xx}(0,t)=\frac{y_x(2,j-1)-y_x(1,j-1)}{dx}=\frac{y(3,j-1)-2y(2,j-1)+y(1,j-1)}{dx^2}$。

仿真时，考虑当前时刻的 $\theta(j)$ 未知，取 $\theta(t)$ 为 $\theta(j-1)$。

2. 离散化的几种差分方法

采用 $v(i,j)$ 描述 $v(x,t)$，i 描述 x，j 描述 t，中心点取 (i,j) 的离散点示意如图 7.11 所示。

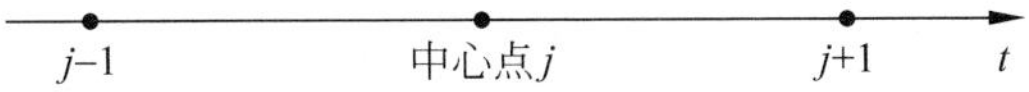

图 7.11 离散点示意图

取时间间隔为 Δt，采用差分求 $v(x,t)$ 的离散值方法有 3 种，描述如下：

(1) 向后差分：

$$\left.\frac{\partial v}{\partial t}\right|_{t=i}=\frac{v(i,j)-v(i,j-1)}{\Delta t}$$

(2) 向前差分：

$$\left.\frac{\partial v}{\partial t}\right|_{t=i}=\frac{v(i,j+1)-v(i,j)}{\Delta t}$$

(3) 中心差分为向前差分与向后差分之和的平均值：

$$\left.\frac{\partial v}{\partial t}\right|_{t=i}=\frac{v(i,j+1)-v(i,j-1)}{2\Delta t}$$

在离散化的程序设计中，可根据需要采用上述三种方法之一。

3. 边界条件的离散化

时间取 $1\leqslant j\leqslant nt$，根据边界条件，分为以下 4 种情况求 $y(i,j)$：

1) $1\leqslant i\leqslant 2$，根据边界条件求 $y(i,j)$

由边界条件式(7.3)和式(7.4)可知 $z(0)=0$，$z_x(0)=\theta$，即

$$y(0,t)=0$$
$$y_x(0,t)=0$$

由边界条件式 $y(0,t)=0$ 可得 $y(1,j)=0$，由于 $y_x(0,t)=\frac{y(2,j)-y(1,j)}{dx}$，则由边界条件式 $y_x(0,t)=0$，可得 $y(2,j)=0$，即

$$y(1,j)=y(2,j)=0$$

2) $3\leqslant i\leqslant nx-2$，求 $y(i,j)$

由式(7.14)可知，$\rho\ddot{z}(x)=-EIz_{xxxx}(x)$，展开，得

$$i\cdot dx\cdot\ddot{\theta}(t)+\frac{y(i,j)-2y(i,j-1)+y(i,j-2)}{T^2}=-\frac{EI}{\rho}y_{xxxx}(x,t)$$

其中

$$\ddot{\theta}(t)=\frac{\theta(j)-2\theta(j-1)+\theta(j-2)}{T^2}$$

$$\dot{y}(x,t)=\frac{y(i,j-1)-y(i,j-2)}{T}$$

$$y_{xxxx}(x,t)=\frac{y(i+2,j-1)-4y(i+1,j-1)+6y(i,j-1)-4y(i-1,j-1)+y(i-2,j-1)}{\mathrm{d}x^4}$$

则

$$y(i,j)=T^2\left(-i\cdot\mathrm{d}x\cdot\ddot{\theta}(t)-\frac{EI}{\rho}y_{xxxx}(x,t)\right)+2y(i,j-1)-y(i,j-2)$$

3）$i=nx-1$，根据边界条件求 $y(nx-1,j)$

由边界条件式(7.17)可知 $z_{xx}(L)=0$，即 $y_{xx}(L,t)=0$，则

$$\begin{aligned}y_{xx}(L,t)&=\frac{y_x(nx+1,j-1)-y_x(nx,j-1)}{\mathrm{d}x}\\&=\frac{y(nx+1,j-1)-2y(nx,j-1)+y(nx-1,j-1)}{\mathrm{d}x^2}=0\end{aligned}$$

即

$$y(nx+1,j-1)=2y(nx,j-1)-y(nx-1,j-1)$$

以$(nx-1,j-1)$为中心展开得

$$\begin{aligned}&y_{xxxx}(nx-1,j-1)\\&=\frac{y(nx+1,j-1)-4y(nx,j-1)+6y(nx-1,j-1)-4y(nx-2,j-1)+y(nx-3,j-1)}{\mathrm{d}x^4}\end{aligned}$$

将式(A.4)代入上式得

$$\begin{aligned}&y_{xxxx}(nx-1,j-1)\\&=\frac{-2y(nx,j-1)+5y(nx-1,j-1)-4y(nx-2,j-1)+y(nx-3,j-1)}{\mathrm{d}x^4}\end{aligned}$$

将上式代入式(A.3)，取 $i=nx-1$，可求出

$$\begin{aligned}y(nx-1,j)=T^2\left(-(nx-1)\cdot\mathrm{d}x\cdot\ddot{\theta}(t)-\frac{EI}{\rho}y_{xxxx}(nx-1,j-1)\right)+\\2y(nx-1,j-1)-y(nx-1,j-2)\end{aligned}$$

4）$i=nx$，根据边界条件求 $y(nx,j)$

差分展开得

$$y_{xxx}(L,t)=\frac{y(nx+1,j-1)-3y(nx,j-1)+3y(nx-1,j-1)-y(nx-2,j-1)}{\mathrm{d}x^3}$$

考虑式(A.4)，可得

$$y_{xxx}(L,t)=\frac{-y(nx,j-1)+2y(nx-1,j-1)-y(nx-2,j-1)}{\mathrm{d}x^3}$$

由式(7.16)即 $F=m\ddot{z}(L)-EIz_{xxx}(L)$ 可知 $EIy_{xxx}(L,t)+F=m(L\ddot{\theta}(t)+\ddot{y}(L,t))$，以$(nx,j-1)$为中心展开得

$$\frac{EIy_{xxx}(L,t)+F}{m}=L\ddot{\theta}+\frac{y(nx,j)-2y(nx,j-1)+y(nx,j-2)}{T^2}$$

可得

$$y(nx,j)=T^2\cdot\left(-L\ddot{\theta}+\frac{EIy_{xxx}(L,t)+F}{m}\right)+2y(nx,j-1)-y(nx,j-2)$$

参考文献

[1] W He, S S Ge, B V E H owa, Y S Choo, K S Hong. Robust adaptive boundary control of a flexible marine riser with vessel dynamics, Automatica, 2011, 47: 722-732.

[2] Zhang Linjun, Liu Jinkun. Adaptive boundary control for flexible two-link manipulator based on partial differential equation dynamic model, IET Control Theory & Application, 2013, 7(1): 43-51.

[3] L Meirovitch. Fundamentals of Vibrations, McGraw-Hill, New York, 2001.

[4] C D Rahn. Mechatronic Control of Distributed Noise and Vibration, Springer, New York, 2001.

[5] G H Hardy, J E Littlewood, G Polya. Inequalities, Cambridge: Cambridge University Press, 1959.

[6] P A Ioannou, J Sun. Robust Adaptive Control, PTR Prentice-Hall, 1996: 75-76.

[7] T T Jiang, J K Liu, W He. Boundary control for a flexible manipulator based on infinite dimensional disturbance observer, Journal of Sound and Vibration, 2015, 348(21): 1-14.

[8] N S Abhyankar, E K Hall, S V Hanagud. Chaotic vibrations of beams: numerical solution of partial differential equations, ASME J. Appl. Mech., 1993, 60: 167-174.

[9] C D Rahn. Mechatronic control of distributed noise and vibration: A Lyapunov Approach[J]. Measurement Science and Technology, 2002, 13(4): 643.

[10] A Pazy. Semigroups of linear operators and applications to partial differential equations[M]. New York: Springer-Verlag, 1983.

[11] T D Nguyen, O Egeland. Observer design for a flexible robot arm with a tip load, 2005 American Control Conference June 8-10, 2005. Portland, OR, USA.

[12] H Tanabe. Equations of Evolution, Pitman, 1979.

[13] O Morgul. Stabilization and distrubance rejection for the wave equation, IEEE Transactions on Automatic Control, 1998, 43(1): 89-95.

[14] M Krstic, A Smyshlyaev. Boundary control of PDEs-A course on backstepping designs, Society for Industrial and Applied Mathematics, Philadelphia, 2008.

[15] A P Tzes, Y Stephen, F Langer. A method for solution of the eiler-bernoulli beam equation in flexible-link robotic systems, IEEE International Conference on Systems Engineering, 1989: 557-560.

第8章 移动机器人的轨迹跟踪控制

8.1 移动机器人运动学反演控制

独立双后轮差动驱动移动机器人通过两个后轮的不同速度来控制机器人的速度和航向。常用到两种模型：一种是运动学模型，用于解决速度和位置之间的控制问题；另一种是动力学模型，用于解决速度和输入力之间的控制问题。

8.1.1 运动学模型的建立

双后轮差动驱动时，移动机器人表现为非协调系统，在移动机器人的工作平面内建立直角坐标，非协调双后轮驱动移动机器人的位姿误差坐标如图 8.1 所示。

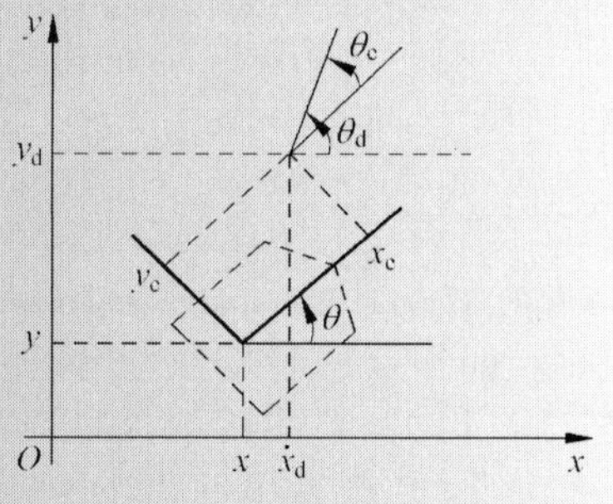

图 8.1 移动机器人的位姿误差坐标

机器人的状态由其两驱动轮的中点 M 在坐标系的位置及航向角 θ 来表示。令 $\boldsymbol{p}=(x,y,\theta)^{\mathrm{T}}$，$\boldsymbol{q}=(v,w)^{\mathrm{T}}$，其中 (x,y) 为机器人的位置坐标，θ 为方向角，即前进方向和 X 轴正方向的夹角。v、w 分别为机器人的线速度和角速度，在运动学模型中为控制输入。平衡轮只起支撑作用，既不影响方向也不影响力，故在建模时不考虑。

根据参考文献[1]，机器人的运动学方程为

$$\dot{\boldsymbol{p}}=\begin{bmatrix}\dot{x}\\ \dot{y}\\ \dot{\theta}\end{bmatrix}=\begin{bmatrix}\cos\theta & 0\\ \sin\theta & 0\\ 0 & 1\end{bmatrix}\boldsymbol{q} \tag{8.1}$$

在固定坐标系内的位姿误差定义为

$$\boldsymbol{p}_{\mathrm{e}}=\begin{bmatrix}x_{\mathrm{e}}\\ y_{\mathrm{e}}\\ \theta_{\mathrm{e}}\end{bmatrix}=\begin{bmatrix}x_{\mathrm{d}}-x\\ y_{\mathrm{d}}-y\\ \theta_{\mathrm{d}}-\theta\end{bmatrix} \tag{8.2}$$

移动机器人运动学模型的轨迹跟踪问题即通过控制输入 $\boldsymbol{q}=[v\quad w]^{\mathrm{T}}$，使得对于任意初始误差，$\dot{\boldsymbol{p}}_{\mathrm{e}}$ 有界且 $\lim\limits_{t\to\infty}\|(x_{\mathrm{e}},y_{\mathrm{e}},\theta_{\mathrm{e}})^{\mathrm{T}}\|=0$。

8.1.2 反演控制器设计

考虑式(8.1)所示的运动学系统，给定轨迹为

$$\begin{cases} x_{\mathrm{d}} = \sin\theta_{\mathrm{d}} \\ y_{\mathrm{d}} = -\cos\theta_{\mathrm{d}} \end{cases} \tag{8.3}$$

其中，x_{d} 和 y_{d} 表示 X 轴方向和 Y 轴方向的理想角度，θ_{d} 为理想的位姿角。

坐标$(x_{\mathrm{d}}, y_{\mathrm{d}})$和角度 θ_{d} 不是相互独立的，三个变量有两个独立[2]。故选择位置指令为$(x_{\mathrm{d}}, y_{\mathrm{d}})$，位置跟踪误差为$(x_{\mathrm{e}}, y_{\mathrm{e}})$。

反演控制器的设计步骤如下：

(1) 引入虚拟输入 α，根据式(8.1)，取

$$\begin{cases} \dot{x} = v\cos\alpha \\ \dot{y} = v\sin\alpha \end{cases} \tag{8.4}$$

令 Lyapunov 函数为

$$V_1 = \frac{1}{2}x_{\mathrm{e}}^2 + \frac{1}{2}y_{\mathrm{e}}^2 \tag{8.5}$$

其中，x_{e}、y_{e} 由式(8.2)定义。

由式(8.2)和式(8.4)可得

$$\dot{V}_1 = x_{\mathrm{e}}\dot{x}_{\mathrm{e}} + y_{\mathrm{e}}\dot{y}_{\mathrm{e}} = x_{\mathrm{e}}(\dot{x}_{\mathrm{d}} - v\cos\alpha) + y_{\mathrm{e}}(\dot{y}_{\mathrm{d}} - v\sin\alpha) \tag{8.6}$$

通过设计虚拟量 α，使得

$$\begin{aligned} v\cos\alpha &= \dot{x}_{\mathrm{d}} + c_1 x_{\mathrm{e}} \\ v\sin\alpha &= \dot{y}_{\mathrm{d}} + c_2 y_{\mathrm{e}} \end{aligned} \tag{8.7}$$

则

$$\dot{V}_1 = -c_1 x_{\mathrm{e}}^2 - c_2 y_{\mathrm{e}}^2 < 0 \tag{8.8}$$

令 $m_1 = \dot{x}_{\mathrm{d}} + c_1 x_{\mathrm{e}}$，$m_2 = \dot{y}_{\mathrm{d}} + c_2 y_{\mathrm{e}}$，如果将线速度和虚拟控制律设计为

$$v = \sqrt{m_1^2 + m_2^2} \tag{8.9}$$

$$\alpha = \arctan\frac{m_2}{m_1} = \arctan\frac{\dot{y}_{\mathrm{d}} + c_2 y_{\mathrm{e}}}{\dot{x}_{\mathrm{d}} + c_1 x_{\mathrm{e}}} \tag{8.10}$$

则可保证式(8.7)成立。

可见，如果 $x_{\mathrm{e}} = 0$，$y_{\mathrm{e}} = 0$，则 $\alpha = \arctan\dfrac{\dot{y}_{\mathrm{d}}}{\dot{x}_{\mathrm{d}}} = \theta_{\mathrm{d}}$。为了实现 θ 跟踪 θ_{d}，第(2)步要保证 θ 跟踪 α。

(2) 令 $e = \alpha - \theta$，定义 Lyapunov 函数为

$$V_2 = V_1 + \frac{1}{2}e^2 \tag{8.11}$$

则

$$\dot{V}_2 = -c_1 x_{\mathrm{e}}^2 - c_2 y_{\mathrm{e}}^2 + e(\dot{\alpha} - w)$$

将角速度控制律设计为

$$w=\dot{\alpha}+c_3 e \tag{8.12}$$

则

$$\dot{V}_2=-c_1 x_e^2-c_2 y_e^2-c_3 e^2 \leqslant -2C_m V_2$$

其中，$C_m \leqslant \min(C_1, C_2, C_3)$，则 $V_2(t) \leqslant e^{-2C_m t} V_2(0)$，即 $V_2(t)$以指数形式收敛于零，从而 $t \to \infty$ 时，$x_e \to 0, y_e \to 0, \theta \to \theta_d$ 且以指数形式收敛。

8.1.3 仿真实例

取 $x_d=\sin(t), y_d=-\cos(t)$，则 $\alpha=\arctan\dfrac{\dot{y}_d}{\dot{x}_d}=\theta_d$，给定轨迹为半径为 1 的圆。取控制律为式(8.9)和式(8.12)，控制参数取 $c_1=c_2=10, c_3=50$。被控对象初始值取$[1 \quad 1 \quad 0]$，仿真结果如图 8.2～图 8.5 所示。

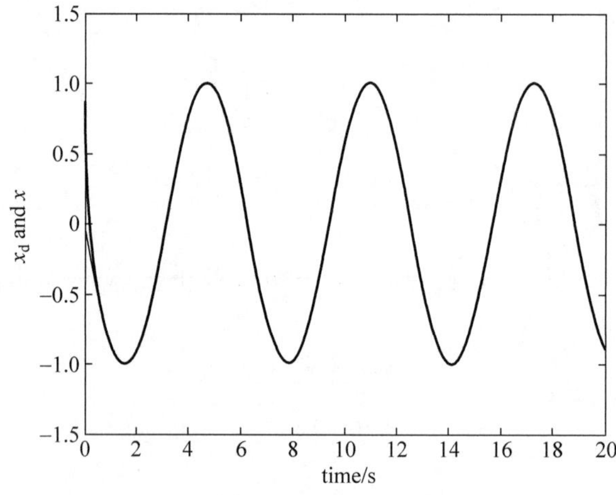

图 8.2　X 轴方向位置跟踪

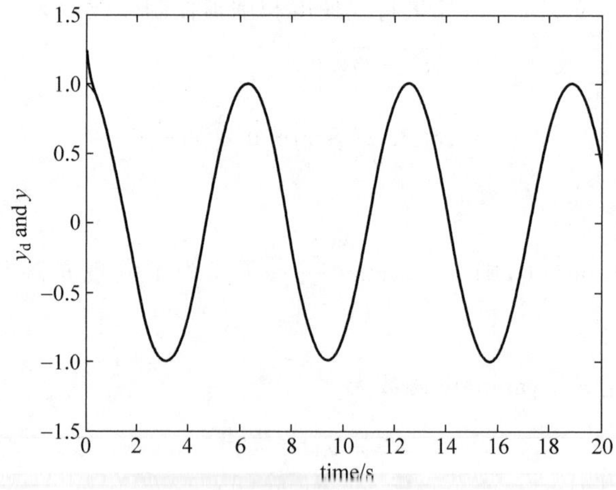

图 8.3　Y 轴方向位置跟踪

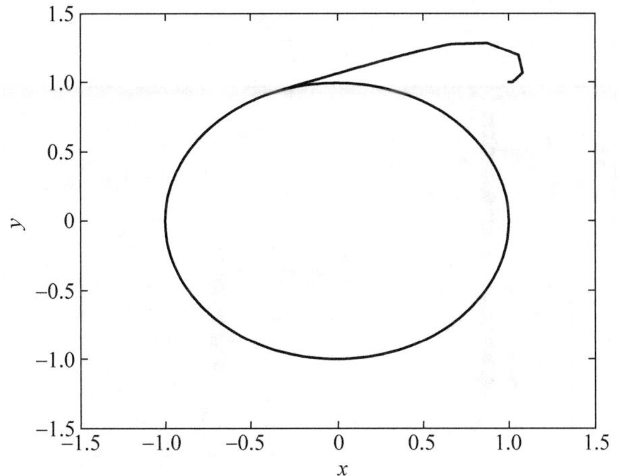

图 8.4　位置轨迹跟踪曲线

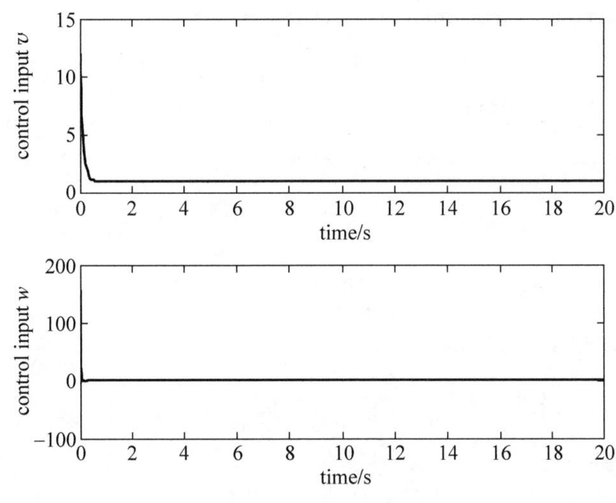

图 8.5　控制输入 v 和 w

仿真中,需要注意以下两个问题:

(1) 按式(8.10)计算角度 α 时,由于反三角函数的值域是$(-\pi/2,\pi/2)$,并不能包含所有的 α 值。如果要包含所有的 α 值,至少要一个完整的周期$[0,2\pi)$。故仿真时采用 angle()函数,该函数可以计算幅角主值,其值包含在一个周期之内,值域为$(-\pi,\pi]$。

(2) 考虑控制律式(8.12)中需要虚拟输入 α 的导数,故应保证 α 为连续。当点从第四象限绕逆时针方向变到第一象限时,α 在 π 附近处会产生一个跳变,此时 α 不连续。具体处理方法为:当 α 从 π 变到 $-\pi$ 时加上一个 2π,从 $-\pi$ 变到 π 时减去一个 2π,从而保证 α 连续。

(3) 仿真程序中,p 为当前时刻的角度值,$(p-1)$上一个时刻的角度值。当角度在 π 附近变化时,即从 π 变为 $-\pi$ 或 $-\pi$ 变为 π 时,$p\times(p-1)$为负,其值在 $-\pi^2$ 附近。此时根据 p 的正负分别对 α 值加 2π 或减 2π,防止 α 在 π 和 $-\pi$ 间跳动,保证 α 连续。

仿真程序：

（1）Simulink 主程序：chap8_1sim. mdl。

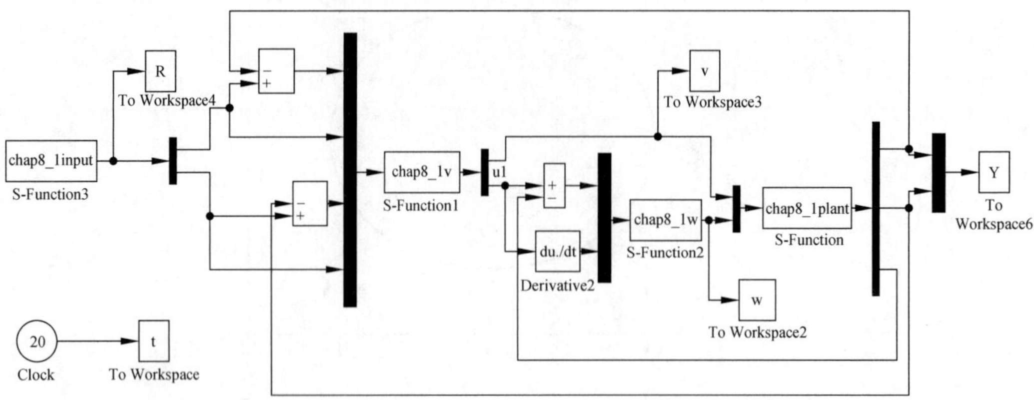

（2）输入指令 S 函数：chap8_1input. m。

```
function [sys,x0,str,ts] = controller2(t,x,u,flag)
switch flag,
    case 0,
    [sys,x0,str,ts] = mdlInitializeSizes;
case 3,
    sys = mdlOutputs(t,x,u);
case {1,2,4,9}
    sys = [];
    otherwise
    error(['Unhandled flag = ',num2str(flag)]);
end
function [sys,x0,str,ts] = mdlInitializeSizes
sizes = simsizes;
sizes.NumOutputs     = 2;
sizes.NumInputs      = 0;
sizes.DirFeedthrough = 0;
sizes.NumSampleTimes = 1;
sys = simsizes(sizes);
x0   = [];
str  = [];
ts   = [0 0];
function sys = mdlOutputs(t,x,u)
xd = - sin(t);
yd = cos(t);

sys(1) = xd;
sys(2) = yd;
```

（3）线速度和虚拟控制器 S 函数：chap8_1v. m。

```
function [sys,x0,str,ts] = controller1(t,x,u,flag)
switch flag,
  case 0,
    [sys,x0,str,ts] = mdlInitializeSizes;
  case 3,
    sys = mdlOutputs(t,x,u);
  case {1,2,4,9}
    sys = [];
```

```
  otherwise
    error(['Unhandled flag = ',num2str(flag)]);
end
function [sys,x0,str,ts] = mdlInitializeSizes
sizes = simsizes;
sizes.NumOutputs      = 2;
sizes.NumInputs       = 4;
sizes.DirFeedthrough  = 1;
sizes.NumSampleTimes  = 1;
sys = simsizes(sizes);
x0  = [];
str = [];
ts  = [0 0];
function sys = mdlOutputs(t,x,u)
persistent k p_1
c1 = 10;c2 = 10;

xe = u(1);ye = u(3);
xd = u(2);dxd = -cos(t);
yd = u(4);dyd = -sin(t);

m1 = dxd + c1 * xe;
m2 = dyd + c2 * ye;
z = m1 + m2 * i;

p = angle(z);
if t == 0
    k = 0;
    p_1 = p;
end

delta = -0.8 * pi^2;          % 在 - pi 和 + pi 附近
if p * p_1 < delta            % 保证 p 在[0,2 * pi]之内
    if p < 0
      k = k + 1;
    else
      k = k - 1;
  end
end
p_1 = p;
alfa = p + 2 * pi * k;

v = norm(z);
sys(1) = v;
sys(2) = alfa;
```

(4) 角速度控制器 S 函数：chap8_1w.m。

```
function [sys,x0,str,ts] = controller2(t,x,u,flag)
switch flag,
    case 0,
    [sys,x0,str,ts] = mdlInitializeSizes;
    case 3,
```

```
    sys = mdlOutputs(t,x,u);
    case {1,2,4,9}
    sys = [];
   otherwise
    error(['Unhandled flag = ',num2str(flag)]);
end
function [sys,x0,str,ts] = mdlInitializeSizes
sizes = simsizes;
sizes.NumOutputs      = 1;
sizes.NumInputs       = 2;
sizes.DirFeedthrough  = 1;
sizes.NumSampleTimes  = 1;
sys = simsizes(sizes);
x0  = [];
str = [];
ts  = [0 0];
function sys = mdlOutputs(t,x,u)
c3 = 50;
e = u(1);
dalfa = u(2);
w = dalfa + c3 * e;
sys = w;
```

（5）被控对象 S 函数：chap8_1plant. m。

```
function [sys,x0,str,ts] = robot(t,x,u,flag)
switch flag,
  case 0,
    [sys,x0,str,ts] = mdlInitializeSizes;
  case 1,
    sys = mdlDerivatives(t,x,u);
  case 3,
    sys = mdlOutputs(t,x,u);
  case {2,4,9}
    sys = [];
otherwise
    error(['Unhandled flag = ',num2str(flag)]);
end
function [sys,x0,str,ts] = mdlInitializeSizes
sizes = simsizes;
sizes.NumContStates     = 3;
sizes.NumDiscStates     = 0;
sizes.NumOutputs        = 3;
sizes.NumInputs         = 2;
sizes.DirFeedthrough    = 0;
sizes.NumSampleTimes    = 1;
sys = simsizes(sizes);
x0  = [1 1 0];
str = [];
ts  = [0 0];
function sys = mdlDerivatives(t,x,u)
v = u(1);
w = u(2);
```

```
dx1 = v * cos(x(3));
dx2 = v * sin(x(3));
dx3 = w;

sys(1) = dx1;
sys(2) = dx2;
sys(3) = dx3;
function sys = mdlOutputs(t,x,u)
sys = x;
```

(6) 作图程序：chap8_1plot. m。

```
close all;
figure(1);
plot(t,R(:,1),'r',t,Y(:,1),'b','linewidth',2);
xlabel('time(s)');ylabel('xd and x');

figure(2);
plot(t,R(:,2),'r',t,Y(:,2),'b','linewidth',2);
xlabel('time(s)');ylabel('yd and y');

figure(3);
plot(R(:,1),R(:,2),'r','linewidth',2);
xlabel('xr');ylabel('yr');
hold on;
plot(Y(:,1),Y(:,2),'b','linewidth',2);
xlabel('x');ylabel('y');

figure(4);
subplot(211);
plot(t,v(:,1),'r','linewidth',2);
xlabel('time(s)');ylabel('control input v');
subplot(212);
plot(t,w(:,1),'r','linewidth',2);
xlabel('time(s)');ylabel('control input w');
```

8.2 移动机器人动力学反演控制

8.2.1 动力学模型的建立

假设双后轮独立驱动刚性移动机器人在平面内移动,并假设绝对坐标 XOY 固定在平面内,则机器人的动态特性可用动力学方程描述[2]。

对于车体,根据力矩平衡原理,车体转动角度＝右轮主动力矩－左轮阻力矩,即

$$I_{\mathrm{v}}\ddot{\phi}=D_{\mathrm{r}}l-D_{\mathrm{l}}l \tag{8.13}$$

根据牛顿定律,有

$$M\dot{v}=D_{\mathrm{v}}+D_{\mathrm{l}} \tag{8.14}$$

其中,I_{v} 为绕机器人重心的转动惯量,D_{v} 和 D_{l} 分别为左右轮的驱动力,l 为左右轮到机器人重心的距离,ϕ 为机器人的位姿角,v 为机器人的线速度。

对于车轮,根据力矩平衡原理,左右轮的动态特性用下面的方程表示:

$$I_{\mathrm{w}}\ddot{\theta}_i + c\dot{\theta}_i = ku_i - rD_i \tag{8.15}$$

其中，$i=r,l$，右轮为 $I_{\mathrm{w}}\ddot{\theta}_{\mathrm{r}}+c\dot{\theta}_{\mathrm{r}}=ku_{\mathrm{r}}-rD_{\mathrm{r}}$，左轮为 $I_{\mathrm{w}}\ddot{\theta}_{\mathrm{l}}+c\dot{\theta}_{\mathrm{l}}=ku_{\mathrm{l}}-rD_{\mathrm{l}}$，$I_{\mathrm{w}}$ 为车轮的转动惯量，c 为黏性摩擦系数，k 为驱动增益，r 为车轮半径，θ 为车轮的转角，u_i 为驱动输入。

根据移动机器人的原理得

$$v = \frac{v_{\mathrm{r}} + v_{\mathrm{l}}}{2}$$

$$l\dot{\phi} = \frac{v_{\mathrm{r}} - v_{\mathrm{l}}}{2} \tag{8.16}$$

由式(8.16)，得变量 ϕ，v，θ_i 间的关系为

$$\begin{cases} v_{\mathrm{r}} = r\dot{\theta}_{\mathrm{r}} = v + l\dot{\phi} \\ v_{\mathrm{l}} = r\dot{\theta}_{\mathrm{l}} = v - l\dot{\phi} \end{cases} \tag{8.17}$$

由式(8.15)得

$$I_{\mathrm{w}}r\ddot{\theta}_i + cr\dot{\theta}_i = kru_i - r^2D_i$$

即

$$I_{\mathrm{w}}r(\ddot{\theta}_{\mathrm{r}} + \ddot{\theta}_{\mathrm{l}}) + cr(\dot{\theta}_{\mathrm{r}} + \dot{\theta}_{\mathrm{l}}) = kr(u_{\mathrm{r}} + u_{\mathrm{l}}) - r^2(D_{\mathrm{r}} + D_{\mathrm{l}})$$

由式(8.17)得

$$r(\dot{\theta}_{\mathrm{r}} + \dot{\theta}_{\mathrm{l}}) = 2v, \quad r(\ddot{\theta}_{\mathrm{r}} + \ddot{\theta}_{\mathrm{l}}) = 2\dot{v}$$

则

$$2I_{\mathrm{w}}\dot{v} + 2cv = kr(u_{\mathrm{r}} + u_{\mathrm{l}}) - r^2(D_{\mathrm{r}} + D_{\mathrm{l}})$$

将式(8.14)代入上式，得

$$2I_{\mathrm{w}}\dot{v} + 2cv = kr(u_{\mathrm{r}} + u_{\mathrm{l}}) - Mr^2\dot{v}$$

则

$$\dot{v} = -\frac{2c}{(Mr^2 + 2I_{\mathrm{w}})}v + \frac{kr}{Mr^2 + 2I_{\mathrm{w}}}(u_{\mathrm{r}} + u_{\mathrm{l}}) \tag{8.18}$$

由式(8.13)得

$$I_{\mathrm{v}}r^2\ddot{\phi} = (D_{\mathrm{r}} - D_{\mathrm{l}})r^2l \tag{8.19}$$

由式(8.15)得

$$I_{\mathrm{w}}\ddot{\theta}_{\mathrm{r}} + c\dot{\theta}_{\mathrm{r}} = ku_{\mathrm{r}} - rD_{\mathrm{r}}$$

$$I_{\mathrm{w}}\ddot{\theta}_{\mathrm{l}} + c\dot{\theta}_{\mathrm{l}} = ku_{\mathrm{l}} - rD_{\mathrm{l}}$$

则

$$I_{\mathrm{w}}(\ddot{\theta}_{\mathrm{r}} - \ddot{\theta}_{\mathrm{l}}) + c(\dot{\theta}_{\mathrm{r}} - \dot{\theta}_{\mathrm{l}}) = k(u_{\mathrm{r}} - u_{\mathrm{l}}) - r(D_{\mathrm{r}} - D_{\mathrm{l}})$$

即

$$I_{\mathrm{w}}(\ddot{\theta}_{\mathrm{r}} - \ddot{\theta}_{\mathrm{l}})rl + c(\dot{\theta}_{\mathrm{r}} - \dot{\theta}_{\mathrm{l}})rl = k(u_{\mathrm{r}} - u_{\mathrm{l}})rl - (D_{\mathrm{r}} - D_{\mathrm{l}})r^2l \tag{8.20}$$

由式(8.17)得

$$r(\dot{\theta}_{\mathrm{r}} - \dot{\theta}_{\mathrm{l}}) = 2l\dot{\phi}, \quad r(\ddot{\theta}_{\mathrm{r}} - \ddot{\theta}_{\mathrm{l}}) = 2l\ddot{\phi}$$

将上式代入式(8.20),得

$$I_w \cdot l2l\ddot{\phi} + cl \cdot 2l\dot{\phi} = krl(u_r - u_l) - r^2 l(D_r - D_l)$$

将式(8.19)代入上式,得

$$I_w \cdot l2l\ddot{\phi} + cl \cdot 2l\dot{\phi} = krl(u_r - u_l) - I_v r^2 \ddot{\phi}$$

即

$$I_w \cdot l2l\ddot{\phi} + I_v r^2 \ddot{\phi} = -cl \cdot 2l\dot{\phi} + krl(u_r - u_l)$$

$$\ddot{\phi} = -\frac{2cl^2}{I_v r^2 + 2I_w l^2}\dot{\phi} + \frac{krl}{I_v r^2 + 2I_w l^2}(u_r - u_l) \tag{8.21}$$

定义状态变量 $\boldsymbol{x}=[v \quad \phi \quad \dot{\phi}]^{\mathrm{T}}$,驱动控制输入为 $\boldsymbol{u}=[u_r \quad u_l]^{\mathrm{T}}$,输出变量为 $\boldsymbol{y}=[v \quad \phi]^{\mathrm{T}}$。则由式(8.18)和式(8.21),得移动机器人动力学状态方程为

$$\begin{cases} \dot{\boldsymbol{x}} = \boldsymbol{A}\boldsymbol{x} + \boldsymbol{B}\boldsymbol{u} \\ \boldsymbol{y} = \boldsymbol{C}\boldsymbol{x} \end{cases} \tag{8.22}$$

其中,$\boldsymbol{A} = \begin{bmatrix} a_1 & 0 & 0 \\ 0 & 0 & 1 \\ 0 & 0 & a_2 \end{bmatrix}$,$\boldsymbol{B} = \begin{bmatrix} b_1 & b_1 \\ 0 & 0 \\ b_2 & -b_2 \end{bmatrix}$,$\boldsymbol{C} = \begin{bmatrix} 1 & 0 & 0 \\ 0 & 1 & 0 \end{bmatrix}$,$a_1 = -\dfrac{2c}{Mr^2+2I_w}$,$a_2 = -\dfrac{2cl^2}{I_v r^2+2I_w l^2}$,$b_1 = \dfrac{kr}{Mr^2+2I_w}$,$b_2 = \dfrac{krl}{I_v r^2+2I_w l^2}$。

8.2.2 反演控制器设计

移动机器人动力学模型式(8.22)是线性耦合系统,针对该系统进行控制律设计,首先要进行解耦。

令

$$\begin{bmatrix} u_r \\ u_l \end{bmatrix} = \begin{bmatrix} 1 & -1 \\ 0 & 1 \end{bmatrix} \begin{bmatrix} u_1 \\ u_2 \end{bmatrix} \tag{8.23}$$

则 $u_r = u_1 - u_2$,$u_l = u_2$,将式(8.23)代入式(8.22)中,则系统式(8.22)可解耦为以下两个独立的子系统:

$$\dot{v} = a_1 v + b_1 u_1 \tag{8.24}$$

$$\begin{cases} \dot{\phi} = \omega \\ \dot{\omega} = a_2 \omega + b_2 u_1 - 2b_2 u_2 \end{cases} \tag{8.25}$$

针对系统式(8.24)和式(8.25)分别设计控制律。

(1) 针对系统式(8.24)设计控制律。

令理想线速度为 v_d,线速度误差为 $v_e = v_d - v$。定义 Lyapunov 函数为

$$V = \frac{1}{2}v_e^2$$

则

$$\dot{V} = v_e \dot{v}_e = v_e(\dot{v}_d - a_1 v - b_1 u_1)$$

取控制律为

$$u_1=\frac{1}{b_1}(c_1 v_e+\dot{v}_d-a_1 v) \tag{8.26}$$

其中，$c_1>0$。则

$$\dot{V}=-c_1 v_e^2=-2c_1 V$$

则 $V(t)=e^{-2c_1 t}V(0)$，从而 $t\to\infty$ 时，$v_e\to 0$ 且以指数形式收敛。

(2) 针对系统式(8.25)设计控制律。

假设理想角度为 ϕ_d，则误差为 $z_1=\phi-\phi_d$，$\dot{z}_1=\dot{\phi}-\dot{\phi}_d$。引入虚拟控制量

$$\alpha_1=-c_2 z_1+\dot{\phi}_d \tag{8.27}$$

其中，$c_2>0$。

定义 Lyapunov 函数为

$$V_1=\frac{1}{2}z_1^2$$

则

$$\dot{V}_1=z_1\dot{z}_1=z_1(\dot{\phi}-\dot{\phi}_d)=z_1(\dot{\phi}-c_2 z_1-\alpha_1)$$

令 $z_2=\dot{\phi}-\alpha_1$，则

$$\dot{V}_1=z_1 z_2-c_2 z_1^2$$

为了保证系统稳定，要求 $z_2\to 0$。定义 Lyapunov 函数为

$$V=\frac{1}{2}z_1^2+\frac{1}{2}z_2^2$$

由于 $\dot{z}_2=\ddot{\phi}-\dot{\alpha}_1=a_2\omega+b_2 u_1-2b_2 u_2+c_2\dot{z}_1-\ddot{\phi}_d$，则

$$\dot{V}=\dot{V}_1+z_2\dot{z}_2=z_1 z_2-c_2 z_1^2+z_2(a_2\omega+b_2 u_1-2b_2 u_2+c_2\dot{z}_1-\ddot{\phi}_d)$$

令控制律为

$$u_2=\frac{1}{2b_2}(a_2\omega+b_2 u_1+c_2\dot{z}_1-\ddot{\phi}_d+z_1+c_3 z_2) \tag{8.28}$$

则

$$\dot{V}=-c_2 z_1^2-c_3 z_2^2\leqslant -2c_m V$$

其中，$c_m\leqslant\min(c_2,c_3)$。

则 $V(t)\leqslant e^{-2c_m t}V(0)$，即 z_1 和 z_2 以指数形式收敛于零，从而 $t\to\infty$ 时，$\phi\to\phi_d$，$\dot{\phi}\to\alpha_1$，$\alpha_1\to\dot{\phi}_d$，即 $\dot{\phi}\to\dot{\phi}_d$。

8.2.3 仿真实例

被控对象取式(8.22)，$a_1=-0.05$，$a_2=-0.09$，$b_1=0.25$，$b_2=1.67$。线速度指令为 $v_d=1.0$，角度指令为 $\phi_d=\sin t$。采用控制律式(8.26)和式(8.28)，控制律参数设为 $c_1=c_2=c_3=10$，仿真结果如图 8.6～图 8.8 所示。

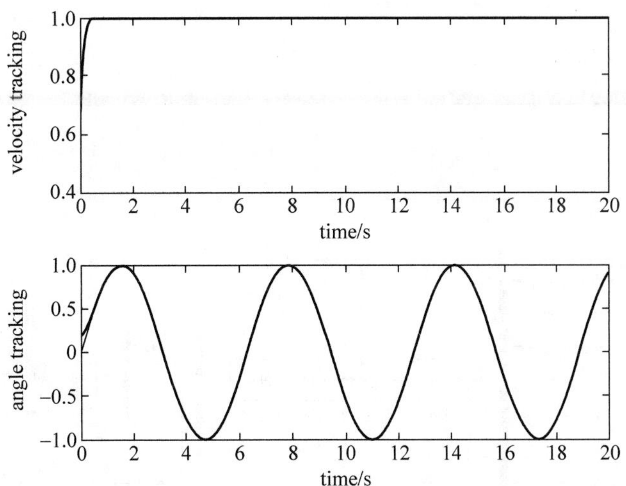

图 8.6 *X* 轴方向速度跟踪和角度跟踪

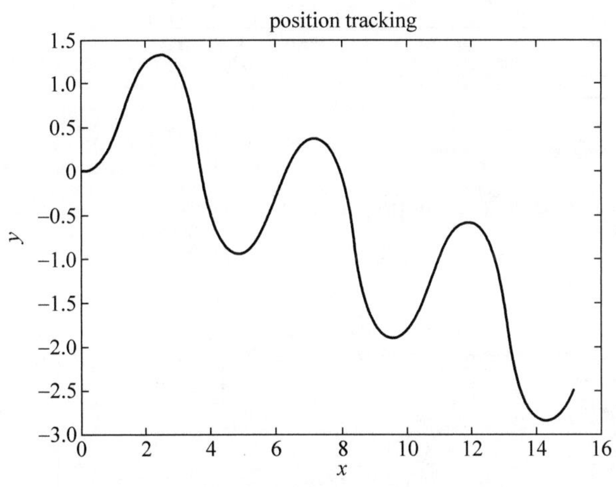

图 8.7 位置轨迹跟踪曲线

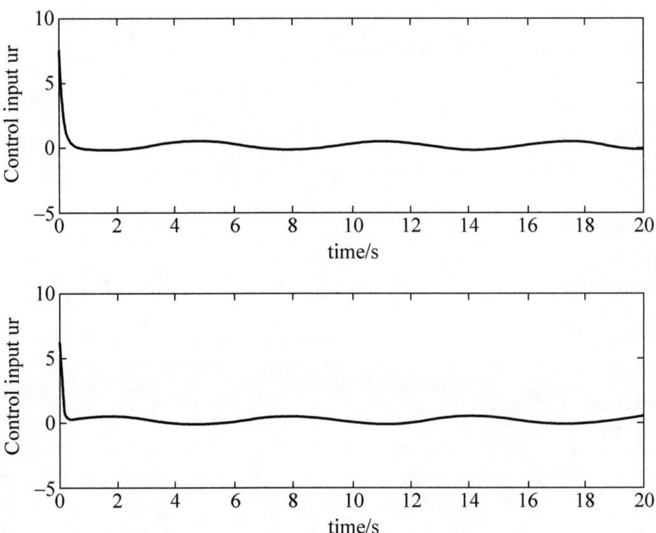

图 8.8 右轮控制输入和左轮控制输入

仿真程序：

（1）Simulink 主程序：chap8_2sim. mdl。

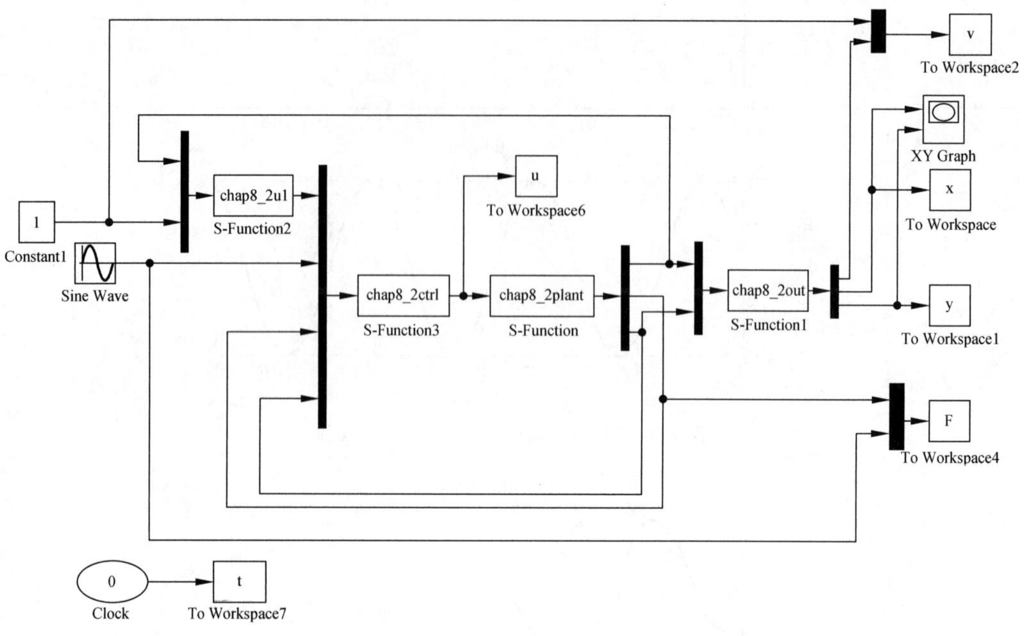

（2）计算控制律 u_1 的 S 函数：chap8_2u1. m。

```
function [sys,x0,str,ts] = v_controller(t,x,u,flag)
switch flag,
case 0,
    [sys,x0,str,ts] = mdlInitializeSizes;
case 3,
    sys = mdlOutputs(t,x,u);
case {1,2,4,9}
    sys = [];
otherwise
    error(['Unhandled flag = ',num2str(flag)]);
end
function [sys,x0,str,ts] = mdlInitializeSizes
sizes = simsizes;
sizes.NumContStates    = 0;
sizes.NumDiscStates    = 0;
sizes.NumOutputs       = 1;
sizes.NumInputs        = 2;
sizes.DirFeedthrough   = 1;
sizes.NumSampleTimes   = 1;
sys = simsizes(sizes);
x0  = [];
str = [];
ts  = [0 0];
function sys = mdlOutputs(t,x,u)
a1 = -0.05;b1 = 0.25;c1 = 10;

v = u(1);
vr = u(2);dvr = 0;
ve = vr - v;
```

```
u1 = (dvr - a1 * v + c1 * ve)/b1;
sys = u1;
```

(3) 控制器 S 函数：chap8_2ctrl. m。

```
function [sys,x0,str,ts] = an_controller(t,x,u,flag)
switch flag,
case 0,
    [sys,x0,str,ts] = mdlInitializeSizes;
case 3,
    sys = mdlOutputs(t,x,u);
case {1,2,4,9}
    sys = [];
otherwise
    error(['Unhandled flag = ',num2str(flag)]);
end
function [sys,x0,str,ts] = mdlInitializeSizes
sizes = simsizes;
sizes.NumOutputs     = 2;
sizes.NumInputs      = 4;
sizes.DirFeedthrough = 1;
sizes.NumSampleTimes = 1;
sys = simsizes(sizes);
x0   = [];
str  = [];
ts   = [0 0];
function sys = mdlOutputs(t,x,u)
a2 = -0.09;b2 = 1.67;
c2 = 10;c3 = 10;

u1 = u(1);
faid = u(2);
dfaid = cos(t);
ddfaid = -sin(t);
fai = u(3);
dfai = u(4);

z1 = fai - faid;
dz1 = dfai - dfaid;
a1 = -c2 * z1 + dfaid;
z2 = dfai - a1;
u2 = (a2 * dfai + b2 * u1 + c2 * dz1 - ddfaid + z1 + c3 * z2)/(2 * b2);

ur = u1 - u2;
ul = u2;
if ur >= 10
    ur = 10;
elseif ur <= -10
    ur = -10;
end
if ul >= 10
    ul = 10;
elseif ul <= -10
    ul = -10;
end
out(1) = ur;
```

```
out(2) = ul;
sys = out;
```

（4）被控对象S函数：chap8_2plant.m。

```
function [sys,x0,str,ts] = robot_model(t,x,u,flag)
switch flag,
  case 0,
    [sys,x0,str,ts] = mdlInitializeSizes;
  case 1,
    sys = mdlDerivatives(t,x,u);
  case 3,
    sys = mdlOutputs(t,x,u);
  case {2,4,9}
    sys = [];
otherwise
    error(['Unhandled flag = ',num2str(flag)]);
end
function [sys,x0,str,ts] = mdlInitializeSizes
sizes = simsizes;
sizes.NumContStates     = 3;
sizes.NumDiscStates     = 0;
sizes.NumOutputs        = 3;
sizes.NumInputs         = 2;
sizes.DirFeedthrough    = 0;
sizes.NumSampleTimes    = 1;
sys = simsizes(sizes);
x0  = [0.5 0.2 0];
str = [];
ts  = [0 0];
function sys = mdlDerivatives(t,x,u)
a1 = -0.05;a2 = -0.09;
b1 = 0.25;b2 = 1.67;

ur = u(1);
ul = u(2);
dx1 = a1 * x(1) + b1 * ur + b1 * ul;
dx2 = x(3);
dx3 = a2 * x(3) + b2 * ur - b2 * ul;
sys(1) = dx1;
sys(2) = dx2;
sys(3) = dx3;
function sys = mdlOutputs(t,x,u)
sys(1) = x(1);
sys(2) = x(2);
sys(3) = x(3);
```

（5）被控对象转换S函数：chap8_2out.m。

```
function [sys,x0,str,ts] = robot(t,x,u,flag)
switch flag,
  case 0,
    [sys,x0,str,ts] = mdlInitializeSizes;
  case 1,
    sys = mdlDerivatives(t,x,u);
  case 3,
    sys = mdlOutputs(t,x,u);
```

```
  case {2,4,9}
    sys = [];
otherwise
    error(['Unhandled flag = ',num2str(flag)]);
end
function [sys,x0,str,ts] = mdlInitializeSizes
sizes = simsizes;
sizes.NumContStates     = 3;
sizes.NumDiscStates     = 0;
sizes.NumOutputs        = 3;
sizes.NumInputs         = 2;
sizes.DirFeedthrough    = 1;
sizes.NumSampleTimes    = 1;
sys = simsizes(sizes);
x0  = [0 0 0];
str = [];
ts  = [0 0];
function sys = mdlDerivatives(t,x,u)
v = u(1);
dx = v * cos(x(3));
dy = v * sin(x(3));
dfai = u(2);
sys = [dx,dy,dfai];
function sys = mdlOutputs(t,x,u)
v = u(1);
sys(1) = v;
sys(2) = x(1);
sys(3) = x(2);
```

(6) 作图程序：chap8_2plot.m。

```
close all;
figure(1);
subplot(211);
plot(t,v(:,1),'r',t,v(:,2),'b','linewidth',2);
xlabel('time(s)');ylabel('velocity tracking');
subplot(212);
plot(t,F(:,2),'r',t,F(:,1),'b','linewidth',2);
xlabel('time(s)');ylabel('angle tracking');
figure(2);
plot(x(:,1),y(:,1),'b','linewidth',2);
title('position tracking');
xlabel('x');ylabel('y');
figure(3);
subplot(211);
plot(t,u(:,1),'r','linewidth',2);
xlabel('time(s)');ylabel('Control input ur');
subplot(212);
plot(t,u(:,2),'r','linewidth',2);
xlabel('time(s)');ylabel('Control input ul');
```

反演控制可与其他方法相结合，可设计更先进的控制器。例如，将反演控制与滑模控制或神经网络控制相结合[3,4]，可实现鲁棒反演控制及无需模型信息的反演控制。

8.3 移动机器人轨迹跟踪迭代学习控制

迭代学习控制(Iterative Learning Control,ILC)的思想于1984年由Arimoto等人[5]做出了开创性的研究。这些学者借鉴人们在重复过程中追求满意指标达到期望行为的简单原理,成功地使得具有强耦合非线性多变量的工业机器人快速高精度地执行轨迹跟踪任务。其基本做法是对于一个在有限时间区间上执行轨迹跟踪任务的机器人,利用前一次或前几次操作时测得的误差信息修正控制输入,使得该重复任务在下一次操作过程中做得更好。如此不断重复,直至在整个时间区间上输出轨迹跟踪上期望轨迹。

迭代学习控制适合于具有重复运动性质的被控对象,通过迭代修正达到某种控制目标的改善。迭代学习控制方法不依赖于系统的精确数学模型,能在给定的时间范围内,以非常简单的算法实现不确定性高的非线性强耦合动态系统的控制,并高精度跟踪给定期望轨迹,因而一经推出,就在运动控制领域得到了广泛的运用。

移动机器人是一种在复杂的环境下具有自规划、自组织、自适应能力工作的机器人。在移动机器人的相关技术研究中,控制技术是其核心技术,也是其实现真正的智能化和完全的自主移动的关键技术。移动机器人具有时变、强耦合和非线性的动力学特征,由于测量和建模的不精确,加上负载的变化以及外部扰动的影响,实际上无法得到移动机器人精确、完整的运动模型。

通过对文献[6]的控制方法进行理论分析及仿真研究,研究一类移动机器人迭代学习离散控制的设计及仿真方法。

8.3.1 数学基础

$\mathbf{R}^n$ 代表 N 维欧几里得空间,定义向量范数为

$$\|\boldsymbol{z}\| = (\boldsymbol{z}^{\mathrm{T}}\boldsymbol{z})^{1/2} \tag{8.29}$$

其中,$\boldsymbol{z}\in\mathbf{R}^n$。

$\boldsymbol{C}\in\mathbf{R}^{p\times m}$ 为$(p\times m)$阶实数矩阵,定义矩阵范数为

$$\|\boldsymbol{C}\| = \sqrt{\lambda_{\max}(\boldsymbol{C}^{\mathrm{T}}\boldsymbol{C})} \tag{8.30}$$

其中,$\lambda_{\max}(\cdot)$为矩阵的最大特征值。

取 $\mathbf{N}\in\{1,\cdots,n\}$,$\tilde{z}=\boldsymbol{z}_{\mathrm{d}}-\boldsymbol{z}_i$,$z\in\{q,u,y\}$,定义 α 范数为

$$\|\boldsymbol{z}(\cdot)\|_{\alpha} = \sup_{k\in\mathbf{N}} \boldsymbol{z}(k)\left(\frac{1}{\alpha}\right)^{k},\quad \alpha\geqslant 1,\quad z:\mathbf{N}\rightarrow\mathbf{R} \tag{8.31}$$

8.3.2 系统描述

图8.9为移动机器人运动模型,它在同一根轴上有两个独立的推进轮,机器人在二维空间移动,点 $P(k)$代表机器人的当前位置,广义坐标 $P(k)$定义为$[x_{\mathrm{p}}(k),y_{\mathrm{p}}(k),\theta_{\mathrm{p}}(k)]$,$x_{\mathrm{p}}(k)$和 $y_{\mathrm{p}}(k)$为直角坐标系下 $P(k)$的坐标,$\theta_{\mathrm{p}}(k)$为机器人的方位角。当机器人的标定方向为地理坐标系的横轴正半轴时,$\theta_{\mathrm{p}}(k)$定义为0。移动机器人受不完全约束的影响而只能在驱动轮轴的方向运动,点 $P(k)$的线速度和角速度定义为 $v_{\mathrm{p}}(k)$和 $\omega_{\mathrm{p}}(k)$。

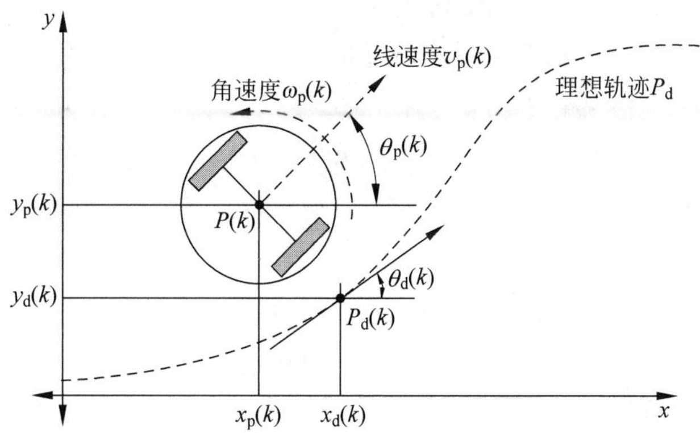

图 8.9 移动机器人运动模型

根据图 8.9,针对 P 点,移动机器人的离散运动学方程可由下式描述:

$$\begin{bmatrix} x_p(k+1) \\ y_p(k+1) \\ \theta_p(k+1) \end{bmatrix} = \begin{bmatrix} x_p(k) \\ y_p(k) \\ \theta_p(k) \end{bmatrix} + \Delta T \begin{bmatrix} \cos\theta_p(k) & 0 \\ \sin\theta_p(k) & 0 \\ 0 & 1 \end{bmatrix} \begin{bmatrix} v_p(k) \\ \omega_p(k) \end{bmatrix} \tag{8.32}$$

其中,ΔT 为采样时间,机器人状态向量为 $\boldsymbol{q}(k)=[x_p(k) \quad y_p(k) \quad \theta_p(k)]^{\mathrm{T}}$,速度向量为 $\boldsymbol{u}_p(k)=[v_p(k) \quad \omega_p(k)]^{\mathrm{T}}$。

式(8.32)可写为

$$\boldsymbol{q}(k+1)=\boldsymbol{q}(k)+\boldsymbol{B}(\boldsymbol{q}(k),k)\boldsymbol{u}_p(k) \tag{8.33}$$

其中

$$\boldsymbol{B}(\boldsymbol{q}_p(k),k)=\Delta T \begin{bmatrix} \cos\theta_p(k) & 0 \\ \sin\theta_p(k) & 0 \\ 0 & 1 \end{bmatrix} \tag{8.34}$$

如图 8.9 所示,期望轨迹为 $\boldsymbol{p}_d(k)=[x_d(k)y_d(k)\theta_d(k)]$,$1\leqslant k\leqslant n$。运动轨迹跟踪的控制问题就是为确定 $\boldsymbol{u}(k)=[v(k)\omega(k)]^{\mathrm{T}}$,使 $P(k)$跟踪 $P_d(k)$。

线速度和角速度误差分别为

$$\tilde{v}(k)=v_p(k)-v(k) \tag{8.35}$$

$$\tilde{\omega}(k)=\omega_p(k)-\omega(k) \tag{8.36}$$

移动机器人迭代学习控制系统结构如图 8.10 所示。

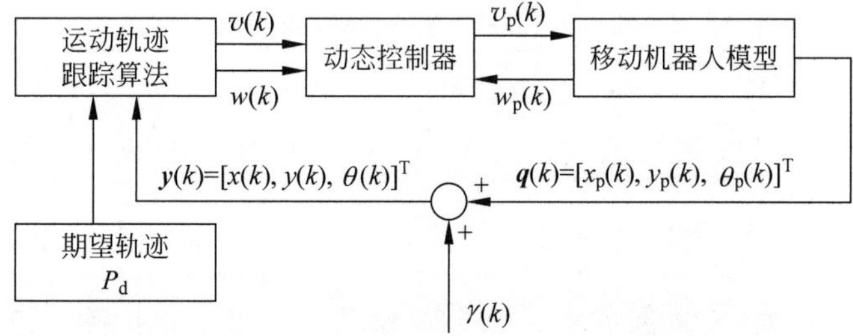

图 8.10 移动机器人迭代学习控制系统结构

移动机器人离散运动学方程可描述如下:

$$\boldsymbol{q}(k+1)=\boldsymbol{q}(k)+\boldsymbol{B}(\boldsymbol{q}(k),k)\boldsymbol{u}(k)+\boldsymbol{\beta}(k) \tag{8.37}$$

$$\boldsymbol{y}(k)=\boldsymbol{q}(k)+\boldsymbol{\gamma}(k) \tag{8.38}$$

其中，$\boldsymbol{\beta}(k)$为状态干扰，$\boldsymbol{\gamma}(k)$为输出测量噪声，$\boldsymbol{y}(k)=[x(k)\,y(k)\,\theta(k)]^{\mathrm{T}}$为系统输出，$\boldsymbol{u}(k)=[v(k)\,\omega(k)]^{\mathrm{T}}$。

考虑迭代过程，由式(8.37)和式(8.38)可得

$$\boldsymbol{q}_i(k+1)=\boldsymbol{q}_i(k)+\boldsymbol{B}(\boldsymbol{q}_i(k),k)\boldsymbol{u}_i(k)+\boldsymbol{\beta}_i(k) \tag{8.39}$$

$$\boldsymbol{y}_i(k)=\boldsymbol{q}_i(k)+\boldsymbol{\gamma}_i(k) \tag{8.40}$$

其中，i为迭代次数，k为离散时间，$k=1,\cdots,n$。$\boldsymbol{q}_i(k)$、$\boldsymbol{u}_i(k)$、$\boldsymbol{y}_i(k)$、$\boldsymbol{\beta}_i(k)$、$\boldsymbol{\gamma}_i(k)$分别代表第i次迭代的状态、输入、输出、状态干扰和输出噪声。

机器人运动方程式(8.39)和式(8.40)满足下列性质和假设：

性质1 考虑理想情况，取$\boldsymbol{\beta}_i(k)$和$\boldsymbol{\gamma}_i(k)$均为零，$k\in\mathbf{N}$，则期望轨迹的方程可写为

$$\boldsymbol{q}_{\mathrm{d}}(k+1)=\boldsymbol{q}_{\mathrm{d}}(k)+\boldsymbol{B}(q_{\mathrm{d}}(k),k)\boldsymbol{u}_{\mathrm{d}}(k) \tag{8.41}$$

$$\boldsymbol{y}_{\mathrm{d}}(k)=\boldsymbol{q}_{\mathrm{d}}(k) \tag{8.42}$$

性质2 矩阵函数$\boldsymbol{B}(\boldsymbol{q}_i(k),k)$满足Lipschitz条件：

$$\|\boldsymbol{B}(\boldsymbol{q}_1,k)-\boldsymbol{B}(\boldsymbol{q}_2,k)\|\leqslant c_{\mathrm{B}}\|\boldsymbol{q}_1-\boldsymbol{q}_2\|,\quad k\in\mathbf{N},\quad c_{\mathrm{B}}\text{为正常数} \tag{8.43}$$

性质3 矩阵$\boldsymbol{B}(\boldsymbol{q}_i(k),k)$是有界的，$\|\boldsymbol{B}(\boldsymbol{q}_i(k),k)\|\leqslant b_{\mathrm{B}}$，$b_{\mathrm{B}}$为正常数，矩阵$\boldsymbol{B}(\boldsymbol{q}_i(k),k)$为$(\boldsymbol{q}_i(k),k)$的满秩矩阵。

假设1 $\max\limits_{1\leqslant k\leqslant n}\|\boldsymbol{u}_{\mathrm{d}}(k)\|\leqslant b_{\mathrm{u_d}}$。

假设2 干扰和噪声有界：

$$\max_{1\leqslant i\leqslant\infty}\max_{1\leqslant k\leqslant n}\|\boldsymbol{\beta}_i(k)\|\leqslant b_\beta,\quad \max_{1\leqslant i\leqslant\infty}\max_{1\leqslant k\leqslant n}\|\boldsymbol{\gamma}_i(k)\|\leqslant b_\gamma \tag{8.44}$$

其中，b_β、b_γ为正常数。

假设3 在每一次迭代中，轨迹都是从$\boldsymbol{q}_{\mathrm{d}}(0)$的邻域开始，即$\|\boldsymbol{q}_{\mathrm{d}}(0)-\boldsymbol{q}_i(0)\|\leqslant b_{\mathrm{q_0}}$，$b_{\mathrm{q_0}}>0$，$i\geqslant1$。

8.3.3 控制律设计及收敛性分析

迭代学习控制律设计为

$$\boldsymbol{u}_{i+1}(k)=\boldsymbol{u}_i(k)+\boldsymbol{L}_1(k)\boldsymbol{e}_i(k+1)+\boldsymbol{L}_2(k)\boldsymbol{e}_{i+1}(k) \tag{8.45}$$

对于第i次迭代，跟踪误差信号为$\boldsymbol{e}_i(k)=\boldsymbol{y}_{\mathrm{d}}(k)-\boldsymbol{y}_i(k)$，$\boldsymbol{L}_1(k)$和$\boldsymbol{L}_2(k)$为学习的增益矩阵，满足$\|\boldsymbol{L}_1(k)\|\leqslant b_{\mathrm{L_1}}$，$\|\boldsymbol{L}_2(k)\|\leqslant b_{\mathrm{L_2}}$，$k\in\mathbf{N}$，$b_{\mathrm{L_1}}>0$，$b_{\mathrm{L_2}}>0$。

通过控制律式(8.45)，使状态变量$\boldsymbol{q}_i(k)$、控制输入$\boldsymbol{u}_i(k)$、系统输出$\boldsymbol{y}_i(k)$分别收敛于期望值$\boldsymbol{q}_{\mathrm{d}}(k)$、$\boldsymbol{u}_{\mathrm{d}}(k)$、$\boldsymbol{y}_{\mathrm{d}}(k)$。

定理8.1[6] 考虑离散系统式(8.39)和式(8.40)，满足假设1～假设3，采用控制律式(8.45)，则

$$\|\boldsymbol{I}-\boldsymbol{L}_1(k)\boldsymbol{B}(\boldsymbol{q}_i,k)\|\leqslant\rho<1 \tag{8.46}$$

对于所有$(\boldsymbol{q}_i,k)\in\mathbf{R}^n\times\mathbf{N}$都成立。如果忽略状态干扰，输出噪声和初始状态误差（即$b_\beta=b_\gamma=b_{\mathrm{q_0}}=0$），则$\boldsymbol{u}_i(k)$、$\boldsymbol{q}_i(k)$、$\boldsymbol{y}_i(k)$分别收敛于$\boldsymbol{u}_{\mathrm{d}}(k)$、$\boldsymbol{q}_{\mathrm{d}}(k)$、$\boldsymbol{y}_{\mathrm{d}}(k)$，$k\in\mathbf{N}$，$i\to\infty$。如果考虑干扰、噪声和误差的存在，则$\|\boldsymbol{u}_i(k)-\boldsymbol{u}_{\mathrm{d}}(k)\|$，$\|\boldsymbol{q}_i(k)-\boldsymbol{q}_{\mathrm{d}}(k)\|$，$\|\boldsymbol{y}_i(k)-\boldsymbol{y}_{\mathrm{d}}(k)\|$有界，且收敛于$b_\beta$，$b_\gamma$，$b_{\mathrm{q_0}}$的函数。

参考文献[6]的证明，下面给出定理8.1的收敛性分析过程。由式(8.41)和式(8.39)得

$$\begin{aligned}\tilde{\boldsymbol{q}}_i(k+1) &= \boldsymbol{q}_{\rm d}(k+1) - \boldsymbol{q}_i(k+1) \\ &= [\boldsymbol{q}_{\rm d}(k) + \boldsymbol{B}(\boldsymbol{q}_{\rm d}(k),k)u_{\rm d}(k)] - [\boldsymbol{q}_i(k) + \boldsymbol{B}(\boldsymbol{q}_i(k),k)\boldsymbol{u}_i(k) + \boldsymbol{\beta}_i(k)] \\ &= \tilde{\boldsymbol{q}}_i(k) + \boldsymbol{B}(\boldsymbol{q}_{\rm d}(k),k)\boldsymbol{u}_{\rm d}(k) - \boldsymbol{B}(q_i(k),k)[\boldsymbol{u}_i(k) - \boldsymbol{u}_{\rm d}(k) + \boldsymbol{u}_{\rm d}(k)] - \boldsymbol{\beta}_i(k) \\ &= \tilde{\boldsymbol{q}}_i(k) + [\boldsymbol{B}(\boldsymbol{q}_{\rm d}(k),k) - \boldsymbol{B}(\boldsymbol{q}_i(k),k)]\boldsymbol{u}_{\rm d}(k) + \boldsymbol{B}(\boldsymbol{q}_i(k),k)\tilde{\boldsymbol{u}}_i(k) - \boldsymbol{\beta}_i(k)\end{aligned} \tag{8.47}$$

考虑性质 2 和性质 3 及假设 1 和假设 2,得

$$\|\tilde{\boldsymbol{q}}_i(k+1)\| \leqslant \|\tilde{\boldsymbol{q}}_i(k)\| + c_{\rm B}b_{\rm u_d}\|\tilde{\boldsymbol{q}}_i(k)\| + b_{\rm B}\|\tilde{\boldsymbol{u}}_i(k)\| + b_\beta$$

令 $h_2 = 1 + c_{\rm B}b_{\rm u_d}$,则

$$\|\tilde{\boldsymbol{q}}_i(k+1)\| \leqslant h_2\|\tilde{\boldsymbol{q}}_i(k)\| + b_{\rm B}\|\tilde{\boldsymbol{u}}_i(k)\| + b_\beta$$

上式递推并考虑假设 3,得

$$\|\tilde{\boldsymbol{q}}_i(k)\| \leqslant \sum_{j=0}^{k-1} h_2^{k-1-j}[b_{\rm B}\|\tilde{\boldsymbol{u}}_i(j)\| + b_\beta] + h_2^k b_{\rm q_0} \tag{8.48}$$

由式(8.45)得

$$\begin{aligned}\tilde{\boldsymbol{u}}_{i+1}(k) &= \boldsymbol{u}_{\rm d}(k) - \boldsymbol{u}_{i+1}(k) \\ &= \boldsymbol{u}_{\rm d}(k) - \boldsymbol{u}_i(k) - \boldsymbol{L}_1(k)\boldsymbol{e}_i(k+1) - \boldsymbol{L}_2(k)\boldsymbol{e}_{i+1}(k) \\ &= \tilde{\boldsymbol{u}}_i(k) - \boldsymbol{L}_1(k)[\boldsymbol{y}_{\rm d}(k+1) - \boldsymbol{y}_i(k+1)] - \boldsymbol{L}_2(k)[\boldsymbol{y}_{\rm d}(k) - \boldsymbol{y}_{i+1}(k)] \\ &= \tilde{\boldsymbol{u}}_i(k) - \boldsymbol{L}_1(k)[\boldsymbol{q}_{\rm d}(k+1) - \boldsymbol{q}_i(k+1) - \boldsymbol{\gamma}_i(k+1)] - \boldsymbol{L}_2(k)[\boldsymbol{q}_{\rm d}(k) - \\ &\quad \boldsymbol{q}_{i+1}(k) - \boldsymbol{\gamma}_{i+1}(k)] \\ &= \tilde{\boldsymbol{u}}_i(k) - \boldsymbol{L}_1(k)[\boldsymbol{q}_{\rm d}(k) + \boldsymbol{B}(\boldsymbol{q}_{\rm d}(k),k)\boldsymbol{u}_{\rm d}(k) - \boldsymbol{q}_i(k) - \boldsymbol{B}(\boldsymbol{q}_i(k),k)\boldsymbol{u}_i(k)] + \\ &\quad \boldsymbol{L}_1(k)[\boldsymbol{\beta}_i(k) + \boldsymbol{\gamma}_i(k+1)] - \boldsymbol{L}_2(k)[\tilde{\boldsymbol{q}}_{i+1}(k) - \boldsymbol{\gamma}_{i+1}(k+1)] \\ &= \tilde{\boldsymbol{u}}_i(k) - \boldsymbol{L}_1(k)\tilde{\boldsymbol{q}}_i(k) - \boldsymbol{L}_1(k)[\boldsymbol{B}(\boldsymbol{q}_{\rm d}(k),k)\boldsymbol{u}_{\rm d}(k) - \\ &\quad \boldsymbol{B}(\boldsymbol{q}_i(k),k)\{\boldsymbol{u}_i(k) - \boldsymbol{u}_{\rm d}(k) + \boldsymbol{u}_{\rm d}(k)\}] + \\ &\quad \boldsymbol{L}_1(k)[\boldsymbol{\beta}_i(k) + \boldsymbol{\gamma}_{i+1}(k)] - \boldsymbol{L}_2(k)[\tilde{\boldsymbol{q}}_{i+1}(k) - \boldsymbol{\gamma}_{i+1}(k+1)] \\ &= \tilde{\boldsymbol{u}}_i(k) - \boldsymbol{L}_1(k)\tilde{\boldsymbol{q}}_i(k) - \boldsymbol{L}_1(k)\boldsymbol{B}(\boldsymbol{q}_i(k),k)\tilde{\boldsymbol{u}}_i(k) - \boldsymbol{L}_1(k)[\boldsymbol{B}(\boldsymbol{q}_{\rm d}(k),k) - \\ &\quad \boldsymbol{B}(\boldsymbol{q}_i(k),k)]\boldsymbol{u}_{\rm d}(k) - \boldsymbol{L}_2(k)\tilde{\boldsymbol{q}}_{i+1}(k) + \boldsymbol{L}_1(k)[\boldsymbol{\beta}_i(k) + \boldsymbol{\gamma}_{i+1}(k)] + \\ &\quad \boldsymbol{L}_2(k)\boldsymbol{\gamma}_{i+1}(k) \\ &= [\boldsymbol{I} - \boldsymbol{L}_1(k)\boldsymbol{B}(\boldsymbol{q}_i(k),k)]\tilde{\boldsymbol{u}}_i(k) - \boldsymbol{L}_1(k)\tilde{\boldsymbol{q}}_i(k) - \boldsymbol{L}_1(k)[\boldsymbol{B}(\boldsymbol{q}_{\rm d}(k),k) - \\ &\quad \boldsymbol{B}(\boldsymbol{q}_i(k),k)]\boldsymbol{u}_{\rm d}(k) - \boldsymbol{L}_2(k)\tilde{\boldsymbol{q}}_{i+1}(k) + \boldsymbol{L}_1(k)[\boldsymbol{\beta}_i(k) + \\ &\quad \boldsymbol{\gamma}_{i+1}(k)] + \boldsymbol{L}_2(k)\boldsymbol{\gamma}_{i+1}(k)\end{aligned}$$

利用性质 2 和假设 2,得

$$\begin{aligned}\|\tilde{\boldsymbol{u}}_{i+1}(k)\| \leqslant &\|\boldsymbol{I} - \boldsymbol{L}_1(k)\boldsymbol{B}(\boldsymbol{q}_i(k),k)\|\ \|\tilde{\boldsymbol{u}}_i(k)\| + \\ &b_{\rm L_1}\|\tilde{\boldsymbol{q}}_i(k)\| + b_{\rm L_1}c_{\rm B}b_{\rm u_d}\|\tilde{\boldsymbol{q}}_i(k)\| + \\ &b_{\rm L_2}\|\tilde{\boldsymbol{q}}_{i+1}(k)\| b_{\rm L_1}(b_\beta + b_\gamma) + b_{\rm L_2}b_\gamma\end{aligned}$$

令 $h_1 = b_{\rm L_1}(1 + c_{\rm B}b_{\rm u_d}) = b_{\rm L_1}h_2$, $b_1 = b_{\rm L_1}(b_\beta + b_\gamma) + b_{\rm L_2}b_\gamma$,则

$$\begin{aligned}\|\tilde{\boldsymbol{u}}_{i+1}(k)\| \leqslant &\|\boldsymbol{I} - \boldsymbol{L}_1(k)\boldsymbol{B}(\boldsymbol{q}_i(k),k)\|\ \|\tilde{\boldsymbol{u}}_i(k)\| + \\ &h_1\|\tilde{\boldsymbol{q}}_i(k)\| + b_{\rm L_2}\|\tilde{\boldsymbol{q}}_{i+1}(k)\| + b_1\end{aligned}$$

将式(8.46)和式(8.48)代入上式,得

$$\|\tilde{\boldsymbol{u}}_{i+1}(k)\| \leqslant \rho \|\tilde{\boldsymbol{u}}_i(k)\| + h_1\left[\sum_{j=0}^{k-1} h_2^{k-1-j}[b_{\mathrm{B}}\|\tilde{\boldsymbol{u}}_i(j)\| + b_\beta] + h_2^k b_{q_0}\right] +$$

$$b_{\mathrm{L}_2}\left[\sum_{j=0}^{k-1} h_2^{k-1-j}[b_{\mathrm{B}}\|\tilde{\boldsymbol{u}}_{i+1}(j)\| + b_\beta] + h_2^k b_{q_0}\right] + b_1$$

因此

$$\|\tilde{\boldsymbol{u}}_{i+1}(k)\| \leqslant \rho \|\tilde{\boldsymbol{u}}_i(k)\| + (h_1 + b_{\mathrm{L}2})h_2^k b_{q_0} + b_1 + h_1\sum_{j=0}^{k-1} h_2^{k-1-j}[b_{\mathrm{B}}\|\tilde{\boldsymbol{u}}_i(j)\| + b_\beta] +$$

$$b_{\mathrm{L}_2}\sum_{j=0}^{k-1} h_2^{k-1-j}[b_{\mathrm{B}}\|\tilde{\boldsymbol{u}}_{i+1}(j)\| + b_\beta]$$

上式两端同乘$\left(\frac{1}{\alpha}\right)^k$，取$\alpha$范数，得

$$\|\tilde{\boldsymbol{u}}_{i+1}(k)\|\left(\frac{1}{\alpha}\right)^k \leqslant \rho\|\tilde{\boldsymbol{u}}_i(k)\|\left(\frac{1}{\alpha}\right)^k + (h_1 + b_{\mathrm{L}_2})b_{q_0}\left(\frac{h_2}{\alpha}\right)^k +$$

$$b_1\left(\frac{1}{\alpha}\right)^k + \left(\frac{h_1}{\alpha}\right)\sum_{j=0}^{k-1}\left(\frac{h_2}{\alpha}\right)^{k-1-j} \times \left[b_{\mathrm{B}}\|\tilde{u}_i(j)\|\left(\frac{1}{\alpha}\right)^j + b_\beta\left(\frac{1}{\alpha}\right)^j\right] +$$

$$\left(\frac{b_{\mathrm{L}_2}}{\alpha}\right)\sum_{j=0}^{k-1}\left(\frac{h_2}{\alpha}\right)^{k-1-j} \times \left[b_{\mathrm{B}}\|\tilde{u}_{i+1}(j)\|\left(\frac{1}{\alpha}\right)^j + b_\beta\left(\frac{1}{\alpha}\right)^j\right]$$

取$\alpha > \max\{1, h_2\}$，得

$$\|\tilde{\boldsymbol{u}}_{i+1}\|_\alpha \leqslant \rho\|\tilde{\boldsymbol{u}}_i\|_\alpha + (h_1 + b_{\mathrm{L}_2})b_{q_0} + b_1 + (b_{\mathrm{B}}\|\tilde{\boldsymbol{u}}_i\|_\alpha + b_\beta)\left(\frac{h_1}{\alpha}\right)\sum_{j=0}^{k-1}\left(\frac{h_2}{\alpha}\right)^{k-1-j} +$$

$$(b_{\mathrm{B}}\|\tilde{\boldsymbol{u}}_{i+1}\|_\alpha + b_\beta)\left(\frac{b_{\mathrm{L}_2}}{\alpha}\right)\sum_{j=0}^{k-1}\left(\frac{h_2}{\alpha}\right)^{k-1-j}$$

$$\leqslant \rho\|\tilde{\boldsymbol{u}}_i\|_\alpha + (h_1 + b_{\mathrm{L}_2})b_{q_0} + b_1 + (b_{\mathrm{B}}\|\tilde{\boldsymbol{u}}_i\|_\alpha + b_\beta)\left(\frac{h_1[1-(h_2/\alpha)^n]}{\alpha - h_2}\right) +$$

$$(b_{\mathrm{B}}\|\tilde{\boldsymbol{u}}_{i+1}\|_\alpha + b_\beta)\left(\frac{b_{\mathrm{L}_2}[1-(h_2/\alpha)^n]}{\alpha - h_2}\right)$$

$$= \left(\rho + b_{\mathrm{B}}h_1\frac{1-(h_2/\alpha)^n}{\alpha - h_2}\right)\|\tilde{\boldsymbol{u}}_i\| \,|_\alpha + b_{\mathrm{B}}b_{\mathrm{L}_2}\frac{1-(h_2/\alpha)^n}{\alpha - h_2}\|\tilde{\boldsymbol{u}}_{i+1}\|_\alpha +$$

$$(h_1 + b_{\mathrm{L}_2})b_{q_0} + b_1 + \frac{b_\beta(h_1 + b_{\mathrm{L}_2})[1-(h_2/\alpha)^n]}{\alpha - h_2}$$

即

$$\left(1 - b_{\mathrm{B}}b_{\mathrm{L}_2}\frac{1-(h_2/\alpha)^n}{\alpha - h_2}\right)\|\tilde{\boldsymbol{u}}_{i+1}\|_\alpha \leqslant \left(\rho + b_{\mathrm{B}}h_1\frac{1-(h_2/\alpha)^n}{\alpha - h_2}\right)\|\tilde{\boldsymbol{u}}_i\|_\alpha + (h_1 + b_{\mathrm{L}_2})b_{q_0} +$$

$$b_1 + \frac{b_\beta(h_1 + b_{\mathrm{L}_2})[1-(h_2/\alpha)^n]}{\alpha - h_2} \tag{8.49}$$

其中，根据等比数列有

$$\frac{1}{\alpha}\sum_{j=0}^{k-1}\left(\frac{h_2}{\alpha}\right)^{k-1-j} = \frac{1}{\alpha}\left(\frac{h_2}{\alpha}\right)^{k-1}\sum_{j=0}^{k-1}\left(\frac{h_2}{\alpha}\right)^{-j} = \frac{1}{\alpha}\left(\frac{h_2}{\alpha}\right)^{k-1}\sum_{j=0}^{k-1}\left(\frac{\alpha}{h_2}\right)^j$$

$$=\frac{1}{\alpha}\left(\frac{h_2}{\alpha}\right)^{k-1}\frac{1-\left(\frac{\alpha}{h_2}\right)^k}{1-\frac{\alpha}{h_2}}=\frac{(h_2/\alpha)^{k-1}((\alpha/h_2)^k-1)}{\alpha(\alpha/h_2-1)}$$

$$=\frac{1-(h_2/\alpha)^k}{\alpha-h_2}\leqslant\frac{1-(h_2/\alpha)^n}{\alpha-h_2} \tag{8.50}$$

$k=1,2,\cdots,n$。

令 $\alpha>\max\{1,h_2,h_2+b_Bb_{L_2}\}$,则式(8.49)变为

$$\|\tilde{\boldsymbol{u}}_{i+1}\|_\alpha\leqslant\hat{\rho}\|\tilde{\boldsymbol{u}}_i\|_\alpha+\varepsilon \tag{8.51}$$

其中

$$\hat{\rho}=\frac{\rho+b_Bh_1\frac{1-(h_2/\alpha)^n}{\alpha-h_2}}{1-b_Bb_{L_2}\frac{1-(h_2/\alpha)^n}{\alpha-h_2}}$$

$$\varepsilon=\frac{(h_1+b_{L_2})\left(b_{q_0}+b_\beta\frac{1-(h_2/\alpha)^n}{\alpha-h_2}\right)+b_1}{1-b_Bb_{L_2}\frac{1-(h_2/\alpha)^n}{\alpha-h_2}}$$

对式(8.115)进行递推,得

$$\|\tilde{\boldsymbol{u}}_{i+1}\|_\alpha\leqslant\hat{\rho}^i\|\tilde{\boldsymbol{u}}_1\|_\alpha+\varepsilon\sum_{j=0}^{i-1}\hat{\rho}^j=\hat{\rho}^i\|\tilde{\boldsymbol{u}}_1\|_\alpha+\frac{\varepsilon(1-\hat{\rho}^i)}{1-\hat{\rho}}$$

取 α 足够大,使 $\hat{\rho}\approx\rho<1$,可得

$$\lim_{i\to\infty}\|\tilde{\boldsymbol{u}}_i\|_\alpha\leqslant\frac{\varepsilon}{1-\hat{\rho}} \tag{8.52}$$

同理,式(8.48)两端同时乘以 $\left(\frac{1}{\alpha}\right)^k$,得

$$\||\tilde{\boldsymbol{q}}_i(k)\|\left(\frac{1}{\alpha}\right)^k\leqslant\frac{1}{\alpha}\sum_{j=0}^{k-1}\left(\frac{h_2}{\alpha}\right)^{k-1-j}\left[b_B\|\tilde{u}_i(j)\|\left(\frac{1}{\alpha}\right)^j+b_\beta\left(\frac{1}{\alpha}\right)^j\right]+\left(\frac{h_2}{\alpha}\right)^kb_{q_0}$$

由于 $b_\beta\left(\frac{1}{\alpha}\right)^j\leqslant b_\beta,\frac{h_2}{\alpha}<1$,并利用式(8.50),得

$$\|\tilde{\boldsymbol{q}}_i\|_\alpha\leqslant(b_B\|\tilde{\boldsymbol{u}}_i\|_\alpha+b_\beta)\frac{1-(h_2/\alpha)^n}{\alpha-h_2}+b_{q_0}=b_B\frac{1-(h_2/\alpha)^n}{\alpha-h_2}\|\tilde{\boldsymbol{u}}_i\|_\alpha+$$
$$b_\beta\frac{1-(h_2/\alpha)^n}{\alpha-h_2}+b_{q_0}$$

将式(8.52)代入上式,得

$$\lim_{i\to\infty}\|\tilde{\boldsymbol{q}}_i\|_\alpha\leqslant b_B\frac{1-(h_2/\alpha)^n}{\alpha-h_2}\frac{\varepsilon}{1-\hat{\rho}}+b_\beta\frac{1-(h_2/\alpha)^n}{\alpha-h_2}+b_{q_0} \tag{8.53}$$

将式(8.42)减去式(8.40),得

$$\tilde{\boldsymbol{y}}_i(k)=\boldsymbol{y}_d(k)-\boldsymbol{y}_i(k)=\boldsymbol{q}_d(k)-[\boldsymbol{q}_i(k)+\boldsymbol{\gamma}_i(k)]=\tilde{\boldsymbol{q}}_i(k)-\boldsymbol{\gamma}_i(k)$$

将上式两端同时乘以 $\left(\frac{1}{\alpha}\right)^k$,得

$$\|\tilde{\boldsymbol{y}}_i\|_\alpha \leqslant \|\tilde{\boldsymbol{q}}_i\|_\alpha + b_\gamma$$

将式(8.53)代入上式，得

$$\lim_{i\to\infty}\|\tilde{\boldsymbol{y}}_i\|_\alpha \leqslant b_{\mathrm{B}}\frac{1-(h_2/\alpha)^n}{\alpha-h_2}\frac{\varepsilon}{1-\hat{\rho}}+b_\beta\frac{1-(h_2/\alpha)^n}{\alpha-h_2}+b_{q_0}+b_\gamma \tag{8.54}$$

由式(8.52)～式(8.54)，可得结论：当 $b_\beta=0, b_\gamma=0, b_{q_0}=0$ 时，$\|\tilde{\boldsymbol{u}}_i\|_\alpha$、$\|\tilde{\boldsymbol{q}}_i\|_\alpha$、$\|\tilde{\boldsymbol{y}}_i\|_\alpha$ 收敛于零，否则 $\|\tilde{\boldsymbol{u}}_i\|_\alpha$、$\|\tilde{\boldsymbol{q}}_i\|_\alpha$、$\|\tilde{\boldsymbol{y}}_i\|_\alpha$ 按基于 b_β、b_γ、b_{q_0} 的函数有界收敛。

8.3.4 仿真实例

针对移动机器人离散系统式(8.39)和式(8.40)，每次迭代被控对象初始值与理想信号初始值相同，即取 $x_{\mathrm{p},i}(0)=x_{\mathrm{d}}(0)$，$y_{\mathrm{p},i}(0)=y_{\mathrm{d}}(0)$，$\theta_{\mathrm{p},i}(0)=\theta_{\mathrm{d}}(0)$，其中 $x_{\mathrm{p},i}(0)$、$y_{\mathrm{p},i}(0)$、$\theta_{\mathrm{p},i}(0)$ 为第 i 次迭代时的初始状态。

采用迭代学习控制律式(8.45)，位置指令为 $x_{\mathrm{d}}(t)=\cos(\pi t)$，$y_{\mathrm{d}}(t)=\sin(\pi t)$，$\theta_{\mathrm{d}}(t)=\pi t+\frac{\pi}{2}$。按收敛条件式(8.46)，取控制器的增益矩阵为 $\boldsymbol{L}_1(k)=\boldsymbol{L}_2(k)=0.10\begin{bmatrix}\cos\theta(k) & \sin\theta(k) & 0\\ 0 & 0 & 1\end{bmatrix}$，采样时间为 $\Delta T=0.001\mathrm{s}$，取迭代次数为500次，每次迭代时间为2000次。仿真结果如图8.11～图8.13所示。

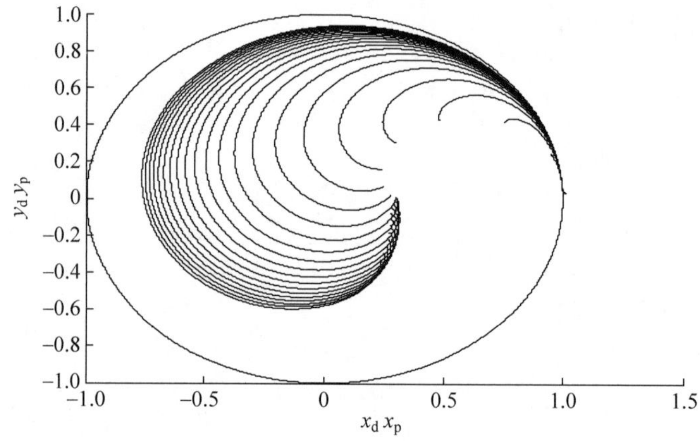

图8.11 随迭代次数运动轨迹的跟踪过程

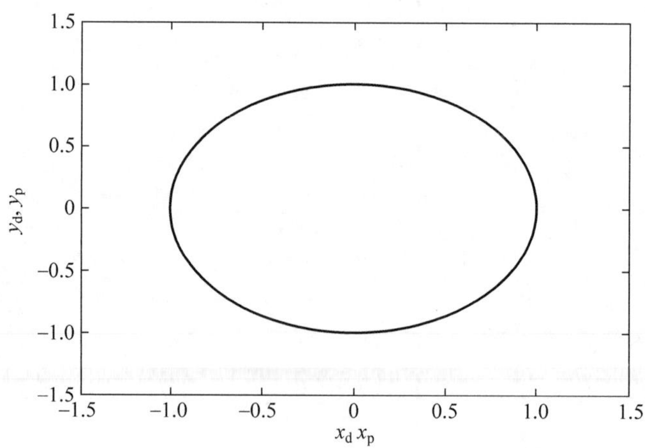

图8.12 最后一次的位置跟踪

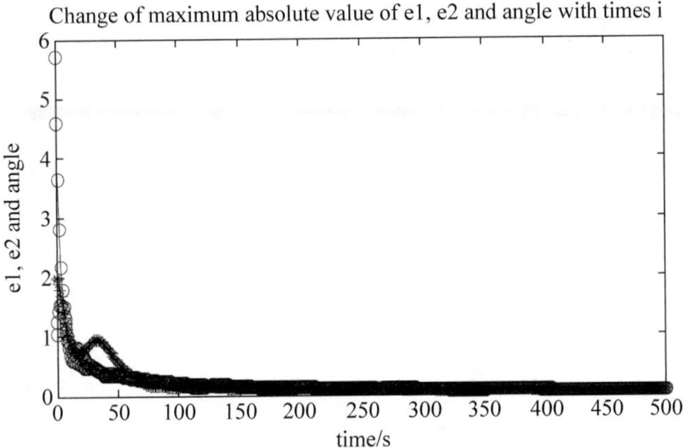

图 8.13　随迭代次数的收敛过程

主程序：chap8_3.m。

```
clear all;
close all;

ts = 0.001;
for k = 1:1:2001
    xd(k) = cos((k - 1) * pi * ts);
    yd(k) = sin((k - 1) * pi * ts);
    thd(k) = ts * pi * (k - 1) + pi/2;
end

for k = 1:1:2001
   u1(k) = 0;u2(k) = 0;
   e1(k) = 0;e2(k) = 0;
   e3(k) = 0;
end
y0 = [1;0;pi/2];
%%%%%%%%%%%%%%%%%%%%%%%%%%%%%%%%%%%%%%%%%%%%%%%%%%%%%%%%%%
M = 50;
for i = 0:1:M
i
pause(0.05);

%%%%%%%%%%%%%%%%%%%%%%%%%%%
for k = 1:1:2001
if k == 1
    q = y0;
end
xp(k) = q(1);
yp(k) = q(2);
th(k) = q(3);
qd = [xd(k);yd(k);thd(k)];
ce1(k) = qd(1) - q(1);
ce2(k) = qd(2) - q(2);
ce3(k) = qd(3) - q(3);
u = [u1(k);u2(k)];
```

```
B = ts * [cos(q(3)) 0
       sin(q(3)) 0
           0    1];
L1 = 0.10 * [cos(q(3)) sin(q(3)) 0;
    0 0 1];
L2 = L1;

cond = norm(eye(2) - L1 * B)                    % 该值小于 1.0

U = u + L1 * [e1(k);e2(k);e3(k)] + L2 * [ce1(k);ce2(k);ce3(k)];
u1(k) = U(1);
u2(k) = U(2);
u = [u1(k);u2(k)];
q = q + B * u;

e1(k) = cos(k * ts * pi) - q(1);
e2(k) = sin(k * ts * pi) - q(2);
e3(k) = ts * k * pi + pi/2 - q(3);
end
figure(1);
hold on;
plot(xd, yd, 'r', xp, yp, 'b');
xlabel('xd xp');ylabel('yd, yp');

j = i + 1;
times(j) = j - 1;
e1i(j) = max(abs(ce1));
e2i(j) = max(abs(ce2));
e3i(j) = max(abs(ce3));
end          % End of i
figure(2);
plot(xd, yd, 'r', xp, yp, 'b');
xlabel('xd xp');ylabel('yd, yp');
figure(3);
plot(times, e1i, ' * - r', times, e2i, 'o - b', times, e3i, 'o - k');
title('Change of maximum absolute value of e1, e2 and angle with times i');
xlabel('times');ylabel('e1, e2 and angle');
```

8.4 基于蚁群算法的避障及路径规划

8.4.1 问题描述

为了使移动机器人在顺利躲避障碍物的前提下从初始点到目标点，可以采用栅格化处理的方法，参考 TSP 的求解策略，在基于栅格划分的轨迹环境下运用蚁群算法寻求移动机器人从初始点到目标点的最短路径。

8.4.2 栅格法

栅格法的基本思想是将环境分解成若干规则的单元(即栅格，一般为正方形)，通过栅格的特征信息来描述实际地形。栅格的大小决定了地形环境的分辨率,栅格越小,精度越高,但计算量越大。栅格法具有表达不规则的障碍物的能力。

假设移动机器人的工作环境是长为 L、宽为 W 的二维空间,且每个栅格的长和宽均为 a,则栅格总数为$(L/a)\times(W/a)$。

环境 A 可由栅格 G_{ij} 表示为

$$A=\{G_{ij}\mid G_{ij}=0 \text{ or } 1,\quad i,j \text{ 为整数}\} \tag{8.55}$$

其中,$G_{ij}=0$ 表示无障碍区域,$G_{ij}=1$ 表示有障碍区域。

通过使用栅格法,可将移动机器人的运行环境变成用 0 和 1 表示的网格单元。

8.4.3 基于蚁群算法的最短路径规划

设栅格 i 和栅格 j 之间的距离是 d_{ij},$i\neq j$,则 d_{ij} 表示为

$$d_{ij}=((x_i-x_j)^2+(y_i-y_j)^2)^{\frac{1}{2}} \tag{8.56}$$

将最优轨迹规划问题描述为:假设移动机器人从原点开始出发,且在移动过程中共经过 w 个位置点,其中第 p 个位置的坐标为 $w=(x_p,y_p)$,则机器人的移动距离可表示为

$$L=\sum_{p=2}^{w}((x_p-x_{p-1})^2+(y_p-y_{p-1})^2)^{\frac{1}{2}} \tag{8.57}$$

由于在移动机器人走过 w 个位置点时,经过这些点的顺序是不同的,假设总共有 l 条不同的轨迹路线,则通过式(8.57)可以计算不同轨迹路线的长度,从而形成一个长度集合 L_{all},定义 $\min L$ 为在长度集合 L_{all} 中最短的那条路径。

$$L_{\text{all}}=[L_1\quad L_2\quad \cdots\quad L_l] \tag{8.58}$$

初始时刻假设每条路径上信息素的量都是相等的,设 $\tau_{ij}=1$,任何一只蚂蚁 $k(k=1,2,\cdots,m)$ 决定其移动方向的因素是信息素的含量,蚂蚁所使用的状态转移规则称为随机比例规则,t 时刻蚂蚁 k 从位于栅格 i 转移到栅格 j 的转移概率为

$$p_{ij}^{k}(t)=\begin{cases}\dfrac{\tau_{ij}^{\alpha}(t)\eta_{ij}^{\beta}(t)}{\sum\limits_{k=1}^{m}\tau_{ij}^{\alpha}(t)\eta_{ij}^{\beta}(t)}, & j\in \text{allowed}_k\\ 0, & \text{其他}\end{cases} \tag{8.59}$$

式中,allowed_k 代表第 k 只蚂蚁当其处在栅格 i 时,其下一步可以移动的栅格;τ_{ij} 代表栅格 i 和栅格 j 之间的信息素强度;α 和 β 分别表示信息素和启发式因子的重要程度;η_{ij} 反映了由栅格 i 转移到栅格 j 的启发程度,即

$$\eta_{ij}=\frac{1}{d_{ij}} \tag{8.60}$$

为每只蚂蚁都设计一个数据结构,称为禁忌表(Tabu List),该表可对蚂蚁的路径进行约束,在禁忌表中记录了在本次循环中蚂蚁已经走过的栅格,在本次循环中不允许蚂蚁再次通过禁忌表中记录的这些栅格。在结束一次循环之后,可以根据在禁忌表中记录栅格的顺序计算每只蚂蚁所爬过的路径长度。计算完成后,禁忌表中记录的数据被清除,该蚂蚁就可以重新选择其他路径。

$t+n$ 时刻在路径(i,j)上的信息量，按以下规则进行更新

$$\tau_{ij}(t+n)=(1-\rho)\tau_{ij}(t)+\Delta\tau_{ij}(t) \tag{8.61}$$

$$\Delta\tau_{ij}(t)=\sum_{k=1}^{m}\Delta\tau_{ij}^{k}(k) \tag{8.62}$$

其中，$\Delta\tau_{ij}^{k}(k)$表示第 k 只蚂蚁在位置(i,j)上释放的信息素量，其值的大小与其选择的路径有关，且与路径长度呈负相关，$\Delta\tau_{ij}(t)$表示 t 时刻本次循环中所有的蚂蚁在路径(i,j)中释放的信息素量。

$$\Delta\tau_{ij}^{k}=\begin{cases}\dfrac{Q}{L_k}, & \text{第 } k \text{ 只蚂蚁在本次循环中经过}(i,j)\\ 0, & \text{其他}\end{cases} \tag{8.63}$$

其中，L_k 表示第 k 只蚂蚁爬过的那条路径的总长度，Q 表示第 k 只蚂蚁在其爬过的路径上释放的信息素总量。

8.4.4 仿真实例

在蚁群算法路径优化中，设计了禁忌表，以存储并记录已访问的路径，该功能通过子程序 chap8_4nextlist.m 实现。用于计算网格 i 和网格 j 路径长度的子程序为 chap8_4L.m。

仿真中采用了如下步骤：①初始化；②禁忌表记录；③m 只蚂蚁按概率函数选择下一栅格；④记录本次迭代最佳路线；⑤更新信息素；⑥禁忌表清零。

起始点的栅格位置分别为(1,20)和(20,20)，蚁群算法参数设定为：N＝80，$\alpha=1$，$\beta=15$，$Q=100$，$\rho=0.30$。将栅格按 20×20 进行划分，通过改变迭代次数，观察不同次数下路径的优化情况，经过 100 次迭代的仿真结果如图 8.14 和图 8.15 所示，此时组合路径达到最优，最短路径长度为 36.1421。

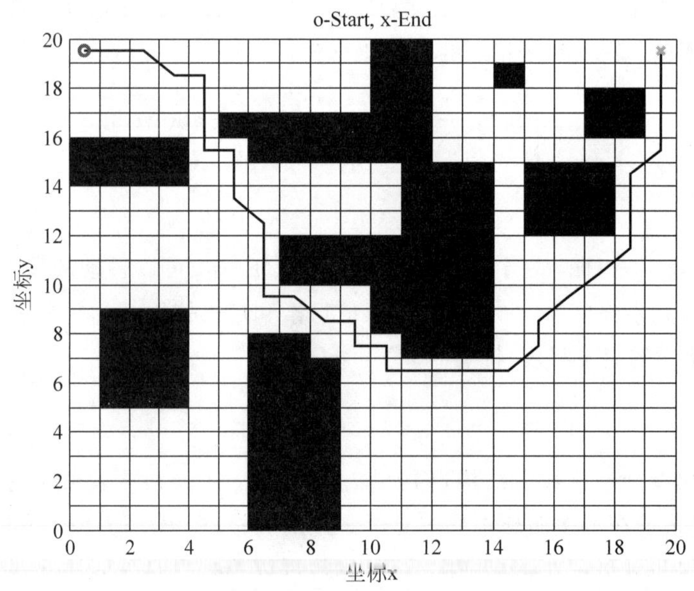

图 8.14 蚁群算法求解二维环境的最短路径

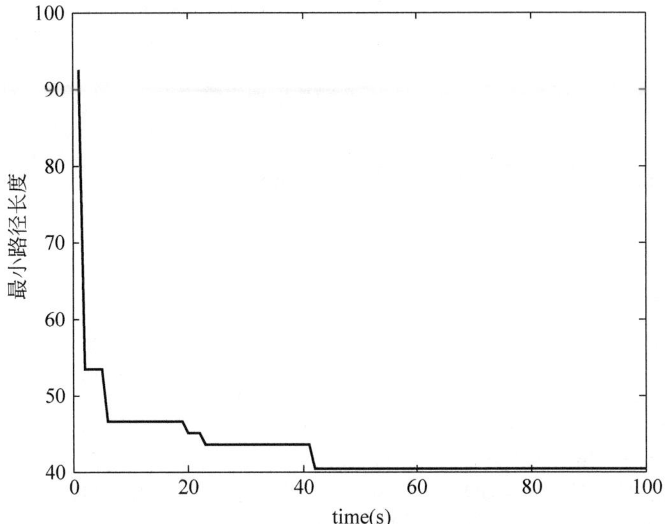

图 8.15 路径优化的收敛过程

仿真程序：

(1) 主程序：chap8_4.m。

```
close all;
clear all;
%地图初始化:20*20
Amap = [0 0 0 0 0 0 1 1 1 0 0 0 0 0 0 0 0 0 0 0;
        0 0 0 0 0 0 1 1 1 0 0 0 0 0 0 0 0 0 0 0;
        0 0 0 0 0 0 1 1 1 0 0 0 0 0 0 0 0 0 0 0;
        0 0 0 0 0 0 1 1 1 0 0 0 0 0 0 0 0 0 0 0;
        0 0 0 0 0 0 1 1 1 0 0 0 0 0 0 0 0 0 0 0;
        0 1 1 1 0 0 1 1 1 0 0 0 0 0 0 0 0 0 0 0;
        0 1 1 1 0 0 1 1 1 0 0 0 0 0 0 0 0 0 0 0;
        0 1 1 1 0 0 1 1 0 0 0 1 1 1 0 0 0 0 0 0;
        0 1 1 1 0 0 0 0 0 0 1 1 1 1 0 0 0 0 0 0;
        0 0 0 0 0 0 0 0 0 0 1 1 1 1 0 0 0 0 0 0;
        0 0 0 0 0 0 1 1 1 1 1 1 1 1 0 0 0 0 0 0;
        0 0 0 0 0 0 1 1 1 1 1 1 1 1 0 0 0 0 0 0;
        0 0 0 0 0 0 0 0 0 0 0 1 1 1 0 1 1 1 0 0;
        0 0 0 0 0 0 0 0 0 0 0 1 1 1 0 1 1 1 0 0;
        1 1 1 1 0 0 0 0 0 0 0 1 1 1 0 1 1 1 0 0;
        1 1 1 1 0 0 1 1 1 1 1 1 0 0 0 0 0 0 0 0;
        0 0 0 0 1 1 1 1 1 1 1 0 0 0 0 0 0 1 1 0;
        0 0 0 0 0 0 0 0 0 0 1 1 0 0 0 0 0 1 1 0;
        0 0 0 0 0 0 0 0 0 0 1 1 0 0 1 0 0 0 0 0;
        0 0 0 0 0 0 0 0 0 0 1 1 0 0 0 0 0 0 0 0];
A = Amap';
b = Amap;
b(end+1,end+1) = 0;                   % for pcolor(0:20,0:20,b);  %绘方格图

S0 = [1 1];                           %起始位置
Sg = [20 20];                         %目标位置
xn = 20;yn = 20;
tau = 8.0*ones(xn,yn);                %Tau:初始信息素矩阵
N = 100;                              %蚂蚁个数
```

```
Alpha = 1;                          % Alpha:表征信息素重要程度的参数
Beta = 15;                          % Beta:表征启发式因子重要程度的参数
Rho = 0.3 ;                         % Rho:信息素蒸发系数
Q = 200;                            % Q:信息素增加强度系数

G_max = 100;                        % 迭代次数
gpath = cell(G_max,1);              % 每代最优路径
gL = zeros(G_max,1);
for k = 1:G_max
    npath = {};
    for n = 1:N
        tabu = zeros(xn,yn);
        pos = S0;
        path = pos;
        tabu(pos(1),pos(2)) = 1;    %先标记起始点
        nextlist = chap8_4nextlist(A,tabu,pos,xn,yn);     %下一个目标
        while ~isequal(pos,Sg) && ~isempty(nextlist)     %没到目标位置且存在下一个目标
            list_n = size(nextlist,1);
            p = zeros(1,list_n);
            for i = 1:list_n
                newpos = nextlist(i,:);
                Eta = 1/(norm(newpos - pos) + norm(newpos - Sg));
                p(i) = (tau(newpos(1),newpos(2))^Alpha) * (Eta^Beta);
            end
            p = p/sum(p);

%按概率原则选下一城市
            Pcum = cumsum(p);                   %元素累加 %cumsum([1 1 1 1 2]) = 1 2 3 4 6
            Select = find(Pcum >= rand);        %若计算的概率大于当前随机值,则选择该路线
            nextpos = nextlist(Select(1),:);    %下一个目标
            %更新点、路径和禁忌表
            pos = nextpos;
            path = [path;pos];
            tabu(pos(1),pos(2)) = 1;            %标记走过的路径
            nextlist = chap8_4nextlist(A,tabu,pos,xn,yn);  %完全避开障碍的顶点
        end
        if isequal(path(end,:),Sg)              %判断终点
           npath{end + 1,1} = path;
        end
    end
    if k >= 2                                   %第2代以后,保存上一代最优路径
        npath{end + 1,1} = gpath{k - 1};
    end

        L = chap8_4L(npath);
%%%%%%%%%%%%%%%%%%%%%%%%%%%%%%%%%%%%%%%%%%%%%%%%%
        tau = (1 - Rho) * tau;
        for i = 1:size(npath,1)
            path = npath{i,1};
            for j = 1:size(path,1)
                tau(path(j,1),path(j,2)) = tau(path(j,1),path(j,2)) + Q/L(i); % sum for i
            end
        end
%%%%%%%%%%%%%%%%%%%%%%%%%%%%%%%%%%%%%%%%%%%%%%%%%%
        [gL(k),index] = min(L);
```

```
        gpath{k} = npath{index,1};                         % 每一代最优路径
end
[bestL,index] = min(gL);
bestpath = gpath{index};

btrace = bestpath - 0.5;                                   % 放在方格中心点
M = size(btrace);
figure(1);
colormap([1 1 1;0 0 0]);
pcolor(0:20,0:20,b);                                       % 绘方格图
set(gca,'XTick',0:2:size(Amap,2),'YTick',0:2:size(Amap,1));  % 显示格式:从 0 至最后,间隔为 2
hold on;
plot(btrace(:,1),btrace(:,2),'r','LineWidth',1);           % 路径输出
hold on;
plot(btrace(1,1),btrace(1,2),'ob',btrace(M(1),1),btrace(M(1),2),'xg','LineWidth',2);
                                                           % 起始点
xlabel('坐标 x');ylabel('坐标 y');
title('o-Start, x-End');

figure(2);
plot(1:G_max,gL);
xlabel('time(s)');ylabel('最小路径长度');
```

(2) 确定下一栅格子程序：chap8_4nextlist.m。

```
function nextlist = get_nextlist(A,tabu,pos,xn,yn)
nextlist = [];
moverule=[-1 0;0 -1;1 0;0 1;-1 1;-1 -1;1 -1;1 1]; %左、上、右、下、左下、左上、右上、右下
flag=zeros(1,8);                                   %8 条移动规则, 0 为可行,1 为不可行
for nr=1:size(moverule,1)
    newpos = pos + moverule(nr,:);
    if newpos(1)>0 && newpos(1)<=xn && newpos(2)>0 && newpos(2)<=yn    %X 轴和 Y 轴限制
        if (tabu(newpos(1),newpos(2))==0)          %禁忌表显示没走过
            if nr<=4                               %前 4 个移动规则
                if A(newpos(1),newpos(2))==0       %可以走
                    nextlist = [nextlist;newpos];
                elseif A(newpos(1),newpos(2))==1   %有障碍
                    flag(4+nr) = 1;                %for nr=1,2,3,4. flag(5,6,7,8)=1,
                                                   %当 nr=1 时,flag(5):左下不可行
                    flag(5+mod(nr,4)) = 1;         %for nr=5,6,7,8. flag(6,7,8,5)=1,
                                                   %当 nr=1 时,flag(6):左上不可行
                end
            else
                if flag(nr) == 0 && A(newpos(1),newpos(2))==0        %后 4 个移动规则
                   nextlist = [nextlist;newpos];
                end
            end
        end
    end
end
```

(3) 路径长度计算子程序：chap8_4L.m。

```
function L = get_L(npath)                          %计算相邻两个栅格的距离
N = size(npath,1);
for i = 1:N
    path = npath{i,1};
```

```
    M = size(path,1);
    Li = 0;
    for j = 1:M-1
        Li = Li+norm(path(j,:)-path(j+1,:));
    end
    L(i) = Li;
end
```

参考文献

[1] Jiang Z P,Nijmeujer H. Tracking control of mobile robots: A case study in backstepping[J]. Automatica, 1997,33(7): 1393-1399.

[2] Watanabe K, Tang J, Nakamura M, Koga S, Fukuda T. A fuzzy-gaussian neural network and Its application to mobile robot control[J]. IEEE Transactions On Control System Technology,1996,4(2): 193-199.

[3] Liu J K,Sun F C. Nominal model-based sliding mode control with backstepping for 3-Axis flight Table [J]. Chinese Journal of Aeronautics,2006,19(1): 65-71.

[4] Wu Q, Liu J K. Backstepping position Tracking controller design with neural network deadzone compensation[C]//1st International Symposium on Systems and Control in Aerospace and Astronautics ISSCAA 2006,Harbin,China,1145-1150.

[5] Arimoto S,Kawamura S,Miyazaki F. Bettering operation of robotics by leaning[J]. Journal of Robotic System,1984,1(2): 123-140.

[6] Kang M K,Lee J S,Han K L. Kinematic path-tracking of mobile robot using iterative learning control [J]. Journal of Robotic Systems,2005,22(2): 111-121.

第9章 移动机器人双环轨迹跟踪控制

9.1 移动机器人的滑模轨迹跟踪控制

移动机器人可通过移动来完成一些比较危险的任务，如地雷探测、海底探测等，在工业、国防等很多领域都有实用价值。移动机器人有多种，最常见的是在地面上依靠轮子移动的机器人，也称作“无人驾驶车”或“移动小车”。

9.1.1 移动机器人运动学模型

以轮式移动机器人为例，该机器人两个车轮较大，为驱动轮；两个车轮较小，为从动轮。左右两个车轮各由一个电机来驱动，如果两个电机的转速不同，则左右两个车轮会产生“差动”，从而可实现转弯。

如图9.1所示，移动机器人的状态由其两个驱动轮的轴中点 M 在坐标系的位置及航向角 θ 来表示，令 $\boldsymbol{P}=[x \quad y \quad \theta]^{\mathrm{T}}$，$\boldsymbol{q}=[v \quad \omega]^{\mathrm{T}}$，其中 $[x \quad y]$ 为移动机器人的位置，θ 为移动机器人前进方向与 x 轴的夹角，v 和 ω 分别为移动机器人的线速度和角速度，在运动学模型中它们是控制输入。

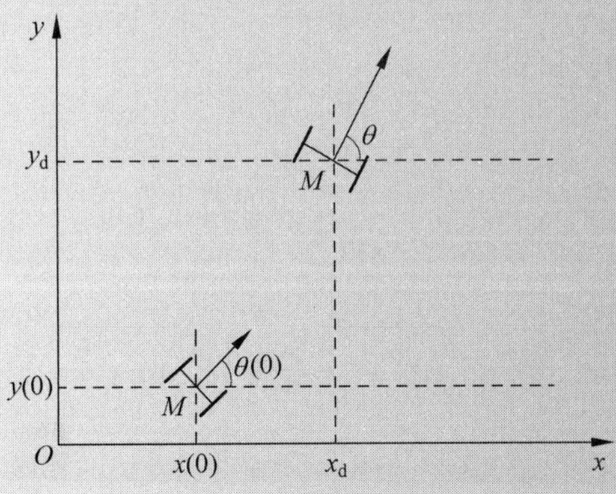

图9.1 移动机器人的运动

移动机器人的运动学方程为

$$\dot{\boldsymbol{p}}=\begin{bmatrix}\dot{x}\\ \dot{y}\\ \dot{\theta}\end{bmatrix}=\begin{bmatrix}\cos\theta & 0\\ \sin\theta & 0\\ 0 & 1\end{bmatrix}\boldsymbol{q} \tag{9.1}$$

由该运动学方程可见，共有 2 个自由度，模型输出为 3 个变量，该模型为欠驱动系统，只能实现 2 个变量的主动跟踪，剩余的变量为随动或镇定状态。本控制为轨迹跟踪问题，即通过设计控制律 $\boldsymbol{q}=[v \quad \omega]^{\mathrm{T}}$ 实现移动机器人的位置 $[x \quad y]$ 的跟踪，并实现夹角 θ 的随动。

由式(9.1)得移动机器人运动学模型为

$$\begin{cases}\dot{x}=v\cos(\theta)\\ \dot{y}=v\sin(\theta)\\ \dot{\theta}=\omega\end{cases}\tag{9.2}$$

9.1.2 位置控制律设计（外环）

首先通过设计位置控制律 v，实现 x 跟踪 x_{d}，y 跟踪 y_{d}。取理想轨迹为 $[x_{\mathrm{d}} \quad y_{\mathrm{d}}]$，则误差跟踪方程为

$$\dot{x}_{\mathrm{e}}=v\cos\theta-\dot{x}_{\mathrm{d}},\quad \dot{y}_{\mathrm{e}}=v\sin\theta-\dot{y}_{\mathrm{d}}\tag{9.3}$$

其中，$x_{\mathrm{e}}=x-x_{\mathrm{d}}$，$y_{\mathrm{e}}=y-y_{\mathrm{d}}$。

取

$$\begin{cases}v\cos\theta=u_1\\ v\sin\theta=u_2\end{cases}\tag{9.4}$$

针对 $\dot{x}_{\mathrm{e}}=v\cos\theta-\dot{x}_{\mathrm{d}}$，取滑模函数为 $s_1=x_{\mathrm{e}}$，则

$$\dot{s}_1=\dot{x}_{\mathrm{e}}=u_1-\dot{x}_{\mathrm{d}}$$

设计控制律为

$$u_1=\dot{x}_{\mathrm{d}}-k_1 s_1\tag{9.5}$$

其中，$k_1>0$。

因此，$\dot{s}_1=-k_1 s_1$。取 $V_x=\dfrac{1}{2}s_1^2$，则 $\dot{V}_x=s_1\dot{s}_1=-k_1 s_1^2$，即 $\dot{V}_x=-2k_1 V_x$，$V_x(t)=\mathrm{e}^{-2k_1 t}V_x(0)$，从而 x_{e} 指数收敛于零。

针对 $\dot{y}_{\mathrm{e}}=v\sin\theta-\dot{y}_{\mathrm{d}}$，取滑模函数为 $s_2=y_{\mathrm{e}}$，则

$$\dot{s}_2=\dot{y}_{\mathrm{e}}=u_2-\dot{y}_{\mathrm{d}}$$

设计控制律为

$$u_2=\dot{y}_{\mathrm{d}}-k_2 s_2\tag{9.6}$$

其中，$k_2>0$。

因此，$\dot{s}_2=-k_2 s_2$。取 $V_y=\dfrac{1}{2}s_2^2$，则 $\dot{V}_y=s_2\dot{s}_2=-k_2 s_2^2$，即 $\dot{V}_y=-2k_2 V_y$，$V_y(t)=\mathrm{e}^{-2k_2 t}V_y(0)$，从而 y_{e} 指数收敛于零。

由式(9.4)可得 $\dfrac{u_2}{u_1}=\tan\theta$，如果 θ 的值域是 $(-\pi/2,\pi/2)$，则可得到满足理想轨迹跟踪的 θ 为

$$\theta=\arctan\frac{u_2}{u_1}\tag{9.7}$$

式(9.7)所求得的 θ 为位置控制律式(9.5)和式(9.6)所要求的角度，如果 θ 与 θ_{d} 相等，则

理想的轨迹控制律式(9.5)和式(9.6)可实现,但实际模型式(9.2)中的 θ 与 θ_d 不可能完全一致,尤其是控制的初始阶段,这会造成闭环跟踪系统式(9.3)的不稳定。

为此,需要将式(9.7)求得的角度 θ 当成理想值,即取

$$\theta_d = \arctan\frac{u_2}{u_1} \tag{9.8}$$

设计理想的位置指令$[x_d \quad y_d]$时,需要使 θ_d 的值域满足$(-\pi/2,\pi/2)$。

实际的 θ 与 θ_d 之间的差异会造成位置控制律式(9.5)和式(9.6)无法精确实现,从而造成闭环系统的不稳定。较简单的解决方法是通过设计比位置控制律收敛更快的姿态控制算法,使 θ 尽快跟踪 θ_d。

由式(9.4),可得到实际的位置控制律为

$$v = \frac{u_1}{\cos\theta_d} \tag{9.9}$$

9.1.3 姿态控制律设计(内环)

下面的任务是通过设计姿态控制律 ω,实现角度 θ 跟踪 θ_d。取 $\theta_e=\theta-\theta_d$,取滑模函数为 $s_3=\theta_e$,则

$$\dot{s}_3=\dot{\theta}_e=\omega-\dot{\theta}_d$$

设计姿态控制律为

$$\omega=\dot{\theta}_d-k_3s_3-\eta_3\operatorname{sgn}s_3 \tag{9.10}$$

其中,$k_3>0$,$\eta_3>0$。

因此,$\dot{s}_3=-k_3s_3-\eta_3\operatorname{sgn}s_3$。取 $V_\theta=\frac{1}{2}s_3^2$,则 $\dot{V}_\theta=s_3\dot{s}_3=-k_3s_3^2-\eta_3|s_3|\leqslant -k_3s_3^2$,即 $\dot{V}_\theta\leqslant -2k_3V_\theta$,$V_\theta(t)\leqslant \mathrm{e}^{-2k_3t}V_\theta(0)$,从而实现角度 θ 指数收敛于 θ_d。

9.1.4 闭环系统的设计关键

上述闭环系统属于由内外环构成的控制系统,位置子系统为外环,姿态子系统为内环,外环产生中间指令信号 θ_d,并传递给内环系统,内环则通过滑模控制律实现对这个中间指令信号的跟踪。具有双环的闭环系统结构如图 9.2 所示。

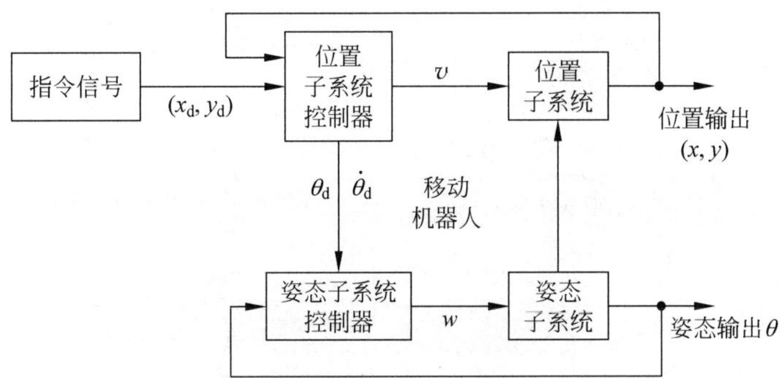

图 9.2 具有双环的闭环系统结构

说明如下：

(1) 由于设计内环控制器时需要实现 $\dot{\theta}_d$，这就要求 θ_d 为连续值，从而要求控制律 u_1 和 u_2 为连续。因此，u_1 和 u_2 中不应包括切换函数。

(2) 在控制律式(9.10)中，需要对外环产生的中间指令信号 θ_d 求导，可采用如下线性二阶微分器实现 $\dot{\theta}_d$[1]：

$$\begin{cases}\dot{x}_1 = x_2 \\ \dot{x}_2 = -2R^2(x_1 - n(t)) - Rx_2 \\ y = x_2\end{cases} \tag{9.11}$$

其中，待微分的输入信号为 $n(t)$，x_1 为对信号进行跟踪，x_2 是信号一阶导数的估计，微分器的初始值为 $x_1(0)=0$，$x_2(0)=0$。

由于该微分器具有积分链式结构，在工程上对含有噪声的信号求导时，噪声只含在微分器的最后一层，通过积分作用信号一阶导数中的噪声能够被更充分地抑制。

(3) 在内外环控制中，实际模型中的 θ 跟踪 θ_d 的动态性能会影响外环的稳定性，从而会影响整个闭环控制系统的稳定性，针对这一问题，文献[2-5]给出了严格的解决方法，其中文献[2]推出了内外环之间的控制增益之间的关系，从而保证了严格的闭环系统稳定性。

为了实现稳定的内环滑模控制，本节采用的是工程上一般采用的方法，即内环收敛速度大于外环收敛速度的方法，通过 θ 快速跟踪 θ_d 来保证闭环系统的稳定性。在本算法中通过调整内外环控制增益系数，保证内环收敛速度远大于外环收敛速度。

9.1.5 仿真实例

被控对象为式(9.1)，取位置指令$[x_d \quad y_d]$为 $x_d=t$，$y_d=\sin(0.5x)+0.5x+1$。

取 $k_1=k_2=0.30$，$k_3=3.0$，$\eta_3=0.50$，位置初始值为$[0 \quad 0 \quad 0]$，采用控制律式(9.9)和式(9.10)，针对姿态控制律式(9.10)的切换项，采用饱和函数代替切换函数，边界层厚度取0.10，微分器参数取 $R=100$，仿真结果如图9.3～图9.6所示。

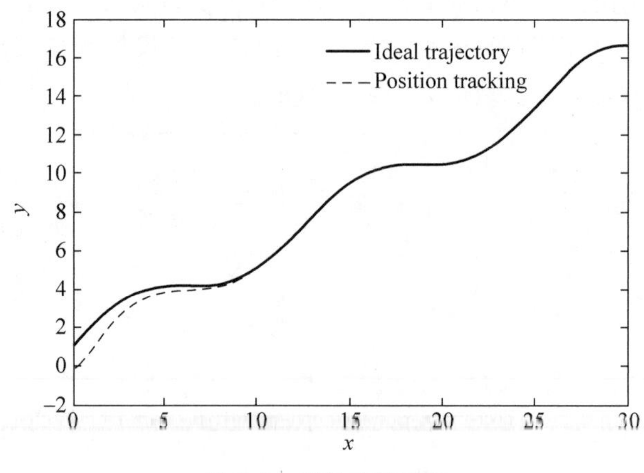

图9.3 圆轨迹的跟踪

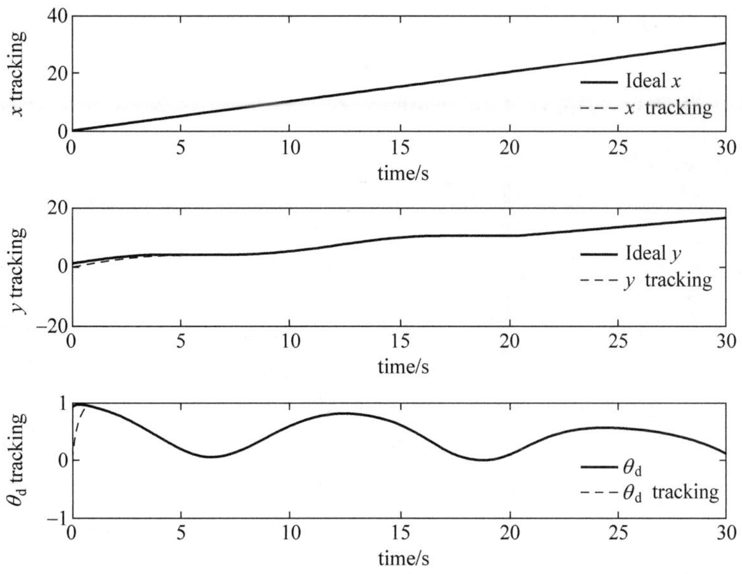

图 9.4 位置和角度的跟踪

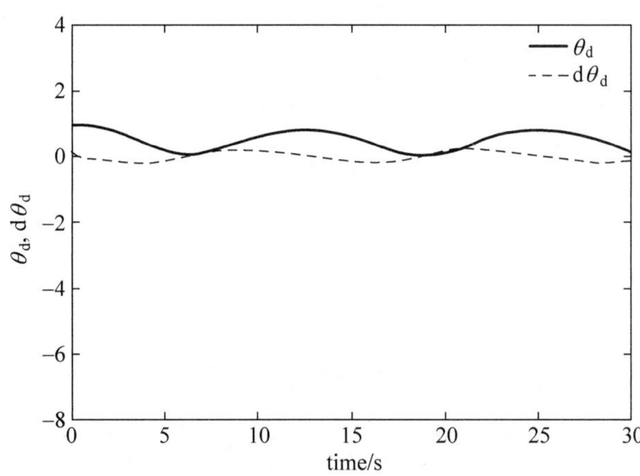

图 9.5 微分器的输入输出

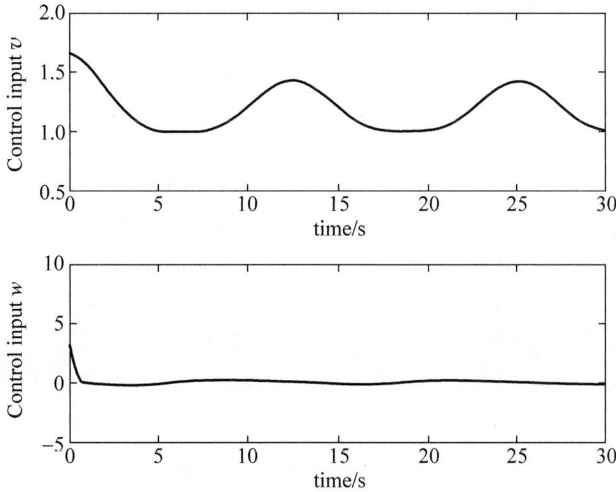

图 9.6 控制输入信号 $\boldsymbol{\omega}$ 和 $\boldsymbol{v}$

由仿真可见，θ_d 的最大值为 0.9526 弧度，属于区间（$-\pi/2$，$\pi/2$），满足式(9.8)的要求。

仿真程序：

(1) Simulink 主程序：chap9_1sim.mdl。

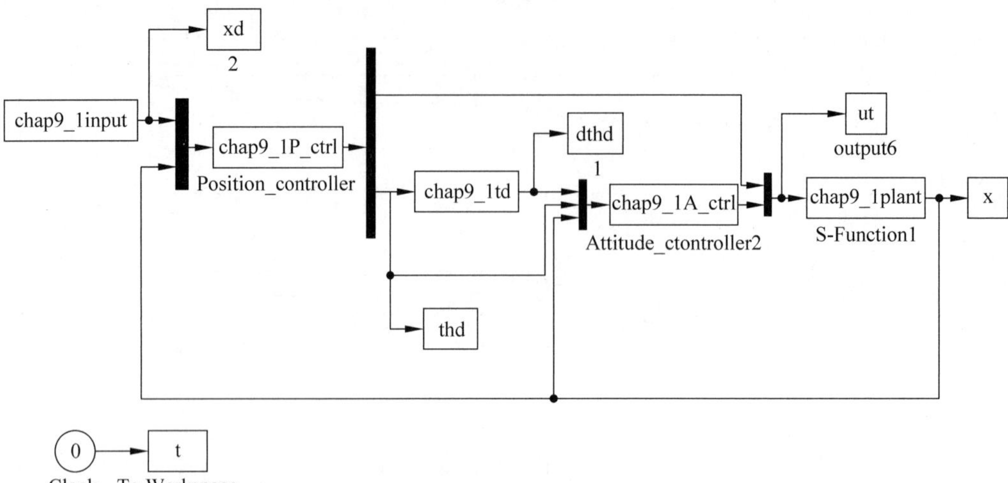

(2) 指令程序：chap9_1input.m。

```
function [sys,x0,str,ts] = spacemodel(t,x,u,flag)
switch flag,
case 0,
    [sys,x0,str,ts] = mdlInitializeSizes;
case 1,
    sys = mdlDerivatives(t,x,u);
case 3,
    sys = mdlOutputs(t,x,u);
case {2,4,9}
    sys = [];
otherwise
    error(['Unhandled flag = ',num2str(flag)]);
end
function [sys,x0,str,ts] = mdlInitializeSizes
sizes = simsizes;
sizes.NumContStates   = 0;
sizes.NumDiscStates   = 0;
sizes.NumOutputs      = 2;
sizes.NumInputs       = 0;
sizes.DirFeedthrough = 1;
sizes.NumSampleTimes = 1;
sys = simsizes(sizes);
x0  = [];
str = [];
ts  = [0 0];
function sys = mdlOutputs(t,x,u)
xd = t;
yd = sin(0.5 * xd) + 0.5 * xd + 1;

sys(1) = xd;
sys(2) = yd;
```

(3) 姿态控制器程序：chap9_1A_ctrl. m。

```
function [sys,x0,str,ts] = spacemodel(t,x,u,flag)
switch flag,
case 0,
    [sys,x0,str,ts] = mdlInitializeSizes;
case 1,
    sys = mdlDerivatives(t,x,u);
case 3,
    sys = mdlOutputs(t,x,u);
case {2,4,9}
    sys = [];
otherwise
    error(['Unhandled flag = ',num2str(flag)]);
end
function [sys,x0,str,ts] = mdlInitializeSizes
sizes = simsizes;
sizes.NumContStates  = 0;
sizes.NumDiscStates  = 0;
sizes.NumOutputs     = 1;
sizes.NumInputs      = 5;
sizes.DirFeedthrough = 1;
sizes.NumSampleTimes = 1;
sys = simsizes(sizes);
x0  = [];
str = [];
ts  = [0 0];
function sys = mdlOutputs(t,x,u)
dthd = u(1);
thd = u(2);
th = u(5);

the = th - thd;
s3 = the;
k3 = 3;xite3 = 0.50;

delta = 0.10;
kk = 1/delta;
if abs(s3)> delta
    sats = sign(s3);
else
    sats = kk * s3;
end
% w = dthd - k3 * s3 - xite3 * sign(s3);
w = dthd - k3 * s3 - xite3 * sats;

sys(1) = w;
```

(4) 位置控制器程序：chap9_1P_ctrl. m。

```
function [sys,x0,str,ts] = spacemodel(t,x,u,flag)
switch flag,
case 0,
    [sys,x0,str,ts] = mdlInitializeSizes;
case 1,
    sys = mdlDerivatives(t,x,u);
```

```
case 3,
    sys = mdlOutputs(t,x,u);
case {2,4,9}
    sys = [];
otherwise
    error(['Unhandled flag = ',num2str(flag)]);
end
function [sys,x0,str,ts] = mdlInitializeSizes
sizes = simsizes;
sizes.NumContStates  = 0;
sizes.NumDiscStates  = 0;
sizes.NumOutputs     = 2;
sizes.NumInputs      = 5;
sizes.DirFeedthrough = 1;
sizes.NumSampleTimes = 1;
sys = simsizes(sizes);
x0  = [];
str = [];
ts  = [0 0];
function sys = mdlOutputs(t,x,u)
xd = u(1);
yd = u(2);
xd = t;dxd = 1;
yd = sin(0.5 * xd) + 0.5 * xd + 1;
dyd = 0.5 * cos(0.5 * xd) + 0.5;

x1 = u(3);
y1 = u(4);

k1 = 0.30;k2 = 0.30;
xe = x1 - xd;
s1 = xe;
u1 = dxd - k1 * s1;

ye = y1 - yd;
s2 = ye;
u2 = dyd - k2 * s2;

thd = atan(u2/u1);
v = u1/cos(thd);

sys(1) = v;
sys(2) = thd;
```

（5）被控对象程序：chap9_1plant. m。

```
function [sys,x0,str,ts] = spacemodel(t,x,u,flag)
switch flag,
case 0,
    [sys,x0,str,ts] = mdlInitializeSizes;
case 1,
    sys = mdlDerivatives(t,x,u);
case 3,
    sys = mdlOutputs(t,x,u);
case {2,4,9}
    sys = [];
```

```
otherwise
    error(['Unhandled flag = ',num2str(flag)]);
end
function [sys,x0,str,ts] = mdlInitializeSizes
sizes = simsizes;
sizes.NumContStates   = 3;
sizes.NumOutputs      = 3;
sizes.NumInputs       = 2;
sizes.DirFeedthrough = 0;
sizes.NumSampleTimes = 1;
sys = simsizes(sizes);
x0  = [0;0;0];
str = [];
ts  = [0 0];
function sys = mdlDerivatives(t,x,u)
v = u(1);
w = u(2);
th = x(3);

sys(1) = v * cos(th);
sys(2) = v * sin(th);
sys(3) = w;
function sys = mdlOutputs(t,x,u)
sys(1) = x(1);
sys(2) = x(2);
sys(3) = x(3);
```

(6) 微分器程序：chap9_1td.m。

```
function [sys,x0,str,ts] = Differentiator(t,x,u,flag)
switch flag,
case 0,
    [sys,x0,str,ts] = mdlInitializeSizes;
case 1,
    sys = mdlDerivatives(t,x,u);
case 3,
    sys = mdlOutputs(t,x,u);
case {2, 4, 9}
    sys = [];
otherwise
    error(['Unhandled flag = ',num2str(flag)]);
end
function [sys,x0,str,ts] = mdlInitializeSizes
sizes = simsizes;
sizes.NumContStates   = 2;
sizes.NumDiscStates   = 0;
sizes.NumOutputs      = 1;
sizes.NumInputs       = 1;
sizes.DirFeedthrough = 1;
sizes.NumSampleTimes = 1;
sys = simsizes(sizes);
x0  = [1 0];
str = [];
ts  = [0 0];
function sys = mdlDerivatives(t,x,u)
n = u(1);
```

```
e = x(1) - n;
R = 100;

sys(1) = x(2);
sys(2) =- 2 * R^2 * e - R * x(2);
function sys = mdlOutputs(t,x,u)
sys = x(2);
```

（7）作图程序：chap9_1plot.m。

```
close all;

figure(1);
plot(xd(:,1),xd(:,2),'r','linewidth',2);
hold on;
plot(x(:,1),x(:,2),'b--','linewidth',1);
xlabel('x');ylabel('y');
legend('ideal trajectory','position tracking');

figure(2);
subplot(311);
plot(t,xd(:,1),'r',t,x(:,1),'b--','linewidth',2);
xlabel('time(s)');ylabel('x tracking');
legend('ideal x','x tracking');
subplot(312);
plot(t,xd(:,2),'r',t,x(:,2),'b--','linewidth',2);
xlabel('time(s)');ylabel('y tracking');
legend('ideal y','y tracking');
subplot(313);
plot(t,thd(:,1),'r',t,x(:,3),'b--','linewidth',2);
xlabel('time(s)');ylabel('\theta_d tracking');
legend('\theta_d','\theta_d tracking');

figure(3);
plot(t,thd(:,1),'r',t,dthd(:,1),'b--','linewidth',2);
xlabel('time(s)');ylabel('\theta_d, d\theta_d');
legend('\theta_d','d\theta_d');

figure(4);
subplot(211);
plot(t,ut(:,1),'r','linewidth',2);
xlabel('time(s)');ylabel('Control input v');
subplot(212);
plot(t,ut(:,2),'r','linewidth',2);
xlabel('time(s)');ylabel('Control input w');

max_thd = max(thd)                    %必须在[-pi/2,pi/2]之内
```

9.2 基于全局稳定的移动机器人双环轨迹跟踪控制

在9.1节中，为了实现稳定的内环滑模控制，采用了双闭环控制的方法，即内环收敛速度大于外环收敛速度的方法，通过 θ 快速跟踪 θ_d 来保证闭环系统的稳定性。在9.1节的算法中，通过调整内外环控制增益系数来保证内环收敛速度远大于外环收敛速度。闭环系统稳定

性是在姿态角度 θ 快速跟踪 θ_d 前提下实现的。然而，在内外环控制中，由于实际的 θ 与 θ_d 之间的差异会造成位置控制律无法精确实现，从而造成闭环系统的不稳定。

本节参考文献[4]中的思路，采用双曲正切函数设计控制律，保证位置跟踪闭环系统满足 Lipschitz 条件，从而保证全局稳定的双环轨迹跟踪控制。

9.2.1 移动机器人运动学模型

仍以 9.1 节中的移动机器人为被控对象(如图 9.1 所示)，移动机器人的运动学方程为

$$\dot{\boldsymbol{p}}=\begin{bmatrix}\dot{x}\\ \dot{y}\\ \dot{\theta}\end{bmatrix}=\begin{bmatrix}\cos\theta & 0\\ \sin\theta & 0\\ 0 & 1\end{bmatrix}\boldsymbol{q} \tag{9.12}$$

由该运动学方程可见，共有 2 个自由度，模型输出为 3 个变量，该模型为欠驱动系统，只能实现 2 个变量的主动跟踪，剩余的变量为随动或镇定状态。本控制为轨迹跟踪问题，即通过设计控制律 $\boldsymbol{q}=[v\quad \omega]^{\mathrm{T}}$ 实现移动机器人的位置$[x\quad y]$的跟踪，并实现夹角 θ 的随动。

由式(9.12)得移动机器人运动学模型为

$$\begin{cases}\dot{x}=v\cos\theta\\ \dot{y}=v\sin\theta\\ \dot{\theta}=\omega\end{cases} \tag{9.13}$$

式(9.13)为欠驱动系统，控制任务为：取理想轨迹为$[x_d\quad y_d]$，通过设计位置控制律 v，实现 x 跟踪 x_d，y 跟踪 y_d。

9.2.2 动态系统全局渐近稳定定理

引理 9.1 文献[4]中，提出了如下动态系统全局渐近稳定定理：

$$\dot{\eta}=-\alpha\tanh(k\eta) \tag{9.14}$$

其中，$\alpha,k>0$。

证明：考虑函数 $\cosh(x)=\dfrac{\mathrm{e}^{-x}+\mathrm{e}^{x}}{2}\geqslant 1$，$\ln(\cosh(x))\geqslant 0$，且 $x=0$ 时，$\ln(\cosh(x))=0$。为了证明当 $t\to\infty$ 时，有 $\eta\to 0$，定义 Lyapunov 函数为

$$V=\frac{1}{2}\eta^2 \tag{9.15}$$

则

$$\dot{V}=-\alpha\eta\tanh(k\eta)$$

由于 $x\tanh(x)=x\,\dfrac{\mathrm{e}^{x}-\mathrm{e}^{-x}}{\mathrm{e}^{x}+\mathrm{e}^{-x}}\geqslant 0$，则 $k\eta\tanh(k\eta)\geqslant 0$，从而 $\dot{V}\leqslant 0$，且当且仅当 $\eta=0$ 时，$\dot{V}=0$。系统的收敛速度取决于 α 和 k。

由于 $\tanh(x)=\dfrac{\mathrm{e}^{x}-\mathrm{e}^{-x}}{\mathrm{e}^{x}+\mathrm{e}^{-x}}\in[-1\quad +1]$，则

$$|\dot{\eta}|=|-\alpha\tanh(k\eta)|\leqslant\alpha$$

如果针对模型式(9.14)的结构，并按式(9.14)设计控制律，便可实现控制输入的有界。

9.2.3 控制系统设计

9.2.3.1 位置控制律设计

误差跟踪方程为

$$\dot{x}_e = v\cos\theta - \dot{x}_d,\quad \dot{y}_e = v\sin\theta - \dot{y}_d \tag{9.16}$$

其中，$x_e = x - x_d$，$y_e = y - y_d$。

取

$$\begin{cases} v\cos\theta = u_1 \\ v\sin\theta = u_2 \end{cases} \tag{9.17}$$

由式(9.17)可得$\dfrac{u_2}{u_1} = \tan\theta$，如果 θ 的值域是$(-\pi/2, \pi/2)$，则可得到满足理想轨迹跟踪的 θ 为

$$\theta = \arctan\frac{u_2}{u_1}$$

上式所求得的 θ 为位置控制律所要求的角度，如果 θ 与 θ_d 相等，则理想的轨迹控制律可实现，但实际 θ 与 θ_d 不可能完全一致，尤其是控制的初始阶段，这会造成闭环跟踪系统的不稳定。为此，需要将理想角度 θ 值取

$$\theta_d = \arctan\frac{u_2}{u_1} \tag{9.18}$$

设计理想的位姿指令$[x_d \quad y_d]$时，需要使 θ_d 的值域满足$(-\pi/2, \pi/2)$。

由式(9.16)和式(9.17)，模型变为

$$\begin{cases} \dot{x}_e = u_1 - \dot{x}_d \\ \dot{y}_e = u_2 - \dot{y}_d \end{cases}$$

采用引理 9.1，如果设计控制律为

$$\begin{cases} u_1 = \dot{x}_d - a\tanh(p_1 x_e) \\ u_2 = \dot{y}_d - b\tanh(p_2 y_e) \end{cases} \tag{9.19}$$

其中，$a>0$，$p_1>0$，$b>0$，$p_2>0$。

因此，u_1 和 u_2 有界，且$|u_1| \leqslant |\dot{x}_d|_{\max} + a$，$|u_2| \leqslant |\dot{y}_d|_{\max} + b$。由于 $v^2 = u_1^2 + u_2^2$，从而 v 有界，且$|v| = \sqrt{u_1^2 + u_2^2} \leqslant \sqrt{(|\dot{x}_d|_{\max} + a)^2 + (|\dot{y}_d|_{\max} + b)^2}$，即

$$v_{\max} = \sqrt{(|\dot{x}_d|_{\max} + a)^2 + (|\dot{y}_d|_{\max} + b)^2} \tag{9.20}$$

模型变为

$$\begin{cases} \dot{x}_e = -a\tanh(p_1 x_e) \\ \dot{y}_e = -b\tanh(p_2 y_e) \end{cases}$$

根据引理 9.1，可实现 $x_e \to 0$，$y_e \to 0$。

由式(9.17)，可得到实际的位置控制律为

$$v = \frac{u_1}{\cos\theta_d} \tag{9.21}$$

9.2.3.2 姿态控制律设计

下面的任务是通过设计姿态控制律 ω,实现角度 θ 跟踪 θ_d。

取 $\theta_e=\theta-\theta_d$,取滑模函数为 $s_3=\theta_e$,则

$$\dot{s}_3=\dot{\theta}_e=\omega-\dot{\theta}_d$$

设计姿态控制律为

$$\omega=\dot{\theta}_d-k_3s_3-\eta_3\operatorname{sgn}s_3 \tag{9.22}$$

其中,$k_3>0,\eta_3>0$。

因此,$\dot{s}_3=-k_3s_3-\eta_3\operatorname{sgn}s_3$。取 $V_\theta=\frac{1}{2}s_3^2$,则 $\dot{V}_\theta=s_3\dot{s}_3=-k_3s_3^2-\eta_3|s_3|\leqslant-k_3s_3^2$,即 $\dot{V}_\theta\leqslant-2k_3V_\theta$,从而实现角度 θ 指数收敛于 θ_d。

在闭环系统设计中,仍按 9.1 节中介绍的方法取 θ_d 值,使 θ_d 值为连续,通过线性二阶微分器实现 $\dot{\theta}_d$。

9.2.4 整个闭环稳定性分析

假设存在理想的角度 θ_d,满足轨迹跟踪控制,则模型可写为

$$\begin{cases}\dot{x}=v\cos\theta_d+v(\cos\theta-\cos\theta_d)\\ \dot{y}=v\sin\theta_d+v(\sin\theta-\sin\theta_d)\\ \dot{\theta}=\omega\end{cases} \tag{9.23}$$

可见,如果 θ 与 θ_d 不一致,必然会造成对位置闭环系统稳定性的影响。如果考虑角度跟踪误差的影响,采用理想条件下的控制律 v_1 和 v_2,此时,取 $v\cos\theta_d=u_1$,$v\sin\theta_d=u_2$,则按控制律式(9.19)进行设计,式(9.23)变为

$$\begin{cases}\dot{x}_e=-a\tanh(p_1x_e)+v(\cos\theta-\cos\theta_d)\\ \dot{y}_e=-b\tanh(p_2y_e)+v(\sin\theta-\sin\theta_d)\end{cases} \tag{9.24}$$

由于 u_1 和 u_2 有界,从而 v 有界,则闭环系统式(9.24)满足全局 Lipschitz 条件,则对于任何初始状态,x_e 和 y_e 在任何有限时间内有界。

首先针对闭环系统式(9.24),分析 x_e 的收敛性。考虑函数 $\cosh(x)=\frac{e^{-x}+e^x}{2}\geqslant1$,$\ln(\cosh(x))\geqslant0$,且 $x=0$ 时,$\ln(\cosh(x))=0$。

为了证明当 $t\to\infty$ 时,闭环系统稳定,取整个闭环系统的 Lyapunov 函数为

$$V=a_1\ln(\cosh p_1x_e)+a_2\ln(\cosh p_2y_e)+\frac{1}{2}s_3^2$$

其中,$a_1>0,a_2>0,p_1>0,p_2>0$。

可见,满足 $V(0)=0,V(t)\geqslant0$,则

$$\begin{aligned}\dot{V}&=a_1\frac{\sinh p_1x_e}{\cosh p_1x_e}p_1\dot{x}_e+a_2\frac{\sinh p_2y_e}{\cosh p_2y_e}p_2\dot{y}_e+s_3\dot{s}_3\\ &=a_1p_1\dot{x}_e\tanh(p_1x_e)+a_2p_2\dot{y}_e\tanh(p_2y_e)+s_3\dot{s}_3\end{aligned}$$

考虑 $\dot{x}_e=-a\tanh(p_1x_e)+v(\cos\theta-\cos\theta_d)$，令 $t_1=a\tanh(p_1x_e)$，$t_2=v(\cos\theta-\cos\theta_d)$，则 $\dot{x}_e=-t_1+t_2$。

考虑 $\dot{y}_e=-b\tanh(p_2y_e)+v(\sin\theta-\sin\theta_d)$，令 $t_3=b\tanh(p_2y_e)$，$t_4=v(\sin\theta-\sin\theta_d)$，则 $\dot{y}_e=-t_3+t_4$。

于是

$$
\begin{aligned}
\dot{V}&=p_1(-t_1+t_2)t_1+p_2(-t_3+t_4)t_3+s_3\dot{s}_3\\
&=-p_1\left(t_1^2-t_1t_2+\frac{1}{4}t_2^2\right)+\frac{1}{4}p_1t_2^2-p_2\left(t_3^2-t_3t_4+\frac{1}{4}t_4^2\right)+\frac{1}{4}p_2t_4^2+s_3\dot{s}_3\\
&=-p_1\left(t_1-\frac{1}{2}t_2\right)^2+\frac{1}{4}p_1t_2^2-p_2\left(t_3-\frac{1}{2}t_4\right)^2+\frac{1}{4}p_2t_4^2-k_3s_3^2-\eta_3|s_3|\\
&\leqslant-p_1\left(t_1-\frac{1}{2}t_2\right)^2-p_2\left(t_3-\frac{1}{2}t_4\right)^2+\frac{1}{4}p_1t_2^2+\frac{1}{4}p_2t_4^2-k_3\tilde{\theta}^2
\end{aligned}
$$

考虑三角函数的性质 $\cos(A+B)-\cos(A-B)=-2\sin A\sin B$，取 $A=\frac{\theta_d+\theta}{2}$，$B=\frac{\theta_d-\theta}{2}$，有 $\cos\theta_d-\cos\theta=2\sin\frac{\theta_d+\theta}{2}\sin\frac{\theta_d-\theta}{2}$，则

$$
|\cos\theta_d-\cos\theta|=\left|2\sin\frac{\theta_d+\theta}{2}\sin\frac{\theta_d-\theta}{2}\right|\leqslant 2\left|\sin\frac{\theta_d-\theta}{2}\right|
$$

考虑三角函数的性质 $\sin(A+B)-\sin(A-B)=2\cos A\sin B$，取 $A=\frac{\theta_d+\theta}{2}$，$B=\frac{\theta_d-\theta}{2}$，有 $\sin\theta_d-\sin\theta=2\cos\frac{\theta_d+\theta}{2}\sin\frac{\theta_d-\theta}{2}$，则

$$
|\sin\theta_d-\sin\theta|=\left|2\cos\frac{\theta_d+\theta}{2}\sin\frac{\theta_d-\theta}{2}\right|\leqslant 2\left|\sin\frac{\theta_d-\theta}{2}\right|
$$

考虑正弦函数的性质 $|\sin x|\leqslant|x|$，有 $\left|\sin\frac{\theta_d-\theta}{2}\right|\leqslant\left|\frac{\theta_d-\theta}{2}\right|$，则可得

$$
|\cos\theta_d-\cos\theta|\leqslant|\theta_d-\theta|,\quad |\sin\theta_d-\sin\theta|\leqslant|\theta_d-\theta|
$$

由于 $\theta-\theta_d$ 指数收敛，则 $|\cos\theta_d-\cos\theta|$ 和 $|\sin\theta_d-\sin\theta|$ 指数收敛，从而 $t_2=v(\cos\theta-\cos\theta_d)$ 和 $t_4=v(\sin\theta-\sin\theta_d)$ 指数收敛。则

$$
|t_2|=|v(\cos\theta-\cos\theta_d)|\leqslant v_{\max}|\tilde{\theta}|
$$

$$
|t_4|=|v(\sin\theta-\sin\theta_d)|\leqslant v_{\max}|\tilde{\theta}|
$$

$\frac{1}{4}p_1t_2^2+\frac{1}{4}p_2t_4^2-k_3\tilde{\theta}^2\leqslant\frac{1}{4}p_1v_{\max}^2\tilde{\theta}^2+\frac{1}{4}p_2v_{\max}^2\tilde{\theta}^2-k_3\tilde{\theta}^2=\left(\frac{1}{4}p_1v_{\max}^2+\frac{1}{4}p_2v_{\max}^2-k_3\right)\tilde{\theta}^2\leqslant 0$，其中 $k_3\geqslant\frac{1}{4}p_1v_{\max}^2+\frac{1}{4}p_2v_{\max}^2$。

于是

$$
\dot{V}\leqslant-p_1\left(t_1-\frac{1}{2}t_2\right)^2-p_2\left(t_3-\frac{1}{2}t_4\right)^2\leqslant 0
$$

对于任意的 $\delta_2>0$，存在一个有限时间 t_{δ_2}，当 $\left|t_1-\frac{1}{2}t_2\right|\geqslant\delta_2$ 且 $\left|t_3-\frac{1}{2}t_4\right|\geqslant\delta_2$，使得 $\dot{V}\leqslant 0$ 成立。因此 $t_1-\frac{1}{2}t_2$ 和 $t_3-\frac{1}{2}t_4$ 在有限时间内收敛到半径为 δ_2 的紧集内，并且保持在该紧集内。因为 $t\rightarrow\infty$ 时，$\theta-\theta_{\mathrm{d}}\rightarrow 0$ 且指数收敛，所以 $t_2\rightarrow 0$ 且 $t_4\rightarrow 0$ 指数收敛，从而 $t\rightarrow\infty$ 时，$t_1\rightarrow 0$，$t_3\rightarrow 0$，即 $x_{\mathrm{e}}\rightarrow 0$，$y_{\mathrm{e}}\rightarrow 0$。

9.2.5 仿真实例

被控对象为式(9.12)，初始位置及姿态取$[-2\quad 2\quad 0]$。取位置指令$[x_{\mathrm{d}}\quad y_{\mathrm{d}}]$为 $x_{\mathrm{d}}=t$，$y_{\mathrm{d}}=\sin(0.5x_{\mathrm{d}})+0.5x_{\mathrm{d}}+1$。

取 $a=3.0$，$p_1=10$，$b=3.0$，$p_2=10$，$k_3=3.0$，$\eta_3=0.50$，位置初始值为$[0\quad 0\quad 0]$，采用位置控制律式(9.19)和姿态控制律式(9.22)，针对姿态控制律式(9.22)的切换项，采用饱和函数代替切换函数，边界层厚度取 0.10，微分器参数取 $R=100$，仿真结果如图 9.7～图 9.10 所示。

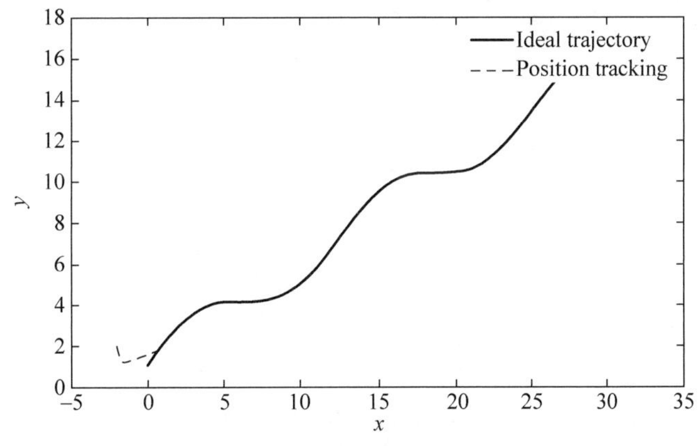

图 9.7 圆轨迹的跟踪

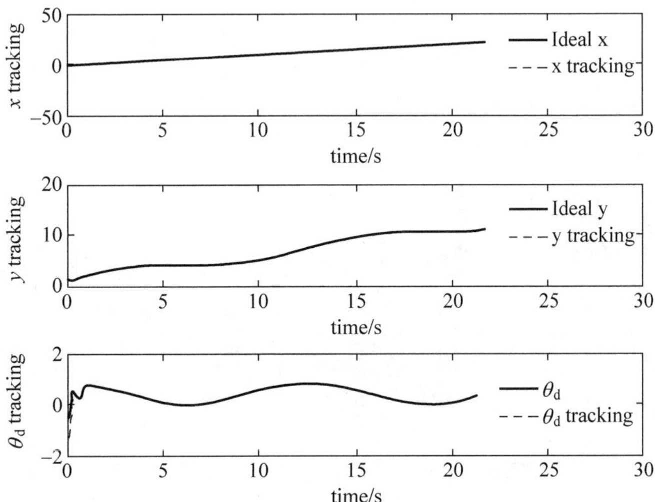

图 9.8 位置和角度的跟踪

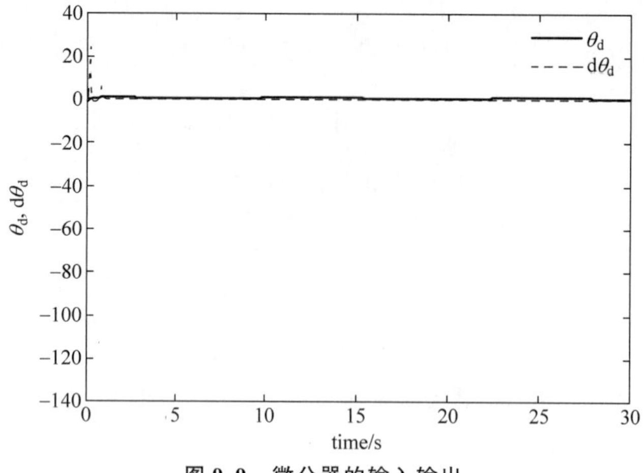

图 9.9 微分器的输入输出

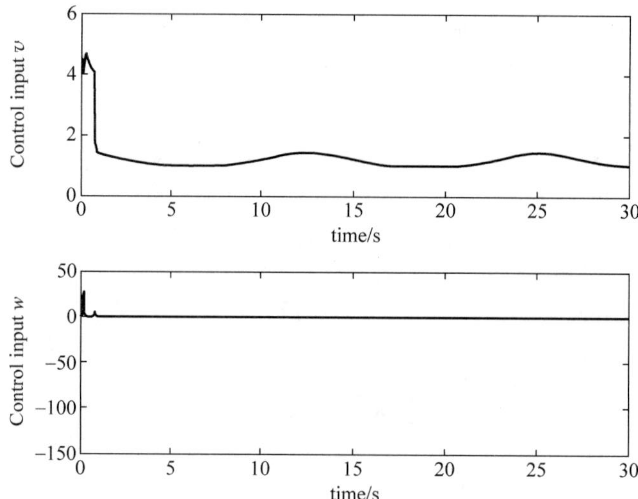

图 9.10 控制输入信号ω 和v

由仿真可见，θ_d 的最大值为 0.7857 弧度，属于区间$(-\pi/2, \pi/2)$，满足式(9.18)的要求。

仿真程序：

(1) Simulink 主程序：chap9_2sim.mdl。

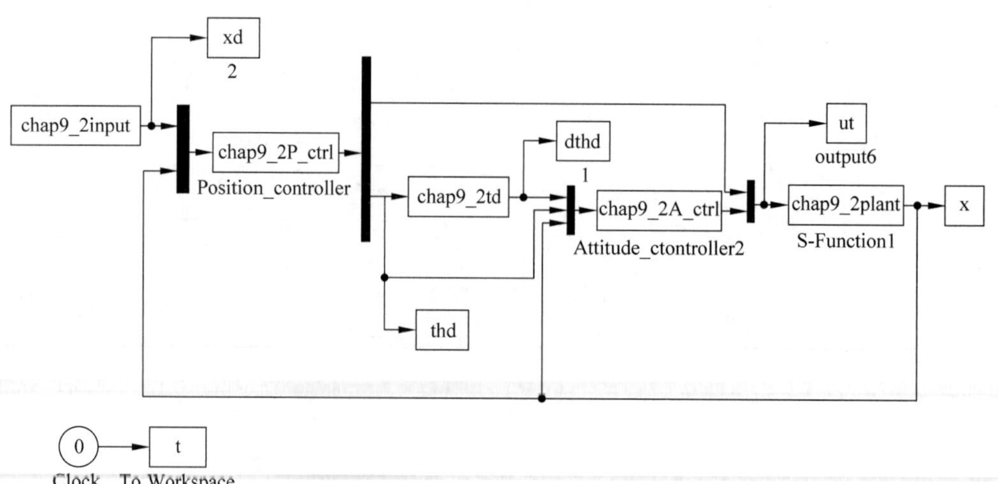

(2) 指令程序：chap9_2input.m。

```
function [sys,x0,str,ts] = spacemodel(t,x,u,flag)
switch flag,
case 0,
    [sys,x0,str,ts] = mdlInitializeSizes;
case 1,
    sys = mdlDerivatives(t,x,u);
case 3,
    sys = mdlOutputs(t,x,u);
case {2,4,9}
    sys = [];
otherwise
    error(['Unhandled flag = ',num2str(flag)]);
end
function [sys,x0,str,ts] = mdlInitializeSizes
sizes = simsizes;
sizes.NumContStates  = 0;
sizes.NumDiscStates  = 0;
sizes.NumOutputs     = 2;
sizes.NumInputs      = 0;
sizes.DirFeedthrough = 1;
sizes.NumSampleTimes = 1;
sys = simsizes(sizes);
x0  = [];
str = [];
ts  = [0 0];
function sys = mdlOutputs(t,x,u)
xd = t;
yd = sin(0.5 * xd) + 0.5 * xd + 1;

sys(1) = xd;
sys(2) = yd;
```

(3) 姿态控制器程序：chap9_2A_ctrl.m。

```
function [sys,x0,str,ts] = spacemodel(t,x,u,flag)
switch flag,
case 0,
    [sys,x0,str,ts] = mdlInitializeSizes;
case 1,
    sys = mdlDerivatives(t,x,u);
case 3,
    sys = mdlOutputs(t,x,u);
case {2,4,9}
    sys = [];
otherwise
    error(['Unhandled flag = ',num2str(flag)]);
end
function [sys,x0,str,ts] = mdlInitializeSizes
sizes = simsizes;
sizes.NumContStates  = 0;
sizes.NumDiscStates  = 0;
sizes.NumOutputs     = 1;
sizes.NumInputs      = 5;
sizes.DirFeedthrough = 1;
```

```
sizes.NumSampleTimes = 1;
sys = simsizes(sizes);
x0   = [];
str = [];
ts   = [0 0];
function sys = mdlOutputs(t,x,u)
dthd = u(1);
thd = u(2);
th = u(5);

the = th - thd;
s3 = the;
k3 = 3;xite3 = 0.50;

delta = 0.10;
kk = 1/delta;
if abs(s3)> delta
    sats = sign(s3);
else
    sats = kk * s3;
end
% w = dthd - k3 * s3 - xite3 * sign(s3);
w = dthd - k3 * s3 - xite3 * sats;

sys(1) = w;
```

（4）位置控制器程序：chap9_2P_ctrl.m。

```
function [sys,x0,str,ts] = spacemodel(t,x,u,flag)
switch flag,
case 0,
    [sys,x0,str,ts] = mdlInitializeSizes;
case 1,
    sys = mdlDerivatives(t,x,u);
case 3,
    sys = mdlOutputs(t,x,u);
case {2,4,9}
    sys = [];
otherwise
    error(['Unhandled flag = ',num2str(flag)]);
end
function [sys,x0,str,ts] = mdlInitializeSizes
sizes = simsizes;
sizes.NumContStates   = 0;
sizes.NumDiscStates   = 0;
sizes.NumOutputs      = 2;
sizes.NumInputs       = 5;
sizes.DirFeedthrough = 1;
sizes.NumSampleTimes = 1;
sys = simsizes(sizes);
x0   = [];
str = [];
ts   = [0 0];
function sys = mdlOutputs(t,x,u)
xd = u(1);
yd = u(2);
```

```
xd = t;dxd = 1;
yd = sin(0.5 * xd) + 0.5 * xd + 1;
dyd = 0.5 * cos(0.5 * xd) + 0.5;
x1 = u(3);y1 = u(4);

xe = x1 - xd;
ye = y1 - yd;

a = 3.0;p1 = 10;
b = 3.0;p2 = 10;

u1 = dxd - a * tanh(p1 * xe);
u2 = dyd - b * tanh(p2 * ye);

thd = atan(u2/u1);
v = u1/cos(thd);

sys(1) = v;
sys(2) = thd;
```

(5) 被控对象程序：chap9_2plant.m。

```
function [sys,x0,str,ts] = spacemodel(t,x,u,flag)
switch flag,
case 0,
    [sys,x0,str,ts] = mdlInitializeSizes;
case 1,
    sys = mdlDerivatives(t,x,u);
case 3,
    sys = mdlOutputs(t,x,u);
case {2,4,9}
    sys = [];
otherwise
    error(['Unhandled flag = ',num2str(flag)]);
end
function [sys,x0,str,ts] = mdlInitializeSizes
sizes = simsizes;
sizes.NumContStates   = 3;
sizes.NumOutputs      = 3;
sizes.NumInputs       = 2;
sizes.DirFeedthrough = 0;
sizes.NumSampleTimes = 1;
sys = simsizes(sizes);
x0  = [-2;2;0];
str = [];
ts  = [0 0];
function sys = mdlDerivatives(t,x,u)
v = u(1);
w = u(2);
th = x(3);

sys(1) = v * cos(th);
sys(2) = v * sin(th);
sys(3) = w;
function sys = mdlOutputs(t,x,u)
sys(1) = x(1);
```

```
sys(2) = x(2);
sys(3) = x(3);
```

（6）微分器程序：chap9_2td.m。

```
function [sys,x0,str,ts] = Differentiator(t,x,u,flag)
switch flag,
case 0,
    [sys,x0,str,ts] = mdlInitializeSizes;
case 1,
    sys = mdlDerivatives(t,x,u);
case 3,
    sys = mdlOutputs(t,x,u);
case {2, 4, 9}
    sys = [];
otherwise
    error(['Unhandled flag = ',num2str(flag)]);
end
function [sys,x0,str,ts] = mdlInitializeSizes
sizes = simsizes;
sizes.NumContStates   = 2;
sizes.NumDiscStates   = 0;
sizes.NumOutputs      = 1;
sizes.NumInputs       = 1;
sizes.DirFeedthrough = 1;
sizes.NumSampleTimes = 1;
sys = simsizes(sizes);
x0  = [1 0];
str = [];
ts  = [0 0];
function sys = mdlDerivatives(t,x,u)
n = u(1);
e = x(1) - n;
R = 100;

sys(1) = x(2);
sys(2) =- 2 * R^2 * e - R * x(2);
function sys = mdlOutputs(t,x,u)
sys = x(2);
```

（7）作图程序：chap9_2plot.m。

```
close all;

figure(1);
plot(xd(:,1),xd(:,2),'r','linewidth',2);
hold on;
plot(x(:,1),x(:,2),'b--','linewidth',1);
xlabel('x');ylabel('y');
legend('ideal trajectory','position tracking');

figure(2);
subplot(311);
plot(t,xd(:,1),'r',t,x(:,1),'b--','linewidth',2);
xlabel('time(s)');ylabel('x tracking');
legend('ideal x','x tracking');
subplot(312);
```

```
plot(t,xd(:,2),'r',t,x(:,2),'b--','linewidth',2);
xlabel('time(s)');ylabel('y tracking');
legend('ideal y','y tracking');
subplot(313);
plot(t,thd(:,1),'r',t,x(:,3),'b--','linewidth',2);
xlabel('time(s)');ylabel('\theta_d tracking');
legend('\theta_d','\theta_d tracking');

figure(3);
plot(t,thd(:,1),'r',t,dthd(:,1),'b--','linewidth',2);
xlabel('time(s)');ylabel('\theta_d, d\theta_d');
legend('\theta_d','d\theta_d');

figure(4);
subplot(211);
plot(t,ut(:,1),'r','linewidth',2);
xlabel('time(s)');ylabel('Control input v');
subplot(212);
plot(t,ut(:,2),'r','linewidth',2);
xlabel('time(s)');ylabel('Control input w');

max_thd = max(thd)                      % 必须在[-pi/2,pi/2]之内
```

9.3 移动机器人双环编队控制

多个无人自主式的机构协同工作可以完成单一自主体难以完成的任务，这样就产生了编队控制的问题[5]。

9.3.1 移动机器人运动学模型

以移动机器人为被控对象，如图 9.1 所示，第 j 个移动机器人的运动学方程为

$$\begin{cases}\dot{x}_j = v_j\cos\theta_j \\ \dot{y}_j = v_j\sin\theta_j \\ \dot{\theta}_j = \omega_j\end{cases} \tag{9.25}$$

式(9.25)可写为

$$\begin{bmatrix}\dot{x}_j \\ \dot{y}_j \\ \dot{\theta}_j\end{bmatrix} = \begin{bmatrix}\cos\theta_j & 0 \\ \sin\theta_j & 0 \\ 0 & 1\end{bmatrix}\boldsymbol{q}_j \tag{9.26}$$

其中，$\boldsymbol{q}_j = [v_j \quad \omega_j]^{\mathrm{T}}$。

由该运动学方程可见，共有 2 个自由度，模型输出为 3 个变量，该模型为欠驱动系统，只能实现 2 个变量的主动跟踪，剩余的变量为随动或镇定状态。

定义 $\boldsymbol{p}_j = [x_j \quad y_j]^{\mathrm{T}}$，取实际的线速度为$\boldsymbol{v}_{jxy} = [v_{jx} \quad v_{jy}]^{\mathrm{T}} = [\dot{x}_j \quad \dot{y}_j]^{\mathrm{T}}$，其理想值为$\boldsymbol{v}_{\mathrm{d}}$。本节为编队控制问题，即通过设计控制律 $\boldsymbol{q}_j = [v_j \quad \omega_j]^{\mathrm{T}}$ 实现一组移动机器人之间保持给定的相对距离，并实现夹角 θ_j 的随动。

9.3.2 控制系统设计

9.3.2.1 速度控制律设计

根据系统的模型可知，该系统为欠驱动系统，仅仅设计 v_j 是无法同时跟踪 x 与 y 两个方向的信息，因此理想的角度信息 θ_{jd} 也要作为控制量，以克服欠驱动问题。引入中间控制量 $\boldsymbol{u}_j=[v_{jx} \quad v_{jy}]^{\mathrm{T}}$，则

$$\begin{cases} v_j\cos\theta_j = v_{jx} \\ v_j\sin\theta_j = v_{jy} \end{cases} \tag{9.27}$$

通过下面设计的控制律 $\boldsymbol{u}_j$，来实现 θ_{jd} 的求取。

由式(9.27)可得 $\frac{v_{jy}}{v_{jx}}=\tan\theta_{jd}$，如果 θ_{jd} 的值域是 $(-\pi/2,\pi/2)$，则可得到满足理想轨迹跟踪的 θ_j 为

$$\theta_j=\arctan\frac{v_{jy}}{v_{jx}} \tag{9.28}$$

上式所求得的 θ_j 为位置控制律所要求的角度，如果 θ_j 与 θ_{jd} 相等，则理想的轨迹控制律可实现，但实际 θ_j 与 θ_{jd} 不可能完全一致，尤其是控制的初始阶段，这会造成闭环跟踪系统的不稳定。

定义第 j 个移动机器人的位置为 $\boldsymbol{p}_j=[x_j \quad y_j]$，则第 j 个与第 k 个机器人之间的相对位置定义为 $\boldsymbol{p}_{jk}=\boldsymbol{p}_j-\boldsymbol{p}_k$，定义 δ_{jk} 为参考相对位置的理想值，$\delta_{jk}=\delta_j-\delta_k$。当 $j=k$ 时，$\boldsymbol{p}_{jk}=0$，$\delta_{jk}=0$，从而可以得到第 j 个与第 k 个移动机器人的相对距离误差为 $\boldsymbol{p}_{jk}-\delta_{jk}$。控制目标为 $\boldsymbol{p}_{jk}\to\delta_{jk}$，即 $\boldsymbol{p}_{jk}-\delta_{jk}\to 0$。

采用P控制，考虑 n 个移动机器人的编队控制问题，针对第 j 个移动机器人设计中间控制律为

$$\boldsymbol{u}_j=[v_{jx} \quad v_{jy}]^{\mathrm{T}}=\boldsymbol{v}_{jd}-k_{\mathrm{p}}\sum_{k=1}^{n}(\boldsymbol{p}_{jk}-\delta_{jk}) \tag{9.29}$$

其中，$k_{\mathrm{p}}>0$，$\boldsymbol{v}_{jd}$ 为第 j 个移动机器人理想的线速度。

由式(9.27)，可得到实际的控制律为

$$v_j=\frac{v_{jx}}{\cos\theta_{jd}} \tag{9.30}$$

根据式(9.28)和式(9.30)，可以得到实际的控制律 v_j 以及理想角度 θ_{jd}，最后设计 ω_j 对理想姿态进行跟踪。

Lyapunov 函数设计如下：

取 $V_1=\frac{1}{2}\sum_{j=1}^{n}\sum_{k=1}^{n}(\boldsymbol{p}_{jk}-\delta_{jk})^2$，则

$$\begin{aligned}
\dot{V}_1&=\sum_{j=1}^{n}\sum_{k=1}^{n}(\boldsymbol{p}_{jk}-\delta_{jk})(\dot{\boldsymbol{p}}_{jk}-\dot{\delta}_{jk})=\sum_{j=1}^{n}\sum_{k=1}^{n}(\boldsymbol{p}_{jk}-\delta_{jk})\dot{\boldsymbol{p}}_{jk}=\sum_{j=1}^{n}\sum_{k=1}^{n}(\boldsymbol{p}_{jk}-\delta_{jk})(\dot{\boldsymbol{p}}_j-\dot{\boldsymbol{p}}_k)\\
&=\sum_{j=1}^{n}\sum_{k=1}^{n}(\boldsymbol{p}_{jk}-\delta_{jk})(\dot{\boldsymbol{p}}_j-\boldsymbol{v}_{jd}-(\dot{\boldsymbol{p}}_k-\boldsymbol{v}_{jd}))\\
&=\sum_{j=1}^{n}\sum_{k=1}^{n}(\boldsymbol{p}_{jk}-\delta_{jk})(\dot{\boldsymbol{p}}_j-\boldsymbol{v}_{jd})-\sum_{j=1}^{n}\sum_{k=1}^{n}(\boldsymbol{p}_{jk}-\delta_{jk})(\dot{\boldsymbol{p}}_k-\boldsymbol{v}_{jd})
\end{aligned}$$

以 $n=2$ 为例，有

$$\begin{aligned}\sum_{j=1}^{n}\sum_{k=1}^{n}(\boldsymbol{p}_{jk}-\delta_{jk})(\dot{\boldsymbol{p}}_{k}-\boldsymbol{v}_{jd}) &= -\sum_{j=1}^{n}\sum_{k=1}^{n}(\boldsymbol{p}_{kj}-\delta_{kj})(\dot{\boldsymbol{p}}_{k}-\boldsymbol{v}_{jd}) \\ &= -(\boldsymbol{p}_{11}-\delta_{11})(\dot{\boldsymbol{p}}_{1}-\boldsymbol{v}_{1d})-(\boldsymbol{p}_{12}-\delta_{12})(\dot{\boldsymbol{p}}_{1}-\boldsymbol{v}_{1d})- \\ &\quad (\boldsymbol{p}_{21}-\delta_{21})(\dot{\boldsymbol{p}}_{2}-\boldsymbol{v}_{2d})-(\boldsymbol{p}_{22}-\delta_{22})(\dot{\boldsymbol{p}}_{2}-\boldsymbol{v}_{2d}) \\ &= -\sum_{k=1}^{n}\sum_{j=1}^{n}(\boldsymbol{p}_{kj}-\delta_{kj})(\dot{\boldsymbol{p}}_{k}-\boldsymbol{v}_{jd})\end{aligned}$$

则

$$\begin{aligned}\dot{V}_1 &= \sum_{j=1}^{n}\sum_{k=1}^{n}(\boldsymbol{p}_{jk}-\delta_{jk})(\dot{\boldsymbol{p}}_{j}-\boldsymbol{v}_{jd})+\sum_{k=1}^{n}\sum_{j=1}^{n}(\boldsymbol{p}_{kj}-\delta_{kj})(\dot{\boldsymbol{p}}_{k}-\boldsymbol{v}_{jd}) \\ &= 2\sum_{j=1}^{n}\sum_{k=1}^{n}(\boldsymbol{p}_{jk}-\delta_{jk})(\dot{\boldsymbol{p}}_{k}-\boldsymbol{v}_{jd}) \\ &= 2\sum_{j=1}^{n}\sum_{k=1}^{n}(\boldsymbol{p}_{jk}-\delta_{jk})\left(\boldsymbol{v}_{jd}-k_{\mathrm{p}}\sum_{k=1}^{n}(\boldsymbol{p}_{jk}-\delta_{jk})-\boldsymbol{v}_{jd}\right) \\ &= 2\sum_{j=1}^{n}\sum_{k=1}^{n}(\boldsymbol{p}_{jk}-\delta_{jk})\left(-k_{\mathrm{p}}\sum_{k=1}^{n}(\boldsymbol{p}_{jk}-\delta_{jk})\right) \\ &= -2k_{\mathrm{p}}\sum_{j=1}^{n}\sum_{k=1}^{n}(\boldsymbol{p}_{jk}-\delta_{jk})\left(\sum_{k=1}^{n}(\boldsymbol{p}_{jk}-\delta_{jk})\right) \\ &= -2k_{\mathrm{p}}\sum_{j=1}^{n}\left(\sum_{k=1}^{n}(\boldsymbol{p}_{jk}-\delta_{jk})\right)^2=-4k_{p}V_1\leqslant 0\end{aligned}$$

则

$$V_1(t)=\mathrm{e}^{-4k_{p}t}V_1(0)$$

当 $t\to\infty$ 时，$\boldsymbol{p}_{jk}\to\delta_{jk}$ 且指数收敛，根据式(9.29)，$\boldsymbol{v}_j=[v_{jx}\quad v_{jy}]\to\boldsymbol{v}_{jd}$。

9.3.2.2 姿态控制律设计

对第 j 个移动机器人，下面的任务是通过设计姿态控制律 ω_j，实现角度 θ_j 跟踪随动目标 θ_{jd}。取 $\theta_{je}=\theta_j-\theta_{jd}$，则

$$\dot{\theta}_{je}=\omega_j-\dot{\theta}_{jd}$$

设计姿态控制律为

$$\omega_j=\dot{\theta}_{jd}-k_j\theta_{je} \tag{9.31}$$

其中，$k_j>0$。

则

$$\dot{\theta}_{je}=-k_j\theta_{je}$$

针对 n 个移动机器人的编队控制问题，取 $V_\theta=\dfrac{1}{2}\sum\limits_{j=1}^{n}\theta_{je}^2$，则 $\dot{V}_\theta=\sum\limits_{j=1}^{n}\theta_{je}\dot{\theta}_{je}=-k_j\sum\limits_{j=1}^{n}\theta_{je}^2$，即 $\dot{V}_\theta=-2k_jV_\theta$，从而 $V_\theta(t)=\mathrm{e}^{-2k_jt}V_\theta(0)$，角度 θ_j 指数收敛于 θ_{jd}。

需要说明如下：

(1) 在控制律式(9.31)中，需要对外环产生的中间指令信号 $\dot{\theta}_{jd}$ 求导，可采用如下线性二阶微分器实现 $\dot{\theta}_{jd}$[1]：

$$\begin{cases}\dot{x}_1 = x_2 \\ \dot{x}_2 = -2R^2(x_1 - n(t)) - Rx_2 \\ y = x_2\end{cases} \tag{9.32}$$

其中待微分的输入信号为 $n(t)$，x_1 为对信号进行跟踪，x_2 是信号一阶导数的估计，微分器的初始值为 $x_1(0)=0, x_2(0)=0$。

由于该微分器具有积分链式结构，在工程上对含有噪声的信号求导时，噪声只含在微分器的最后一层，通过积分作用信号一阶导数中的噪声能够被更充分地抑制。

(2) 为了实现稳定的内环滑模控制，采用工程上一般的方法，即内环收敛速度大于外环收敛速度的方法，通过 θ_j 快速跟踪 θ_{jd}，来保证闭环系统的稳定性。在本算法中通过调整内外环控制增益系数，保证内环收敛速度远大于外环收敛速度。

9.3.3 整个闭环稳定性分析

通过上述双闭环的控制方法，实现 n 个移动机器人的编队控制，即针对移动机器人 j 和移动机器人 k，可实现 $\boldsymbol{p}_{jk} \to \delta_{jk}, \theta_j \to \theta_{jd}$，并实现 $\boldsymbol{v}_j \to \boldsymbol{v}_{jd}$。

针对移动机器人，为了实现稳定的双闭环控制，采用内环收敛速度大于外环收敛速度的方法，通过 θ_j 快速跟踪 θ_{jd}，来保证闭环系统的稳定性。在双闭环控制算法中，闭环系统稳定性是在姿态角度 θ_j 快速跟踪 θ_{jd} 前提下实现的，即通过调整内外环控制增益系数，来保证内环收敛速度远大于外环收敛速度。然而，在内外环控制中，由于实际的 θ_j 与 θ_{jd} 之间的差异会造成外环控制律式无法精确实现，从而造成闭环系统的不稳定。

9.3.4 仿真实例

取 3 个移动机器人，目标位跟踪一个共同的参考速度，以形成三角形编队。

初始状态为 $\theta_1(0)=\theta_2(0)=\theta_3(0)=0$，$\boldsymbol{p}_1(0)=(-2,2)$，$\boldsymbol{p}_2(0)=(-3,1)$，$\boldsymbol{p}_3(0)=(1,-2)$，采用控制律式(9.29)和式(9.31)，控制参数为 $c_1=c_2=c_3=1$，$k_{p1}=k_{p2}=k_{p3}=5$，滑模控制参数为 $k_j=10$，$\eta_j=0.5$，微分器参数 $R=100$，参考速度为 $\boldsymbol{v}_{dj}=[1 \quad 0.5\cos(0.5t)+1]^{\mathrm{T}}$，理想相对坐标为 $\boldsymbol{\delta}_1=(1,1)^{\mathrm{T}}$，$\boldsymbol{\delta}_2=(-1,1)^{\mathrm{T}}$，$\boldsymbol{\delta}_3=(-1,-1)^{\mathrm{T}}$。分别给出了初始时刻、第 600 个点和 1000 个点的编队情况，仿真结果如图 9.11～图 9.13 所示。

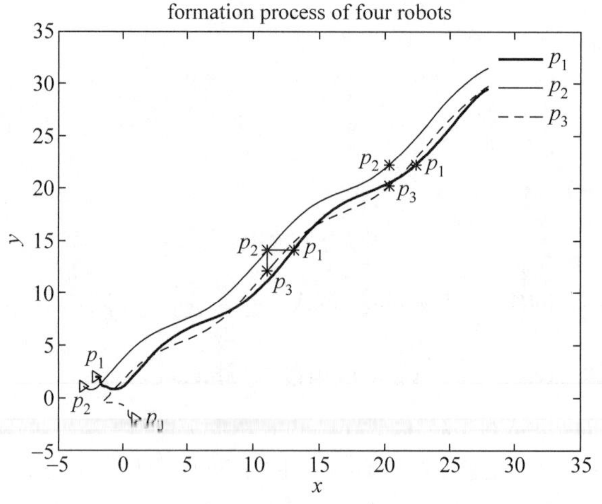

图 9.11 3 个移动机器人的编队控制

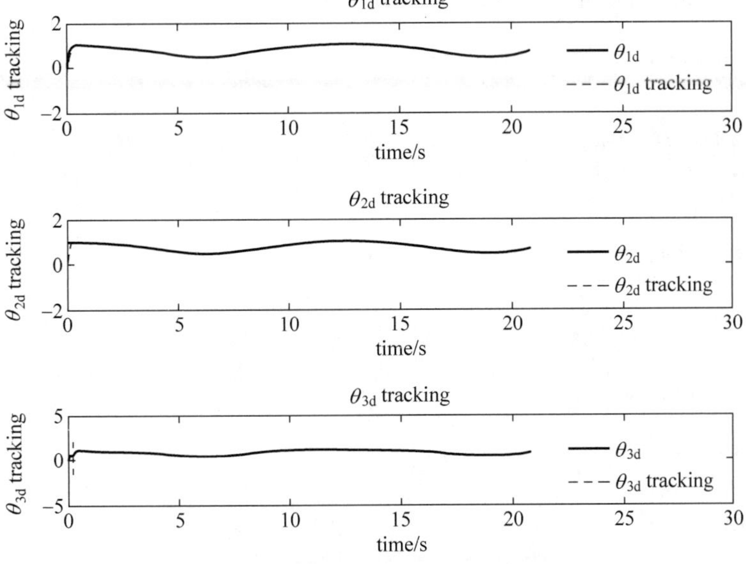

图 9.12　3 个移动机器人的角度随动跟踪

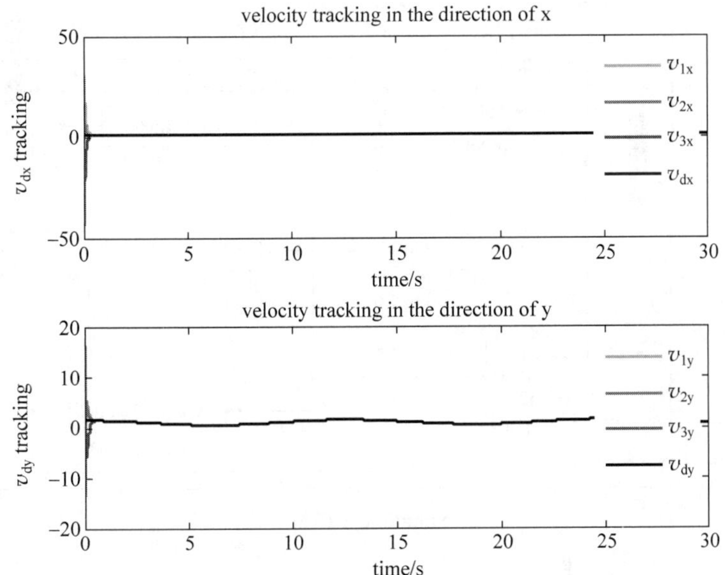

图 9.13　3 个移动机器人的速度跟踪

仿真程序(以第 1 个移动机器人为例)。

(1) 输入 S 函数：chap9_3input. m。

```
function [sys,x0,str,ts] = spacemodel(t,x,u,flag)
switch flag,
case 0,
    [sys,x0,str,ts] = mdlInitializeSizes;
case 1,
    sys = mdlDerivatives(t,x,u);
case 3,
    sys = mdlOutputs(t,x,u);
case {2,4,9}
    sys = [];
otherwise
```

```
    error(['Unhandled flag = ',num2str(flag)]);
end
function [sys,x0,str,ts] = mdlInitializeSizes
sizes = simsizes;
sizes.NumContStates  = 0;
sizes.NumDiscStates  = 0;
sizes.NumOutputs     = 2;
sizes.NumInputs      = 0;
sizes.DirFeedthrough = 1;
sizes.NumSampleTimes = 1;
sys = simsizes(sizes);
x0  = [];
str = [];
ts  = [0 0];
function sys = mdlOutputs(t,x,u)
vxd = 1;
vyd = 0.5 * cos(0.5 * t) + 1;

sys(1) = vxd;
sys(2) = vyd;
```

(2) Simulink 主程序：chap9_3sim.mdl。

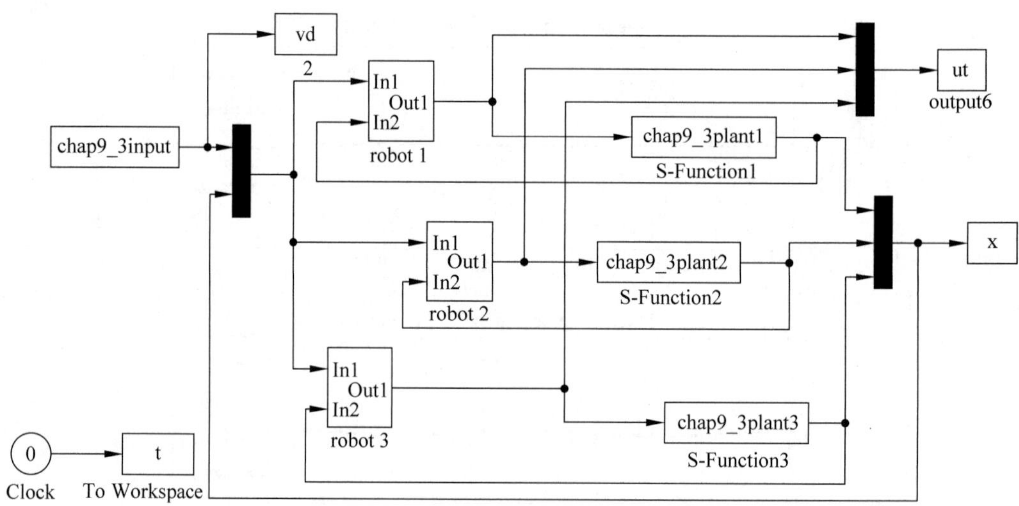

Simulink 主模块

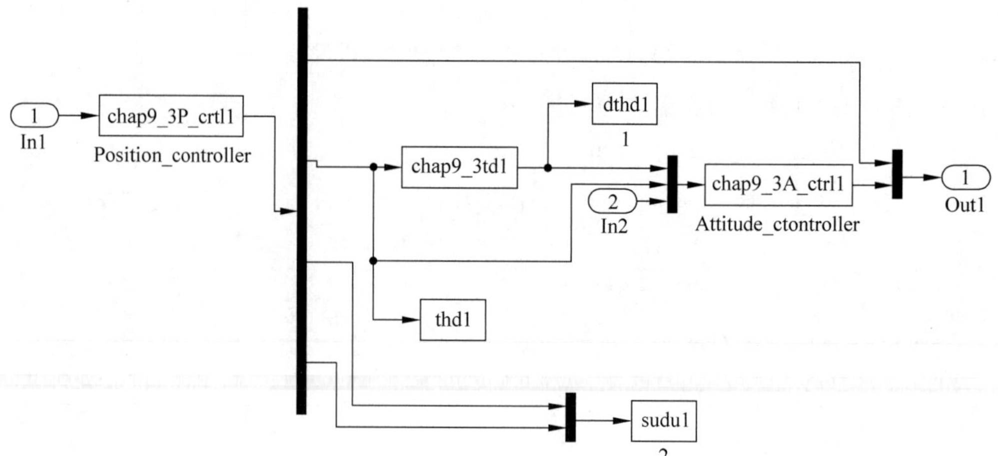

控制器子模块

(3) 速度控制器 S 函数：chap9_3P_ctrl1. m。

```
function [sys,x0,str,ts] = spacemodel(t,x,u,flag)
switch flag,
case 0,
    [sys,x0,str,ts] = mdlInitializeSizes;
case 1,
    sys = mdlDerivatives(t,x,u);
case 3,
    sys = mdlOutputs(t,x,u);
case {2,4,9}
    sys = [];
otherwise
    error(['Unhandled flag = ',num2str(flag)]);
end
function [sys,x0,str,ts] = mdlInitializeSizes
sizes = simsizes;
sizes.NumContStates  = 0;
sizes.NumDiscStates  = 0;
sizes.NumOutputs     = 4;
sizes.NumInputs      = 11;
sizes.DirFeedthrough = 1;
sizes.NumSampleTimes = 1;
sys = simsizes(sizes);
x0  = [];
str = [];
ts  = [0 0];
function sys = mdlOutputs(t,x,u)
vdx = u(1);
vdy = u(2);
vd = [u(1),u(2)]';
p1 = [u(3),u(4)]';
p2 = [u(6),u(7)]';
p3 = [u(9),u(10)]';

delta1 = [1 1]'; delta2 = [ - 1 1]'; delta3 = [ - 1  - 1]';
delta_11 = [0;0];delta_12 = delta1 - delta2;delta_13 = delta1 - delta3;
P_11 = [0;0];P_12 = p1 - p2;P_13 = p1 - p3;

kp1 = 5;kp2 = 5;kp3 = 5;
c1 = 1;
sum1 = kp1 * (P_11 - delta_11) + kp2 * (P_12 - delta_12) + kp3 * (P_13 - delta_13);
uj = vd - c1 * sum1;
thd = atan(uj(2)/uj(1));
v = uj(1)/cos(thd);

sys(1) = v;
sys(2) = thd;
sys(3) = uj(1);
sys(4) = uj(2);
```

(4) 姿态控制器 S 函数：chap9_3A_ctrl1. m。

```
function [sys,x0,str,ts] = spacemodel(t,x,u,flag)
switch flag,
case 0,
    [sys,x0,str,ts] = mdlInitializeSizes;
case 1,
    sys = mdlDerivatives(t,x,u);
```

```
case 3,
    sys = mdlOutputs(t,x,u);
case {2,4,9}
    sys = [];
otherwise
    error(['Unhandled flag = ',num2str(flag)]);
end
function [sys,x0,str,ts] = mdlInitializeSizes
sizes = simsizes;
sizes.NumContStates  = 0;
sizes.NumDiscStates  = 0;
sizes.NumOutputs     = 1;
sizes.NumInputs      = 5;
sizes.DirFeedthrough = 1;
sizes.NumSampleTimes = 1;
sys = simsizes(sizes);
x0  = [];
str = [];
ts  = [0 0];
function sys = mdlOutputs(t,x,u)
dthd = u(1);
thd = u(2);
th = u(5);

the = th - thd;
s1 = the;
k1 = 10;xite1 = 0.50;

delta = 0.10;
kk = 1/delta;
if abs(s1)> delta
    sats = sign(s1);
else
    sats = kk * s1;
end
% w = dthd - k1 * s1 - xite1 * sign(s1);
w = dthd - k1 * s1 - xite1 * sats;

sys(1) = w;
```

（5）被控对象 S 函数：chap9_3plant1. m。

```
function [sys,x0,str,ts] = spacemodel(t,x,u,flag)
switch flag,
case 0,
    [sys,x0,str,ts] = mdlInitializeSizes;
case 1,
    sys = mdlDerivatives(t,x,u);
case 3,
    sys = mdlOutputs(t,x,u);
case {2,4,9}
    sys = [];
otherwise
    error(['Unhandled flag = ',num2str(flag)]);
end
function [sys,x0,str,ts] = mdlInitializeSizes
sizes = simsizes;
sizes.NumContStates  = 3;
sizes.NumOutputs     = 3;
```

```
sizes.NumInputs       = 2;
sizes.DirFeedthrough = 0;
sizes.NumSampleTimes = 1;
sys = simsizes(sizes);
x0  = [-2;2;0];
str = [];
ts  = [0 0];
function sys = mdlDerivatives(t,x,u)
v = u(1);
w = u(2);
th = x(3);

sys(1) = v * cos(th);
sys(2) = v * sin(th);
sys(3) = w;
function sys = mdlOutputs(t,x,u)
sys(1) = x(1);
sys(2) = x(2);
sys(3) = x(3);
```

(6) 微分器 S 函数：chap9_3td1. m。

```
function [sys,x0,str,ts] = Differentiator(t,x,u,flag)
switch flag,
case 0,
    [sys,x0,str,ts] = mdlInitializeSizes;
case 1,
    sys = mdlDerivatives(t,x,u);
case 3,
    sys = mdlOutputs(t,x,u);
case {2, 4, 9}
    sys = [];
otherwise
    error(['Unhandled flag = ',num2str(flag)]);
end
function [sys,x0,str,ts] = mdlInitializeSizes
sizes = simsizes;
sizes.NumContStates   = 2;
sizes.NumDiscStates   = 0;
sizes.NumOutputs      = 1;
sizes.NumInputs       = 1;
sizes.DirFeedthrough = 1;
sizes.NumSampleTimes = 1;
sys = simsizes(sizes);
x0  = [1 0];
str = [];
ts  = [0 0];
function sys = mdlDerivatives(t,x,u)
n = u(1);
e = x(1) - n;
R = 100;

sys(1) = x(2);
sys(2) =- 2 * R^2 * e - R * x(2);
function sys = mdlOutputs(t,x,u)
sys = x(2);
```

(7) 作图程序：chap9_3plot.m。

```
close all;
figure(1);                                          %编队控制,3条运动轨迹
plot(x(:,1),x(:,2),'b','linewidth',1);
hold on;
plot(x(:,4),x(:,5),'g','linewidth',1);
hold on;
plot(x(:,7),x(:,8),'y','linewidth',1);
hold on;

%在时间为600处的编队
%第1个移动机器人
plot(x(1,1),x(1,2),'k>');                           %初始时刻第1个移动机器人
text(x(1,1)-0.4,x(1,2)+1.5,'p_1');                  %初始时刻p_1的标记位置
hold on;
plot(x(600,1),x(600,2),'k*');                       %在时间为600处第1个移动机器人
text(x(600,1)+0.2,x(600,2),'p_1');                  %在时间为600处p_1的标记位置
%%%%%%%%%%%%%%%%%%%%%%%%%%%%%%%
%第2个移动机器人
plot(x(1,4),x(1,5),'k>');                           %初始时刻第2个移动机器人
text(x(1,4)-1.4,x(1,5)+0.2,'p_2');                  %初始时刻p_2的标记位置
hold on;
plot(x(600,4),x(600,5),'k*');                       %在时间为600处的第2个移动机器人
text(x(600,4)+0.2,x(600,5),'p_2');                  %在时间为600处p_2的标记位置
%%%%%%%%%%%%%%%%%%%%%%%%%%%%%%
%第3个移动机器人
plot(x(1,7),x(1,8),'k>');
text(x(1,7)+0.2,x(1,8),'p_3');
hold on;
plot(x(600,7),x(600,8),'k*');                       %在时间为600处的第3个移动机器人
text(x(600,7)+0.2,x(600,8),'p_3');
%%%%%%%%%%%%%%%%%%%%%%%%%%%%%%%
%在时间为600处的编队框图
a=[x(600,1),x(600,4),x(600,7),x(600,1)];
b=[x(600,2),x(600,5),x(600,8),x(600,2)];
plot(a,b,'mx-')

xlabel('x');ylabel('y');
legend('p_1','p_2','p_3');
title('formation process of three robots');

%在时间为1600处的编队
%第1个移动机器人
plot(x(1000,1),x(1000,2),'k*');                     %在时间为1600处第1个移动机器人
text(x(1000,1)+0.2,x(1000,2),'p_1');                %在时间为1600处p_1的标记位置
%%%%%%%%%%%%%%%%%%%%%%%%%%%%%%%%%%%%%
%第2个移动机器人
plot(x(1000,4),x(1000,5),'k*');                     %在时间为1600处的第2个移动机器人
text(x(1000,4)+0.2,x(1000,5),'p_2');
%%%%%%%%%%%%%%%%%%%%%%%%%%%%%%%%%%%%%
%第3个移动机器人
plot(x(1000,7),x(1000,8),'k*');                     %在时间为1600处的第3个移动机器人
text(x(1000,7)+0.2,x(1000,8),'p_3');
%%%%%%%%%%%%%%%%%%%%%%%%%
%在时间为1600处的编队框图
```

```
a = [x(1000,1),x(1000,4),x(1000,7),x(1000,1)];
b = [x(1000,2),x(1000,5),x(1000,8),x(1000,2)];
plot(a,b,'mx - ')

xlabel('x');ylabel('y');
legend('p_1','p_2','p_3');
title('formation process of three robots');
%%%%%%%%%%%%%%%%%%%%%%%%%%

%角度随动跟踪
figure(2);
subplot(311);
plot(t,thd1(:,1),'r',t,x(:,3),'b-- ','linewidth',2);
xlabel('time(s)');ylabel('\theta_{1d} tracking');
legend('\theta_{1d}','\theta_{1d} tracking');
title('\theta_{1d} tracking');
subplot(312);
plot(t,thd2(:,1),'r',t,x(:,6),'b-- ','linewidth',2);
xlabel('time(s)');ylabel('\theta_{2d} tracking');
legend('\theta_{2d}','\theta_{2d} tracking');
title('\theta_{2d} tracking');
subplot(313);
plot(t,thd3(:,1),'r',t,x(:,9),'b-- ','linewidth',2);
xlabel('time(s)');ylabel('\theta_{3d} tracking');
legend('\theta_{3d}','\theta_{3d} tracking');
title('\theta_{3d} tracking');

%速度跟踪
figure(3)
subplot(211);
plot(t,sudu1(:,1),'r',t,sudu2(:,1),'b',t,sudu3(:,1),'g',t,vd(:,1),'k','linewidth',2);
xlabel('time(s)');ylabel('v_{dx} tracking');
legend('v_{1x}','v_{2x}','v_{3x}','v_{dx}');
title('velocity tracking in the direction of x');
subplot(212);
plot(t,sudu1(:,2),'r',t,sudu2(:,2),'b',t,sudu3(:,2),'g',t,vd(:,2),'k','linewidth',2);
xlabel('time(s)');ylabel('v_{dy} tracking');
legend('v_{1y}','v_{2y}','v_{3y}','v_{dy}');
title('velocity tracking in the direction of y');
```

参考文献

[1] 王新华,刘金琨.微分器设计与应用——信号滤波与求导.北京：电子工业出版社,2010.

[2] S Bertrand, N Guenard, T Hamel, H P Lahanier, L Eck. A hierarchical controller for miniature VTOL UAVs: Design and stability analysis using singular perturbation theory, Control Engineering Practice, 2011,19: 1099-1108.

[3] M Jankovic,R Sepulchre,P V Kokotovic. Constructive Lyapunov stabilization of nonlinear cascade systems, IEEE Transactions on Automatic Control, 1996, 41(12): 1723-1735.

[4] Amit Ailon. Simple Tracking Controllers for Autonomous VTOL Aircraft With Bounded Inputs[J]. IEEE Transactions on Automatic Control, 2010, 55(3): 737-743.

[5] Amit Ailon, Ilan Zohar. Controllers for trajectory tracking and string-like formation in wheeled mobile robots with bounded inputs, IEEE, 2010, 1563-1568.

第10章 四旋翼飞行器轨迹控制

10.1 基于内外环的四旋翼飞行器的 PD 控制

10.1.1 四旋翼飞行器动力学模型

四旋翼飞行器的动力学模型的特点为具有多入多出、带有强耦合的欠驱动系统。根据拉格朗日方程，其动力学模型[1]表示为

$$\begin{cases}\ddot{x}=u_1(\cos\phi\sin\theta\cos\psi+\sin\phi\sin\psi)-K_1\dot{x}/m\\ \ddot{y}=u_1(\sin\phi\sin\theta\cos\psi-\cos\phi\sin\psi)-K_2\dot{y}/m\\ \ddot{z}=u_1\cos\phi\cos\psi-g-K_3\dot{z}/m\\ \ddot{\theta}=u_2-\dfrac{lK_4}{I_1}\dot{\theta}\\ \ddot{\psi}=u_3-\dfrac{lK_5}{I_2}\dot{\psi}\\ \ddot{\phi}=u_4-\dfrac{lK_6}{I_3}\dot{\phi}\end{cases}\tag{10.1}$$

其中，飞行器三个姿态的欧拉角度表示为$[\phi,\theta,\psi]$，分别代表滚转角、俯仰角和偏航角，飞行器质心在惯性坐标系中的位置坐标表示为$[x,y,z]$，飞行器半径长度 l 表示每个旋翼末端到飞行器重心的距离，m 代表四旋翼无人机的负载总质量，I_i 代表围绕每个轴的转动惯量，K_i 为阻力系数。

控制目标为：$x\rightarrow 0, y\rightarrow 0, z\rightarrow z_d, \phi\rightarrow\phi_d$。

需要说明的是，由于欠驱动特性的存在，不可能对所有的 6 个自由度都进行跟踪。一个合理的控制目标方案为：跟踪航迹$[x,y,z]$和滚转角 ϕ，同时保证另外两个角度镇定。

下面的设计过程中，采用了 Hurwitz 判据，即针对二阶系统 $a_2s^2+a_1s+a_0=0$ 的稳定性条件为

$$\begin{cases}a_0,a_1,a_2>0\\ a_1a_0>0\end{cases}$$

10.1.2 位置控制律设计

首先通过设计位置控制律 u_1，实现 $x\rightarrow 0, y\rightarrow 0, z\rightarrow z_d$。由式(10.1)，定义

$$\begin{cases}u_{1x}=u_1(\cos\phi\sin\theta\cos\psi+\sin\phi\sin\psi)\\u_{1y}=u_1(\sin\phi\sin\theta\cos\psi-\cos\phi\sin\psi)\\u_{1z}=u_1\cos\phi\cos\psi\end{cases}\tag{10.2}$$

则用来描述位置状态的模型为

$$\begin{cases}\ddot{x}=u_{1x}-\dfrac{K_1}{m}\dot{x}\\\ddot{y}=u_{1y}-\dfrac{K_2}{m}\dot{y}\\\ddot{z}=u_{1z}-g-\dfrac{K_3}{m}\dot{z}\end{cases}\tag{10.3}$$

首先,针对第一个位置子系统,采用基于补偿的PD控制方法设计控制律为

$$u_{1x}=-k_{px}x-k_{dx}\dot{x}\tag{10.4}$$

则 $\ddot{x}+(k_{dx}+K_1/m)\dot{x}+k_{px}x=0$。根据二阶系统Hurwitz判据,需要满足 $k_{px}>0$,$k_{dx}+K_1/m>0$,可取 $k_{px}=5.0$,$k_{dx}=5.0$。

同理,针对第二个位置子系统,设计PD控制律为

$$u_{1y}=-k_{py}y-k_{dy}\dot{y}\tag{10.5}$$

则 $\ddot{y}+(k_{dy}+K_2/m)\dot{y}+k_{py}y=0$。根据二阶系统Hurwitz判据,需要满足 $k_{py}>0$,$k_{dy}+K_2/m>0$,可取 $k_{py}=5.0$,$k_{dy}=5.0$。

针对第三个位置子系统,设计基于前馈和重力补偿的PD控制律为

$$u_{1z}=-k_{pz}z_e-k_{dz}\dot{z}_e+g+\ddot{z}_d+\frac{K_3}{m}\dot{z}_d\tag{10.6}$$

其中,$z_e=z-z_d$。

则 $\ddot{z}=-k_{pz}z_e-k_{dz}\dot{z}_e+\ddot{z}_d-\dfrac{K_3}{m}\dot{z}_e$,即 $\ddot{z}_e+\left(k_{dz}+\dfrac{K_3}{m}\right)\dot{z}_e+k_{pz}z_e=0$。根据二阶系统Hurwitz判据,需要满足 $k_{pz}>0$,$k_{dz}+\dfrac{K_3}{m}>0$,可取 $k_{pz}=5.0$,$k_{dz}=5.0$。

10.1.3 虚拟姿态角度求解

假设满足控制律式(10.4)~式(10.6)所需要的姿态角度为 θ_d 和 ψ_d,为了实现 θ 对 θ_d 的跟踪,ψ 对 ψ_d 的跟踪,需要 θ_d 和 ψ_d 进行求解。

由式(10.2)可知

$$\begin{bmatrix}u_{1x}\\u_{1y}\end{bmatrix}=\begin{bmatrix}\cos\phi\sin\theta_d\cos\psi_d+\sin\phi\sin\psi_d\\\sin\phi\sin\theta_d\cos\psi_d-\cos\phi\sin\psi_d\end{bmatrix}u_1=\begin{bmatrix}\cos\phi&\sin\phi\\\sin\phi&-\cos\phi\end{bmatrix}\begin{bmatrix}\sin\theta_d\cos\psi_d\\\sin\psi_d\end{bmatrix}u_1$$

由于 $\begin{bmatrix}\cos\phi&\sin\phi\\\sin\phi&-\cos\phi\end{bmatrix}^{-1}=\begin{bmatrix}\cos\phi&\sin\phi\\\sin\phi&-\cos\phi\end{bmatrix}$,则上式变为

$$\begin{bmatrix}\cos\phi&\sin\phi\\\sin\phi&-\cos\phi\end{bmatrix}\begin{bmatrix}u_{1x}\\u_{1y}\end{bmatrix}=\begin{bmatrix}\sin\theta_d\cos\psi_d\\\sin\psi_d\end{bmatrix}u_1$$

由 $u_{1z}=u_1\cos\phi\cos\psi_d$,可得 $u_1=\dfrac{u_{1z}}{\cos\phi\cos\psi_d}$,则

$$\begin{bmatrix}\cos\phi & \sin\phi \\ \sin\phi & -\cos\phi\end{bmatrix}\begin{bmatrix}u_{1x} \\ u_{1y}\end{bmatrix}=\begin{bmatrix}\sin\theta_{\rm d}\cos\psi_{\rm d} \\ \sin\psi_{\rm d}\end{bmatrix}\frac{u_{1z}}{\cos\phi\cos\psi_{\rm d}} \tag{10.7}$$

由式(10.7)的第二行，可得

$$\frac{\cos\phi(\sin\phi\cdot u_{1x}-\cos\phi\cdot u_{1y})}{u_{1z}}=\frac{\sin\psi_{\rm d}}{\cos\psi_{\rm d}}=\tan\psi_{\rm d}$$

则

$$\psi_{\rm d}=\arctan\left(\frac{\sin\phi\cos\phi\cdot u_{1x}-\cos^2\phi\cdot u_{1y}}{u_{1z}}\right) \tag{10.8}$$

由式(10.7)的第一行，可得

$$\frac{\cos\phi(\cos\phi\cdot u_{1x}+\sin\phi\cdot u_{1y})}{u_{1z}}=\sin\theta_{\rm d} \tag{10.9}$$

需要注意的是，式(10.9)的左边值如果超出$[-1\quad +1]$，则造成$\theta_{\rm d}$不存在，即无法求解，这是本算法的不足之处。

取$X=\frac{\cos\phi(\cos\phi\cdot u_{1x}+\sin\phi\cdot u_{1y})}{u_{1z}}$，解决的方法为：当$X>1$时，取$\sin\theta_{\rm d}=1$，即$\theta_{\rm d}=\frac{\pi}{2}$；当$X<-1$时，取$\sin\theta_{\rm d}=-1$，即$\theta_{\rm d}=-\frac{\pi}{2}$；当$|X|\leqslant 1$时，有$\sin\theta_{\rm d}=X$，即

$$\theta_{\rm d}=\arcsin\left(\frac{\cos\phi(\cos\phi\cdot u_{1x}+\sin\phi\cdot u_{1y})}{u_{1z}}\right) \tag{10.10}$$

求解$\theta_{\rm d}$和$\psi_{\rm d}$后，便可得到位置控制律为

$$u_1=\frac{u_{1z}}{\cos\phi\cos\psi_{\rm d}} \tag{10.11}$$

10.1.4 姿态控制律设计

下面针对如下姿态子系统设计PD控制律，实现$\theta\to\theta_{\rm d}$，$\psi\to\psi_{\rm d}$和$\phi\to\phi_{\rm d}$。

$$\ddot{\theta}=u_2-\frac{lK_4}{I_1}\dot{\theta}$$

$$\ddot{\psi}=u_3-\frac{lK_5}{I_2}\dot{\psi}$$

$$\ddot{\phi}=u_4-\frac{lK_6}{I_3}\dot{\phi}$$

取$\theta_{\rm e}=\theta-\theta_{\rm d}$，采用基于前馈补偿的PD控制方法，设计控制律为

$$u_2=-k_{p4}\theta_{\rm e}-k_{d4}\dot{\theta}_{\rm e}+\ddot{\theta}_{\rm d}+\frac{lK_4}{I_1}\dot{\theta}_{\rm d} \tag{10.12}$$

则$\ddot{\theta}=-k_{p4}\theta_{\rm e}-k_{d4}\dot{\theta}_{\rm e}+\ddot{\theta}_{\rm d}-\frac{lK_4}{I_1}\dot{\theta}_{\rm e}$，从而$\ddot{\theta}_{\rm e}+\left(k_{d4}+\frac{lK_4}{I_1}\right)\dot{\theta}_{\rm e}+k_{p4}\theta_{\rm e}=0$，根据二阶系统Hurwitz判据，需要满足$k_{p4}>0$，$k_{d4}+\frac{lK_4}{I_1}>0$，可取$k_{p4}=15$，$k_{d4}=15$。

取$\Psi_{\rm e}=\Psi-\Psi_{\rm d}$，针对第二个姿态角子系统，设计控制律为

$$u_3=-k_{p5}\psi_{\rm e}-k_{d5}\dot{\psi}_{\rm e}+\ddot{\psi}_{\rm d}+\frac{lK_5}{I_2}\dot{\psi}_{\rm d} \tag{10.13}$$

则 $\ddot{\psi}_e=-k_{p5}\psi_e-k_{d5}\dot{\psi}_e-\frac{lK_5}{I_2}\dot{\psi}_e$，从而 $\ddot{\psi}_e+\left(k_{d5}+\frac{lK_5}{I_2}\right)\dot{\psi}_e+k_{p5}\psi_e=0$，根据二阶系统 Hurwitz 判据，需要满足 $k_{p5}>0, k_{d5}+\frac{lK_5}{I_2}>0$，可取 $k_{p5}=15, k_{d5}=15$。

取 $\phi_e=\phi-\phi_d$，针对第三个姿态角子系统，设计控制律为

$$u_4=-k_{p6}\phi_e-k_{d6}\dot{\phi}_e+\ddot{\phi}_d+\frac{lK_6}{I_3}\dot{\phi}_d \tag{10.14}$$

则 $\ddot{\phi}_e=-k_{p6}\phi_e-k_{d6}\dot{\phi}_e-\frac{lK_6}{I_3}\dot{\phi}_e$，从而 $\ddot{\phi}_e+\left(k_{d6}+\frac{lK_6}{I_3}\right)\dot{\phi}_e+k_{p6}\phi_e=0$，根据二阶系统 Hurwitz 判据，需要满足 $k_{p6}>0, k_{d6}+\frac{lK_6}{I_3}>0$，可取 $k_{p6}=15, k_{d6}=15$。

10.1.5 闭环系统的设计关键

整个控制系统结构如图 10.1 所示。

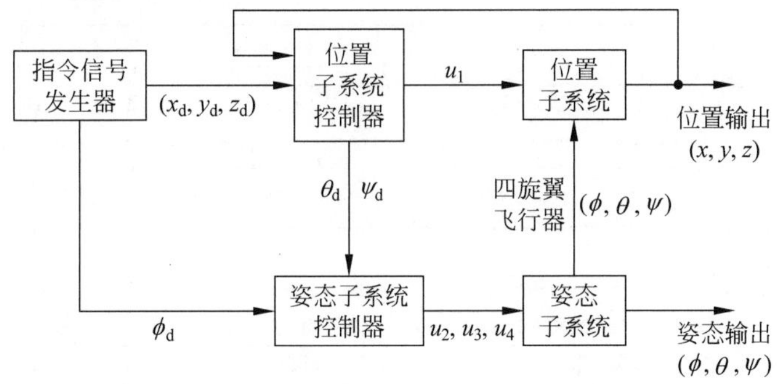

图 10.1 闭环系统结构

上述闭环系统属于由内外环构成的控制系统，需要采用双环控制方法设计控制律。位置子系统为外环，姿态子系统为内环，外环产生两个中间指令信号 ψ_d 和 θ_d，并传递给内环系统，内环则通过内环控制律实现对这两个中间指令信号的跟踪。

在控制律式(10.12)和式(10.13)中，需要对外环产生的两个中间指令信号 ψ_d 和 θ_d 求一次和二次导，可采用如下有限时间收敛三阶微分器实现 $\dot{\psi}_d$、$\ddot{\psi}_d$ 和 $\dot{\theta}_d$、$\ddot{\theta}_d$[2]：

$$\begin{cases}\dot{x}_1=x_2\\ \dot{x}_2=x_3\\ \varepsilon^3\dot{x}_3=-2^{3/5}4(x_1-v(t)+(\varepsilon x_2)^{9/7})^{1/3}-4(\varepsilon^2x_3)^{3/5}\\ y_1=x_2, y_2=x_3\end{cases} \tag{10.15}$$

其中，待微分的输入信号为 $v(t)$，$\varepsilon=0.04$，x_1 为对信号进行跟踪，x_2 是信号一阶导数的估计，x_3 是信号二阶导数的估计。微分器的初始值为 $x_1(0)=0, x_2(0)=0, x_3(0)=0$。

由于微分器可对非连续函数求导，因此不要求指令信号 ψ_d 和 θ_d 连续，从而位置控制律中可以含有切换函数。由于该微分器具有积分链式结构，在工程上对含有噪声的信号求导时，噪声只含在微分器的最后一层，通过积分作用信号一阶导数中的噪声能够被更充分地抑制。

在内外环控制中，内环的动态性能影响外环的稳定性，从而会影响整个闭环控制系统的稳定性。为了实现收敛速度快的内环控制，采用内环收敛速度大于外环收敛速度的方法，来保证

闭环系统的稳定性。在本算法中通过调整内环控制其增益系数，即在姿态控制律的设计中，为了使内环较外环收敛速度快，采用了较大的 PD 增益，保证内环收敛速度大于外环收敛速度。

10.1.6 仿真实例

针对模型式(10.1)，取 $m=2$，$l=0.2$，$g=9.8$，$K_1=0.01$，$K_2=0.01$，$K_3=0.01$，$K_4=0.012$，$K_5=0.012$，$K_6=0.012$，$I_1=1.25$，$I_2=1.25$，$I_3=2.5$。扰动取 $d_4=d_5=d_6=0.10$，被控对象位置初始状态取$[2\quad 0\quad 1\quad 0\quad 0\quad 0]$，被控对象角度初始状态取$[0\quad 0\quad 0\quad 0\quad 0\quad 0]$。

采用式(10.8)和式(10.10)求解 θ_d 和 ψ_d，采用微分器式(10.15)求解 $\dot{\psi}_d$、$\ddot{\psi}_d$ 和 $\dot{\theta}_d$、$\ddot{\theta}_d$。采用内环收敛速度大于外环收敛速度的方法，以保证闭环系统的稳定性。因此，取内环控制器增益远远大于外环控制器增益。采用位置控制律式(10.4)～式(10.6)，采用姿态控制律式(10.12)～式(10.14)，取 $z_d=3$，$\phi_d=\frac{\pi}{3}$。仿真结果如图 10.2～图 10.4 所示。

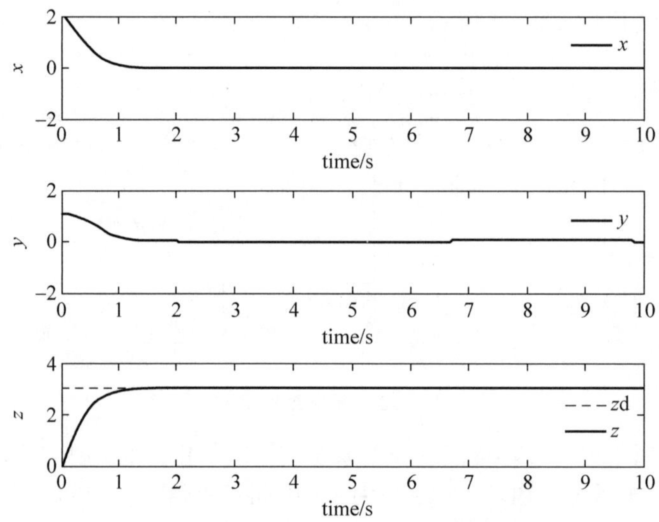

图 10.2 三个位置状态的收敛过程

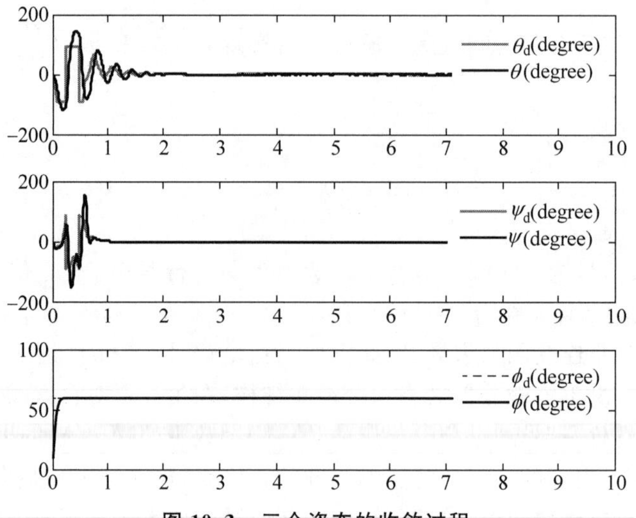

图 10.3 三个姿态的收敛过程

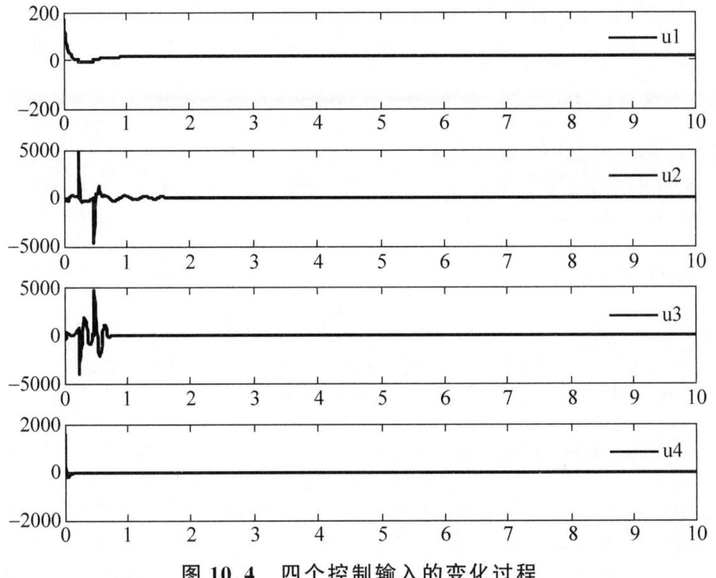

图 10.4 四个控制输入的变化过程

仿真程序：

(1) 参数初始化程序：chap10_1int.m。

```
m = 2;l = 0.2;g = 9.8;
K1 = 0.01;K2 = 0.01;K3 = 0.01;K4 = 0.012;K5 = 0.012;K6 = 0.012;
I1 = 1.25;I2 = 1.25;I3 = 2.5;

c1 = 5;c2 = 5;c3 = 5;
c4 = 30;c5 = 30;c6 = 30;

k1 = 5;k2 = 5;k3 = 5;
k4 = 50;k5 = 50;k6 = 50;

eta1 = 0.10;eta2 = 0.10;eta3 = 0.10;
eta4 = 0.10;eta5 = 0.10;eta6 = 0.10;

zd = 10;phid = pi/3;
% zd = 10;phid = 0;
```

(2) Simulink 主程序：chap10_1sim.mdl。

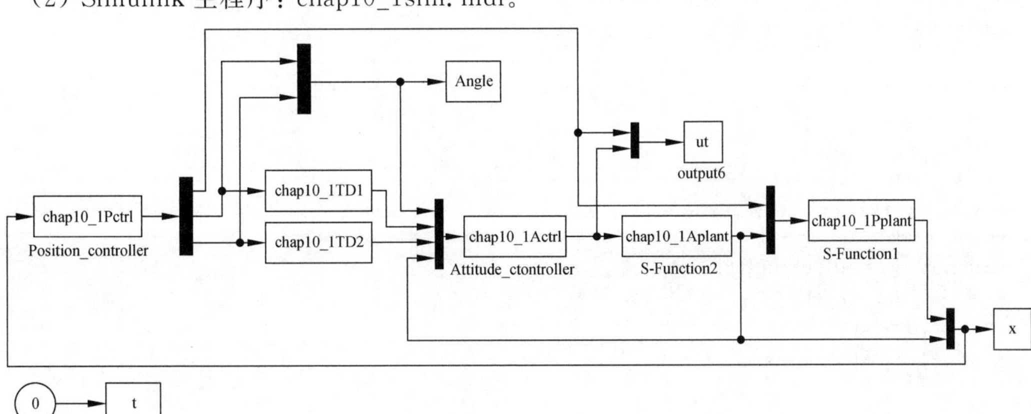

(3) 位置子系统被控对象程序：chap10_1Pplant.m。

```
function [sys,x0,str,ts] = Model(t,x,u,flag)
switch flag,
case 0,
    [sys,x0,str,ts] = mdlInitializeSizes;
case 1,
    sys = mdlDerivatives(t,x,u);
case 3,
    sys = mdlOutputs(t,x,u);
case {2, 4, 9}
    sys = [];
otherwise
    error(['Unhandled flag = ',num2str(flag)]);
end
function [sys,x0,str,ts] = mdlInitializeSizes
sizes = simsizes;
sizes.NumContStates  = 6;
sizes.NumDiscStates  = 0;
sizes.NumOutputs     = 6;
sizes.NumInputs      = 7;
sizes.DirFeedthrough = 0;
sizes.NumSampleTimes = 1;
sys = simsizes(sizes);
x0 = [2 0 1 0 3 0];
str = [];
ts = [-1 0];
function sys = mdlDerivatives(t,x,u)
u1 = u(1);
theta = u(2);
psi = u(4);
phi = u(6);

chap10_1int;

x1 = x(1);dx1 = x(2);
y = x(3);dy = x(4);
z = x(5);dz = x(6);

ddx = u1 * (cos(phi) * sin(theta) * cos(psi) + sin(phi) * sin(psi)) - K1 * dx1/m;
ddy = u1 * (sin(phi) * sin(theta) * cos(psi) - cos(phi) * sin(psi)) - K2 * dy/m;
ddz = u1 * (cos(phi) * cos(psi)) - g - K3 * dz/m;

sys(1) = x(2);
sys(2) = ddx;
sys(3) = x(4);
sys(4) = ddy;
sys(5) = x(6);
sys(6) = ddz;
function sys = mdlOutputs(t,x,u)
x1 = x(1);dx1 = x(2);
y = x(3);dy = x(4);
z = x(5);dz = x(6);

sys(1) = x1;
sys(2) = dx1;
```

```
sys(3) = y;
sys(4) = dy;
sys(5) = z;
sys(6) = dz;
```

(4) 姿态子系统被控对象程序：chap10_1Aplant. m。

```
function [sys,x0,str,ts] = chap14_5plant(t,x,u,flag)
switch flag,
case 0,
    [sys,x0,str,ts] = mdlInitializeSizes;
case 1,
    sys = mdlDerivatives(t,x,u);
case 3,
    sys = mdlOutputs(t,x,u);
case {2, 4, 9}
    sys = [];
otherwise
    error(['Unhandled flag = ',num2str(flag)]);
end
function [sys,x0,str,ts] = mdlInitializeSizes
sizes = simsizes;
sizes.NumContStates  = 6;
sizes.NumDiscStates  = 0;
sizes.NumOutputs     = 6;
sizes.NumInputs      = 3;
sizes.DirFeedthrough = 0;
sizes.NumSampleTimes = 1;
sys = simsizes(sizes);
x0 = [0 0 0 0 0 0];
str = [];
ts = [-1 0];
function sys = mdlDerivatives(t,x,u)
u2 = u(1);u3 = u(2);u4 = u(3);

chap10_1int;

theta = x(1);dtheta = x(2);
psi = x(3);dpsi = x(4);
phi = x(5);dphi = x(6);

ddtheta = u2 - l * K4 * dtheta/I1;
ddpsi = u3 - l * K5 * dpsi/I2;
ddphi = u4 - K6 * dphi/I3;

sys(1) = x(2);
sys(2) = ddtheta;
sys(3) = x(4);
sys(4) = ddpsi;
sys(5) = x(6);
sys(6) = ddphi;
function sys = mdlOutputs(t,x,u)
theta = x(1);dtheta = x(2);
psi = x(3);dpsi = x(4);
phi = x(5);dphi = x(6);
```

```
sys(1) = theta;
sys(2) = dtheta;
sys(3) = psi;
sys(4) = dpsi;
sys(5) = phi;
sys(6) = dphi;
```

（5）位置子系统控制器程序：chap10_1Pctrl.m。

```
function [sys,x0,str,ts] = spacemodel(t,x,u,flag)
switch flag,
case 0,
    [sys,x0,str,ts] = mdlInitializeSizes;
case 1,
    sys = mdlDerivatives(t,x,u);
case 3,
    sys = mdlOutputs(t,x,u);
case {2,4,9}
    sys = [];
otherwise
    error(['Unhandled flag = ',num2str(flag)]);
end
function [sys,x0,str,ts] = mdlInitializeSizes
sizes = simsizes;
sizes.NumContStates  = 0;
sizes.NumDiscStates  = 0;
sizes.NumOutputs     = 3;
sizes.NumInputs      = 12;
sizes.DirFeedthrough = 1;
sizes.NumSampleTimes = 1;
sys = simsizes(sizes);
x0  = [];
str = [];
ts  = [0 0];
function sys = mdlOutputs(t,x,u)
chap10_1int;

x1 = u(1);dx1 = u(2);
y = u(3);dy = u(4);
z = u(5);dz = u(6);
phi = u(11);

dzd = 0;ddzd = 0;
ze = z - zd;
dze = dz - dzd;

kdx = 5;kpx = 5;
kdy = 5;kpy = 5;
kdz = 5;kpz = 5;
u1x =- kpx * x1 - kdx * dx1;
u1y =- kpy * y - kdy * dy;
u1z =- kpz * ze - kdz * dze + g + ddzd + K3/m * dzd;

X = (cos(phi) * cos(phi) * u1x + cos(phi) * sin(phi) * u1y)/u1z;
%保证X在[ - 1,1]之内
if X > 1
```

```
    sin_thetad = 1;
    thetad = pi/2;
elseif X < - 1
    sin_thetad =- 1;
    thetad =- pi/2;
else
    sin_thetad = X;
    thetad = asin(X);
end
psid = atan((sin(phi) * cos(phi) * u1x - cos(phi) * cos(phi) * u1y)/u1z);

u1 = u1z/(cos(phi) * cos(psid));
sys(1) = u1;
sys(2) = thetad;
sys(3) = psid;
```

(6) 姿态子系统控制器程序：chap10_1Actrl. m。

```
function [sys,x0,str,ts] = spacemodel(t,x,u,flag)
switch flag,
case 0,
    [sys,x0,str,ts] = mdlInitializeSizes;
case 1,
    sys = mdlDerivatives(t,x,u);
case 3,
    sys = mdlOutputs(t,x,u);
case {2,4,9}
    sys = [];
otherwise
    error(['Unhandled flag = ',num2str(flag)]);
end
function [sys,x0,str,ts] = mdlInitializeSizes
sizes = simsizes;
sizes.NumContStates   = 0;
sizes.NumDiscStates   = 0;
sizes.NumOutputs      = 3;
sizes.NumInputs       = 14;
sizes.DirFeedthrough = 1;
sizes.NumSampleTimes = 1;
sys = simsizes(sizes);
x0  = [];
str = [];
ts  = [0 0];
function sys = mdlOutputs(t,x,u)
chap10_1int;

dphid = 0;ddphid = 0;
thetad = u(1);
psid = u(2);
dthetad = u(4);
ddthetad = u(5);
dpsid = u(7);
ddpsid = u(8);

theta = u(9);dtheta = u(10);
psi = u(11);dpsi = u(12);
```

```
phi = u(13);dphi = u(14);

thetae = theta - thetad;dthetae = dtheta - dthetad;
psie = psi - psid;dpsie = dpsi - dpsid;
phie = phi - phid;dphie = dphi - dphid;

kp4 = 15;kd4 = 15;
kp5 = 15;kd5 = 15;
kp6 = 15;kd6 = 15;

u2 =- kp4 * thetae - kd4 * dthetae + ddthetad + l * K4/I1 * dthetad;
u3 =- kp5 * psie - kd5 * dpsie + ddpsid + l * K5/I2 * dpsid;
u4 =- kp6 * phie - kd6 * dphie + ddphid + l * K6/I3 * dphid;

sys(1) = u2;
sys(2) = u3;
sys(3) = u4;
```

（7）微分器程序：chap10_1td1.m。

```
function [sys,x0,str,ts] = spacemodel(t,x,u,flag)
switch flag,
case 0,
    [sys,x0,str,ts] = mdlInitializeSizes;
case 1,
    sys = mdlDerivatives(t,x,u);
case 3,
    sys = mdlOutputs(t,x,u);
case {2,4,9}
    sys = [];
otherwise
    error(['Unhandled flag = ',num2str(flag)]);
end
function [sys,x0,str,ts] = mdlInitializeSizes
sizes = simsizes;
sizes.NumContStates  = 3;
sizes.NumDiscStates  = 0;
sizes.NumOutputs     = 3;
sizes.NumInputs      = 1;
sizes.DirFeedthrough = 1;
sizes.NumSampleTimes = 1;
sys = simsizes(sizes);
x0  = [0 0 0];
str = [];
ts  = [0 0];
function sys = mdlDerivatives(t,x,u)
ebs = 0.10;
vt = u(1);
temp1 = (abs(ebs * x(2))^(9/7)) * sign(ebs * x(2));
temp2 = x(1) - vt + temp1;
temp2 = abs(temp2)^(1/3) * sign(temp2);
temp3 = abs(ebs^2 * x(3))^(3/5) * sign(ebs^2 * x(3));
sys(1) = x(2);
sys(2) = x(3);
sys(3) = ( - 2^(3/5) * 4 * temp2 - 4 * temp3) * 1/ebs^3;
function sys = mdlOutputs(t,x,u)
```

```
v = u(1);
sys(1) = v;
sys(2) = x(2);
sys(3) = x(3);
```

(8) 微分器程序：chap10_1td2.m。

```
function [sys,x0,str,ts] = spacemodel(t,x,u,flag)
switch flag,
case 0,
    [sys,x0,str,ts] = mdlInitializeSizes;
case 1,
    sys = mdlDerivatives(t,x,u);
case 3,
    sys = mdlOutputs(t,x,u);
case {2,4,9}
    sys = [];
otherwise
    error(['Unhandled flag = ',num2str(flag)]);
end
function [sys,x0,str,ts] = mdlInitializeSizes
sizes = simsizes;
sizes.NumContStates  = 3;
sizes.NumDiscStates  = 0;
sizes.NumOutputs     = 3;
sizes.NumInputs      = 1;
sizes.DirFeedthrough = 1;
sizes.NumSampleTimes = 1;
sys = simsizes(sizes);
x0  = [0 0 0];
str = [];
ts  = [0 0];
function sys = mdlDerivatives(t,x,u)
ebs = 0.04;
vt = u(1);
temp1 = (abs(ebs * x(2))^(9/7)) * sign(ebs * x(2));
temp2 = x(1) - vt + temp1;
temp2 = abs(temp2)^(1/3) * sign(temp2);
temp3 = abs(ebs^2 * x(3))^(3/5) * sign(ebs^2 * x(3));
sys(1) = x(2);
sys(2) = x(3);
sys(3) = ( - 2^(3/5) * 4 * temp2 - 4 * temp3) * 1/ebs^3;
function sys = mdlOutputs(t,x,u)
v = u(1);
sys(1) = v;
sys(2) = x(2);
sys(3) = x(3);
```

(9) 作图程序：chap10_1plot.m。

```
close all;
figure(1);
subplot(311);
plot(t,x(:,1),'b','linewidth',2);
xlabel('Time(s)');ylabel('x');
legend('x');
subplot(312);
```

```
plot(t,x(:,3),'b','linewidth',2);
xlabel('Time(s)');ylabel('y');
legend('y');
subplot(313);
%zd=3*t./t;
zd=10*t./t;
plot(t,zd,'r--',t,x(:,5),'b','linewidth',2);
xlabel('Time(s)');ylabel('z');
legend('zd','z');

figure(2);
subplot(311);
plot(t,Angle(:,1)/pi*180,'r',t,x(:,7)/pi*180,'k','linewidth',2);
legend('\theta_d (degree)','\theta (degree)');
subplot(312);
plot(t,Angle(:,2)/pi*180,'r',t,x(:,9)/pi*180,'k','linewidth',2);
legend('\psi_d (degree)','\psi (degree)');
subplot(313);
plot(t,60*t./t,'r--',t,x(:,11)/pi*180,'b','linewidth',2);
legend('\phid(degree)','\phi (degree)');

figure(3);
subplot(411);
plot(t,ut(:,1),'k','linewidth',2);
legend('u1');
subplot(412);
plot(t,ut(:,2),'k','linewidth',2);
legend('u2');
subplot(413);
plot(t,ut(:,3),'k','linewidth',2);
legend('u3');
subplot(414);
plot(t,ut(:,4),'k','linewidth',2);
legend('u4');
```

10.2 基于双闭环的四旋翼飞行器速度控制

10.2.1 四旋翼飞行器动力学模型

四旋翼飞行器的动力学模型的特点为具有多入多出、带有强耦合的欠驱动系统。根据拉格朗日方程，其动力学模型[1]表示为

$$\begin{cases}\ddot{x}=u_1(\cos\phi\sin\theta\cos\psi+\sin\phi\sin\psi)-K_1\dot{x}/m\\ \ddot{y}=u_1(\sin\phi\sin\theta\cos\psi-\cos\phi\sin\psi)-K_2\dot{y}/m\\ \ddot{z}=u_1\cos\phi\cos\psi-g-K_3\dot{z}/m\\ \ddot{\theta}=u_2-\dfrac{lK_4}{I_1}\dot{\theta}\\ \ddot{\psi}=u_3-\dfrac{lK_5}{I_2}\dot{\psi}\\ \ddot{\phi}=u_4-\dfrac{lK_6}{I_3}\dot{\phi}\end{cases} \tag{10.16}$$

其中,飞行器三个姿态的欧拉角度表示为$[\phi,\theta,\psi]$,分别代表滚转角、俯仰角和偏航角,飞行器质心在惯性坐标系中的位置坐标表示为$[x,y,z]$,飞行器半径长度 l 表示每个旋翼末端到飞行器重心的距离,m 代表四旋翼无人机的负载总质量,I_i 代表围绕每个轴的转动惯量,K_i 为阻力系数。

控制目标为:取实际的线速度为$\boldsymbol{v}=[\dot{x}\ \dot{y}\ \dot{z}]^{\mathrm{T}}$,给定的期望跟踪速度为$\boldsymbol{v}_{\mathrm{d}}$,控制任务为线速度和姿态控制问题,即通过设计控制律 u_1,实现飞行器线速度$\boldsymbol{v}$ 对期望跟踪速度$\boldsymbol{v}_{\mathrm{d}}$ 的跟踪及滚转角 ϕ 的跟踪,并实现夹角为 θ 和 ψ 的随动。

需要说明的是,由于欠驱动特性的存在,不可能对所有的 6 个自由度都进行跟踪。一个合理的控制目标方案为:跟踪航迹$[x,y,z]$和滚转角 ϕ,同时保证另外两个角度镇定。

10.2.2 四旋翼飞行器速度控制

为了实现控制目标,先对速度控制子系统进行设计,得到所需的时变推力大小和方向,所需要的姿态信息传递给姿态控制子系统进行跟踪,然后进行 Lyapunov 稳定性分析。

由式(10.16),定义

$$\begin{cases} u_{1x}=u_1(\cos\phi\sin\theta\cos\psi+\sin\phi\sin\psi) \\ u_{1y}=u_1(\sin\phi\sin\theta\cos\psi-\cos\phi\sin\psi) \\ u_{1z}=u_1\cos\phi\cos\psi \end{cases} \tag{10.17}$$

则用来描述飞行器模型为

$$\begin{cases} \ddot{x}=u_{1x}-\dfrac{K_1}{m}\dot{x} \\ \ddot{y}=u_{1y}-\dfrac{K_2}{m}\dot{y} \\ \ddot{z}=u_{1z}-g-\dfrac{K_3}{m}\dot{z} \end{cases} \tag{10.18}$$

飞行器的速度为$\boldsymbol{v}$,则速度跟踪误差为 $\tilde{\boldsymbol{v}}=\boldsymbol{v}-\boldsymbol{v}_{\mathrm{d}}$,则控制目标为 $\tilde{\boldsymbol{v}}\to 0$。

首先通过设计速度控制律 u_1,理想轨迹为 $x_{\mathrm{d}}=-5\sin\dfrac{t}{2\pi}$,$y_{\mathrm{d}}=2.5\sin\dfrac{t}{2\pi}$,$z_{\mathrm{d}}=-0.5t$,实现 $\tilde{\dot{x}}\to 0$,$\tilde{\dot{y}}\to 0$,$\tilde{\dot{z}}\to 0$。

针对该飞行器,取 $\boldsymbol{p}=[x\ \ y\ \ z]^{\mathrm{T}}$,$\boldsymbol{u}_1=[u_{1x}\ u_{1y}\ u_{1z}]^{\mathrm{T}}$,则飞行器模型为

$$\ddot{\boldsymbol{p}}=\boldsymbol{u}_1+\begin{bmatrix}-\dfrac{K_1}{m}\dot{x} & -\dfrac{K_2}{m}\dot{y} & -\dfrac{K_3}{m}\dot{z}\end{bmatrix}^{\mathrm{T}}-[0\quad 0\quad g]^{\mathrm{T}} \tag{10.19}$$

设计控制律为

$$\boldsymbol{u}_1=-\eta\tilde{\boldsymbol{v}}+\ddot{\boldsymbol{p}}_{\mathrm{d}}+\begin{bmatrix}\dfrac{K_1}{m}\dot{x} & \dfrac{K_2}{m}\dot{y} & \dfrac{K_3}{m}\dot{z}\end{bmatrix}^{\mathrm{T}}+[0\quad 0\quad g]^{\mathrm{T}} \tag{10.20}$$

其中,$\eta>0$。

将控制律式(10.20)代入式(10.19),可得

$$\ddot{\boldsymbol{p}}=-\eta\tilde{\boldsymbol{v}}+\ddot{\boldsymbol{p}}_{\mathrm{d}} \tag{10.21}$$

Lyapunov 函数设计为

$$V=\frac{1}{2}\tilde{\boldsymbol{v}}^{\mathrm{T}}\tilde{\boldsymbol{v}} \tag{10.22}$$

则

$$\dot{V}=\tilde{\boldsymbol{v}}^{\mathrm{T}}\dot{\tilde{\boldsymbol{v}}}=\tilde{\boldsymbol{v}}^{\mathrm{T}}(\ddot{\boldsymbol{p}}-\ddot{\boldsymbol{p}}_{\mathrm{d}})=\tilde{\boldsymbol{v}}^{\mathrm{T}}(-\eta\tilde{\boldsymbol{v}})=-2\eta V$$

解得

$$V(t)=\mathrm{e}^{-2\eta t}V(t_0)$$

则有 $t\to\infty$ 时，$\tilde{\boldsymbol{v}}\to 0$ 且指数收敛。

10.2.3 虚拟姿态角度求解

假设满足控制律式(10.20)所需要的姿态角度为 θ_{d} 和 ψ_{d}，为了实现 θ 对 θ_{d} 的跟踪，ψ 对 ψ_{d} 的跟踪，需要 θ_{d} 和 ψ_{d} 进行求解。

由式(10.17)可知

$$\begin{bmatrix}u_{1x}\\u_{1y}\end{bmatrix}=\begin{bmatrix}\cos\phi\sin\theta_{\mathrm{d}}\cos\psi_{\mathrm{d}}+\sin\phi\sin\psi_{\mathrm{d}}\\\sin\phi\sin\theta_{\mathrm{d}}\cos\psi_{\mathrm{d}}-\cos\phi\sin\psi_{\mathrm{d}}\end{bmatrix}u_1=\begin{bmatrix}\cos\phi & \sin\phi\\\sin\phi & -\cos\phi\end{bmatrix}\begin{bmatrix}\sin\theta_{\mathrm{d}}\cos\psi_{\mathrm{d}}\\\sin\psi_{\mathrm{d}}\end{bmatrix}u_1$$

由于 $\begin{bmatrix}\cos\phi & \sin\phi\\\sin\phi & -\cos\phi\end{bmatrix}^{-1}=\begin{bmatrix}\cos\phi & \sin\phi\\\sin\phi & -\cos\phi\end{bmatrix}$，则上式变为

$$\begin{bmatrix}\cos\phi & \sin\phi\\\sin\phi & -\cos\phi\end{bmatrix}\begin{bmatrix}u_{1x}\\u_{1y}\end{bmatrix}=\begin{bmatrix}\sin\theta_{\mathrm{d}}\cos\psi_{\mathrm{d}}\\\sin\psi_{\mathrm{d}}\end{bmatrix}u_1$$

由 $u_{1z}=u_1\cos\phi\cos\psi_{\mathrm{d}}$，可得 $u_1=\dfrac{u_{1z}}{\cos\phi\cos\psi_{\mathrm{d}}}$，则

$$\begin{bmatrix}\cos\phi & \sin\phi\\\sin\phi & -\cos\phi\end{bmatrix}\begin{bmatrix}u_{1x}\\u_{1y}\end{bmatrix}=\begin{bmatrix}\sin\theta_{\mathrm{d}}\cos\psi_{\mathrm{d}}\\\sin\psi_{\mathrm{d}}\end{bmatrix}\frac{u_{1z}}{\cos\phi\cos\psi_{\mathrm{d}}} \tag{10.23}$$

由式(10.23)的第二行，可得

$$\frac{\cos\phi(\sin\phi\cdot u_{1x}-\cos\phi\cdot u_{1y})}{u_{1z}}=\frac{\sin\psi_{\mathrm{d}}}{\cos\psi_{\mathrm{d}}}=\tan\psi_{\mathrm{d}}$$

则

$$\psi_{\mathrm{d}}=\arctan\left(\frac{\sin\phi\cos\phi\cdot u_{1x}-\cos^2\phi\cdot u_{1y}}{u_{1z}}\right) \tag{10.24}$$

由式(10.23)的第一行，可得

$$\frac{\cos\phi(\cos\phi\cdot u_{1x}+\sin\phi\cdot u_{1y})}{u_{1z}}=\sin\theta_{\mathrm{d}} \tag{10.25}$$

需要注意的是，式(10.25)的左边值如果超出[−1　+1]，则造成 θ_{d} 不存在，即无法求解，这是本算法的不足之处。

取 $X=\dfrac{\cos\phi(\cos\phi\cdot u_{1x}+\sin\phi\cdot u_{1y})}{u_{1z}}$，解决的方法为：当 $X>1$ 时，取 $\sin\theta_{\mathrm{d}}=1$，即 $\theta_{\mathrm{d}}=\dfrac{\pi}{2}$；当 $X<-1$ 时，取 $\sin\theta_{\mathrm{d}}=-1$，即 $\theta_{\mathrm{d}}=-\dfrac{\pi}{2}$；当 $|X|\leqslant 1$ 时，有 $\sin\theta_{\mathrm{d}}=X$，即

$$\theta_{\mathrm{d}}=\arcsin\left(\frac{\cos\phi(\cos\phi\cdot u_{1x}+\sin\phi\cdot u_{1y})}{u_{1z}}\right) \tag{10.26}$$

求解 θ_{d} 和 ψ_{d} 后，便可得到速度控制律为

$$u_1=\frac{u_{1z}}{\cos\phi\cos\psi_{\mathrm{d}}} \tag{10.27}$$

10.2.4 姿态控制律设计

下面针对姿态子系统设计 PD 控制律，实现 $\theta\rightarrow\theta_{\mathrm{d}}$，$\psi\rightarrow\psi_{\mathrm{d}}$ 和 $\phi\rightarrow\phi_{\mathrm{d}}$。

$$\ddot{\theta}_j=u_{j2}-\frac{lK_4}{I_1}\dot{\theta}_j$$

$$\ddot{\psi}_j=u_{j3}-\frac{lK_5}{I_2}\dot{\psi}_j$$

$$\ddot{\phi}_j=u_{j4}-\frac{lK_6}{I_3}\dot{\phi}_j$$

取 $\theta_{\mathrm{e}}=\theta-\theta_{\mathrm{d}}$，采用基于前馈补偿的 PD 控制方法，设计控制律为

$$u_2=-k_{\mathrm{p4}}\theta_{\mathrm{je}}-k_{\mathrm{d4}}\dot{\theta}_{\mathrm{je}}+\ddot{\theta}_{\mathrm{jd}}+\frac{lK_4}{I_1}\dot{\theta}_{\mathrm{jd}} \tag{10.28}$$

则 $\ddot{\theta}=-k_{\mathrm{p4}}\theta_{\mathrm{e}}-k_{\mathrm{d4}}\dot{\theta}_{\mathrm{e}}+\ddot{\theta}_{\mathrm{d}}-\frac{lK_4}{I_1}\dot{\theta}_{\mathrm{e}}$，从而 $\ddot{\theta}_{\mathrm{e}}+\left(k_{\mathrm{d4}}+\frac{lK_4}{I_1}\right)\dot{\theta}_{\mathrm{e}}+k_{\mathrm{p4}}\theta_{\mathrm{e}}=0$，根据二阶系统 Hurwitz 判据，需要满足 $k_{\mathrm{p4}}>0$，$k_{\mathrm{d4}}+\frac{lK_4}{I_1}>0$。

取 $\Psi_{\mathrm{e}}=\Psi-\Psi_{\mathrm{d}}$，针对第二个姿态角子系统，设计控制律为

$$u_3=-k_{\mathrm{p5}}\psi_{\mathrm{e}}-k_{\mathrm{d5}}\dot{\psi}_{\mathrm{e}}+\ddot{\psi}_{\mathrm{d}}+\frac{lK_5}{I_2}\dot{\psi}_{\mathrm{d}} \tag{10.29}$$

则 $\ddot{\psi}_{\mathrm{e}}=-k_{\mathrm{p5}}\psi_{\mathrm{e}}-k_{\mathrm{d5}}\dot{\psi}_{\mathrm{e}}-\frac{lK_5}{I_2}\dot{\psi}_{\mathrm{e}}$，从而 $\ddot{\psi}_{\mathrm{e}}+\left(k_{\mathrm{d5}}+\frac{lK_5}{I_2}\right)\dot{\psi}_{\mathrm{e}}+k_{\mathrm{p5}}\psi_{\mathrm{e}}=0$，根据二阶系统 Hurwitz 判据，需要满足 $k_{\mathrm{p5}}>0$，$k_{\mathrm{d5}}+\frac{lK_5}{I_2}>0$。

取 $\phi_{\mathrm{e}}=\phi-\phi_{\mathrm{d}}$，针对第三个姿态角子系统，设计控制律为

$$u_4=-k_{\mathrm{p6}}\phi_{\mathrm{e}}-k_{\mathrm{d6}}\dot{\phi}_{\mathrm{e}}+\ddot{\phi}_{\mathrm{d}}+\frac{lK_6}{I_3}\dot{\phi}_{\mathrm{d}} \tag{10.30}$$

则 $\ddot{\phi}_{\mathrm{e}}=-k_{\mathrm{p6}}\phi_{\mathrm{e}}-k_{\mathrm{d6}}\dot{\phi}_{\mathrm{e}}-\frac{lK_6}{I_3}\dot{\phi}_{\mathrm{e}}$，从而 $\ddot{\phi}_{\mathrm{e}}+\left(k_{\mathrm{d6}}+\frac{lK_6}{I_3}\right)\dot{\phi}_{\mathrm{e}}+k_{\mathrm{p6}}\phi_{\mathrm{e}}=0$，根据二阶系统 Hurwitz 判据，需要满足 $k_{\mathrm{p6}}>0$，$k_{\mathrm{d6}}+\frac{lK_6}{I_3}>0$。

10.2.5 闭环系统的设计关键

整个控制系统结构如图 10.1 所示。闭环系统属于由内外环构成的控制系统，需要采用双环控制方法设计控制律。速度子系统为外环，姿态子系统为内环，外环产生两个中间

指令信号 ψ_{d} 和 θ_{d}，并传递给内环系统，内环则通过内环控制律实现对这两个中间指令信号的跟踪。

采用内环收敛速度大于外环收敛速度的方法，以保证闭环系统的稳定性。因此，取内环控制器增益远远大于外环控制器增益。

在控制律式(10.27)和式(10.28)中，需要对外环产生的两个中间指令信号 ψ_{d} 和 θ_{d} 求一次和二次导，可采用如下有限时间收敛三阶微分器实现 $\dot{\psi}_{\mathrm{d}}$、$\ddot{\psi}_{\mathrm{d}}$ 和 $\dot{\theta}_{\mathrm{d}}$、$\ddot{\theta}_{\mathrm{d}}$[2]：

$$\begin{cases}\dot{x}_1=x_2\\ \dot{x}_2=x_3\\ \varepsilon^3\dot{x}_3=-2^{3/5}4(x_1-v(t)+(\varepsilon x_2)^{9/7})^{1/3}-4(\varepsilon^2x_3)^{3/5}\\ y_1=x_2,y_2=x_3\end{cases}\tag{10.31}$$

其中，待微分的输入信号为 $v(t)$，$\varepsilon=0.04$，x_1 为对信号进行跟踪，x_2 是信号一阶导数的估计，x_3 是信号二阶导数的估计。微分器的初始值为 $x_1(0)=0$，$x_2(0)=0$，$x_3(0)=0$。

10.2.6 仿真实例

针对模型式(10.16)，取 $m=2$，$l=0.2$，$g=9.8$，$K_1=0.01$，$K_2=0.01$，$K_3=0.01$，$K_4=0.012$，$K_5=0.012$，$K_6=0.012$，$I_1=1.25$，$I_2=1.25$，$I_3=2.5$。被控对象位置初始状态取[2 0 1 0 3 0]，被控对象姿态初始状态取[1 0 0 0 0 0]。

采用式(10.24)和式(10.26)求解 θ_{d} 和 ψ_{d}，采用微分器式(10.31)求解 $\dot{\psi}_{\mathrm{d}}$、$\ddot{\psi}_{\mathrm{d}}$ 和 $\dot{\theta}_{\mathrm{d}}$、$\ddot{\theta}_{\mathrm{d}}$。采用速度控制律式(10.20)，取 $\eta=3.0$，采用姿态控制律式(10.28)～式(10.30)，取 $z_{\mathrm{d}}=3$，$\phi_{\mathrm{d}}=\frac{\pi}{3}$，$k_{\mathrm{p4}}=1.5$，$k_{\mathrm{d4}}=1.5$，$k_{\mathrm{p5}}=1.5$，$k_{\mathrm{d5}}=1.5$，$k_{\mathrm{p6}}=1.5$，$k_{\mathrm{d6}}=1.5$。仿真结果如图10.5和图10.6所示。

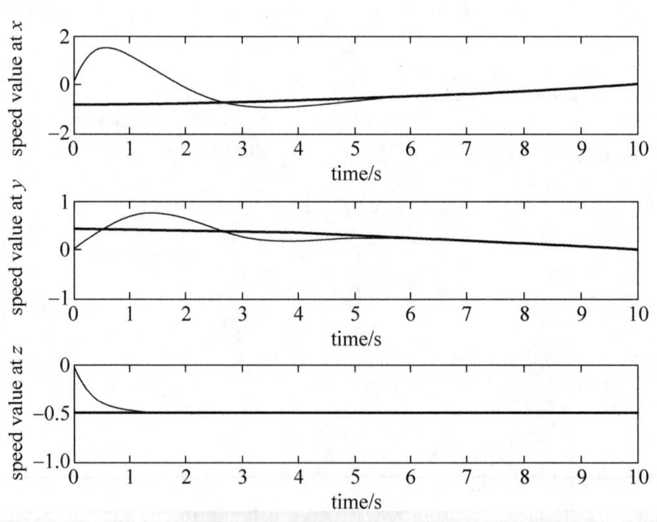

图 10.5 线速度的跟踪

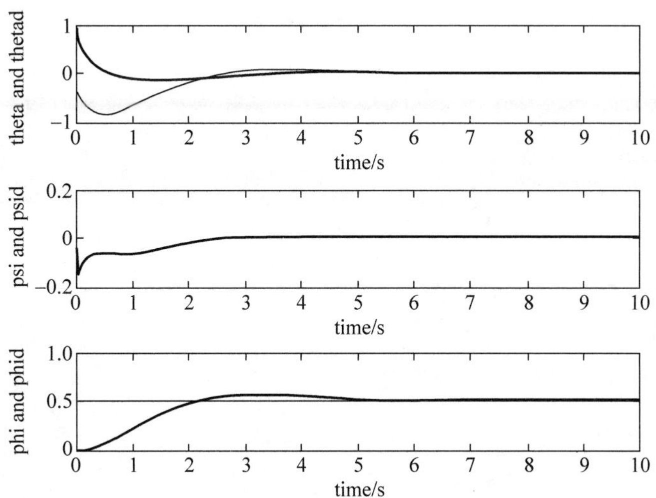

图 10.6 姿态角的收敛过程

仿真程序：

(1) 参数初始化程序：chap10_2int. m。

```
m = 2;l = 0.2;g = 9.8;
K1 = 0.01;K2 = 0.01;K3 = 0.01;K4 = 0.012;K5 = 0.012;K6 = 0.012;
I1 = 1.25;I2 = 1.25;I3 = 2.5;

phid = pi/6;
```

(2) Simulink 主程序：chap10_2sim. mdl。

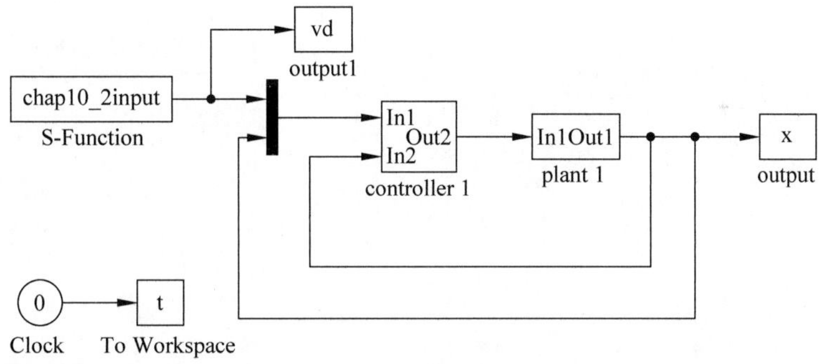

(3) 速度子系统被控对象程序：chap10_2Pplant. m。

```
function [sys,x0,str,ts] = Model(t,x,u,flag)
switch flag,
case 0,
    [sys,x0,str,ts] = mdlInitializeSizes;
case 1,
    sys = mdlDerivatives(t,x,u);
case 3,
    sys = mdlOutputs(t,x,u);
case {2, 4, 9}
    sys = [];
otherwise
    error(['Unhandled flag = ',num2str(flag)]);
end
function [sys,x0,str,ts] = mdlInitializeSizes
sizes = simsizes;
```

```
sizes.NumContStates  = 6;
sizes.NumDiscStates  = 0;
sizes.NumOutputs     = 6;
sizes.NumInputs      = 10;
sizes.DirFeedthrough = 0;
sizes.NumSampleTimes = 1;
sys = simsizes(sizes);
x0 = [2 0 1 0 3 0];
str = [];
ts = [ -1 0];
function sys = mdlDerivatives(t,x,u)
u1 = u(1);

theta = u(5);dtheta = u(6);
psi = u(7);dpsi = u(8);
phi = u(9);dphi = u(10);

chap10_2int;

x1 = x(1);dx1 = x(2);
y = x(3);dy = x(4);
z = x(5);dz = x(6);

ddx = u1 * (cos(phi) * sin(theta) * cos(psi) + sin(phi) * sin(psi)) - K1 * dx1/m;
ddy = u1 * (sin(phi) * sin(theta) * cos(psi) - cos(phi) * sin(psi)) - K2 * dy/m;
ddz = u1 * (cos(phi) * cos(psi)) - g - K3 * dz/m;

sys(1) = x(2);
sys(2) = ddx;
sys(3) = x(4);
sys(4) = ddy;
sys(5) = x(6);
sys(6) = ddz;
function sys = mdlOutputs(t,x,u)
x1 = x(1);dx1 = x(2);
y = x(3);dy = x(4);
z = x(5);dz = x(6);

sys(1) = x1;
sys(2) = dx1;
sys(3) = y;
sys(4) = dy;
sys(5) = z;
sys(6) = dz;
```

(4) 姿态子系统被控对象程序：chap10_2Aplant.m。

```
function [sys,x0,str,ts] = chap14_5plant(t,x,u,flag)
switch flag,
case 0,
    [sys,x0,str,ts] = mdlInitializeSizes;
case 1,
    sys = mdlDerivatives(t,x,u);
case 3,
    sys = mdlOutputs(t,x,u);
case {2, 4, 9}
    sys = [];
otherwise
    error(['Unhandled flag = ',num2str(flag)]);
end
function [sys,x0,str,ts] = mdlInitializeSizes
```

```
sizes = simsizes;
sizes.NumContStates   = 6;
sizes.NumDiscStates   = 0;
sizes.NumOutputs      = 6;
sizes.NumInputs        = 4;
sizes.DirFeedthrough = 0;
sizes.NumSampleTimes = 1;
sys = simsizes(sizes);
x0 = [1 0 0 0 0 0];
str = [];
ts = [-1 0];
function sys = mdlDerivatives(t,x,u)
u1 = u(1);
u2 = u(2);u3 = u(3);u4 = u(4);

chap10_2int;

theta = x(1);dtheta = x(2);
psi = x(3);dpsi = x(4);
phi = x(5);dphi = x(6);

ddtheta = u2 - l * K4 * dtheta/I1;
ddpsi = u3 - l * K5 * dpsi/I2;
ddphi = u4 - K6 * dphi/I3;

sys(1) = x(2);
sys(2) = ddtheta;
sys(3) = x(4);
sys(4) = ddpsi;
sys(5) = x(6);
sys(6) = ddphi;
function sys = mdlOutputs(t,x,u)
theta = x(1);dtheta = x(2);
psi = x(3);dpsi = x(4);
phi = x(5);dphi = x(6);

sys(1) = theta;
sys(2) = dtheta;
sys(3) = psi;
sys(4) = dpsi;
sys(5) = phi;
sys(6) = dphi;
```

(5) 速度子系统控制器程序：chap10_2Pctrl.m。

```
function [sys,x0,str,ts] = spacemodel(t,x,u,flag)
switch flag,
case 0,
    [sys,x0,str,ts] = mdlInitializeSizes;
case 1,
    sys = mdlDerivatives(t,x,u);
case 3,
    sys = mdlOutputs(t,x,u);
case {2,4,9}
    sys = [];
otherwise
    error(['Unhandled flag = ',num2str(flag)]);
end
function [sys,x0,str,ts] = mdlInitializeSizes
sizes = simsizes;
sizes.NumContStates   = 0;
```

```
sizes.NumDiscStates   = 0;
sizes.NumOutputs      = 3;
sizes.NumInputs       = 15;
sizes.DirFeedthrough = 1;
sizes.NumSampleTimes = 1;
sys = simsizes(sizes);
x0  = [];
str = [];
ts  = [0 0];
function sys = mdlOutputs(t,x,u)
chap10_2int;
vdx = u(1);vdy = u(2);vdz = u(3);
%%%%%%%%%%%%%%%%%%%%%%%%%%%%%%%%%%%%%%%%
x1 = u(4);dx1 = u(5);
y1 = u(6);dy1 = u(7);
z1 = u(8);dz1 = u(9);
theta = u(10);dtheta = u(11);
psi = u(12);dpsi = u(13);
phi = u(14);dphi = u(15);
p = [x1 y1 z1]';
v = [dx1 dy1 dz1]';

xd =- 5 * sin(t/(2 * pi));
yd = 2.5 * sin(t/(2 * pi));
zd =- 0.5 * t;

ddxd = 2.5/pi * 1/(2 * pi) * sin(t/(2 * pi));
ddyd =- 1.25/pi * 1/(2 * pi) * sin(t/(2 * pi));
ddzd = 0;

Pd = [xd yd zd]';
vd = [vdx vdy vdz]';
ve = v - vd;
ddPd = [ddxd ddyd ddzd]';

xite = 3.0;
u1 =- xite * ve + ddPd + [K1/m * dx1 K2/m * dy1 K3/m * dz1]' + [0 0 g]';
u1x = u1(1);u1y = u1(2);u1z = u1(3);

X = (cos(phi) * cos(phi) * u1x + cos(phi) * sin(phi) * u1y)/u1z;
%保证X在[-1,1]之内
if X > 1
    sin_thetad = 1;
    thetad = pi/2;
elseif X <- 1
    sin_thetad =- 1;
    thetad =- pi/2;
else
    sin_thetad = X;
    thetad = asin(X);
end
psid = atan((sin(phi) * cos(phi) * u1x - cos(phi) * cos(phi) * u1y)/u1z);

u1 = u1z/(cos(phi) * cos(psid));
sys(1) = u1;
sys(2) = thetad;
sys(3) = psid;
```

(6) 姿态子系统控制器程序：chap10_2Actrl.m。

```
function [sys,x0,str,ts] = spacemodel(t,x,u,flag)
```

```
switch flag,
case 0,
    [sys,x0,str,ts] = mdlInitializeSizes;
case 1,
    sys = mdlDerivatives(t,x,u);
case 3,
    sys = mdlOutputs(t,x,u);
case {2,4,9}
    sys = [];
otherwise
    error(['Unhandled flag = ',num2str(flag)]);
end
function [sys,x0,str,ts] = mdlInitializeSizes
sizes = simsizes;
sizes.NumContStates  = 0;
sizes.NumDiscStates  = 0;
sizes.NumOutputs     = 3;
sizes.NumInputs      = 18;
sizes.DirFeedthrough = 1;
sizes.NumSampleTimes = 1;
sys = simsizes(sizes);
x0  = [];
str = [];
ts  = [0 0];
function sys = mdlOutputs(t,x,u)
chap10_2int;
dphid = 0;ddphid = 0;
thetad = u(1);dthetad = u(2);ddthetad = u(3);
psid = u(4);dpsid = u(5);ddpsid = u(6);

theta = u(13);dtheta = u(14);
psi = u(15);dpsi = u(16);
phi = u(17);dphi = u(18);

thetae = theta - thetad;dthetae = dtheta - dthetad;
psie = psi - psid;dpsie = dpsi - dpsid;
phie = phi - phid;dphie = dphi - dphid;

kp4 = 1.5;kd4 = 1.5;
kp5 = 1.5;kd5 = 1.5;
kp6 = 1.5;kd6 = 1.5;

u2 =- kp4 * thetae - kd4 * dthetae + ddthetad + l * K4/I1 * dthetad;
u3 =- kp5 * psie - kd5 * dpsie + ddpsid + l * K5/I2 * dpsid;
u4 =- kp6 * phie - kd6 * dphie + ddphid + l * K6/I3 * dphid;

sys(1) = u2;
sys(2) = u3;
sys(3) = u4;
```

(7) 微分器程序：chap10_2td.m。

```
function [sys,x0,str,ts] = spacemodel(t,x,u,flag)
switch flag,
case 0,
    [sys,x0,str,ts] = mdlInitializeSizes;
case 1,
    sys = mdlDerivatives(t,x,u);
```

```
case 3,
    sys = mdlOutputs(t,x,u);
case {2,4,9}
    sys = [];
otherwise
    error(['Unhandled flag = ',num2str(flag)]);
end
function [sys,x0,str,ts] = mdlInitializeSizes
sizes = simsizes;
sizes.NumContStates   = 3;
sizes.NumDiscStates   = 0;
sizes.NumOutputs      = 3;
sizes.NumInputs       = 1;
sizes.DirFeedthrough  = 1;
sizes.NumSampleTimes  = 1;
sys = simsizes(sizes);
x0  = [0 0 0];
str = [];
ts  = [0 0];
function sys = mdlDerivatives(t,x,u)
ebs = 0.04;
vt = u(1);
temp1 = (abs(ebs * x(2))^(9/7)) * sign(ebs * x(2));
temp2 = x(1) - vt + temp1;
temp2 = abs(temp2)^(1/3) * sign(temp2);
temp3 = abs(ebs^2 * x(3))^(3/5) * sign(ebs^2 * x(3));
sys(1) = x(2);
sys(2) = x(3);
sys(3) = ( - 2^(3/5) * 4 * temp2 - 4 * temp3) * 1/ebs^3;
function sys = mdlOutputs(t,x,u)
v = u(1);
sys(1) = v;
sys(2) = x(2);
sys(3) = x(3);
```

(8) 作图程序：chap10_2plot.m。

```
close all;

figure(1);
subplot(311);
plot(t,x(:,2),'r',t,vd(:,1),'b','linewidth',2);
xlabel('time(s)');ylabel('speed value at x');
subplot(312);
plot(t,x(:,4),'r',t,vd(:,2),'b','linewidth',2);
xlabel('time(s)');ylabel('speed value at y');
subplot(313);
plot(t,x(:,6),'r',t,vd(:,3),'b','linewidth',2);
xlabel('time(s)');ylabel('speed value at z');

figure(2);
subplot(311);
plot(t,xx(:,1)','r',t,x(:,7)','b','linewidth',2);
xlabel('time(s)');ylabel('theta and thetad');
subplot(312);
plot(t,xx(:,2)','r',t,x(:,9)','b','linewidth',2);
xlabel('time(s)');ylabel('psi and psid');
subplot(313);
plot(t,pi/6 * t./t,'r',t,x(:,11)','b','linewidth',2);
xlabel('time(s)');ylabel('phi and phid');
```

10.3 基于双闭环的四旋翼飞行器编队控制

两架以上的飞机按一定队形编组或排列飞行。在编队飞行中，各机之间必须保持规定的距离、间隔和高度差。编队飞行的中心问题是保持规定队形并充分发挥飞机性能。编队飞行要求精度高，是空中兵力部署的重要战术之一。

10.3.1 四旋翼飞行器动力学模型

四旋翼飞行器的动力学模型的特点为具有多入多出、带有强耦合的欠驱动系统。根据拉格朗日方程，其动力学模型[1]表示为

$$\begin{cases}\ddot{x}=u_1(\cos\phi\sin\theta\cos\psi+\sin\phi\sin\psi)-K_1\dot{x}/m\\ \ddot{y}=u_1(\sin\phi\sin\theta\cos\psi-\cos\phi\sin\psi)-K_2\dot{y}/m\\ \ddot{z}=u_1\cos\phi\cos\psi-g-K_3\dot{z}/m\\ \ddot{\theta}=u_2-\dfrac{lK_4}{I_1}\dot{\theta}\\ \ddot{\psi}=u_3-\dfrac{lK_5}{I_2}\dot{\psi}\\ \ddot{\phi}=u_4-\dfrac{lK_6}{I_3}\dot{\phi}\end{cases} \tag{10.32}$$

其中，飞行器三个姿态的欧拉角度表示为$[\phi,\theta,\psi]$，分别代表滚转角、俯仰角和偏航角，飞行器质心在惯性坐标系中的位置坐标表示为$[x,y,z]$，飞行器半径长度 l 表示每个旋翼末端到飞行器重心的距离，m 代表四旋翼无人机的负载总质量，I_i 代表围绕每个轴的转动惯量，K_i 为阻力系数。

控制目标为：针对第 j 个飞行器，取实际的线速度为$\boldsymbol{v}_j=[\dot{x}_j\ \dot{y}_j\ \dot{z}_j]^{\mathrm{T}}$，给定的期望跟踪速度为$\boldsymbol{v}_{j\mathrm{d}}$，本节解决编队控制问题，即通过设计控制律 u_{1j}，实现一组飞行器线速度$\boldsymbol{v}_j$ 对期望跟踪速度$\boldsymbol{v}_{j\mathrm{d}}$ 的跟踪，各个飞行器之间保持给定的相对距离，并实现夹角为 θ_j 和 ψ_j 的随动。

需要说明的是，由于欠驱动特性的存在，不可能对所有的 6 个自由度都进行跟踪。一个合理的控制目标方案为：跟踪航迹$[x_j,y_j,z_j]$和滚转角 ϕ_j，同时保证另外两个角度镇定。

10.3.2 四旋翼飞行器编队控制

控制目标为使每个飞行器追踪同一期望速度，同时在编队中彼此之间保持固定的距离，在这里通信拓扑关系定为固定而且是无向的。

为了实现控制目标，先对速度控制子系统进行设计，得到所需的时变推力大小和方向，所需要的姿态信息传递给姿态控制子系统进行跟踪，然后进行 Lyapunov 稳定性分析。

针对第 j 个飞行器，由式(10.32)，定义

$$\begin{cases}u_{j1x}=u_{j1}(\cos\phi_j\sin\theta_j\cos\psi_j+\sin\phi_j\sin\psi_j)\\ u_{j1y}=u_{j1}(\sin\phi_j\sin\theta_j\cos\psi_j-\cos\phi_j\sin\psi_j)\\ u_{j1z}=u_{j1}\cos\phi_j\cos\psi_j\end{cases} \tag{10.33}$$

则用来描述第 j 个飞行器模型为

$$\begin{cases}\ddot{x}_j = u_{j1x} - \dfrac{K_1}{m}\dot{x}_j \\ \ddot{y}_j = u_{j1y} - \dfrac{K_2}{m}\dot{y}_j \\ \ddot{z}_j = u_{j1z} - g - \dfrac{K_3}{m}\dot{z}_j\end{cases} \tag{10.34}$$

任意两个飞行器 j、k 间的期望位置关系为 δ_{jk}，第 j 个飞行器的速度为$\boldsymbol{v}_j$，则速度跟踪误差为

$$\tilde{\boldsymbol{v}}_j = \boldsymbol{v}_j - \boldsymbol{v}_{jd}$$

控制目标为

$$\tilde{\boldsymbol{v}}_j \to 0,\quad \boldsymbol{p}_j - \boldsymbol{p}_k \to \delta_{jk}$$

首先，通过设计速度控制律 u_{1j}，理想轨迹为 x_{jd}、y_{jd}、z_{jd}，实现 $\tilde{x}_j \to 0$，$\tilde{y}_j \to 0$，$\tilde{z}_j \to 0$。

针对第 j 个飞行器，取 $\boldsymbol{P}_j = [x_j \quad y_j \quad z_j]^{\mathrm{T}}$，$\boldsymbol{U}_{j1} = [u_{j1x} \quad u_{j1y} \quad u_{j1z}]^{\mathrm{T}}$，则第 j 个飞行器模型为

$$\ddot{\boldsymbol{P}}_j = \boldsymbol{U}_{j1} + \left[-\frac{K_1}{m}\dot{x}_j \quad -\frac{K_2}{m}\dot{y}_j \quad -\frac{K_3}{m}\dot{z}_j\right]^{\mathrm{T}} - [0 \quad 0 \quad g]^{\mathrm{T}} \tag{10.35}$$

设计控制律为

$$\boldsymbol{U}_{j1} = -\tilde{\boldsymbol{v}}_j + \ddot{\boldsymbol{P}}_{jd} + \left[\frac{K_1}{m}\dot{x}_j \quad \frac{K_2}{m}\dot{y}_j \quad \frac{K_3}{m} \quad \dot{z}_j\right]^{\mathrm{T}} + \\ [0 \quad 0 \quad g]^{\mathrm{T}} - 2\sum_{k=1}^{n}(\boldsymbol{P}_{jk} - \delta_{jk}) \tag{10.36}$$

其中，$\boldsymbol{P}_{jd} = [x_{jd} \quad y_{jd} \quad z_{jd}]^{\mathrm{T}}$。

将控制律式(10.36)代入式(10.35)可得

$$\ddot{\boldsymbol{P}}_j = -\tilde{\boldsymbol{v}}_j + \ddot{\boldsymbol{P}}_{jd} - 2\sum_{k=1}^{n}(\boldsymbol{P}_{jk} - \boldsymbol{\delta}_{jk}) \tag{10.37}$$

Lyapunov 函数设计为

$$V = \frac{1}{2}\sum_{j=1}^{n}\tilde{\boldsymbol{v}}_j^2 + \frac{1}{2}\sum_{j=1}^{n}\sum_{k=1}^{n}(\boldsymbol{p}_{jk} - \boldsymbol{\delta}_{jk})^2 \tag{10.38}$$

则

$$\begin{aligned}\dot{V} &= \sum_{j=1}^{n}\tilde{\boldsymbol{v}}_j^{\mathrm{T}}\dot{\tilde{\boldsymbol{v}}}_j + \sum_{j=1}^{n}\sum_{k=1}^{n}(\boldsymbol{p}_{jk} - \boldsymbol{\delta}_{jk})^{\mathrm{T}}\dot{\boldsymbol{p}}_{jk} \\ &= \sum_{j=1}^{n}\tilde{\boldsymbol{v}}_j^{\mathrm{T}}(\ddot{\boldsymbol{p}}_j - \ddot{\boldsymbol{p}}_{jd}) + \sum_{j=1}^{n}\sum_{k=1}^{n}(\boldsymbol{p}_{jk} - \boldsymbol{\delta}_{jk})^{\mathrm{T}}(\dot{\boldsymbol{p}}_j - \dot{\boldsymbol{p}}_k) \\ &= \sum_{j=1}^{n}\tilde{\boldsymbol{v}}_j^{\mathrm{T}}\left(-\tilde{\boldsymbol{v}}_j - 2\sum_{k=1}^{n}(\boldsymbol{P}_{jk} - \boldsymbol{\delta}_{jk})\right) + \sum_{j=1}^{n}\sum_{k=1}^{n}(\boldsymbol{p}_{jk} - \boldsymbol{\delta}_{jk})^{\mathrm{T}}(\dot{\boldsymbol{p}}_j - \dot{\boldsymbol{p}}_k)\end{aligned}$$

第 j 个飞行器的速度跟踪误差为 $\tilde{\boldsymbol{v}}_j = \boldsymbol{v}_j - \boldsymbol{v}_{jd} = \dot{\boldsymbol{P}}_j - \dot{\boldsymbol{P}}_{jd}$，且有

$$\begin{aligned}\sum_{j=1}^{n}\sum_{k=1}^{n}(\boldsymbol{p}_{jk} - \boldsymbol{\delta}_{jk})^{\mathrm{T}}(\dot{\boldsymbol{p}}_j - \dot{\boldsymbol{p}}_k) &= \sum_{j=1}^{n}\sum_{k=1}^{n}(\boldsymbol{p}_{jk} - \boldsymbol{\delta}_{jk})^{\mathrm{T}}(\dot{\boldsymbol{p}}_j - \boldsymbol{v}_{jd} - (\dot{\boldsymbol{p}}_k - \boldsymbol{v}_{jd})) \\ &= \sum_{j=1}^{n}\sum_{k=1}^{n}(\boldsymbol{p}_{jk} - \boldsymbol{\delta}_{jk})^{\mathrm{T}}(\dot{\boldsymbol{p}}_j - \boldsymbol{v}_{jd}) - \\ &\quad \sum_{j=1}^{n}\sum_{k=1}^{n}(\boldsymbol{p}_{jk} - \boldsymbol{\delta}_{jk})^{\mathrm{T}}(\dot{\boldsymbol{p}}_k - \boldsymbol{v}_{jd})\end{aligned}$$

$$=2\sum_{j=1}^{n}\sum_{k=1}^{n}(\boldsymbol{p}_{jk}-\boldsymbol{\delta}_{jk})^{\mathrm{T}}\tilde{\boldsymbol{v}}_{j}$$

其中，由于

$$-\sum_{j=1}^{n}\sum_{k=1}^{n}(\boldsymbol{p}_{jk}-\boldsymbol{\delta}_{jk})^{\mathrm{T}}(\dot{\boldsymbol{p}}_{k}-\boldsymbol{v}_{j\mathrm{d}})=\sum_{j=1}^{n}\sum_{k=1}^{n}(\boldsymbol{p}_{kj}-\boldsymbol{\delta}_{kj})^{\mathrm{T}}(\dot{\boldsymbol{p}}_{k}-\boldsymbol{v}_{j\mathrm{d}})$$

将 j 和 k 互换，可得

$$\sum_{j=1}^{n}\sum_{k=1}^{n}(\boldsymbol{p}_{kj}-\boldsymbol{\delta}_{kj})^{\mathrm{T}}(\dot{\boldsymbol{p}}_{k}-\boldsymbol{v}_{j\mathrm{d}})=\sum_{k=1}^{n}\sum_{j=1}^{n}(\boldsymbol{p}_{jk}-\boldsymbol{\delta}_{jk})^{\mathrm{T}}(\dot{\boldsymbol{p}}_{j}-\boldsymbol{v}_{k\mathrm{d}})$$

结上两式，并考虑 $\boldsymbol{v}_{j\mathrm{d}}=\boldsymbol{v}_{k\mathrm{d}}$，$\sum_{k=1}^{n}\sum_{j=1}^{n}=\sum_{j=1}^{n}\sum_{k=1}^{n}$，可得

$$\begin{aligned}-\sum_{j=1}^{n}\sum_{k=1}^{n}(\boldsymbol{p}_{jk}-\boldsymbol{\delta}_{jk})^{\mathrm{T}}(\dot{\boldsymbol{p}}_{k}-\boldsymbol{v}_{j\mathrm{d}})&=\sum_{k=1}^{n}\sum_{j=1}^{n}(\boldsymbol{p}_{jk}-\boldsymbol{\delta}_{jk})^{\mathrm{T}}(\dot{\boldsymbol{p}}_{j}-\boldsymbol{v}_{j\mathrm{d}})\\&=\sum_{j=1}^{n}\sum_{k=1}^{n}(\boldsymbol{p}_{jk}-\boldsymbol{\delta}_{jk})^{\mathrm{T}}(\dot{\boldsymbol{p}}_{j}-\boldsymbol{v}_{j\mathrm{d}})\end{aligned}$$

则

$$\begin{aligned}\dot{V}&=\sum_{j=1}^{n}\tilde{\boldsymbol{v}}_{j}^{\mathrm{T}}(-\tilde{\boldsymbol{v}}_{j})-2\sum_{j=1}^{n}\tilde{\boldsymbol{v}}_{j}^{\mathrm{T}}\sum_{k=1}^{n}(\boldsymbol{P}_{jk}-\delta_{jk})+2\sum_{j=1}^{n}\sum_{k=1}^{n}(\boldsymbol{p}_{jk}-\boldsymbol{\delta}_{jk})^{\mathrm{T}}\tilde{\boldsymbol{v}}_{j}\\&=\sum_{j=1}^{n}\tilde{\boldsymbol{v}}_{j}^{\mathrm{T}}(-\tilde{\boldsymbol{v}}_{j})\leqslant 0\end{aligned}$$

由于 $\dot{V}$ 是半负定的，则当 $\dot{V}\equiv 0$ 时，有 $\tilde{\boldsymbol{v}}_{j}\equiv 0$，从而 $\dot{\tilde{\boldsymbol{v}}}_{j}\equiv 0$，即 $\ddot{\boldsymbol{P}}_{j}\equiv\ddot{\boldsymbol{P}}_{j\mathrm{d}}$，代入式 $\ddot{\boldsymbol{P}}_{j}=-\tilde{\boldsymbol{v}}_{j}+\ddot{\boldsymbol{P}}_{j\mathrm{d}}-2\sum_{k=1}^{n}(\boldsymbol{p}_{jk}-\boldsymbol{\delta}_{jk})$ 中，可得 $\boldsymbol{p}_{jk}=\boldsymbol{\delta}_{jk}$，根据 LaSalle 不变集定理，则有 $t\to\infty$ 时，$\boldsymbol{p}_{jk}\to\boldsymbol{\delta}_{jk}$，$\tilde{\boldsymbol{v}}_{j}\to 0$。

10.3.3 虚拟姿态角度求解

针对第 j 个飞行器，假设满足控制律式(10.36)所需要的姿态角度为 $\theta_{j\mathrm{d}}$ 和 $\psi_{j\mathrm{d}}$，为了实现 θ_j 对 $\theta_{j\mathrm{d}}$ 的跟踪，ψ_j 对 $\psi_{j\mathrm{d}}$ 的跟踪，需要 $\theta_{j\mathrm{d}}$ 和 $\psi_{j\mathrm{d}}$ 进行求解。

由式(10.33)可知

$$\begin{bmatrix}u_{j1x}\\u_{j1y}\end{bmatrix}=\begin{bmatrix}\cos\phi_j\sin\theta_{j\mathrm{d}}\cos\psi_{j\mathrm{d}}+\sin\phi_j\sin\psi_{j\mathrm{d}}\\\sin\phi_j\sin\theta_{j\mathrm{d}}\cos\psi_{j\mathrm{d}}-\cos\phi_j\sin\psi_{j\mathrm{d}}\end{bmatrix}u_{j1}=\begin{bmatrix}\cos\phi_j & \sin\phi_j\\\sin\phi_j & -\cos\phi_j\end{bmatrix}\begin{bmatrix}\sin\theta_{j\mathrm{d}}\cos\psi_{j\mathrm{d}}\\\sin\psi_{j\mathrm{d}}\end{bmatrix}u_{j1}$$

由于 $\begin{bmatrix}\cos\phi_j & \sin\phi_j\\\sin\phi_j & -\cos\phi_j\end{bmatrix}^{-1}=\begin{bmatrix}\cos\phi_j & \sin\phi_j\\\sin\phi_j & -\cos\phi_j\end{bmatrix}$，则上式变为

$$\begin{bmatrix}\cos\phi_j & \sin\phi_j\\\sin\phi_j & -\cos\phi_j\end{bmatrix}\begin{bmatrix}u_{j1x}\\u_{j1y}\end{bmatrix}=\begin{bmatrix}\sin\theta_{j\mathrm{d}}\cos\psi_{j\mathrm{d}}\\\sin\psi_{j\mathrm{d}}\end{bmatrix}u_{j1}$$

由 $u_{j1z}=u_{j1}\cos\phi_j\cos\psi_{j\mathrm{d}}$，可得 $u_{j1}=\dfrac{u_{j1z}}{\cos\phi_j\cos\psi_{j\mathrm{d}}}$，则

$$\begin{bmatrix}\cos\phi_j & \sin\phi_j\\\sin\phi_j & -\cos\phi_j\end{bmatrix}\begin{bmatrix}u_{j1x}\\u_{j1y}\end{bmatrix}=\begin{bmatrix}\sin\theta_{j\mathrm{d}}\cos\psi_{j\mathrm{d}}\\\sin\psi_{j\mathrm{d}}\end{bmatrix}\frac{u_{j1z}}{\cos\phi_j\cos\psi_{j\mathrm{d}}}\tag{10.39}$$

由式(10.39)的第二行，可得

$$\frac{\cos\phi_j(\sin\phi_j \cdot u_{j1x} - \cos\phi_j \cdot u_{j1y})}{u_{j1z}} = \frac{\sin\psi_{jd}}{\cos\psi_{jd}} = \tan\psi_{jd}$$

则

$$\psi_{jd} = \arctan\left(\frac{\sin\phi_j\cos\phi_j \cdot u_{j1x} - \cos^2\phi_j \cdot u_{j1y}}{u_{j1z}}\right) \tag{10.40}$$

由式(10.39)的第一行，可得

$$\frac{\cos\phi_j(\cos\phi_j \cdot u_{j1x} + \sin\phi_j \cdot u_{j1y})}{u_{j1z}} = \sin\theta_{jd} \tag{10.41}$$

需要注意的是，式(10.41)的左边值如果超出$[-1 \quad +1]$，则造成 θ_{jd} 不存在，即无法求解，这是本算法的不足之处。

取 $X = \frac{\cos\phi_j(\cos\phi_j \cdot u_{j1x} + \sin\phi_j \cdot u_{j1y})}{u_{j1z}}$，解决的方法为：当 $X>1$ 时，取 $\sin\theta_{jd}=1$，即 $\theta_{jd}=\frac{\pi}{2}$；当 $X<-1$ 时，取 $\sin\theta_{jd}=-1$，即 $\theta_{jd}=-\frac{\pi}{2}$；当 $|X|\leqslant 1$ 时，有 $\sin\theta_{jd}=X$，即

$$\theta_{jd} = \arcsin\left(\frac{\cos\phi_j(\cos\phi_j \cdot u_{j1x} + \sin\phi_j \cdot u_{j1y})}{u_{j1z}}\right) \tag{10.42}$$

求解 θ_{jd} 和 ψ_{jd} 后，便可得到速度控制律为

$$u_{j1} = \frac{u_{j1z}}{\cos\phi_j\cos\psi_{jd}} \tag{10.43}$$

10.3.4 姿态控制律设计

下面针对如下姿态子系统设计 PD 控制律，实现 $\theta_j \to \theta_{jd}$，$\psi_j \to \psi_{jd}$ 和 $\phi_j \to \phi_{jd}$。

$$\ddot{\theta}_j = u_{j2} - \frac{lK_4}{I_1}\dot{\theta}_j$$

$$\ddot{\psi}_j = u_{j3} - \frac{lK_5}{I_2}\dot{\psi}_j$$

$$\ddot{\phi}_j = u_{j4} - \frac{lK_6}{I_3}\dot{\phi}_j$$

取 $\theta_{je}=\theta_j-\theta_{jd}$，采用基于前馈补偿的 PD 控制方法，设计控制律为

$$u_{j2} = -k_{p4}\theta_{je} - k_{d4}\dot{\theta}_{je} + \ddot{\theta}_{jd} + \frac{lK_4}{I_1}\dot{\theta}_{jd} \tag{10.44}$$

则 $\ddot{\theta}_j = -k_{p4}\theta_{je} - k_{d4}\dot{\theta}_{je} + \ddot{\theta}_d - \frac{lK_4}{I_1}\dot{\theta}_{je}$，从而 $\ddot{\theta}_{je} + \left(k_{d4} + \frac{lK_4}{I_1}\right)\dot{\theta}_{je} + k_{p4}\theta_{je} = 0$，根据二阶系统 Hurwitz 判据，需要满足 $k_{p4}>0$，$k_{d4}+\frac{lK_4}{I_1}>0$，可取 $k_{p4}=15$，$k_{d4}=15$。

取 $\Psi_e = \Psi - \Psi_d$，针对第二个姿态角子系统，设计控制律为

$$u_{j3} = -k_{p5}\psi_{je} - k_{d5}\dot{\psi}_{je} + \ddot{\psi}_{jd} + \frac{lK_5}{I_2}\dot{\psi}_{jd} \tag{10.45}$$

则 $\ddot{\psi}_e = -k_{p5}\psi_e - k_{d5}\dot{\psi}_e - \frac{lK_5}{I_2}\dot{\psi}_e$，从而 $\ddot{\psi}_{je} + \left(k_{d5} + \frac{lK_5}{I_2}\right)\dot{\psi}_{je} + k_{p5}\psi_{je} = 0$，根据二阶系统

Hurwitz 判据，需要满足 $k_{p5}>0, k_{d5}+\frac{lK_5}{I_2}>0$，可取 $k_{p5}=15, k_{d5}=15$。

取 $\phi_{je}=\phi_j-\phi_{jd}$，针对第三个姿态角子系统，设计控制律为

$$u_{j4}=-k_{p6}\phi_{je}-k_{d6}\dot{\phi}_{je}+\ddot{\phi}_{jd}+\frac{lK_6}{I_3}\dot{\phi}_{jd} \tag{10.46}$$

则 $\ddot{\phi}_{je}=-k_{p6}\phi_{je}-k_{d6}\dot{\phi}_{je}-\frac{lK_6}{I_3}\dot{\phi}_{je}$，从而 $\ddot{\phi}_{je}+\left(k_{d6}+\frac{lK_6}{I_3}\right)\dot{\phi}_{je}+k_{p6}\phi_{je}=0$，根据二阶系统 Hurwitz 判据，需要满足 $k_{p6}>0, k_{d6}+\frac{lK_6}{I_3}>0$，可取 $k_{p6}=15, k_{d6}=15$。

10.3.5 闭环系统的设计关键

每个飞行器的控制系统结构如图 10.1 所示。闭环系统属于由内外环构成的控制系统，需要采用双环控制方法设计控制律。速度子系统为外环，姿态子系统为内环，外环产生两个中间指令信号 ψ_{d} 和 θ_{d}，并传递给内环系统，内环则通过内环控制律实现对这两个中间指令信号的跟踪。

在控制律式(10.43)和式(10.44)中，需要对外环产生的两个中间指令信号 ψ_{d} 和 θ_{d} 进行一次和二次，求导，可采用如下有限时间收敛三阶微分器[2]实现 $\dot{\psi}_{\mathrm{d}}$、$\ddot{\psi}_{\mathrm{d}}$ 和 $\dot{\theta}_{\mathrm{d}}$、$\ddot{\theta}_{\mathrm{d}}$：

$$\begin{cases}\dot{x}_1=x_2\\ \dot{x}_2=x_3\\ \varepsilon^3\dot{x}_3=-2^{3/5}4(x_1-v(t)+(\varepsilon x_2)^{9/7})^{1/3}-4(\varepsilon^2x_3)^{3/5}\\ y_1=x_2, y_2=x_3\end{cases} \tag{10.47}$$

其中，待微分的输入信号为 $v(t)$，x_1 为对信号进行跟踪，x_2 是信号一阶导数的估计，x_3 是信号二阶导数的估计。

10.3.6 仿真实例

针对模型式(10.32)，取 $m=2, l=0.2, g=9.8, K_1=0.01, K_2=0.01, K_3=0.01, K_4=0.012, K_5=0.012, K_6=0.012, I_1=1.25, I_2=1.25, I_3=2.5$。采用三个飞行器构成一组编队，三个飞行器的初始状态分别取[0 0 0 0 0 0]、[0.5 0 0.5 0 0.5 0]和[1 0 1 0 1 0]。

采用式(10.40)和式(10.42)求解 θ_{d} 和 ψ_{d}，采用微分器式(10.47)求解 $\dot{\psi}_{\mathrm{d}}$、$\ddot{\psi}_{\mathrm{d}}$ 和 $\dot{\theta}_{\mathrm{d}}$、$\ddot{\theta}_{\mathrm{d}}$，微分器的初始值为 $x_1(0)=0, x_2(0)=0, x_3(0)=0$，取 $\varepsilon=0.04$。

采用内环收敛速度大于外环收敛速度的方法，以保证闭环系统的稳定性。因此，取内环控制器增益远远大于外环控制器增益。采用速度控制律式(10.36)和式(10.43)，姿态控制律式(10.44)～式(10.46)，取 $x_{\mathrm{d}}=-10\sin\left(\frac{t}{2\pi}\right), y_{\mathrm{d}}=5\sin\left(\frac{t}{2\pi}\right), z_{\mathrm{d}}=3, \phi_{\mathrm{d}}=\frac{\pi}{3}$。

取仿真时间为 30s，仿真完成后，通过 size(t)=107963 可知共有 107963 个插值点，分别取 50000 点和 100000 点处查看编队情况，t(50000)对应的时间为 14.5，t(100000)对应的时间为 27.5s。仿真结果如图 10.7～图 10.9 所示。

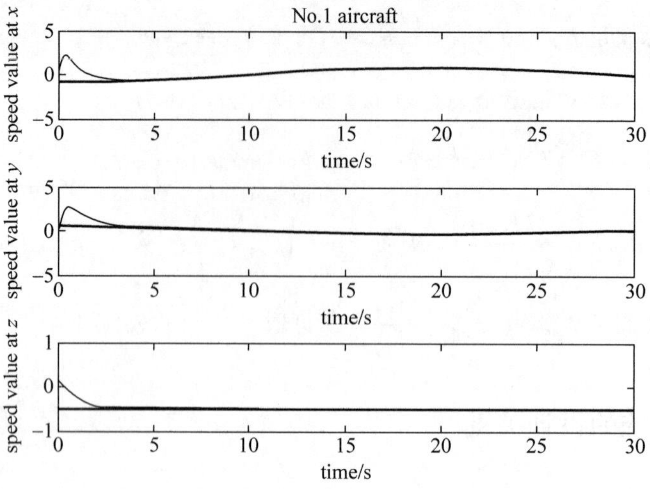

(a) 第1个飞行器速度收敛过程

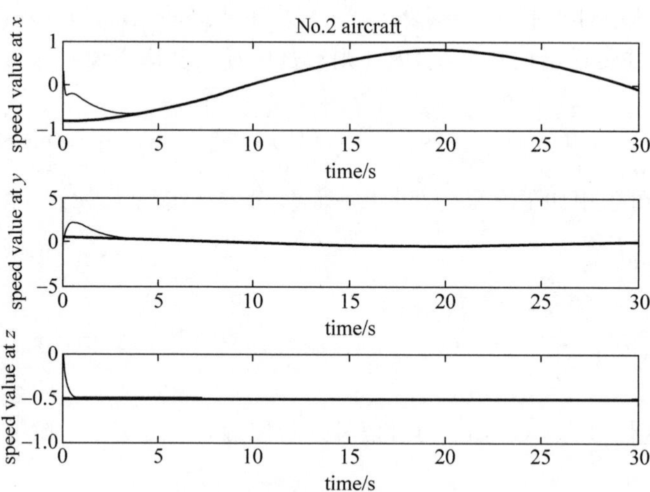

(b) 第2个飞行器速度收敛过程

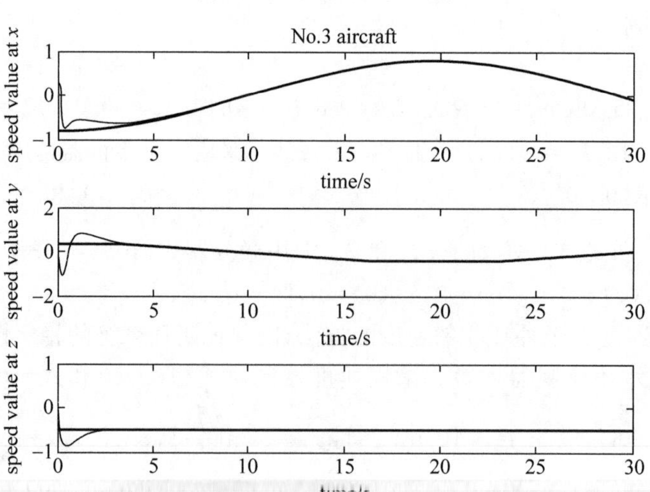

(c) 第3个飞行器速度收敛过程

图 10.7　3 个飞行器速度的收敛过程

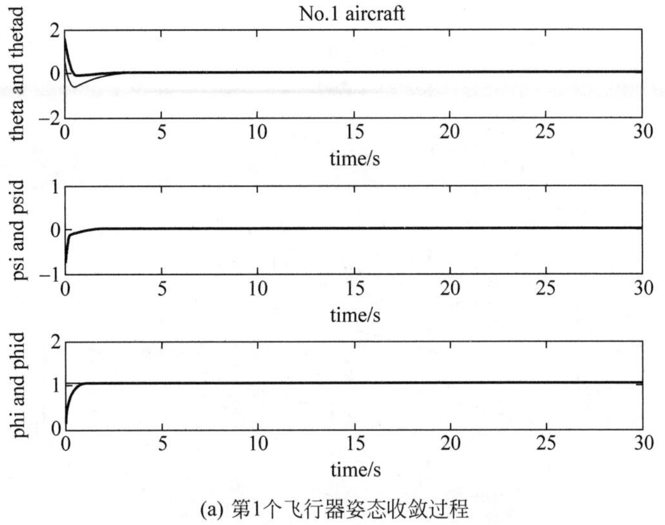

(a) 第1个飞行器姿态收敛过程

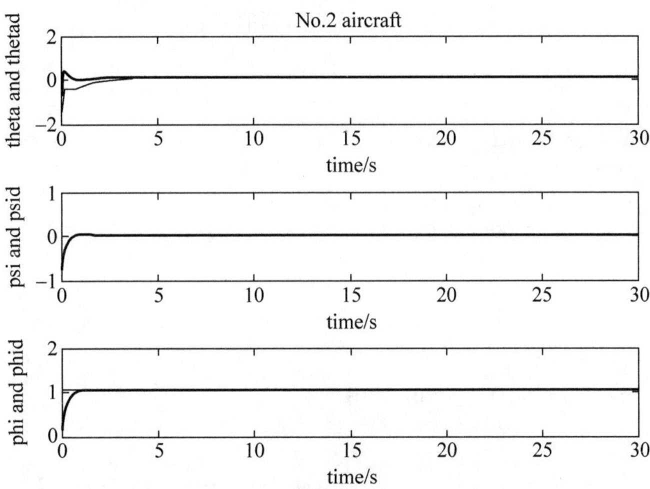

(b) 第2个飞行器姿态收敛过程

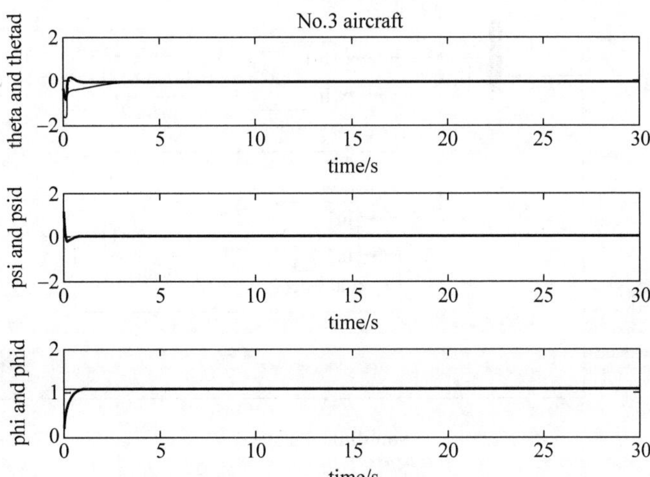

(c) 第3个飞行器姿态收敛过程

图 10.8　3 个飞行器姿态的收敛过程

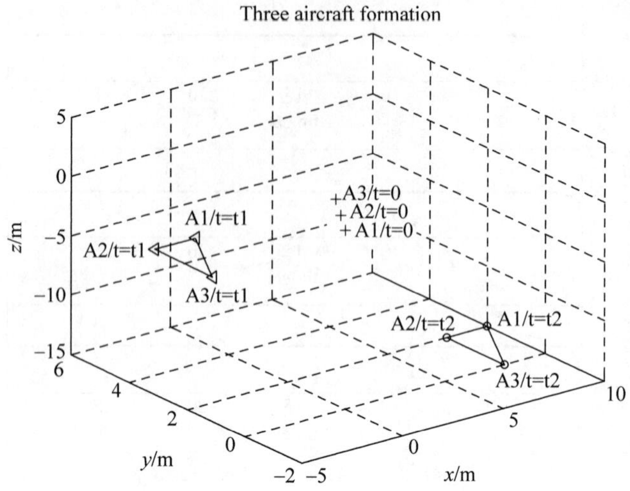

图 10.9　3 个飞行器的编队

仿真程序：

（1）参数初始化程序：chap10_3int. m。

```
m = 2;l = 0.2;g = 9.8;
K1 = 0.01;K2 = 0.01;K3 = 0.01;K4 = 0.012;K5 = 0.012;K6 = 0.012;
I1 = 1.25;I2 = 1.25;I3 = 2.5;

phid = pi/3;
```

（2）Simulink 主程序：chap10_3sim. mdl。

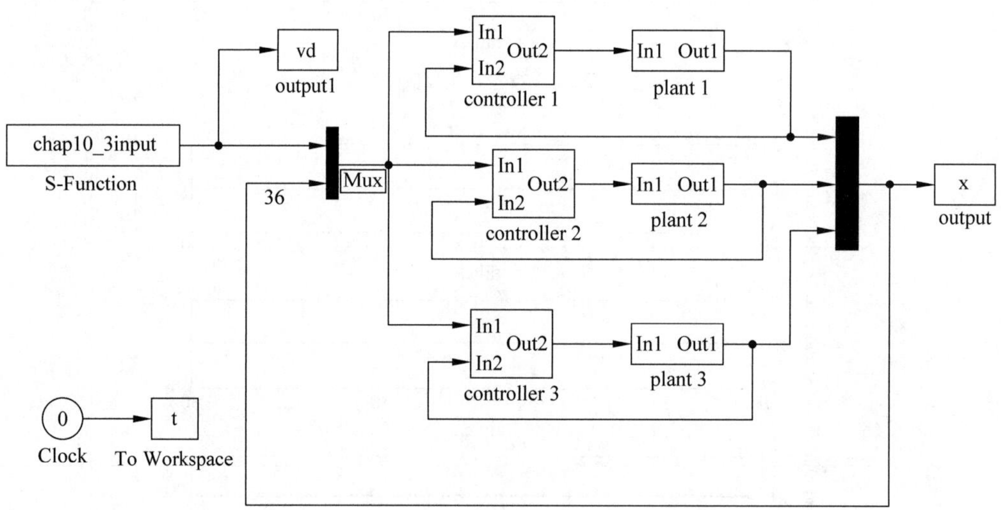

Simulink 主模块

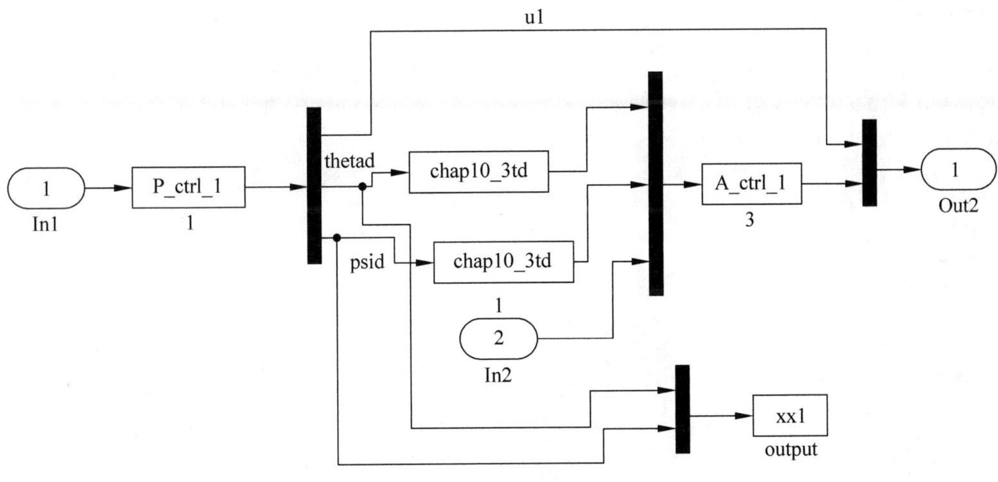

第1个飞行器子模块

(3) 第1个飞行器速度子系统程序：chap10_3Pplant1. m。

```
function [sys,x0,str,ts] = Model(t,x,u,flag)
switch flag,
case 0,
    [sys,x0,str,ts] = mdlInitializeSizes;
case 1,
    sys = mdlDerivatives(t,x,u);
case 3,
    sys = mdlOutputs(t,x,u);
case {2, 4, 9}
    sys = [];
otherwise
    error(['Unhandled flag = ',num2str(flag)]);
end
function [sys,x0,str,ts] = mdlInitializeSizes
sizes = simsizes;
sizes.NumContStates  = 6;
sizes.NumDiscStates  = 0;
sizes.NumOutputs     = 6;
sizes.NumInputs      = 10;
sizes.DirFeedthrough = 0;
sizes.NumSampleTimes = 1;
sys = simsizes(sizes);
x0 = [0 0 0 0 0 0];
str = [];
ts = [-1 0];
function sys = mdlDerivatives(t,x,u)
u1 = u(1);

theta = u(5);dtheta = u(6);
psi = u(7);dpsi = u(8);
phi = u(9);dphi = u(10);

chap10_3int;

x1 = x(1);dx1 = x(2);
y = x(3);dy = x(4);
```

```
z = x(5);dz = x(6);

ddx = u1 * (cos(phi) * sin(theta) * cos(psi) + sin(phi) * sin(psi)) - K1 * dx1/m;
ddy = u1 * (sin(phi) * sin(theta) * cos(psi) - cos(phi) * sin(psi)) - K2 * dy/m;
ddz = u1 * (cos(phi) * cos(psi)) - g - K3 * dz/m;

sys(1) = x(2);
sys(2) = ddx;
sys(3) = x(4);
sys(4) = ddy;
sys(5) = x(6);
sys(6) = ddz;
function sys = mdlOutputs(t,x,u)
x1 = x(1);dx1 = x(2);
y = x(3);dy = x(4);
z = x(5);dz = x(6);

sys(1) = x1;
sys(2) = dx1;
sys(3) = y;
sys(4) = dy;
sys(5) = z;
sys(6) = dz;
```

（4）第 1 个飞行器姿态子系统程序：chap10_3Aplant1. m。

```
function [sys,x0,str,ts] = model(t,x,u,flag)
switch flag,
case 0,
    [sys,x0,str,ts] = mdlInitializeSizes;
case 1,
    sys = mdlDerivatives(t,x,u);
case 3,
    sys = mdlOutputs(t,x,u);
case {2, 4, 9}
    sys = [];
otherwise
    error(['Unhandled flag = ',num2str(flag)]);
end
function [sys,x0,str,ts] = mdlInitializeSizes
sizes = simsizes;
sizes.NumContStates  = 6;
sizes.NumDiscStates  = 0;
sizes.NumOutputs     = 6;
sizes.NumInputs      = 4;
sizes.DirFeedthrough = 0;
sizes.NumSampleTimes = 1;
sys = simsizes(sizes);
% x0 = [0 0 0 0 0 0];
x0 = [1 0 0 0 0 0];
str = [];
ts = [-1 0];
function sys = mdlDerivatives(t,x,u)
u1 = u(1);
u2 = u(2);u3 = u(3);u4 = u(4);
```

```
chap10_3int;

theta = x(1);dtheta = x(2);
psi = x(3);dpsi = x(4);
phi = x(5);dphi = x(6);

ddtheta = u2 - l * K4 * dtheta/I1;
ddpsi = u3 - l * K5 * dpsi/I2;
ddphi = u4 - K6 * dphi/I3;

sys(1) = x(2);
sys(2) = ddtheta;
sys(3) = x(4);
sys(4) = ddpsi;
sys(5) = x(6);
sys(6) = ddphi;
function sys = mdlOutputs(t,x,u)
theta = x(1);dtheta = x(2);
psi = x(3);dpsi = x(4);
phi = x(5);dphi = x(6);

sys(1) = theta;
sys(2) = dtheta;
sys(3) = psi;
sys(4) = dpsi;
sys(5) = phi;
sys(6) = dphi;
```

(5) 第 1 个飞行器速度子系统控制器程序：P_ctrl_1.m。

```
function [sys,x0,str,ts] = func(t,x,u,flag)
switch flag,
case 0,
    [sys,x0,str,ts] = mdlInitializeSizes;
case 1,
    sys = mdlDerivatives(t,x,u);
case 3,
    sys = mdlOutputs(t,x,u);
case {2,4,9}
    sys = [];
otherwise
    error(['Unhandled flag = ',num2str(flag)]);
end
function [sys,x0,str,ts] = mdlInitializeSizes
sizes = simsizes;
sizes.NumContStates   = 0;
sizes.NumDiscStates   = 0;
sizes.NumOutputs      = 3;
sizes.NumInputs       = 39;
sizes.DirFeedthrough = 1;
sizes.NumSampleTimes = 1;
sys = simsizes(sizes);
x0  = [];
str = [];
ts  = [0 0];
function sys = mdlOutputs(t,x,u)
```

```
chap10_3int;
vdx = u(1);vdy = u(2);vdz = u(3);
%%%%%%%%%%%%%%%%%%%%%%%%%%%%%%%%%%%
x1 = u(4);dx1 = u(5);
y1 = u(6);dy1 = u(7);
z1 = u(8);dz1 = u(9);
theta1 = u(10);dtheta1 = u(11);
psi1 = u(12);dpsi1 = u(13);
phi1 = u(14);dphi1 = u(15);
p1 = [x1 y1 z1]';
vj1 = [dx1 dy1 dz1]';
%///////////////////////////
x2 = u(16);dx2 = u(17);
y2 = u(18);dy2 = u(19);
z2 = u(20);dz2 = u(21);
theta2 = u(22);dtheta1 = u(23);
psi2 = u(24);dpsi2 = u(25);
phi2 = u(26);dphi2 = u(27);
p2 = [x2 y2 z2]';
vj2 = [dx2 dy2 dz2]';
%////////////////////////////
x3 = u(28);dx3 = u(29);
y3 = u(30);dy3 = u(31);
z3 = u(32);dz3 = u(33);
theta3 = u(34);dtheta3 = u(35);
psi3 = u(36);dpsi3 = u(37);
phi3 = u(38);dphi3 = u(39);
p3 = [x3 y3 z3]';
vj3 = [dx3 dy3 dz3]';
%%%%%%%%%%%%%%%%%%%%%%%%%%%%%%%%%
vjd = [vdx vdy vdz]';
vje1 = vj1 - vjd;

ddxd = 2.5/pi * 1/(2 * pi) * sin(t/(2 * pi));
ddyd =- 1.25/pi * 1/(2 * pi) * sin(t/(2 * pi));
ddzd = 0;

ddPjd = [ddxd ddyd ddzd]';

delta1 = [1 1 0]'; delta2 = [ - 1 1 0]'; delta3 = [ - 1  - 1 0]';

delta_11 = 0;delta_12 = delta1 - delta2;delta_13 = delta1 - delta3;
delta_21 = delta2 - delta1;delta_22 = 0;delta_23 = delta2 - delta3;
delta_31 = delta3 - delta1;delta_32 = delta3 - delta2;delta_33 = 0;
P_11 = 0;P_12 = p1 - p2;P_13 = p1 - p3;
P_21 = p2 - p1;P_22 = 0;P_23 = p2 - p3;
P_31 = p3 - p1;P_32 = p3 - p2;P_33 = 0;

sum1 = (P_11 - delta_11) + (P_12 - delta_12) + (P_13 - delta_13);
xite = 5.0;
U11 =- xite * vje1 + ddPjd + [K1/m * dx1 K2/m * dy1 K3/m * dz1]' + [0 0 g]' - 2 * sum1;
u11x = U11(1);u11y = U11(2);u11z = U11(3);

X1 = (cos(phi1) * cos(phi1) * u11x + cos(phi1) * sin(phi1) * u11y)/u11z;
%保证X在[ - 1,1]之内
```

```
if X1 > 1
    sin_thetad = 1;
    thetad1 = pi/2;
elseif X1 < -1
    sin_thetad =- 1;
    thetad1 =- pi/2;
else
    sin_thetad = X1;
    thetad1 = asin(X1);
end
psid1 = atan((sin(phi1) * cos(phi1) * u11x - cos(phi1) * cos(phi1) * u11y)/u11z);

u11 = u11z/(cos(phi1) * cos(psid1));
sys(1) = u11;
sys(2) = thetad1;
sys(3) = psid1;
```

（6）第 1 个飞行器姿态子系统控制器程序：A_ctrl_1. m。

```
function [sys,x0,str,ts] = func(t,x,u,flag)
switch flag,
case 0,
    [sys,x0,str,ts] = mdlInitializeSizes;
case 1,
    sys = mdlDerivatives(t,x,u);
case 3,
    sys = mdlOutputs(t,x,u);
case {2,4,9}
    sys = [];
otherwise
    error(['Unhandled flag = ',num2str(flag)]);
end
function [sys,x0,str,ts] = mdlInitializeSizes
sizes = simsizes;
sizes.NumContStates  = 0;
sizes.NumDiscStates  = 0;
sizes.NumOutputs     = 3;
sizes.NumInputs      = 18;
sizes.DirFeedthrough = 1;
sizes.NumSampleTimes = 1;
sys = simsizes(sizes);
x0  = [];
str = [];
ts  = [0 0];
function sys = mdlOutputs(t,x,u)
chap10_3int;
dphid = 0;ddphid = 0;
thetad = u(1);dthetad = u(2);ddthetad = u(3);
psid = u(4);dpsid = u(5);ddpsid = u(6);

theta = u(13);dtheta = u(14);
psi = u(15);dpsi = u(16);
phi = u(17);dphi = u(18);

thetae = theta - thetad;dthetae = dtheta - dthetad;
psie = psi - psid;dpsie = dpsi - dpsid;
```

```
phie = phi - phid;dphie = dphi - dphid;

kp4 = 15;kd4 = 15;
kp5 = 15;kd5 = 15;
kp6 = 135;kd6 = 35;

u12 =- kp4 * thetae - kd4 * dthetae + ddthetad + 1 * K4/I1 * dthetad;
u13 =- kp5 * psie - kd5 * dpsie + ddpsid + 1 * K5/I2 * dpsid;
u14 =- kp6 * phie - kd6 * dphie + ddphid + 1 * K6/I3 * dphid;

sys(1) = u12;
sys(2) = u13;
sys(3) = u14;
```

(7) 微分器程序：chap10_3td. m。

```
function [sys,x0,str,ts] = spacemodel(t,x,u,flag)
switch flag,
case 0,
    [sys,x0,str,ts] = mdlInitializeSizes;
case 1,
    sys = mdlDerivatives(t,x,u);
case 3,
    sys = mdlOutputs(t,x,u);
case {2,4,9}
    sys = [];
otherwise
    error(['Unhandled flag = ',num2str(flag)]);
end
function [sys,x0,str,ts] = mdlInitializeSizes
sizes = simsizes;
sizes.NumContStates   = 3;
sizes.NumDiscStates   = 0;
sizes.NumOutputs      = 3;
sizes.NumInputs       = 1;
sizes.DirFeedthrough = 1;
sizes.NumSampleTimes = 1;
sys = simsizes(sizes);
x0  = [0 0 0];
str = [];
ts  = [0 0];
function sys = mdlDerivatives(t,x,u)
ebs = 0.04;
vt = u(1);
temp1 = (abs(ebs * x(2))^(9/7)) * sign(ebs * x(2));
temp2 = x(1) - vt + temp1;
temp2 = abs(temp2)^(1/3) * sign(temp2);
temp3 = abs(ebs^2 * x(3))^(3/5) * sign(ebs^2 * x(3));
sys(1) = x(2);
sys(2) = x(3);
sys(3) = ( - 2^(3/5) * 4 * temp2 - 4 * temp3) * 1/ebs^3;
function sys = mdlOutputs(t,x,u)
v = u(1);
sys(1) = v;
sys(2) = x(2);
sys(3) = x(3);
```

(8) 作图程序：chap10_3plot.m。

```
close all;
% First aircraft
figure(1);
subplot(311);
plot(t,x(:,2),'r',t,vd(:,1),'b','linewidth',2);
xlabel('time(s)');ylabel('speed value at x');
title('No.1 aircraft');
subplot(312);
plot(t,x(:,4),'r',t,vd(:,2),'b','linewidth',2);
xlabel('time(s)');ylabel('speed value at y');
subplot(313);
plot(t,x(:,6),'r',t,vd(:,3),'b','linewidth',2);
xlabel('time(s)');ylabel('speed value at z');

% Second aircraft
figure(2);
subplot(311);
plot(t,x(:,14),'r',t,vd(:,1),'b','linewidth',2);
xlabel('time(s)');ylabel('speed value at x');
title('No.2 aircraft');
subplot(312);
plot(t,x(:,16),'r',t,vd(:,2),'b','linewidth',2);
xlabel('time(s)');ylabel('speed value at y');
subplot(313);
plot(t,x(:,18),'r',t,vd(:,3),'b','linewidth',2);
xlabel('time(s)');ylabel('speed value at z');

% Third aircraft
figure(3);
subplot(311);
plot(t,x(:,26),'r',t,vd(:,1),'b','linewidth',2);
xlabel('time(s)');ylabel('speed value at x');
title('No.3 aircraft');
subplot(312);
plot(t,x(:,28),'r',t,vd(:,2),'b','linewidth',2);
xlabel('time(s)');ylabel('speed value at y');
subplot(313);
plot(t,x(:,30),'r',t,vd(:,3),'b','linewidth',2);
xlabel('time(s)');ylabel('speed value at z');

figure(4);
subplot(311);
plot(t,xx1(:,1)','r',t,x(:,7)','b','linewidth',2);
xlabel('time(s)');ylabel('theta and thetad');
title('No.1 aircraft');
subplot(312);
plot(t,xx1(:,2)','r',t,x(:,9)','b','linewidth',2);
xlabel('time(s)');ylabel('psi and psid');
subplot(313);
plot(t,pi/3*t./t,'r',t,x(:,11)','b','linewidth',2);
xlabel('time(s)');ylabel('phi and phid');

figure(5);
subplot(311);
```

```
plot(t,xx2(:,1)','r',t,x(:,19)','b','linewidth',2);
xlabel('time(s)');ylabel('theta and thetad');
title('No.2 aircraft');
subplot(312);
plot(t,xx2(:,2)','r',t,x(:,21)','b','linewidth',2);
xlabel('time(s)');ylabel('psi and psid');
subplot(313);
plot(t,pi/3 * t./t,'r',t,x(:,23)','b','linewidth',2);
xlabel('time(s)');ylabel('phi and phid');

figure(6);
subplot(311);
plot(t,xx3(:,1)','r',t,x(:,31)','b','linewidth',2);
xlabel('time(s)');ylabel('theta and thetad');
title('No.3 aircraft');
subplot(312);
plot(t,xx3(:,2)','r',t,x(:,33)','b','linewidth',2);
xlabel('time(s)');ylabel('psi and psid');
subplot(313);
plot(t,pi/3 * t./t,'r',t,x(:,35)','b','linewidth',2);
xlabel('time(s)');ylabel('phi and phid');

figure(7);
t1 = 50000;                        % t(t1) = 14.4198
t2 = 100000;                       % t(t2) = 27.5307
 % First aircraft
plot3(x(1,1),x(1,3),x(1,5),'r+');
text(x(1,1) + 0.2,x(1,2),x(1,3) + 0.1,'A1/t = 0');
hold on;
text(x(t1,1) + 0.2,x(t1,3),x(t1,5),'A1/t = t1');
hold on;
text(x(t2,1) + 0.2,x(t2,3),x(t2,5) + 0.1,'A1/t = t2');
 % Second aircraft
plot3(x(1,13),x(1,15),x(1,17),'r+');
text(x(1,13) + 0.2,x(1,15),x(1,17),'A2/t = 0');
hold on;
text(x(t1,13) + 0.2,x(t1,15),x(t1,17) - 0.5,'A2/t = t1');
hold on;
text(x(t2,13) + 0.2,x(t2,15),x(t2,17) + 0.1,'A2/t = t2');
 % Third aircraft
plot3(x(1,25),x(1,27),x(1,29),'r+');
text(x(1,25) + 0.2,x(1,27),x(1,29),'A3/t = 0');
hold on;
text(x(t1,25) + 0.2,x(t1,27),x(t1,29) + 0.2,'A3/t = t1');
hold on;                           % t(t2) = t2
text(x(t2,25) + 0.2,x(t2,27),x(t2,29) + 0.1,'A3/t = t2');
title('Three aircraft formation');
 % 50000 点处作三角图
a = [x(t1,1),x(t1,13),x(t1,25),x(t1,1)];
b = [x(t1,3),x(t1,15),x(t1,27),x(t1,3)];
c = [x(t1,5),x(t1,17),x(t1,29),x(t1,5)];
plot3(a,b,c,'k<-');

 % 100000 点处作圆图
a = [x(t2,1),x(t2,13),x(t2,25),x(t2,1)];
```

```
b = [x(t2,3),x(t2,15),x(t2,27),x(t2,3)];
c = [x(t2,5),x(t2,17),x(t2,29),x(t2,5)];
plot3(a,b,c,'go - ');

xlabel('x(m)');ylabel('y(m)');zlabel('z(m)'); grid on;
```

参考文献

[1] Xu Rong, Umit Ozguner. Sliding mode control of a class of under actuated systems. Automatica 44.1 (2008): 233-241.

[2] 王新华,刘金琨.微分器设计与应用——信号滤波与求导.北京:电子工业出版社,2010.

[3] Turpin, Matthew, Nathan Michael, Vijay Kumar. Trajectory design and control for aggressive formation flight with quadrotors. Autonomous Robots, 2012, 33(1-2): 143-156.

[4] Abdessameud, Abdelkader, Abdelhamid Tayebi. Formation control of VTOL unmanned aerial vehicles with communication delays. Automatica, 2011, 47(11): 2383-2394.

第11章 基于LMI的控制系统设计

线性矩阵不等式(Linear Matrix Inequalities,LMI)作为一种有效的数学工具,被广泛地应用于控制输入受限的控制系统设计之中。G. Grimm 等[1]针对一般情况下的稳定模型系统设计了基于 LMI 的动态补偿器,保证系统稳定,并保证系统输出对外部干扰具有 L_2 增益。H. S. Hu 等人[2]针对一般系统研究了基于 LMI 的 L_2 增益特性及稳定区域。H. N. Wu 等人[3]针对常微分和偏微分耦合模型,采用 LMI 实现了控制输入受限下的模糊控制。

本章介绍几种基于 LMI 的控制系统设计方法,并采用 MATLAB 下新的 LMI 工具——YALMIP 求解 LMI 问题。

11.1 控制系统 LMI 控制算法设计

11.1.1 系统描述

考虑状态方程

$$\dot{\boldsymbol{x}} = \boldsymbol{A}\boldsymbol{x} + \boldsymbol{B}u \tag{11.1}$$

其中,$\boldsymbol{x} = [x_1 \quad x_2]^{\mathrm{T}}$,$u$ 为控制输入。

控制器设计为

$$u = \boldsymbol{K}\boldsymbol{x} \tag{11.2}$$

其中,$\boldsymbol{K} = [k_1 \quad k_2]$。

控制目标为通过设计 LMI 求解 $\boldsymbol{K}$,实现在 $t \to \infty$ 时,$\boldsymbol{x} \to 0$。

11.1.2 控制器设计与分析

设计 Lyapunov 函数如下:

$$V = \boldsymbol{x}^{\mathrm{T}}\boldsymbol{P}\boldsymbol{x}$$

其中,$\boldsymbol{P} > 0$,$\boldsymbol{P} = \boldsymbol{P}^{\mathrm{T}}$。

通过 $\boldsymbol{P}$ 的设计可有效地调节 $\boldsymbol{x}$ 的收敛效果,并有利于 LMI 的求解。则

$$
\begin{aligned}
\dot{V} &= \dot{\boldsymbol{x}}^{\mathrm{T}}\boldsymbol{P}\boldsymbol{x} + \boldsymbol{x}^{\mathrm{T}}\boldsymbol{P}\dot{\boldsymbol{x}} = (\boldsymbol{A}\boldsymbol{x} + \boldsymbol{B}u)^{\mathrm{T}}\boldsymbol{P}\boldsymbol{x} + \boldsymbol{x}^{\mathrm{T}}\boldsymbol{P}(\boldsymbol{A}\boldsymbol{x} + \boldsymbol{B}u) \\
&= (\boldsymbol{A}\boldsymbol{x} + \boldsymbol{B}\boldsymbol{K}\boldsymbol{x})^{\mathrm{T}}\boldsymbol{P}\boldsymbol{x} + \boldsymbol{x}^{\mathrm{T}}\boldsymbol{P}(\boldsymbol{A}\boldsymbol{x} + \boldsymbol{B}\boldsymbol{K}\boldsymbol{x}) \\
&= \boldsymbol{x}^{\mathrm{T}}(\boldsymbol{A} + \boldsymbol{B}\boldsymbol{K})^{\mathrm{T}}\boldsymbol{P}\boldsymbol{x} + \boldsymbol{x}^{\mathrm{T}}\boldsymbol{P}(\boldsymbol{A} + \boldsymbol{B}\boldsymbol{K})\boldsymbol{x} \\
&= \boldsymbol{x}^{\mathrm{T}}\boldsymbol{Q}_1^{\mathrm{T}}\boldsymbol{x} + \boldsymbol{x}^{\mathrm{T}}\boldsymbol{Q}_1\boldsymbol{x}^{\mathrm{T}} = \boldsymbol{x}^{\mathrm{T}}\boldsymbol{Q}\boldsymbol{x}
\end{aligned}
$$

其中，$\boldsymbol{Q}_1 = \boldsymbol{P}(\boldsymbol{A} + \boldsymbol{B}\boldsymbol{K})$，$\boldsymbol{Q} = \boldsymbol{Q}_1^{\mathrm{T}} + \boldsymbol{Q}_1$。

为了实现 $\boldsymbol{x}$ 指数收敛，即 $\dot{V} \leqslant -\alpha V$，取

$$
\alpha V + \dot{V} = \alpha \boldsymbol{x}^{\mathrm{T}}\boldsymbol{P}\boldsymbol{x} + \boldsymbol{x}^{\mathrm{T}}\boldsymbol{Q}\boldsymbol{x} = \boldsymbol{x}^{\mathrm{T}}(\alpha\boldsymbol{P} + \boldsymbol{Q})\boldsymbol{x}
$$

取 $\alpha\boldsymbol{P} + \boldsymbol{Q} < 0$，$\alpha > 0$，则 $\alpha V + \dot{V} \leqslant 0$，即 $\dot{V} \leqslant -\alpha V$，采用不等式求解定理，由 $\dot{V} \leqslant -\alpha V$ 可得解为

$$
V(t) \leqslant V(0)\exp(-\alpha t)
$$

如果 $t \to \infty$，则 $V(t) \to 0$，$x \to 0$ 且指数收敛。

构造的 LMI 如下：

$$
\alpha\boldsymbol{P} + \boldsymbol{Q} < 0 \tag{11.3}
$$

不等式(11.3)中，$\boldsymbol{Q}$ 中含有 $\boldsymbol{P}$ 和 $\boldsymbol{K}$，将式(11.3)中的 $\boldsymbol{Q}$ 展开如下：

$$
\alpha\boldsymbol{P} + \boldsymbol{P}\boldsymbol{A} + \boldsymbol{P}\boldsymbol{B}\boldsymbol{K} + \boldsymbol{A}^{\mathrm{T}}\boldsymbol{P} + \boldsymbol{K}^{\mathrm{T}}\boldsymbol{B}^{\mathrm{T}}\boldsymbol{P} < 0
$$

上式左右同乘以 $\boldsymbol{P}^{-1}$ 可得

$$
\alpha\boldsymbol{P}^{-1} + \boldsymbol{A}\boldsymbol{P}^{-1} + \boldsymbol{B}\boldsymbol{K}\boldsymbol{P}^{-1} + \boldsymbol{P}^{-1}\boldsymbol{A}^{\mathrm{T}} + \boldsymbol{P}^{-1}\boldsymbol{K}^{\mathrm{T}}\boldsymbol{B}^{\mathrm{T}} < 0 \tag{11.4}
$$

令 $\boldsymbol{F} = \boldsymbol{K}\boldsymbol{P}^{-1}$ 和 $\boldsymbol{N} = \boldsymbol{P}^{-1}$，则 $\boldsymbol{P}^{-1}\boldsymbol{K}^{\mathrm{T}} = \boldsymbol{F}^{\mathrm{T}}$，则由式(11.4)可得第 1 个 LMI：

$$
\alpha\boldsymbol{N} + \boldsymbol{A}\boldsymbol{N} + \boldsymbol{B}\boldsymbol{F} + \boldsymbol{N}\boldsymbol{A}^{\mathrm{T}} + \boldsymbol{F}^{\mathrm{T}}\boldsymbol{B}^{\mathrm{T}} < 0 \tag{11.5}
$$

根据 $\boldsymbol{P}$ 的定义可设计第 2 个 LMI：

$$
\boldsymbol{N} > 0, \quad \boldsymbol{N} = \boldsymbol{N}^{\mathrm{T}} \tag{11.6}
$$

通过上面 2 个 LMI，即式(11.5)和式(11.6)，通过设计合适的 α 值，可求得有效的 $\boldsymbol{K}$。

11.1.3 仿真实例

实际模型为

$$
\ddot{\theta} = -25\dot{\theta} + 133u(t)
$$

考虑模型式(11.1)，取 $x_1 = \theta$，$x_2 = \dot{\theta}$，则对应于式 $\dot{\boldsymbol{x}} = \boldsymbol{A}\boldsymbol{x} + \boldsymbol{B}u$，有 $\boldsymbol{A} = \begin{bmatrix} 0 & 0 \\ 0 & -\dfrac{b}{J} \end{bmatrix}$，$\boldsymbol{B} = \begin{bmatrix} 0 \\ \dfrac{1}{J} \end{bmatrix}$，$J = \dfrac{1}{133}$，$b = \dfrac{25}{133}$，初始状态值为 $\boldsymbol{x}(0) = [1 \quad 0]$。

采用 LMI 程序 chap11_1LMI.m，取 $\alpha = 3$，求解 LMI 式(11.5)和式(11.6)，MATLAB 运行后显示有可行解，解为 $\boldsymbol{K} = [-0.0802 \quad 0.1519]$。控制律采用式(11.2)，将求得的 $\boldsymbol{K}$ 代入控制器程序 chap11_1ctrl.m 中，仿真结果如图 11.1 和图 11.2 所示。

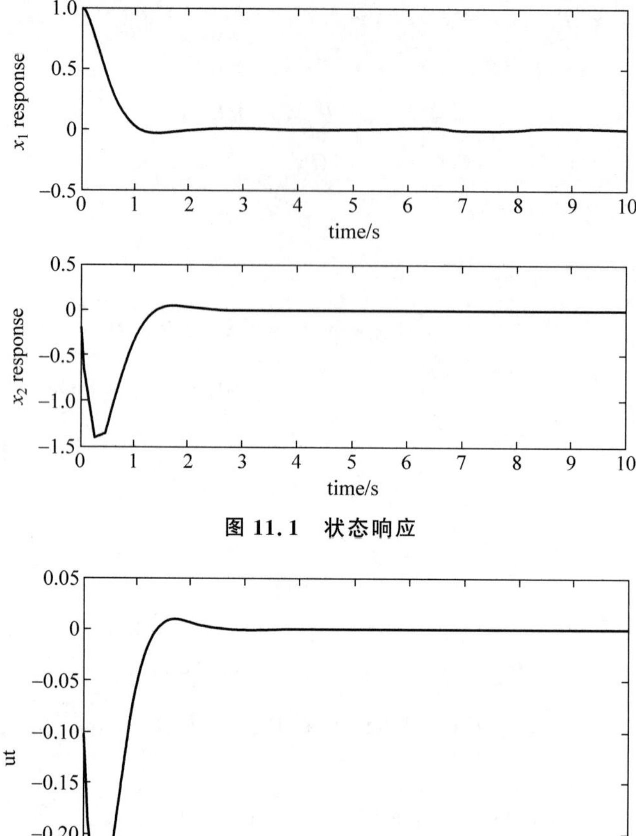

图 11.1　状态响应

图 11.2　控制输入信号

仿真程序：

（1）LMI 不等式求 $\boldsymbol{K}$ 程序：chap11_1LMI. m。

```
clear all;
close all;

J = 1/133;b = 25/133;
A = [0 1;
   0 - b/J];
B = [0 1/J]';

F = sdpvar(1,2);
P = sdpvar(2,2,'symmetric');
N = sdpvar(2,2,'symmetric');

alfa = 3;

% First LMI
L1 = set((alfa * N + A * N + B * F + N * A' + F' * B')< 0);
```

```
% Second LMI
L2 = set(N > 0);

L = L1 + L2;
solvesdp(L);

F = double(F);
N = double(N);

P = inv(N);
K = F * P
```

(2) Simulink 主程序：chap11_1sim. mdl。

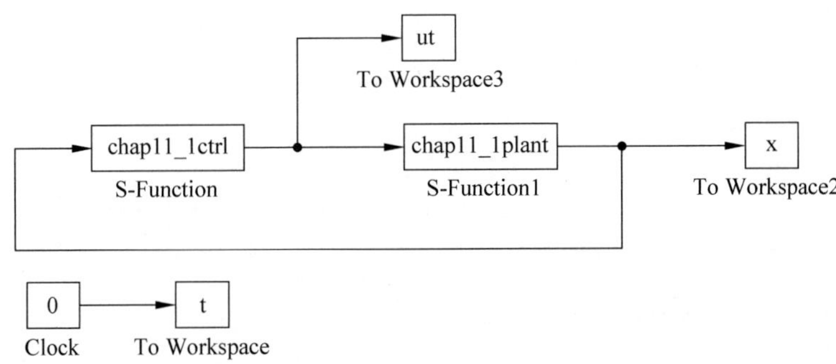

(3) 被控对象 S 函数：chap11_1plant. m。

```
function [sys,x0,str,ts] = spacemodel(t,x,u,flag)
switch flag,
case 0,
    [sys,x0,str,ts] = mdlInitializeSizes;
case 1,
sys = mdlDerivatives(t,x,u);
case 3,
sys = mdlOutputs(t,x,u);
case {2,4,9}
sys = [];
otherwise
error(['Unhandled flag = ',num2str(flag)]);
end
function [sys,x0,str,ts] = mdlInitializeSizes
sizes = simsizes;
sizes.NumContStates  = 2;
sizes.NumDiscStates  = 0;
sizes.NumOutputs     = 2;
sizes.NumInputs      = 1;
sizes.DirFeedthrough = 0;
sizes.NumSampleTimes = 0;
sys = simsizes(sizes);
x0 = [1 0];
str = [];
ts = [];
function sys = mdlDerivatives(t,x,u)
A = [0 1;
   0 -25];
B = [0 133]';
```

```
ut = u(1);

dx = A * x + B * ut;

sys(1) = dx(1);
sys(2) = dx(2);
function sys = mdlOutputs(t,x,u)
sys(1) = x(1);
sys(2) = x(2);
```

(4) 控制器 S 函数：chap11_1ctrl. m。

```
function [sys,x0,str,ts] = spacemodel(t,x,u,flag)
switch flag,
case 0,
    [sys,x0,str,ts] = mdlInitializeSizes;
case 3,
sys = mdlOutputs(t,x,u);
case {2,4,9}
sys = [];
otherwise
error(['Unhandled flag = ',num2str(flag)]);
end
function [sys,x0,str,ts] = mdlInitializeSizes
sizes = simsizes;
sizes.NumContStates  = 0;
sizes.NumDiscStates  = 0;
sizes.NumOutputs     = 1;
sizes.NumInputs      = 2;
sizes.DirFeedthrough = 1;
sizes.NumSampleTimes = 1;
sys = simsizes(sizes);
x0  = [];
str = [];
ts  = [0 0];
function sys = mdlOutputs(t,x,u)
x1 = u(1);
x2 = u(2);
X = [x1 x2]';

K = [ -0.0802    0.1519];
ut = K * X;
sys(1) = ut;
```

(5) 作图程序：chap11_1plot. m。

```
close all;

figure(1);
subplot(211);
plot(t,x(:,1),'r','linewidth',2);
xlabel('time(s)');ylabel('x1 response');
subplot(212);
plot(t,x(:,2),'b','linewidth',2);
xlabel('time(s)');ylabel('x2 response');

figure(2);
plot(t,ut(:,1),'r','linewidth',2);
xlabel('time(s)');ylabel('ut');
```

11.2 位置跟踪控制系统LMI算法设计

11.2.1 系统描述

考虑电机-负载模型如下：

$$J\ddot{\theta}=-b\dot{\theta}+u(t) \tag{11.7}$$

其中，θ 为角度，J 为转动惯量，b 为黏性系数，u 为控制输入。

11.2.2 控制器设计

式(11.7)可写为

$$\ddot{\theta}=-\frac{b}{J}\dot{\theta}+\frac{1}{J}u(t)$$

取角度指令为 θ_{d}，则角度跟踪误差为 $x_1=\theta-\theta_{\mathrm{d}}$，角速度跟踪误差为 $x_2=\dot{\theta}-\dot{\theta}_{\mathrm{d}}$，则控制目标为角度和角速度的跟踪，即 $t\rightarrow\infty$时，$x_1\rightarrow0$，$x_2\rightarrow0$。

由于

$$\begin{aligned}\dot{x}_2&=-\frac{b}{J}\dot{\theta}+\frac{1}{J}u-\ddot{\theta}_{\mathrm{d}}=-\frac{b}{J}(x_2+\dot{\theta}_{\mathrm{d}})+\frac{1}{J}u-\ddot{\theta}_{\mathrm{d}}\\&=-\frac{b}{J}x_2+\frac{1}{J}u-\ddot{\theta}_{\mathrm{d}}-\frac{b}{J}\dot{\theta}_{\mathrm{d}}\\&=-\frac{b}{J}x_2+\frac{1}{J}(u-J\ddot{\theta}_{\mathrm{d}}-b\dot{\theta}_{\mathrm{d}})\end{aligned}$$

取 $\tau=u-J\ddot{\theta}_{\mathrm{d}}-b\dot{\theta}_{\mathrm{d}}$，即 $u=\tau+J\ddot{\theta}_{\mathrm{d}}+b\dot{\theta}_{\mathrm{d}}$。由 $\dot{x}_2=-\frac{b}{J}x_2+\frac{1}{J}\tau$ 可得

$$\begin{cases}\dot{x}_1=x_2\\\dot{x}_2=-\frac{b}{J}x_2+\frac{1}{J}\tau\end{cases}$$

则误差状态方程为

$$\dot{\boldsymbol{x}}=\boldsymbol{A}\boldsymbol{x}+\boldsymbol{B}\tau \tag{11.8}$$

其中，$\boldsymbol{x}=[x_1\quad x_2]^{\mathrm{T}}$，$\boldsymbol{A}=\begin{bmatrix}0&0\\0&-\frac{b}{J}\end{bmatrix}$，$\boldsymbol{B}=\begin{bmatrix}0\\\frac{1}{J}\end{bmatrix}$。

控制器设计为

$$\tau=\boldsymbol{K}\boldsymbol{x} \tag{11.9}$$

其中，$\boldsymbol{K}=[k_1\quad k_2]$。

控制目标转化为通过设计LMI，实现 $t\rightarrow\infty$时，$\boldsymbol{x}\rightarrow0$。

11.2.3 控制器设计与分析

设计Lyapunov函数如下：

$$V=\boldsymbol{x}^{\mathrm{T}}\boldsymbol{P}\boldsymbol{x}$$

其中，$\boldsymbol{P}>0,\boldsymbol{P}=\boldsymbol{P}^{\mathrm{T}}$。

则

$$\begin{aligned}\dot{V}&=\dot{\boldsymbol{x}}^{\mathrm{T}}\boldsymbol{P}\boldsymbol{x}+\boldsymbol{x}^{\mathrm{T}}\boldsymbol{P}\dot{\boldsymbol{x}}\\&=(\boldsymbol{A}\boldsymbol{x}+\boldsymbol{B}\tau)^{\mathrm{T}}\boldsymbol{P}\boldsymbol{x}+\boldsymbol{x}^{\mathrm{T}}\boldsymbol{P}(\boldsymbol{A}\boldsymbol{x}+\boldsymbol{B}\tau)\\&=(\boldsymbol{A}\boldsymbol{x}+\boldsymbol{B}\boldsymbol{K}\boldsymbol{x})^{\mathrm{T}}\boldsymbol{P}\boldsymbol{x}+\boldsymbol{x}^{\mathrm{T}}\boldsymbol{P}(\boldsymbol{A}\boldsymbol{x}+\boldsymbol{B}\boldsymbol{K}\boldsymbol{x})\\&=\boldsymbol{x}^{\mathrm{T}}(\boldsymbol{A}+\boldsymbol{B}\boldsymbol{K})^{\mathrm{T}}\boldsymbol{P}\boldsymbol{x}+\boldsymbol{x}^{\mathrm{T}}\boldsymbol{P}(\boldsymbol{A}+\boldsymbol{B}\boldsymbol{K})\boldsymbol{x}\\&=\boldsymbol{x}^{\mathrm{T}}\boldsymbol{Q}_1^{\mathrm{T}}\boldsymbol{x}+\boldsymbol{x}^{\mathrm{T}}\boldsymbol{Q}_1\boldsymbol{x}^{\mathrm{T}}=\boldsymbol{x}^{\mathrm{T}}\boldsymbol{Q}\boldsymbol{x}\end{aligned}$$

其中，$\boldsymbol{Q}_1=\boldsymbol{P}(\boldsymbol{A}+\boldsymbol{B}\boldsymbol{K}),\boldsymbol{Q}=\boldsymbol{Q}_1^{\mathrm{T}}+\boldsymbol{Q}_1$。

于是

$$\alpha V+\dot{V}=\alpha\boldsymbol{x}^{\mathrm{T}}\boldsymbol{P}\boldsymbol{x}+\boldsymbol{x}^{\mathrm{T}}\boldsymbol{Q}\boldsymbol{x}=\boldsymbol{x}^{\mathrm{T}}(\alpha\boldsymbol{P}+\boldsymbol{Q})\boldsymbol{x}$$

取 $\alpha\boldsymbol{P}+\boldsymbol{Q}<0,\alpha>0$，则 $\alpha V+\dot{V}\leqslant 0$，即 $\dot{V}\leqslant-\alpha V$，采用不等式求解定理，$\dot{V}\leqslant-\alpha V$ 得解为

$$V(t)\leqslant V(0)\exp(-\alpha t)$$

如果 $t\to\infty$，则 $V(t)\to 0$，从而 $\boldsymbol{x}\to 0$ 且指数收敛。

通过上述分析，构造 LMI 如下：

$$\alpha\boldsymbol{P}+\boldsymbol{Q}<0 \tag{11.10}$$

将式(11.10)中的 $\boldsymbol{Q}$ 展开如下：

$$\alpha\boldsymbol{P}+\boldsymbol{P}\boldsymbol{A}+\boldsymbol{P}\boldsymbol{B}\boldsymbol{K}+\boldsymbol{A}^{\mathrm{T}}\boldsymbol{P}+\boldsymbol{K}^{\mathrm{T}}\boldsymbol{B}^{\mathrm{T}}\boldsymbol{P}<0$$

上式左右同乘以 $\boldsymbol{P}^{-1}$ 可得

$$\alpha\boldsymbol{P}^{-1}+\boldsymbol{A}\boldsymbol{P}^{-1}+\boldsymbol{B}\boldsymbol{K}\boldsymbol{P}^{-1}+\boldsymbol{P}^{-1}\boldsymbol{A}^{\mathrm{T}}+\boldsymbol{P}^{-1}\boldsymbol{K}^{\mathrm{T}}\boldsymbol{B}^{\mathrm{T}}<0 \tag{11.11}$$

令 $\boldsymbol{F}=\boldsymbol{K}\boldsymbol{P}^{-1},\boldsymbol{N}=\boldsymbol{P}^{-1}$，则 $\boldsymbol{P}^{-1}\boldsymbol{K}^{\mathrm{T}}=\boldsymbol{F}^{\mathrm{T}}$，则由式(11.11)可得第 1 个 LMI：

$$\alpha\boldsymbol{N}+\boldsymbol{A}\boldsymbol{N}+\boldsymbol{B}\boldsymbol{F}+\boldsymbol{N}\boldsymbol{A}^{\mathrm{T}}+\boldsymbol{F}^{\mathrm{T}}\boldsymbol{B}^{\mathrm{T}}<0 \tag{11.12}$$

根据 $\boldsymbol{P}$ 的定义可设计第 2 个 LMI：

$$\boldsymbol{N}>0,\quad \boldsymbol{N}=\boldsymbol{N}^{\mathrm{T}} \tag{11.13}$$

通过上面 2 个 LMI，即式(11.12)和式(11.13)，可求得有效的 $\boldsymbol{K}$。

11.2.4 仿真实例

实际模型为

$$\ddot{\theta}=-25\dot{\theta}+133u(t)$$

则 $J=\dfrac{1}{133},b=\dfrac{25}{133}$。

被控对象角度和角速度的初始值为$[1.0\quad 0]^{\mathrm{T}}$，取角度指令为 $\theta_{\mathrm{d}}=\sin t$，则 $\dot{\theta}_{\mathrm{d}}=\cos t$，角度跟踪误差为 $x_1(0)=\theta(0)-\theta_{\mathrm{d}}(0)=1.0$，角速度跟踪误差为 $x_2(0)=\dot{\theta}(0)-\dot{\theta}_{\mathrm{d}}(0)=-1.0$，从而 $x(0)=[1\quad -1]$。

取 $\alpha=10$，采用 LMI 程序 chap11_2LMI.m，求解 LMI 式(11.12)和式(11.13)，MATLAB 运行后显示有可行解，解为 $\boldsymbol{K}=[-1.0261\quad -0.0406]$。控制律采用式(11.9)，将求得的 $\boldsymbol{K}$ 代入控制器程序 chap11_2ctrl.m 中，仿真结果如图 11.3 和图 11.4 所示。

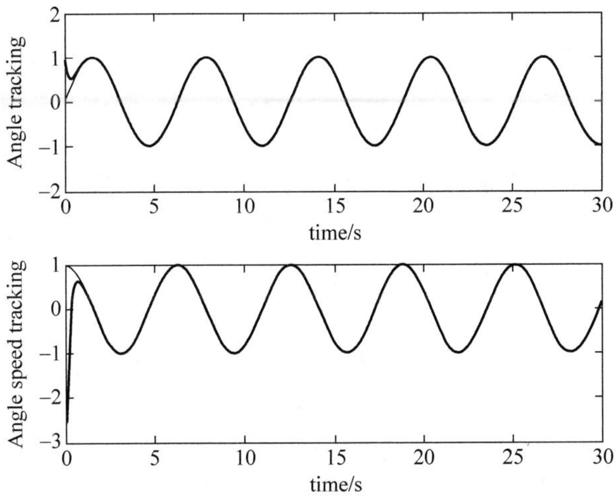

图 11.3 位置和速度跟踪

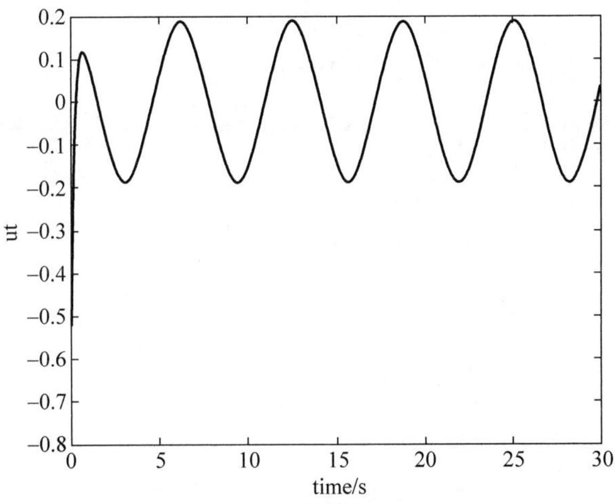

图 11.4 控制输入信号

仿真程序：

(1) LMI 不等式求 $\boldsymbol{K}$ 程序：chap11_2LMI. m。

```
clear all;
close all;

J = 1/133;
b = 25/133;

A = [0 1;
   0 - b/J];
B = [0 1/J]';

K = sdpvar(1,2);

M = sdpvar(3,3);
F = sdpvar(1,2);

P = sdpvar(2,2,'symmetric');
```

```
N = sdpvar(2,2,'symmetric');
alfa = 10;

%First LMI
L1 = set((alfa * N + A * N + B * F + N * A' + F' * B')< 0);
%Second LMI
L2 = set(N > 0);

L = L1 + L2;
solvesdp(L);

F = double(F);
N = double(N);

P = inv(N)
K = F * P
```

（2）Simulink 主程序：chap11_2sim.mdl。

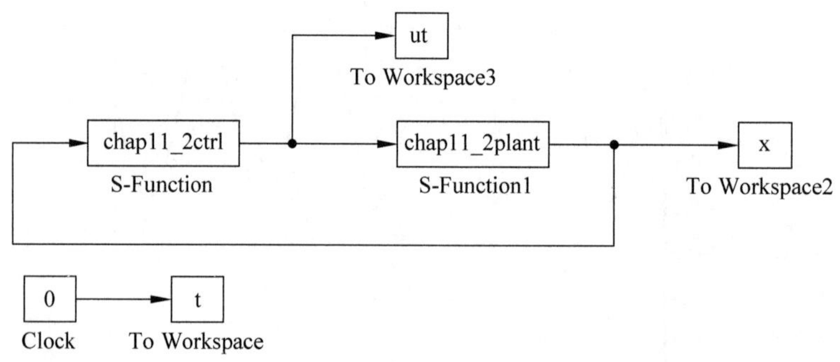

（3）被控对象 S 函数：chap11_2plant.m。

```
function [sys,x0,str,ts] = spacemodel(t,x,u,flag)
switch flag,
case 0,
    [sys,x0,str,ts] = mdlInitializeSizes;
case 1,
sys = mdlDerivatives(t,x,u);
case 3,
sys = mdlOutputs(t,x,u);
case {2,4,9}
sys = [];
otherwise
error(['Unhandled flag = ',num2str(flag)]);
end
function [sys,x0,str,ts] = mdlInitializeSizes
sizes = simsizes;
sizes.NumContStates  = 2;
sizes.NumDiscStates  = 0;
sizes.NumOutputs     = 2;
sizes.NumInputs      = 1;
sizes.DirFeedthrough = 0;
sizes.NumSampleTimes = 0;
sys = simsizes(sizes);
x0 = [1 0];
```

```
str = [];
ts = [];
function sys = mdlDerivatives(t,x,u)
A = [0 1;
   0  -25];
B = [0 133]';

ut = u(1);

dx = A * x + B * ut;

sys(1) = dx(1);
sys(2) = dx(2);
function sys = mdlOutputs(t,x,u)
sys(1) = x(1);
sys(2) = x(2);
```

(4) 控制器S函数：chap11_2ctrl.m。

```
function [sys,x0,str,ts] = spacemodel(t,x,u,flag)
switch flag,
case 0,
    [sys,x0,str,ts] = mdlInitializeSizes;
case 3,
sys = mdlOutputs(t,x,u);
case {2,4,9}
sys = [];
otherwise
error(['Unhandled flag = ',num2str(flag)]);
end
function [sys,x0,str,ts] = mdlInitializeSizes
sizes = simsizes;
sizes.NumContStates  = 0;
sizes.NumDiscStates  = 0;
sizes.NumOutputs     = 1;
sizes.NumInputs      = 2;
sizes.DirFeedthrough = 1;
sizes.NumSampleTimes = 1;
sys = simsizes(sizes);
x0  = [];
str = [];
ts  = [0 0];
function sys = mdlOutputs(t,x,u)
x1 = u(1);
x2 = u(2);

xd = sin(t);
dxd = cos(t);
ddxd =- sin(t);
e = x1 - xd;
de = x2 - dxd;

K = [ - 0.5363     0.0969];
```

```
tol = K * [e de]';

ut = tol + 1/133 * ddxd + 25/133 * dxd;

sys(1) = ut;
```

（5）作图程序：chap11_2plot. m。

```
close all;

figure(1);
subplot(211);
plot(t,sin(t),'r',t,x(:,1),'b','linewidth',2);
xlabel('time(s)');ylabel('Angle tracking');
subplot(212);
plot(t,cos(t),'r',t,x(:,2),'b','linewidth',2);
xlabel('time(s)');ylabel('Angle speed tracking');

figure(2);
plot(t,ut(:,1),'r','linewidth',2);
xlabel('time(s)');ylabel('ut');
```

11.3 带扰动的控制系统 LMI 控制算法设计

11.3.1 系统描述

考虑状态方程：

$$\dot{\boldsymbol{x}} = \boldsymbol{A}\boldsymbol{x} + \boldsymbol{B}(u + d) \tag{11.14}$$

其中，$\boldsymbol{x} = [x_1 \quad x_2]^{\mathrm{T}}$，$u$ 为控制输入，d 为扰动。

控制器设计为

$$u = \boldsymbol{K}\boldsymbol{x} \tag{11.15}$$

其中，$\boldsymbol{K} = [k_1 \quad k_2]$。

控制目标为通过设计 LMI 求解 $\boldsymbol{K}$，实现 $t \to \infty$ 时，$\boldsymbol{x} \to 0$。

11.3.2 基于 H_∞ 指标控制器设计与分析

设计 Lyapunov 函数如下：

$$V = \boldsymbol{x}^{\mathrm{T}}\boldsymbol{P}\boldsymbol{x}$$

其中，$\boldsymbol{P} > 0$，$\boldsymbol{P} = \boldsymbol{P}^{\mathrm{T}}$。

通过 $\boldsymbol{P}$ 的设计可有效地调节 $\boldsymbol{x}$ 的收敛效果，并有利于 LMI 的求解。则

$$\begin{aligned}
\dot{V} &= \dot{\boldsymbol{x}}^{\mathrm{T}}\boldsymbol{P}\boldsymbol{x} + \boldsymbol{x}^{\mathrm{T}}\boldsymbol{P}\dot{\boldsymbol{x}} \\
&= (\boldsymbol{A}\boldsymbol{x} + \boldsymbol{B}u + \boldsymbol{B}d)^{\mathrm{T}}\boldsymbol{P}\boldsymbol{x} + \boldsymbol{x}^{\mathrm{T}}\boldsymbol{P}(\boldsymbol{A}\boldsymbol{x} + \boldsymbol{B}u + \boldsymbol{B}d) \\
&= (\boldsymbol{A}\boldsymbol{x} + \boldsymbol{B}\boldsymbol{K}\boldsymbol{x} + \boldsymbol{B}d)^{\mathrm{T}}\boldsymbol{P}\boldsymbol{x} + \boldsymbol{x}^{\mathrm{T}}\boldsymbol{P}(\boldsymbol{A}\boldsymbol{x} + \boldsymbol{B}\boldsymbol{K}\boldsymbol{x} + \boldsymbol{B}d) \\
&= \boldsymbol{x}^{\mathrm{T}}(\boldsymbol{A} + \boldsymbol{B}\boldsymbol{K})^{\mathrm{T}}\boldsymbol{P}\boldsymbol{x} + \boldsymbol{x}^{\mathrm{T}}\boldsymbol{P}(\boldsymbol{A} + \boldsymbol{B}\boldsymbol{K})\boldsymbol{x} + (\boldsymbol{B}d)^{\mathrm{T}}\boldsymbol{P}\boldsymbol{x} + \boldsymbol{x}^{\mathrm{T}}\boldsymbol{P}(\boldsymbol{B}d) \\
&= \boldsymbol{x}^{\mathrm{T}}\boldsymbol{Q}_1^{\mathrm{T}}\boldsymbol{x} + \boldsymbol{x}^{\mathrm{T}}\boldsymbol{Q}_1\boldsymbol{x}^{\mathrm{T}} + (\boldsymbol{B}^{\mathrm{T}}\boldsymbol{P}\boldsymbol{x} + \boldsymbol{x}^{\mathrm{T}}\boldsymbol{P}\boldsymbol{B})d
\end{aligned}$$

其中，$\boldsymbol{Q}_1=\boldsymbol{P}(\boldsymbol{A}+\boldsymbol{BK})$，$\boldsymbol{Q}=\boldsymbol{Q}_1^{\mathrm{T}}+\boldsymbol{Q}_1$。

令$\boldsymbol{\eta}=[\boldsymbol{x}^{\mathrm{T}}\quad d]^{\mathrm{T}}$，则

$$\boldsymbol{\eta}=\begin{bmatrix}x_1\\x_2\\d\end{bmatrix}=\begin{bmatrix}\boldsymbol{x}\\d\end{bmatrix},\quad \boldsymbol{\eta}^{\mathrm{T}}=[\boldsymbol{x}^{\mathrm{T}}\quad d]=[x_1\quad x_2\quad d]$$

从而

$$\dot{V}=\boldsymbol{x}^{\mathrm{T}}\boldsymbol{Q}\boldsymbol{x}+\boldsymbol{\eta}^{\mathrm{T}}\begin{bmatrix}0 & \boldsymbol{PB}\\ \boldsymbol{B}^{\mathrm{T}}\boldsymbol{P} & 0\end{bmatrix}\boldsymbol{\eta}=\boldsymbol{\eta}^{\mathrm{T}}\begin{bmatrix}\boldsymbol{Q} & \boldsymbol{PB}\\ \boldsymbol{B}^{\mathrm{T}}\boldsymbol{P} & 0\end{bmatrix}\boldsymbol{\eta}$$

其中

$$\boldsymbol{x}^{\mathrm{T}}\boldsymbol{Q}\boldsymbol{x}=[\boldsymbol{x}^{\mathrm{T}}\quad d]\begin{bmatrix}\boldsymbol{Q} & 0\\ 0 & 0\end{bmatrix}\begin{bmatrix}\boldsymbol{x}\\d\end{bmatrix}=\boldsymbol{\eta}^{\mathrm{T}}\begin{bmatrix}\boldsymbol{Q} & 0\\ 0 & 0\end{bmatrix}\boldsymbol{\eta}$$

$$\begin{aligned}(\boldsymbol{B}^{\mathrm{T}}\boldsymbol{P}\boldsymbol{x}+\boldsymbol{x}^{\mathrm{T}}\boldsymbol{PB})d&=[d\boldsymbol{B}^{\mathrm{T}}\boldsymbol{P}\quad \boldsymbol{x}^{\mathrm{T}}\boldsymbol{PB}]\begin{bmatrix}\boldsymbol{x}\\d\end{bmatrix}\\&=[\boldsymbol{x}^{\mathrm{T}}\quad d]\begin{bmatrix}0 & \boldsymbol{PB}\\ \boldsymbol{B}^{\mathrm{T}}\boldsymbol{P} & 0\end{bmatrix}\begin{bmatrix}\boldsymbol{x}\\d\end{bmatrix}=\boldsymbol{\eta}^{\mathrm{T}}\begin{bmatrix}0 & \boldsymbol{PB}\\ \boldsymbol{B}^{\mathrm{T}}\boldsymbol{P} & 0\end{bmatrix}\boldsymbol{\eta}\end{aligned}$$

输出为$\boldsymbol{Z}=\boldsymbol{Cx}$，$H_\infty$指标取

$$\int_0^t \boldsymbol{Z}^{\mathrm{T}}\boldsymbol{Z}\mathrm{d}t<\int_0^t \gamma^2 d^2(t)\mathrm{d}t+V(0)$$

其中，$\gamma>0$，$\boldsymbol{C}=\begin{bmatrix}1 & 0\\0 & 1\end{bmatrix}$。

由于

$$\boldsymbol{Z}^{\mathrm{T}}\boldsymbol{Z}-\gamma^2 d^2=\boldsymbol{x}^{\mathrm{T}}\boldsymbol{C}^{\mathrm{T}}\boldsymbol{C}\boldsymbol{x}-\gamma^2 d^2$$

$$\begin{aligned}\boldsymbol{\eta}^{\mathrm{T}}\begin{bmatrix}\boldsymbol{C}^{\mathrm{T}}\boldsymbol{C} & 0\\ 0 & -\gamma^2\end{bmatrix}\boldsymbol{\eta}&=[\boldsymbol{x}^{\mathrm{T}}\quad d]\begin{bmatrix}\boldsymbol{C}^{\mathrm{T}}\boldsymbol{C} & 0\\ 0 & -\gamma^2\end{bmatrix}\begin{bmatrix}\boldsymbol{x}\\d\end{bmatrix}=[\boldsymbol{x}^{\mathrm{T}}\boldsymbol{C}^{\mathrm{T}}\boldsymbol{C}\quad -\gamma^2 d]\begin{bmatrix}\boldsymbol{x}\\d\end{bmatrix}\\&=\boldsymbol{x}^{\mathrm{T}}\boldsymbol{C}^{\mathrm{T}}\boldsymbol{C}\boldsymbol{x}-\gamma^2 d^2\end{aligned}$$

则

$$\boldsymbol{Z}^{\mathrm{T}}\boldsymbol{Z}-\gamma^2 d^2=\boldsymbol{\eta}^{\mathrm{T}}\begin{bmatrix}\boldsymbol{C}^{\mathrm{T}}\boldsymbol{C} & 0\\ 0 & -\gamma^2\end{bmatrix}\boldsymbol{\eta}$$

从而

$$\dot{V}+\boldsymbol{Z}^{\mathrm{T}}\boldsymbol{Z}-\gamma^2 d^2=\boldsymbol{\eta}^{\mathrm{T}}\begin{bmatrix}\boldsymbol{Q}+\boldsymbol{C}^{\mathrm{T}}\boldsymbol{C} & \boldsymbol{PB}\\ (\boldsymbol{PB})^{\mathrm{T}} & -\gamma^2\end{bmatrix}\boldsymbol{\eta}$$

取

$$\boldsymbol{\theta}=\begin{bmatrix}\boldsymbol{Q}+\boldsymbol{C}^{\mathrm{T}}\boldsymbol{C} & \boldsymbol{PB}\\ (\boldsymbol{PB})^{\mathrm{T}} & -\gamma^2\end{bmatrix}<0 \tag{11.16}$$

则

$$\dot{V}+\boldsymbol{Z}^{\mathrm{T}}\boldsymbol{Z}-\gamma^2 d^2\leqslant 0$$

对上式积分可得

$$V+\int_0^t \boldsymbol{Z}^{\mathrm{T}}\boldsymbol{Z}\mathrm{d}t\leqslant\int_0^t \gamma^2 d^2\mathrm{d}t+V(0)$$

假设 d 为递减的扰动信号，取 $\int_0^{\infty} d^2 \mathrm{d}t \leqslant \gamma^{-2} v_{\max}$，由于 $\int_0^t \boldsymbol{Z}^{\mathrm{T}} \boldsymbol{Z} \mathrm{d}t \geqslant 0$，则

$$V(t) \leqslant \bar{\omega}$$

其中 $v_{\max} + V(0) \leqslant \bar{\omega}$。

由 $V(t) \leqslant \bar{\omega}$ 可得

$$\boldsymbol{P}_{\min} \| \boldsymbol{x} \|^2 \leqslant \boldsymbol{x}^{\mathrm{T}} \boldsymbol{P} \boldsymbol{x} \leqslant \bar{\omega}$$

则收敛结果为

$$\| \boldsymbol{x} \|^2 \leqslant \frac{v_{\max} + V(0)}{\boldsymbol{P}_{\min}}$$

11.3.3 LMI 设计

由式(11.16)展开可得

$$\begin{bmatrix} \boldsymbol{PA} + \boldsymbol{PBK} + \boldsymbol{A}^{\mathrm{T}} \boldsymbol{P} + \boldsymbol{K}^{\mathrm{T}} \boldsymbol{B}^{\mathrm{T}} \boldsymbol{P} & \boldsymbol{PB} \\ (\boldsymbol{PB})^{\mathrm{T}} & -\gamma^2 \end{bmatrix} < 0$$

上式左边同乘以 $\begin{bmatrix} \boldsymbol{P}^{-1} & 0 \\ 0 & \boldsymbol{I} \end{bmatrix}$，可得

$$\begin{bmatrix} \boldsymbol{AP}^{-1} + \boldsymbol{BKP}^{-1} + \boldsymbol{P}^{-1} \boldsymbol{A}^{\mathrm{T}} + \boldsymbol{P}^{-1} \boldsymbol{K}^{\mathrm{T}} \boldsymbol{B}^{\mathrm{T}} & \boldsymbol{B} \\ \boldsymbol{B}^{\mathrm{T}} & -\gamma^2 \end{bmatrix} < 0 \tag{11.17}$$

令 $\boldsymbol{F} = \boldsymbol{KP}^{-1}$，$\boldsymbol{N} = \boldsymbol{P}^{-1}$，则 $\boldsymbol{P}^{-1} \boldsymbol{K}^{\mathrm{T}} = \boldsymbol{F}^{\mathrm{T}}$，则由式(11.17)可得第 1 个 LMI：

$$\begin{bmatrix} \boldsymbol{AN} + \boldsymbol{BF} + \boldsymbol{NA}^{\mathrm{T}} + \boldsymbol{F}^{\mathrm{T}} \boldsymbol{B}^{\mathrm{T}} & \boldsymbol{B} \\ \boldsymbol{B}^{\mathrm{T}} & -\gamma^2 \end{bmatrix} < 0 \tag{11.18}$$

根据 $\boldsymbol{P}$ 的定义可设计第 2 个 LMI：

$$\boldsymbol{N} > 0, \quad \boldsymbol{N} = \boldsymbol{N}^{\mathrm{T}} \tag{11.19}$$

通过上面 2 个 LMI，即式(11.18)和式(11.19)，可求得有效的 $\boldsymbol{K}$。

11.3.4 仿真实例

实际模型为

$$\ddot{\theta} = -25\dot{\theta} + 133(u(t) + d(t))$$

考虑模型式(11.14)，取 $x_1 = \theta$，$x_2 = \dot{\theta}$，则对应于式 $\dot{\boldsymbol{x}} = \boldsymbol{A}\boldsymbol{x} + \boldsymbol{B}(u + d)$，有 $\boldsymbol{A} = \begin{bmatrix} 0 & 0 \\ 0 & -\dfrac{b}{J} \end{bmatrix}$，$\boldsymbol{B} = \begin{bmatrix} 0 \\ \dfrac{1}{J} \end{bmatrix}$，$J = \dfrac{1}{133}$，$b = \dfrac{25}{133}$，取 $d(t) = 0.1\mathrm{e}^{(-5t)}$ 为递减扰动，初始状态值为 $\boldsymbol{x}(0) = [0.1 \quad 0]$。

取 $\gamma = 3.0$，采用 LMI 程序 chap11_3LMI.m，求解 LMI 式(11.18)和式(11.19)，MATLAB 运行后显示有可行解，解为 $\boldsymbol{K} = [-0.0099 \quad 0.1809]$。控制律采用式(11.15)，将求得的 $\boldsymbol{K}$ 代入控制器程序 chap11_3ctrl.m 中，仿真结果如图 11.5 和图 11.6 所示。

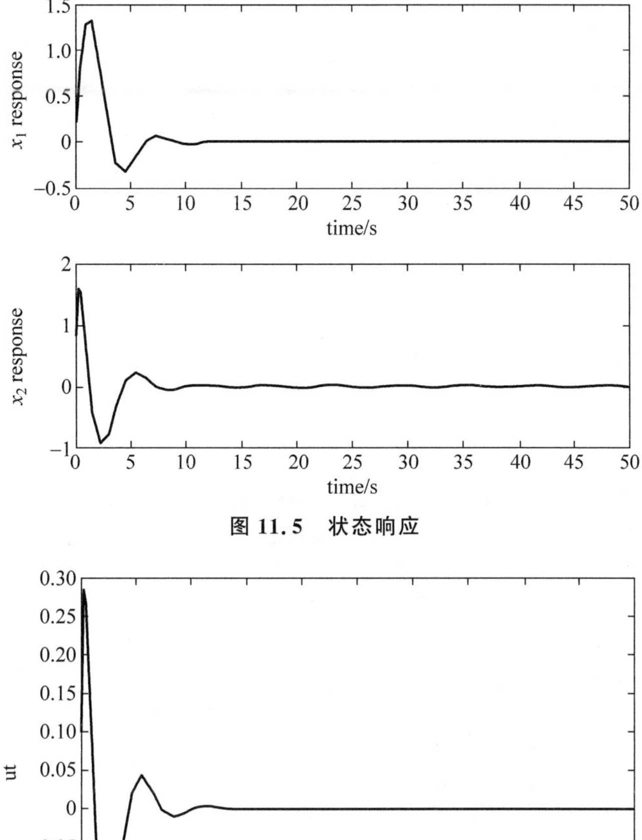

图 11.5 状态响应

图 11.6 控制输入信号

仿真程序：

(1) LMI 不等式求 ***K*** 程序：chap11_3LMI. m。

```
clear all;
close all;

J = 1/133;b = 25/133;
A = [0 1;
   0 - b/J];
B = [0 1/J]';

F = sdpvar(1,2);
P = sdpvar(2,2,'symmetric');
N = sdpvar(2,2,'symmetric');

 % First LMI
gama = 3.0;
M = [A * N + B * F + N * A' + F' * B' B;B' - gama^2];
L1 = set(M < 0);
```

```
% Second LMI
L2 = set(N > 0);

L = L1 + L2;
solvesdp(L);

F = double(F);
N = double(N);

P = inv(N);
K = F * P
```

（2）Simulink 主程序：chap11_3sim. mdl。

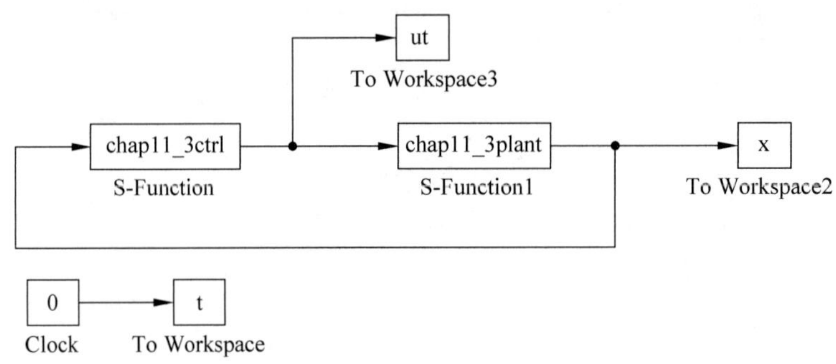

（3）被控对象 S 函数：chap11_3plant. m。

```
function [sys,x0,str,ts] = spacemodel(t,x,u,flag)
switch flag,
case 0,
    [sys,x0,str,ts] = mdlInitializeSizes;
case 1,
sys = mdlDerivatives(t,x,u);
case 3,
sys = mdlOutputs(t,x,u);
case {2,4,9}
sys = [];
otherwise
error(['Unhandled flag = ',num2str(flag)]);
end
function [sys,x0,str,ts] = mdlInitializeSizes
sizes = simsizes;
sizes.NumContStates   = 2;
sizes.NumDiscStates   = 0;
sizes.NumOutputs      = 2;
sizes.NumInputs       = 1;
sizes.DirFeedthrough  = 0;
sizes.NumSampleTimes  = 0;
sys = simsizes(sizes);
x0  = [0.1 0];
str = [];
ts  = [];
function sys = mdlDerivatives(t,x,u)
A = [0 1,
   0 - 25];
B = [0 133]';
```

```
ut = u(1);
dt = 0.10 * exp( - 5 * t);

dx = A * x + B * (ut + dt);

sys(1) = dx(1);
sys(2) = dx(2);
function sys = mdlOutputs(t,x,u)
sys(1) = x(1);
sys(2) = x(2);
```

(4) 控制器 S 函数：chap11_3ctrl.m。

```
function [sys,x0,str,ts] = spacemodel(t,x,u,flag)
switch flag,
case 0,
    [sys,x0,str,ts] = mdlInitializeSizes;
case 3,
sys = mdlOutputs(t,x,u);
case {2,4,9}
sys = [];
otherwise
error(['Unhandled flag = ',num2str(flag)]);
end
function [sys,x0,str,ts] = mdlInitializeSizes
sizes = simsizes;
sizes.NumContStates  = 0;
sizes.NumDiscStates  = 0;
sizes.NumOutputs     = 1;
sizes.NumInputs      = 2;
sizes.DirFeedthrough = 1;
sizes.NumSampleTimes = 1;
sys = simsizes(sizes);
x0  = [];
str = [];
ts  = [0 0];
function sys = mdlOutputs(t,x,u)
x1 = u(1);
x2 = u(2);
X = [x1 x2]';

K = [ - 0.0099    0.1809];
ut = K * X;
sys(1) = ut;
```

(5) 作图程序：chap11_3plot.m。

```
close all;

figure(1);
subplot(211);
plot(t,x(:,1),'r','linewidth',2);
xlabel('time(s)');ylabel('x1 response');
subplot(212);
plot(t,x(:,2),'b','linewidth',2);
xlabel('time(s)');ylabel('x2 response');
```

```
figure(2);
plot(t,ut(:,1),'r','linewidth',2);
xlabel('time(s)');ylabel('ut');
```

11.4 带扰动的控制系统 LMI 跟踪控制算法设计

11.4.1 系统描述

考虑如下电机-负载模型：

$$J\ddot{\theta} = -b\dot{\theta} + u(t) + d(t) \tag{11.20}$$

其中，θ 为角度，J 为转动惯量，b 为黏性系数，u 为控制输入，$d(t)$为加在控制输入上的积分有界扰动。

式(11.20)可写为

$$\ddot{\theta} = -\frac{b}{J}\dot{\theta} + \frac{1}{J}(u(t) + d(t))$$

取角度指令为 θ_{d}，则角度跟踪误差为 $x_1 = \theta - \theta_{\mathrm{d}}$，角速度跟踪误差为 $x_2 = \dot{\theta} - \dot{\theta}_{\mathrm{d}}$，则控制目标为角度和角速度的跟踪，即 $t \to \infty$时，$x_1 \to 0$，$x_2 \to 0$。

由于

$$\begin{aligned}
\dot{x}_2 &= -\frac{b}{J}\dot{\theta} + \frac{1}{J}(u + d) - \ddot{\theta}_{\mathrm{d}} \\
&= -\frac{b}{J}(x_2 + \dot{\theta}_{\mathrm{d}}) + \frac{1}{J}(u + d) - \ddot{\theta}_{\mathrm{d}} \\
&= -\frac{b}{J}x_2 + \frac{1}{J}(u + d) - \ddot{\theta}_{\mathrm{d}} - \frac{b}{J}\dot{\theta}_{\mathrm{d}} \\
&= -\frac{b}{J}x_2 + \frac{1}{J}(u + d - J\ddot{\theta}_{\mathrm{d}} - b\dot{\theta}_{\mathrm{d}})
\end{aligned}$$

取 $\tau = u - J\ddot{\theta}_{\mathrm{d}} - b\dot{\theta}_{\mathrm{d}}$，即 $u = \tau + J\ddot{\theta}_{\mathrm{d}} + b\dot{\theta}_{\mathrm{d}}$。由 $\dot{x}_2 = -\frac{b}{J}x_2 + \frac{1}{J}(\tau + d)$可得

$$\begin{cases}
\dot{x}_1 = x_2 \\
\dot{x}_2 = -\frac{b}{J}x_2 + \frac{1}{J}(\tau + d)
\end{cases}$$

则误差状态方程为

$$\dot{\boldsymbol{x}} = \boldsymbol{A}\boldsymbol{x} + \boldsymbol{B}(\tau + d) \tag{11.21}$$

其中，$\boldsymbol{x} = [x_1 \quad x_2]^{\mathrm{T}}$，$\boldsymbol{A} = \begin{bmatrix} 0 & 0 \\ 0 & -\frac{b}{J} \end{bmatrix}$，$\boldsymbol{B} = \begin{bmatrix} 0 \\ \frac{1}{J} \end{bmatrix}$。

控制器设计为

$$\tau = \boldsymbol{K}\boldsymbol{x} \tag{11.22}$$

其中，$\boldsymbol{K} = [k_1 \quad k_2]$。

控制目标转化为通过设计 LMI 求 $\boldsymbol{K}$，实现 $t \to \infty$时，$\boldsymbol{x} \to 0$。

针对模型式(11.21)进行控制器的设计、收敛性分析及 LMI 的设计，与 11.3 节“带扰动的

控制系统LMI控制算法设计”相同。

11.4.2 仿真实例

实际模型为

$$\ddot{\theta}=-25\dot{\theta}+133(u(t)+d(t))$$

取 $x_1=\theta-\theta_d$，$x_2=\dot{\theta}-\dot{\theta}_d$，则可得式 $\dot{\boldsymbol{x}}=\boldsymbol{A}\boldsymbol{x}+\boldsymbol{B}(\tau+d)$，取 $d=e^{-5t}$，初始状态值为 $[1.0\quad 0]^T$。取角度指令为 $\theta_d=\sin t$，则 $\dot{\theta}_d=\cos t$，角度跟踪误差为 $x_1(0)=\theta(0)-\theta_d(0)=1.0$，角速度跟踪误差为 $x_2(0)=\dot{\theta}(0)-\dot{\theta}_d(0)=-1.0$，$\boldsymbol{x}(0)=[1\quad -1]$。

取 $\gamma=3.0$，采用 LMI 程序 chap11_4LMI.m，求解 LMI 式(11.18)和式(11.19)，MATLAB运行后显示有可行解，解为 $\boldsymbol{K}=[-0.0099\quad 0.1809]$。控制律采用式(11.22)和 $u=\tau+J\ddot{\theta}_d+b\dot{\theta}_d$，将求得的 $\boldsymbol{K}$ 代入控制器程序 chap11_4ctrl.m 中，仿真结果如图 11.7 和图 11.8 所示。

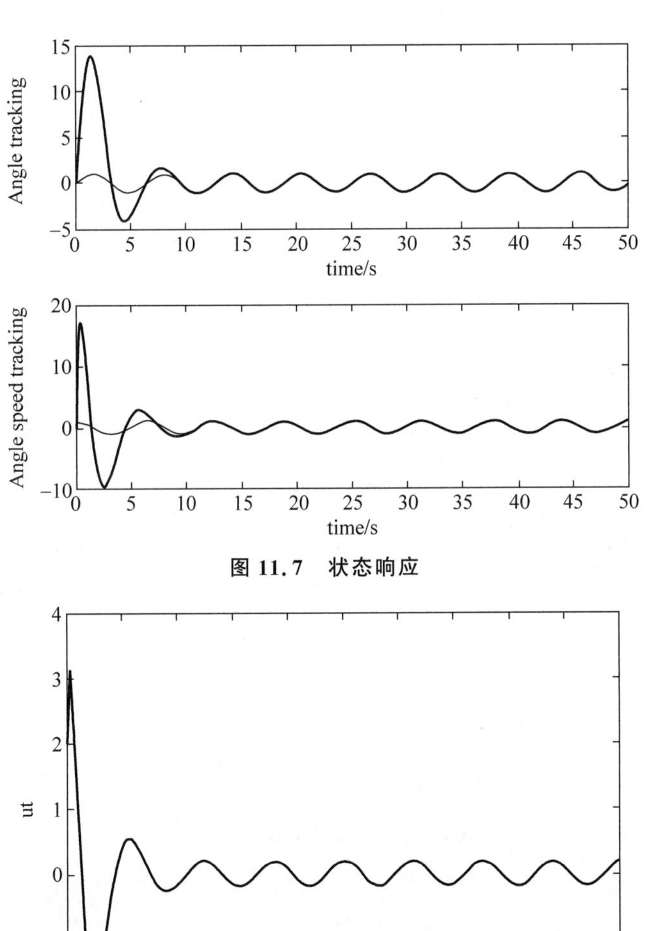

图 11.7 状态响应

图 11.8 控制输入信号

仿真程序：

(1) LMI 不等式求 $\boldsymbol{K}$ 程序：chap11_4LMI.m。

```
clear all;
close all;

J = 1/133;b = 25/133;
A = [0 1;
   0 - b/J];
B = [0 1/J]';

F = sdpvar(1,2);
P = sdpvar(2,2,'symmetric');
N = sdpvar(2,2,'symmetric');

    % First LMI
    gama = 10;
    M = [A * N + B * F + N * A' + F' * B' B;B' - gama^2];
    L1 = set(M < 0);

    % Second LMI
    L2 = set(N > 0);

    L = L1 + L2;
    solvesdp(L);

    F = double(F);
    N = double(N);

    P = inv(N);
K = F * P
```

(2) Simulink 主程序：chap11_4sim.mdl。

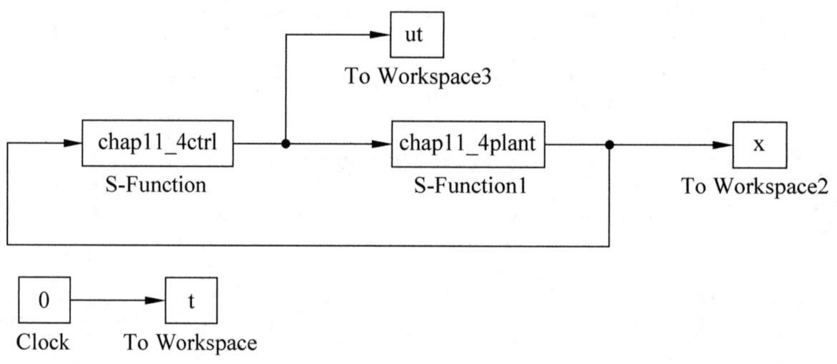

(3) 被控对象 S 函数：chap11_4plant.m。

```
function [sys,x0,str,ts] = spacemodel(t,x,u,flag)
switch flag,
case 0,
    [sys,x0,str,ts] = mdlInitializeSizes;
case 1,
sys = mdlDerivatives(t,x,u);
case 3,
sys = mdlOutputs(t,x,u);
case {2,4,9}
```

```
sys=[];
otherwise
error(['Unhandled flag = ',num2str(flag)]);
end
function [sys,x0,str,ts]=mdlInitializeSizes
sizes = simsizes;
sizes.NumContStates  = 2;
sizes.NumDiscStates  = 0;
sizes.NumOutputs     = 2;
sizes.NumInputs      = 1;
sizes.DirFeedthrough = 0;
sizes.NumSampleTimes = 0;
sys = simsizes(sizes);
x0  =[0.1 0];
str = [];
ts  = [];
function sys=mdlDerivatives(t,x,u)
A=[0 1;
   0 -25];
B=[0 133]';

ut=u(1);
dt=1.0*exp(-5*t);

dx=A*x+B*(ut+dt);

sys(1)=dx(1);
sys(2)=dx(2);
function sys=mdlOutputs(t,x,u)
sys(1)=x(1);
sys(2)=x(2);
```

(4) 控制器 S 函数：chap11_4ctrl.m。

```
function [sys,x0,str,ts] = spacemodel(t,x,u,flag)
switch flag,
case 0,
    [sys,x0,str,ts]=mdlInitializeSizes;
case 3,
sys=mdlOutputs(t,x,u);
case {2,4,9}
sys=[];
otherwise
error(['Unhandled flag = ',num2str(flag)]);
end
function [sys,x0,str,ts]=mdlInitializeSizes
sizes = simsizes;
sizes.NumContStates  = 0;
sizes.NumDiscStates  = 0;
sizes.NumOutputs     = 1;
sizes.NumInputs      = 2;
sizes.DirFeedthrough = 1;
sizes.NumSampleTimes = 1;
sys = simsizes(sizes);
x0  = [];
str = [];
```

```
ts  = [0 0];
function sys = mdlOutputs(t,x,u)
x1 = u(1);
x2 = u(2);

xd = sin(t);
dxd = cos(t);
ddxd =- sin(t);
e = x1 - xd;
de = x2 - dxd;

    K = [ - 0.0099     0.1809];

    tol = K * [e de]';

    ut = tol + 1/133 * ddxd + 25/133 * dxd;
sys(1) = ut;
```

（5）作图程序：chap11_4plot.m。

```
close all;

figure(1);
subplot(211);
plot(t,sin(t),'r',t,x(:,1),'b','linewidth',2);
xlabel('time(s)');ylabel('Angle tracking');
subplot(212);
plot(t,cos(t),'r',t,x(:,2),'b','linewidth',2);
xlabel('time(s)');ylabel('Angle speed tracking');

figure(2);
plot(t,ut(:,1),'r','linewidth',2);
xlabel('time(s)');ylabel('ut');
```

11.5 控制输入受限下的 LMI 控制算法设计

在实际控制系统的设计中，通常面临控制输入受限的问题。采用 LMI 方法可实现控制输入受限下的控制算法的设计。

11.5.1 系统描述

考虑状态方程

$$\dot{\boldsymbol{x}} = \boldsymbol{A}\boldsymbol{x} + \boldsymbol{B}u \tag{11.23}$$

其中，$\boldsymbol{x} = [x_1 \quad x_2]^{\mathrm{T}}$，$u$ 为控制输入。

控制器设计为

$$u = \boldsymbol{K}\boldsymbol{x} \tag{11.24}$$

其中，$\boldsymbol{K} = [k_1 \quad k_2]$。

控制目标为通过设计 LMI 求解 $\boldsymbol{K}$，实现 $t \to \infty$ 时，$x \to 0$，且满足 $|u| \leqslant u_{\max}$。

11.5.2 控制器的设计与分析

设计 Lyapunov 函数如下：

$$V=\boldsymbol{x}^{\mathrm{T}}\boldsymbol{P}\boldsymbol{x}$$

其中，$\boldsymbol{P}>0,\boldsymbol{P}=\boldsymbol{P}^{\mathrm{T}}$。通过 $\boldsymbol{P}$ 的设计可有效地调节 $\boldsymbol{x}$ 的收敛效果，并有利于 LMI 的求解。

则

$$\begin{aligned}\dot{V}&=\dot{\boldsymbol{x}}^{\mathrm{T}}\boldsymbol{P}\boldsymbol{x}+\boldsymbol{x}^{\mathrm{T}}\boldsymbol{P}\dot{\boldsymbol{x}}\\&=(\boldsymbol{A}\boldsymbol{x}+\boldsymbol{B}u)^{\mathrm{T}}\boldsymbol{P}\boldsymbol{x}+\boldsymbol{x}^{\mathrm{T}}\boldsymbol{P}(\boldsymbol{A}\boldsymbol{x}+\boldsymbol{B}u)\\&=(\boldsymbol{A}\boldsymbol{x}+\boldsymbol{B}\boldsymbol{K}\boldsymbol{x})^{\mathrm{T}}\boldsymbol{P}\boldsymbol{x}+\boldsymbol{x}^{\mathrm{T}}\boldsymbol{P}(\boldsymbol{A}\boldsymbol{x}+\boldsymbol{B}\boldsymbol{K}\boldsymbol{x})\\&=\boldsymbol{x}^{\mathrm{T}}(\boldsymbol{A}+\boldsymbol{B}\boldsymbol{K})^{\mathrm{T}}\boldsymbol{P}\boldsymbol{x}+\boldsymbol{x}^{\mathrm{T}}\boldsymbol{P}(\boldsymbol{A}+\boldsymbol{B}\boldsymbol{K})\boldsymbol{x}\\&=\boldsymbol{x}^{\mathrm{T}}\boldsymbol{Q}_1^{\mathrm{T}}\boldsymbol{x}+\boldsymbol{x}^{\mathrm{T}}\boldsymbol{Q}_1\boldsymbol{x}^{\mathrm{T}}=\boldsymbol{x}^{\mathrm{T}}\boldsymbol{Q}\boldsymbol{x}\end{aligned}$$

其中，$\boldsymbol{Q}_1=\boldsymbol{P}(\boldsymbol{A}+\boldsymbol{B}\boldsymbol{K}),\boldsymbol{Q}=\boldsymbol{Q}_1^{\mathrm{T}}+\boldsymbol{Q}_1$。

为了实现指数收敛，即 $\dot{V}\leqslant-\alpha V$，取

$$\alpha V+\dot{V}=\alpha\boldsymbol{x}^{\mathrm{T}}\boldsymbol{P}\boldsymbol{x}+\boldsymbol{x}^{\mathrm{T}}\boldsymbol{Q}\boldsymbol{x}=\boldsymbol{x}^{\mathrm{T}}(\alpha\boldsymbol{P}+\boldsymbol{Q})\boldsymbol{x}$$

取 $\alpha\boldsymbol{P}+\boldsymbol{Q}<0,\alpha>0$，则 $\alpha V+\dot{V}\leqslant0$，即 $\dot{V}\leqslant-\alpha V$，采用不等式求解定理，由 $\dot{V}\leqslant-\alpha V$ 可得解为

$$V(t)\leqslant V(0)\exp(-\alpha t)\leqslant V(0)$$

如果 $t\to\infty$，则 $V(t)\to0,x\to0$ 且指数收敛。

11.5.3 LMI 设计

由于 $V(0)=\boldsymbol{x}_0^{\mathrm{T}}\boldsymbol{P}\boldsymbol{x}_0$，如果存在正定对称阵 $\boldsymbol{P}$ 和 $\bar{\omega}>0$，使得 $\boldsymbol{x}_0^{\mathrm{T}}\boldsymbol{P}\boldsymbol{x}_0\leqslant\bar{\omega}$ 成立，则可保证 $V(0)\leqslant\bar{\omega}$，从而保证 $V(t)\leqslant\bar{\omega}$。

取 $\boldsymbol{K}^{\mathrm{T}}\boldsymbol{K}\leqslant\bar{\omega}^{-1}u_{\max}^2\boldsymbol{P}$，由 $u=\boldsymbol{K}\boldsymbol{x}$ 可得

$$u^2=(\boldsymbol{K}\boldsymbol{x})^{\mathrm{T}}\boldsymbol{K}\boldsymbol{x}=\boldsymbol{x}^{\mathrm{T}}\boldsymbol{K}^{\mathrm{T}}\boldsymbol{K}\boldsymbol{x}\leqslant\boldsymbol{x}^{\mathrm{T}}\bar{\omega}^{-1}u_{\max}^2\boldsymbol{P}\boldsymbol{x}=\bar{\omega}^{-1}u_{\max}^2V\leqslant u_{\max}^2$$

则

$$|u|\leqslant u_{\max}$$

通过上述分析，构造两个 LMI 如下：

$$\alpha\boldsymbol{P}+\boldsymbol{Q}<0\tag{11.25}$$

$$\boldsymbol{K}^{\mathrm{T}}\boldsymbol{K}-\bar{\omega}^{-1}u_{\max}^2\boldsymbol{P}\leqslant0\tag{11.26}$$

在不等式(11.25)中，$\boldsymbol{Q}$ 中含有 $\boldsymbol{P}$ 和 $\boldsymbol{K}$，式(11.26)中也含有 $\boldsymbol{P}$ 和 $\boldsymbol{K}$，故 $\boldsymbol{Q}$ 不能独立存在，将式(11.25)中的 $\boldsymbol{Q}$ 展开如下：

$$\alpha\boldsymbol{P}+\boldsymbol{P}\boldsymbol{A}+\boldsymbol{P}\boldsymbol{B}\boldsymbol{K}+\boldsymbol{A}^{\mathrm{T}}\boldsymbol{P}+\boldsymbol{K}^{\mathrm{T}}\boldsymbol{B}^{\mathrm{T}}\boldsymbol{P}<0$$

上式左右两边同乘以 $\boldsymbol{P}^{-1}$ 可得

$$\alpha\boldsymbol{P}^{-1}+\boldsymbol{A}\boldsymbol{P}^{-1}+\boldsymbol{B}\boldsymbol{K}\boldsymbol{P}^{-1}+\boldsymbol{P}^{-1}\boldsymbol{A}^{\mathrm{T}}+\boldsymbol{P}^{-1}\boldsymbol{K}^{\mathrm{T}}\boldsymbol{B}^{\mathrm{T}}<0\tag{11.27}$$

不等式(11.26)中含有非线性项，必须转化为线性矩阵不等式才能求解。取 $k_0=\bar{\omega}^{-1}u_{\max}^2$，则不等式(11.26)变为 $\boldsymbol{K}^{\mathrm{T}}\boldsymbol{K}\leqslant k_0\boldsymbol{P}$。根据 Schur 补定理，式(11.26)变换为

$$\begin{bmatrix}k_0\boldsymbol{P}&\boldsymbol{K}^{\mathrm{T}}\\\boldsymbol{K}&1\end{bmatrix}\geqslant0$$

上式左右两边同乘以 $\begin{bmatrix}\boldsymbol{P}^{-1}&0\\0&1\end{bmatrix}$，可得

$$\begin{bmatrix} k_0 \boldsymbol{P}^{-1} & \boldsymbol{P}^{-1}\boldsymbol{K}^{\mathrm{T}} \\ \boldsymbol{K}\boldsymbol{P}^{-1} & 1 \end{bmatrix} \geqslant 0 \tag{11.28}$$

考虑式(11.27)和式(11.28),令 $\boldsymbol{F}=\boldsymbol{K}\boldsymbol{P}^{-1}$ 和 $\boldsymbol{N}=\boldsymbol{P}^{-1}$,则 $\boldsymbol{P}^{-1}\boldsymbol{K}^{\mathrm{T}}=\boldsymbol{F}^{\mathrm{T}}$,则式(11.27)和式(11.28)可得第1个和第2个LMI:

$$\alpha \boldsymbol{N}+\boldsymbol{A}\boldsymbol{N}+\boldsymbol{B}\boldsymbol{F}+\boldsymbol{N}\boldsymbol{A}^{\mathrm{T}}+\boldsymbol{F}^{\mathrm{T}}\boldsymbol{B}^{\mathrm{T}}<0 \tag{11.29}$$

$$\begin{bmatrix} k_0 \boldsymbol{N} & \boldsymbol{F}^{\mathrm{T}} \\ \boldsymbol{F} & 1 \end{bmatrix} \geqslant 0 \tag{11.30}$$

根据 $\boldsymbol{P}$ 的定义可设计第3个LMI:

$$\boldsymbol{P}>0, \quad \boldsymbol{P}=\boldsymbol{P}^{\mathrm{T}} \tag{11.31}$$

要满足 $\boldsymbol{x}_0^{\mathrm{T}}\boldsymbol{P}\boldsymbol{x}_0\leqslant\bar{\omega}$,根据Schur补定理,可将其设计为第4个LMI:

$$\begin{bmatrix} \bar{\omega} & \boldsymbol{x}_0^{\mathrm{T}} \\ \boldsymbol{x}_0 & \boldsymbol{N} \end{bmatrix} \geqslant 0 \tag{11.32}$$

通过上面4个LMI,即式(11.29)~式(11.32),设计合适的 $u_{\max}$ 和 α 值,可求得有效的 $\boldsymbol{K}$。

11.5.4 仿真实例

实际模型为

$$\ddot{\theta}=-25\dot{\theta}+133u(t)$$

考虑模型式(11.23),取 $x_1=\theta, x_2=\dot{\theta}$,则对应于式 $\dot{\boldsymbol{x}}=\boldsymbol{A}\boldsymbol{x}+\boldsymbol{B}u$,有 $\boldsymbol{A}=\begin{bmatrix} 0 & 0 \\ 0 & -\dfrac{b}{J} \end{bmatrix}$,$\boldsymbol{B}=\begin{bmatrix} 0 \\ \dfrac{1}{J} \end{bmatrix}$。取 $J=\dfrac{1}{133}, b=\dfrac{25}{133}$,初始状态值为 $\boldsymbol{x}(0)=[1 \quad 0]$。

取 $\bar{\omega}=0.10, \alpha=10, u_{\max}=1.0$,采用LMI程序chap11_5LMI.m,求解LMI式(11.29)~式(11.32),MATLAB运行后显示有可行解,解为 $\boldsymbol{K}=[-0.9528 \quad -0.0381]$。控制律采用式(11.24),将求得的 $\boldsymbol{K}$ 代入控制器程序chap11_5ctrl.m中,仿真结果如图11.9和图11.10所示。为了保证LMI有可行解,可取较大的 $u_{\max}$ 值,并取 α 为较小的值。

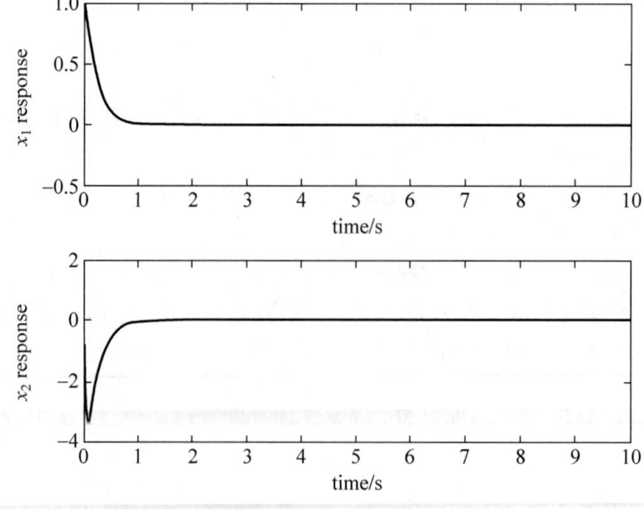

图11.9 状态响应

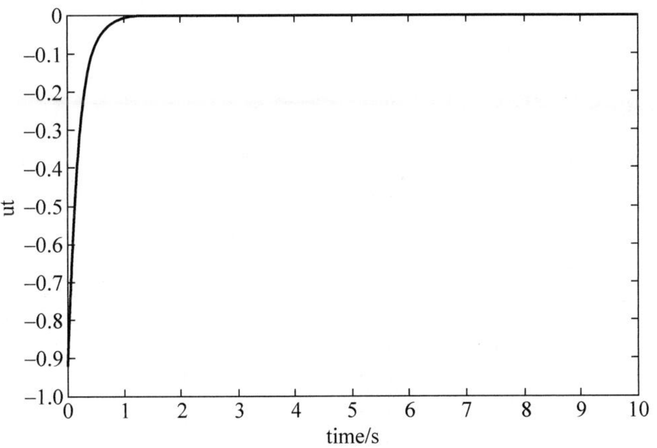

图 11.10 控制输入信号

仿真程序：

(1) LMI 不等式求 ***K*** 程序：chap11_5LMI. m。

```
clear all;
close all;

J = 1/133;b = 25/133;
A = [0 1;
   0 - b/J];
B = [0 1/J]';

F = sdpvar(1,2);
P = sdpvar(2,2,'symmetric');
N = sdpvar(2,2,'symmetric');

umax = 1.0;
alfa = 10;w_bar = 0.10;
x0 = [1 0]';

 % First LMI
L1 = set((alfa * N + A * N + B * F + N * A' + F' * B')< 0);

 % Second LMI
k0 = umax^2/w_bar;
M1 = [k0 * N F';F 1];
L2 = set(M1 > 0);

 % Third LMI
L3 = set(N > 0);

 % Fourth LMI
M2 = [w_bar x0';x0 N];
L4 = set(M2 > 0);


L = L1 + L2 + L3 + L4;
solvesdp(L);

F = double(F);
N = double(N);
```

```
P = inv(N)
K = F * P
```

（2）Simulink 主程序：chap11_5sim.mdl。

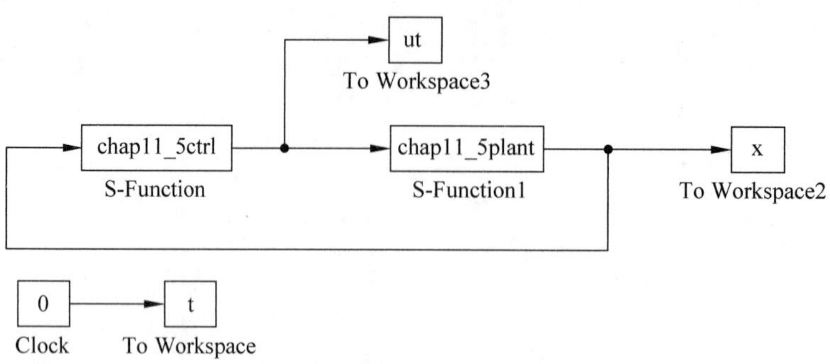

（3）被控对象 S 函数：chap11_5plant.m。

```
function [sys,x0,str,ts] = spacemodel(t,x,u,flag)
switch flag,
case 0,
    [sys,x0,str,ts] = mdlInitializeSizes;
case 1,
sys = mdlDerivatives(t,x,u);
case 3,
sys = mdlOutputs(t,x,u);
case {2,4,9}
sys = [];
otherwise
error(['Unhandled flag = ',num2str(flag)]);
end
function [sys,x0,str,ts] = mdlInitializeSizes
sizes = simsizes;
sizes.NumContStates  = 2;
sizes.NumDiscStates  = 0;
sizes.NumOutputs     = 2;
sizes.NumInputs      = 1;
sizes.DirFeedthrough = 0;
sizes.NumSampleTimes = 0;
sys = simsizes(sizes);
x0  = [1 0];
str = [];
ts  = [];
function sys = mdlDerivatives(t,x,u)
A = [0 1;
   0 -25];
B = [0 133]';

ut = u(1);

dx = A * x + B * ut;

sys(1) = dx(1);
sys(2) = dx(2);
function sys = mdlOutputs(t,x,u)
sys(1) = x(1);
sys(2) = x(2);
```

(4) 控制器 S 函数：chap11_5ctrl. m。

```
function [sys,x0,str,ts] = spacemodel(t,x,u,flag)
switch flag,
case 0,
    [sys,x0,str,ts] = mdlInitializeSizes;
case 3,
sys = mdlOutputs(t,x,u);
case {2,4,9}
sys = [];
otherwise
error(['Unhandled flag = ',num2str(flag)]);
end
function [sys,x0,str,ts] = mdlInitializeSizes
sizes = simsizes;
sizes.NumContStates   = 0;
sizes.NumDiscStates   = 0;
sizes.NumOutputs      = 1;
sizes.NumInputs       = 2;
sizes.DirFeedthrough  = 1;
sizes.NumSampleTimes  = 1;
sys = simsizes(sizes);
x0  = [];
str = [];
ts  = [0 0];
function sys = mdlOutputs(t,x,u)
x1 = u(1);
x2 = u(2);
X = [x1 x2]';

K = [ - 0.9528    - 0.0381];

ut = K * X;
sys(1) = ut;
```

(5) 作图程序：chap11_5plot. m。

```
close all;

figure(1);
subplot(211);
plot(t,x(:,1),'r','linewidth',2);
xlabel('time(s)');ylabel('x1 response');
subplot(212);
plot(t,x(:,2),'b','linewidth',2);
xlabel('time(s)');ylabel('x2 response');

figure(2);
plot(t,ut(:,1),'r','linewidth',2);
xlabel('time(s)');ylabel('ut');
```

11.6 控制输入受限下位置跟踪 LMI 控制算法

11.6.1 系统描述

电机-负载模型如下：

$$J\ddot{\theta}=-b\dot{\theta}+u(t) \tag{11.33}$$

其中，θ 为角度，J 为转动惯量，b 为黏性系数，u 为控制输入，$|u(t)|\leqslant u_{\max}$。

11.6.2 控制器设计

式(11.33)可写为

$$\ddot{\theta}=-\frac{b}{J}\dot{\theta}+\frac{1}{J}u(t)$$

取角度指令为 θ_d，则角度跟踪误差为 $x_1=\theta-\theta_d$，角速度跟踪误差为 $x_2=\dot{\theta}-\dot{\theta}_d$，则控制目标为在控制输入受限条件下，实现角度和角速度跟踪，即 $t\to\infty$ 时，$x_1\to 0$，$x_2\to 0$，$|u(t)|\leqslant u_{\max}$。

由于

$$\begin{aligned}\dot{x}_2&=-\frac{b}{J}\dot{\theta}+\frac{1}{J}u-\ddot{\theta}_d=-\frac{b}{J}(x_2+\dot{\theta}_d)+\frac{1}{J}u-\ddot{\theta}_d\\&=-\frac{b}{J}x_2+\frac{1}{J}u-\ddot{\theta}_d-\frac{b}{J}\dot{\theta}_d\\&=-\frac{b}{J}x_2+\frac{1}{J}(u-J\ddot{\theta}_d-b\dot{\theta}_d)\end{aligned}$$

取 $\tau=u-J\ddot{\theta}_d-b\dot{\theta}_d$，即 $u=\tau+J\ddot{\theta}_d+b\dot{\theta}_d$，则 $|u(t)|\leqslant u_{\max}$ 转化为 $|\tau+J\ddot{\theta}_d+b\dot{\theta}_d|\leqslant u_{\max}$，即 $-u_{\max}\leqslant\tau+J\ddot{\theta}_d+b\dot{\theta}_d\leqslant u_{\max}$，从而

$$\tau\leqslant u_{\max}-J\ddot{\theta}_d-b\dot{\theta}_d\leqslant u_{\max}+J\ |\ddot{\theta}_d|_{\max}+b\ |\dot{\theta}_d|_{\max}$$

即

$$\tau_{\max}=u_{\max}+J\ |\ddot{\theta}_d|_{\max}+b\ |\dot{\theta}_d|_{\max} \tag{11.34}$$

从而由 $u_{\max}$ 可得到 $\tau_{\max}$。

由 $\dot{x}_2=-\frac{b}{J}x_2+\frac{1}{J}\tau$ 可得

$$\begin{cases}\dot{x}_1=x_2\\ \dot{x}_2=-\frac{b}{J}x_2+\frac{1}{J}\tau\end{cases}$$

则误差状态方程为

$$\dot{\boldsymbol{x}}=\boldsymbol{A}\boldsymbol{x}+\boldsymbol{B}\tau \tag{11.35}$$

其中，$\boldsymbol{x}=[x_1\quad x_2]^{\mathrm{T}}$，$\boldsymbol{A}=\begin{bmatrix}0 & 0\\ 0 & -\frac{b}{J}\end{bmatrix}$，$\boldsymbol{B}=\begin{bmatrix}0\\ \frac{1}{J}\end{bmatrix}$。

控制器设计为

$$\tau=\boldsymbol{K}\boldsymbol{x} \tag{11.36}$$

其中，$\boldsymbol{K}=[k_1\quad k_2]$。

控制目标转化为通过设计 LMI，实现 $t\to\infty$ 时，$\boldsymbol{x}\to 0$，且满足 $|\tau|\leqslant\tau_{\max}$。

11.6.3 控制器设计与分析

设计 Lyapunov 函数如下：

$$V=\boldsymbol{x}^{\mathrm{T}}\boldsymbol{P}\boldsymbol{x}$$

其中，$\boldsymbol{P}>0,\boldsymbol{P}=\boldsymbol{P}^{\mathrm{T}}$。

则

$$\begin{aligned}\dot{V}&=\dot{\boldsymbol{x}}^{\mathrm{T}}\boldsymbol{P}\boldsymbol{x}+\boldsymbol{x}^{\mathrm{T}}\boldsymbol{P}\dot{\boldsymbol{x}}\\&=(\boldsymbol{A}\boldsymbol{x}+\boldsymbol{B}\tau)^{\mathrm{T}}\boldsymbol{P}\boldsymbol{x}+\boldsymbol{x}^{\mathrm{T}}\boldsymbol{P}(\boldsymbol{A}\boldsymbol{x}+\boldsymbol{B}\tau)\\&=(\boldsymbol{A}\boldsymbol{x}+\boldsymbol{B}\boldsymbol{K}\boldsymbol{x})^{\mathrm{T}}\boldsymbol{P}\boldsymbol{x}+\boldsymbol{x}^{\mathrm{T}}\boldsymbol{P}(\boldsymbol{A}\boldsymbol{x}+\boldsymbol{B}\boldsymbol{K}\boldsymbol{x})\\&=\boldsymbol{x}^{\mathrm{T}}(\boldsymbol{A}+\boldsymbol{B}\boldsymbol{K})^{\mathrm{T}}\boldsymbol{P}\boldsymbol{x}+\boldsymbol{x}^{\mathrm{T}}\boldsymbol{P}(\boldsymbol{A}+\boldsymbol{B}\boldsymbol{K})\boldsymbol{x}\\&=\boldsymbol{x}^{\mathrm{T}}\boldsymbol{Q}_1^{\mathrm{T}}\boldsymbol{x}+\boldsymbol{x}^{\mathrm{T}}\boldsymbol{Q}_1\boldsymbol{x}^{\mathrm{T}}=\boldsymbol{x}^{\mathrm{T}}\boldsymbol{Q}\boldsymbol{x}\end{aligned}$$

其中，$\boldsymbol{Q}_1=\boldsymbol{P}(\boldsymbol{A}+\boldsymbol{B}\boldsymbol{K}),\boldsymbol{Q}=\boldsymbol{Q}_1^{\mathrm{T}}+\boldsymbol{Q}_1$。

则

$$\alpha V+\dot{V}=\alpha\boldsymbol{x}^{\mathrm{T}}\boldsymbol{P}\boldsymbol{x}+\boldsymbol{x}^{\mathrm{T}}\boldsymbol{Q}\boldsymbol{x}=\boldsymbol{x}^{\mathrm{T}}(\alpha\boldsymbol{P}+\boldsymbol{Q})\boldsymbol{x}$$

取 $\alpha\boldsymbol{P}+\boldsymbol{Q}<0,\alpha>0$，则 $\alpha V+\dot{V}\leqslant 0$，即 $\dot{V}\leqslant-\alpha V$，采用不等式求解定理，$\dot{V}\leqslant-\alpha V$ 得解为

$$V(t)\leqslant V(0)\exp(-\alpha t)\leqslant V(0)$$

如果 $t\rightarrow\infty$，则 $V(t)\rightarrow 0$，从而 $x\rightarrow 0$ 且指数收敛。

由于 $V(0)=\boldsymbol{x}_0^{\mathrm{T}}\boldsymbol{P}\boldsymbol{x}_0$，如果存在正定对称阵 $\boldsymbol{P}$ 和 $\bar{\omega}>0$，使得 $\boldsymbol{x}_0^{\mathrm{T}}\boldsymbol{P}\boldsymbol{x}_0\leqslant\bar{\omega}$ 成立，则可保证 $V(0)\leqslant\bar{\omega}$，从而 $V(t)\leqslant\bar{\omega}$。

取 $\boldsymbol{K}^{\mathrm{T}}\boldsymbol{K}\leqslant\bar{\omega}^{-1}\tau_{\max}^2\boldsymbol{P}$，由 $\tau=\boldsymbol{K}\boldsymbol{x}$ 可得

$$\tau^2=(\boldsymbol{K}\boldsymbol{x})^{\mathrm{T}}\boldsymbol{K}\boldsymbol{x}=\boldsymbol{x}^{\mathrm{T}}\boldsymbol{K}^{\mathrm{T}}\boldsymbol{K}\boldsymbol{x}\leqslant\boldsymbol{x}^{\mathrm{T}}\bar{\omega}^{-1}\tau_{\max}^2\boldsymbol{P}\boldsymbol{x}=\bar{\omega}^{-1}\tau_{\max}^2V\leqslant\tau_{\max}^2$$

则

$$|\tau|\leqslant\tau_{\max}$$

通过上述分析，构造两个 LMI 如下：

$$\alpha\boldsymbol{P}+\boldsymbol{Q}<0\tag{11.37}$$

$$\boldsymbol{K}^{\mathrm{T}}\boldsymbol{K}-\bar{\omega}^{-1}\tau_{\max}^2\boldsymbol{P}\leqslant 0\tag{11.38}$$

在不等式(11.37)中，$\boldsymbol{Q}$ 中含有 $\boldsymbol{P}$ 和 $\boldsymbol{K}$，式(11.38)中也含有 $\boldsymbol{P}$ 和 $\boldsymbol{K}$，故 $\boldsymbol{Q}$ 不能独立存在，将式(11.37)中的 $\boldsymbol{Q}$ 展开如下：

$$\alpha\boldsymbol{P}+\boldsymbol{P}\boldsymbol{A}+\boldsymbol{P}\boldsymbol{B}\boldsymbol{K}+\boldsymbol{A}^{\mathrm{T}}\boldsymbol{P}+\boldsymbol{K}^{\mathrm{T}}\boldsymbol{B}^{\mathrm{T}}\boldsymbol{P}<0$$

上式左右两边同乘以 $\boldsymbol{P}^{-1}$ 可得

$$\alpha\boldsymbol{P}^{-1}+\boldsymbol{A}\boldsymbol{P}^{-1}+\boldsymbol{B}\boldsymbol{K}\boldsymbol{P}^{-1}+\boldsymbol{P}^{-1}\boldsymbol{A}^{\mathrm{T}}+\boldsymbol{P}^{-1}\boldsymbol{K}^{\mathrm{T}}\boldsymbol{B}^{\mathrm{T}}<0\tag{11.39}$$

不等式(11.38)中含有非线性项，必须转化为线性矩阵不等式才能求解。取 $k_0=\bar{\omega}^{-1}\tau_{\max}^2$，则不等式(11.38)变为 $\boldsymbol{K}^{\mathrm{T}}\boldsymbol{K}\leqslant k_0\boldsymbol{P}$。根据 Schur 补定理，式(11.38)变换为

$$\begin{bmatrix}k_0\boldsymbol{P}&\boldsymbol{K}^{\mathrm{T}}\\\boldsymbol{K}&1\end{bmatrix}\geqslant 0$$

上式左右两边同乘以 $\begin{bmatrix}\boldsymbol{P}^{-1}&0\\0&1\end{bmatrix}$，可得

$$\begin{bmatrix}k_0\boldsymbol{P}^{-1}&\boldsymbol{P}^{-1}\boldsymbol{K}^{\mathrm{T}}\\\boldsymbol{K}\boldsymbol{P}^{-1}&1\end{bmatrix}\geqslant 0\tag{11.40}$$

考虑式(11.39)和式(11.40),令 $\boldsymbol{F}=\boldsymbol{K}\boldsymbol{P}^{-1}$ 和 $\boldsymbol{N}=\boldsymbol{P}^{-1}$,则 $\boldsymbol{P}^{-1}\boldsymbol{K}^{\mathrm{T}}=\boldsymbol{F}^{\mathrm{T}}$,则式(11.39)和式(11.40)可得第1个和第2个LMI:

$$\alpha\boldsymbol{N}+\boldsymbol{A}\boldsymbol{N}+\boldsymbol{B}\boldsymbol{F}+\boldsymbol{N}\boldsymbol{A}^{\mathrm{T}}+\boldsymbol{F}^{\mathrm{T}}\boldsymbol{B}^{\mathrm{T}}<0 \tag{11.41}$$

$$\begin{bmatrix} k_0\boldsymbol{N} & \boldsymbol{F}^{\mathrm{T}} \\ \boldsymbol{F} & 1 \end{bmatrix} \geqslant 0 \tag{11.42}$$

根据 $\boldsymbol{P}$ 的定义,可设计第3个LMI:

$$\boldsymbol{P}>0,\quad \boldsymbol{P}=\boldsymbol{P}^{\mathrm{T}} \tag{11.43}$$

要满足 $\boldsymbol{x}_0^{\mathrm{T}}\boldsymbol{P}\boldsymbol{x}_0\leqslant\bar{\omega}$,根据Schur补定理,可将其设计为第4个LMI:

$$\begin{bmatrix} \bar{\omega} & \boldsymbol{x}_0^{\mathrm{T}} \\ \boldsymbol{x}_0 & \boldsymbol{N} \end{bmatrix} \geqslant 0 \tag{11.44}$$

通过上面4个LMI,即式(11.41)~式(11.44),可求得有效的 $\boldsymbol{K}$。

11.6.4 仿真实例

实际模型为

$$\ddot{\theta}=-25\dot{\theta}+133u(t)$$

则 $J=\dfrac{1}{133}$,$b=\dfrac{25}{133}$。

被控对象角度和角速度的初始值为 $[1.0\quad 0]^{\mathrm{T}}$,取角度指令为 $\theta_{\mathrm{d}}=\sin t$,则 $\dot{\theta}_{\mathrm{d}}=\cos t$,角度跟踪误差为 $x_1(0)=\theta(0)-\theta_{\mathrm{d}}(0)=1.0$,角速度跟踪误差为 $x_2(0)=\dot{\theta}(0)-\dot{\theta}_{\mathrm{d}}(0)=-1.0$,$x(0)=[1\quad -1]$。

取 $\bar{\omega}=1.0$,$\alpha=10$,$u_{\max}=1.0$,则 $\tau_{\max}=u_{\max}+J+b$。采用LMI程序chap11_6LMI.m,求解LMI式(11.41)~式(11.44),MATLAB运行后显示有可行解,解为 $\boldsymbol{K}=[-0.987\quad -0.0293]$。控制律采用式(11.36),将求得的 $\boldsymbol{K}$ 代入控制器程序chap11_6ctrl.m中,仿真结果如图11.11和图11.12所示。

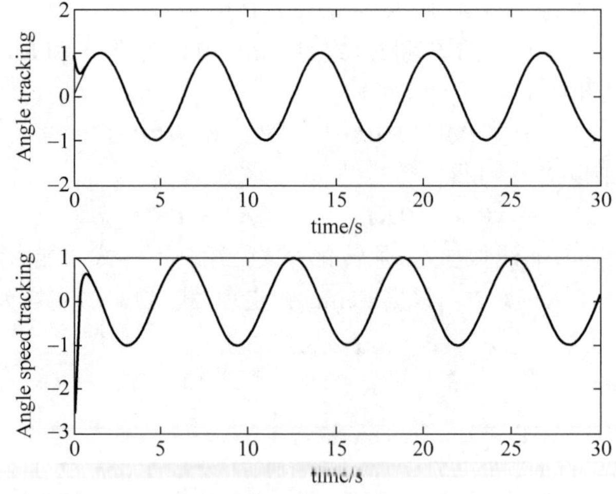

图11.11 位置和速度跟踪

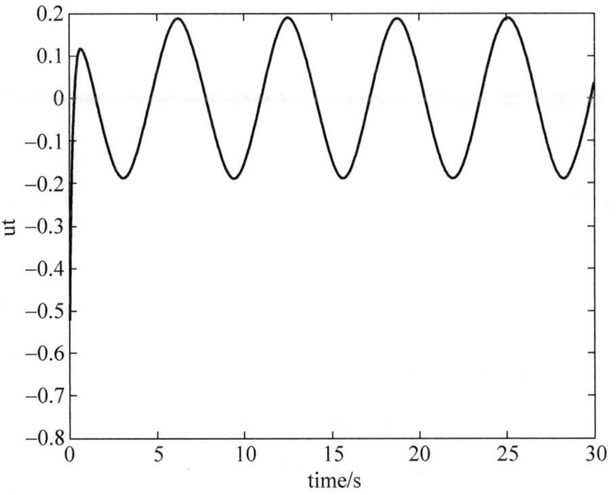

图 11.12　控制输入信号

仿真程序：

(1) LMI 不等式求 $\boldsymbol{K}$ 程序：chap11_6LMI. m。

```
clear all;
close all;

J = 1/133;
b = 25/133;

A = [0 1;
   0 - b/J];
B = [0 1/J]';

K = sdpvar(1,2);

M = sdpvar(3,3);
F = sdpvar(1,2);

P = sdpvar(2,2,'symmetric');
N = sdpvar(2,2,'symmetric');

umax = 1.0;
tol_max = umax + J + b;
alfa = 10;w_bar = 1.0;

 % First LMI
x0 = [1 - 1]';
L1 = set((alfa * N + A * N + B * F + N * A' + F' * B')< 0);

 % Second LMI
k0 = tol_max^2/w_bar;
M = [k0 * N F';F 1];
L2 = set(M > 0);

 % Third LMI
L3 = set(N > 0);

 % Fourth LMI
M1 = [w_bar x0';x0 N];
```

```
L4 = set(M1 > 0);


L = L1 + L2 + L3 + L4;
solvesdp(L);

F = double(F);
N = double(N);

P = inv(N)
K = F * P
```

(2) Simulink 主程序：chap11_6sim.mdl。

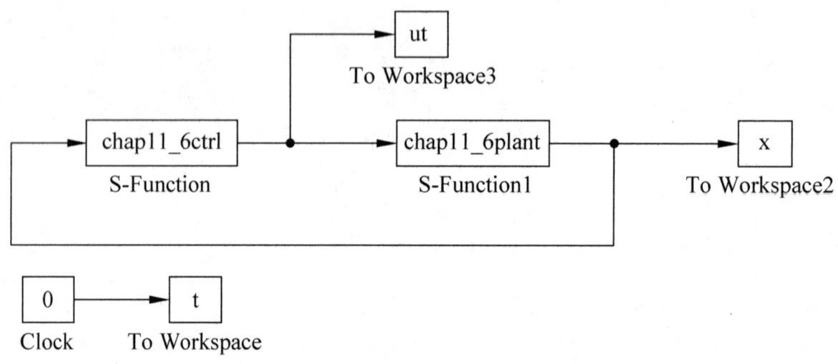

(3) 被控对象 S 函数：chap11_6plant.m。

```
function [sys,x0,str,ts] = spacemodel(t,x,u,flag)
switch flag,
case 0,
    [sys,x0,str,ts] = mdlInitializeSizes;
case 1,
sys = mdlDerivatives(t,x,u);
case 3,
sys = mdlOutputs(t,x,u);
case {2,4,9}
sys = [];
otherwise
error(['Unhandled flag = ',num2str(flag)]);
end
function [sys,x0,str,ts] = mdlInitializeSizes
sizes = simsizes;
sizes.NumContStates  = 2;
sizes.NumDiscStates  = 0;
sizes.NumOutputs     = 2;
sizes.NumInputs      = 1;
sizes.DirFeedthrough = 0;
sizes.NumSampleTimes = 0;
sys = simsizes(sizes);
x0  = [1 0];
str = [];
ts  = [];
function sys = mdlDerivatives(t,x,u)
A = [0 1;
   0 -25];
B = [0 133]';

ut = u(1);
```

```
dx = A * x + B * ut;

sys(1) = dx(1);
sys(2) = dx(2);
function sys = mdlOutputs(t,x,u)
sys(1) = x(1);
sys(2) = x(2);
```

(4) 控制器 S 函数：chap11_6ctrl. m。

```
function [sys,x0,str,ts] = spacemodel(t,x,u,flag)
switch flag,
case 0,
    [sys,x0,str,ts] = mdlInitializeSizes;
case 3,
sys = mdlOutputs(t,x,u);
case {2,4,9}
sys = [];
otherwise
error(['Unhandled flag = ',num2str(flag)]);
end
function [sys,x0,str,ts] = mdlInitializeSizes
sizes = simsizes;
sizes.NumContStates  = 0;
sizes.NumDiscStates  = 0;
sizes.NumOutputs     = 1;
sizes.NumInputs      = 2;
sizes.DirFeedthrough = 1;
sizes.NumSampleTimes = 1;
sys = simsizes(sizes);
x0  = [];
str = [];
ts  = [0 0];
function sys = mdlOutputs(t,x,u)
x1 = u(1);
x2 = u(2);

xd = sin(t);
dxd = cos(t);
ddxd =- sin(t);
e = x1 - xd;
de = x2 - dxd;

K = [ - 0.9870   - 0.0293];

tol = K * [e de]';

ut = tol + 1/133 * ddxd + 25/133 * dxd;

sys(1) = ut;
```

(5) 作图程序：chap11_6plot. m。

```
close all;

figure(1);
subplot(211);
plot(t,sin(t),'r',t,x(:,1),'b','linewidth',2);
xlabel('time(s)');ylabel('Angle tracking');
```

```
subplot(212);
plot(t,cos(t),'r',t,x(:,2),'b','linewidth',2);
xlabel('time(s)');ylabel('Angle speed tracking');

figure(2);
plot(t,ut(:,1),'r','linewidth',2);
xlabel('time(s)');ylabel('ut');
```

11.7 控制输入受限下的 LMI 倒立摆系统镇定

下面以倒立摆模型为例，介绍一种欠驱动倒立摆系统控制受限下的 LMI 设计方法。

11.7.1 系统描述

在摆的小角度变化情况下，倒立摆的动力学方程如下：

$$\begin{aligned}\ddot{\theta}&=\frac{m(m+M)gl}{(M+m)I+Mml^2}\theta-\frac{ml}{(M+m)I+Mml^2}u\\ \ddot{x}&=-\frac{m^2gl^2}{(M+m)I+Mml^2}\theta+\frac{I+ml^2}{(M+m)I+Mml^2}u\end{aligned}\tag{11.45}$$

其中，$I=\dfrac{1}{3}ml^2$。

控制目标为：$t\to\infty$时，摆的角度$\theta\to0$，角速度$\dot{\theta}\to0$，小车位置$x\to0$且小车速度$\dot{x}\to0$。

取$\boldsymbol{X}=[\theta\quad\dot{\theta}\quad x\quad\dot{x}]$，则式(11.45)可写为

$$\dot{\boldsymbol{X}}=\boldsymbol{A}\boldsymbol{X}+\boldsymbol{B}u\tag{11.46}$$

其中，$\boldsymbol{A}=\begin{bmatrix}0&1&0&0\\t_1&0&0&0\\0&0&0&1\\t_2&0&0&0\end{bmatrix}$，$\boldsymbol{B}=\begin{bmatrix}0\\t_3\\0\\t_4\end{bmatrix}$，$t_1=\dfrac{m(m+M)gl}{(M+m)I+Mml^2}$，$t_2=-\dfrac{m^2gl^2}{(M+m)I+Mml^2}$，$t_3=-\dfrac{ml}{(M+m)I+Mml^2}$，$t_4=\dfrac{I+ml^2}{(M+m)I+Mml^2}$。

控制器设计为

$$u=\boldsymbol{K}\boldsymbol{X}\tag{11.47}$$

其中，$\boldsymbol{K}=[k_1\quad k_2\quad k_3\quad k_4]$。

控制目标转化为通过设计 LMI，实现$t\to\infty$时，$X\to0$，且满足$|u|\leqslant u_{\max}$。

11.7.2 控制器设计与分析

设计 Lyapunov 函数如下：

$$V=\boldsymbol{X}^{\mathrm{T}}\boldsymbol{P}\boldsymbol{X}$$

其中，$\boldsymbol{P}>0$，$\boldsymbol{P}=\boldsymbol{P}^{\mathrm{T}}$。

则

$$\begin{aligned}\dot{V} &= \dot{\boldsymbol{X}}^{\mathrm{T}}\boldsymbol{P}\boldsymbol{X} + \boldsymbol{X}^{\mathrm{T}}\boldsymbol{P}\dot{\boldsymbol{X}} \\ &= (\boldsymbol{A}\boldsymbol{X} + \boldsymbol{B}u)^{\mathrm{T}}\boldsymbol{P}\boldsymbol{X} + \boldsymbol{X}^{\mathrm{T}}\boldsymbol{P}(\boldsymbol{A}\boldsymbol{X} + \boldsymbol{B}u) \\ &= (\boldsymbol{A}\boldsymbol{X} + \boldsymbol{B}\boldsymbol{K}\boldsymbol{X})^{\mathrm{T}}\boldsymbol{P}\boldsymbol{X} + \boldsymbol{X}^{\mathrm{T}}\boldsymbol{P}(\boldsymbol{A}\boldsymbol{X} + \boldsymbol{B}\boldsymbol{K}\boldsymbol{X}) \\ &= \boldsymbol{X}^{\mathrm{T}}(\boldsymbol{A} + \boldsymbol{B}\boldsymbol{K})^{\mathrm{T}}\boldsymbol{P}\boldsymbol{X} + \boldsymbol{X}^{\mathrm{T}}\boldsymbol{P}(\boldsymbol{A} + \boldsymbol{B}\boldsymbol{K})\boldsymbol{X} \\ &= \boldsymbol{X}^{\mathrm{T}}\boldsymbol{Q}_1^{\mathrm{T}}\boldsymbol{X} + \boldsymbol{X}^{\mathrm{T}}\boldsymbol{Q}_1\boldsymbol{X}^{\mathrm{T}} = \boldsymbol{X}^{\mathrm{T}}\boldsymbol{Q}\boldsymbol{X}\end{aligned}$$

其中，$\boldsymbol{Q}_1 = \boldsymbol{P}(\boldsymbol{A}+\boldsymbol{B}\boldsymbol{K})$，$\boldsymbol{Q} = \boldsymbol{Q}_1^{\mathrm{T}} + \boldsymbol{Q}_1$。

为了实现指数收敛，取

$$\alpha V + \dot{V} = \alpha \boldsymbol{X}^{\mathrm{T}}\boldsymbol{P}\boldsymbol{X} + \boldsymbol{X}^{\mathrm{T}}\boldsymbol{Q}\boldsymbol{X} = \boldsymbol{X}^{\mathrm{T}}(\alpha\boldsymbol{P} + \boldsymbol{Q})\boldsymbol{X}$$

取 $\alpha\boldsymbol{P}+\boldsymbol{Q}<0$，$\alpha>0$，则 $\alpha V+\dot{V}\leqslant 0$，即 $\dot{V}\leqslant -\alpha V$，采用不等式求解定理，$\dot{V}\leqslant -\alpha V$ 得解为

$$V(t) \leqslant V(0)\exp(-\alpha t) \leqslant V(0)$$

如果 $t\to\infty$，则 $V(t)\to 0$，从而 $X\to 0$ 且指数收敛。

由于 $V(0)=\boldsymbol{X}_0^{\mathrm{T}}\boldsymbol{P}\boldsymbol{X}_0$，如果存在正定对称阵 $\boldsymbol{P}$ 和 $\bar{\omega}>0$，使得 $\boldsymbol{X}_0^{\mathrm{T}}\boldsymbol{P}\boldsymbol{X}_0\leqslant\bar{\omega}$ 成立，则可保证 $V(0)\leqslant\bar{\omega}$，从而 $V(t)\leqslant\bar{\omega}$。

取 $\boldsymbol{K}^{\mathrm{T}}\boldsymbol{K}\leqslant\bar{\omega}^{-1}u_{\max}^2\boldsymbol{P}$，由 $u=\boldsymbol{K}\boldsymbol{x}$ 可得

$$u^2 = (\boldsymbol{K}\boldsymbol{X})^{\mathrm{T}}\boldsymbol{K}\boldsymbol{X} = \boldsymbol{X}^{\mathrm{T}}\boldsymbol{K}^{\mathrm{T}}\boldsymbol{K}\boldsymbol{X} \leqslant \boldsymbol{X}^{\mathrm{T}}\bar{\omega}^{-1}u_{\max}^2\boldsymbol{P}\boldsymbol{X} = \bar{\omega}^{-1}u_{\max}^2 V \leqslant u_{\max}^2$$

则

$$|u| \leqslant u_{\max}$$

通过上述分析，构造两个 LMI 如下：

$$\alpha\boldsymbol{P} + \boldsymbol{Q} < 0 \tag{11.48}$$

$$\boldsymbol{K}^{\mathrm{T}}\boldsymbol{K} - \bar{\omega}^{-1}u_{\max}^2\boldsymbol{P} \leqslant 0 \tag{11.49}$$

在不等式(11.48)中，$\boldsymbol{Q}$ 中含有 $\boldsymbol{P}$ 和 $\boldsymbol{K}$，式(11.49)中也含有 $\boldsymbol{P}$ 和 $\boldsymbol{K}$，故 $\boldsymbol{Q}$ 不能独立存在，将式(11.48)中的 $\boldsymbol{Q}$ 展开如下：

$$\alpha\boldsymbol{P} + \boldsymbol{P}\boldsymbol{A} + \boldsymbol{P}\boldsymbol{B}\boldsymbol{K} + \boldsymbol{A}^{\mathrm{T}}\boldsymbol{P} + \boldsymbol{K}^{\mathrm{T}}\boldsymbol{B}^{\mathrm{T}}\boldsymbol{P} < 0$$

上式左右两边同乘以 $\boldsymbol{P}^{-1}$ 可得

$$\alpha\boldsymbol{P}^{-1} + \boldsymbol{A}\boldsymbol{P}^{-1} + \boldsymbol{B}\boldsymbol{K}\boldsymbol{P}^{-1} + \boldsymbol{P}^{-1}\boldsymbol{A}^{\mathrm{T}} + \boldsymbol{P}^{-1}\boldsymbol{K}^{\mathrm{T}}\boldsymbol{B}^{\mathrm{T}} < 0 \tag{11.50}$$

式(11.49)中含有非线性项，必须转化为线性矩阵不等式才能求解。取 $k_0=\bar{\omega}^{-1}u_{\max}^2$，则式(11.49)变为 $\boldsymbol{K}^{\mathrm{T}}\boldsymbol{K}\leqslant k_0\boldsymbol{P}$。根据 Schur 补定理，式(11.49)变换为

$$\begin{bmatrix} k_0\boldsymbol{P} & \boldsymbol{K}^{\mathrm{T}} \\ \boldsymbol{K} & 1 \end{bmatrix} \geqslant 0$$

上式左右两边同乘以 $\begin{bmatrix} \boldsymbol{P}^{-1} & 0 \\ 0 & 1 \end{bmatrix}$，可得

$$\begin{bmatrix} k_0\boldsymbol{P}^{-1} & \boldsymbol{P}^{-1}\boldsymbol{K}^{\mathrm{T}} \\ \boldsymbol{K}\boldsymbol{P}^{-1} & 1 \end{bmatrix} \geqslant 0 \tag{11.51}$$

考虑式(11.50)和式(11.51)，令 $\boldsymbol{F}=\boldsymbol{K}\boldsymbol{P}^{-1}$ 和 $\boldsymbol{N}=\boldsymbol{P}^{-1}$，则 $\boldsymbol{P}^{-1}\boldsymbol{K}^{\mathrm{T}}=\boldsymbol{F}^{\mathrm{T}}$，则式(11.50)和式(11.51)可得第 1 个和第 2 个 LMI：

$$\alpha\boldsymbol{N} + \boldsymbol{A}\boldsymbol{N} + \boldsymbol{B}\boldsymbol{F} + \boldsymbol{N}\boldsymbol{A}^{\mathrm{T}} + \boldsymbol{F}^{\mathrm{T}}\boldsymbol{B}^{\mathrm{T}} < 0 \tag{11.52}$$

$$\begin{bmatrix} k_0\boldsymbol{N} & \boldsymbol{F}^{\mathrm{T}} \\ \boldsymbol{F} & 1 \end{bmatrix} \geqslant 0 \tag{11.53}$$

根据 $\boldsymbol{P}$ 的定义可设计第 3 个 LMI：

$$\boldsymbol{P} > 0, \quad \boldsymbol{P} = \boldsymbol{P}^{\mathrm{T}} \tag{11.54}$$

要满足 $\boldsymbol{X}_0^{\mathrm{T}}\boldsymbol{P}\boldsymbol{X}_0 \leqslant \bar{\omega}$，根据 Schur 补定理，可将其设计为第 4 个 LMI：

$$\begin{bmatrix} \bar{\omega} & \boldsymbol{X}_0^{\mathrm{T}} \\ \boldsymbol{X}_0 & \boldsymbol{N} \end{bmatrix} \geqslant 0 \tag{11.55}$$

通过上面 4 个 LMI，即式(11.52)～式(11.55)，可求得有效的 $\boldsymbol{K}$。

11.7.3 仿真实例

被控对象为式(11.45)，取 $g=9.8, M=1.0, m=0.1, l=0.5$，系统初始状态为 $\theta(0)=0.10$，$\dot{\theta}(0)=0, x(0)=0.10, \dot{x}(0)=0$。

取 $\bar{\omega}=1.0, \alpha=10, u_{\max}=3.0$，采用 MATLAB 下的新的 LMI 工具箱——YALMIP 求解 LMI 问题，LMI 程序 chap11_7LMI.m，求解 LMI 式(11.52)～式(11.55)，MATLAB 运行后显示有可行解，解为 $\boldsymbol{K}=[16.8892 \quad 2.9905 \quad 0.2802 \quad 0.7120]$。控制律采用式(11.47)，将求得的 $\boldsymbol{K}$ 代入控制器程序 chap11_7ctrl.m 中，仿真结果如图 11.13～图 11.15 所示。可见，控制输入信号在给定的受限范围内。

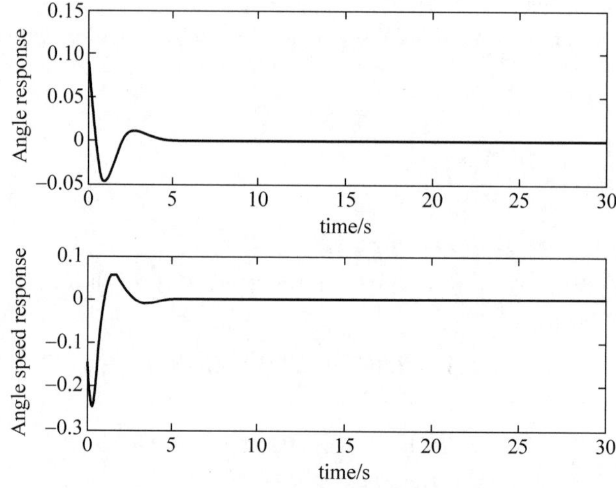

图 11.13 角度和角速度响应

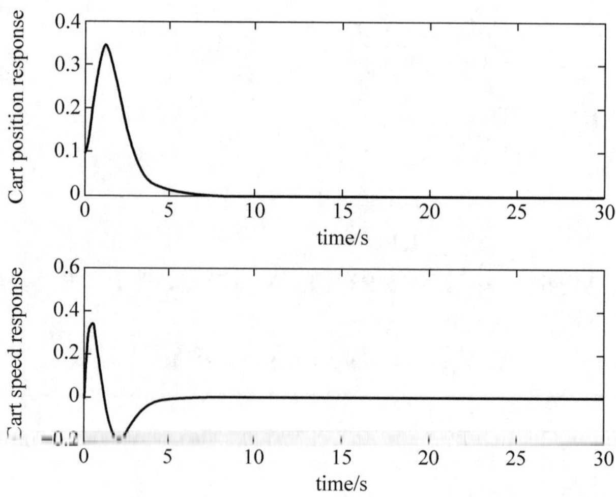

图 11.14 小车位置和速度响应

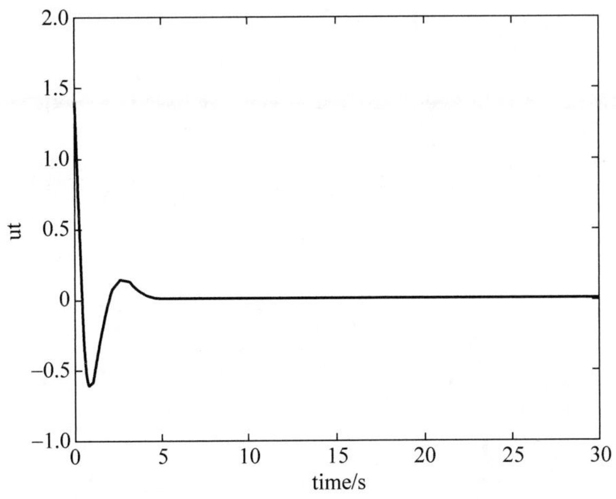

图 11.15 控制输入信号

需要说明的是，为了保证 LMI 有可行解，可取较大的 $u_{\max}$ 值，并取 α 为较小的值。

仿真程序：

(1) LMI 不等式求 $\boldsymbol{K}$ 程序：chap11_7LMI.m。

```
clear all;
close all;

g = 9.8;M = 1.0;m = 0.1;L = 0.5;

I = 1/12 * m * L^2;
l = 1/2 * L;
t1 = m * (M + m) * g * l/[(M + m) * I + M * m * l^2];
t2 =- m^2 * g * l^2/[(m + M) * I + M * m * l^2];
t3 =- m * l/[(M + m) * I + M * m * l^2];
t4 = (I + m * l^2)/[(m + M) * I + M * m * l^2];

A = [0,1,0,0;
   t1,0,0,0;
   0,0,0,1;
   t2,0,0,0];
B = [0;t3;0;t4];

K = sdpvar(1,4);
F = sdpvar(1,4);
P = sdpvar(4,4,'symmetric');
N = sdpvar(4,4,'symmetric');

umax = 3.0;
alfa = 1.0;w_bar = 1.0;

 % First LMI
x0 = [0.1 0 0.1 0]';
L1 = set((alfa * N + A * N + B * F + N * A' + F' * B')< 0);

 % Second LMI
k0 = umax^2/w_bar;
M1 = [k0 * N F';F 1];
```

```
L2 = set(M1 > 0);

 % Third LMI
L3 = set(N > 0);

 % Fourth LMI
M2 = [w_bar x0';x0 N];
L4 = set(M2 > 0);

L = L1 + L2 + L3 + L4;
solvesdp(L);

F = double(F);
N = double(N);

P = inv(N)
K = F * P
```

（2）Simulink 主程序：chap11_7sim. mdl。

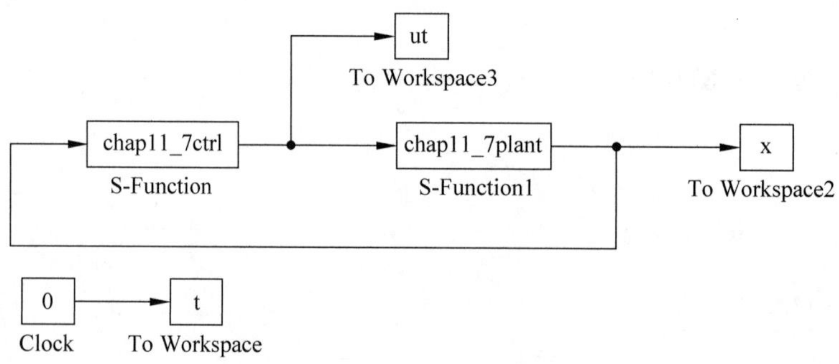

（3）被控对象 S 函数：chap11_7plant. m。

```
function [sys,x0,str,ts] = spacemodel(t,x,u,flag)
switch flag,
case 0,
    [sys,x0,str,ts] = mdlInitializeSizes;
case 1,
sys = mdlDerivatives(t,x,u);
case 3,
sys = mdlOutputs(t,x,u);
case {2,4,9}
sys = [];
otherwise
error(['Unhandled flag = ',num2str(flag)]);
end
function [sys,x0,str,ts] = mdlInitializeSizes
sizes = simsizes;
sizes.NumContStates   = 4;
sizes.NumDiscStates   = 0;
sizes.NumOutputs      = 4;
sizes.NumInputs       = 1;
sizes.DirFeedthrough  = 0;
sizes.NumSampleTimes  = 0;
sys = simsizes(sizes);
x0  = [0.1 0 0.1 0];
```

```
str = [];
ts  = [];
function sys = mdlDerivatives(t,x,u)
g = 9.8;M = 1.0;m = 0.1;L = 0.5;

I = 1/12 * m * L^2;
l = 1/2 * L;
t1 = m * (M + m) * g * l/[(M + m) * I + M * m * l^2];
t2 =- m^2 * g * l^2/[(m + M) * I + M * m * l^2];
t3 =- m * l/[(M + m) * I + M * m * l^2];
t4 = (I + m * l^2)/[(m + M) * I + M * m * l^2];

A = [0,1,0,0;
   t1,0,0,0;
   0,0,0,1;
   t2,0,0,0];
B = [0;t3;0;t4];

ut = u(1);
dx = A * x + B * ut;

sys(1) = x(2);
sys(2) = dx(2);
sys(3) = x(4);
sys(4) = dx(4);
function sys = mdlOutputs(t,x,u)
sys(1) = x(1);
sys(2) = x(2);
sys(3) = x(3);
sys(4) = x(4);
```

(4) 控制器 S 函数：chap11_7ctrl. m。

```
function [sys,x0,str,ts] = spacemodel(t,x,u,flag)
switch flag,
case 0,
    [sys,x0,str,ts] = mdlInitializeSizes;
case 3,
sys = mdlOutputs(t,x,u);
case {2,4,9}
sys = [];
otherwise
error(['Unhandled flag = ',num2str(flag)]);
end
function [sys,x0,str,ts] = mdlInitializeSizes
sizes = simsizes;
sizes.NumContStates  = 0;
sizes.NumDiscStates  = 0;
sizes.NumOutputs     = 1;
sizes.NumInputs      = 4;
sizes.DirFeedthrough = 1;
sizes.NumSampleTimes = 1;
sys = simsizes(sizes);
x0  = [];
str = [];
ts  = [0 0];
```

```
function sys = mdlOutputs(t,x,u)
x1 = u(1);
x2 = u(2);
x3 = u(3);
x4 = u(4);

K = [ 16.8892    2.9905    0.2802    0.7120];
ut = K * [x1 x2 x3 x4]';

sys(1) = ut;
```

（5）作图程序：chap11_7plot.m。

```
close all;

figure(1);
subplot(211);
plot(t,x(:,1),'b','linewidth',2);
xlabel('time(s)');ylabel('Angle response');
subplot(212);
plot(t,x(:,2),'b','linewidth',2);
xlabel('time(s)');ylabel('Angle speed response');

figure(2);
subplot(211);
plot(t,x(:,3),'b','linewidth',2);
xlabel('time(s)');ylabel('Cart position response');
subplot(212);
plot(t,x(:,4),'b','linewidth',2);
xlabel('time(s)');ylabel('Cart speed response');

figure(3);
plot(t,ut(:,1),'r','linewidth',2);
xlabel('time(s)');ylabel('ut');
```

11.8 基于 LMI 的控制输入及其变化率受限控制算法

在实际控制系统的设计中，通常面临控制算法及其变化率受限的问题[5]。采用 LMI 方法，可实现控制输入及其变化率受限下的控制算法设计。

11.8.1 系统描述

状态方程为

$$\dot{\boldsymbol{x}} = \boldsymbol{A}\boldsymbol{x} + \boldsymbol{B}u \tag{11.56}$$

其中，u 为控制输入，$\boldsymbol{x}=[x_1 \quad x_2]^{\mathrm{T}}$，$\boldsymbol{A}=\begin{bmatrix} 0 & 0 \\ 0 & -\dfrac{b}{J} \end{bmatrix}$，$\boldsymbol{B}=\begin{bmatrix} 0 \\ \dfrac{1}{J} \end{bmatrix}$。

控制器设计为

$$u = \boldsymbol{K}\boldsymbol{x} \tag{11.57}$$

其中，$\boldsymbol{K}=[k_1 \quad k_2]$。

控制目标转化为通过设计 LMI,实现 $t\to\infty$ 时,$x\to 0$,且满足 $|u|\leqslant u_{\max}$,$|\dot{u}|\leqslant \dot{u}_{\max}$。

11.8.2 控制器的设计与分析

设计 Lyapunov 函数如下:

$$V=\boldsymbol{x}^{\mathrm{T}}\boldsymbol{P}\boldsymbol{x}$$

其中,$\boldsymbol{P}>0$,$\boldsymbol{P}=\boldsymbol{P}^{\mathrm{T}}$。

则

$$\begin{aligned}\dot{V}&=\dot{\boldsymbol{x}}^{\mathrm{T}}\boldsymbol{P}\boldsymbol{x}+\boldsymbol{x}^{\mathrm{T}}\boldsymbol{P}\dot{\boldsymbol{x}}\\&=(\boldsymbol{A}\boldsymbol{x}+\boldsymbol{B}u)^{\mathrm{T}}\boldsymbol{P}\boldsymbol{x}+\boldsymbol{x}^{\mathrm{T}}\boldsymbol{P}(\boldsymbol{A}\boldsymbol{x}+\boldsymbol{B}u)\\&=(\boldsymbol{A}\boldsymbol{x}+\boldsymbol{B}\boldsymbol{K}\boldsymbol{x})^{\mathrm{T}}\boldsymbol{P}\boldsymbol{x}+\boldsymbol{x}^{\mathrm{T}}\boldsymbol{P}(\boldsymbol{A}\boldsymbol{x}+\boldsymbol{B}\boldsymbol{K}\boldsymbol{x})\\&=\boldsymbol{x}^{\mathrm{T}}(\boldsymbol{A}+\boldsymbol{B}\boldsymbol{K})^{\mathrm{T}}\boldsymbol{P}\boldsymbol{x}+\boldsymbol{x}^{\mathrm{T}}\boldsymbol{P}(\boldsymbol{A}+\boldsymbol{B}\boldsymbol{K})\boldsymbol{x}\\&=\boldsymbol{x}^{\mathrm{T}}\boldsymbol{Q}_1^{\mathrm{T}}\boldsymbol{x}+\boldsymbol{x}^{\mathrm{T}}\boldsymbol{Q}_1\boldsymbol{x}^{\mathrm{T}}=\boldsymbol{x}^{\mathrm{T}}\boldsymbol{Q}\boldsymbol{x}\end{aligned}$$

其中,$\boldsymbol{Q}_1=\boldsymbol{P}(\boldsymbol{A}+\boldsymbol{B}\boldsymbol{K})$,$\boldsymbol{Q}=\boldsymbol{Q}_1^{\mathrm{T}}+\boldsymbol{Q}_1$。

则

$$\alpha V+\dot{V}=\alpha\boldsymbol{x}^{\mathrm{T}}\boldsymbol{P}\boldsymbol{x}+\boldsymbol{x}^{\mathrm{T}}\boldsymbol{Q}\boldsymbol{x}=\boldsymbol{x}^{\mathrm{T}}(\alpha\boldsymbol{P}+\boldsymbol{Q})\boldsymbol{x}$$

取 $\alpha\boldsymbol{P}+\boldsymbol{Q}<0$,$\alpha>0$,则 $\alpha V+\dot{V}\leqslant 0$,即 $\dot{V}\leqslant-\alpha V$,采用不等式求解定理,$\dot{V}\leqslant-\alpha V$ 的解为

$$V(t)\leqslant V(0)\exp(-\alpha t)\leqslant V(0)$$

如果 $t\to\infty$,则 $V(t)\to 0$,从而 $x\to 0$ 且指数收敛。

由于 $V(0)=\boldsymbol{x}_0^{\mathrm{T}}\boldsymbol{P}\boldsymbol{x}_0$,如果存在正定对称阵 $\boldsymbol{P}$ 和 $\bar{\omega}>0$,使得 $\boldsymbol{x}_0^{\mathrm{T}}\boldsymbol{P}\boldsymbol{x}_0\leqslant\bar{\omega}$ 成立,则可保证 $V(0)\leqslant\bar{\omega}$,从而 $V(t)\leqslant\bar{\omega}$。

取 $\boldsymbol{K}^{\mathrm{T}}\boldsymbol{K}\leqslant\bar{\omega}^{-1}u_{\max}^2\boldsymbol{P}$,由 $u=\boldsymbol{K}\boldsymbol{x}$ 可得

$$u^2=(\boldsymbol{K}\boldsymbol{x})^{\mathrm{T}}\boldsymbol{K}\boldsymbol{x}=\boldsymbol{x}^{\mathrm{T}}\boldsymbol{K}^{\mathrm{T}}\boldsymbol{K}\boldsymbol{x}\leqslant\boldsymbol{x}^{\mathrm{T}}\bar{\omega}^{-1}u_{\max}^2\boldsymbol{P}\boldsymbol{x}=\bar{\omega}^{-1}u_{\max}^2V\leqslant u_{\max}^2$$

则

$$|u|\leqslant u_{\max}$$

由于

$$\dot{u}=\boldsymbol{K}\dot{\boldsymbol{x}}=\boldsymbol{K}(\boldsymbol{A}\boldsymbol{x}+\boldsymbol{B}u)=\boldsymbol{K}(\boldsymbol{A}\boldsymbol{x}+\boldsymbol{B}\boldsymbol{K}\boldsymbol{x})=\boldsymbol{K}(\boldsymbol{A}+\boldsymbol{B}\boldsymbol{K})\boldsymbol{x}$$

则

$$\dot{u}^2=[\boldsymbol{K}(\boldsymbol{A}+\boldsymbol{B}\boldsymbol{K})\boldsymbol{x}]^{\mathrm{T}}[\boldsymbol{K}(\boldsymbol{A}+\boldsymbol{B}\boldsymbol{K})\boldsymbol{x}]=\boldsymbol{x}^{\mathrm{T}}(\boldsymbol{A}+\boldsymbol{B}\boldsymbol{K})^{\mathrm{T}}\boldsymbol{K}^{\mathrm{T}}\boldsymbol{K}(\boldsymbol{A}+\boldsymbol{B}\boldsymbol{K})\boldsymbol{x}$$

由于 $\boldsymbol{K}^{\mathrm{T}}\boldsymbol{K}\leqslant\bar{\omega}^{-1}u_{\max}^2\boldsymbol{P}$,则

$$\begin{aligned}\dot{u}^2&=\boldsymbol{x}^{\mathrm{T}}(\boldsymbol{A}+\boldsymbol{B}\boldsymbol{K})^{\mathrm{T}}(\boldsymbol{K}^{\mathrm{T}}\boldsymbol{K})(\boldsymbol{A}+\boldsymbol{B}\boldsymbol{K})\boldsymbol{x}\\&\leqslant\boldsymbol{x}^{\mathrm{T}}(\boldsymbol{A}+\boldsymbol{B}\boldsymbol{K})^{\mathrm{T}}(\bar{\omega}^{-1}u_{\max}^2\boldsymbol{P})(\boldsymbol{A}+\boldsymbol{B}\boldsymbol{K})\boldsymbol{x}\\&=\bar{\omega}^{-1}u_{\max}^2\boldsymbol{x}^{\mathrm{T}}(\boldsymbol{A}+\boldsymbol{B}\boldsymbol{K})^{\mathrm{T}}\boldsymbol{P}(\boldsymbol{A}+\boldsymbol{B}\boldsymbol{K})\boldsymbol{x}\end{aligned}$$

令 $(\boldsymbol{A}+\boldsymbol{B}\boldsymbol{K})^{\mathrm{T}}\boldsymbol{P}(\boldsymbol{A}+\boldsymbol{B}\boldsymbol{K})\leqslant\dfrac{1}{\tau_{\max}^2}\dot{\tau}_{\max}^2\boldsymbol{P}$,则

$$\dot{u}^2\leqslant\bar{\omega}^{-1}\dot{u}_{\max}^2\boldsymbol{x}^{\mathrm{T}}\boldsymbol{P}\boldsymbol{x}=\bar{\omega}^{-1}\dot{u}_{\max}^2V\leqslant\dot{u}_{\max}^2$$

即 $|\dot{u}|\leqslant\dot{u}_{\max}$。

令 $k_1=\dfrac{1}{u_{\max}^2}\dot{u}_{\max}^2$,则可得到由控制输入变化率构造的 LMI 如下:

$$(\boldsymbol{A}+\boldsymbol{BK})^{\mathrm{T}}\boldsymbol{P}(\boldsymbol{A}+\boldsymbol{BK}) \leqslant k_1\boldsymbol{P} \tag{11.58}$$

通过上述分析，构造 2 个 LMI 如下：

$$\alpha\boldsymbol{P}+\boldsymbol{Q}<0 \tag{11.59}$$

$$\boldsymbol{K}^{\mathrm{T}}\boldsymbol{K}-\bar{\omega}^{-1}u_{\max}^2\boldsymbol{P} \leqslant 0 \tag{11.60}$$

在式(11.59)中，$\boldsymbol{Q}$ 中含有 $\boldsymbol{P}$ 和 $\boldsymbol{K}$，式(11.60)中也含有 $\boldsymbol{P}$ 和 $\boldsymbol{K}$，故 $\boldsymbol{Q}$ 不能独立存在，将式(11.59)中的 $\boldsymbol{Q}$ 展开如下：

$$\alpha\boldsymbol{P}+\boldsymbol{PA}+\boldsymbol{PBK}+\boldsymbol{A}^{\mathrm{T}}\boldsymbol{P}+\boldsymbol{K}^{\mathrm{T}}\boldsymbol{B}^{\mathrm{T}}\boldsymbol{P}<0$$

上式左右两边同乘以 $\boldsymbol{P}^{-1}$ 可得

$$\alpha\boldsymbol{P}^{-1}+\boldsymbol{AP}^{-1}+\boldsymbol{BKP}^{-1}+\boldsymbol{P}^{-1}\boldsymbol{A}^{\mathrm{T}}+\boldsymbol{P}^{-1}\boldsymbol{K}^{\mathrm{T}}\boldsymbol{B}^{\mathrm{T}}<0 \tag{11.61}$$

不等式(11.60)中含有非线性项，必须转化为线性矩阵不等式才能求解。取 $k_0=\bar{\omega}^{-1}u_{\max}^2$，则不等式(11.60)变为 $\boldsymbol{K}^{\mathrm{T}}\boldsymbol{K}\leqslant k_0\boldsymbol{P}$。根据 Schur 补定理，式(11.60)变换为

$$\begin{bmatrix} k_0\boldsymbol{P} & \boldsymbol{K}^{\mathrm{T}} \\ \boldsymbol{K} & 1 \end{bmatrix} \geqslant 0$$

上式左右两边同乘以 $\begin{bmatrix} \boldsymbol{P}^{-1} & 0 \\ 0 & 1 \end{bmatrix}$，可得

$$\begin{bmatrix} k_0\boldsymbol{P}^{-1} & \boldsymbol{P}^{-1}\boldsymbol{K}^{\mathrm{T}} \\ \boldsymbol{KP}^{-1} & 1 \end{bmatrix} \geqslant 0 \tag{11.62}$$

考虑式(11.61)和式(11.62)，令 $\boldsymbol{F}=\boldsymbol{KP}^{-1}$ 和 $\boldsymbol{N}=\boldsymbol{P}^{-1}$，则 $\boldsymbol{P}^{-1}\boldsymbol{K}^{\mathrm{T}}=\boldsymbol{F}^{\mathrm{T}}$，则由式(11.61)和式(11.62)可得第 1 个和第 2 个 LMI：

$$\alpha\boldsymbol{N}+\boldsymbol{AN}+\boldsymbol{BF}+\boldsymbol{NA}^{\mathrm{T}}+\boldsymbol{F}^{\mathrm{T}}\boldsymbol{B}^{\mathrm{T}}<0 \tag{11.63}$$

$$\begin{bmatrix} k_0\boldsymbol{N} & \boldsymbol{F}^{\mathrm{T}} \\ \boldsymbol{F} & 1 \end{bmatrix} \geqslant 0 \tag{11.64}$$

根据 $\boldsymbol{P}$ 的定义可设计第 3 个 LMI：

$$\boldsymbol{P}>0,\quad \boldsymbol{P}=\boldsymbol{P}^{\mathrm{T}},\quad 即\ \boldsymbol{N}>0,\boldsymbol{N}=\boldsymbol{N}^{\mathrm{T}} \tag{11.65}$$

要满足 $\boldsymbol{x}_0^{\mathrm{T}}\boldsymbol{P}\boldsymbol{x}_0\leqslant\bar{\omega}$，根据 Schur 补定理，可将其设计为第 4 个 LMI：

$$\begin{bmatrix} \bar{\omega} & \boldsymbol{x}_0^{\mathrm{T}} \\ \boldsymbol{x}_0 & \boldsymbol{N} \end{bmatrix} \geqslant 0 \tag{11.66}$$

式(11.58)中含有非线性项，根据 Schur 补定理，式(11.58)变换为第 5 个 LMI，根据式(11.58)得

$$\begin{bmatrix} k_1\boldsymbol{P} & (\boldsymbol{A}+\boldsymbol{BK})^{\mathrm{T}} \\ \boldsymbol{A}+\boldsymbol{BK} & \boldsymbol{P}^{-1} \end{bmatrix} \geqslant 0$$

上式左右两边同乘以 $\begin{bmatrix} \boldsymbol{P}^{-1} & 0 \\ 0 & 1 \end{bmatrix}$，可得

$$\begin{bmatrix} k_1\boldsymbol{P}^{-1} & (\boldsymbol{AP}^{-1}+\boldsymbol{BKP}^{-1})^{\mathrm{T}} \\ \boldsymbol{AP}^{-1}+\boldsymbol{BKP}^{-1} & \boldsymbol{P}^{-1} \end{bmatrix} \geqslant 0$$

即

$$\begin{bmatrix} k_1 N & (AN+\boldsymbol{B}F)^{\mathrm{T}} \\ \boldsymbol{A}N+\boldsymbol{B}F & N \end{bmatrix} \geqslant 0 \tag{11.67}$$

利用上面 5 个 LMI(式(11.63)～式(11.67))，通过设计合适的 $u_{\max}$、$\dot{u}_{\max}$ 和 α 值，可求得有效的 $\boldsymbol{K}$。

11.8.3 仿真实例

实际模型为

$$\ddot{\theta}=-25\dot{\theta}+133u(t)$$

则 $J=\frac{1}{133}, b=\frac{25}{133}$，对应于式 $\dot{\boldsymbol{x}}=\boldsymbol{A}\boldsymbol{x}+\boldsymbol{B}u$，有 $\boldsymbol{A}=\begin{bmatrix}0 & 0\\ 0 & -\frac{b}{J}\end{bmatrix}$，$\boldsymbol{B}=\begin{bmatrix}0\\ \frac{1}{J}\end{bmatrix}$。

被控对象初始状态为 $\boldsymbol{x}(0)=[1\quad 0]$。取 $\bar{\omega}=1.0, \alpha=2.0, u_{\max}=1.0, \dot{u}_{\max}=1.0$，LMI 程序为 chap11_8LMI. m，求解 LMI 式(11.63)～式(11.67)。MATLAB 运行后显示有可行解，解为 $\boldsymbol{K}=[-0.007\quad 0.1735]$。控制律采用式(11.57)，将求得的 $\boldsymbol{K}$ 代入控制器程序 chap11_8ctrl. m 中，仿真结果如图 11.16 和图 11.17 所示。可见，控制输入信号及变化率在给定的受限范围内。

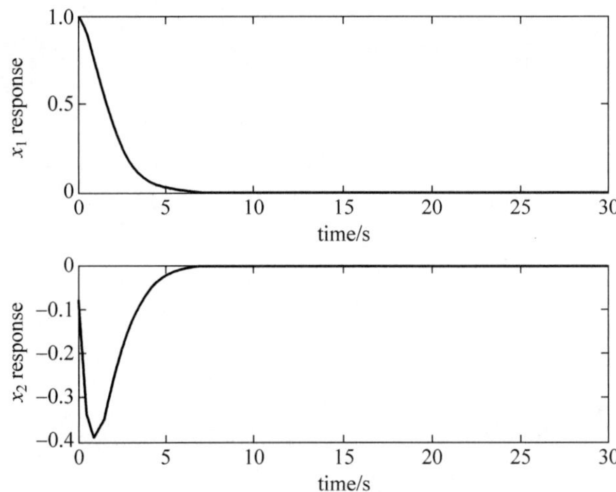

图 11.16 角度和角速度响应

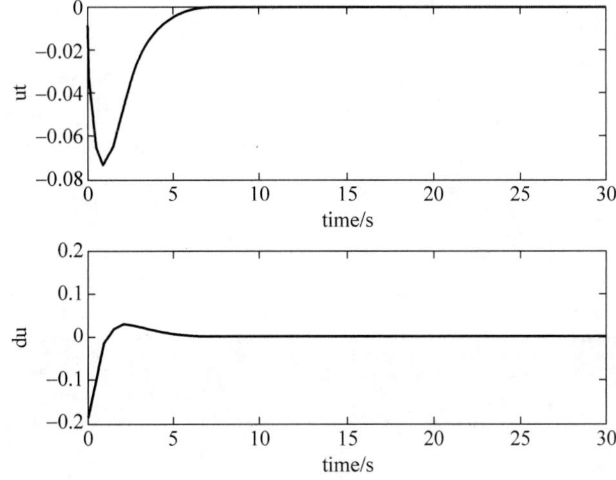

图 11.17 控制输入信号及变化率

需要说明的是,为了保证LMI有可行解,可取较大的u_{max}和$\dot{u}_{max}$值,并取α为较小的值。

仿真程序:

(1) LMI不等式求$\boldsymbol{K}$的程序:chap11_8LMI.m。

```
clear all;
close all;

J = 1/133;
b = 25/133;

A = [0 1;
   0 -b/J];
B = [0 1/J]';

K = sdpvar(1,2);
M = sdpvar(3,3);
F = sdpvar(1,2);

P = sdpvar(2,2,'symmetric');
N = sdpvar(2,2,'symmetric');

umax = 1.0;
alfa = 2.0;w_bar = 1.0;

%First LMI
x0 = [1 0]';
L1 = set((alfa*N+A*N+B*F +N*A'+F'*B')<0);

%Second LMI
k0 = umax^2/w_bar;
M = [k0*N F';F 1];
L2 = set(M>=0);

%Third LMI
L3 = set(N>0);

%Fourth LMI
M1 = [w_bar x0';x0 N];
L4 = set(M1>=0);

%Fifth LMI
dumax = 1.0;
k1 = dumax^2/umax^2;
M2 = [k1*N (A*N+B*F)'; A*N+B*F N];
L5 = set(M2>=0);

L = L1+L2+L3+L4+L5;
solvesdp(L);

F = double(F);
N = double(N);

P = inv(N)
K = F*P
```

（2）Simulink 主程序：chap11_8sim.mdl。

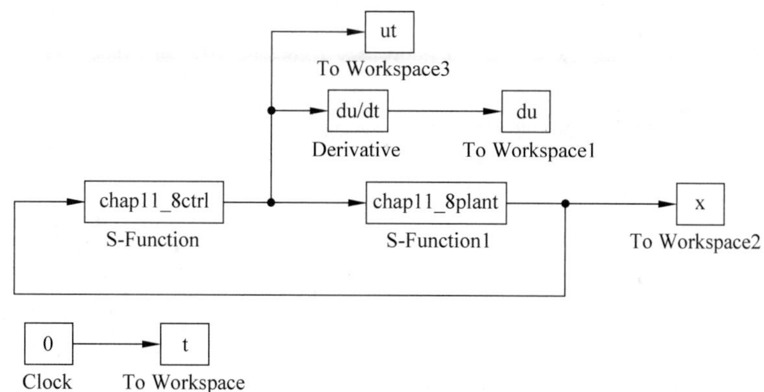

（3）被控对象 S 函数程序：chap11_8plant.m。

```
function [sys,x0,str,ts] = spacemodel(t,x,u,flag)
switch flag,
case 0,
    [sys,x0,str,ts] = mdlInitializeSizes;
case 1,
sys = mdlDerivatives(t,x,u);
case 3,
sys = mdlOutputs(t,x,u);
case {2,4,9}
sys = [];
otherwise
error(['Unhandled flag = ',num2str(flag)]);
end
function [sys,x0,str,ts] = mdlInitializeSizes
sizes = simsizes;
sizes.NumContStates  = 2;
sizes.NumDiscStates  = 0;
sizes.NumOutputs     = 2;
sizes.NumInputs      = 1;
sizes.DirFeedthrough = 0;
sizes.NumSampleTimes = 0;
sys = simsizes(sizes);
x0  = [1 0];
str = [];
ts  = [];
function sys = mdlDerivatives(t,x,u)
A = [0 1;
   0 -25];
B = [0 133]';

ut = u(1);

dx = A * x + B * ut;

sys(1) = dx(1);
sys(2) = dx(2);
function sys = mdlOutputs(t,x,u)
sys(1) = x(1);
sys(2) = x(2);
```

（4）控制器S函数程序：chap11_8ctrl.m。

```
function [sys,x0,str,ts] = spacemodel(t,x,u,flag)
switch flag,
case 0,
    [sys,x0,str,ts] = mdlInitializeSizes;
case 3,
sys = mdlOutputs(t,x,u);
case {2,4,9}
sys = [];
otherwise
error(['Unhandled flag = ',num2str(flag)]);
end
function [sys,x0,str,ts] = mdlInitializeSizes
sizes = simsizes;
sizes.NumContStates  = 0;
sizes.NumDiscStates  = 0;
sizes.NumOutputs     = 1;
sizes.NumInputs      = 2;
sizes.DirFeedthrough = 1;
sizes.NumSampleTimes = 1;
sys = simsizes(sizes);
x0  = [];
str = [];
ts  = [0 0];
function sys = mdlOutputs(t,x,u)
x1 = u(1);
x2 = u(2);

K = [-0.0070    0.1735];
ut = K*[x1 x2]';

sys(1) = ut;
```

（5）作图程序：chap11_8plot.m。

```
close all;

figure(1);
subplot(211);
plot(t,x(:,1),'b','linewidth',2);
xlabel('time(s)');ylabel('x1 response');
subplot(212);
plot(t,x(:,2),'b','linewidth',2);
xlabel('time(s)');ylabel('x2 response');

figure(2);
subplot(211);
plot(t,ut(:,1),'r','linewidth',2);
xlabel('time(s)');ylabel('ut');
subplot(212);
plot(t,du(:,1),'r','linewidth',2);
xlabel('time(s)');ylabel('du');
```

附录

Schur 补定理[4]：假设 $\boldsymbol{C}$ 为正定矩阵,则 $\boldsymbol{B}\boldsymbol{C}^{-1}\boldsymbol{B}^{\mathrm{T}}\leqslant\boldsymbol{A}$ 等价为 $\begin{bmatrix}\boldsymbol{A} & \boldsymbol{B}\\ \boldsymbol{B}^{\mathrm{T}} & \boldsymbol{C}\end{bmatrix}\geqslant 0$。

参考文献

[1] G Grimm, J Hatfield, I Postlethwaite, et al. Anti-windup for stable linear systems with input saturation: An LMI-based synthesis. IEEE Transactions on Automatic Control, 2003, 48(9): 1509-1525.

[2] T S Hu, A Teel, L Zaccarian. Stability and performance for saturated systems via quadratic and non-quadratic Lyapunov functions. IEEE Transactions on Automatic Control, 2006, 51(11): 1770-1786.

[3] Wu Huai-Ning, Zhu Huan-Yu, Wang Jun-Wei. H_∞ Fuzzy control for a class of nonlinear coupled ODE-PDE systems with input constraint. IEEE Transactions on Fuzzy Systems, 2015, 23(3): 393-604.

[4] Gahinet P, Nemirovsky A, Laub A J, et al. LMI control toolbox: For use With MATLAB. Natick, MA: TheMathWorks, Inc.

[5] Galeani S, Onori S, Teel A R, et al. A magnitude and rate saturation model and its use in the solution of a static anti-windup problem. Systems and Control Letters, 2008, 57(1), 1-9.

第12章 基于LMI的倒立摆T-S模糊控制

12.1 单级倒立摆的T-S模糊建模

12.1.1 T-S模糊系统

单级倒立摆系统是一种特殊的单力臂机器人被控对象，是一个非线性的、不确定复杂系统，其控制器的设计应保证良好的鲁棒稳定性。

采用T-S模糊系统进行非线性系统建模的研究是近年来控制理论的研究热点之一。实践证明，具有线性的T-S模糊模型以模糊规则的形式充分利用系统局部信息和专家控制经验，可任意精度逼近实际被控对象。T-S模糊系统的稳定性条件可表述成线性矩阵不等式LMI的形式，基于T-S模糊模型的非线性系统鲁棒稳定和自适应控制的研究是控制理论研究的热点[1]。

针对 n 个状态变量、m 个控制输入的连续非线性系统，其T-S型模糊模型可描述为以下 r 条模糊规则：

规则 i

$$\text{If } x_1(t) \text{ is } M_1^i \text{ and } x_2(t) \text{ is } M_2^i \text{ and } \cdots x_n(t) \text{ is } M_n^i \tag{12.1}$$

$$\text{Then } \dot{\boldsymbol{x}}(t)=\boldsymbol{A}_i\boldsymbol{x}(t)+\boldsymbol{B}_i\boldsymbol{u}(t),\quad i=1,2,\cdots,r$$

其中，x_j 为系统的第 j 个状态变量，M_j^i 为第 i 条规则的第 j 个隶属函数，$x(t)$为状态向量，$\boldsymbol{x}(t)=[x_1(t)\quad x_2(t)\quad \cdots\quad x_n(t)]^{\mathrm{T}}\in\mathbf{R}^n$，$\boldsymbol{u}(t)$为控制输入向量，$\boldsymbol{u}(t)=[u_1(t)\quad u_2(t)\quad \cdots\quad u_m(t)]^{\mathrm{T}}\in\mathbf{R}^m$，$\boldsymbol{A}_i\in\mathbf{R}^{n\times n}$，$\boldsymbol{B}_i\in\mathbf{R}^{n\times m}$。

根据模糊系统的反模糊化定义，由模糊规则式(12.1)构成的模糊模型总的输出为

$$\dot{\boldsymbol{x}}(t)=\frac{\sum_{i=1}^{r}w_i[A_ix(t)+B_iu(t)]}{\sum_{i=1}^{r}w_i} \tag{12.2}$$

其中，w_i 为规则 i 的隶属函数，$w_i=\prod_{k=1}^{n}M_k^i(x_k(t))$；以4条规则为例，规则前提为 x_1，则 $k=1$，$i=1,2,3,4$，则 $w_1=M_1^1(x_1)$，$w_2=M_1^2(x_1)$，$w_3=M_1^3(x_1)$，$w_4=M_1^4(x_1)$。

针对每条T-S模糊规则，采用状态反馈方法，可设计 r 条模糊控制规则：

控制规则 i

$$\text{If } x_1(t) \text{ is } M_1^i \text{ and } x_2(t) \text{ is } M_2^i \text{ and } \cdots x_n(t) \text{ is } M_n^i \qquad (12.3)$$
$$\text{Then } u_i(t)=\boldsymbol{K}_i\boldsymbol{x}(t),\quad i=1,2,\cdots,r$$

并行分布补偿(Parallel Distributed Compensation，PDC)方法是由 Sugeno 等人[2]提出的一种基于模型的模糊控制器设计方法，该方法的稳定性分析由文献[3]给出，适用于解决基于 T-S 模糊建模的非线性系统控制问题[4]。

根据模糊系统的反模糊化定义，针对连续非线性系统式(12.1)，根据模糊控制规则式(12.3)，采用 PDC 方法设计 T-S 型模糊控制器[5]为

$$\boldsymbol{u}(t)=\frac{\sum_{j=1}^{r}w_jK_j\boldsymbol{x}(t)}{\sum_{j=1}^{r}w_j} \qquad (12.4)$$

12.1.2 倒立摆系统的控制问题

倒立摆系统的控制问题一直是控制研究中的一个典型问题。控制的目标是通过给小车底座施加一个力 u(控制量)，使小车停留在预定位置，并使摆不倒下，即不超过预先定义好的垂直偏离角度范围。

单级倒立摆模型为

$$\begin{cases}\dot{x}_1=x_2\\ \dot{x}_2=\dfrac{g\sin x_1-amlx_2^2\sin(2x_1)/2-au\cos x_1}{4l/3-aml\cos^2 x_1}\end{cases} \qquad (12.5)$$

其中，x_1 为摆的角度，x_2 为摆的角速度，$2l$ 为摆长，u 为加在小车上的控制输入，$a=\dfrac{1}{M+m}$，M 和 m 分别为小车和摆的质量。

12.1.3 基于2条模糊规则的设计

根据倒立摆模型可知，当 $x_1\to 0$ 时，$\sin x_1\to x_1$，$\cos x_1\to 1$；$x_1\to\pm\dfrac{\pi}{2}$时，$\sin x_1\to\pm 1\to\dfrac{2}{\pi}x_1$，由此可得以下两条 T-S 模糊规则：

规则 1 如果 $x_1(t)$为 0，则 $\dot{\boldsymbol{x}}(t)=\boldsymbol{A}_1\boldsymbol{x}(t)+\boldsymbol{B}_1u(t)$；

规则 2 如果 $x_1(t)$为$\pm\dfrac{\pi}{2}\left(|x_1|<\dfrac{\pi}{2}\right)$，则 $\dot{\boldsymbol{x}}(t)=\boldsymbol{A}_2\boldsymbol{x}(t)+\boldsymbol{B}_2u(t)$。

其中，$\boldsymbol{A}_1=\begin{bmatrix}0 & 1\\ \dfrac{g}{4l/3-aml} & 0\end{bmatrix}$，$\boldsymbol{B}_1=\begin{bmatrix}0\\ -\dfrac{a}{4l/3-aml}\end{bmatrix}$，$\boldsymbol{A}_2=\begin{bmatrix}0 & 1\\ \dfrac{2g}{\pi(4l/3-aml\beta^2)} & 0\end{bmatrix}$，$\boldsymbol{B}_2=\begin{bmatrix}0\\ -\dfrac{a\beta}{4l/3-aml\beta^2}\end{bmatrix}$，$\beta=\cos(88°)$。

针对倒立摆模型，取 $g=9.8\mathrm{m/s^2}$，摆的质量 $m=2.0\mathrm{kg}$，小车质量 $M=8.0\mathrm{kg}$，$2l=1.0\mathrm{m}$。根据倒立摆的运动情况，设计 2 条模糊控制规则：

规则 1 如果 $x_1(t)$为 0，则 $u=\boldsymbol{K}_1\boldsymbol{x}(t)$；

规则 2 如果 $x_1(t)$为$\pm\frac{\pi}{2}\left(|x_1(t)|<\frac{\pi}{2}\right)$，则 $u=\boldsymbol{K}_2x(t)$。

采用 PDC 方法，根据式(12.4)，设计基于 T-S 型的模糊控制器为

$$u=w_1(x_1)\boldsymbol{K}_1x(t)+w_2(x_1)\boldsymbol{K}_2x(t) \tag{12.6}$$

其中，$w_1+w_2=1$。

根据倒立摆的两条 T-S 模糊模型规则，隶属函数应按图 12.1 进行设计。仿真中采用三角形隶属函数实现摆角度 $x_1(t)$的模糊化，仿真程序为 chap12_1mf. m，如图 12.2 所示。

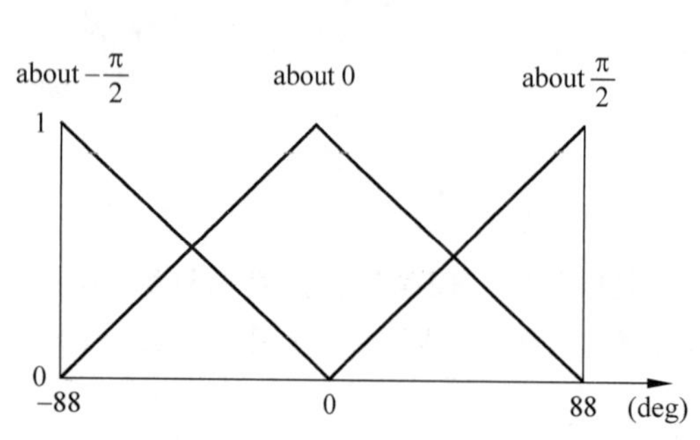

图 12.1 模糊隶属度函数示意图

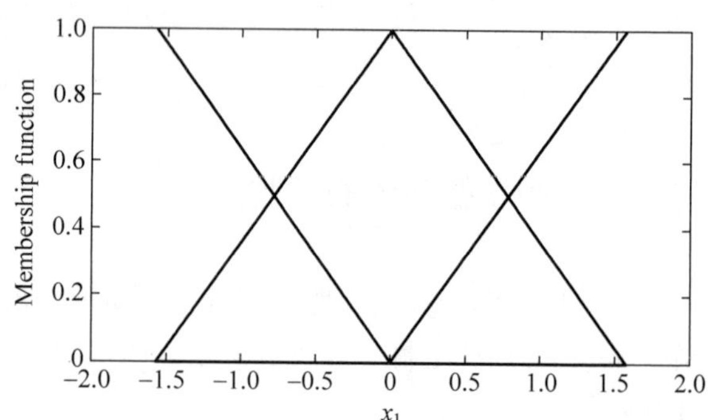

图 12.2 仿真中的模糊隶属度函数

12.1.4 基于 4 条模糊规则的设计

为了能在大范围的初始角度下进行控制，在上述 2 条规则的基础上，需要增加模糊规则数量。

根据倒立摆模型可知，$x_1\to\pm\frac{\pi}{2}\left(|x_1|>\frac{\pi}{2}\right)$时，$\sin x_1\to\pm1\to\frac{2}{\pi}x_1$，由于 $\beta=\cos(88°)$，则 $\cos(x_1)=\cos(180°-88°)=-\cos(88°)=-\beta$；当 $x_1\to\pi$ 时，$\sin x_1\to0$，$\cos x_1\to-1$，则近似有 $\dot{x}_2=\frac{au}{4l/3-aml}$。由此，在上述 2 条模糊规则的基础上，可得以下另外两条 T-S 型模糊规则：

规则 3 如果 $x_1(t)$为$\pm\frac{\pi}{2}\left(|x_1|>\frac{\pi}{2}\right)$，则 $\dot{\boldsymbol{x}}(t)=\boldsymbol{A}_3\boldsymbol{x}(t)+\boldsymbol{B}_3u(t)$；

规则 4 如果 $x_1(t)$为$\pm\pi$，则 $\dot{\boldsymbol{x}}(t)=\boldsymbol{A}_4\boldsymbol{x}(t)+\boldsymbol{B}_4u(t)$。

其中，$\boldsymbol{A}_3=\begin{bmatrix}0 & 1\\ \dfrac{2g}{\pi(4l/3-aml\beta^2)} & 0\end{bmatrix}$，$\boldsymbol{B}_3=\begin{bmatrix}0\\ \dfrac{\alpha\beta}{4l/3-aml\beta^2}\end{bmatrix}$，$\boldsymbol{A}_4=\begin{bmatrix}0 & 1\\ 0 & 0\end{bmatrix}$，$\boldsymbol{B}_4=\begin{bmatrix}0\\ \dfrac{\alpha}{4l/3-aml}\end{bmatrix}$。

根据倒立摆的运动情况，设计第 5 条和第 6 条模糊控制规则：

规则 5 如果 $x_1(t)$为$\pm\frac{\pi}{2}\left(|x_1|>\frac{\pi}{2}\right)$，则 $u=\boldsymbol{K}_3\boldsymbol{x}(t)$；

规则 6 如果 $x_1(t)$为$\pm\pi$，则 $u=\boldsymbol{K}_4\boldsymbol{x}(t)$。

如图 12.3 所示，为具有 4 条规则的隶属函数示意图，隶属函数有交集的规则分别是规则 1，

规则 2、规则 3 和规则 4。仿真中采用三角形隶属函数实现摆角度 $x_1(t)$ 的模糊化，仿真程序为 chap12_2mf.m，如图 12.4 所示。

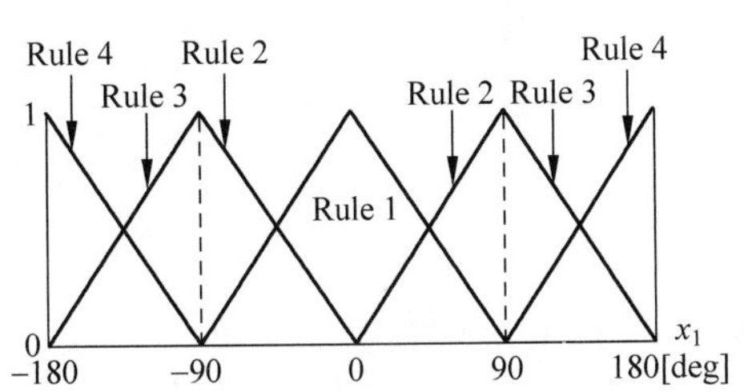

图 12.3　模糊隶属度函数示意图

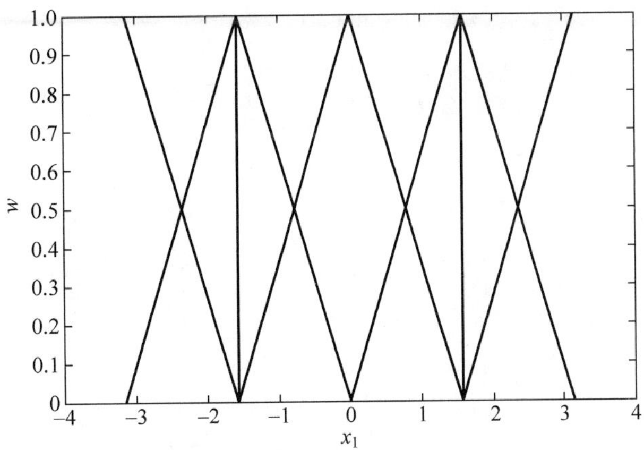

图 12.4　仿真中的模糊隶属度函数

采用 PDC 方法，根据式(12.4)设计基于 T-S 型的模糊控制器为

$$u = w_1(x_1)\boldsymbol{K}_1 x(t) + w_2(x_1)\boldsymbol{K}_2 x(t) + w_3(x_1)\boldsymbol{K}_3 x(t) + w_4(x_1)\boldsymbol{K}_4 x(t) \tag{12.7}$$

其中 $w_1 + w_2 + w_3 + w_4 = 1$。

仿真程序：

(1) 2 条模糊规则隶属函数：chap12_1mf.m。

```
clear all;
close all;
L1 =- pi/2;L2 = pi/2;
L = L2 - L1;

h = pi/2;
N = L/h;
T = 0.01;

x = L1:T:L2;
for i = 1:N + 1
e(i) = L1 + L/N * (i - 1);
end
w = trimf(x,[e(1),e(2),e(3)]);                      %中间的隶属函数
plot(x,w,'r','linewidth',2);

for j = 1:N
if j == 1
        w = trimf(x,[e(1),e(1),e(2)]);               %第一个隶属函数
elseif j == N
        w = trimf(x,[e(N),e(N + 1),e(N + 1)]);       %最后一个隶属函数
end
hold on;
plot(x,w,'b','linewidth',2);
end
xlabel('x');ylabel('Membership function');
legend('First Rule','Second rule');
```

（2）4 条模糊规则隶属函数：chap12_2mf.m。

```
clear all;
close all;
L1 =- pi;L2 = pi;
L = L2 - L1;

h = pi/2;
N = L/h;
T = 0.01;

x = L1:T:L2;
for i = 1:N + 1
e(i) = L1 + L/N * (i - 1);
end
figure(2);
w1 = trimf(x,[e(2),e(3),e(4)]);                    % 规则 1:x1 趋近于零
plot(x,w1,'r','linewidth',2);
w2 = trimf(x,[e(2),e(2),e(3)]);                    % 规则 2:x1 在正负 pi/2 附近,值偏小
hold on
plot(x,w2,'b','linewidth',2);
   w2 = trimf(x,[e(3),e(4),e(4)]);
hold on
plot(x,w2,'b','linewidth',2);

w3 = trimf(x,[e(1),e(2),e(2)]);                    % 规则 3:x1 在正负 pi/2 附近,值偏大
hold on;
plot(x,w3,'g','linewidth',2);
    w3 = trimf(x,[e(4),e(4),e(5)]);
hold on;
plot(x,w3,'g','linewidth',2);

w4 = trimf(x,[e(1),e(1),e(2)]);                    % 规则 4:x1 在正负 pi 附近
hold on;
plot(x,w4,'k','linewidth',2);
w4 = trimf(x,[e(4),e(5),e(5)]);
hold on;
plot(x,w4,'k','linewidth',2);
```

12.2 基于 LMI 的单级倒立摆 T-S 模糊控制

线性矩阵不等式(Linear Matrix Inequality,LMI)是控制领域的一个强有力的设计工具。许多控制理论的分析与综合问题都可简化为相应的 LMI 问题,通过构造有效的控制算法求解。

随着控制技术的迅速发展,在反馈控制系统的设计中,常需要考虑许多系统的约束条件,例如系统的不确定性约束等。在处理系统鲁棒控制问题以及其他控制理论引起的控制问题时,都可将控制问题转化为一个线性矩阵不等式或带有线性矩阵不等式约束的最优化问题。目前,线性矩阵不等式(LMI)技术已成为控制工程、系统辨识、结构设计等领域的有效工具。利用线性矩阵不等式技术来求解一些控制问题,是控制理论发展的一个重要方向[6]。

12.2.1 LMI 不等式的设计及分析

关于利用 LMI 方法设计基于 T-S 模糊建模的非线性系统控制问题,文献[6]有许多描述。

针对控制规则式(12.3)，为了求得每条规则控制器 $u_i(t)=\boldsymbol{K}_i x(t),i=1,2,\cdots,r$ 中的控制增益 $\boldsymbol{K}_i$，需要采用如下定理。

定理 12.1[8] 存在正定阵 $\boldsymbol{Q}$，当满足下面的条件时，T-S 模糊系统式(12.1)渐进稳定

$$\boldsymbol{Q}\boldsymbol{A}_i^{\mathrm{T}}+\boldsymbol{A}_i\boldsymbol{Q}+\boldsymbol{V}_i^{\mathrm{T}}\boldsymbol{B}_i^{\mathrm{T}}+\boldsymbol{B}_i\boldsymbol{V}_i<0,\quad i=1,2,\cdots,r$$

$$\boldsymbol{Q}\boldsymbol{A}_i^{\mathrm{T}}+\boldsymbol{A}_i\boldsymbol{Q}+\boldsymbol{Q}\boldsymbol{A}_j^{\mathrm{T}}+\boldsymbol{A}_j\boldsymbol{Q}+\boldsymbol{V}_j^{\mathrm{T}}\boldsymbol{B}_i^{\mathrm{T}}+\boldsymbol{B}_i\boldsymbol{V}_j+\boldsymbol{V}_i^{\mathrm{T}}\boldsymbol{B}_j^{\mathrm{T}}+\boldsymbol{B}_j\boldsymbol{V}_i<0,\quad i<j\leqslant r$$

$$\boldsymbol{Q}=\boldsymbol{P}^{-1}>0$$

其中，$\boldsymbol{V}_i=\boldsymbol{K}_i\boldsymbol{Q}$，即 $\boldsymbol{K}_i=\boldsymbol{V}_i\boldsymbol{Q}^{-1}=\boldsymbol{V}_i\boldsymbol{P}$，$\boldsymbol{V}_j=\boldsymbol{K}_j\boldsymbol{Q}$，即 $\boldsymbol{K}_j=\boldsymbol{V}_j\boldsymbol{Q}^{-1}=\boldsymbol{V}_j\boldsymbol{P}$。

根据式(12.4)设计控制器，利用 LMI 方法可求出控制器式(12.3)的增益 K_i，下面结合文献[7]，给出定理 12.1 的具体证明过程：

取 Lyapunov 函数

$$\boldsymbol{V}(t)=\frac{1}{2}\boldsymbol{x}^{\mathrm{T}}\boldsymbol{P}\boldsymbol{x}$$

其中，矩阵 $\boldsymbol{P}$ 为正定对称矩阵。

则有

$$\begin{aligned}
\dot{\boldsymbol{V}}(t)&=\frac{1}{2}(\dot{\boldsymbol{x}}^{\mathrm{T}}\boldsymbol{P}\boldsymbol{x}+\boldsymbol{x}^{\mathrm{T}}\boldsymbol{P}\dot{\boldsymbol{x}})=\frac{1}{2}\dot{\boldsymbol{x}}^{\mathrm{T}}\boldsymbol{P}\boldsymbol{x}+\frac{1}{2}\boldsymbol{x}^{\mathrm{T}}\boldsymbol{P}\dot{\boldsymbol{x}}\\
&=\frac{1}{2}\left\{\frac{\sum_{i=1}^{r}w_i[\boldsymbol{A}_i\boldsymbol{x}+\boldsymbol{B}_i\boldsymbol{u}]}{\sum_{i=1}^{r}w_i}\right\}^{\mathrm{T}}\boldsymbol{P}\boldsymbol{x}+\frac{1}{2}\boldsymbol{x}^{\mathrm{T}}\boldsymbol{P}\left\{\frac{\sum_{i=1}^{r}w_i[\boldsymbol{A}_i\boldsymbol{x}+\boldsymbol{B}_i\boldsymbol{u}]}{\sum_{i=1}^{r}w_i}\right\}\\
&=\frac{1}{2}\left\{\frac{\sum_{i=1}^{r}w_i\left[\boldsymbol{A}_i x+\boldsymbol{B}_i\frac{\sum_{j=1}^{r}w_j\boldsymbol{K}_j x}{\sum_{j=1}^{r}w_j}\right]}{\sum_{i=1}^{r}w_i}\right\}^{\mathrm{T}}\boldsymbol{P}\boldsymbol{x}+\frac{1}{2}\boldsymbol{x}^{\mathrm{T}}\boldsymbol{P}\left\{\frac{\sum_{i=1}^{r}w_i\left[\boldsymbol{A}_i\boldsymbol{x}+\boldsymbol{B}_i\frac{\sum_{j=1}^{r}w_j\boldsymbol{K}_j\boldsymbol{x}}{\sum_{j=1}^{r}w_j}\right]}{\sum_{i=1}^{r}w_i}\right\}\\
&=\frac{1}{2}\left\{\frac{\sum_{i=1}^{r}w_i\left[\sum_{j=1}^{r}w_j\boldsymbol{A}_i\boldsymbol{x}+\boldsymbol{B}_i\sum_{j=1}^{r}w_j\boldsymbol{K}_j\boldsymbol{x}\right]}{\sum_{i=1}^{r}w_i\sum_{j=1}^{r}w_j}\right\}^{\mathrm{T}}\boldsymbol{P}\boldsymbol{x}+\\
&\quad\frac{1}{2}\boldsymbol{x}^{\mathrm{T}}\boldsymbol{P}\left\{\frac{\sum_{i=1}^{r}w_i\left[\sum_{j=1}^{r}w_j\boldsymbol{A}_i\boldsymbol{x}+\boldsymbol{B}_i\sum_{j=1}^{r}w_j\boldsymbol{K}_j\boldsymbol{x}\right]}{\sum_{i=1}^{r}w_i\sum_{j=1}^{r}w_j}\right\}\\
&=\frac{1}{2}\left[\frac{\sum_{i=1}^{r}w_i\sum_{j=1}^{r}w_j(\boldsymbol{A}_i\boldsymbol{x}+\boldsymbol{B}_i\boldsymbol{K}_j\boldsymbol{x})}{\sum_{i=1}^{r}\sum_{j=1}^{r}w_iw_j}\right]^{\mathrm{T}}\boldsymbol{P}\boldsymbol{x}+\frac{1}{2}\boldsymbol{x}^{\mathrm{T}}\boldsymbol{P}\left[\frac{\sum_{i=1}^{r}w_i\sum_{j=1}^{r}w_j(\boldsymbol{A}_i\boldsymbol{x}+\boldsymbol{B}_i\boldsymbol{K}_j\boldsymbol{x})}{\sum_{i=1}^{r}\sum_{j=1}^{r}w_iw_j}\right]
\end{aligned}$$

$$=\frac{1}{2}\frac{\sum_{i=1}^{r}\sum_{j=1}^{r}w_iw_j\boldsymbol{x}^{\mathrm{T}}(\boldsymbol{A}_i+\boldsymbol{B}_i\boldsymbol{K}_j)^{\mathrm{T}}}{\sum_{i=1}^{r}\sum_{j=1}^{r}w_iw_j}\boldsymbol{Px}+\frac{1}{2}\boldsymbol{x}^{\mathrm{T}}\boldsymbol{P}\frac{\sum_{i=1}^{r}\sum_{j=1}^{r}w_iw_j(\boldsymbol{A}_i+\boldsymbol{B}_i\boldsymbol{K}_j)\boldsymbol{x}}{\sum_{i=1}^{r}\sum_{j=1}^{r}w_iw_j}$$

$$=\frac{1}{2}\boldsymbol{x}^{\mathrm{T}}\frac{\sum_{i=1}^{r}\sum_{j=1}^{r}w_iw_j(\boldsymbol{A}_i+\boldsymbol{B}_i\boldsymbol{K}_j)^{\mathrm{T}}}{\sum_{i=1}^{r}\sum_{j=1}^{r}w_iw_j}\boldsymbol{Px}+\frac{1}{2}\boldsymbol{x}^{\mathrm{T}}\boldsymbol{P}\frac{\sum_{i=1}^{r}\sum_{j=1}^{r}w_iw_j(\boldsymbol{A}_i+\boldsymbol{B}_i\boldsymbol{K}_j)}{\sum_{i=1}^{r}\sum_{j=1}^{r}w_iw_j}\boldsymbol{x}$$

$$=\frac{1}{2}\boldsymbol{x}^{\mathrm{T}}\left[\frac{\sum_{i=1}^{r}\sum_{j=1}^{r}w_iw_j(\boldsymbol{A}_i+\boldsymbol{B}_i\boldsymbol{K}_j)^{\mathrm{T}}}{\sum_{i=1}^{r}\sum_{j=1}^{r}w_iw_j}\boldsymbol{P}+\boldsymbol{P}\frac{\sum_{i=1}^{r}\sum_{j=1}^{r}w_iw_j(\boldsymbol{A}_i+\boldsymbol{B}_i\boldsymbol{K}_j)}{\sum_{i=1}^{r}\sum_{j=1}^{r}w_iw_j}\right]\boldsymbol{x}$$

$$=\frac{1}{2}\boldsymbol{x}^{\mathrm{T}}\left\{\frac{\sum_{i=1}^{r}\sum_{j=1}^{r}w_iw_j[(\boldsymbol{A}_i+\boldsymbol{B}_i\boldsymbol{K}_j)^{\mathrm{T}}\boldsymbol{P}+\boldsymbol{P}(\boldsymbol{A}_i+\boldsymbol{B}_i\boldsymbol{K}_j)]}{\sum_{i=1}^{r}\sum_{j=1}^{r}w_iw_j}\right\}\boldsymbol{x}$$

因此，当满足不等式

$$(\boldsymbol{A}_i+\boldsymbol{B}_i\boldsymbol{K}_j)^{\mathrm{T}}\boldsymbol{P}+\boldsymbol{P}(\boldsymbol{A}_i+\boldsymbol{B}_i\boldsymbol{K}_j)<0$$

时，$\dot{\boldsymbol{V}}(t)\leqslant 0$，其中 $i=1,2,\cdots,r$，$j=1,2,\cdots,r$。

考虑 $i=j$ 和 $i\neq j$ 两种情况，将式 $\dot{\boldsymbol{V}}(t)$ 展开，得

$$\dot{\boldsymbol{V}}(t)=\frac{1}{2}\boldsymbol{x}^{\mathrm{T}}\left\{\frac{\sum_{i=1}^{r}\sum_{j=1}^{r}w_iw_j[(\boldsymbol{A}_i+\boldsymbol{B}_i\boldsymbol{K}_j)^{\mathrm{T}}\boldsymbol{P}+\boldsymbol{P}(\boldsymbol{A}_i+\boldsymbol{B}_i\boldsymbol{K}_j)]}{\sum_{i=1}^{r}\sum_{j=1}^{r}w_iw_j}\right\}\boldsymbol{x}$$

$$=\frac{1}{2}\boldsymbol{x}^{\mathrm{T}}\frac{1}{\sum_{i=1}^{r}\sum_{j=1}^{r}w_iw_j}\sum_{i=1}^{r}w_iw_i[(\boldsymbol{A}_i+\boldsymbol{B}_i\boldsymbol{K}_i)^{\mathrm{T}}\boldsymbol{P}+\boldsymbol{P}(\boldsymbol{A}_i+\boldsymbol{B}_i\boldsymbol{K}_i)]\boldsymbol{x}+$$

$$\frac{1}{2}\boldsymbol{x}^{\mathrm{T}}\frac{1}{\sum_{i=1}^{r}\sum_{j=1}^{r}w_iw_j}\sum_{i<j}^{r}w_iw_j[\boldsymbol{G}_{ij}^{\mathrm{T}}\boldsymbol{P}+\boldsymbol{P}\boldsymbol{G}_{ij}]\boldsymbol{x}$$

其中，$\boldsymbol{G}_{ij}=(\boldsymbol{A}_i+\boldsymbol{B}_i\boldsymbol{K}_j)+(\boldsymbol{A}_j+\boldsymbol{B}_j\boldsymbol{K}_i)$。

当满足不等式

$$\begin{cases}(\boldsymbol{A}_i+\boldsymbol{B}_i\boldsymbol{K}_i)^{\mathrm{T}}\boldsymbol{P}+\boldsymbol{P}(\boldsymbol{A}_i+\boldsymbol{B}_i\boldsymbol{K}_i)<0 & i=j=1,2,\cdots,r\\ \boldsymbol{G}_{ij}^{\mathrm{T}}\boldsymbol{P}+\boldsymbol{P}\boldsymbol{G}_{ij}<0 & i<j\leqslant r\end{cases}\tag{12.8}$$

有 $\dot{\boldsymbol{V}}(t)\leqslant 0$，从而由于 $\dot{V}$ 是半负定的，则当 $\dot{V}\equiv 0$ 时，有 $\boldsymbol{x}\equiv 0$，根据 LaSalle 不变集引理，$t\to\infty$ 时，$x\to 0$。

为了对式(12.8)进行 LMI 求解，需要进行如下转换。

12.2.2 不等式的转换

首先考虑式(12.8)中的$(\boldsymbol{A}_i+\boldsymbol{B}_i\boldsymbol{K}_i)^{\mathrm{T}}\boldsymbol{P}+\boldsymbol{P}(\boldsymbol{A}_i+\boldsymbol{B}_i\boldsymbol{K}_i)<0$，$i=j=1,2,\cdots,r$，取$\boldsymbol{Q}=\boldsymbol{P}^{-1}$，则$\boldsymbol{Q}$也是正定对称矩阵，令$\boldsymbol{V}_i=\boldsymbol{K}_i\boldsymbol{Q}$，则

$$\boldsymbol{A}_i^{\mathrm{T}}\boldsymbol{P}+\boldsymbol{K}_i^{\mathrm{T}}\boldsymbol{B}_i^{\mathrm{T}}\boldsymbol{P}+\boldsymbol{P}\boldsymbol{A}_i+\boldsymbol{P}\boldsymbol{B}_i\boldsymbol{K}_i<0$$

上式中的每个式子两边分别乘以$\boldsymbol{P}^{-1}$，得

$$\boldsymbol{P}^{-1}\boldsymbol{A}_i^{\mathrm{T}}+\boldsymbol{P}^{-1}\boldsymbol{K}_i^{\mathrm{T}}\boldsymbol{B}_i^{\mathrm{T}}+\boldsymbol{A}_i\boldsymbol{P}^{-1}+\boldsymbol{B}_i\boldsymbol{K}_i\boldsymbol{P}^{-1}<0$$

即

$$\boldsymbol{Q}\boldsymbol{A}_i^{\mathrm{T}}+\boldsymbol{V}_i^{\mathrm{T}}\boldsymbol{B}_i^{\mathrm{T}}+\boldsymbol{A}_i\boldsymbol{Q}+\boldsymbol{B}_i\boldsymbol{V}_i<0$$

则第1个LMI为

$$\boldsymbol{Q}\boldsymbol{A}_i^{\mathrm{T}}+\boldsymbol{A}_i\boldsymbol{Q}+\boldsymbol{V}_i^{\mathrm{T}}\boldsymbol{B}_i^{\mathrm{T}}+\boldsymbol{B}_i\boldsymbol{V}_i<0 \tag{12.9}$$

然后考虑式(12.8)中的$\boldsymbol{G}_{ij}^{\mathrm{T}}\boldsymbol{P}+\boldsymbol{P}\boldsymbol{G}_{ij}<0$，$\boldsymbol{G}_{ij}=(\boldsymbol{A}_i+\boldsymbol{B}_i\boldsymbol{K}_j)+(\boldsymbol{A}_j+\boldsymbol{B}_j\boldsymbol{K}_i)$，$i<j\leqslant r$。取$\boldsymbol{Q}=\boldsymbol{P}^{-1}$，则$\boldsymbol{Q}$也是正定对称矩阵。令$\boldsymbol{V}_i=\boldsymbol{K}_i\boldsymbol{Q}$，$\boldsymbol{V}_j=\boldsymbol{K}_j\boldsymbol{Q}$，则

$$((\boldsymbol{A}_i+\boldsymbol{B}_i\boldsymbol{K}_j)+(\boldsymbol{A}_j+\boldsymbol{B}_j\boldsymbol{K}_i))^{\mathrm{T}}\boldsymbol{P}+\boldsymbol{P}((\boldsymbol{A}_i+\boldsymbol{B}_i\boldsymbol{K}_j)+(\boldsymbol{A}_j+\boldsymbol{B}_j\boldsymbol{K}_i))<0$$

上式中的每个式子两边分别乘以$\boldsymbol{P}^{-1}$，并考虑$\boldsymbol{Q}=\boldsymbol{Q}^{\mathrm{T}}$，得

$$\boldsymbol{Q}^{\mathrm{T}}((\boldsymbol{A}_i+\boldsymbol{B}_i\boldsymbol{K}_j)+(\boldsymbol{A}_j+\boldsymbol{B}_j\boldsymbol{K}_i))^{\mathrm{T}}+((\boldsymbol{A}_i+\boldsymbol{B}_i\boldsymbol{K}_j)+(\boldsymbol{A}_j+\boldsymbol{B}_j\boldsymbol{K}_i))\boldsymbol{Q}<0$$

即

$$(\boldsymbol{A}_i\boldsymbol{Q}+\boldsymbol{B}_i\boldsymbol{K}_j\boldsymbol{Q}+\boldsymbol{A}_j\boldsymbol{Q}+\boldsymbol{B}_j\boldsymbol{K}_i\boldsymbol{Q})^{\mathrm{T}}+\boldsymbol{A}_i\boldsymbol{Q}+\boldsymbol{B}_i\boldsymbol{K}_j\boldsymbol{Q}+\boldsymbol{A}_j\boldsymbol{Q}+\boldsymbol{B}_j\boldsymbol{K}_i\boldsymbol{Q}<0$$

从而得

$$(\boldsymbol{A}_i\boldsymbol{Q}+\boldsymbol{B}_i\boldsymbol{V}_j+\boldsymbol{A}_j\boldsymbol{Q}+\boldsymbol{B}_j\boldsymbol{V}_i)^{\mathrm{T}}+\boldsymbol{A}_i\boldsymbol{Q}+\boldsymbol{B}_i\boldsymbol{V}_j+\boldsymbol{A}_j\boldsymbol{Q}+\boldsymbol{B}_j\boldsymbol{V}_i<0$$

则第2个LMI为

$$\boldsymbol{Q}\boldsymbol{A}_i^{\mathrm{T}}+\boldsymbol{A}_i\boldsymbol{Q}+\boldsymbol{Q}\boldsymbol{A}_j^{\mathrm{T}}+\boldsymbol{A}_j\boldsymbol{Q}+\boldsymbol{V}_j^{\mathrm{T}}\boldsymbol{B}_i^{\mathrm{T}}+\boldsymbol{B}_i\boldsymbol{V}_j+\boldsymbol{V}_i^{\mathrm{T}}\boldsymbol{B}_j^{\mathrm{T}}+\boldsymbol{B}_j\boldsymbol{V}_i<0 \tag{12.10}$$

设计第2个LMI时，应考虑模糊规则i和模糊规则j的隶属函数是否有相互作用，如图12.3所示，如无相互作用，则LMI无效。

12.2.3 LMI的设计实例

实例1 如模糊系统由2条模糊规则构成，$r=2$，有$i=1,2$，则由式(12.9)可得LMI不等式为

$$\begin{aligned}&\boldsymbol{Q}\boldsymbol{A}_1^{\mathrm{T}}+\boldsymbol{A}_1\boldsymbol{Q}+\boldsymbol{V}_1^{\mathrm{T}}\boldsymbol{B}_1^{\mathrm{T}}+\boldsymbol{B}_1\boldsymbol{V}_1<0\\&\boldsymbol{Q}\boldsymbol{A}_2^{\mathrm{T}}+\boldsymbol{A}_2\boldsymbol{Q}+\boldsymbol{V}_2^{\mathrm{T}}\boldsymbol{B}_2^{\mathrm{T}}+\boldsymbol{B}_2\boldsymbol{V}_2<0\end{aligned} \tag{12.11}$$

针对$i<j\leqslant r$，有$i=1$，$j=2$，2条规则隶属函数相互作用，则由式(12.10)可得LMI不等式为

$$\boldsymbol{Q}\boldsymbol{A}_1^{\mathrm{T}}+\boldsymbol{A}_1\boldsymbol{Q}+\boldsymbol{Q}\boldsymbol{A}_2^{\mathrm{T}}+\boldsymbol{A}_2\boldsymbol{Q}+\boldsymbol{V}_2^{\mathrm{T}}\boldsymbol{B}_1^{\mathrm{T}}+\boldsymbol{B}_1\boldsymbol{V}_2+\boldsymbol{V}_1^{\mathrm{T}}\boldsymbol{B}_2^{\mathrm{T}}+\boldsymbol{B}_2\boldsymbol{V}_1<0 \tag{12.12}$$

写成MATLAB程序如下：

```
L1 = Q * A1' + A1 * Q + V1' * B1' + B1 * V1;
L2 = Q * A2' + A2 * Q + V2' * B2' + B2 * V2;
L3 = Q * A1' + A1 * Q + Q * A2' + A2 * Q + V2' * B1' + B1 * V2 + V1' * B2' + B2 * V1;
```

实例2 如模糊系统由4条模糊规则构成，$r=4$。

考虑单条规则，有$i=1,2,3,4$，则由式(12.9)可构造如下4个LMI不等式：

$$\begin{cases}\boldsymbol{QA}_1^{\mathrm{T}}+\boldsymbol{A}_1\boldsymbol{Q}+\boldsymbol{V}_1^{\mathrm{T}}\boldsymbol{B}_1^{\mathrm{T}}+\boldsymbol{B}_1\boldsymbol{V}_1<0\\ \boldsymbol{QA}_2^{\mathrm{T}}+\boldsymbol{A}_2\boldsymbol{Q}+\boldsymbol{V}_2^{\mathrm{T}}\boldsymbol{B}_2^{\mathrm{T}}+\boldsymbol{B}_2\boldsymbol{V}_2<0\\ \boldsymbol{QA}_3^{\mathrm{T}}+\boldsymbol{A}_3\boldsymbol{Q}+\boldsymbol{V}_3^{\mathrm{T}}\boldsymbol{B}_3^{\mathrm{T}}+\boldsymbol{B}_3\boldsymbol{V}_3<0\\ \boldsymbol{QA}_4^{\mathrm{T}}+\boldsymbol{A}_4\boldsymbol{Q}+\boldsymbol{V}_4^{\mathrm{T}}\boldsymbol{B}_4^{\mathrm{T}}+\boldsymbol{B}_4\boldsymbol{V}_4<0\end{cases}\tag{12.13}$$

写成 MATLAB 程序如下：

```
L1 = Q * A1' + A1 * Q + V1' * B1' + B1 * V1;
L2 = Q * A2' + A2 * Q + V2' * B2' + B2 * V2;
L3 = Q * A3' + A3 * Q + V3' * B3' + B3 * V3;
L4 = Q * A4' + A4 * Q + V4' * B4' + B4 * V4;
```

针对 $i<j\leqslant r$，则由式(12.10)可构造 LMI 不等式。根据 $\boldsymbol{QA}_i^{\mathrm{T}}+\boldsymbol{A}_i\boldsymbol{Q}+\boldsymbol{QA}_j^{\mathrm{T}}+\boldsymbol{A}_j\boldsymbol{Q}+\boldsymbol{V}_j^{\mathrm{T}}\boldsymbol{B}_i^{\mathrm{T}}+\boldsymbol{B}_i\boldsymbol{V}_j+\boldsymbol{V}_i^{\mathrm{T}}\boldsymbol{B}_j^{\mathrm{T}}+\boldsymbol{B}_j\boldsymbol{V}_i<0$，可能存在的不等式为：$i=1,j=2,i=1,j=3,i=1,j=4$；$i=2,j=3,i=2,j=4$；$i=3,j=4$。设计 LMI 不等式时，应考虑隶属函数 i 和隶属函数 j 是否有隶属函数相互作用。

由于 $i=1,j=2$ 构成的 LMI 在实例 1 已存在，考虑第 3 条规则的隶属函数和第 4 条规则的隶属函数相互作用，即 $i=3,j=4$，所对应的 LMI 不等式如下：

$$\boldsymbol{QA}_3^{\mathrm{T}}+\boldsymbol{A}_3\boldsymbol{Q}+\boldsymbol{QA}_4^{\mathrm{T}}+\boldsymbol{A}_4\boldsymbol{Q}+\boldsymbol{V}_4^{\mathrm{T}}\boldsymbol{B}_3^{\mathrm{T}}+\boldsymbol{B}_3\boldsymbol{V}_4+\boldsymbol{V}_3^{\mathrm{T}}\boldsymbol{B}_4^{\mathrm{T}}+\boldsymbol{B}_4\boldsymbol{V}_3<0\tag{12.14}$$

写成 MATLAB 程序如下：

```
L = Q * A3' + A3 * Q + Q * A4' + A4 * Q + V4' * B3' + B3 * V4 + V3' * B4' + B4 * V3;
```

12.2.4 基于 LMI 的单级倒立摆 T-S 模糊控制

1. 基于 2 条模糊规则的设计

根据上节的实例 1，倒立摆的线性矩阵不等式可表示为

$$\begin{cases}\boldsymbol{QA}_1^{\mathrm{T}}+\boldsymbol{A}_1\boldsymbol{Q}+\boldsymbol{V}_1^{\mathrm{T}}\boldsymbol{B}_1^{\mathrm{T}}+\boldsymbol{B}_1\boldsymbol{V}_1<0\\ \boldsymbol{QA}_2^{\mathrm{T}}+\boldsymbol{A}_2\boldsymbol{Q}+\boldsymbol{V}_2^{\mathrm{T}}\boldsymbol{B}_2^{\mathrm{T}}+\boldsymbol{B}_2\boldsymbol{V}_2<0\\ \boldsymbol{QA}_1^{\mathrm{T}}+\boldsymbol{A}_1\boldsymbol{Q}+\boldsymbol{QA}_2^{\mathrm{T}}+\boldsymbol{A}_2\boldsymbol{Q}+\boldsymbol{V}_2^{\mathrm{T}}\boldsymbol{B}_1^{\mathrm{T}}+\boldsymbol{B}_1\boldsymbol{V}_2+\boldsymbol{V}_1^{\mathrm{T}}\boldsymbol{B}_2^{\mathrm{T}}+\boldsymbol{B}_2\boldsymbol{V}_1<0\\ \boldsymbol{Q}=\boldsymbol{P}^{-1}>0\end{cases}\tag{12.15}$$

其中，$\boldsymbol{K}_1=\boldsymbol{V}_1\boldsymbol{P}$，$\boldsymbol{K}_2=\boldsymbol{V}_2\boldsymbol{P}$，$i=1,2$。

针对上述线性矩阵不等式，采用 MATLAB 的 LMI 工具箱进行求解。

YALMIP 工具箱可从网络上免费下载，工具箱名字为“yalmip. rar”。工具箱安装方法：先把 rar 文件解压到 MATLAB 安装目录下的 Toolbox 子文件夹；然后在 MATLAB 界面下进入 File→set path，单击 add with subfolders，然后找到解压文件目录。这样 MATLAB 就能自动找到工具箱里的命令了。

首先，根据倒立摆的运动情况，考虑设计 2 条模糊控制规则的情况：

规则 1　如果 $x_1(t)$ 为 0 则 $u=\boldsymbol{K}_1\boldsymbol{x}(t)$。

规则 2　如果 $x_1(t)$ 为 $\pm\frac{\pi}{2}\left(|x_1(t)|<\frac{\pi}{2}\right)$ 则 $u=\boldsymbol{K}_2\boldsymbol{x}(t)$。

采用 PDC 方法，根据式(12.4)，设计基于 T-S 型的模糊控制器为

$$u=w_1(x_1)\boldsymbol{K}_1\boldsymbol{x}(t)+w_2(x_1)\boldsymbol{K}_2\boldsymbol{x}(t)\tag{12.16}$$

其中，$w_1+w_2=1$。

根据倒立摆的两条 T-S 模糊模型规则，隶属函数应按图 12.1 进行设计，摆角初始状态为$\begin{bmatrix}\frac{\pi}{3} & 0\end{bmatrix}$。

首先，运行基于 LMI 的控制器增益求解程序 chap12_3LMI. m，求解线性矩阵不等式(12.15)，求得 $\boldsymbol{Q}$,$\boldsymbol{V}_1$,$\boldsymbol{V}_2$，从而得到状态反馈增益 $\boldsymbol{K}_1=[2400.8\quad 692.3]$，$\boldsymbol{K}_2=[5171.6\quad 1515.3]$，并将增益保存在文件 K12_file. dat 之中。采用控制律式(12.16)，运行 Simulink 主程序 chap12_3sim. mdl，仿真结果如图 12.5 和图 12.6 所示。

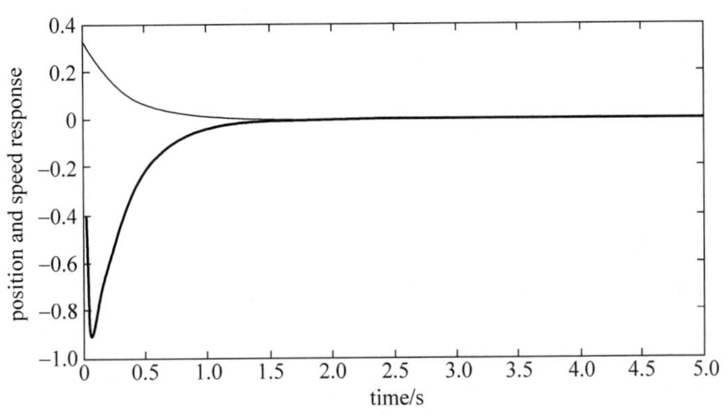

图 12.5　角度和速度响应

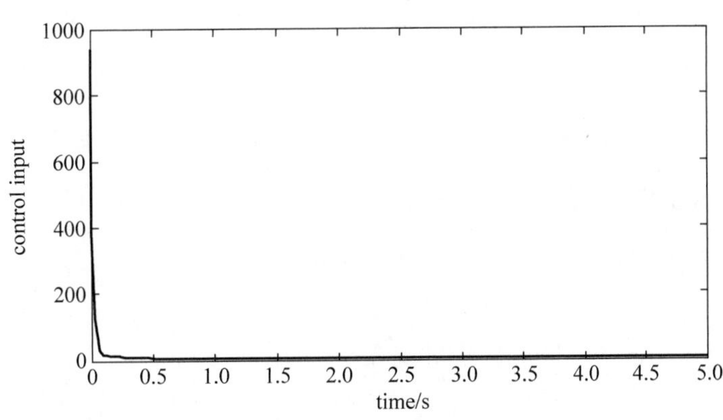

图 12.6　控制输入

仿真程序：

(1) 基于 LMI 的控制器增益求解程序：chap12_3LMI. m。

```
clear all;
close all;

g = 9.8;m = 2.0;M = 8.0;l = 0.5;
a = 1/(m + M);beta = cos(88 * pi/180);

a1 = 4 * l/3 - a * m * l;
A1 = [0 1;g/a1 0];
B1 = [0 ; - a/a1];
a2 = 4 * l/3 - a * m * l * beta^2;
A2 = [0 1;2 * g/(pi * a2) 0];
B2 = [0; - a * beta/a2];
```

```
Q = sdpvar(2,2);
V1 = sdpvar(1,2);
V2 = sdpvar(1,2);

L1 = Q * A1' + A1 * Q + V1' * B1' + B1 * V1;
L2 = Q * A2' + A2 * Q + V2' * B2' + B2 * V2;
L3 = Q * A1' + A1 * Q + Q * A2' + A2 * Q + V2' * B1' + B1 * V2 + V1' * B2' + B2 * V1;

F = set(L1 < 0) + set(L2 < 0) + set(L3 < 0) + set(Q > 0);
solvesdp(F);                                   %求 Q, V1, V2
Q = double(Q);
V1 = double(V1);
V2 = double(V2);

P = inv(Q);
K1 = V1 * P
K2 = V2 * P
saveLMI_K1K2_fileK1K2;
```

（2）Simulink 主程序：chap12_3sim. mdl。

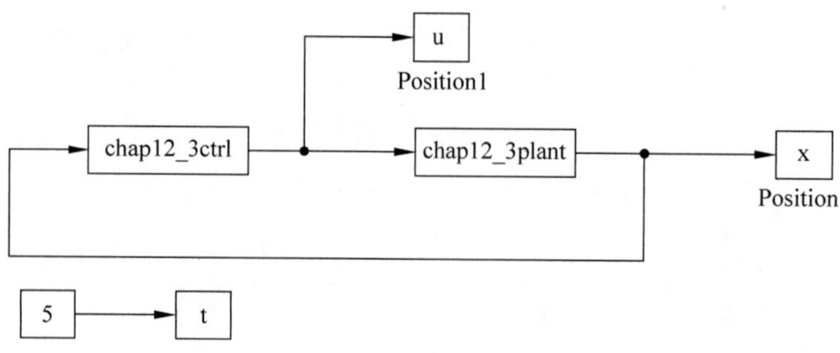

（3）模糊控制 S 函数：chap12_3ctrl. m。

```
function [sys,x0,str,ts] = spacemodel(t,x,u,flag)
switch flag,
case 0,
    [sys,x0,str,ts] = mdlInitializeSizes;
case 3,
sys = mdlOutputs(t,x,u);
case {2,4,9}
sys = [];
otherwise
error(['Unhandled flag = ',num2str(flag)]);
end
function [sys,x0,str,ts] = mdlInitializeSizes
sizes = simsizes;
sizes.NumContStates  = 0;
sizes.NumDiscStates  = 0;
sizes.NumOutputs     = 1;
sizes.NumInputs      = 2;
sizes.DirFeedthrough = 1;
sizes.NumSampleTimes = 1;
sys = simsizes(sizes);
x0  = [];
str = [];
ts  = [0 0];
```

```
function sys = mdlOutputs(t,x,u)
x = [u(1);u(2)];

loadLMI_K1K2_file;
ut1 = K1 * x;
ut2 = K2 * x;

L1 =- pi/2;L2 = pi/2;
L = L2 - L1;

N = 2;
for i = 1:N + 1
e(i) = L1 + L/N * (i - 1);
end

h1 = trimf(x(1),[e(1),e(2),e(3)]);          % 中间隶属函数
if x(1)< = 0
   h2 = trimf(x(1),[e(1),e(1),e(2)]);       % 第一个隶属函数
else
   h2 = trimf(x(1),[e(2),e(3),e(3)]);       % 最后一个隶属函数
end
% h1 + h2
ut = (h1 * ut1 + h2 * ut2)/(h1 + h2);
sys(1) = ut;
```

(4) 作图程序：chap12_3plot. m。

```
close all;

figure(1);
plot(t,x(:,1),'r',t,x(:,2),'b','linewidth',2);
xlabel('time(s)');ylabel('angle and angle speed response');

figure(2);
plot(t,u(:,1),'r','linewidth',2);
xlabel('time(s)');ylabel('control input');
```

(5) 被控对象 S 函数:chap12_3plant. m。

```
function [sys,x0,str,ts] = s_function(t,x,u,flag)
switch flag,
case 0,
    [sys,x0,str,ts] = mdlInitializeSizes;
case 1,
    sys = mdlDerivatives(t,x,u);
case 3,
    sys = mdlOutputs(t,x,u);
case {2, 4, 9}
    sys = [];
otherwise
    error(['Unhandled flag = ',num2str(flag)]);
end
function [sys,x0,str,ts] = mdlInitializeSizes
sizes = simsizes;
sizes.NumContStates   = 2;
sizes.NumDiscStates   = 0;
sizes.NumOutputs      = 2;
```

```
sizes.NumInputs       = 1;
sizes.DirFeedthrough  = 0;
sizes.NumSampleTimes  = 0;
sys = simsizes(sizes);
x0  = [pi/3,0];
str = [];
ts  = [];
function sys = mdlDerivatives(t,x,u)
g = 9.8;
m = 2.0;
M = 8.0;
l = 0.5;
a = 1/(m + M);

S = 4/3 * l - a * m * l * (cos(x(1)))^2;
fx = g * sin(x(1)) - a * m * l * x(2)^2 * sin(2 * x(1))/2;
fx = fx/S;
gx = - a * cos(x(1));
gx = gx/S;

sys(1) = x(2);
sys(2) = fx + gx * u;
function sys = mdlOutputs(t,x,u)
sys(1) = x(1);
sys(2) = x(2);
```

2. 基于 4 条模糊规则的设计

为了能在大范围的初始角度下进行控制，在上述 2 条规则的基础上，需要增加模糊规则数量。考虑另外两条 T-S 型模糊规则：

规则 3　如果 $x_1(t)$为$\pm\frac{\pi}{2}\left(|x_1|>\frac{\pi}{2}\right)$，则 $u=\boldsymbol{K}_3\boldsymbol{x}(t)$。

规则 4　如果 $x_1(t)$为$\pm\pi$，则 $u=\boldsymbol{K}_4\boldsymbol{x}(t)$。

由上节的实例 2，可构造 4 个不等式，见式(12.13)。

图 12.3 为具有 4 条规则的隶属函数示意图，隶属函数有交集的规则分别是规则 1 和 2、规则 3 和 4，带有交点的规则才能构成一个不等式。故针对 $i<j\leqslant r$，只能构造 2 个 LMI，所对应的 LMI 不等式如下：

$$\begin{cases}\boldsymbol{QA}_1^{\mathrm{T}}+\boldsymbol{A}_1\boldsymbol{Q}+\boldsymbol{QA}_2^{\mathrm{T}}+\boldsymbol{A}_2\boldsymbol{Q}+\boldsymbol{V}_2^{\mathrm{T}}\boldsymbol{B}_1^{\mathrm{T}}+\boldsymbol{B}_1\boldsymbol{V}_2+\boldsymbol{V}_1^{\mathrm{T}}\boldsymbol{B}_2^{\mathrm{T}}+\boldsymbol{B}_2\boldsymbol{V}_1<0\\ \boldsymbol{QA}_3^{\mathrm{T}}+\boldsymbol{A}_3\boldsymbol{Q}+\boldsymbol{QA}_4^{\mathrm{T}}+\boldsymbol{A}_4\boldsymbol{Q}+\boldsymbol{V}_4^{\mathrm{T}}\boldsymbol{B}_3^{\mathrm{T}}+\boldsymbol{B}_3\boldsymbol{V}_4+\boldsymbol{V}_3^{\mathrm{T}}\boldsymbol{B}_4^{\mathrm{T}}+\boldsymbol{B}_4\boldsymbol{V}_3<0\end{cases}\tag{12.17}$$

写成 MATLAB 程序如下：

```
L5 = Q * A1' + A1 * Q + Q * A2' + A2 * Q + V2' * B1' + B1 * V2 + V1' * B2' + B2 * V1;
L6 = Q * A3' + A3 * Q + Q * A4' + A4 * Q + V4' * B3' + B3 * V4 + V3' * B4' + B4 * V3;
```

采用 PDC 方法，根据式(12.4)，设计基于 T-S 型的模糊控制器为

$$u=w_1(x_1)\boldsymbol{K}_1\boldsymbol{x}(t)+w_2(x_1)\boldsymbol{K}_2\boldsymbol{x}(t)+w_3(x_1)\boldsymbol{K}_3\boldsymbol{x}(t)+w_4(x_1)\boldsymbol{K}_4\boldsymbol{x}(t)\tag{12.18}$$

根据倒立摆的两条 T-S 模糊模型规则，仿真中采用三角形隶属函数实现摆角度 $x_1(t)$的模糊化。摆角初始状态为$[\pi\quad 0]$。

首先运行基于 LMI 的控制器增益求解程序 chap12_4LMI.m，求解线性矩阵不等式，由

式(12.13)、式(12.17)及 $Q>0$,可构成7个LMI,求得 $\boldsymbol{Q}$,$\boldsymbol{V}_1$,$\boldsymbol{V}_2$,从而得到状态反馈增益 $\boldsymbol{K}_1=[3301.3\quad 969.9]$,$\boldsymbol{K}_2=[6366.3\quad 1879.7]$,$\boldsymbol{K}_3=[-6189.6\quad -1883.7]$,$\boldsymbol{K}_4=[-3105.2\quad -969.9]$,并将增益保存在文件 K1234_file.dat 之中。采用控制律式(12.18),运行 Simulink 主程序 chap12_4sim.mdl,仿真结果如图12.11和图12.12所示。

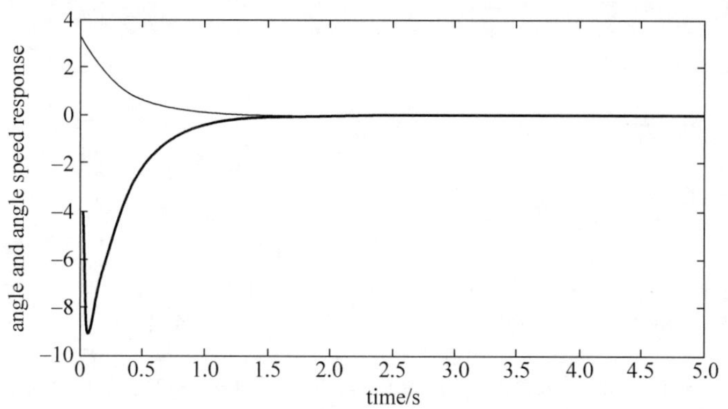

图 12.11　角度和速度响应

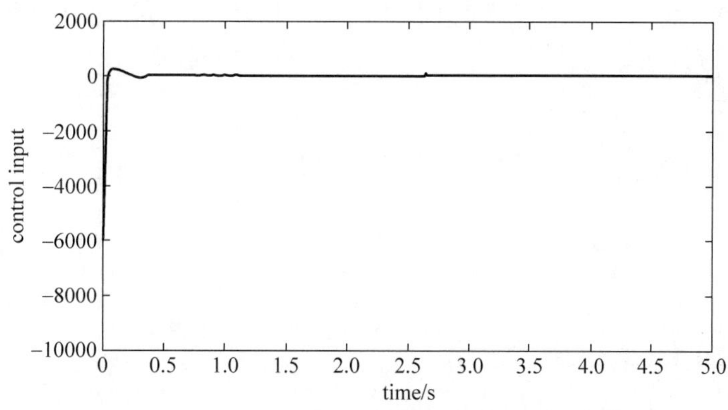

图 12.12　控制输入

仿真程序:

(1) 基于 LMI 的控制器增益求解程序:chap12_4LMI.m。

```
clear all;
close all;

g = 9.8;m = 2.0;M = 8.0;l = 0.5;
a = l/(m + M);beta = cos(88 * pi/180);

a1 = 4 * l/3 - a * m * l;
A1 = [0 1;g/a1 0];
B1 = [0 ; - a/a1];

a2 = 4 * l/3 - a * m * l * beta^2;

A2 = [0 1;2 * g/(pi * a2) 0];
B2 = [0; - a * beta/a2];

A3 = [0 1;2 * g/(pi * a2) 0];
B3 = [0;a * beta/a2];
```

```
A4 = [0 1;0 0];
B4 = [0;a/a1];

 Q = sdpvar(2,2);
 V1 = sdpvar(1,2);
 V2 = sdpvar(1,2);
 V3 = sdpvar(1,2);
 V4 = sdpvar(1,2);

L1 = Q * A1' + A1 * Q + V1' * B1' + B1 * V1;
L2 = Q * A2' + A2 * Q + V2' * B2' + B2 * V2;
L3 = Q * A3' + A3 * Q + V3' * B3' + B3 * V3;
L4 = Q * A4' + A4 * Q + V4' * B4' + B4 * V4;

L5 = Q * A1' + A1 * Q + Q * A2' + A2 * Q + V2' * B1' + B1 * V2 + V1' * B2' + B2 * V1; %来自于规则 1 和规则 2
L6 = Q * A3' + A3 * Q + Q * A4' + A4 * Q + V4' * B3' + B3 * V4 + V3' * B4' + B4 * V3; %来自于规则 3 和规则 4

F = set(L1 < 0) + set(L2 < 0) + set(L3 < 0) + set(L4 < 0) + set(L5 < 0) + set(L6 < 0) + set(Q > 0);
solvesdp(F);                                                   %求 Q, V1, V2, V3, V4

  Q = double(Q);
  V1 = double(V1);
  V2 = double(V2);
  V3 = double(V3);
  V4 = double(V4);

  P = inv(Q);
   K1 = V1 * P
   K2 = V2 * P
   K3 = V3 * P
   K4 = V4 * P
saveLMI_K1K2K3K4_fileK1K2K3K4;
```

（2）Simulink 主程序：chap12_4sim. mdl。

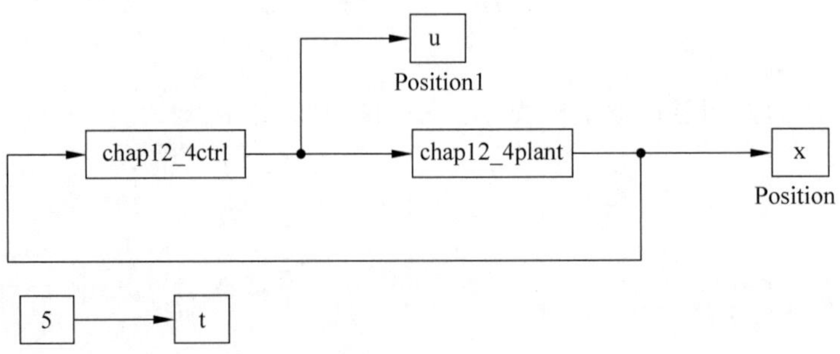

（3）模糊控制 S 函数：chap12_4ctrl. m。

```
function [sys,x0,str,ts] = spacemodel(t,x,u,flag)
switch flag,
case 0,
    [sys,x0,str,ts] = mdlInitializeSizes;
case 3,
sys = mdlOutputs(t,x,u);
case {2,4,9}
sys = [];
otherwise
```

```
error(['Unhandled flag = ',num2str(flag)]);
end
function [sys,x0,str,ts] = mdlInitializeSizes
sizes = simsizes;
sizes.NumContStates  = 0;
sizes.NumDiscStates  = 0;
sizes.NumOutputs     = 1;
sizes.NumInputs      = 2;
sizes.DirFeedthrough = 1;
sizes.NumSampleTimes = 1;
sys = simsizes(sizes);
x0  = [];
str = [];
ts  = [0 0];
function sys = mdlOutputs(t,x,u)
x = [u(1);u(2)];

loadLMI_K1K2K3K4_file;
ut1 = K1 * x;
ut2 = K2 * x;
ut3 = K3 * x;
ut4 = K4 * x;

L1 =- pi;L2 = pi;
L = L2 - L1;

h = pi/2;
N = L/h;

for i = 1:N + 1
e(i) = L1 + L/N * (i - 1);
end
h1 = trimf(x(1),[e(2),e(3),e(4)]);            % 规则 1:x1 趋近于零

% 规则 2:x1 在正负 pi/2 附近,但偏小
if x(1)<= 0
   h2 = trimf(x(1),[e(2),e(2),e(3)]);
else
   h2 = trimf(x(1),[e(3),e(4),e(4)]);
end

% 规则 3:x1 在正负 pi/2 附近,但偏大
if x(1)< 0
    h3 = trimf(x(1),[e(1),e(2),e(2)]);
else
    h3 = trimf(x(1),[e(4),e(4),e(5)]);
end
% 规则 4:x1 在正负 pi 附近
if x(1)< 0
   h4 = trimf(x(1),[e(1),e(1),e(2)]);
else
   h4 = trimf(x(1),[e(4),e(5),e(5)]);
end
h1 + h2 + h3 + h4
```

```
ut = (h1 * ut1 + h2 * ut2 + h3 * ut3 + h4 * ut4)/(h1 + h2 + h3 + h4);
sys(1) = ut;
```

（4）作图程序：chap12_4plot.m。

```
close all;

figure(1);
plot(t,x(:,1),'r',t,x(:,2),'b','linewidth',2);
xlabel('time(s)');ylabel('angle and angle speed response');

figure(2);
plot(t,u(:,1),'r','linewidth',2);
xlabel('time(s)');ylabel('control input');
```

（5）被控对象S函数：chap12_4plant.m。

```
function [sys,x0,str,ts] = s_function(t,x,u,flag)
switch flag,
case 0,
    [sys,x0,str,ts] = mdlInitializeSizes;
case 1,
    sys = mdlDerivatives(t,x,u);
case 3,
    sys = mdlOutputs(t,x,u);
case {2, 4, 9}
    sys = [];
otherwise
    error(['Unhandled flag = ',num2str(flag)]);
end
function [sys,x0,str,ts] = mdlInitializeSizes
sizes = simsizes;
sizes.NumContStates  = 2;
sizes.NumDiscStates  = 0;
sizes.NumOutputs     = 2;
sizes.NumInputs      = 1;
sizes.DirFeedthrough = 0;
sizes.NumSampleTimes = 0;
sys = simsizes(sizes);
x0 = [180 * pi/180,0];
str = [];
ts = [];
function sys = mdlDerivatives(t,x,u)
g = 9.8;m = 2.0;M = 8.0;l = 0.5;
a = 1/(m + M);

S = 4/3 * l - a * m * l * (cos(x(1)))^2;
fx = g * sin(x(1)) - a * m * l * x(2)^2 * sin(2 * x(1))/2;
fx = fx/S;
gx = - a * cos(x(1));
gx = gx/S;

sys(1) = x(2);
sys(2) = fx + gx * u;
function sys = mdlOutputs(t,x,u)
sys(1) = x(1);
sys(2) = x(2);
```

参考文献

[1] Farinwata S, Filev D, Langari R. Fuzzy Control: Synthesis and Analysis. John Wiley & Sons, Ltd, 2000.

[2] Sugeno M, Kang G T. Fuzzy modeling and control of multilayer incinerator. Fuzzy Sets Systems, 1986, 18: 329-346.

[3] Tanaka K, Sugeno M. Stability analysis and design of fuzzy control systems. Fuzzy Sets Systems, 1992, 45(2): 135-156.

[4] Wang H O, Tanaka K, Griffin M F. Parallel distributed compensation of nonlinear systems by Takagi-Sugeno fuzzy model. Proc. Fuzz-IEEE/IFES'95, 1995, 531-538.

[5] Farinwata S, Filev D, Langari R. Fuzzy Control: Synthesis and Analysis. John Wiley & Sons, Ltd, 2000.

[6] Tanaka K, Wang H O. Fuzzy control systems design and analysis, A Linear Matrix Inequality Approach. John Wiley & Sons, Inc, 2000.

[7] Wang H O, Tanaka K, Griffin M. An analytical framework of fuzzy modeling and control of nonlinear systems: stability and design issues[C]//American Control Conference, 1995. Proceedings of the IEEE, 1995, 3: 2272-2276.

第13章 执行器自适应容错控制

容错控制研究的是当系统发生故障时的控制问题，故障可定义为“系统至少一个特性或参数出现较大偏差，超出了可以接受的范围，此时系统性能明显低于正常水平，难以完成系统预期的功能。”所谓容错控制是指当控制系统中的某些部件发生故障时，系统仍能按期望的性能指标或性能指标略有降低的情况下，还能安全地完成控制任务。容错控制的研究，使得提高复杂系统的安全性和可靠性成为可能。容错控制是一门新兴的交义学科，其理论基础包括统计数学、现代控制理论、信号处理、模式识别、最优化方法、决策论等，与其息息相关的学科有故障检测与诊断、鲁棒控制、自适应控制、智能控制等。

容错控制方法一般可以分成两大类，即被动容错控制和主动容错控制。被动容错控制通常利用鲁棒控制技术使得整个闭环系统对某些确定的故障具有不敏感性，其设计不需要故障诊断，也不必进行控制重组，其一般具有固定形式的控制器结构和参数。主动容错控制可以对发生的故障进行主动处理，其利用获知的各种故障信息，在故障发生后重新调整控制器参数，甚至在某些情况下需要改变控制器结构。

随着现代工业的快速发展，人们对机器人的要求越来越高。为保证机器人在复杂的未知环境下顺利完成任务，必然要求后具有容错控制能力。容错控制方法是机器人控制系统中的一种重要方法。

控制系统中的各个部分，如执行器、传感器和被控对象等，都有可能发生故障。在实际系统中，由于执行器繁复的工作，所以执行器是控制系统中最容易发生故障的部分。一般的执行器故障包括卡死故障、部分/完全失效故障、饱和故障、浮动故障。

对于 MIMO 非线性系统执行器故障的容错控制问题已经有很多有效的方法，其中，自适应补偿控制是一种行之有效的方法[1-3]。执行器故障自适应补偿控制是根据系统执行器的冗余情况，设计自适应补偿控制律，利用有效的执行器，达到跟踪参考模型运动的控制目的，同时保持较好的动态和稳态性能。在容错控制过程中，控制律随系统故障发生而变动，且可以自适应重组。

本章通过三个简单的实例，针对执行器卡死故障、部分/完全失效故障的控制问题，介绍自适应主动容错控制的设计与分析方法。

针对如下 MIMO 系统

$$\dot{\boldsymbol{x}}=\boldsymbol{A}\boldsymbol{x}+\boldsymbol{B}\boldsymbol{u} \tag{13.1}$$

第 i 个执行器故障的形式为

$$u_i=\sigma_i u_{ci}+\bar{u}_i \tag{13.2}$$

其中，u_i 是第 i 个执行器的实际输出，u_{ci} 是第 i 个执行器的理想控制输入，$0\leqslant\sigma_i\leqslant 1$ 代表执行器部分或全部失效的程度，$\bar{u}_i$ 为第 i 个执行器卡死故障的卡死位置。

式(13.2)中，分为以下几种情况进行设计[1]：

(1) $\sigma_i=1,\bar{u}_i=0$，表明第 i 个执行器无故障；

(2) $0<\sigma_i<1,\bar{u}_i=0$，表明第 i 个执行器发生部分失效故障；

(3) $\sigma_i=0,\bar{u}_i\neq 0$，表明第 i 个执行器发生卡死故障；

(4) $\sigma_i=0,\bar{u}_i=0$，表明第 i 个执行器发生完全失效故障。

13.1 SISO 系统执行器自适应容错控制

13.1.1 控制问题描述

考虑如下 SISO 系统

$$\begin{aligned}\dot{x}_1&=x_2\\ \dot{x}_2&=bu\end{aligned}\tag{13.3}$$

其中，u 为控制输入，x_1 和 x_2 分别为位置和速度信号，b 为常数且符号已知。

针对 SISO 系统，由于只有一个执行器，故控制输入 u 不能恒为 0。考虑上面第 2 种故障形式，即

$$u=\sigma u_c\tag{13.4}$$

其中，$0<\sigma<1$。

取位置指令为 x_{d}，跟踪误差为 $e=x_1-x_{\mathrm{d}}$，则 $\dot{e}=x_2-\dot{x}_{\mathrm{d}}$。控制任务为：在执行器出现故障时，通过设计控制律，实现 $t\to\infty$ 时，$e\to 0,\dot{e}\to 0$。

13.1.2 控制律的设计与分析

设计滑模函数为

$$s=ce+\dot{e}$$

其中，$c>0$。则

$$\dot{s}=c\dot{e}+\ddot{e}=c\dot{e}+\dot{x}_2-\ddot{x}_{\mathrm{d}}=c\dot{e}+b\sigma u_c-\ddot{x}_{\mathrm{d}}=c\dot{e}+\theta u_c-\ddot{x}_{\mathrm{d}}$$

其中，$\theta=b\sigma$。

取 $p=\dfrac{1}{\theta}$，设计 Lyapunov 函数为

$$V=\frac{1}{2}s^2+\frac{|\theta|}{2\gamma}\tilde{p}^2$$

其中，$\tilde{p}=\hat{p}-p,\gamma>0$。则

$$\dot{V}=s\dot{s}+\frac{|\theta|}{\gamma}\tilde{p}\dot{\tilde{p}}=s(c\dot{e}+\theta u_c-\ddot{x}_{\mathrm{d}})+\frac{|\theta|}{\gamma}\tilde{p}\dot{\hat{p}}$$

取

$$\alpha=ks+c\dot{e}-\ddot{x}_{\mathrm{d}},\quad k>0\tag{13.5}$$

则

$$\dot{V}=s(\alpha-ks+\theta u_c)+\frac{|\theta|}{\gamma}\tilde{p}\dot{\hat{p}}$$

设计控制律和自适应律为

$$u_c=-\hat{p}\alpha \tag{13.6}$$

$$\dot{\hat{p}}=\gamma s\alpha\,\mathrm{sgn}b \tag{13.7}$$

其中，$\mathrm{sgn}b=\mathrm{sgn}\theta$。则

$$\begin{aligned}\dot{V}&=s(\alpha-ks-\theta\hat{p}\alpha)+\frac{|\theta|}{\gamma}\tilde{p}\gamma s\alpha\,\mathrm{sgn}\theta=s(\alpha-ks-\theta\hat{p}\alpha)+\theta s\alpha\tilde{p}\\&=s(\alpha-ks-\theta\hat{p}\alpha+\theta\alpha\tilde{p})=s(\alpha-ks-\theta\alpha p)=-ks^2\leqslant 0\end{aligned}$$

由于 $V\geqslant 0,\dot{V}\leqslant 0$，则 V 有界。

由 $\dot{V}=-ks^2$ 可得

$$\int_0^t\dot{V}\mathrm{d}t=-k\int_0^t s^2\mathrm{d}t$$

即

$$V(\infty)-V(0)=-k\int_0^\infty s^2\mathrm{d}t$$

当 $t\to\infty$ 时，由于 $V(\infty)$ 有界，则 $\int_0^\infty s^2\mathrm{d}t$ 有界，根据文献[4]中的 Barbalat 引理，当 $t\to\infty$ 时，$s\to 0$，从而 $e\to 0,\dot{e}\to 0$。

13.1.3 仿真实例

被控对象取式(13.1)，$b=0.10$，取位置指令为 $x_{\mathrm{d}}=\sin t$，对象的初始状态为$[0.5,0]$，取 $c=15$，采用控制律式(13.6)和式(13.7)，$k=5,\gamma=10$。当仿真时间 $t=5$ 时，取 $\sigma=0.50$，仿真结果如图 13.1 和图 13.2 所示。

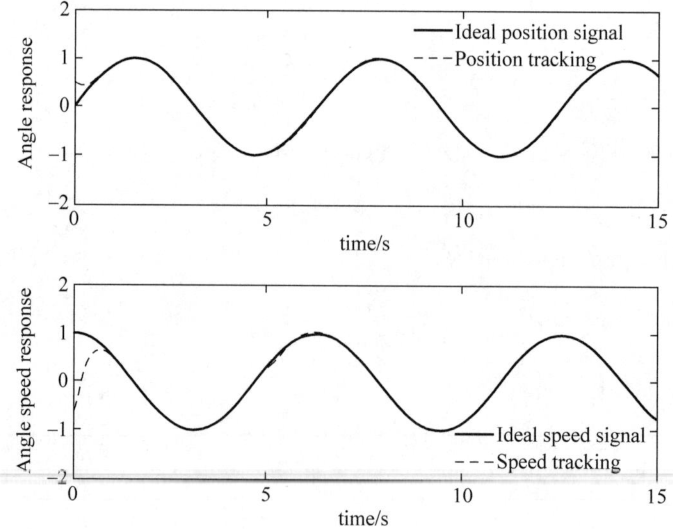

图 13.1 位置和速度跟踪

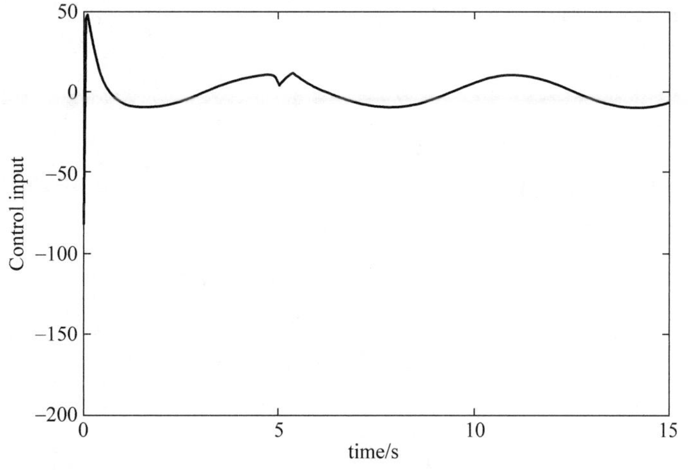

图 13.2　控制输入

仿真程序：

（1）Simulink 主程序：chap13_1sim.mdl。

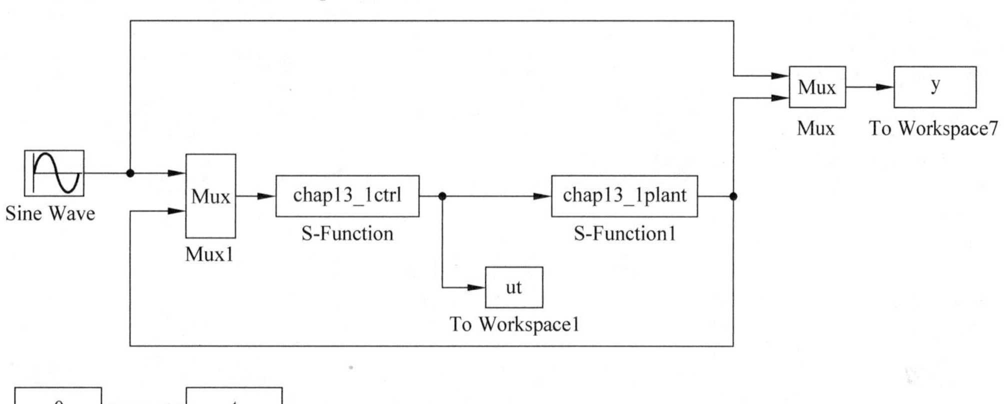

（2）控制器 S 函数：chap13_1ctrl.m。

```
function [sys,x0,str,ts] = s_function(t,x,u,flag)
switch flag,
case 0,
    [sys,x0,str,ts] = mdlInitializeSizes;
case 1,
    sys = mdlDerivatives(t,x,u);
case 3,
    sys = mdlOutputs(t,x,u);
case {2, 4, 9}
    sys = [];
otherwise
    error(['Unhandled flag = ',num2str(flag)]);
end
function [sys,x0,str,ts] = mdlInitializeSizes
sizes = simsizes;
sizes.NumContStates   = 1;
sizes.NumDiscStates   = 0;
sizes.NumOutputs      = 1;
sizes.NumInputs       = 3;
```

```
sizes.DirFeedthrough  =  1;
sizes.NumSampleTimes  =  0;
sys  =  simsizes(sizes);
x0  =  [1.0];
str  =  [];
ts  =  [];
function sys = mdlDerivatives(t,x,u)
xd = u(1);
dxd = cos(t);
ddxd =- sin(t);

x1 = u(2);
x2 = u(3);

c = 15.0;
e = x1 - xd;
de = x2 - dxd;
s = c * e + de;
k = 5;
alfa = k * s + c * de - ddxd;

gama = 10;
sgn_th = 1.0;
dp = gama * s * alfa * sgn_th;

sys(1) = dp;
function sys = mdlOutputs(t,x,u)
xd = u(1);
dxd = cos(t);
ddxd =- sin(t);

x1 = u(2);
x2 = u(3);

c = 15.0;
e = x1 - xd;
de = x2 - dxd;
s = c * e + de;
p_estimation = x(1);

k = 5;
alfa = k * s + c * de - ddxd;
uc =- p_estimation * alfa;

if t >= 5.0
    rou = 0.20;
else
    rou = 1.0;
end
ut = rou * uc;
sys(1) = ut;
```

（3）被控对象 S 函数：chap13_1plant.m。

```
function [sys,x0,str,ts] = s_function(t,x,u,flag)
switch flag,
case 0,
    [sys,x0,str,ts] = mdlInitializeSizes;
case 1,
```

```
    sys = mdlDerivatives(t,x,u);
case 3,
    sys = mdlOutputs(t,x,u);
case {2, 4, 9}
    sys = [];
otherwise
    error(['Unhandled flag = ',num2str(flag)]);
end
function [sys,x0,str,ts] = mdlInitializeSizes
sizes = simsizes;
sizes.NumContStates  = 2;
sizes.NumDiscStates  = 0;
sizes.NumOutputs     = 2;
sizes.NumInputs      = 1;
sizes.DirFeedthrough = 0;
sizes.NumSampleTimes = 0;
sys = simsizes(sizes);
x0  = [0.5 0];
str = [];
ts  = [];
function sys = mdlDerivatives(t,x,u)
J = 10;
ut = u(1);
sys(1) = x(2);
sys(2) = 1/J * ut;
function sys = mdlOutputs(t,x,u)
sys(1) = x(1);
sys(2) = x(2);
```

(4) 作图程序：chap13_1plot.m。

```
close all;

figure(1);
subplot(211);
plot(t,y(:,1),'k',t,y(:,2),'r:','linewidth',2);
legend('Ideal position signal','Position tracking');
xlabel('time(s)');ylabel('Angle response');
subplot(212);
plot(t,cos(t),'k',t,y(:,3),'r:','linewidth',2);
legend('Ideal speed signal','Speed tracking');
xlabel('time(s)');ylabel('Angle speed response');

figure(2);
plot(t,ut(:,1),'k','linewidth',0.01);
xlabel('time(s)');ylabel('Control input');
```

13.2 MISO 系统执行器自适应容错控制

13.2.1 控制问题描述

考虑如下二输入单输出系统

$$\begin{aligned}\dot{x}_1 &= x_2 \\ \dot{x}_2 &= b_1 u_1 + b_2 u_2\end{aligned} \tag{13.8}$$

其中，u_1 和 u_2 为同一方向的控制输入，x_1 和 x_2 分别为位置和速度信号，b_1 与 b_2 为未知常数且符号相同。

针对上述二输入单输出系统，采用冗余控制方式，即两个执行器中的一个控制输入可以为0。考虑上面第2种故障形式，即

$$u_1=\sigma_1 u_c,\quad u_2=\sigma_2 u_c \tag{13.9}$$

其中，$1\geqslant\sigma_1\geqslant 0$，$1\geqslant\sigma_2\geqslant 0$，且 σ_1 和 σ_2 不同时为零，即 $\max(\sigma_1,\sigma_2)>0$，则 $\dot{x}_2=b_1\sigma_1 u_c+b_2(\sigma_2 u_c+\bar{u}_2)=(b_1\sigma_1+b_2\sigma_2)u_c$。

取位置指令为 x_{d}，跟踪误差为 $e=x_1-x_{\mathrm{d}}$，则 $\dot{e}=x_2-\dot{x}_{\mathrm{d}}$。控制任务为：在执行器出现故障时，通过设计控制律，实现 $t\to\infty$ 时，$e\to 0$，$\dot{e}\to 0$。

13.2.2 控制律的设计与分析

设计滑模函数为

$$s=ce+\dot{e}$$

其中，$c>0$，则

$$\dot{s}=c\dot{e}+\ddot{e}=c\dot{e}+\dot{x}_2-\ddot{x}_{\mathrm{d}}=c\dot{e}+(b_1\sigma_1+b_2\sigma_2)u_c-\ddot{x}_{\mathrm{d}}=c\dot{e}+\theta u_c-\ddot{x}_{\mathrm{d}}$$

其中，$\theta=b_1\sigma_1+b_2\sigma_2$。

取 $p=\dfrac{1}{\theta}$，设计 Lyapunov 函数为

$$V=\frac{1}{2}s^2+\frac{|\theta|}{2\gamma}\tilde{p}^2$$

其中，$\tilde{p}=\hat{p}-p$，$\gamma>0$，

则

$$\dot{V}=s\dot{s}+\frac{|\theta|}{\gamma}\tilde{p}\dot{\hat{p}}=s(c\dot{e}+\theta u_c-\ddot{x}_{\mathrm{d}})+\frac{|\theta|}{\gamma}\tilde{p}\dot{\hat{p}}$$

取

$$\alpha=ks+c\dot{e}-\ddot{x}_{\mathrm{d}},\quad k>0 \tag{13.10}$$

则

$$\dot{V}=s(-ks+\alpha+\theta u_c)+\frac{|\theta|}{\gamma}\tilde{p}\dot{\hat{p}}$$

设计控制律和自适应律为

$$u_{\mathrm{c}}=-\hat{p}\alpha \tag{13.11}$$

$$\dot{\hat{p}}=\gamma s\alpha\,\mathrm{sgn}\theta \tag{13.12}$$

则

$$\begin{aligned}\dot{V}&=s(\alpha-ks-\theta\hat{p}\alpha)+\frac{|\theta|}{\gamma}\tilde{p}\gamma s\alpha\,\mathrm{sgn}\theta=s(\alpha-ks-\theta\hat{p}\alpha)+\theta s\alpha\tilde{p}\\&=s(\alpha-ks-\theta\hat{p}\alpha+\theta\alpha\tilde{p})=s(\alpha-ks-\theta\alpha p)=-ks^2\leqslant 0\end{aligned}$$

由于 $V\geqslant 0$，$\dot{V}\leqslant 0$，则 V 有界。由 $\dot{V}=-ks^2$ 可得

$$\int_0^t\dot{V}\mathrm{d}t=-k\int_0^t s^2\mathrm{d}t$$

即

$$V(\infty)-V(0)=-k\int_0^{\infty}s^2\mathrm{d}t$$

则 V 有界，s 和 $\tilde{p}$ 有界，而 s 有界又意味着 e 和 $\dot{e}$ 有界。由 $\alpha=ks+c\dot{e}-\ddot{x}_{\mathrm{d}}$ 可知 α 有界，由 $u_c=-\hat{p}\alpha$ 可知 u_c 有界，则由式 $\dot{s}=c\dot{e}+\theta u_c-\ddot{x}_{\mathrm{d}}$ 可知 $\dot{s}$ 有界。

当 $t\to\infty$ 时，由于 $V(\infty)$ 有界，则 $\int_0^{\infty}s^2\mathrm{d}t$ 有界，则根据文献[4]中的 Barbalat 引理，当 $t\to\infty$ 时，$s\to0$，从而 $e\to0$，$\dot{e}\to0$。

13.2.3 仿真实例

被控对象取式(13.8)，$b_1=3$，$b_2=10$，取位置指令为 $x_{\mathrm{d}}=\sin t$，对象的初始状态为[0.5，0]，取 $c=15$，采用控制律式(13.11)，自适应律式(13.12)，$k=5$，$\gamma=10$。

取 $\sigma_1=1.0$，$\sigma_2=1.0$。当仿真时间 $t\geqslant5$ 时，$\sigma_1=0.20$，仿真时间 $t\geqslant10$ 时，$\sigma_2=0$，仿真结果如图 13.3 和图 13.4 所示。

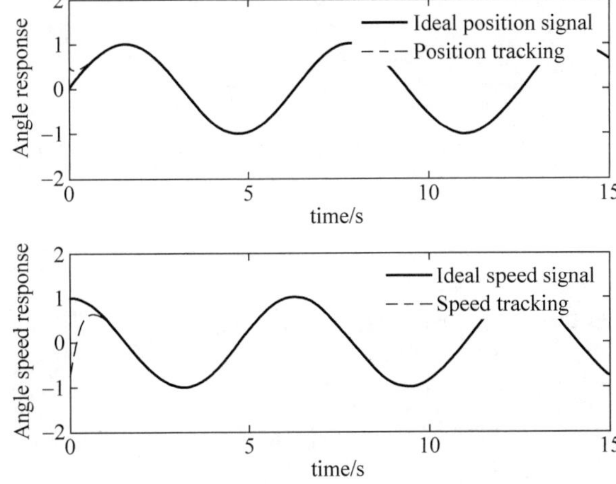

图 13.3 位置和速度跟踪

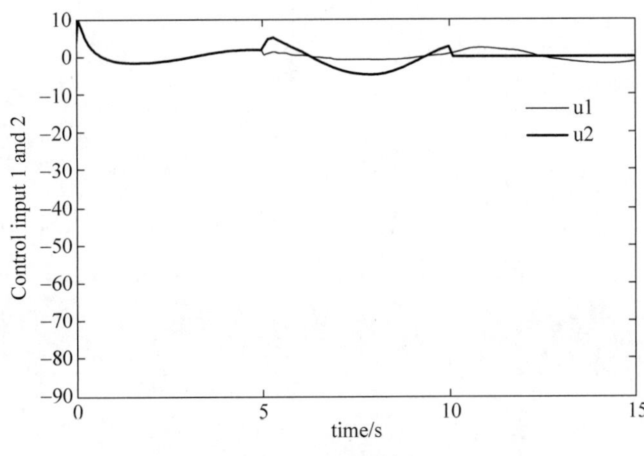

图 13.4 控制输入

仿真程序：

（1）Simulink 主程序：chap13_2sim.mdl。

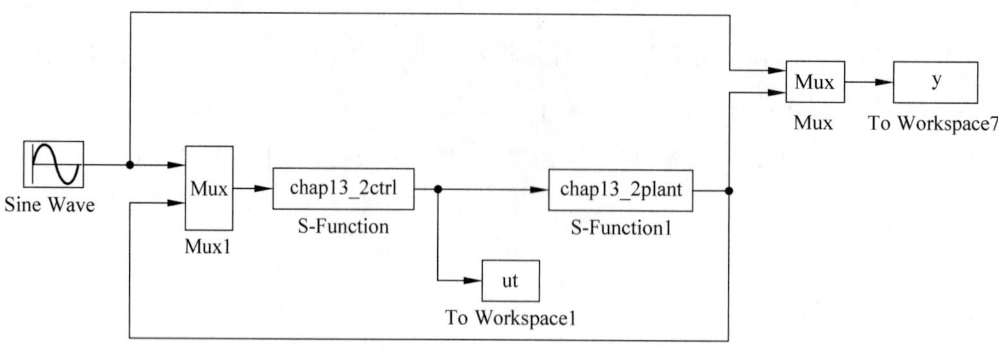

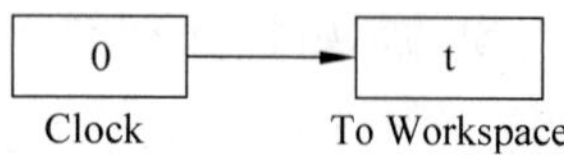

（2）控制器 S 函数：chap13_2ctrl.m。

```
function [sys,x0,str,ts] = s_function(t,x,u,flag)
switch flag,
case 0,
    [sys,x0,str,ts] = mdlInitializeSizes;
case 1,
    sys = mdlDerivatives(t,x,u);
case 3,
    sys = mdlOutputs(t,x,u);
case {2, 4, 9}
    sys = [];
otherwise
    error(['Unhandled flag = ',num2str(flag)]);
end
function [sys,x0,str,ts] = mdlInitializeSizes
sizes = simsizes;
sizes.NumContStates  = 1;
sizes.NumDiscStates  = 0;
sizes.NumOutputs     = 2;
sizes.NumInputs      = 3;
sizes.DirFeedthrough = 1;
sizes.NumSampleTimes = 0;
sys = simsizes(sizes);
x0  = [0];
str = [];
ts  = [];
function sys = mdlDerivatives(t,x,u)
xd = u(1);
dxd = cos(t);
ddxd =- sin(t);

x1 = u(2);
x2 = u(3);

c = 15.0;
e = x1 - xd;
de = x2 - dxd;
s = c * e + de;
```

```
k = 5;
alfa = k * s + c * de - ddxd;

gama = 10;
sgn_th = 1.0;
dp = alfa * gama * s * sgn_th;

sys(1) = dp;
function sys = mdlOutputs(t,x,u)
xd = u(1);
dxd = cos(t);
ddxd =- sin(t);

x1 = u(2);
x2 = u(3);

c = 15.0;
e = x1 - xd;
de = x2 - dxd;
s = c * e + de;
p_estimation = x(1);

k = 5;
alfa = k * s + c * de - ddxd;
uc =- p_estimation * alfa;

rou1 = 1.0;
if t >= 5
   rou1 = 0.20;
end
rou2 = 1.0;
if t >= 10
   rou2 = 0;
end

u1 = rou1 * uc;
u2 = rou2 * uc;
sys(1) = u1;
sys(2) = u2;
```

(3) 被控对象 S 函数：chap13_2plant.m。

```
function [sys,x0,str,ts] = s_function(t,x,u,flag)
switch flag,
case 0,
    [sys,x0,str,ts] = mdlInitializeSizes;
case 1,
    sys = mdlDerivatives(t,x,u);
case 3,
    sys = mdlOutputs(t,x,u);
case {2, 4, 9}
    sys = [];
otherwise
    error(['Unhandled flag = ',num2str(flag)]);
end
function [sys,x0,str,ts] = mdlInitializeSizes
sizes = simsizes;
sizes.NumContStates   = 2;
sizes.NumDiscStates   = 0;
```

```
sizes.NumOutputs     = 2;
sizes.NumInputs      = 2;
sizes.DirFeedthrough = 0;
sizes.NumSampleTimes = 0;
sys = simsizes(sizes);
x0  = [0.5 0];
str = [];
ts  = [];
function sys = mdlDerivatives(t,x,u)
u1 = u(1);
u2 = u(2);
sys(1) = x(2);
sys(2) = 0.5 * u1 + 0.10 * u2;
function sys = mdlOutputs(t,x,u)
sys(1) = x(1);
sys(2) = x(2);
```

（4）作图程序：chap13_2plot.m。

```
close all;

figure(1);
subplot(211);
plot(t,y(:,1),'k',t,y(:,2),'r:','linewidth',2);
legend('Ideal position signal','Position tracking');
xlabel('time(s)');ylabel('Angle response');
subplot(212);
plot(t,cos(t),'k',t,y(:,3),'r:','linewidth',2);
legend('Ideal speed signal','Speed tracking');
xlabel('time(s)');ylabel('Angle speed response');

figure(2);
u1 = ut(:,1);
u2 = ut(:,2);
plot(t,u1(:,1),'r',t,u2(:,1),'k','linewidth',2);
xlabel('time(s)');ylabel('Control input 1 and 2');
legend('u1','u2');
```

13.3 带执行器卡死的MISO系统自适应容错控制

13.3.1 控制问题描述

考虑如下二输入单输出系统

$$\begin{aligned}\dot{x}_1 &= x_2 \\ \dot{x}_2 &= b_1 u_1 + b_2 u_2\end{aligned} \tag{13.13}$$

其中，u_1 和 u_2 为控制输入，x_1 和 x_2 分别为位置和速度信号，b_i 为未知常数且 b_1 与 b_2 符号已知。

针对二输入单输出系统，由于有两个执行器，故其中的一个控制输入可以为0。考虑上面第(2)种故障形式，即

$$u_1 = \sigma_1 u_{c1} + \bar{u}_1, \quad u_2 = \sigma_2 u_{c2} + \bar{u}_2 \tag{13.14}$$

其中，$1 \geqslant \sigma_1 \geqslant 0$，$1 \geqslant \sigma_2 \geqslant 0$，$\sigma_1$ 和 σ_2 为未知常值但不能同时为零，$\bar{u}_1$ 和 $\bar{u}_2$ 为2个执行器卡死

故障的卡死位置，$\bar{u}_1$ 和 $\bar{u}_2$ 为未知常值。

考虑如下 3 种故障形式：

(1) $\sigma_1=0, \bar{u}_2=0$，即 $u_1=\bar{u}_1, u_2=\sigma_2 u_{c_2}$

(2) $\sigma_2=0, \bar{u}_1=0$，即 $u_1=\sigma_1 u_{c_1}, u_2=\bar{u}_2$

(3) $\bar{u}_1=0, \bar{u}_2=0$，即 $u_1=\sigma_1 u_{c_1}, u_2=\sigma_2 u_{c_2}$

则 $\dot{x}_2=b_1(\sigma_1 u_{c1}+\bar{u}_1)+b_2(\sigma_2 u_{c2}+\bar{u}_2)$。

取位置指令为 x_{d}，跟踪误差为 $e=x_1-x_{\mathrm{d}}$，则 $\dot{e}=x_2-\dot{x}_{\mathrm{d}}$。控制任务为：在执行器出现故障时，通过设计控制律，实现 $t\to\infty$ 时，$e\to 0, \dot{e}\to 0$。

13.3.2 控制律的设计与分析

设计滑模函数为

$$s=ce+\dot{e}$$

其中，$c>0$，则

$$\dot{s}=c\dot{e}+\ddot{e}=c\dot{e}+\dot{x}_2-\ddot{x}_{\mathrm{d}}=c\dot{e}+b_1(\sigma_1 u_{c1}+\bar{u}_1)+b_2(\sigma_2 u_{c2}+\bar{u}_2)-\ddot{x}_{\mathrm{d}}$$

取 $\sigma=\begin{bmatrix}\sigma_1 & \\ & \sigma_2\end{bmatrix}, \bar{u}=\begin{bmatrix}\bar{u}_1\\ \bar{u}_2\end{bmatrix}, u_c=\begin{bmatrix}u_{c_1}\\ u_{c_2}\end{bmatrix}, \beta=[b_1 \quad b_2]$，并取

$$\alpha=ks+c\dot{e}-\ddot{x}_{\mathrm{d}},\quad k>0 \tag{13.15}$$

则

$$\dot{s}=-ks+\alpha+\beta\bar{u}+\beta\sigma u_c \tag{13.16}$$

假设 σ、$\bar{u}$ 和 β 都已知，取

$$u_{c_1}=-k_{11}\alpha-k_{21}$$

$$u_{c_2}=-k_{12}\alpha-k_{22}$$

则

$$\begin{aligned}\dot{s}&=-ks+\alpha+(b_1\bar{u}_1+b_2\bar{u}_2)-(b_1\sigma_1 k_{11}\alpha+b_1\sigma_1 k_{21})-(b_2\sigma_2 k_{12}\alpha+b_2\sigma_2 k_{22})\\&=-ks+\alpha+(b_1\bar{u}_1+b_2\bar{u}_2)-(b_1\sigma_1 k_{11}+b_2\sigma_2 k_{12})\alpha-b_1\sigma_1 k_{21}-b_2\sigma_2 k_{22}\end{aligned}$$

假设下式成立

$$b_1\sigma_1 k_{11}+b_2\sigma_2 k_{12}=1, b_1\bar{u}_1+b_2\bar{u}_2=b_1\sigma_1 k_{21}+b_2\sigma_2 k_{22} \tag{13.17}$$

取 Lyapunov 函数为 $V=\dfrac{1}{2}s^2$

则

$$\dot{s}=-ks,\quad \dot{V}=-ks^2\leqslant 0$$

当 σ、$\bar{u}$ 和 β 均未知时，此时 k_{11}、k_{12}、k_{21} 和 k_{22} 均未知，取

$$\begin{aligned}u_{c_1}&=-\hat{k}_{11}\alpha-\hat{k}_{21}\\u_{c_2}&=-\hat{k}_{12}\alpha-\hat{k}_{22}\end{aligned} \tag{13.18}$$

则

$$\dot{s}=-ks+\alpha+(b_1\bar{u}_1+b_2\bar{u}_2)-(b_1\sigma_1\hat{k}_{11}\alpha+b_1\sigma_1\hat{k}_{21})-(b_2\sigma_2\hat{k}_{12}\alpha+b_2\sigma_2\hat{k}_{22})$$

将式(13.17)代入上式，可得

$$\begin{aligned}\dot{s}&=\alpha(b_1\sigma_1k_{11}+b_2\sigma_2k_{12}-1)+\alpha+b_1\sigma_1k_{21}+b_2\sigma_2k_{22}-\\&\quad ks-(b_1\sigma_1\hat{k}_{11}\alpha+b_1\sigma_1\hat{k}_{21})-(b_2\sigma_2\hat{k}_{12}\alpha+b_2\sigma_2\hat{k}_{22})\\&=\alpha b_1\sigma_1k_{11}+\alpha b_2\sigma_2k_{12}+b_1\sigma_1k_{21}+b_2\sigma_2k_{22}-ks-b_1\sigma_1\hat{k}_{11}\alpha-\\&\quad b_1\sigma_1\hat{k}_{21}-b_2\sigma_2\hat{k}_{12}\alpha-b_2\sigma_2\hat{k}_{22}\\&=-ks-\alpha b_1\sigma_1\tilde{k}_{11}-\alpha b_2\sigma_2\tilde{k}_{12}-b_1\sigma_1\tilde{k}_{21}-b_2\sigma_2\tilde{k}_{22}\end{aligned}$$

其中，$\tilde{k}_{11}=\hat{k}_{11}-k_{11}$，$\tilde{k}_{12}=\hat{k}_{12}-k_{12}$，$\tilde{k}_{21}=\hat{k}_{21}-k_{21}$，$\tilde{k}_{22}=\hat{k}_{22}-k_{22}$。

设计 Lyapunov 函数为

$$V=\frac{1}{2}s^2+\frac{|b_1|\sigma_1}{2\gamma_1}(\tilde{k}_{11}^2+\tilde{k}_{21}^2)+\frac{|b_2|\sigma_2}{2\gamma_2}(\tilde{k}_{12}^2+\tilde{k}_{22}^2)$$

其中 $\gamma_i>0,i=1,2$，则

$$\begin{aligned}\dot{V}&=s\dot{s}+\frac{|b_1|\sigma_1}{\gamma_1}(\tilde{k}_{11}\dot{\hat{k}}_{11}+\tilde{k}_{21}\dot{\hat{k}}_{21})+\frac{|b_2|\sigma_2}{\gamma_2}(\tilde{k}_{12}\dot{\hat{k}}_{12}+\tilde{k}_{22}\dot{\hat{k}}_{22})\\&=s(-ks-\alpha b_1\sigma_1\tilde{k}_{11}-\alpha b_2\sigma_2\tilde{k}_{12}-b_1\sigma_1\tilde{k}_{21}-b_2\sigma_2\tilde{k}_{22})+\\&\quad\frac{|b_1|\sigma_1}{\gamma_1}(\tilde{k}_{11}\dot{\hat{k}}_{11}+\tilde{k}_{21}\dot{\hat{k}}_{21})+\frac{|b_2|\sigma_2}{\gamma_2}(\tilde{k}_{12}\dot{\hat{k}}_{12}+\tilde{k}_{22}\dot{\hat{k}}_{22})\end{aligned}$$

设计自适应律为

$$\begin{aligned}&\dot{\hat{k}}_{11}=\gamma_1s\alpha\,\mathrm{sgn}b_1\\&\dot{\hat{k}}_{21}=\gamma_1s\,\mathrm{sgn}b_1\\&\dot{\hat{k}}_{12}=\gamma_2s\alpha\,\mathrm{sgn}b_2\\&\dot{\hat{k}}_{22}=\gamma_2s\,\mathrm{sgn}b_2\end{aligned}\tag{13.19}$$

则

$$\begin{aligned}\dot{V}&=s(-ks-\alpha b_1\sigma_1\tilde{k}_{11}-\alpha b_2\sigma_2\tilde{k}_{12}-b_1\sigma_1\tilde{k}_{21}-b_2\sigma_2\tilde{k}_{22})+\\&\quad\frac{|b_1|\sigma_1}{\gamma_1}(\tilde{k}_{11}\gamma_1s\alpha\,\mathrm{sgn}b_1+\tilde{k}_{21}\gamma_1s\,\mathrm{sgn}b_1)+\\&\quad\frac{|b_2|\sigma_2}{\gamma_2}(\tilde{k}_{12}\gamma_2s\alpha\,\mathrm{sgn}b_2+\tilde{k}_{22}\gamma_2s\,\mathrm{sgn}b_2)\\&=s(-ks-\alpha b_1\sigma_1\tilde{k}_{11}-\alpha b_2\sigma_2\tilde{k}_{12}-b_1\sigma_1\tilde{k}_{21}-b_2\sigma_2\tilde{k}_{22})+\\&\quad(b_1\sigma_1\tilde{k}_{11}s\alpha+b_1\sigma_1\tilde{k}_{21}s)+(b_2\sigma_2\tilde{k}_{12}s\alpha+b_2\sigma_2\tilde{k}_{22}s)\\&=-ks^2\leqslant0\end{aligned}$$

考虑上述 3 种故障形式，出现故障时，V 中的 $\tilde{k}_{ij}$ 及其前面系数会发生变化，$\tilde{k}_{ij}$ 也可能会发生跳变，从而导致 V 变为分段函数，造成 V 不连续，但在故障不变的区间内，V 是连续可导的，且 $\dot{V}\leqslant0$，由于故障的次数是有限的，故可考虑最后故障发生后，仍可保持 $\dot{V}\leqslant0$[2]。

由于 $V\geqslant0$，$\dot{V}\leqslant0$，则 V 有界。由 $\dot{V}=-ks^2$ 可得

$$\int_0^t\dot{V}\mathrm{d}t=-k\int_0^t s^2\mathrm{d}t$$

即

$$V(\infty)-V(0)=-k\int_0^{\infty}s^2\mathrm{d}t$$

则 V 有界，s 和 $\tilde{k}_{ij}$ 有界，而 s 有界又意味着 e 和 $\dot{e}$ 有界。由 $\alpha=ks+c\dot{e}-\ddot{x}_{\mathrm{d}}$ 可知 α 有界，由 $u_{c_1}=-\hat{k}_{11}\alpha-\hat{k}_{21}$ 和 $u_{c_2}=-\hat{k}_{12}\alpha-\hat{k}_{22}$ 可知 u_{c1} 和 u_{c2} 有界，则由式(13.16)可知 $\dot{s}$ 有界。

当 $t\rightarrow\infty$ 时，由于 $V(\infty)$ 有界，则 $\int_0^{\infty}s^2\mathrm{d}t$ 有界，则根据文献[4]中的 Barbalat 引理，当 $t\rightarrow\infty$ 时，$s\rightarrow0$，从而 $e\rightarrow0$，$\dot{e}\rightarrow0$。

13.3.3 仿真实例

被控对象取式(13.13)，$b_1=0.50$，$b_2=-0.50$，取位置指令为 $x_{\mathrm{d}}=\sin t$，对象的初始状态为[0.1,0]，取 $c=15$，采用控制律式(13.18)、自适应律式(13.19)，$k=5$，$\gamma_1=\gamma_2=10$。

取 $\sigma_1=1.0$，$\sigma_2=1.0$，$\bar{u}_1=0$，$\bar{u}_2=0$，当仿真时间 $t\geqslant8$ 时，第 1 个执行器部分失效，第 2 个执行器完全失效且处于卡死状态，取 $\sigma_1=0.20$，$\bar{u}_1=0$，$\sigma_2=0$，$\bar{u}_2=0.2$，仿真结果如图 13.5 和图 13.6 所示。

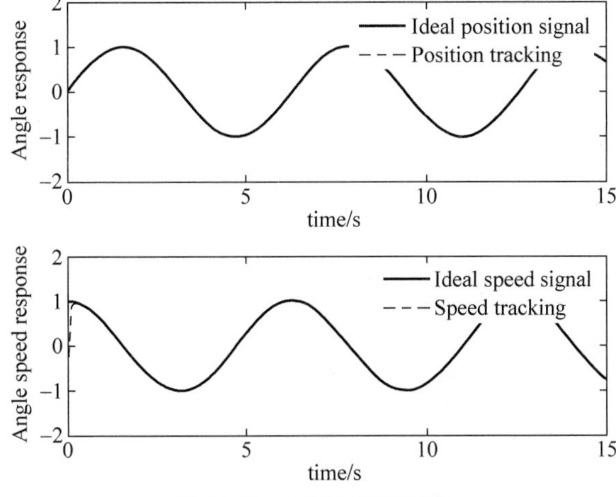

图 13.5　位置和速度跟踪

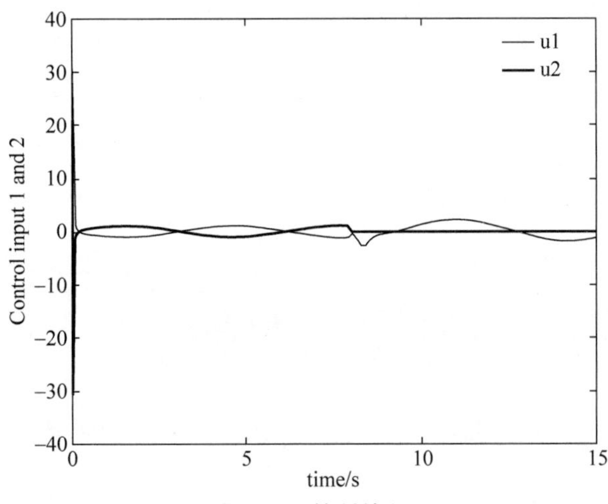

图 13.6　控制输入

仿真程序：

(1) Simulink 主程序：chap13_3sim.mdl。

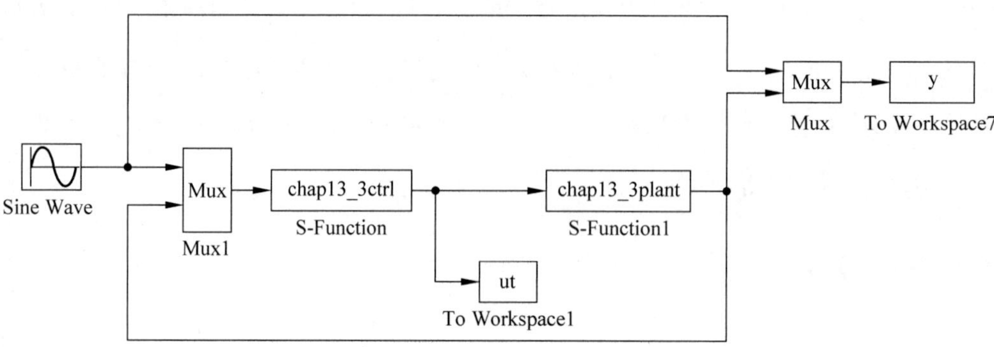

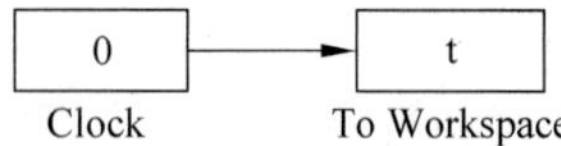

(2) 控制器 S 函数：chap13_3ctrl.m。

```
function [sys,x0,str,ts] = s_function(t,x,u,flag)
switch flag,
case 0,
    [sys,x0,str,ts] = mdlInitializeSizes;
case 1,
    sys = mdlDerivatives(t,x,u);
case 3,
    sys = mdlOutputs(t,x,u);
case {2, 4, 9}
    sys = [];
otherwise
    error(['Unhandled flag = ',num2str(flag)]);
end
function [sys,x0,str,ts] = mdlInitializeSizes
sizes = simsizes;
sizes.NumContStates   = 4;
sizes.NumDiscStates   = 0;
sizes.NumOutputs      = 2;
sizes.NumInputs       = 3;
sizes.DirFeedthrough  = 1;
sizes.NumSampleTimes  = 0;
sys = simsizes(sizes);
x0  = [0 0 0 0];
str = [];
ts  = [];
function sys = mdlDerivatives(t,x,u)
xd = u(1);
dxd = cos(t);
ddxd =- sin(t);

x1 = u(2);
x2 = u(3);

c = 15.0;
e = x1 - xd;
de = x2 - dxd;
s = c * e + de;
```

```
k = 5;
alfa = k * s + c * de - ddxd;

gama1 = 10;gama2 = 10;
sgn_b1 = 1;sgn_b2 =- 1;

dk11 = gama1 * s * alfa * sgn_b1;
dk21 = gama1 * s * sgn_b1;
dk12 = gama2 * s * alfa * sgn_b2;
dk22 = gama2 * s * sgn_b2;

sys(1) = dk11;
sys(2) = dk21;
sys(3) = dk12;
sys(4) = dk22;
function sys = mdlOutputs(t,x,u)
k11p = x(1);
k21p = x(2);
k12p = x(3);
k22p = x(4);

xd = u(1);dxd = cos(t);ddxd =- sin(t);
x1 = u(2);x2 = u(3);

c = 15;
e = x1 - xd;
de = x2 - dxd;
s = c * e + de;

k = 5;
alfa = k * s + c * de - ddxd;
uc1 =- k11p * alfa - k21p;
uc2 =- k12p * alfa - k22p;

rou1 = 1.0;rou2 = 1.0;
u1_bar = 0;u2_bar = 0;
if t> = 8
rou1 = 0.20;
rou2 = 0;u2_bar = 0.2;
end
u1 = rou1 * uc1 + u1_bar;
u2 = rou2 * uc2 + u2_bar;
sys(1) = u1;
sys(2) = u2;
```

（3）被控对象 S 函数：chap13_3plant. m。

```
function [sys,x0,str,ts] = s_function(t,x,u,flag)
switch flag,
case 0,
    [sys,x0,str,ts] = mdlInitializeSizes;
case 1,
    sys = mdlDerivatives(t,x,u);
case 3,
    sys = mdlOutputs(t,x,u);
case {2, 4, 9}
    sys = [];
otherwise
    error(['Unhandled flag = ',num2str(flag)]);
```

```
end
function [sys,x0,str,ts] = mdlInitializeSizes
sizes = simsizes;
sizes.NumContStates   = 2;
sizes.NumDiscStates   = 0;
sizes.NumOutputs      = 2;
sizes.NumInputs       = 2;
sizes.DirFeedthrough  = 0;
sizes.NumSampleTimes  = 0;
sys = simsizes(sizes);
x0  = [0.1 0];
str = [];
ts  = [];
function sys = mdlDerivatives(t,x,u)
u1 = u(1);
u2 = u(2);
b1 = 0.50;
b2 =- 0.50;
sys(1) = x(2);
sys(2) = 0.5 * u1 - 0.50 * u2;
function sys = mdlOutputs(t,x,u)
sys(1) = x(1);
sys(2) = x(2);
```

(4) 作图程序：chap13_3plot.m。

```
close all;

figure(1);
subplot(211);
plot(t,y(:,1),'k',t,y(:,2),'r:','linewidth',2);
legend('Ideal position signal','Position tracking');
xlabel('time(s)');ylabel('Angle response');
subplot(212);
plot(t,cos(t),'k',t,y(:,3),'r:','linewidth',2);
legend('Ideal speed signal','Speed tracking');
xlabel('time(s)');ylabel('Angle speed response');

figure(2);
u1 = ut(:,1);
u2 = ut(:,2);
plot(t,u1(:,1),'r',t,u2(:,1),'k','linewidth',2);
xlabel('time(s)');ylabel('Control input 1 and 2');
legend('u1','u2');
```

13.4 基于状态输出受限性能的切换容错控制

13.4.1 多状态输出受限引理

引理 13.1[5] 针对误差动态系统

$$\dot{z}=f(t,z),\quad z=[z_1\quad \dot{z}_1]^{\mathrm{T}} \tag{13.20}$$

存在连续可微并正定的函数 V_1 和 V_2，$k_{bi}>0,i=1,2$。位置为 x_1，速度为 x_2，定义位置误差 $z_1=x_1-y_d$，速度误差 $z_2=x_2-\dot{y}_d$，满足 $z_i\to -k_{bi}$ 或 $z_i\to k_{bi}$ 时，有 $V_i(z_i)\to\infty$。

假设 $|z_1(0)|<k_{bi}$，取 $V(z)=V_1(z_1)+V_2(\dot{z}_1)$，如果满足

$$\dot{V}=\frac{\partial V}{\partial x}f\leqslant 0$$

则 $|z_i(t)|<k_{bi},\forall t\in[0,\infty)$。

13.4.2 系统描述

被控对象为

$$\begin{cases}\dot{x}_1=x_2\\ \dot{x}_2=f(x)+bu\end{cases}\tag{13.21}$$

其中，$f(x)$ 和 b 已知。

控制任务为通过控制律的设计，实现状态跟踪误差有界，即 $|z_i(t)|<k_{bi}$，$i=1,2$。

13.4.3 基于 Barrier Lyapunov 的状态输出受限控制

定义位置误差

$$z_1=x_1-y_d\tag{13.22}$$

其中，y_d 为位置信号 x_1 的指令。

定义速度误差为 $z_2=\dot{z}_1=x_2-\dot{y}_d$，$\dot{y}_d$ 为速度信号 x_2 的指令，则 $\dot{z}_2=\dot{x}_2-\ddot{y}_d=f(x)+bu-\ddot{y}_d$。

首先，证明 $|z_i(0)|<k_{bi}$ 时，需要通过控制律设计实现 $|z_i(t)|<k_{bi}$。根据控制任务，定义对称 Barrier Lyapunov 函数

$$V=\frac{1}{2}\log\frac{k_{b1}^2}{k_{b1}^2-z_1^2}+\frac{1}{2}\log\frac{k_{b2}^2}{k_{b2}^2-z_2^2}+\frac{1}{2}z_1^2+\frac{1}{2}z_2^2\tag{13.23}$$

其中，$\log(\cdot)$ 为自然对数，则

$$\begin{aligned}\dot{V}&=\frac{1}{2}\frac{k_{b1}^2-z_1^2}{k_{b1}^2}\times\left(\frac{k_{b1}^2}{k_{b1}^2-z_1^2}\right)'+\frac{1}{2}\frac{k_{b2}^2-z_2^2}{k_{b2}^2}\times\left(\frac{k_{b2}^2}{k_{b2}^2-z_2^2}\right)'+\dot{z}_1z_1+\dot{z}_2z_2\\&=\frac{z_1\dot{z}_1}{k_{b1}^2-z_1^2}+\frac{z_2\dot{z}_2}{k_{b2}^2-z_2^2}+\dot{z}_1z_1+\dot{z}_2z_2\\&=\frac{z_1\dot{z}_1}{k_{b1}^2-z_1^2}+\frac{\dot{z}_1\dot{z}_2}{k_{b2}^2-z_2^2}+\dot{z}_1z_1+\dot{z}_2z_2\\&=\dot{z}_1\left(\frac{z_1}{k_{b1}^2-z_1^2}+\frac{1}{k_{b2}^2-z_2^2}(f(x)+bu-\ddot{y}_d)+z_1+(f(x)+bu-\ddot{y}_d)\right)\\&=\dot{z}_1\left(\frac{z_1}{k_{b1}^2-z_1^2}+\frac{1}{k_{b2}^2-z_2^2}(f(x)-\ddot{y}_d)+\left(\frac{b}{k_{b2}^2-z_2^2}+b\right)u+z_1+f(x)-\ddot{y}_d\right)\end{aligned}$$

设计控制律为

$$u=\frac{1}{\dfrac{b}{k_{b2}^2-z_2^2}+b}\left(-\frac{z_1}{k_{b1}^2-z_1^2}-\frac{1}{k_{b2}^2-z_2^2}(f(x)-\ddot{y}_d)-z_1-f(x)+\ddot{y}_d-\eta\dot{z}_1\right)\tag{13.24}$$

其中，$\eta>0$。

$$\dot{V}=-\eta\dot{z}_1^2\leqslant 0$$

根据引理13.1[5]，可得$|z_1|<k_{b1}$，$|z_2|<k_{b2}$。

13.4.4 监控函数设计

对$\dot{V}$两边积分，得

$$V(t)-V(0)=\int_0^t-\eta\dot{z}_1^2\mathrm{d}t\leqslant 0$$

因此

$$V(t)\leqslant V(0)=\frac{1}{2}\left(\sum_{i=1}^{2}\log\frac{k_{bi}^2}{k_{bi}^2-z_i^2(0)}+z_i^2(0)\right)=\frac{1}{2}(\mu_0^2-\varepsilon_0)$$

定义

$$\mu_0=\left(\sum_{i=1}^{2}\log\frac{k_{bi}^2}{k_{bi}^2-z_i^2(0)}+z_i^2(0)+\varepsilon_0\right)\frac{1}{2}$$

其中，ε_0为非常小的正数。

则

$$V(t)\leqslant V(0)<\frac{1}{2}\mu_0^2$$

由$\log\dfrac{k_{bi}^2}{k_{bi}^2-z_i^2(t)}<\mu_0^2$可得$\dfrac{k_{bi}^2}{k_{bi}^2-z_i^2(t)}<\mathrm{e}^{\mu_0^2}$，即

$$k_{bi}^2<\mathrm{e}^{\mu_0^2}(k_{bi}^2-z_i^2(t))$$

从而

$$z_i^2(t)\mathrm{e}^{\mu_0^2}<(\mathrm{e}^{\mu_0^2}-1)k_{bi}^2$$

即

$$|z_i(t)|<\gamma_0 k_{bi}$$

其中，$\gamma_0=\sqrt{1-\mathrm{e}^{-\mu_0^2}}$，$i=1,2$。

考虑由于执行器失效而导致在$t\in(0,+\infty)$有q次切换，切换时刻满足

$$t_0<t_1<\cdots<t_k<t_{k+1}<\cdots<t_q<t_{q+1}$$

其中，$t_0:=0$，$t_{q+1}:=+\infty$，并且执行器在t_0处无切换。

设计监控函数如下：

$$|z_i(t)|<\gamma_k k_{bi},\quad \gamma_k=\sqrt{1-\mathrm{e}^{-\mu_k^2}},\quad i=1,2,t\in(t_k,t_{k+1})\tag{13.25}$$

其中

$$\mu_k=\left(\sum_{i=1}^{2}\log\frac{k_{bi}^2}{k_{bi}^2-z_i^2(t_k)}+z_i^2(t_k)+\varepsilon_k\right)^{\frac{1}{2}}$$

执行器切换时刻t_{k+1}定义如下[6]：

$$t_{k+1}=\min\{t:|z_i(t)|=\gamma_k k_{bi},i=1,2\}$$

当在时刻t_{k+1}不满足监控函数$|z_i(t)|<\gamma_k k_{bi}$时，执行器切换一次；当执行器发生故障，

但 $z_i(t)$ 满足监控函数时，且故障执行器在 $t\in(t_k,t_{k+1})$ 恢复正常，执行器不切换，从而降低了执行器的切换次数。

13.4.5 仿真实例

被控对象取式(13.21)，取 $f(x)=0, b=1.0$，位置指令为 $y_d=\sin t$，对象的初始状态为 $[0.5 \quad 0.5]$，采用控制律式(13.24)和监控函数式(13.25)，取 $\eta=10, k_{b1}=k_{b2}=1$。以一个执行器发生故障为例，故障类型为执行器故障卡死，此时执行器输出为0。取执行器故障发生时间为15，则执行器的切换时间为17.319，仿真结果如图13.7~图13.9所示。

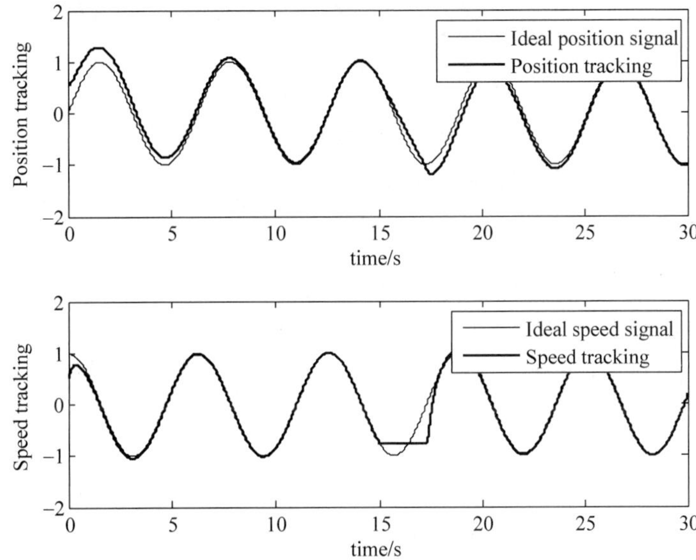

图 13.7 位置与速度跟踪

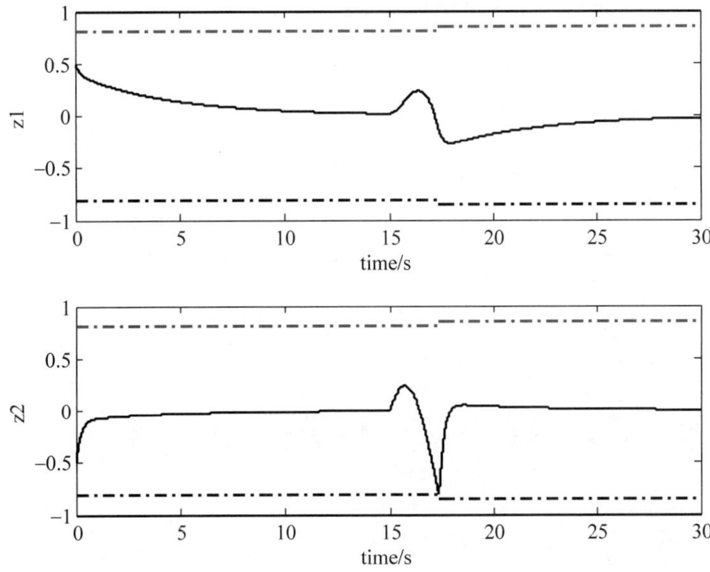

图 13.8 位置与速度跟踪误差

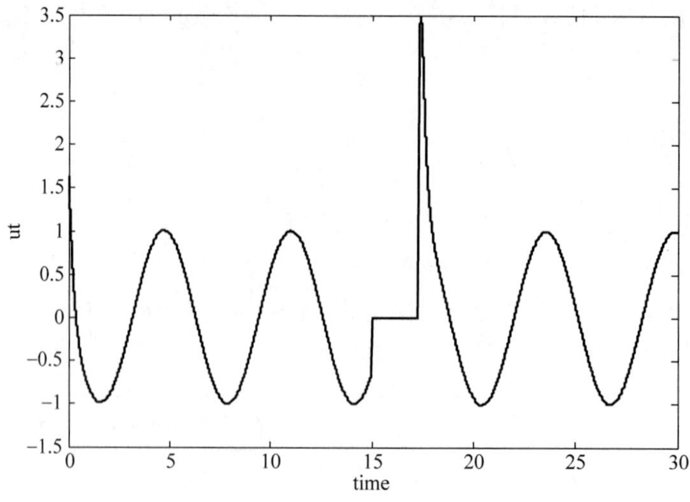

图 13.9 控制输入

仿真程序：

（1）控制主程序：chap13_4.m。

```
clear all;
close all;
%初始化
ts = 0.001; % Sampling time
xk = [0.5 0.5];
u_1 = 0;
b = 1.0;
xite = 10;
kb1 = 1;kb2 = 1;
epc = 10^ - 5;
z10 = 0.5;z20 = - 0.5;

Mu = (log(kb1^2/(kb1^2 - z10^2)) + log(kb2^2/(kb2^2 - z20^2)) + z20^2 + z10^2 + epc)^0.5;
gama = (1 - exp( - Mu))^0.5;

count = 0;
for k = 1:1:30000
t(k)  =  k * ts;
yd(k) = sin(k * ts);
dyd(k) = cos(k * ts);
ddyd(k) = - sin(k * ts);

para = u_1;
tSpan = [(k - 1) * ts k * ts];
[tt,xx] = ode45('chap13_4plant',tSpan,xk,[],para);
xk = xx(length(xx),:);
y(k) = xk(1);
dy(k) = xk(2);

z1(k) = y(k) - yd(k);
z2(k) = dy(k) - dyd(k);

temp1 = b/(kb2^2 - z2(k)^2) + b;
temp2 = - z1(k)/(kb1^2 - z1(k)^2) + 1/(kb2^2 - z2(k)^2) * ddyd(k) - z1(k) + ddyd(k) - xite * z2(k);
```

```
uc(k) = 1/temp1 * temp2;

tf1 = 15;
if t(k)> = tf1
   rou1 = 0;
else
   rou1 = 1.0;
end

if((abs(z1(k))< gama * kb1)&&(abs(z2(k))< gama * kb2))&&count == 0
    rou = rou1;
else
    rou2 = 1;
    rou = rou2;
    count = count + 1;
    if count == 1
    t_switch = k * ts;
Mu = (log(kb1^2/(kb1^2 - z1(k)^2)) + log(kb2^2/(kb2^2 - z2(k)^2)) + z2(k)^2 + z1(k)^2 + epc)^0.5;
    gama = (1 - exp( - Mu))^0.5;
    end
end
ut(k) = rou * uc(k);

z1_max(k) = gama * kb1;
z2_max(k) = gama * kb2;
u_1 = ut(k);
end

figure(1);
subplot(211);
plot(t,sin(t),'r',t,y,'b','linewidth',2);
legend('Ideal position signal','Position tracking');
xlabel('time(s)');ylabel('Position tracking');
subplot(212);
plot(t,cos(t),'r',t,dy,'b','linewidth',2);
legend('Ideal speed signal','Speed tracking');
xlabel('time(s)');ylabel('Speed tracking');

figure(2);
subplot(211);
plot(t,t./t,'b',t,z1_max,'-.r',t, - z1_max,'-.k',t,z1,'b','linewidth',2);
xlabel('time(s)');ylabel('z1');
subplot(212);
plot(t, - t./t,'b',t,z2_max,'-.r',t, - z2_max,'-.k',t,z2,'b','linewidth',2);
xlabel('time(s)');ylabel('z2');

figure(3);
plot(t,ut,'linewidth',2);
xlabel('time');ylabel('ut');
```

（2）对象子程序：chap13_4plant.m。

```
function dy = PlantModel(t,y,flag,para)
u = para;
dy = [0.5 0.5]';
dy(1) = y(2);
dy(2) = u;
```

13.5 单输入条件下时变执行器故障和控制方向未知时的跟踪控制

13.5.1 系统描述

考虑如下二阶系统

$$\begin{cases}\dot{x}_1 = x_2\\ \dot{x}_2 = gu + d\\ y = x_1\end{cases} \tag{13.26}$$

其中，u 为控制输入，d 为未知时变扰动，$|d| \leqslant d_{\max}$，$g \neq 0$ 为未知正负号的常数。

执行器时变故障表示为

$$u(t) = b(t)v(t) + \delta(t) \tag{13.27}$$

其中，$b(t)$ 和 $\delta(t)$ 为未知时变系数，分别表示执行器的有效程度和加性故障，$b(t)$ 和 $\delta(t)$ 连续有界，$0 < b_{\min} \leqslant b(t) \leqslant b_{\max}$。

控制目标为：设计控制律，实现当 $t \to \infty$ 时，$y \to y_0$，$\dot{y} \to \dot{y}_0$。

13.5.2 控制律设计与分析

定义跟踪误差为 $\varepsilon = y - y_0$，则

$$\dot{\varepsilon} = \dot{y} - \dot{y}_0 = x_2 - \dot{y}_0$$

$$\ddot{\varepsilon} = \dot{x}_2 - \ddot{y}_0 = gb(t)v(t) + g\delta(t) + d - \ddot{y}_0$$

取辅助变量

$$\bar{\varepsilon} = h\varepsilon + \dot{\varepsilon} \tag{13.28}$$

其中，$h > 0$ 为待设计参数。则

$$\dot{\bar{\varepsilon}} = h\dot{\varepsilon} + \ddot{\varepsilon} = h\dot{\varepsilon} + gb(t)v(t) + g\delta(t) + d - \ddot{y}_0$$

定义 $\eta = \max\left\{\sup\limits_{t \geqslant 0} |g\delta(t)|, d_{\max}\right\}$，构造 Lyapunov 函数为

$$V = \frac{1}{2}\bar{\varepsilon}^2 + \frac{1}{2\gamma}\tilde{\eta}^2 \tag{13.29}$$

其中，$\gamma > 0$ 为待设计参数，$\tilde{\eta} = \hat{\eta} - \eta$，$\hat{\eta}$ 为 η 的估计值，则

$$\dot{V} = \bar{\varepsilon}(h\dot{\varepsilon} + gb(t)v(t) + g\delta(t) + d - \ddot{y}_0) + \frac{1}{\gamma}\tilde{\eta}\dot{\hat{\eta}}$$

结合 η 的定义可得

$$\bar{\varepsilon}(g\delta(t) + d) \leqslant |\bar{\varepsilon}|\left(\sup_{t \geqslant 0}|g\delta(t)| + d_{\max}\right) \leqslant 2\eta|\bar{\varepsilon}| = 2\eta\bar{\varepsilon}\operatorname{sgn}(\bar{\varepsilon})$$

则

$$\begin{aligned}\dot{V} &\leqslant \bar{\varepsilon}(gb(t)v(t) + 2\eta\operatorname{sgn}(\bar{\varepsilon}) + h\dot{\varepsilon} - \ddot{y}_0) + \frac{1}{\gamma}\tilde{\eta}\dot{\hat{\eta}}\\ &\leqslant \bar{\varepsilon}(gb(t)v(t) + 2\hat{\eta}\operatorname{sgn}(\bar{\varepsilon}) + h\dot{\varepsilon} - \ddot{y}_0) + \frac{1}{\gamma}\tilde{\eta}(\dot{\hat{\eta}} - 2\gamma\bar{\varepsilon}\operatorname{sgn}(\bar{\varepsilon}))\end{aligned}$$

定义 $\tilde{\omega}$，并设计自适应律

$$\tilde{\omega} = c\bar{\varepsilon} + 2\hat{\eta}\operatorname{sgn}(\bar{\varepsilon}) + h\dot{\varepsilon} - \ddot{y}_0 \tag{13.30}$$

$$\dot{\hat{\eta}} = 2\gamma\bar{\varepsilon}\operatorname{sgn}(\bar{\varepsilon}) \tag{13.31}$$

其中，$c>0$ 为待设计参数，则

$$\dot{V} \leqslant -c\bar{\varepsilon}^2 + \bar{\varepsilon}gb(t)v(t) + \bar{\varepsilon}\tilde{\omega}$$

设计控制律为

$$v(t) = -M(k)\tilde{\omega} \tag{13.32}$$

其中，$M(k)$ 为 Nussbaum 函数，定义如下

$$M(k) = \mathrm{e}^{k^2}\cos(k) \tag{13.33}$$

其中，e 为自然常数。

k 由下式产生

$$\dot{k} = \rho\bar{\varepsilon}\tilde{\omega} \tag{13.34}$$

其中，$\rho>0$ 为待设计参数。

根据式(13.34)可得 $\bar{\varepsilon}\tilde{\omega} = \dfrac{\dot{k}}{\rho}$，则

$$\dot{V} \leqslant -c\bar{\varepsilon}^2 - \bar{\varepsilon}gb(t)M(k)\tilde{\omega} + \bar{\varepsilon}\tilde{\omega} = -c\bar{\varepsilon}^2 - \frac{\dot{k}}{\rho}(gb(t)M(k) - 1)$$

对上式两边积分，可得

$$\begin{aligned} V(t) - V(0) &\leqslant \int_0^t -c\bar{\varepsilon}^2(\lambda)\mathrm{d}\lambda - \int_0^t \frac{\dot{k}(\lambda)}{\rho}(gb(\lambda)M(k(\lambda)) - 1)\mathrm{d}\lambda \\ &\leqslant \int_0^t -c\bar{\varepsilon}^2(\lambda)\mathrm{d}\lambda - \int_{k(0)}^{k(t)} \frac{1}{\rho}(gb(\lambda)M(s) - 1)\mathrm{d}s \\ &\leqslant \int_0^t -c\bar{\varepsilon}^2(\lambda)\mathrm{d}\lambda + \frac{1}{\rho}\Delta(t) \end{aligned}$$

其中

$$\Delta(t) = -\int_{k(0)}^{k(t)} (gb(\lambda)M(s) - 1)\mathrm{d}s \tag{13.35}$$

则

$$0 \leqslant V(t) \leqslant \int_0^t -c\bar{\varepsilon}^2(\lambda)\mathrm{d}\lambda + \frac{1}{\rho}\Delta(t) + V(0) \tag{13.36}$$

需要证明式(13.36)的 $\Delta(t)$ 有界，由于 $M(k) = \mathrm{e}^{k^2}\cos(k)$，只需要证明 $k(t)$ 有界。利用反证法，可得 $k(t)$ 是有界的，证明过程请参考文献[7,8]。

如果满足 $k(t)$ 有界，则 $\Delta(t)$ 和 $V(t)$ 有界，由式(13.29)可知 $\bar{\varepsilon}$ 和 $\hat{\eta}$ 有界，则 ε 和 $\dot{\varepsilon}$ 有界，从而 y 和 $\dot{y}$ 有界。结合式(13.30)可知 $\tilde{\omega}$ 有界，据式(13.32)知 $v(t)$ 有界，由于 $b(t)$ 和 $\delta(t)$ 有界，则 $u(t)$ 有界，从而 $\dot{x}_2$ 有界，$\ddot{\varepsilon}$ 有界，$\dot{\bar{\varepsilon}}$ 有界。综上分析，在所设计的控制律下，闭环信号全局一致有界。

由式(13.28)可知 $\bar{\varepsilon} \in L_2$，由于 $\bar{\varepsilon}$ 和 $\dot{\bar{\varepsilon}}$ 有界，根据 Barbalat 引理可得 $\lim\limits_{t\to+\infty}\bar{\varepsilon} = 0$，结合 $\bar{\varepsilon} = h\varepsilon + \dot{\varepsilon}$ 可知，$\lim\limits_{t\to+\infty}\varepsilon = \lim\limits_{t\to+\infty}(y - y_0) = 0$，$\lim\limits_{t\to+\infty}\dot{\varepsilon} = \lim\limits_{t\to+\infty}(\dot{y} - \dot{y}_0) = 0$。

13.5.3 仿真实例

针对模型式(13.26)，取初始状态为[0.20 0]，$g=-0.50$，$d=1+2\sin t$。针对执行器时变故障模型式(13.27)，取$b=0.7+0.2\sin t$，$\delta=0.5\sin t$，根据式(13.30)～式(13.34)设计控制律，$h=10$，$c=10$，$\gamma=2.0$，$\rho=5.0$，运行主程序 chap13_5sim.mdl，仿真结果如图 13.10 和图 13.11 所示。

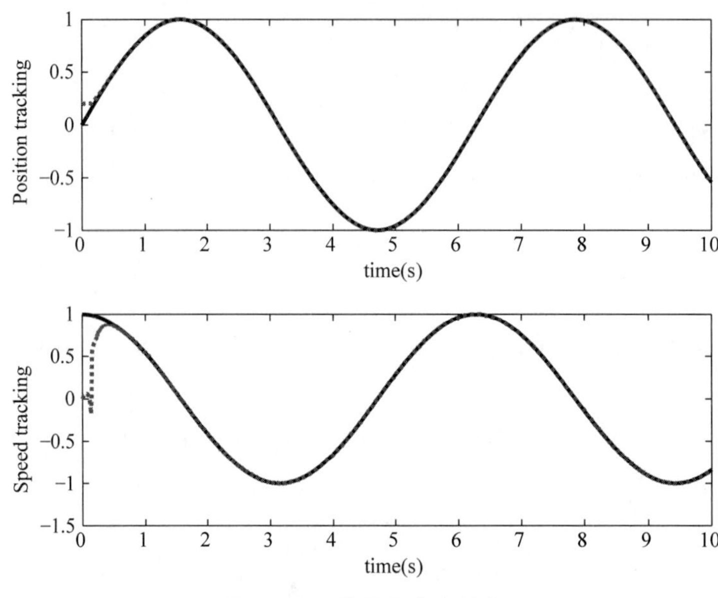

图 13.10 位置和速度跟踪

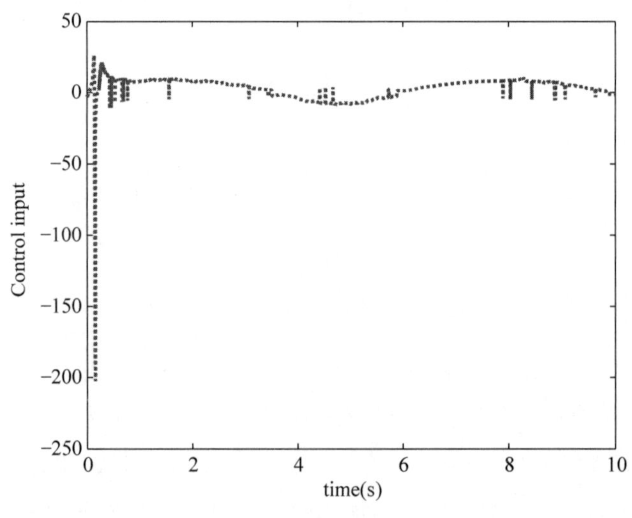

图 13.11 控制输入信号

仿真程序：

(1) 指令程序：chap13_5input.m。

```
function [sys,x0,str,ts] = spacemodel(t,x,u,flag)
switch flag,
```

```
case 0,
    [sys,x0,str,ts] = mdlInitializeSizes;
case 3,
    sys = mdlOutputs(t,x,u);
case {2,4,9}
    sys = [];
otherwise
    error(['Unhandled flag = ',num2str(flag)]);
end

function [sys,x0,str,ts] = mdlInitializeSizes
sizes = simsizes;
sizes.NumContStates  = 0;
sizes.NumDiscStates  = 0;
sizes.NumOutputs     = 1;
sizes.NumInputs      = 0;
sizes.DirFeedthrough = 0;
sizes.NumSampleTimes = 1;
sys = simsizes(sizes);
x0  = [];
str = [];
ts  = [0 0];
function sys = mdlOutputs(t,x,u)
sys(1) = sin(t);
```

(2) 主程序：chap13_5sim.mdl。

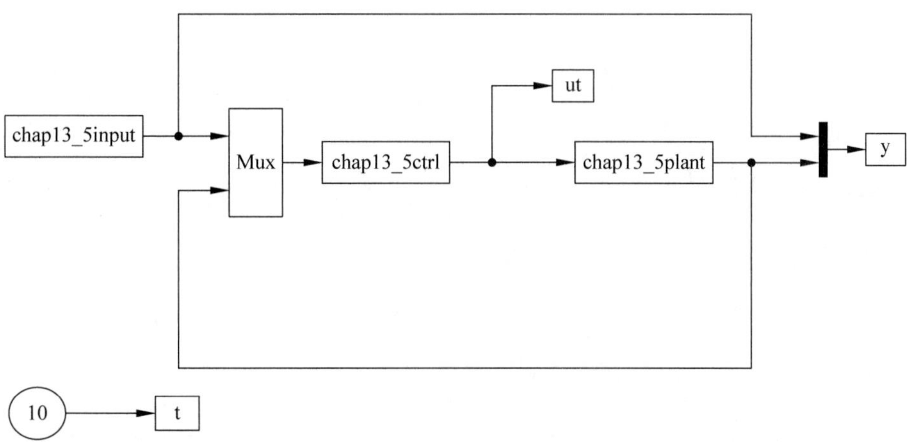

(3) 被控对象：chap13_5plant.m。

```
function [sys,x0,str,ts] = spacemodel(t,x,u,flag)
switch flag,
case 0,
    [sys,x0,str,ts] = mdlInitializeSizes;
case 1,
    sys = mdlDerivatives(t,x,u);
case 3,
    sys = mdlOutputs(t,x,u);
case {2,4,9}
    sys = [];
otherwise
    error(['Unhandled flag = ',num2str(flag)]);
end
```

```
function [sys,x0,str,ts] = mdlInitializeSizes
sizes = simsizes;
sizes.NumContStates   = 2;
sizes.NumDiscStates   = 0;
sizes.NumOutputs      = 2;
sizes.NumInputs       = 1;
sizes.DirFeedthrough  = 1;
sizes.NumSampleTimes  = 1;
sys = simsizes(sizes);
x0  = [0.20;0];
str = [];
ts  = [0 0];
function sys = mdlDerivatives(t,x,u)
vt = u(1);

b = 0.7 + 0.2 * sin(t);
delta = 0.5 * sin(t);
ut = b * vt + delta;

g = -0.5;
d = 1 + 2 * sin(t);
sys(1) = x(2);
sys(2) = g * ut + d;
function sys = mdlOutputs(t,x,u)
sys(1) = x(1);
sys(2) = x(2);
```

(4) 控制器程序：chap13_5ctrl.m。

```
function [sys,x0,str,ts] = spacemodel(t,x,u,flag)
switch flag,
case 0,
    [sys,x0,str,ts] = mdlInitializeSizes;
case 1,
    sys = mdlDerivatives(t,x,u);
case 3,
    sys = mdlOutputs(t,x,u);
case {2,4,9}
    sys = [];
otherwise
    error(['Unhandled flag = ',num2str(flag)]);
end
function [sys,x0,str,ts] = mdlInitializeSizes
sizes = simsizes;
sizes.NumContStates   = 2;
sizes.NumDiscStates   = 0;
sizes.NumOutputs      = 1;
sizes.NumInputs       = 3;
sizes.DirFeedthrough  = 1;
sizes.NumSampleTimes  = 1;
sys = simsizes(sizes);
x0  = [1 1];
str = [];
ts  = [0 0];
function sys = mdlDerivatives(t,x,u)
```

```
y0 = u(1);x1 = u(2);x2 = u(3);
dy0 = cos(t);ddy0 = - sin(t);

epc = x1 - y0;
depc = x2 - dy0;

h = 10;
epc_bar = h * epc + depc;
eta_est = x(1);

c = 10;
w_bar = c * epc_bar + 2 * eta_est * sign(epc_bar) + h * depc - ddy0;

gama = 2;
rou = 5.0;

sys(1) = 2 * gama * epc_bar * sign(epc_bar);
sys(2) = rou * epc_bar * w_bar;
function sys = mdlOutputs(t,x,u)
y0 = u(1);x1 = u(2);x2 = u(3);
dy0 = cos(t);ddy0 = - sin(t);
epc = x1 - y0;
depc = x2 - dy0;

h = 10;
epc_bar = h * epc + depc;
eta_est = x(1);

c = 10;
w_bar = c * epc_bar + 2 * eta_est * sign(epc_bar) + h * depc - ddy0;

k = x(2);
Nk = exp(k^2) * cos(k);
vt = - Nk * w_bar;

sys(1) = vt;
```

(5) 作图程序：chap13_5plot.m。

```
close all;

figure(1);
subplot(211);
plot(t,sin(t),'k',t,y(:,2),'r:','linewidth',2);
xlabel('time(s)');ylabel('Position tracking');
% legend('Ideal position signal','Position');
subplot(212);
plot(t,cos(t),'k',t,y(:,3),'r:','linewidth',2);
xlabel('time(s)');ylabel('Speed tracking');
% legend('Speed of ideal signal','Speed');

figure(2);
plot(t,ut(:,1),'r:','linewidth',2);
xlabel('time(s)');ylabel('Control input');
```

13.6 多输入条件下时变执行器故障和控制方向未知时的跟踪控制

13.6.1 系统描述

考虑如下二阶系统

$$\begin{cases}\dot{x}_1=x_2\\ \dot{x}_2=g_1u_1+g_2u_2+d\\ y=x_1\end{cases}\tag{13.37}$$

其中，u_1 和 u_2 为控制输入，d 为未知时变扰动，$|d|\leqslant d_{\max}$，$g_1\neq 0$，$g_2\neq 0$ 为未知正负号的常数。

执行器时变故障表示为

$$u_i(t)=b_i(t)v_i(t)+\delta_i(t)\tag{13.38}$$

其中，$i=1,2$，$b_i(t)$和 $\delta_i(t)$为未知时变系数，分别表示执行器的有效程度和加性故障。$b_i(t)$和 $\delta_i(t)$连续有界，$0<b_{\min}\leqslant b_i(t)\leqslant b_{\max}$。

控制目标为：设计控制律，当 $t\to\infty$时，$y\to y_0$，$\dot{y}\to\dot{y}_0$。

引理 13.2：对于 $\forall z\in\mathbf{R}$，$\zeta>0$，不等式 $0\leqslant|z|-\dfrac{z^2}{\sqrt{z^2+\zeta^2}}<\zeta$ 成立。

13.6.2 控制律设计与分析

定义跟踪误差为 $\varepsilon=y-y_0$，则

$$\dot{\varepsilon}=\dot{y}-\dot{y}_0=x_2-\dot{y}_0$$

$$\ddot{\varepsilon}=\dot{x}_2-\ddot{y}_0=g_1b_1(t)v_1(t)+g_2b_2(t)v_2(t)+g_1\delta_1(t)+g_2\delta_2(t)+d-\ddot{y}_0$$

取辅助变量

$$\bar{\varepsilon}=h\varepsilon+\dot{\varepsilon}\tag{13.39}$$

其中，$h>0$ 为待设计参数，则

$$\dot{\bar{\varepsilon}}=h\dot{\varepsilon}+\ddot{\varepsilon}=h\dot{\varepsilon}+g_1b_1(t)v_1(t)+g_2b_2(t)v_2(t)+g_1\delta_1(t)+g_2\delta_2(t)+d-\ddot{y}_0$$

定义 $\eta=\max\left\{\sup\limits_{t\geqslant 0}|g_1\delta_1(t)|,\sup\limits_{t\geqslant 0}|g_2\delta_2(t)|,d_{\max}\right\}$，构造 Lyapunov 函数为

$$V=\frac{1}{2}\bar{\varepsilon}^2+\frac{1}{2\gamma}\tilde{\eta}^2\tag{13.40}$$

其中，$\gamma>0$ 为待设计参数，$\tilde{\eta}_i=\hat{\eta}_i-\eta_i$，$\hat{\eta}_i$ 为 η_i 的估计值，则

$$\dot{V}=\bar{\varepsilon}(h\dot{\varepsilon}+g_1b_1(t)v_1(t)+g_2b_2(t)v_2(t)+g_1\delta_1(t)+g_2\delta_2(t)+d-\ddot{y}_0)+\frac{1}{\gamma}\tilde{\eta}\dot{\hat{\eta}}$$

引入 $\zeta=\iota_1\mathrm{e}^{-\iota_2 t}$，其中 ι_1 和 ι_2 为正常数，$\zeta(t)$为正光滑可积函数，结合 η 的定义及引理 13.2，可得

$$\bar{\varepsilon}(g_1\delta_1(t)+g_2\delta_2(t)+d)\leqslant 3\eta|\bar{\varepsilon}|\leqslant\frac{3\eta\bar{\varepsilon}^2}{\sqrt{\bar{\varepsilon}^2+\zeta^2}}+3\eta\zeta$$

$$\bar{\varepsilon}(h\dot{\varepsilon}-\ddot{y}_0)\leqslant|\bar{\varepsilon}||h\dot{\varepsilon}-\ddot{y}_0|\leqslant\frac{\bar{\varepsilon}^2(h\dot{\varepsilon}-\ddot{y}_0)^2}{\sqrt{\bar{\varepsilon}^2(h\dot{\varepsilon}-\ddot{y}_0)^2+\zeta^2}}+\zeta$$

将上两式代入 $\dot{V}$，可得

$$\dot{V}\leqslant\bar{\varepsilon}[g_1b_1(t)v_1(t)+g_2b_2(t)v_2(t)]+\frac{3(\hat{\eta}-\tilde{\eta})\bar{\varepsilon}^2}{\sqrt{\bar{\varepsilon}^2+\zeta^2}}+\frac{\bar{\varepsilon}^2(h\dot{\varepsilon}-\ddot{y}_0)^2}{\sqrt{\bar{\varepsilon}^2(h\dot{\varepsilon}-\ddot{y}_0)^2+\zeta^2}}+$$

$$(3\eta+1)\zeta+\frac{1}{\gamma}\tilde{\eta}\dot{\hat{\eta}}$$

$$\leqslant\bar{\varepsilon}[g_1b_1(t)v_1(t)+g_2b_2(t)v_2(t)]+\bar{\varepsilon}\left[\frac{3\hat{\eta}\bar{\varepsilon}}{\sqrt{\bar{\varepsilon}^2+\zeta^2}}+\frac{\bar{\varepsilon}(h\dot{\varepsilon}-\ddot{y}_0)^2}{\sqrt{\bar{\varepsilon}^2(h\dot{\varepsilon}-\ddot{y}_0)^2+\zeta^2}}\right]+$$

$$\frac{1}{\gamma}\tilde{\eta}\left[\dot{\hat{\eta}}-\frac{3\gamma\bar{\varepsilon}^2}{\sqrt{\bar{\varepsilon}^2+\zeta^2}}\right]+(3\eta+1)\zeta$$

定义 $\tilde{\omega}$，并设计自适应律

$$\tilde{\omega}=c\bar{\varepsilon}+\frac{3\hat{\eta}\bar{\varepsilon}}{\sqrt{\bar{\varepsilon}^2+\zeta^2}}+\frac{\bar{\varepsilon}(h\dot{\varepsilon}-\ddot{y}_0)^2}{\sqrt{\bar{\varepsilon}^2(h\dot{\varepsilon}-\ddot{y}_0)^2+\zeta^2}}\tag{13.41}$$

$$\dot{\hat{\eta}}=\frac{3\gamma\bar{\varepsilon}^2}{\sqrt{\bar{\varepsilon}^2+\zeta^2}},\quad \hat{\eta}(0)\geqslant 0\tag{13.42}$$

其中，$c>0$ 为待设计参数，则

$$\dot{V}\leqslant-c\bar{\varepsilon}^2+\bar{\varepsilon}[g_1b_1(t)v_1(t)+g_2b_2(t)v_2(t)]+\bar{\varepsilon}\tilde{\omega}+(3\eta+1)\zeta$$

设计控制律为

$$v_1(t)=M_1(k_1)\tilde{\omega},\quad v_2(t)=M_2(k_2)\tilde{\omega}\tag{13.43}$$

其中，针对多个控制输入，$M_i(k_i)$取如下 Nussbaum 函数[8]

$$M_i(k_i)=\mu_i[4^{i-\beta}e^{k_i^2}\cos(4^{i-\beta}k_i)+2k_ie^{k_i^2}\sin(4^{i-\beta}k_i)]\tag{13.44}$$

其中，$\mu_i>0$ 和 $\beta\in\mathbf{R}$ 为待设计参数，$i=1,2$。

k_i 由下式产生

$$\dot{k}_i=\rho_i\bar{\varepsilon}\tilde{\omega},\quad k(0)\geqslant 0\tag{13.45}$$

其中，$\rho_i>0$ 为待设计参数，$i=1,2$。

根据式(13.45)可得 $\bar{\varepsilon}\tilde{\omega}=\frac{\dot{k}_i}{\rho_i}$，则

$$\dot{V}\leqslant-c\bar{\varepsilon}^2+\bar{\varepsilon}[g_1b_1(t)M_1(k_1)\tilde{\omega}+g_2b_2(t)M_2(k_2)\tilde{\omega}]+\bar{\varepsilon}\tilde{\omega}+(3\eta+1)\zeta$$

$$=-c\bar{\varepsilon}^2+\frac{\dot{k}_1}{\rho_1}[g_1b_1(t)M_1(k_1)+1]+\frac{\dot{k}_2}{\rho_2}g_2b_2(t)M_2(k_2)+(3\eta+1)\zeta$$

对上式两边积分，可得

$$V(t)-V(0)\leqslant\int_0^t-c\bar{\varepsilon}^2(\lambda)d\lambda+\int_0^t\frac{\dot{k}_1(\lambda)}{\rho_1}[g_1b_1(\lambda)M_1(k_1(\lambda))+1]d\lambda+$$

$$\int_0^t \frac{\dot{k}_2(\lambda)}{\rho_2} g_2 b_2(\lambda) M_2(k_2(\lambda)) \mathrm{d}\lambda + \int_0^t (3\eta+1)\zeta(\lambda)\mathrm{d}\lambda$$

$$\leqslant \int_0^t -c\bar{\varepsilon}^2(\lambda)\mathrm{d}\lambda + \frac{1}{\rho_1}k_1(t) + \Delta_1(t) + \Delta_2(t) + \psi$$

其中，$\psi = -\frac{1}{\rho_1}k_1(0) + \int_0^{+\infty}(3\eta+1)\zeta(\lambda)\mathrm{d}\lambda$，且

$$\Delta_i(t) = \int_0^t \frac{1}{\rho_i} g_i b_i(\lambda) M_i(k_i(\lambda)) \dot{k}_i(\lambda)\mathrm{d}\lambda \tag{13.46}$$

其中，$i=1,2$，则

$$0 \leqslant V(t) \leqslant \int_0^t -c\bar{\varepsilon}^2(\lambda)\mathrm{d}\lambda + \frac{1}{\rho_1}k_1(t) + \Delta_1(t) + \Delta_2(t) + \psi + V(0) \tag{13.47}$$

由式(13.42)可知，$\hat{\eta}(t)\geqslant 0$，由式(13.41)可知 $\bar{\varepsilon}\tilde{\omega}\geqslant 0$，由式(13.45)可知，$k_i(t)\geqslant 0$，$i=1,2$。取控制输入数量为2，利用反证法可证得 $k_i(t)$ 是有上界的，证明过程参考文献[8]。

在式(13.47)中，$\Delta_1(t)+\Delta_2(t)$ 包括多个 Nussbaum 函数，其中 g_1 和 g_2 的符号是未知的，因此存在 g_1 和 g_2 符号不同的情况。在这种情况下，如果使用传统的 Nussbaum 函数 $M(k)=\mathrm{e}^{k^2}\cos(k)$，$k_1(t)$ 和 $k_2(t)$ 可能会趋于无穷大，而 $\Delta_1(t)$ 和 $\Delta_2(t)$ 通过取不同的符号相互抵消，使得它们的总和仍然满足式(13.47)。此外，由于存在执行器故障，在式(13.46)中，$\Delta_i(t)$ Nussbaum 函数乘以未知时变参数 $b_i(t)$，$i=1,2$，使得问题更加复杂。上述两个难点使得文献[7]中使用的 Nussbaum 函数和反证法不再适用。克服这些难点，需要采用式(13.44)中的 Nussbaum 函数设计控制律[8]。

根据式(13.44)中对 $M_i(k_i)$ 的定义及

$$\Delta_i(t) = \int_0^t \frac{1}{\rho_i} g_i b_i(\lambda) M_i(k_i(\lambda)) \dot{k}_i(\lambda)\mathrm{d}\lambda = \int_{k_i(0)}^{k_i(t)} \frac{1}{\rho_i} g_i b_i(\lambda) M_i(s)\mathrm{d}s$$

其中，$\lambda\in[0,t]$，$i=1,2$。

可见，$k_i(t)$、$M_i(k_i)$ 和 $\Delta_i(t)$ 是有界的。

由 $k_i(t)$ 和 $\Delta_i(t)$ 的有界性，可得 $V(t)$ 有界，由式(13.40)可知 $\bar{\varepsilon}$ 和 $\hat{\eta}$ 有界，则 ε 和 $\dot{\varepsilon}$ 有界，从而 y 和 $\dot{y}$ 有界。结合式(13.41)可知 $\tilde{\omega}$ 有界，据式(13.43) $v(t)$ 有界，由于 $b(t)$ 和 $\delta(t)$ 有界，则 $u(t)$ 有界，从而 $\dot{x}_2$ 有界，$\ddot{\varepsilon}$ 有界，$\dot{\bar{\varepsilon}}$ 有界。综上分析，在所设计的控制律下，闭环信号全局一致有界。

由式(13.39)可知 $\bar{\varepsilon}\in L_2$，由于 $\bar{\varepsilon}$ 和 $\dot{\bar{\varepsilon}}$ 有界，根据 Barbalat 引理可得 $\lim\limits_{t\to+\infty}\bar{\varepsilon}=0$，结合 $\bar{\varepsilon}=h\varepsilon+\dot{\varepsilon}$ 可知，$\lim\limits_{t\to+\infty}\varepsilon=\lim\limits_{t\to+\infty}(y-y_0)=0$，$\lim\limits_{t\to+\infty}\dot{\varepsilon}=\lim\limits_{t\to+\infty}(\dot{y}-\dot{y}_0)=0$。

13.6.3 仿真实例

针对模型式(13.37)，取初始状态为 $[0.20\quad 0]$，$g=-0.50$，$d=1+2\sin t$。针对执行器时变故障模型式(13.38)，取 $b_1=b_2=0.7+0.2\sin t$，$\delta=0.5\sin t$，根据设计控制律式(13.41)～式(13.45)，取 $h=10$，$c=10$，$\zeta=10$，$\gamma=2.0$，$\rho_1=\rho_2=5.0$，$\hat{\eta}(0)=0.10$，$k_1(0)=0.10$，$k_2(0)=0.10$，$\mu_1=\mu_2=1.0$，$\beta=1.0$。运行主程序 chap13_6sim.mdl，仿真结果如图 13.12 和图 13.13 所示。

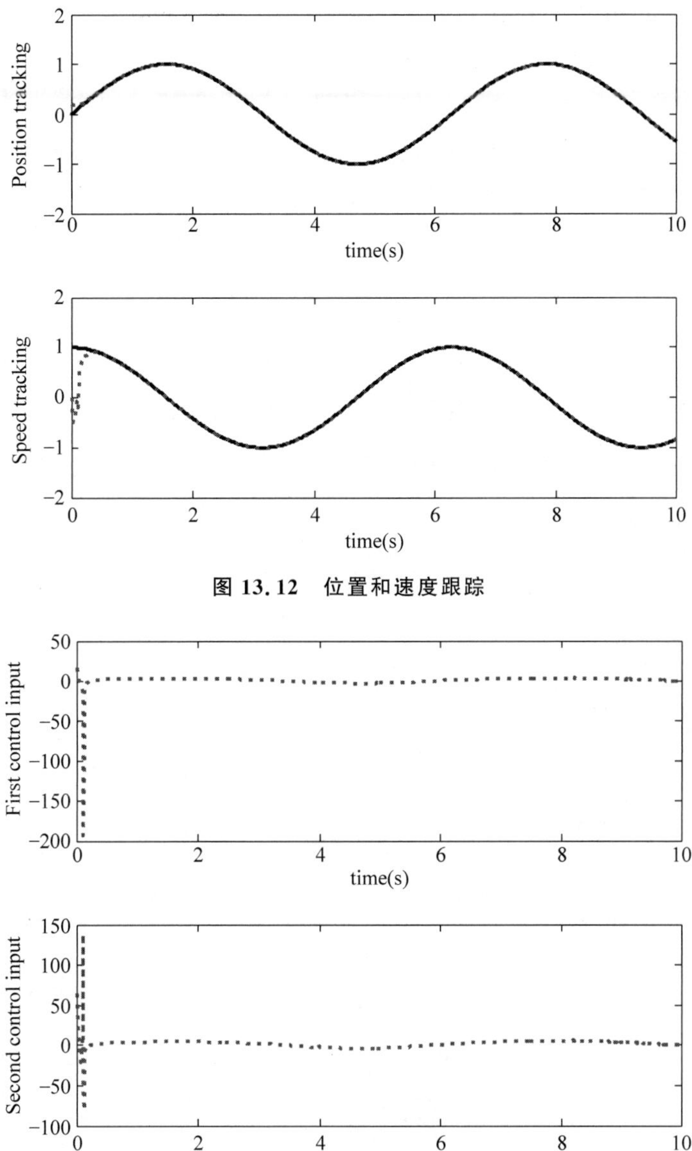

图 13.12 位置和速度跟踪

图 13.13 控制输入信号

仿真程序：

（1）Simulink 主程序：chap13_6sim.mdl。

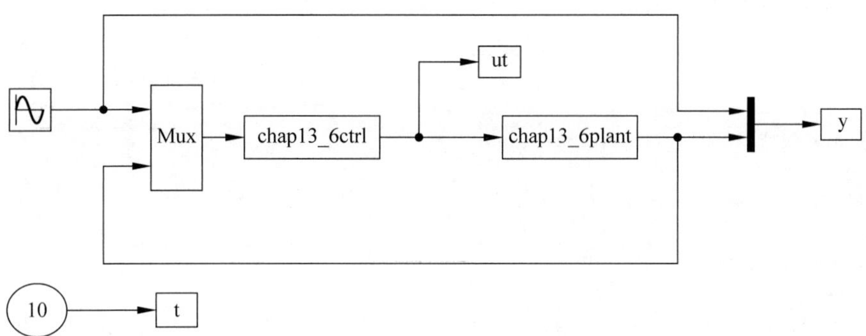

（2）被控对象：chap13_6plant.m。

```
function [sys,x0,str,ts] = spacemodel(t,x,u,flag)
switch flag,
case 0,
    [sys,x0,str,ts] = mdlInitializeSizes;
case 1,
    sys = mdlDerivatives(t,x,u);
case 3,
    sys = mdlOutputs(t,x,u);
case {2,4,9}
    sys = [];
otherwise
    error(['Unhandled flag = ',num2str(flag)]);
end
function [sys,x0,str,ts] = mdlInitializeSizes
sizes = simsizes;
sizes.NumContStates  = 2;
sizes.NumDiscStates  = 0;
sizes.NumOutputs     = 2;
sizes.NumInputs      = 2;
sizes.DirFeedthrough = 1;
sizes.NumSampleTimes = 1;
sys = simsizes(sizes);
x0  = [0.20;0];
str = [];
ts  = [0 0];
function sys = mdlDerivatives(t,x,u)
vt1 = u(1);
vt2 = u(2);

b1 = 0.7 + 0.2 * sin(t);
b2 = 0.7 + 0.2 * sin(t);
delta = 0.5 * sin(t);
ut = b1 * vt1 + b2 * vt2 + delta;

g = - 0.5;
d = 1 + 2 * sin(t);
sys(1) = x(2);
sys(2) = g * ut + d;
function sys = mdlOutputs(t,x,u)
sys(1) = x(1);
sys(2) = x(2);
```

（3）控制器程序：chap13_6ctrl.m。

```
function [sys,x0,str,ts] = spacemodel(t,x,u,flag)
switch flag,
case 0,
    [sys,x0,str,ts] = mdlInitializeSizes;
case 1,
    sys = mdlDerivatives(t,x,u);
case 3,
    sys = mdlOutputs(t,x,u);
case {2,4,9}
    sys = [];
```

```
otherwise
    error(['Unhandled flag = ',num2str(flag)]);
end
function [sys,x0,str,ts] = mdlInitializeSizes
sizes = simsizes;
sizes.NumContStates  = 3;
sizes.NumDiscStates  = 0;
sizes.NumOutputs     = 2;
sizes.NumInputs      = 3;
sizes.DirFeedthrough = 1;
sizes.NumSampleTimes = 1;
sys = simsizes(sizes);
x0  = [0.1 0.1 0.1];
str = [];
ts  = [0 0];
function sys = mdlDerivatives(t,x,u)
y0 = u(1);x1 = u(2);x2 = u(3);
dy0 = cos(t);ddy0 = - sin(t);

epc = x1 - y0;
depc = x2 - dy0;

h = 10;
epc_bar = h * epc + depc;
eta_est = x(1);

c = 10;kesi = 10;
w_bar = c * epc_bar + 2 * eta_est * sign(epc_bar) + h * depc - ddy0;

gama = 2;rou1 = 5.0;rou2 = 5.0;
sys(1) = 3 * gama * epc_bar^2/sqrt(epc_bar^2 + kesi^2);
sys(2) = rou1 * epc_bar * w_bar;
sys(3) = rou2 * epc_bar * w_bar;
function sys = mdlOutputs(t,x,u)
y0 = u(1);x1 = u(2);x2 = u(3);
dy0 = cos(t);ddy0 = - sin(t);
epc = x1 - y0;
depc = x2 - dy0;

h = 10;
epc_bar = h * epc + depc;
eta_est = x(1);k1 = x(2);k2 = x(3);

c = 10;kesi = 10;
w_bar = c * epc_bar + 3 * eta_est * epc_bar/sqrt(epc_bar^2 + kesi^2) + epc_bar * (h * depc - ddy0)^2/
sqrt(epc_bar^2 * (h * depc - ddy0)^2 + kesi^2);

miu1 = 1.0;miu2 = 1.0;beta = 1.0;
Nk1 = miu1 * (4^(1 - beta) * exp(k1^2) * cos(4^(1 - beta) * k1) + 2 * k1 * exp(k1^2) * sin(4^(1 -
beta) * k1));
Nk2 = miu2 * (4^(2 - beta) * exp(k2^2) * cos(4^(2 - beta) * k2) + 2 * k2 * exp(k2^2) * sin(4^(2 -
beta) * k2));

vt1 = Nk1 * w_bar;
vt2 = Nk2 * w_bar;
```

```
sys(1) = vt1;
sys(2) = vt2;
```

（4）作图程序：chap13_6plot. m。

```
close all;

figure(1);
subplot(211);
plot(t,sin(t),'k',t,y(:,2),'r:','linewidth',2);
xlabel('time(s)');ylabel('Position tracking');
% legend('Ideal position signal','Position');
subplot(212);
plot(t,cos(t),'k',t,y(:,3),'r:','linewidth',2);
xlabel('time(s)');ylabel('Speed tracking');
% legend('Speed of ideal signal','Speed');

figure(2);
subplot(211);
plot(t,ut(:,1),'r:','linewidth',2);
xlabel('time(s)');ylabel('First control input');
subplot(212);
plot(t,ut(:,2),'r:','linewidth',2);
xlabel('time(s)');ylabel('Second control input');
```

附录

Barbalat 引理[4]：如果 $f,\dot{f}\in L_\infty$ 且 $f\in L_p, p\in[1,\infty)$，则当 $t\to\infty$ 时，$f(t)\to 0$。

参考文献

[1] Tang X D, Tao G, S M Joshi. Adaptive actuator failure compensation for parametric strict feedback systems and an aircraft application[J]. Automatica, 2003, 39: 1975-1982.

[2] Wang W, Wen C Y. Adaptive actuator failure compensation control of uncertain nonlinear systems with guaranteed transient performance[J]. Automatica, 2010, 46: 2082-2091.

[3] Wang C L, Wen C Y, Lin Y. Adaptive actuator failure compensation for a class of nonlinear Systems With Unknown Control Direction[J]. IEEE Transactions on Automatic Control, 2017, 62(1): 385-392.

[4] Ioannou P A, Sun J. Robust Adaptive Control[M]. PTR Prentice-Hall, 1996, 75-76.

[5] Tee K P, Ge S S. Control of nonlinear systems with full state constraint using a Barrier Lyapunov function[C]//Joint 48th IEEE Conference on Decision and Control and 28th Chinese Control Conference Shanghai, P. R. China, December 16-18, 2009.

[6] Ouyang H P, Lin Y. Adaptive fault-tolerant control for actuator failures: A switching strategy[J]. Automatica, 2017, 81, 87-95.

[7] Wang C, Wen C, Lin Y. Adaptive Actuator Failure Compensation for a Class of Nonlinear Systems With Unknown Control Direction[J]. IEEE Transactions on Automatic Control, 2017, 62(1): 385-392.

[8] Wang C, Wen C and Guo L. Adaptive Consensus Control for Nonlinear Multiagent Systems With Unknown Control Directions and Time-Varying Actuator Faults[J]. IEEE Transactions on Automatic Control, 2021, 66(9): 4222-4229.

第14章 多智能体系统的一致性控制的设计与分析

14.1 二阶多智能体系统的一致性协调鲁棒控制

14.1.1 系统描述

为了简单起见，可以先考虑 x 方向进行分析和设计，其结论可以推广到 y 方向的分析和设计。

每个智能体为二阶动态模型，表示为

$$\begin{cases} \dot{r}_i = v_i \\ \dot{v}_i = u_i + d_i \end{cases} \tag{14.1}$$

其中，$i=1,2,\cdots,n$，r_i 为位置，u_i 为控制输入，d_i 为加在控制输入上的扰动，$|d_i| \leqslant D_i \leqslant D_{\max}$。

多智能体系统的结构是连通的，虚拟领导者和至少一位跟随者存在通信，跟随者构成多智能体系统。在该动态模型中，r_i 是第 i 个跟随者智能体的位置，r_{ix} 和 r_{iy} 分别为智能体 i 在 x 方向和 y 方向的位置，假设位置指令和速度指令分别为 r_0 和 v_0，且 $|\dot{v}_0| \leqslant \varphi_l$，定义 $\tilde{r}_i = r_i - r_0$，$\tilde{\boldsymbol{r}} = [\tilde{r}_1 \quad \cdots \quad \tilde{r}_n]^{\mathrm{T}}$，假设指令是时变的，跟随者之间的图是无向连通图，且至少有一个跟随者能获取指令的位置信息。如果智能体 i 和智能体 j 相连通，则通常取 $a_{ij}=1$，否则 $a_{ij}=0$。

$\boldsymbol{L}$ 为 Laplacian 矩阵，$\boldsymbol{L}$ 为半对称正定阵，定义 $\boldsymbol{L}=\{l_{ij}\} \in \mathbf{R}^{n\times n}$，考虑到 $i=j$ 时，$a_{ij}=0$，则可取

$$l_{ii} = \sum_{j=1,i\neq j}^{n} a_{ij}, \quad l_{ij} = -a_{ij}(i \neq j) \tag{14.2}$$

同时考虑 x 方向和 y 方向，控制目标为：当 $t\to\infty$ 时，$\boldsymbol{r}_i(t)\to\boldsymbol{r}_0(t)$，$\boldsymbol{v}_i(t)\to\boldsymbol{v}_0(t)$，且全局指数收敛。

14.1.2 控制律设计与分析

在参考文献[1]的基础上，考虑控制输入扰动，假设无向图是连通的，在每一时刻虚拟领导者和至少一位跟随者存在通信，设计鲁棒控制律

$$u_i=-\sum_{j=0}^{n}a_{ij}[(r_i-r_j)+\alpha(v_i-v_j)]-\beta_i\operatorname{sgn}\left\{\sum_{j=0}^{n}a_{ij}[\gamma(r_i-r_j)+(v_i-v_j)]\right\}\tag{14.3}$$

其中,$\alpha>0,\beta_i>\varphi_l+D_i$。

则当$\beta>\varphi_l+D_{\max}$且$0<\gamma<\min\left\{\sqrt{\lambda_{\min}(\boldsymbol{M})},\dfrac{4\alpha\lambda_{\min}(\boldsymbol{M})}{4+\alpha^2\lambda_{\min}(\boldsymbol{M})}\right\}$时,$t\to\infty$时,$r_i(t)\to r_0(t)$,$v_i(t)\to v_0(t)$且全局指数收敛。

证明:令$\tilde{r}_i=r_i-r_0,\tilde{v}_i=v_i-v_0$,定义$S_{1i}=\sum_{j=0}^{n}a_{ij}(r_i-r_j)$,$S_{2i}=\sum_{j=0}^{n}a_{ij}(v_i-v_j)$,则控制律式(14.3)可表示为

$$u_i=-S_{1i}-\alpha S_{2i}-\beta_i\operatorname{sgn}(\gamma S_{1i}+S_{2i})\tag{14.4}$$

则

$$\dot{\tilde{v}}_i=\dot{v}_i-\dot{v}_0=u_i+d_i-\dot{v}_0=-S_{1i}-\alpha S_{2i}-\beta_i\operatorname{sgn}(\gamma S_{1i}+S_{2i})+d_i-\dot{v}_0$$

分两种情况讨论。

(1) 由于$r_i-r_0=\tilde{r}_i,r_i-r_j=\tilde{r}_i-\tilde{r}_j$,则

$$S_{1i}=\sum_{j=0}^{n}a_{ij}(r_i-r_j)=\sum_{j=1}^{n}a_{ij}(r_i-r_j)+a_{i0}(r_i-r_0)=\sum_{j=1}^{n}a_{ij}(\tilde{r}_i-\tilde{r}_j)+a_{i0}\tilde{r}_i$$

例如当$n=3$时,将S_{1i}展开可得

$$S_{1i}=\sum_{j=1}^{n}a_{ij}\tilde{r}_i-\sum_{j=1}^{n}a_{ij}\tilde{r}_j+a_{i0}\tilde{r}_i=(a_{i1}+a_{i2}+a_{i3})\tilde{r}_i-(a_{i1}\tilde{r}_1+a_{i2}\tilde{r}_2+a_{i3}\tilde{r}_3)+a_{i0}\tilde{r}_i$$

定义$\tilde{\boldsymbol{r}}=[\tilde{r}_1\quad\tilde{r}_2\quad\tilde{r}_3]^{\mathrm{T}}$,则

$$\begin{aligned}S_{1i}&=(a_{i1}+a_{i2}+a_{i3})\tilde{r}_i-(a_{i1}\tilde{r}_1+a_{i2}\tilde{r}_2+a_{i3}\tilde{r}_3)+\begin{bmatrix}a_{10}&&\\&a_{20}&\\&&a_{30}\end{bmatrix}\tilde{\boldsymbol{r}}\\&=\boldsymbol{L}\tilde{\boldsymbol{r}}+\operatorname{diag}(a_{10},a_{20},a_{30})\tilde{\boldsymbol{r}}=\boldsymbol{M}\tilde{\boldsymbol{r}}\end{aligned}\tag{14.5}$$

其中,$\boldsymbol{M}=\boldsymbol{L}+\operatorname{diag}(a_{10},a_{20},a_{30})$,且

$$\boldsymbol{L}=\begin{bmatrix}a_{12}+a_{13}&-a_{12}&-a_{13}\\-a_{21}&a_{11}+a_{13}&-a_{23}\\-a_{31}&-a_{32}&a_{11}+a_{12}\end{bmatrix}$$

$$\begin{aligned}\begin{bmatrix}S_{11}\\S_{12}\\S_{13}\end{bmatrix}&=\begin{bmatrix}(a_{12}+a_{13})\tilde{r}_1-a_{12}\tilde{r}_2-a_{13}\tilde{r}_3+a_{10}\tilde{r}_1\\-a_{21}\tilde{r}_1+(a_{11}+a_{13})\tilde{r}_2-a_{23}\tilde{r}_3+a_{20}\tilde{r}_2\\-a_{31}\tilde{r}_1-a_{32}\tilde{r}_2+(a_{11}+a_{12})\tilde{r}_3+a_{30}\tilde{r}_3\end{bmatrix}\\&=\boldsymbol{L}\tilde{\boldsymbol{r}}+\operatorname{diag}(a_{10},a_{20},a_{30})\tilde{\boldsymbol{r}}\end{aligned}$$

例如,当$n=3$时,取$a_{ij}=1.0$(智能体i和j连通),$a_{ij}=0.0$(智能体i和j不连通),此时有$\boldsymbol{L}=\begin{bmatrix}1&-1&0\\-1&2&-1\\0&-1&1\end{bmatrix}$,则$\boldsymbol{L}\tilde{\boldsymbol{r}}=\begin{bmatrix}1&-1&0\\-1&2&-1\\0&-1&1\end{bmatrix}\begin{bmatrix}\tilde{\boldsymbol{r}}_1\\\tilde{\boldsymbol{r}}_2\\\tilde{\boldsymbol{r}}_3\end{bmatrix}$。

(2) 由于$v_i-v_0=\tilde{v}_i,v_i-v_j=\tilde{v}_i-\tilde{v}_j$,则

$$S_{2i}=\sum_{j=0}^{n}a_{ij}(v_i-v_j)=\sum_{j=1}^{n}a_{ij}(v_i-v_j)+a_{i0}(v_i-v_0)=\sum_{j=1}^{n}a_{ij}(\tilde{v}_i-\tilde{v}_j)+a_{i0}\tilde{v}_i$$

考虑 $n=3$ 时，将 S_{2i} 展开可得

$$S_{2i}=\sum_{j=1}^{n}a_{ij}\tilde{v}_i-\sum_{j=1}^{n}a_{ij}\tilde{v}_j+a_{i0}\tilde{v}_i=(a_{i1}+a_{i2}+a_{i3})\tilde{v}_i-(a_{i1}\tilde{v}_1+a_{i2}\tilde{v}_2+a_{i3}\tilde{v}_3)+a_{i0}\tilde{v}_i$$

定义$\tilde{\boldsymbol{v}}=[\tilde{v}_1\quad \tilde{v}_2\quad \tilde{v}_3]^{\mathrm{T}}$，则

$$\begin{aligned}S_{2i}&=(a_{i1}+a_{i2}+a_{i3})\tilde{v}_i-(a_{i1}\tilde{v}_1+a_{i2}\tilde{v}_2+a_{i3}\tilde{v}_3)+\begin{bmatrix}a_{10}&&\\&a_{20}&\\&&a_{30}\end{bmatrix}\tilde{\boldsymbol{v}}\\&=\boldsymbol{L}\tilde{\boldsymbol{v}}+\mathrm{diag}(a_{10},a_{20},a_{30})\tilde{\boldsymbol{v}}=\boldsymbol{M}\tilde{\boldsymbol{v}}\end{aligned}\tag{14.6}$$

其中 $\boldsymbol{L}$ 表达式见式(14.5)下方所述。

推广到 $i=1,2,\cdots,n$，根据式(14.4)～式(14.6)，可得

$$u_i=-\boldsymbol{M}\tilde{\boldsymbol{r}}-\alpha\boldsymbol{M}\tilde{\boldsymbol{v}}-\beta_i\,\mathrm{sgn}(\gamma\boldsymbol{M}\tilde{\boldsymbol{r}}+\boldsymbol{M}\tilde{\boldsymbol{v}})$$

从而

$$\dot{\tilde{v}}_i=\dot{v}_i-\dot{v}_0=u_i+d_i-\dot{v}_0=-\boldsymbol{M}\tilde{\boldsymbol{r}}-\alpha\boldsymbol{M}\tilde{\boldsymbol{v}}-\beta_i\,\mathrm{sgn}(\gamma\boldsymbol{M}\tilde{\boldsymbol{r}}+\boldsymbol{M}\tilde{\boldsymbol{v}})+d_i-\dot{v}_0\tag{14.7}$$

选 Lyapunov 函数

$$V=[\tilde{\boldsymbol{r}}^{\mathrm{T}}\quad \tilde{\boldsymbol{v}}^{\mathrm{T}}]\boldsymbol{P}\begin{bmatrix}\tilde{\boldsymbol{r}}\\\tilde{\boldsymbol{v}}\end{bmatrix}\tag{14.8}$$

取 $\boldsymbol{P}=\begin{bmatrix}\frac{1}{2}\boldsymbol{M}^2&\frac{\gamma}{2}\boldsymbol{M}\\\frac{\gamma}{2}\boldsymbol{M}&\frac{1}{2}\boldsymbol{M}\end{bmatrix}$，$\boldsymbol{P}$ 按对称正定矩阵设计(见附录 1)，则

$$\begin{aligned}V&=[\tilde{\boldsymbol{r}}^{\mathrm{T}}\quad \tilde{\boldsymbol{v}}^{\mathrm{T}}]\begin{bmatrix}\frac{1}{2}\boldsymbol{M}^2&\frac{\gamma}{2}\boldsymbol{M}\\\frac{\gamma}{2}\boldsymbol{M}&\frac{1}{2}\boldsymbol{M}\end{bmatrix}\begin{bmatrix}\tilde{\boldsymbol{r}}\\\tilde{\boldsymbol{v}}\end{bmatrix}=\begin{bmatrix}\tilde{\boldsymbol{r}}^{\mathrm{T}}\frac{1}{2}\boldsymbol{M}^2+\tilde{\boldsymbol{v}}^{\mathrm{T}}\frac{\gamma}{2}\boldsymbol{M}&\tilde{\boldsymbol{r}}^{\mathrm{T}}\frac{\gamma}{2}\boldsymbol{M}+\tilde{\boldsymbol{v}}^{\mathrm{T}}\frac{1}{2}\boldsymbol{M}\end{bmatrix}\begin{bmatrix}\tilde{\boldsymbol{r}}\\\tilde{\boldsymbol{v}}\end{bmatrix}\\&=\frac{1}{2}\tilde{\boldsymbol{r}}^{\mathrm{T}}\boldsymbol{M}^2\tilde{\boldsymbol{r}}+\frac{1}{2}\tilde{\boldsymbol{v}}^{\mathrm{T}}\boldsymbol{M}\tilde{\boldsymbol{v}}+\gamma\tilde{\boldsymbol{r}}^{\mathrm{T}}\boldsymbol{M}\tilde{\boldsymbol{v}}\end{aligned}$$

则

$$\begin{aligned}\dot{V}&=\tilde{\boldsymbol{r}}^{\mathrm{T}}\boldsymbol{M}^2\tilde{\boldsymbol{v}}+\tilde{\boldsymbol{v}}^{\mathrm{T}}\boldsymbol{M}\dot{\tilde{\boldsymbol{v}}}+\gamma\tilde{\boldsymbol{v}}^{\mathrm{T}}\boldsymbol{M}\tilde{\boldsymbol{v}}+\gamma\tilde{\boldsymbol{r}}^{\mathrm{T}}\boldsymbol{M}\dot{\tilde{\boldsymbol{v}}}\\&=\tilde{\boldsymbol{r}}^{\mathrm{T}}\boldsymbol{M}^2\tilde{\boldsymbol{v}}+\gamma\tilde{\boldsymbol{v}}^{\mathrm{T}}\boldsymbol{M}\tilde{\boldsymbol{v}}+(\gamma\tilde{\boldsymbol{r}}^{\mathrm{T}}+\tilde{\boldsymbol{v}}^{\mathrm{T}})\boldsymbol{M}\dot{\tilde{\boldsymbol{v}}}\\&=\tilde{\boldsymbol{r}}^{\mathrm{T}}\boldsymbol{M}^2\tilde{\boldsymbol{v}}+\gamma\tilde{\boldsymbol{v}}^{\mathrm{T}}\boldsymbol{M}\tilde{\boldsymbol{v}}+(\gamma\tilde{\boldsymbol{r}}^{\mathrm{T}}+\tilde{\boldsymbol{v}}^{\mathrm{T}})\boldsymbol{M}(-\boldsymbol{M}\tilde{\boldsymbol{r}}-\alpha\boldsymbol{M}\tilde{\boldsymbol{v}}-\beta\mathrm{sgn}(\boldsymbol{M}(\gamma\tilde{\boldsymbol{r}}+\tilde{\boldsymbol{v}}))+\boldsymbol{1}(d_i-\dot{v}_0))\\&=\tilde{\boldsymbol{r}}^{\mathrm{T}}\boldsymbol{M}^2\tilde{\boldsymbol{v}}+\gamma\tilde{\boldsymbol{v}}^{\mathrm{T}}\boldsymbol{M}\tilde{\boldsymbol{v}}-(\gamma\tilde{\boldsymbol{r}}^{\mathrm{T}}+\tilde{\boldsymbol{v}}^{\mathrm{T}})\boldsymbol{M}(\boldsymbol{M}\tilde{\boldsymbol{r}}+\alpha\boldsymbol{M}\tilde{\boldsymbol{v}})-\\&\quad(\gamma\tilde{\boldsymbol{r}}^{\mathrm{T}}+\tilde{\boldsymbol{v}}^{\mathrm{T}})\boldsymbol{M}(\beta\mathrm{sgn}(\boldsymbol{M}(\gamma\tilde{\boldsymbol{r}}+\tilde{\boldsymbol{v}}))-\boldsymbol{1}(d_i-\dot{v}_0))\\&=-[\tilde{\boldsymbol{r}}^{\mathrm{T}}\quad \tilde{\boldsymbol{v}}^{\mathrm{T}}]\boldsymbol{Q}\begin{bmatrix}\tilde{\boldsymbol{r}}\\\tilde{\boldsymbol{v}}\end{bmatrix}-\beta\|\boldsymbol{M}(\gamma\tilde{\boldsymbol{r}}+\tilde{\boldsymbol{v}})\|_1+(\gamma\tilde{\boldsymbol{r}}^{\mathrm{T}}+\tilde{\boldsymbol{v}}^{\mathrm{T}})\boldsymbol{M}(d_i-\dot{v}_0)\\&\leqslant-[\tilde{\boldsymbol{r}}^{\mathrm{T}}\quad \tilde{\boldsymbol{v}}^{\mathrm{T}}]\boldsymbol{Q}\begin{bmatrix}\tilde{\boldsymbol{r}}\\\tilde{\boldsymbol{v}}\end{bmatrix}-\beta\|\boldsymbol{M}(\gamma\tilde{\boldsymbol{r}}+\tilde{\boldsymbol{v}}\|_1+\beta\|\boldsymbol{M}(\gamma\tilde{\boldsymbol{r}}^{\mathrm{T}}+\tilde{\boldsymbol{v}}^{\mathrm{T}})\|_1\\&\leqslant-[\tilde{\boldsymbol{r}}^{\mathrm{T}}\quad \tilde{\boldsymbol{v}}^{\mathrm{T}}]\boldsymbol{Q}\begin{bmatrix}\tilde{\boldsymbol{r}}\\\tilde{\boldsymbol{v}}\end{bmatrix}\end{aligned}$$

其中

$$\begin{aligned}
&\tilde{\boldsymbol{r}}^{\mathrm{T}}\boldsymbol{M}^2\tilde{\boldsymbol{v}}+\gamma\tilde{\boldsymbol{v}}^{\mathrm{T}}\boldsymbol{M}\tilde{\boldsymbol{v}}-(\gamma\tilde{\boldsymbol{r}}^{\mathrm{T}}+\tilde{\boldsymbol{v}}^{\mathrm{T}})\boldsymbol{M}(\boldsymbol{M}\tilde{\boldsymbol{r}}+\alpha\boldsymbol{M}\tilde{\boldsymbol{v}})\\
&=\tilde{\boldsymbol{r}}^{\mathrm{T}}\boldsymbol{M}^2\tilde{\boldsymbol{v}}+\gamma\tilde{\boldsymbol{v}}^{\mathrm{T}}\boldsymbol{M}\tilde{\boldsymbol{v}}-\gamma\tilde{\boldsymbol{r}}^{\mathrm{T}}\boldsymbol{M}(\boldsymbol{M}\tilde{\boldsymbol{r}}+\alpha\boldsymbol{M}\tilde{\boldsymbol{v}})-\tilde{\boldsymbol{v}}^{\mathrm{T}}\boldsymbol{M}(\boldsymbol{M}\tilde{\boldsymbol{r}}+\alpha\boldsymbol{M}\tilde{\boldsymbol{v}})\\
&=\tilde{\boldsymbol{r}}^{\mathrm{T}}\boldsymbol{M}^2\tilde{\boldsymbol{v}}+\gamma\tilde{\boldsymbol{v}}^{\mathrm{T}}\boldsymbol{M}\tilde{\boldsymbol{v}}-\gamma\tilde{\boldsymbol{r}}^{\mathrm{T}}\boldsymbol{M}\boldsymbol{M}\tilde{\boldsymbol{r}}-\gamma\alpha\tilde{\boldsymbol{r}}^{\mathrm{T}}\boldsymbol{M}\boldsymbol{M}\tilde{\boldsymbol{v}}-\tilde{\boldsymbol{v}}^{\mathrm{T}}\boldsymbol{M}\boldsymbol{M}\tilde{\boldsymbol{r}}-\alpha\tilde{\boldsymbol{v}}^{\mathrm{T}}\boldsymbol{M}\boldsymbol{M}\tilde{\boldsymbol{v}}\\
&=-\gamma\tilde{\boldsymbol{r}}^{\mathrm{T}}\boldsymbol{M}^2\tilde{\boldsymbol{r}}-\alpha\gamma\tilde{\boldsymbol{r}}^{\mathrm{T}}\boldsymbol{M}^2\tilde{\boldsymbol{v}}-\tilde{\boldsymbol{v}}^{\mathrm{T}}(\alpha\boldsymbol{M}^2-\gamma\boldsymbol{M})\tilde{\boldsymbol{v}}\\
&=-\gamma\tilde{\boldsymbol{r}}^{\mathrm{T}}\boldsymbol{M}^2\tilde{\boldsymbol{r}}-\tilde{\boldsymbol{v}}^{\mathrm{T}}\frac{\alpha\gamma}{2}\boldsymbol{M}^2\tilde{\boldsymbol{r}}-\tilde{\boldsymbol{r}}^{\mathrm{T}}\frac{\alpha\gamma}{2}\boldsymbol{M}^2\tilde{\boldsymbol{v}}-\tilde{\boldsymbol{v}}^{\mathrm{T}}(\alpha\boldsymbol{M}^2-\gamma\boldsymbol{M})\tilde{\boldsymbol{v}}\\
&=\left[-\gamma\tilde{\boldsymbol{r}}^{\mathrm{T}}\boldsymbol{M}^2-\tilde{\boldsymbol{v}}^{\mathrm{T}}\frac{\alpha\gamma}{2}\boldsymbol{M}^2,-\tilde{\boldsymbol{r}}^{\mathrm{T}}\frac{\alpha\gamma}{2}\boldsymbol{M}^2-\tilde{\boldsymbol{v}}^{\mathrm{T}}(\alpha\boldsymbol{M}^2-\gamma\boldsymbol{M})\right]\begin{bmatrix}\tilde{\boldsymbol{r}}\\\tilde{\boldsymbol{v}}\end{bmatrix}\\
&=-[\tilde{\boldsymbol{r}}^{\mathrm{T}}\quad\tilde{\boldsymbol{v}}^{\mathrm{T}}]\begin{bmatrix}\gamma\boldsymbol{M}^2 & \frac{\alpha\gamma}{2}\boldsymbol{M}^2\\ \frac{\alpha\gamma}{2}\boldsymbol{M}^2 & \alpha\boldsymbol{M}^2-\gamma\boldsymbol{M}\end{bmatrix}\begin{bmatrix}\tilde{\boldsymbol{r}}\\\tilde{\boldsymbol{v}}\end{bmatrix}=-[\tilde{\boldsymbol{r}}^{\mathrm{T}}\quad\tilde{\boldsymbol{v}}^{\mathrm{T}}]\boldsymbol{Q}\begin{bmatrix}\tilde{\boldsymbol{r}}\\\tilde{\boldsymbol{v}}\end{bmatrix}
\end{aligned}$$

其中，$\boldsymbol{Q}=\begin{bmatrix}\gamma\boldsymbol{M}^2 & \frac{\alpha\gamma}{2}\boldsymbol{M}^2\\ \frac{\alpha\gamma}{2}\boldsymbol{M}^2 & \alpha\boldsymbol{M}^2-\gamma\boldsymbol{M}\end{bmatrix}$。

如果 $\boldsymbol{Q}$ 按对称正定阵设计(见附录 1)，则

$$\dot{V}\leqslant-[\tilde{\boldsymbol{r}}^{\mathrm{T}}\quad\tilde{\boldsymbol{v}}^{\mathrm{T}}]\boldsymbol{Q}\begin{bmatrix}\tilde{\boldsymbol{r}}\\\tilde{\boldsymbol{v}}\end{bmatrix}\leqslant 0$$

从而

$$\dot{V}\leqslant-\lambda_{\min}(\boldsymbol{Q})[\tilde{\boldsymbol{r}}^{\mathrm{T}}\quad\tilde{\boldsymbol{v}}^{\mathrm{T}}]\begin{bmatrix}\tilde{\boldsymbol{r}}\\\tilde{\boldsymbol{v}}\end{bmatrix}\leqslant-\frac{\lambda_{\min}(\boldsymbol{Q})}{\lambda_{\max}(\boldsymbol{P})}V$$

故有

$$V(t)\leqslant V(0)\mathrm{e}^{-\frac{\lambda_{\min}(\boldsymbol{Q})}{\lambda_{\max}(\boldsymbol{P})}t}\tag{14.9}$$

当 $t\rightarrow\infty$ 时，$r_i(t)\rightarrow r_0(t)$，$v_i(t)\rightarrow v_0(t)$，且全局指数收敛。

上述推导是针对 x 方向进行分析和设计的，其结论可以推广到 y 方向的分析和设计。

14.1.3 仿真实例

针对由式(14.1)构成的多智能体系统，根据所设计的控制律进行仿真验证。考虑信号 $r(t)$ 包含 x 方向和 y 方向进行仿真分析，$\boldsymbol{r}_0(t)=[t\quad t+\sin t]$，则 $\boldsymbol{v}_0(t)=[1\quad 1+\cos t]$，取 $d_i=0.5\sin t$。

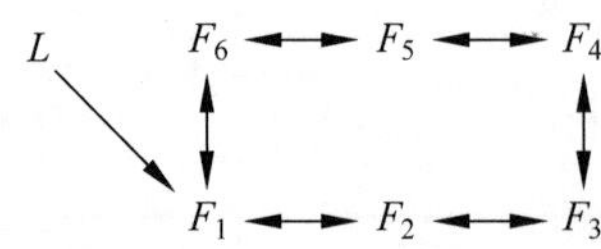

图 14.1 多智能体系统拓扑结构

多智能体拓扑结构如图 14.1 所示，由于只有智能体 1 可以获取虚拟指引体信息，则 $a_{10}=10$，$a_{i0}=0(i=2,3,4,5,6)$，则权值矩阵 $\boldsymbol{A}$ 和 Laplacian 矩阵 $\boldsymbol{L}$ 以及矩阵 $\boldsymbol{M}$ 计算如下：

(1) 如果智能体 i 和智能体 j 相连通，为了满足不等式 $0<\gamma<\min\left\{\sqrt{\lambda_{\min}(\boldsymbol{M})},\frac{4\alpha\lambda_{\min}(\boldsymbol{M})}{4+\alpha^2\lambda_{\min}(\boldsymbol{M})}\right\}$，可取 $a_{ij}=10$，否则

$a_{ij}=0$，考虑到 $i=j$ 时，$a_{ij}=0$，则 $\boldsymbol{A}=10\times\begin{bmatrix}0&1&0&0&0&1\\1&0&1&0&0&0\\0&1&0&1&0&0\\0&0&1&0&1&0\\0&0&0&1&0&1\\1&0&0&0&1&0\end{bmatrix}$。

（2）根据 $\boldsymbol{L}$ 的定义，$l_{ii}=\sum\limits_{j=1,i\neq j}^{n}a_{ij}, l_{ij}=-a_{ij}(i\neq j)$，有 $\boldsymbol{L}=10\times\begin{bmatrix}2&-1&0&0&0&-1\\-1&2&-1&0&0&0\\0&-1&2&-1&0&0\\0&0&-1&2&-1&0\\0&0&0&-1&2&-1\\-1&0&0&0&-1&2\end{bmatrix}$。

（3）根据 $\boldsymbol{M}=\boldsymbol{L}+\mathrm{diag}(a_{10},\cdots,a_{n0})$，有 $\boldsymbol{M}=10\times\begin{bmatrix}3&-1&0&0&0&-1\\-1&2&-1&0&0&0\\0&-1&2&-1&0&0\\0&0&-1&2&-1&0\\0&0&0&-1&2&-1\\-1&0&0&0&-1&2\end{bmatrix}$，可以验证 $\boldsymbol{M}$ 是对称正定矩阵。

仿真中各智能体的初始状态如表 14.1 所示。

表 14.1 仿真中各智能体的初始状态

序　号	X 坐标	Y 坐标	X 速度	Y 速度
1	−5	2	0	0
2	−3	5	0	0
3	2	−4	0	0
4	4	−6	0	0
5	3	1	0	0
6	5	−2	0	0

根据向量 $\boldsymbol{x}$ 的 1 范数的定义可知：$\|\boldsymbol{x}\|_1=|x_1|+|x_2|+\cdots+|x_n|$，根据 $\boldsymbol{v}_0(t)=[1\quad 1+\cos t]$，则 $\dot{\boldsymbol{v}}_0(t)=[0\quad -\sin t]$，从而 $\|\dot{\boldsymbol{v}}_0\|_1=1.0$，$\|\boldsymbol{d}_i\|_1=1.0$。根据 $\|\dot{\boldsymbol{v}}_0\|<\varphi_l$，可取 $\varphi_l=1.1$，根据 $\beta>\varphi_l+D_{\max}$，取 $\beta=15$。

根据 $\min\left\{\sqrt{\lambda_{\min}(\boldsymbol{M})},\dfrac{4\alpha\lambda_{\min}(\boldsymbol{M})}{4+\alpha^2\lambda_{\min}(\boldsymbol{M})}\right\}=1.0421$ 及 $0<\gamma<\min\left\{\sqrt{\lambda_{\min}(\boldsymbol{M})},\dfrac{4\alpha\lambda_{\min}(\boldsymbol{M})}{4+\alpha^2\lambda_{\min}(\boldsymbol{M})}\right\}$，可取 $\gamma=1.0$（见仿真程序 chap14_1test.m）。

选取 $\alpha=2.0$，控制律中采用饱和函数似替代符号函数，取边界层厚度为 0.10，所有智能体的一致性跟踪结果如图 14.2 所示，在 x 和 y 方向的速度跟踪误差如图 14.3 所示，在 x 和 y 方向的控制输入如图 14.4 所示。由仿真结果可知，所有智能体可以实现对虚拟指引体位置和速度的跟踪，跟踪误差一致收敛到零。

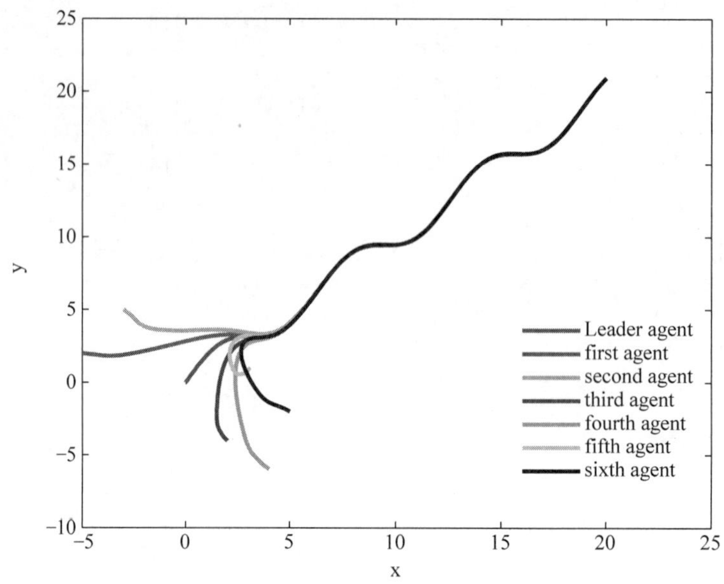

图 14.2　各个智能体的位置轨迹一致性跟踪

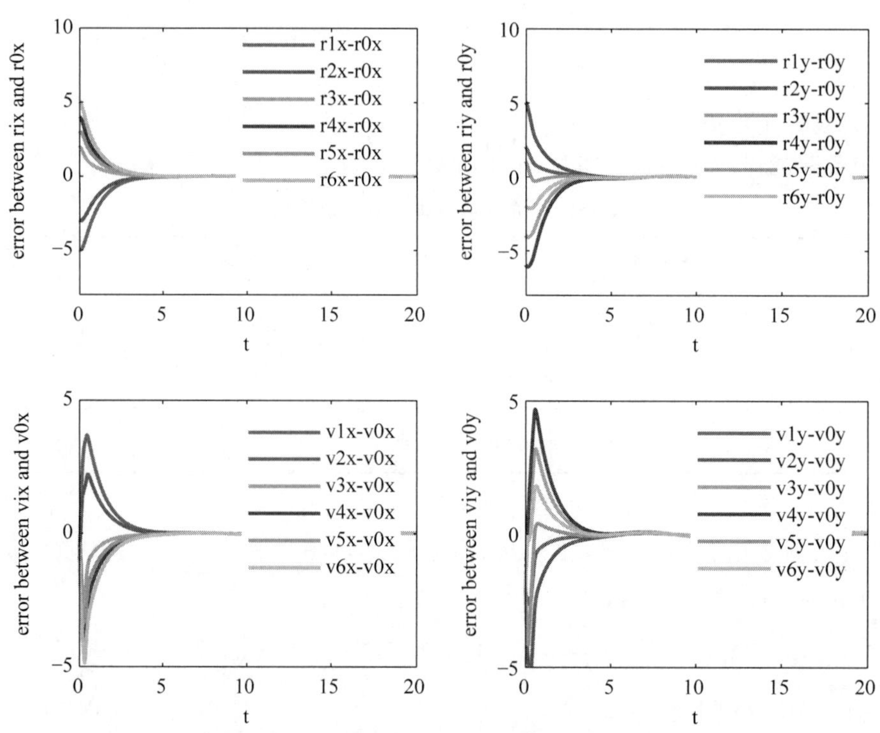

图 14.3　各个智能体在 x 和 y 方向的位置和速度跟踪误差

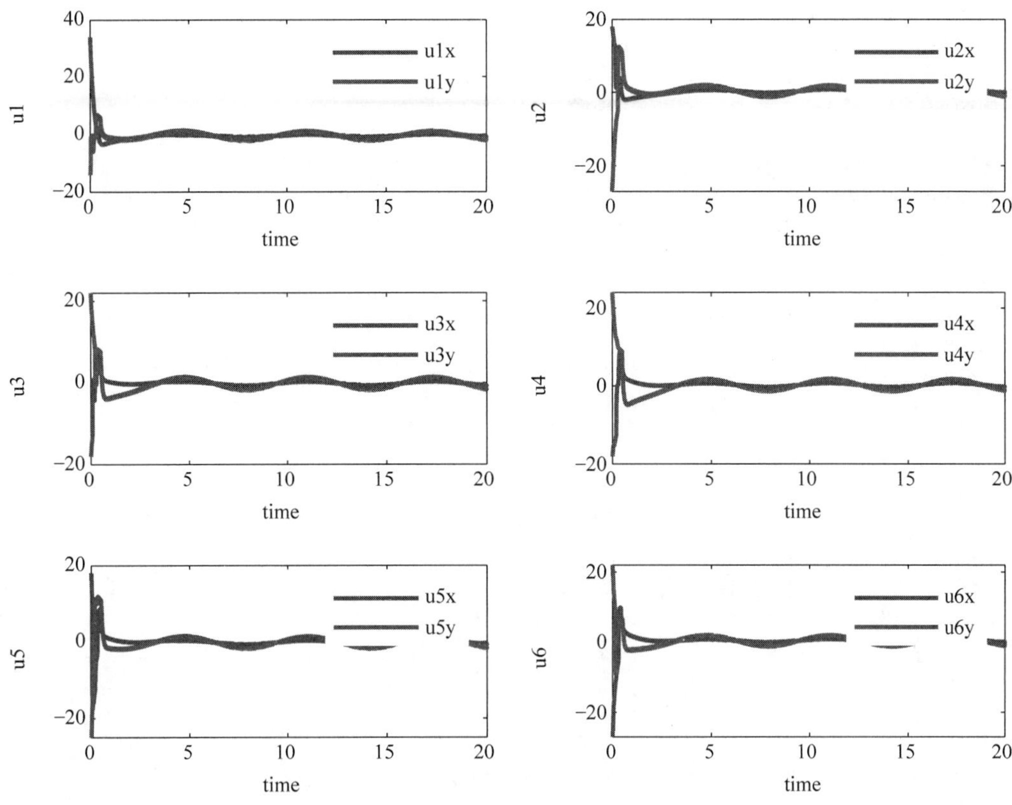

图 14.4 各个智能体在 x 和 y 方向的控制输入

仿真程序：

(1) 参数测试程序：chap14_1test. m。

```
close all;clear all;

%(1) M test
n=6;
A = zeros(n);
for i = 1:5
    A(i,i+1)=10;
    A(i+1,i)=10;
end
A(1,6)=10;A(6,1)=10;
L = -1*A;
for i = 1:6
    L(i,i)=sum(A(i,:));
end

A0=diag([10 0 0 0 0 0]);
M=L+A0;
eig_L=eig(L)
max(eig_L)
eig_M=eig(M)
%(2) beta test
%r0=[t;t+sin(t)];
%v0=[1;1+cos(t)];
```

```
%dv0 = [0; - sin(t)];
%norm(dv0) = 1.0
fail = 1.0 + 0.10;                %fail > norm(dv0)
beta = 5;                         %beta > fail

%(3)gama test
%alfa = 1.0;beta = 5;
alfa = 2.0;beta = 2.0;            %gamma = 1.0;
eig_M = eig(M)
min(eig_M)
min(sqrt(min(eig_M)),4 * alfa * min(eig_M)/(4 + alfa^2 * min(eig_M)));
eig_M = eig(M)
min(eig_M)
gama_max = min(sqrt(min(eig_M)),4 * alfa * min(eig_M)/(4 + alfa^2 * min(eig_M)))
%0 < gama < gama_max

%(4) P and Q test
alfa = 1.0;
gama = 0.10;
P = [0.5 * M^2 gama/2 * M;gama/2 * M 0.5 * M];
eig_P = eig(P)
Q = [gama * M^2 alfa * gama/2 * M^2;alfa * gama/2 * M^2 alfa * M^2 - gama * M];
eig_Q = eig(Q)
```

（2）指令程序：chap14_1input.m。

```
function [sys,x0,str,ts] = sys2_input(t,x,u,flag)
switch flag,
case 0,
    [sys,x0,str,ts] = mdlInitializeSizes;
case 1,
    sys = mdlDerivatives(t,x,u);
case 3,
    sys = mdlOutputs(t,x,u);
case {2,4,9}
    sys = [];
otherwise
    error(['Unhandled flag = ',num2str(flag)]);
end
function [sys,x0,str,ts] = mdlInitializeSizes
sizes = simsizes;
sizes.NumContStates   = 0;
sizes.NumDiscStates   = 0;
sizes.NumOutputs      = 4;
sizes.NumInputs       = 0;
sizes.DirFeedthrough  = 1;
sizes.NumSampleTimes  = 1;
sys = simsizes(sizes);
x0  = [];
str = [];
ts  = [0 0];
function sys = mdlOutputs(t,x,u)
S0 = [t;1;t + sin(t);1 + cos(t)];
r0 = [S0(1);S0(3)];
v0 = [S0(2);S0(4)];
sys = S0;
```

(3) 主程序：chap14_1sim. mdl。

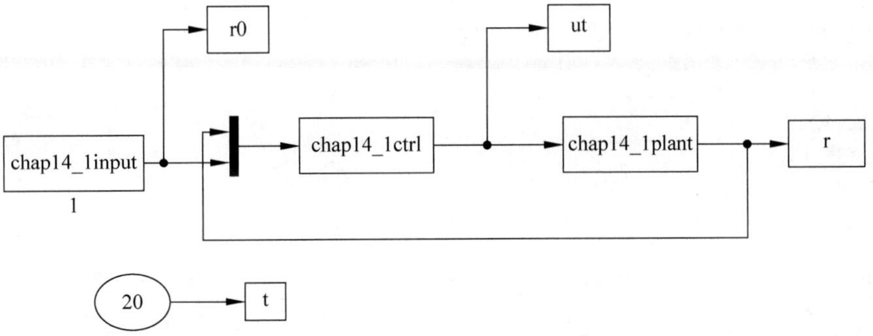

(4) 被控对象：chap14_1plant. m。

```
function [sys,x0,str,ts] = sys2_plant(t,x,u,flag)
switch flag,
case 0,
    [sys,x0,str,ts] = mdlInitializeSizes;
case 1,
    sys = mdlDerivatives(t,x,u);
case 3,
    sys = mdlOutputs(t,x,u);
case {2, 4, 9}
    sys = [];
otherwise
    error(['Unhandled flag = ',num2str(flag)]);
end
function [sys,x0,str,ts] = mdlInitializeSizes
sizes = simsizes;
sizes.NumContStates  = 24;
sizes.NumDiscStates  = 0;
sizes.NumOutputs     = 24;
sizes.NumInputs      = 12;
sizes.DirFeedthrough = 0;
sizes.NumSampleTimes = 0;
sys = simsizes(sizes);
x0  = [-5 0 2 0, -3 0 5 0, 2 0 -4 0, 4 0 -6 0, 3 0 1 0, 5 0 -2 0];
str = [];
ts  = [];
function sys = mdlDerivatives(t,x,u)
for i = 1:12
    sys(2*i-1) = x(2*i);
    sys(2*i)   = u(i)+0.5*sin(t);
end
% dx1,ddx1,dy1,ddy1,…,dx6,ddx6,dy6,ddy6

function sys = mdlOutputs(t,x,u)
% x1,dx1,y1,dy1,…,x6,dx6,y6,dy6
for i = 1:24
    sys(i) = x(i);
end
```

(5) 控制器程序：chap14_1ctrl. m。

```
function [sys,x0,str,ts] = sys2_ctrl(t,x,u,flag)
switch flag,
case 0,
```

```
        [sys,x0,str,ts] = mdlInitializeSizes;
    case 1,
        sys = mdlDerivatives(t,x,u);
    case 3,
        sys = mdlOutputs(t,x,u);
    case {2, 4, 9}
        sys = [];
    otherwise
        error(['Unhandled flag = ',num2str(flag)]);
    end
    function [sys,x0,str,ts] = mdlInitializeSizes
    sizes = simsizes;
    sizes.NumContStates   = 0;
    sizes.NumDiscStates   = 0;
    sizes.NumOutputs      = 12;
    sizes.NumInputs       = 28;
    sizes.DirFeedthrough  = 1;
    sizes.NumSampleTimes  = 0;
    sys = simsizes(sizes);
    x0  = [];
    str = [];
    ts  = [];
    function sys = mdlOutputs(t,x,u)
    alpha = 2.0;beta = 15;gamma = 1.0;
    M = zeros(6,7);
    for i = 1:5
        M(i,i+1) = 1;
        M(i+1,i) = 1;
    end
    M(1,6) = 1;M(6,1) = 1;M(1,7) = 1;
    r = zeros(2,6);
    for i = 1:7
        r(:,i)   = [u(4*i-3);u(4*i-1)];
        dr(:,i)  = [u(4*i-2);u(4*i)];
    end
    for i = 1:6
        sum1 = zeros(2,1);
        sum2 = zeros(2,1);
        sat = zeros(2,1);
        for j = 1:7
            sum1 = sum1 + M(i,j)*(r(:,i)-r(:,j)+alpha*(dr(:,i)-dr(:,j)));
            sum2 = sum2 + M(i,j)*(gamma*(r(:,i)-r(:,j))+dr(:,i)-dr(:,j));
        end
        delta = 0.10;
        for k = 1:2
            if abs(sum2(k))> delta
               sat(k) = sign(sum2(k));
            else
               sat(k) = sum2(k)/delta;
            end
        end
        ut(2*i-1:2*i,1) = -sum1-beta*sat;
        %ut(2*i-1:2*i,1) = -sum1-beta*sign(sum2);
    end
    sys = ut;
```

(6) 作图程序：chap14_1plot.m。

```
close all;
figure(1);
plot(r0(:,1),r0(:,3),'r','linewidth',2);
xlabel('x');ylabel('y');
hold on;
for i = 1:6
    plot(r(:,4 * i - 3),r(:,4 * i - 1),'linewidth',2);
end
legend('Leader agent','first agent','second agent','third agent','fourth agent','fifth agent',
'sixth agent','Location','best');

figure(2);
subplot(221);
for i = 1:6
    plot(t,r(:,4 * i - 3) - r0(:,1),'linewidth',2);
    hold on;
end
hold off;
xlabel('t');ylabel('error between rix and r0x');ylim([ - 8,10]);
legend('r1x - r0x','r2x - r0x','r3x - r0x','r4x - r0x','r5x - r0x','r6x - r0x');
subplot(222);
for i = 1:6
    plot(t,r(:,4 * i - 1) - r0(:,3),'linewidth',2);
    hold on;
end
hold off;
xlabel('t');ylabel('error between riy and r0y');ylim([ - 8,10]);
legend('r1y - r0y','r2y - r0y','r3y - r0y','r4y - r0y','r5y - r0y','r6y - r0y');
subplot(223);
for i = 1:6
    plot(t,r(:,4 * i - 2) - r0(:,2),'linewidth',2);
    hold on;
end
hold off;
xlabel('t');ylabel('error between vix and v0x');ylim([ - 5,5]);
legend('v1x - v0x','v2x - v0x','v3x - v0x','v4x - v0x','v5x - v0x','v6x - v0x');
subplot(224);
for i = 1:6
    plot(t,r(:,4 * i) - r0(:,4),'linewidth',2);
    hold on;
end
hold off;
xlabel('t');ylabel('error between viy and v0y');ylim([ - 5,5]);
legend('v1y - v0y','v2y - v0y','v3y - v0y','v4y - v0y','v5y - v0y','v6y - v0y');

figure(3);
subplot(321);
plot(t,ut(:,1),'b',t,ut(:,2),'r','linewidth',2);
xlabel('time');ylabel('u1'); % ylim([ - 10,20]);
legend('u1x','u1y');
subplot(322);
plot(t,ut(:,3),'b',t,ut(:,4),'r','linewidth',2);
xlabel('time');ylabel('u2'); % ylim([ - 10,20]);
legend('u2x','u2y');
subplot(323);
plot(t,ut(:,5),'b',t,ut(:,6),'r','linewidth',2);
```

```
xlabel('time');ylabel('u3'); % ylim([-10,20]);
legend('u3x','u3y');
subplot(324);
plot(t,ut(:,7),'b',t,ut(:,8),'r','linewidth',2);
xlabel('time');ylabel('u4') % ;ylim([-10,20]);
legend('u4x','u4y');
subplot(325);
plot(t,ut(:,9),'b',t,ut(:,10),'r','linewidth',2);
xlabel('time');ylabel('u5'); % ylim([-10,20]);
legend('u5x','u5y');
subplot(326);
plot(t,ut(:,11),'b',t,ut(:,12),'r','linewidth',2);
xlabel('time');ylabel('u6'); % ylim([-10,20]);
legend('u6x','u6y');
```

附录1：$\boldsymbol{P}$ 和 $\boldsymbol{Q}$ 的设计

针对矩阵 $\boldsymbol{P}=\begin{bmatrix}\frac{1}{2}\boldsymbol{M}^2 & \frac{\gamma}{2}\boldsymbol{M}\\ \frac{\gamma}{2}\boldsymbol{M} & \frac{1}{2}\boldsymbol{M}\end{bmatrix}$，$\boldsymbol{Q}=\begin{bmatrix}\gamma\boldsymbol{M}^2 & \frac{\alpha\gamma}{2}\boldsymbol{M}^2\\ \frac{\alpha\gamma}{2}\boldsymbol{M}^2 & \alpha\boldsymbol{M}^2-\gamma\boldsymbol{M}\end{bmatrix}$，其中 α 和 γ 为正常数，$\boldsymbol{M}=\boldsymbol{L}+\mathrm{diag}(a_{10},\cdots,a_{n0})$，若 γ 满足下式

$$0<\gamma<\min\left\{\sqrt{\lambda_{\min}(\boldsymbol{M})},\frac{4\alpha\lambda_{\min}(\boldsymbol{M})}{4+\alpha^2\lambda_{\min}(\boldsymbol{M})}\right\}$$

则 $\boldsymbol{P}$ 和 $\boldsymbol{Q}$ 为对称正定阵。

证明：由于 $\boldsymbol{M}$ 为对称正定阵，则可以相似对角化为 $\boldsymbol{M}=\boldsymbol{\Gamma}^{-1}\boldsymbol{\Lambda}\boldsymbol{\Gamma}$，$\boldsymbol{\Lambda}=\mathrm{diag}\{\lambda_1,\lambda_2,\cdots,\lambda_n\}$，$\lambda_i>0$，则 $\boldsymbol{P}$ 可表示为

$$\boldsymbol{P}=\begin{bmatrix}\frac{1}{2}\boldsymbol{M}^2 & \frac{\gamma}{2}\boldsymbol{M}\\ \frac{\gamma}{2}\boldsymbol{M} & \frac{1}{2}\boldsymbol{M}\end{bmatrix}=\begin{bmatrix}\boldsymbol{\Gamma}^{-1} & 0\\ 0 & \boldsymbol{\Gamma}^{-1}\end{bmatrix}\begin{bmatrix}\frac{1}{2}\boldsymbol{\Lambda}^2 & \frac{\gamma}{2}\boldsymbol{\Lambda}\\ \frac{\gamma}{2}\boldsymbol{\Lambda} & \frac{1}{2}\boldsymbol{\Lambda}\end{bmatrix}\begin{bmatrix}\boldsymbol{\Gamma} & 0\\ 0 & \boldsymbol{\Gamma}\end{bmatrix}$$

由于$\boldsymbol{\Lambda}$ 为对角阵，则存在中间矩阵 $\boldsymbol{F}$ 的特征值 μ 满足

$$\left|\begin{bmatrix}\frac{1}{2}\boldsymbol{\Lambda}^2 & \frac{\gamma}{2}\boldsymbol{\Lambda}\\ \frac{\gamma}{2}\boldsymbol{\Lambda} & \frac{1}{2}\boldsymbol{\Lambda}\end{bmatrix}-\mu\boldsymbol{I}\right|=0$$

特征方程为$(0.5\lambda_i^2-\mu)(0.5\lambda_i-\mu)-0.25\gamma^2\lambda_i^2=0$，从而

$$0.25\lambda_i^3-(0.5\lambda_i^2+0.5\lambda_i)\mu+\mu^2-0.25\gamma^2\lambda_i^2=0$$

即

$$\mu^2-0.5(\lambda_i^2+\lambda_i)\mu+0.25\lambda_i^2(\lambda_i-\gamma^2)=0$$

上式的特征值为

$$\mu=\frac{0.5(\lambda_i^2+\lambda_i)\pm\sqrt{0.25(\lambda_i^2+\lambda_i)^2-\lambda_i^2(\lambda_i-\gamma^2)}}{2}$$

要使 $\mu>0$，需要满足

$$0.5(\lambda_i^2+\lambda_i)\pm\sqrt{0.25(\lambda_i^2+\lambda_i)^2-\lambda_i^2(\lambda_i-\gamma^2)}>0$$

由于 $\lambda_i>0$，则

$$0.5(\lambda_i^2+\lambda_i)>\sqrt{0.25(\lambda_i^2+\lambda_i)^2-\lambda_i^2(\lambda_i-\gamma^2)}$$

两边平方，可得

$$0.25(\lambda_i^2+\lambda_i)^2>0.25(\lambda_i^2+\lambda_i)^2-\lambda_i^2(\lambda_i-\gamma^2)$$

即 $\lambda_i>\gamma^2$。从而当 $\lambda_i>\gamma^2$ 时，$\boldsymbol{F}$ 的特征值 μ 为正，由于 $\boldsymbol{F}$ 与 $\boldsymbol{P}$ 具有相同的特征值，故当 $0<\gamma<\sqrt{\lambda_{\min}(\boldsymbol{M})}$ 时，$\boldsymbol{P}$ 为对称正定阵。

同理可证，满足下面条件时，$\boldsymbol{Q}$ 为对称正定阵：$0<\gamma<\dfrac{4\alpha\lambda_{\min}(\boldsymbol{M})}{4+\alpha^2\lambda_{\min}(\boldsymbol{M})}$。

14.2 基于通信感知半径的多智能体系统一致性跟踪控制

14.2.1 系统描述

为了简单起见，与 14.1 节相同，先考虑 x 方向进行分析和设计，其结论可以推广到 y 方向的分析和设计。

每个智能体为一阶动态模型，表示为

$$\dot{r}_i=u_i+d_i \tag{14.10}$$

其中 $i=1,2,\cdots,n$，r_i 是位置，u_i 是控制输入，d_i 为加在控制输入上的扰动，$|d_i|\leqslant D_i\leqslant D_{\max}$。

令 $\bar{N}_i\subseteq\{0,1,\cdots,n\}$ 表示智能体 i 的相邻集合，如果 $|r_i-r_j|<R$，则 $j\in\bar{N}_i(t)$，$i=1,2,\cdots,n$，$j=0,1,\cdots,n$，否则 $j\notin\bar{N}_i(t)$，R 表示智能体的通信感知半径。

多智能体系统的结构是连通的，虚拟领导者和至少一位跟随者存在通信，只有在通信感知半径之内的跟随者才能构成多智能体系统。

同时考虑 x 方向和 y 方向，控制目标为：当 $\|\dot{\boldsymbol{r}}_0\|_1\leqslant\gamma_l$，$\beta>\gamma_l+D_{\max}$，$t\rightarrow\infty$ 时，$\boldsymbol{r}_i(t)\rightarrow\boldsymbol{r}_0(t)$。

14.2.2 控制律设计与分析

在参考文献[1]的基础上，考虑控制输入扰动，假设无向图是连通的，在每一时刻虚拟领导者和至少一位跟随者存在通信，设计鲁棒控制律

$$u_i=-\alpha\sum_{j\in N(t)}b_{ij}(r_i-r_j)-\beta\operatorname{sgn}\left[\sum_{j\in N(t)}b_{ij}(r_i-r_j)\right] \tag{14.11}$$

其中，b_{ij} 为智能体 i 和智能体 j 之间的连通系数，如果 i 和 j 连通，则 $b_{ij}=1$，否则 $b_{ij}=0$，$i=j$ 时，$b_{ij}=0$。

稳定性分析如下：根据控制目标，构造 Lyapunov 函数，相邻跟随者智能体之间一致性指令的 Lyapunov 函数为

$$V_{ij}=\begin{cases}\dfrac{1}{2}b_{ij}(r_i-r_j)^2, & |r_i-r_j|<R\\ \dfrac{1}{2}b_{ij}R^2, & |r_i-r_j|\geqslant R\end{cases},\quad i,j=1,2,\cdots,n \tag{14.12}$$

虚拟领导者和与其相邻的跟随者一致性指令 Lyapunov 函数为

$$V_{i0}=\begin{cases}\frac{1}{2}b_{i0}(r_i-r_0)^2, & |r_i-r_0|<R \\ \frac{1}{2}b_{i0}R^2, & |r_i-r_0|\geqslant R\end{cases},\quad i=1,2,\cdots,n \tag{14.13}$$

当所有智能体跟随虚拟领导者后,总的 Lyapunov 函数为

$$V=\frac{1}{2}\sum_{i=1}^{n}\sum_{j=1}^{n}V_{ij}+\sum_{i=1}^{n}V_{i0} \tag{14.14}$$

注意到 V 是不平滑但正则的,由于 V 不连续,因此不能直接求导。利用文献[2,3]的微分包含和文献[4,5]的非连续分析来分析式(14.11)对式(14.10)的稳定性,V 的广义导数为

$$\dot{V}=\frac{1}{2}\sum_{i=1}^{n}\sum_{j=1}^{n}b_{ij}\left[\frac{\partial V_{ij}}{\partial r_i}\dot{r}_i+\frac{\partial V_{ij}}{\partial r_j}\dot{r}_j\right]+\sum_{i=1}^{n}b_{i0}\left[\frac{\partial V_{i0}}{\partial r_i}\dot{r}_i+\frac{\partial V_{i0}}{\partial r_0}\dot{r}_0\right] \tag{14.15}$$

将上式展开,可得

$$\begin{aligned}\dot{V}=&\frac{1}{2}\sum_{i=1}^{n}\sum_{j\in\bar{N}_i(t),j\neq 0}^{n}b_{ij}[(r_i-r_j)\dot{r}_i-(r_i-r_j)\dot{r}_j]+\sum_{0\in\bar{N}_i(t)}^{n}b_{i0}[(r_i-r_0)\dot{r}_i-(r_i-r_0)\dot{r}_0]\\ =&\frac{1}{2}\sum_{i=1}^{n}\sum_{j\in\bar{N}_i(t),j\neq 0}^{n}b_{ij}(r_i-r_j)\dot{r}_i+\frac{1}{2}\sum_{i=1}^{n}\sum_{j\in\bar{N}_i(t),j\neq 0}^{n}b_{ij}(r_j-r_i)\dot{r}_j+\\ &\sum_{0\in\bar{N}_i(t)}^{n}b_{i0}(r_i-r_0)\dot{r}_i-\sum_{0\in\bar{N}_i(t)}^{n}b_{i0}[(r_i-r_0)\dot{r}_0]\end{aligned}$$

由于

$$\sum_{i=1}^{n}\sum_{j\in\bar{N}_i(t),j\neq 0}^{n}b_{ij}(r_i-r_j)\dot{r}_i+\sum_{i=1}^{n}\sum_{j\in\bar{N}_i(t),j\neq 0}^{n}b_{ij}(r_j-r_i)\dot{r}_j=2\sum_{i=1}^{n}\sum_{j\in\bar{N}_i(t),j\neq 0}^{n}b_{ij}(r_i-r_j)\dot{r}_i$$

代入控制律式(14.11),可得

$$\begin{aligned}\dot{V}=&\sum_{i=1}^{n}\sum_{j\in\bar{N}_i(t),j\neq 0}^{n}b_{ij}(r_i-r_j)\dot{r}_i+\sum_{0\in\bar{N}_i(t)}^{n}b_{i0}(r_i-r_0)\dot{r}_i-\sum_{0\in\bar{N}_i(t)}^{n}b_{i0}(r_i-r_0)\dot{r}_0\\ =&\sum_{i=1}^{n}\sum_{j\in\bar{N}_i(t)}^{n}b_{ij}(r_i-r_j)\dot{r}_i+\sum_{0\in\bar{N}_i(t)}^{n}b_{i0}(r_0-r_i)\dot{r}_0\\ =&-\alpha\sum_{i=1}^{n}\left[\sum_{j\in\bar{N}_i(t)}^{n}b_{ij}(r_i-r_j)\right]^2-\beta\sum_{i=1}^{n}\left|\sum_{j\in\bar{N}_i(t)}^{n}b_{ij}(r_i-r_j)\right|+\\ &\sum_{i=1}^{n}\sum_{j\in\bar{N}_i(t)}^{n}b_{ij}(r_i-r_j)d_i+\sum_{0\in\bar{N}_i(t)}^{n}b_{i0}(r_0-r_i)\dot{r}_0\end{aligned}$$

考虑 i 与 j 的对称性,可知 $\sum_{i=1}^{n}\sum_{j\in\bar{N}_i(t),j\neq 0}^{n}b_{ij}(r_i-r_j)=0$,例如 $n=2$ 时,$b_{12}=b_{21}$,则有

$$\sum_{i=1}^{n}\sum_{j\in\bar{N}_i(t),j\neq 0}^{n}b_{ij}(r_i-r_j)=b_{12}(r_1-r_2)+b_{21}(r_2-r_1)=0$$

为了进行稳定性和收敛性分析,将 $\sum_{i=1}^{n}\sum_{j\in\bar{N}_i(t),j\neq 0}^{n}b_{ij}(r_i-r_j)=0$ 加入 $\dot{V}$ 最后一项中,可得

$$\dot{V}=-\alpha\sum_{i=1}^{n}\Big[\sum_{j\in\bar{N}_i(t)}^{n}b_{ij}(r_i-r_j)\Big]^2-\beta\sum_{i=1}^{n}\Big|\sum_{j\in\bar{N}_i(t)}b_{ij}(r_i-r_j)\Big|+\dot{r}_0\sum_{0\in\bar{N}_i(t)}^{n}b_{i0}(r_0-r_i)+$$

$$\sum_{i=1}^{n}\sum_{j\in\bar{N}_i(t)}^{n}b_{ij}(r_i-r_j)d_i+\dot{r}_0\sum_{i=1}^{n}\sum_{j\in\bar{N}_i(t),j\neq 0}^{n}b_{ij}(r_i-r_j)$$

令矩阵 $\boldsymbol{M}=[m_{ij}(t)]_{n\times n}$，其中 $m_{ij}(t)$ 表达式如下：

$$m_{ij}(t)=\begin{cases}-b_{ij},j\in\bar{N}_i(t), & j\neq i\\ 0,j\notin\bar{N}_i(t), & j\neq i\\ \sum\limits_{k\in\bar{N}_i(t)}b_{ik}, & j=i\end{cases}\tag{14.16}$$

由于 $\dot{r}_0\sum\limits_{0\in\bar{N}_i(t)}^{n}b_{i0}(r_0-r_i)+\dot{r}_0\sum\limits_{i=1}^{n}\sum\limits_{j\in\bar{N}_i(t),j\neq 0}^{n}b_{ij}(r_i-r_j)=\dot{r}_0\sum\limits_{i=1}^{n}\sum\limits_{j\in\bar{N}_i(t)}b_{ij}(r_i-r_j)$，则

$$\dot{V}=-\alpha\tilde{\boldsymbol{r}}^{\mathrm{T}}[\boldsymbol{M}(t)]^2\tilde{\boldsymbol{r}}-\beta\|\boldsymbol{M}(t)\tilde{\boldsymbol{r}}\|_1+\dot{r}_0\sum_{i=1}^{n}\sum_{j\in\bar{N}_i(t)}b_{ij}(r_i-r_j)+\sum_{i=1}^{n}\sum_{j\in\bar{N}_i(t)}^{n}b_{ij}(r_i-r_j)d_i$$

由于 $\dot{r}_0\sum\limits_{i=1}^{n}\sum\limits_{j\in\bar{N}_i(t)}b_{ij}(r_i-r_j)+\sum\limits_{i=1}^{n}\sum\limits_{j\in\bar{N}_i(t)}^{n}b_{ij}(r_i-r_j)d_i\leqslant|\dot{r}_0|\|\boldsymbol{M}(t)\tilde{\boldsymbol{r}}\|_1+D_{\max}\|\boldsymbol{M}(t)\tilde{\boldsymbol{r}}\|_1=(|\dot{r}_0|+D_{\max})\|\boldsymbol{M}(t)\tilde{\boldsymbol{r}}\|_1$，则

$$\begin{aligned}\dot{V}&\leqslant-\alpha\tilde{\boldsymbol{r}}^{\mathrm{T}}[\boldsymbol{M}(t)]^2\tilde{\boldsymbol{r}}-\beta\|\boldsymbol{M}(t)\tilde{\boldsymbol{r}}\|_1+(\|\tilde{\boldsymbol{r}}_0\|+D_{\max})\|\boldsymbol{M}(t)\tilde{\boldsymbol{r}}\|_1\\&\leqslant-\alpha\tilde{\boldsymbol{r}}^{\mathrm{T}}[\boldsymbol{M}(t)]^2\tilde{\boldsymbol{r}}-\beta\|\boldsymbol{M}(t)\tilde{\boldsymbol{r}}\|_1+(\gamma_l+D_{\max})\|\boldsymbol{M}(t)\tilde{\boldsymbol{r}}\|_1\\&=-\alpha\tilde{\boldsymbol{r}}^{\mathrm{T}}[\boldsymbol{M}(t)]^2\tilde{\boldsymbol{r}}-(\beta-\gamma_l-D_{\max})\|\boldsymbol{M}(t)\tilde{\boldsymbol{r}}\|_1\end{aligned}$$

由于矩阵 $\boldsymbol{M}$ 对称正定，且 $\beta>\gamma_l+D_{\max}$，则 $\dot{V}\leqslant-\alpha\tilde{\boldsymbol{r}}^{\mathrm{T}}[\boldsymbol{M}(t)]^2\tilde{\boldsymbol{r}}\leqslant 0$，当 $t\to\infty$ 时，$\|\tilde{\boldsymbol{r}}(t)\|\to 0$，即 $r_i(t)\to r_0(t)$。

上述推导是针对 x 方向进行分析和设计的，其结论可以推广到 y 方向的分析和设计。

14.2.3 仿真实例

针对模型式(14.7)，表 14.2 给出了 5 个智能体构成的多智能体系统的初始位置，初始位置程序见 chap14_2int.m。考虑信号 $\boldsymbol{r}(t)$ 包含 x 方向和 y 方向仿真分析，取通信半径 $R=5$，指令信号为 $\boldsymbol{r}_0(t)=[t\quad t+\sin t]$，采用智能体系统拓扑结构示意图如图 14.5 所示。

表 14.2 多智能体系统的初始位置

序　号	X 坐标	Y 坐标
1	−1	−1
2	−5	1
3	−9	0
4	−7	−4
5	−4	−4

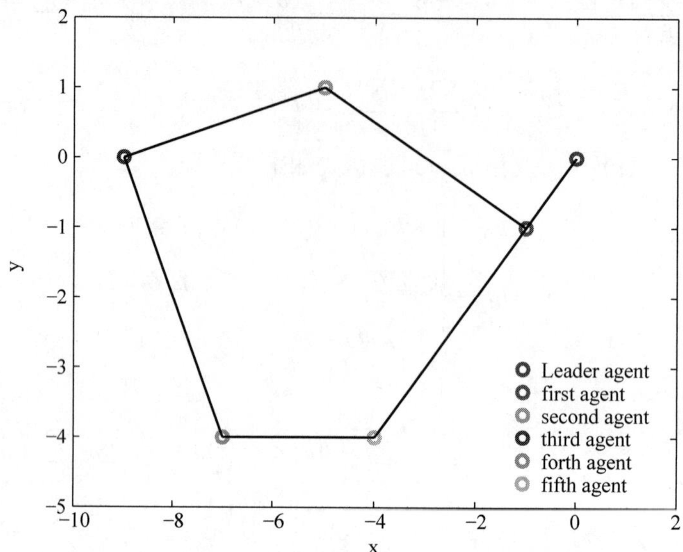

图 14.5 各个智能体根据初始位置构成的拓扑结构

根据图 14.6,可得 $b_{10}=1,b_{12}=b_{21}=1,b_{23}=b_{32}=1,b_{34}=b_{43}=1,b_{45}=b_{54}=1,b_{15}=b_{51}=1$,根据式(14.13),即 $m_{ij}(t)=\begin{cases}-b_{ij},j\in\bar{N}_i(t), & j\neq i\\ 0,j\notin\bar{N}_i(t), & j\neq i\\ \sum\limits_{k\in\bar{N}_i(t)}b_{ik}, & j=i\end{cases}$,可得:

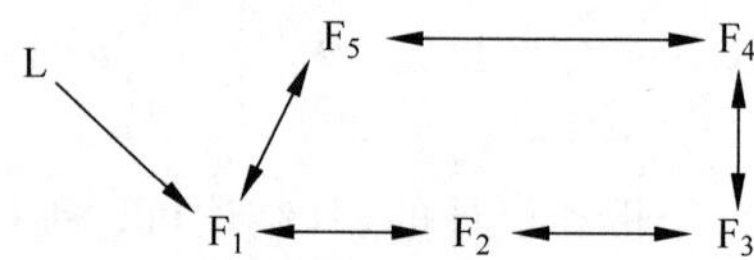

图 14.6 多智能体系统拓扑结构示意图

(1) $m_{12}=-b_{12},m_{21}=m_{12},m_{15}=-b_{15},m_{51}=m_{15},m_{23}=-b_{23},m_{32}=m_{23},m_{34}=-b_{34},m_{43}=m_{34},m_{45}=-b_{45},m_{54}=m_{45}$;

(2) $m_{13}=m_{31}=0,m_{14}=m_{41}=0,m_{24}=m_{42}=0,m_{25}=m_{52}=0,m_{35}=m_{53}=0$;

(3) 由于第一个智能体(first agent)与领导者(leader agent)相连,$b_{10}=1$,则 $m_{11}=b_{10}+b_{12}+b_{15},m_{22}=b_{12}+b_{23},m_{33}=b_{23}+b_{34},m_{44}=b_{34}+b_{45},m_{55}=b_{15}+b_{45}$。

则 $\boldsymbol{M}=[m_{ij}(t)]_{n\times n}=\begin{bmatrix}3 & -1 & 0 & 0 & -1\\ -1 & 2 & -1 & 0 & 0\\ 0 & -1 & 2 & -1 & 0\\ 0 & 0 & -1 & 2 & -1\\ -1 & 0 & 0 & -1 & 2\end{bmatrix}$,可得 eig($M$)=[0.1392 1.3820 1.7459 3.6180 4.1149],$\boldsymbol{M}$ 为正定,矩阵 $\boldsymbol{M}$ 测试程序为 chap14_2M_test.m。

由于 $\tilde{\boldsymbol{r}}_0(t)=[1\quad 1+\cos t]$,则按 1 范数的定义,可选取 $\gamma_l=3.0$,取 $\boldsymbol{d}_i(t)=[\sin t\quad \cos t]$,

则可取 $D_{\max}=2.0$，故可取 $\beta=10$。采用控制律式(14.8)，取 $\alpha=1$，$b_{ij}=1.0$，$i=1,2,\cdots,5$，$j=0,1,\cdots,5$，采用饱和函数代替切换函数，取边界层厚度为 0.03。为了达到较好的收敛精度，仿真时采用固定步长(在 Simulink 环境下 Model Settings 中的 Solver 设置 Fixed-step size=0.001)，仿真结果如图 14.7～图 14.9 所示。

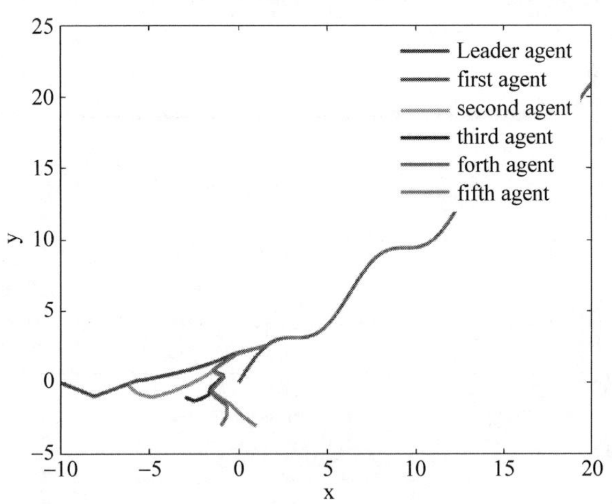

图 14.7　多智能体跟踪轨迹

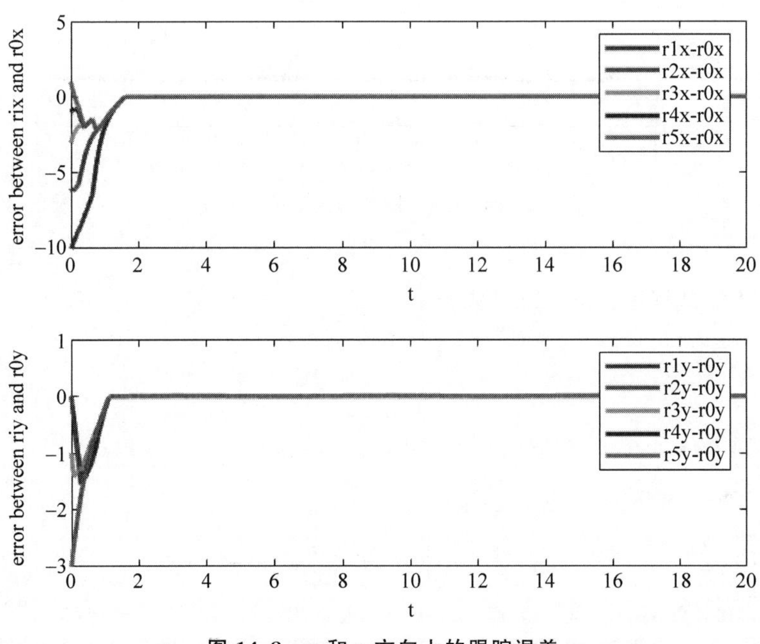

图 14.8　x 和 y 方向上的跟踪误差

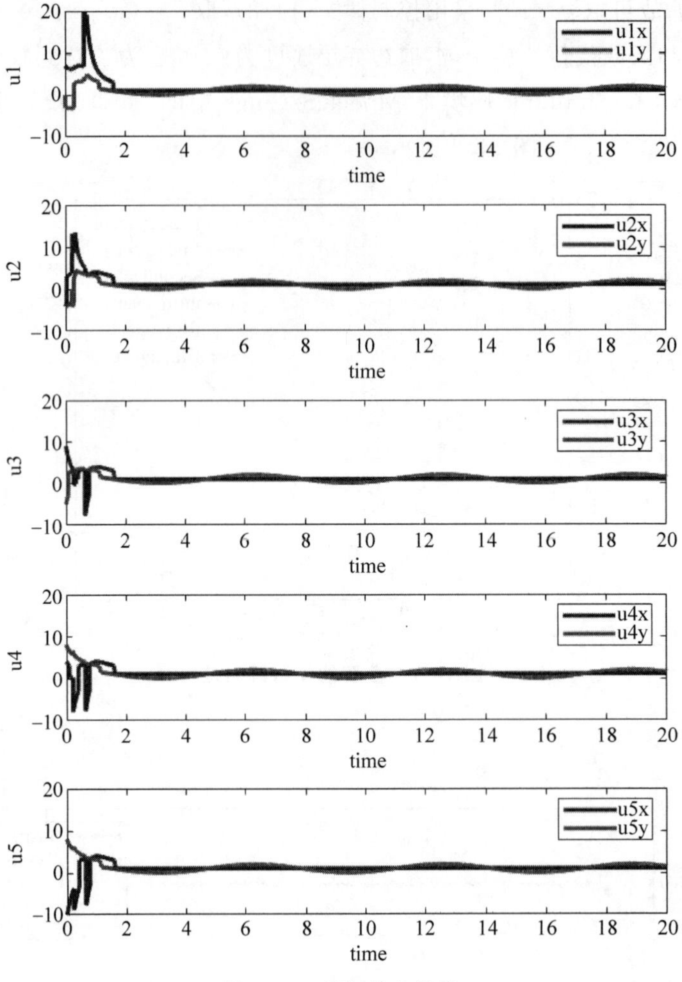

图 14.9　控制输入信号

仿真程序：

（1）矩阵 ***M*** 测试程序：chap14_2M_test. m。

```
close all;
n = 5;

b10 = 1;b12 = 1;b15 = 1;b23 = 1;b34 = 1;b45 = 1;

M11 = b10 + b12 + b15;
M22 = b12 + b23;
M33 = b23 + b34;
M44 = b34 + b45;
M55 = b15 + b45;

M12 = - b12;
M21 = M12;

M15 = - b15;
M51 = M15;

M23 = - b23;
```

```
M32 = M23;

M34 = - b34;
M43 = M34;

M45 = - b45;
M54 = M45;

M = [M11 M12 0 0 M15;
    M21 M22 M23 0 0;
    0 M32 M33 M34 0;
    0 0 M43 M44 M45;
    M51 0 0 M54 M55];

% M = [   3   - 1    0    0   - 1
%       - 1     2  - 1    0     0
%         0   - 1    2  - 1     0
%         0     0  - 1    2   - 1
%       - 1     0    0  - 1    2];

eig_M = eig(M)
```

(2) 初始位置程序：chap14_2int. m。

```
close all;
figure(1);
r0 = [0 0];
% x0 = [ - 10 0 - 6 0 - 3 - 1 - 1 - 3 1 - 3];
x0 = [ - 1 - 1 - 5 1 - 9 0 - 7 - 4 - 4 - 4];

p(1) = plot(r0(:,1),r0(:,2),'or','linewidth',2);

hold on;
for i = 1:5
    p(i + 1) = plot(x0(:,2 * i - 1),x0(:,2 * i),'o','linewidth',2);
end
xlabel('x');ylabel('y');
legend(p,'Leader agent','first agent','second agent','third agent','forth agent','fifth agent');
for i = 1:5
    if norm([x0(:,2 * i - 1),x0(:,2 * i)] - r0)< 5
        plot([x0(:,2 * i - 1),r0(:,1)],[x0(:,2 * i),r0(:,2)],'k');
    end
    for j = i + 1:5
        if norm([x0(:,2 * i - 1),x0(:,2 * i)] - [x0(:,2 * j - 1),x0(:,2 * j)])< 5
            plot([x0(:,2 * i - 1),x0(:,2 * j - 1)],[x0(:,2 * i),x0(:,2 * j)],'k');
        end
    end
end
xlim([ - 10 2]);ylim([ - 5 2]);
legend(p,'Leader agent','first agent','second agent','third agent','forth agent','fifth agent',
'Location','best');
```

(3) 指令程序：chap14_2input. m。

```
function [sys,x0,str,ts] = sys1_input(t,x,u,flag)
switch flag,
case 0,
```

```
    [sys,x0,str,ts] = mdlInitializeSizes;
case 1,
    sys = mdlDerivatives(t,x,u);
case 3,
    sys = mdlOutputs(t,x,u);
case {2,4,9}
    sys = [];
otherwise
    error(['Unhandled flag = ',num2str(flag)]);
end
function [sys,x0,str,ts] = mdlInitializeSizes
sizes = simsizes;
sizes.NumContStates  = 0;
sizes.NumDiscStates  = 0;
sizes.NumOutputs     = 2;
sizes.NumInputs      = 0;
sizes.DirFeedthrough = 1;
sizes.NumSampleTimes = 0;
sys = simsizes(sizes);
x0  = [];
str = [];
ts  = [];
function sys = mdlOutputs(t,x,u)
r0 = 0.1 * [t;t + sin(t)];
sys = r0;
```

（4）Smulnik 主程序：chap14_2sim. mdl。

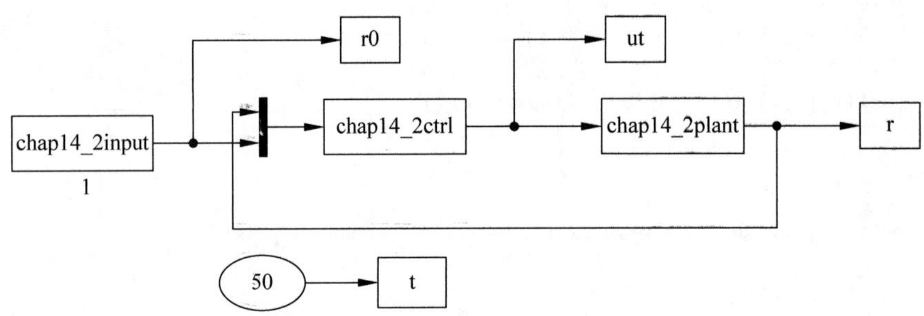

（5）被控对象：chap14_2plant. m。

```
function [sys,x0,str,ts] = sys1_plant(t,x,u,flag)
switch flag,
case 0,
    [sys,x0,str,ts] = mdlInitializeSizes;
case 1,
    sys = mdlDerivatives(t,x,u);
case 3,
    sys = mdlOutputs(t,x,u);
case {2, 4, 9}
    sys = [];
otherwise
    error(['Unhandled flag = ',num2str(flag)]);
end
function [sys,x0,str,ts] = mdlInitializeSizes
sizes = simsizes;
sizes.NumContStates  = 10;
sizes.NumDiscStates  = 0;
```

```
sizes.NumOutputs      = 10;
sizes.NumInputs       = 10;
sizes.DirFeedthrough  = 0;
sizes.NumSampleTimes  = 0;
sys = simsizes(sizes);
x0  = [-10 0 -6 0 -3 -1 -1 -3 1 -3];
str = [];
ts  = [];
function sys = mdlDerivatives(t,x,u)
d1x = sin(t);d1y = cos(t);
d2x = sin(t);d2y = cos(t);
d3x = sin(t);d3y = cos(t);
d4x = sin(t);d4y = cos(t);
d5x = sin(t);d5y = cos(t);

sys(1)  = u(1) + d1x;            % dx1
sys(2)  = u(2) + d1y;            % dy1
sys(3)  = u(3) + d2x;            % dx2
sys(4)  = u(4) + d2y;            % dy2
sys(5)  = u(5) + d3x;            % dx3
sys(6)  = u(6) + d3y;            % dy3
sys(7)  = u(7) + d4x;            % dx4
sys(8)  = u(8) + d4y;            % dy4
sys(9)  = u(9) + d5x;            % dx5
sys(10) = u(10) + d5y;           % dy5
function sys = mdlOutputs(t,x,u)
sys(1)  = x(1);
sys(2)  = x(2);
sys(3)  = x(3);
sys(4)  = x(4);
sys(5)  = x(5);
sys(6)  = x(6);
sys(7)  = x(7);
sys(8)  = x(8);
sys(9)  = x(9);
sys(10) = x(10);
```

(6) 控制器程序：chap14_2ctrl.m。

```
function [sys,x0,str,ts] = sys1_ctrl(t,x,u,flag)
switch flag,
case 0,
    [sys,x0,str,ts] = mdlInitializeSizes;
case 1,
    sys = mdlDerivatives(t,x,u);
case 3,
    sys = mdlOutputs(t,x,u);
case {2, 4, 9}
    sys = [];
otherwise
    error(['Unhandled flag = ',num2str(flag)]);
end
function [sys,x0,str,ts] = mdlInitializeSizes
sizes = simsizes;
sizes.NumContStates   = 0;
sizes.NumDiscStates   = 0;
```

```
sizes.NumOutputs     = 10;
sizes.NumInputs      = 12;
sizes.DirFeedthrough = 1;
sizes.NumSampleTimes = 0;
sys = simsizes(sizes);
x0  = [];
str = [];
ts  = [];

function sys = mdlOutputs(t,x,u)
R = 5; alpha = 1.0;
Dmax = 2.0;
beta = 10;;
r = zeros(2,6);
for i = 1:6
    r(:,i) = [u(2*i-1);u(2*i)];
end
for i = 1:5
    sum = zeros(2,1);
    sat = zeros(2,1);
    for j = 1:6
        if j ~= i
            dis = norm(r(:,i) - r(:,j));
            if dis < R
                sum = sum + r(:,i) - r(:,j);
            end
        end
    end
    delta = 0.03;
    for k = 1:2
        if abs(sum(k))> delta
           sat(k) = sign(sum(k));
        else
           sat(k) = sum(k)/delta;
        end
    end
    ut(2*i-1:2*i) = -alpha*sum-beta*sat;
    %ut(2*i-1:2*i) = -alpha*sum-beta*sign(sum);
end
sys = ut;
```

(7) 作图程序：chap14_2plot.m。

```
close all;
figure(1);
plot(r0(:,1),r0(:,2),'r','linewidth',2);
xlabel('x');ylabel('y');
hold on;
for i = 1:5
    plot(r(:,2*i-1),r(:,2*i),'linewidth',2);
end
legend('Leader agent','first agent','second agent','third agent','forth agent','fifth agent');

figure(2);
subplot(211);
```

```
for i = 1:5
    plot(t,r(:,2 * i - 1) - r0(:,1),'linewidth',2);
    hold on;
end
hold off;
xlabel('t');ylabel('error between rix and r0x');ylim([ - 10,5]);
legend('r1x - r0x','r2x - r0x','r3x - r0x','r4x - r0x','r5x - r0x');
subplot(212);
for i = 1:5
    plot(t,r(:,2 * i) - r0(:,2),'linewidth',2);
    hold on;
end
hold off;
xlabel('t');ylabel('error between riy and r0y');ylim([ - 3,1]);
legend('r1y - r0y','r2y - r0y','r3y - r0y','r4y - r0y','r5y - r0y');

figure(3);
set(gcf,'position',[680 80 560 900]);
subplot(511);
plot(t,ut(:,1),'b',t,ut(:,2),'r','linewidth',2);
xlabel('time');ylabel('u1');ylim([ - 10,20]);
legend('u1x','u1y');
subplot(512);
plot(t,ut(:,3),'b',t,ut(:,4),'r','linewidth',2);
xlabel('time');ylabel('u2');ylim([ - 10,20]);
legend('u2x','u2y');
subplot(513);
plot(t,ut(:,5),'b',t,ut(:,6),'r','linewidth',2);
xlabel('time');ylabel('u3');ylim([ - 10,20]);
legend('u3x','u3y');
subplot(514);
plot(t,ut(:,7),'b',t,ut(:,8),'r','linewidth',2);
xlabel('time');ylabel('u4');ylim([ - 10,20]);
legend('u4x','u4y');
subplot(515);
plot(t,ut(:,9),'b',t,ut(:,10),'r','linewidth',2);
xlabel('time');ylabel('u5');ylim([ - 10,20]);
legend('u5x','u5y');
```

14.3 基于控制输入受限的多智能体系统一致性控制

14.3.1 系统描述

考虑一个二阶多智能体系统，第 i 个智能体模型如下：

$$\begin{aligned}\dot{x}_{i1}&=x_{i2}\\ \dot{x}_{i2}&=u_i+f_i(\boldsymbol{x}_i)+d_i\\ y_i&=x_{i1}\end{aligned}\tag{14.17}$$

其中，$i=1,2,\cdots,n$，$f_i(\boldsymbol{x}_i)$为非线性已知可微函数，$|d_i|\leqslant d_{i\max}$。

$(j,i)\in E$ 表示智能体 i 可以获得智能体 j 的信息，智能体 i 的相邻集合表示为 $\Delta_i=\{j\mid(j,i)\in E\}$。智能体 i 与智能体j 之间连接的标记取 c_{ij}，$c_{ij}=1$ 时表示智能体 i 与智能体j

之间有通信，否则 $c_{ij}=0$，且有 $c_{ii}=0$，$\boldsymbol{\Theta}=[c_{ij}]\in\mathbf{R}^{N\times N}$。

定义 $\boldsymbol{\Omega}=\mathrm{diag}\{\Omega_i,\cdots,\Omega_N\}$，$\Omega_i=\sum_{j=1}^{N}c_{ij}$，定义拉普拉斯矩阵

$$\boldsymbol{\Gamma}=\boldsymbol{\Omega}-\boldsymbol{\Theta}$$

一致性指令为 y_{d}，智能体 i 与指令 y_{d} 之间连接的标记取 Λ_i，$\Lambda_i=1$ 时表示智能体 i 可以获得指令 y_{d} 信息，否则取 $\Lambda_i=0$，取

$$\boldsymbol{\Lambda}=\mathrm{diag}\{\Lambda_i,\cdots,\Lambda_N\}$$

控制目标为：$t\to\infty$ 时，$x_{i1}\to y_{\mathrm{d}}$，$x_{i2}\to\dot{y}_{\mathrm{d}}$。

14.3.2 控制律设计与分析

引理 14.1[6] 对于任意 $\gamma>0$，$\vartheta\in\mathbf{R}$，有

$$0\leqslant|\vartheta|-\vartheta\tanh\left(\frac{\vartheta}{\gamma}\right)\leqslant\tau\gamma \tag{14.18}$$

其中，$\tau=0.2785$。

设计控制律为

$$u_i=g_i(\mu_i(t))=u_{Mi}\tanh\left(\frac{\mu_i(t)}{u_{Mi}}\right) \tag{14.19}$$

其中，$\mu_i(t)$ 为待设计项。

取

$$\dot{\mu}_i(t)=\left[\frac{\partial g_i(\mu_i(t))}{\partial(\mu_i(t))}\right]^{-1}U_i \tag{14.20}$$

其中

$$0<\frac{\partial g_i(\mu_i(t))}{\partial(\mu_i(t))}=\frac{4}{(\mathrm{e}^{\mu_i/u_{Mi}}+\mathrm{e}^{-\mu_i/u_{Mi}})^2}\leqslant 1 \tag{14.21}$$

智能体 i 的跟踪误差为

$$\varepsilon_i=y_i-y_{\mathrm{d}} \tag{14.22}$$

定义

$$\bar{\varepsilon}_i=\dot{\varepsilon}_i+\varepsilon_i \tag{14.23}$$

$$z_i=\Lambda_i(y_i-y_{\mathrm{d}})+\sum_{j\in\Delta_i}(y_i-y_j) \tag{14.24}$$

$$\bar{z}_i=\dot{z}_i+z_i \tag{14.25}$$

由于 $y_i-y_j=\varepsilon_i-\varepsilon_j$，根据 c_{ij} 的定义，有

$$z_i=\Lambda_i\varepsilon_i+\sum_p c_{ip}(\varepsilon_i-\varepsilon_{jp})=(\Lambda_i+\Omega_i)\varepsilon_i-\sum_p c_{ip}\varepsilon_p \tag{14.26}$$

由于 $\sum_p c_{ip}\varepsilon_p=\boldsymbol{\Theta}\bar{\varepsilon}_i$，则

$$\bar{z}=(\boldsymbol{\Lambda}+\boldsymbol{\Omega})\bar{\varepsilon}-\boldsymbol{\Theta}\bar{\varepsilon}=(\boldsymbol{\Gamma}+\boldsymbol{\Lambda})\bar{\varepsilon} \tag{14.27}$$

采用虚拟项 α_i 对控制律式(14.19)进行逼近，定义逼近误差为

$$\delta_i(t)=g_i(\mu_i(t))-\alpha_i \tag{14.28}$$

其中，α_i 为待设计的虚拟项。

采用如下反演设计方法。

第 1 步：设计 Lyapunov 函数。

$$V_1(t)=\frac{1}{2}\bar{\boldsymbol{\varepsilon}}^{\mathrm{T}}(\boldsymbol{\Gamma}+\boldsymbol{\Lambda})^{\mathrm{T}}\bar{\boldsymbol{\varepsilon}} \tag{14.29}$$

则

$$\dot{V}_1(t)=\bar{\boldsymbol{\varepsilon}}^{\mathrm{T}}(\boldsymbol{\Gamma}+\boldsymbol{\Lambda})^{\mathrm{T}}\dot{\bar{\boldsymbol{\varepsilon}}}=\bar{z}^{\mathrm{T}}\dot{\bar{\boldsymbol{\varepsilon}}} \tag{14.30}$$

由于

$$\begin{aligned}\dot{\bar{\varepsilon}}_i&=\ddot{\varepsilon}_i+\dot{\varepsilon}_i=\ddot{y}_i-\ddot{y}_{\mathrm{d}}+\dot{y}_i-\dot{y}_{\mathrm{d}}=u_i+f_i(x_{i,1},x_{i,2})+d_i+x_{i,2}-\\&\quad\Lambda_i(\dot{y}_{\mathrm{d}}+\ddot{y}_{\mathrm{d}})+(\Lambda_i-1)(\dot{y}_{\mathrm{d}}+\ddot{y}_{\mathrm{d}})\\&=u_i+f_i(x_{i,1},x_{i,2})+x_{i,2}-\Lambda_i(\dot{y}_{\mathrm{d}}+\ddot{y}_{\mathrm{d}})+D_i\end{aligned} \tag{14.31}$$

其中，$D_i=d_i+(\Lambda_i-1)(\dot{y}_{\mathrm{d}}+\ddot{y}_{\mathrm{d}})$，$D_{i\max}=d_{i\max}+\sup|\dot{y}_{\mathrm{d}}+\ddot{y}_{\mathrm{d}}|$。

将式(14.31)代入式(14.22)，可得

$$\dot{V}_1(t)=\sum_{i=1}^{n}\bar{\boldsymbol{z}}^{\mathrm{T}}(u_i+f_i(x_{i,1},x_{i,2})+x_{i,2}-\Lambda_i(\dot{y}_{\mathrm{d}}+\ddot{y}_{\mathrm{d}})+D_i) \tag{14.32}$$

将式(14.28)代入上式，可得

$$\dot{V}_1(t)=\sum_{i=1}^{n}\bar{\boldsymbol{z}}^{\mathrm{T}}(\delta_i(t)+\alpha_i+f_i(x_{i,1},x_{i,2})+x_{i,2}-\Lambda_i(\dot{y}_{\mathrm{d}}+\ddot{y}_{\mathrm{d}})+D_i) \tag{14.33}$$

设计虚拟控制输入为

$$\alpha_i=-c_i\bar{z}_i-f_i(x_{i,1},x_{i,2})-x_{i,2}+\Lambda_i(\dot{y}_{\mathrm{d}}+\ddot{y}_{\mathrm{d}})-\eta_i\tanh\left(\frac{\bar{z}_i}{\gamma_i}\right) \tag{14.34}$$

其中，$\eta_i\geqslant D_{i\max}$，$\gamma_i>0$，$c_i>0$。

将式(14.34)代入式(14.33)，可得

$$\dot{V}_1(t)=\sum_{i=1}^{n}\left(-c_i\bar{z}_i^2+\bar{z}_i\delta_i(t)+\bar{z}_iD_i-\bar{z}_i\eta_i\tanh\left(\frac{\bar{z}_i}{\gamma_i}\right)\right) \tag{14.35}$$

由于 $\bar{z}_iD_i\leqslant|\bar{z}_iD|\leqslant\eta_i|\bar{z}_i|$，根据引理 1，可得

$$\bar{z}_iD_i-\bar{z}_i\eta_i\tanh\left(\frac{\bar{z}_i}{\gamma_i}\right)\leqslant\eta_i\left[|\bar{z}_i|-\bar{z}_i\tanh\left(\frac{\bar{z}_i}{\gamma_i}\right)\right]\leqslant\eta_i\tau\gamma_i \tag{14.36}$$

其中，$\tau=0.2785$。

从而

$$\dot{V}_1(t)\leqslant\sum_{i=1}^{n}(-c_i\bar{z}_i^2+\bar{z}_i\delta_i(t)+\eta_i\tau\gamma_i) \tag{14.37}$$

第 2 步：设计 Lyapunov 函数。

$$V_2(t)=V_1(t)+\sum_{i=1}^{n}\frac{1}{2}\delta_i^2(t) \tag{14.38}$$

根据式(14.20)，可得

$$\dot{\delta}_i(t)=\left[\frac{\partial g_i(\mu_i(t))}{\partial(\mu_i(t))}\right]\dot{\mu}_i(t)-\dot{\alpha}_i=U_i-\dot{\alpha}_i \tag{14.39}$$

将式(14.37)和式(14.39)代入式(14.38)，可得

$$\dot{V}_2(t) \leqslant \sum_{i=1}^{n}[-c_i\bar{z}_i^2 + \bar{z}_i\delta_i(t) + \eta_i\tau\gamma_i + \delta_i(t)(U_i - \dot{\alpha}_i)] \tag{14.40}$$

设计辅助项为

$$U_i = \dot{\alpha}_i - \bar{z}_i - \chi_i\delta_i \tag{14.41}$$

其中，$\chi_i > 0$。

将式(14.41)代入式(14.40)，可得

$$\dot{V}_2(t) \leqslant \sum_{i=1}^{n}(-c_i\bar{z}_i^2 - \chi_i\delta_i^2 + \eta_i\tau\gamma_i) \tag{14.42}$$

由于 $-\sum_{i=1}^{n}c_i\bar{z}_i^2 \leqslant -c_{\min}\bar{z}^{\mathrm{T}}\bar{z}, \bar{z} = (\boldsymbol{\Gamma} + \boldsymbol{\Lambda})\bar{\varepsilon}$，则

$$\bar{z}^{\mathrm{T}}\bar{z} = [(\boldsymbol{\Gamma} + \boldsymbol{\Lambda})\bar{\varepsilon}]^{\mathrm{T}}[(\boldsymbol{\Gamma} + \boldsymbol{\Lambda})\bar{\varepsilon}] = \bar{\varepsilon}^{\mathrm{T}}(\boldsymbol{\Gamma} + \boldsymbol{\Lambda})^{\mathrm{T}}(\boldsymbol{\Gamma} + \boldsymbol{\Lambda})\bar{\varepsilon} \tag{14.43}$$

则

$$-\sum_{i=1}^{n}c_i\bar{z}_i^2 \leqslant -c_{\min}\lambda_{\min}\bar{\varepsilon}^{\mathrm{T}}(\boldsymbol{\Gamma} + \boldsymbol{\Lambda})^{\mathrm{T}}\bar{\varepsilon} = -2c_{\min}\lambda_{\min}V_1(t) \tag{14.44}$$

其中，$\lambda_{\min}$ 为$(\boldsymbol{\Gamma} + \boldsymbol{\Lambda})$的最小特征值，则

$$\dot{V}_2(t) \leqslant -kV_2(t) + \zeta \tag{14.45}$$

其中，$k = \min\{2c_{\min}\lambda_{\min}, 2\chi_i\}, \zeta = \sum_{i=1}^{n}\eta_i\tau\gamma_i \in L_\infty$。

求解式(14.45)，可得

$$V_2(t) \leqslant V_2(t_0)\mathrm{e}^{-kt} + \frac{\zeta}{k}(1 - \mathrm{e}^{-kt}) \tag{14.46}$$

14.3.3 仿真实例

考虑单机械手动力学模型

$$D\ddot{q} + C\dot{q} + N\sin q = u + d$$

其中，q、$\dot{q}$ 和 $\ddot{q}$ 分别是机械手的角度、角速度和角加速度，u 为控制输入，d 为加在控制输入上的扰动，机械手的惯量为 $D = 1\mathrm{kg \cdot m^2}$，$C = 30\mathrm{N \cdot m \cdot s/rad}$ 为黏性摩擦系数，$N = 21\mathrm{N \cdot m}$ 是与载重和重力系数有关的常量。

定义 $x_1 = q, x_2 = \dot{q}$，则有

$$\dot{x}_1 = x_2$$
$$\dot{x}_2 = u - 30x_2 - 21\sin x_1 + d$$

每个智能体都为同样的机械手，则智能体模型为

$$\begin{aligned} \dot{x}_{i1} &= x_{i2} \\ \dot{x}_{i2} &= u_i + f_i(\boldsymbol{x}_i) + d_i \\ y_i &= x_{i1} \end{aligned} \tag{14.47}$$

其中，$i = 1,2,3,4, n = 4, d_i = 0.2\sin t, f_i(\boldsymbol{x}_i) = -30x_{i2} - 21\sin x_{i1}$。

多智能体系统结构如图 14.10 所示。

首先根据式(14.20)求 $\mu_i(t)$，根据式(14.34)设计 α_i，根据式(14.41)设计 U_i，最后根据式(14.19)求控制律 u_i。

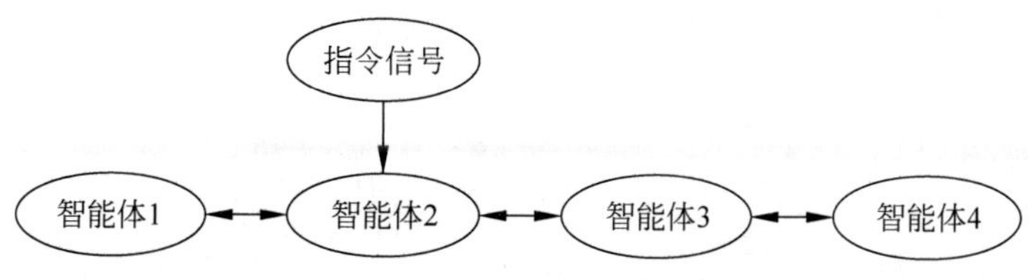

图 14.10 多智能体系统结构

具体方法如下。

对于第 1 个智能体，$z_1=y_1-y_2$，$\bar{z}_1=\dot{z}_1+z_1$，虚拟控制律为

$$\alpha_1=-c_1\bar{z}_1-f_1(x_{1,1},x_{1,2})-x_{1,2}-\eta_1\tanh\left(\frac{\bar{z}_1}{\gamma_1}\right)$$

$$\bar{z}_1=\dot{z}_1+z_1=\dot{y}_1-\dot{y}_2+y_1-y_2=x_{12}-x_{22}+x_{11}-x_{21}$$

$$\dot{\bar{z}}_1=\dot{x}_{12}-\dot{x}_{22}+x_{12}-x_{22}$$

$$U_1=\dot{\alpha}_1-\bar{z}_1-\chi_1\delta_1$$

实际控制输入为

$$u_1=g_1(\mu_1(t))=u_{M1}\tanh\left(\frac{\mu_1(t)}{u_{M1}}\right)$$

其中，$\dot{\mu}_1(t)=\left[\frac{\partial g_1(\mu_1(t))}{\partial(\mu_1(t))}\right]^{-1}U_1$，$\delta_1(t)=g_1(\mu_1(t))-\alpha_1$。

对于第 2 个智能体，$z_2=(y_2-y_{\mathrm{d}})+(y_2-y_1)+(y_2-y_3)$，$\bar{z}_2=\dot{z}_2+z_2$，虚拟控制律为

$$\alpha_2=-c_2\bar{z}_2-f_2(x_{2,1},x_{2,2})-x_{2,2}+(\dot{y}_{\mathrm{d}}+\ddot{y}_{\mathrm{d}})-\eta_2\tanh\left(\frac{\bar{z}_2}{\gamma_2}\right)$$

$$U_2=\dot{\alpha}_2-\bar{z}_2-\chi_2\delta_2$$

实际控制输入为

$$u_2=g_2(\mu_2(t))=u_{M2}\tanh\left(\frac{\mu_2(t)}{u_{M2}}\right)$$

其中，$\dot{\mu}_2(t)=\left[\frac{\partial g_2(\mu_2(t))}{\partial(\mu_2(t))}\right]^{-1}U_2$，$\delta_2(t)=g_2(\mu_2(t))-\alpha_2$。

对于第 3 个智能体，$z_3=(y_3-y_2)+(y_3-y_4)$，$\bar{z}_3=\dot{z}_3+z_3$，虚拟控制律为

$$\alpha_3=-c_3\bar{z}_3-f_3(x_{3,1},x_{3,2})-x_{3,2}-\eta_3\tanh\left(\frac{\bar{z}_3}{\gamma_3}\right)$$

$$U_3=\dot{\alpha}_3-\bar{z}_3-\chi_3\delta_3$$

实际控制输入为

$$u_3=g_3(\mu_3(t))=u_{M3}\tanh\left(\frac{\mu_3(t)}{u_{M3}}\right)$$

其中，$\dot{\mu}_3(t)=\left[\frac{\partial g_3(\mu_3(t))}{\partial(\mu_3(t))}\right]^{-1}U_3$，$\delta_3(t)=g_3(\mu_3(t))-\alpha_3$。

对于第 4 个智能体，$z_4=y_4-y_3$，$\bar{z}_4=\dot{z}_4+z_4$，虚拟控制律为

$$\alpha_4=-c_4\bar{z}_4-f_4(x_{4,1},x_{4,2})-x_{4,2}-\eta_4\tanh\left(\frac{\bar{z}_4}{\gamma_4}\right)$$

$$U_4=\dot{\alpha}_4-\bar{z}_4-\chi_4\delta_4$$

实际控制输入为

$$u_4=g_4(\mu_4(t))=u_{M4}\tanh\left(\frac{\mu_4(t)}{u_{M4}}\right)$$

其中，$\dot{\mu}_4(t)=\left[\dfrac{\partial g_4(\mu_4(t))}{\partial(\mu_4(t))}\right]^{-1}U_4$，$\delta_4(t)=g_4(\mu_4(t))-\alpha_4$。

控制律参数选取 $c_i=40$，$\chi_i=10$，$\gamma_i=0.10$，$u_{Mi}=50$，根据 $\eta_i\geqslant D_{i\max}$，取 $\eta_i=2.0$。取一致性指令为 $y_d=\sin t$。智能体初始状态选取 $x(0)=[1,1,2,2,3,3,4,4]$。仿真结果如图 14.11～图 14.13 所示。

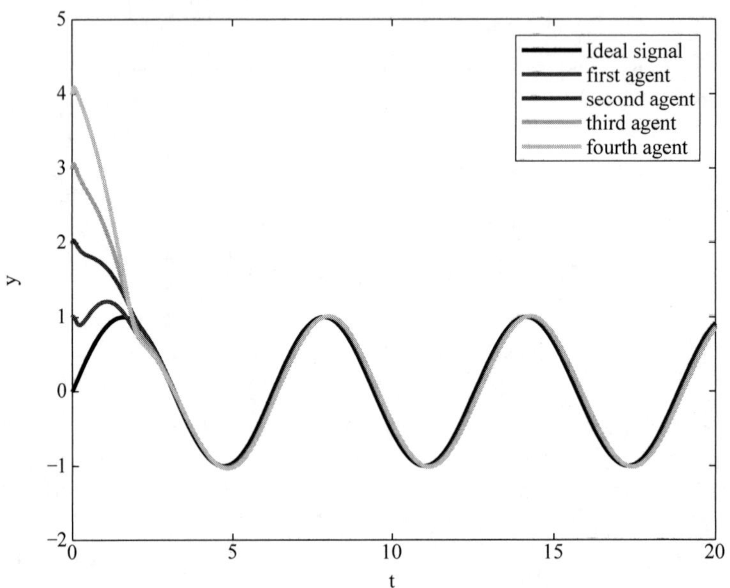

图 14.11 各个智能体的角度跟踪

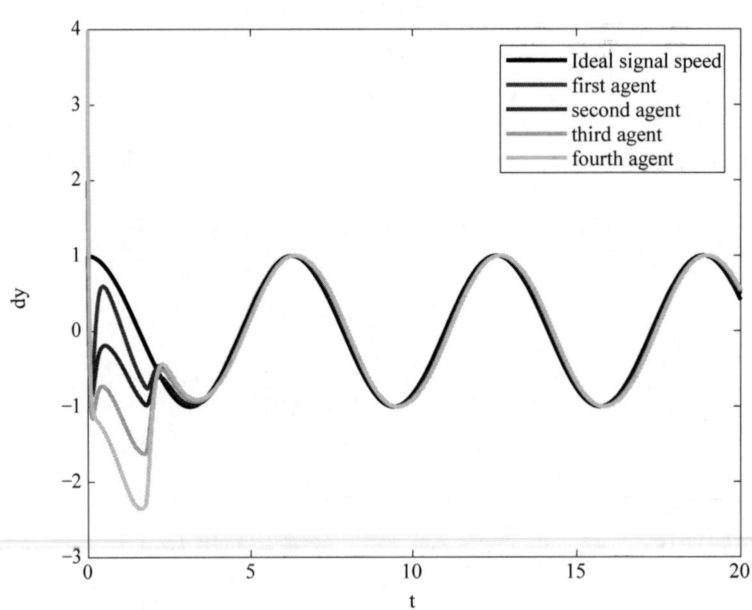

图 14.12 各个智能体的角速度跟踪

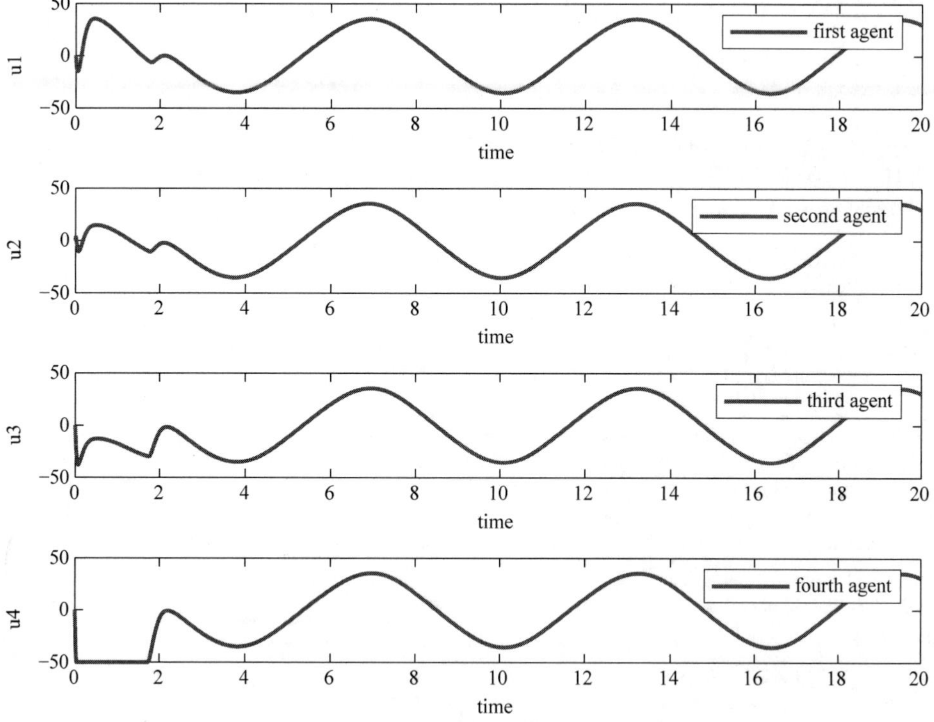

图 14.13 各个智能体的控制输入

仿真程序如下。

1. Laplacian 矩阵分析仿真程序：chap14_3L. m

```
close all;
clear all;

L=[1 -1 0 0;-1 2 -1 0;0 -1 2 -1;0 0 -1 1];
Miu=[0 0 0 0;0 1 0 0;0 0 0 0;0 0 0 0];

M=L+Miu;

eig(M)
```

2. Simulink 仿真程序

(1) 主程序：chap14_3sim. mdl。

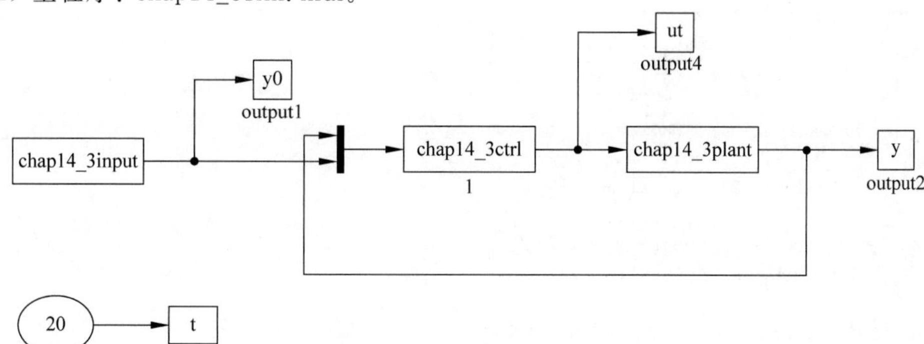

（2）智能体控制器子程序：chap14_3ctrl.m。

```
function [sys,x0,str,ts] = func(t,x,u,flag)
switch flag,
case 0,
    [sys,x0,str,ts] = mdlInitializeSizes;
case 1,
    sys = mdlDerivatives(t,x,u);
case 3,
    sys = mdlOutputs(t,x,u);
case {2,4,9}
    sys = [];
otherwise
    error(['Unhandled flag = ',num2str(flag)]);
end
function [sys,x0,str,ts] = mdlInitializeSizes
sizes = simsizes;
sizes.NumContStates   = 4;
sizes.NumDiscStates   = 0;
sizes.NumOutputs      = 4;
sizes.NumInputs       = 13;
sizes.DirFeedthrough  = 1;
sizes.NumSampleTimes  = 1;
sys = simsizes(sizes);
x0  = [0 0 0 0];
str = [];
ts  = [0 0];
function sys = mdlDerivatives(t,x,u)
x11 = u(1);x12 = u(2);dx12 = u(3);
x21 = u(4);x22 = u(5);dx22 = u(6);
x31 = u(7);x32 = u(8);dx32 = u(9);
x41 = u(10);x42 = u(11);dx42 = u(12);
y0 = u(13);

y1 = x11;y2 = x21;y3 = x31;y4 = x41;
dy1 = x12;dy2 = x22;dy3 = x32;dy4 = x42;
ddy1 = dx12;ddy2 = dx22;ddy3 = dx32;ddy4 = dx42;
y0 = sin(t);dy0 = cos(t);ddy0 = - sin(t);dddy0 = - cos(t);

mu1 = x(1);mu2 = x(2);mu3 = x(3);mu4 = x(4);

uM1 = 50;uM2 = 50;uM3 = 50;uM4 = 50;
u1 = uM1 * tanh(mu1/uM1);
u2 = uM2 * tanh(mu2/uM2);
u3 = uM3 * tanh(mu3/uM3);
u4 = uM4 * tanh(mu4/uM4);
%%%%%%%%%%%%%%%%%%%%
fx1 = [ - 30 * x12 - 21 * sin(x11)];
fx2 = [ - 30 * x22 - 21 * sin(x21)];
fx3 = [ - 30 * x32 - 21 * sin(x31)];
fx4 = [ - 30 * x42 - 21 * sin(x41)];

dfx1 = [ - 30 * dx12 - 21 * cos(x11) * x12];
dfx2 = [ - 30 * dx22 - 21 * cos(x11) * x22];
dfx3 = [ - 30 * dx32 - 21 * cos(x11) * x32];
dfx4 = [ - 30 * dx42 - 21 * cos(x11) * x42];

% Paramters design
```

```
c1 = 40;c2 = 40;c3 = 40;c4 = 40;
xite1 = 2.0;xite2 = 2.0;xite3 = 2.0;xite4 = 2.0;
Chi1 = 10;Chi2 = 10;Chi3 = 10;Chi4 = 10;
gama1 = 0.10;gama2 = 0.10;gama3 = 0.10;gama4 = 0.10;
%%%%%%%%%%%%%%%%%%%%%%%%%%%%%%%%
z1 = y1 - y2;
dz1 = dy1 - dy2;
ddz1 = ddy1 - ddy2;
z1b = dz1 + z1;
dz1b = ddz1 + dz1;

alfa1 = - c1 * z1b - fx1 - x12 - xite1 * tanh(z1b/gama1);
dtanh1 = 1/(cosh(z1b/gama1))^2 * (1/gama1) * dz1b;
dalfa1 = - c1 * dz1b - dfx1 - dx12 - xite1 * dtanh1;
delta1 = u1 - alfa1;
U1 = dalfa1 - z1b - Chi1 * delta1;
%%%%%%%%%%%%%%%%%%%%%%%%%%%%%%%%%%%%%%%%%%%%%%%%%%%%%%%%%%%%%%%%%%%%%%
%%%%%%%%%%%%%%%%%%%%%%%%
fai2 = 1;
z21 = fai2 * (y2 - y0) + (y2 - y1) + (y2 - y3);
dz21 = dy2 - dy0 + dy2 - dy1 + dy2 - dy3;
ddz21 = ddy2 - ddy0 + ddy2 - ddy1 + ddy2 - ddy3;
z2b = dz21 + z21;
dz2b = ddz21 + dz21;

alfa2 = - c2 * z2b - fx2 - x22 + (dy0 + ddy0) - xite2 * tanh(z2b/gama2);
dtanh2 = 1/(cosh(z2b/gama2)^2) * (1/gama2) * dz2b;
dalfa2 = - c2 * dz2b - dfx2 - ddy1 + (ddy0 + dddy0) - xite2 * dtanh2;
delta2 = u2 - alfa2;
U2 = dalfa2 - z2b - Chi2 * delta2;
%%%%%%%%%%%%%%%%%%%%%%%%%%%%%%%%%%%%%%%%%%%%%%%%%%%%%%%
z31 = y3 - y2 + y3 - y4;
dz31 = dy3 - dy2 + dy3 - dy4;
ddz31 = ddy3 - ddy2 + ddy3 - ddy4;
z3b = dz31 + z31;
dz3b = ddz31 + dz31;

alfa3 = - c3 * z3b - fx3 - x32 - xite3 * tanh(z3b/gama3);
dtanh3 = 1/((cosh(z3b/gama3))^2) * (1/gama3) * dz3b;
dalfa3 = - c3 * dz3b - dfx3 - ddy3 - xite3 * dtanh3;
delta3 = u3 - alfa3;
U3 = dalfa3 - z3b - Chi3 * delta3;
%%%%%%%%%%%%%%%%%%%%%%%%%%%%%%%%%%%%%%%%%%%%%%%%%%%%%%%
z41 = y4 - y3;
dz41 = dy4 - dy3;
ddz41 = ddy4 - ddy3;
z4b = dz41 + z41;
dz4b = ddz41 + dz41;

alfa4 = - c4 * z4b - fx4 - x42 - xite4 * tanh(z4b/gama4);
dtanh4 = 1/((cosh(z4b/gama4))^2) * (1/gama4) * dz4b;
dalfa4 = - c4 * dz4b - dfx4 - ddy4 - xite4 * dtanh4;
delta4 = u4 - alfa4;
U4 = dalfa4 - z4b - Chi4 * delta4;

dg_dmu1 = 4/(exp(mu1/uM1) + exp( - mu1/uM1))^2;
dg_dmu2 = 4/(exp(mu2/uM2) + exp( - mu2/uM2))^2;
dg_dmu3 = 4/(exp(mu3/uM3) + exp( - mu3/uM3))^2;
```

```
dg_dmu4 = 4/(exp(mu4/uM4) + exp( - mu4/uM4))^2;

dmu1 = inv(dg_dmu1 + 0.1) * U1;
dmu2 = inv(dg_dmu2 + 0.1) * U2;
dmu3 = inv(dg_dmu3 + 0.1) * U3;
dmu4 = inv(dg_dmu4 + 0.1) * U4;

sys(1) = dmu1;
sys(2) = dmu2;
sys(3) = dmu3;
sys(4) = dmu4;
function sys = mdlOutputs(t,x,u)
uM1 = 50;uM2 = 50;uM3 = 50;uM4 = 50;
mu1 = x(1);mu2 = x(2);mu3 = x(3);mu4 = x(4);

u1 = uM1 * tanh(mu1/uM1);
u2 = uM2 * tanh(mu2/uM2);
u3 = uM3 * tanh(mu3/uM3);
u4 = uM4 * tanh(mu4/uM4);

sys(1) = u1;
sys(2) = u2;
sys(3) = u3;
sys(4) = u4;
```

（3）智能体被控对象子程序：chap14_3plant. m。

```
function [sys,x0,str,ts] = Model(t,x,u,flag)
switch flag,
case 0,
    [sys,x0,str,ts] = mdlInitializeSizes;
case 1,
    sys = mdlDerivatives(t,x,u);
case 3,
    sys = mdlOutputs(t,x,u);
case {2, 4, 9}
    sys = [];
otherwise
    error(['Unhandled flag = ',num2str(flag)]);
end
function [sys,x0,str,ts] = mdlInitializeSizes
sizes = simsizes;
sizes.NumContStates  = 8;
sizes.NumDiscStates  = 0;
sizes.NumOutputs     = 12;
sizes.NumInputs      = 4;
sizes.DirFeedthrough = 1;
sizes.NumSampleTimes = 1;
sys = simsizes(sizes);
x0  = [1 1 2 2 3 3 4 4];
str = [];
ts  = [ - 1 0];
function sys = mdlDerivatives(t,x,u)
ut = [u(1) u(2) u(3) u(4)];
dt = [0.2 * sin(t) 0.2 * sin(t) 0.2 * sin(t) 0.2 * sin(t)];
fx = [ - 30 * x(2) - 21 * sin(x(1))  - 30 * x(4) - 21 * sin(x(3))  - 30 * x(6) - 21 * sin(x(5))  - 30 *
x(8) - 21 * sin(x(7))];

sys(1) = x(2);
```

```
sys(2) = ut(1) + fx(1) + dt(1);
sys(3) = x(4);
sys(4) = ut(2) + fx(2) + dt(2);
sys(5) = x(6);
sys(6) = ut(3) + fx(3) + dt(3);
sys(7) = x(8);
sys(8) = ut(4) + fx(4) + dt(4);
function sys = mdlOutputs(t,x,u)
ut = [u(1) u(2) u(3) u(4)];
dt = [0.2 * sin(t) 0.2 * sin(t) 0.2 * sin(t) 0.2 * sin(t)];
fx = [ - 30 * x(2) - 21 * sin(x(1))  - 30 * x(4) - 21 * sin(x(3))  - 30 * x(6) - 21 * sin(x(5))  - 30 *
x(8) - 21 * sin(x(7))];

dx12 = ut(1) + fx(1) + dt(1);  % acceleration signal
dx22 = ut(2) + fx(2) + dt(2);
dx32 = ut(3) + fx(3) + dt(3);
dx42 = ut(4) + fx(4) + dt(4);
sys(1) = x(1);
sys(2) = x(2);
sys(3) = dx12;
sys(4) = x(3);
sys(5) = x(4);
sys(6) = dx22;
sys(7) = x(5);
sys(8) = x(6);
sys(9) = dx32;
sys(10) = x(7);
sys(11) = x(8);
sys(12) = dx42;
```

（4）作图子程序：chap14_3plot. m。

```
close all;
figure(1);
plot(t,y0,'k',t,y(:,1),'r',t,y(:,4),'b',t,y(:,7),'g',t,y(:,10),'c','linewidth',2);
xlabel('t');ylabel('y');
legend('Ideal signal','first agent','second agent','third agent','fourth agent');

figure(2);
plot(t,cos(t),'k',t,y(:,2),'r',t,y(:,5),'b',t,y(:,8),'g',t,y(:,11),'c','linewidth',2);
xlabel('t');ylabel('dy');
legend('Ideal signal speed','first agent','second agent','third agent','fourth agent');

figure(3);
subplot(411);
plot(t,ut(:,1),'r','linewidth',2);
xlabel('time');ylabel('u1');
legend('first agent');
subplot(412);
plot(t,ut(:,2),'r','linewidth',2);
xlabel('time');ylabel('u2');
legend('second agent');
subplot(413);
plot(t,ut(:,3),'r','linewidth',2);
xlabel('time');ylabel('u3');
legend('third agent');
subplot(414);
plot(t,ut(:,4),'r','linewidth',2);
xlabel('time');ylabel('u4');
legend('fourth agent');
```

14.4 基于执行器容错的单关节机械手多智能体系统一致性协调控制

14.4.1 系统描述

考虑电机驱动的单机械手，系统的动态方程为

$$\begin{cases}\dot{x}_1=x_2\\ \dot{x}_2=-\dfrac{B}{M_{\mathrm{t}}}x_2+\dfrac{K_{\mathrm{t}}}{M_{\mathrm{t}}}x_3\\ \dot{x}_3=-\dfrac{R}{L}x_3-\dfrac{K_{\mathrm{b}}}{L}x_2+\dfrac{1}{L}u\\ y=x_1\end{cases} \tag{14.48}$$

其中，$x_1=\theta$，$x_2=\dot{\theta}$，$x_3=I$，$M_{\mathrm{t}}=J+\frac{1}{3}ml^2+\frac{1}{10}Ml^2D$，$N=mgl+Mgl$，$g$ 是重力加速度常量，θ 是连杆角度，I 是电流，K_{t} 是扭矩常量，K_{b} 是反电动势系数，B 是轴承黏滞摩擦系数，D 是负载直径，l 是连杆长度，M 是负载质量，m 是连杆重量，L 是电抗，R 是电阻，u 是电机控制电压，J 是执行器转矩。

被控对象可写为

$$\begin{cases}\dot{x}_1=x_2\\ \dot{x}_2=a_1x_2+a_3x_3\\ \dot{x}_3=b_1x_3+b_2x_2+b_3u\\ y=x_1\end{cases} \tag{14.49}$$

其中，$a_1=-\frac{B}{M_{\mathrm{t}}}$，$a_3=\frac{K_{\mathrm{t}}}{M_{\mathrm{t}}}$，$b_1=-\frac{R}{L}$，$b_2=-\frac{K_{\mathrm{b}}}{L}$，$b_3=\frac{1}{L}$，$u$ 是控制输入。

考虑 n 个单机械手构成的多智能体系统

$$\begin{cases}\dot{x}_{i1}=x_{i2}\\ \dot{x}_{i2}=a_1x_{i2}+a_3x_{i3}\\ \dot{x}_{i3}=b_1x_{i3}+b_2x_{i2}+b_3u_i\\ y_i=x_{i1}\end{cases}$$

考虑执行器部分失效问题，控制输入为

$$u_i=\rho_iv_i,\quad \rho_i\in(0,1),\quad p_i=\frac{1}{\rho_i},\quad i=1,2,\cdots,n \tag{14.50}$$

令 $(j,i)\in E$ 表示智能体 i 可以获得智能体 j 的信息，智能体 i 的相邻集合表示为 $\Lambda_i=\{j\mid(j,i)\in E\}$，智能体 i 与智能体 j 之间连接的标记取 a_{ij}，$a_{ij}=1$ 时表示智能体 i 与智能体 j 之间有通信，否则 $a_{ij}=0$，且有 $a_{ii}=0$，$\boldsymbol{A}=[a_{ij}]\in\mathbf{R}^{N\times N}$。

定义 $\boldsymbol{\Xi}=\mathrm{diag}\{\Xi_i,\cdots,\Xi_N\}$，$\Xi_i=\sum\limits_{j=1}^{N}a_{ij}$，定义 Laplacian 矩阵

$$\boldsymbol{L}=\boldsymbol{\Xi}-\boldsymbol{A}$$

取指令为 y_0，智能体 i 与指令 y_0 之间连接的标记取 μ_i，$\mu_i=1$ 时表示智能体 i 可以获得指令 y_0 信息，否则取 $\mu_i=0$，取

$$\boldsymbol{\mu}=\mathrm{diag}\{\mu_i,\cdots,\mu_N\}$$

控制目标为 $t\to\infty$ 时，$x_{i1}\to y_0$，$x_{i2}\to\dot{y}_0$，并且所有的信号有界。

14.4.2 控制律设计与分析

智能体 i 的跟踪误差为 $\varepsilon_i=y_i-y_0$，定义[7]

$$\bar{\varepsilon}_i=\dot{\varepsilon}_i+\varepsilon_i$$

$$z_i=\mu_i(y_i-y_0)+\sum_{j\in\Lambda_i}(y_i-y_j)$$

$$\bar{z}_i=\dot{z}_i+z_i$$

由于 $y_i-y_j=\varepsilon_i-\varepsilon_j$，根据 a_{ij} 的定义，有

$$z_i=\mu_i\varepsilon_i+\sum_p a_{ip}(\varepsilon_i-\varepsilon_{jp})=(\mu_i+\Xi_i)\varepsilon_i-\sum_p a_{ip}\varepsilon_p$$

由于 $\sum_p a_{ip}\varepsilon_p=\boldsymbol{A}\bar{\boldsymbol{\varepsilon}}_i$，则

$$\bar{\boldsymbol{z}}=(\boldsymbol{\mu}+\boldsymbol{\Xi})\bar{\boldsymbol{\varepsilon}}-\boldsymbol{A}\bar{\boldsymbol{\varepsilon}}=(\boldsymbol{L}+\boldsymbol{\mu})\bar{\boldsymbol{\varepsilon}}$$

根据控制目标，设计 Lyapunov 函数为

$$V_1=\frac{1}{2}\bar{\boldsymbol{\varepsilon}}^{\mathrm{T}}(\boldsymbol{L}+\boldsymbol{\mu})\bar{\boldsymbol{\varepsilon}}+\sum_{i=1}^{n}\frac{|\rho_i|}{2\gamma_i}\tilde{p}_i^2$$

其中，$\gamma_i>0$，$\tilde{p}_i=\hat{p}_i-p_i$。

则

$$\begin{aligned}
\dot{V}_1&=\bar{\boldsymbol{\varepsilon}}^{\mathrm{T}}(\boldsymbol{L}+\boldsymbol{\mu})\dot{\bar{\boldsymbol{\varepsilon}}}+\sum_{i=1}^{n}\frac{|\rho_i|}{\gamma_i}\tilde{p}_i\dot{\hat{p}}_i\\
&=\bar{\boldsymbol{z}}^{\mathrm{T}}\dot{\bar{\boldsymbol{\varepsilon}}}+\sum_{i=1}^{n}\frac{|\rho_i|}{\gamma_i}\tilde{p}_i\dot{\hat{p}}_i=\sum_{i=1}^{n}\bar{z}_i(\dot{\varepsilon}_i+\ddot{\varepsilon}_i)+\sum_{i=1}^{n}\frac{|\rho_i|}{\gamma_i}\tilde{p}_i\dot{\hat{p}}_i\\
&=\sum_{i=1}^{n}\bar{z}_i(\dot{x}_{i2}-\ddot{y}_0+x_{i2}-\dot{y}_0)+\sum_{i=1}^{n}\frac{|\rho_i|}{\gamma_i}\tilde{p}_i\dot{\hat{p}}_i\\
&=\sum_{i=1}^{n}\bar{z}_i(a_1x_{i2}+a_3x_{i3}-\ddot{y}_0+x_{i2}-\dot{y}_0)+\sum_{i=1}^{n}\frac{|\rho_i|}{\gamma_i}\tilde{p}_i\dot{\hat{p}}_i
\end{aligned}$$

定义虚拟控制量 α_i，有

$$\dot{V}_1=\sum_{i=1}^{n}\bar{z}_i(a_1x_{i2}+a_3x_{i3}-\ddot{y}_0+x_{i2}-\dot{y}_0+\alpha_i-\alpha_i)+\sum_{i=1}^{n}\frac{|\rho_i|}{\gamma_i}\tilde{p}_i\dot{\hat{p}}_i$$

设计虚拟控制量 α_i 为

$$\alpha_i=a_1x_{i2}+a_3x_{i3}-\ddot{y}_0+x_{i2}-\dot{y}_0+c_1\bar{z}_i \tag{14.51}$$

$$\dot{V}_1=-c_1\sum_{i=1}^{n}\bar{z}_i^2+\sum_{i=1}^{n}\bar{z}_i\alpha_i+\sum_{i=1}^{n}\frac{|\rho_i|}{\gamma_i}\tilde{p}_i\dot{\hat{p}}_i$$

定义 Lyapunov 函数为

$$V_2=V_1+\frac{1}{2}\sum_{i=1}^{n}\alpha_i^2$$

由于 $\dot{\alpha}_i=a_1\dot{x}_{i2}+a_3\dot{x}_{i3}-\dddot{y}_0+\dot{x}_{i2}-\ddot{y}_0+c_1\dot{\bar{z}}_i$，则

$$\dot{V}_2=\dot{V}_1+\sum_{i=1}^{n}\alpha_i\dot{\alpha}_i=-c_1\sum_{i=1}^{n}\bar{z}_i^2+\sum_{i=1}^{n}\bar{z}_i\alpha_i+\sum_{i=1}^{n}\frac{|\rho_i|}{\gamma_i}\tilde{p}_i\dot{\hat{p}}_i+$$

$$\sum_{i=1}^{n}\alpha_i(a_1\dot{x}_{i2}+a_3\dot{x}_{i3}-\dddot{y}_0+\dot{x}_{i2}-\ddot{y}_0+c_1\dot{\bar{z}}_i)$$

$$=-c_1\sum_{i=1}^{n}\bar{z}_i^2+\sum_{i=1}^{n}\bar{z}_i\alpha_i+\sum_{i=1}^{n}\frac{|\rho_i|}{\gamma_i}\tilde{p}_i\dot{\hat{p}}_i+\sum_{i=1}^{n}\alpha_i(a_1^2x_{i2}+a_1a_3x_{i3}+$$

$$a_3b_1x_{i3}+a_3b_2x_{i2}+a_3b_3u_i-\dddot{y}_0+a_1x_{i2}+a_3x_{i3}-\ddot{y}_0+c_1\dot{\bar{z}}_i)$$

定义虚拟控制量 β_i 为

$$\beta_i=a_1^2x_{i2}+a_1a_3x_{i3}+a_3b_1x_{i3}+a_3b_2x_{i2}-\dddot{y}_0+a_1x_{i2}+$$

$$a_3x_{i3}-\ddot{y}_0+c_1\dot{\bar{z}}_i+\bar{z}_i+c_2\alpha_i \tag{14.52}$$

此时

$$\dot{V}_2=-c_1\sum_{i-1}^{n}\bar{z}_i^2+\sum_{i-1}^{n}\bar{z}_i\alpha_i+\sum_{i-1}^{n}\frac{|\rho_i|}{\gamma_i}\tilde{p}_i\dot{\hat{p}}_i+\sum_{i-1}^{n}\alpha_i(a_3b_3u_i+\beta_i-\bar{z}_i-c_2\alpha_i)$$

$$=-c_1\sum_{i=1}^{n}\bar{z}_i^2+\sum_{i=1}^{n}\frac{|\rho_i|}{\gamma_i}\tilde{p}_i\dot{\hat{p}}_i-c_2\sum_{i=1}^{n}\alpha_i^2+\sum_{i=1}^{n}\alpha_i(a_3b_3\rho_iv_i+\beta_i)$$

设计控制律为

$$v_i=-\frac{1}{a_3b_3}\hat{p}_i\beta_i \tag{14.53}$$

$$\dot{\hat{p}}_i=\gamma_i\alpha_i\beta_i\,\mathrm{sgn}\rho_i \tag{14.54}$$

由于 $\rho_i\in(0,1)$，则 $\mathrm{sgn}\rho_i=1$，可得

$$\dot{V}_2=-c_1\sum_{i=1}^{n}\bar{z}_i^2-c_2\sum_{i=1}^{n}\alpha_i^2-\sum_{i=1}^{n}\frac{|\rho_i|}{\gamma_i}\tilde{p}_i\gamma_i\alpha_i\beta_i\,\mathrm{sgn}\rho_i+\sum_{i=1}^{n}\alpha_i\left(a_3b_3\rho_i\left(-\frac{1}{a_3b_3}\hat{p}_i\beta_i\right)+\beta_i\right)$$

$$=-c_1\sum_{i=1}^{n}\bar{z}_i^2-c_2\sum_{i=1}^{n}\alpha_i^2+\sum_{i=1}^{n}\alpha_i\rho_i\tilde{p}_i\beta_i-\sum_{i=1}^{n}\alpha_i(\rho_i\hat{p}_i\beta_i+\beta_i)$$

$$=-c_1\sum_{i=1}^{n}\bar{z}_i^2-c_2\sum_{i=1}^{n}\alpha_i^2+\sum_{i=1}^{n}\alpha_i(\tilde{p}_i\rho_i\beta_i-\rho_i\hat{p}_i\beta_i+\beta_i)$$

$$=-c_1\sum_{i=1}^{n}\bar{z}_i^2-c_2\sum_{i=1}^{n}\alpha_i^2\leqslant 0$$

当 $t\to 0$ 时，$\bar{z}_i\to 0$，根据式 $\bar{\boldsymbol{z}}=(\boldsymbol{L}+\boldsymbol{\mu})\bar{\boldsymbol{\varepsilon}}$，则 $\bar{\boldsymbol{\varepsilon}}_i\to 0$，从而 $\boldsymbol{\varepsilon}_i\to 0$ 且 $\dot{\boldsymbol{\varepsilon}}_i\to 0$。即 $t\to\infty$ 时，$x_{i1}\to y_0$，$x_{i2}\to\dot{y}_0$，且所有的信号有界。

14.4.3 仿真实例

考虑如图 14.14 所示的多智能体系统拓扑结构，只有第 2 个智能体与指令 y_0 相连，$\mu_2=1$，$y_0=\sin t$。

根据图 14.14，可得

$$\boldsymbol{A}=[a_{ij}]=\begin{bmatrix}0&1&0&0\\1&0&1&0\\0&1&0&1\\0&0&1&0\end{bmatrix},\quad \boldsymbol{\Xi}=\begin{bmatrix}1&0&0&0\\0&2&0&0\\0&0&2&0\\0&0&0&1\end{bmatrix},\quad \boldsymbol{\mu}=\begin{bmatrix}0&0&0&0\\0&1&0&0\\0&0&0&0\\0&0&0&0\end{bmatrix}$$

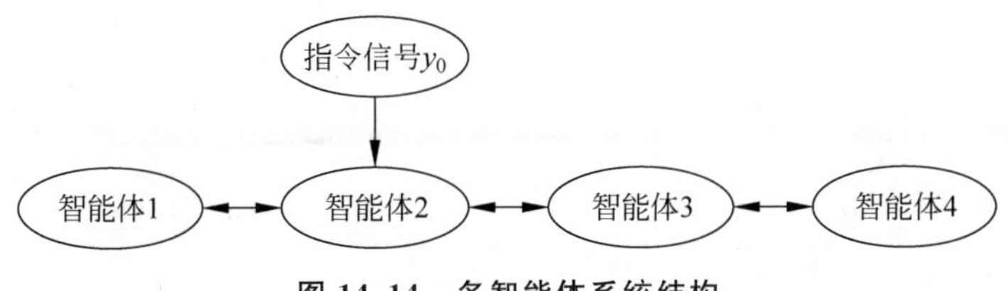

图 14.14 多智能体系统结构

则

$$\boldsymbol{L}=\boldsymbol{\Xi}-\boldsymbol{A}=\begin{bmatrix}1&0&0&0\\0&2&0&0\\0&0&2&0\\0&0&0&1\end{bmatrix}-\begin{bmatrix}0&1&0&0\\1&0&1&0\\0&1&0&1\\0&0&1&0\end{bmatrix}=\begin{bmatrix}1&-1&0&0\\-1&2&-1&0\\0&-1&2&-1\\0&0&-1&1\end{bmatrix}$$

$$\boldsymbol{L}+\mu=\begin{bmatrix}1&-1&0&0\\-1&2&-1&0\\0&-1&2&-1\\0&0&-1&1\end{bmatrix}+\begin{bmatrix}0&0&0&0\\0&1&0&0\\0&0&0&0\\0&0&0&0\end{bmatrix}=\begin{bmatrix}1&-1&0&0\\-1&3&-1&0\\0&-1&2&-1\\0&0&-1&1\end{bmatrix}$$

特征值为：$\mathrm{eig}(\boldsymbol{L}+\mu)=[0.1729, 0.6617, 2.2091, 3.9563]$，则 $\boldsymbol{L}+\mu$ 为正定阵。根据式 $\bar{\boldsymbol{z}}=(\boldsymbol{L}+\boldsymbol{\mu})\bar{\boldsymbol{\varepsilon}}$，当 $\bar{z}_i\to 0$ 时，$\bar{\boldsymbol{\varepsilon}}_i\to 0$。对应的程序为 chap14_4L. m。

针对被控对象式(14.45)，取期望轨迹 $y_0=\sin t$，单机械手的参数为 $B=0.015$，$L=0.08$，$D=0.05$，$R=0.075$，$m=0.01$，$J=0.05$，$l=0.6$，$K_b=0.085$，$M=0.05$，$K_t=10$，$g=9.8$，$M_t=J+\frac{1}{3}ml^2+\frac{1}{10}Ml^2D=0.0513$，$N=mgl+Mgl=0.3528$。

系统的初始状态为 $\boldsymbol{x}(0)=[0.1\ 0\ 0\ 0.2\ 0\ 0\ 0.3\ 0\ 0\ 0.4\ 0\ 0]$，控制器参数取 $c_1=500$，$c_2=10$，根据虚拟项式(14.48)和式(14.49)，采用控制律式(14.50)和自适应律式(14.51)，仿真结果如图 14.15～图 14.17 所示。

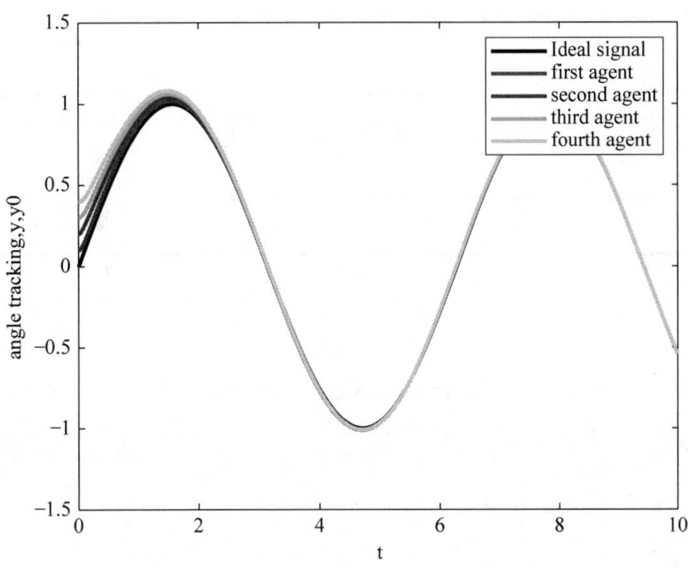

图 14.15 4 个智能体的一致性角度跟踪

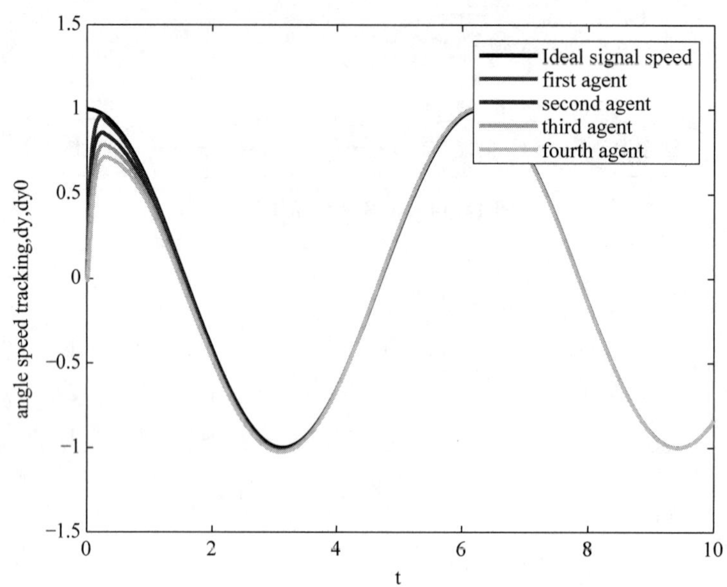

图 14.16　4个智能体的一致性角速度跟踪

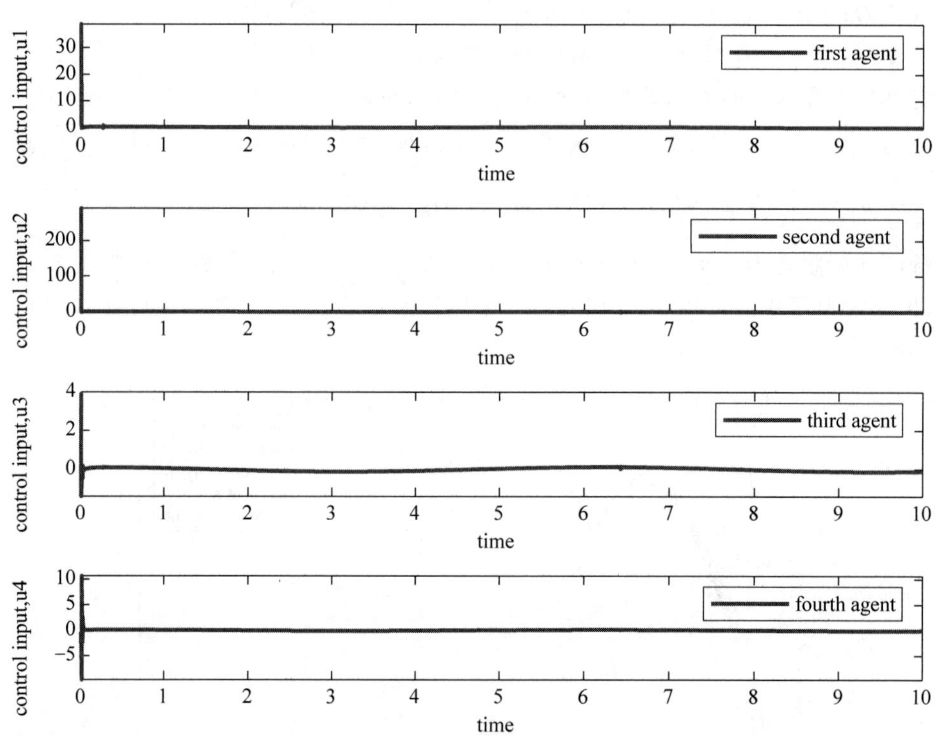

图 14.17　4个智能体的控制输入

仿真程序如下。

1. Laplacian 矩阵分析仿真程序：chap14_4L.m

```
close all;
clear all;
```

```
L=[1 -1 0 0;-1 2 -1 0;0 -1 2 -1;0 0 -1 1];
Miu=[0 0 0 0;0 1 0 0;0 0 0 0;0 0 0 0];

M=L+Miu;

eig(M)
```

2. Simulink 仿真程序

(1) 主程序：chap14_4sim.mdl。

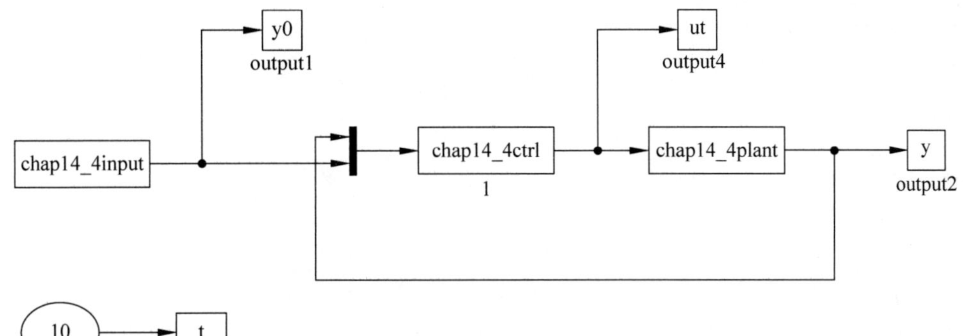

(2) 智能体控制器子程序：chap14_4ctrl.m。

```
function [sys,x0,str,ts] = func(t,x,u,flag)
switch flag,
case 0,
    [sys,x0,str,ts]=mdlInitializeSizes;
case 1,
    sys=mdlDerivatives(t,x,u);
case 3,
    sys=mdlOutputs(t,x,u);
case {2,4,9}
    sys=[];
otherwise
    error(['Unhandled flag = ',num2str(flag)]);
end
function [sys,x0,str,ts]=mdlInitializeSizes
sizes = simsizes;
sizes.NumContStates  = 4;
sizes.NumDiscStates  = 0;
sizes.NumOutputs     = 4;
sizes.NumInputs      = 13;
sizes.DirFeedthrough = 1;
sizes.NumSampleTimes = 1;
sys = simsizes(sizes);
x0  =[1 1 1 1];
str = [];
ts  = [0 0];
function sys=mdlDerivatives(t,x,u)
B=0.015;L=0.08;D=0.05;R=0.075;m=0.01;J=0.05;l1=0.60;Kb=0.085;M=0.05;Kt=10;g=9.8;
Mt=J+1/3*m*l1^2+1/10*M*l1^2*D;N=m*g*l1+M*g*l1;
a1=-B/Mt;
a3=Kt/Mt;
```

```
b1 = - R/L;b2 = - Kb/L;b3 = 1/L;
x11 = u(1);x12 = u(2); x13 = u(3);
x21 = u(4);x22 = u(5); x23 = u(6);
x31 = u(7);x32 = u(8); x33 = u(9);
x41 = u(10);x42 = u(11); x43 = u(12);

y0 = u(13);dy0 = cos(t);ddy0 = - sin(t);dddy0 = - cos(t);
y1 = x11;y2 = x21;y3 = x31;y4 = x41;
dy1 = x12;ddy1 = a1 * x12 + a3 * x13;
dy2 = x22;ddy2 = a1 * x22 + a3 * x23;
dy3 = x32;ddy3 = a1 * x32 + a3 * x33;
dy4 = x42;ddy4 = a1 * x42 + a3 * x43;

c1 = 100;c2 = 100;
% First agent
z1 = y1 - y2;
dz1 = dy1 - dy2;
ddz1 = ddy1 - ddy2;
z1b = dz1 + z1;
dz1b = ddz1 + dz1;

% Second agent
niu2 = 1;
z2 = niu2 * (y2 - y0) + (y2 - y1) + (y2 - y3);
dz2 = niu2 * (dy2 - dy0) + (dy2 - dy1) + (dy2 - dy3);
ddz2 = niu2 * (ddy2 - ddy0) + (ddy2 - ddy1) + (ddy2 - ddy3);
z2b = dz2 + z2;
dz2b = ddz2 + dz2;

% Third agent
z3 = y3 - y2 + y3 - y4;
dz3 = dy3 - dy2 + dy3 - dy4;
ddz3 = ddy3 - ddy2 + ddy3 - ddy4;
z3b = dz3 + z3;
dz3b = ddz3 + dz3;

% Fourth agent
z4 = y4 - y3;
dz4 = dy4 - dy3;
ddz4 = ddy4 - ddy3;
z4b = dz4 + z4;
dz4b = ddz4 + dz4;
%%%%%%%%%%%%%%%%%%
alfa1 = a1 * x12 + a3 * x13 - ddy0 + x12 - dy0 + c1 * z1b;
alfa2 = a1 * x22 + a3 * x23 - ddy0 + x22 - dy0 + c1 * z2b;
alfa3 = a1 * x32 + a3 * x33 - ddy0 + x32 - dy0 + c1 * z3b;
alfa4 = a1 * x42 + a3 * x43 - ddy0 + x42 - dy0 + c1 * z4b;

beta1 = a1^2 * x12 + a1 * a3 * x13 + a3 * b1 * x13 + a3 * b2 * x12 - dddy0 + a1 * x12 + a3 * x13 - ddy0 +
c1 * dz1b + z1b + c2 * alfa1;
beta2 = a1^2 * x22 + a1 * a3 * x23 + a3 * b1 * x23 + a3 * b2 * x22 - dddy0 + a1 * x22 + a3 * x23 - ddy0 +
c1 * dz2b + z2b + c2 * alfa2;
beta3 = a1^2 * x32 + a1 * a3 * x33 + a3 * b1 * x33 + a3 * b2 * x32 - dddy0 + a1 * x32 + a3 * x33 - ddy0 +
c1 * dz3b + z3b + c2 * alfa3;
beta4 = a1^2 * x42 + a1 * a3 * x43 + a3 * b1 * x43 + a3 * b2 * x42 - dddy0 + a1 * x42 + a3 * x43 - ddy0 +
```

```
c1 * dz4b + z4b + c2 * alfa4;

gama1 = 10;gama2 = 10;gama3 = 10;gama4 = 10;
dp1 = gama1 * alfa1 * beta1;
dp2 = gama2 * alfa2 * beta2;
dp3 = gama3 * alfa3 * beta3;
dp4 = gama4 * alfa4 * beta4;
sys(1) = dp1;
sys(2) = dp2;
sys(3) = dp3;
sys(4) = dp4;
function sys = mdlOutputs(t,x,u)
B = 0.015;L = 0.08;D = 0.05;R = 0.075;m = 0.01;J = 0.05;l1 = 0.60;Kb = 0.085;M = 0.05;Kt = 10;g = 9.8;
Mt = J + 1/3 * m * l1^2 + 1/10 * M * l1^2 * D;N = m * g * l1 + M * g * l1;
a1 = - B/Mt;
a3 = Kt/Mt;
b1 = - R/L;b2 = - Kb/L;b3 = 1/L;
x11 = u(1);x12 = u(2); x13 = u(3);
x21 = u(4);x22 = u(5); x23 = u(6);
x31 = u(7);x32 = u(8); x33 = u(9);
x41 = u(10);x42 = u(11); x43 = u(12);

y0 = u(13);dy0 = cos(t);ddy0 = - sin(t);dddy0 = - cos(t);
y1 = x11;y2 = x21;y3 = x31;y4 = x41;
dy1 = x12;ddy1 = a1 * x12 + a3 * x13;
dy2 = x22;ddy2 = a1 * x22 + a3 * x23;
dy3 = x32;ddy3 = a1 * x32 + a3 * x33;
dy4 = x42;ddy4 = a1 * x42 + a3 * x43;

c1 = 100;c2 = 100;
% First agent
z1 = y1 - y2;
dz1 = dy1 - dy2;
ddz1 = ddy1 - ddy2;
z1b = dz1 + z1;
dz1b = ddz1 + dz1;

% Second agent
niu2 = 1;
z2 = niu2 * (y2 - y0) + (y2 - y1) + (y2 - y3);
dz2 = niu2 * (dy2 - dy0) + (dy2 - dy1) + (dy2 - dy3);
ddz2 = niu2 * (ddy2 - ddy0) + (ddy2 - ddy1) + (ddy2 - ddy3);
z2b = dz2 + z2;
dz2b = ddz2 + dz2;

% Third agent
z3 = y3 - y2 + y3 - y4;
dz3 = dy3 - dy2 + dy3 - dy4;
ddz3 = ddy3 - ddy2 + ddy3 - ddy4;
z3b = dz3 + z3;
dz3b = ddz3 + dz3;

% Fourth agent
z4 = y4 - y3;
dz4 = dy4 - dy3;
```

```
ddz4 = ddy4 - ddy3;
z4b = dz4 + z4;
dz4b = ddz4 + dz4;
%%%%%%%%%%%%%%%%%%%
alfa1 = a1 * x12 + a3 * x13 - ddy0 + x12 - dy0 + c1 * z1b;
alfa2 = a1 * x22 + a3 * x23 - ddy0 + x22 - dy0 + c1 * z2b;
alfa3 = a1 * x32 + a3 * x33 - ddy0 + x32 - dy0 + c1 * z3b;
alfa4 = a1 * x42 + a3 * x43 - ddy0 + x42 - dy0 + c1 * z4b;

beta1 = a1^2 * x12 + a1 * a3 * x13 + a3 * b1 * x13 + a3 * b2 * x12 - dddy0 + a1 * x12 + a3 * x13 - ddy0 +
c1 * dz1b + z1b + c2 * alfa1;
beta2 = a1^2 * x22 + a1 * a3 * x23 + a3 * b1 * x23 + a3 * b2 * x22 - dddy0 + a1 * x22 + a3 * x23 - ddy0 +
c1 * dz2b + z2b + c2 * alfa2;
beta3 = a1^2 * x32 + a1 * a3 * x33 + a3 * b1 * x33 + a3 * b2 * x32 - dddy0 + a1 * x32 + a3 * x33 - ddy0 +
c1 * dz3b + z3b + c2 * alfa3;
beta4 = a1^2 * x42 + a1 * a3 * x43 + a3 * b1 * x43 + a3 * b2 * x42 - dddy0 + a1 * x42 + a3 * x43 - ddy0 +
c1 * dz4b + z4b + c2 * alfa4;

p1 = x(1);p2 = x(2);p3 = x(3);p4 = x(4);
v1 = - 1/(a3 * b3) * p1 * beta1;
v2 = - 1/(a3 * b3) * p2 * beta2;
v3 = - 1/(a3 * b3) * p3 * beta3;
v4 = - 1/(a3 * b3) * p4 * beta4;

sys(1) = v1;
sys(2) = v2;
sys(3) = v3;
sys(4) = v4;
```

（3）智能体被控对象子程序：chap14_4plant. m。

```
function [sys,x0,str,ts] = Model(t,x,u,flag)
switch flag,
case 0,
    [sys,x0,str,ts] = mdlInitializeSizes;
case 1,
    sys = mdlDerivatives(t,x,u);
case 3,
    sys = mdlOutputs(t,x,u);
case {2, 4, 9}
    sys = [];
otherwise
    error(['Unhandled flag = ',num2str(flag)]);
end
function [sys,x0,str,ts] = mdlInitializeSizes
sizes = simsizes;
sizes.NumContStates   = 12;
sizes.NumDiscStates   = 0;
sizes.NumOutputs      = 12;
sizes.NumInputs       = 4;
sizes.DirFeedthrough  = 0;
sizes.NumSampleTimes  = 1;
sys = simsizes(sizes);
x0  = [0.1 0 0 0.2 0 0 0.3 0 0 0.4 0 0];
str = [];
ts  = [-1 0];
```